Walter Schreiter

Chemische Thermodynamik

Grundlagen, Übungen, Lösungen

Weitere empfehlenswerte Titel

Thermodynamik. Vom Tautropfen zum Solarkraftwerk
Müller 2013
ISBN 978-3-11-030198-4; e-ISBN 978-3-11-030201-1

Chemical Energy Storage
Schlögl *(Ed), 2012*
ISBN 978-3-11-026407-4; e-ISBN 978-3-11-026632-0

Chemistry of the Climate System
Möller, 2010
ISBN 978-3-11-019791-4; e-ISBN 978-3-11-022835-9

Chemistry of High-Energy Materials
Klapötke, 2012
ISBN 978-3-11-027358-8; e-ISBN 978-3-11-027359-5

Walter Schreiter

Chemische Thermodynamik

Grundlagen, Übungen, Lösungen

2. überarbeitete und ergänzte Auflage

De Gruyter

Autor

Dipl.-L. Walter Schreiter
Fachberater Chemie (i. R.)
Erfurt
walter.schreiter@gmx.de

Das Buch enthält 223 Abbildungen und 29 Tabellen.

ISBN 978-3-11-033106-6
eISBN 978-3-11-033107-3

Library of Congress Cataloging-in-Publication Data
A CIP Catalog record for this book has been applied for at the Library of Congress

Bibliografische Information der Deutschen Nationalbibliothek
Die Deutsche Nationalbibliothek verzeichnet diese Publikation in der Deutschen Nationalbibliografie; detaillierte bibliografische Daten sind im Internet über http://dnb.d-nb.de abrufbar.

Projektplanung: Dr. Katharina Butsch
Projektbetreuung: Nicole Karbe
Herstellung: Manfred Link
Satz und Illustrationen: Da-TeX Gerd Blumenstein, Leipzig, www.da-tex.de
Drucken/Binden: Strauss GmbH, Mörlenbach

∞ Gedruckt auf säurefreiem Papier
Printed in Germany

www.degruyter.com

Vorwort zur 2. Auflage

Die gute Resonanz des Buches im In-und Ausland und die damit verbundene große Nachfrage haben mich zu einer Neuauflage ermutigt. Unter Beibehaltung der bewährten Grundkonzeption und inhaltlichen Gliederung berücksichtigt sein erweitertes und vertieftes Spektrum besonders:

- den Bereich der theoretischen Grundlagen (z. B.: Legendre-Transformation / Arbeit mit dem Guggenheim-Quadrat / Maxwell-Relationen / thermodynamische Ableitungen der Differenz der Molwärmen sowie deren Berechnung mit der kinetischen Gastheorie / Heizwertvergleich und -bestimmung / Phasengleichgewichte in fluiden Mischungen / ...),
- den Austausch von Übungen mit besonderer Berücksichtigung der Pro- u. Contra-Probleme einer herkömmlichen und einer modernen Energiegewinnung und -versorgung in den Sektoren Strom, Wärme und Mobilität, und
- die Neuaufnahme von noch besseren didaktisch-methodischen Zusammenstellungen und Übersichten (z.B.: Gibbsfunktionen und Fundamentalgleichungen / chemisches Potenzial μ, dargestellt als partielle molare Größe von U, H, F und G / ...).

Möge auch dieses Buch für die in der 1. Auflage genannte Zielgruppe und darüber hinaus eine gute Weiterverbreitung im Studium und Beruf erfahren und dort alle Leser nachhaltig inspirieren, sobald sie es aufschlagen und darin zu lesen beginnen.

Erfurt, im Dezember 2013

Walter Schreiter
Diplomlehrer

Vorwort zur 1. Auflage

Die chemische Thermodynamik hat sich im Laufe der Zeit zu einer Querschnittswissenschaft entwickelt, die in allen Bereichen der Forschung und technischen Applikation gefragt ist. Sie wird von wenigen grundlegenden Observablen, Konzepten und Zusammenhängen bestimmt, die nur schwer zu vermitteln sind, besonders dann, wenn die notwendige mathematische Vorstellung und Fähigkeit der Studierenden an Grenzen stößt.

Das vorliegende **Lehr- und Übungsbuch** zur „Chemischen Thermodynamik“ richtet sich an Leser, die

- im natur- und ingenieurwissenschaftlichen Studiengang Chemie als Neben- oder Wahlfach studieren,
- das höhere Lehramt für Naturwissenschaften absolvieren und praktizieren,
- an Universitäten und Fachhochschulen Chemie studieren.

Mit ihm kann der Leser beim Neuerwerb und Vertiefen seiner Kenntnisse das schöpferische Anwenden der thermodynamischen Konzepte und Zusammenhänge vielfältig trainieren. Förderlich dabei ist, dass der Umfang des Übungsteils parallel zur prägnanten Fassung der Theorie deutlich dominiert und die Nahtstellen der Natur- und Ingenieurwissenschaften tangiert. Das aufbereitete Lehr- und Übungsmaterial enthält 145 Fragen und 276 Aufgaben (überwiegend mehrgliedrig und komplex) mit zahlreichen Querverbindungen, Analogiebetrachtungen und expliziten Lösungen zu jeder Frage und Aufgabe. Der Leser wird damit unterstützt, die vielfältigen thermodynamischen Probleme richtig einzuordnen und sich mit diesen Problemen fächerverbindend und -integrierend auseinanderzusetzen. Dies steht im Einklang mit einem in der einschlägigen Literatur vorgeschlagenen „neuen Haus des Lernens“, in dem man

- sich künftig mehr und mehr von herkömmlich einseitiger Stofforientierung eines tradierten Fächerkanons lösen wird und
- fachliches Studieren und Praktizieren besser den neuen Anforderungen durch fächerübergreifendes und projektorientiertes Arbeiten anpasst.

Wenn wissenschaftliche Disziplinen nur wenig über andere Fächer oder Fächergruppen wissen, regieren leicht Klischees und Vorurteile, was natürlich für beide Blickrichtungen gilt.

Voraussetzung für die Lösung der Fragen und Aufgaben ist die Kenntnis der Hauptsätze der Thermodynamik und der Lehre von den Phasengleichgewichten, ferner der einfachsten Regeln der Infinitesimalrechnung. Viele komplexe Aufgaben verlangen umfassende Grundkenntnisse aus verschiedenen Stoffgebieten und Fächern.

Aus lerndidaktischen Gründen erfolgt zunächst nur die Formulierung der Fragen und Aufgaben. Erst nach eigenständiger Lösung sollte die Zuhilfenahme des im folgenden Kapitel dargestellten Lösungsweges erfolgen. Das Verständnis ist ein allgemeines Problem beim Erlernen der Thermodynamik. Das Lesen mag einfach erscheinen, aber das tiefere Verstehen der Zusammenhänge erfordert Nachdenken. Es gibt bei ernsthaftem Studium keine Möglichkeit, letzteres zu umgehen.

Die meisten Fragen und Aufgaben im vorliegenden Fundus hat der Autor in Seminaren und Praktika während seiner mehrjährigen Vorlesungsreihe „Physikalische Chemie“ als Fachberater erprobt, die im naturwissenschaftlichen Lehrerkreis in Thüringen ein breites Teilnehmerfeld und Fachinteresse hatten. Die übrigen wurden in der Folgezeit ergänzt oder konzeptionell neu aufgenommen (Ternäre Systeme, Bioenergetik) und gewannen deutlich an Vielfalt, Umfang und Schwierigkeitsgrad.

Allen Lesern wünsche ich einen erfolgreichen Verlauf beim Studium und der weitsichtigen, fächerintegrierenden Nutzung dieses Werkes.

Erfurt, im April 2010

Walter Schreiter
Diplomlehrer

Inhalt

Verwendete Symbole und Größen

A	Fläche	$[m^2]$
A	Affinität	$[kJ \cdot mol^{-1}]$
$\vec{B}$	Magnetische Induktion (Magnetische Flussdichte)	$[1\,T = Vs \cdot m^{-2} = N \cdot (Am)^{-1} = Ws \cdot A^{-1}m^{-2}]$
$B(T)$	Zweiter Virialkoeffizient realer Gase	$[mol \cdot m^{-3}]$
C_V	Molare Wärmekapazität (V = const.)	$[J \cdot K^{-1} \cdot mol^{-1}]$
C_p	Molare Wärmekapazität (p = const.)	$[J \cdot K^{-1} \cdot mol^{-1}]$
D	Diffusionskoeffizient	$[m^2 \cdot s^{-1}]$
$\vec{D}$	Elektrische Flussdichte	$[C \cdot m^{-2}; As \cdot m^{-2}]$
E	Elektrodenpotenzial	$[V]$
$\vec{E}$	Elektrische Feldstärke	$[V \cdot m^{-1}]$
E_A	Aktivierungsenergie	$[kJ \cdot mol^{-1}]$
EA ($\Delta_E H$)	Elektronenaffinität	$[kJ \cdot mol^{-1}]$
$E_{kin.}$	Kinetische Energie	$[1\,J = 1\,Nm = 1\,kg \cdot m^2 \cdot s^{-2} = 1\,Ws]$
F	Kraft	$[1\,N = 1\,kgm \cdot s^{-2}]$
F	Faraday-Konstante	$96487\,As \cdot mol^{-1} = 26{,}8\,Ah \cdot mol^{-1}$
$\vec{H}$	Magnetische Feldstärke	$[A \cdot m^{-1}]$
K_c	Gleichgewichtskonstante der Teilkonzentrationen	$[(mol \cdot dm^{-3})^{\Delta n}]$
K_p	Gleichgewichtskonstante der Partialdrücke	$[Pa^{\Delta n}]$
K_χ	Gleichgewichtskonstante der Molenbrüche	
K_{prot}	Konstante der Autoprotolyse des Wassers	$3{,}24 \cdot 10^{-18}$
K_S	Säurekonstante	$[mol \cdot dm^{-3}]$
K_B	Basekonstante	$[mol \cdot dm^{-3}]$
K_D	Dissoziationskonstante	$[mol \cdot dm^{-3}]$
K_W	Ionenprodukt des Wassers (22 °C; 1,013 bar)	$10^{-14}\,mol^2 \cdot (dm^3)^{-2}$
K_m	Michaelis-Menten-Konstante	$[mmol \cdot dm^{-3}]$
M	Molare Masse	$[g \cdot mol^{-1}]$

$\vec{M}$	Magnetische Volumenpolarisation	$[\mathrm{Vs \cdot m^{-2}}]$
N_A	Avogadro-Konstante	$6{,}022045 \cdot 10^{23}\,\mathrm{mol^{-1}}$
N_L	Loschschmidt-Konstante	$2{,}6867775 \cdot 10^{25}\,\mathrm{m^{-3}}$
p	Druck	$[1\,\mathrm{Pa} = 1\,\mathrm{N \cdot m^{-2}}$ $= 1\,\mathrm{kg \cdot m^{-1} \cdot s^{-2}}$ $= 10^{-5}\,\mathrm{bar}]$
$\vec{P}$	Elektrische Volumenpolarisation	$[\mathrm{As \cdot m^{-2}}]$
$P_{\mathrm{Ummagn.}}$	Ummagnetisierung	[W]
$\mathrm{p}K_S$	Protochemisches Standardpotenzial	
pH	Protochemisches Potenzial	
ptm	Protonenmotorische Kraft	[V]
Q	Wärmemenge (= Energie)	[1 J = 1 Nm = 1 Ws]
Q	Ladung	[1 C = 1 As]
R	Universelle Gaskonstante	$8{,}3143\,\mathrm{J \cdot mol^{-1} \cdot K^{-1}}$, $8314{,}3\,\mathrm{Pa \cdot dm^3 \cdot mol^{-1} \cdot K^{-1}}$
T, t	Temperatur	[1 K, $x\,°\mathrm{C} = (x + 273{,}15)\,\mathrm{K}]$
T_k	Kritische Temperatur	[K]
T_B	Boyle-Temperatur	[K]
T_i	Inversionstemperatur	[K]
T_{Sm}	Gefrierpunkt (Schmelzpunkt)	[K]
T_{Sd}	Siedepunkt	[K]
U	Spannung	[V]
V	Volumen	$[\mathrm{dm^3} = 10^{-3}\,\mathrm{m^3}]$
V_m	Molares Volumen (ideales Gas, 0 °C, 1,01325 bar)	$[\mathrm{dm^3 \cdot mol^{-1}}]$
V_m	Mittleres Molvolumen einer flüssigen Mischung	$[\mathrm{dm^3 \cdot mol^{-1}}]$
V_{max}	Maximalgeschwindigkeit der Enzymreaktion	$[\mathrm{mol \cdot dm^{-3} \cdot min^{-1}}]$
W	Arbeit	[1 J=1 Nm=1 Ws $=1\,\mathrm{kg \cdot m^2 \cdot s^{-2}}]$
W_{vol} (W_m)	molare Volumenarbeit	$[\mathrm{kJ \cdot mol^{-1}}]$
ΔE (EMK)	Potenzialdifferenz (Elektromotorische Kraft)	[V]
$\Delta_R F^0$	Molare freie Standardreaktionsenergie	$[\mathrm{kJ \cdot mol^{-1}}]$
$\Delta_x G^0$	Molare freie Standardreaktionsenthalpie	$[\mathrm{kJ \cdot mol^{-1}}]$
ΔH_{HW}	Heizwert (Brennstoff: s, l)	$[\mathrm{MJ \cdot kg^{-1}}]$
	(Brennstoff: g)	$[\mathrm{MJ \cdot m^{-3}}]$
$\Delta_x H_y^0$	Molare Standardenthalpie	$[\mathrm{kJ \cdot mol^{-1}}]$

$x = \mathrm{B, E, G, H, L, R}$ (B Bildung, E Elektronenaffinität, G Gitter H Hydratation, L Lösung, R Reaktion)

y = Hydr., Sm, Vd	(Hydr. Hydrierung, Sm Schmelzen, Vd Verdampfen)	
$\delta I_{\text{irrev.}} \cdot T^{-1}$	Entropieerzeugung	$[\text{J} \cdot \text{K}^{-1} \cdot \text{mol}^{-1}]$
Δp	Dampfdruckerniedrigung	[Pa]
ΔpH (PMK)	Protomotorische Kraft	
ΔS^0 (S^0)	Molare Standardentropie	$[\text{J} \cdot \text{K}^{-1} \cdot \text{mol}^{-1}]$
$\Delta_R S^0$	Molare Standardreaktionsentropie	$[\text{J} \cdot \text{K}^{-1} \cdot \text{mol}^{-1}]$
ΔS_{Sm}	Molare Schmelzentropie	$[\text{J} \cdot \text{K}^{-1} \cdot \text{mol}^{-1}]$
ΔT_{Sm}	Gefrierpunkterniedrigung	[K]
ΔT_{Sd}	Siedepunkterhöhung	[K]
$\Delta_R U^0$	Molare Standardreaktionsenergie	$[\text{kJ} \cdot \text{mol}^{-1}]$
a	van der Waals'sche-Binnendruck-Konstante realer Gase	$[\text{Nm}^4 \cdot \text{mol}^{-2}]$
a	Aktivität	$[\text{mol} \cdot \text{dm}^{-3}]$
b	van der Waals'sche-Eigenvolumen-Konstante realer Gase	$[\text{m}^3 \cdot \text{mol}^{-1}]$
c	Spezifische Wärmekapazität	$[\text{J} \cdot \text{K}^{-1} \cdot \text{g}^{-1}]$
c	Stoffmengenkonzentration	$[\text{mol} \cdot \text{dm}^{-3}]$
f	Fugazität (Effektiver Druck)	[Pa]
i	van't Hoff'scher Faktor	
k	Boltzmann-Konstante	$1{,}38054 \cdot 10^{-23}\,\text{J} \cdot \text{K}^{-1}$
k	Geschwindigkeitskonstante (Reaktion 1. Ordnung)	$[\text{s}^{-1}]$
k	Geschwindigkeitskonstante (Reaktion 2. Ordnung)	$[\text{s}^{-1} \cdot \text{mol}^{-1}]$
k	Poisson-Konstante	
k_{k}	Kryoskopische Konstante	$[\text{K} \cdot \text{kg} \cdot \text{mol}^{-1}]$
k_{E}	Ebullioskopische Konstante	$[\text{K} \cdot \text{kg} \cdot \text{mol}^{-1}]$
k_{Kat}	Wechselzahl des Enzyms	$[\text{s}^{-1}]$
m	Masse	[kg]
n	Stoffmenge	[mol]
n_{F}	Stoffmenge der Formelumsätze in der Reaktionsgleichung	[mol]
$\Delta_R n$	Änderung der Molzahlen gasiger Reaktanden	[mol]
s	Weg	[m]
z	Anzahl ausgetauschter Elektronen je Formelumsatz	
α	Isobarer Ausdehnungskoeffizient	$[\text{K}^{-1}]$
α	Dissoziationsgrad (Zerfallsgrad)	
α	Protolysegrad (Dissoziationsgrad)	

α	O_2-Sättigungsgrad für Hämoglobin	
α_U	Umsatzgrad	
β	Reaktionsgrad (Bildungsgrad)	
β	Isochorer Druckkoeffizient	$[K^{-1}]$
γ	Aktivitätskoeffizient	
χ	Isotherme Kompressibilität	$[Pa^{-1}]$
χ	Molenbruch	
(χ)	Gewichtsbruch	
λ	Wellenlänge	[nm]
π	Binnendruck	$[J/(mol \cdot dm^3)]$
π	Osmotischer Druck	$[1\,Pa = 10^{-5}\,bar]$
ε	Isothermer Drosseleffekt	$[J/(mol \cdot Pa)]$
ε_0	Elektrische Feldkonstante	$[8{,}86 \cdot 10^{-12}\,As \cdot (Vm)^{-1}]$
σ	Oberflächenspannung	$[N \cdot m^{-1}]$
φ	Dichte	$[kg \cdot m^{-3}]$
φ	Fugazitätskoeffizient	
ω	Thermodynamische Wahrscheinlichkeit	
ϑ	Relative Luftfeuchte	[%]
τ	Taupunkt	[K, °C]
$\mu(\Delta\overline{G})$	Chemisches Potenzial	$[kJ \cdot mol^{-1}]$
$\Delta\mu_{H+}$	Protonengradient	$[kJ \cdot mol^{-1}]$
μ_0	Magnetische Feldkonstante	$[4\pi \cdot 10^{-7}\,Vs \cdot (Am)^{-1}]$
ψ	Elektrisches Potenzial	[V]
η	Elektrochemisches Potenzial	$[J \cdot mol^{-1}]$
η	Wirkungsgrad	[%]
η_K	Leistungszahl (Kältemaschine)	
η_W	Leistungszahl (Wärmepumpe)	

∂	Markierung der partiellen Ableitung einer Zustandsgröße
d	Markierung eines vollständigen (totalen) Differenzials bei der Differenzierung einer Zustandsgröße
δ	Markierung eines unvollständigen (unbestimmten) Differenzials bei der Differenzierung einer Prozessgröße (Weggröße)

1 Theoretische Grundlagen

1.1 Nullter Hauptsatz der Thermodynamik und die thermische Zustandsgleichung

Der erste und der zweite Hauptsatz bilden die Grundlagen der Thermodynamik in ihrer langen historischen Entwicklung seit etwa Mitte des 18. Jahrhunderts. Später wurde von Nernst ein wichtiges Theorem entdeckt, das gelegentlich als dritter Hauptsatz bezeichnet wird, hier soll es ausschließlich unter der Bezeichnung Nernst'scher Wärmesatz behandelt werden, weil es im Grunde genommen nicht denselben Charakter wie die eigentlichen Hauptsätze hat. Erst im 19. Jahrhundert stellte man fest, dass für einen strengen axiomatischen Aufbau der Thermodynamik ein weiterer Satz notwendig ist. Er drückt eine wichtige Erfahrungstatsache aus, die früher für so selbstverständlich gehalten wurde, dass man glaubte, sie nicht extra aussprechen zu müssen. Dieser Satz wird heute, etwas ungewöhnlich, nullter Hauptsatz genannt. Er macht eine Aussage über das thermische Gleichgewicht und besagt:

> Befindet sich System A im thermischen Gleichgewicht mit System B und befindet sich System C im thermischen Gleichgewicht mit System B, so befinden sich auch A und C im thermischen Gleichgewicht.

Das ist nicht trivial, wie man auf den ersten Blick glauben könnte, denn wenn A der Vater von B ist und B der Vater von C, so ist A nicht der Vater von C. Es wäre trivial, wenn durch den Ausdruck „im thermischen Gleichgewicht sein“ eine Gleichheit ausgedrückt würde, denn dann ergibt sich die Richtigkeit des Satzes aus der Transitivität der Gleichheitsrelation. Unter Transitivität versteht man das Axiom der Mathematik: Sind zwei Elemente (Größen, Dinge) einem dritten gleich, dann sind sie auch untereinander gleich; aus $a = b$ und $b = c$ folgt $a = c$. Aus dem nullten Hauptsatz kann man aber schlussfolgern:

> Es gibt eine Größe (nämlich die Temperatur), deren Gleichheit in zwei Systemen ein Maß dafür ist, dass sich diese Systeme im thermischen Gleichgewicht befinden.

Der Satz drückt einen unmittelbar experimentell nachprüfbaren Tatbestand aus. Stellen wir uns in Abb. 1.1 die drei Systeme als gasgefüllte Zylinder vor, die mit einem verschiebbaren Kolben verschlossen sind. Wir wollen annehmen, dass das mittlere System B im Vergleich zu A und C sehr groß ist. Der Gasdruck soll in allen drei Systemen gleich sein und zwar praktisch gleich dem Außendruck, wenn wir vom Gewicht des Kolbens absehen. Bringen wir nun zwei Systeme in Berührung und warten eine Weile, werden sich die Gasvolumina und damit die Kolbenstände ändern. Wenn sie sich nicht mehr ändern, sagen wir, die Systeme sind im thermischen Gleichgewicht. Beim mittleren großen System wird dabei die Volumenänderung gegenüber der in den kleinen Systemen vernachlässigbar klein sein. Wir bringen auf diese Weise A mit B und C mit B ins thermische Gleichgewicht. Dann besagt unser Satz, dass wir den Versuch mit A und C nicht mehr durchzuführen brauchen. Wenn A und C in innige Berührung

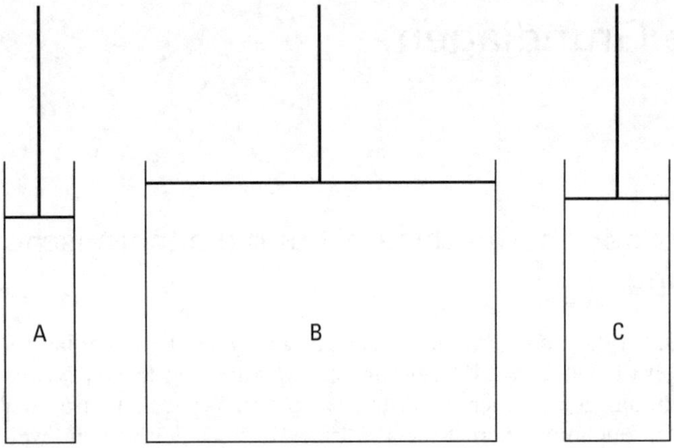

Abb. 1.1 Erläuterung des nullten Hauptsatzes der Thermodynamik.

gebracht werden, tritt keine Volumenänderung mehr ein. Die beiden Systeme sind schon im thermischen Gleichgewicht.

Daraus können wir schließen, dass das thermische Gleichgewicht durch die Gleichheit einer thermodynamischen Zustandsgröße gekennzeichnet wird, die sich bei der Berührung zweier Systeme von selbst einstellt. Wir nennen diese Größe **Temperatur**. Der nullte Hauptsatz kann kurz so formuliert werden:

> Zwei Systeme sind im thermischen Gleichgewicht, wenn sie dieselbe Temperatur haben, oder noch kürzer: „Die Temperatur ist eine Zustandsgröße."

Damit ist noch keine Maßeinheit für die Temperatur festgelegt worden. Es ist nur ein Kriterium dafür angegeben worden, wann zwei Temperaturen gleich oder verschieden sind. Bis hierher kann man sich im Prinzip die gewohnte Temperaturskala nach Celsius verwendet denken. Der obige Gedankenversuch bedeutet, dass sich bei dem innigen Berühren zweier Systeme die Temperatur in beiden Systemen ausgleicht, und dass sich dabei (bei konstantem Druck) das Volumen gesetzmäßig ändert. Die Temperatur ist eine Funktion der beiden anderen thermodynamischen Zustandsgrößen Druck und Volumen. Eine solche Gleichung, die für einen beliebigen Stoff eine funktionale Beziehung zwischen dem Druck p, dem Volumen v und der Temperatur t herstellt, heißt **thermische Zustandsgleichung**. Wir könnten den nullten Hauptsatz auch so formulieren:

> Für jeden Stoff existiert eine thermische Zustandsgleichung.

Die Stoffe mit der einfachsten thermischen Zustandsgleichung sind die idealen Gase. Der ideale Gaszustand ist ein Grenzzustand, dem jedes Gas zustrebt, wenn sein Druck niedrig und seine Temperatur hoch genug wird, d. h. wenn sein Volumen möglichst groß wird, wenn also die Gasmoleküle eine möglichst große Entfernung voneinander haben, so dass sie sich nicht mehr gegenseitig beeinflussen können. Die thermische Zustandsgleichung idealer Gase lautet:

$$p \cdot v = \frac{m}{M} R T \,. \tag{1.1}$$

Darin bedeutet m die Masse und M die molare Masse des Gases. R ist eine universelle Konstante, die Gaskonstante. T ist die absolute Temperatur. Es gilt, wenn t die Celsiustemperatur ist:

$$T = t + 273{,}15\,.$$

Die Gleichung (1.1) ist nicht von vornherein in dieser allgemeinen Form entstanden, sondern sie enthält drei empirische Gesetze:

1. Das Gesetz von Boyle-Mariotte, es lautet für $dT = 0$

$$pv = \text{const.} \tag{1.2}$$

2. Das Gesetz von Gay-Lussac, es lautet für $dp = 0$

$$v = v_0 \cdot \left(1 + \frac{t}{273{,}15}\right). \tag{1.3}$$

v_0 bedeutet in (1.3) das Volumen bei der Temperatur $t = 0$ und bei dem jeweiligen konstant gehaltenen Druck. Führt man in (1.3) die obige Definition von T ein und setzt man T_0 bei $t = 0$, lautet (1.3):

$$v = v_0 \cdot \frac{T}{T_0}\,. \tag{1.4}$$

Kombiniert man (1.2) mit (1.4), erhält man

$$\frac{pv}{T} = \text{const.} \tag{1.5}$$

In (1.5) ist schon der Zusammenhang zwischen pv und T enthalten, nur die Abhängigkeit von der Masse und der Art des Gases, wie sie durch (1.1) ausgedrückt wird, fehlt noch. Leider scheint es oft üblich zu sein, die Gasgleichung nur in der Form (1.5) zu behandeln und die Form (1.1) nicht zu verwenden. Das ist bedauerlich, da die Gaskonstante R unbedingt berücksichtigt werden muss.

3. Mit dem Avogadro'schen Gesetz kommt man schließlich zur Gleichung (1.1). Es besagt:

> Bei gleichem Druck und gleicher Temperatur sind im gleichen Volumen gleich viele Moleküle eines idealen Gases.

Die Konstante in (1.5) hängt nur von der Molekülzahl N ab und zwar ist sie ihr proportional, da sich z. B. bei Verdopplung des Volumens (bei konstantem T und p) auch die Molekülzahl verdoppelt. Der Proportionalitätsfaktor ist die Boltzmannkonstante k, die in vielen Gebieten der Physik eine große Rolle spielt. (1.5) lautet mit dem Avogadro'schen Gesetz:

$$\frac{pv}{T} = k \cdot N\,. \tag{1.6}$$

N ist normalerweise eine sehr große und k eine sehr kleine Zahl. Man erhält gebräuchlichere Größenordnungen, wenn man die rechte Seite von (1.6) mit der Avogadro'schen Zahl N_A multipliziert und dividiert und für N/N_A die Molzahl n einführt:

$$\frac{pv}{T} = k \cdot N_A \cdot n = R \cdot \frac{m}{M}\,. \tag{1.7}$$

(1.7) stimmt mit (1.1) überein, wenn man $k \cdot N_A = R$ und $m/M = n$ setzt. Für Berechnungen sind zu berücksichtigen:

$$N_A = 6{,}0220142 \cdot 10^{23}\,\mathrm{mol}^{-1} \tag{1.8}$$

$$R = 8{,}3143\,\mathrm{J/(mol \cdot K)} = 8314{,}3\,\mathrm{Pa \cdot dm^3/(mol \cdot K)} \tag{1.9}$$

$$k = 1{,}38065 \cdot 10^{-23}\,\mathrm{J/K}\,. \tag{1.10}$$

Führt man in (1.7) für v/n die Bezeichnung **Molvolumen** V ein, lautet die Gasgleichung:

$$pV = RT\,. \tag{1.11}$$

Größen, die auf 1 Mol bezogen sind, werden in der Regel mit großen Buchstaben geschrieben, während für die auf eine beliebige Stoffmenge bezogenen Größen kleine Buchstaben verwendet werden. Solche Größen, wie das Volumen v, die der Molzahl bei $dp = 0$ und $dT = 0$ proportional sind, heißen **extensive Zustandsgrößen**. Größen, die nicht von der Stoffmenge abhängen, wie Druck und Temperatur, heißen **intensive Zustandsgrößen**. Unter **Normalbedingungen ($p = 101\,325\,\mathrm{Pa}$; $T = 273{,}15\,\mathrm{K}$)** ist

$$\boldsymbol{V = V_m = 22{,}414\,\mathrm{dm^3/mol}}\,. \tag{1.12}$$

Leider ist es üblich, den Begriff des „Molvolumens" mit der Zahl $22{,}414\,\mathrm{dm^3/mol}$ zu identifizieren, obwohl es sich dabei um ein spezielles Molvolumen, nämlich das idealer Gase unter Normalbedingungen, handelt. Das Molvolumen idealer Gase bei beliebiger Temperatur und beliebigem Druck ist

$$V = \frac{RT}{p}\,. \tag{1.13}$$

Auch für kondensierte Phasen (feste und flüssige Stoffe) lässt sich das Molvolumen angeben:

$$V = \frac{M}{\varphi} \quad (\varphi : \textbf{Dichte des Stoffes})\,. \tag{1.14}$$

Danach ist z. B. das Molvolumen von Wasser $V_{\mathrm{Wasser}} \approx 18\,\mathrm{cm^3/mol}$. Der Vergleich mit (1.12) zeigt, dass es etwa um den Faktor 1000 kleiner ist ($\rightarrow$ $0{,}018\,\mathrm{dm^3/mol}$) als das Molvolumen idealer Gase unter Normalbedingungen. In der unterschiedlichen Größe des Molvolumens liegt der wesentliche Unterschied zwischen kondensierten Phasen und Gasen.

Oben wurde gesagt, dass (als Konsequenz des nullten Hauptsatzes) für jeden Stoff eine thermische Zustandsgleichung existiert. Hier sollen aus dieser Tatsache einige allgemeine Schlüsse gezogen werden. Für die Zustandsgleichung wollen wir die Variablen V, p und T verwenden. Die Zustandsgleichung wird üblicherweise in einer von zwei Formen geschrieben; entweder man stellt V als Funktion von p und T dar oder p als Funktion von V und T. Die dritte Möglichkeit kommt praktisch nicht vor. Diese doppelte Zahl der unabhängigen Veränderlichen (pT bzw. VT) zieht sich durch die gesamte Thermodynamik hindurch. Da es bequemer ist, mit einer statt mit zwei Variablen zu arbeiten, wählt man als zweite im Allgemeinen diejenige, die bei dem untersuchten Vorgang konstant bleibt und nur die Rolle eines Parameters spielt. Das Variablenpaar VT wird daher bei Vorgängen gewählt, die bei konstantem Volumen (**isochor**) ablaufen. Das können nur Vorgänge in Systemen sein, die eine Gasphase enthalten, denn bei kondensierten Phasen lässt sich das Volumen nicht konstant halten. Weitaus häufiger sind aber in der physikalischen Chemie die Vorgänge, die bei konstantem Druck (**isobar**) ablaufen. In diesen Fällen wird das unabhängige Variablenpaar pT verwendet.

Ändert sich bei einem Vorgang die Temperatur um einen kleinen Betrag dT und der Druck um dp, lässt sich die damit verbundene Änderung des Molvolumens dV näherungsweise nach

$$dV = \left[\frac{\partial V}{\partial T}\right]_p dT + \left[\frac{\partial V}{\partial p}\right]_T dp \tag{1.15}$$

ausrechnen. In der Theorie der Funktionen zweier Veränderlicher heißt dV **das vollständige Differenzial** der Funktion $V = f(T,p)$. Zwischen den beiden in (1.15) auftretenden partiellen Ableitungen besteht folgende wichtige Beziehung, der so genannte **Schwarz'sche Satz**:

$$\frac{\partial}{\partial p}\left(\frac{\partial V}{\partial T}\right)_p = \frac{\partial}{\partial T}\left(\frac{\partial V}{\partial p}\right)_T . \tag{1.16}$$

Dieser Satz stellt eine fast unerschöpfliche Quelle für neue thermodynamische Formeln dar. Man definiert die beiden folgenden thermischen Koeffizienten:

Den **isobaren Ausdehnungskoeffizienten**

$$\alpha = \frac{1}{V}\left(\frac{\partial V}{\partial T}\right)_p .$$

Die **isotherme Kompressibilität**

$$\chi = -\frac{1}{V}\left(\frac{\partial V}{\partial p}\right)_T .$$

Der isobare Ausdehnungskoeffizient ist ein Maß für die relative Volumenänderung bei einer Temperaturänderung um 1 K. Früher bezog man ihn auf das Anfangsvolumen V_0 bei der Temperatur T_0 und dem Druck p_0. Heute ist es gebräuchlicher, ihn auf das jeweilige Volumen V zu beziehen. Das ist in mancherlei Hinsicht zweckmäßiger. Der Ausdehnungskoeffizient ist im Allgemeinen positiv. Einer der seltenen Ausnahmefälle ist allgemein bekannt und praktisch äußerst wichtig: Für Wasser zwischen 0 und 4 °C ist dieser Koeffizient negativ.

Die isotherme Kompressibilität ist ein Maß für die mit einer Druckänderung verbundenen relativen Volumenänderung. Die partielle Ableitung $(\frac{\partial V}{\partial p})_T$ ist immer negativ, da das Volumen bei Druckzunahme ausnahmslos abnimmt. Wegen des Minuszeichens in der Definitionsgleichung der Kompressibilität ist χ stets positiv. Für ideale Gase ist nach der Gasgleichung

$$\alpha = \frac{p}{nRT}\cdot\frac{nR}{p} = \frac{1}{T}$$

und

$$\chi = \frac{-p}{nRT}\cdot\left(\frac{-nRT}{p\cdot p}\right) = \frac{1}{p} . \tag{1.17}$$

Nach der älteren Definition für α hätte sich ergeben: $\alpha = 1/273{,}15\,\mathrm{K}^{-1} = 1/T_0$. Da dieser Wert konstant ist, wird gelegentlich noch die ältere Definition von α verwendet. Die Definition dieser beiden Koeffizienten ist nicht nur auf Gase, sondern auch auf beliebige Stoffe anwendbar. So ist für Flüssigkeiten und Festkörper der Ausdehnungskoeffizient etwa 10^{-1}–10^{-2} des Ausdehnungskoeffizienten idealer Gase; die Kompressibilität der kondensierten Stoffe ist dagegen 10^{-5}–10^{-6} der Kompressibilität idealer Gase.

Außer der Kleinheit des Molvolumens zeigt sich noch eine weitere typische Eigenschaft kondensierter Stoffe. Sie sind praktisch inkompressibel. Nach dem Schwarz'schen Satz besteht zwischen α und χ folgende Beziehung, die man nach elementarer Rechnung erhält:

$$\left(\frac{\partial \alpha}{\partial p}\right)_T = \left(\frac{-\partial \chi}{\partial T}\right)_p . \tag{1.18}$$

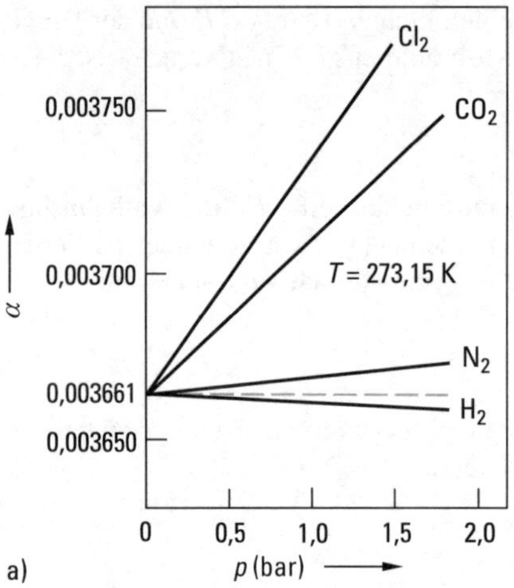

b)

Mittlerer linearer Ausdehnungskoeffizient α (in 10^{-6} K^{-1}) zwischen 0 und 100 °C.			
Aluminium	23,1	Platin	9
Beton	12	Polyamide	110
Chromstahl	10,0	PVC	80
Diamant	1,3	Porzellan	3
Eisen	11,9	Selen	66
Glas	9	Silber	19
Graphit	2	Silizium	2
Kupfer	16	Stahl	16

Abb. 1.2 Thermischer Ausdehnungskoeffizient α
a) einiger Gase in Abhängigkeit vom Druck, b) einiger Feststoffe zwischen 0 und 100 °C.

Verwendet man die thermische Zustandsgleichung in der Form $p = f(T,V)$, lässt sich noch ein weiterer Koeffizient, **der isochore Druckkoeffizient β**, definieren:

$$\beta = \frac{1}{p}\left(\frac{\partial p}{\partial T}\right)_V . \tag{1.19}$$

β lässt sich durch α und χ ausdrücken. Man erhält

$$\beta = \frac{1}{p}\frac{\alpha}{\chi} . \tag{1.20}$$

In Tabellenwerken sind deshalb nur α und χ für die verschiedenen Stoffe aufgeführt. Für ideale Gase ist $\beta = 1/T$.

Das thermische Verhalten eines Stoffes kann einerseits durch eine vollständige thermische Zustandsgleichung beschrieben werden. So verfährt man bei Gasen, gelegentlich auch bei Flüssigkeiten. Andererseits kann es durch die beiden Koeffizienten α und χ sowie einem Wert V_0 (Volumen bei einem beliebigen Druck p_0 und einer beliebigen Temperatur T_0) wiedergegeben werden. Setzt man diese Größen in (1.15) ein, zeigt die Mathematik Möglichkeiten, wie man derartige vollständige Differenziale integrieren kann. α und χ sind im Allgemeinen wieder Funktionen von T und p (Abb. 1.2). Dabei ist nach (1.18) die Temperaturabhängigkeit von χ durch die Druckabhängigkeit von α schon mitbestimmt.

Um das thermische Verhalten eines beliebigen Stoffes vollständig zu beschreiben, muss man folgende Größen kennen:

$$\boxed{\alpha(T,p) \quad \chi(p) \quad V_0 .} \tag{I}$$

Nun soll ein weiteres Beispiel für eine thermische Zustandsgleichung bei realen Gasen behandelt werden. **Das Verhalten der realen Gase** (Gase unter höherem Druck und bei niedrigen Temperaturen) wird durch die **van-der-Waals'sche Gleichung** befriedigend wiedergegeben:

$$\left(p + \frac{a}{V^2}\right) \cdot (V - b) = RT . \tag{1.21}$$

Diese Gleichung ähnelt im Aufbau der idealen Gasgleichung. Sie unterscheidet sich von ihr nur durch die beiden Zusatzglieder a/V^2 und b, die das reale Verhalten des Gases wiedergeben. a und b sind individuelle Stoffkonstanten, die von Gas zu Gas verschieden sind und in Tabellen nachgeschlagen werden können. Für n Mole lautet Gleichung (1.21), in dem man $V = v/n$ setzt:

$$\left(p + \frac{an^2}{v^2}\right) \cdot (v - nb) = nRT\,. \tag{1.22}$$

(1.21) lässt sich einfach nach p auflösen:

$$p = \frac{RT}{V-b} - \frac{a}{V^2}\,. \tag{1.23}$$

Nach T ist (1.21) praktisch schon aufgelöst. Schwierigkeiten macht nur die Auflösung nach V. Die Gleichung ist in V kubisch. Wenn das Gas nicht allzu real ist, d. h. wenn es sich in seinem Verhalten nicht allzu stark von einem idealen Gas unterscheidet, empfiehlt sich **folgendes Näherungsverfahren**: Man löst nach V auf, das neben dem b steht, und erhält

$$V = \frac{RT}{p + \frac{a}{V^2}} + b\,. \tag{1.24}$$

In dieser Gleichung kommt allerdings V auch auf der rechten Seite vor. Man setzt rechts ein V_0 ein (etwa wie man es aus der idealen Gasgleichung erhalten würde) und erhält nach (1.24) links V_1. Damit geht man wieder in die rechte Seite der Gleichung ein und erhält ein V_2. Wenn das Gas nicht zu real war, dann konvergiert die Folge der V_0, V_1, V_2 usw. gegen das wahre Molvolumen V des realen Gases. Dieses Verfahren ist ein Spezialfall des allgemeinen Iterationsverfahrens der Mathematik zur Lösung komplizierter Gleichungen.

Die beiden van der Waals'schen Konstanten a und b drücken die eigentlichen realen Eigenschaften des Gases aus, nämlich die Wechselwirkung der Gasmoleküle untereinander. Dabei ist b ein Maß für das Eigenvolumen der Gasmoleküle eines Mols. Eine genaue Rechnung zeigt, dass es das 4-fache Eigenvolumen sämtlicher Gasmoleküle eines Mols ist, das so genannte **Kovolumen**. Wenn wir annehmen, dass die Gasmoleküle Kugeln mit dem Radius r sind, ist

$$b = 4 \cdot \frac{4\pi}{3} \cdot N_A \cdot r^3\,. \tag{1.25}$$

Da jedes Gasmolekül durch sein Eigenvolumen die Bewegung der anderen Gasmoleküle behindert, steht den anderen Molekülen nur noch ein geringerer Raum zur Verfügung. Daher muss also $V - b$ in der Zustandsgleichung stehen (an Stelle von V in der idealen Gasgleichung).

Das Glied a/V^2 ist ein Maß für die zwischenmolekularen Anziehungskräfte. Ihrer Natur nach sind diese Anziehungskräfte elektrischer Herkunft. Es sind Kräfte, die zwischen natürlichen oder induzierten Dipolen wirken. Der Charakter der van der Waals'schen Kräfte wurde von London aufgeklärt. Diese Kräfte wirken dort proportional r^{-7} (r = Entfernung zwischen den Gasmolekülen). Auf eine diesbezügliche Ableitung wird hier verzichtet.

Häufig benutzt wird das **Lennard-Jones-Potenzial** (Abb. 1.3a)

$$\phi_{(r)} = 4\varepsilon\left\lfloor(\sigma/r)^{12} - (\sigma/r)^6\right\rfloor.$$

ε und σ sind stoffspezifische und weitgehend temperaturunabhängige Konstanten, die experimentell, z. B. aus den Virialkoeffizienten, bestimmt werden können. Das Glied mit negativem Vorzeichen stellt die London'sche Anziehungskraft bzw. deren Potenzial dar, während die Abstoßung wegen der hohen Potenz von $(1/r)$ erst bei starker Annäherung wirksam wird. Man kann auch versuchen, sich ein empirisches Bild von den Abweichungen des realen

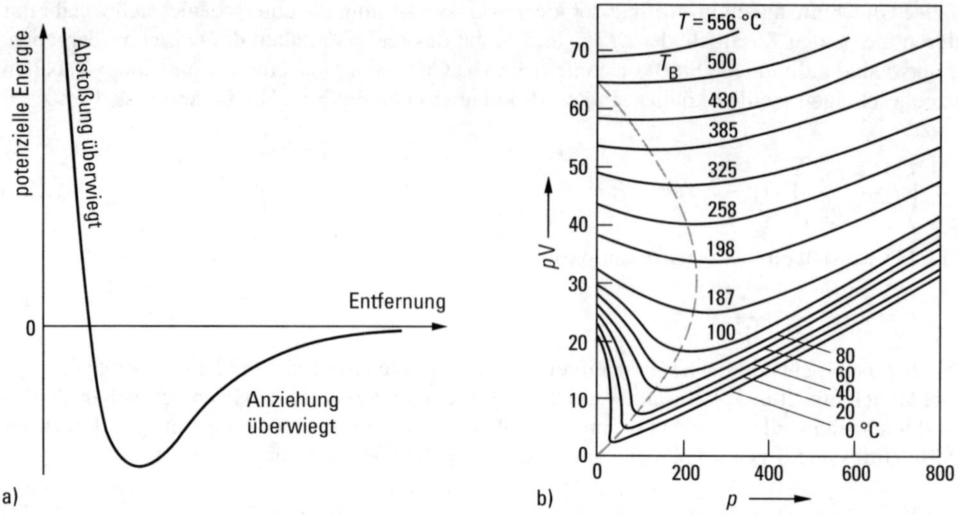

Abb. 1.3 a) Änderung der potenziellen Energie zweier Moleküle eines realen Gases als Funktion ihres Abstandes (Lennard-Jones-6-12-Potenzial); b) pV-p-Isothermen des realen Gases CO_2.

Gases vom Verhalten idealer Gase zu machen, indem man die Isothermen beider Gase vergleicht. Besonders instruktiv wird dieser Vergleich, wenn man die Isothermen in einem pV-p-Diagramm aufträgt (Abb. 1.3b).

Diese Art der Darstellung stammt von Amagat. In einem solchen Diagramm wären die Isothermen eines idealen Gases waagerechte Geraden. Zeichnet man die Isothermen eines schwach realen Gases ein (etwa bis zu Drücken von 50 bar), erhält man näherungsweise Geraden verschiedener Steigung, die im gleichen Punkt in die pV-Achse einmünden wie die idealen Isothermen, und zwar in RT. Bei tiefen Temperaturen ist die Steigung dieser Geraden negativ, bei hohen Temperaturen positiv. Dazwischen gibt es eine Temperatur, bei der die Gerade waagerecht einmündet, bei der also bis zu relativ hohen Temperaturen das Boyle-Mariotte'sche Gesetz erfüllt ist. Diese Temperatur heißt Boyle-Temperatur T_B. Auf Grund dieser empirisch gewonnenen Isothermen kommt man zu einer Zustandsgleichung der Form

$$pV = RT + B(T)p\,. \tag{1.26}$$

$B(T)$ nennt man den zweiten Virialkoeffizienten. Bei höherem Druck biegen die Isothermen in Abb. 1.3 nach oben um. Das kann dadurch wiedergegeben werden, dass man in (1.26) einen Summanden $C(T)p^2$ hinzufügt. $C(T)$ ist der dritte Virialkoeffizient. Die Temperaturabhängigkeit der Virialkoeffizienten muss empirisch ermittelt werden. Auf diese Weise kann die Zustandsgleichung mit zusätzlichen Summanden weiter verfeinert und dem wirklichen Verhalten realer Gase beliebig gut angepasst werden. Auch die van der Waals'sche Gleichung lässt sich in die Virialform umschreiben. Das soll hier nur bis zum zweiten Virialkoeffizienten durchgeführt werden. Wenn man in (1.21) die Klammern links ausmultipliziert, gelangt man über

$$pV = RT + bp - \frac{a}{V} + \frac{ab}{V^2} \quad \text{zu} \quad pV \approx RT + bp - \frac{a}{V}$$

und mit $1/V = p/RT$ zu

$$pV \approx RT + \left(b - \frac{a}{RT}\right) \cdot p\,. \tag{1.27}$$

Aus (1.27) erhält man sofort die Boyle-Temperatur $T_\mathrm{B} = a/Rb$. Man könnte auch die höheren Virialkoeffizienten aus der van der Waals'schen Gleichung bestimmen. Die van der Waals'schen Konstanten a und b lassen sich aus der kritischen Temperatur T_k und dem kritischen Druck p_k des betreffenden Gases berechnen:

$$a = 0{,}422 \cdot \frac{R^2 \cdot T_\mathrm{k}^2}{p_\mathrm{k}}\,; \quad b = 0{,}125 \cdot \frac{R \cdot T_\mathrm{k}}{p_\mathrm{k}}\,.$$

Gleichung (1.27) bedeutet nicht, dass in jedem Fall der zweite Virialkoeffizient die Form $(b - a/RT)$ hat. Das ist nur ein Ausdruck für das van der Waals'sche Virial. Es sind noch andere Formeln für den zweiten Virialkoeffizienten vorgeschlagen worden, z. B. von Berthelot. Aus seiner Zustandsgleichung

$$\left(p + \frac{a}{TV^2}\right) \cdot (V - b) = RT \tag{1.21-1}$$

folgt zunächst

$$pV = RT + bp - \frac{a}{TV} + \frac{ab}{TV^2}$$

und mit $\frac{ab}{TV^2} \approx 0$ ergibt sich

$$pV \approx RT + bp - \frac{a}{TV} \approx RT + \left(b - \frac{a}{RT^2}\right) p\,. \tag{1.27-1}$$

Mit (1.21) bzw. (1.27) kann man die drei Koeffizienten α, β und χ berechnen. Dabei ergibt sich, dass α und β bei realen Gasen nicht mehr den gleichen Wert haben (im Gegensatz zu idealen Gasen). Auch sind die Koeffizienten selbst von denen der idealen Gase verschieden. Der Leser möge die elementaren Rechnungen selbst durchführen.

Es hat langer, mühsamer Untersuchungen bedurft, die Bedingungen für die Verflüssigung der Gase zu klären. Zu Beginn des 19. Jahrhunderts war es Faraday gelungen, eine Anzahl von Gasen, wie Chlor, Schwefelwasserstoff, Schwefeldioxid und Ammoniak, teils durch Drucksteigerung, teils durch Abkühlung in den flüssigen Zustand zu verwandeln. 1823 konnte er auch Kohlenstoffdioxid durch einen Druck von 37 bar bei 0 °C verflüssigen. Trotz Anwendung sehr hoher Drücke (> 3000 bar) gelang es dagegen lange nicht Sauerstoff, Stickstoff und Wasserstoff zu verflüssigen. Die Edelgase, bei denen die Verflüssigung ebenfalls mit Schwierigkeiten verbunden ist, waren zu jener Zeit noch nicht bekannt. Aufgrund dieser Feststellungen kam man damals zu dem Schluss, dass es zwei verschiedene Arten von Gasen gäbe:

1. Gase, die durch Druckerhöhung bzw. Temperaturerniedrigung in den flüssigen Zustand übergeführt werden können, und
2. Gase, bei denen eine Überführung in den flüssigen Zustand auf keinen Fall möglich ist. Diese Gase wurden als **permanente Gase** bezeichnet.

Heute weiß man, dass diese Unterscheidung nicht berechtigt war. Es gilt vielmehr:

Alle Gase können in den flüssigen Aggregatzustand übergeführt werden.

Wenn man den durch die universelle Gasgleichung $pV = nRT$ ausgedrückten Zusammenhang zwischen den Zustandsgrößen V, p und T graphisch darstellt, ergibt sich Abb. 1.4a.

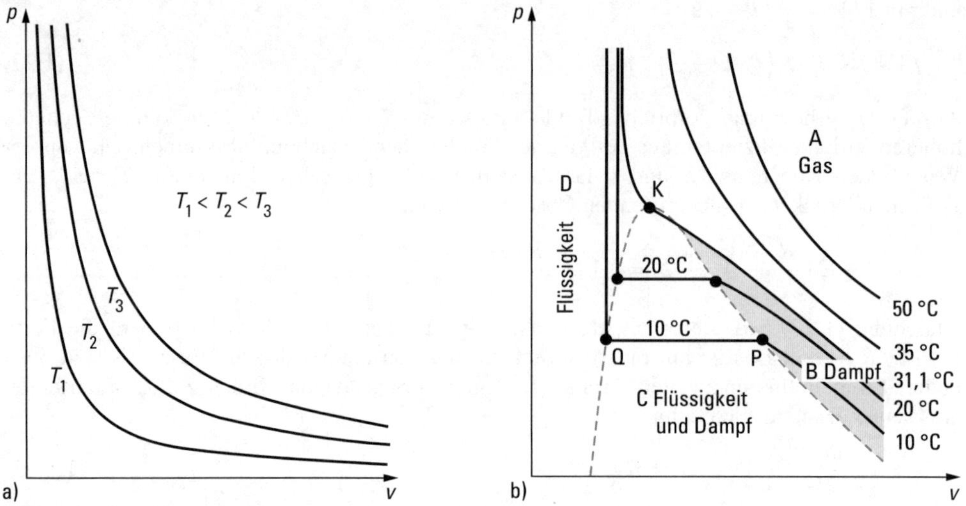

Abb. 1.4 Isothermen eines a) idealen Gases b) des realen Gases CO_2.

Zu jeder Temperatur gehört eine Hyperbel, die für diese Temperatur den Zusammenhang zwischen V und p wiedergibt. Bei einer Verringerung der Temperatur rückt die Hyperbel dichter an den Koordinatenanfangspunkt heran. Diese Kurven heißen **Isothermen des idealen Gases**. In ähnlicher Weise können die **Isothermen für das reale Gas** Kohlenstoffdioxid gezeichnet werden (Abb. 1.4b). Solange die Temperatur genügend hoch ist, erhält man auch hier gleichseitige Hyperbeln. Bei niedrigeren Temperaturen weichen die Isothermen aber stark von dieser Form ab. Betrachtet man die Isotherme für $\boldsymbol{T = 10\,°C}$, zeigt diese einen auf den ersten Blick recht merkwürdigen Verlauf. Es ist das Verdienst des Physikers Thomas Andrews (1813–1885), die Verhältnisse durch Untersuchungen am Kohlenstoffdioxid geklärt zu haben. Wie Abb. 1.4b zeigt, können in dem Kurvenverlauf drei Bereiche unterschieden werden:

1. In ihrem rechten Teil zeigt die Kurve, dass eine bei konstanter Temperatur durchgeführte Volumenverringerung mit einer Druckzunahme verbunden ist, die etwa dem Boyle-Mariotte-Gesetz entspricht, d. h. die zugehörige Isotherme ist in diesem Bereich, der bis zum Punkte P reicht, mit großer Annäherung ein Hyperbelstück.
2. Wenn man vom Punkte P aus das Volumen weiter verringert, ist dies nicht mehr mit einer Druckzunahme verbunden, sondern der Druck bleibt konstant. Dies bedeutet, dass die Isotherme parallel zur Abszissenachse verläuft, bis der Punkt Q erreicht ist. In dem Gebiet zwischen P und Q geht das Gas nach und nach in den flüssigen Zustand über. Beim Erreichen des Punktes Q ist das gesamte Gas flüssig geworden.
3. Bei einer weiteren Volumenverringerung steigt der Druck stark an. Die Kurve zeigt einen entsprechend steilen Verlauf. Dies entspricht der Tatsache, dass alle Flüssigkeiten schwer zusammendrückbar sind.

In Abb. 1.4b ist eine weitere Isotherme für $\boldsymbol{T = 20\,°C}$ gezeichnet. Man erkennt, dass sie einen ähnlichen Verlauf wie die Isotherme für $\boldsymbol{T = 10\,°C}$ aufweist. Der Übergang in den flüssigen Zustand erfolgt allerdings erst bei einem höheren Druck und der horizontal verlaufende Kurventeil ist kürzer. Nach einer vollständigen Verflüssigung steigt die Kurve auch hier wieder steil an. Bei einer weiteren Erhöhung der Temperatur wird der horizontale

Teil der Isothermen immer kürzer, bis er schließlich bei der Temperatur $\boldsymbol{T_K = 31{,}1\,°C}$ zu einem Punkt K zusammenschrumpft. Die Isotherme hat jetzt nur noch einen Wendepunkt mit horizontal verlaufender Tangente. Physikalisch bedeutet dies, dass bei fortschreitender Volumenverminderung eine dauernde Drucksteigerung erfolgt, dass aber keine Verflüssigung eintritt. Bei noch höheren Temperaturen steigen die Isothermen bei Volumenverringerung dauernd an; es existiert jetzt auch keine horizontale Wendetangente mehr. Die Folge davon ist, dass das Gas durch Drucksteigerung nicht mehr verflüssigt werden kann. Das Ergebnis der Untersuchungen von Andrews war, dass Kohlenstoffdioxid nur unterhalb einer Temperatur von 31,1 °C durch Drucksteigerung in den flüssigen Zustand überführt und dass oberhalb dieser Temperatur auch bei Anwendung größter Drücke keine Verflüssigung erreicht werden kann. Die betreffende Temperatur nennt man die **kritische Temperatur** $\boldsymbol{T_k}$ und den zugehörigen Druck den **kritischen Druck** $\boldsymbol{p_k}$. Die durch den Punkt K gehende Isotherme heißt **kritische Isotherme**. Die gestrichelte Kurve in Abb. 1.4b verbindet die Knickstellen der Isothermen miteinander. Man nennt diese Kurve die **Grenzkurve** und das von ihr eingeschlossene Gebiet das **Sättigungsgebiet**. Es umfasst den Bereich, in dem Flüssigkeit und Dampf nebeneinander bestehen können. Insgesamt können vier Bereiche unterschieden werden:

- **Bereich A** umfasst das Gebiet oberhalb der kritischen Isotherme. Hier kann Kohlenstoffdioxid nur im gasförmigen Zustand existieren.
- **Bereich B** wird von der kritischen Isotherme und dem rechten Teil der Grenzkurve begrenzt. Dieses Gebiet ist das des ungesättigten Dampfes.
- **Bereich C** ist das oben schon erwähnte Sättigungsgebiet, in dem Flüssigkeit und gesättigter Dampf gleichzeitig vorkommen.
- **Bereich D** wird vom linken Teil der kritischen Isotherme bis zum Punkte K und dem linken Teil der Grenzkurve begrenzt. Hier kann Kohlenstoffdioxid nur als Flüssigkeit existieren.

In den Bereichen A und B ist der Stoff im gasförmigen Zustand vorhanden. Der Unterschied besteht darin, dass in dem Bereich A durch Drucksteigerung keine Verflüssigung erreicht werden kann, während dies im Bereich B möglich ist. Man hat deshalb vorgeschlagen, im Bereich A von **Gasen** und im Bereich B von **Dämpfen** zu sprechen.

Die van der Waals'sche Gleichung (1.21) ist nicht nur eine Zustandsgleichung für reale Gase; sie kann auch als Zustandsgleichung von Flüssigkeiten verwendet werden. Allerdings ändern sich dann die Größenordnungen der einzelnen Glieder wesentlich. Wir betrachten einen Dampf im Gleichgewicht mit seiner flüssigen Phase. Beide haben dann den gleichen Druck und die gleiche Temperatur. Auf den Dampf kann die van der Waals'sche Gleichung, als Gleichung für reale Gase, angewendet werden. Das Molvolumen der Flüssigkeit ist aber nach dem oben Gesagten etwa um den Faktor 1000 kleiner als das Molvolumen des Dampfes, der **Binnendruck** also um den Faktor 10^6 größer. Während also beim realen Gas der Binnendruck ein kleines Korrekturglied gegenüber dem Druck p ist, wird bei Flüssigkeiten p selbst vernachlässigbar klein gegenüber dem Binnendruck und man könnte es ohne wesentlichen Verlust an Genauigkeit ganz aus der Zustandsgleichung herauslassen. Dadurch wird nochmals der Sachverhalt ausgedrückt, dass Flüssigkeiten praktisch inkompressibel sind. Außerdem folgt aus dem Größenverhältnis von p und Binnendruck, dass die Flüssigkeit praktisch nur durch den Binnendruck (der hier in der Größenordnung einiger tausend bar liegt) zusammengehalten wird und dass der Atmosphärendruck zum Zusammenhalt der Flüssigkeit nichts Wesentliches mehr beiträgt. V und b sind bei Flüssigkeiten etwa gleich groß, so dass $V - b$ sehr klein wird.

1.2 Erster Hauptsatz der Thermodynamik und die kalorische Zustandsgleichung

Der erste Hauptsatz ist der allgemeine Energiesatz der Physik, ausgesprochen für die besonderen Bedürfnisse der chemischen Thermodynamik. Die chemische Thermodynamik spricht nun nicht von Energie schlechthin, sondern von innerer Energie U. Die innere Energie ist die Gesamtenergie des Systems, abzüglich

- der kinetischen Energie seiner Schwerpunktbewegung (z. B. ist es für den Ablauf chemischer Reaktionen ohne Bedeutung, ob eine Gasreaktion in einem feststehenden Behälter oder in einem fliegenden Luftballon abläuft.)
- und abzüglich seiner potenziellen Energie, soweit sie von äußeren Feldern herrührt. (Es ist für eine Lösungsreaktion unerheblich, ob das Reaktionsgefäß im Keller oder im vierten Stockwerk steht, obwohl dort die potenzielle Energie im Gravitationsfeld größer ist.)

Man kann die innere Energie als Summe sämtlicher Einzelenergien aller Moleküle im System zuzüglich der potenziellen Wechselwirkungsenergien, die von den zwischenmolekularen Kräften herrühren, definieren.

Der erste Hauptsatz sagt aus, wie sich diese innere Energie dadurch ändern kann, dass Energie über Grenzen des Systems hinweg strömt. Dieser Energiestrom kann in Form eines Wärmestromes δQ in Erscheinung treten, wenn zwischen System und Umgebung eine Temperaturdifferenz besteht. Wenn diese Temperaturdifferenz differenziell klein ist, nennt man den Wärmestrom reversibel (Beim reversiblen Wärmestrom fließt die Energie unendlich langsam. Der Energiestrom kann jederzeit angehalten und durch Umkehren des Vorzeichens von ΔT in umgekehrte Richtung geleitet werden.). Außerdem kann Energie ausgetauscht werden, indem eine Arbeit geleistet wird. Die in diesem Zusammenhang wichtigste Form einer Arbeit ist die Volumenarbeit δW.

$$\delta W_{\text{Vol.}} = -F \cdot ds = -\frac{F}{A} \cdot A \cdot ds = -p \cdot dV\,.$$

Sie wird z. B. geleistet, wenn sich ein Gas in einem Zylinder ausdehnt und einen Kolben in dem Zylinder nach oben schiebt. Dann gibt das Gas Energie in Form von Arbeit an die Umgebung ab. Wenn der Außendruck größer als der Innendruck ist, wird der Kolben in den Zylinder hineingeschoben. Man sagt, die Umgebung leistet an dem Gas Arbeit. Wenn der Druckunterschied zwischen dem Gasdruck und dem Außendruck differenziell klein ist, nennt man die Arbeit reversibel. Formelmäßig kann die reversible Volumenarbeit durch

$$\delta W_{\text{Vol.}} = -p \cdot dV \tag{1.28}$$

wiedergegeben werden (Abb. 1.5). Die Reversibilität der Arbeitsleistung macht sich darin bemerkbar, dass für p der Gasdruck nach der thermischen Zustandsgleichung des Gases eingesetzt werden kann. Wird das Volumen von V_1 auf V_2 verändert, so ergibt sich durch Einsetzen der Zustandsgleichung idealer Gase und Integration unter Annahme isothermer Arbeitsleistung für den Betrag der geleisteten Arbeit an n Molen:

$$\int_1^2 \delta W = -\int_1^2 p dV = -nRT \int_1^2 \frac{dV}{V}$$

[$n = \Delta_R n$ (mol); Änderung der Molzahlen gasiger Reaktanden]

$$W_2 - W_1 = \Delta W = W = -nRT \ln \frac{V_2}{V_1} = -nRT \ln \frac{p_1}{p_2}\,. \tag{1.29}$$

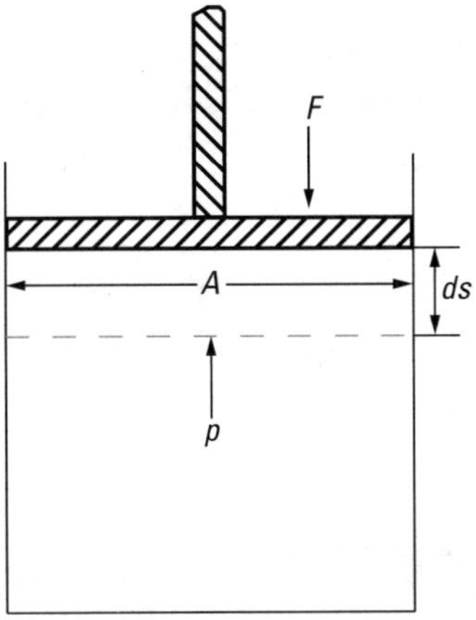

Abb. 1.5 Zur Erläuterung der reversiblen Volumenarbeit.

Es gibt noch andere Arten von Arbeit, die das System mit der Umgebung austauschen kann, z. B.:

Mechanische Arbeit

$$\delta W_{\text{mech.}} = \vec{F} \cdot d\vec{s} = F \cdot \cos \alpha \cdot d\vec{s}$$

$\vec{F}$: Kraft; $\vec{s}$: Weg; α : eingeschlossener Winkel

Spannungsarbeit

$$\delta W_{\text{S}} = \vec{F}_{\text{S}} \cdot d\vec{l}$$

$\vec{F}_{\text{S}}$: Zugkraft; $\vec{l}$: Länge

Oberflächenarbeit

$$\delta W_{\text{O}} = \sigma \cdot dA$$

σ : Oberflächenspannung (bzw. Grenzflächenspannung);
A : Oberfläche (bzw. Grenzfläche)

Osmotische Arbeit

$$\delta W_{\text{os.}} = -\pi \cdot dV$$

π : osmotischer Druck; V : Volumen

Chemiosmotische Arbeit[1]

$$\delta W_{\text{ATP}} = \Delta\mu_{\text{H}^+} \cdot dn_{\text{ATP}}$$

$\Delta\mu_{\text{H}^+}$: Protonengradient; n_{ATP} : Stoffmenge ATP

[1] $\Delta\mu_{\text{H}^+} = -F \cdot \Delta E + 2{,}303 \cdot R \cdot T \cdot \Delta\text{pH}$ (F = Faraday-Konstante, ΔpH = Protomotorische Kraft).

Magnetische Arbeit[2]

$$\delta W_{\text{mag.}} = \vec{H} \cdot d(\vec{B} \cdot V)$$

$\vec{H}$: Magnetische Feldstärke; $\vec{B}$: Magnetische Flussdichte (Induktion); V : Volumen

Elektrische Arbeit[3]

$$\delta W_{\text{el.}} = \vec{E} \cdot d(\vec{D} \cdot V)$$

$\vec{E}$: Elektrische Feldstärke; $\vec{D}$: Elektrische Flussdichte; V : Volumen

Elektrochemische Arbeit

$$\delta W_{\text{el./ch.}} = \Delta E \cdot dQ$$

ΔE : Elektromotorische Kraft (EMK) = Spannung eines galvanischen Elementes;
Q : elektrische Ladung

Allgemein kann man schreiben:

$$\boldsymbol{\delta W_{\text{rev}}} = \vartheta_i \cdot dL_i \,.$$

Man nennt ϑ_i den Arbeitskoeffizienten der Arbeitsart i (intensive Größe) und L_i die Arbeitskoordinate der Arbeitsart i (extensive Größe). Der erste Hauptsatz lässt sich kurz formulieren:

$$dU = \delta Q + \delta W \tag{1.30}$$
$$dU = \delta Q - p dV \,. \tag{1.31}$$

Die Formulierung des ersten Hauptsatzes in (1.30) setzt voraus, dass sich die innere Energie ausschließlich durch Arbeitsleistung und Wärmeaustausch ändern kann. An sich besteht noch eine weitere Möglichkeit: Wenn sich die Stoffmenge in dem thermodynamischen System ändert, führt jeder Teil des weggehenden Stoffes einen bestimmten Anteil an innerer Energie mit sich, andererseits bringt hinzukommender Stoff auch seine eigene spezifische innere Energie mit. Solche thermodynamischen Systeme, in denen Vorgänge mit Stoffänderung ablaufen können, heißen **offene Systeme**. Das Gegenteil, also die bisher behandelten Fälle, sind **geschlossene Systeme**. Das ist genau zu unterscheiden von **abgeschlossenen Systemen**. Bei abgeschlossenen Systemen wird neben dem Stoffaustausch auch der Energieaustausch mit der Umgebung unterbunden. Ist nur der Energieaustausch in Wärmeform nicht möglich, so

---

[2] Die Terme $\vec{H} \cdot d\vec{B}$ und $\vec{E} \cdot d\vec{D}$ bezeichnen so genannte Arbeitsdichten. Mit $\vec{B} = \mu_0 \vec{H} + \vec{M}$ ($\vec{M}$ = magnetische Volumenpolarisation; μ_0 = magnetische Feldkonstante) erhält man:

$$\begin{aligned}\frac{\delta W_{\text{mag.}}}{V} &= \vec{H} d\vec{B} = \mu_0 \vec{H} d\vec{H} + \vec{H} d\vec{M} = \vec{H} d\vec{M} + \frac{\mu_0}{2} d\vec{H}^2 \\ &= \vec{H} d\vec{B} = -\vec{B} d\vec{H} + d(\vec{H}\vec{B}) = -\vec{M} d\vec{H} + \frac{\mu_0}{2} d\vec{H}^2 + d(\vec{H}\vec{M}).\end{aligned}$$

[3] Die Terme $\vec{H} \cdot d\vec{B}$ und $\vec{E} \cdot d\vec{D}$ bezeichnen so genannte Arbeitsdichten. Mit $\vec{D} = \varepsilon_0 \vec{E} + \vec{P}$ ($\vec{P}$ – elektrische Volumenpolarisation, ε_0 – elektrische Feldkonstante) erhält man:

$$\begin{aligned}\frac{\delta W_{\text{el.}}}{V} &= \vec{E} d\vec{D} = \varepsilon_0 \vec{E} d\vec{E} + \vec{E} d\vec{P} = \vec{E} d\vec{P} + \frac{\varepsilon_0}{2} d\vec{E}^2 \\ &= \vec{E} d\vec{D} = -\vec{D} d\vec{E} + d(\vec{E}\vec{D}) = -\vec{P} d\vec{E} + \frac{\varepsilon_0}{2} d\vec{E}^2 + d(\vec{E}\vec{P}).\end{aligned}$$

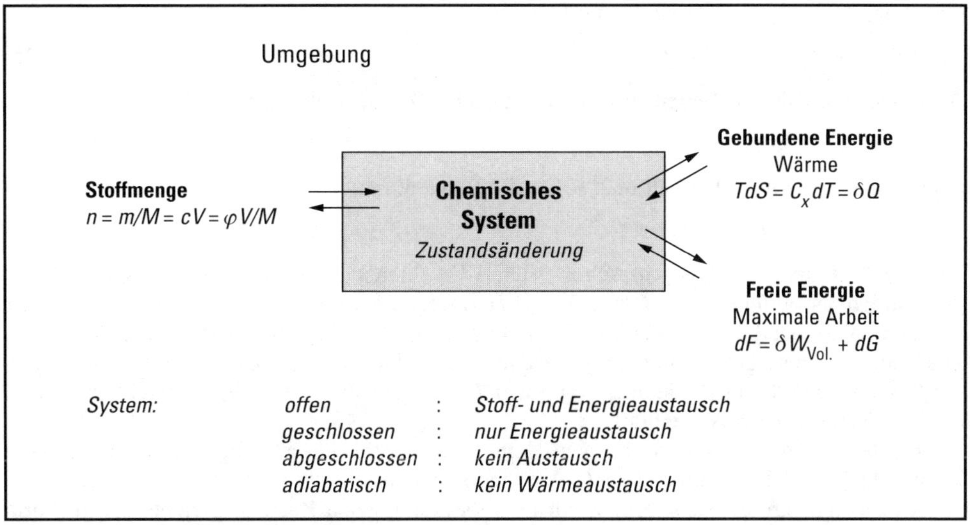

Abb. 1.6 Verdeutlichung des Stoff- und Energieaustausches eines chemischen Systems mit der Umgebung. (*c*: Stoffmengenkonzentration, *C*: Molwärme, *F*: Freie Energie, *M*: Molmasse, *G*: Freie Enthalpie, *m*: Masse, *n*: Stoffmenge, *Q*: Wärme, *S*: Entropie, *T*: Temperatur, *V*: Volumen, $W_{Vol.}$: Volumenarbeit, *x*: Variable (*T*, *p*), φ: Dichte).

heißt das System **adiabatisch abgeschlossen.** Allgemein nennt man Vorgänge, für die $\delta Q = 0$ ist, adiabatische Prozesse (Abb. 1.6).

Offene Systeme spielen eine große Rolle bei der Anwendung der Thermodynamik auf lebende Organismen, da diese wegen ihres Stoffwechsels offene Systeme sind. Auch für die thermodynamische Berechnung von chemischen Produktionsprozessen spielen offene Systeme eine große Rolle, weil chemisch-technische Verfahren oft kontinuierlich durchgeführt werden, d. h. Ausgangsstoffe werden den Reaktoren kontinuierlich zugeführt, während gleichzeitig Fertigprodukte kontinuierlich entnommen werden. Die Theorie der offenen Systeme liegt vollständig entwickelt vor. Sie ist zusammen mit der **Thermodynamik irreversibler Prozesse** entstanden. Hier soll auf die offenen Systeme (mit Ausnahme beim zweiten Hauptsatz) nicht weiter eingegangen werden.

Setzt man in (1.31) $dV = 0$ und löst nach δQ auf, ergibt sich:

$$\delta Q_V = dU \quad (V = \text{const.})\,. \tag{1.32}$$

Die Änderung der inneren Energie ist ein Maß für die bei isochoren Vorgängen ausgetauschte Wärme. Bei isochoren Reaktionen wird die Reaktionswärme bestimmt durch die Änderung der inneren Energie im Verlauf der Reaktion. Da aber (wie schon erwähnt) isobare Vorgänge bei weitem häufiger sind als isochore, ist es wünschenswert, mit einer Funktion zu arbeiten, deren Änderung bei konstantem Druck die ausgetauschte Wärme angibt. Das wird durch die Funktion

$$H = U + pV \tag{1.33}$$

geleistet. Die Größe H nennt man Enthalpie. Um zu beweisen, dass die Änderung von H bei konstantem Druck der ausgetauschten Wärmemenge gleich ist, setzt man die nach U aufgelöste

Gleichung (1.33) in (1.31) ein; dann erhält man:

$$dH - pdV - Vdp = \delta Q - pdV \,. \tag{1.34}$$

Addiert man auf beiden Seiten pdV und löst nach dQ auf, ergibt sich:

$$\delta Q = dH - Vdp \,. \tag{1.35}$$

Setzt man hierin $dp = 0$, erhält man sofort die Behauptung:

$$\delta Q_p = dH \quad (p = \text{const.}) \,. \tag{1.36}$$

U und H sind, ebenso wie schon früher V, extensive Zustandsgrößen. Man gibt U gewöhnlich als Funktion von T und V an, H dagegen als Funktion von T und p. Jede der beiden Funktionen $U = f(T,V)$ und $H = f(T,p)$ heißt **kalorische Zustandsgleichung.** Die beiden Formeln gehen mit der thermischen Zustandsgleichung auseinander hervor. Wegen der Bevorzugung der unabhängigen Variablen T und p ist $H = f(T,p)$ die wichtigere Form der kalorischen Zustandsgleichung.

Man beherrscht das kalorische Verhalten eines Stoffes vollständig, wenn man dessen kalorische Zustandsgleichung kennt. Am übersichtlichsten wird wieder die Abhängigkeit von den unabhängigen Variablen, wenn man die kalorischen Zustandsgleichungen in Form vollständiger Differenziale schreibt:

$$dU = \left[\frac{\partial U}{\partial T}\right]_V dT + \left[\frac{\partial U}{\partial V}\right]_T dV \tag{1.37}$$

$$dH = \left[\frac{\partial H}{\partial T}\right]_p dT + \left[\frac{\partial H}{\partial p}\right]_T dp \,. \tag{1.38}$$

Die Bedeutung der Temperaturkoeffizienten $\left[\frac{\partial U}{\partial T}\right]_V$ und $\left[\frac{\partial H}{\partial T}\right]_p$ erkennt man, wenn man (1.32) und (1.36) berücksichtigt. Danach ist $\left[\frac{\partial U}{\partial T}\right]_V$ die Wärmemenge, die man einem Mol des jeweiligen Stoffes ($n = 1$) zuführen muss, um bei konstantem Volumen die Temperatur um 1 K zu steigern. Man nennt diese Größe **Molwärme bei konstantem Volumen** und kürzt sie mit $\boldsymbol{C_V}$ ab. $\left[\frac{\partial H}{\partial T}\right]_p$ ist analog die Wärme, die man einem Mol des Stoffes ($n = 1$) bei konstantem Druck zuführen muss, um die Temperatur um 1 K zu steigern. Das ist die **Molwärme bei konstantem Druck $\boldsymbol{C_p}$**. Für ideale Gase ist

$$C_p - C_V = R \,. \tag{1.39}$$

Das erkennt man, wenn man in (1.33) pV durch RT ersetzt und nach T differenziert. Hierin ist die Gaskonstante in $\mathrm{J/(mol \cdot K)}$ zu verwenden. Man beachte aber, dass (1.39) nur für ideale Gase richtig ist; schon für reale Gase hat die Differenz einen anderen Wert und für kondensierte Stoffe beträgt $C_p - C_V$ nur etwa 1/10 des Wertes für ideale Gase. Für He als einatomiges ideales Gas ist z. B. $\boldsymbol{R} = \boldsymbol{C_p}(20{,}78575\,\mathrm{J/(mol \cdot K)}) - \boldsymbol{C_V}(12{,}47145\,\mathrm{J/(mol \cdot K)}) = 8{,}3143\,\mathrm{J/(mol \cdot K)}$.

Die Molwärmen der Stoffe zu kennen, ist wichtig. Aus ihren Zahlenwerten kann man Schlüsse auf die Struktur der jeweiligen Moleküle ziehen. Allerdings lässt sich praktisch nur C_p messen. Daher ist es weiter wichtig, eine Beziehung analog (1.39) zu kennen, die für einen beliebigen Aggregatzustand gültig ist. Bei Kenntnis des Molvolumens $\boldsymbol{V}$, des isobaren Ausdehnungskoeffizienten $\boldsymbol{\alpha}$ und der isothermen Kompressibilität $\boldsymbol{\chi}$ kann mit (1.53) C_V berechnet werden.

Die **Abb. 1.7** zeigt, in welchen Bereichen Werte der Molwärme für verschiedene Stoffe liegen und wie ihr Temperaturverlauf ist. Im Allgemeinen sind C_V und Cp Funktionen von T und p. Mit steigendem Druck nehmen sie stets zu. Im Grenzfall idealer Gase kann C_V und Cp nur eine Funktion von T sein, da $U_{\text{id.Gas}}$ nicht von V und $H_{\text{id.Gas}}$ nicht von p abhängen.

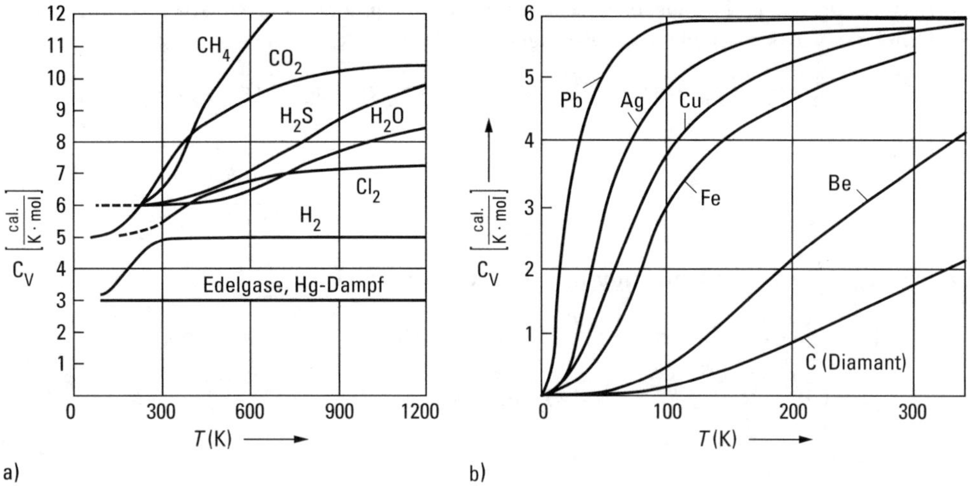

Abb. 1.7 Temperaturverlauf der Molwärmen bei $p = 1\,\mathrm{bar}$ a) einiger Gase, b) einiger fester Elemente.

Nach **Abb. 1.7a)** ergeben sich im Temperaturbereich von 0 bis etwa 300 K für die Molwärmen drei Gruppen, in die sich alle Gase einordnen lassen. Bei **einatomigen Gasen** (z. B. Edelgase) sind die Molwärmen am kleinsten und temperaturunabhängig. Dort gilt (s. Gl. (1.39)) bei niedrigen Drücken $C_V = 3/2R = 3\,\mathrm{cal/(molK)} = 12{,}47145\,\mathrm{J/(molK)}$ bzw. $Cp = 5/2R = 5\,\mathrm{cal/(molK)} = 20{,}78575\,\mathrm{J/(molK)}$. Die Molwärmen vieler **zweiatomiger Gase** betragen etwa $C_V = 5\,\mathrm{cal/(molK)}$. Sie sind etwas von der Temperatur abhängig, nähern sich aber bei höheren Temperaturen konstanten Werten. Wasserstoff bildet eine Ausnahme, da sich zunächst ein Wert von konstant 5 cal/(molK) findet, der unterhalb der Normaltemperatur auf 3 cal/(molK) abfällt. Bei **zweiatomigen Gasen mit großer Molmasse sowie allen drei- und mehratomigen Gasen** hängen die Molwärmen stark von der Temperatur ab. Bei niedrigen Temperaturen nähern sich die Werte teils auf 5, teils auf 6 cal/(molK). Allgemein sind die Molwärme und ihre Temperaturabhängigkeit umso größer, je größer die Anzahl der Atome im Molekül ist.

Abb. 1.7b) zeigt für einige Feststoffe bei Normaldruck den Verlauf von C_V in Abhängigkeit von der Temperatur. Man erkennt, dass die Molwärmen beim absoluten Nullpunkt den Wert Null haben. Von hier aus erfolgt mit steigender Temperatur nach relativ steilem Anstieg eine Abflachung der C_v- Kurve bis ein Sättigungswert erreicht ist, der bei einatomigen Feststoffen $3R = 5{,}96\,\mathrm{cal/(molK)} = 24{,}94\,\mathrm{J/(molK)}$ beträgt (Doulong-Petit'sches Gesetz).

Wie oben bereits für Edelgase angedeutet, lassen sich C_V und C_p eines idealen Gases mit der kinetischen Gastheorie berechnen. Die thermische Energie des Gases ist gespeichert in den verschiedenen Bewegungsformen der bei der gegebenen Temperatur angeregten Moleküle, nämlich der **Translation** (geradlinig fortschreitende Bewegung), der **Rotation** (Drehung) und der **Oszillation** (Schwingung). Die Zahl der Freiheitsgrade F (unabhängige Bewegungsmöglichkeiten aller Atome eines Moleküls) ergibt sich somit zu $F = F_\mathrm{T} + F_\mathrm{R} + F_\mathrm{O}$. Nach dem Gleichverteilungssatz enthält jeder angeregte Freiheitsgrad eines Teilchens im zeitlichen Mittel die Energie $kT/2$. Es ergibt sich:

$$C_V = \frac{F}{2}R\,; \quad C_p = \frac{F+2}{2}R = C_V + R\,; \quad \frac{C_p}{C_V} = \frac{F+2}{F} = k\,; \ k > 1$$

- Besteht die innere Energie des idealen Gases nur aus der Translationsbewegung seiner Moleküle, wie das bei einem **einatomigen** Gas der Fall ist, ergibt sich:

$$C_V = \frac{R}{2}(F_\mathrm{T} + F_\mathrm{R} + F_\mathrm{O}) = \frac{R}{2}(3 + 0 + 0) = \frac{3}{2}R = 12{,}4715\,\mathrm{J/(molK)}$$

$$C_p = C_V + R = \frac{5}{2}R = 20{,}7858\,\mathrm{J/(molK)}$$

$$k = \frac{C_p}{C_V} = 1{,}666$$

- Für ein ideales Gas mit **zweiatomigen** Molekülen ergibt sich:

$$C_V = \frac{R}{2}(F_\mathrm{T} + F_\mathrm{R} + F_\mathrm{O}) = \frac{R}{2}(3 + 2 + [2 \cdot 1]) = \frac{7}{2}R = 29{,}1\,\mathrm{J/(mol \cdot K)}$$

$$C_p = C_V + R = \frac{9}{2}R = 37{,}414\,\mathrm{J/(mol \cdot K)}$$

$$k = \frac{C_p}{C_V} = 1{,}29$$

- Für ein ideales Gas mit **dreiatomigen gewinkelten** Molekülen ergibt sich:

$$C_V = \frac{R}{2}(F_\mathrm{T} + F_\mathrm{R} + F_\mathrm{O}) = \frac{R}{2}(3 + 3 + [2 \cdot 3]) = \frac{12}{2}R = 49{,}9\,\mathrm{J/(molK)}$$

$$C_p = C_V + R = \frac{14}{2}R = 58{,}2\,\mathrm{J/(molK)}$$

$$k = \frac{C_p}{C_V} = 1{,}17$$

Im engen Zusammenhang mit den Molwärmen stehen die Heizwerte ΔH_HWvon Brennstoffen, angegeben in $\mathrm{MJ \cdot kg^{-1}}$ bzw. bei Gasen in $\mathrm{MJ \cdot m^{-3}}$. Das Prinzip ihrer Bestimmung soll kurz erwähnt werden. Dabei ist zu beachten, dass die Heizwertangaben nicht die nach der Verbrennung durch Kondensation und Abkühlung des gebildeten Wassers auf 25 °C frei werdende Wärme enthalten. In der Praxis ergibt sich der Heizwert überschläglich nach der Formel $\Delta H_\mathrm{HW} = \Delta_\mathrm{V} H_\mathrm{Subst.} - (2600 \cdot m_{\mathrm{H_2O}})$. Die Zahl 2 600 berücksichtigt die Verdampfungsenthalpie des Wassers und die Wärmemenge, die bei seiner Abkühlung von 100 °C auf 25 °C frei wird. Mit $m_{\mathrm{H_2O}}$ ist die Wassermenge gemeint, die sowohl bei der chemischen Umsetzung entsteht als auch bereits im unverbrannten Brennstoff vorliegt.

Der Heizwert ΔH_HW fester Brennstoffe wird in einer Kalorimeteranlage (Abb. 1.8-1) bestimmt. Diese wird zunächst mit einer Testsubstanz (z. B. Benzoesäure) geeicht. Man führt dem Kalorimeter eine bestimmte Wärmemenge zu, womit der Wasserwert W des Kalorimeters errechnet wird:

$$W = \frac{m_\mathrm{Testsubst.} \cdot \Delta_\mathrm{V} H_\mathrm{Testsubst.}}{\Delta T + k} - (m_{\mathrm{H_2O}} \cdot c_{\mathrm{H_2O}})\,. \quad \text{(k: berechenbares Korrekturglied).}$$

Er wird zur Wasserfüllung $(m_{\mathrm{H_2O}} \cdot c_{\mathrm{H_2O}})$ des Kalorimeters addiert und gibt an, welche Wassermenge dieselbe Wärmemenge wie die einzelnen Teile der Apparatur aufnehmen kann Zur eigentlichen Bestimmung von ΔH_HW wird die grob eingewogene Substanzmenge in der Tablettenpresse (c) zusammen mit einem Zünddraht bekannter Masse zu einer Tablette (d) gepresst. Die genaue Wägung der fertigen Tablette ergibt nach Subtraktion der Zünddrahtmasse die Einwaage. Ausgelöst durch elektrische Zündung wird diese im Verbrennungstiegel der Kalorimeterbombe (b) mit Sauerstoff vollständig verbrannt. Man beobachtet vor, während und nach der eigentlichen Reaktion die Temperatur als Funktion der Zeit und bestimmt ΔT durch graphische Extrapolation (e).

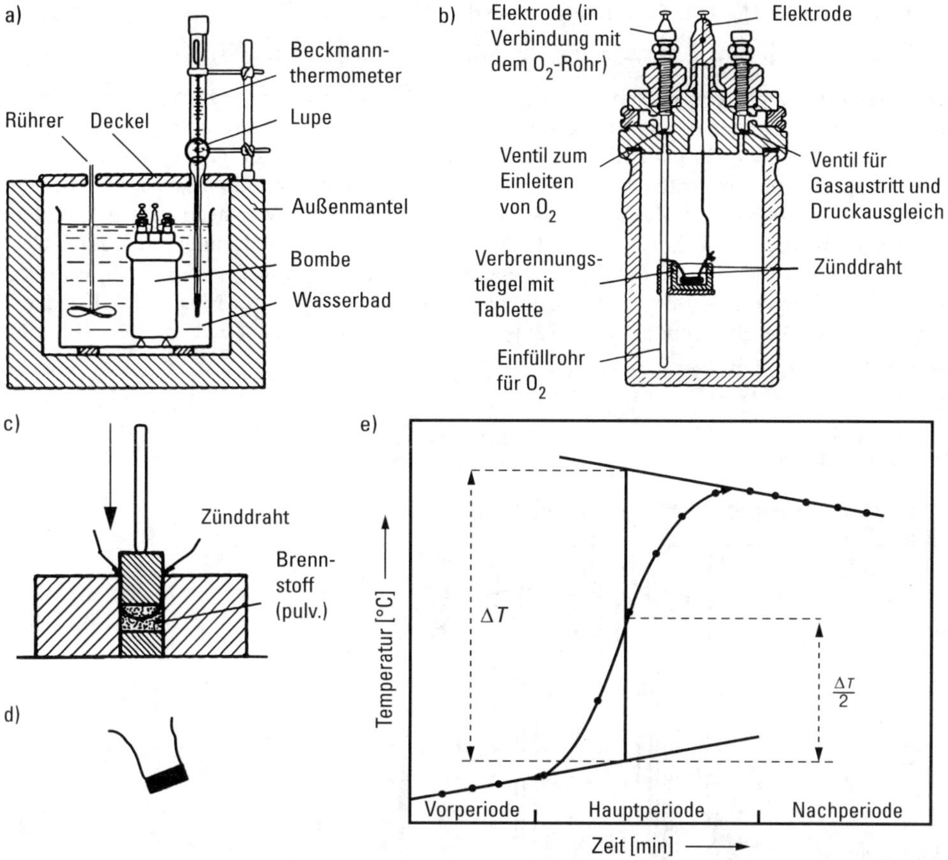

Abb. 1.8-1 Bombenkalorimeter mit Zubehör und ΔT-Ermittlung: a) Aufbau, b) Kalorimetrische Bombe, c) Tablettenpresse, d) Brennstofftablette mit Zünddraht, e) ΔT-Ermittlung.

Bei der rechnerischen ΔT-Bestimmung bedient man sich eines Korrekturgliedes k, das zur Temperaturdifferenz ΔT zwischen der letzten Messung der Vorperiode und der letzten Messung der Hauptperiode addiert wird:

$$\Delta T_{\text{korr.}} = \Delta T + k = \Delta T + (n-1)\cdot \nu' + \frac{\nu - \nu'}{2}$$

n Dauer der Hauptperiode in Minuten
ν durchschnittliches ΔT der Vorperiode
ν' durchschnittliches ΔT der Nachperiode

Somit ergibt sich der Heizwert der Substanz:

$$\boxed{\Delta H_{\text{HW}} = \Delta_{\text{V}} H_{\text{Subs.}} - (Q_1 + Q_2)}$$

$$\Delta_{\text{V}} H_{\text{Subst.}} = \frac{\Delta T_{\text{korr.}} \cdot (m_{\text{H}_2\text{O}} \cdot c_{\text{H}_2\text{O}} + W)}{m_{\text{Subst.}}}$$

$Q_1 = m_{H_2O} \cdot \Delta H_{Vd}$ (Verdampfungswärme des Wassers)

$Q_2 = m_{H_2O} \cdot c_{H_2O} \cdot \Delta T$ (Erwärmung des Wassers von 25 °C auf 100 °C)

Der Heizwert ΔH_{HW} von Gasen lässt sich z. B. mit dem Junkerskalorimeter in der Version von 1973 des Geräteherstellers „Junkalor“ in Dessau (Abb. 1.8-2) ermitteln. Das Volumen des zu untersuchenden Gases wird mit einer Gasuhr gemessen. An sie ist ein Gasdruckregler angeschlossen. Aus ihm tritt das Gas in den Brenner. Die Verbrennungsgase streichen an konzentrisch angeordneten Zylindermänteln vorbei, wobei ein Wärmeaustausch mit dem gleichmäßig fließenden Kühlwasser stattfindet. Man misst die dem Brenner zugeführte Gasmenge V_1 bei T_1 und p_1, die durchgeflossene Kühlwassermenge ($\varphi_{H_2O} \cdot V_{H_2O}$) und ermittelt die mittlere Temperaturdifferenz des Kühlwassers ΔT_{H_2O} sowie die Masse des Kondenswassers m_{H_2O}. Die Berechnung von ΔH_{HW} des Gases erfolgt analog dem oben erklärten Rechengang für Feststoffe.

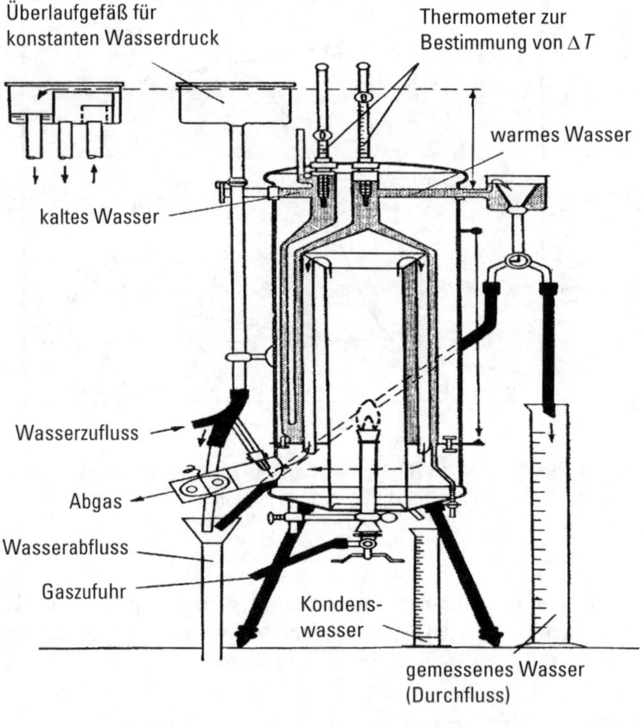

Abb. 1.8-2 Längsschnitt durch ein Strömungskalorimeter, das Junkerskalorimeter.

Die Volumen-und Druckkoeffizienten der kalorischen Zustandsgleichung werden mit π und ε abgekürzt:

$$\left[\frac{\partial U}{\partial V}\right]_T = \pi \quad \text{(Binnendruck)}$$

$$\left[\frac{\partial H}{\partial p}\right]_T = \varepsilon \quad \text{(isothermer Drosseleffekt)}\,.$$

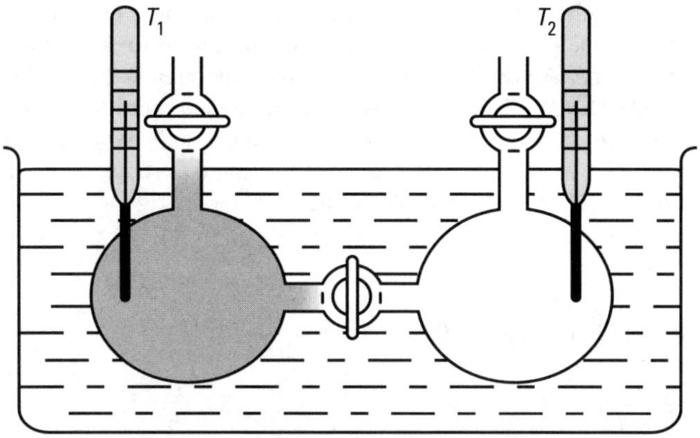

Abb. 1.9 Anordnung des Gay-Lussac-Versuches.

Der Ausdruck Binnendruck für π ist nicht zweckmäßig, da damit schon in der van der Waals'schen Gleichung das Glied a/V^2 bezeichnet wurde. Nun ist zwar bei den van der Waals'schen Gasen $\left[\frac{\partial U}{\partial V}\right]_T = \frac{a}{V^2}$, aber das trifft nicht auf jede thermische Zustandsgleichung zu. Schon bei der Berthelot'schen Zustandsgleichung, die hier nicht weiter behandelt wird, ist das nicht mehr der Fall. Im Folgenden wird das Wort Binnendruck ausschließlich für $\left[\frac{\partial U}{\partial V}\right]_T$ verwendet.

Zur Bestimmung der beiden Koeffizienten π und ε gibt es zwei berühmte Versuche: den Gay-Lussac- und den Joule-Thomson-Versuch.

Für den **Gay-Lussac-Versuch** werden zwei Glaskugeln verwendet, die durch einen Hahn verbunden sind (Abb. 1.9). Die eine Glaskugel ist mit einem Gas gefüllt, die andere evakuiert. Das ganze System ist adiabatisch gegen die Umgebung abgeschlossen. Wird der Hahn geöffnet, strömt Gas in die evakuierte Kugel bis beide Gefäße gleichmäßig mit Gas gefüllt sind. Die mit der Expansion des Gases verbundene Temperaturänderung ΔT wird gemessen. Der Versuch verläuft irreversibel, d. h. das Gas strömt freiwillig in die zweite Kugel ein, es kann sich aber niemals wieder von selbst in die erste Kugel zurückziehen. Der Versuch wird adiabatisch durchgeführt ($\delta Q = 0$); da das Gas in ein Vakuum ausströmt, wird auch keine Arbeit geleistet ($\delta W = 0$). Daher ist nach (1.30) auch $\boldsymbol{dU = 0}$. Experimentell bestimmt werden soll der Koeffizient π. Man erhält ihn aus dem vollständigen Differenzial von U (1.37), wenn man darin π und C_V einführt:

$$dU = C_V dT + \pi dV \tag{1.40}$$

$$\left[\frac{\partial T}{\partial V}\right]_U = -\frac{\pi}{C_V}. \tag{1.41}$$

Wird beim Gay-Lussac-Versuch ΔT gemessen, ergibt sich eine zu π proportionale Größe. Wenn man dieses Experiment mit einem idealen Gas durchführt, bleibt T konstant und damit ist $\pi = 0$ (zweites Gay-Lussac'sches Gesetz). Mit einem van der Waals'schen Gas nimmt dagegen T ab und man erhält:

$$\left[\frac{\partial T}{\partial V}\right]_U = -\frac{a}{C_V \cdot V^2}. \tag{1.42}$$

Das ist leicht anschaulich klar zu machen. Bei der adiabatischen Expansion leisten die Gasmoleküle Arbeit gegen die anziehenden van der Waals'schen Kräfte. Diese Energie kann (wegen $U = \text{const.}$) nur der thermischen Energie der Gasmoleküle entzogen werden; das Gas muss sich abkühlen. Dass gerade (1.42) gilt, kann schwerlich gemessen werden, da der Versuch nur relativ ungenau durchzuführen ist und eigentlich nur als ein Gedankenexperiment anzusehen ist. Wie später gezeigt werden wird, liefert aber der zweite Hauptsatz eine wichtige Formel, die gestattet π allein aus thermischen Größen zu berechnen:

$$\pi = T\left[\frac{\partial p}{\partial T}\right]_V - p = p(T\beta - 1)\,. \tag{1.43}$$

Setzt man hier die van der Waals'sche Gleichung der Form

$$\left[\frac{\partial p}{\partial T}\right]_V = \frac{\left(p + a/V^2\right)}{T} = \frac{R}{V-b}$$

ein, ergibt sich (1.42). Mit dieser Formel kann man für jedes Gas, dessen spezielle thermische Zustandsgleichung bekannt ist, das Ergebnis des Gay-Lussac-Versuches vorausberechnen. Setzt man (1.43) in (1.40) ein und wendet den Schwarz'schen Satz an, ergibt sich der Volumenkoeffizient von C_V, ebenfalls ausgedrückt durch thermische Zustandsgrößen

$$\left[\frac{\partial C_V}{\partial V}\right]_T = T\left[\frac{\partial^2 p}{\partial T^2}\right]_V\,. \tag{1.44}$$

Wendet man (1.44) auf das van der Waals'sche Gas an, ergibt sich, im Gegensatz zur Erfahrung:

$$\left[\frac{\partial C_V}{\partial V}\right]_T = 0\,. \tag{1.45}$$

Hier liegt einer der großen grundsätzlichen Mängel der van der Waals'schen Gleichung.

Der **Joule-Thomson-Versuch** wird folgendermaßen durchgeführt: Man drückt Gas mit einem Kolben in ein Glasrohr, das in der Mitte einen porösen Pfropfen (z. B. einen fest zusammengepressten Wattebausch) enthält. Nachdem das Gas durch den Pfropfen hindurchgetreten ist, schiebt es seinerseits einen Kolben vor sich her, leistet also Arbeit (Abb. 1.10). Auch hier soll wieder ΔT gemessen werden. Nach dem Passieren des Pfropfens, hat sich der Druck des Gases verringert. Das einzusehen, bereitet oft Schwierigkeiten. Man mache es sich an folgendem Versuch klar: Wenn man mit äußerster Kraft auf eine gegen die Lippen gepresste Blumentopfscherbe pustet, dann hat die durchtretende Luft nur einen ganz geringen Druck. Prinzipiell ist das dieselbe Versuchsanordnung.

Der Joule-Thomson-Versuch verläuft irreversibel. Denn wenn man den rechten Kolben wieder zurückdrücken würde, so dass das Gas nochmals den Wattebausch passieren muss, würde sein Druck sich weiter verringern. Die innere Energie bleibt bei dem Versuch nicht konstant: Zunächst wird Arbeit am Gas geleistet und anschließend wird vom Gas Energie in Form von Volumenarbeit an die Umgebung abgegeben (das Gas verschiebt den zweiten Kolben). Kennzeichnen wir alle Größen, die das Gas vor dem Passieren des Pfropfens betreffen, mit dem Index „1" und die entsprechenden Größen nach dem Durchtritt mit „2", ergibt sich aus dem ersten Hauptsatz

$$U_2 - U_1 = p_1 V_1 - p_2 V_2$$

$$U_2 + p_2 V_2 = U_1 + p_1 V_1 \tag{1.46}$$

$$H_2 = H_1\,. \tag{1.47}$$

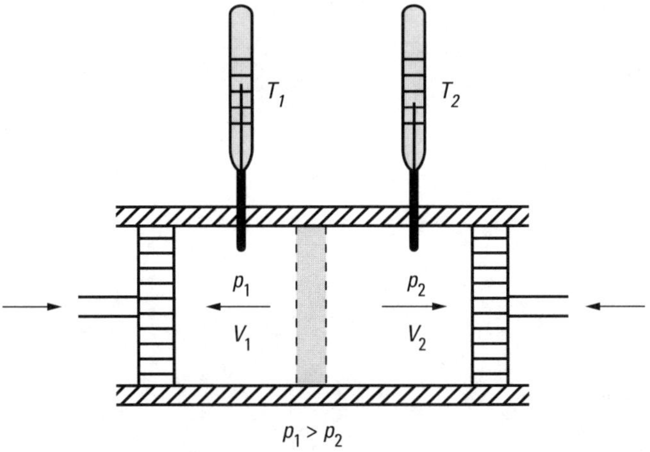

Abb. 1.10 Anordnung des Joule-Thomson-Versuches.

Der Versuch läuft bei konstanter Enthalpie ab ($dH = 0$). Da man in der Technik irreversible Entspannungsvorgänge als Drosselvorgänge bezeichnet, heißt dieser Versuch auch **isenthalpischer Drosseleffekt**. Mit dem vollständigen Differenzial der Enthalpie

$$dH = CpdT + \varepsilon dp \tag{1.48}$$

erhält man für die Größe, die man letzten Endes misst,

$$\left[\frac{\partial T}{\partial p}\right]_H = -\frac{\varepsilon}{Cp}\,. \tag{1.49}$$

(1.49) heißt Joule-Thomson-Koeffizient. Der Versuch gestattet die Bestimmung von ε. Hier ist die Genauigkeit bei der experimentellen Durchführung wesentlich höher als beim Gay-Lussac-Versuch. Führt man das Experiment mit einem idealen Gas durch, so bleibt die Temperatur konstant; damit wird $\varepsilon = 0$. Die Enthalpie idealer Gase hängt nicht vom Druck ab: $\left[\frac{\partial H}{\partial p}\right]_T = 0$, genauso wenig wie die innere Energie idealer Gase vom Volumen abhängig ist. Dass bei idealen Gasen $\left(\frac{\partial U}{\partial V}\right)_T = 0$ ist, wird gelegentlich als zweites Gay-Lussac'sches Gesetz bezeichnet. Der zweite Hauptsatz liefert auch hier wieder eine Formel, nach der man ε allein aus thermischen Daten berechnen kann:

$$\varepsilon = V - T \cdot \left[\frac{\partial V}{\partial T}\right]_p = V \cdot (1 - \alpha T)\,. \tag{1.50}$$

Auch diese Gleichung kann erst später bewiesen werden. (1.50) ist wenig geeignet zur Anwendung auf das van der Waals'sche Gas, da wir die van der Waals'sche Gleichung (1.21) nicht nach V auflösen können. Verwenden wir aber ihre verkürzte Form (1.27), ergibt sich:

$$\left[\frac{\partial T}{\partial p}\right]_H = \frac{1}{Cp}\left(\frac{2a}{RT} - b\right)\,. \tag{1.51}$$

Daraus folgt, dass die Temperatur zu- oder abnehmen kann, wenn man den Joule-Thomson-Versuch mit einem van der Waals'schen Gas durchführt, je nachdem, ob die Ausgangstemperatur größer oder kleiner ist als $T_\mathrm{i} = \frac{2a}{Rb}$. T_i heißt die Inversionstemperatur. Sie ist gleich der doppelten Boyle-Temperatur (Abb. 1.3).

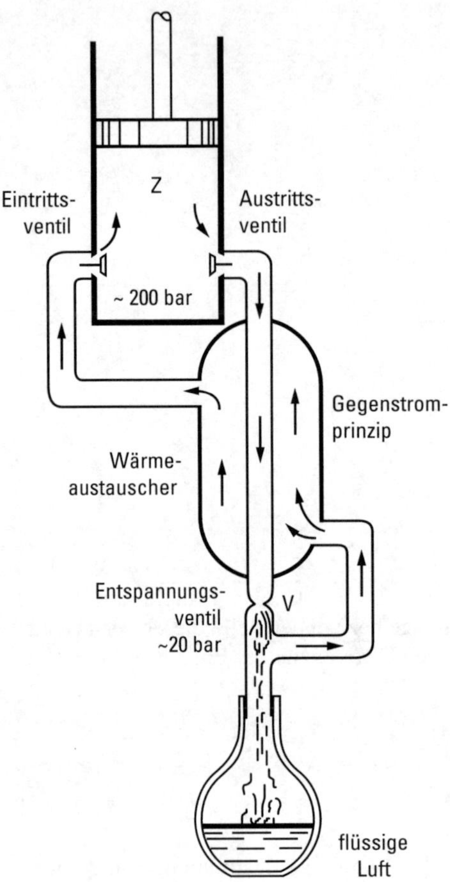

Abb. 1.11 Schematische Darstellung der Luftverflüssigung nach Linde.

Der isenthalpische Drosseleffekt (Joule-Thomson-Effekt) hat große praktische Bedeutung für die Gasverflüssigung nach dem Linde-Verfahren (Abb. 1.11). Dabei wird das zu verflüssigende Gas wiederholt isotherm komprimiert und dann adiabatisch expandiert. T_{Anfang} muss kleiner als T_{i} sein, damit das Gas bei dem Vorgang fortwährend kälter wird und schließlich kondensiert.

T_{i} **ist druckabhängig**. Luft ($T_{\text{i}} \approx 490\,\text{K}$ bei 1 bar) kann, ebenso wie Sauerstoff und Stickstoff, bereits bei Zimmertemperatur durch gedrosselte Entspannung abgekühlt und verflüssigt werden. Bei Wasserstoff und den Edelgasen liegen wegen der geringen zwischenmolekularen Kräfte und damit der kleinen a-Werte die Inversionstemperaturen sehr niedrig. Wasserstoff ($T_{\text{i}} \approx 200\,\text{K}$) muss daher zwecks Verflüssigung zunächst mit flüssigem Stickstoff, Helium ($T_{\text{i}} \approx 40\,\text{K}$) mit flüssigem Wasserstoff unter die Inversionstemperatur vorgekühlt werden. Luft mit einer Anfangstemperatur von 15 °C wird z. B. durch Entspannung von 200 bar auf 1 bar um etwa 42 K abgekühlt, was sich mit der Faustregel berechnen lässt:

$$\boldsymbol{\Delta T} = \frac{-(p_{\text{Ende}} - p_{\text{Anfang}})T_{\text{Ende}}}{4 \cdot T_{\text{Anfang}}} = \frac{-(200\,\text{bar} - 1\,\text{bar}) \cdot 243{,}15\,\text{K}}{4\,\text{kbar} \cdot 288{,}15\,\text{K}} = -41{,}98\,\text{K}\,.$$

Die abgekühlte Luft wird im Gegenstrom zurückgeleitet, dient dabei zunächst zur Vorkühlung komprimierter Luft und wird anschließend abermals dem Kompressor zugeführt. Die Fortsetzung dieses Kreislaufs führt schließlich zur Verflüssigung.

Setzt man (1.50) in (1.48) ein und wendet den Schwarz'schen Satz an, so ergibt sich eine Formel, die die Druckabhängigkeit von C_p allein durch thermische Größen ausdrückt:

$$\left[\frac{\partial C_p}{\partial p}\right]_T = -T\left[\frac{\partial^2 V}{\partial T^2}\right]_p . \tag{1.52}$$

Schon die verkürzte van der Waals'sche Gleichung führt also zu einer merklichen Druckabhängigkeit von C_p. Mit Hilfe der Formeln für π und ε lässt sich auch eine thermodynamisch exakte Formel für die Differenz $C_p - C_V$ gewinnen:

$$dU = \delta Q - pdV = C_V dT + \pi dV \qquad dH = d(U + pV) = C_p dT + \varepsilon dp$$

$$p = \text{const.} \downarrow \qquad\qquad \downarrow V = \text{const.}$$

$$\delta Q - C_V dT = (p + \pi)dV \qquad dU + Vdp = C_p dT + \varepsilon dp$$

$$C_p dT + dU = (V - \varepsilon)dp$$

$$: dT \qquad\qquad : dT$$

$$C_p = \left(\frac{\delta Q}{dT}\right)_p \qquad\qquad \left(\frac{\delta U}{dT}\right)_V = C_V$$

$$C_p - C_V = (p + \pi)\left(\frac{\partial V}{\partial T}\right)_p \qquad C_p - C_V = (V - \varepsilon)\left(\frac{\partial p}{\partial T}\right)_V$$

$$\pi = T \cdot \left(\frac{\partial p}{\partial T}\right)_V - p \qquad\qquad \varepsilon = V - T \cdot \left(\frac{\partial V}{\partial T}\right)_p$$

Gl. 1.43 Gl. 1.50

$$C_p - C_V = T\left(\frac{\partial p}{\partial T}\right)_V \cdot \left(\frac{\partial V}{\partial T}\right)_p = T \cdot \alpha V \cdot \beta p$$

$$\downarrow \quad \beta = \frac{\alpha}{p\chi} \quad \text{Gl. (1.20)}$$

$$C_p - C_V = \frac{TV\alpha^2}{\chi} \tag{1.53}$$

Daraus erkennt man, dass erst am absoluten Nullpunkt $C_p = C_V$ wird.

Für alle idealen Gase geht (1.53) mit $p \cdot V = n \cdot R \cdot T$ und $\alpha \cdot T = \chi \cdot p = 1$ über in

$$C_p - C_V = R \tag{1.39}$$

Erwärmen wir z. B. 1 mol eines idealen Gases, ausgehend vom gleichen Zustand, um 1 K, und zwar a) bei konstantem Volumen, b) bei konstantem Druck, so werden bei beiden Vorgängen zwei Zustände erreicht, welche sich nur durch das Volumen (bzw. den Druck), nicht jedoch durch die Temperatur unterscheiden. Die innere Energie eines idealen Gases hängt aber nur von der Temperatur, nicht vom Volumen ab (sog. 2. Gay-Lussacsches Gesetz). Nach dem 1. Hauptsatz der Thermodynamik muss dann die Summe der Arbeits- und Wärmeumsätze bei beiden Vorgängen gleich groß sein. Beim Vorgang a) erfolgt keine Arbeitsleistung, sondern nur eine Wärmeaufnahme $Q_V = C_V \cdot \Delta T$ ($\Delta T = 1$ K). Beim Vorgang b) dagegen tritt außer der Erwärmung um 1 K noch eine Arbeitsleistung $-p\Delta V$ auf. Somit erhalten wir für 1 mol eines idealen Gases $C_p\Delta T - p\Delta V = C_V\Delta T$. Mit $\Delta V = \left(\frac{\partial V}{\partial T}\right)_p \cdot \Delta T = \left(\frac{R}{p}\right)\Delta T$ ergibt sich daraus $C_p - C_V = R$.

Bei der kalorischen Zustandsgleichung müssen folgende Größen bekannt sein, um das kalorische Verhalten eines reinen Stoffes vollständig zu beschreiben:

$$\boxed{C_p(T) \quad H_0\,.} \qquad \text{(II)}$$

Den Bezugswert H_0 der Enthalpie für ein festes T_0 und p_0 braucht man, um das vollständige Differenzial der Enthalpie integrieren zu können.

Der erste Hauptsatz verknüpft drei Größen miteinander: Wärme, Arbeit und innere Energie. Während die innere Energie eine thermodynamische Zustandsfunktion ist, gilt das nicht für die Arbeit und die Wärme. Das bedeutet: Ändert sich der Zustand eines Systems, dann hängt die damit verbundene Änderung der inneren Energie ausschließlich davon ab, welcher neue Zustand schließlich erreicht wird. Anders verhält es sich mit den bei der Zustandsänderung auftretenden Arbeits- und Wärmeeffekten. Sie sind abhängig von dem Weg, auf dem die Änderung durchgeführt wird. Das kann man z. B. aus Abb. 1.12 für die Volumenarbeit entnehmen.

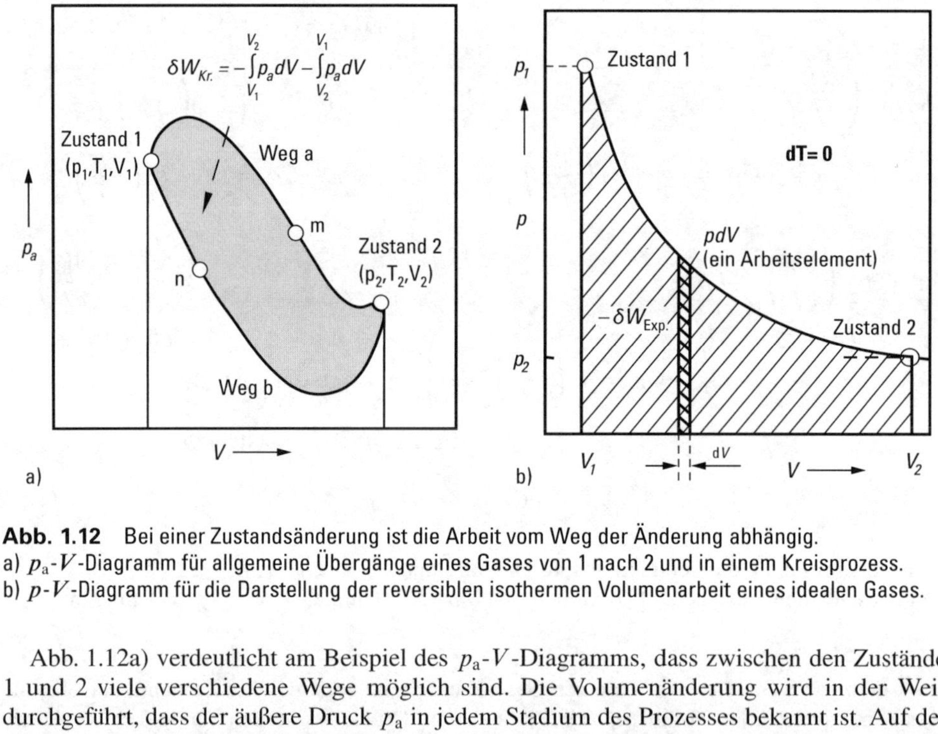

Abb. 1.12 Bei einer Zustandsänderung ist die Arbeit vom Weg der Änderung abhängig.
a) p_a-V-Diagramm für allgemeine Übergänge eines Gases von 1 nach 2 und in einem Kreisprozess.
b) p-V-Diagramm für die Darstellung der reversiblen isothermen Volumenarbeit eines idealen Gases.

Abb. 1.12a) verdeutlicht am Beispiel des p_a-V-Diagramms, dass zwischen den Zuständen 1 und 2 viele verschiedene Wege möglich sind. Die Volumenänderung wird in der Weise durchgeführt, dass der äußere Druck p_a in jedem Stadium des Prozesses bekannt ist. Auf dem Weg a wird offensichtlich mehr Arbeit als auf dem Weg b verrichtet, da die Fläche unter der Kurve 1-m-2 größer ist als die unter der Kurve 1-n-2. Somit ist die in einem Kreisprozess $1 \underset{n}{\overset{m}{\rightleftharpoons}} 2$ insgesamt verrichtete Arbeit gleich der Differenz der Flächen unter den beiden Kurven. Sie entspricht dem gerasterten Feld.

Abb. 1.12b) verdeutlicht mit einer Isothermen des p-V-Diagramms die Volumenarbeit eines idealen Gases bei der reversiblen Expansion. Der Prozess läuft als reversibler Gleichgewichtsprozess auf der Oberfläche der Zustandsgleichung von 1 nach 2 ab, wobei sich der Außendruck des Gases p_a nur infinitesimal vom Druck p des Gases unterscheidet. Ein

Arbeitselement ist durch eine Fläche veranschaulicht, deren Breite dV und deren Höhe p ist. Die Gesamtarbeit ($\delta W_{\text{max,rev.}}$) bei der Veränderung des Volumens von V_1 auf V_2 ist bei der Änderung des Druckes von p_1 auf p_2 durch die Summe aller Arbeitselemente von V_1 zu V_2 gegeben: $\delta W_{\text{max,rev.}} = -\delta W_{\text{Exp.}} = \int_{V_1}^{V_2} p dV > 0$. Sie ist ebenso groß wie die Arbeit, die zur reversiblen isothermen Kompression des Gases zwischen denselben Volumina aufgewendet werden muss. Für 1 mol ideales Gas mit 50 %iger Druckminderung erhält man $\delta W_{\text{max,rev.}} = -\delta W_{\text{Exp.}} = \delta W_{\text{Komp.}} = RT \ln 2$.

Analog verhält es sich mit den bei der Zustandsänderung auftretenden Wärmeeffekten. So kann man z. B. die Erhöhung der Temperatur von T_1 nach T_2 erreichen, indem man Arbeit an dem System verrichtet, oder indem man erhitzt. In historischen Versuchen bzw. Überlegungen haben J. P. Joule und J. R. v. Meyer gezeigt, dass die aufgewendete Arbeit stets in demselben Verhältnis zur aufgenommenen Wärmemenge steht. Da die Arbeit keine Zustandsgröße ist und unter bestimmten Umständen dieselbe Zustandsänderung durch Zufuhr von Wärme oder durch Verrichten von Arbeit erfolgen kann, so bedeutet dies auch: Die Wärme ist keine Zustandsgröße.

In der Ausdrucksweise der Mathematik sagt man:

> Die Differenziale δW und δQ sind keine vollständigen Differenziale. Für sie gilt der Schwarz'sche Satz nicht.

Wollte man das am Arbeitsdifferenzial zeigen, müsste man es in zwei Variablen so schreiben:

$$\delta W = 0dT - p(T,V)dV\,. \tag{1.54}$$

Wendet man darauf den Schwarz'schen Satz an, müsste $\left[\frac{\partial p}{\partial T}\right]_V$ immer 0 sein, was sicherlich nicht zutrifft, höchstens für einzelne singuläre Zustände, wie Wasser von 4 °C. Die Arbeit ist also keine Zustandsgröße. Für δQ ergibt sich bei idealen Gasen:

$$\delta Q = Cv(T) \cdot dT + \frac{RT}{V} \cdot dV\,. \tag{1.55}$$

Das ist offensichtlich kein vollständiges Differenzial, wie man sofort mit dem Schwarz'schen Satz nachprüft. Erst wenn (1.55) auf beiden Seiten durch T dividiert wird, trifft dies zu:

$$\frac{\delta Q}{T} = \frac{Cv}{T} dT + \frac{R}{V} dV\,. \tag{1.56}$$

Was dahinter steckt, wird später beim zweiten Hauptsatz behandelt.

1.3 Zweiter und dritter Hauptsatz der Thermodynamik, die Entropie und die kanonische Zustandsgleichung

Der zweite Hauptsatz der Thermodynamik sagt in seiner ursprünglichen Form aus, dass gewisse Vorgänge, die an sich denkbar sind und die mit dem ersten Hauptsatz, dem Energiesatz, vereinbar sind, trotzdem nicht in der Natur vorkommen.

- Beispielsweise ist es unmöglich, dass sich ein Wärmereservoir abkühlt und gleichzeitig die Umgebung so erwärmt, dass die Wärme freiwillig von niederer zu höherer Temperatur strömt, ohne dass andere Zustandsänderungen in der Natur vor sich gehen.

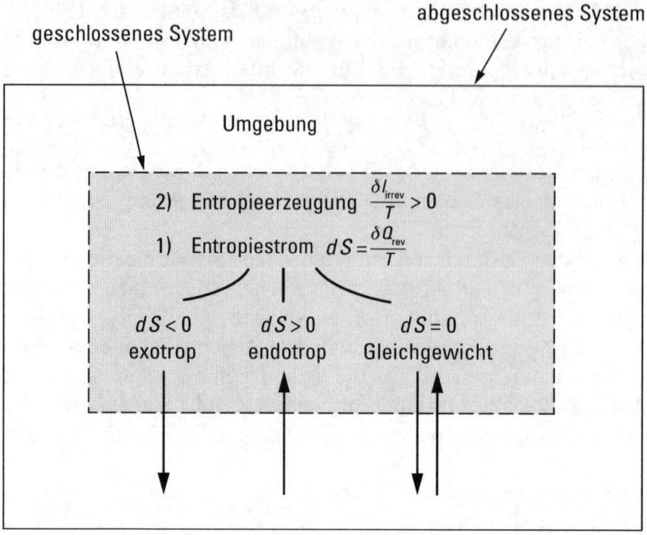

Abb. 1.13 Verdeutlichung des 2. Hauptsatzes der Thermodynamik.

- Auch ist es unmöglich, dass sich ein Wärmereservoir unter die Temperatur der Umgebung abkühlt und gleichzeitig eine Last gehoben wird, ohne dass andere Zustandsänderungen in der Natur eintreten.

In dieser und in anderer Form wurde der zweite Hauptsatz ursprünglich von Clausius, Thomson, Planck u. a. ausgesprochen. Aus diesen Formulierungen ließ sich durch rein mathematische Analyse eine Formulierung gewinnen, die hier für die folgenden Betrachtungen zugrunde gelegt wird. Durch den zweiten Hauptsatz wird die **Entropie** als neue Zustandsfunktion eingeführt. Sie ist eine extensive Zustandsfunktion und wird mit $\boldsymbol{S}$ bezeichnet, wenn sie sich auf ein Mol, mit $\boldsymbol{s}$, wenn sie sich auf eine beliebige Stoffmenge bezieht. Der 2. Hauptsatz in seiner formelmäßigen Darstellung macht eine Aussage über die Änderungsmöglichkeit der Entropie, $\boldsymbol{dS}$. Danach kann sie sich in **geschlossenen Systemen** nur auf zweierlei Weise ändern (Abb. 1.13):

1. Die Entropie eines Systems nimmt ab, wenn Entropie aus dem System herausströmt, und sie nimmt zu, wenn Entropie von außen zugeführt wird. Diese Änderungsmöglichkeit der Entropie heißt **Entropiestrom**. Die hier nicht wiedergegebene Beziehung zwischen der Wortformulierung des zweiten Hauptsatzes und seiner formelmäßigen Darstellung zeigt, dass der Entropiestrom immer dem Wärmestrom proportional ist, der Entropiestrom in geschlossenen Systemen ist $\boldsymbol{\delta Q / T}$.
2. Die Entropie eines Systems kann sich ändern, wenn irreversible Prozesse ablaufen. Dabei kann allerdings die Entropie nur zunehmen (**Entropieerzeugung!**). Hier soll die Entropieerzeugung geschrieben werden: $\boldsymbol{\delta I / T}$.
   $\delta I / dt$ (t: Zeit) heißt auch Dissipationsfunktion. δI ist immer positiv.

Der zweite Hauptsatz lautet nunmehr:

$$dS = \frac{\delta Q_{\text{rev}}}{T} + \frac{\delta I_{\text{irrev}}}{T} \quad (\delta I \geq 0)\,. \tag{1.57}$$

Tab. 1.1 Möglichkeiten der Entropieänderung.

Nr.	Zustandsänderung		dS	=	$\frac{\delta Q_{rev}}{T}$	+	$\frac{\delta I_{irrev.}}{T}$	$(\delta I \geq 0)$
1	adiabatisch – reversibel		dS	=	0	+	0	= 0
		Beispiel:	Carnot'scher Kreisprozess mit idealer Abstraktion, Reversible Mischung zweier Gase (Abb. 1.16)					
2	adiabatisch – irreversibel		dS	=	0	+	(+)	> 0
		Beispiel:	Gay-Lussac-Versuch, Joule-Thomson-Versuch, Mischen zweier Gase durch Entfernen einer Trennwand.					
3	endotherm – reversibel		dS	=	(+)	+	0	> 0
		Beispiel:	Verdampfen von Flüssigkeiten, Schmelzen von Feststoffen, Sublimieren von Feststoffen.					
4	endotherm – irreversibel		dS	=	(+)	+	(+)	> 0
		Beispiel:	Reaktion von Thionylchlorid mit Hexaaquakobalt(II)-chlorid, Reaktion von Oktaaquabarium(II)-hydroxid mit Ammoniumthiocyanat.					
5	exotherm – reversibel		dS	=	(–)	+	0	< 0
		Beispiel:	Kondensieren von Gasen, Erstarren von Schmelzen, Resublimieren von Gasen.					
6	exotherm – irreversibel		dS	=	(–)	+	(+)	< 0
		Beispiel:	Neutralisation, Verbrennung, elektrochemische Fällung, ...					
			dS	=	(–)	+	(+)	= 0
			dS	=	(–)	+	(+)	> 0

Mit (1.57) sind die gebräuchlichen Aussagen des 2. Hauptsatzes in der Umgangssprache verständlich:

- Bei reversiblen Vorgängen ist $\mathrm{d}S = \frac{\delta Q_{rev}}{T}$.
- In abgeschlossenen Systemen ist $dS \geq 0$.

Aus (1.57) kann man sechs Möglichkeiten der Entropieänderung ablesen (Tab. 1.1).

Im sechsten Fall kann man nicht von vorherein sagen, ob die Entropie zu- oder abnimmt. Ein Beispiel dafür ist das irreversible Erstarren einer unterkühlten Flüssigkeit.

- Dabei nimmt die Entropie ab, weil ein Entropiestrom nach außen fließt, denn es wird ja die Schmelzwärme frei.
- Andererseits nimmt wegen des irreversiblen Ablaufs die Entropie zu; es wird Entropie erzeugt.

Im Allgemeinen überwiegt hier der Entropiestrom nach außen.

Der zweite Hauptsatz liefert ein Kriterium für die Reversibilität bzw. Irreversibilität bestimmter Vorgänge, je nach der mit einem Prozess verbundenen Entropieänderung. Dabei war schon früher ausgemacht, dass der Wärmeaustausch und die Arbeitsleistung stets reversibel erfolgen sollen. Ein Konzentrationsausgleich in einer Lösung erfolgt z. B. irreversibel, ebenso die Wärmeleitung oder die Elektrizitätsleitung in einem elektrischen Leiter. Im Grunde verlaufen alle Naturvorgänge irreversibel, also mit Entropieerzeugung. Die reversiblen Prozesse sind nur Grenzfälle der wirklichen Vorgänge, sofern man sie sich unendlich langsam ablaufend vorstellt.

In der chemischen Thermodynamik sollen alle diese als Beispiel genannten Prozesse außer acht bleiben. Das einzig wirklich Irreversible, was wir hier nicht vernachlässigen können, ist der Ablauf einer homogenen chemischen Reaktion. Anhand Tab. 1.1 lassen sich schon viele spezielle Aussagen über das Vorzeichen der Entropieänderung bei konkreten Vorgängen machen. Es ist zu beachten, dass hier noch gar keine explizite Definition der Entropie gegeben wurde. Wir werden das Wesen der Entropie schrittweise an ihren Eigenschaften kennen lernen. Betrachten wir die Verdampfungsreaktion

$$H_2O_{(l)} \rightleftharpoons H_2O_{(g)} \,. \tag{1.58}$$

Diese heterogene Reaktion können wir praktisch reversibel ablaufen lassen. Dabei muss die Entropie zunehmen, denn es wird Wärme zugeführt (Tab. 1.1, Fall 3). Die Wärme, die zugeführt werden muss, um 1 mol Wasser bei konstantem Druck und konstanter Temperatur zu verdampfen, heißt **molare Verdampfungswärme**. Sie ist gleich der Differenz der molaren Bildungsenthalpien von Dampf und Flüssigkeit. Sie wird hier mit ΔH_{Vd} bezeichnet. Die Verdampfungswärmen der verschiedenen Flüssigkeiten variieren untereinander stark. Berechnet man aber die Verdampfungsentropie

$$\Delta S_{\mathrm{Vd}} = \frac{\Delta H_{\mathrm{Vd}}}{T} \quad \text{(T: Siedetemperatur beim Dampfdruck 1,01325 bar)}\,, \tag{1.59}$$

ergibt sich für die meisten Stoffe näherungsweise der gleiche Wert (etwa 88 J/(mol · K)). Das ist die Aussage der **Pictet-Trouton'schen Regel.** Auch die Schmelzentropie

$$\Delta S_{\mathrm{Sm}} = \frac{\Delta H_{\mathrm{Sm}}}{T}\,,$$

(Quotient aus Schmelzwärme ΔH_{Sm} und Schmelztemperatur T) ist für viele Stoffe nach der **Richard'schen Regel** näherungsweise konstant, wenn auch mit einem viel breiteren Variationsbereich als die Verdampfungsentropie. Die Schmelzentropie hängt stark von der Molekülform ab. Bei kugelförmigen Molekülen beträgt sie etwa 13 bis 21 J/(mol · K).

Um für beliebige Zustandsänderungen genau die damit verbundene Entropieänderung berechnen zu können, soll noch etwas über die Abhängigkeit der Entropie von Druck, Temperatur und Volumen gesagt werden. Zunächst sei ein Sonderfall herausgegriffen: Die Entropieänderung von 1 mol eines idealen Gases bei isothermer Zunahme des Volumens von V_1 bis V_2. Wir nehmen an, dass das Volumen reversibel zunimmt. Die dabei auftretende Arbeit ist nach Gleichung (1.29):

$$\Delta W = W = -RT \cdot \ln \frac{V_2}{V_1}\,. \tag{1.60}$$

Da die innere Energie idealer Gase (wegen des Fehlens zwischenmolekularer Kräfte) nicht vom Volumen abhängt, bleibt bei dieser isothermen Volumenänderung die innere Energie konstant. Die reversible Wärme ist also nach dem ersten Hauptsatz:

$$\Delta Q_{\mathrm{rev}} = Q_{\mathrm{rev}} = RT \cdot \ln \frac{V_2}{V_1}\,. \tag{1.61}$$

Die Entropieänderung ergibt sich aus:

$$\Delta S = R \cdot \ln \frac{V_2}{V_1}\,. \tag{1.62}$$

Dieser Wert hängt nicht von der Voraussetzung ab, dass die Volumenänderung reversibel erfolgen soll. Bei jeder Zustandsänderung, die zum gleichen Endzustand führt, ob reversibel oder nicht, ergibt sich dieselbe Entropieänderung. Da die Entropie eine Zustandsgröße ist, hängt ihre Änderung nicht vom Weg der Zustandsänderung, sondern nur vom Anfangs- und Endzustand ab.

Aus (1.61) folgt: Wenn das Volumen von 1 mol eines idealen Gases verdoppelt wird, nimmt die Entropie um rund 5,8 J/(mol · K) zu. Beim Verdampfen tritt größenordnungsmäßig eine Volumenzunahme um den Faktor 1000 ein. Dem würde nach (1.62) eine Entropiezunahme um etwa 57,4 J/(mol · K) entsprechen. Das sind aber noch nicht 88 J/(mol · K), die die **Pictet-Trouton'sche Regel** fordert. Auch diese Differenz lässt sich aufklären, wie weiter unten gezeigt wird. Dass die Schmelzentropie wesentlich kleiner ist, hängt damit zusammen, dass beim Schmelzen fast keine Volumenänderung eintritt.

Auch beim Gay-Lussac- und Joule-Thomson-Versuch mit idealen Gasen nimmt die Entropie zu, da das Volumen zunimmt. Die Zunahme ist ebenfalls nach (1.62) zu berechnen. Sie kommt aber, da die beiden Versuche adiabatisch und irreversibel ablaufen, durch Entropieerzeugung zustande.

Da die Entropie eine Zustandsgröße ist, muss sich ihre Änderung durch vollständige Differenziale (ausgedrückt durch dT und dV bzw. dT und dp) beschreiben lassen. Für reversible Prozesse lautet der zweite Hauptsatz:

$$TdS = \delta Q\,. \tag{1.63}$$

Setzt man hierin für δQ Gleichung (1.31) bzw. (1.35) ein und verwendet (1.40) bzw. (1.48), erhält man:

$$TdS = C_V dT + (\pi + p)dV \tag{1.64}$$

$$TdS = C_p dT + (\varepsilon - V)dp\,. \tag{1.65}$$

Da die Molwärmen immer positiv sind, erkennt man aus (1.64) und (1.65), dass die Entropie bei isochorer bzw. isobarer Temperaturzunahme stets zunimmt. Mit Hilfe von (1.64) und (1.65) und den vollständigen Differenzialen der inneren Energie und der Enthalpie kann man auch die schon früher verwendeten Formeln (1.43) und (1.50) beweisen. Wendet man gleichzeitig auf (1.64) und auf das Differenzial der inneren Energie den Schwarz'schen Satz an, erhält man:

$$\left[\frac{\partial C_V}{\partial V}\right]_T = \left[\frac{\partial \pi}{\partial T}\right]_V \tag{1.66}$$

$$\frac{1}{T}\left[\frac{\partial C_V}{\partial V}\right]_T = -\frac{\pi + p}{T^2} + \frac{1}{T}\left[\left(\frac{\partial \pi}{\partial T}\right)_V + \left(\frac{\partial p}{\partial T}\right)_V\right] \tag{1.67}$$

bzw. nach Multiplikation von (1.67) mit T und Subtraktion beider Gleichungen

$$\frac{\pi + p}{T} = \left(\frac{\partial p}{\partial T}\right)_V\,. \tag{1.68}$$

Das ist die schon früher verwendete Formel (1.43) für den Binnendruck π. In gleicher Weise erhält man aus (1.65) und dem Differenzial der Enthalpie den isothermen Drosseleffekt ε. Die elementare Rechnung kann jeder selbst durchführen. Setzt man das in (1.64) und (1.65) ein, erhält man für die Druck-und Volumenabhängigkeit der Entropie:

$$\left(\frac{\partial S}{\partial V}\right)_T = \left(\frac{\partial p}{\partial T}\right)_V \quad \text{bzw.} \quad \left(\frac{\partial S}{\partial p}\right)_T = -\left(\frac{\partial V}{\partial T}\right)_p\,. \tag{1.69}$$

Man erkennt, dass zur vollständigen Berechnung der Entropie keine weiteren Koeffizienten notwendig sind. Die Temperaturkoeffizienten stehen mit der kalorischen, die Druck- bzw. Volumenkoeffizienten mit der thermischen Zustandsgleichung zur Verfügung. Zur Kenntnis der Entropie braucht man nur den Zahlenwert der Entropie für einen bestimmten Standardzustand.

Der zweite Hauptsatz der Thermodynamik führt zu einer weiteren Zustandsgleichung, für die an zusätzlicher Information nur die Kenntnis von $S = f(p_0, T_0)$ notwendig ist.

$$\boxed{S^0} \tag{III}$$

Nun ist verständlich, warum in Gleichung (1.56) $\boldsymbol{\delta Q/T}$ ein vollständiges Differenzial ist: Es ist das Differenzial der Entropie eines idealen Gases.

Man könnte vermuten, dass die bisherigen Schlüsse nicht allgemein gültig sind, da von Gleichung (1.63) ausgegangen wurde. Aber wenn man δQ auf die angegebene Weise ersetzt, so kommen nur noch Zustandsgrößen vor, weil die beiden einzigen Größen, die keine Differenziale von Zustandsfunktionen (δQ und δW) sind, wegfallen. Von Gleichung (1.64) an sind die Beziehungen allgemein gültig. Man nennt die Gleichung, die sofort aus (1.63) folgen würde,

$$TdS = dU + pdV\,, \tag{1.70}$$

die Gibbs'sche **Fundamentalgleichung**. Wir werden sie später, wenn noch ein Glied hinzugefügt ist, das die Konzentrationsabhängigkeit enthält, in verallgemeinerter Form kennen lernen. Die beiden Formeln (1.69) für die Druck- und Volumenabhängigkeit der Entropie sind in einem Satz von vier Formeln enthalten, die Maxwell'sche **Relationen** heißen. Sie sollen hier nicht vollständig angegeben werden.

Nun lassen sich auch für U, H, C_V und C_p konkrete Aussagen zur Druck- und Volumenabhängigkeit machen und sie auf ideale Gase anwenden:

a) Man geht von der Gibbsschen Fundamentalgleichung und ihrem Analogon (kanonische Zustandsgleichung) aus:

$$U = f(S,V) \qquad\qquad H = f(S,p) = U + pV$$

$$dU = TdS - pdV \qquad\qquad dH = TdS + Vdp$$

$$\left(\frac{\partial U}{\partial V}\right)_T = T\cdot\left(\frac{\partial S}{\partial V}\right)_T - p \qquad\qquad \left(\frac{\partial H}{\partial p}\right)_T = T\cdot\left(\frac{\partial S}{\partial p}\right)_T + V$$

$$\left(\frac{\partial S}{\partial V}\right)_T = \left(\frac{\partial p}{\partial T}\right)_V = \frac{nR}{V} \qquad\qquad \left(\frac{\partial S}{\partial p}\right)_T = -\left(\frac{\partial V}{\partial T}\right)_p = -\frac{nR}{p}$$

ideales Gas *ideales Gas*

$$\left(\frac{\partial U}{\partial V}\right)_T = \frac{nRT}{V} - p = 0 \qquad\qquad \left(\frac{\partial H}{\partial p}\right)_T = -\frac{nRT}{p} + V = 0$$

Bei idealen Gasen sind U und H nur von der Temperatur abhängig.

b) Man geht von den kalorischen und kanonischen Zustandsgleichungen aus:

$U = f(T,V) = f(S,V)$ $\qquad$ $H = f(T,p) = f(S,p)$

$$C_V = \left(\frac{\partial U}{\partial T}\right)_V = T \cdot \left(\frac{\partial S}{\partial T}\right)_V \qquad C_p = \left(\frac{\partial H}{\partial T}\right)_p = T \cdot \left(\frac{\partial S}{\partial T}\right)_p$$

$$\left(\frac{\partial C_V}{\partial V}\right)_T = T \cdot \left(\frac{\partial^2 S}{\partial V \partial T}\right) \qquad \left(\frac{\partial C_p}{\partial p}\right)_T = T \cdot \left(\frac{\partial^2 S}{\partial p \partial T}\right)$$

$$\left(\frac{\partial S}{\partial V}\right)_T = \left(\frac{\partial p}{\partial T}\right)_V = \frac{nR}{V} \qquad \left(\frac{\partial S}{\partial p}\right)_T = -\left(\frac{\partial V}{\partial T}\right)_p = -\frac{nR}{p}$$

ideales Gas $\qquad$ *ideales Gas*

$$\left(\frac{\partial C_V}{\partial V}\right)_T = T \cdot \frac{\partial\left(\frac{nR}{V}\right)}{\partial T} = 0 \qquad \left(\frac{\partial C_p}{\partial p}\right)_T = -T \cdot \frac{\partial\left(\frac{nR}{p}\right)}{\partial T} = 0$$

> Da bei idealen Gasen U und H von V und p unabhängig sind, gilt dies auch für C_V und C_p sowie für die Poissonkonstante (Adiabatenexponent) $C_p/C_V = k$.

Auch ergibt sich eine weitere strenge Herleitung der Differenz der Molwärmen:

$$C_p - C_V = T\left(\frac{\partial S}{\partial T}\right)_p - T\left(\frac{\partial S}{\partial T}\right)_V$$

$$\left(\frac{C_p - C_V}{T}\right) = \left(\frac{\partial S}{\partial T}\right)_p - \left(\frac{\partial S}{\partial T}\right)_V$$

$$\left(\frac{\partial S}{\partial T}\right)_p \neq \left(\frac{\partial S}{\partial T}\right)_V$$

$$\left(\frac{\partial S}{\partial T}\right)_p = \left(\frac{\partial S}{\partial T}\right)_V + \left(\frac{\partial S}{\partial V}\right)_T \left(\frac{\partial V}{\partial T}\right)_p$$

$$C_p - C_V = T \cdot \left(\frac{\partial S}{\partial V}\right)_T \left(\frac{\partial V}{\partial T}\right)_p$$

$$C_p - C_V = T \cdot \left(\frac{\partial p}{\partial T}\right)_V \left(\frac{\partial V}{\partial T}\right)_p$$

$$C_p - C_V = T \cdot \beta p \cdot \alpha V$$

$$\beta = \frac{\alpha}{p \cdot \chi}$$

$$C_p - C_V = \frac{\alpha^2 T V}{\chi}$$

Man merke sich vor allem, dass die Entropie bei Temperaturzunahme zunimmt, bei isothermer Druckabnahme im Allgemeinen abnimmt und bei isothermer Volumenzunahme im Allgemeinen zunimmt. Das „im Allgemeinen" schließt Wasser zwischen 0 und 4 °C aus.

Die Entropiekonstante (d. h. der Zahlenwert der Entropie bei einer bestimmten Temperatur) lässt sich mit Hilfe des Nernst'schen Wärmesatzes bestimmen. Nernst hat aus experimentellen Daten geschlossen, dass am absoluten Nullpunkt sämtliche Vorgänge ohne Änderung der Entropie verlaufen. Planck hat diese Aussage dahingehend erweitert, dass **am absoluten Nullpunkt für alle Stoffe im inneren Gleichgewicht die Entropie Null ist (dritter Hauptsatz der Thermodynamik)**. Es gilt dann:

$$S = \int_0^T \frac{C_p}{T} dT + \sum \frac{Q_{\mathrm{rev}\,(U)}}{T_U} . \tag{1.71}$$

Hierbei ist zu beachten, dass die Umwandlungsentropien für die Übergänge fest/flüssig und flüssig/gasförmig ($\sum \frac{Q_{\mathrm{rev}\,(U)}}{T_{(U)}}$) berücksichtigt werden. Damit kann man aus der Entropie Null am absoluten Nullpunkt für die feste Phase auf den Zahlenwert der Entropie der Gasphase bei einer beliebig hohen Temperatur schließen. Dabei muss allerdings der Druck konstant gehalten werden. Will man noch die Druckabhängigkeit der Entropie berücksichtigen, muss man nach (1.69) noch über den Druck integrieren. Für ein ideales Gas hat dann die Entropie die Form:

$$\left(\frac{\partial S}{\partial p}\right)_T = -\left(\frac{\partial V}{\partial T}\right)_p = -\alpha V = -\frac{V}{T} = -\frac{R}{p}$$

$$\int_{S^0}^{S} dS = -R \int_{p_0}^{p} \frac{dp}{p}$$

$$S = S^0(T) - R \cdot \ln \frac{p}{p_0} . \tag{1.72}$$

In Abb. 1.14 ist die auf diese Weise berechnete Entropie des Wassers in Abhängigkeit von der Temperatur dargestellt. Man erkennt, dass die größte Entropieänderung durch das Verdampfen zustande kommt. Nach der **Pictet-Trouton'schen Regel** beträgt die Verdampfungsentropie etwa 88 J/(mol · K). Bei Wasser muss jedoch zusätzlich noch die Assoziation der Moleküle (Dipole) überwunden werden.

Wird in (1.72) $T = 298{,}15\,\mathrm{K}$ gesetzt und $p = 101\,325\,\mathrm{Pa} = \mathrm{const.}$ gehalten, erhält man für den jeweiligen Stoff den im Tafelwerk ausgewiesenen Wert der Standardentropie

$$S^0_{298,15} = \int_0^{298,15} dS .$$

Für chemische Reaktionen gilt nach Hess:

$$\Delta S^0_{298} = \sum S^0_{298\,(\mathrm{Produkte})} - \sum S^0_{298\,(\mathrm{Edukte})} .$$

M. Planck hat mit den Funktionen $S = f(V, U)$ und $S = f(p, H)$ Formen der sogenannten **kanonischen Zustandsgleichung** eingeführt. Aus ihren partiellen Differenzialen für ideale Gase folgt, dass sich T und p als Funktionen von U und V sowie T und V als Funktionen von H und p ausdrücken lassen. Die kanonische Zustandsgleichung setzt somit alle thermodynamischen Größen in Beziehung (s. Kap. 3.4; Frage 81).

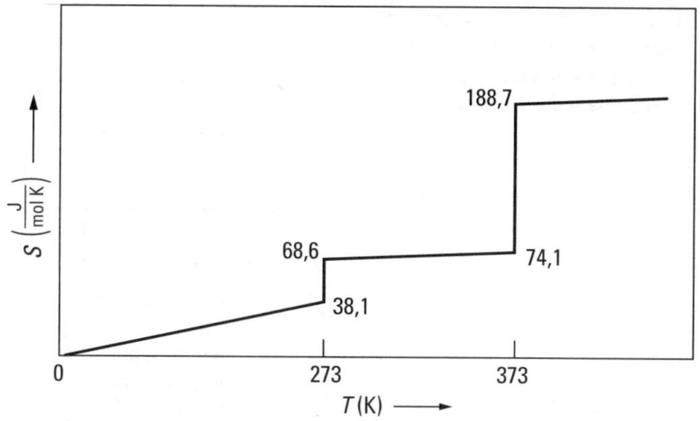

Abb. 1.14 Entropie des Wassers in Abhängigkeit von der Temperatur.

Die statistische Thermodynamik führt zu einer weiteren Deutungsmöglichkeit der Entropie. Danach gilt die **Boltzmann'sche Gleichung**, die die **Entropie** $\boldsymbol{S}$ (Grad der Unordnung, Maß der Irreversibilität, Maß eines Zustandes für die Nichtverfügbarkeit nützlicher Arbeit, Pfeil der Zeit) als monotone Funktion der **thermodynamischen Wahrscheinlichkeit** $\boldsymbol{\omega}$ betrachtet. Es ist

$$S = k \cdot \ln \left(\frac{V}{\Delta V} \right)^{\text{Anzahl Moleküle}} = k \cdot \ln \omega \tag{1.73}$$

k ist die schon früher erwähnte Boltzmann-Konstante:

$$k = \frac{R}{N_\mathrm{A}} = 1{,}38054 \cdot 10^{-23} \frac{J}{K}\,.$$

ω gibt die Anzahl der Mikrozustände (Teilvolumina ΔV) an, mit denen ein gegebener Makrozustand (Gesamtvolumen V) realisiert werden kann. Mit ω kann also die relative Wahrscheinlichkeit ausgedrückt werden, um wie viel wahrscheinlicher ein Zustand ist als ein anderer. Betrachten wir $N = 10^6$ Moleküle in einem Würfel der Kantenlänge 10 cm ($V = 1000\,\mathrm{cm}^3$), so scheint es ausgeschlossen, alle Moleküle innerhalb des Teilvolumens $\Delta V = 1\,\mathrm{cm}^3$ zu finden. Falls sie zunächst dort eingeschlossen sind, werden sie sich bald im gesamten Volumen V verteilen. Die thermodynamische Wahrscheinlichkeit dafür ist

$$\omega = \left(\frac{V}{\Delta V} \right)^N = \left(\frac{1000\,\mathrm{cm}^3}{1\,\mathrm{cm}^3} \right)^{10^6} = 10^{3\,000\,000}\,.$$

Für die irreversible Expansion eines idealen Gasen in einem adiabatisch abgeschlossenen System gilt:

$$\Delta S = S_2 - S_1 = k \cdot \ln \omega_2 - k \cdot \ln \omega_1 = k \cdot \ln \frac{\omega_2}{\omega_1} = k \cdot \ln \left(\frac{V_2}{V_1} \right)^{\text{Anzahl Moleküle}}\,.$$

Mit Abb. 1.15 ist beispielhaft die Berechnung einer Mischungsentropie angegeben.

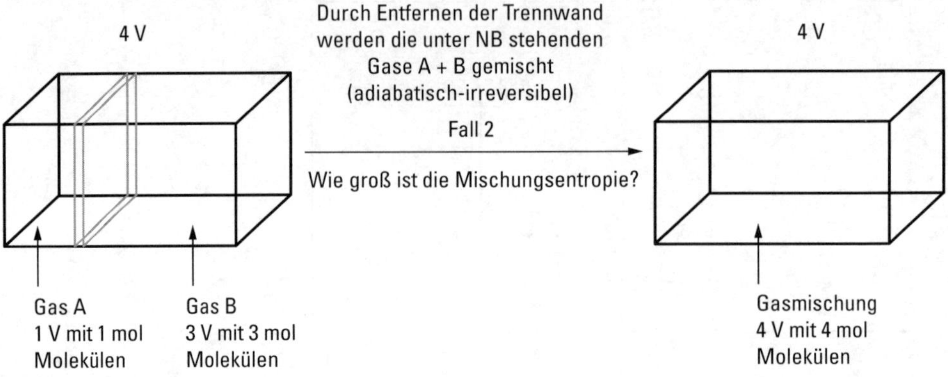

Abb. 1.15 Beispiel einer ΔS-Berechnung.

$$\Delta S_{\text{gemischt}} = k \cdot \ln \omega_{\text{A}} + k \cdot \ln \omega_{\text{B}}$$

$$\Delta S_{\text{gemischt}} = k \cdot \ln \left(\frac{V_{\text{A}_2}}{V_{\text{A}_1}}\right)^{N_{\text{A}}} + k \cdot \ln \left(\frac{V_{\text{B}_2}}{V_{\text{B}_1}}\right)^{3N_{\text{A}}}$$

$$\Delta S_{\text{gemischt}} = R \cdot \ln \left[\left(\frac{V_{\text{A}_2}}{V_{\text{A}_1}}\right) \cdot \left(\frac{V_{\text{B}_2}}{V_{\text{B}_1}}\right)^3\right]$$

$$\Delta S_{\text{gemischt}} = R \cdot \ln \left[\left(\frac{4}{1}\right) \cdot \left(\frac{4}{3}\right)^3\right] = 18{,}7 \frac{J}{\text{K}}\,.$$

Dass die **Entropie *S*** als Funktion der **thermodynamischen Wahrscheinlichkeit** ω die Form von Gleichung (1.73) hat, kann man folgendermaßen einsehen: Fügt man zwei verschiedene Systeme zusammen, ist die Entropie des Gesamtsystems S gleich der Summe der Entropien der Einzelsysteme $S_1 + S_2$. Wie die Statistik zeigt, ist aber die thermodynamische Wahrscheinlichkeit des Gesamtsystems gleich dem Produkt der thermodynamischen Wahrscheinlichkeiten der Einzelsysteme: $\omega = \omega_1 \cdot \omega_2$. Wie die Mathematik zeigt, ist der Logarithmus die einzige Funktion, die die Eigenschaft hat, dass sie auf ein Produkt angewendet dasselbe ergibt, als wenn man sie auf die einzelnen Faktoren anwendet und anschließend addiert: $S = f(\omega)$ muss also der Bedingung $f(\omega) = f(\omega_1 \cdot \omega_2) = f(\omega_1) + f(\omega_2)$ genügen. Dies leistet die Funktion $\ln \omega$, da $\ln(\omega_1 \cdot \omega_2) = \ln(\omega_1) + \ln(\omega_2)$ ist. Wir setzen daher $S = k \cdot \ln \omega$.

Dass der Proportionalitätsfaktor in (1.73) gerade die Boltzmann-Konstante ist, kann man dadurch zeigen, dass man für einen bestimmten Vorgang die Entropieänderung einmal thermodynamisch

$$\Delta S = k \cdot N_{\text{A}} \ln \frac{V_2}{V_1} = -k \cdot N_{\text{A}} \ln \frac{p_2}{p_1} \tag{1.74}$$

und einmal statistisch

$$\Delta S = k \cdot \ln \frac{\omega_2}{\omega_1} \tag{1.75}$$

bestimmt. Das soll hier nicht geschehen.

Die statistische Betrachtung hat eine neue vertiefte Auffassung vom zweiten Hauptsatz geliefert. Sie zeigt, dass der Entropiesatz keine absolute Gültigkeit hat, sondern nur in Sys-

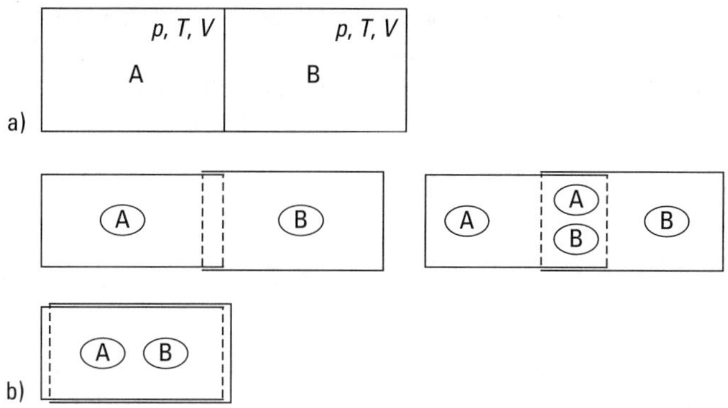

Abb. 1.16 a) Isobare Mischung zweier idealer Gase; b) isentrope Durchmischung zweier idealer Gase.

temen richtig ist, die eine genügend große Teilchenzahl haben, in denen also die statistischen Schwankungen von durchschnittlich $(\sqrt{N})^{-1}$ vernachlässigt werden können. Dies trifft für Systeme mit N_{A} Teilchen zu.

Bei der hier durchgeführten Überlegung im obigen Beispiel der ΔS-Berechnung wurde vorausgesetzt, dass die thermodynamische Wahrscheinlichkeit und damit auch die Entropie freiwillig einem Maximalwert zustreben. Das zugrunde liegende Molekülmodell stellt ein adiabatisch abgeschlossenes System dar (Tab. 1.1; Fall 2).

Bisher wurde nur die Abhängigkeit der Entropie von p, T und V behandelt. Jetzt sollen Gasmischungen näher betrachtet werden, um die Abhängigkeit der Entropie von der Zusammensetzung zu besprechen. Wir betrachten folgenden Gedankenversuch (Abb. 1.16a): Zwei verschiedene Behälter enthalten zwei verschiedene ideale Gase bei gleichem Volumen, gleichem Druck und gleicher Temperatur. Von beiden Gasen sind also gleich viele Moleküle vorhanden. Die beiden Gefäße werden durchmischt, indem die Trennwand weggenommen wird. Die Gasmischung hat jetzt dieselbe Temperatur und denselben Druck wie die Einzelgase vor der Mischung. Bei diesem Vorgang muss die Entropie zugenommen haben, da der Mischungsvorgang offensichtlich irreversibel verlief und kein Wärmeaustausch mit der Umgebung stattfand (Tab. 1.1; Fall 2). Die Entropiezunahme soll dadurch berechnet werden, dass man in einem Gedankenversuch den Endzustand auf reversible Weise herzustellen versucht. Dazu verwendet man zwei Gefäße nach Abb. 1.16b.

Die beiden Gefäße sind, wie die Zeichnung zeigt, zusammengeschaltet, die Trennwände sind semipermeabel; d. h. die eine Begrenzungswand soll nur für das Gas A durchlässig sein, nicht aber für B. Bei der anderen semipermeablen Wand ist es gerade umgekehrt. Schiebt man die beiden Gefäße zusammen, entsteht in dem Zwischenraum zwischen den beiden semipermeablen Wänden die Gasmischung. Die Durchmischung erfolgt reversibel, denn zieht man die beiden Kästen auseinander, befindet sich in jedem der beiden wieder das reine, ungemischte Gas. Ein Wärmeeffekt tritt bei diesem Vorgang nicht auf. Es liegt also Fall 1 (s. Tab. 1.1) vor. Man erkennt, dass erstaunlicherweise nicht die Gasmischung das eigentlich Irreversible ist. Aber es ist auch nicht derselbe Endzustand entstanden, als wenn man die Trennwand in Abb. 1.16a weggenommen hätte. Der Druck der Gasmischung, der bei dem Versuch nach Abb. 1.16b entsteht, ist gleich der Summe der Drücke der beiden ungemischten Gase. Der Druck, den jedes der beiden Gase in der Gasmischung hat, wenn es den ihm zur Verfügung stehenden Raum allein ausfüllen würde, heißt **Partialdruck** p_i des Gases. Bei dem Versuch nach Abb. 1.16b bleibt der Partialdruck der Gase erhalten, während er bei einer

Mischung nach Abb. 1.16a auf die Hälfte sinkt. Die Entropie eines Gases in einer Gasmischung hängt also neben der Temperatur nur von seinem Partialdruck ab.

Die Entropie S eines reinen idealen Gases mit der Temperatur T und dem Druck p ist:

$$S = S^{\circ}(T) - R \ln p\,. \tag{1.76}$$

Die Entropie eines reinen idealen Gases in einer Gasmischung (S_i) ist demzufolge:

$$S_i = S_i^{\circ}(T) - R \ln p_i\,. \tag{1.77}$$

Der Partialdruck eines Gases in einer Gasmischung hängt mit dem Gesamtdruck p zusammen nach:

$$p_i = \chi_i \cdot p \tag{1.78}$$

χ_i ist dabei der Molenbruch des Gases i in der Gasmischung:

$$\chi_i = \frac{n_i}{n} = \frac{p_i}{p} = \frac{V_i}{V}\,.$$

Man kann mit (1.78) für (1.77) schreiben:

$$S_i = S_i^{\circ}(T) - R \ln p - R \ln \chi_i\,. \tag{1.79}$$

Darin ist für ideale Gase in Gasmischungen deutlich die Temperatur-, Druck- und Konzentrationsabhängigkeit der Entropie zu erkennen. Das Glied mit dem Molenbruch liefert die **Mischungsentropie**.

Wenn der oben beschriebene Gedankenversuch mit jeweils einem Mol des Gases A und einem Mol des Gases B durchgeführt wurde, ist die Entropiezunahme:

$$\Delta S = (-n_{\mathrm{A}} \cdot R \cdot \ln p - n_{\mathrm{A}} \cdot R \cdot \ln \chi_{\mathrm{A}}) + (-n_{\mathrm{B}} \cdot R \cdot \ln p - n_{\mathrm{B}} \cdot R \cdot \ln \chi_{\mathrm{B}})$$
$$\Delta S = (-1 \cdot R \cdot \ln 1 - 1 \cdot R \cdot \ln 1/2) + (-1 \cdot R \cdot \ln p - 1 R \ln 1/2)$$
$$\Delta S = 1 \cdot R \cdot \ln 2 + 1 \cdot R \cdot \ln 2$$
$$\Delta S = 2 \cdot R \cdot \ln 2 = 11{,}53\,\mathrm{J/K}\,.$$

Auch die Beispielaufgabe von Abb. 1.15 lässt sich analog lösen:

$$\Delta S = (-n_{\mathrm{A}} \cdot R \cdot \ln p - n_{\mathrm{A}} \cdot R \cdot \ln \chi_{\mathrm{A}}) + (-n_{\mathrm{B}} \cdot R \cdot \ln p - n_{\mathrm{B}} \cdot R \cdot \ln \chi_{\mathrm{B}})$$
$$\Delta S = (-1 \cdot R \cdot \ln 1 - 1 \cdot R \cdot \ln 1/4) + (-3 \cdot R \cdot \ln 1 - 3 \cdot R \cdot \ln 3/4)$$
$$\Delta S = 1 \cdot R \ln 4 + 3 \cdot R \ln 4/3$$
$$\Delta S = 18{,}7\,\mathrm{J/K}\,.$$

1.4 Partielle molare Größen

Der Zahlenwert einer extensiven Eigenschaft Z (U: Innere Energie, V: Volumen, H: Enthalpie, S: Entropie, F: Freie Energie und G: Freie Enthalpie), ist sowohl von der Menge des Stoffes des betreffenden Systems als auch von dessen Zustand, d. h. vom Druck und der Temperatur, abhängig. Ändert man den stofflichen Umfang des Systems, indem man Substanz zuführt oder entnimmt, wird auch der Wert der genannten Zustandsfunktionen geändert. Systeme, für die ein solcher Stoffaustausch zutrifft, bezeichnet man als offene Systeme. Soll bei einer Zustandsänderung eines derartigen offenen Systems eine beliebige extensive Eigenschaft Z als vollständiges Differenzial dargestellt werden, so ist neben **Druck** und **Temperatur** auch die Änderung der Molzahlen n_1, n_2, n_3 usw. der das System zusammensetzenden Komponenten 1, 2, 3 usw. als Variablen zu berücksichtigen. Es ergibt sich:

$$dZ = \left(\frac{\partial Z}{\partial T}\right)_{p,n_1,n_2,n_3,\ldots} dT + \left(\frac{\partial Z}{\partial p}\right)_{T,n_1,n_2,n_3,\ldots} dp + \left(\frac{\partial Z}{\partial n_1}\right)_{T,p,n_2,n_3,\ldots} dn_1 + \left(\frac{\partial Z}{\partial n_2}\right)_{T,p,n_1,n_3,\ldots} dn_2 + \left(\frac{\partial Z}{\partial n_3}\right)_{T,p,n_1,n_2,\ldots} dn_3 + \ldots$$

Die partiellen Differentialquotienten $\left(\frac{\partial Z}{\partial n_1}\right)$, $\left(\frac{\partial Z}{\partial n_2}\right)$, $\left(\frac{\partial Z}{\partial n_3}\right)$, usw. werden die **partiellen molaren Größen der Komponenten 1, 2, 3** usw. genannt und meist mit $\overline{Z}_1$, $\overline{Z}_2$, $\overline{Z}_3$ usw. abgekürzt. Bei $dT = 0$ und $dp = 0$ ergibt sich für ein binäres System: $dZ_{T,p} = \overline{Z}_1 \cdot dn_1 + \overline{Z}_2 \cdot dn_2$. Nach Integration erhält man: $Z_{T,p} = \overline{Z}_1 \cdot n_1 + \overline{Z}_2 \cdot n_2$, worauf sofort erkennbar ist, dass die partiellen molaren Größen nach Multiplikation mit den in dem System vorhandenen Molzahlen die betreffende Eigenschaft additiv aufbauen.

Da partielle molare Größen das Verhalten von extensiven Zustandsgrößen als Funktionen von $\boldsymbol{T}$ und $\boldsymbol{p}$ in realen Mischphasen charakterisieren, kommen zu ihrer Bildung nur $\boldsymbol{V}$, $\boldsymbol{H}$, $\boldsymbol{S}$ und $\boldsymbol{G}$ in Frage. Die grundlegenden Gesetzmäßigkeiten sollen hier noch einmal am Beispiel des Volumens $\boldsymbol{V}$ verdeutlicht werden, weil dieser Fall am anschaulichsten ist. Das Molvolumen einer idealen Gasmischung aus 3 Komponenten lässt sich durch

$$V = \chi_1 V_1 + \chi_2 V_2 + \chi_3 V_3 \quad (\chi \text{ Molenbruch}) \tag{1.80}$$

darstellen. Ideale Gasmischungen sind dadurch ausgezeichnet, dass die Molvolumina der reinen Komponenten V_1, V_2 und V_3 für alle Gase gleich sind; unabhängig von der Gasart sind sie gleich RT/p.

Als **reale Mischphasen** sollen hier vorwiegend flüssige Mischungen betrachtet werden. Das Gesamtvolumen einer binären flüssigen Mischung v aus n_1 Molen der Komponente 1 und n_2 Molen der Komponente 2 ist eine Funktion von T, p, n_1 und n_2

$$v = f(T,p,n_1,n_2)\,. \tag{1.81}$$

Diese Funktion hat folgende Eigenschaft: Wenn die Molzahlen ver-t-facht werden, wächst bei konstantem T und p auch das Volumen auf das t-fache. Es gilt:

$$tv = f(T,p,tn_1,tn_2)\,. \tag{1.82}$$

In dieser Gleichung drückt sich der extensive Charakter des Volumens aus. Differenziert man (1.82) nach t und setzt $t = 1$, erhält man:

$$v = n_1 \left(\frac{\partial v}{\partial n_1}\right)_{p,T,n_2} + n_2 \left(\frac{\partial v}{\partial n_2}\right)_{p,T,n_1}\,. \tag{1.83}$$

Die beiden partiellen Ableitungen, die in (1.83) vorkommen, heißen partielle Molvolumina. Ihre Kennzeichnung soll durch Überstreichen erfolgen und somit gilt:

$$v = n_1 \overline{V}_1 + n_2 \overline{V}_2\,. \tag{1.84}$$

(1.84) besagt, dass bei realen Mischphasen das Volumen (unter Verwendung der partiellen Molvolumina) formal genauso ausgedrückt werden kann, wie das Volumen idealer Mischphasen nach (1.80). Auch bei Mischungen aus beliebig vielen Komponenten lässt sich das Gesamtvolumen nach (1.84) darstellen. Auf zwei Komponenten haben wir uns hier nur beschränkt, um die Schreibweise zu vereinfachen.

Der Unterschied zwischen (1.84) und (1.80) liegt darin, dass bei **idealen Mischphasen** die V_1, V_2 usw. als Molvolumina der reinen Komponenten nur von p und T abhängig sind, aber nicht von der Zusammensetzung. Dagegen hängen in **realen Mischphasen** die partiellen Molvolumina $\overline{V}_1$ und $\overline{V}_2$ von der Zusammensetzung ab, also von dem Verhältnis zweier Molzahlen, oder, was das gleiche bedeutet, von den Molenbrüchen. Wir wollen uns im Folgenden auf binäre Mischungen beschränken. Dann tritt nur ein unabhängiger Molenbruch auf. Es gilt $\chi_1 + \chi_2 = 1$. Wir betrachten deshalb die beiden partiellen Molvolumina einer binären Mischung nur als Funktionen von χ_1. Aus (1.81) und (1.84) bilden wir das Differenzial des Volumens dv bezüglich der Variablen n_1 und n_2. Aus (1.81) folgt:

$$dv = \overline{V}_1 dn_1 + \overline{V}_2 dn_2 \quad (p, T = \text{const.})\,. \tag{1.85}$$

Aus (1.84) folgt:

$$dv = \overline{V}_1 dn_1 + \overline{V}_2 dn_2 + n_1 d\overline{V}_1 + n_2 d\overline{V}_2 \quad (p, T = \text{const.})\,. \tag{1.86}$$

(1.85) und (1.86) müssen übereinstimmen; das scheint aber nicht der Fall zu sein, da (1.86) zwei Summanden zu viel hat. Diese beiden müssen daher zusammen Null ergeben:

$$n_1 d\overline{V}_1 + n_2 d\overline{V}_2 = 0 \quad (p, T = \text{const.})\,. \tag{1.87}$$

Die Beziehung (1.87), die zwischen den partiellen Molvolumina einer Mischung besteht, zeigt, dass die partiellen Molvolumina nicht unabhängig voneinander sind. (1.87) gilt für Mischungen von beliebig vielen Komponenten, sowie für andere partielle molare Größen als das partielle Molvolumen und heißt **Gibbs-Duhem'sche Gleichung**. Sie spielt für die tatsächliche Bestimmung der partiellen molaren Größen eine wichtige Rolle (s. u.!). Unbefriedigend ist, dass in (1.84) und (1.87) noch die Molzahlen vorkommen. Man vermeidet das, indem man (1.84) und (1.87) durch die Summe der Molzahlen $n_1 + n_2$ dividiert. Dadurch wird aus (1.84)

$$V_\mathrm{m} = \overline{V}_1 \chi_1 + \overline{V}_2 \chi_2\,. \tag{1.88}$$

V_m nennt man das mittlere Molvolumen der Mischungen. Aus (1.87) wird:

$$\chi_1 d\overline{V}_1 + \chi_2 d\overline{V}_2 = 0 \quad (p, T = \text{const.})\,. \tag{1.89}$$

Der Zusatz $(p, T = \text{const.})$ in (1.89), (1.87) usw. ist notwendig, da diese Gleichungen im Allgemeinen nicht gelten, wenn T und p nicht konstant gehalten werden.

Für viele Untersuchungen (besonders für die Volumenänderung bei chemischen Reaktionen) muss man die partiellen Molvolumina aller Komponenten der betreffenden Mischphase kennen. Ein graphisches Verfahren zur Bestimmung der partiellen Molvolumina bei binären Mischungen nach Roozeboom soll hier angegeben werden.

Besonders leicht kann man das mittlere Molvolumen einer Reihe von Mischungen, die den Molenbruchbereich von 0 bis 1 gut überdeckt, bestimmen. Man mischt z. B. 0,1 mol Ethanol mit 0,9 mol Wasser und bestimmt das Gesamtvolumen. Das ist wegen des realen Charakters der Mischung verschieden von der Summe der Volumina beider Komponenten. Ganz analog stellt man Mischungen her mit den Molenbrüchen 0,2; 0,3; 0,4; …; 0,9. Nun ermittelt man die Molvolumina der reinen Komponenten und erhält so 11 Werte des mittleren Molvolumens der Mischung Wasser/Ethanol. Trägt man diese mittleren Molvolumina gegen den Molenbruch auf (Abb. 1.17), erhält man wegen des realen Charakters der Mischung keine Gerade. Würde sich eine Gerade ergeben, wäre das ein Zeichen dafür, dass die Mischung im Hinblick auf das Volumen ideal wäre. Bei den meisten Mischungen weicht allerdings gerade das Volumen sehr wenig vom idealen Verhalten ab. Deshalb ist es praktischer, nicht V_m, sondern ΔV gegen den Molenbruch einer Komponente aufzutragen. ΔV ist die Differenz zwischen dem experimentell bestimmten mittleren Molvolumen und dem Molvolumen einer ideal gedachten Mischung,

d. h.:

$$\Delta V = V_m - V_{id} \qquad V_{id} = \chi_1 V_1^0 + \chi_2 V_2^0$$

(V_1^0 und V_2^0 sind die Molvolumina der reinen Komponenten) .

Das bedeutet: Man trägt unmittelbar die Differenz zwischen der realen Kurve und der ihre beiden Endpunkte verbindenden Geraden auf. Der Ordinatenmaßstab kann etwas überhöht werden. So erhält man in gut auswertbarem Maßstab die Abweichung des mittleren Molvolumens vom idealen Verhalten.

Um die partiellen Molvolumina selbst zu bestimmen, muss die Gibbs-Duhem'sche Gleichung herangezogen werden. Man differenziert (1.88) nach dem Molenbruch χ_1 und erhält

$$\frac{dV_m}{d\chi_1} = \overline{V}_1 - \overline{V}_2 . \tag{1.90}$$

Aus (1.88) und (1.90) lassen sich die partiellen Molvolumina einzeln ausrechnen. Es ergibt sich:

$$\overline{V}_1 = V_m + \chi_2 \frac{dV_m}{d\chi_1} \tag{1.91}$$

$$\overline{V}_2 = V_m + \chi_1 \frac{dV_m}{d\chi_2} \quad \text{bzw.} \quad \overline{V}_2 = V_m - \chi_1 \frac{dV_m}{d\chi_1} . \tag{1.92}$$

Bei der Ableitung von (1.90) treten noch mehr Glieder auf, die sich mit der Gibbs-Duhem'schen Gleichung aufheben. Außerdem wurde verwendet:

$$\frac{d\chi_1}{d\chi_2} = -1 . \tag{1.93}$$

Nach (1.91) und (1.92) lassen sich die partiellen Molvolumina durch eine einfache graphische Konstruktion bestimmen (Abb. 1.17).

Man zeichnet die V_m-χ_1-Kurve. In dem Punkt, der dem Molenbruch entspricht, bei dem man die partiellen Molvolumina zu kennen wünscht, legt man an diese Kurve die Tangente. Ihre Schnittpunkte mit den beiden Vertikalen bei $\chi_1 = 0$ und $\chi_1 = 1$ sind die beiden partiellen Molvolumina $\overline{V}_2$ und $\overline{V}_1$. Hat man die andere Art der Auftragung (ΔV gegen χ_1) gewählt, sind die Ordinatenabschnitte, die man bei der Tangentenkonstruktion erhält, $\overline{V}_1 - V_1^0$ und $\overline{V}_2 - V_2^0$. Bei einer binären Mischung kann man also die partiellen Molvolumina bestimmen, wenn man das mittlere Molvolumen als Funktion des Molenbruchs einer Komponente misst.

Für die partiellen molaren Enthalpien gelten, wie bereits erwähnt, analoge Gesetzmäßigkeiten. Nach den gleichen Überlegungen wie oben ist bei einer binären Mischung die Enthalpie der Mischung

$$h = \overline{H}_1 n_1 + \overline{H}_2 n_2 . \tag{1.94}$$

Wir wollen Mischungen und Lösungen unterscheiden. Mischungen sollen in jedem Mischungsverhältnis hergestellt werden können. Bei Lösungen sei aber eine Komponente (Komponente 1) dadurch ausgezeichnet, dass sie im Überschuss vorliegt. Ihr Molenbruch liegt dicht bei 1. Sie heißt **Lösungsmittel (Dispersionsmittel)**. Die andere Komponente ist dann das **Gelöste (Disperse Phase)**.

Bei Mischungen wählt man als Konzentrationsvariable wieder die Molenbrüche. Bei einer binären Mischung liegt nur ein unabhängiger Molenbruch χ_1 vor. Wir dividieren (1.94) durch

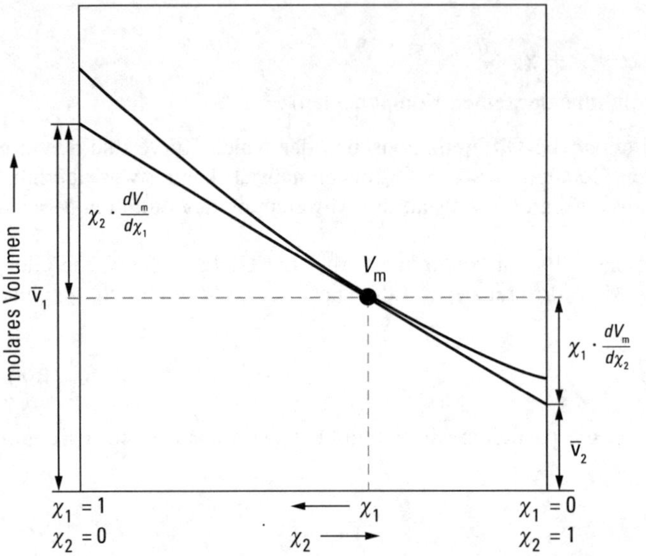

Abb. 1.17 Graphische Bestimmung der partiellen Molvolumina eines binären Gemisches.

die Summe der Molzahlen und erhalten

$$H_m = \overline{H}_1 \cdot \chi_1 + \overline{H}_2 \cdot \chi_2 \,. \tag{1.95}$$

Wir beschränken uns auch hier auf die Enthalpieänderung beim Mischen, betrachten also die Enthalpieänderung im Vergleich zu den Enthalpien der ungemischten Komponenten. Nach dem ersten Hauptsatz ist diese Enthalpieänderung ein Maß für die beim isothermen und isobaren Mischen auftretende Wärmetönung, d. h. ein Maß für die Mischungswärme. Bilden wir die Differenz zwischen (1.95) und der Enthalpie einer idealen Mischung, erhalten wir:

$$\Delta H_m = \chi_1 \cdot \Delta\overline{H}_1 + \chi_2 \cdot \Delta\overline{H}_2 \,. \tag{1.96}$$

ΔH_m nennt man die **integrale Mischungswärme**. Das ist die Wärmetönung, die auftritt, wenn man ein Mol Mischung aus den reinen Komponenten herstellt. $\Delta\overline{H}_1$ und $\Delta\overline{H}_2$ heißen **differenzielle Mischungswärme**. Das sind die Wärmen, die auftreten, wenn man zu einer großen Menge vorgegebener Mischung ein Mol der Komponente 1 bzw. 2 hinzufügt, so dass sich dabei der Molenbruch nicht ändert. Man sieht, dass die Mischungswärmen immer auf ein Mol Mischung bezogen sind.

Wenn wir Lösungen näher betrachten wollen, erweist es sich als zweckmäßig, die Lösungswärmen auf ein Mol Gelöstes zu beziehen. Wir dividieren dazu (1.94) durch n_2 und erhalten, wenn wir uns wieder auf die Differenz gegenüber der idealen Lösung beziehen, analog zu (1.96):

$$\Delta_L H = \Delta\overline{H}_1 \cdot \frac{n_1}{n_2} + \Delta\overline{H}_2 \,. \tag{1.97}$$

Das Verhältnis n_1/n_2, das in (1.97) vorkommt, nennt man **Verdünnung**. Wir denken uns auch die Enthalpiedifferenzen als Funktion der Verdünnung dargestellt (und nicht mehr als Funktion des Molenbruchs). Differenziert man (1.97) nach der Verdünnung, ergibt sich wieder mit der

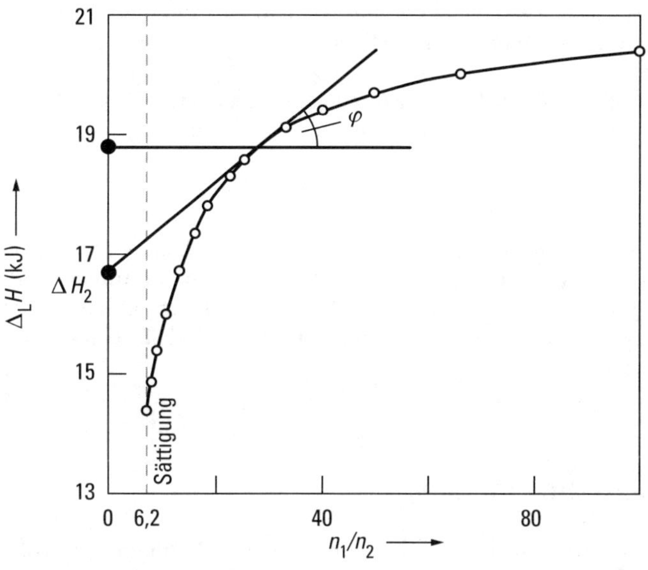

Abb. 1.18 Integrale Lösungswärme von KI bei 25 °C aufgetragen gegen die Verdünnung.

Gibbs-Duhem'schen Gleichung

$$\frac{d(\Delta_L H)}{d\left(\frac{n_1}{n_2}\right)} = \Delta \overline{H}_1 \,. \tag{1.98}$$

$\Delta_L H$ in (1.97) nennt man die **integrale Lösungswärme**. Das ist die Lösungswärme, die auftritt, wenn man zu einem Mol Gelöstes soviel Lösungsmittel gibt, dass eine Lösung der gewünschten Verdünnung entsteht. $\Delta \overline{H}_1$ in (1.97) heißt **differenzielle Verdünnungswärme**. Das ist die Wärmetönung, die auftritt, wenn man zu einer großen Menge vorgegebener Lösung ein Mol Lösungsmittel hinzugibt, so dass keine Änderung der Verdünnung eintritt (deshalb große Menge vorgegebene Lösung). $\Delta \overline{H}_2$ in (1.97) heißt **differenzielle Lösungswärme**. Das ist die Wärmetönung, die auftritt, wenn man zu einer großen Menge vorgegebener Lösung ein Mol Gelöstes hinzugibt, so dass keine Änderung der Verdünnung eintritt.

Man kann auch bei den Lösungswärmen die hier genannten Größen wieder durch eine graphische Konstruktion bestimmen. In Abb. 1.18 ist die integrale Lösungswärme $\Delta_L H$ gegen die Verdünnung n_1/n_2 von KI in Wasser bei 25 °C aufgetragen. Legt man an die Kurve bei einer bestimmten Verdünnung die Tangente an, ist nach (1.98) der Achsenabschnitt auf der Ordinate gleich der differentiellen Lösungswärme $\Delta \overline{H}_2$ bei der angegebenen Verdünnung.

Die Differenz zwischen Ordinatenabschnitt und Schnittpunkt der Abszissenparallelen durch den gegebenen Punkt ist $\Delta \overline{H}_1 \cdot \frac{n_1}{n_2}$. Die **differentielle Verdünnungswärme** ist mit $\Delta \overline{H}_1 = \tan \varphi$ gegeben. Die Lösungswärme $\Delta_L H$ ist die Differenz zweier sehr großer Energiebeträge verschiedenen Vorzeichens. Man kann sich im Gedankenversuch das Entstehen der Lösung so vorstellen, dass man den zu lösenden Stoff zunächst verdampft. Dazu ist ein Energieaufwand nötig, die **Gitterenergie** $\Delta_G H$. Dann löst man den Dampf; das ist ein exothermer Vorgang. Die **Hydratationsenergie** $\Delta_H H$ wird frei, da sich jedes gelöste Molekül mit einer gewissen Anzahl von Lösungsmittelmolekülen umgibt. Als Summe von Gitter- und Hydratationsenergie, die beide etwa in der gleichen Größenordnung liegen und verschiedene Vorzeichen haben, ist die **Lösungswärme** $\Delta_L H$ vergleichsweise klein und hat von Fall zu Fall unterschiedliche Vorzeichen. Man kann bei einem Lösungsvorgang im Allgemeinen nicht voraussagen, ob er exotherm oder endotherm abläuft.

Da in der modernen Literatur mit $\Delta_G H$ die bei der Bildung eines Ionenkristalls je Mol frei werdende Energie aus einzelnen Ionen bezeichnet wird, ist der $\Delta_G H$-Wert negativ. Für die Berechnung der molaren Lösungsenthalpie $\Delta_L H$ gilt:

$$\Delta_L H = \Delta_H H - \Delta_G H \,.$$

Im Verhältnis zu den bei wässrigen Lösungen auftretenden Hydratationsenthalpien $\Delta_H H$ sind die bei unpolaren Lösungsmitteln (z. B. Aceton, Benzen) auftretenden **Solvatationsenthalpien** ΔH_{Solv} sehr gering. Sie reichen nicht aus, die für den Abbau des Kristallgitters von Ionensubstanzen erforderliche Gitterenthalpie $\Delta_G H$ aufzubringen. Daher sind Salze in solchen Lösungsmitteln nahezu unlöslich.

1.5 Thermodynamische Potenziale

Für die folgende Betrachtung gehen wir von der Frage aus: Unter welchen Bedingungen ist die Arbeit eine Zustandsgröße, hängt also nicht vom Weg ab? Die wesentliche Schlussfolgerung des ersten Hauptsatzes ist, dass das Differenzial der Arbeit im Allgemeinen nicht das Differenzial einer Zustandsgröße ist. Aus dem Arbeitsdiagramm, dem p-v-Diagramm (Abb. 1.12), ist zu erkennen, dass die reversible Volumenarbeit vom Weg abhängt und zwischen demselben Anfangs-und Endzustand beliebig groß bzw. klein werden kann.

Aus dem ersten Hauptsatz folgt sofort ein trivialer Fall, in dem die Arbeit das Differenzial einer Zustandsfunktion ist: **Die adiabatische Arbeit ist offensichtlich gleich dem Differenzial der inneren Energie**. Dieser Fall interessiert real wenig, da für die Chemie die adiabatischen Prozesse eine geringe Rolle spielen. Einen weiteren, sehr wichtigen Fall erhält man, wenn man den ersten Hauptsatz mit dem zweiten Hauptsatz für reversible Vorgänge koppelt und nach δW auflöst. Man erhält:

$$\delta W = dU - TdS \,. \tag{1.99}$$

Das ist noch nicht das Differenzial einer Zustandsfunktion. Es stört noch der Faktor T vor dem dS. Um schreiben zu können „$d(TS)$“, muss die zweite Voraussetzung gemacht werden, dass der Vorgang isotherm ablaufen soll. Dann ist:

$$\delta W_{(\text{rev}, T)} = d(U - TS) \,. \tag{1.100}$$

Die Kombination von Zustandsfunktionen $U - TS$ kommt häufig vor. Sie erhält daher einen besonderen Namen und eine besondere Bezeichnung. Man nennt sie die **Freie Energie** und bezeichnet sie mit F. Es gilt der Satz:

> Die reversible isotherme Arbeit ist eine Zustandsfunktion, sie ist gleich der Änderung der Freien Energie dF.

Um die Eigenschaften der Freien Energie genauer kennen zu lernen, soll noch ihre Abhängigkeit von den unabhängigen Zustandsvariablen (T und V) angegeben werden. Man bildet formal das Differenzial der Definitionsformel der Freien Energie:

$$dF = dU - TdS - SdT \,. \tag{1.101}$$

Verwendet man den zweiten Hauptsatz für reversible Prozesse ($TdS = \delta Q$) und den ersten Hauptsatz mit dem Differenzial der Arbeit als reversibler Volumenarbeit ($dU = \delta Q - pdV$) und eliminiert aus beiden Gleichungen δQ, erhält man:

$$dU = TdS - pdV\,. \tag{1.102}$$

Aus (1.101) und (1.102) lassen sich TdS und dU eliminieren:

$$dF = -pdV - SdT\,. \tag{1.103}$$

Daraus folgen der Temperaturkoeffizient und der Volumenkoeffizient der Freien Energie:

$$\left(\frac{\partial F}{\partial T}\right)_V = -S \qquad \left(\frac{\partial F}{\partial V}\right)_T = -p\,. \tag{1.104}$$

Man sieht, dass die Freie Energie mit wachsender Temperatur und mit wachsendem Volumen abnimmt. Da die Freie Energie als Funktion von Temperatur und Volumen betrachtet wird, werden von ihr keine partiellen molaren Größen gebildet.

Es gilt auch noch folgende für die Anwendung wichtige Formel, die man sich mit (1.101) und (1.104) ableiten kann (vgl. Kap. 2.5; Frage 85):

$$\left[\frac{\partial\left(\frac{\Delta F}{T}\right)}{\partial T}\right]_V = -\frac{\Delta U}{T^2}\,. \tag{1.105}$$

Es könnte scheinen, als ob die bisherige Ableitung von (1.103) und (1.105) nur für reversible Prozesse gültig wäre. Dem ist aber nicht so. Die Gleichung (1.102) enthält nur Differenziale von Zustandsgrößen (also nicht δW, δQ oder δI). Sie ist allgemein gültig und wird nicht von der Forderung der Reversibilität, die vorher gemacht wurde, beeinflusst. (1.103) heißt **Gibbs'sche Fundamentalgleichung**. Wir werden sie später in etwas allgemeinerer Form kennen lernen.

Man teilt in der Thermodynamik die reversible, isotherme Arbeit dF in die zwei Summanden **Volumenarbeit** ($-\boldsymbol{pdV}$) und **Nutzarbeit** ($\boldsymbol{\delta W_{\mathrm{Nutz.}}}$) auf. Der wichtigste Fall der Nutzarbeit ist die elektrische Arbeit, z. B. die Arbeit, die chemische Reaktionen in galvanischen Zellen verrichten. Wir wollen uns überlegen: Unter welchen Bedingungen ist die Nutzarbeit eine Zustandsfunktion? Die Antwort auf diese Frage soll in analoger Weise wie oben gegeben werden. Wir setzen im ersten Hauptsatz:

$$\delta W_{(\mathrm{rev},\,T)} = dF = -pdV + \boldsymbol{\delta W_{\mathrm{Nutz.}}} \tag{1.106}$$

und verbinden ihn wieder mit dem zweiten Hauptsatz für reversible Prozesse ($TdS = \delta Q$). Es ergibt sich:

$$\boldsymbol{\delta W_{\mathrm{Nutz.}}} = dU + pdV - TdS\,. \tag{1.107}$$

Damit hierin das unvollständige Differenzial der Nutzarbeit $\delta W_{\mathrm{Nutz.}}$ zum vollständigen Differenzial und damit $W_{\mathrm{Nutz.}}$ zur Zustandsfunktion wird, muss wieder p und T konstant gesetzt werden. Dann gilt:

$$\boldsymbol{\delta W_{\mathrm{Nutz.}}} = \boldsymbol{dW_{\mathrm{Nutz.}}} = d(U + pV - TS)\,. \tag{1.108}$$

Die Nutzarbeit ist demnach dann eine Zustandsfunktion, wenn der Vorgang reversibel, isotherm und isobar abläuft. Die Kombination von Zustandsfunktionen, die in (1.108) in der Klammer vorkommt, heißt **Freie Enthalpie** und wird mit $\boldsymbol{G}$ bezeichnet. Man kann $\boldsymbol{G}$ auf dreierlei Weise definieren:

$$\begin{aligned} G &= U + pV - TS \\ &= H - TS \\ &= F + pV. \end{aligned} \tag{1.109}$$

Der Name der Funktion erklärt sich aus der zweiten Definitionszeile in (1.109). Gelegentlich wird sie auch z. B. Gibbs'sches Potenzial oder thermodynamisches Potenzial genannt. Auch andere Buchstaben sind vor allem in der angelsächsischen Literatur gebräuchlich. Um die Freie Enthalpie als Funktion der Zustandsgrößen T und p darzustellen, gehen wir ähnlich wie oben vor. Es wird formal das Differenzial dG aus der Definitionsgleichung gebildet und mit der Gibbs'schen Fundamentalgleichung verbunden. Die Zwischenrechnung sei nicht angeführt; man erhält

$$dG = -SdT + Vdp \tag{1.110}$$

und damit für den Temperatur-und Druckkoeffizienten

$$\left(\frac{\partial G}{\partial T}\right)_p = -S \qquad \left(\frac{\partial G}{\partial p}\right)_T = V\,. \tag{1.111}$$

Analog (1.105) lässt sich ableiten (vgl. Kap. 2.5; Frage 85):

$$\left[\frac{\partial\left(\frac{\Delta G}{T}\right)}{\partial T}\right]_p = -\frac{\Delta H}{T^2}\,. \tag{1.112}$$

(1.112) ist besonders wichtig für die Temperaturabhängigkeit der Gleichgewichtskonstanten nach dem MWG. In dem gleichen Zusammenhang ist wichtig:

$$\Delta G = \Delta H + T\left(\frac{\partial(\Delta G)}{\partial T}\right)_p\,. \tag{1.113}$$

Eine ähnliche Gleichung lässt sich auch für die Freie Energie aufstellen:

$$\Delta F = \Delta U + T\left(\frac{\partial(\Delta F)}{\partial T}\right)_V\,. \tag{1.114}$$

(1.113) und (1.114) heißen **Gibbs-Helmholtz'sche Gleichungen**.

Wir haben gesehen, dass das Differenzial der Freien Energie dF gleich dem Differenzial der reversiblen isothermen Arbeit $\delta W_{(\mathrm{rev},\,T)}$ ist. Wird die Forderung isotherm aufgehoben, so ergibt sich nichts Besonderes; dagegen erhält man für die irreversible isotherme Arbeit:

$$\delta W_{(\mathrm{irrev},\,T)} = dF + \delta I_{(\mathrm{irrev},\,T)}\,. \tag{1.115}$$

Da $\delta I_{(\mathrm{irrev},\,T)}$ stets positiv ist, ist die irreversible isotherme Arbeit stets größer als die reversible isotherme Arbeit zwischen denselben Zuständen. Die reversible isotherme Arbeit (die Änderung der Freien Energie dF) wurde früher deshalb maximale Arbeit $dW_{\mathrm{max,\,rev}}$ genannt. Das ist kein Widerspruch, sondern liegt an dem früher anderen Vorzeichen in der Arbeitsdefinition. Positive Arbeitsbeträge bedeuten heute am System geleistete Arbeiten. Im irreversiblen Fall muss man am System mehr Arbeit leisten als im reversiblen Fall. Im irreversiblen Fall leistet das System weniger Arbeit als bei gleichem Endergebnis im reversiblen Fall. Zwei Aussagen die durchaus plausibel sind.

Aus (1.114) kann man auch den Grund für die Bezeichnung Freie Energie erkennen. Die Änderung der Gesamtenergie ΔU bei einem Vorgang setzt sich zusammen aus der Änderung der Freien Energie ΔF und dem zweiten Glied in (1.114). Man drückt das meist (nicht ganz richtig) so aus: Nur der Teil der Gesamtenergie kann in Arbeit umgewandelt werden, der der Änderung der Freien Energie entspricht. Dagegen muss der durch

$$T\left(\frac{\partial(\Delta F)}{\partial T}\right)_V$$

ausgedrückte Teil der inneren Energie als Wärme in Erscheinung treten. Dieser Teil wird deswegen auch oft gebundene Energie genannt. Diese Formulierung erweckt aber den Anschein, als wäre der Betrag der Änderung der Freien Energie kleiner als der Betrag der Änderung der Gesamtenergie. Das muss aber nicht sein. Das Vorzeichen der gebundenen Energie kann so sein, dass mehr Arbeit geleistet wird, als der gesamten Energieänderung entspricht. Die fehlende Energie muss dann als Wärme von außen zugeführt werden. Dieser Fall tritt besonders häufig bei galvanischen Ketten auf und widerspricht keineswegs dem zweiten Hauptsatz.

Die beiden Funktionen F und G heißen wegen zweier Eigenschaften thermodynamische Potenziale:

- Potenzial heißt in der Mechanik die Funktion, aus der man durch Differenziation die Kraft herleiten kann. Das Potenzial ist dabei ein Skalar, also nur durch eine Zahlenangabe bestimmt. Die Kraft ist aber ein Vektor, der durch drei skalare Zahlenangaben zu kennzeichnen ist. Das Potenzial ist damit gegenüber der Kraft die einfachere Größe. F und G haben die Eigenschaft, dass man aus ihnen durch Differenziationsprozesse die drei Zustandsgleichungen herleiten kann. Das folgt für F aus den Gleichungen (1.104) und (1.105), für G aus (1.111) und (1.112).
  Wenn man für einen beliebigen Stoff F oder G kennen würde, so hätte man vollständige Kenntnis von seinem thermodynamischen Verhalten. Das ist in der statistischen Thermodynamik der Fall, auf die hier nicht näher eingegangen wird. Sie gestattet, aus den Moleküleigenschaften eine Größe Z (Zustandssumme) als Funktion von T und V zu berechnen. Es gilt folgende Beziehung:
  $$F = -RT \ln Z \tag{1.116}$$
  Man erhält mit Z sofort die Freie Energie als Funktion von T und V. Durch Differenziation kann man daraus alle weiteren thermodynamischen Größen des betrachteten Stoffes berechnen, z. B. die Molwärmen, aber auch Gleichgewichtskonstanten. Die statistische Thermodynamik spielt in der modernen physikalischen Chemie eine große Rolle. Hier wird nicht weiter auf Einzelheiten eingegangen.
- Die zweite Eigenschaft, die den Namen Potenzial rechtfertigt, ist die Tatsache, dass in der Mechanik der Gleichgewichtszustand durch das Minimum der potenziellen Energie gekennzeichnet ist. Wie später gezeigt wird, lassen sich auch die thermodynamischen Gleichgewichtsbedingungen sehr einfach durch Eigenschaften von F und G ausdrücken.

Im Folgenden soll mit Hilfe des thermodynamischen Quadrates nach Guggenheim gezeigt werden, wie auf einfache Weise aus dem Gedächtnis heraus

- eine Verbindung zwischen den thermodynamischen Potenzialen (U, H, F, G) und den thermischen Zustandsgrößen (V, p, T, S) hergestellt werden kann,
- sich die Maxwell-Relationen ergeben, womit sich Änderungen von Zustandsgrößen (z. B. T oder S) als Änderungen anderer Zustandsgrößen (z. B. p oder V) ausdrücken lassen.

Die Ecken im **thermodynamischen Quadrat** (siehe Schema) bilden die thermischen Zustandsgrößen V, p, T und S. Auf seinen Seiten sind die Zustandsfunktionen U, H, F und G angeordnet, die von den Variablen der beiden zugehörigen Ecken abhängen.

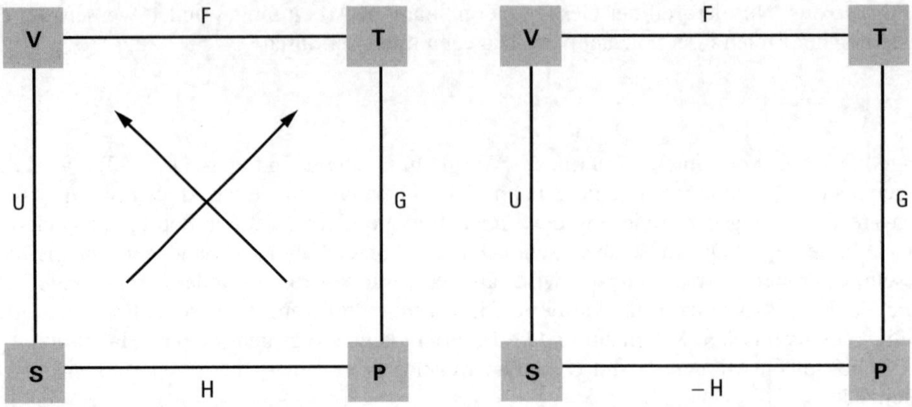

a) Ablesen der 1. partiellen Ableitung einer Zustandsfunktion nach einer Variablen.

b) Ablesen der Maxwell-Relationen.

Man geht vom totalen Differenzial der vier Zustandsfunktionen und $\Delta n = 0$ aus: $U = f(S,V)$, $H = f(S,p)$, $F = f(T,V)$ und $G = f(T,p)$. Deren erste partielle Ableitung nach einer Variablen ist gleich der dieser Variablen im Quadrat diagonal gegenüberstehenden Variablen. Bei Gegenpfeilrichtung, siehe Schema a), ist ein Minuszeichen einzuführen. Beispiele:

$$\left(\frac{dU}{dS}\right)_V = T\,; \quad \left(\frac{dU}{dV}\right)_S = -p\,; \quad \left(\frac{dF}{dT}\right)_V = -S\,; \quad \left(\frac{dF}{dV}\right)_T = -p$$

$$\left(\frac{dH}{dS}\right)_p = T\,; \quad \left(\frac{dH}{dp}\right)_S = V\,; \quad \left(\frac{dG}{dT}\right)_p = -S\,; \quad \left(\frac{dG}{dp}\right)_T = V$$

Nach dem Satz von Schwarz (Integrabilitätsbedingung) sind die gemischten zweiten partiellen Differentialquotienten einer Zustandsfunktion $Z = f(x,y)$ einander gleich:

$$\frac{\partial}{\partial y}\left(\frac{\partial Z}{\partial x}\right)_y = \frac{\partial}{\partial x}\left(\frac{\partial Z}{\partial y}\right)_x .$$

Beispiel: $U = f(S,V)$

1. part. Ableitung: $\left(\frac{dU}{dS}\right)_V = T$

Gemischte 2. part. Ableitung:

$$\begin{aligned}\left(\frac{dT}{dV}\right)_S &= \frac{\partial}{\partial V}\left(\frac{\partial U}{\partial S}\right) = \frac{\partial^2 U}{\partial V \partial S} = \frac{\partial^2 U}{\partial S \partial V}\\ &= \frac{\partial}{\partial S}\left(\frac{\partial U}{\partial V}\right) = \frac{\partial}{\partial S}(-p)\\ &= -\left(\frac{\partial p}{\partial S}\right)_V\end{aligned}$$

Man findet diese und weitere Maxwell-Relationen, indem man aus den Ecken einer (horizontalen oder vertikalen) Seite des Schemas b) zwei Variable abliest, damit eine Seite der Relation formuliert und in gleicher Weise die andere Seite der Relation aus der gegenüberliegenden Quadratseite entnimmt. Stehen dabei auf einer Seite des Gleichheitszeichens S und p, so ist eine Seite der Relation negativ. Die konstant gehaltene Variable steht stets im Nenner der anderen Seite der Relation.

Analog erhält man: $\left(\frac{\partial T}{\partial p}\right)_S = \left(\frac{\partial V}{\partial S}\right)_p$;

$$\left(\frac{\partial S}{\partial V}\right)_T = \left(\frac{\partial p}{\partial T}\right)_V = \beta p = \frac{p}{T} = \frac{R}{V}; \quad \left(\frac{\partial S}{\partial p}\right)_T = -\left(\frac{\partial V}{\partial T}\right)_p = -\alpha V = -\frac{V}{T} = -\frac{R}{p}$$

Oft ist es sinnvoll den Energiezustand eines Systems mithilfe anderer unabhängiger Größen zu beschreiben, die z. B. unter bestimmten Bedingungen leichter messbar sind. Dafür definiert man sich über **Legendre-Transformationen**, benannt nach dem frz. Mathematiker A. M. Legendre, neue thermodynamische Funktionen, die den gleichen Sachverhalt beschreiben, aber von anderen Variablen abhängen. Durch eine derartige Variablentransformation kann also eine Funktion zu einer anderen Funktion transformiert werden, ohne dass dabei Informationen verloren gehen.

Gegeben sei die Funktion $y = f(x)$ bzw. $y(x)$ mit der zugehörigen Ableitung $z = \left(\frac{dy}{dx}\right)$ bzw. $z(x)$. Ist $z(x)$ streng monoton, dann existiert auch die Umkehrfunktion $x(z)$. Setzt man diese in $y = f(x)$ ein, ergibt sich: $y^* = f(x(z)) = f(z)$. Hieraus lässt sich nur noch die Steigung z bei einem bestimmten Wert y bestimmen. Aber die Information über die genaue Stelle x ist verloren gegangen. Es lässt sich nur eine Kurvenschar paralleler Tangenten $r(x)$ ermitteln, deren Kurven sich lediglich durch eine Verschiebung entlang der x-Achse unterscheiden. Die notwendigen Informationen liefert die Durchführung der Legendre-Transformation [26]. Wie die Abb. 1.19 zeigt, wird der y-Achsenabschnitt e_0 der Tangente $r(x) = z_0x + e_0$ eingeführt und man kann vom Anstieg z_0 bei y_0 auf die Stelle x_0 rückschließen. Bei $x = x_0$ ist $r(x) = y(x)$ gegeben, woraus sich für den y-Achsenabschnitt ergibt:

$$\boxed{e(x) = y(x) - x \cdot z(x)} \tag{1}$$

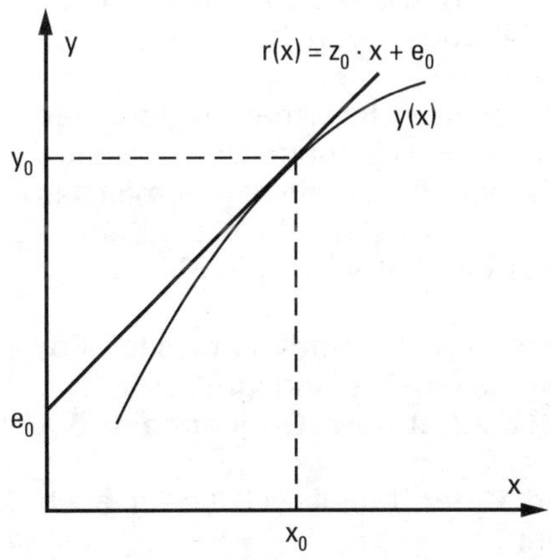

Abb. 1.19 Anschauliche Darstellung der Legendre-Transformation.

Wird die Umkehrfunktion zu $z(x)$ gebildet und eingesetzt, ergibt sich die Legendre-Transformierte:

$$\boxed{e(z) = y(z) - z \cdot x(z)} \tag{2}$$

Damit wird derselbe Sachverhalt, der zuvor als Funktion der Variablen x dargestellt wurde, nun von der Variablen z repräsentiert.

Um zu zeigen, dass die Rücktransformation möglich ist, wird zunächst (2) nach z abgeleitet. Man erhält:

$$\frac{de}{dz} = \frac{dy}{dz} - x - z \cdot \frac{dx}{dz}$$

$$\frac{dy}{dz} - z \cdot \frac{dx}{dz} = \frac{dy}{dz} - \frac{dy}{dx}\frac{dx}{dz} = \frac{dy}{dz} - \frac{dy}{dz} = 0$$

$$\frac{de}{dz} = -x \quad \Leftrightarrow \quad x(z) = -\frac{de}{dz}$$

Wird nun die Umkehrfunktion $z(x)$ gebildet und diese in (2) eingesetzt, ergibt sich die Ausgangsfunktion (1) zurück:

$$e(z(x)) = y(z(x)) - x \cdot z(x)$$

$$\boxed{e(x) = y(x) - x \cdot z(x)} \tag{1}$$

Die Tab. 1.2 macht deutlich, dass sich die Betrachtungen für eine Variable x [**Beispiel a**)] leicht für mehrere Variable mit partiellen Ableitungen [**Beispiel b**)], übertragen lassen.

Ganz analog ergeben andere Legendre-Transformationen neue thermodynamische Funktionen, z. B. $H = U + pV$; $G = F + pV$; $F = U - TS$ u. a.

Die Tabelle 1.3 fasst die thermodynamischen Potenziale (Gibbsfunktionen) und Fundamentalgleichungen übersichtlich zusammen:

Man erkennt:

1.) H, F und G sind Legendre-Transformationen von U. Auch die Rücktransformationen bestätigen die Beziehungen von U, H, F und G zueinander.

2.) In einer der Gibbsfunktionen ist die gesamte Information über das System enthalten. Mit $\mu = \overline{U} = \overline{H} = \overline{F} = \overline{G}$ können die partiellen molaren Größen aller thermodynamischen Potenziale als chemisches Potenzial μ formuliert werden. Darauf beruht schließlich die Bedeutung des chemischen Potenzials, dessen Identität in allen Phasen für jede Komponente gleich sein muss.

3.) Es findet sich die Verbindung zwischen den thermodynamischen Potenzialen (U, H, F, G) und den thermischen Zustandsgrößen (V, p, T, S) mit dem thermodynamischen Quadrat nach Guggenheim bestätigt.

4.) Die Umstellung in den Zeilen 1 und 2 der Tabelle 1.3 liefert auch folgende häufig verwendete Angaben:

$$\mu = -T \cdot \left(\frac{\partial S}{\partial n}\right)_{U,V} = -T \cdot \left(\frac{\partial S}{\partial n}\right)_{H,p}$$

Tab. 1.2 Beispiele für Legendre-Transformationen: Einführung von a) $z = 2 \cdot x^{-1}$ in $y(x) = \ln x^2$; b) $T(S,p)$ in $H(S,p)$; $[\Delta n = 0]$.

a)	**b)**
Transformation	
$\boxed{y(x) = \ln x^2}$	$\boxed{H(S,p)}$
Ableitung z bilden	partielle Ableitung T bilden
$\frac{dy}{dx} = z = \frac{2}{x}$	$\left(\frac{\partial H}{\partial S}\right)_p = T = T(S,p)$
Achsenabschnitt formulieren	Achsenabschnitt formulieren
$e(x) = y(x) - x \cdot z(x)$ $= \ln x^2 - x \cdot \frac{2}{x} = \ln x^2 - 2$	$e(S,p) = H(S,p) - S \cdot T(S,p)$
$z(x)$ umkehren	$T(S,p)$ umkehren
$z = \frac{2}{x} \Leftrightarrow x = \frac{2}{z}$	$T(S,p) \Leftrightarrow S(T,p)$
In Achsenabschnitt einsetzen	In Achsenabschnitt einsetzen
$e(z) = \ln x^2 - 2 = \ln \frac{4}{z^2} - 2$	$e(T,p) = H(T,p) - T \cdot S(T,p)$ $e(T,p) \equiv G(T,p)$ $\rightarrow \boxed{G = H - TS}$
$e(z) =$ Legendre-Transformierte von $y(x)$	$G =$ Legendre-Transformierte von H
Rücktransformation	
$e(z) = \ln \frac{4}{z^2} - 2$	$e(T,p) = H(T,p) - T \cdot S(T,p)$
Ableitung $-x$ bilden	partielle Ableitung $-S$ bilden
$\frac{de}{dz} = -x = -\frac{2}{z}$	$\left(\frac{\partial e}{\partial T}\right)_p = -S = -S(T,p)$
$x(z)$ umkehren	$S(T,p)$ umkehren
$x = \frac{2}{z} \Leftrightarrow z = \frac{2}{x}$	$-S(T,p) \Leftrightarrow -T(S,p)$
In Achsenabschnitt einsetzen	In Achsenabschnitt einsetzen
$e(x) = \ln \frac{4}{(\frac{2}{x})^2} - 2 = \ln x^2 - 2$	$e(S,p) = H(S,p) + S \cdot T(S,p)$
Achsenabschnitt eliminieren	Achsenabschnitt eliminieren
$e(x) = y(x) - x \cdot z(x)$	$e(S,p) = H(S,p) + S \cdot T(S,p)$
$\ln x^2 - 2 = y(x) - x \cdot \frac{2}{x} = y(x) - 2$	$H(S,p) + S \cdot T(S,p) =$ $H(S,p) + S \cdot T(S,p)$
$\boxed{y(x) = \ln x^2}$	$\boxed{H(S,p) = H(S,p)}$

Tab. 1.3 Thermodynamische Potenziale (Gibbsfunktionen) und Fundamentalgleichungen.

Innere Energie		
U	$U = f(S,V,n)$ $[T, -p,\mu]$	$dU = TdS - pdV + \mu dn$ $\mu = \left(\frac{\partial U}{\partial n}\right)_{S,V} = \overline{U}$
Enthalpie		
$H = U + pV$ $= U - V\left(\frac{\partial U}{\partial V}\right)_{S,n}$	$H = f(S,p,n)$ $[T,V,\mu]$	$dH = TdS + Vdp + \mu dn$ $\mu = \left(\frac{\partial H}{\partial n}\right)_{S,p} = \overline{H}$
Freie Energie		
$F = U - TS$ $= U - S\left(\frac{\partial U}{\partial S}\right)_{V,n}$	$F = f(T,V,n)$ $[-S, -p,\mu]$	$dF = -SdT - pdV + \mu dn$ $\mu = \left(\frac{\partial F}{\partial n}\right)_{T,V} = \overline{F}$
Freie Enthalpie		
$G = H - TS$ $= H - S\left(\frac{\partial U}{\partial S}\right)_{V,n}$ $= F + pV$ $= F - V\left(\frac{\partial U}{\partial V}\right)_{S,n}$ $= U - TS + pV$ $= U - S\left(\frac{\partial U}{\partial S}\right)_{V,n} - V\left(\frac{\partial U}{\partial V}\right)_{S,n}$	$G = f(T,p,n)$ $[-S,V,\mu]$	$dG = -SdT + Vdp + \mu dn$ $\mu = \left(\frac{\partial G}{\partial n}\right)_{T,p} = \overline{G}$

1.6 Thermodynamisches Gleichgewicht

1.6.1 Grundlagen und Sonderfälle

Die **Freie Enthalpie** $\boldsymbol{G}$ ist eine Funktion von T und p. Sie ist eine **extensive Zustandsgröße**; daher können von G partielle molare Größen gebildet werden. Wird sie auf eine beliebige Stoffmenge bezogen, bezeichnet man sie mit g. Die **partielle molare Freie Enthalpie** ist nach den Ausführungen in Kap. 1.4 und der Tab. 1.3 definiert:

$$\left(\frac{\partial G}{\partial n_1}\right)_{p,T,n_2,n_3,\ldots} \equiv \overline{G}_1 \equiv \mu_1$$

$\overline{G}_1$ ist mit der heute gebräuchlichen Funktion identisch, die Gibbs in seinen grundlegenden Arbeiten mit dem Symbol μ bezeichnet hat. Diese **intensive Zustandsgröße** heißt **chemisches Potenzial** und ist eine der wichtigsten Zustandsgrößen der chemischen Thermodynamik. Für die Funktion $G = f(T, p, n_1, n_2, n_3, \ldots)$ gilt mit (1.111):

$$dG = \left(\frac{\partial G}{\partial T}\right)_{p,n_1,n_2,n_3,\ldots} dT + \left(\frac{\partial G}{\partial p}\right)_{T,n_1,n_2,n_3,\ldots} dp + \left(\frac{\partial G}{\partial n_1}\right)_{T,p,n_2,n_3,\ldots} dn_1 + \left(\frac{\partial G}{\partial n_2}\right)_{T,p,n_1,n_3,\ldots} dn_2 + \left(\frac{\partial G}{\partial n_3}\right)_{T,p,n_1,n_2,\ldots} dn_3 + \ldots$$

$$dG = -S \cdot dT + V \cdot dp + \mu_1 \cdot dn_1 + \mu_2 \cdot dn_2 + \mu_3 \cdot dn_3 + \ldots$$

Daraus folgt für ein binäres System bei $dT = 0$ und $dp = 0$:

$$dG_{T,p} = \mu_1 \cdot dn_1 + \mu_2 \cdot dn_2 ,$$

womit sich andere Formen der Gibbs-Duhem'schen Gleichung analog (1.87) und (1.88) ableiten lassen:

$$n_1 d\mu_1 + n_2 d\mu_2 = 0 \quad (p, T = \text{const.}) \tag{1.87-1}$$

$$\chi_1 d\mu_1 + \chi_2 d\mu_2 = 0 \quad (p, T = \text{const.}). \tag{1.89-1}$$

Das chemische Potenzial μ wird meist als Funktion von T, p und dem Molenbruch χ betrachtet; aber diese Abhängigkeit soll erst später untersucht werden.

Hier sei zunächst auf die Gleichgewichtsbedingungen eingegangen:

Ein Vorgang, der ohne Entropieerzeugung (unter der Bedingung $\delta I = 0$) abläuft, heißt reversibel. Allgemein gilt, dass kleine Verschiebungen aus einem Gleichgewicht heraus stets reversibel verlaufen. Also ist die Forderung $\delta I = 0$ auch die allgemeinste Gleichgewichtsbedingung, die noch ohne jede Nebenbedingung gilt. Die Vorgänge in der Chemie, vor allem die chemischen Reaktionen, laufen aber stets unter bestimmten Nebenbedingungen ab. Hier sollen die Gleichgewichtsbedingungen für drei spezielle Nebenbedingungen abgeleitet werden:

1. Das Gleichgewicht stellt sich adiabatisch ein.
2. Das Gleichgewicht stellt sich isotherm und isochor ein.
3. Das Gleichgewicht stellt sich isotherm und isobar ein.

Der letzte Fall ist bei weitem der wichtigste, der erste Fall lässt sich aber am schnellsten abhandeln. Nach dem zweiten Hauptsatz ist bei **adiabatischen Vorgängen:**

$$TdS = \delta I . \tag{1.117}$$

Daher ist im Gleichgewicht, wenn $\delta I = 0$ ist, auch $dS = 0$, d. h. die Entropie muss im Gleichgewicht einen Extremwert haben. Solange der Gleichgewichtszustand noch nicht erreicht ist, ist δI positiv. Die Entropie nimmt vor Erreichen eines adiabatischen Gleichgewichts dauernd zu, bis das nicht mehr geht (d. h. bis der Gleichgewichtszustand erreicht ist). Im adiabatischen Gleichgewicht hat die Entropie ein Maximum. Das ist die erste Gleichgewichtsbedingung. Man spricht auch oft den zweiten Hauptsatz so aus, muss aber beachten, dass diese Aussage nur für adiabatische Vorgänge gilt.

$$dS = \frac{\delta Q}{T} + \frac{\delta I}{T} \xrightarrow{\delta Q = 0} TdS = \delta I \xrightarrow{\delta I = 0 \text{ (im Gl.)}} dS = 0 \quad \text{S Maximum!}$$

Für **isotherm-isochore Vorgänge** verwenden wir die beiden Hauptsätze und lösen nach δI auf. Im ersten Hauptsatz wird $-pdV$ an Stelle von δW eingesetzt. Man erhält für $T = \text{const.}$ und $V = \text{const.}$:

$$-\delta I = dF . \tag{1.118}$$

$-\delta I$ muss stets negativ sein. Die Freie Energie nimmt also bei isotherm-isochoren Vorgängen immer ab, bis das Gleichgewicht erreicht ist. Die Gleichgewichtsbedingung für isotherm-

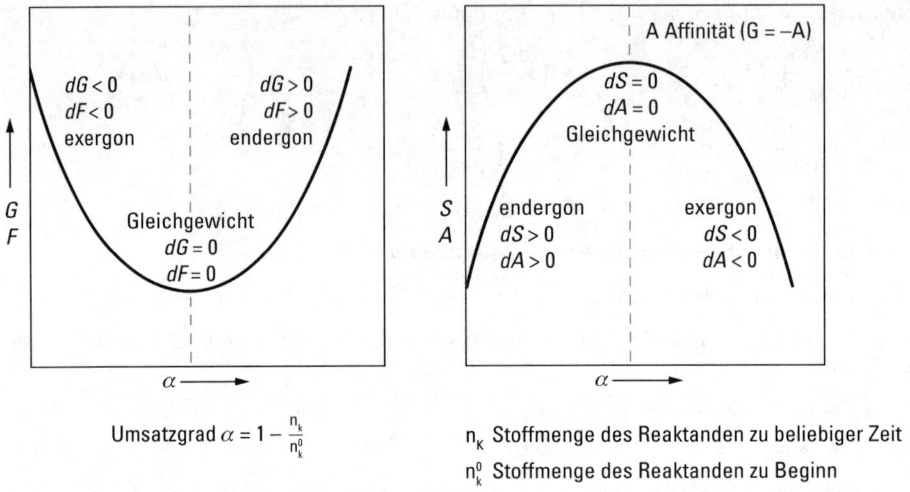

Abb. 1.20 Änderung der Zustandsgrößen S, F, G und A in Abhängigkeit vom Umsatzgrad α.

isochore Vorgänge lautet:

$$dF = 0; \quad T = \text{const.}; \quad V = \text{const.}; \quad F \text{ Min.} \tag{1.119}$$

Die Freie Energie hat im isotherm-isochoren Gleichgewicht ein Minimum.

Analog kann man ableiten, dass die Freie Enthalpie G im **isotherm-isobaren Gleichgewicht** ein Minimum hat.

$$dU = \delta Q + \delta W_{\text{Vol.}} \xrightarrow{\delta Q = TdS - \delta I} dU = TdS - \delta I - pdV \xrightarrow{dT=0} d(U - TS) = -\delta I - pdV = dF$$

$$dF \xrightarrow{dV=0 \quad \delta I=0 \text{ (im Gl.)}} dF = 0 \quad \text{F Minimum}$$

$$dU = TdS - \delta I - pdV \xrightarrow{dT=0,\; dp=0} d(U - TS + pV) = -\delta I = dG \xrightarrow{\delta I=0 \text{ (im Gl.)}} dG = 0 \quad \text{G Minimum}$$

Die Gleichgewichtsbedingungen werden hier jeweils auf zweierlei Weisen ausgedrückt: Einmal durch die Aussage, dass das Differenzial einer Größe Null sein soll, zum anderen dadurch, dass diese Größe ein Maximum bzw. Minimum erreichen soll (Abb. 1.20).

In den meisten Fällen kann man sich mit der ersten Aussage begnügen, obwohl sie weniger besagt; denn ein Differenzial wird sowohl im Maximum als auch im Minimum Null. Wenn man die vollständige Aussage verwendet, erhält man die sogenannten **Gleichgewichtsbedingungen höherer Ordnung**. Das sind Aussagen über die Stabilität des Gleichgewichtszustands. Hier soll nicht weiter darauf eingegangen werden.

Diese Gleichgewichtsbedingungen sollen auf den einfachen Fall eines **Gleichgewichts zwischen einer reinen Flüssigkeit und ihrem reinen Dampf** angewendet werden. Die Freie Enthalpie des Gesamtsystems, das n_D Mole Dampf und n_Fl Mole Flüssigkeit enthält, ist:

$$g = n_\mathrm{Fl}\mu_\mathrm{Fl} + n_\mathrm{D}\mu_\mathrm{D} \,. \tag{1.120}$$

Die chemischen Potenziale der beiden Phasen hängen hier, da es sich um reine Phasen handelt, nur von p und T ab. Wenn sich das Gleichgewicht noch nicht eingestellt hat, kann eine Änderung von g nur eintreten, wenn sich die Molzahlen von Flüssigkeit und Dampf verschieben. Es ist:

$$dg = dn_\mathrm{Fl}\mu_\mathrm{Fl} + dn_\mathrm{D}\mu_\mathrm{D} \,. \tag{1.121}$$

Im Gleichgewicht muss $dg = 0$ sein. Wenn wir voraussetzen, dass ein geschlossenes System vorliegt und daher kein Stoffaustausch mit der Umgebung möglich ist, kann die Molzahl des Dampfes nur um die Zahl der Mole zunehmen, wie die Molzahl der Flüssigkeit abnimmt. Zwischen den beiden Molzahldifferenzialen muss folgende Beziehung bestehen:

$$dn_\mathrm{D} = dn_\mathrm{Fl} \,. \tag{1.122}$$

Dann lautet (1.121):

$$0 = dn_\mathrm{D}(\mu_\mathrm{D} - \mu_\mathrm{Fl}) \,. \tag{1.123}$$

Ein Produkt kann nur Null sein, wenn einer der beiden Faktoren Null ist. Da wir eine kleine Verschiebung aus dem Gleichgewicht heraus betrachten, kann das Differenzial der Molzahländerung nicht Null sein; also müssen im Gleichgewicht die chemischen Potenziale von Flüssigkeit und Dampf gleich sein. Wenn wir jetzt z. B. noch wissen, in welcher Weise die chemischen Potenziale von Druck und Temperatur abhängen, dann ergibt sich aus $\mu_\mathrm{D} = \mu_\mathrm{Fl}$ die vollständige Dampfdruckgleichung.

Diese Gleichgewichtsbedingung (**Gleichgewicht der chemischen Potenziale**) ist nicht davon abhängig, dass es sich um eine reine Flüssigkeit und ihren reinen Dampf handelt. Ganz allgemein befinden sich zwei beliebige Mischphasen im thermodynamischen Gleichgewicht, wenn für alle übergangsfähigen Stoffe die chemischen Potenziale in beiden Phasen gleich sind. Ist das nicht der Fall, dann findet so lange ein Stoffübergang von der Phase mit höherem chemischem Potenzial zur Phase mit niedrigerem Potenzial statt, bis die beiden chemischen Potenziale gleich geworden sind.

Eine Verschiedenheit chemischer Potenziale ist die einzige Ursache für einen Stofftransport in der Chemie. Ist z. B. in einer Lösung ein Konzentrationsgefälle vorhanden, kommt es durch den Stofftransport zu einem Ausgleich, weil das Konzentrationsgefälle ein Gefälle des chemischen Potenzials bedeutet. Dieser Vorgang heißt Diffusion.

Das thermodynamische Gleichgewicht ist aus drei Sonderfällen zusammengesetzt:

1. **Thermisches Gleichgewicht** hat sich in einem thermodynamischen System eingestellt, wenn die Temperatur überall gleich geworden ist.
2. **Mechanisches Gleichgewicht** herrscht, wenn überall derselbe Druck herrscht.
3. **Chemisches Gleichgewicht** erfordert die Gleichheit der chemischen Potenziale jedes Stoffes in den verschiedenen Phasen und innerhalb jeder einzelnen Phase.

Handelt es sich bei den sich ins chemische Gleichgewicht setzenden Teilchen um Ionen, dann ergibt sich, erklärt am Beispiel des Zweiphasensystems „Silberstab-Silbernitratlösung", Folgendes: In der Lösungsphase kommen Ag^+-Ionen und NO_3^--Ionen vor. Im Metall sind Ag^+-Ionen und freie Elektronen e^- vorhanden. Die NO_3^--Ionen können sich nicht mit dem Metall ins Gleichgewicht setzen. Die Elektronen e^- können das Metall praktisch nicht verlassen. Nur zwischen den Ag^+-Ionen in den beiden Phasen kann sich ein Gleichgewicht einstellen. Nach dem bisher Gesagten müssten so lange Ag^+-Ionen von einer Phase zur anderen übergehen, bis ihr chemisches Potenzial in der Lösung und im Metall gleich geworden ist. Nun haben die Ag^+-Ionen in der Lösung ein höheres chemisches Potenzial; d. h. ihre Tendenz in das Metall überzugehen ist größer. Es ist leicht einzusehen, dass dieser Übergang lange bevor sich die chemischen Potenziale ausgeglichen haben zum Stillstand kommen muss, weil sonst das Grundgesetz der Elektrochemie, die **Elektroneutralitätsbedingung**, verletzt werden würde. Die Bedingung besagt, dass sich die Ladungen in jeder homogenen Phase vollständig ausgleichen. Wenn Ag^+-Ionen in messbarer Menge aus der Lösung in das Metall übergehen, entsteht in der Lösung ein Überschuss an negativen NO_3^--Ionen, während im Metall die positiven Ag^+-Ionen überwiegen. Die Elektroneutralität ist gestört. Einige wenige Ag^+-Ionen, deren Menge kaum analytisch nachweisbar ist, gehen in das Metall über. Die zugehörigen NO_3^--Ionen wandern wegen der Coulomb'schen Kräfte in der Lösung bis dicht an die Metalloberfläche und verbleiben hier. An der Metalloberfläche bildet sich eine Doppelschicht aus. So nennt man eine Schicht von entgegengesetzten Ladungen, die sich auf kurze Entfernung gegenüberstehen. Eine solche Doppelschicht ist der Ort eines Potenzialgefälles. Das Potenzial in der Lösung ist demnach verschieden vom Potenzial der Silberoberfläche. Auf die Ag^+-Ionen wirken jetzt zwei Kräfte: einmal die chemische Kraft, die auf der Differenz der (nicht ausgeglichenen) chemischen Potenziale beruht, und zweitens eine elektrische Kraft, die von der Doppelschicht herrührt und auf die Ag^+-Ionen in entgegengesetzter Richtung wirkt. Die Ag^+-Ionen kommen nur dann ins **elektrochemische Gleichgewicht,** wenn die beiden Kräfte entgegengesetzt gleich geworden sind. Wenn wir die **Differenz der elektrischen Potenziale** mit $\psi_1 - \psi_2$ bezeichnen, so lautet die Gleichgewichtsbedingung:

$$\mu_1 - \mu_2 + zF(\psi_1 - \psi_2) = 0\,. \tag{1.124}$$

Der Faktor F (Faraday-Konstante, $F \approx 96\,500\,\mathrm{C/mol}$) muss aus Dimensionsgründen eingeführt werden. F ist das Produkt aus Elementarladung e_0 und der Avogadro'schen Zahl N_A. Der Faktor z berücksichtigt die Anzahl Elementarladungen je Ion. Gleichung (1.124) kann umgestellt werden zu:

$$\mu_1 + zF\psi_1 = \mu_2 + zF\psi_2\,. \tag{1.125}$$

Die Größen auf beiden Seiten von (1.125) beziehen sich jeweils auf dieselbe Phase. Man nennt sie **elektrochemische Potenziale η**:

$$\eta = \mu + zF\psi\,. \tag{1.126}$$

Zwischen Ionen in verschiedenen Phasen herrscht ein thermodynamisches Gleichgewicht, wenn ihre elektrochemischen Potenziale η in jeder Phase gleich groß sind. Dabei entsteht ein **Grenzflächenpotenzial E**:

$$E = \psi_1 - \psi_2\,.$$

Unsere Anordnung, einen Silberstab in einer Silbernitratlösung, nennt man Silberelektrode. Ihr Potenzial kann man mit der Nernst'schen Formel (mit (1.124)) bestimmen.

Um die Formel (1.124) noch ausführlicher schreiben zu können, sei nun auf die Abhängigkeit des chemischen Potenzials μ von T, p und der Konzentration eingegangen.

Aus der mit (1.109) gegebenen Definitionsgleichung $G = H - TS$ folgt durch Differenziation nach n_i

$$\left(\frac{\partial G}{\partial n_i}\right)_{p,T,n} = \left(\frac{\partial H}{\partial n_i}\right)_{p,T,n} - T\left(\frac{\partial S}{\partial n_i}\right)_{p,T,n}\,,$$

bzw. unter Einführung der früher gegebenen Abkürzung

$$(\mu_i)_{p,T,n} = \left(\overline{H}_i\right)_{p,T,n} - T\left(\overline{S}_i\right)_{p,T,n}$$

(n = Konstanz aller Molzahlen außer der der Komponente i)

und unter Weglassung der Indizierung

$$\mu_i = \overline{H}_i - T\overline{S}_i\,. \tag{1.127}$$

Führt man die Molzahl als neue Zustandsvariable ein, erhält man dieselben Beziehungen wie bei geschlossenen Systemen, nur mit dem Unterschied, dass an Stelle der molaren Größen die partiellen molaren Größen einzusetzen sind. Für die T- und p-Abhängigkeit von μ_i ergibt sich:

$$\left(\frac{\partial \mu_i}{\partial T}\right)_{p,N} = -\overline{S}_i \tag{1.128a}$$

und

$$\left(\frac{\partial \mu_i}{\partial p}\right)_{T,N} = \overline{V}_i\,. \quad (N = \text{Konstanz aller Molzahlen}) \tag{1.128b}$$

Die Konzentrationsabhängigkeit von μ_i erhält man mit (1.127) unter Berücksichtigung der p-Abhängigkeit der partiellen molaren Entropie eines Gases in einer Gasmischung:

$$\left(\frac{\partial \overline{S}_i}{\partial p_i}\right)_T = -\frac{R}{p_i} \xrightarrow{p_i = p\cdot\chi_i\,,p=1} \overline{S}_i = \overline{S}_i^0 - R\ln\chi_i\,. \tag{1.129}$$

Es wird (1.129) in (1.127) eingesetzt:

$$\mu_i = H_i - T\overline{S}_i^0 + RT\ln\chi_i \tag{1.130}$$

und mit $H_i - T\overline{S}_i^0 = \mu_i^0$ (Standardpotenzial) erhält man:

$$\mu_i = \mu_i^0 + RT\ln\chi_i \xrightarrow{p=1} \mu_i = \mu_i^0 + RT\ln p_i\,. \tag{1.131}$$

(1.131) ergibt nach dem Molenbruch differenziert:

$$\left(\frac{\partial \mu_i}{\partial \chi_i}\right)_{p,T} = \frac{RT}{\chi_i}\,. \tag{1.132}$$

Mit (1.128a) wird aus (1.127) eine Form der Gibbs-Helmholtz'schen Gleichung:

$$\mu_i - T\left(\frac{\partial \mu_i}{\partial T}\right)_{p,N} = \overline{H}_i \tag{1.113-1}$$

Nach deren Division durch $-T^2$ folgt daraus mit der Produktregel (vgl. Kap. 2.5; Frage 85):

$$\left[\frac{\partial\left(\frac{\mu_i}{T}\right)}{\partial T}\right]_{P,N} = -\frac{\overline{H}_i}{T^2}\,. \tag{1.112-1}$$

Gleichung (1.112-1) drückt die Abhängigkeit des chemischen Potenzials einer Komponente einer gasförmigen, flüssigen oder festen Lösung von der Temperatur bei konstantem Druck und Konstanz der Molzahlen aller übrigen Komponenten aus.

Analog (1.131) werden **bei idealen Mischphasen** vier Formen des chemischen Potenzials verwendet:

1. Ideale Gase und Komponenten von idealen Gasmischungen:

$$\mu_i = \mu_i^0(T,p = 1\,\text{bar}) + RT \ln p_i \tag{1.133}$$

2. Gelöstes in ideal verdünnten Lösungen:

$$\mu_i = \mu_i^0(T,p) + RT \ln c_i \tag{1.134}$$

3. Lösungsmittel in ideal verdünnten Lösungen:

$$\mu_i = \mu_i^0(T,p) + RT \ln \chi_i \tag{1.135}$$

4. Reine kondensierte (flüssige oder feste) Phasen:

$$\mu_i = \mu_i^0(T,p) + RT \ln 1 \tag{1.136}$$

Nun lässt sich mit (1.124), ((1.134) bzw. (1.134-1)) und (1.136) die Nernst'sche Formel für die Silberelektrode ausführlicher schreiben:

$$\begin{aligned}
\Delta\mu = \mu_{\text{Me}} - \mu_{\text{Lö}} + zF(\psi_1 - \psi_2) &= 0 \\
\mu^0_{\text{Me}} - (\mu^0_{\text{Lö}} + RT \ln a_{\text{Ag}^+}) &= -zFE_{\text{Ag}^+} \\
\mu^0_{\text{Lö}} - \mu^0_{\text{Me}} + RT \ln a_{\text{Ag}^+} &= zFE_{\text{Ag}^+} \\
\frac{\mu^0_{\text{Lö}} - \mu^0_{\text{Me}}}{zF} + \frac{RT}{zF} \ln a_{\text{Ag}^+} &= E_{\text{Ag}^+} \\
E^0_{\text{Ag}^+} + \frac{RT}{1F} \ln a_{\text{Ag}^+} &= E_{\text{Ag}^+} \\
E^0_{\text{Ag}^+} + 0{,}05916\,\text{V} \cdot \lg a_{\text{Ag}^+} &= E_{\text{Ag}^+}\,.
\end{aligned} \tag{1.137}$$

Für $a_{\text{Ag}^+} = 1\,\text{mol/dm}^3$ ist das Grenzflächenpotenzial (Einzelpotenzial) E_{Ag^+} gleich dem Normalpotenzial (Standardpotenzial) $E^0_{\text{Ag}^+}$. Man sieht, dass das Potenzial E_{Ag^+} der Elektrode zunimmt, wenn die Aktivität ($a = c \cdot \gamma$) wächst. Weitere Einzelheiten gehören in die Elektrochemie.

Mit den Gleichungen (1.133) bis (1.136) werden Formen des chemischen Potentials bei idealen Mischphasen aufgezeigt, in denen zwischen den Komponenten kaum gegenseitige Beeinflussungen auftreten. Diese können bei **realen Mischphasen** nicht vernachlässigt werden und müssen bei Berechnungen berücksichtigt werden. So treten in Lösungen **starker Elektrolyte** (Dissoziationsgrad $\alpha \approx 1$) auf Grund der großen Ionenzahl gegenseitige Anziehungskräfte auf, die zu einer Behinderung der freien Beweglichkeit führen. Ein Kation zieht durch seine positive Ladung, die nach allen Seiten gleichmäßig wirkt, Anionen an. Diese Anhäufung von Ionen entgegengesetzter Ladung um ein Zentralion nennt man **Ionenwolke**. Der Abstand im zeitlichen Mittel zwischen Ionen entgegengesetzter Ladung ist dabei kleiner als zwischen Ionen gleicher Ladung. Die Ionenwolke ist kein fester Verband, sondern lediglich eine Nahordnung, die sich auf Grund der Wärmebewegung ständig verändert. Bei einer chemischen Reaktion müssen diese Anziehungskräfte überwunden werden. Es ist daher zusätzliche Arbeit nötig, um ein Ion aus der Ionenwolke zu entfernen. Somit ist nur ein Bruchteil der gesamten Ionen frei wirksam. Diesen Teil nennt man **Aktivität $a_{c,i}$ der gelösten Komponente i**. Sie beträgt

$$\boldsymbol{a_{c,i} = \gamma_i \cdot c_i}\,.$$

c_i ist die Ionenkonzentration und γ_i der Aktivitätskoeffizient. Für nicht ideale Lösungen gilt

$$\mu_i = \mu_i^0(T,p) + RT \ln a_{c,i}\,. \tag{1.134-1}$$

Tab. 1.4 Mittlere Aktivitätskoeffizienten starker Elektrolyte bei 25°C in Abhängigkeit von der Konzentration.

Elektrolyt		Mittlerer Aktivitätskoeffizient $\gamma_\pm$		
		0,001 (mol/1000 g H_2O)	0,01 (mol/1000 g H_2O)	0,1 (mol/1000 g H_2O)
Salzsäure	HCl	0,966	0,904	0,796
Salpetersäure	HNO_3	0,965	0,902	0,785
Natriumchlorid	NaCl	0,966	0,906	0,786
Kaliumsulfat	K_2SO_4	0,889	0,715	0,441
Kupfersulfat	$CuSO_4$	0,740	0,410	0,149

Mit steigender Konzentration nimmt die Bildung der Ionenwolken und damit die gegenseitige Behinderung zu. Nimmt dagegen die Konzentration durch Verdünnung ab, wird der mittlere Abstand der Ionen größer. Sie ziehen sich wegen der abschirmenden Wirkung der Wassermoleküle weniger stark an. Die Bildung der Ionenwolken verringert sich und der Aktivitätskoeffizient (ideal verdünnte Lösungen $\gamma_i = 1$) nimmt zu.

Die Aktivität des Lösungsmittels mit der üblichen Angabe des Molenbruchs als Konzentrationsmaß beträgt $\boldsymbol{a_{\chi,i} = \gamma_i \cdot \chi_i}$, womit sich ergibt

$$\mu_i = \mu_i^0(T,p) + RT \ln a_{\chi,i} \,. \tag{1.135-1}$$

In Tab. 1.4 sind für einige starke Elektrolyte die mittleren Aktivitätskoeffizienten bei 25 °C in Abhängigkeit von der Konzentration (Molalität) angegeben.

Die individuellen Aktivitätskoeffizienten der Kationen und Anionen kann man nicht getrennt messen, so dass man stets mit dem mittleren Aktivitätskoeffizienten $\gamma_\pm$ arbeitet. Für einen Elektrolyten AB beträgt dieser

$$\gamma_\pm = \sqrt{\gamma_+ \cdot \gamma_-} \,.$$

Für einen Elektrolyten $AxBy$ gilt

$$\gamma_\pm = \sqrt[x+y]{\gamma_+^x \cdot \gamma_-^y} \,.$$

Die Angaben in der Tabelle zeigen, dass bei entsprechender Verdünnung die mittleren Aktivitätskoeffizienten der Salzsäure, der Salpetersäure und des Natriumchlorids fast gleich sind, obwohl es sich um völlig verschiedene Elektrolyte handelt. Gemeinsam ist ihnen, dass Kationen und Anionen einwertig (**1,1-wertige oder binäre** Elektrolyte) sind. Mit Zunahme der Wertigkeit des Kations oder Anions nimmt der mittlere Aktivitätskoeffizient bei gleicher Konzentration ab (z. B. K_2SO_4 und $CuSO_4$). Die Aktivitätskoeffizienten der Komponenten einer Mischung sind von der Zusammensetzung abhängig. Für eine binäre Mischung im Gleichgewicht ($dG_{p,T} = 0$) lässt sich mit (1.134-1), (1.135-1) und (1.89-1) eine weitere Form der Gibbs-Duhem'schen Gleichung ableiten:

$$\chi_1 d \ln \gamma_1 + \chi_2 d \ln \gamma_2 = 0 \,.$$

Daraus folgt, dass man den Aktivitätskoeffizienten der einen Komponente aus dem der anderen Komponente berechnen kann. Der Aktivitätskoeffizient des Wassers kann somit nur 1 betragen, wenn eine ideal verdünnte Lösung mit $\gamma = 1$ vorliegt.

Bei osmotischen Berechnungen muss man mit Aktivitäten rechnen und dabei die Erhöhung der Molzahl n durch Dissoziation beachten. Dies geschieht mit dem van't Hoff'schen Faktor

$$i = 1 + \alpha \cdot (\nu \cdot \gamma - 1) \,,$$

wobei mit ν die Anzahl Ionenarten anzugeben ist. Beträgt der Dissoziationsgrad $\alpha = 1$, wie es bei echten Elektrolyten der Fall ist, vereinfacht sich die Gleichung zu

$$i = \nu \cdot \gamma\,.$$

Natürlich ist bei der Anwendung des MWG, z. B. für die Reaktion

$$AB \rightleftharpoons A^+ + B^-\,,$$

die Gleichgewichtskonstante der Teilkonzentrationen K_c durch die Gleichgewichtskonstante der Teilaktivitäten K_a zu ersetzen:

$$K_a = \frac{a_{A^+} \cdot a_{B^-}}{a_{AB}} = \frac{c_{A^+} \cdot c_{B^-}}{c_{AB}} \cdot \frac{\gamma_{A^+} \cdot \gamma_{B^-}}{\gamma_{AB}}\,;$$

$$K_a = K_c \cdot \frac{\gamma_\pm^2}{\gamma_{AB}}\,.$$

Bei **schwachen Elektrolyten** (z. B. $HgCl_2$, $Hg(CN)_2$, FeF_3, organische Säuren und Basen), die in wässriger Lösung nur gering dissoziieren oder die als ideal verdünnte Lösung vorliegen, treten nur geringe Anziehungskräfte zwischen den Ionen auf, die vernachlässigbar sind. Derartige Lösungen verhalten sich wie ideal verdünnte Lösungen ($\gamma = 1$). Es haben somit auch die gleichen Gesetze Gültigkeit. Natürlich ist die Erhöhung der Teilchenzahl durch die Dissoziation zu berücksichtigen, was mit dem **van't Hoff'schen Faktor *i*** geschehen kann. Zu beachten ist ferner, dass sich der osmotische Druck π_e infolge der elektrolytischen Dissoziation erhöht. Für diesen Fall gilt die Gleichung

$$\pi_\mathrm{e} \cdot V = n_2 \cdot R \cdot T \cdot i\,.$$

Der Index e gibt an, dass es sich um Elektrolyte handelt. Gleiches gilt bei der Siedepunkterhöhung ($\Delta T_{\mathrm{e,\,Sd}} = k_\mathrm{E} \cdot c \cdot i$) und der Gefrierpunkterniedrigung ($\Delta T_{\mathrm{e,\,Sm}} = k_\mathrm{k} \cdot c \cdot i$). Mit

$$\Delta T_\mathrm{e}/\Delta T = i = 1 + \alpha(\nu - 1)$$

ergibt sich eine Möglichkeit der Bestimmung des Dissoziationsgrades. Dabei wird die Größe ΔT unter der Annahme, dass die Verbindung nicht dissoziiert, berechnet. Die Größe ΔT_e wird gemessen, womit sich der Dissoziationsgrad ergibt:

$$\alpha = \frac{1}{(\nu - 1)}\left(\frac{\Delta T_\mathrm{e}}{\Delta T} - 1\right).$$

Wie in Kapitel 1.1 beschrieben, erfüllen **reale Gase und Komponenten realer Gasmischungen** wegen zwischenmolekularer Wechselwirkungen die Zustandsgleichung des idealen Gases nicht exakt. Die Abweichungen sind umso signifikanter, je höher der Druck und je niedriger die Temperatur ist (vgl. Abb. 1.3a,b). Um die einfache Form des Ausdrucks für das chemische Potenzial eines idealen Gases für reale Gase beibehalten zu können, führte Gilbert Newton Lewis die Größe ***f*** (**Fugazität**) ein. Sie kann als korrigierter Druck durch einen **Fugazitätskoeffizienten *φ*** ausdrückt werden, der die Abweichung vom idealen Verhalten mit $\varphi_i = f_i/p_i$ beschreibt. Der **Koeffizient** φ hängt von p und T ab. Im Grenzfall sehr kleiner Drücke wird $f = p$, d. h. $\lim\limits_{p\to 0} \frac{f}{p} = 1$ und demnach auch $\lim\limits_{p\to 0} \frac{\varphi}{p} = 1$. Für nicht zu hohe Drücke gilt annähernd die Gleichung $f = \frac{p^2}{p_{id}} = \frac{p^2 V_m}{RT}$, wobei p_id der Druck des idealen Gases bei gleicher Temperatur und mit dem gleichen Volumen ist. Das chemische Potenzial eines realen Gases ist somit gegeben:

$$\mu_i = \mu_i^0(T, p = 1\,\mathrm{bar}) + RT \ln f_i \tag{1.133-1}$$

Von Bedeutung ist noch eine Beziehung, welche die Änderung der freien Enthalpie ΔG für beliebige Prozesse wiedergibt und die man erhält, wenn in Gleichung

$$Z_{T,P} = \overline{Z}_1 n_1 + \overline{Z}_2 n_2 + \cdots$$

die freie Enthalpie G als extensive Größe eingeführt wird, wobei sich

$$G_{T,P} = n_1\mu_1 + n_2\mu_2 + \cdots$$

ergibt. Wird diese Gleichung auf die allgemeine chemische Reaktion

$$n_A A + n_B B + \cdots \leftrightarrows n_D D + n_E E + \cdots$$

angewendet, erhält man

$$\Delta G_{T,P} = (n_D \cdot \mu_D + n_E \cdot \mu_E + \cdots) - (n_A \cdot \mu_A + n_B \cdot \mu_B + \cdots)\,.$$

Läuft die Reaktion im Gleichgewicht ab, also reversibel, wird

$$n_D \cdot \mu_D + n_E \cdot \mu_E + \cdots = n_A\mu_A + n_B \cdot \mu_B + \cdots\,,$$

da $\Delta G_{T,P} = 0$ ist. Diese Gleichung stellt die allgemeine thermodynamische Bedingung für eine reversible chemische Reaktion dar und kann auch in der Form

$$\sum n_i\mu_i = 0$$

geschrieben werden (vgl. Kap. 2.6 Fragen 92 + 93, Kap. 2.9 Frage 113).

1.6.2 Thermodynamik binärer Zweiphasensysteme

Nun sei ein Blick auf die Thermodynamik binärer Zweiphasensysteme geworfen. Wie bereits ausgeführt, sind im **Phasengleichgewicht** die chemischen Potenziale jeder Komponente in beiden Phasen gleich. Für die reine Phase gilt die Gleichung

$$d\mu_i = \left(\frac{\partial\mu_i}{\partial T}\right)_{p,\chi_i} dT + \left(\frac{\partial\mu_i}{\partial p}\right)_{T,\chi_i} dp + \left(\frac{\partial\mu_i}{\partial\chi_i}\right)_{p,T} d\chi_i$$

$$d\mu_i = -\overline{S}_i dT + \overline{V}_i dp + \frac{RT}{\chi_i} d\chi_i \tag{1.138}$$

und für die Mischphase

$$d\mu_i' = \left(\frac{\partial\mu_i'}{\partial T}\right)_{p,\chi_i} dT + \left(\frac{\partial\mu_i'}{\partial p}\right)_{T,\chi_i} dp + \left(\frac{\partial\mu_i'}{\partial\chi_i}\right)_{p,T} d\chi_i$$

$$d\mu_i' = -\overline{S_i'} dT + \overline{V_i'} dp + \frac{RT}{\chi_i'} d\chi_i'\,. \tag{1.139}$$

Aus der Gleichheit der chemischen Potenziale im Phasengleichgewicht $d\mu_i = d\mu_i'$ folgt fundamental die Gleichung

$$-\overline{S}_i dT + \overline{V}_i dp + \frac{RT}{\chi_i} d\chi_i = -\overline{S_i'} dT + \overline{V_i'} dp + \frac{RT}{\chi_i'}\,. \tag{1.140}$$

Sie gibt das thermodynamische Verhalten aller Zweikomponenten-Zweiphasensysteme wieder. Die folgende Übersicht listet die daraus ableitbaren Gesetze namentlich, in mathematischer Kurzfassung auf:

Zweiphasen-Zweikomponenten-Systeme

- Eine reine Phase mit konstantem Molenbruch χ_1 steht mit der Mischphase im Gleichgewicht, so dass (1.140) übergeht in

$$(\overline{S_i'} - \overline{S}_i)dT - (\overline{V_i'} - \overline{V}_i)dp = \frac{RT}{\chi_i'} d\chi_i' \tag{1.141}$$

dT = 0: $$\boxed{-(\overline{V_1'} - \overline{V}_1)dp = \frac{RT}{\chi_1'} d\chi_1'}$$

→ Raoult'sches Gesetz der Dampfdruckerniedrigung: $p = p^0 \chi_1$ (1.143)

→ van't Hoff'sches Gesetz des osmotischen Druckes: $\pi V \approx n_2 RT$ (1.152)

→ Druckabhängigkeit der Löslichkeit:

$$\int_{(x_2')_0}^{(x_2')_p} d(x_2') = - \int_0^p \frac{(\overline{v}_2' - v_S)\, dp}{\frac{d\mu_2'}{d(x_2')}} \tag{1.156}$$

dp = 0: $$\boxed{(\overline{S_i'} - \overline{S}_1)dT = \frac{RT}{\chi_1'} d\chi_1'}$$

→ Schröder'sche Gleichung[4] der Gefrierpunkterniedrigung (Schmelzpunktdepression):

$$\Delta T_{\text{Sm}} = \frac{-\ln \chi_1 \cdot RT T_0}{\Delta H_{\text{Sm}}} \tag{1.160a}$$

→ Siedepunkterhöhung:

$$\Delta T_{\text{Sd}} = \frac{\ln \chi_1 \cdot RT T_0}{\Delta H_{\text{Vd}}} . \tag{1.160b}$$

- Zwei flüchtige Flüssigkeiten stehen miteinander im Gleichgewicht, bei dem auch der Dampf beide Komponenten enthält. Nach Umformung von (1.140) für die Komponente 1 erhält man die Ausgangsgleichung

$$(\overline{S_i'} - \overline{S}_1)dT - (\overline{V_1'} - \overline{V}_1)dp = RTd \ln \frac{\chi_1'}{\chi_1} .$$

dp = 0: $$\boxed{(\overline{S_i'} - \overline{S}_1)dT = RTd \ln \frac{\chi_1'}{\chi_1}}$$

→ Abhängigkeit des Trennfaktors von der Temperatur bei der Destillation zweier Flüssigkeiten

$$\frac{d \ln \frac{K_1}{K_2}}{dT} = \frac{(\Delta H_{1(\text{Vd})} - \Delta H_{2(\text{Vd})})}{RT^2} . \tag{1.173}$$

[4] Name der Gleichung ist in der Literatur nicht üblich; **Prof. J. F. Schröder**: russ. Ing. in Petersburg, leitete 1893 die Gleichung erstmals ab.

Zweiphasen-Einkomponenten-System

Da es sich hier um reine Phasen handelt, fallen die Indizes in (1.141) fort und die rechte Seite wird Null (keine Konzentrationsänderungen im System: $d\chi = 0$). Ferner werden die partiellen molaren Größen mit denjenigen der reinen Stoffe identisch. Die gestrichenen Größen bezeichnen die Dampfphase. Somit ergibt sich nach Umformung

$$\boxed{(S' - S)dT = (V' - V)dp}\,.$$

→ Clausius-Clapeyron'sche Gleichung für die Temperaturabhängigkeit des Dampfdrucks einer reinen Flüssigkeit:

$$\ln p = -\frac{\Delta H_{\mathrm{Vd}}}{RT} + C\,. \qquad (1.177)$$

Die genannten Gesetze sollen nunmehr hergeleitet werden:

Raoult'sches Gesetz der Dampfdruckerniedrigung

Ausgehend von der Festlegung, dass im Phasengleichgewicht eine Komponente als reine Phase ($d\chi_i = 0$) auftritt und mit der Mischphase bei $dT = 0$ im Gleichgewicht steht, geht (1.140) über in (1.141). Es handelt sich dabei um Systeme, bei denen eine Komponente als typisches Lösungsmittel auftritt; z. B. bei einer wässrigen Lösung des Rohrzuckers. Wird das Lösungsmittel mit 1 indiziert und die Temperatur konstant gehalten (Konzentrationsabhängigkeit des Dampfdrucks bei $dT = 0$), geht (1.141) über in:

$$-(\overline{V_1'} - \overline{V}_1)dp = \frac{RT}{\chi_1'}d\chi_1'\,. \qquad (1.142)$$

Hierbei, ist $\overline{V_1'}$ das partielle Molvolumen des Lösungsmittels in der Mischphase, $\overline{V}_1$ dasselbe in der reinen Phase (im Dampf) und χ_1' der Molenbruch des Lösungsmittels in der Mischphase. Das partielle Molvolumen im Dampf ist identisch mit dem gewöhnlichen Molvolumen V_1. Ihm gegenüber ist das partielle Molvolumen in der Lösung zu vernachlässigen, so dass Gleichung (1.142) übergeht in

$$V_1 dp = \frac{RT}{\chi_1'}d\chi_1'$$

und bei Annahme der Gültigkeit der idealen Gasgesetze für den Dampf mit $V_1 = \frac{RT}{p_1}$ ist

$$\frac{RT}{p_1}dp = \frac{RT}{\chi_1'}d\chi_1' \quad \text{oder} \quad \frac{dp}{p_1} = \frac{d\chi_1'}{\chi_1'}\,.$$

Wird gemäß

$$\int_{p^0}^{p} \frac{dp}{p_1} = \int_{1}^{\chi_1'} \frac{d\chi_1'}{\chi_1'}$$

integriert, erhält man unter Weglassung der Indizierung für χ_1 das Raoult'sche Gesetz:

$$p = p^0 \chi_1 \qquad (1.143)$$

(p Dampfdruck über der Lösung; p^0 Dampfdruck des reinen Lösungsmittels;

χ_1 Molenbruch des Lösungsmittels in der Lösung)

Da χ_1 immer kleiner als 1 ist, folgt aus (1.143), dass der Dampfdruck über einer Lösung stets kleiner sein muss als über dem reinen Lösungsmittel. Wird in (1.143) der Molenbruch χ_2 des gelösten Stoffes eingesetzt, ergibt sich:

$$\frac{p}{p^0} = 1 - \chi_2$$

oder

$$\chi_2 = \frac{p^0 - p}{p^0} = \frac{\Delta p}{p^0}\,. \tag{1.144}$$

Mit $\chi_2 = \frac{n_2}{n_1+n_2}$ und $\Delta p = p - p^0$ (Dampfdruckerniedrigung), erhält man daraus für verhältnismäßig verdünnte Lösungen ($n_2 \ll n_1$) eine Möglichkeit zur Berechnung der Molmasse des gelösten Stoffes

$$\frac{\Delta p}{p^0} = \frac{n_2}{n_1 + n_2} \approx \frac{n_2}{n_1} = \frac{m_2 M_1}{m_1 M_2}$$

$$M_2 = \frac{p^0 m_2 M_1}{m_1 \Delta p}\,. \tag{1.145}$$

van't Hoff'sches Gesetz des osmotischen Druckes

Für die thermodynamische Behandlung der Osmose bei $dT = 0$ im System „**Wasser-semipermeable Wand-Lösung**“ wird angenommen, dass nach Ausbildung des osmotischen Druckes π zwischen dem Wasser unter Atmosphärendruck und dem Wasser in der Lösung, die unter dem zusätzlichen osmotischen Druck steht, Gleichgewicht herrscht. Bei $dT = 0$ geht (1.141) über in

$$-\left(\overline{V_i'} - \overline{V}_1\right)dp = \frac{RT}{\chi_1'}d\chi_1$$

$$-\overline{V_i'}dp + V_1 dp = \frac{RT}{\chi_1'}d\chi_1' \tag{1.146}$$

($\overline{V_i'}$ partielles Volumen des Wassers in der Lösung,

$\overline{V}_1$ partielles Volumen des Wassers,

ist mit dem Volumen des reinen Wassers V_1 identisch.)

Da der Druck über der reinen Phase konstant ist, wird in (1.146) das zweite Glied der linken Seite Null. Eine Druckänderung ist nur für die Mischphase erforderlich, um das chemische Potenzial des Wassers bis zum Werte in der reinen Phase zu erhöhen. Man erhält

$$-\overline{V_i'}dp = \frac{RT}{\chi_1'}d\chi_1'\,. \tag{1.147}$$

Durch Integration zwischen den Grenzen p_0, dem Atmosphärendruck und dem Druck p, der die Gleichheit der chemischen Potenziale bewirkt, gemäß

$$-\overline{V_i'}\int_{p_0}^{p} dp = RT\int_{1}^{\chi_1'} \frac{d\chi_1'}{\chi_1'}$$

erhält man

$$-\overline{V_i'}(p - p_0) = RT \ln \chi_1'\,. \tag{1.148}$$

Definitionsgemäß ist $p - p_0$ der osmotische Druck π, so dass (1.148) übergeht in

$$-\pi \overline{V_i'} = RT \ln \chi_1' . \qquad (1.149)$$

Aus (1.149) erhält man mit $\chi_1' = 1 - \chi_2'$

$$-\pi \overline{V_i'} = RT \ln(1 - \chi_2') \qquad (1.150)$$

bzw. in erster Näherung

$$\pi \overline{V_i'} \approx RT\chi_2' . \qquad (1.151)$$

Für verdünnte Lösungen kann man das partielle Volumen des Wassers $\overline{V_i'}$ gleich dem Volumen V_1 des reinen Wassers bzw. dem der Lösung setzen. Ist V das Volumen einer beliebigen Lösungsmenge mit n_1 Molen Wasser, ist $V_1 = \frac{V}{n_1}$. Für entsprechend verdünnte Lösungen gilt $\chi_2' \approx \frac{n_2}{n_1}$, so dass (1.151) übergeht in

$$\begin{aligned} \frac{V}{n_1}\pi &\approx RT\frac{n_2}{n_1} \\ \pi V &\approx n_2 RT . \qquad (1.152) \end{aligned}$$

Dieses Gesetz des osmotischen Druckes ist nur ein Grenzgesetz für sehr verdünnte Lösungen, das mit der Erfahrung in Übereinstimmung steht.

Druckabhängigkeit der Löslichkeit

Man betrachtet das Gleichgewicht zwischen dem Bodenkörper und der gelösten Substanz in der Mischphase. Bei $dT = 0$ und Indizierung der gelösten Substanz mit 2 geht (1.141) über in

$$-(\overline{V_2'} - \overline{V}_2)dp = \frac{RT}{\chi_2'} d\chi_2' . \qquad (1.153)$$

Mit

$$\frac{RT}{\chi_2'} = \frac{d\mu_2}{d\chi_2'}$$

folgt hieraus

$$-(\overline{V_2'} - \overline{V}_2)dp = \left(\frac{d\mu_2'}{d\chi_2'}\right) d\chi_2' . \qquad (1.154)$$

In dieser Gleichung ist, wenn als Einheit das Gramm genommen wird, $\overline{V_2'}$ das partielle molare Volumen der gelösten Substanz und $\overline{V}_2$ das partielle molare Volumen der reinen Substanz im Gleichgewicht mit der Mischphase, d. h. $\overline{V}_2$ ist das molare Volumen des Bodenkörpers. Wird dieses Volumen mit V_S bezeichnet, wird aus (1.154) nach Ersatz des Molenbruchs χ_2 durch den Gewichtsbruch (x_2) und Ersatz der Molvolumina durch die spezifischen Volumina v

$$d(x_2') = \frac{-\left(\overline{v}_2' - v_S\right) dp}{\frac{d\mu_2'}{d(x_2')}} . \qquad (1.155)$$

Hier ist (x_2) der Gewichtsbruch, der nach Multiplikation mit 100 die Gewichtsprozente der gelösten Substanz angibt. Die Integration liefert

$$\int_{(x_2')_0}^{(x_2')_p} d(x_2') = -\int_0^p \frac{(\overline{v}_2' - v_S)\,dp}{\frac{d\mu_2'}{d(x_2')}}\,. \tag{1.156}$$

Die Gleichung zeigt, dass beim Druck p die Löslichkeit $(x_2')_p$ gleich der Löslichkeit $(x_2')_0$ bei Atmosphärendruck ist, korrigiert durch den Wert des Integrals. Je nachdem ob dieser Wert positiv oder negativ ist, sinkt oder steigt die Löslichkeit mit wachsendem Druck. Da der Ausdruck $\frac{d\mu_2'}{d(x_2')}$ immer positiv ist, hängt das Vorzeichen des Integrals nur von dem der Differenz $\overline{v}_2' - v_S$ ab. Kennt man die Dichte der fraglichen Substanz bzw. ihr partielles spezifisches Volumen der bei Atmosphärendruck gesättigten Lösung, kann eine Aussage darüber getroffen werden, ob die Löslichkeit mit zunehmendem Druck steigt oder fällt. Eine präzise Aussage der Löslichkeit über einen ganzen Druckbereich erfordert die Auswertung des Integrals, wozu es notwendig ist, das partielle spezifische Volumen der gesättigten Lösung und den Wert des Differenzialquotienten $\frac{d\mu_2'}{d(x_2')}$ als Druckfunktion zu bestimmen. Die Gleichung (1.156) gestattet also, die Löslichkeit bei höheren Drücken indirekt zu bestimmen.

Schröder'sche Gleichung

a) Gefrierpunkterniedrigung (Schmelzpunktdepression)
Handelt es sich z. B. um eine Rohrzuckerlösung, geht bei $p = \text{const.}$ (1.141) über in

$$(\overline{S_i'} - \overline{S}_1)dT = \frac{RT}{\chi_1'}d\chi_1' \tag{1.157}$$

$$(\overline{S_i'} - S_1)dT = \frac{RT}{\chi_1'}d\chi_1' \tag{1.157a}$$

Aus der Gleichheit der chemischen Potenziale von H_2O in Eis und in der Lösung geht (1.157a) mit (1.127) und (1.135) über in

$$\frac{\Delta H_{\text{Sm}}}{T}dT = \frac{RT}{\chi_1'}d\chi_1' \tag{1.158}$$

$$\Big\downarrow\ (:T)$$

$$\frac{\Delta H_{\text{Sm}}}{T^2}dT = R\frac{d\chi_1'}{\chi_1'}$$

$$\Delta H_{\text{Sm}}\int_{T_0}^{T}\frac{dT}{T^2} = R\int_1^{\chi_1}\frac{d\chi_1'}{\chi_1}\,.$$

$\overline{S_i'}$: partielle Entropie des H_2O in Lösung
$\overline{S}_1$: partielle Entropie des H_2O in Eis, ist gleich der molaren Entropie S_1 des H_2O in Eis
χ_1': Molenbruch des H_2O in der Lösung
ΔH_{Sm}: Schmelzwärme (H_2O) (const.)
T_0 : Gefriertemperatur des reinen Stoffes
T: Gefriertemperatur der Lösung

Unter Weglassung der Phasenindizierung von χ_1' erhält man:

$$\Delta H_{\mathrm{Sm}} \cdot \left(-\frac{1}{T} + \frac{1}{T_0}\right) = R \cdot \ln \chi_1 \tag{1.159}$$

$$\frac{-\Delta H_{\mathrm{Sm}}}{RT} + \frac{\Delta H_{\mathrm{Sm}}}{RT_0} = \ln \chi_1$$

$$\Delta T_{\mathrm{Sm}} = T_0 - T$$

$$\boxed{\frac{-\Delta H_{\mathrm{Sm}} \cdot \Delta T_{\mathrm{Sm}}}{RT\,T_0} = \ln \chi_1} \qquad \boxed{\Delta T_{\mathrm{Sm}} = \frac{-\ln \chi_1 \cdot RT\,T_0}{\Delta H_{\mathrm{Sm}}}} \tag{1.160a}$$

Aus dieser Schröder'schen Gleichung der Gefrierpunkterniedrigung ergeben sich folgende Konsequenzen:

- So erkennt man aus (1.159), dass T immer kleiner als T_0 sein muss. Wäre $T > T_0$, so würde der Molenbruch χ_1 größer 1, was nicht möglich ist. Der gelöste Stoff ruft also eine Erniedrigung des Gefrierpunktes der Lösung hervor.
- Die Ableitung der Schröder'schen Gleichung hat, abgesehen von der Temperaturkonstanz von ΔH_{Sm}, zwei wesentliche Voraussetzungen:

1. Ideales Verhalten über den gesamten Konzentrationsbereich des Systems, wenn die Gleichung für alle Konzentrationen anwendbar sein soll.
2. Abscheidung der reinen Komponente während des gesamten Erstarrungsvorganges.

Die Gleichung ist also nur dort anwendbar, wo das binäre System fest-flüssig vollständige Mischbarkeit in flüssiger Phase und vollständige gegenseitige Unlöslichkeit in fester Phase zeigt, d. h. im festen Zustand eine totale Mischungslücke besitzt. Mit der Schröder'schen Gleichung erfasst man daher alle Systeme mit einem einfachen Eutektikum, sofern sie ideales Verhalten zeigen. Andererseits kann man Systeme, die der Schröder'schen Gleichung genügen, als ideale Systeme bezeichnen. Aus (1.159) sieht man, dass der Logarithmus des Molenbruches der primär kristallisierenden Komponente (H_2O) als Funktion von $1/T$ eine Gerade liefert, die nicht durch den Koordinatenanfangspunkt geht. Aus ihrer Neigung kann die Schmelzwärme ΔH_{Sm} der primär kristallisierenden Komponente (H_2O) ermittelt werden bzw. lassen sich bei bekannten Schmelzwärmen der Komponenten die Gleichgewichtskurven des Systems aus den Messungen der Gefrierpunkterniedrigung berechnen. Als Beispiel für die Schröder'sche Gleichung ist nachstehend das System „p-Nitrophenol/m-Nitrophenol" (Abb. 1.21) wiedergegeben. Die linke Darstellung zeigt den Verlauf der Schmelzkurve (Liquiduskurve) und die rechte den geradlinigen Verlauf der Funktion, woraus sich das ideale Verhalten des Systems folgern lässt.

- Im Schnittpunkt der Gleichgewichtskurven (eutektischen Punkt) ist die Schröder'sche Gleichung auf beide Komponenten anwendbar, die hier nebeneinander in reiner Phase auskristallisieren. Man erhält für das Eutektikum folgende Beziehungen, wenn die eutektische Temperatur mit T_{e}, die eutektische Zusammensetzung mit χ_{e} bezeichnet wird:

$$-\frac{\Delta H_1 \cdot (T_1 - T_{\mathrm{e}})}{RT_1T_{\mathrm{e}}} = \ln \chi_{\mathrm{e}} \quad \text{und} \quad -\frac{\Delta H_2 \cdot (T_2 - T_{\mathrm{e}})}{RT_2T_{\mathrm{e}}} = \ln(1 - \chi_{\mathrm{e}})\,.$$

- Sind bei derartigen Systemen die Schmelztemperaturen und Schmelzenthalpien der reinen Komponenten bekannt, kann man sowohl die eutektische Temperatur als auch die eutektische Zusammensetzung berechnen. Kennt man die eutektische Temperatur und die Schmelzenthalpie einer reinen Komponente, kann man die Schmelzenthalpie der anderen

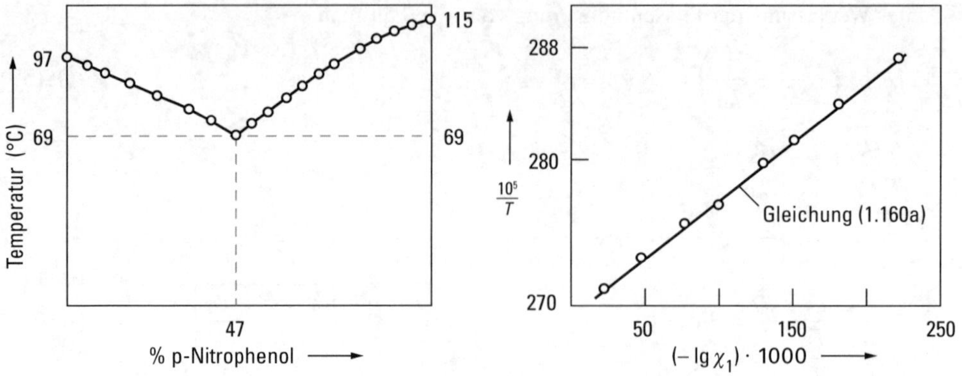

Abb. 1.21 Binäres System p-Nitrophenol/m-Nitrophenol.

Komponente und die eutektische Zusammensetzung berechnen. Letzteres ist z. B. für die Praxis der Bestimmung der molaren Masse aus Gefrierpunkterniedrigungen wichtig.

- Man erkennt, dass χ_1 als Sättigungskonzentration der Komponente 1 die Löslichkeit dieser Komponente in der anderen Komponente repräsentiert. Da in (1.160a) nur Größen vorkommen, die sich auf das Primärkristallisat beziehen ($\Delta H_1, T_0$), während stoffcharakteristische Größen der Komponente 2 nicht auftreten, sieht man unmittelbar, dass bei gegebener Gleichgewichtstemperatur T die Sättigungskonzentration χ_1 und damit die Löslichkeit des Primärkristallisats unabhängig von der anderen Komponente ist, die auch als Lösungsmittel aufgefasst werden kann.
- Aus dem Vorzeichen in (1.160a) lässt sich folgern, dass mit steigender Temperatur die Löslichkeit des Primärkristallisats und damit χ_1 wächst.

Mit Abb. 1.22 soll nochmals verdeutlicht werden, dass eine Lösung bei $T_{\text{Sm,Lös}}$ erst erstarrt, wenn die Temperatur des Lösungsmittels $T_{\text{Sm,LM}}$ um einen Betrag ΔT_{Sm} (Gefrierpunkterniedrigung) sinkt:

$$T_{\text{Sm,Lös.}} = T_{\text{Sm,LM}} - \Delta T_{\text{Sm}} \,. \tag{1.161}$$

ΔT_{Sm} ist der Stoffmengenkonzentration c proportional:

$$\Delta T_{\text{Sm}} = k_{\text{k}} \cdot c \,. \qquad c = \frac{n_{\text{gel. Stoff}}}{1000\,\text{g LM}} \quad \left[\frac{\text{mol}}{\text{kg}}\right]$$

Die Konstante der Gefrierpunkterniedrigung (kryoskopische Konstante) k_{k} hängt nur von der Art des Lösungsmittels (LM) ab:

$$k_{\text{k}} = \frac{R \cdot T_{\text{Sm,LM}}^2 \cdot M_{\text{LM}}}{\Delta H_{\text{Sm,LM}}} \quad \left[\frac{\text{K} \cdot \text{kg}}{\text{mol}}\right]. \tag{1.162}$$

Für das Lösungsmittel Wasser beträgt k_{k}:

$$k_{\text{k}} = \frac{8{,}3143\,\text{J}/(\text{mol} \cdot \text{K}) \cdot 273{,}15^2\,\text{K}^2 \cdot 0{,}018\,\text{kg/mol}}{6004{,}08\,\text{J/mol}} = \underline{\underline{1{,}86\,\text{K/mol}}}\,.$$

Durch Messung der Gefrierpunkterniedrigung ΔT_{Sm} (Abb. 1.23a) lässt sich die molare Masse des gelösten Stoffes $M_{\text{gel.St.}}$ berechnen:

$$M_{\text{gel.St.}} = \frac{m_{\text{gel.St.}} \cdot k_{\text{k}}}{m_{\text{LM}} \cdot \Delta T_{\text{Sm}}} \tag{1.163}$$

b) Siedepunkterhöhung

Analog der Gefrierpunkterniedrigung lassen sich aus (1.141) die Formeln für die Siedepunkterhöhung ΔT_{Sd} bei $dp = 0$ ableiten, so dass darauf nicht näher eingegangen zu werden braucht. In den entsprechenden Formeln (1.158), (1.159), (1.160a) steht an Stelle der Schmelzwärme ΔH_{Sm} die Verdampfungswärme ΔH_{Vd}. Die Siedetemperatur der Lösung T ist größer als die Siedetemperatur des reinen Stoffes T_0. Somit ergibt sich

$$\Delta T_{\text{Sd}} = \frac{\ln \chi_1 \cdot R T T_0}{\Delta H_{\text{Vd}}}. \tag{1.160b}$$

Nach dem Raoult'schen Gesetz (1.143) ist der Dampfdruck über einer Lösung stets kleiner als 1,01325 bar (= Dampfdruck des reinen Lösungsmittels). Um die Lösung bei $T_{\text{Sd,Lös}}$ zum Sieden zu bringen, muss daher die Temperatur $T_{\text{Sd,LM}}$ um einen Betrag ΔT_{Sd} (Siedepunkterhöhung) gesteigert werden (Abb. 1.22):

$$T_{\text{Sd,Lös.}} = T_{\text{Sd,LM}} + \Delta T_{\text{Sd}} \tag{1.164}$$

ΔT_{Sd} ist der Stoffmengenkonzentration c proportional:

$$\Delta T_{\text{Sd}} = k_{\text{E}} \cdot c\,; \qquad c = \frac{n_{\text{gel. Stoff}}}{1000\,\text{g LM}} \quad \left[\frac{\text{mol}}{\text{kg}}\right]$$

Die Konstante der Siedepunkterhöhung (ebullioskopische Konstante) k_{E} hängt nur von der Art des Lösungsmittels LM ab

$$k_{\text{E}} = \frac{R \cdot T^2_{\text{Sd, LM}} \cdot M_{\text{LM}}}{\Delta H_{\text{Vd,LM}}} \quad \left[\frac{\text{K} \cdot \text{kg}}{\text{mol}}\right]. \tag{1.165}$$

Für das Lösungsmittel Wasser beträgt k_{E}:

$$k_{\text{E}} = \frac{8{,}3143\,\text{J/(mol} \cdot \text{K)} \cdot 373{,}15^2\,\text{K}^2 \cdot 0{,}018\,\text{kg/mol}}{40\,733\,\text{J/mol}} = \underline{\underline{0{,}512\,\text{K} \cdot \text{kg/mol}}}.$$

Durch Messung der Siedepunkterhöhung ΔT_{Sd} (Abb. 1.23b) lässt sich die molare Masse des gelösten Stoffes $M_{\text{gel.St.}}$ berechnen:

$$M_{\text{gel.St.}} = \frac{m_{\text{gel.St.}} \cdot k_{\text{E}}}{m_{\text{LM}} \cdot \Delta T_{\text{Sd}}} \tag{1.166}$$

Abhängigkeit des Trennfaktors von der Temperatur bei der Destillation zweier Flüssigkeiten

Stehen zwei Mischphasen (Gemisch zweier flüchtiger Flüssigkeiten) miteinander und mit dem Dampf, der gleichfalls beide Komponenten enthält, im Gleichgewicht, muss von Gleichung (1.140) ausgegangen werden. Nach deren Umformung für die Komponente 1 erhält man

$$(\overline{S}'_1 - \overline{S}_1)dT - (\overline{V}'_1 - \overline{V}_1)dp = RTd\ln\frac{\chi'_1}{\chi_1}.$$

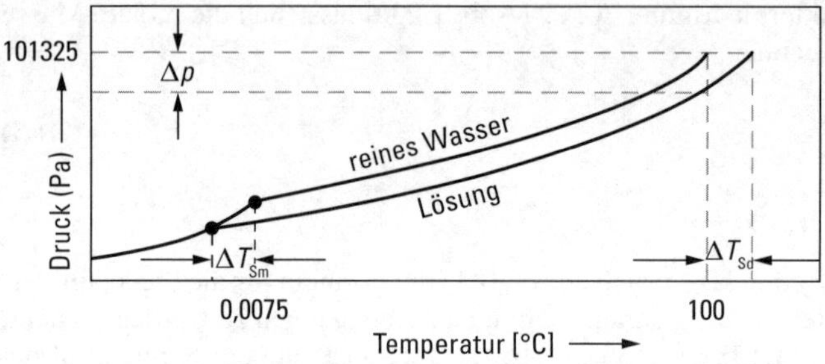

Abb. 1.22 Siedepunkterhöhung ΔT_{Sd} und Gefrierpunkterniedrigung ΔT_{Sm} bei Lösungen (Δp Dampfdruckerniedrigung).

Die gestrichene Phase bedeutet hier die Dampfphase. Bei Betrachtung des Gleichgewichts zwischen der siedenden Flüssigkeit und ihrem Dampf bei $dp = 0$ wird daraus

$$(\overline{S}_1' - \overline{S}_1)dT = RTd \ln \frac{\chi_1'}{\chi_1} \tag{1.167}$$

oder

$$\left(\frac{\overline{H}_1' - \overline{H}_1}{T}\right) dT = RTd \ln \frac{\chi_1'}{\chi_1}. \tag{1.168}$$

Die Differenz $\overline{H}_1' - \overline{H}_1$ ist gleich der molaren Verdampfungswärme $\Delta H_{1(\mathrm{Vd})}$ der Komponente 1 und man erhält

$$\frac{\Delta H_{1(\mathrm{Vd})}}{T} dT = RTd \ln \frac{\chi_1'}{\chi_1} \tag{1.169}$$

bzw.

$$\frac{d \ln \frac{\chi_1'}{\chi_1}}{dT} = \frac{\Delta H_{1(\mathrm{Vd})}}{RT^2}. \tag{1.170}$$

Diese Gleichung gibt die Temperaturabhängigkeit des Verhältnisses der Molenbrüche der Komponente 1 in der Dampfphase und in der flüssigen Phase quantitativ wieder und gilt analog auch für die Komponente 2. Sie ist grundlegend für Fragen zur Wirksamkeit der Fraktionierung zweier Flüssigkeiten und gibt Antwort darauf, in welcher Weise die Trennwirkung einer Destillation zweier Flüssigkeiten von der Temperatur abhängig ist. Schreibt man für die flüchtigere Komponente zur Abkürzung $\frac{\chi_1'}{\chi_1} = K_1$, wird aus (1.170)

$$\frac{d \ln K_1}{dT} = \frac{\Delta H_{1(\mathrm{Vd})}}{RT^2}. \tag{1.171}$$

Mit $\frac{\chi_2'}{\chi_2} = K_2$ gilt analog

$$\frac{d \ln K_2}{dT} = \frac{\Delta H_{2(\mathrm{Vd})}}{RT^2}. \tag{1.172}$$

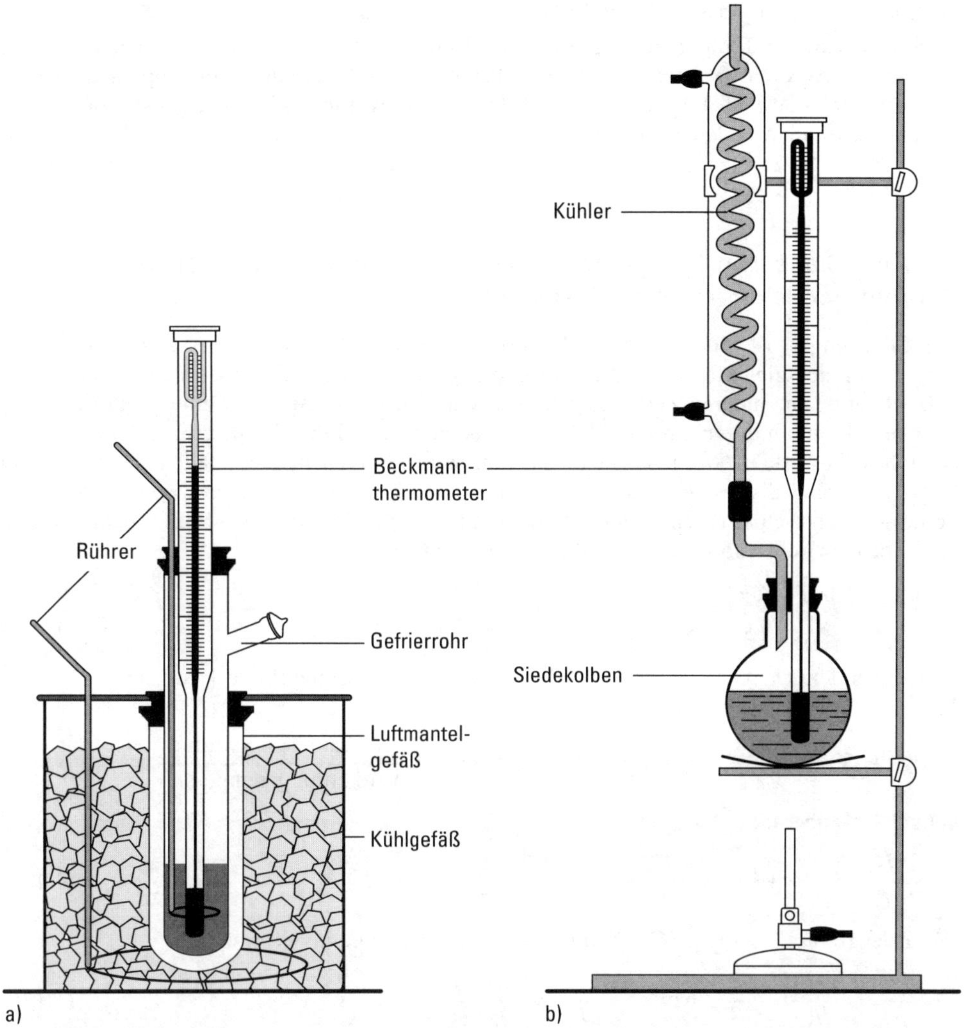

Abb. 1.23 Bestimmung der a) Gefrierpunkterniedrigung ΔT_{Sm} und b) der Siedepunkterhöhung ΔT_{Sd} nach Beckmann. *Hinweis:* Mit dem Beckmann-Thermometer können nur Temperaturdifferenzen bestimmt werden, dafür aber mit einer Ablesegenauigkeit von 0,01 K (mit Lupe sogar 0,001 K).

Der Quotient $\frac{K_1}{K_2}$ wird Trennfaktor genannt. Seine Abhängigkeit von der Temperatur erhält man aus (1.171) durch Subtraktion von (1.172):

$$\frac{d \ln \frac{K_1}{K_2}}{dT} = \frac{(\Delta H_{1(\mathrm{Vd})} - \Delta H_{2(\mathrm{Vd})})}{RT^2}. \tag{1.173}$$

Nun besagt die Regel von **Pictet und Trouton**, dass der Quotient aus der Verdampfungswärme und Siedetemperatur für viele Flüssigkeiten konstant ist. Es gilt also $\frac{\Delta H_{(Vd)}}{T_{\mathrm{Sd}}} = \mathrm{const.}$ Daraus folgt, dass die Verdampfungswärme einer Flüssigkeit umso kleiner ist, je niedriger ihre Siedetemperatur oder je größer ihr Dampfdruck bzw. ihre Flüchtigkeit ist. Mit $\Delta H_{1(\mathrm{Vd})} < \Delta H_{2(Vd)}$ wird der Temperaturkoeffizient des Trennfaktors $\frac{K_1}{K_2}$ negativ. Das bedeutet nichts anderes, als dass der Trennfaktor umso größer ist, je niedriger die Siedetemperatur oder je geringer der Druck ist, bei dem die Destillation durchgeführt wird. Die Ausführung einer Vakuumdestillation bedeutet also nicht nur eine Schonung der Substanzen im Hinblick auf eine thermische Zersetzung bei höherer Temperatur, sondern gleichzeitig auch einen besseren Trenneffekt.

Clausius-Clapeyron-Gleichung für die Temperaturabhängigkeit des Dampfdrucks einer reinen Flüssigkeit

Die Gleichung (1.141) beherrscht auch die Einkomponenten-Zweiphasensysteme. Als Phase wird ein in sich gleichförmiges Zustandsgebiet bezeichnet, das durch eine scharf begrenzte Fläche von einem anderen Zustandsgebiet getrennt ist. Als Beispiel für einen derartigen Fall soll die Verdampfung einer reinen Flüssigkeit betrachtet und die Temperaturabhängigkeit des Dampfdruckes erklärt werden. Da es sich um reine Phasen handelt, fallen die Indizes in (1.141) fort und die rechte Seite wird Null (keine Konzentrationsänderungen im System). Ferner werden die partiellen molaren Größen mit denjenigen der reinen Stoffe identisch. Die gestrichenen Größen sollen die Dampfphase bezeichnen:

$$(S' - S)dT - (V' - V)dp = 0$$

$$(S' - S)dT = (V' - V)dp\,. \qquad (1.174)$$

Gegenüber dem Dampfvolumen V' ist das Volumen der flüssigen Phase V zu vernachlässigen. Mit

$$(S' - S) = \frac{\Delta H_{\mathrm{Vd}}}{T} \quad \left(\text{Verdampfungsentropie} = \frac{\text{Verdampfungswärme}}{\text{Verdamfungstemperatur}}\right)$$

geht (1.174) über in:

$$\frac{\Delta H_{\mathrm{Vd}}}{T}dT = V'dp = \frac{RT}{p}dp. \qquad (1.175)$$

Wenn der Dampf als ideales Gas betrachtet wird, erhält man umgeformt

$$\frac{dp}{p} = \frac{\Delta H_{\mathrm{Vd}}}{R} \cdot \frac{dT}{T^2} \quad \text{bzw.} \quad \frac{d\ln p}{dT} = \frac{\Delta H_{\mathrm{Vd}}}{RT^2} \qquad (1.176)$$

und nach Integration (ΔH_{Vd} = const. im betrachteten T-Bereich)

$$\ln p = -\frac{\Delta H_{\mathrm{Vd}}}{RT} + C \quad \text{bzw.} \quad \ln p_2 = \ln p_1 - \frac{\Delta H_{\mathrm{Vd}}}{R} \cdot \left[\frac{1}{T_2} - \frac{1}{T_1}\right]. \qquad (1.177)$$

Das ist die Clausius-Clapeyron'sche Gleichung für die **Temperaturabhängigkeit des Dampfdrucks einer reinen Flüssigkeit** (Abb. 1.24). Der Logarithmus des Dampfdruckes ist eine gradlinige Funktion von $\frac{1}{T}$ und aus der Neigung der Geraden kann die Verdampfungswärme ΔH_{Vd} berechnet werden.

Ein einfaches Beispiel für ein Einstoffsystem mit zwei Phasen ist das System **flüssiges Wasser-Wasserdampf**. Es besteht in jedem geschlossenen Gefäß mit Wasser, wenn das Wasser den Gefäßinnenraum nicht völlig ausfüllt (Abb. 1.25). Die Moleküle des flüssigen Wassers bewegen sich, wobei die kinetische Energie der einzelnen Moleküle verschieden ist. Die Energie schwankt um einen Mittelwert.

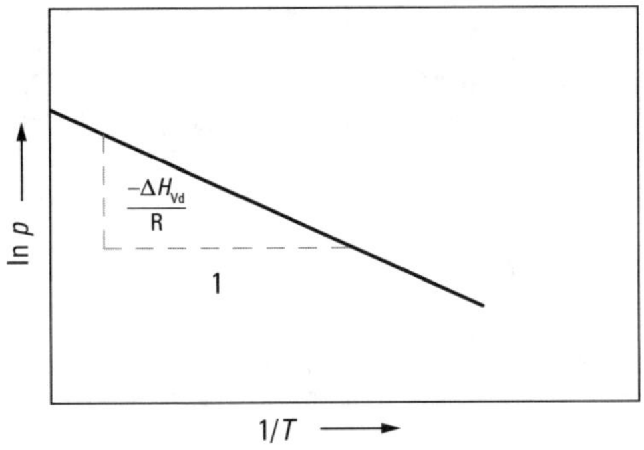

Abb. 1.24 Temperaturabhängigkeit des Dampfdrucks einer reinen Flüssigkeit.

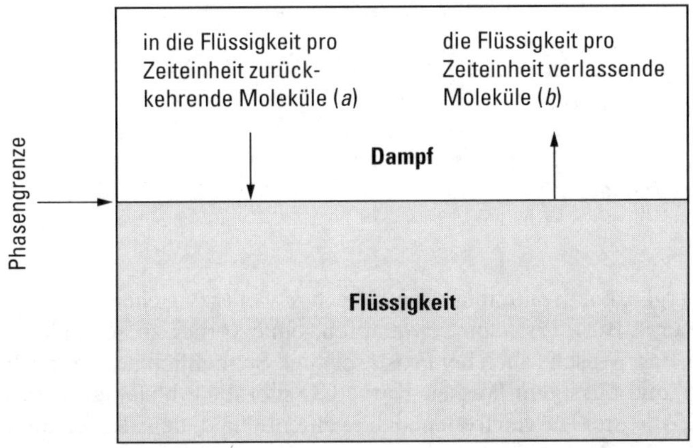

Abb. 1.25 Gleichgewichtszustand des Einstoffsystems „flüssiges Wasser – Wasserdampf", ($a = b$).

Einzelne energiereiche Moleküle können die Anziehungskraft der anderen Moleküle überwinden und die Flüssigkeit verlassen. Sie bilden die zweite Phase des Wassers, die Dampfphase. Bei ihrer regellosen Bewegung prallen sie gegen die Gefäßwand und auf die Oberfläche der Flüssigkeit. Schließlich stellt sich ein Gleichgewicht zwischen der dampfförmigen und der flüssigen Phase ein. Dann kehren in der gleichen Zeit aus dem Gasraum genauso viele Moleküle in die Flüssigkeit zurück wie aus der Flüssigkeitsoberfläche austreten. Wenn sich zwischen dem flüssigen Wasser und dem Gas ein Gleichgewicht eingestellt hat, ist der Raum über der Flüssigkeit mit Wasserdampf gesättigt. Der gemessene Dampfdruck wird als **Sättigungsdampfdruck** des Wassers bei der herrschenden Temperatur bezeichnet. Der Sättigungsdampfdruck ist unabhängig von der Größe der Flüssigkeitsoberfläche. Bei einer Verdoppelung der Oberfläche wird zwar die Anzahl Moleküle doppelt so groß, die in der Zeiteinheit die Flüssigkeitsoberfläche verlassen, die Anzahl der in dieser Zeit zurückkehrenden Moleküle steigt aber ebenfalls auf das Doppelte. Der Dampfdruck kann bei verschiedenen Temperaturen ermittelt und in ein Koordinatensystem eingetragen werden (Abb. 1.26), das als Abszisse die Temperatur und als Ordinate den Dampfdruck enthält (Kurve AO).

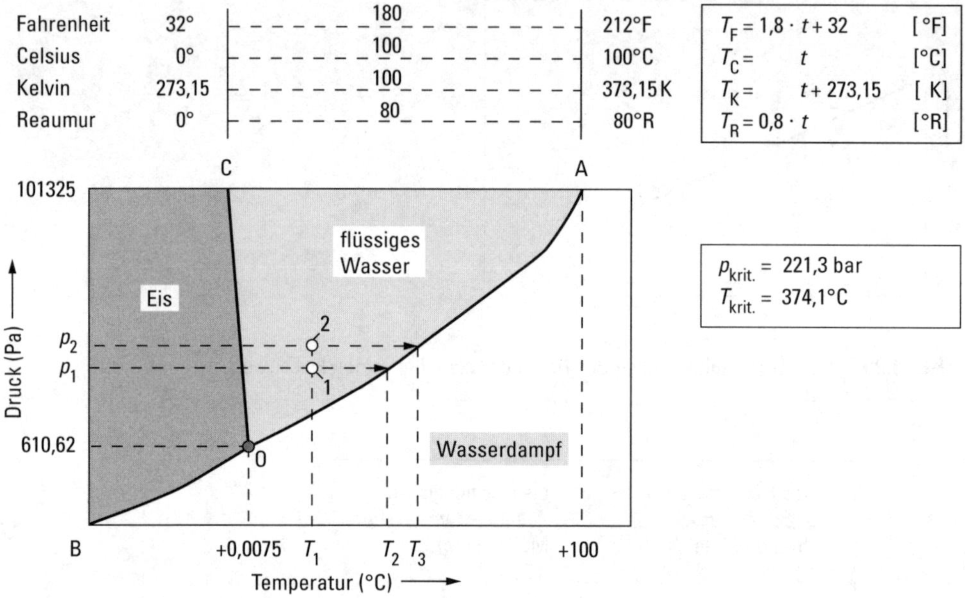

Abb. 1.26 Zustandsdiagramm des Wassers.

Die Darstellung lässt sich ergänzen, wenn man das Gleichgewicht zwischen Eis und Wasserdampf berücksichtigt (Kurve BO). Eis kann verdampfen, ohne vorher zu schmelzen. Daraus erklärt sich die Tatsache, dass Wäsche auch bei Frost trocknet. Schließlich besteht noch ein Gleichgewicht zwischen Eis und flüssigem Wasser. Kurve CO gibt die Abhängigkeit des Schmelzpunktes vom Druck an. Alle drei Kurven treffen sich in einem Punkt, dem Tripelpunkt des Wassers, der bei 273,1575 K und 610,616 Pa liegt.

Der Tripelpunkt des Wassers dient bei der Definition der Kelvintemperatur im physikalisch-technischen Maßsystem als Bezugspunkt. Man beachte aber auch andere Fixpunkte (Tab. 1.5) und z. T. nicht mehr verwendete Temperaturskalen (Abb. 1.26).

Im **Zustandsdiagramm des Wassers** trennen die Kurven die drei Zustandsgebiete des Wassers voneinander. Der Bereich der flüssigen Phase wird von den Kurven AO und CO begrenzt, der des Eises von BO und CO, die Gasphase ist unterhalb der Kurven BO und AO zu finden. Im absoluten Nullpunkt mündet die Kurve BO mit waagerechter Tangente in den Ursprung des Koordinatensystems. Das bedeutet, bei tiefen Temperaturen ist neben der festen Phase die Gasphase vorhanden. Der Gleichgewichtsdruck ist dabei umso geringer, je niedriger die Temperatur ist. Entlang den Kurven bestehen die angrenzenden Phasen nebeneinander. Am Tripelpunkt sind alle drei Phasen nebeneinander beständig (koexistent). Entlang der Kurve AO existieren Wasserdampf und flüssiges Wasser, längs der Kurve BO Eis und Wasserdampf und entlang der Kurve CO Eis und flüssiges Wasser nebeneinander. Das Zustandsdiagramm des Wassers ermöglicht wichtige Aussagen über das Sieden und das Verdampfen. Bei einer Temperaturerhöhung des flüssigen Wassers vom Druck p_1 und von der Temperatur T_1 bewegt man sich parallel zur Abszisse, wenn der Druck nicht verändert

Tab. 1.5 Temperaturfixpunkte zur Kalibrierung der Kelvin-Skala.

Fixpunkt	Temperatur/K	geschätzte Genauigkeit/mK**)
Tripelpunkt des Wasserstoffs (H_2)***)	13,8033	±0,3
Tripelpunkt des Neons (Ne)	24,5561	±0,4
Tripelpunkt des Sauerstoffs (O_2)	54,3584	±0,2
Tripelpunkt des Argons (Ar)	83,8058	±0,2
Tripelpunkt des Quecksilbers (Hg)	234,3156	±0,1
Tripelpunkt des Wassers (H_2O)	273,1600	Definition
Erstarrungspunkt des Zinns (Sn)	505,078	±0,5
Erstarrungspunkt des Zinks (Zn)	692,677	±2,0
Erstarrungspunkt des Silbers (Ag)	1234,93	±10
Erstarrungspunkt des Goldes (Au)	1337,33	±10
Erstarrungspunkt des Platins (Pt)	1768,15	±10
Erstarrungspunkt des Wolframs (W)	3417,85	±20

*) ITS-90 = International Temperature Scale 1990
**) mK = Milli-Kelvin = 10^{-3} K
***) Gleichgewichtsmischung von ortho- und para- Wasserstoff

Tab. 1.6 Temperaturabhängigkeit des Sättigungsdampfdruckes von Wasser.

Druck des gesättigten Wasserdampfes (Pa)	101 325	143 268	198 517	270 071	361 370	475 961	1 555 072
Temperatur (°C)	100	110	120	130	140	150	200

wird. Man erreicht dabei schließlich die Kurve AO bei der Temperatur T_2. Wird diese Kurve überschritten, so liegt das Zustandsgebiet des Wasserdampfes vor. Das flüssige Wasser muss bei der Temperatur des Schnittpunktes völlig verdampft sein, wenn man sich in der vorherigen Richtung weiterbewegen will. Geht man von einem höheren Druck p_2 aus, dann erreicht man die Kurve AO erst bei einer höheren Temperatur T_3. Tab. 1.6 gibt dazu einige Werte an.

Einem Dampfdruck von 101 325 Pa entspricht eine Temperatur von 100 °C. Beträgt der Luftdruck ebenfalls 101 325 Pa, siedet das Wasser. Bei einem äußeren Druck von 475 961 Pa (≈ *5facher Luftdruck*) würde Wasser bei 150 °C sieden, da der Dampfdruck erst dann diesen Wert erreicht. Allgemein kann man sagen:

> Die Siedetemperatur ist diejenige Temperatur, bei der der Dampfdruck gleich dem (äußeren) Luftdruck ist.

Man kann deshalb aus dem Siedepunkt den Luftdruck bestimmen. Ferner lassen sich durch Wahl eines bestimmten Druckes bestimmte Temperaturen einstellen.

Aus dem Zustandsdiagramm des Wassers geht hervor, dass bei 0,0075 °C und einem Dampfdruck von 610,616 Pa alle drei Phasen des Wassers nebeneinander bestehen können. Umgekehrt sind bei einem gewünschten Nebeneinander von Eis, flüssigem Wasser und

Tab. 1.7 Verfügbare Freiheitsgrade im Einkomponentensystem Wasser nach dem Gibbs'schen Phasengesetz.

Zahl der Phasen	Zahl der Freiheiten (Bezeichnung des Systems)	Beispiele
3	0 (nonvariant oder invariant)	Tripelpunkt
2	1 (univariant)	Punkt auf den Dampfdruckkurven AO + BO Punkt auf der Schmelzkurve CO
1	2 (bivariant)	Punkt in einem Zustandsgebiet

Wasserdampf Temperatur und Druck festgelegt. **Die Größen sind nicht frei wählbar, die Zahl der Freiheiten (oder Freiheitsgrade) ist gleich Null.**

Die in einem System noch frei verfügbaren Zustandsgrößen heißen Freiheiten (Freiheitsgrade). Sollen nur flüssiges Wasser und Wasserdampf nebeneinander bestehen, dann bewegt man sich auf der Kurve AO. Man kann entweder den Druck oder die Temperatur frei wählen. Die zweite Größe ist nach Wahl der ersten Größe festgelegt. Wählt man z. B. eine bestimmte Temperatur, dann ist der Druck durch den Schnittpunkt mit der Kurve AO gegeben.

> Bei zwei Phasen hat das System eine Freiheit.

Innerhalb eines Zustandsgebietes liegt nur eine Phase vor. Wählt man eine bestimmte Temperatur, dann kann man dazu verschiedene Druckwerte wählen. **Bei einer Phase hat das System zwei Freiheiten.**Tab. 1.7 gibt noch einmal eine Übersicht.

Das bisher betrachtete System enthielt nur eine Komponente, Wasser. Zwischen der Zahl der Phasen, der Zahl der Komponenten und der Zahl der Freiheiten wurde von Gibbs eine Beziehung gefunden, die als **Gibbs'sches Phasengesetz** bezeichnet wird. Es heißt:

$$\begin{array}{ccccccc} P & + & F & = & K & + & 2 \\ \text{Zahl der Phasen} & + & \text{Zahl der Freiheiten} & = & \text{Zahl der Komponenten} & + & 2 \end{array}$$

> Im Gleichgewichtszustand ist die Summe der Phasen und Freiheiten eines Systems um zwei größer als die der Komponenten (s. Ableitung in Kap. 2.9, Frage 114).

Eine Überprüfung des Gesetzes mit den obigen Zahlenwerten bestätigt die Richtigkeit:

$$\begin{array}{ccccccc} P & = & K & + & \mathbf{2} & - & F \\ 3 & = & 1 & + & 2 & - & 0 \\ 2 & = & 1 & + & 2 & - & 1 \\ 1 & = & 1 & + & 2 & - & 2 \end{array}$$

Wendet man das Gibbs'sche Phasengesetz auf eine wässrige Salzlösung an, dann ist die Zahl der Komponenten gleich zwei (Salz und Wasser). Sollen drei Phasen nebeneinander vorliegen (Eis, Lösung und Dampf), dann ergibt das Gibbs'sche Phasengesetz:

$$\begin{array}{ccccccc} F & = & K & + & \mathbf{2} & - & P \\ 1 & = & 2 & + & 2 & - & 3 \end{array}$$

Bei drei Phasen ist noch eine Freiheit vorhanden. Das heißt, die Temperatur kann innerhalb gewisser Grenzen frei gewählt werden, wenn Eis, Lösung und Dampf nebeneinander vorliegen sollen. Diese Feststellung ist bei Gleichgewichten zwischen verschiedenen Phasen in Mehrstoffsystemen von großer Bedeutung.

1.7 Heterogene Gleichgewichte binärer Systeme

1.7.1 Einführung

Wegen der vollständigen (homogenen) Mischbarkeit der Stoffe (Komponenten) im gasförmigen Zustand kann es in Systemen maximal eine Gasphase geben, während im flüssigen oder festen Aggregatzustand wegen der möglichen unvollkommenen (heterogenen) Mischbarkeit der Komponenten mehrere flüssige und feste Phasen auftreten können. Unter **Phasen** versteht man diejenigen Teile des Systems, die durch Eigenschaften oder Zusammensetzung voneinander verschieden und durch Grenzflächen abgesondert, mechanisch abtrennbar sind. Eine Phase ist die Erscheinungsform eines Stoffes mit konstantem chemischem Potenzial. Im Gleichgewicht stehende Phasen bezeichnet man als **koexistent oder konjugiert**. Die Summe aller im Gleichgewicht stehenden Phasen wird ein **System** genannt. Das Gleichgewicht liegt darin dann vor, wenn das chemische Potenzial μ jeder einzelnen Atom- oder Molekülsorte in allen Phasen gleich ist. Dann ist der Zustand unveränderlich bei festen Zustandsvariablen (z. B. Temperatur, Druck, Konzentration).

Liegt ein Gleichgewicht zwischen Wasserdampf und Wasser oder Wasser und Eis vor, spricht man von einem **Einkomponenten-Zweiphasensystem**, weil das System nur aus der Komponente Wasser aufgebaut ist. Ferner ist es ein **heterogenes Gleichgewicht (Phasengleichgewicht)**, das unabhängig vom Mengenverhältnis der beteiligen Phasen ist und folglich nicht dem Massenwirkungsgesetz gehorcht. Ein anderes Beispiel eines Phasengleichgewichts ist die Koexistenz einer gesättigten Silberchloridlösung mit festem Silberchlorid als Bodenkörper und dem Dampf der Lösung. Auch hier ist das Gleichgewicht von dem Mengenverhältnis der drei Phasen unabhängig, denn man kann ihre relativen wie absoluten Mengen beliebig ändern, ohne dass sich dadurch der Dampfdruck über der Lösung oder deren Konzentration ändert. Unter der Zahl der **Komponenten** hat man somit die Zahl der Atom- oder Molekülsorten zu verstehen, die mindestens angegeben werden muss, um die Zusammensetzung jeder gegenwärtigen Phase unmittelbar oder mittelbar zu beschreiben. Das System „Ether-Wasser" besteht aus den Komponenten Ether und Wasser; man nennt es ein **binäres System** oder **Zweikomponenten-System**. Werden hier nur die flüssigen Phasen betrachtet, dann spricht man von einem **Zweikomponenten-Zweiphasensystem**.

1.7.2 Binäre Systeme „flüssig-flüssig"

Nicht alle Flüssigkeiten sind, wie Ethanol und Wasser, vollständig miteinander mischbar (Abb. 1.27A-1). Zwischen einem derartigen Verhalten und vollständiger Unmischbarkeit, d. h. gegenseitiger Unlöslichkeit, so wie sie zwischen Quecksilber und Wasser besteht (Abb. 1.27A-2), gibt es viele Übergänge. Eine große Reihe praktisch wichtiger Beispiele für eine nur teilweise gegenseitige Löslichkeit zweier Flüssigkeiten sind bekannt. Fügt man z. B. bei 20 °C wenig Phenol, Ether oder Anilin zu viel Wasser, tritt zunächst eine vollkommene Auflösung ein und man erhält eine wässrige homogene Lösung der drei Stoffe. Wird aber der Zusatz der Stoffe fortgesetzt, erhält man schließlich eine zweite flüssige Phase, die mit der ersten

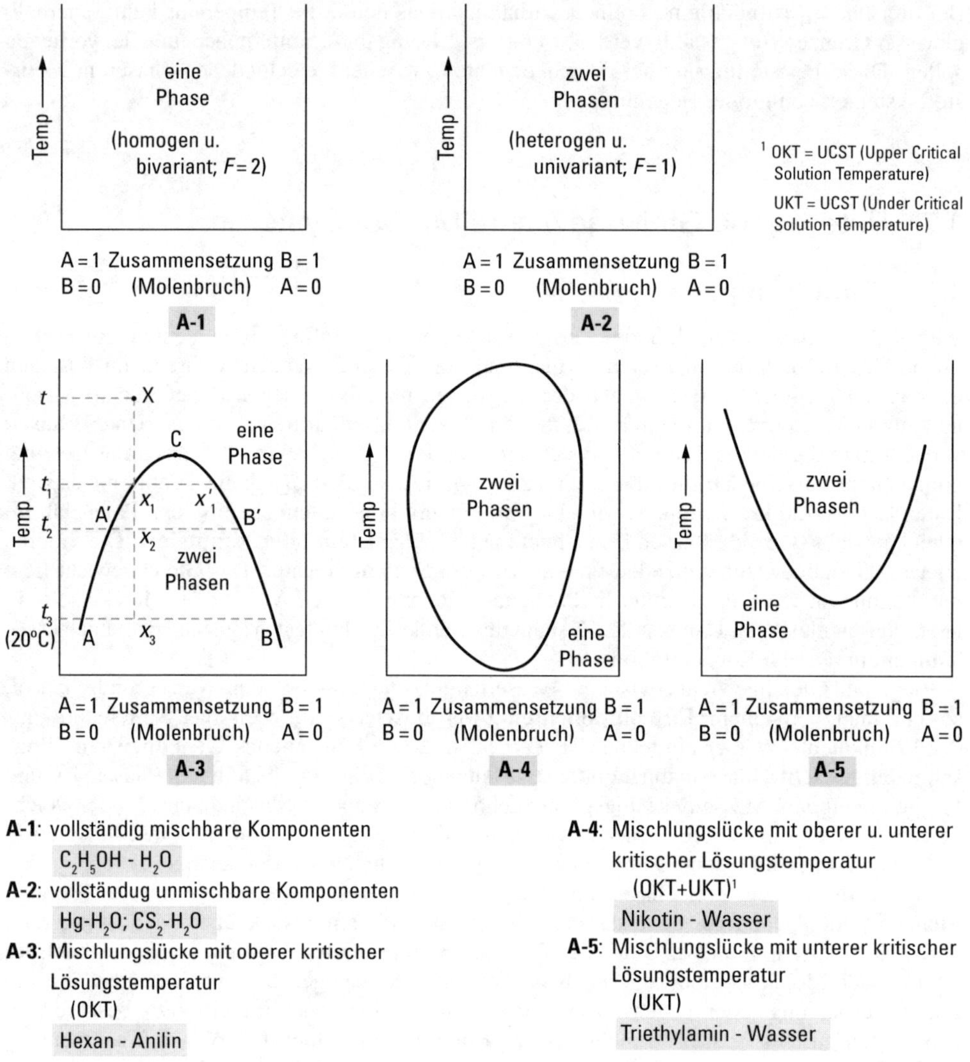

Abb. 1.27 Binäre Systeme „flüssig-flüssig" (Zusammensetzung = Molenbruch χ der Komponenten A und B).

im Gleichgewicht steht und die zunächst bei weiterem Zusatz der organischen Flüssigkeiten bestehen bleibt, dann aber, wenn das System reichliche Mengen der organischen Substanz enthält, unter Übergang in ein homogenes System wieder verschwindet. Die Bilder A-3 bis A-5 in Abb. 1.27 zeigen beispielhaft bei $dp = 0$ mögliche Grundvarianten der Ausdehnung und Temperaturabhängigkeit von Mischungslücken in flüssigen binären Systemen.

In Abb. 1.27A-3 wird das Gebiet der aus zwei Phasen (Hexan und Anilin) bestehenden Mischungslücke von der Kurve ACB (**Binodalkurve**) umschlossen. Der Punkt C bezeichnet die obere kritische Lösungstemperatur (OKT). Außerhalb dieser Kurve liegt nur eine flüssige

Phase vor. Wird ein derartiges homogenes Gemisch der Zusammensetzung x bei der Temperatur (t) abgekühlt, trübt sich die Lösung beim Erreichen der Temperatur (t_1) unter Bildung zweier flüssiger Phasen der Zusammensetzung x_1 und x'_1, wobei die Phase x'_1 zunächst nur in sehr geringer Menge vorhanden ist. Bei der Temperatur (t_2) liegt ein heterogenes System aus zwei flüssigen Phasen der Zusammensetzung A′ und B′ vor, für deren Mengenverhältnis das Gesetz der abgewandten Hebelarme (Hebelgesetz) $A' : B' = B'x_2 : A'x_2$ gilt. Bei weiterer Temperatursenkung ändert sich die Zusammensetzung der beiden Phasen entsprechend den Kurven A′A und B′B. Fügt man bei dieser Temperatur (t_2) zu dem Gemisch steigende Mengen Hexan, ändert sich lediglich das Mengenverhältnis der beiden Phasen A′ und B' zueinander, nicht aber deren Zusammensetzung. Ist schließlich soviel Hexan zugesetzt, dass die Totalzusammensetzung dem Punkt B′ entspricht, wird der Anteil der Phase A′ gleich Null, das System wird homogen. Mit sinkender Temperatur wird im Allgemeinen die Mischungslücke größer und schließlich durch die Verfestigung des Systems begrenzt.

Es sind auch Fälle bekannt, bei denen die Mischungslücke mit sinkender Temperatur kleiner wird und schließlich ganz verschwindet. In solchen Fällen, wie z. B. im System „Nikotin-Wasser" (Abb. 1.27A-4), ist die Mischungslücke ein geschlossenes Gebiet. Das System besitzt außer der oberen kritischen Lösungstemperatur auch eine untere.

In Abb. 1.27A-5 ist beispielhaft die Mischungslücke eines flüssigen binären Systems mit einer unteren kritischen Lösungstemperatur dargestellt.

Vom Standpunkt der Gibbs'schen Phasenregel aus betrachtet, ist in allen Fällen das System außerhalb der Kurve, die die Mischungslücke einschließt, bivariant ($F = 2$), innerhalb der Kurve univariant ($F = 1$).

1.7.3 Binäre Systeme „flüssig-gasförmig"

Die binären Systeme **„flüssig-gasförmig"** werden hier in zwei Gruppen eingeteilt.

Gruppe 1

Das System ist so beschaffen, dass nur **eine Komponente flüchtig** ist. Hierher gehören alle Lösungen anorganischer Salze oder nichtflüchtiger anderer anorganischer oder organischer Substanzen, wie z. B. Rohrzucker in flüchtigen Lösungsmitteln. Beim Lösen der Substanz in einem beliebigen Lösungsmittel tritt eine **Dampfdruckerniedrigung** ein, die der Konzentration der gelösten Substanz proportional ist. Der Dampf über der Lösung besteht aus der flüchtigen Komponente (Lösungsmittel). Bezeichnet man den Dampfdruck des reinen Lösungsmittels mit p^0, den der Lösung mit p, so ist die Dampfdruckerniedrigung Δp definiert durch $\Delta p = p^0 - p$. Es gilt das unter Kap. 1.6.2 aus Gleichung (141) hergeleitete Raoult'sche Gesetz:

$$p = p^0 \cdot \chi_1 \quad (\chi_1\text{:Molenbruch des Lösungsmittels}). \tag{1.143}$$

Es besagt: **Der Dampfdruck des Lösungsmittels über einer Lösung mit einer nichtflüchtigen Komponente ist gleich dem Dampfdruck des reinen Lösungsmittels multipliziert mit dem Molenbruch des Lösungsmittels in der Lösung.**

Gruppe 2

Das System besteht aus **zwei flüchtigen Komponenten**, die entweder über den gesamten Konzentrationsbereich mischbar sind oder zwischen den beiden Komponenten besteht eine **Mischungslücke**. Der Totaldruck P des Dampfes über der Mischung ist gleich der Summe der Partialdrucke p_i der Komponenten A und B. Nach dem Dalton'schen Partialdruckgesetz

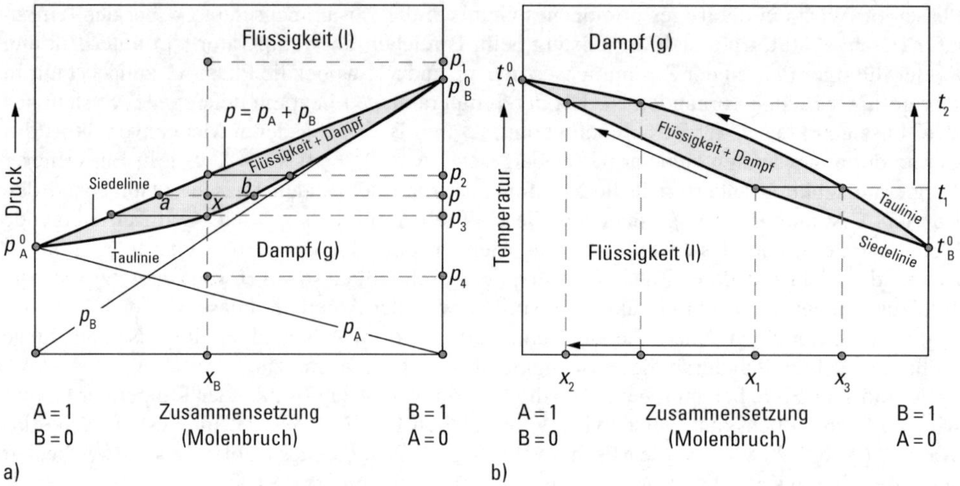

Abb. 1.28 Dampfdruckdiagramm a) und zugehöriges Siedediagramm b) einer idealen flüssigen Mischung (Beispiele: Wasser/Methanol, m-Xylol/Benzol, 2-Methylpropan-1-ol/2-Methylpropan-2-ol, Ethylchlorid/Benzol).

und für den Fall, dass beide Komponenten dem Raoult'schen Gesetz gehorchen, ergibt sich

$$P = p_A + p_B = p_A^0 \cdot \chi_A + p_B^0 \cdot \chi_B, \tag{1.178}$$

wobei p_A^0 und p_B^0 die Dampfdrucke der reinen Komponenten A und B, χ_A und χ_B ihre Molenbrüche in der Lösung bedeuten. Bei nichtidealen Lösungen können positive oder negative Abweichungen vom Raoult'schen Gesetz auftreten, d. h. die Dampfdrücke der Komponenten sind größer oder kleiner als die aus der Formel (1.178) berechneten Werte. Insgesamt resultieren bei $dT = 0$ mögliche **Dampfdruckdiagramme [(p, χ-Diagramme]** mit je einem bei $dp = 0$ zugehörigen **Siede(temperatur)-diagramm [(T, χ-Diagramme]**. Sie sollen nacheinander erklärt werden.

Erste Möglichkeit: Die Komponenten A und B bilden eine ideale Lösung (Abb. 1.28), die durch fraktionierte Destillation trennbar ist.

Eine ideale flüssige Lösung ist dadurch gekennzeichnet, dass die Wechselwirkungen zwischen den gleichartigen Molekülen ebenso groß sind wie die Wechselwirkungen zwischen den unterschiedlichen Molekülen. Daher treten beim Mischungsvorgang der Komponenten A und B keine Mischungswärmen oder Volumeneffekte auf. Solch ein Verhalten zeigen über den gesamten Konzentrationsbereich in guter Näherung nur Mischungen von Stoffen mit isotopen Atomen, von optischen Antipoden, von Stereoisomeren und von Nachbarn homologer Reihen.

Im Diagramm Abb. 1.28a ist der Dampfdruck als Funktion der Dampfzusammensetzung gemeinsam mit der linearen Dampfdrucklinie (Siedelinie) p_A^0 - a - p_B^0 dargestellt. Darunter befindet sich die zugehörige Kondensationslinie (Taulinie) p_A^0 - b - p_B^0. Beide Linien grenzen ein Zweiphasengebiet ab, in dem Dampf und flüssige Mischphase miteinander im Gleichgewicht stehen. In diesem System ist das Raoult'sche Gesetz über den gesamten Konzentrationsbereich erfüllt. Die Partialdrücke der Komponenten p_A und p_B sind eine lineare Funktion des

Molenbruchs χ der betreffenden Komponente in der Lösung:

$$p_A = p_A^0 \cdot \chi_A \quad \text{und} \quad p_B = p_B^0 \cdot \chi_B \tag{1.179}$$

Die entsprechenden Geraden gehen durch den Nullpunkt des Koordinatensystems und schneiden die Koordinatenachsen im Wert des Dampfdrucks der reinen Komponente. Beschreibt man die Partialdrücke als Funktion der Molenbrüche in der Dampfphase, wobei sich die gestrichenen Symbole n_i' und χ_i' auf die Dampfphase beziehen, ergibt sich:

$$\frac{p_A}{P} = \frac{n_A'}{n_A' + n_B'} = \chi_A' \quad \text{und} \quad \frac{p_B}{P} = \frac{n_B'}{n_A' + n_B'} = \chi_B'$$

$$p_A = P \cdot \chi_A' \quad \text{und} \quad p_B = P \cdot \chi_B' \tag{1.180}$$

Mit (1.178) und $\chi_A + \chi_B = 1$ lassen sich die Totaldrücke P des Systems als lineare Funktion der Zusammensetzung der flüssigen Phase darstellen. Man erhält

$$P = p_A + p_B = \chi_A \cdot (p_A^0 - p_B^0) + p_B^0 \tag{1.181}$$

und kann wie folgt argumentieren: Wird in (1.181) $\chi_A = 0$, liegt also nur die Komponente B vor, wird $P = p_A + p_B = p_B^0$. Ist $\chi_A = 1$, liegt nur die Komponente A vor und es gilt $P = p_A + p_B = p_A^0$. Die entsprechende Gerade $p_A^0 p_B^0$ entspricht der Siedelinie und ist durch die Dampfdrücke der reinen Komponenten als Ordinatenabschnitte bestimmt. Von praktischer Bedeutung ist eine **Gesetzmäßigkeit von Konowalow**, die sich durch Kombination der Gleichungen (1.179) und (1.180) ergibt:

$$\chi_B' = \frac{\chi_B \cdot p_B^0}{P} \,. \tag{1.182}$$

Da P immer kleiner sein muss als p_B^0, wenn B die flüchtigere Komponente ist, folgt aus (1.182), dass $\chi_B' > \chi_B$ ist oder mit anderen Worten: **Der Dampf ist relativ zur flüssigen Phase immer reicher an der flüchtigeren Komponente.** Geht man im Diagramm von einem Flüssigkeitsgemisch mit der Zusammensetzung x_B beim Druck p_1 aus und erniedrigt langsam den Druck (bei konstant gehaltener Temperatur), beginnt es bei Erreichen des Zweiphasengebietes beim Druck p_2 zu verdampfen. In der Dampfphase ist, wie oben hergeleitet, die flüchtigere Komponente angereichert. Bei einer weiteren Druckerniedrigung und damit fortschreitender Verdampfung verarmt die flüssige Phase daher immer mehr an dieser Komponente. Unterhalb des Druckes p_3 liegt schließlich nur noch ein Dampf mit der gleichen Zusammensetzung wie die ursprüngliche flüssige Phase vor.

Die Zusammensetzungen der koexistierenden Phasen können mit Hilfe von Knotenlinien (Konoden) bei Anwendung des **Hebelgesetzes** bestimmt werden. Das sind zur Abszisse parallele Geraden. Bezogen auf die eingezeichnete Konode *a-x-b*, verhalten sich die Mengen an flüssiger und gasförmiger Phase, in die die binäre Flüssigkeit der Zusammensetzung x_B bei einem Druck p zerlegt wird umgekehrt wie die zugehörigen Konodenabschnitte im Zustandsdiagramm:

$$\frac{\text{Menge von Flüssigkeit a}}{\text{Menge von Dampf b}} = \frac{\text{Strecke xb}}{\text{Strecke ax}} \,.$$

In Abb. 1.28b ist das zugehörige **Siedediagramm [(T, χ-Diagramm)** ausgewiesen. Die **Siedelinie** ist nichts anderes als eine Auftragung der Siedetemperatur des flüssigen Gemisches (bei konstantem Druck, z. B. Normaldruck) in Abhängigkeit vom Stoffmengenanteil (Molenbruch) der beiden Komponenten. Sie grenzt den Existenzbereich der homogenen flüssigen Phase nach höheren Temperaturen hin ab. Die Zusammensetzung der Dampfphase, die sich beim jeweiligen Siedepunkt im Gleichgewicht mit der entsprechenden flüssigen Mischung befindet, wird durch die Kondensationslinie (Taulinie) angegeben. Oberhalb der Taulinie liegt eine homogene Gasphase, zwischen beiden Linien wieder das Zweiphasengebiet vor. Da von zwei flüchtigen Flüssigkeiten A und B gewöhnlich die mit dem niedrigeren Dampfdruck die höhere Siedetemperatur hat, sind im Siedediagramm jedoch die Zustandsgebiete gegenüber dem Dampfdruckdiagramm vertauscht.

Die unterschiedliche Zusammensetzung von flüssiger Mischphase und koexistierendem Mischdampf im Zweiphasengebiet kann zur Stofftrennung mittels **Destillation** ausgenutzt werden. Bei der **einfachen Destillation (Gleichstromdestillation)** wird die flüssige Mischung in einem Kolben zum Sieden erhitzt, der Dampf in einem Kühler kondensiert und das entstehende Destillat in einer Vorlage aufgefangen. Die Abb. 1.28b entspricht schematisch der Darstellung des Siedediagramms für das System Wasser (A)/Methanol (B). Man erkennt, dass beim Sieden einer Mischung mit der Zusammensetzung x_1 bei der Temperatur t_1 zunächst ein Dampf der Zusammensetzung x_3 kondensiert, in dem Methanol als flüchtigere Komponente angereichert ist. Man hat also bereits einen gewissen Trenneffekt erzielt. Die kontinuierliche Abtrennung des Kondensats in der Vorlage verhindert jedoch die Gleichgewichtseinstellung und führt zu einer Anreicherung des Wassers im Kolben, d.h., die Siedetemperatur steigt mit fortschreitender Destillation entlang der unteren Kurve. Die Zusammensetzung des Dampfes und damit auch des Kondensats verschiebt sich in gleicher Richtung auf der Taulinie. Bricht man die Destillation in der Nähe der Siedetemperatur der höher siedenden Komponente bei t_2 ab, bleibt im Kolben ein Gemisch mit der Zusammensetzung x_2, (Wasser mit wenig Methanol) zurück. In der Vorlage befindet sich Methanol mit einem gegenüber x_1 verringerten (jedoch gegenüber x_3 erhöhten) Anteil an Wasser. Dies wird deutlicher, wenn man das Destillat mit Hilfe auswechselbarer Vorlagen in getrennten Fraktionen auffängt **(fraktionierte Destillation)**. Die erste Fraktion hat dann tatsächlich etwa die Zusammensetzung x_3, ist also stark an Methanol angereichert. Da sie aber aus dem System abgezogen wurde, muss eine erneute Gleichgewichtseinstellung erfolgen, die die nächste, etwas weniger an Methanol angereicherte Fraktion ergibt usw. Da die mittlere Zusammensetzung aller Fraktionen der Zusammensetzung des Ausgangsgemisches entspricht, weisen die späteren Fraktionen einen höheren Anteil an der schwerer flüchtigen Komponente als das Ausgangsgemisch auf. Die fraktionierte Destillation kann man zur Verbesserung des Trenneffektes ausnutzen, indem man die einzelnen Fraktionen erneut destilliert. Die Zusammensetzung des Destillats rückt dabei entlang der Taulinie in Richtung des reinen Methanols und nach häufiger Wiederholung sind beide Komponenten weitgehend rein. Ein Nachteil ist die durch das Hebelgesetz bedingte geringe Ausbeute, so dass man die einzelnen Stufen mit immer neuem Ausgangsgemisch oft durchlaufen muss. Man fasst daher in der Praxis die langwierigen getrennten Verdampfungs- und Kondensationsschritte bei der **Gegenstromdestillation** (oder **Rektifikation**) in einem Prozess zusammen. Der aufsteigende Dampf wird in einer **Destillationskolonne** (Abb. 1.29) im Gegenstrom am **Rücklauf** (Teil des zurückfließenden Kondensats) vorbeigeleitet. Es findet so ein intensiver Kontakt zwischen den Gegenstromphasen statt, was eine schnelle thermische Gleichgewichtseinstellung begünstigt.

Schauen wir uns den Vorgang am Beispiel des Systems Wasser/Methanol (Abb. 1.30) genauer an: Wird das Ausgangsgemisch mit einem Stoffmengenanteil x_1 an Methanol im Kolben erhitzt, siedet es bei der Temperatur t_1. Am ersten Kolonnenboden kondensiert ein Teil des Dampfes zu einer Flüssigkeit gleicher Zusammensetzung x_2, welche den Boden bis zum Überlaufen auffüllt. Jeder Boden kann als isolierte Destillationseinheit angesehen werden. Da der Boden durch den Dampf ständig erwärmt wird, verdampft ein Teil des Kondensats bei der Temperatur t_2 erneut und steigt weiter in der Kolonne auf. Der Anteil der flüchtigeren Komponente erhöht sich dabei im nach oben strömenden Dampf entlang der Taulinie in der Richtung $x_2 \rightarrow x_3 \rightarrow x_4$. Gleichzeitig fällt seine Kondensationstemperatur, so dass die Temperatur in der Kolonne von $t_1 \rightarrow t_2 \rightarrow t_3$ abnimmt und sich der

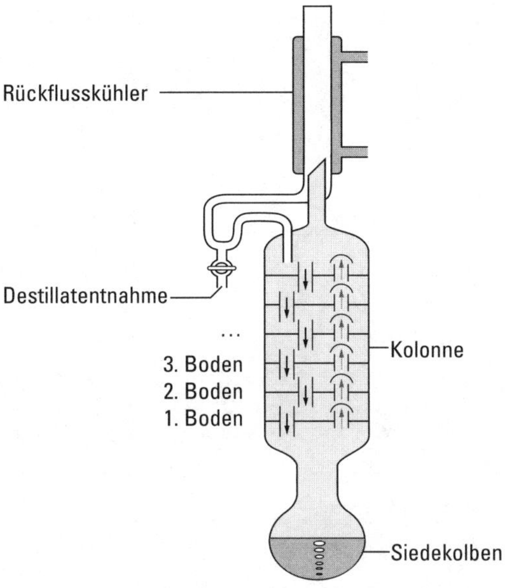

Abb. 1.29 Destillierkolonne.

von reinem Methanol nähert. Eine „Stufe" im Siedediagramm, d. h. eine Kombination aus Verdampfungs-und Kondensationsschritt, bezeichnet man als **theoretischen Boden**. Die Zahl der theoretischen Böden (in unserem Beispiel drei) gibt die Effizienz der Destillationskolonne an. Bei einer genügenden Anzahl an Böden und damit ausreichender Trennleistung der Kolonne enthält das Destillat die niedrig siedende Komponente praktisch rein. Kolonnen für den Laboratoriumsgebrauch haben statt getrennter Böden eine Füllung mit großer Oberfläche, z.B. Ringe oder Kügelchen aus Glas. Auf deren Oberfläche finden in zunehmender Höhe der Kolonne die aufeinanderfolgenden Verdampfungs- und Kondensationsschritte statt.

Die Zahl der theoretischen Böden für ein bestimmtes System kann aus dem Siedediagramm ermittelt werden, in dem man die zwischen der Ausgangszusammensetzung und der Zusammensetzung des Destillats möglichen „Gleichgewichtsstufen" einzeichnet. Dies gilt allerdings im Prinzip nur für einen Rückfluss von 100 %. In der Praxis entspricht ein Boden daher nicht ganz einem theoretischen Boden, da das Kondensat nicht vollständig zurückfließt, sondern abgezweigt wird. Zur Ermittlung der Zahl der theoretischen Böden wird vielfach eine graphische Darstellung (Gleichgewichtsdiagramm von Dampf und binärer Flüssigkeit) benutzt (Abb. 1.31), in der die Zusammensetzung des Dampfes gegen die der Flüssigkeit aufgetragen und die Zusammensetzung der Flüssigkeit durch die Diagonale dargestellt ist. Die Kurve $a'b'c'd'$ gibt die Zusammensetzung der Dampfphase wieder. Die Abweichung der Kurve von der Diagonalen ist ein Maß für die Leichtigkeit, mit der die Trennung durch fraktionierte Destillation erreicht werden kann.

Eine Flüssigkeit der Zusammensetzung a mit 20 Mol% B steht im Gleichgewicht mit einem Dampf der Zusammensetzung a' mit 40 Mol% B; der bei Kondensation die Flüssigkeit b ergibt. Die Zusammensetzung der konjugierten Phasen kann unter den entsprechenden Punkten der Diagonalen auf der Abszisse direkt abgelesen werden. Der der Flüssigkeit a konjugierte Dampf hat die Zusammensetzung b. Der der Flüssigkeit b konjugierte Dampf hat die Zusammensetzung c usw. Will man von einer Flüssigkeit mit 20 Mol% B zu einer mit

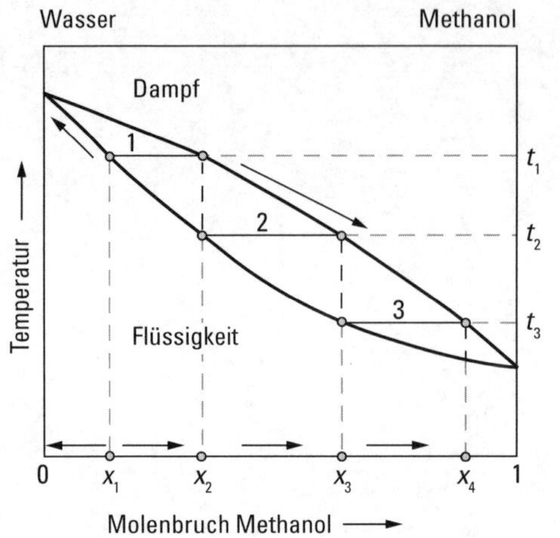

Abb. 1.30 Theoretische Böden im Siedediagramm Wasser-Methanol.

90 Mol% B kommen, muss man vier aufeinanderfolgende Destillationen und Kondensationen ausführen, oder mit anderen Worten eine Kolonne mit drei theoretischen Böden benutzen, da die Oberfläche der verdampfenden Flüssigkeit selbst schon einen Boden repräsentiert.

Zweite Möglichkeit: Die Komponenten A und B bilden eine Lösung mit negativer Abweichung vom Raoult'schen Gesetz (Abb. 1.32). Bei der fraktionierten Destillation entsteht immer ein azeotroper Rückstand.

Oft zeigt die flüssige Mischphase gegenüber einer idealen Lösung ein abweichendes Verhalten. Die Anziehungskräfte zwischen den Molekülen beider Komponenten können z. B. größer sein als zwischen den Molekülen der gleichen Sorte (**Überanziehung**). Dies hat als Konsequenz, dass der Mischungsvorgang unter **Wärmeentwicklung** und **Volumenabnahme** verläuft und die **Verdampfungswärme erhöht** wird. Für den Gesamtdruck in der Dampfphase und damit die Siedelinie ergibt sich ein **Dampfdruckminimum** (Abb. 1.32a).

Die Taulinie muss, genau wie bei indifferentem Verhalten, wieder unter der Siedelinie liegen. Beim Dampfdruckminimum berühren sich beide Kurven, d. h. die flüssige Mischung steht mit einem Dampf der gleichen Zusammensetzung im Gleichgewicht. Ein solches Gemisch verhält sich also wie ein reiner Stoff. Man nennt es **azeotropes Gemisch** oder kurz **Azeotrop**, die zugehörige Position im Dampfdruckdiagramm **azeotropen Punkt**. Im Siedediagramm (Abb. 1.32b) sind nicht nur die Zustandsgebiete gegenüber dem Dampfdruckdiagramm vertauscht, sondern aus dem Dampfdruckminimum wird auch ein **Siedepunktmaximum**. Das Auftreten azeotroper Punkte hat wichtige Konsequenzen für die destillative Trennung der betreffenden Gemische. Betrachten wir (Abb. 1.32b) eine flüssige Mischung mit der Zusammensetzung x_1, die bei t_1 siedet. Der zugehörige Dampf ist mit der flüchtigeren Komponente B angereichert (x_2). Wird der Dampf bei einer einfachen Destillation durch Kondensation in einer Vorlage kontinuierlich aus dem Gleichgewicht entfernt, so verschiebt sich die Zusammensetzung der zurückbleibenden Flüssigkeit entlang der Siedekurve zu höheren Stoffmengenanteilen an A (x_3). Gleichzeitig ist die Siedetemperatur gestiegen (t_2) und auch der Unterschied in der Zusammensetzung zwischen flüssiger und gasförmiger Phase hat sich deutlich verringert. Setzt man den destillativen Prozess weiter fort, erreicht der

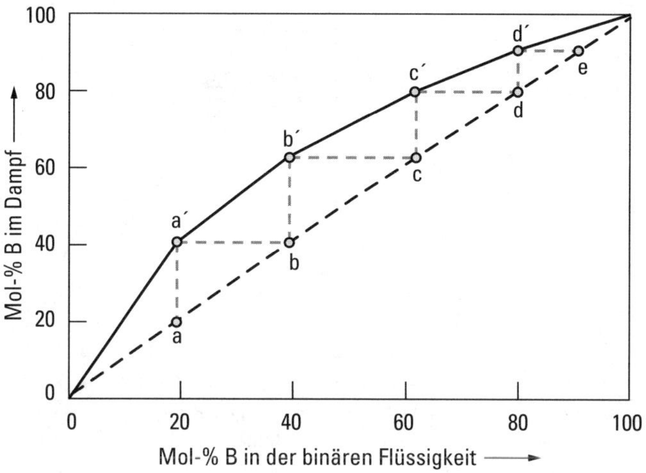

Abb. 1.31 Gleichgewichtsdiagramm von Dampf und Flüssigkeit (B: leichtflüchtigere Komponente).

Rückstand schließlich die azeotrope Zusammensetzung x_4. Siedende Flüssigkeit und Dampf bzw. Kondensat weisen dann die gleiche Zusammensetzung auf und eine weitere Trennung des Gemisches ist nicht mehr möglich.

Ein Beispiel für ein solches Azeotrop stellt Salzsäure (Gemisch aus Chlorwasserstoff und Wasser) mit einem Anteil von 80 Gew% Wasser dar, die bei 108,6 °C mit unveränderter Zusammensetzung siedet. Wird **verdünnte Salzsäure** in einer Porzellanschale erhitzt, verdampft überwiegend Wasser, bis der Rückstand die azeotrope Zusammensetzung erreicht hat. Eine weitere Trennung ist nicht mehr möglich, sondern es destilliert nur mehr 20 %ige Salzsäure über. Wird hingegen **konzentrierte Salzsäure** erhitzt, verdampft zunächst hauptsächlich Chlorwasserstoff, bis wiederum der azeotrope Punkt erreicht wird. Beide Rückstände zeigen die gleiche Konzentration an Salzsäure, wie man durch Titration mit Natronlauge leicht nachweisen kann. Gleichgültig von welcher Ausgangszusammensetzung eines Gemisches man ausgeht, eine vollständige destillative Trennung ist nicht möglich, sondern es ist stets nur einer der Stoffe rein und das azeotrope Gemisch zu gewinnen.

Dritte Möglichkeit: Die Komponenten A und B bilden eine Lösung mit positiver Abweichung vom Raoult'schen Gesetz (Abb. 1.33). Bei der fraktionierten Destillation entsteht immer ein azeotropes Destillat.

Ein missverträgliches Verhalten der Komponenten im flüssigen Zustand mit schwächeren Teilchenwechselwirkungen führt zu positiven Abweichungen vom Raoult'schen Gesetz. Die Anziehungskräfte zwischen den Molekülen beider Komponenten sind geringer als zwischen den Molekülen der gleichen Sorte **(Unteranziehung)**. Dies hat zur Konsequenz, dass der Mischungsvorgang unter **Wärmeverbrauch** und **Volumenzunahme** verläuft und die **Verdampfungswärme vermindert** wird. Entsprechend beobachtet man ein **Dampfdruckmaximum** (Abb. 1.33a) bzw. ein **Siedepunktminimum** (Abb. 1.33b), dem ein Komponentengemisch entspricht, das bei dem gültigen Druck mit unveränderter Zusammensetzung siedet (azeotropes Verhalten).

Nehmen wir (Abb. 1.33b) an, wir starten eine fraktionierte Destillation mit einem Gemisch der Zusammensetzung x_1 und verfolgen die Zusammensetzung des Dampfes in der

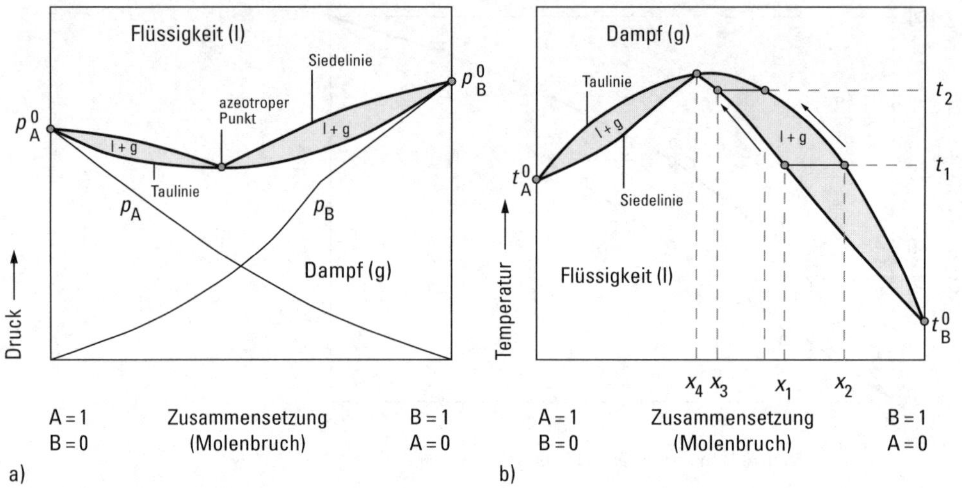

Abb. 1.32 Dampfdruckdiagramm a) und Siedediagramm b) einer flüssigen binären Lösung mit negativer Abweichung vom **Raoult'schen** Gesetz (Beispiele: Trichlormethan/Wasser, Salzsäure/Wasser).

Kolonne. Der Anteil der höher siedenden Komponente verringert sich entlang der Taulinie in der Richtung $x_2 \rightarrow x_3$ usw. bis der azeotrope Punkt erreicht ist. Dieser kann nicht überschritten werden, d. h., am Kopf der Kolonne ist stets nur ein Kondensat der azeotropen Zusammensetzung x_4 abnehmbar. Ein bekanntes, technisch relevantes Beispiel für ein solches System ist die Mischung von Ethanol und Wasser, die bei einem Alkoholgehalt von 95,6 Gew% bei 78,15 °C unverändert siedet. Im Rückstand verbleibt schließlich reines Wasser.

Zur Gewinnung von 100 %igem Alkohol setzt man dem binären Azeotrop Benzol zu, wobei sich ein ternäres Azeotrop bildet. Dieses siedet bei 64,85 °C. Beim Kondensieren des Destillats bilden sich zwei Phasen, von denen die untere die Hauptmenge des Wassers neben wenig Ethanol enthält. Durch diese azeotrope Destillation (am besten in entsprechend konstruierten Kolonnen mit Azeotrop-Kolonnenköpfen) lässt sich das Wasser aus dem Gemisch „auskreisen", das überschüssige Benzol kann in einer nachgeschalteten Destillation in einer Kolonne vom jetzt wasserfreien Ethanol abgetrennt werden. Da Spuren des Lösungsmittelzusatzes zurückbleiben, erfolgt die Absolutierung heute fast ausschließlich an Molekularsieben, die selektiv Wassermoleküle absorbieren.

> Vierte Möglichkeit: Die Komponenten A und B bilden eine Lösung mit positiver Abweichung vom Raoult'schen Gesetz und Mischungslücke (Abb. 1.34). Bei der fraktionierten Destillation entsteht immer ein trübes Destillat aus zwei flüssigen Phasen.

Über den allgemeinen Verlauf der Totaldampfdrucklinie (Siedelinie) eines flüssigen binären Gemisches mit einer Mischungslücke (z. B. in **Abb. 1.34a** die Linie p_A^0-C-D-E-p_B^0) ergibt sich aus der Gibbs'schen Phasenregel: Solange das **System homogen** ist, also nur eine flüssige und eine dampfförmige Phase vorhanden sind, besitzt das System zwei Freiheiten ($F = K - P + 2 = 2 - 2 + 2 = 2$), ist also **bivariant**. Wird die Temperatur festgelegt, so ändert sich der Dampfdruck noch mit der Zusammensetzung des Systems. Zu seiner vollständigen

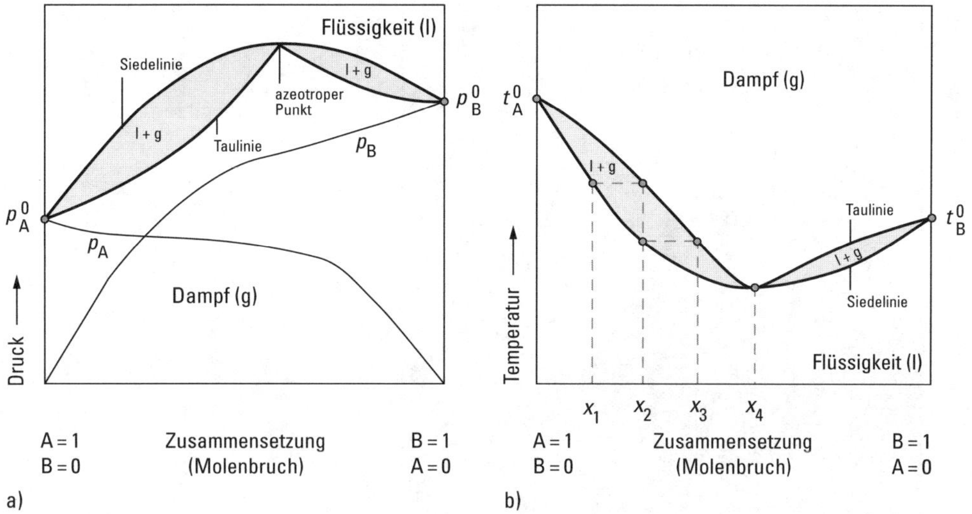

Abb. 1.33 Dampfdruckdiagramm a) und Siedediagramm b) einer flüssigen binären Mischung mit positiver Abweichung vom **Raoult'schen** Gesetz (Beispiele: Ethanol/Wasser, Propanon/Schwefelkohlenstoff).

Bestimmung ist die Angabe von Temperatur und Zusammensetzung notwendig. Kommt aber in der Mischungslücke noch eine Phase hinzu, hat das System nur noch eine Freiheit, ist also **univariant**. Bei gegebener Temperatur ist das System vollständig bestimmt, der Totaldruck kann sich nicht mehr ändern, auch wenn die Totalzusammensetzung des Systems variiert. Daraus folgt, dass im Gebiet der Mischungslücke CDE die Totaldampfdrucklinie als Funktion der Totalzusammensetzung des Systems eine Parallele zur Abszisse sein muss.

In **Abb. 1.34b** ist schematisch das zugehörige Siedediagramm dargestellt, womit nacheinander die Phasenveränderungen des Systems erklärt werden sollen, die eintreten, wenn

a) **bei $dT = 0$** jeweils ausgehend von reinem A bei t_8 und bei t_9 durch allmähliches Zufügen von B die Zusammensetzung geändert wird,
b) das Systems entlang der Linie P-u-v′-h **abgekühlt** wird,
c) beim **Erhitzen** des Systems entlang der Linie z-y-x-L von der Totalzusammensetzung z ausgegangen wird.

Zu a): Geht man bei t_8 von reinem A aus, erhält man bei allmählichem Zufügen von B zunächst eine homogene Flüssigkeit mit steigendem B-Gehalt. Nach Erreichen des Punktes r wird das System heterogen unter Auftreten der neuen flüssigen Phase s. Weiterer Zusatz von B ändert die Zusammensetzung dieser beiden Phasen nicht, sondern nur ihr Mengenverhältnis nach dem Hebelgesetz, indem die Menge der Phase r immer geringer, die der Phase s immer größer wird. Nach Überschreiten der Zusammensetzung s wird das System wieder homogen. Geht man bei t_9 von reinem A aus und setzt steigende Mengen B zu, bleibt das System zunächst homogen, bis im Punkte k die neue Dampfphase l aufzutreten beginnt. Weiterer Zusatz von B ändert die Zusammensetzung der flüssigen und dampfförmigen Phase nicht, sondern deren Mengenverhältnis. Im Punkte l sind nur noch verschwindende Mengen der flüssigen Phase k vorhanden. Weiterer B-Zusatz lässt das System homogen dampfförmig werden bis zu der

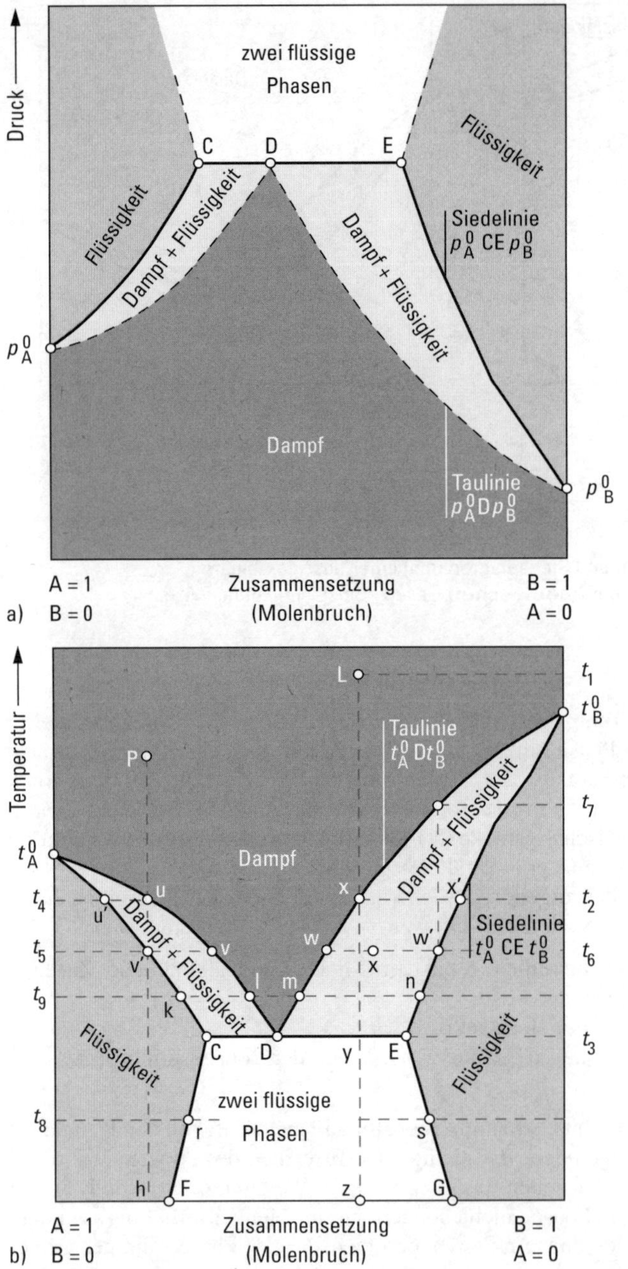

Abb. 1.34 Dampfdruckdiagramm a) und Siedediagramm b) einer flüssigen binären Mischung mit Mischungslücke (Typ A).

Zusammensetzung m. Jetzt beginnt wieder eine flüssige Phase n aufzutreten im Gleichgewicht mit m. Bei der Zusammensetzung n wird das System wieder homogen flüssig.

Zu b): Das System bleibt bis zum Punkt u bei t_4 dampfförmig, dann beginnt sich eine flüssige Phase der Zusammensetzung u′ abzuscheiden. Dampf und Flüssigkeit bleiben bei weiterer Abkühlung koexistent, indem die Flüssigkeit ihre Zusammensetzung u′v′ ändert und gleichzeitig an Menge immer mehr zunimmt, während der Dampf seine Zusammensetzung entlang uv ändert und gleichzeitig an Menge immer mehr abnimmt. Unterhalb t_5 (Punkt v′) verschwindet die Dampfphase vollständig, das System wird und bleibt bis zum Punkt h homogen flüssig.

Zu c): Geht man durch Erhitzen des Systems von der Totalzusammensetzung z aus, liegen zwei koexistente flüssige Phasen der Zusammensetzung F und G vor, die mit steigender Temperatur sich entsprechend FC und GE ändern und schließlich bei der Siedetemperatur t_3 die Werte C und E erreichen. Bei t_3 tritt als neue Phase Dampf der Zusammensetzung D auf, zunächst im Gleichgewicht mit den koexistierenden flüssigen Phasen C und E. Nach der Gibbs'schen Phasenregel ist jetzt $F = K - P + 2 = 2 - 3 + 2 = 1$. Da durch den konstanten Druck schon eine Freiheit festgelegt ist, ergibt sich $F = 0$. Das System ist durch die konstante Zusammensetzung der beiden flüssigen Phasen und die des Dampfes vollständig bestimmt, die Temperatur kann sich nicht ändern. Das System ist **nonvariant,** der Punkt D wird als **singulärer Punkt** bezeichnet. Bei weiterer Wärmezufuhr bleibt die Siedetemperatur t_3 so lange konstant, wie die beiden koexistierenden flüssigen Phasen C und E vorhanden sind. Da der Dampf der Zusammensetzung D mehr A enthält als der Zusammensetzung z entspricht, nimmt die Menge der A-reichen flüssigen Phase C immer mehr ab und wird schließlich Null. Damit ist wieder eine Freiheit vorhanden und die Temperatur kann durch die Wärmezufuhr erhöht werden. Die Zusammensetzung des Dampfes ändert sich dabei entlang Dx, die der flüssigen Phase entlang Ex′. Bei t_6 ergibt sich z. B. nach dem Hebelgesetz die Proportion:

$$\frac{\text{Menge des Dampfes der Zusammensetzung w}}{\text{Menge der flüssigen Phase der Zusammensetzung w}'} = \frac{\text{Strecke x}^0\,\text{w}'}{\text{Strecke w x}^0}\,.$$

Bei der Temperatur t_2 verschwindet die flüssige Phase x′ vollständig; das System wird und bleibt bis zum Punkt L (bei t_1) homogen gasförmig.

Entsprechend dem Diagramm **Abb. 1.34b** führt die fraktionierte Destillation beliebiger Zusammensetzungen immer zu einem Destillat, das aus zwei flüssigen Phasen besteht und nicht trennbar ist. Geht man z. B. von einer Mischung u′ aus, erhält man den Dampf u, der bei Kondensation die homogene Flüssigkeit v′ liefert. Wird diese aber weiter destilliert, so hat ihr Dampf die Zusammensetzung v und zerfällt schließlich nach weiterem Verdampfen und Kondensieren in die beiden flüssigen Phasen C und E. Da bei einem Gemisch der Zusammensetzung D der Dampf die Zusammensetzung der flüssigen Phasen hat, kann bei der fraktionierten Destillation bzw. Kondensation eine Komponente nicht rein abgetrennt werden. Ein Gemisch der Zusammensetzung zwischen C und D liefert hingegen im Rückstand reines A und ein Gemisch der Zusammensetzung zwischen D und E reines B, wobei in beiden Fällen milchig-trübe Flüssigkeiten sieden und auch kondensieren.

Fünfte Möglichkeit: Die Komponenten A und B bilden eine Lösung mit positiver Abweichung vom Raoult'schen Gesetz und Mischungslücke (Abb. 1.35). Bei der fraktionierten Destillation entsteht immer ein klares Destillat.

Auch hier ergibt sich aus der Gibbs'schen Phasenregel über den Verlauf der Totaldampfdrucklinie (Siedelinie) des flüssigen binären Gemisches mit Mischungslücke **(Abb. 1.35a)** die Linie p_A^0-C-D-p_B^0: Solange das **System homogen** ist, besitzt es zwei Freiheiten

($F = K - P + 2 = 2-2+2 = 2$), es ist **bivariant**. Wird die Temperatur festgelegt, ändert sich der Dampfdruck noch mit der Zusammensetzung des Systems. In der Mischungslücke kommt noch eine Phase hinzu und das System wird **univariant**. Bei gegebener Temperatur kann sich der Totaldruck nicht mehr ändern, auch wenn die Totalzusammensetzung des Systems variiert. Im Gebiet der Mischungslücke CD ist die Totaldampfdrucklinie als Funktion der Totalzusammensetzung des Systems eine Parallele zur Abszisse. In **Abb. 1.35b** ist schematisch das zugehörige Siedediagramm dargestellt. Man erkennt im Vergleich zu Abb. 1.34b, dass die Zusammensetzung des Dampfes E nicht in den Bereich der Mischungslücke fällt.

Wird eine Mischung, deren Zusammensetzung zwischen C und D liegt, zum Sieden erhitzt, entsteht aus der siedenden trüben Emulsion Dampf der Zusammensetzung E, der immer zu einer klaren homogenen Flüssigkeit kondensiert. Da dieses Kondensat viel reicher an B ist als die Ausgangsmischung, wird im Verlauf der Destillation die B-reichere flüssige Phase D an Menge immer mehr abnehmen und schließlich verschwinden. Dann destilliert die homogene flüssige Phase C. Man erhält bei fraktionierter Destillation im Rückstand reines A, im Destillat reines B. Geht man von einer Mischung m aus, entsteht Dampf der Zusammensetzung n, der bei der Kondensation eine trübe Emulsion aus den beiden flüssigen Phasen C und D ergibt, bei der erneuten Destillation aber Dampf der Zusammensetzung E und somit wieder ein klares Kondensat und schließlich reines B liefert, während man im Rückstand reines A erhalten wird. Ein Gemisch der Zusammensetzung u liefert Dampf der Zusammensetzung v und im Destillat schließlich reines B; die Zusammensetzung des homogenen flüssigen Rückstandes bewegt sich längs der Linie uD. Ist die Zusammensetzung D erreicht, tritt als zweite Phase C auf und die Destillation verläuft weiter wie oben geschildert.

Sechste Möglichkeit: Die beiden flüssigen Komponenten A und B sind vollständig unmischbar.

In **Abb. 1.36a** ist für das binäre System Toluol/Wasser das Dampfdruckdiagramm ausgewiesen. Man erkennt darin die Totaldampfdrucklinie (Siedelinie) als Parallele zur Abszisse. Die Mischungslücke ist somit vollkommen. Der Totaldruck P ergibt sich bei $dT = 0$ aus der Summe der Partialdrucke p_i^0 der reinen Komponenten Toluol und Wasser:

$$P = p^0_{\text{Toluol}} + p^0_{\text{Wasser}} = 436\,\text{hPa} + 577\,\text{hPa} = 1013\,\text{hPa}\,.$$

Er ist unabhängig vom Mischungsverhältnis. Ein derartiges Gemisch siedet, wenn der Totaldruck Atmosphärendruck (1013 hPa) erreicht, also bei einer Temperatur, die niedriger liegt, als die Siedepunkte der reinen Komponenten. Das Siedediagramm **Abb. 1.36b** gibt die experimentell festgestellte Siedetemperatur mit 85 °C an. Solange die beiden Phasen koexistieren, bleibt die Siedetemperatur konstant.

Wird vorausgesetzt, dass die Gasgesetze auch für Dämpfe gelten, lässt sich die Dampfzusammensetzung bzw. die Zusammensetzung des Destillats leicht berechnen:

$$\frac{m_{\text{Wasser}}}{m_{\text{Toluol}}} = \frac{n_{\text{Wasser}} \cdot M_{\text{Wasser}}}{n_{\text{Toluol}} \cdot M_{\text{Toluol}}} = \frac{p^0_{\text{Wasser}} \cdot M_{\text{Wasser}}}{p^0_{\text{Toluol}} \cdot M_{\text{Toluol}}} = \frac{577\,\text{hPa} \cdot 18\,\text{g/mol}}{436\,\text{hPa} \cdot 92\,\text{g/mol}} = \frac{0{,}26\,\text{g}}{1\,\text{g}}$$

$$\frac{n_{\text{Wasser}}}{n_{\text{Toluol}}} = \frac{\frac{0{,}26}{18}\,\text{mol}}{\frac{1}{92}\,\text{mol}} = \frac{0{,}0144\,\text{mol}}{0{,}0110\,\text{mol}} \tag{1.183}$$

$$\chi_{\text{Wasser}} = \frac{0{,}0144\,\text{mol}}{(0{,}0110 + 0{,}0144)\,\text{mol}} = \underline{\underline{0{,}57}} \tag{1.184}$$

$$\chi_{\text{Toluol}} = 1 - \chi_{\text{Wasser}} = \underline{\underline{0{,}43}}\,. \tag{1.185}$$

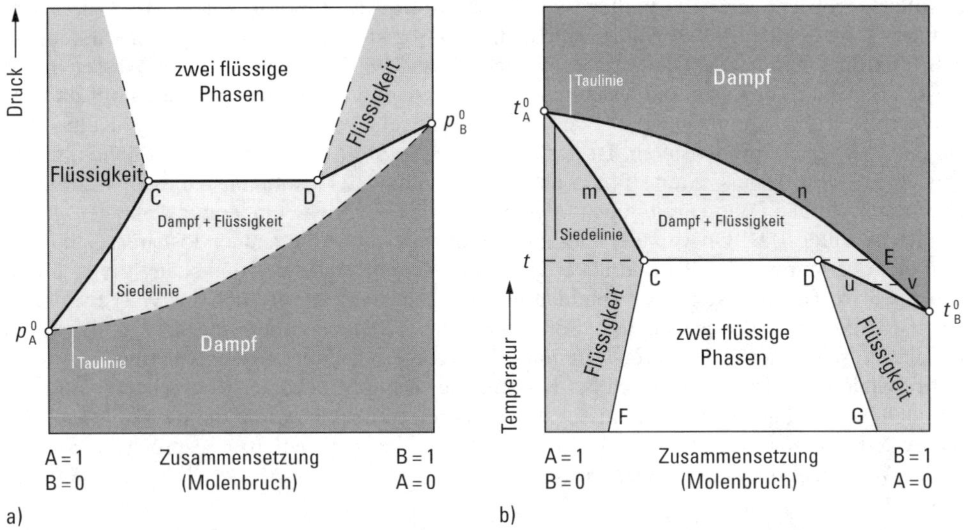

Abb. 1.35 Dampfdruckdiagramm a) und Siedediagramm b) einer flüssigen binären Mischung mit Mischungslücke (Typ B).

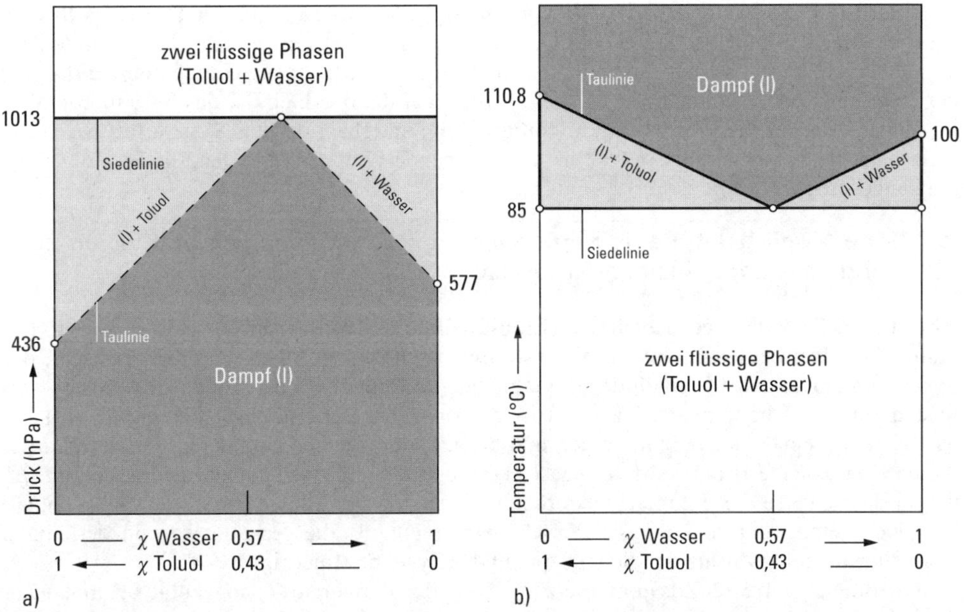

Abb. 1.36 Dampfdruckdiagramm a) und Siedediagramm b) zweier vollständig unmischbarer Flüssigkeiten (Beispiel: Toluol/Wasser).

Diese Destillation mit Wasser kommt in Bezug auf die Senkung des Siedepunkts der **Vakuumdestillation** gleich. Sie ist Grundlage der **Wasserdampfdestillation**, einem Trennverfahren, mit dem schwer flüchtige, in Wasser unlösliche Stoffe getrennt oder gereinigt werden können, z. B. Öle oder Aromaten. Die wasserunlösliche Probe wird dazu mit heißem Wasser in die Destillationsblase gegeben und anschließend Wasserdampf eingeleitet. Wasserdampf und die leichter flüchtigen Anteile der Probe verdampfen und gelangen gasförmig bis zum Kühler, wo sie zur Flüssigkeit kondensieren. Ist der zu reinigende Stoff nur wenig wasserlöslich, trennt er sich im Destillat als zweite Phase ab und kann durch Dekantieren und/oder Extraktion abgetrennt werden. Wie bereits oben angedeutet, liegt die Siedetemperatur des heterogenen Gemischs unter 100 °C, weil der Gesamtdampfdruck nicht ineinander lösbarer Gemische sich aus der Summe der Partialdrücke der Komponenten ergibt und unabhängig von ihrem Molanteil ist. Dadurch steigt der Totaldampfdruck über den Dampfdruck des Wassers, der es bei 1013 hPa bei 100 °C sieden lässt. Somit muss die Siedetemperatur unter 100 °C liegen. Es lassen sich so empfindliche Naturstoffe mit sehr geringem Dampfdruck destillieren.

Mit Gleichung (1.184) lässt sich bei Kenntnis der Dampfdrücke der Komponenten und des ermittelten Gleichgewichtsverhältnisses der Komponenten im Destillat die molare Masse der nichtwässrigen Komponente berechnen. Für M_{Toluol}, bezogen auf das besprochene System Toluol/Wasser, ergibt sich ein Wert von

$$M_{\text{Toluol}} = \frac{1\,\text{g} \cdot p^0_{\text{Wasser}} \cdot M_{\text{Wasser}}}{0{,}26\,\text{g} \cdot p^0_{\text{Toluol}}} = \frac{1\,\text{g} \cdot 577\,\text{hPa} \cdot 18\,\text{g/mol}}{0{,}26\,\text{g} \cdot 436\,\text{hPa}} = \underline{\underline{91{,}62 \approx 92\,\text{g/mol}}}\,.$$

1.7.4 Binäre Systeme „flüssig-fest“

Diese Systeme sind formal den Systemen „gasfömig-flüssig“ analog, wenn man an Stelle des Dampfes die Flüssigkeit und an Stelle von Flüssigkeiten feste Phasen setzt. Die das System kennzeichnenden Linien schließen das Gebiet ein, in dem flüssige und feste Phasen miteinander im Gleichgewicht stehen. An Stelle des Siedediagramms tritt das **Schmelzdiagramm**. Aus der Taulinie (Kondensationslinie) wird die **Liquiduslinie,** oberhalb der das System homogen flüssig ist. Aus der Siedelinie wird die **Soliduslinie,** unterhalb der das System fest ist. Somit kann man die Systeme „flüssig-fest“ in entsprechende Gruppen einteilen, die im Folgenden kurz angesprochen werden.

Erste Möglichkeit: Beide Komponenten sind im flüssigen und festen Zustand vollständig ineinander löslich.

Abb. 1.37a: Die Gleichgewichtslinien (**Liquiduslinie** und **Soliduslinie**) besitzen kein Extremum. Zwischen beiden Linien ist die feste mit der flüssigen Phase im Gleichgewicht, das System ist univariant. Oberhalb der Liquiduslinie und unterhalb der Soliduslinie besteht das System aus einer homogenen Phase, es ist bivariant. Da nur eine feste Phase auftritt, kann das System niemals nonvariant werden und besitzt somit keinen singulären Punkt. Wird der reinen Komponente B der Stoff A zugesetzt, so tritt eine Schmelzpunkterniedrigung auf, im umgekehrten Fall eine Schmelzpunkterhöhung. Analog der Regel von Konowalow enthält bei jeder Temperatur die flüssige Phase relativ mehr als die feste Phase von derjenigen Komponente, deren Zusatz den Schmelzpunkt des Systems erniedrigt.

Wird die Schmelze der Zusammensetzung L und der Temperatur t_1 abgekühlt, beginnt bei t_2 die Kristallisation einer festen Lösung (Mischkristalle, MK) der Zusammensetzung b, die im Gleichgewicht mit der konjugierten Phase a steht. Die Strecke *a-b* ist eine Konode. Weiteres Abkühlen bewirkt eine Fortsetzung der Kristallisation, indem sich die Zusammensetzung der Schmelze entlang der Linie a-c-e-t_A, die der festen Lösung entlang der Linie b-d-f-t_A bewegt.

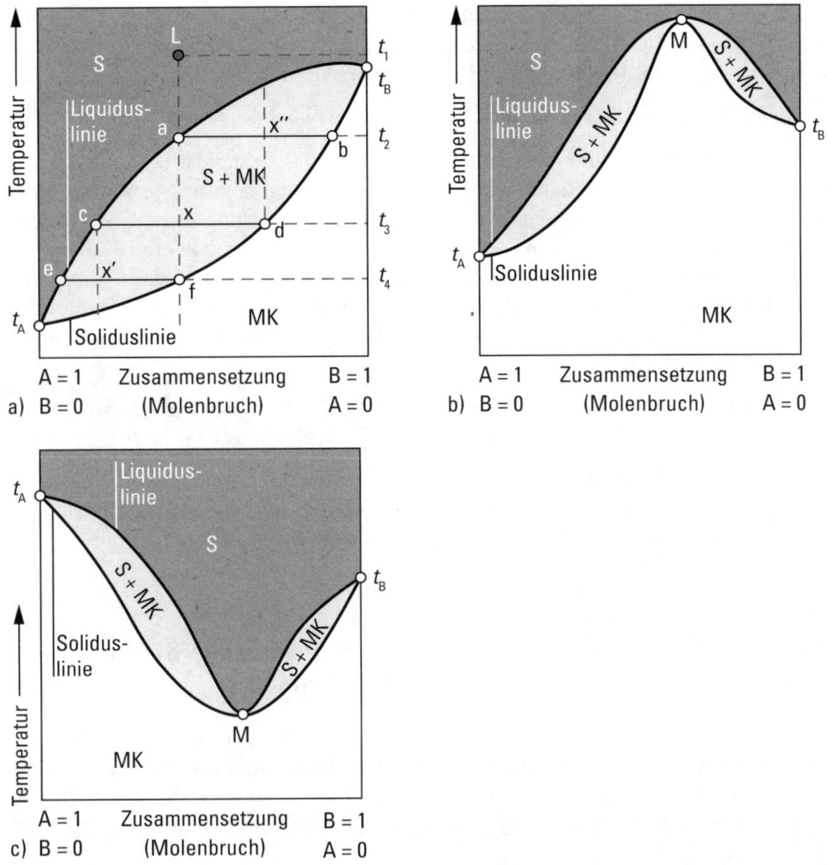

Abb. 1.37 a) Schmelzdiagramm ohne Extremum; b) Schmelzdiagramm mit Maximum der Gleichgewichtskurve; c) Schmelzdiagramm mit Minimum der Gleichgewichtskurve.

Die Schmelze ist stets reicher an A als die MK, dabei bleibt die Totalzusammensetzung des Systems gleich L. Bei t_4 verschwindet der letzte Rest der Schmelze e, es liegt nur eine feste Lösung der Zusammensetzung f vor.

Das Zustandsdiagramm bildet die Grundlage für die Trennung der beiden Komponenten durch fraktionierte Kristallisation. Wenn eine Mischung der Zusammensetzung L bis zum Punkt x (t_3) abgekühlt wird, zerfällt sie in ungefähr gleiche Mengen der Schmelze c und der festen Phase, das heißt der Mischkristalle d, wobei die Schmelze reicher an A und die feste Phase reicher an B ist als die Ausgangsmischung L. Wird nun die Schmelze c abgetrennt und bis zum Punkt x′ (t_4) abgekühlt, zerfällt sie in noch A-reichere Schmelze e und in Mischkristalle f (e:f = fx′:ex′). Bei Fortsetzung dieses Verfahrens kann man schließlich reines A gewinnen. Wird andererseits die feste Phase d bis zum Punkt x″(t_2) erhitzt, entsteht neben der Schmelze a die gegenüber der Ausgangsmischung L und des ersten Kristallisats d sehr viel B-reichere feste Lösung b. Die Wiederholung dieses Verfahrens führt schließlich zu reinem B.

Derartige Zustandsdiagramme treten auf bei gleicher Kristallstruktur (Gittertyp) der Komponenten (Isotopie), bei kleinen Unterschieden in den Atomradien (< 15 %) und bei ähnlichen Bindungsverhältnissen in den Komponenten (z. B. Elektronegativität, Wertigkeit).

Beispiele: Cu–Ni, Co–Ni, Au–Ag, AgCl–NaCl, $PbCl_2$–$PbBr_2$

Abb. 1.37b: Die Gleichgewichtslinien haben ein Maximum. Das Zustandsdiagramm kommt selten vor. Beide Komponenten erhöhen den Schmelzpunkt der anderen unter Ausbildung eines Maximums. Für die Zusammensetzung des Maximums ist eine Trennung durch fraktionierte Kristallisation nicht möglich. Die Mischung schmilzt und erstarrt scharf wie eine einheitliche Verbindung. Bei allen anderen Zusammensetzungen, die links und rechts vom Maximum liegen, kann durch fraktionierte Kristallisation jeweils die in der Schmelze angereicherte Komponente gewonnen werden, während aus der festen Phase nur Mischkristalle der Zusammensetzung des Maximums erhalten werden.

Beispiele: Für diesen Fall kennt man nur Systeme aus der Rechts- und Linksform optisch aktiver Verbindungen.

Abb. 1.37c: Die Gleichgewichtslinien haben ein Minimum. Das Zustandsdiagramm ist analog dem von Abb. 1.37b aufgebaut. Die reinen Komponenten sind diesmal aus der festen Phase bei der fraktionierten Kristallisation zu erhalten.

Beispiele: Cu–Mn, Cu–Au, KCl–Kbr, Na_2CO_3–K_2CO_3

Zweite Möglichkeit: Beide Komponenten sind vollständig mischbar im flüssigen und nur teilweise mischbar im festen Zustand.

Bei derartigen Systemen gibt es eine Temperatur, bei der drei Phasen koexistent sind, das System also invariant ist und über einen singulären Punkt verfügt. Liquidus- und Soliduslinie verlaufen diskontinuierlich. Die singulären Punkte entsprechen im System flüssig-gasförmig den Punkten D (Abb. 1.34) und E (Abb. 1.35). Entweder kann der Punkt ein eutektischer oder ein peritektischer Punkt sein.

Abb. 1.38a: Dieser Diagrammtyp tritt ein, wenn die beteiligten Komponenten ein etwa gleiches Raumgitter aufweisen und die Atomdurchmesser mehr als 15 % voneinander abweichen. Das System hat einen eutektischen Punkt C, bei dem **α-MK** (A-reiche Mischkristalle) und **β-MK** (B-reiche Mischkristalle) mit der Schmelze im Gleichgewicht sind. Die dem Eutektikum entsprechende Temperatur t_E ist die niedrigste Temperatur, bei der die Schmelze existieren kann. Bei dieser verhältnismäßig niedrigen Temperatur bilden sich viele Keime, die Mischkristalle erreichen nur eine geringe Größe, es bildet sich ein feines Gefüge, ein **„Eutektikum“**. Für das aus dem Griechischen entlehnte Wort gibt es zwei Deutungen: „gut gebaut“ wegen des feinen Gefüges und „gut schmelzend“, weil es die Mischung mit dem niedrigsten Schmelzpunkt ist. Die Linien t_A-D und t_B-E heißen Soliduslinien, die Linien t_A-C und t_B-C sind die Liquiduslinien.

Es treten zwar Mischkristalle auf, aber nicht in allen Zusammensetzungen. Eine Komponente oder beide Komponenten (Abb. 1.38a) sind fähig, in ihrem Gitter eine beschränkte Anzahl von Atomen der anderen Komponente zu beherbergen. Bei der Herstellung der Mischkristalle ist man in der Wahl der Zusammensetzung auf zwei kleine Skalenbereiche beschränkt. Der dazwischen liegende Skalenbereich der Unlöslichkeit stellt die sogenannte „Mischungslücke“ (Löslichkeitslücke) dar. Sie stimmt bei der eutektischen Temperatur t_E mit der Eutektikalen DCE überein, wird aber mit fallender Temperatur breiter, weil mit sinkender Temperatur in den Kristallgittern die Lösungsfähigkeit für Fremdatome abnimmt.

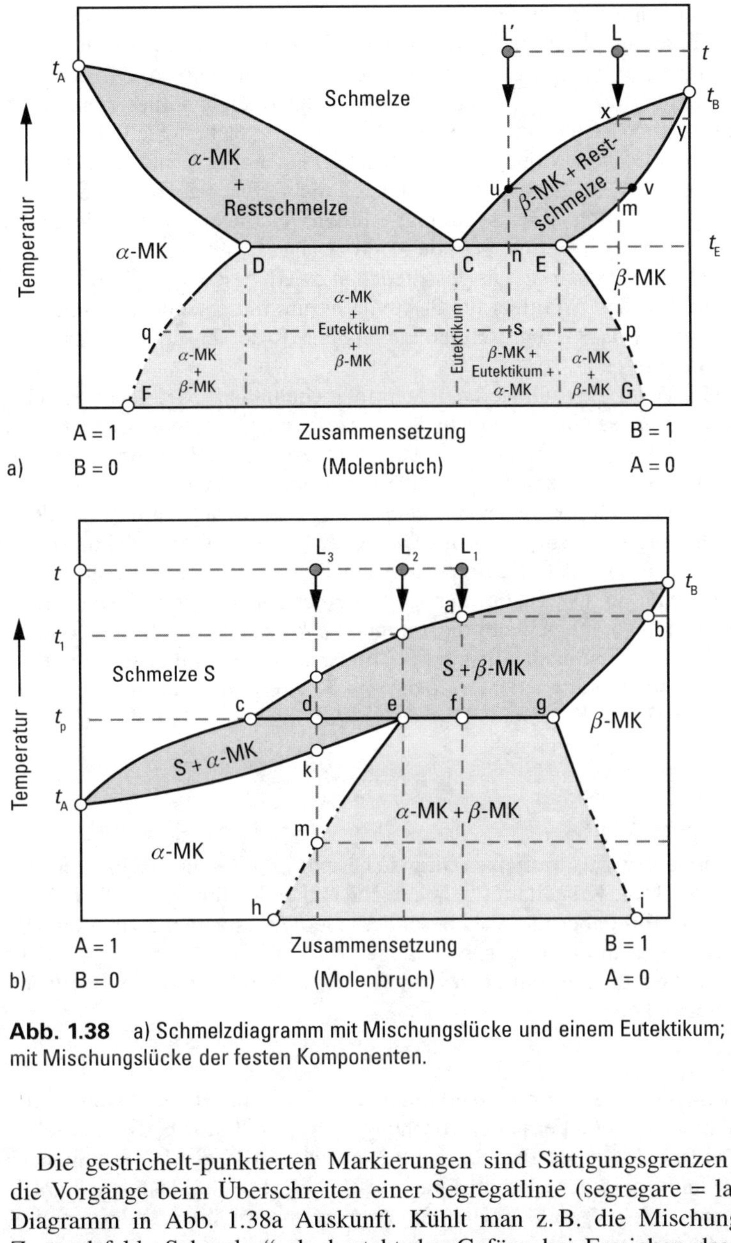

Abb. 1.38 a) Schmelzdiagramm mit Mischungslücke und einem Eutektikum; b) Peritektisches System mit Mischungslücke der festen Komponenten.

Die gestrichelt-punktierten Markierungen sind Sättigungsgrenzen (Segregatlinien). Über die Vorgänge beim Überschreiten einer Segregatlinie (segregare = lat. abscheiden) gibt das Diagramm in Abb. 1.38a Auskunft. Kühlt man z. B. die Mischung **L** langsam aus dem Zustandsfeld „Schmelze" ab, besteht das Gefüge bei Erreichen des Punktes m einheitlich aus Primär-β-MK. Nach weiterem Abkühlen wird in Punkt p ein neues Feld erreicht, durch welches man waagerecht hindurchgeht bis zur nächsten Phasengrenze. Punkt q gibt die Zusammensetzung der Sekundär-α-MK an, die nun in den Primär-β-MK zu wachsen beginnen. Nach Überschreiten der Segregatlinie diffundieren die überschüssigen A-Atome, die vom B-Gitter nicht mehr in Lösung gehalten werden können, in gewisse Bereiche, verdrängen dort B-Atome von ihren Plätzen und bilden, nunmehr als A-Atome in der Überzahl,

Kristalle mit A-Gitter, in denen nur noch einige B-Atome in Lösung gehalten werden, d. h. Sekundär-α-MK. Die verdrängten B-Atome diffundieren gleichzeitig im Austausch an die von den A-Atomen aufgegebenen Plätze. Als Zielort wählen die A-Atome beim Diffundieren bevorzugt Korngrenzen, denn dort liegen wegen der unterschiedlichen Gitterorientierung der einzelnen Körner die Atome selten im richtigen Abstand. An solchen Stellen erhöhter (potenzieller) Energie gelingt es den Atomen am leichtesten, ein neues Gitter aufzubauen. Man sagt kurz: „Es werden α-MK ausgeschieden“, obgleich nicht etwa irgendwelche bereits vorhandenen α-MK aus dem Gefüge hinausgedrängt werden; vielmehr werden sie durch Ausscheidung von A-Atomen neu im Gefüge gebildet. Und zwar geschieht das kontinuierlich mit sinkender Temperatur. Dabei geben die ausgeschiedenen α-MK wiederum B-Atome ab; denn auch die Lösungsfähigkeit des A-Gitters für B-Atome nimmt mit sinkender Temperatur ab. Bei Raumtemperatur besteht das Gefüge schließlich aus β-MK der Zusammensetzung G und α-MK der Zusammensetzung F.

Beim Abkühlen der **Schmelze L′** kristallisieren bei u primär ebenfalls β-MK. Die Schmelze zerfällt in β-MK der Zusammensetzung v und in Schmelze der Zusammensetzung u. Bei weiterer Abkühlung ändert sich die Zusammensetzung der β-MK entlang vE, die der Schmelze entlang uC. Ist die eutektische Temperatur t_E erreicht, ist der Erstarrungsvorgang noch nicht beendet. Die Menge der noch vorhandenen Schmelze C verhält sich zu den β-MK E wie die Strecke nE zu nC. Die mit den β-MK im Gleichgewicht befindliche Schmelze ist aber gleichzeitig gesättigt an α-MK der Zusammensetzung D. Bei weiterem Wärmeentzug scheiden sich auch diese α-MK ab. Die Erstarrung wird in einer eutektischen Kristallisation abgeschlossen. Während dieses Vorgangs bleibt die Temperatur konstant und alle drei Phasen behalten ihre Zusammensetzung. Erst nach vollständiger Erstarrung der Schmelze beginnt bei weiterem Wärmeentzug die Temperatur wieder zu sinken und die Zusammensetzung der α-und β-MK ändert sich entlang DF und EG. Beim Punkt s ist das Mengenverhältnis der festen Phasen p und q nach dem Hebelgesetz geregelt:

$$\frac{\text{Menge der Phase q}}{\text{Menge der Phase p}} = \frac{\text{Strecke ps}}{\text{Strecke qs}} .$$

Eine **eutektische Legierung der Zusammensetzung C** besteht unmittelbar nach beendeter Erstarrung aus α-und β-MK. Beide Kristallarten scheiden mit sinkender Temperatur Sekundär-MK aus. Diese sind im Schliffbild aber nicht als besondere Gefügebestandteile zu erkennen, da dieses Gefüge von vornherein aus einem feinen Gemenge von α-und β-MK besteht. Enthält dagegen eine Legierung neben Eutektikum auch Primär-MK, so sind die ausgeschiedenen Sekundär-MK im Schliffbild sichtbar.

Beispiele: Ag–Cu, Pb–Sn, AgCl–CuCl, KNO_3–$Pb(NO_3)_2$

Abb. 1.38b: Bei einem derartigen System erhöht der Zusatz von B zu A bzw. AB-Gemischen stets den Schmelzpunkt (außer in der Mischungslücke). Im Punkt c, dem peritektischen Punkt (Umwandlungspunkt) stehen drei Phasen (Schmelze, α-MK, β-MK) miteinander im Gleichgewicht. Ein Minimum in der Liquiduslinie t_A-c-t_B fehlt. Die Soliduslinien werden von den Linien t_A-k-e und g-b-t_B gebildet. Die Vorgänge beim Abkühlen sollen an drei Beispielen erklärt werden:

- **Legierung L_1:** Bei Erreichen von a beginnen in der Schmelze β-MK b zu wachsen. Mit sinkender Temperatur ändern die β MK ihre Zusammensetzung längs der Linie b-g, die Restschmelze längs a-c. In der waagerechten Linie cdefg lassen sich für Legierung L_1 zwei

Mengenverhältnisse der Phasen nach dem Hebelgesetz angeben

$$\text{Abstand cg:} \qquad \frac{\text{Menge der Phase Primär-}\beta\text{-MK g}}{\text{Menge der Phase Restschmelze c}} = \frac{\text{Strecke cf}}{\text{Strecke fg}}$$

$$\text{Abstand eg:} \qquad \frac{\text{Menge der Phase Primär-}\beta\text{-MK g}}{\text{Menge der Phase der }\alpha\text{-MK e}} = \frac{\text{Strecke ef}}{\text{Strecke fg}}.$$

Bei dieser peritektischen Temperatur t_p spielt sich ein Vorgang ab, bei dem α-MK neu entstehen, während die Phase Restschmelze c restlos, die Phase β-MK zu einem Teil verschwindet. Und zwar löst die Restschmelze zum Teil die β-MK wieder auf, wobei sie außen, d. h. ringsherum, auf den Korngrenzen beginnen muss, und reichert sich dabei an Stoff B zu einer neuen Lösung mit Zusammensetzung e an, in welcher sie zu α-MK erstarrt. Man nennt den Vorgang eine **„Peritektische Umsetzung"** und die waagerechte Linie die **„Peritektikale"** (peritekein = griech. ringsherum schmelzen). Beim weiteren Abkühlen bis auf Raumtemperatur ändern die beiden Phasen (α-MK und β-MK) ihre Zusammensetzung längs den Linien e-h bzw. g-i.

- **Legierung L_2:** Bei Erreichen der Peritektikalen besteht die Legierung L_2 aus Primär-β-MK g und aus Restschmelze c, beim Verlassen (nach unten) der Peritektikalen dagegen nur aus α-MK e. Die gesamte Legierung L_2 wird von der peritektischen Reaktion erfasst und zu neuen α-MK umgesetzt. Man nennt die α-MK e daher **Peritektikum** und die Legierung L_2 eine peritektische. Ihr Gefüge ist gröber als das Gefüge eines Eutektikums. Nach dem Diagramm besteht das Gefüge der Legierung L_2 nach Abkühlen auf Raumtemperatur aus α-MK h und ausgeschiedenen β-MK i.
- **Legierung L_3:** Beim Erreichen und Verlassen der Peritektikalen ergeben sich nach dem Hebelgesetz zwei Mengenverhältnisse der Phasen:

$$\text{Abstand c-g:} \qquad \frac{\text{Menge der Phase Primär-}\beta\text{-MK g}}{\text{Menge der Phase Restschmelze c}} = \frac{\text{Strecke cd}}{\text{Strecke dg}}$$

$$\text{Abstand c-e:} \qquad \frac{\text{Menge der Phase }\alpha\text{-MK e}}{\text{Menge der Phase Restschmelze c}} = \frac{\text{Strecke cd}}{\text{Strecke de}}.$$

Es werden bei konstanter, peritektischer Temperatur die Primär-β-MK g restlos wieder aufgelöst und mit einem Teil der Schmelze zu α-MK e umgesetzt. Beim weiteren Abkühlen ändern die Restschmelze und die α-MK ihre Zusammensetzung längs den Linien c-t_A bzw. e-t_A. Mit Erreichen des Punktes k besteht die Legierung L_3 nur aus α-MK k, aus denen nach Unterschreiten des Punktes m beim weiteren Abkühlen Sekundär-β-MK i ausgeschieden werden. Bei Raumtemperatur besteht Legierung L_3 aus Sekundär-β-MK i und aus α-MK h.

Beispiele: **Au–Pt, Fe–C-Teilsystem** (mit peritektische Umwandlung von Schmelze und festen δ-Fe-MK zu festen γ-Fe-MK, die bei der peritektischen Temperatur von 1493 °C und der peritektischen Zusammensetzung von 0,17 Masse% Kohlenstoff abläuft).

Dritte Möglichkeit: Beide Komponenten sind im flüssigen Zustand vollständig mischbar, im festen Zustand ineinander vollständig unlöslich.

Abb. 1.39a: In solchen Systemen hat die Mischungslücke eine maximale Ausdehnung. Im Punkt C stehen zwei feste und eine flüssige Phase miteinander im Gleichgewicht. Das System ist an dieser Stelle nonvariant und der Punkt C ein singulärer Punkt. Oberhalb der Liquiduslinie t_A-C-t_B ist das System bivariant. In den Gebieten, die durch die Flächen t_A-C-D und t_B-C-E gekennzeichnet sind, und unterhalb der Solidusline DCE (hier gleich der Eutektikalen) ist das System univariant. Geht man von der **Zusammensetzung L_2** aus, beginnt bei m

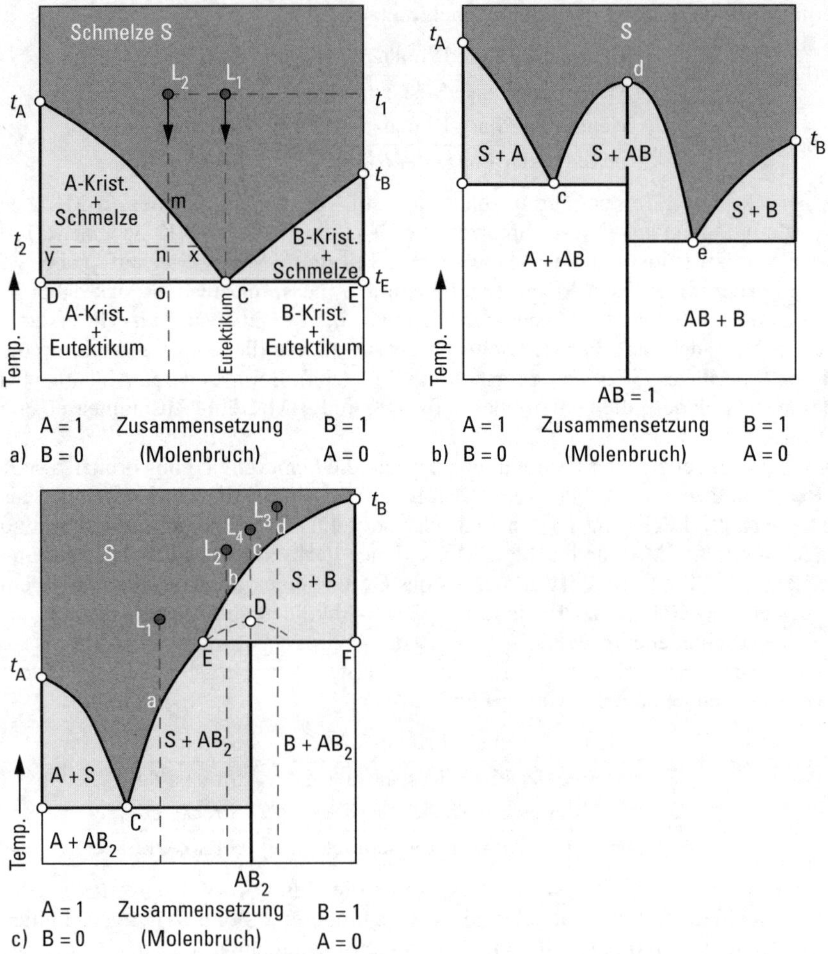

Abb. 1.39 a) Schmelzdiagramm mit einfachem Eutektikum; b) Schmelzdiagramm mit einfachen Eutektika u. homogen schmelzender Verbindung AB; c) Schmelzdiagramm mit einfachem Eutektikum u. inhomogen schmelzender Verbindung AB_2.

reines A primär zu kristallisieren. Bei t_2 im Punkte n ist Schmelze der Zusammensetzung x im Gleichgewicht mit reinem A, wobei sich nach dem Hebelgesetz ergibt:

$$\frac{\text{Menge der Schmelze}}{\text{Menge der ausgeschiedenen Komponente A}} = \frac{\text{Strecke yn}}{\text{Strecke xn}} .$$

Im Punkt o bei der eutektischen Temperatur t_E beginnt sich aus der noch vorhandenen Schmelze neben A auch reines B abzuscheiden. Aus der Schmelze der **Zusammensetzung L_1** mit eutektischer Zusammensetzung C kristallisieren nebeneinander die reinen Komponenten aus und bilden nach dem Erstarren das eutektische Gefüge (Eutektikum). Schmelzen anderer Zusammensetzung enthalten somit nach der Erstarrung außer dem Eutektikum noch primär abgeschiedenes A oder B.

Beispiele: Bi–Cd, Al–Si, KNO_3–$NaNO_3$, o-Phenol-p-Phenol

Abb. 1.39b: Die Wechselwirkung der Komponenten hat einen solchen Grad angenommen, dass A und B eine **homogen schmelzende Molekülverbindung AB** bilden. Die festen Phasen bestehen aus den reinen Komponenten und der reinen Verbindung. Das Zustandsdiagramm erscheint zusammengesetzt aus zwei Diagrammen mit je einem einfachen Eutektikum, von denen das eine aus der Komponente A und der Verbindung AB, das andere aus der Verbindung AB und der Komponente B aufgebaut ist. Es treten zwei Eutektika (c und e) auf. Ein erwarteter scharfer Schnittpunkt der Kurven cd und de tritt nicht auf. Die im Gegensatz dazu auftretende Ausbildung bis zum Maximum d ist ein Maß für den Umfang der Dissoziation von AB. Der Punkt d ist der Schmelzpunkt der Verbindung AB. Er kann höher oder tiefer als die Schmelzpunkte der reinen Komponenten oder zwischen ihnen liegen. Die Punkte c, d und e sind dadurch ausgezeichnet, dass die Schmelze und das jeweilige Kristallisat dieselbe Zusammensetzung haben.

Beispiele: Au–Sn, $CaCl_2$–KCl

Abb. 1.39c: Die Komponenten bilden eine **inhomogen schmelzende Verbindung AB_2**, die sich unterhalb ihres (hypothetischen) Schmelzpunktes D zersetzt. Ihr Schmelzmaximum wird nicht erreicht, es wird vielmehr durch den Linienast Et_B der Liquiduslinie $t_A CEt_B$ „verdeckt". Man sagt die Verbindung schmilzt inkongruent (inhomogen), im Diagramm durch den Punkt E ausgewiesen. Die festen Phasen bestehen aus den reinen Komponenten und der reinen Verbindung. Beim Abkühlen verschiedener zusammengesetzter Schmelzen sollen bezüglich des Erstarrungsvorganges vier Fälle (L_1–L_4) kurz erklärt werden:

- **Erstarrung der Schmelze L_1:** Beim Punkt a beginnt die Schmelze unter Abscheidung von AB_2 zu erstarren, wobei der weitere Verlauf der Veränderungen dem eines binären Systems A-AB_2 entspricht.
- **Erstarrung der Schmelze L_2:** Beim Punkt b beginnt die Schmelze unter Abscheidung von B zu erstarren. Sie verändert weiterhin entlang bE ihre Zusammensetzung und geht nach Erreichen der Horizontalen EF unter Verbrauch von B-Kristallen in die Verbindung AB_2 über. Da aber die Schmelze mehr A enthält als die Verbindung AB_2, bleibt nach dem Verbrauch der B-Kristalle noch Schmelze übrig, die bei Temperatursenkung entlang EC ihre Zusammensetzung unter weiterer AB_2-Abscheidung ändert. Solange die Umwandlung Schmelze + B = AB_2 andauert, besteht das System aus drei Phasen (Schmelze, AB_2 und B). Nach der Phasenregel ergibt sich für $F = K - P + 2 = 2 - 3 + 2 = 1$. Diese eine Freiheit ist jedoch durch die Festlegung des Druckes schon vergeben. Das System ist während der genannten Umwandlung invariant, die Temperatur bleibt konstant. Sie sinkt erst nach völliger Umwandlung von B in AB_2 weiter ab.
- **Erstarrung der Schmelze L_3:** Die Schmelze ist B-reicher als AB_2. Beim Punkt d beginnt die Schmelze unter Abscheidung von B zu erstarren. Ist die Temperatur bis auf die Horizontale EF gesunken, wird die gesamte Schmelze unter Bildung der Verbindung AB_2 verbraucht, neben der aber noch festes B vorhanden ist.
- **Erstarrung der Schmelze L_4:** Zunächst beginnt beim Punkt c die Schmelze unter Abscheidung von B zu erstarren. Beim Erreichen der Horizontalen EF liegen aber jetzt B und Schmelze E in einer solchen Menge vor, dass beide bei der Umwandlung in AB_2 vollkommen verbraucht werden. Die feste Phase besteht folglich nur aus AB_2. D ist deren **hypothetischer Schmelzpunkt**, E der **inkongruente** oder **inhomogene Schmelzpunkt** oder **Umwandlungspunkt** der Verbindung.

Beispiele: Na–K (= A_2B), AgCl–CsCl (= AB), K_2SO_4–$CdSO_4$ (= AB_2)

Vierte Möglichkeit: Beide Komponenten sind im flüssigen und festen Zustand unbegrenzt miteinander mischbar, die festen Lösungen scheiden aber bei tieferer Temperatur die reinen Komponenten in anderen Modifikationen aus.

Abb. 1.40a: In diesem Fall erhält man oberhalb einer bestimmten Temperatur das schon in Abb. 1.37a dargestellte Linsendiagramm. Bei tieferen Temperaturen scheidet die feste Lösung (β-MK) je nach der Zusammensetzung der Ausgangsmischung reines A oder reines B in der α-Form ab, d. h. es liegt ein binäres System vor, das dem mit einem einfachen Eutektikum (Abb. 1.39a) analog ist. Man spricht von einem eutektoiden System; D ist der eutektoide Punkt und die Übergangspunkte (Übergangstemperaturen) der reinen Komponenten von der β-Form in die α-Form sind t_{A_α} und t_{B_α}.

Beispiele: Al–Zn, Messing, Bronze, eutektoides Teilsystem des Fe-C-Diagramms mit dem Zentrum um S (= Perlitpunkt) auf der Stahlseite; Merkmal: eutektoide Reaktion/Umwandlung bei 723 °C:

$$\gamma\text{-Fe–MK} \longrightarrow \alpha\text{-Fe–MK} + Fe_3C\ (= \text{Perlit})\,.$$

Derartige Systeme gibt es auch mit beschränkter Mischungslücke, wobei an Stelle des eutektoiden Punktes auch ein peritektoider Punkt treten kann.

Fünfte Möglichkeit: Die reinen Komponenten sind im flüssigen Zustand nur teilweise mischbar. Die festen Phasen bestehen aus den reinen Komponenten.

Abb. 1.40b: Der rechte Teil des Systems über der Kurve t_BCG entspricht einem einfachen binären System mit Eutektikum C (analog zu Abb. 1.39a). Die Kurven GC und t_BC kennzeichnen das Gleichgewicht zwischen Schmelze S und reinem A bzw. reinem B. Unterhalb C liegt das Kristallgemisch von reinem A und B vor. Die Kurve FMG im linken Teil des Systems kennzeichnet die Mischungslücke der Schmelze und bei M die kritische Lösungstemperatur. Kühlt man eine Mischung der Zusammensetzung l und der Temperatur t ab, beginnt in p der Zerfall der homogenen Schmelze in zwei flüssige Phasen p und p′. Im Punkt q haben beide flüssigen Phasen die Zusammensetzung F und G. Durch Ausscheiden von festem A wächst die Menge der Schmelze G auf Kosten von Schmelze F. Diese isotherme **monotektische Reaktion Schmelze F ⟶ A + Schmelze G** führt schließlich bei Erreichen von r zur Kristallisation des Eutektikums C. Der Abkühlungsverlauf einer Mischung der Zusammensetzung l′ verläuft analog. Bei x scheidet sich reines A ab, wobei sich die Zusammensetzung der Schmelze entlang t_AF bewegt. Ist F erreicht, beginnt die Abscheidung der zweiten flüssigen Phase G aus der Schmelze F unter weiterer Abscheidung von A (monotektische Reaktion).

Beispiele: Al–Pb, Al–Bi, Zn–Pb, Cu–Pb

Sechste Möglichkeit: Lösungen im Gleichgewicht mit dem Bodenkörper.

Zu den Phasengleichgewichten gehören auch die gesättigten wässrigen Lösungen, die im Gleichgewicht mit dem Bodenkörper stehen, bei denen allerdings in manchen Punkten eine andere Bezeichnungsweise üblich ist. Die vollständigen Systeme sind wegen des niedrigen Siedepunktes des Wassers im Vergleich zum Schmelzpunkt des Salzes nur unter Druck zu bestimmen. Meistens begnügt man sich mit einem Teil des Systems und zwar bis höchstens zu

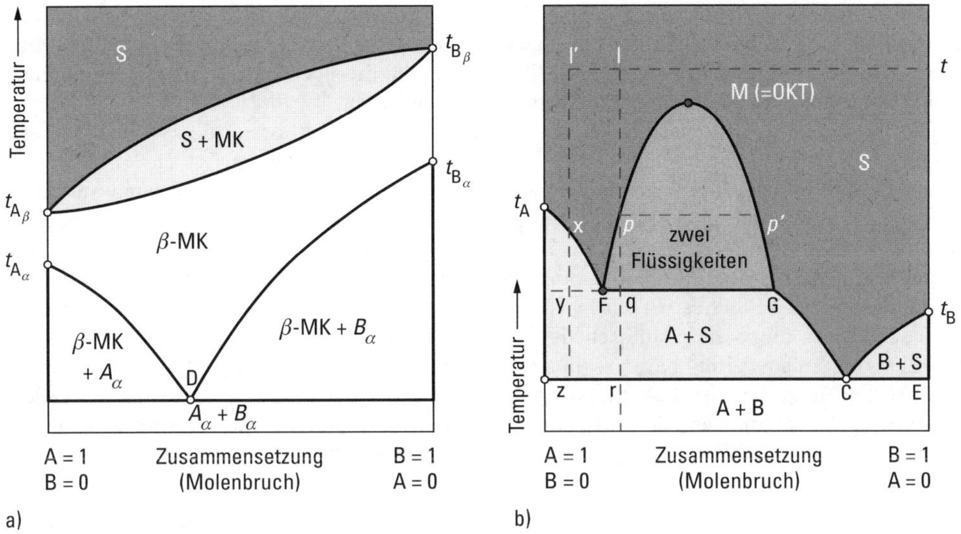

Abb. 1.40 a) Eutektoider Zerfall der Mischkristalle; b) Mischungslücke in der Schmelze mit einer monotektischen Umwandlung.

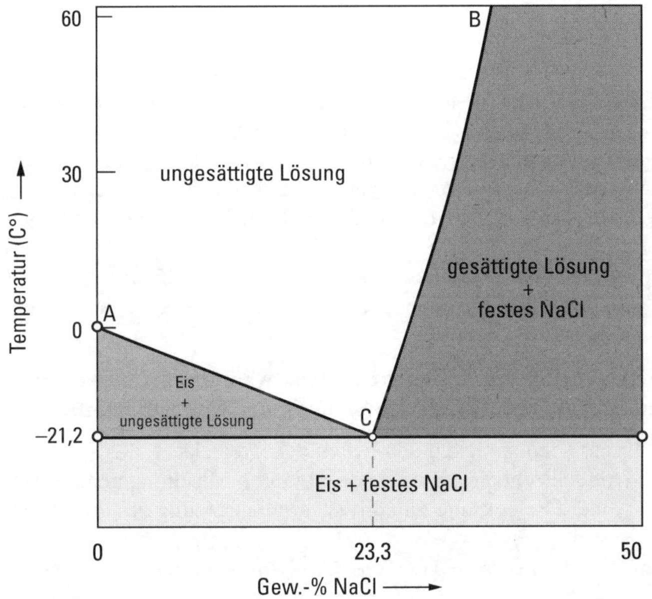

Abb. 1.41 Gleichgewichtskurven im System H_2O/NaCl.

Temperaturen des Siedepunktes der gesättigten Lösung bei Atmosphärendruck. Die Verhältnisse sollen an dem System Wasser-NaCl (**Abb. 1.41**) erläutert werden. Die Abbildung ist wie ein Diagramm mit einfachem Eutektikum (Abb. 1.39a) zu deuten. Entlang der Kurve AC scheidet sich die Komponente A (Eis), entlang der Kurve BC die Komponente B ($NaCl \cdot 2\,H_2O$) aus. AC wird gewöhnlich die **Gefrierpunktkurve (Eiskurve)** der wässrigen NaCl-Lösung genannt, BC gewöhnlich die **Löslichkeitskurve** des NaCl. Im singulären (kryohydratischen) Punkte C sind die beiden festen Phasen (Eis und $NaCl \cdot 2\,H_2O$) und die flüssige Phase (Lösung) miteinander im Gleichgewicht. Das System ist hier mit $F = 0$ nonvariant.

Die geschilderte Systemart bildet die Grundlage der im Laboratorium so häufig angewendeten Kältemischungen aus einem Salz, Eis und Wasser. Wenn zu Eis und Wasser bei 0 °C Salz hinzugefügt wird, bildet sich aus dem Wasser und dem Salz eine gesättigte Lösung. Es existieren nebeneinander: Salz, Eis und gesättigte Lösung. Das ist nur möglich bei der eutektischen Temperatur; die bei Salz-Wasser-Systemen unter 0 °C liegen muss. Wenn genügend Eis und Salz vorhanden sind, muss die Temperatur auf die des eutektischen (kryohydratischen) Punktes sinken, was durch das Schmelzen des Eises, das immer Wärme verbraucht, und durch das Auflösen des Salzes, sofern dieser Vorgang Wärme verbraucht, bewirkt wird. Solange drei Phasen vorliegen, wird die Temperatur über die niedrige Temperatur nicht ansteigen können. Ist dagegen so viel Wärme aus der Umgebung aufgenommen worden, dass alles Eis geschmolzen oder in Lösung gegangen ist, so ist eine Phase verschwunden, das System ist univariant ($F = 1$) geworden und die Temperatur beginnt zu steigen.

1.8 Heterogene Gleichgewichte ternärer Systeme

1.8.1 Die Darstellung der Zusammensetzung einer ternären Mischung

Für jedes **Zweikomponenten-System (Binäres System)** können Druck, Temperatur und Konzentration unabhängig variabel sein. Das System hat maximal, d. h. wenn nur eine Phase vorliegt, drei Freiheiten ($F = K + 2 - P = 2 + 2 - 1 = 3$).

Beim **Dreikomponenten-System (Ternäres System)** tritt noch eine weitere Konzentrationsvariable hinzu, da zwei Konzentrationsangaben notwendig sind, die Zusammensetzung eindeutig festzulegen. Ein solches System besitzt maximal vier Freiheiten. Beim Vorliegen nur einer Phase gilt nach der Phasenregel: $F = K + 2 - P = 3 + 2 - 1 = 4$. Da bei Untersuchungen von Dreikomponenten-Systemen außer dem Druck (101,325 kPa) zunächst auch die Temperatur konstant gehalten wird, hat man noch mit zwei Freiheiten, den beiden Konzentrationsvariablen, zu rechnen.

Wenn alle möglichen Mischungen berücksichtigt werden sollen, wählt man am zweckmäßigsten die Fläche eines gleichseitigen Dreiecks zur Darstellung der Konzentrationen.

- Die reinen Komponenten A, B und C entsprechen den Ecken des Dreiecks.
- Die Seiten des gleichseitigen Dreiecks entsprechen den drei binären Mischungsreihen AB, AC und BC, d. h. ein Punkt auf einer Dreieckseite gibt die Zusammensetzung des jeweiligen binären Systems an.
- Die Punkte der Dreiecksebene selbst entsprechen den ternären Mischungen (Abb. 1.42).

Die Darstellung der Mischungszusammensetzung im gleichseitigen Dreieck gründet sich auf folgende Eigenschaften desselben:

- Die Summe der Abstände jedes Punktes im gleichseitigen Dreieck von den drei Seiten desselben ist gleich der Höhe.

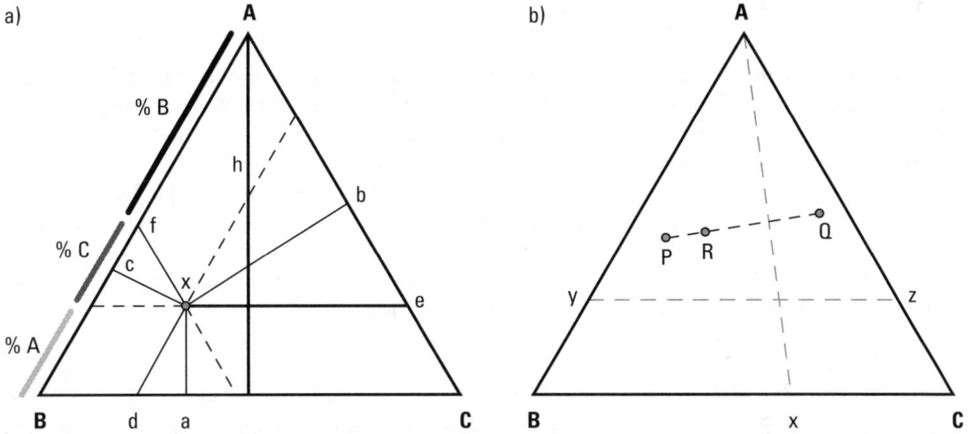

Abb. 1.42 a) Das Konzentrationsdreieck (schematisch); b) Wichtige Beziehungen im Konzentrationsdreieck (schematisch).

- Legt man durch einen beliebigen Punkt x im gleichseitigen Dreieck Parallelen zu den drei Dreieckseiten, ist die Summe ihrer Stücke xd, xe und xf gleich einer Dreieckseite. Da die drei rechtwinkligen Dreiecke axd, bxe und cxf einander ähnlich sind, gilt:

$$\mathrm{xa} : \mathrm{xb} : \mathrm{xc} = \mathrm{xd} : \mathrm{xe} : \mathrm{xf}\,.$$

Die Ermittlung des entsprechenden Punktes einer gegebenen Zusammensetzung der ternären Mischung ist leicht auszuführen. Die Prozentgehalte der Mischung an A, B und C seien p, q und r.

- Alle Mischungen mit $p\%$ A liegen auf einer Parallelen zu der A gegenüber liegenden Seite BC. Diese Parallele schneidet von allen von A ausgehenden Geraden den Bruchteil $p/100$ ab. Für die Mischungen mit $p\%$ B bzw. $p\%$ C erhalten wir entsprechende Parallelen zu AC bzw. AB. Die drei Parallelen schneiden sich in einem Punkte, welcher der gegebenen Zusammensetzung der Mischung entspricht.
- Teilt man die drei Dreieckseiten in 100 gleiche Teile und legt durch die Teilpunkte drei Scharen von Parallelen, so kann man den Punkt, welcher einer gegebenen Zusammensetzung in Gewichts- oder Atomprozenten entspricht sofort angeben. Man zählt entsprechend der gegebenen Prozentzahl der einzelnen Komponenten, von der dem Punkte der reinen Komponente gegenüberliegenden Seite ausgehend, die Parallelen ab. Die Abzählung für zwei Komponenten genügt, der Schnittpunkt der beiden so ermittelten Parallelen ist der gesuchte Punkt. Die Abzählung der Parallelen für die dritte Komponente kann zur Kontrolle der beiden ersten Zählungen dienen; die dritte Parallele muss durch den Schnittpunkt der beiden anderen gehen.

Zwei Schnitte im Dreieck sind von besonderer Bedeutung (Abb. 1.42b):

- Durch die Verbindungslinie eines beliebigen Punktes einer Dreieckseite mit der gegenüberliegenden Ecke (z. B. Ax) sind alle Gemische gekennzeichnet, die die Komponenten B und C in demselben Verhältnis enthalten.

- Durch eine Parallele zu einer Dreieckseite (z. B. yz) sind alle Gemische gekennzeichnet, die die Komponente A in demselben Anteil enthalten.

Scheidet sich eine der Komponenten im reinen Zustande als Gas, Flüssigkeit oder Kristall aus der Mischung aus, muss sich die Zusammensetzung der zurückbleibenden Mischung auf einer Geraden bewegen, die durch den Zusammensetzungspunkt der Mischung und den Eckpunkt der zur Ausscheidung gelangenden Komponente geht. Der Punkt, der die Zusammensetzung der zurückbleibenden Mischung darstellt, wird sich hierbei von der betreffenden Dreiecksecke fortbewegen. Alle Punkte, die auf der Verbindungslinie (Konode) zweier ternärer Systeme der Zusammensetzungen P und Q liegen, sind Gemische dieser Systeme, deren Menge z. B. gegeben ist durch das Verhältnis RQ/RP. Der Punkt R repräsentiert also ein Gemisch der Systeme P und Q. Dabei gilt für die Mengen dieser Systeme:

$$\frac{\text{Menge von P}}{\text{Menge von Q}} = \frac{\text{RQ}}{\text{RP}}\,.$$

Man nennt diese Beziehung das Gesetz der geraden Verbindungslinie. Es entspricht dem Hebelgesetz des Zweikomponenten-Systems.

1.8.2 Ternäre Systeme aus drei flüssigen Komponenten

Bezüglich der teilweisen gegenseitigen Löslichkeit der Komponenten werden folgende Fälle unterschieden:

- Ein Paar der drei Flüssigkeiten ist teilweise mischbar.
- Zwei Paare der drei Flüssigkeiten sind teilweise mischbar.
- Alle Paare der drei Flüssigkeiten sind teilweise mischbar.

Ein Paar der drei Flüssigkeiten ist teilweise mischbar.

Von den drei Komponenten A, B und C des Systems sollen bei der gegebenen Temperatur A und B sowie A und C vollständig miteinander mischbar sein. B und C sollen eine Mischungslücke besitzen. Dieser Sachverhalt lässt sich durch das Diagramm der Abb. 1.43 wiedergeben. Liegt zunächst nur das System aus B und C vor, gibt die Strecke bc die Mischungslücke dieser beiden Komponenten wieder. Für Zusammensetzungen links von b liegt eine ungesättigte Lösung von C in B vor, rechts von c eine von B in C. Systeme, deren Totalzusammensetzung zwischen b und c liegt, zerfallen in zwei flüssige Phasen der Zusammensetzung b und c. Durch Zusatz von A zu B und C verändert sich die Mischungslücke, sie wird kleiner und entspricht zunächst der Strecke b′c′, weil sich ein Teil von A in B und ein anderer Teil in C löst. Für die Mischungen AB bzw. AC ist die Mischungslücke kleiner. Würde sich A in B und C in demselben Ausmaße lösen, verliefe die neue Mischungslücke b parallel zur Strecke bc. Im vorliegenden Fall ist A in C löslicher als in B, wodurch die Asymmetrie im geometrischen Bild erklärt wird. Bei weiterem Hinzufügen von A wird die Mischungslücke immer kleiner und verschwindet schließlich. Im Punkte K haben die beiden Mischungen dieselbe Zusammensetzung, d. h. die beiden Phasen sind zu einer geworden. Der Punkt K wird **kritischer Punkt** genannt.

Die Linie bKc, welche die Endpunkte der Konoden miteinander verbindet, heißt **Binodalkurve**. Sie besitzt im vorliegenden Fall ein Maximum bei M. Dieses Maximum fällt in jenen Systemen mit dem kritischen Punkt zusammen, bei denen A in den beiden konjugierten Phasen die gleiche Löslichkeit besitzt. Mischt man B und C in dem Massenverhältnis, in dem sie im kritischen Punkt vorliegen (dieses Verhältnis wird durch den Punkt E angegeben) und fügt man diesem Zweiphasensystem allmählich A zu, ist der relative Anteil aller drei Komponenten

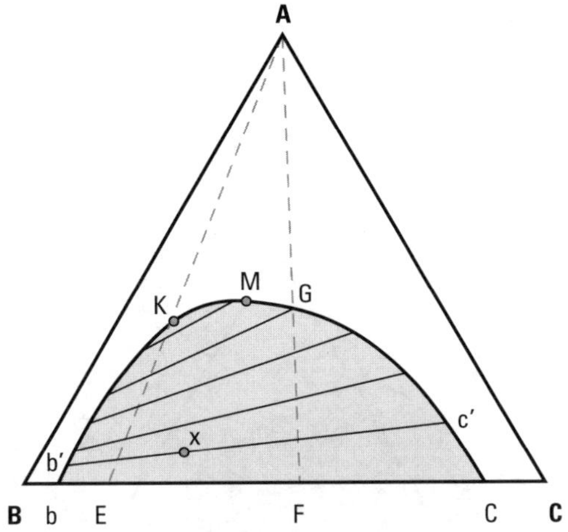

Abb. 1.43 Ternäres System mit Mischungslücke zwischen einem Paar der Komponenten.

durch die auf der Geraden EK liegenden Punkte gegeben. Nähert man sich so dem Punkt K, bleiben die B-haltige und die C-reiche Phase in vergleichbaren Mengen nebeneinander bestehen, bis sie sich im Punkt K miteinander vereinigen, ohne dass man dabei entscheiden könnte, welche der beiden Phasen verschwindet. Wiederholt man diesen Vorgang bei einem anderen Massenverhältnis von B und C, z. B. bei dem durch den Punkt F gegebenen, nimmt, wenn man sich dem Punkt G nähert, die B-haltige Phase kontinuierlich ab, bis sie beim Erreichen dieses Punktes völlig verschwindet und nur die C-reiche Phase zurückbleibt.

Das, was bei den binären flüssigen Systemen mit Mischungslücke durch Temperatursteigerung erreicht wurde, nämlich das Verschwinden der Mischungslücke, wird hier bei konstanter Temperatur durch den A-Zusatz bewirkt, allerdings unter Übergang in ein ternäres System.

Außerhalb der Binodalkurve ist das System homogen flüssig und besitzt nach der Phasenregel vier Freiheiten: $P = K + 2 - P = 3 + 2 - 1 = 4$. Da zwei Freiheiten, Druck und Temperatur, festgelegt sind, hat das System tatsächlich nur zwei Freiheiten, nämlich die Konzentrationsangaben für zwei Komponenten, die das System allein bestimmen. Man kann zu einer Komponente die beiden anderen in beliebigen Mengenverhältnissen hinzufügen, ohne dass das System in zwei flüssige Phasen zerfällt, wenn nur die Totalzusammensetzung außerhalb der Binodalkurve liegt. Zur vollständigen Bestimmung des Systems sind also zwei Konzentrationsangaben notwendig. Innerhalb der Binodalkurve $bKMc$ stehen zwei flüssige Phasen miteinander im Gleichgewicht, deren Zusammensetzungen durch die Endpunkte der jeweiligen Konoden angegeben werden. Nach der Phasenregel gilt in diesem Fall: $F = K + 2 - P = 3 + 2 - 2 = 3$.

Sind Druck und Temperatur festgelegt, ist nur eine Freiheit vorhanden, das System ist univariant. Eine Konzentrationsangabe, die die Lage einer der konjugierten flüssigen Phasen auf der Binodalkurve festlegt, genügt, das System zu bestimmen. Entspricht z. B. die Totalzusammensetzung des Systems dem Punkt x der Abb. 1.43, genügt eine Konzentrationsangabe, um die konjugierte flüssige Phase b′ auf der Binodalkurve zu bestimmen. Die Zusammensetzung der konjugierten Phase c′ ist durch den Schnittpunkt der durch b′x gelegten Geraden mit der Binodalkurve gegeben. Im Übrigen gilt auch hier die Hebelbeziehung, d. h. ein Gemisch der Totalzusammensetzung x zerfällt in zwei flüssige Phasen der Zusammensetzung b′ und c′, deren Mengen sich zueinander verhalten wie xc′:xb′.

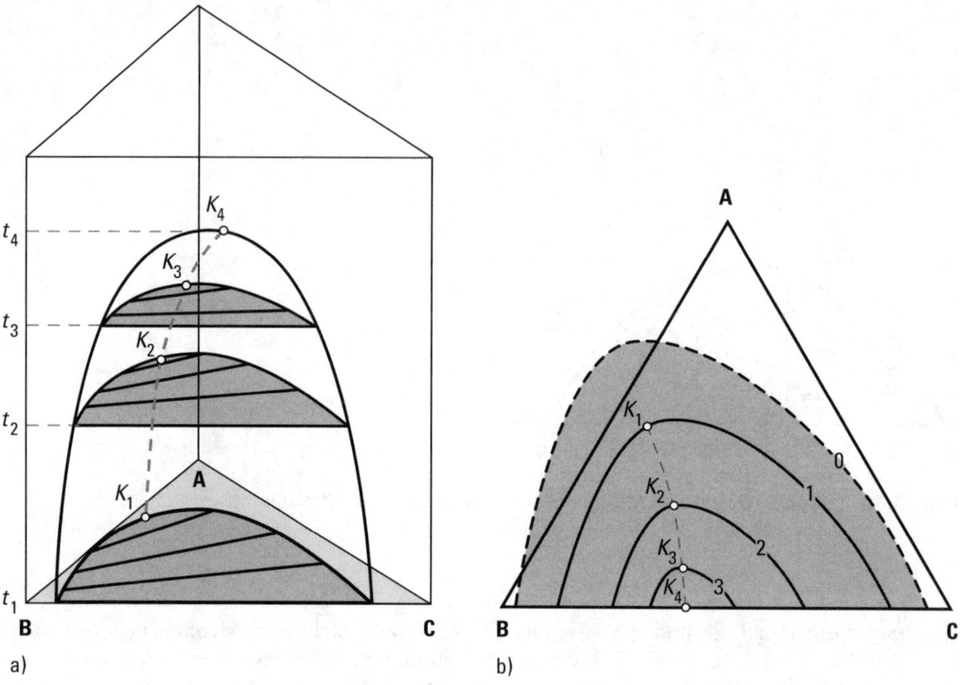

Abb. 1.44 (schematisch). Abhängigkeit der Mischungslücke von der Temperatur; a): Raumdiagramm; b): Projektion der Binodalkurven auf das Konzentrationsdreieck.

Beispiele für derartige ternäre Systeme sind:

$$CH_3COOH{-}CHCl_3{-}H_2O,\ CH_3COOC_2H_5{-}C_2H_5OH{-}H_2O,\ C_2H_5OH{-}C_6H_6{-}H_2O\,.$$

Die Temperaturabhängigkeit eines Dreikomponentensystems bei konstantem Druck wird durch ein Raumdiagramm (Abb. 1.44) dargestellt, in dem man die Temperatur auf einer zur Dreiecksebene senkrechten Achse aufträgt. Das gesamte Raumdiagramm wird durch den Mantel eines Prismas abgegrenzt, dessen Grundfläche ein gleichseitiges Dreieck ist. In den zur Grundfläche parallelen Schnittebenen können die isothermen Gleichgewichtsverhältnisse dargestellt werden. Das Gleichgewicht zweier kondensierter Phasen bei konstanter Temperatur wird durch eine Kurve in der isothermen Ebene dargestellt, die der Schnittlinie dieser Ebene mit der den gesamten Koexistenzbereich dieser beiden Phasen darstellenden Raumfläche entspricht.

Für verschiedene Temperaturen erhält man verschiedene Binodalkurven (Abb. 1.44). In der Regel schrumpft die Fläche unter der Binodalkurve mit steigender Temperatur, da hierbei die gegenseitige Löslichkeit erhöht wird. Bei sinkender Temperatur dehnt sich die Fläche aus, wobei es zum Schnitt mit einer gegenüberliegenden Seite kommen kann. Die gewölbte Fläche im Raumdiagramm, welche die Binodalkurven umhüllt, heißt Binodalfläche; sie grenzt ein heterogenes Gebiet des ternären Systems von dem umgebenden homogenen Gebiet ab. Die Konoden in den Mischungslücken drehen sich mit steigender Temperatur so, dass sie sich einer der Geraden BC parallelen Lage annähern, die sie im Grenzfall (Punkt K_4) mit verschwindender Menge an A erreichen würden.

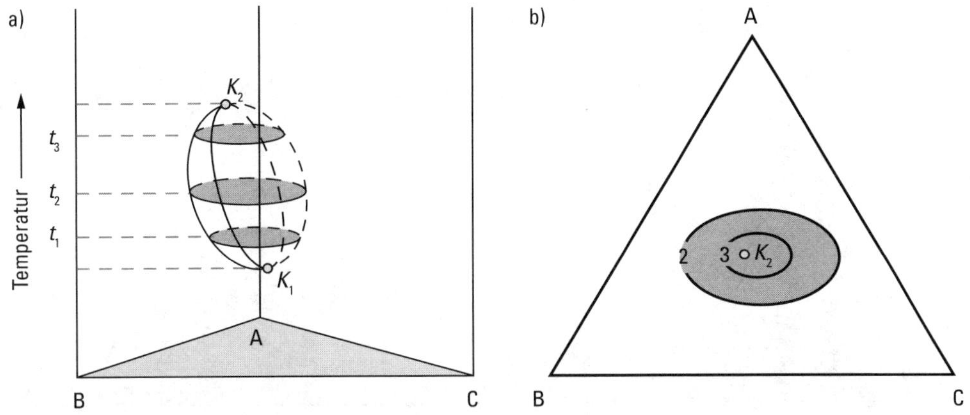

Abb. 1.45 Geschlossene Mischungslücke im ternären System mit oberem und unterem kritischen Punkt (schematisch). a) Raumdiagramm, b) Konzentrationsdreieck

Im Allgemeinen verzichtet man bei der Darstellung des Temperatureinflusses auf die räumliche Darstellung und projiziert die Binodalkurven bei den verschiedenen Temperaturen auf das Konzentrationsdreieck als Grundfläche (Abb. 1.44b). Die Kurven 0, 1, 2 und 3 stellen die Projektion der Binodalkurven bei vier verschiedenen Temperaturen dar. Bei der tiefsten Temperatur (Binodalkurve 0) hat sich die Mischungslücke bis zum Schnitt mit der Seite AB ausgedehnt. Das bedeutet, dass jetzt nicht nur B und C, sondern auch A und B eine Mischungslücke besitzen. Mit steigender Temperatur wandern die kritischen Punkte auf der gestrichelten Kurve von K_1 nach K_4. Im Punkte K_4 ist die Mischungslücke eben verschwunden. Die zugehörige Temperatur ist aber nicht die kritische Lösungstemperatur des ternären Systems, sondern die des binären Systems BC, da im Punkt K_4 kein A mehr vorhanden ist.

Existiert eine Mischungslücke im ternären System, die sich mit sinkender und steigender Temperatur schließt, erhält man ein Raumdiagramm (Abb. 1.45a), dessen Projektion in das Konzentrationsdreieck (Abb. 1.45b) zu geschlossenen Kurven führt, die die Seiten nicht berühren. Die Kurven 2 und 3 repräsentieren die Projektion der Binodalkurven bei den Temperaturen t_2 und t_3. Die zugehörige Temperatur des Punktes K_2 ist die obere kritische Lösungstemperatur des ternären Systems. Die Binodalkurve bei t_1 und K_1 sind nicht eingezeichnet.

Zwei Paare der drei Flüssigkeiten sind teilweise mischbar.

Wenn nicht nur die Komponenten B und C eine Mischungslücke besitzen, sondern auch die Komponenten A und B, dann können zwei Binodalkurven auftreten (Abb. 1.46a).

Bei einem derartigen System gibt es Mischungen der Komponenten A und C, nämlich diejenigen zwischen d und e, die bei einem Zusatz von B homogen bleiben und zwar bis zu reinem B hin. Bei allen anderen Mischungen von A und C tritt durch den Zusatz von B vorübergehend Entmischung ein. Mit sinkender Temperatur können sich die Mischungslücken schließlich überschneiden; dann ergeben die Mischungslücken beider Komponenten zusammen ein mehr oder weniger breites Band, das sich von der Seite AB bis zur Seite BC erstreckt (Abb. 1.46b). Ein solches Band kann auch entstehen, wenn nur eine Mischungslücke etwa zwischen B und C existiert und diese sich mit sinkender Temperatur bis zum Schnitt mit der Seite AB ausdehnt, etwa gemäß der Abb. 1.44 für die Binodalkurve bei der niedrigsten Temperatur. Beim

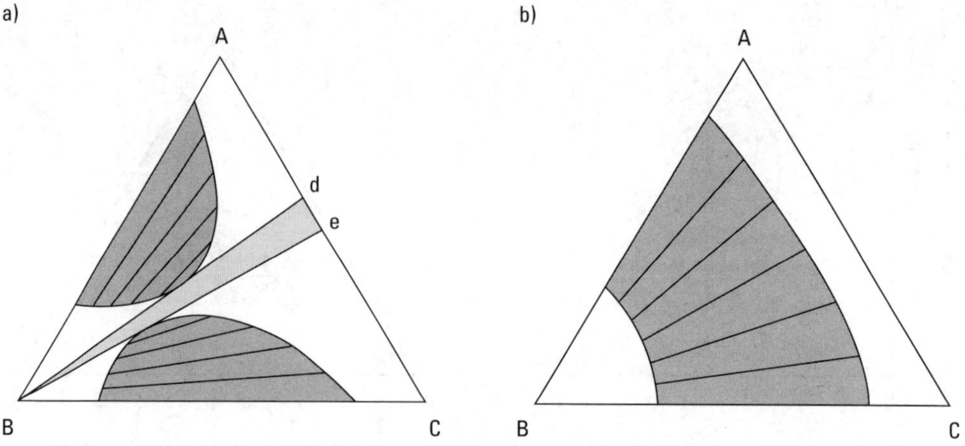

Abb. 1.46 a) Mischungslücke zwischen zwei Paaren der Komponenten (schematisch); b) System mit zwei sich überschneidenden Mischungslücken (schematisch).

Vorliegen eines solchen Bandes (Abb. 1.46b) kann man daher nicht von vornherein sagen, ob bei Temperaturerhöhung das Band in zwei oder eine Mischungslücke aufgespalten wird. Ein Beispiel für ein Diagramm der Abb. 1.46b ist das System **Ethylacetat-Wasser-n-Butylalkohol** bei Raumtemperatur; ein Beispiel für zwei getrennte Mischungslücken das System **Wasser-Ethanol-Bernsteinsäurenitril** zwischen 13 °C und 31 °C.

Alle Paare der drei Flüssigkeiten sind teilweise mischbar.

Hier treten (Abb. 1.47a) drei getrennte Binodalkurven mit den entsprechenden Paaren konjugierter ternärer Systeme auf. Wenn die drei Mischungslücken einander überschneiden bzw. ein solches Verhalten bei sinkender Temperatur zeigen, kann ein Diagramm der Abb. 1.47b entstehen. Die freien Felder an den Spitzen des Dreiecks entsprechen homogenen, flüssigen Phasen des ternären Systems. Alle Totalzusammensetzungen des Systems innerhalb der Mischungslücke zwischen B und C, die nach dem Innern des Dreiecks zu durch die Linie EF begrenzt wird, zerfallen in zwei konjugierte flüssige Phasen des ternären Systems, deren Zusammensetzung durch die entsprechenden Punkte der Binodalkurven bE und cF bestimmt sind. Analoges gilt für die beiden anderen Mischungslücken. Fällt dagegen die Totalzusammensetzung des Systems in das Dreieck DEF, so treten drei konjugierte ternäre Phasen auf, deren Zusammensetzungen durch die Punkte D, E und F gegeben sind. Das gilt für alle Punkte innerhalb des Dreiecks DFE.

Die einzige Variationsmöglichkeit liegt im Mengenverhältnis der drei flüssigen Phasen, das je nach der Lage des Punktes innerhalb des Dreiecks DEF, d. h. je nach der Totalzusammensetzung, verschieden ist. Nach der Phasenregel beträgt die Zahl der Freiheiten beim Auftreten von drei Phasen $P = K + 2 - P = 3 + 2 - 3 = 2$. Da beide Freiheiten (Druck und Temperatur) schon vergeben sind, ist das System für alle Totalzusammensetzungen, die in das Dreieck DEF fallen, nonvariant. Dieser Sachverhalt findet darin seinen Ausdruck, dass die Zusammensetzung der drei im Gleichgewicht befindlichen ternären Phasen stets den Punkten D, E und F entspricht. Ein bekanntes Beispiel für ein derartiges Verhalten ist das System **Wasser-Ether-Bernsteinsäurenitril**. Die Mengen der drei ternären Phasen D, E und F werden durch die Schwerpunktbeziehung geregelt, die am Beispiel der Abb. 1.47b erläutert wird. Bei

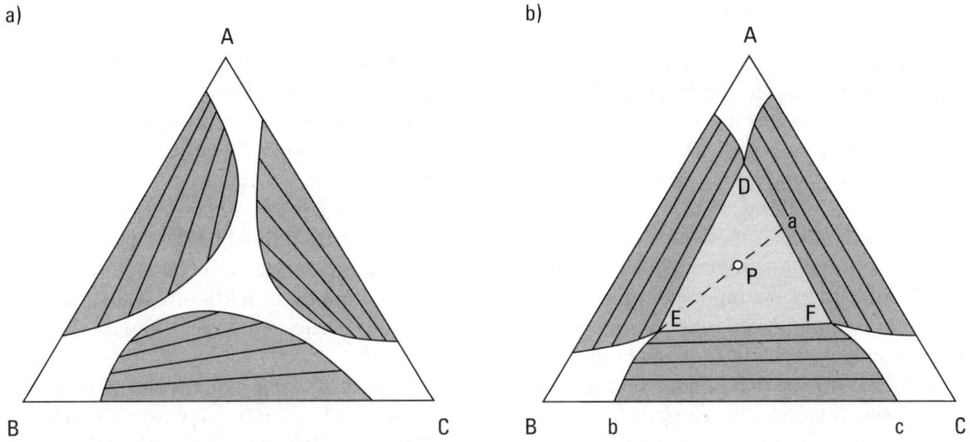

Abb. 1.47 a) System mit Mischungslücken zwischen drei Paaren (schematisch); b) System mit Dreiphasendreieck.

der Totalzusammensetzung P gelten für die Mengen der Phasen gemäß dieser Beziehung, die der Hebelbeziehung für binäre Systeme entspricht, folgende Proportionen:

1. F : D = aD : aF
2. E : (D+F) = aP : EP
3. E : (E + D+F) = aP : aE.

Wobei die großen Buchstaben auf der linken Seite der Gleichungen Mengen der entsprechenden Phasen darstellen. Analog ergeben sich Gleichungen für die anderen möglichen Kombinationen. Das Dreieck DEF wird auch **Konoden- oder Dreiphasendreieck** genannt. Das Raumdiagramm hat die Gestalt dreier sich durchdringender Kegel, die in Längsrichtung durch den Mantel eines dreiseitigen Primas abgeschnitten sind.

1.8.3 Ternäre Systeme mit festen Phasen

Einführende Bemerkungen

Die Diagramme von ternären Systemen mit flüssigen und festen Phasen sind unentbehrliche Hilfsmittel in der Metallurgie zum Studium von Metalllegierungen, in der Keramik zur Untersuchung der Eigenschaften verschiedener Zemente und Tonwaren und bei der Prüfung der Salzgewinnungsmöglichkeiten, z. B. aus Salzseen. Sie können kompliziert werden, besonders wenn sich binäre oder ternäre, kongruent oder inkongruent schmelzende Verbindungen mit begrenzter gegenseitiger Löslichkeit bilden. Bei den ternären Systemen hat man dieselbe Abwandlung der Grundsysteme wie bei den binären Systemen. Die meisten praktischen Fälle lassen sich als Kombination solcher Grundtypen deuten. Bei nachfolgender Erörterung soll der einfachste Fall der vollständigen Mischbarkeit der flüssigen und der vollständigen Unlöslichkeit der festen Phasen ineinander berücksichtigt werden. Mit einer Ausnahme wird nach Abb. 1.52 auch die vollständige Mischbarkeit der festen Phasen ineinander berücksichtigt.

Das Raumdiagramm

Die Gleichgewichte zwischen den flüssigen und festen Phasen eines Dreikomponentensystems müssen durch eine räumliche Darstellung wiedergegeben werden. Die Konzentrationen werden durch ebene Dreieckskoordinaten festgelegt. Die Temperaturachse steht senkrecht zu der Dreiecksebene im Raum. Dadurch wird das Raummodell des ternären Systems ein dreiseitiges Prisma, in dem jede Seitenfläche einem der drei binären Systeme der Komponenten zugeordnet ist. Diese Darstellungsweise soll, wie oben erwähnt, am einfachsten System erklärt werden, in dem alle drei Komponenten A, B und C im flüssigen Zustand unbegrenzt mischbar sind, aber weder feste Lösungen (Mischkristalle) noch Verbindungen bilden (Abb. 1.48). In diesem Fall besitzt jedes Komponentenpaar (AB, AC, BC) ein binäres Eutektikum (D, E, F) wie es schon bei den Zweikomponentensystemen beschrieben wurde. Außerdem bilden alle drei Komponenten noch ein ternäres Eutektikum (G).

Während im entsprechenden binären System die Primarkristallisation durch eine Kurve (Soliduskurve, Schmelzkurve, Löslichkeitskurve) dargestellt werden konnte, müssen im ternären System dafür Schmelzflächen (AEGD, CEGF und BFGD) auftreten. Wird z. B. im Bereich der homogenen Schmelze über der Fläche CEGF ein System der Totalzusammensetzung x gewählt, so wird bei allmählichem Abkühlen und Erreichen dieser Fläche im Punkt y die Kristallisation zunächst von reinem C eintreten. Dadurch wird die Schmelze C-ärmer; ihre Zusammensetzung wird sich im Raumdiagramm von C weg zur Mitte des Diagramms hin bewegen. Dabei wird, je nachdem ob in der Ausgangsmischung die Komponente B oder A überwiegt, schließlich die Linie FG oder *EG* erreicht. Nun beginnt neben C auch B bzw. A auszukristallisieren und die Zusammensetzung der Schmelze bewegt sich, indem sich ständig das binäre Eutektikum abscheidet, auf der Linie FG oder EG dem Punkt G zu. In diesem Punkt, dem ternären Eutektikum, scheiden sich alle drei Komponenten nebeneinander bei konstanter Temperatur ab, bis die gesamte Schmelze verbraucht, also alles erstarrt ist. Beim ternären Eutektikum sind vier Phasen miteinander im Gleichgewicht. Nach der Phasenregel gilt $F = K + 2 - P = 3 + 2 - 4 = 1$, d. h., das System ist im ternären Eutektikum invariant ($F = 0$), da der Druck festgelegt ist. Die Abkühlungskurve dieses ternären Systems mit der Totalzusammensetzung x besitzt zwei Knickpunkte, die dem Beginn der primären sowie sekundären eutektischen Kristallisation entsprechen, und einen Haltepunkt der ternären eutektischen Kristallisation.

In Abb. 1.48b sind die Mehrphasenkurven bzw. -flächen des Raumgitters auf die Grundfläche des Prismas projiziert. Die Schmelzverhältnisse des Raumgitters werden durch eine derartige Projektion wiedergegeben, wobei man die Flächen der drei binären Teilsysteme in die Grundfläche herunterklappt. Den Punkten x, y und z der Abb. 1.48a entspricht also der Punkt x der Abb. 1.48b, der die Zusammensetzung der Ausgangsmischung angibt. Erreicht die Temperatur den Punkt o′ der Abb. 1.48a, zerfällt die ursprüngliche Schmelze in die Kristalle der reinen Komponente C und die Restschmelze o, die in Abb. 1.48b mit x′ bezeichnet ist. Die Punkte x und x′ sind durch die von C′ ausgehende Gerade verbunden.

Mit anderen Worten: Mit zunehmender Abscheidung von C bewegt sich die Zusammensetzung der Restschmelzen von C′ weg auf der Geraden C′x′. Durch die mit sinkender Temperatur vermehrte Abscheidung von C wird die Restschmelze immer reicher an A und B, bis ihre Zusammensetzung schließlich im Punkte m die Kurve E′G′ erreicht und damit an A gesättigt ist. Bei weiterer Abkühlung scheidet sich nun neben C auch A aus. Die Zusammensetzung der Restschmelze bewegt sich bei weiterer Abkühlung auf der Kurve mG′ zum ternären Eutektikum G′ hin. Bei allen Mischungen, deren Zusammensetzungen durch Punkte im Felde C′E′G′F′ gekennzeichnet sind, kristallisiert primär C. Entsprechendes gilt von den Flächen E′A′D′G′ bzw. B′D′G′F′ für die Komponenten A bzw. B. Bei allen Mischungen, deren Zusammensetzungen durch Punkte im Dreieck A′G′C′ gekennzeichnet werden, findet nach primärer

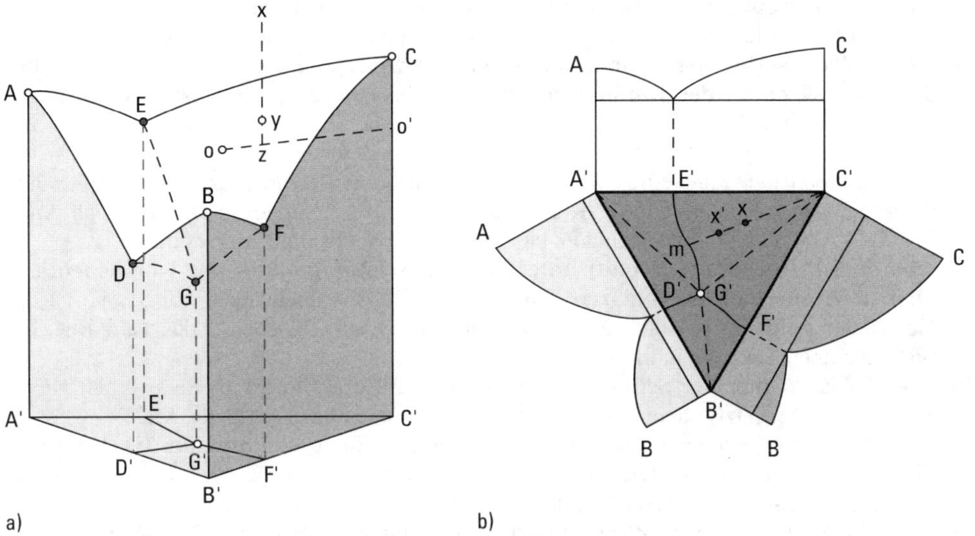

Abb. 1.48 (schematisch). Ternäres System mit reinen festen Phasen und einer flüssigen Phase. a) Raumdiagramm; b) Projektion des Raumdiagramms auf die Grundebene (Konzentrationsebene).

Abscheidung der einen Komponente die Kristallisation des binären Eutektikums entlang der Kurve E′G′ unter Abscheidung von A und C statt. Liegt die Anfangskonzentration dabei im Teilfeld C′E′G′, so kristallisiert primär C. Liegt die Totalzusammensetzung im Teilfeld A′E′G, kristallisiert primär A aus. Analoges gilt von den Dreiecken C′G′B′ und A′B′G′.

Die Kristallisationsvorgänge in einem ternären System mit einem einfachen Eutektikum zeigen, dass das zugehörige Raumdiagramm aus insgesamt acht Zustandsräumen besteht, nämlich aus einem Raum der homogenen Schmelze, aus je drei Räumen der primären bzw. sekundären, eutektischen Kristallisation und aus einem Raum der vollständig erstarrten Schmelze.

Isotherme Schnitte

Nachfolgend sollen einige ausgewählte Horizontalschnitte (Isotherme Schnitte) durch das Raumdiagramm der Abb. 1.48a eine Übersicht über Phasen geben, die bei einer bestimmten Temperatur koexistieren.

- **Liegt die Temperatur so hoch, dass das gesamte System noch flüssig ist**, zeigt der Horizontalschnitt nur ein gleichseitiges Dreieck, dessen Punkte den verschiedenen Zusammensetzungen der homogenen Schmelzen entsprechen, ohne dass Phasengrenzen auftreten.
- **Abb. 1.49a: Isothermer Schnitt oberhalb des binären Eutektikums E, aber nach bereits einsetzender Primärkristallisation von C und A**. Hier deuten die Linien mn den Schnitt der Horizontalebene mit der Fläche der Primärkristallisation von C und op den Schnitt mit der Primärkristallisationsfläche von A an. Die beiden Linien grenzen das Gebiet der homogenen Schmelze von dem Zweiphasenraum S + A bzw. S + C ab. Eine Schmelze der Totalzusammensetzung x innerhalb der Fläche Cmn zerfällt beim Abkühlen auf die Temperatur des Horizontalschnitts in die reine Komponente C und Schmelze S, deren Zusammensetzung durch den Schnittpunkt q der Geraden Cxq mit der Linie **mn** gegeben ist. Diese Zusammenhänge gelten für jede andere Konode der Fläche Cmn.

- **Abb. 1.49b: Isothermer Schnitt durch das binäre Eutektikum E**. Sachverhalt wie in Abb. 1.49a, aber jetzt schneiden sich die Kurven mn und op auf der Seite AC.
- **Abb. 1.49c: Isothermer Schnitt unterhalb des binären Eutektikums E, aber über dem Schmelzpunkt der Komponente B**. Alle Mischungen, deren Zusammensetzungen Punkten im Feld S entsprechen, bilden eine homogene Schmelze. Jede Mischung, deren Zusammensetzung durch Punkte im Feld Cmn wiedergegeben werden kann, zerfällt in die reine Komponente C und eine Schmelze, deren Zusammensetzung durch den Schnittpunkt der zugehörigen Konode mit der Kurve mn gegeben ist. Analoges gilt für den Fall Amo. Das Feld AmC entspricht der binären eutektischen Kristallisation von A und C.
- **Abb. 1.49d: Isothermer Schnitt unterhalb des Schmelzpunktes der Komponente B, aber noch oberhalb des binären Eutektikums D**. Ausgehend von Abb. 1.49c ist das Gebiet der primären Kristallisation von B hinzu gekommen, ebenso das Feld BnC der binären eutektischen Kristallisation von B und C.
- **Abb. 1.49e: Isothermer Schnitt durch das binäre Eutektikums D**. Sachverhalt wie in Abb. 1.49d, aber jetzt schneiden sich die Kurven pm und no auf der Seite AB.
- **Abb. 1.49f: Isothermer Schnitt unterhalb der drei binären Eutektika (D, E,F,) und oberhalb des ternären Eutektikums G**. Sachverhalt wie in Abb. 1.49e, aber es hat binäre eutektische Kristallisation von A und B eingesetzt.
- **Abb. 1.49g: Isothermer Schnitt durch das ternäre Eutektikum G**. Die Felder der primären Kristallisation sind zu einer Grenzgeraden geschrumpft und die Gebiete der binären eutektischen Kristallisation berühren sich einander.

Vertikalschnitte

Das Verhalten der betreffenden ternären Legierungen bzw. Mischungen beim Abkühlen kann auch durch Vertikalschnitte durch das Zustandsprisma erfolgen. Sie entsprechen den Schmelzdiagrammen binärer Systeme. Um möglichst einfache Verhältnisse zu bekommen, wählt man zur Aufstellung des Raumdiagramms die Schnitte so aus, dass die Zusammensetzung der Mischungen entweder auf einer Geraden von einer Dreieckseite zum gegenüberliegenden Eckpunkt oder auf einer Parallelen zu einer Dreieckseite liegen.

Darauf soll hier nicht näher eingegangen werden, da ihre Bedeutung nicht sehr groß ist. Es bestehen wesentliche Unterschiede zwischen den Vertikalschnitten und dem analogen Diagramm binärer Systeme. So gestatten die meisten Kurven der Vertikalschnitte keine Aussage über die Zusammensetzung der im Gleichgewicht befindlichen Phasen und sind lediglich die Durchstoßpunkte der verschiedenen Konoden durch die Schnittebene. Einige Phasen mit bestimmter Zusammensetzung können nur durch Punkte außerhalb der Schnittebene charakterisiert werden. Der Leser möge sich davon selbst an einem einfachen Vertikalschnitt durch das Zustandsprisma von Abb. 1.48.a überzeugen und kann sich zusätzlich der Lösung einer formulierten Aufgabenstellung (Kap. 2.11, Frage 149) stellen.

Diese Aussagen machen deutlich, dass die Horizontalschnitte weitreichendere Schlüsse auf die Form des ternären Zustandsdiagramms gestatten, als die Vertikalschnitte. Daher ist man bemüht, die Zahl der untersuchten Horizontalschnitte möglichst groß zu machen, um das ternäre Zustandsdiagramm eindeutig aufbauen zu können.

1.8.4 Wässrige Lösungen von zwei Salzen

Zu den ternären Systemen gehören auch die wässrigen Lösungen zweier Salze mit einem gemeinsamen Ion. Die Bedingung, dass die beiden Salze ein gemeinsames Ion haben, ist

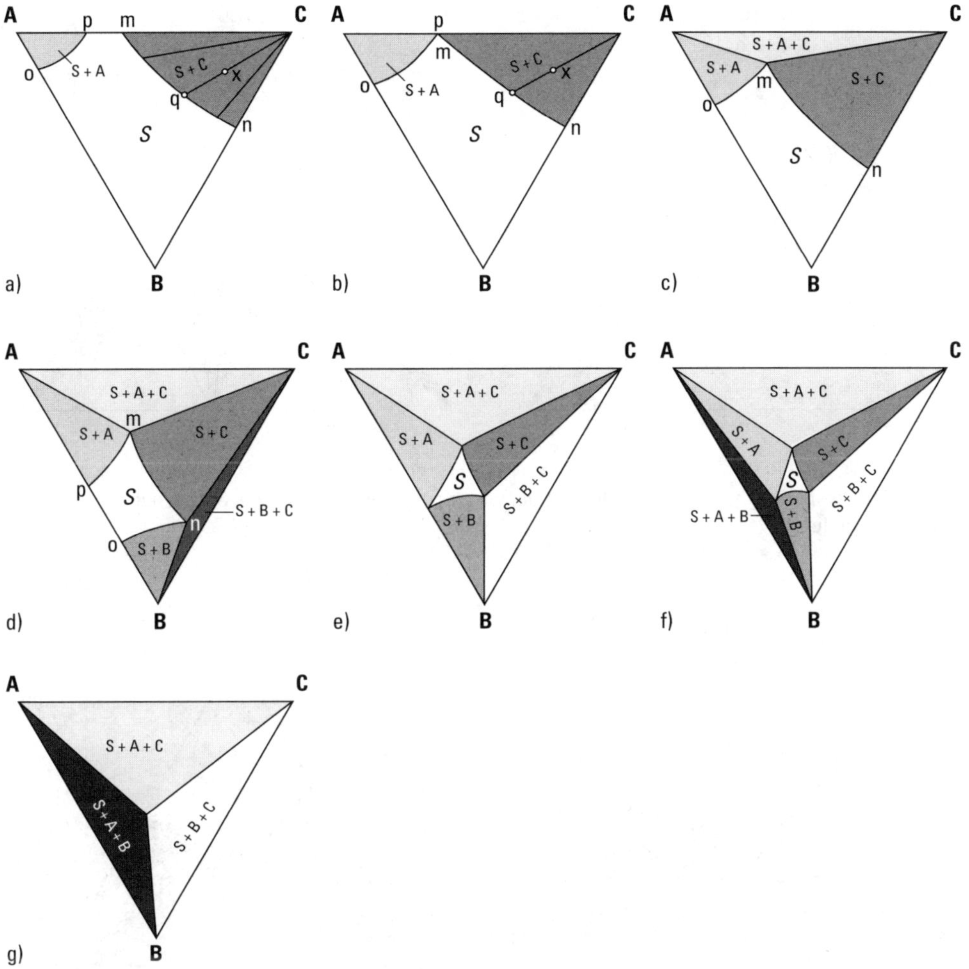

Abb. 1.49 Isotherme Schnitte durch das Raumdiagramm der Abb. 1.48a bei verschiedenen Temperaturen.

notwendig; andernfalls muss man mit einer vierten Komponente rechnen, da in den festen Phasen ein durch Ionenaustausch entstandenes Salz auftreten kann.

Die Darstellung der Verhältnisse in einem solchen System geschieht im Konzentrationsdreieck. Das System ist prinzipiell durch ein Prisma der Abb. 1.48a darstellbar, wobei der Schmelzpunkt des Wassers sehr viel tiefer liegt als der der beiden anderen Komponenten, so dass in der Abb. 1.48a der Punkt B sehr viel tiefer liegt als A und C. Dadurch schrumpft die Fläche DBFG zugunsten der anderen Flächen der primären Kristallisation außerordentlich stark zusammen. Da man im Allgemeinen bei derartigen Systemen oberhalb 0 °C bleibt, d. h. oberhalb des Beginns der primären Kristallisation des Wassers, treten in isotherm-isobaren Horizontalschnitten, die man hier fast ausschließlich zur Kennzeichnung des Systems heranzieht, nur die Schnittlinien der Horizontalebene mit den Flächen der primären Kristallisation

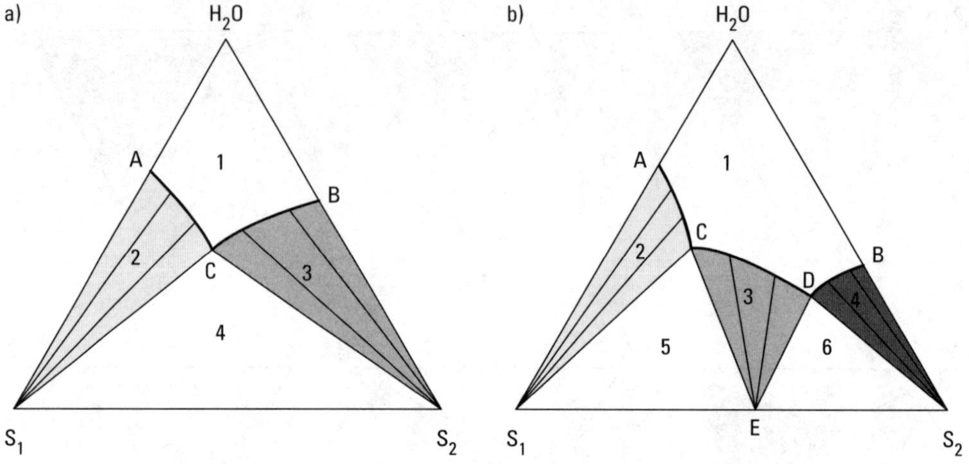

Abb. 1.50 Isobar-isotherme Phasendiagramme wässriger Lösungen von zwei Salzen mit gemeinsamem Ion.

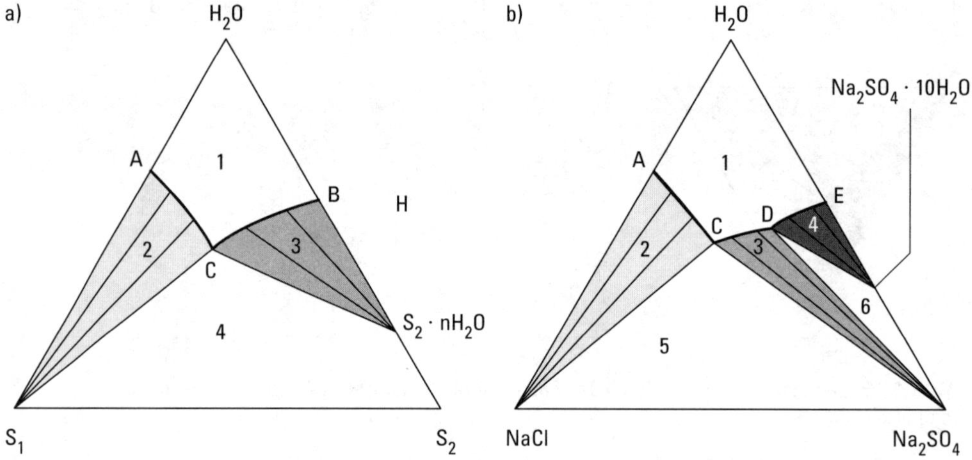

Abb. 1.51 a) Ein Salz kristallisiert wasserfrei, das andere bildet ein Hydrat; b) Das System $NaCl{-}Na_2SO_4 \cdot 10\,H_2O$ bei 25 °C.

der beiden Salze auf. Diese Schnittlinien sind identisch mit den Löslichkeitskurven der Salze bzw. Bodenkörper, die in dem System auftreten können.

In Abb. 1.50 sind zwei einfache Diagrammtypen für Salze dargestellt, die keine festen Lösungen (Mischkristalle) bilden. Die Punkte A und B in beiden Diagrammen geben die Zusammensetzung der gesättigten Lösungen an, in denen jeweils nur ein Salz gelöst ist.

Im Diagramm der Abb. 1.50a stellt die Kurve AC das Gleichgewicht zwischen dem festen Salz S_1 und seiner gesättigten Lösung dar, in der noch das Salz S_2 gelöst ist. Die Kurve BC drückt das Gleichgewicht zwischen dem festen Salz S_2 und seiner gesättigten, noch das gelöste

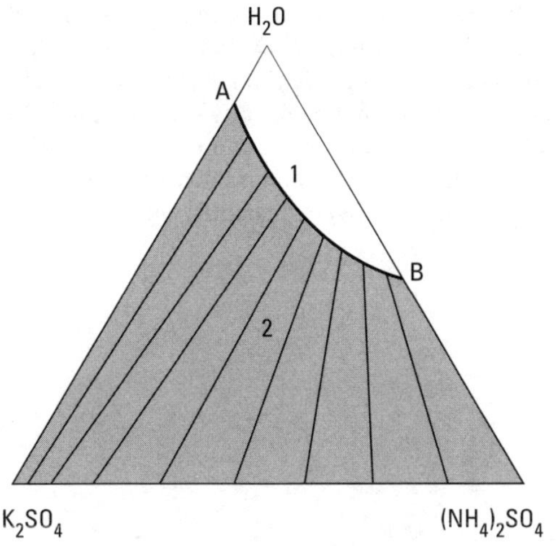

Abb. 1.52 Isobar-isothermes Diagramm des Systems K_2SO_4–$(NH_4)_2SO_4$–H_2O.

Salz S_1 enthaltenden Lösung aus. Diese Kurven sind die einem univarianten Gleichgewicht ($F = 1$) entsprechenden Löslichkeitskurven. Der jeweilige Bodenkörper besteht aus dem wasserfreien Salz, die Konoden laufen deshalb in den Punkten S_1 und S_2 zusammen.

Der Punkt C gibt die Zusammensetzung der gesättigten Lösung an, die sich mit beiden festen Salzen im invarianten Gleichgewicht befindet ($F = 0$). Die Fläche 1 grenzt das Gebiet des bivarianten Gleichgewichts ($F = 2$) ab und entspricht der ungesättigten Lösung. Die Flächen 2 und 3 sind Bereiche univarianter Gleichgewichte ($F = 1$), und jeder Punkt innerhalb dieser Flächen entspricht dem Gleichgewicht der gesättigten Lösung mit dem entsprechenden Salz. Verbindet man einen gegebenen Punkt mit dem Endpunkt des Dreiecks an der Peripherie dieser Fläche, so gibt der Punkt, in dem diese Verbindungslinie die Löslichkeitskurve schneidet, die Zusammensetzung der gesättigten Lösung an. Die Fläche 4 ist der Bereich eines invarianten Gleichgewichts ($F = 0$); bei jeder durch die Punkte innerhalb dieser Fläche festgelegten Gesamtzusammensetzung des Systems gibt der Punkt C die Zusammensetzung der gesättigten Lösung an. Diesen Diagrammtyp (Abb. 1.50a) weist z. B. das System Na_2SO_4–NaCl–H_2O bei Temperaturen oberhalb von 32,4 °C auf, bei denen Natriumsulfat kein Hydrat bildet.

Im Diagramm der Abb. 1.50b gibt der Punkt E die Zusammensetzung eines Doppelsalzes an und die Löslichkeitskurve CD entspricht der gesättigten Lösung dieses Salzes. Dieses System besitzt zwei invariante ($F = 0$) Punkte C und D, in denen sich die gesättigte Lösung im Gleichgewicht mit zwei festen Phasen befindet. Die Bereiche dieser invarianten Gleichgewichte sind durch die Flächen 5 und 6 gegeben. Die übrigen Flächen haben eine analoge Bedeutung wie im vorhergehenden Fall. Ein Beispiel dafür ist das System H_2O–NH_4NO_3–$AgNO_3$, in dem sich das Doppelsalz $NH_4Ag(NO_3)_2$ bildet.

Falls der eine Bodenkörper nicht aus dem wasserfreien Salz, sondern aus einem Hydrat $S_2 \cdot nH_2O$ besteht, so erhält man das Diagramm in Abb. 1.51a. Treten neben dem wasserfreien Salz als Bodenkörper auch dessen Hydrate auf, wie z. B. Na_2SO_4–NaCl–H_2O bei 25 °C, erhält man das Diagramm in Abb. 1.51b. Beide Diagramme sind ohne weitere Erläuterung verständlich.

Das Diagramm eines Systems, in dem beide Salze feste Lösungen bilden (sie sind isomorph und es entstehen Mischkristalle), ist in Abb. 1.52 für das System K_2SO_4–$(NH_4)_2SO_4$–H_2O gezeigt.

Dieses System hat keinen invarianten Punkt. Die stetige Löslichkeitskurve teilt das Dreieck in zwei Bereiche. Die Fläche 1 entspricht der ungesättigten Lösung ($F = 2$). Die Fläche 2 stellt den Bereich der gesättigten Lösung dar, die im Gleichgewicht mit einer festen Phase steht, d. h. mit der festen Lösung der beiden Salze und ein univariantes System ($F = 1$) bildet. Die Schnittpunkte der in der Fläche 2 eingezeichneten Geraden mit der Grundlinie des Dreiecks und mit der Löslichkeitskurve geben die Zusammensetzung der festen und flüssigen Phase für das Massenverhältnis der Komponenten in dem System an, dessen Gesamtzusammensetzung durch die Punkte auf diesen Geraden ausgedrückt ist.

2 Fragen ohne Antwort

2.1 Der Zustand eines Systems

1 Was versteht man in der Thermodynamik unter einem System?

2 Unterscheiden Sie zwischen homogenen und heterogenen Systemen!

3 Stellen die nachfolgenden Reaktionsgemische homogene oder heterogene Systeme dar? Welche Bedeutung haben die Symbole in den Klammern?

a) $Pb^{2+}_{(aq)} + S^{2-}_{(aq)} \rightleftharpoons PbS_{(s)}$

b) $CuO_{(s)} + Fe_{(s)} \rightleftharpoons FeO_{(s)} + Cu_{(s)}$

c) $N_{2(g)} + 3\,H_{2(g)} \rightleftharpoons 2\,NH_{3(g)}$

d) $CO(NH_2)_{2(s)} + H_2O_{(l)} \rightleftharpoons CO_{2(g)} + 2\,NH_{3(g)}$

4 Was sind Zustandsgrößen? Wann spricht man von Zustandsvariablen und wann von Zustandsfunktionen?

5 Wie unterscheiden sich extensive und intensive Zustandsgrößen?

6 Welche intensiven Zustandsgrößen leiten sich von extensiven ab?

7 Welche Bedeutung hat die Verwendung von Klein- und Großbuchstaben bei der Symbolisierung von Systemeigenschaften? Was bedeutet T?

8 Welches Kriterium müssen Zustandsgrößen erfüllen?

9 Welches Kriterium müssen Prozessgrößen erfüllen?

10 Wie kann das vollständige (totale) Differenzial der Änderung einer Zustandsgröße hergeleitet werden? $V = f(T, p)$ soll die Gleichung $V = T \cdot p$ erfüllen.

11 Was besagt der Schwarz'sche Satz? Welche Bedeutung hat er bei thermodynamischen Betrachtungen von Zustandsänderungen?

12 Mit welchen Zustandsänderungen befasst sich die chemische Thermodynamik vorwiegend?

13 Grenzen Sie die chemische Thermodynamik von der klassischen und statistischen Thermodynamik ab. Welche für die Praxis wichtigen Ergebnisse liefert die thermodynamische Betrachtung chemischer Reaktionen?

14 Wie kann man mit dem Schwarz'schen Satz nachweisen, dass V, p, T, U, H, S, F und G Zustandsgrößen, Q und W aber Prozessgrößen sind?

2.2 Der nullte Hauptsatz und die thermische Zustandsgleichung der Stoffe

15 Welche Aussagen macht der nullte Hauptsatz der Thermodynamik?

16 Welche Stoffe verfügen über die einfachste thermische Zustandsgleichung?

17 Was sind die typischen Eigenschaften von idealen Gasen?

18 Was beinhaltet die Maxwell'sche Geschwindigkeitsverteilung der Gasmoleküle?

19 Leiten Sie die Gasgesetze von a) Boyle-Mariotte und b) Gay-Lussac aus dem vollständigen Differenzial dV der Funktion $V = f(T,p)$ her. Verdeutlichen Sie beide Gesetze grafisch. Was sagen sie aus?

20 Leiten Sie das Amonton'sche Gasgesetz aus dem vollständigen Differenzial dp der Funktion $p = f(T,V)$ her und verdeutlichen Sie es grafisch. Was sagt das Gesetz aus?

21 Leiten Sie die thermische Zustandsgleichung für ideale Gase her. Was sagt sie aus?

22 Wie gelangt man mit der thermischen Zustandsgleichung des idealen Gases zur Festlegung des Nullpunktes der Kelvin-Temperaturskala (absoluter Nullpunkt)?

23 Welcher mathematische Zusammenhang besteht bei idealen Gasen zwischen dem isobaren Ausdehnungskoeffizienten α, der isothermen Kompressibilität χ und dem isochoren Druckkoeffizienten β? Warum sind in Tabellenbüchern in der Regel nur α und χ aufgeführt?

24 Eine Kugel des Stahls X8CrNi18,10 hat bei $T_1 = 20\,°C$ und 1.013 bar den Durchmesser $d_1 = 10\,mm$. Auf welche Temperatur T_2 muss sie mindestens abgekühlt werden, damit sie durch einen Ring von $d_2 = 9{,}98\,mm$ hindurchfällt? Der isobare Ausdehnungskoeffizient des Stahls beträgt $\alpha = 49{,}2 \cdot 10^{-6}\,K^{-1}$.

25 Wie kann man die van der Waals'sche Zustandsgleichung für reale Gase aus derjenigen für ideale Gase $(pv = nRT)$ plausibel machen?

26 Welche Eigenschaften muss ein Gas haben, um es verflüssigen zu können?

27 Welche Überlegungen gestatten es, die van der Waals'sche Gleichung der realen Gase auch als Zustandsgleichung von Flüssigkeiten zu verwenden?

28 Welche Aussagen lassen sich zu einer thermischen Zustandsgleichung von Feststoffen machen?

29 Warum besteht Analogie zwischen dem Druck eines Gases und dem eines gelösten Stoffes?

30 Nach van't Hoff kommt der osmotische Druck π durch das fortwährende Auftreffen der gelösten Moleküle auf die semipermeable Wand zustande. Informieren Sie sich in der weiterführenden Literatur, wie sich sein Zustandekommen auch von der Seite des Lösungsmittels her ableiten lässt. Begründen Sie diese Möglichkeit.

31 Welche theoretischen Folgerungen erzielte van't Hoff aus den Pfeffer'schen Messungen des osmotischen Druckes π bei Rohrzuckerlösungen? Schätzen Sie die erreichten π-Werte ein. (760 Torr = 1,01325 bar)

Osmotischer Druck wässriger Rohrzuckerlösungen bei 15 °C als Funktion der Konzentration

Konzentration c der Lösung $\left[\frac{\text{g Rohrzucker}}{\text{100 g Wasser}}\right]$	Osmotischer Druck π [Torr]
1	535
2	1016
4	2082
6	3075

Osmotischer Druck einer 1%igen Rohrzuckerlösung als Funktion der Temperatur

Temperatur T [K]	Osmotischer Druck π [Torr]
280	505
286,9	525
295,2	548
305,2	544

2.3 Der erste Hauptsatz – Energie

32 Wie lautet der von dem deutschen Physiker und Physiologen Hermann von Helmholtz (1847) erkannte Energieerhaltungssatz (erster Hauptsatz)?

33 Welche Besonderheiten sind bei der Interpretation der Gleichung des ersten Hauptsatzes $dU = \delta Q + \delta W$ zu beachten?

34 Warum kann es kein Perpetuum mobile erster Art geben?

35 Welche Aussagen kann man zur inneren Energie U eines Systems machen?

36 Was versteht man unter reversibler Wärme δQ_{rev}?

37 Was versteht man unter reversibler Arbeit δW_{rev}?

38 Welche Erweiterung erfährt der Arbeitsbegriff in der Thermodynamik gegenüber der Mechanik und anderen Zweigen der physikalischen Chemie?

39 Wie lässt sich die Änderung der inneren Energie dU bestimmen?

40 Wie kann die Grundgleichung der Kalorimetrie (z. B. bei Verwendung der kalorimetrischen Bombe) hergeleitet werden?

41 Welche Überlegungen führten zur Definition der Zustandsgröße Enthalpie H?

42 Wie lassen sich bei chemischen Reaktionen Änderungen der Enthalpie und Änderungen der inneren Energie ineinander umrechnen?

43 Mit der Funktion $H = f(p,T)$ wird eine von zwei Formen der kalorischen Zustandsgleichung ausgedrückt. Formulieren Sie dafür das vollständige Differenzial. Was drücken die partiellen Ableitungen aus?

44 Stellen Sie die beiden Formen der kalorischen Zustandsgleichung gegenüber.

45 Wie lassen sich die Molwärmen C_p und C_V bei idealen Gasen ineinander umrechnen?

46 Wie berechnet man die Änderung der inneren Energie U und der Enthalpie H eines Stoffes, wenn bei seiner Erwärmung Phasenumwandlungen auftreten?

47 Aus der Tabelle ist zu entnehmen, dass Wasser von allen Flüssigkeiten (und auch festen Stoffen) die größte spezifische Wärmekapazität hat. Wie wirkt sich diese Tatsache in der Natur aus? Wo wird sie technisch ausgenutzt?

Stoff	spezifische Wärmekapazität $c\left[\frac{kJ}{kg \cdot K}\right]$
Ethanol	2,43
Propanon	2,13
Benzen	1,72
Propantriol	2,43
Quecksilber	0,14
Tetrachlormethan	0,84
Toluen	1,72
Wasser (20°C)	4,18
Wasser (4°C)	4,19
Eis (0°C)	2,09
Metalle, Glas	<1
Luft	1

48 Gegeben ist die Skala eines Wasserthermometers im Bereich zwischen 0 °C und 15 °C. Weshalb ist Wasser zur Füllung von Flüssigkeitsthermometern ungeeignet?

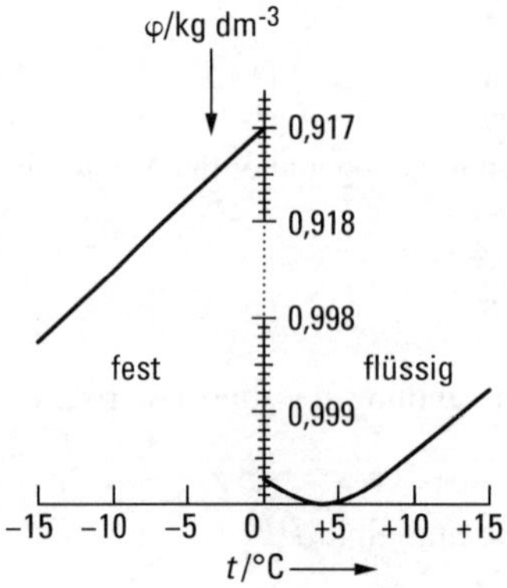

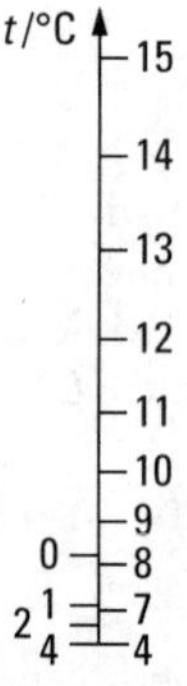

Skale eines Wasserthermometers zwischen 0°C und 15°C

49 Wie wirkt sich die Anomalie des Wassers auf die Temperaturschichtung in einem stehenden Gewässer im Sommer und im Winter aus? Welche Bedeutung hat das in der Natur?

50 Was sagt der Satz von Hess aus und welche Bedeutung kommt ihm zu?

51 Welche Festlegungen zum Standardzustand sind bei Berechnungen mit ΔH-und ΔU-Werten (Enthalpie-und Energiewerten) zu berücksichtigen?

52 Wie kann die Kirchhoff'sche Gleichung für die Umrechnung gegebener Reaktionsenthalpien auf beliebige Temperaturen [$\Delta H = f(T)$] abgeleitet werden?

53 Welche Bedingung muss für eine exotherme bzw. endotherme Lösungsenthalpie erfüllt sein?

54 Wie lässt sich das Beziehungsgefüge der Anwendungen des ersten Hauptsatzes übersichtlich darstellen?

55 Wie kann die Umwandlung von Wärme in Arbeit auf der Basis des Carnot-Kreisprozesses erklärt werden?

56 Warum verlaufen die Adiabaten I/IV und II/III steiler als die Isothermen I/II und IV/III im pV-Diagramm (s. Abb. 3.15b)?

57 Was besagt der thermische Wirkungsgrad der Carnot-Maschine?

58 Welche Überlegungen führen vom thermischen Wirkungsgrad des Carnot-Prozesses zur Zustandsfunktion „Entropie“?

59 Wie lässt sich mit dem Wirkungsgrad der Carnot-Maschine der absolute Nullpunkt festlegen?

60 Welche Möglichkeiten der technischen Nutzung hat eine rückwärts laufende Carnot-Maschine? Erklären Sie (evtl. mit Skizzen) den Bau und die Wirkungsweise bedeutsamer Konstruktionen.

61 Wie könnte man theoretisch einen Kühlschrank in eine Wärmepumpe zur Beheizung eines Hauses verwandeln?

62 Beschreiben Sie die Anforderungen an das Arbeitsmedium (Arbeitsmittel) in Wärmepumpen. Welche technisch-physikalischen Zusammenhänge stimulieren deren Leistungszahl?

63 Welche physikalischen Erkenntnisse lieferten die Grundlage für die Nutzung von natürlichen Wärmequellen in Wärmepumpen und Kältemaschinen?

64 Weshalb ist die Tatsache, dass die Leistungszahlen der Kältemaschine und der Wärmepumpe größer als eins sind, keine Verletzung des ersten Hauptsatzes der Thermodynamik?

65 Wie lassen sich die Poisson'schen Gleichungen für die isentrope (adiabatische) Zustandsänderung eines idealen Gases herleiten?

66 Energieformen können ineinander umgewandelt werden: kinetische Energie in potenzielle Energie, elektrische Energie in mechanische Energie, chemische Energie in Wärme. Welche Energieumwandlung liegt bei den folgenden Beispielen vor?
a) Dynamo, b) Dampfmaschine, c) Pendel, d) Taschenlampenbatterie, e) Photosynthese, f) Verbrennen von Kohle.

67 Ein Gas, welches unter einem Druck von 1,03048 bar steht, wird adiabatisch auf einen Druck von 1,01325 bar rasch expandiert. Nachdem es die ursprüngliche Temperatur wieder angenommen hat, beträgt der Druck 1,01832 bar. Berechnen Sie die Poissonkonstante k.

68 Die Bindungsenthalpie der Chlormoleküle beträgt 242 kJ/mol, die von Brommolekülen 193 kJ/mol. Welche Wellenlängen darf Licht höchstens haben, damit diese Bindungen gespalten werden können?

69 Zeigen Sie an vier Rechenbeispielen der Energieumwandlung, was die Energie von 1 kJ alles bewirken kann?

70 Berechnen Sie C_v von Ethanol bei 25 °C und 1 bar aus den Tabellenwerten:

	c_p (J/(g·K))	M (g·mol^{-1})	φ (g·cm^{-3})	α (K^{-1})	χ (bar^{-1})
Ethanol	2,44	46,07	0,789	$1{,}12\cdot10^{-3}$	$7{,}58\cdot10^{-5}$

2.4 Entropie

71 Welche Aussagen macht der zweite Hauptsatz und wie kann er in mathematischer Form wiedergegeben werden?

72 Warum ist die Realisierung eines Perpetuum mobile zweiter Art nicht möglich?

73 Wie kann das Entropieverhalten offener Systeme erklärt werden?

74 Welche Erklärung hat man für die Gültigkeit des 2. Hauptsatzes auch für lebende Organismen?

75 Unter der Voraussetzung, dass das ganze Weltall als abgeschlossenes thermodynamisches System betrachtet werden kann, lässt sich folgender Satz formulieren: Die Entropie im gesamten Weltgeschehen wächst beständig. Welche Schlüsse über die Entwicklung der Welt hat man formal aus dieser Formulierung gezogen und welche Berechtigung haben sie?

76 Worauf basieren die Vorstellungen, dass die Entropie als Maß der Unordnung gilt?

77 Welcher Zusammenhang besteht zwischen der Entropie und dem Ablauf der Zeit?

78 Warum kann der dritte Hauptsatz der Thermodynamik auch als Satz von der Unerreichbarkeit des absoluten Nullpunktes bezeichnet werden?

79 Wie lässt sich mit dem ersten und zweiten Hauptsatz die Entropieberechnung für beliebige Zustandsänderungen übersichtlich darstellen?

80 Welche Aussagen machen die Maxwell'schen Relationen zur T- und p-Abhängigkeit der Entropie?

81 Max Planck hat mit den Funktionen $S = f(V,U)$ und $S = f(p,H)$ Formen der so genannten kanonischen Zustandsgleichung eingeführt. Formulieren Sie die vollständigen Differenziale dieser Funktionen. Begründen Sie, welche Aussagen damit im Vergleich zur thermischen und kalorischen Zustandsgleichung gemacht werden können?

2.5 Thermodynamische Potenziale, Gibbs-Helmholtz-Gleichungen und Kriterien der Verlaufsrichtung chemischer Reaktionen

82 Wie gelangt man mit dem ersten und zweiten Hauptsatz der Thermodynamik zum vollständigen Differenzial der freien Energie F?

83 Wie gelangt man mit dem ersten und zweiten Hauptsatz der Thermodynamik zum vollständigen Differenzial der freien Enthalpie G?

84 Wie berechnen sich die freie Enthalpie G bei Änderung der Temperatur T bzw. des Druckes p und die freie Energie F bei Änderung der Temperatur T bzw. des Volumens V?

85 Erstellen Sie eine Graphik zur Temperaturabhängigkeit der thermodynamischen Potenziale U, H, F und G? Wie gelangt man damit zu den verschiedenen Formen der thermodynamischen Zustandsgleichung nach Gibbs-Helmholtz?

86 Wie lässt sich das Beziehungsgefüge der Gibbs-Helmholtz-Gleichungen für Berechnungen zur Verlaufsrichtung von Reaktionen darstellen?

87 Begründen Sie, dass freiwillig ablaufende Prozesse bei gegebenem Druck und gegebener Temperatur stets irreversibel und durch die Aussage $dG_{T,p} \leq 0$ charakterisiert sind.

88 Die Vorstellung, dass ein im Gleichgewicht befindliches System maximale, reversible Arbeit $W_{\max,\mathrm{rev}}$ verrichten kann, ist ungewohnt, denn das System verändert sich in diesem Zustand makroskopisch nicht. Wie kann man die Größe $W_{\max,\mathrm{rev}}$ ermitteln?

2.6 Reaktionsisotherme, -isobare und -isochore

89 Machen Sie in einer schematischen Übersicht, bezogen auf ein homogenes Gleichgewicht der Reaktanden A, B, C und D, die reaktionskinetische Herleitung des Massenwirkungsgesetzes

(MWG) nach Guldberg und Waage (1867) deutlich. Welche Einwände bestehen im Vergleich zur thermodynamischen Herleitung?

90 Wo kann die gegenseitige Umrechnung der Gleichgewichtskonstanten K_c, K_p und K_χ erfolgen?

91 Wie lässt sich bei chemischen Reaktionen das Beziehungsgefüge K_χ–χ für beliebiges Δn berechenbar gestalten? Wann ist eine Reaktion thermodynamisch exergon? Welche Grenzen hat diese Betrachtungsweise?

92 Welcher Zusammenhang besteht zwischen Dissoziationsgrad α und dem Reaktionsgrad β?

93 Wie kann man mit dem isothermen Druckkoeffizienten der freien Enthalpie das Massenwirkungsgesetz (MWG) thermodynamisch herleiten?

94 Wie kann mit dem isothermen Druckkoeffizienten der freien Enthalpie die Reaktionsisotherme thermodynamisch hergeleitet werden?

95 Wie lassen sich Redox- und Säure-Base-Reaktionen mit ΔG berechenbar in Beziehung bringen?

96 Welche der folgenden Aussagen ist richtig?

96.1 Die Gleichgewichtskonstante einer Reaktion hat bei 25 °C den Wert $4{,}6 \cdot 10^{-3}$, bei 100 °C den Wert $2{,}13 \cdot 10^{-1}$. Die Reaktion ist A) exotherm, B) exotherm nur bei steigendem Druck, C) endotherm, D) endotherm nur bei zunehmendem Volumen und E) thermodynamisch gesteuert.

96.2 Die Größe der Aktivierungsenergie E_A einer Reaktion hängt zusammen mit A) der Geschwindigkeit (k: Geschwindigkeitskonstante) der Reaktion, B) der Spontanität der Reaktion, C) dem ΔG der Reaktion und D) der Gleichgewichtskonstanten K der Reaktion.

97 Erstellen Sie einen möglichen Verfahrensweg, wie man mit Anwendung der Gleichungen von Gibbs-Helmholtz und Nernst zum Ionenprodukt des Wassers K_w kommt?

98 Erstellen Sie mögliche Übersichten für die Herleitung der van't Hoff'schen Reaktionsisobaren, die bei $dp = 0$ als Temperaturfunktion der Gleichgewichtskonstanten K_p gilt?

99 Wie gelangt man von der van't Hoff'schen Reaktionsisobaren $Kp = f(T)$ zur van't Hoff'schen Reaktionsisochoren, die bei $dV = 0$ als Temperaturfunktion der Gleichgewichtskonstanten $K_c = f(T)$ gilt?

2.7 Nernst'sche Gleichung

100 Welche Möglichkeiten bestehen für die thermodynamische Herleitung der Nernst-Gleichung?

2.8 Heterogene chemische Gleichgewichtsreaktionen

101 Welche Besonderheiten sind bei der Berechnung von heterogenen Gleichgewichten zu beachten?

102 Man berechne $\Delta_R G$ für die Reaktion $CaO_{(s)} + CO_{2(g)} \rightleftharpoons CaCO_{3(s)}$ bei 857 °C, wenn der Dissoziationsdruck des $CaCO_3$ bei dieser Temperatur 56 033 Pa beträgt.

103 Die Reaktion $2\,Ni_{(l)} + O_{2(g)} \rightleftharpoons 2\,NiO_{(s)}$ enthält bei 1627 °C ein Gemisch aus $Ni_{(l)}$ und $NiO_{(s)}$. Kann sie bei einem Gleichgewichtsdruck $(p_{O_2})_{Gl} < 150\,\text{Pa}$ überwiegend von links nach rechts ablaufen? ($\Delta_B G^{1627\,°C}_{NiO_{(s)}} = -72{,}1\,\text{kJ/mol}$, $p_{O_2} = p_0 = 1{,}01325\,\text{bar}$)

104 Durch welchen Ausdruck ist für die Reaktion $NH_4HS_{(s)} \rightleftharpoons NH_{3(g)} + H_2S_{(g)}$ die Gleichgewichtskonstante Kp gegeben?

105 Die K-Werte des heterogenen Boudouard-Gleichgewichts $C_{(s)} + CO_{2(g)} \rightleftharpoons 2\,CO_{(g)}$ und des homogenen Konvertierungsgleichgewichts $CO_{(g)} + H_2O_{(g)} \rightleftharpoons CO_{2(g)} + H_{2(g)}$ sind so zu kombinieren, dass sich die Gleichgewichtskonstante für die technisch wichtige Reaktion der Bildung von Wassergas $C_{(s)} + H_2O_{(g)} \rightleftharpoons CO_{(g)} + H_{2(g)}$ ergibt.

106 Durch Kombination der K-Werte der beiden heterogenen Systeme (1) und (2) ist ein Ausdruck für die Gleichgewichtskonstante der homogenen Konvertierungsreaktion (3) zu ermitteln.

(1) $FeO_{(s)} + CO_{(g)} \rightleftharpoons Fe_{(s)} + CO_{2(g)}$,

(2) $FeO_{(s)} + H_{2(g)} \rightleftharpoons Fe_{(s)} + H_2O_{(g)}$,

(3) $CO_{(g)} + H_2O_{(g)} \rightleftharpoons CO_{2(g)} + H_{2(g)}$.

2.9 Partielle molare Größen und thermodynamisches Gleichgewicht, Phasenübergänge

107 Was sind partielle molare Größen?

108 Wann kann man in Mischphasen die molaren Größen Z_i (V, H, S, G) benutzen?

109 Wann muss man in Mischphasen die partiellen molaren Größen $\overline{Z}_i$ $(\overline{V}, \overline{H}, \overline{S}, \overline{G}(\mu))$ einsetzen?

110 Leiten Sie für ein binäres System die Gibbs-Duhem'sche Gleichung aus dem vollständigen Differenzial dV der Funktion $V = f(T, p, n_1, n_2)$ her. Welche Bedeutung kommt ihr zu? Machen Sie deutlich, wie man zu mathematischen Ausdrücken gelangt, die eine Bestimmung der partiellen Molvolumina $\overline{V}_1$ und $\overline{V}_2$ sowie des mittleren Molvolumens der Mischung V_m ermöglichen?

111 Auf Grund welcher Überlegungen lässt sich das partielle Molvolumen $\overline{V}_1$ des Wassers in einer Lösung aus Dichtemessungen der Lösung in Abhängigkeit von der Konzentration berechnen?

112 Von Methanol-Wasser-Mischungen sind bei 15 °C die Dichten bestimmt worden:

	w_{CH_3OH} [Ma.-%]				
	0	79	80	81	100
Dichte φ $\left[\frac{g}{cm^3}\right]$	0,99913	0,85300	0,85048	0,84794	0,79577

Berechnen Sie die partiellen molaren Volumina einer Methanol-Wasser-Mischung mit w = 80 Ma.-% Methanol.

113 Wie kann die Nernst-Gleichung mit Einbeziehung des chemischen Potenzials μ, bezogen auf eine elektrochemische Zinkelektrode Zn/Zn^{2+}, thermodynamisch hergeleitet werden?

114 Leiten Sie mit dem chemischen Potenzial μ die Reaktionsisotherme und das Massenwirkungsgesetz für die Synthesereaktion von Ammoniak $N_2 + 3\,H_2 \rightleftharpoons 2\,NH_3$ thermodynamisch her. Warum ist deren reaktionskinetische Herleitung im strengen Sinne nicht exakt?

115 Bei Phasenübergängen in Ein- und Mehrkomponentensystemen ist die willkürlich verfügbare Zahl der Bestimmungsstücke oder Variablen (Freiheiten F) des Systems gegeben durch das Gibbs'sche Phasengesetz: $F = K - P + 2$. Leiten Sie dieses Phasengesetz mit dem chemischen Potenzial μ ab und erläutern Sie es an typischen Beispielen. (K: Anzahl Komponenten; P: Anzahl Phasen)

116 Was versteht man unter Diffusion?

117 Leiten Sie unabhängig vom Mechanismus der Osmose eine Beziehung zwischen dem Dampfdruck des reinen Lösungsmittels bzw. der Lösung und dem osmotischen Druck her.

118 Zwischen dem Dampfdruck des reinen Lösungsmittels p_0 bzw. der Lösung p und dem osmotischen Druck π besteht die Beziehung $RT \ln \frac{p_0}{p} = \overline{V}_1 \cdot \pi$. Leiten Sie daraus die van't Hoff'sche Näherungsformel $RTn_2 \approx \pi \cdot V_1$ für den osmotischen Druck ab.

119 Welche Möglichkeiten der Verteilung eines Stoffes zwischen zwei Phasen mit verschiedenen Aggregatzuständen werden bei Lösungsgleichgewichten von Zweikomponentensystemen unterschieden?

120 Wie lässt sich der Nernst'sche Satz der Verteilung eines Stoffes in zwei verschiedenen, nicht mischbaren Lösungsmitteln ableiten? Was besagt der Satz?

121 Wie erhält man einen vollständigen Überblick über das Verhalten eines chemisch einheitlichen Stoffes in seinen drei Aggregatzuständen?

122 Warum sind Tripelpunkte als Fundamentalpunkte der Temperaturskala besonders geeignet?

123 Was versteht man unter absoluter und relativer Luftfeuchte? Erklären Sie den Begriff Taupunkt.

124 Auf welche Weise kann sich die relative Luftfeuchte erhöhen?

125 Weshalb ist an einem nasskalten Wintertag die relative Luftfeuchte in einem Zimmer auch nach dem Lüften gering?

2.10 Phasengleichgewichte binärer Systeme

126 Wie lassen sich in binären flüssigen Systemen die Ausdehnung einer Mischungslücke und deren Temperaturabhängigkeit bestimmen? Welche Bedeutung haben kritische Lösungstemperatur und Zusammensetzung der beiden flüssigen Phasen in der Praxis?

127 Beschreiben und begründen Sie an Beispielen, welchen Einfluss Fremdstoffe auf flüssige binäre Systeme im Bereich der Mischungslücke haben können? Welche Anwendbarkeit resultiert daraus?

128 Unterhalb von 22,70 °C sind Hexan C_6H_{14} und Perfluorhexan C_6F_{14} nur teilweise miteinander mischbar. Am oberen kritischen Mischungspunkt (OKT) ist $\chi_{C_6F_{14}} = 0{,}37$. Bei 22,0 °C befinden sich zwei flüssige Phasen mit $\chi = 0{,}24$ bzw. $\chi = 0{,}50$ miteinander im Gleichgewicht; bei 21,5 °C betragen die entsprechenden Molenbrüche $\chi = 0{,}23$ und $\chi = 0{,}52$. Skizzieren Sie das Phasendiagramm. Was kann man beobachten, wenn Perfluorhexan zu einer konstanten Menge Hexan bei a) 23 °C und b) 22 °C gegeben wird?

129 Welchen Zweck haben Zustandsdiagramme? Wann sind sie ideal und wann real?

130 Wie kann man für ein binäres Flüssigkeitsgemisch zum Siedediagramm gelangen? Beschreiben Sie das Prinzip einer möglichen experimentellen Verfahrensweise.

131 Erstellen Sie ein beschriftetes Schema für das Siedediagramm einer idealen binären Flüssigkeitsmischung, markieren Sie darin eine Konode und leiten Sie das Hebelgesetz ab. Welche Aussage macht das Gesetz?

132 Magnesiumoxid und Nickeloxid sind sehr temperaturbeständig; bei genügend hohen Temperaturen schmelzen sie jedoch. Beim Erstarrungsvorgang entstehen aus der Schmelze Mischkristalle. Zeichnen Sie anhand der gegebenen Daten ein Phasendiagramm $T = f(\chi)$. Die Molenbrüche χ_{MgO} bzw. y_{MgO} sind von MgO in der festen bzw. flüssigen Phase gegeben:

T/°C	1960	2200	2400	2600	2800
χ_{MgO}	0	0,35	0,60	0,83	1,00
y_{MgO}	0	0,18	0,38	0,65	1,00

Stellen Sie fest

a) bei welcher Temperatur eine Mischung mit $\chi_{MgO} = 0{,}30$ zu schmelzen beginnt,
b) welche Phasen in welchem Mengenverhältnis gebildet werden, wenn man einen Feststoff der Zusammensetzung $\chi_{MgO} = 0{,}30$ bis auf 2200 °C erhitzt,
c) bei welcher Temperatur eine Flüssigkeit der Zusammensetzung $y_{MgO} = 0{,}70$ zu erstarren beginnt.

133 Erklären Sie die Begriffe homogen und heterogen bei einer Legierung.

134 Unterscheiden Sie zwischen Mischkristall (MK) und Kristallgemisch (KG).

135 Wann bildet sich eine Intermetallische Phase (IP), wie ist ihr Gitteraufbau und durch welche Besonderheiten zeichnet sie sich noch aus?

136 Beschreiben Sie die Verfahrensweise der Aufstellung eines Zustandsdiagramms für binäre Systeme „flüssig-fest" mit einem zugehörigen Bild. Verfolgen Sie im Diagramm aus dem Zustandsfeld „Schmelze" zwei Legierungen beim Abkühlen auf Raumtemperatur, interpretieren Sie ihre typischen Abkühlungskurven und zeigen Sie beispielhaft an markierten Punkten, wie das Mengenverhältnis der Komponenten und Phasen einer Legierung bestimmbar ist.

137 Beschreiben Sie das Prinzip, wie aus folgendem Zustandsdiagramm (Abb. 2.1) das Mengenverhältnis a) der Phasen von Legierung L_1 bei Raumtemperatur, b) der Komponenten A und B für die α-MK „b" bei Raumtemperatur und c) der Phasen von Legierung L_2 bei der eutektischen Temperatur vor dem Erstarren des Eutektikums bestimmt werden kann. Wenden Sie das Prinzip an.

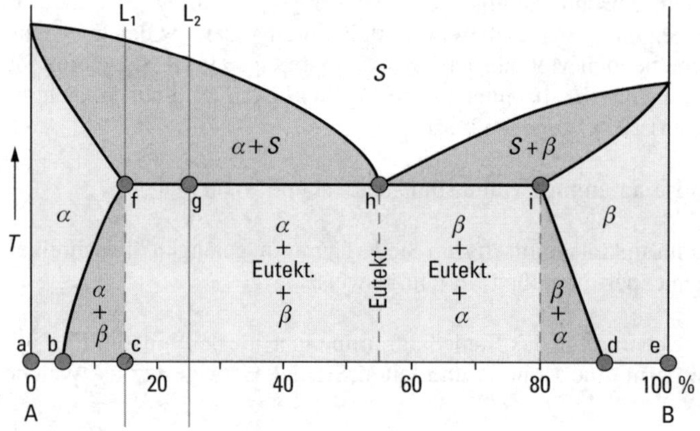

Abb. 2.1 Bestimmung des Mengenverhältnisses von Komponenten bzw. Phasen mit dem Gesetz der abgewandten Hebelarme (Hebelgesetz).

138 Erklären Sie die Bezeichnung Eutektikum.

139 Woraus wird das Eutektikum gebildet, wenn die Komponenten im flüssigen Zustand völlig und im kristallinen Zustand teilweise löslich sind?

140 Zeichnen Sie mit Hilfe der folgenden Angaben das Schmelzdiagramm des Blei-Zinn-Legierungssystems, beschriften Sie es und erstellen Sie die Abkühlungskurven L_1 (10 %Sn), L_2 (19,5 %Sn), L_3 (30 %Sn) und L_4(61,9 %Sn).

Angaben:

- Blei erstarrt bei 327 °C und bildet bei 20 °C ein kubisch-flächenzentriertes Gitter, Zinn erstarrt bei 232 °C und bildet bei 20 °C ein tetragonal-raumzentriertes Gitter. Beide Metalle können bei hohen Temperaturen in beschränktem Maße Mischkristalle (MK) miteinander bilden.
- Eine Legierungsschmelze, bestehend aus 61,9 % Zinn und 38,1 % Blei, erstarrt bei 183 °C zu einem Eutektikum (Punkt E), das aus den α-MK mit 19,5 % Zinn (Punkt C) und den β-MK mit 2,5 % Blei (Punkt D) besteht. Bei weiterer Abkühlung scheiden die α-MK sekundäre β-MK und die β-MK sekundäre α-MK aus, da sich die Aufnahmefähigkeit der MK für Fremdatome verringert. Bei 20 °C ist dann ein sehr feines Gemenge der verschiedenen Mischkristalle entstanden.

- Bei der Abkühlung verlaufen die Sättigungslinien der MK für Fremdatome unter C und D nach außen gekrümmt.
  - Eine Legierung mit z. B. 90 % Blei und 10 % Zinn besteht bei 183 °C völlig aus α-MK. Bei weiterer Abkühlung wird bei etwa 130 °C die Sättigungslinie geschnitten, es werden zunehmend Zinn-Ionen aus dem Gitter gedrängt, die ihrerseits (sekundäre) ß-MK bilden, so dass das Gefüge bei 20 °C aus α-MK mit eingelagerten sekundären ß-MK besteht.
  - Eine Legierung mit z. B. 98,5 % Zinn und 1,5 % Blei besteht bei 183 °C völlig aus β-MK. Bei weiterer Abkühlung wird bei etwa 150 °C die Sättigungslinie geschnitten, es werden zunehmend Blei-Ionen aus dem Gitter gedrängt, die ihrerseits (sekundäre) α-MK bilden, so dass das Gefüge bei 20 °C aus β-MK mit eingelagerten sekundären α-MK besteht.

141 Erläutern Sie die Unterschiede zwischen eutektischer, peritektischer, monotektischer und eutektoider Umsetzung. Geben Sie Beispiele des Vorkommens derartiger Umsetzungen an.

142 Eisen-Kohlenstoff-Diagramm

142.1 Welcher Unterschied besteht zwischen dem metastabilen und stabilen System Eisen-Kohlenstoff (bis 6,67 % C)?

142.2 Wie verhalten sich die Modifikationsgitter des Eisens bei der Einlagerung des Kohlenstoffs zu Mischkristallen und wie werden die entstehenden Gefügebestandteile bezeichnet?

142.3 Aus welchen Grunddiagrammen besteht das Fe—Fe_3C-Diagramm? Welche wichtigen Gefügeumwandlungen stehen jeweils im Blickpunkt?

142.4 Welche wichtigen Sättigungslinien sind im Fe—Fe_3C-Diagramm vorhanden, was geben sie an und welche Gefügeveränderungen treten dort auf?

142.5 Was geschieht im Fe—Fe_3C-Diagramm beim Überschreiten längs der Linie M-O-S-K?

142.6 Welche Einteilung der Eisenwerkstoffe in Abhängigkeit vom C-Gehalt gibt es unter Beachtung des Gefügeaufbaus?

142.7 Von einem Stahl mit 0,6 % C sollen die Masseprozente der Gefügebestandteile bei Raumtemperatur ermittelt werden.

2.11 Phasengleichgewichte ternärer Systeme

143 Die Untersuchungsergebnisse ternärer Systeme werden meistens in einem Dreieck-Koordinatensystem dargestellt. Beweisen Sie, dass im gleichseitigen Dreieck

a) die Summe der gezogenen Parallelen von einem beliebigen Punkt zu den drei Seiten konstant und gleich einer Dreieckseite ist,
b) die Summe der Abstände jedes Punktes von den drei Seiten gleich der Höhe ist.

144 Es ist möglich, jede beliebige Zusammensetzung des ternären Systems durch einen Punkt im gleichseitigen Dreieck zu kennzeichnen. Was repräsentiert a) ein Eckpunkt des Dreiecks, b) ein Punkt auf einer Dreieckseite und c) ein Punkt im Dreieck? Machen Sie dies in einer Zeichnung an Beispielen deutlich und zeigen Sie, dass zwei Schnitte im Dreieck von besonderer Bedeutung sind.

145 Soll ein ternäres flüssiges System mit Mischungslücke zwischen einem Paar der Komponenten beschrieben werden, muss man die Binodalkurve und die Konoden kennen.

145.1 Wie lassen sich Binodalkurve und Konoden bestimmen?

145.2 Beschreiben Sie, wie man durch Zustandsänderungen im System beim Zufügen einer Komponente den Verlauf der Binodalkurve und der Konoden verfolgen kann.

145.3 Welche praktische Bedeutung haben diese Überlegungen bei der industriellen Silbergewinnung nach dem Parkes-Verfahren.

Hinweis: Es handelt sich dabei um das ternäre System Pb-Zn-Ag. Von den Komponenten sind vollständig mischbar Pb und Ag einerseits und Zn und Ag andererseits, Pb und Zn sind nur teilweise ineinander löslich.

146 Welche Voraussetzung muss erfüllt sein, um zwei praktisch nicht mischbare Flüssigkeiten durch Hinzufügen einer dritten Flüssigkeit in eine einzige flüssige Phase überführen zu können? Nennen Sie praktische Beispiele.

147 Beschreiben Sie den Temperatureinfluss auf die Mischungslücke des ternären Systems ABC. Verwenden Sie dazu das gegebene Raumdiagramm (Abb. 2.2). Welche Veränderungen erleidet dabei die ternäre Mischung der Totalzusammensetzung P? Welche Ausgangsmischungen lassen sich beim Erwärmen homogenisieren?

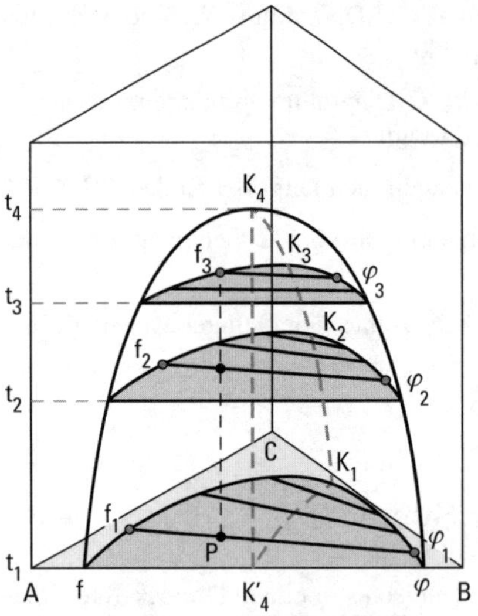

Abb. 2.2 Abhängigkeit der Mischungslücke von der Temperatur.

148 Beschreiben Sie den Temperatureinfluss auf die Mischungslücke des ternären Systems ABC Verwenden Sie dazu das gegebene Raumdiagramm und seine Projektion auf das Konzentrationsdreieck (Abb. 2.3).

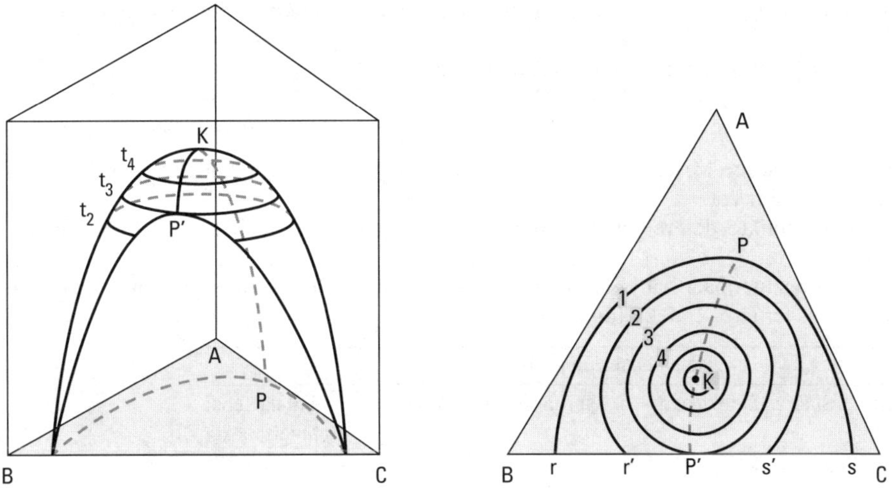

Abb. 2.3 Temperatureinfluss auf die Mischungslücke des ternären Systems ABC; a) Raumdiagramm; b) Konzentrationsdreieck.

149 Für das ternäre Legierungssystem Pb-Bi-Sn sind nachfolgende Hinweise und Daten gegeben:

- Alle drei Komponenten sind im flüssigen Zustand unbegrenzt mischbar und bilden weder feste Lösungen (Mischkristalle) noch Verbindungen.
- Ihre Schmelzpunkte betragen: Sn (232 °C), Bi (271,3 °C) und Pb (327 °C).
- Jedes Komponentenpaar hat ein binäres Eutektikum und alle drei Komponenten haben ein gemeinsames ternäres Eutektikum (Tabelle).
- Die feste eutektische Legierung enthält feine Kristalle der drei Metalle im angegebenen Massenverhältnis.

Zusammensetzung (Ma- %)			
System	Binäres Eutektikum	Ternäres Eutektikum	Eutektischer Schmelzpunkt (°C)
Bi/Pb	E (54 % Bi+46 % Pb)	–	134
Pb/Sn	F (40 % Pb+60 % Sn)	–	182
Sn/Bi	D (43 % Sn+57 % Bi)	–	128
Pb-Bi-Sn	–	G (33 % Pb, 51,5 % Bi, 15,5 % Sn)	96

149.1 Erstellen und beschreiben Sie das Modell des Raumdiagramms für das System Pb-Bi-Sn und projizieren Sie dieses auf die Grundfläche (Konzentrationsebene). Klappen Sie auch jede Mantelfläche der drei Teilsysteme in die Grundfläche herunter.

149.2 Beschreiben Sie mit beschrifteten Horizontalschnitten durch das Raumdiagramm die miteinander koexistierenden Phasen bei einer bestimmten Temperatur.

Zur Illustration sind mit fallender Temperatur folgende vier isotherme Schnitte gefragt:

a) Isothermer Schnitt oberhalb des binären Eutektikums des Systems Bi/Pb, aber nach bereits einsetzender Primärkristallisation von Pb und Bi.

b) Isothermer Schnitt durch das binäre Eutektikum des Systems Bi/Pb.

c) Isothermer Schnitt unterhalb der drei binären Eutektika und oberhalb des ternären Eutektikums.
d) Isothermer Schnitt durch das ternäre Eutektikum.

150 Für das ternäre Legierungssystem A-B-C sind nachfolgende Hinweise und Daten gegeben:

- Es liegt vollständige Mischbarkeit der flüssigen und vollständige Unlöslichkeit der festen Phasen ineinander vor.
- Die Schmelzpunkte der reinen Komponenten betragen: A (278 °C), B (338 °C) und C (375 °C).
- Jedes Komponentenpaar hat ein binäres Eutektikum und alle drei Komponenten haben ein gemeinsames ternäres Eutektikum (Tabelle).

	Zusammensetzung (Ma- %)		
System	Binäres Eutektikum	Ternäres Eutektikum	Eutektischer Schmelzpunkt (°C)
A-C	F′ (67 % A+33 % C)	–	240
B-C	D′ (67 % B+33 % C)	–	202
A-B	E′ (38 % A+62 % B)	–	370
A-B-C	–	G′ (60 % A, 24 % B+16 % C)	165

150.1 Erstellen Sie das Dreieckskoordinatensystem und das Raumdiagramm. Markieren Sie darin

- eine Gerade, die auf der Seite AB einen Punkt m der Zusammensetzung 38 % A und 62 % B mit dem Eckpunkt C verbindet und einen Vertikalschnitt kennzeichnet,
- zwei vom Eckpunkt B′ ausgehende Konoden:
  - Konode B'G',
  - Konode, die als Verlängerung der Verbindungslinie B'p bis zum Schnitt mit der D'G'-Linie verläuft. Der Punkt p hat die ternäre Zusammensetzung von 30 % A, 50 % B und 20 % C.

150.2 Geben Sie mit einem Zustandsdiagramm (bezogen auf den gekennzeichneten Vertikalschnitt durch das Raumdiagramm) das Verhalten der betreffenden Legierungen bzw. Mischungen beim Abkühlen aus der ternären Schmelze an. Welcher wesentliche Unterschied besteht zu einem analogen Diagramm binärer Systeme? Ziehen Sie auch Schlussfolgerungen auf die Form des ternären Zustandsdiagramms beim Vergleich mit Horizontalschnitten.

151 Mit gegebenem Dreiecksdiagramm (Abb. 2.4) einer wässrigen Lösung von zwei Salzen S_1 und S_2, die keine festen Lösungen (Mischkristalle) bilden, sind bei der isothermen Verdampfung des Wassers Veränderungen im ternären System zu beschreiben. Gehen Sie von homogenen Lösungen der Zusammensetzung l, l′ und 1″ auf den gestrichelten Geraden aus.

152 Mit gegebenem Dreiecksdiagramm (Abb. 2.5) einer wässrigen Lösung von zwei Salzen S_1 und S_2, die ein Doppelsalz der Zusammensetzung M und keine Mischkristalle bilden, sind bei der isothermen Verdampfung des Wassers Veränderungen im ternären System zu beschreiben, wenn von homogenen Lösungen ausgegangen wird und die Kurven AB, eB, eC und BD geschnitten werden. Welche Analogie besteht im Systemaufbau zu binären Systemen?

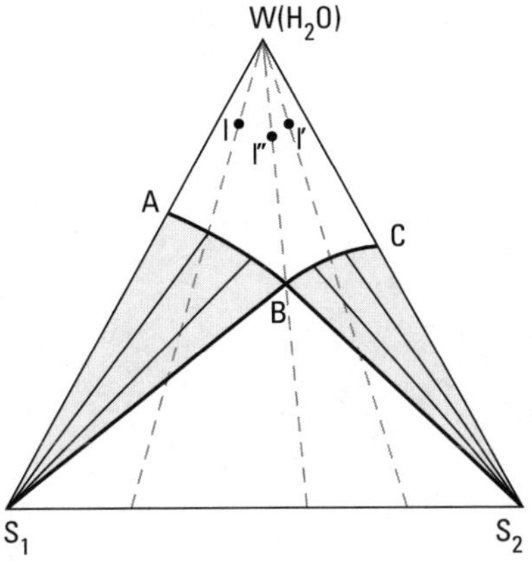

Abb. 2.4 Dreiecksdiagramm einer wässrigen Lösung zweier Salze S_1 und S_2 ohne Kennzeichnung der Veränderungen bei der isothermen Verdampfung von Wasser.

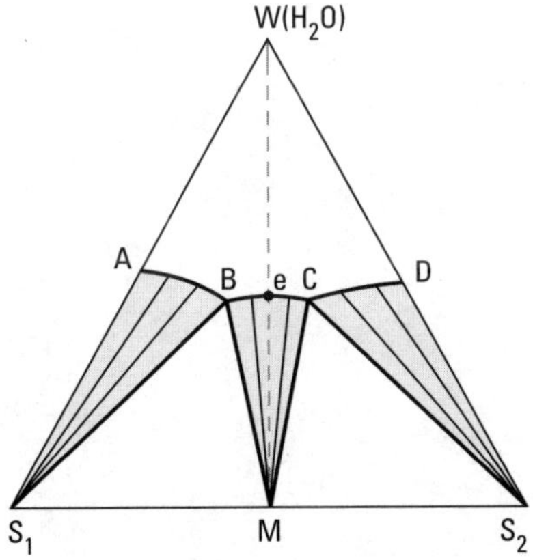

Abb. 2.5 Dreiecksdiagramm einer wässrigen Lösung von zwei Salzen S_1 und S_2.

153 Mit gegebenem Dreiecksdiagramm (Abb. 2.6) einer wässrigen Lösung von zwei Salzen S_1 und S_2, die ein Doppelsalz der Zusammensetzung M und keine Mischkristalle bilden, sind bei der isothermen Verdampfung des Wassers Veränderungen im ternären System zu beschreiben, wenn von homogenen Lösungen der Zusammensetzung l und r ausgegangen wird. Erklären Sie bei Ihrer Beschreibung auch das Verhalten einer inkongruent gesättigten Lösung.

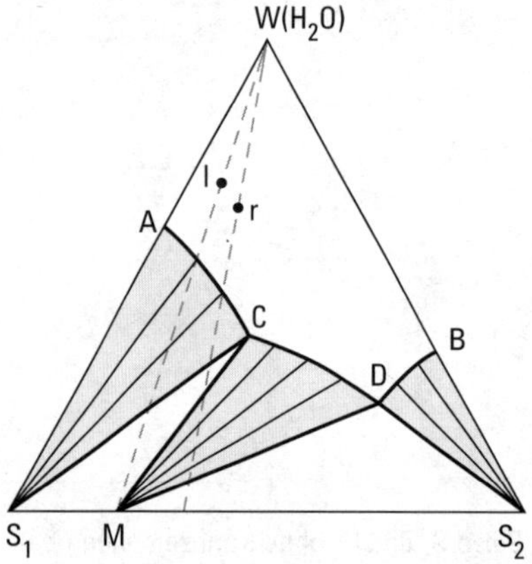

Abb. 2.6 Dreiecksdiagramm einer wässrigen Lösung von zwei Salzen S_1 und S_2 ohne Kennzeichnung der Veränderungen bei der isothermen Verdampfung von Wasser.

3 Fragen mit Antwort

3.1 Der Zustand eines Systems

1 Was versteht man in der Thermodynamik unter einem System?

Der Untersuchungsgegenstand wird in der Thermodynamik allgemein System genannt. Dabei kann es sich z. B. um eine Portion eines reinen Stoffes oder um eine Portion eines Reaktionsgemisches handeln. Ein System ist eine beliebige Untersuchungssubstanz oder eine Summe verschiedener Substanzen, die durch reale Wände oder gedachte Grenzen von ihrer Umgebung getrennt sind. Ein solches System wird stets in den Beziehungen zu seiner Umgebung betrachtet. Untersucht werden die Energieänderungen, die durch Austausch von Wärme und Arbeit zwischen dem System und seiner Umgebung auftreten. Es werden folgende Systeme unterschieden:

- **offene Systeme:** Zwischen System und Umgebung besteht sowohl Stoffaustausch als auch Energieaustausch.
  (z. B. Reaktion von Salzsäure mit Zink in einem Zutropfgasentwickler)
- **abgeschlossene Systeme:** Zwischen System und Umgebung besteht weder Stoffaustausch noch Energieaustausch.
  (z. B. Auflösen von Natriumhydroxid in Wasser in einem verschlossenen Dewar-Gefäß.)
  Das Dewar-Gefäß ist ein verspiegeltes, doppelwandiges, evakuiertes Glasgefäß, welches alle drei Wärmeübertragungsprozesse vermindert: Durch das Glasgefäß die Wärmeleitung, durch die Verspiegelung die Wärmestrahlung und durch die Evakuierung die Konvektion.
- **geschlossene Systeme:** Zwischen System und Umgebung besteht nur Energieaustausch.
  (z. B. Reduktion von Kupfer(II)-oxid durch Eisen in einem verschossenen Reagenzglas)

2 Unterscheiden Sie zwischen homogenen und heterogenen Systemen!

Ein homogenes System besteht nur aus einer Phase (Einphasensystem), ein heterogenes System enthält dagegen mehrere Phasen (Mehrphasensystem). Dabei ist eine Phase ein Stoff (reine Phase) oder eine Mischung mehrerer Stoffe (Mischphase). Die einzelnen Phasen unterscheiden sich durch ihre physikalischen Eigenschaften (z. B. Dichte, Dampfdruck, Brechzahl). Innerhalb einer Phase sind diese physikalischen Eigenschaften gleich. Die Bestandteile einer Mischphase heißen Komponenten. Das sind im einfachsten Fall die Stoffe, aus denen die Mischphase herstellbar ist. Dabei ist es meist belanglos, ob die Komponenten dissoziiert oder assoziiert vorliegen.

3 Stellen die nachfolgenden Reaktionsgemische homogene oder heterogene Systeme dar? Welche Bedeutung haben die Symbole in den Klammern?

a) $Pb^{2+}_{(aq)} + S^{2-}_{(aq)} \rightleftharpoons PbS_{(s)}$

b) $CuO_{(s)} + Fe_{(s)} \rightleftharpoons FeO_{(s)} + Cu_{(s)}$

c) $N_{2(g)} + 3\,H_{2(g)} \rightleftharpoons 2\,NH_{3(g)}$

d) $CO(NH_2)_{2(s)} + H_2O_{(l)} \rightleftharpoons CO_{2(g)} + 2\,NH_{3(g)}$

Die Symbole bedeuten:

(s)	fest (solidus)	(l)	flüssig (liquidus)
(g)	gasförmig	(aq)	in wässriger Lösung

Nur bei c) liegt ein homogenes System bzw. eine homogene chemische Reaktion vor. Alle Reaktanden befinden sich in der gleichen Phase. Die Reaktionen a), b) und d) sind heterogene Systeme, da mehrere Phasen beteiligt sind. Bei b) liegen zwar alle Reaktanden im gleichen Aggregatzustand vor, aber nicht in der gleichen Phase.

4 Was sind Zustandsgrößen? Wann spricht man von Zustandsvariablen und wann von Zustandsfunktionen?

Zustandsgrößen

- haben für einen bestimmten Zustand eines Systems einen einzigen bestimmten Wert, z. B. Masse (m), Stoffmenge (n), Volumen (v), Druck (p), Temperatur (T), Dichte (φ), Wärmekapazität $Wk(C)$, innere Energie (u), Enthalpie (h), Entropie (s), freie Energie (f), freie Enthalpie $(g), \ldots,$
- werden Zustandsvariable genannt, wenn deren Werte frei gewählt werden können, z. B. v, $p, T, n, \ldots,$
- heißen Zustandsfunktionen, wenn deren Werte durch Zustandsgleichungen aus Zustandsvariablen ableitbar sind, z. B. u, h, s, f, g, $Wk(C)$.

5 Wie unterscheiden sich extensive und intensive Zustandsgrößen?

Zustandsgrößen

- sind extensiv, wenn sie massenabhängig sind. Sie verdoppeln ihren Wert, wenn zwei gleiche Systeme zu einem neuen vereinigt werden,
  z. B. m, n, v, u, h, s, f, g, Wärmekapazität $Wk(C)$.
- sind intensiv, wenn sie massenunabhängig sind. Sie behalten ihren Wert, wenn zwei gleiche Systeme zu einem neuen vereinigt werden,
  z. B. T, p, φ, molare Wärmekapazitäten (Molwärmen) C_v und C_p; spez. Wärmekapazitäten c_v und c_p; part. molare Größen $\overline{V}$, $\overline{H}$, $\overline{S}$, $\overline{G}(\mu)$.

6 Welche intensiven Zustandsgrößen leiten sich von extensiven ab?

Es leiten sich ab:

$$\text{Spezifische Größe} = \frac{\text{extensive Größe}}{\text{Masse } m} \rightarrow \text{z. B. spez. Wärmekapazitäten } c_v,\ c_p \text{ in J/(K}\cdot\text{g)}$$

$$\text{Molare Größe} = \frac{\text{extensive Größe}}{\text{Stoffmenge } n} \rightarrow \text{z. B. molare Wärmekapazitäten } C_v,\ C_p \text{ in J/(K}\cdot\text{mol)}$$

7 Welche Bedeutung hat die Verwendung von Klein- und Großbuchstaben bei der Symbolisierung von Systemeigenschaften? Was bedeutet *T*?

Kleinbuchstaben symbolisieren extensive Zustandsgrößen, Großbuchstaben die daraus abgeleiteten molaren Größen:

v	Volumen	$\rightarrow$	$V = v/n$	molares Volumen (dm^3/mol)
u	Innere Energie	$\rightarrow$	$U = u/n$	molare Innere Energie (kJ/mol)

$T \rightarrow$ absolute Temperatur in Kelvin (K). Diese Symbolisierung hat nichts mit der Vereinbarung der Verwendung von Klein- und Großbuchstaben zu tun.

8 Welches Kriterium müssen Zustandsgrößen erfüllen?

Die Zustandsgröße Z eines Systems hängt von seinem Zustand ab, sie ist aber unabhängig davon, auf welchem Weg dieser Zustand erreicht wurde. Auch ΔZ von zwei Zuständen ist eine konstante Größe und unabhängig davon, auf welchem Weg das System vom Zustand 1 zum Zustand 2 kommt. Der Schwarz'sche Satz wird bestätigt.

9 Welches Kriterium müssen Prozessgrößen erfüllen?

Die Prozessgrößen (Weggrößen) geben die Änderung des Zustandes eines Systems in Abhängigkeit vom Weg an. Die Prozessgrößen Arbeit W und Wärme Q haben die gleiche SI-Einheit Joule (J) wie die Zustandsgröße Energie. Es gilt die Vereinbarung, dass Arbeit W und Wärme Q

- ein negatives Vorzeichen tragen, wenn die innere Energie des Systems abnimmt,
- ein positives Vorzeichen tragen, wenn die innere Energie des Systems zunimmt.

Mit anderen Worten:

- Die Wärme Q hat ein negatives Vorzeichen, wenn das System Wärme abgibt, und ein positives Vorzeichen, wenn dem System Wärme zugeführt wird.
- Die Arbeit W hat ein negatives Vorzeichen, wenn das System Arbeit verrichtet, und ein positives Vorzeichen, wenn am System Arbeit verrichtet wird.

Kriterium für eine Prozessgröße ist ihre Abhängigkeit vom Weg der Änderung zwischen den Energiezuständen A und B. Der Schwarz'sche Satz wird nicht bestätigt.

10 Wie kann das vollständige (totale) Differenzial der Änderung einer Zustandsgröße hergeleitet werden? $V = f(T, p)$ soll die Gleichung $V = T \cdot p$ erfüllen? (Abb. 3.1)

$$\boxed{V = T \cdot p}$$

$$V + dV = (T + dT) \cdot (p + dp)$$

$$V + dV = Tp + pdT + Tdp + dTdp \quad (dTdp \approx 0)$$

$$\boxed{V = Tp + pdT + Tdp - dV}$$

$$\boxed{dV = pdT + Tdp}$$

$$\partial V = p \cdot dT \quad \partial V = T \cdot dp$$

$$\boxed{p = \left(\frac{\partial V}{\partial T}\right)_p} \quad \boxed{T = \left(\frac{\partial V}{\partial p}\right)_T}$$

Deutung der Partialänderungen von V mit ∂, indem man ändert:
T um ∂T bei $p = \text{const.}$
p um ∂p bei $T = \text{const.}$

$$\boxed{dV = \left(\frac{\partial V}{\partial T}\right)_p dT + \left(\frac{\partial V}{\partial p}\right)_T dp}$$

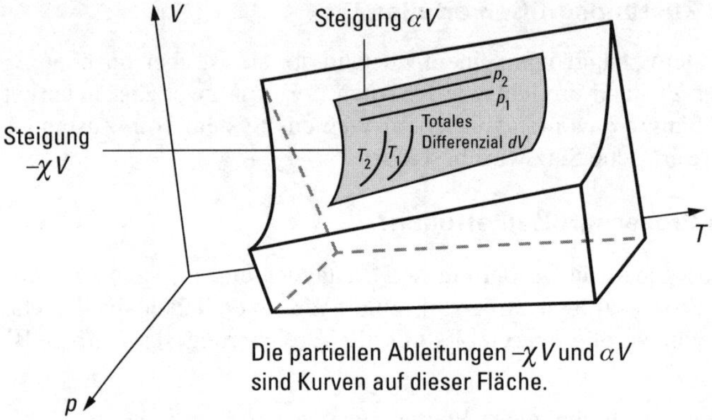

Abb. 3.1 Repräsentation des totalen Differenzials dV im VpT-Raum.

11 Was besagt der Schwarz'sche Satz? Welche Bedeutung hat er bei thermodynamischen Betrachtungen von Zustandsänderungen?

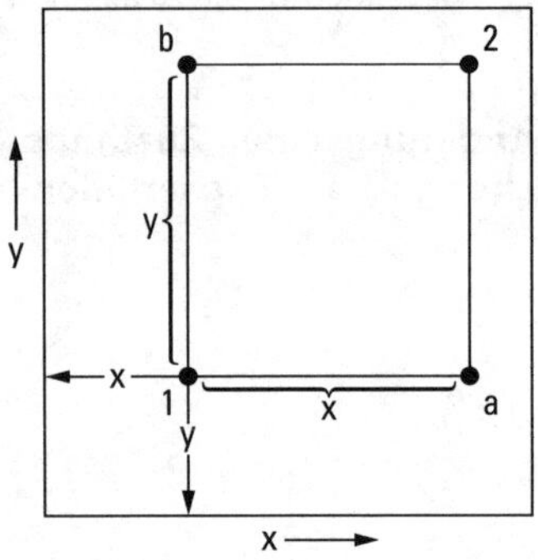

Abb. 3.2 Änderung der Zustandsgröße z auf zwei verschiedenen Wegen (a und b) in der x,y-Ebene von Zustand 1 nach 2.

In Abb. 3.2 wird die Änderung der Zustandsgröße z auf zwei verschiedenen Wegen (a und b) in der x,y-Ebene vom Zustand 1 nach 2 mit kleinen Werten für Δx und für Δy betrachtet:

Weg 1 $\Rightarrow$ b $\Rightarrow$ 2 ergibt:

$$z(x+\Delta x, y+\Delta y) - z(x,y) = z_2 - z_1$$
$$= B(x,y)\cdot\Delta y + A(x, y+\Delta y)\cdot\Delta x$$

Weg 1 $\Rightarrow$ a $\Rightarrow$ 2 ergibt:

$$z(x+\Delta x, y+\Delta y) - z(x,y) = z_2 - z_1$$
$$= B(x+\Delta x, y)\cdot\Delta y + A(x,y)\cdot\Delta x$$

Abkürzung:

$$\left(\frac{\partial z}{\partial x}\right)_y = A(x,y)$$

$$\left(\frac{\partial z}{\partial y}\right)_x = B(x,y)$$

Nach dem Mittelwertsatz der Differenzialrechnung ist das Ergebnis vom Weg unabhängig und somit gilt:

$$[A(x,y+\Delta y) - A(x,y)]\Delta x = [B(x+\Delta x,y) - B(x,y)]\Delta y$$

oder

$$\left[\frac{A(x,y+\Delta y) - A(x,y)}{\Delta y}\right]\Delta x \cdot \Delta y = \left[\frac{B(x+\Delta x,y) - B(x,y)}{\Delta x}\right]\Delta y \cdot \Delta x \,.$$

Der Grenzübergang mit $\Delta x \to 0$ und $\Delta y \to 0$ ergibt:

$$\left(\frac{\partial A}{\partial y}\right)_x = \left(\frac{\partial B}{\partial x}\right)_y \quad \text{oder} \quad \left(\frac{\partial^2 z}{\partial y \partial x}\right) = \left(\frac{\partial^2 z}{\partial x \partial y}\right). \tag{1.16-1}$$

Schwarz'scher Satz:

> Ist eine Größe z von zwei oder mehreren Variablen abhängig und existieren von ihr stetige partielle Ableitungen, dann existieren auch die gemischt-partiellen Ableitungen, die einander gleich sind.

Beispiel:

$$z = 2x^2 + 3y^3 + 6x^2 y + 3x^7 y^4$$

part. Ableitung

$$\left(\frac{\partial z}{\partial x}\right)_y = 4x + 12xy + 21x^6 y^4 \quad \left(\frac{\partial z}{\partial y}\right)_x = 9y^2 + 6x^2 + 12x^7 y^3$$

gem. part. Ableitung

$$\left(\frac{\partial^2 z}{\partial x \partial y}\right) = 12x + 84x^6 y^3 \quad \left(\frac{\partial^2 z}{\partial y \partial x}\right) = 12x + 84x^6 y^3$$

Bei thermodynamischer Betrachtungsweise einer Zustandsänderung des Systems folgt aus dem Schwarz'schen Satz (Abb. 3.2): Kriterium für eine Zustandsgröße z ist ihre Unabhängigkeit vom Weg der Änderung zwischen den Energiezuständen 1 (Anfangszustand) und 2 (Endzustand). Mit diesem energetischen Aspekt der Gesamtänderung dz beschäftigt sich die Thermodynamik (Wärmebewegungslehre), wobei es bedeutungslos ist, ob die Änderung in einem Schritt oder in Teilschritten, rasch oder langsam erfolgt. Für die Integration des totalen Differenzials genügt daher die Kenntnis des Anfangs- und des Endzustandes:

$$\int_1^2 dz = z_2 - z_1 = \Delta z \,.$$

Insbesondere wenn z ein so genanntes thermodynamisches Potenzial ist (s. Kap. 1.5 und 3.5) und x bzw. y die entsprechenden thermodynamischen Variablen sind, bezeichnet man die Gleichung (1.16-1) auch als **Maxwell-Relation**.

12 Mit welchen Zustandsänderungen befasst sich die chemische Thermodynamik vorwiegend?

Die Zustandsänderungen können unter unterschiedlichen Bedingungen ablaufen:

- isobare Zustandsänderungen (unter konstantem Druck),
- isochore Zustandsänderungen (unter konstantem Volumen),
- isotherme Zustandsänderungen (unter konstanter Temperatur)
- adiabatische Zustandsänderungen (ohne Wärmeaustausch).

Die weitaus meisten chemischen Reaktionen laufen unter konstantem Druck ab. Sollen Gasreaktionen unter konstantem Volumen ablaufen, müssen sie in Druckbehältern durchgeführt werden. Bei Reaktionen, an denen nur Flüssigkeiten und Feststoffe beteiligt sind, spielen Volumenänderungen eine untergeordnete Rolle. Isotherme Zustandsänderungen und adiabatische Zustandsänderungen sind Grenzfälle. Wenn nicht besondere technische Vorkehrungen getroffen werden, verlaufen chemische Reaktionen weder isotherm noch adiabatisch, sondern zwischen System und Umgebung findet ein allmählicher Wärmeübergang (vom wärmeren zum kälteren Bereich) statt. In diesem Falle wird von polytropen Zustandsänderungen gesprochen. Im Allgemeinen verlaufen chemische Reaktionen polytrop. Polytrop bezeichnet die allgemeine Form einer thermodynamischen Zustandsänderung eines idealen Gases, für die $\boldsymbol{p \cdot V^n = \text{const.}}$ gilt. Dabei Wird ***n*** auch **Polytropenexponent** genannt. Die Sonderfälle der polytropen Zustandsänderung zeigt Abb. 3.3.

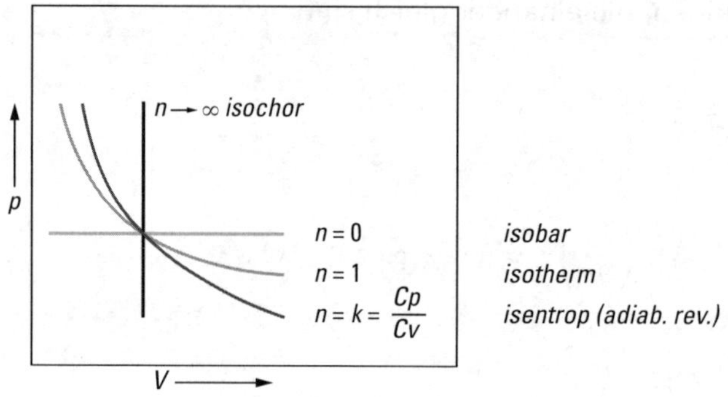

Abb. 3.3 Sonderfälle der polytropen Zustandsänderung.

Unter isobar-isothermen Bedingungen stehen im Blickfeld:

- Phasenumwandlungen,
- Mischungsprozesse (mischen, lösen, verdünnen),
- chemische Reaktionen.

13 Grenzen Sie die chemische Thermodynamik von der klassischen und statistischen Thermodynamik ab. Welche für die Praxis wichtigen Ergebnisse liefert die thermodynamische Betrachtung chemischer Reaktionen?

Die **klassische Thermodynamik** untersucht beobachtbare und messbare Vorgänge im makroskopischen Bereich. Grundlage ihrer Theorie für beliebige thermodynamische Systeme bilden die Hauptsätze (Erfahrungssätze) der Thermodynamik. Wie diese Vorgänge mit Vorgängen im atomaren und molekularen Bereich und statistisch zusammenhängen, ist Untersuchungsgegenstand der **statistischen Thermodynamik** mit der Zustandssumme als zentrale Größe. Es wird die Verbindung hergestellt zwischen den Eigenschaften (insbesondere den Energiestufen und deren Besetzungszustand) der Einzelpartikel und den makroskopischen Größen. Die Anwendung der klassischen Thermodynamik auf chemische Reaktionen ist Gegenstand der **chemischen Thermodynamik**. Sie liefert Aussagen darüber, ob eine bestimmte chemische

Reaktion möglich ist. Man kann im Prinzip für jede Reaktion auf der Grundlage weniger experimenteller Daten voraussagen, ob bzw. unter welchen Bedingungen sie freiwillig abläuft und wie man ihre Ausbeute durch Variation von Zusammensetzung, Temperatur und Druck vergrößern kann. Die Zeit geht in thermodynamische Berechnungen nicht ein. Die chemische Thermodynamik sagt daher nichts darüber aus, nach welchem Reaktionsmechanismus und mit welcher Geschwindigkeit eine an sich mögliche Reaktion abläuft. Das ist Gegenstand der **chemischen Kinetik (Reaktionskinetik)**.

14 Wie kann man mit dem Schwarz'schen Satz nachweisen, dass *V, p, T, U, H, S, F* und *G* Zustandsgrößen, *Q* und *W* aber Prozessgrößen sind?

$V = f(T,p)$: part. Ableitung $\left(\frac{\partial V}{\partial T}\right)_p = \alpha V \quad \left(\frac{\partial V}{\partial p}\right)_T = -\chi V$

gem. part. Ableitung $\left(\frac{\partial(\alpha V)}{\partial p}\right)_T = \left(\frac{\partial(-\chi V)}{\partial T}\right)_p$

$$\frac{\partial \alpha}{\partial p} = \frac{-\partial \chi}{\partial T}$$

$p = f(T,V)$: part. Ableitung $\left(\frac{\partial p}{\partial V}\right)_T = -\frac{1}{\chi V} \quad \left(\frac{\partial p}{\partial T}\right)_V = \beta p$

gem. part. Ableitung $\left(\frac{\partial(-\chi V)^{-1}}{\partial T}\right)_V = \left(\frac{\partial(\beta p)}{\partial V}\right)_T$

$T = f(p,V)$: part. Ableitung $\left(\frac{\partial T}{\partial p}\right)_V = (\beta p)^{-1} \quad \left(\frac{\partial T}{\partial V}\right)_p = (\alpha V)^{-1}$

gem. part. Ableitung $\left[\frac{\partial\,(\beta p)^{-1}}{\partial V}\right]_p = \left[\frac{\partial\,(\alpha V)^{-1}}{\partial p}\right]_V$

Merke: Für ideale Gase gilt: $\alpha T = \beta T = \chi p = 1$

$U = f(T,V)$: part. Ableitung $\left(\frac{\partial U}{\partial T}\right)_V = C_V \quad \left(\frac{\partial U}{\partial V}\right)_T = \pi$

gem. part. Ableitung $\left(\frac{\partial C_V}{\partial V}\right)_T = \left(\frac{\partial \pi}{\partial T}\right)_V$ (reales Gas)

$0 = 0$ (ideales Gas)

$H = f(T,p)$: part. Ableitung $\left(\frac{\partial H}{\partial T}\right)_p = C_p \quad \left(\frac{\partial H}{\partial p}\right)_T = \varepsilon$

gem. part. Ableitung $\left(\frac{\partial C_p}{\partial p}\right)_T = \left(\frac{\partial \varepsilon}{\partial T}\right)_p$ (reales Gas)

$0 = 0$ (ideales Gas)

$S = f(T,V)$: part. Ableitung $\left(\frac{\partial S}{\partial T}\right)_V = \frac{1}{T} C_V \quad \left(\frac{\partial S}{\partial V}\right)_T = (\pi + p) \cdot T^{-1}$

$$\text{gem. part. Ableitung} \quad \frac{1}{T}\left(\frac{\partial C_V}{\partial V}\right)_T = \left[\frac{\partial\left[(\pi+p)\cdot T^{-1}\right]}{\partial T}\right]_V$$

$$\frac{1}{T}\cdot\left(\frac{\partial \pi}{\partial T}\right)_V = \frac{\partial(\pi+p)}{\partial T}\cdot T^{-1} + (\pi+p)\cdot\left(-\frac{1}{T^2}\right) \;\Big|\cdot T$$

$$\left(\frac{\partial \pi}{\partial T}\right)_V = \left(\frac{\partial \pi}{\partial T}\right)_V + \left(\frac{\partial p}{\partial T}\right)_V - \frac{\pi+p}{T}$$

$$\left(\frac{\partial \pi}{\partial T}\right)_V = \left(\frac{\partial \pi}{\partial T}\right)_V + \frac{\pi+p}{T} - \frac{\pi+p}{T}$$

$$\left(\frac{\partial \pi}{\partial T}\right)_V = \left(\frac{\partial \pi}{\partial T}\right)_V \quad \text{(reales Gas)}$$

$$0 = 0 \quad \text{(ideales Gas)}$$

Die 3. Zeile der gemischt partiellen Ableitung gestattet bei realen Gasen die Berechnung von π allein aus thermischen Größen: $\pi = T\cdot\left(\frac{\partial p}{\partial T}\right)_V - p = p\cdot(\beta T - 1)$

$$S = f(T,p): \text{ part. Ableitung} \quad \left(\frac{\partial S}{\partial T}\right)_p = \frac{1}{T}C_p \quad \left(\frac{\partial S}{\partial p}\right)_T = (\varepsilon - V)\cdot T^{-1}$$

$$\text{gem. part. Ableitung} \quad \frac{1}{T}\left(\frac{\partial C_p}{\partial p}\right)_T = \left[\frac{\partial\left[(\varepsilon - V)\cdot T^{-1}\right]}{\partial T}\right]_p$$

$$\frac{1}{T}\cdot\left(\frac{\partial \varepsilon}{\partial T}\right)_p = \frac{\partial(\varepsilon - V)}{\partial T}\cdot T^{-1} + (\varepsilon - V)\cdot\left(-\frac{1}{T^2}\right) \;\Big|\cdot T$$

$$\left(\frac{\partial \varepsilon}{\partial T}\right)_p = \left(\frac{\partial \varepsilon}{\partial T}\right)_p - \left(\frac{\partial V}{\partial T}\right)_p - \frac{(\varepsilon - V)}{T}$$

$$\left(\frac{\partial \varepsilon}{\partial T}\right)_p = \left(\frac{\partial \varepsilon}{\partial T}\right)_p + \frac{(\varepsilon - V)}{T} - \frac{(\varepsilon - V)}{T}$$

$$\left(\frac{\partial \varepsilon}{\partial T}\right)_p = \left(\frac{\partial \varepsilon}{\partial T}\right)_p \quad \text{(reales Gas)}$$

$$0 = 0 \quad \text{(ideales Gas)}$$

Die 3. Zeile der gemischt partiellen Ableitung gestattet bei realen Gasen die Berechnung von ε allein aus thermischen Größen: $\varepsilon = V - T\cdot\left(\frac{\partial V}{\partial T}\right)_p = V\cdot(1 - \alpha T)$

$$G = f(T,p): \text{ part. Ableitung} \quad \left(\frac{\partial G}{\partial p}\right)_T = V \quad \left(\frac{\partial G}{\partial T}\right)_p = -S$$

$$\text{gem. part. Ableitung} \quad \left(\frac{\partial V}{\partial T}\right)_p = \alpha V = \frac{V}{T} = \left(-\frac{\partial S}{\partial p}\right)_T = \frac{V}{T}$$

$$F = f(T,V): \text{ part. Ableitung} \quad \left(\frac{\partial F}{\partial V}\right)_T = -p \quad \left(\frac{\partial F}{\partial T}\right)_V = -S$$

$$\text{gem. part. Ableitung} \quad \left(-\frac{\partial p}{\partial T}\right)_V = -\beta p = -\frac{p}{T} = \left(-\frac{\partial S}{\partial V}\right)_T = -\frac{p}{T}$$

Der Schwarz'sche Satz wird bestätigt für V, p, T, U, H, S, F und G, da jeweils Unabhängigkeit vom Weg der Änderung zwischen den Zuständen A und B besteht.

Die Differenziale δW bzw. δQ sind keine vollständigen Differenziale; für sie gilt der Schwarz'sche Satz nicht, da jeweils Abhängigkeit vom Weg der Änderung zwischen den Zuständen A und B besteht.

- Am Arbeitsdifferenzial gezeigt, ergibt sich:

  $$\delta W = 0dT - p(T,V)dV .$$

  Wendet man darauf den Schwarz'schen Satz an, müsste $\left[\frac{\partial p}{\partial T}\right]_V$ immer 0 sein, was nicht zutrifft.
- Für δQ ergibt sich bei idealen Gasen:

  $$\delta Q = C_v(T) \cdot dT + \frac{RT}{V} \cdot dV . \tag{1.55}$$

  Auch das ist kein vollständiges Differenzial, wie man sofort mit dem Schwarz'schen Satz nachprüft:

  $$\left[\frac{\partial C_V}{\partial V}\right]_T \neq \left[\frac{\partial p}{\partial T}\right]_V .$$

  Erst nach Division von (1.55) durch T, trifft dies zu:

  $$dS = \frac{\delta Q}{T} = \frac{C_v}{T} dT + \frac{R}{V} dV .$$

  Arbeit und Wärme sind keine Zustandsgrößen, sondern Prozessgrößen.

3.2 Der nullte Hauptsatz und die thermische Zustandsgleichung der Stoffe

15 Welche Aussagen macht der nullte Hauptsatz der Thermodynamik?

Der nullte Hauptsatz der Thermodynamik drückt eine Erfahrungstatsache über das thermische Gleichgewicht aus:

- Zwei Systeme sind im thermischen Gleichgewicht, wenn sie dieselbe Temperatur haben.
- Die Temperatur ist eine Zustandsgröße.
- Für jeden Stoff existiert eine thermische Zustandsgleichung.

Auf diesem Satz beruht die Wirkungsweise des Thermometers.

16 Welche Stoffe verfügen über die einfachste thermische Zustandsgleichung?

Die Stoffe mit der einfachsten thermischen Zustandsgleichung sind die idealen Gase. Die Gleichung lautet: $p \cdot v = \frac{m}{M} RT$. Darin bedeutet p der Druck, v das Volumen, m die Masse und M die molare Masse des Gases. R ist eine universelle Konstante, die Gaskonstante. T ist die absolute Temperatur. Es gilt: $T = t + 273{,}15$, wenn t die Celsiustemperatur ist.

17 Was sind die typischen Eigenschaften von idealen Gasen?

Die typischen Eigenschaften von idealen Gasen sind:

- Das Eigenvolumen der Gasmoleküle ist vernachlässigbar, da zwischen ihnen sehr große Abstände bestehen.

- Zwischen den Gasmolekülen treten außer elastischen Stößen keine Wechselwirkungen und damit keine Energieverluste auf.
- Für die Gasmoleküle gilt das Prinzip der molekularen Unordnung, womit ausgedrückt wird, dass ihre Bewegung keine bevorzugte Raumrichtung hat.
- Der Druck p und die Temperatur T werden durch die thermische Bewegung der Teilchen bestimmt (→ statistische Größen, die nur auf eine sehr große Teilchenzahl anwendbar sind). Für ideale Gase mit kugeligen Molekülen gilt:

$$\text{Gasdruck} = \frac{\text{Faktor der Impulsänderung}}{\text{Freiheitsgrade } (x,y,z)} \cdot \frac{\text{Teilchenzahl}}{\text{Volumen}} \cdot E_{\text{kin}} \text{ eines Teilchens}$$

$$\boxed{p = \frac{2}{3} \cdot \frac{N}{V} \cdot \frac{m \cdot v^2}{2}} \tag{3.1}$$

$$n \cdot R \cdot T = \boxed{p \cdot V = \frac{1}{3} N \cdot m \cdot v^2} \quad \text{Grundgleichung der kinetischen Gastheorie}$$

$$E_{\text{kin}} = f(p,T) = \frac{3}{2} R \cdot T = \frac{1}{2} \cdot M \cdot v^2 \tag{3.2}$$

m:	Masse
M:	molare Masse
n:	Molzahl
R:	Gaskonstante
T:	Temperatur
v^2:	Geschwindigkeitsquadrat

Aus (3.2) erhält man mit $\boxed{n = \frac{m}{M} = \frac{N}{N_A} = \frac{V}{V_m}}$, $\boxed{R = k \cdot N_A}$ und $\boxed{M = m \cdot N_A = V_m \cdot \varphi}$ für das mittlere Geschwindigkeitsquadrat v^2 der Gasteilchen:

$$\boxed{v^2 = \frac{3k \cdot T}{m} = \frac{3RT}{M} = \frac{3p}{\varphi}} \tag{3.3}$$

Setzt man den ersten Quotienten von (3.3) in (3.2) ein, so erhält man eine neue Form der Gaszustandsgleichung, welche die Teilchenzahl N enthält:

$$\boxed{p \cdot V = N \cdot k \cdot T}\,. \tag{3.4}$$

Diese Zustandsgleichung gilt allgemein, da sie keine von der Natur des Gases abhängige Größen enthält. Aus ihr folgt unmittelbar die Regel von Avogadro:

> Gleiche Volumina verschiedener idealer Gase enthalten bei gleichem Druck und gleicher Temperatur dieselbe Anzahl von Molekülen.

Speziell ergibt sich hieraus die so genannte **Loschmidt-Konstante** N_L, nämlich die Anzahl Moleküle eines beliebigen idealen Gases in der Volumeneinheit 1 m^3 unter Normalbedingungen ($T_0 = 273{,}15\,K$, $p_0 = 101\,325\,Pa$):

$$\boxed{N_L = \frac{p_0 V_0}{k T_0} = 2{,}6867775 \cdot 10^{25}\,m^{-3}}\,. \tag{3.5}$$

Wird (3.5) mit $V_m = 0{,}022414\,m^3 \cdot mol^{-1}$ multipliziert, erhält man die **Avogadro-Konstante N_A**:

$$\boxed{N_A = N_L \cdot V_m = 6{,}022 \cdot 10^{23}\,mol^{-1}} . \tag{3.6}$$

Mit (3.4) kann V_m berechnet werden:

$$V_m = \frac{N_A}{p_0} \cdot kT_0 = \frac{RT_0}{p_0} = 22{,}4141 \frac{dm^3}{mol} . \tag{3.7}$$

18 Was beinhaltet die Maxwell'sche Geschwindigkeitsverteilung der Gasmoleküle?

Unter den Gasmolekülen kommen innerhalb eines von der Temperatur abhängigen mehr oder weniger großen Bereiches alle Geschwindigkeiten vor. Damit ist die Wahrscheinlichkeit, ein Molekül mit genau einer bestimmten Geschwindigkeit v anzutreffen gleich Null. Man kann daher stets nur Aussagen darüber gewinnen, mit welcher Wahrscheinlichkeit eine bestimmte Molekülgeschwindigkeit innerhalb eines vorgegebenen Geschwindigkeitsintervalls dv liegt. Die Verteilung der Moleküle auf die einzelnen Geschwindigkeitsintervalle in Abhängigkeit von der Temperatur T ist von Maxwell angegeben worden. Danach sind alle Richtungen gleich wahrscheinlich, von N Teilchen je Volumeneinheit haben dN_v-Teilchen $[dN_v = f(m,T)]$ eine Geschwindigkeit von $v + dv$.

- Die Geschwindigkeiten der Moleküle häufen sich bei $dT = 0$ um einen Mittelwert. Wie in Abb. 3.4 dargestellt, verschiebt sich mit steigender Temperatur das Maximum der Verteilung zu immer höheren Geschwindigkeiten, und die Kurve wird flacher.
- Maxwell fand weiter, dass sich die mittleren Geschwindigkeitsquadrate der Moleküle zweier Gase v_i^2 unter gleichen Bedingungen umgekehrt verhalten wie ihre Dichten φ_i

$$\frac{v_1^2}{v_2^2} = \frac{\varphi_2}{\varphi_1} .$$

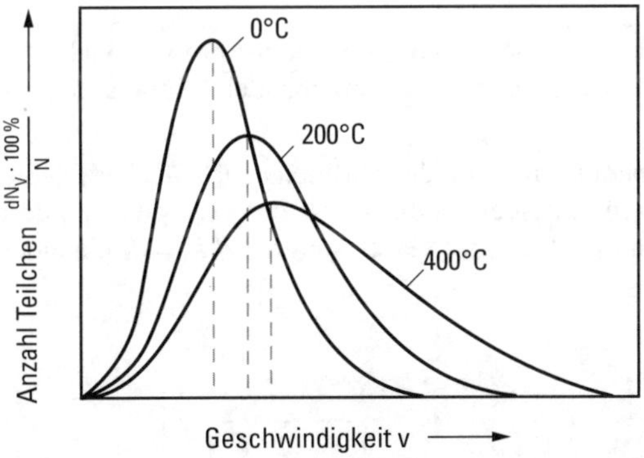

Abb. 3.4 Verteilung der Geschwindigkeit von Molekülen bei verschiedenen Temperaturen.

19 Leiten Sie die Gasgesetze von a) Boyle-Mariotte und b) Gay-Lussac aus dem vollständigen Differenzial *dV* der Funktion *V* = *f*(*T*, *p*) her. Verdeutlichen Sie beide Gesetze grafisch. Was sagen sie aus?

$$dV = \left[\frac{\partial V}{\partial T}\right]_p dT + \left[\frac{\partial V}{\partial p}\right]_T dp$$
$$dV = \alpha V dT - \chi V dp$$

a) Boyle-Mariotte

$$\left[\frac{\partial V}{\partial p}\right]_T = -\chi V = -\frac{V}{p} \longrightarrow \int\limits_{V_0}^{V} \frac{dV}{V} = -\int\limits_{p_0}^{p} \frac{dp}{p} \longrightarrow$$
$$\frac{V}{V_0} = \frac{p_0}{p} \longrightarrow \boxed{pV = p_0 V_0 = \text{const.}}$$

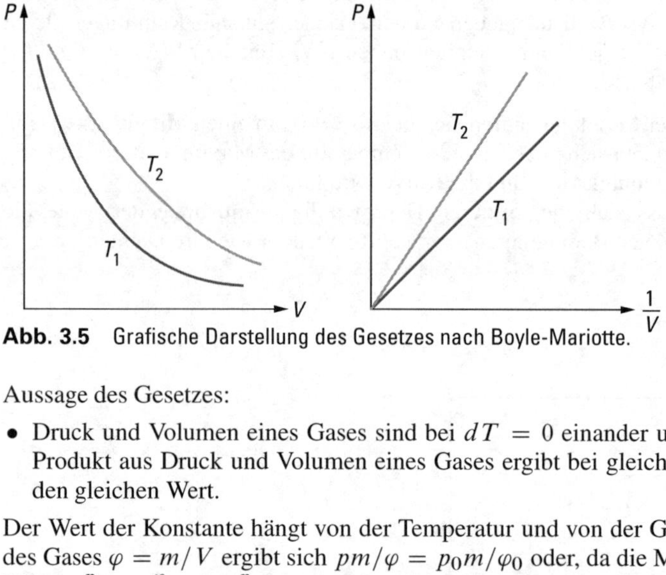

Abb. 3.5 Grafische Darstellung des Gesetzes nach Boyle-Mariotte.

Aussage des Gesetzes:

- Druck und Volumen eines Gases sind bei $dT = 0$ einander umgekehrt proportional. Das Produkt aus Druck und Volumen eines Gases ergibt bei gleichbleibender Temperatur stets den gleichen Wert.

Der Wert der Konstante hängt von der Temperatur und von der Gasmenge ab. Mit der Dichte des Gases $\varphi = m/V$ ergibt sich $pm/\varphi = p_0 m/\varphi_0$ oder, da die Masse des Gases unverändert bleibt: $\frac{p}{p_0} = \frac{\varphi}{\varphi_0}$ oder $\frac{p}{\varphi} = \text{const.}$ Druck und Dichte eines Gases sind bei $dT = 0$ einander proportional.

b) Gay-Lussac

$$\left[\frac{\partial V}{\partial T}\right]_p = \alpha V = \frac{V}{T} \longrightarrow \int\limits_{V_0}^{V} \frac{dV}{V} = \int\limits_{T_0}^{T} \frac{dT}{T} \longrightarrow \boxed{\frac{V}{V_0} = \frac{T}{T_0}} \qquad (3.8)$$

$$T = t + T_0 \quad \Big| \quad \alpha = \frac{1}{T_0} = \frac{1}{273{,}15\,\text{K}}$$

$$\boxed{V = V_0(1 + \alpha t)} \qquad (3.9)$$

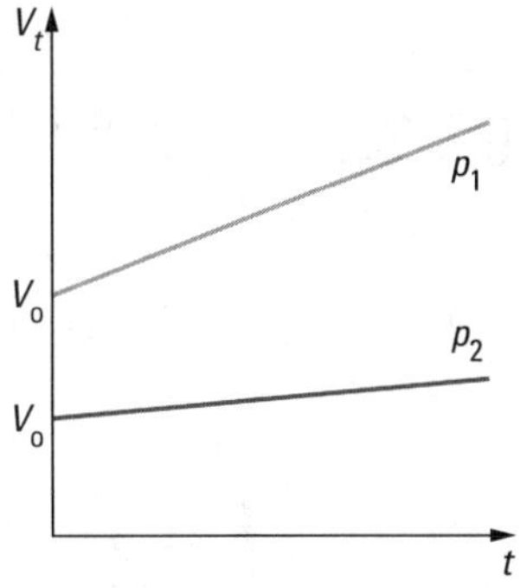

Abb. 3.6 Grafische Darstellung des Gesetzes nach Gay-Lussac.

Aussage des Gesetzes:

- Volumen und Temperatur eines Gases sind bei $dp = 0$ einander proportional.
- Wird ein Gas unter konstantem Druck von 0 °C auf die Temperatur t erwärmt, nimmt sein Volumen gemäß der Beziehung (3.9) von V_0 auf V zu. Der Ausdehnungskoeffizient der Gase ist erheblich größer als der von festen und flüssigen Stoffen und hat, bezogen auf das Anfangsvolumen bei 0 °C, für alle Gase nahezu den gleichen Wert

$$\alpha = 0{,}003661\,\mathrm{K} = \frac{1}{273{,}15\,\mathrm{K}}\,.$$

Da das Gasvolumen nicht negativ werden kann, ist $t = -237{,}15\,°\mathrm{C}$ die tiefstmögliche Temperatur, der sog. absolute Nullpunkt, von dem aus die absolute Temperatur T in Kelvin (K) gemessen wird. Diese Schlussweise ist streng genommen nicht richtig; denn einerseits kann das Gasvolumen niemals Null werden, andererseits werden alle realen Gase bei sehr tiefen Temperaturen flüssig, wobei dann das **Gay-Lussac'sche Gesetz** nicht mehr gilt. Diese Erklärung des absoluten Nullpunktes stützt sich daher zunächst nur auf das ideale Gas. Dennoch ist die Folgerung richtig, dass es keine tiefere Temperatur als $-273{,}15\,°\mathrm{C} = 0\,\mathrm{K}$ gibt. Der tiefere Sinn dieses untersten Punktes der Temperaturskale liegt darin, dass hier die Gasmoleküle keine kinetische Energie mehr haben, d. h. völliger Stillstand der Molekularbewegung eintritt.

20 Leiten Sie das Amonton'sche Gasgesetz aus dem vollständigen Differenzial *dp* der Funktion *p* = *f*(*T, V*) her und verdeutlichen Sie es grafisch. Was sagt das Gesetz aus?

$$dp = \left(\frac{\partial p}{\partial T}\right)_V dT + \left(\frac{\partial p}{\partial V}\right)_T dV$$

$$dp = \beta p dT - \frac{1}{\chi V} dV$$

$$\left[\frac{\partial p}{\partial T}\right]_V = \beta p = \frac{p}{T} \longrightarrow \int_{p_0}^{p} \frac{dp}{p} = \int_{T_0}^{T} \frac{dT}{T} \longrightarrow \boxed{\frac{p}{p_0} = \frac{T}{T_0}} \tag{3.10}$$

$$T = t + T_0 \quad \bigg| \quad \beta = \frac{1}{T_0} = \frac{1}{273{,}15\,\mathrm{K}}$$

$$\boxed{p = p_0(\beta t + 1)} \tag{3.11}$$

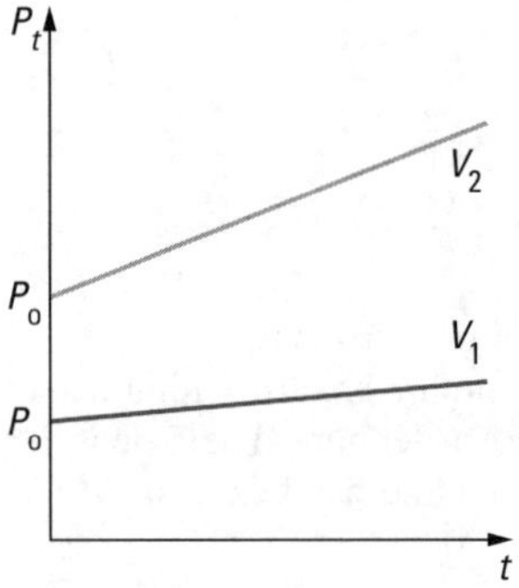

Abb. 3.7 Grafische Darstellung des Gesetzes nach Amonton.

Aussage des Gesetzes:

- Druck und Temperatur eines Gases sind bei $dV = 0$ einander proportional.
- Steht das Gas bei 0 °C unter dem Druck p_0, so ist (3.11) der Gasdruck bei der Temperatur t. Der so genannte Druckkoeffizient β hat für das ideale Gas den gleichen Wert wie der Ausdehnungskoeffizient α:

$$\beta = \alpha = 0{,}003661\,\mathrm{K} = \frac{1}{273{,}15\,\mathrm{K}}.$$

21 Leiten Sie die thermische Zustandsgleichung für ideale Gase her. Was sagt sie aus?

Ändern sich p, V und T gleichzeitig, gilt sowohl das Gesetz von Gay-Lussac als auch das von Boyle-Mariotte. Eine Gasmenge soll vom Ausgangszustand I (V_0, p_0, T_0) in den Endzustand II (V, p, T)gebracht werden (Abb. 3.8).

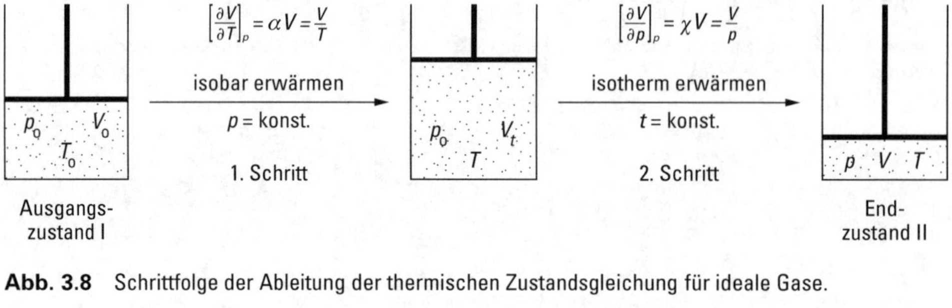

Abb. 3.8 Schrittfolge der Ableitung der thermischen Zustandsgleichung für ideale Gase.

$$\int_{V_0}^{V_t} \frac{dV}{V} = \int_{T_0}^{T} \frac{dT}{T} \qquad\qquad \int_{V_t}^{V} \frac{dV}{V} = \int_{p_0}^{p} \frac{dp}{p}$$

Gay-Lussac ↓ $\qquad\qquad$ ↓ Boyle-Mariotte

$$\boxed{V_t = V_0 \cdot \frac{T}{T_0}} \qquad\qquad \boxed{V_t = V \cdot \frac{p}{p_0}}$$

↘ ↙

Zustandsgleichung (individuell)

$$\boxed{\frac{pV}{T} = \frac{p_0 V_0}{T_0}} \tag{3.12}$$

Für jede gegebene Gasmenge ist das Produkt aus dem Druck und dem Volumen dividiert durch die absolute Temperatur konstant.

$$R = \frac{p_0 V_m}{T_0} \longrightarrow \Big\downarrow \longleftarrow \begin{array}{l} T_0 = 273{,}15\,°\mathrm{C} \\ p_0 = 101\,325\,\mathrm{Pa} \\ V_0 = V_m = 22{,}414\,\mathrm{dm^3/mol} \end{array}$$

$$\boxed{pV = RT} \quad \text{(für 1 Mol)}$$

Zustandsgleichung (allgemein)

$$\boxed{pV = nRT} \quad \text{(für } n \text{ Mole)} \tag{3.13}$$

↓

Avogadro

$$\boxed{\frac{1}{N_A} = n = \frac{pV}{RT}} \tag{3.14}$$

Die Zustandsgleichung (3.12) gilt unabhängig davon, in welcher Reihenfolge man die Änderungen des Druckes oder des Volumens oder der Temperatur vornimmt; sie gilt auch, wenn man alle drei Größen gleichzeitig verändert. Mit anderen Worten: Die Gleichung gilt **unabhängig vom Weg**, auf dem man das Gas aus dem Zustand (p_0, V_0, T_0) in den neuen Zustand (p, V, T) überführt. Sie geht für $dT = 0$ (**isotherme Zustandsänderung**) in das Boyle-Mariotte'sche Gesetz, für $dp = 0$ (**isobare Zustandsänderung**) in das Gay-Lussac'sche Gesetz und für $dV = 0$ (**isochore Zustandsänderung**) in das Amonton'sche Gesetz über.

22 Wie gelangt man mit der thermischen Zustandsgleichung des idealen Gases zur Festlegung des Nullpunktes der Kelvin-Temperaturskala (absoluter Nullpunkt)?

Druck und Volumen sind von der Temperatur abhängig. Die quantitative Prüfung dieser Abhängigkeit ergab die Beziehung

$$p \cdot V = \text{const} \cdot (273{,}15 + t_C)$$
$$p \cdot V = \text{const} \cdot T$$
$$p \cdot V = n \cdot R \cdot T\,.$$

In der grafischen Darstellung (Abb. 3.9) ergibt sich eine Gerade, die bei $-273{,}15\,°\mathrm{C}$ bzw. $0\,\mathrm{K}$ die Abszisse schneidet ($pV = 0$). T wird absolute Temperatur mit der Maßeinheit Kelvin (K) genannt. Mit $T = 0\,\mathrm{K}$ definiert sich der absolute Nullpunkt.

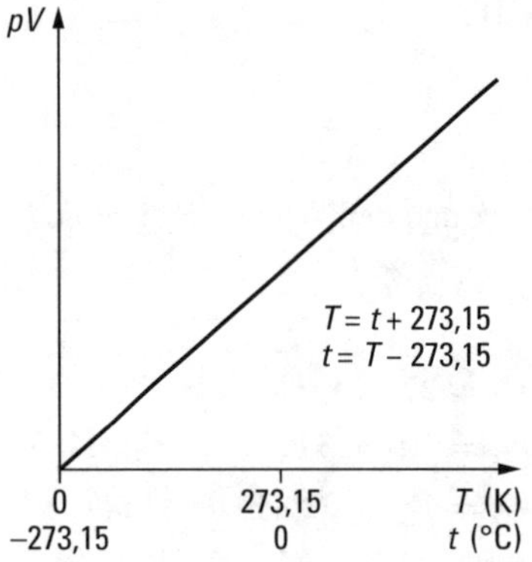

Abb. 3.9 Gasgesetz und absoluter Nullpunkt.

23 Welcher mathematische Zusammenhang besteht bei idealen Gasen zwischen dem isobaren Ausdehnungskoeffizienten α, der isothermen Kompressibilität χ und dem isochoren Druckkoeffizienten β? Warum sind in Tabellenbüchern in der Regel nur α und χ aufgeführt?

Bei idealen Gasen besteht zwischen dem Ausdehnungskoeffizienten α, der Kompressibilität χ und dem Druckkoeffizienten β die wichtige Beziehung: $\alpha T = \chi p = \beta T = 1$. In Tabellenbüchern findet man nur die Koeffizienten α und χ aufgeführt, da sich β durch α und χ nach $\beta = \frac{1 \cdot \alpha}{p \cdot \chi}$ ausdrücken lässt.

24 Eine Kugel des Stahls X8CrNi18,10 hat bei $T_1 = 20\,°\mathrm{C}$ und $1.013\,\mathrm{bar}$ den Durchmesser $d_1 = 10\,\mathrm{mm}$. Auf welche Temperatur T_2 muss sie mindestens abgekühlt werden, damit sie durch einen Ring von $d_2 = 9{,}98\,\mathrm{mm}$ hindurchfällt? Der isobare Ausdehnungskoeffizient des Stahls beträgt $\alpha = 49{,}2 \cdot 10^{-6}\,\mathrm{K}^{-1}$.

$$\alpha = \frac{1}{V} \cdot \left(\frac{\partial V}{\partial T}\right)_p ; \quad \Delta T = \frac{1}{\alpha} \cdot \frac{\Delta V}{V} = \frac{1}{\alpha}\left[\left(\frac{d_2}{d_1}\right)^3 - 1\right] = -121{,}7\,\mathrm{K};$$
$$T_2 = T_1 + \Delta T = \underline{\underline{171{,}5\,\mathrm{K}(-101{,}7\,°\mathrm{C})}}$$

25 Wie kann man die van der Waals'sche Zustandsgleichung für reale Gase aus derjenigen für ideale Gase ($pv = nRT$) plausibel machen?

Wie aus der kinetischen Theorie der Wärme bekannt, sind die Moleküle des idealen Gases

- ohne ein Eigenvolumen und
- ohne gegenseitige Anziehungskräfte.

Die Moleküle der realen Gase sind dichter gepackt. Deshalb ist das Eigenvolumen der Moleküle gegenüber dem Gesamtvolumen, das vom Gas eingenommen wird, nicht zu vernachlässigen. Um dieses **Eigenvolumen nb** (n Stoffmenge) muss das Volumen v, das den Gasmolekülen zu ihrer Bewegung zur Verfügung steht, vermindert werden. Anstelle von v ist $(v - nb)$ in die Zustandsgleichung einzusetzen.

Welche Wirkung haben nun die Anziehungskräfte? Im Innern des Gases heben sich die Anziehungskräfte auf, weil die Anziehung allseitig erfolgt. Bei den Molekülen an der Oberfläche werden sie jedoch wirksam. Diese Moleküle werden durch die Kohäsionskräfte nach innen gezogen und bewirken einen **Binnendruck d**, der zum Außendruck addiert werden muss. Ein reales Gas steht nicht nur unter einem Außendruck p wie das ideale Gas, sondern darüber hinaus unter dem Binnendruck d. Der Binnendruck ist einerseits der Anzahl der Moleküle proportional, die sich in der Oberfläche befinden. Diese Anzahl ist umso größer, je größer die Stoffmenge ist. Andererseits ist der Binnendruck der Anzahl der anziehenden Moleküle proportional, d. h. wiederum der Stoffmenge. Insgesamt lässt sich feststellen, dass der Binnendruck dem Quadrat der Stoffmenge direkt proportional, dem Quadrat des Volumens aber indirekt proportional sein muss. Mit dem Proportionalitätsfaktor a folgt:

$$d = an^2/v^2 .$$

Fügen wir die beiden Korrekturglieder an^2/v^2 und nb in die Zustandsgleichung $pv = nRT$ ein, erhalten wir nach van der Waals Zustandsgleichung für reale Gase:

$$\left(p + \frac{an^2}{v^2}\right) \cdot (v - nb) = nRT .$$

Das ist in Bezug auf die Veränderlichen v und p eine Gleichung 3. Grades, die als Kurve eine kubische Parabel darstellt und jeweils für eine bestimmte Temperatur gilt (Isotherme).

26 Welche Eigenschaften muss ein Gas haben, um es verflüssigen zu können?

Für jedes Gas gibt es eine kritische Temperatur T_k, bei deren Überschreitung eine Verflüssigung auch durch die höchsten Drücke nicht möglich ist, weil die flüssige Phase oberhalb der kritischen Temperatur nicht existiert. Für den Druck gibt es dagegen keine solche Begrenzung. Alle realen Gase können bei jedem beliebigen Druck verflüssigt werden, wenn man sie genügend stark abkühlt. Praktisch heißt dies, dass man diejenigen Gase, deren T_k oberhalb der Zimmertemperatur liegt, einfach durch Kompression verflüssigen kann, während man im anderen Falle die Gase erst unter die kritische Temperatur abkühlen muss, bevor eine Drucksteigerung zur Verflüssigung führt. Dafür wurden besondere Verfahren entwickelt, die von dem so genannten Joule-Thomson-Effekt Gebrauch machen. Die Anfangstemperatur T_{Anfang} des zu verflüssigenden Gases muss aber vor dem Joule-Thomson-Versuch unter der so genannten Inversionstemperatur T_i liegen. In Tab. 3.1 ist die Temperatur T_k für einige Gase angegeben. T_i entspricht der doppelten Boyle-Temperatur T_B, bei der die Gasisotherme waagerecht in das pV-p-Diagramm einmündet und das Gas das **Boyle-Mariotte'sche Gesetz** erfüllt (Abb. 1.3b und 3.5). T_i lässt sich aus den **van der Waals'schen Konstanten** a und b

Tab. 3.1 Kritische Temperaturen T_K für verschiedene Gase.

Gas		Kritische Temperatur T_K (°C)	(K)
Helium	He	−267,9	5,25
Wasserstoff	H_2	−239,9	33,25
Stickstoff	N_2	−147,1	126,05
Sauerstoff	O_2	−118,8	154,35
Methan	CH_4	−82,5	190,65
Kohlenstoffdioxid	CO_2	31,0	304,15
Chlor	Cl_2	143,85	417

sowie näherungsweise über eine einfache Beziehung zur kritischen Temperatur T_k berechnen:

$$T_i = 2T_B = \frac{2a}{R \cdot b} = \frac{27}{4} \cdot T_K .$$

Bei den meisten technischen Gasen (Ausnahmen H_2 und He) liegt T_i höher als die Zimmertemperatur und man kann ohne Vorkühlen mit dem Verflüssigen beginnen. H_2 muss mit flüssiger Luft vorgekühlt werden und He sogar mit flüssigem H_2.

27 Welche Überlegungen gestatten es, die van der Waals'sche Gleichung der realen Gase auch als Zustandsgleichung von Flüssigkeiten zu verwenden?

Dampf und Flüssigkeit eines Stoffes haben im Gleichgewicht gleichen Druck p und gleiche Temperatur T. Auf den Dampf kann die van der Waals'sche Gleichung, als Gleichung für reale Gase angewendet werden:

$$\left(p + \frac{a}{V^2}\right) \cdot (V - b) = RT .$$

Im Vergleich zum Molvolumen V des Dampfes ist das Molvolumen V der Flüssigkeit etwa um den Faktor 1000 kleiner. Die Flüssigkeit hat damit einen um den Faktor 10^6 größeren **Binnendruck** und ihm gegenüber wird p selbst vernachlässigbar klein. Außerdem folgt aus dem Größenverhältnis von p und Binnendruck, dass die Flüssigkeit praktisch nur durch den Binnendruck, der hier in der Größenordnung einiger tausend bar liegt, zusammengehalten wird und dass der Atmosphärendruck zum Zusammenhalt der Flüssigkeit nichts Wesentliches mehr beiträgt. V und b sind bei Flüssigkeiten etwa gleich groß, so dass $V - b$ sehr klein wird. Damit ergibt sich bei Flüssigkeiten in grober Näherung die thermische Zustandsgleichung:

$$\frac{a}{V^2} \approx RT .$$

28 Welche Aussagen lassen sich zu einer thermischen Zustandsgleichung von Feststoffen machen?

Für einen idealen Festkörper, der nur in unmittelbarer Nähe des absoluten Nullpunktes vorkommt, sind alle mechanischen und thermischen Eigenschaften von der Temperatur unabhängig und die Differenzialquotienten dieser Größen besitzen den Wert Null. Bei höheren Temperaturen und Drücken treten in zunehmendem Maße infolge der thermischen Anregung der Atome oder Moleküle im Kristallgitter Abweichungen von diesen idealen Gesetzmäßigkeiten auf, die nicht für alle Stoffe durch eine universelle Gleichung beschrieben werden können. Eine Form ist z. B.

$$p + \frac{A}{V^n} = RT + BV^m .$$

Hierbei trägt das Glied $\frac{A}{V^n}$ dem Kohäsionsdruck und BV^m den abstoßenden Kräften zwischen den Molekülen Rechnung.

29 Warum besteht Analogie zwischen dem Druck eines Gases und dem eines gelösten Stoffes?

In einer z. B. molekular-dispersen Zuckerlösung diffundieren die Zuckermoleküle regellos umher, so dass sich der gelöste Stoff wie ein gasförmiger Stoff verhält. Zwar üben die Moleküle des Lösungsmittels starke Anziehungskräfte auf die gelösten Moleküle aus, aber innerhalb der Lösung heben sich diese gegenseitig auf, da sie hier (Abb. 3.10 a) von allen Seiten her gleichmäßig wirken.

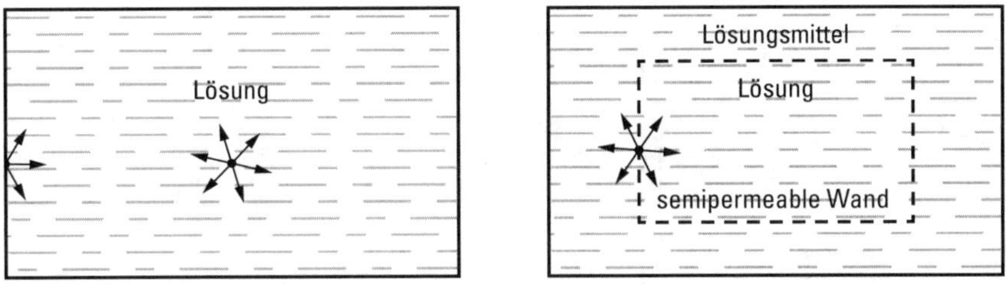

Abb. 3.10 a) Wirkung der Anziehungskräfte des Lösungsmittels auf gelöste Teilchen; b) Zustandekommen des osmotischen Druckes.

Nur an der Außenfläche der Flüssigkeit, an der die Anziehung einseitig nach dem Innern erfolgt, wirken sich die Kräfte aus. Daher kommt es, dass die in einer Lösung gelösten Moleküle keinen Druck auf die Wände des einschließenden Gefäßes auszuüben vermögen. Dies ist erst dann der Fall, wenn das die Lösung enthaltende Gefäß von Lösungsmittel umgeben ist und die Wände des Gefäßes halbdurchlässig („**semipermeabel**"), d. h. durchlässig für das Lösungsmittel und undurchlässig für den gelösten Stoff sind. Denn nur dann wirken (Abb. 3.10b) auch an der Wandgrenzfläche die Anziehungskräfte wie im Innern der Lösung gleichmäßig von allen Seiten her auf die gelösten Moleküle, so dass diese wie Gasmoleküle gegen die für sie undurchlässige Wand anprallen und damit einen Druck auf diese ausüben.

Es ist nach dieser Analogie zwischen dem Druck eines Gases und dem eines gelösten Stoffes nicht verwunderlich, dass der „**osmotische Druck**" (π) bei verdünnten („**idealen**") Lösungen in derselben Weise von dem Volumen (V), der Zahl gelöster Mole (n) und der absoluten Temperatur (T) abhängt wie der Gasdruck

$$\boxed{\pi \cdot V = n \cdot R \cdot T}$$

und dass die Konstante R den gleichen Wert wie bei der Zustandsgleichung der Gase besitzt. Gelöste Stoffe üben somit denselben Druck aus, den sie, falls man sie verdampfen könnte, bei gleicher Temperatur und im gleichen Volumen auch als Gase ausüben würden. Alle an die Gasgleichung geknüpften Folgerungen gelten daher auch für den Lösungszustand. Enthalten z. B. 22,414 Liter Wasser 1 mol eines Stoffs, beträgt der osmotische Druck bei 0 °C 1,01325 bar.

Das Zustandekommen des osmotischen Druckes kann statt von der Seite des gelösten Stoffes aus auch von der Seite des Lösungsmittels her abgeleitet werden. Diese Betrachtungsweise lässt zwar die Analogie zwischen Gasdruck p und osmotischem Druck π weniger gut erkennen, ermöglicht aber ein besseres Verständnis des Zusammenhangs zwischen dem osmotischen Druck π und der Dampfdruckerniedrigung Δp einer Lösung. Auch lässt sie leichter das Verhalten von Lösungen bei Verwendung starrer halbdurchlässiger Wände verstehen.

30 Nach van't Hoff kommt der osmotische Druck π durch das fortwährende Auftreffen der gelösten Moleküle auf die semipermeable Wand zustande. Informieren Sie sich in der weiterführenden Literatur, wie sich sein Zustandekommen auch von der Seite des Lösungsmittels her ableiten lässt. Begründen Sie diese Möglichkeit.

Die Möglichkeit bestand erstmals mit der Pfeffer'schen Versuchsanordnung von 1877, bei der eine mit poröser Tonschicht stabilisierte, semipermeable Membran aus Kupfer(II)-hexacyanoferrat(II), $Cu_2[Fe(CN)_6]$ und ein geschlossenes Manometer verwendet wurden. Abb. 3.11 zeigt schematisch die Anordnung.

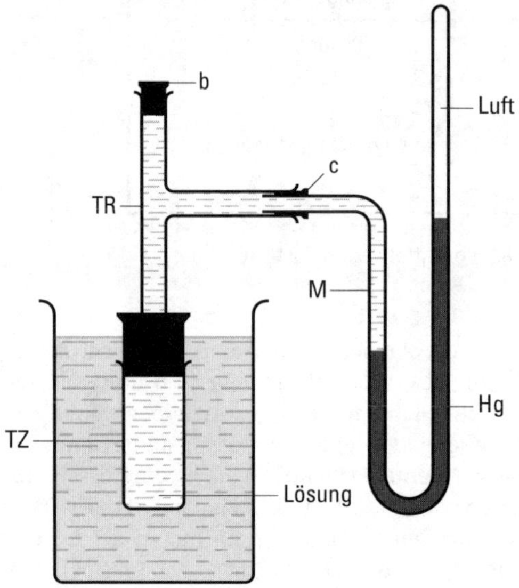

Abb. 3.11 Pfeffer'sche Zelle.

TZ ist ein Tonzylinder, der mit dem T-Rohr TR fest verbunden ist und in dem zunächst die semipermeable Membran erzeugt werden muss. Zu diesem Zweck wird der Tonzylinder nach sorgfältiger Reinigung mit 3 %iger $CuSO_4$-Lösung gefüllt und mehrere Stunden in eine gleichkonzentrierte Lösung gestellt. Nach Abspülen der überschüssigen Lösung wird die Zelle äußerlich getrocknet, mit einer 3 %igen Lösung von Kaliumhexacyanoferrat(II) $K_4[Fe(CN)_6]$ beschickt und erneut in die $CuSO_4$-Lösung gestellt, wobei sich die Membran aus $Cu_2[Fe(CN)_6]$ in der Wand des Tonzylinders ausbildet:

$$2\,Cu^{2+}_{(aq)} + [Fe(CN)_6]^{4-}_{(aq)} \rightleftharpoons Cu_2[Fe(CN)_6]_{(s)}\,.$$

Nach dem Abspülen wird TZ und TR mit dem Manometer M versehen, mit der zu untersuchenden Lösung gefüllt und durch den Stopfen b so verschlossen, dass sich in der Zelle bis zum Quecksilber des Manometers keine Luft befindet. Das Ganze wird in ein temperiertes Wasserbad gestellt. Das eindringende Wasser drückt das Quecksilber des Manometers in dem geschlossenen Schenkel nach oben und komprimiert die eingeschlossene Luft. Durch den erzeugten Gegendruck wird weiteres Eindringen verhindert, so dass die Lösung praktisch nicht verdünnt wird. Man bezeichnet somit als osmotischen Druck den Überdruck, der aufgewendet werden muss, um das Eindringen des Wassers in die Zelle zu verhindern, wenn Lösung und Wasser durch eine ideal semipermeable Wand getrennt sind.

Der Durchtritt der Wassermoleküle durch die semipermeable Membran ist kein einfacher Siebmechanismus. Man nimmt an, dass sich das Wasser zunächst in der Membran löst und von dort in die Lösung übertritt. Dies kann an dem einfachen Modell der übereinander geschichteten Lösungsmittel **Chloroform-Wasser-Ether** verständlich gemacht werden, bei dem das Wasser die semipermeable Wand darstellt. Der wasserlösliche Ether kann in das Chloroform gelangen, nicht aber das wasserunlösliche Chloroform in den Ether. Es bleibt jedoch unverständlich, wie sich das Wasser in einer Membran, z. B. aus $Cu_2[Fe(CN)_6]$, lösen soll. Zweifellos hat aber diese Theorie der Wirkungsweise der semipermeablen Wände, bzw. ein Übergang durch Adsorptionsvorgänge eine gewisse Berechtigung.

Beachtenswert ist auch die Vorstellung, nach der der Übergang des Wassers durch die Membran in die Lösung dadurch erfolgt, dass in die nicht benetzten Poren der Membran das Wasser wegen seines im Vergleich zur Lösung höheren Dampfdruckes als Dampf eintritt, um sich dann in der Lösung wieder zu kondensieren.

31 Welche theoretischen Folgerungen erzielte van't Hoff aus den Pfeffer'schen Messungen des osmotischen Druckes π (Tab. 3.2 und 3.3) bei Rohrzuckerlösungen? Schätzen Sie die erreichten π-Werte ein. (760 Torr = 1,01325 bar)

Tab. 3.2 Osmotischer Druck wässriger Rohrzuckerlösungen bei 15°C als Funktion der Konzentration.

Konzentration c der Lösung $\left[\frac{\text{g Rohrzucker}}{\text{100 g Wasser}}\right]$	Osmotischer Druck π [Torr]
1	535
2	1016
4	2082
6	3075

Tab. 3.3 Osmotischer Druck einer 1 %igen Rohrzuckerlösung als Funktion der Temperatur.

Temperatur T [K]	Osmotischer Druck π [Torr]
280	505
286,9	525
295,2	548
305,2	544

Aus der annähernden Konstanz des Quotienten $\frac{\pi}{c}$ (Tab. 3.4) folgerte van't Hoff zunächst, dass πV konstant ist, wenn V das Volumen der Lösung ist, das ein Mol der gelösten Substanz enthält. Da nun andererseits auch der Quotient $\frac{\pi}{T}$ (Tab. 3.5) konstant ist, ergab sich für ihn, wie bei den Gasgesetzen: $\pi V = R_1 T$, wobei R_1 eine Konstante ist, von der er zeigte, dass sie denselben Wert hat wie die Gaskonstante.

Wie die Auswertung der Tab. 3.2 zeigt, betrug der höchste damals gemessene osmotische Druck nur wenige bar. Heutige Untersuchungen, bei denen durch besondere Maßnahmen die mechanische Stabilität der semipermeablen Membran und die Messgenauigkeit wesentlich größer sind als bei den **Pfeffer'schen** Versuchen, werden π-Werte von 100 bar und mehr gemessen.

Tab. 3.4 Auswertung Tab. 3.2, Osmotischer Druck wässriger Rohrzuckerlösungen bei 15°C als Funktion der Konzentration.

$c\left[\frac{\text{g Rohrzucker}}{\text{100 g Wasser}}\right]$	π [Torr]	$\frac{\pi}{c}$
1	535	535
2	1016	508
4	2082	521
6	3075	513

Tab. 3.5 Auswertung Tab. 3.3, Osmotischer Druck einer 1 %igen Rohrzuckerlösung als Funktion der Temperatur.

$T[K]$	π [Torr]	$\frac{\pi}{T}$
280,0	505	1,80
286,9	525	1,83
295,2	548	1,85
305,2	544	1,79

3.3 Der erste Hauptsatz – Energie

32 Wie lautet der von dem deutschen Physiker und Physiologen Hermann von Helmholtz (1847) erkannte Energieerhaltungssatz (erster Hauptsatz)?

- In einem isolierten (abgeschlossenen) System ist die innere Energie U konstant (Satz von der Erhaltung der Energie).
- In einem geschlossenen System ist die Änderung der inneren Energie dU gleich der Summe der ausgetauschten Wärme δQ und Arbeit δW:

$$\boldsymbol{dU = \delta Q + \delta W} \,.$$

33 Welche Besonderheiten sind bei der Interpretation der Gleichung des ersten Hauptsatzes $dU = \delta Q + \delta W$ zu beachten?

In der Gleichung muss bei der mathematischen Bewertung der Ausdrücke dU, δQ und δW zwischen zwei Arten von Differenzialen unterschieden werden.

Die Differenzierung von Zustandsfunktionen ergibt **vollständige Differenziale** (z. B. dU, dV, dT). Für deren Integration genügt die Kenntnis des Anfangs- und des Endzustandes des Systems. Nehmen wir z. B. das Differenzial dU der inneren Energie. Die Änderung der inneren Energie zwischen den Zuständen A und B ist

$$\Delta U = \int_{\mathrm{A}}^{\mathrm{B}} dU = U_{\mathrm{B}} - U_{\mathrm{A}} \,.$$

Den von A nach B führenden Weg muss man nicht kennen.

Dies gilt nicht für die Prozessgrößen Q und W. Ihre **unvollständigen oder unbestimmten Differenziale** (δQ und δW) lassen sich zwischen den Grenzen A (Anfangszustand) und B (Endzustand) nur integrieren, wenn der genaue Weg von A nach B bekannt ist. So hängt z. B. im Falle von δW die am System verrichtete Arbeit von der Form der Kurve in einem pV-Diagramm ab. Zwar ist weder δQ noch δW ein vollständiges Differenzial, wohl aber ihre Summe $\delta Q + \delta W$, die gleich dem vollständigen Differenzial dU ist. Dies ist eine mathematische Folgerung aus dem Energieerhaltungssatz, wenn dieser auf Zustandsänderungen durch Wärmeübergang und Arbeit angewendet wird. Ist eine Zustandsfunktion eine Funktion von zwei oder mehr unabhängigen Variablen, dann kann ihr vollständiges Differenzial immer als eine Summe von Gliedern geschrieben werden, die jeweils die Änderung in Abhängigkeit von einer der Variablen angeben. Mit der Funktion $U = f(V, T)$ wird eine Form der **kalorischen**

Zustandsgleichung ausgedrückt. Das vollständige Differenzial dafür lautet:

$$dU = \left[\frac{\partial U}{\partial T}\right]_V dT + \left[\frac{\partial U}{\partial V}\right]_T dV \,.$$

Darin ist $\left[\frac{\partial U}{\partial T}\right]_V$ die partielle Ableitung von U nach T bei konstantem Volumen. Dieser isochore Temperaturkoeffizient der inneren Energie wird als **Molwärme** (**molare Wärmekapazität**) **bei konstantem Volumen** bezeichnet und mit $\boldsymbol{C_v}$ abgekürzt. Sie ist die Wärme, die man einem Mol des Stoffes ($n = 1$) bei konstantem Volumen zuführen muss, um die Temperatur um 1 K zu steigern. Die Funktion $\left[\frac{\partial U}{\partial V}\right]_T$ ist die partielle Ableitung von U nach V bei konstanter Temperatur. Sie drückt den isothermen Volumenkoeffizienten der inneren Energie aus und wird mit **Binnendruck** $\boldsymbol{\pi}$ abgekürzt.

34 Warum kann es kein Perpetuum mobile erster Art geben?

Perpetuum lat. auf immer, auf ewig; **mobilis** lat. beweglich, leicht zu bewegen

Unter einem Perpetuum mobile erster Art versteht man eine Vorrichtung, deren Teile nicht nur dauernd in Bewegung bleiben, sondern die sogar dauernd Arbeit zu leisten vermag, ohne dass von außen Energie (z. B. in Form von Wärme) zugeführt wird, ohne dass sich der physikalische oder chemische Zustand der an der Vorrichtung beteiligten Stoffe mit der Zeit ändert. Ein Perpetuum mobile erster Art wird vom ersten Hauptsatz ausgeschlossen, denn in einem abgeschlossenen System bleibt die Summe aller Energien (Wärmeenergie, chemische, mechanische, elektrische und elektromagnetische Energie, Energie von Licht- und Schallwellen) erhalten. Dies drückt sich in den Energieäquivalenten und damit in festen Umrechnungsfaktoren zwischen je zwei Energieformen aus. Es müssen also alle Versuche scheitern, durch Kombination von Mechanismen mehr Energie zu gewinnen als dafür aufgewendet wurde. Es ist nicht möglich, eine Maschine zu konstruieren, die fortwährend Arbeit verrichtet, ohne Energie aus einer externen Quelle zu beziehen.

Es sei noch darauf hingewiesen, dass es heute möglich ist, Masse in Energie zu verwandeln und umgekehrt. Danach scheint die Gesamtenergie eines abgeschlossenen Systems nun doch veränderbar zu sein. Man kann aber diesen scheinbaren Widerspruch dadurch beseitigen, dass man die **Masse als eine Form der Energie** betrachtet. Wir stellen fest, dass das Prinzip von der Erhaltung der Energie dann unter Einbeziehung der Umwandlung von Masse in Energie oder von Energie in Masse seine Gültigkeit behält.

35 Welche Aussagen kann man zur inneren Energie *U* eines Systems machen?

Die innere Energie U eines Systems ist nicht messbar, sondern nur die Änderung der inneren Energie, also die Differenz, die zwischen den inneren Energien zweier Zustände des Systems besteht. Dabei ist die Differenz $\Delta U = U_2 - U_1$ zu bilden. U_1 ist die innere Energie des Systems im Ausgangszustand der Veränderung, U_2 dessen innere Energie im Endzustand der Veränderung. Zur inneren Energie eines Systems gehören im Wesentlichen

- die thermische Energie,
- die chemische Energie und
- die Kernenergie.

Die thermische Energie ist die Bewegungsenergie der Teilchen. Die chemische Energie beruht darauf, dass chemische Bindungen unter Abgabe von Wärme und Arbeit in andere chemische Bindungen übergehen können, Kernenergie darauf, dass Atomkerne unter Abgabe von Wärme und Arbeit in andere Atomkerne übergehen können. Nicht zur inneren Energie gehören (es könnte hier auch von äußerer Energie gesprochen werden) die potenzielle Energie des gesamten Systems (Energie der Lage im Gravitationsfeld) und die kinetische Energie (Bewegungsenergie) des gesamten Systems. Bei chemischen Reaktionen, aber auch bei Phasenumwandlungen (Änderungen des Aggregatzustandes) erstrecken sich die Energieänderungen sowohl auf die chemische Energie als auch auf die thermische Energie. Eine Trennung nach den Energiearten ist dabei nicht möglich.

36 Was versteht man unter reversibler Wärme δQ_{rev}?

Besteht zwischen System und Umgebung eine Temperaturdifferenz ΔT, tritt ein Energiestrom in Form eines Wärmestromes δQ in Erscheinung. Wenn diese Temperaturdifferenz differenziell klein ist, nennt man den Wärmestrom reversibel. Beim reversiblen Wärmestrom fließt die Energie unendlich langsam. Der Energiestrom kann jederzeit angehalten und durch Umkehren des Vorzeichens von ΔT in umgekehrte Richtung geleitet werden.

37 Was versteht man unter reversibler Arbeit δW_{rev}?

Die Berechnung der Arbeit aus den Zustandsfunktionen p und V ist nur für den Fall möglich, dass ein System bei Zustandsänderungen immer im Gleichgewicht ist, d. h. wenn die Änderung von A nach B über eine kontinuierliche Folge von Gleichgewichtszuständen erfolgt. Das p-V-Diagramm (Abb. 3.12) zeigt eine Kurve, auf der jeder Punkt einen Gleichgewichtszustand angibt.

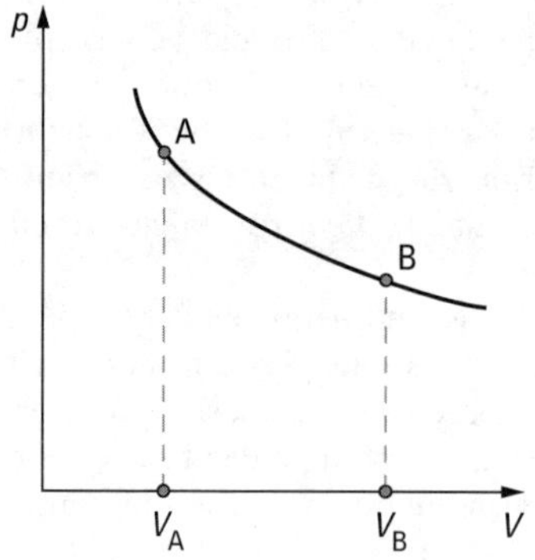

Abb. 3.12 *p-V*-Diagramm.

Ist dies der Fall, sprechen wir von einem **reversiblen Prozess**; dabei spielt es keine Rolle, ob der Prozess mit endlicher Geschwindigkeit abläuft oder ob seine Geschwindigkeit Null ist. Um ein Gas entsprechend der Abbildung reversibel zu expandieren, muss der äußere Druck p_a so langsam vermindert werden, dass er in jedem Moment gleich dem Gasdruck p_g ist. Wenn der Druck um einen verschwindend kleinen Betrag unter den Gleichgewichtsdruck p gesenkt wird, dehnt sich das Gas um dV aus; wird der Druck um einen infinitesimalen Betrag über den Gleichgewichtsdruck p hinaus erhöht, nimmt das Volumen um $\mathrm{d}V$ ab. Grundsätzlich ist der Gleichgewichtsweg also ein reversibler Weg. Für die reversible Arbeit erhalten wir auf diese Weise als Summe unendlich viele infinitesimale Volumenänderungen

$$\delta W_{rev} = -\int_{V_A}^{V_B} p \cdot dV$$

und unter Berücksichtigung der allgemeinen Gasgleichung

$$W_{rev} = -n \cdot R \cdot T \cdot \ln \frac{V_B}{V_A} = n \cdot R \cdot T \cdot \ln \frac{p_B}{p_A}\,.$$

In der Abb. 3.12 ist W_{rev} gleich der Fläche AB$V_B V_A$. Ein reversibler Prozess kann immer nur der idealisierte Grenzfall eines realen Prozesses sein, da völlig reversible Zustandsänderungen nendlich lang dauern würden.

38 Welche Erweiterung erfährt der Arbeitsbegriff in der Thermodynamik gegenüber der Mechanik und anderen Zweigen der physikalischen Chemie?

Wenn sich ein Punkt, an dem eine Kraft F angreift, bewegt, sagt man in der Fachsprache der Mechanik, dass die Kraft „eine Arbeit verrichtet". Ist z. B. ein Körper der Masse m der Gravitationskraft ausgesetzt, kann sein Schwerpunkt als der Angriffspunkt der Kraft betrachtet werden. Die Arbeit, die von einer Kraft F verrichtet wird, deren Angriffspunkt sich um eine Strecke ds in Richtung dieser Kraft verschiebt, ist

$$\delta W_{mech} = F \cdot ds\,. \tag{3.15}$$

Sind Betrag und Richtung der Kraft konstant, liefert die Integration

$$W_{mech} = F \cdot \int_{S_1}^{S_2} ds = F(s_2 - s_1)\,. \tag{3.16}$$

Ein Beispiel für eine solche konstante Kraft ist die Gewichtskraft F_G, die auf einen Körper im Gravitationsfeld der Erde wirkt. Bei Verschiebungen, die im Vergleich zum Durchmesser der Erde klein sind, wirkt auf einen Körper der Masse m die konstante Gravitationskraft $F = F_G = mg$. Die Fallbeschleunigung g hat den Standardwert $g = 9{,}80665\,\mathrm{m/s^2}$. Um einen Körper entgegen der Schwerkraft anzuheben, muss man eine äußere Kraft aufwenden, die mindestens gleich der Gravitationskraft mg ist. Aus (3.16) wird

$$W_{mech} = mg \cdot (s_2 - s_1)\,. \tag{3.17}$$

Dieses Beispiel zeigt die beiden wesentlichen Merkmale der mechanischen Arbeit, nämlich die auf einen Körper wirkende Kraft F und die Verschiebung ds ihres Angriffspunktes. In der Thermodynamik und anderen Zweigen der physikalischen Chemie werden die „Körper" der Mechanik zu „Systemen" verallgemeinert, die Feststoffe, Flüssigkeiten oder Gase innerhalb definierter Grenzen enthalten; der Arbeitsbegriff wird also auf Systeme erweitert. Jede Arbeit in Systemen kann als das Produkt aus einem intensiven Faktor und einem extensiven Faktor formuliert werden (Beispiele s. Tab. 3.6).

In der physikalischen Chemie interessieren wir uns z. B. häufig für Vorgänge in elektrochemischen Zellen. Im Falle der elektrochemischen Arbeit müssen wir zur Berechnung anstelle der Kraft die elektromotorische Kraft ΔE (EMK) einer Zelle verwenden und anstelle der differenziellen Verschiebung ds die ausgetauschte elektrische Ladung dQ (bei der Entladung einer Zelle ist $dQ < 0$). Die differenzielle Arbeit ist dann $\delta W_{el/ch} = \Delta E \cdot dQ$.

39 Wie lässt sich die Änderung der inneren Energie *dU* bestimmen?

Bei einer chemischen Reaktion handelt es sich um eine Zustandsänderung, die mit einer Änderung der inneren Energie verbunden ist. Der Wert für ΔU lässt sich bestimmen, wenn dafür gesorgt wird, dass das System keine Arbeit verrichtet (bzw. dass an ihm keine Arbeit verrichtet wird). Die einzige denkbare Arbeit (außer $W_{el.}$) wäre Volumenarbeit (W_{vol}), die

Tab. 3.6 Arbeit in Systemen, dargestellt als Produkt aus einem intensiven und einem extensiven Faktor.

Differenzielle Arbeit δW	Intensiver Faktor	Extensiver Faktor
Mechanische Arbeit $\vec{F} \cdot d\vec{s}$	Kraft $\vec{F}$	Weg $\vec{s}$
Volumenarbeit $-p \cdot dV$	Druck p	Volumen V
Oberflächenarbeit $\sigma \cdot dA$	Oberflächenspannung σ	Fläche A
Elektrochemische Arbeit $\Delta E \cdot dQ$	Elektromotorische Kraft ΔE (EMK)	Ladung Q
Elektrische Arbeit [3)] $\vec{E} \cdot d(\vec{D} \cdot V)$	Elektrische Feldstärke $\vec{E}$	Elektrische Flussdichte $\vec{D}$ V Volumen
Magnetische Arbeit [2)] $\vec{H} \cdot d(\vec{B} \cdot V)$	Magnetische Feldstärke $\vec{H}$	Magnetische Flussdichte (Induktion) $\vec{B}$ V Volumen
Chemiosmotische Arbeit (ATP-Synthese)[1)] $\Delta\mu_{H^+} \cdot dn_{ATP}$	Protonengradient (H^+-Gradient) $\Delta\mu_{H^+}$	Stoffmenge ATP n_{ATP}
Osmotische Arbeit $-\pi \cdot dV$	Osmotischer Druck π	Volumen V

Hinweise:

[2)+3)] Die Terme $\vec{E} \cdot d\vec{D}$ und $\vec{H} \cdot d\vec{B}$ bezeichnen sogenannte Arbeitsdichten

[3)] $\vec{D} = \varepsilon_0 \cdot \vec{E} + \vec{P}$

($\vec{P}$ = elektrische Volumenpolarisation, ε_0 = elektrische Feldkonstante)

[2)] $\vec{B} = \mu_0 \cdot \vec{H} + \vec{M}$

$\vec{M}$ = magnetische Volumenpolarisation, μ_0 = magnetische Feldkonstante)

[1)] $\Delta\mu_{H^+} = -F \cdot \Delta E + 2{,}303 \cdot R \cdot T \cdot \Delta pH$

(F = Faraday-Konstante, ΔpH = Protomotorische Kraft)

man vermeidet, wenn das Volumen konstant ($\Delta V = 0$) bleibt. Dies gelingt, wenn die Reaktion in einem fest verschlossenen Gefäß durchgeführt wird. Die dann mit der Umgebung ausgetauschte Wärme Q muss wegen $W_{vol} = 0$ gleich der Änderung der inneren Energie ΔU sein, d. h. $\Delta U = Q_v$, wobei der Index v auf das konstante Volumen hinweist.

Experimentell ermittelt man auf diese Weise z. B. die Verbrennungswärmen von organischen Stoffen, indem man die Substanz in einer kalorimetrischen Bombe verbrennt (Abb. 1.8-1). Dies ist ein fest verschlossenes Stahlgefäß, in das neben der zu verbrennenden Substanz überschüssiger Sauerstoff unter Druck eingepresst werden kann. Die Entzündung erfolgt elektrisch. Die Bombe taucht in ein gut isoliertes Wasserbad, dessen (geringfügige) Temperaturerhöhung ΔT man durch ein empfindliches Thermometer misst. Mit $Q = Wk(C) \cdot \Delta T$ kann die vom Wasserbad aufgenommene Wärmemenge berechnet werden, wenn die Wärmekapazität der Anordnung $Wk(C) = n_{(\text{Wasser})} \cdot C_{V(\text{Wasser})}$ bekannt ist. $Wk(C)$ lässt sich z. B. durch Eichmessungen bestimmen.

Bei der beschriebenen Bestimmung der Verbrennungswärme stört es nicht, wenn einzelne Teile der Versuchsanordnung kurzzeitig sehr heiß werden und sich erst wieder im Laufe einiger Zeit auf die Temperatur des Wasserbades abkühlen. Die Änderung der inneren Energie ist unabhängig vom Weg. Betrachtungen ihrer Berechnung erfolgen immer vom System aus. Bei einer **exothermen Reaktion**, bei der Wärme an das Wasserbad **abgegeben** wird, **verliert** das reagierende System diese Energie und **ΔU ist negativ**. Bei einer **endothermen Reaktion** ist umgekehrt ΔU **positiv**.

40 Wie kann die Grundgleichung der Kalorimetrie (z. B. bei Verwendung der kalorimetrischen Bombe) hergeleitet werden?

Reaktionswärmen mit Kalorimeter sind bestimmbar bei eindeutigem, schnellem und möglichst vollständigem Reaktionsverlauf und messbaren Wärmebeträgen. Ausgangspunkt für die Herleitung ist die kalorische Zustandsgleichung: $dU = C_V dT + \pi dV$.

Mit $\left[\frac{\partial U}{\partial T}\right]_V = C_V$, dem Gesetz des Wärmeaustauschs (s. Abb. 1.8-1; Frage 39) und $dV = 0$ ergibt sich:

Exotherme Reaktionswärme = vom Kalorimeterwasser aufgenommene Wärme

$$\begin{aligned} Q_1 &= Q_2 \\ -n \cdot \Delta_R U &= n_{\text{Wasser}} \cdot C_{V(\text{Wasser})} \cdot \Delta T \\ &= \frac{m_{\text{Wasser}} \cdot C_{V(\text{Wasser})}}{M_{\text{Wasser}}} \cdot \Delta T \\ \Delta_R U &= -\frac{m_{\text{Wasser}} \cdot c_{V(\text{Wasser})} \cdot \Delta T}{n} . \end{aligned}$$

Bei der vollständigen Verbrennung von Substanzen in der kalorimetrischen Bombe ist das Volumen konstant; es wird deren molare Reaktionsenergie (Verbrennungsenergie) bestimmt:

$$\Delta_V U = \frac{-m_{\text{Wasser}} \cdot c_{V(\text{Wasser})} \cdot \Delta T \cdot M}{m} .$$

41 Welche Überlegungen führten zur Definition der Zustandsgröße Enthalpie *H*?

Chemische Reaktionen werden in der Regel nicht bei konstantem Volumen, sondern bei konstantem Druck durchgeführt. Meist ist dies der herrschende Luftdruck, wenn man an die üblichen Apparaturen denkt. Es hat sich daher als zweckmäßig erwiesen, eine weitere Zustandsgröße wie folgt zu definieren:

$$H = U + pV ,$$

wobei man H als **Enthalpie** bezeichnet. Da U, p und V Zustandsgrößen sind, muss auch H eine Zustandsgröße sein. Der Vorteil dieser Definition wird klar, wenn wir an eine Änderung der Enthalpie

$$\begin{aligned} (H_2 - H_1) &= (U_2 - U_1) + (p_2 V_2 - p_1 V_1) \\ \Delta H &= \Delta U + \Delta(pV) , \end{aligned}$$

denken, für die bei konstantem Druck gelten muss

$$\Delta H = \Delta U + p \cdot \Delta V ,$$

$$\Delta H = Q + W + p \cdot \Delta V ,$$

Wenn elektrische Arbeit ausgeschlossen ist, dann ist W gleich der Volumenarbeit $W_{vol} = -p \cdot \Delta V$ und man erhält

$$\Delta H = Q - p \cdot \Delta V + p \cdot \Delta V$$
$$\Delta H = Q_p ,$$

wobei der Index p auf den konstanten Druck hinweist.

Eine Änderung der Enthalpie ΔH entspricht der bei konstantem Druck mit der Umgebung ausgetauschten Wärme Q_p, während eine Änderung der inneren Energie ΔU der bei konstantem Volumen ausgetauschten Wärme Q_v entspricht. Alle in einfacher Weise bei Normdruck bestimmten Reaktionswärmen führen also zu einer Bestimmung von ΔH.

42 Wie lassen sich bei chemischen Reaktionen Änderungen der Enthalpie und Änderungen der inneren Energie ineinander umrechnen?

Bei allen Reaktionen, an denen nur Feststoffe und Flüssigkeiten beteiligt sind, ändert sich das Volumen praktisch nicht. Werden solche Reaktionen bei Normdruck durchgeführt, gilt $p \cdot \Delta V \approx 0$, und wir erhalten

$$\Delta H \approx \Delta U .$$

Größere Unterschiede zwischen ΔU und ΔH erhält man nur bei sehr hohen Drücken, oder wenn bei der Reaktion Gase entstehen oder verbraucht werden. Für diesen Fall folgt aus der allgemeinen Gasgleichung für ideale Gase $\Delta(p \cdot V) = \Delta(n \cdot R \cdot T)$.Bei konstanter Temperatur wird daraus $\Delta(p \cdot V) = \Delta n \cdot R \cdot T$ und mit $\Delta H = \Delta U + \Delta(pV)$ ergibt sich

$$\Delta H = \Delta U + \Delta n \cdot R \cdot T .$$

43 Mit der Funktion $H = f(p,T)$wird eine von zwei Formen der kalorischen Zustandsgleichung ausgedrückt. Formulieren Sie dafür das vollständige Differenzial. Was drücken die partiellen Ableitungen aus?

Die kalorische Zustandsgleichung lautet

$$dH = \left[\frac{\partial H}{\partial T}\right]_p dT + \left[\frac{\partial H}{\partial p}\right]_T dp .$$

Darin ist $\left[\frac{\partial H}{\partial T}\right]_p$ die partielle Ableitung von H nach T bei konstantem Druck. Dieser isobare Temperaturkoeffizient der Enthalpie wird als **Molwärme** (**molare Wärmekapazität**) **bei konstantem Druck** bezeichnet und mit $\boldsymbol{C_p}$ abgekürzt. Sie ist die Wärme, die man einem Mol des Stoffes ($n = 1$) bei konstantem Druck zuführen muss, um die Temperatur um 1 K zu steigern. Die Funktion $\left[\frac{\partial H}{\partial p}\right]_T$ ist die partielle Ableitung von H nach p bei konstanter Temperatur. Mit dem Symbol ε drückt sie den isothermen Druckkoeffizienten der Enthalpie aus und wird auch als **isothermer Drosseleffekt** bezeichnet.

44 Stellen Sie die beiden Formen der kalorischen Zustandsgleichung gegenüber.

$U = f(T,V)$	$H = f(T,p)$
$\boxed{dU = \left(\frac{\partial U}{\partial T}\right)_V dT + \left(\frac{\partial U}{\partial V}\right)_T dV}$	$\boxed{dH = \left(\frac{\partial H}{\partial T}\right)_p dT + \left(\frac{\partial H}{\partial p}\right)_T dp}$
$dU = C_V \cdot dT + \pi \cdot dV$	$dH = C_p dT + \varepsilon \cdot dp$
↓ $dV = 0$, ideales Gas: $\pi = 0$	↓ $dp = 0$, ideales Gas: $\varepsilon = 0$
$dU = C_V \cdot dT$	$dH = C_p \cdot dT$

Tab. 3.7 Koeffizienten von Formen der kalorischen Zustandsgleichung.

$Wk(C) = \frac{Q}{\Delta T}$	Wärmekapazität (*Wk*) Sie gibt an, wie viel Wärme *Q* ein Körper (ein System) innerhalb eines Aggregatzustandes pro Temperaturänderung ΔT speichern kann.	J/K
$C_V = \left(\frac{\partial U}{\partial T}\right)_V = \frac{Wk_V}{n}$	Molare Wärmekapazität (Molwärme), $V = \text{const.}$	J/(mol · K)
$C_p = \left(\frac{\partial H}{\partial T}\right)_p = \frac{Wk_p}{n}$	Molare Wärmekapazität (Molwärme), $p = \text{const.}$	J/(mol · K)
$c_V = \frac{Wk_V}{m} = \frac{C_V}{M}$	Spez. Wärmekapazität, $V = \text{const.}$	J/(g · K)
$c_p = \frac{Wk_p}{m} = \frac{C_p}{M}$	Spez. Wärmekapazität, $p = \text{const.}$	J/(g · K)
$\pi = \left(\frac{\partial U}{\partial V}\right)_T$	Binnendruck	J/(mol · dm^3)
$\varepsilon = \left(\frac{\partial H}{\partial p}\right)_T$	Isothermer Drosseleffekt	J/(mol · Pa)

45 Wie lassen sich bei idealen Gasen die Molwärmen C_p und C_V ineinander umrechnen?

Die Wärmekapazität bei konstantem Druck C_p ist normalerweise größer als die Wärmekapazität bei konstantem Volumen C_v, da bei konstantem p in der Regel ein Teil der zugeführten Wärme für die Verrichtung von Volumenarbeit anstatt zur Erhöhung der Temperatur verbraucht wird, was bei konstantem V nicht möglich ist. Eine Gleichung für die Differenz $C_p - C_v = R$ erhält man wie folgt:

$$H = U + pV$$
$$dH = dU + d(pV)$$

$$dH = dU + RdT$$
$$dH - dU = RdT$$
$$\left(\frac{\partial H}{\partial T}\right)_p - \left(\frac{\partial U}{\partial T}\right)_V = R$$
$$C_p - C_V = R\,.$$

46 Wie berechnet man die Änderung der inneren Energie *U* und der Enthalpie *H* eines Stoffes, wenn bei seiner Erwärmung Phasenumwandlungen auftreten?

Wird z. B. bei $dp = 0$ ein Stoff von T_1 auf T_2 erwärmt und findet dabei eine Phasenumwandlung flüssig → gasförmig statt, muss die Enthalpieänderung bei dieser Umwandlung in der Berechnung der gesamten Enthalpieänderung ΔH berücksichtigt werden. Die kinetische und potenzielle innere Energie der Moleküle in den beiden Aggregatzuständen ist verschieden. In einer kondensierten Phase sind die intermolekularen potenziellen Energien negativer als in einem Gas, d. h. die Anziehungskräfte sind größer. Diese Kohäsionsenergie ist für die Kondensation eines Gases verantwortlich, wenn es unter die Siedetemperatur der korrespondierenden Flüssigkeit abgekühlt wird. Wird also z. B. 1 mol Wasser bei 101 325 Pa von 50 °C auf 130 °C erhitzt, ergibt sich für die Berechnung der gesamten Enthalpieänderung ΔH unter Berücksichtigung von $\Delta H_{(\mathrm{Vd})} = H_{(\mathrm{H_2O,g})} - H_{(\mathrm{H_2O,l})}$:

$$\Delta H = \int_{323,15}^{373,15} Cp_{(\mathrm{H_2O,l})} dT + \Delta H_{(\mathrm{H_2O,\,Vd})} + \int_{373,15}^{403,15} Cp_{(\mathrm{H_2O,g})} dT\,.$$

Analoges Vorgehen gilt für die Berechnung von ΔU.

47 Aus Tab. 3.8 ist zu entnehmen, dass Wasser von allen Flüssigkeiten (und auch festen Stoffen) die größte spezifische Wärmekapazität hat. Wie wirkt sich diese Tatsache in der Natur aus? Wo wird sie technisch ausgenutzt?

Tab. 3.8 Spezifische Wärmekapazitäten verschiedener Stoffe.

Stoff	spezifische Wärmekapazität $c\left[\frac{\mathrm{kJ}}{\mathrm{kg\cdot K}}\right]$
Ethanol	2,43
Propanon	2,13
Benzen	1,72
Propantriol	2,43
Quecksilber	0,14
Tetrachlormethan	0,84
Toluen	1,72
Wasser (20 °C)	4,18
Wasser (4 °C)	4,19
Eis (0 °C)	2,09
Metalle, Glas	< 1
Luft	1

Das Wasser benötigt zu seiner Erwärmung mehr Wärmeenergie als andere Stoffe. Es müssen die „Wasserstoffbrücken" zwischen seinen Dipol-Molekülen aufgetrennt werden. Im Sommer ist das Wasser kühl, während der Sand am Strand hohe Temperaturen annimmt. Das Wasser kann große Wärmemengen binden.
Seeklima: → kühle Sommer und milde Winter sind die Folge.
Technische Nutzung: → z. B. Heizwasserheizung, Kühlmittel

48 Gegeben ist die Skala eines Wasserthermometers im Bereich zwischen 0°C und 15°C. Weshalb ist Wasser zur Füllung von Flüssigkeitsthermometern ungeeignet?

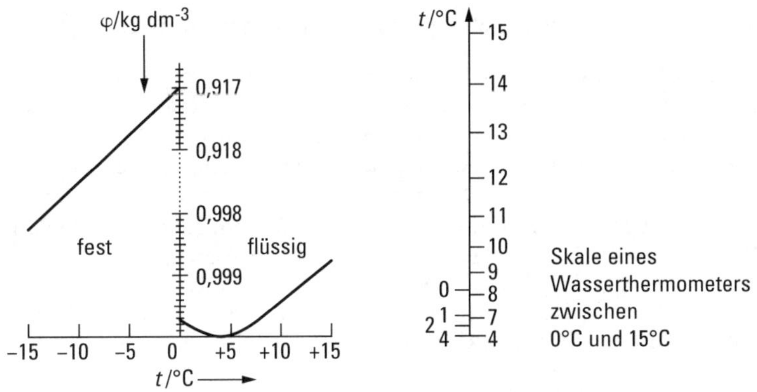

Abb. 3.13 Dichteanomalie des Wassers.

Wegen der Anomalie des Wassers ist im Temperaturbereich 0 und 8 °C keine eindeutige Ablesung möglich; jedem Flüssigkeitsstand sind in diesem Bereich zwei Temperaturen zugeordnet. Unter Anomalie des Wassers wird sein „unnormales Verhalten" verstanden. Auf Grund des Dipolcharakters der Wassermoleküle ziehen diese sich gegenseitig stark an. Sie bilden „Klumpen" von Wassermolekülen (Haufen, Cluster, Wasserassoziate). Damit Wasser gasförmig werden kann, müssen die Wasserstoffbrücken zwischen den Molekülen aufgetrennt werden. Dies erfordert Energiezufuhr. Deshalb hat Wasser mit 100 °C eine für seine Molekülgröße (Molekülmasse 18 u) sehr hohe Siedetemperatur. Hätte das Wassermolekül keinen Dipolcharakter, läge seine Schmelztemperatur bei ca. −100 °C, seine Siedetemperatur bei ca. −80 °C. Alles Wasser auf der Erde wäre gasförmig. Wasser hat bei 4 °C seine größte Dichte. Erstarrt Wasser, dehnt es sich aus. Eis hat eine geringere Dichte als flüssiges Wasser. Dadurch schwimmt Eis auf flüssigem Wasser, frieren Gewässer nur an der Oberfläche zu, nicht aber vom Grund her. Die Ausdehnung des Wassers beim Erstarren führt dazu, dass Wasserleitungen bei Frost platzen und dass mit Wasser gefüllte Spalten in Gesteinen zu deren Sprengung führen.

49 Wie wirkt sich die Anomalie des Wassers auf die Temperaturschichtung in einem stehenden Gewässer im Sommer und im Winter aus? Welche Bedeutung hat das in der Natur?

Sommer: Die Erwärmung des Wassers an der Oberfläche führt zu seiner Ausdehnung. Auf Grund der geringeren Dichte bleibt es in der oberen Schicht. Unter dieser Schicht befindet sich kälteres Wasser; dieses wird durch den Kontakt langsam erwärmt. Es besteht ein Temperaturgefälle von der Oberfläche bis zum Boden des Gewässers.

Winter: Die Abkühlung des Wassers an der Oberfläche führt zur Abnahme seiner Dichte. Es erfolgt Umschichtung des Wassers bis zu einer Temperatur von +4 °C. Wird das Wasser an der Oberfläche weiter abgekühlt, dehnt es sich aus. Auf Grund der geringeren Dichte bleibt es oben. Bildet sich an der Wasseroberfläche Eis, schwimmt dieses wegen seiner geringeren Dichte oben. Die entstehende Eisdecke schützt das unter ihr befindliche Wasser vor weiterer starker Abkühlung, da die Wärmeleitfähigkeit des Eises nur gering ist. Selbst bei einem strengen Winter kann sich in hinreichender Tiefe Wasser von +4 °C befinden.

Bedeutung: Die Wassertemperatur in tieferen Schichten ermöglicht Tieren und Pflanzen das Überwintern in stehenden Gewässern.

50 Was sagt der Satz von Hess aus und welche Bedeutung kommt ihm zu?

Nach dem ersten Hauptsatz der Thermodynamik ist die Änderung der inneren Energie eines Systems unabhängig vom Weg. Übertragen wir diesen Satz auf chemische Reaktionen, besagt er, dass die Reaktionswärme stets gleich sein muss, auch wenn man verschiedene Wege bis zum Endzustand vorgenommen hat. Wenn dies nicht der Fall wäre, könnte man auf diesem Wege ständig Energie gewinnen, indem man den betreffenden Vorgang als Kreisprozess ablaufen ließe. Diese wichtige Tatsache ist zum ersten Male von Heinrich Hess im Jahre 1840 in dem Gesetz der konstanten Wärmesummen ausgesprochen worden. Dieses Gesetz lautet:

> Die von einem chemischen System aufgenommene oder abgegebene Wärmemenge ist unabhängig vom Wege der Reaktion.

Der Wärmesatz von Hess ist eine logische Folgerung, die sich aus dem ersten Hauptsatz ergibt. Man kann aus bekannten Reaktionswärmen mit ihm Reaktionswärmen berechnen, die nicht oder nur schwer experimentell messbar sind.

$$\begin{aligned}
\Delta_{\mathrm{R}} H_{\mathrm{ges.}} &= \Sigma \Delta_{\mathrm{R}} H_{\mathrm{Teilreaktionen}} \\
\Delta_{\mathrm{B}} H &= \Sigma \Delta_{\mathrm{V}} H_{\mathrm{Edukte}} - \Sigma \Delta_{\mathrm{V}} H_{\mathrm{Produkte}} \\
\Delta_{\mathrm{R}} H &= \Sigma \Delta_{\mathrm{B}} H_{\mathrm{Produkte}} - \Sigma \Delta_{\mathrm{B}} H_{\mathrm{Edukte}} \\
\Delta_{\mathrm{H}} H &= \Sigma \Delta_{\mathrm{L}} H_{\mathrm{Edukte}} - \Sigma \Delta_{\mathrm{L}} H_{\mathrm{Produkte}} \\
\Delta_{\mathrm{L}} H &= \Delta_{\mathrm{H}} H - \Delta_{\mathrm{G}} H
\end{aligned}$$

$\Delta_{\mathrm{R}} H$ molare Reaktionsenthalpie, $\Delta_{\mathrm{V}} H$ molare Verbrennungsenthalpie, $\Delta_{\mathrm{L}} H$ molare Lösungsenthalpie, $\Delta_{\mathrm{G}} H$ molare Gitterenthalpie, $\Delta_{\mathrm{H}} H$ molare Hydratationsenthalpie, $\Delta_{\mathrm{B}} H$ molare Bildungsenthalpie (= Bildung von 1 mol einer Verbindung aus den Elementen der jeweils stabilsten Modifikation)

51 Welche Festlegungen zum Standardzustand sind bei Berechnungen mit ΔH- und ΔU-Werten (Enthalpie-und Energiewerten) zu berücksichtigen?

Bei Berechnungen müssen die Werte der Enthalpien und Energien auf eine definierte Reaktionsgleichung und einen definierten Zustand aller Edukte und Produkte bezogen werden. Der **Standardzustand** von Stoffen zum Zwecke der Angabe thermodynamischer Daten wurde international vereinbart als ihr Zustand bei $p = 101{,}325\,\mathrm{kPa}$ und $T = 298{,}15\,°\mathrm{C}$. Ist der Stoff ein Gas, gilt als Standardzustand der Zustand des idealen Gases. Ferner gilt, dass die **Bildungsenthalpie** der stabilsten Modifikation aller chemischen Elemente bei $p = 101\,325\,\mathrm{Pa}$ und $T = 298{,}15\,\mathrm{K}$ gleich Null zu setzen ist. Die Enthalpieänderung beim Auflösen eines

Stoffes in Wasser (bzw. in einem anderen Lösungsmittel) hängt von der sich ergebenden Konzentration ab. Die am häufigsten tabellierten, mit $\Delta_B H_{(aq)}$ bezeichneten Werte gelten für „unendliche Verdünnungen". Man erhält sie durch Kombination der Standardbildungsenthalpie der reinen Verbindungen mit ihrer Lösungsenthalpie in einem großen Überschuss an Wässer. Die Bildungsenthalpie des H^+-Ions wird willkürlich Null gesetzt. Die Bildungsenthalpien für alle anderen Ionen beziehen sich darauf.

Mit Hilfe gegebener Bildungsenthalpien ist es möglich, die Reaktionsenthalpie für jede beliebige Reaktion zwischen diesen Verbindungen zu berechnen. Um z. B. die unbekannte Reaktionsenthalpie der Addition von Wasser an Ethen zu Ethanol nach der Gleichung $C_2H_{4(g)} + H_2O_{(l)} \rightleftharpoons C_2H_5OH_{(l)}$ zu berechnen, führen wir die Reaktion in Gedanken so durch, dass wir zunächst Ethen und Wasser in die Elemente zerlegen, die dann zu Ethanol reagieren. Damit ergibt sich

$$\Delta_R H = \Delta_B H_{(C_2H_5OH)} - (\Delta_B H_{(H_2O)} + \Delta_B H_{(C_2H_4)})$$
$$\Delta_R H = -277{,}3\,\mathrm{kJ/mol} - (-285{,}6 + 52{,}5)\mathrm{kJ/mol}$$
$$\Delta_R H = -44{,}2\,\mathrm{kJ/mol}\,.$$

Somit ist unter Standardbedingungen die Bildung von Ethanol aus Ethen und Wasser eine exotherme Reaktion.

Die Standardbildungsenthalpien von Verbindungen stellen ein Maß für deren Energieinhalt dar. Sie dürfen allerdings nicht mit der Bindungsenergie einer kovalenten Bindung verwechselt werden. Unter der **Bindungsenergie** einer kovalenten Bindung versteht man die Energie (pro Mol), die aufzuwenden ist, um diese Bindung homolytisch zu spalten. Die Summe der Bindungsenergien ist ebenfalls ein Maß für die Stabilität einer Verbindung. Es ist die Energie, die man benötigt, um eine Verbindung in ihre Atome zu zerlegen. Verfügt man über die Standardbildungsenthalpien atomarer Gase (die meist spektroskopisch bestimmt werden), lassen sich damit auch Bindungsenergien berechnen. Am Beispiel des Methans sei dies erläutert.

Gesucht ist die Reaktionsenthalpie für die Reaktion $CH_{4(g)} \rightleftharpoons C_{(g)} + 4\,H_{(g)}$. Wir können den Prozess in Gedanken so führen, dass zunächst Methan in die Elemente Kohlenstoff und Wasserstoff in ihren Standardzuständen überführt $(-\Delta H_{(CH_4)})$ und daraus atomarer Kohlenstoff und Wasserstoff hergestellt wird. Wir erhalten:

$$\Delta H = \Delta_B H_{(C,g)} + 4 \cdot \Delta_B H_{(H,g)} - \Delta_B H_{(CH_4,(g))}$$
$$\Delta H = (717{,}7 + 4 \cdot 217{,}8 + 74{,}8)\mathrm{kJ/mol} = 1663{,}7\,\mathrm{kJ/mol}\,.$$

Dieser Wert gilt für vier (C–H)-Bindungen. Somit entfällt auf eine (C–H)-Bindung im Methan die Bindungsenergie von 415,9 kJ/mol. Dies ist jedoch nur ein Mittelwert, denn löst man tatsächlich nacheinander die vier (C–H)-Bindungen im Methan, sind dafür vier unterschiedliche Energiebeträge aufzuwenden, deren Summe jedoch 1663,7 kJ/mol ergibt. Dies liegt daran, dass die (C–H)-Bindungen im Methan eine andere Stärke haben als im Methylradikal $(\cdot CH_3)$ usw. Unter der Annahme, dass der Wert von 415,9 kJ/mol auch für die Bindungsenergie von (C–H)-Bindungen in anderen Kohlenwasserstoffen und ähnlichen Verbindungen gilt, lassen sich dann weitere Bindungsenergien berechnen.

52 Wie kann die Kirchhoff'sche Gleichung für die Umrechnung gegebener Reaktionsenthalpien auf beliebige Temperaturen [$\Delta H = f(T)$] abgeleitet werden?

$$\text{Zustand A} \xrightarrow{4A+6B \rightleftharpoons 2A_2B_3} \text{Zustand B}$$

$$\Delta H = H_\mathrm{B} - H_\mathrm{A}$$

$$\left[\frac{\partial(\Delta H)}{\partial T}\right]_p = \left[\frac{\partial H_\mathrm{B}}{\partial T}\right]_p - \left[\frac{\partial H_\mathrm{A}}{\partial T}\right]_p$$

$$\left[\frac{\partial H}{\partial T}\right]_p = C_p$$

$$= C_{p_\mathrm{B}} - C_{p_\mathrm{A}}$$

$$\left[\frac{\partial \Delta H}{\partial T}\right]_p = \Delta C_p = 2 \cdot C_{p_{A_2B_3}} - (4 \cdot C_{p_\mathrm{A}} + 6 \cdot C_{p_\mathrm{B}})$$

$$\int_{T_1}^{T_2} d(\Delta H) = \int_{T_1}^{T_2} \Delta C_p dT$$

ΔC_p = const. im betrachteten T-Bereich

$$\Delta H_{T_2} = \Delta H_{T_1} + \Delta C_p \cdot (T_2 - T_1)$$

statistisch ermittelte Potenzreihe für $C_p = f(T)$

$C_p = a + bT + cT^2$ (a,b,c = Stoffkonstanten)

$$n_\mathrm{A}\mathrm{A} + n_\mathrm{B}\mathrm{B} \rightleftharpoons n_\mathrm{E}\mathrm{E}$$

$$\alpha = a_\mathrm{E}n_\mathrm{E} - (a_\mathrm{A}n_\mathrm{A} + a_\mathrm{B}n_\mathrm{B})$$
$$\beta = b_\mathrm{E}n_\mathrm{E} - (b_\mathrm{A}n_\mathrm{A} + b_\mathrm{B}n_\mathrm{B})$$
$$\gamma = c_\mathrm{E}n_\mathrm{E} - (c_\mathrm{A}n_\mathrm{A} + c_\mathrm{B}n_\mathrm{B})$$

$$\Delta C_p = \alpha + \beta T + \gamma T^2$$

$$\Delta H_{T_2} = \Delta H_{T_1} + \alpha(T_2 - T_1) + \frac{\beta}{2} \cdot (T_2^2 - T_1^2) + \frac{\gamma}{3}(T_2^3 - T_1^3)$$

Oft kennen wir die Reaktionsenthalpie bei einer anderen Temperatur als derjenigen, für die wir uns interessieren, dann müssen wir diesen Wert auf die gewünschte Temperatur umrechnen. Die Wärmekapazitäten C_p und C_v sind allerdings keine Konstanten, sondern hängen von der Temperatur ab. Für manche Ansprüche genügt es, mit den mittleren Wärmekapazitäten $\overline{C}_p$ bzw. $\overline{C}_v$ im betrachteten Temperaturbereich zu rechnen: $\Delta H_{T_2} = \Delta H_{T_1} + \Delta\overline{C}_p(T_2 - T_1)$. Für besondere Ansprüche müssen Potenzreihen für $C_p = f(T)$ bzw. $C_v = f(T)$ ermittelt und eingesetzt werden.

53 Welche Bedingung muss für eine exotherme bzw. endotherme Lösungsenthalpie erfüllt sein?

Eine exotherme Lösungsenthalpie ergibt sich, wenn gilt:

$$|\Delta_\mathrm{G}H| < |\Delta_\mathrm{H}H| \rightarrow \Delta_\mathrm{L}H < 0$$

Beispiel: Auflösen von KF im Wasser

$$\Delta_L H = \Delta_H H - \Delta_G H = -832{,}9 - (-815{,}1) = \underline{\underline{-17{,}8\,\text{kJ/mol}}}$$

Eine endotherme Lösungsenthalpie ergibt sich, wenn gilt:

$$|\Delta_G H| > |\Delta_H H| \rightarrow \Delta_L H > 0$$

Beispiel: Auflösen von LiF im Wasser

$$\Delta_L H = \Delta_H H - \Delta_G H = -1029{,}5 - (-1034{,}1) = \underline{\underline{4{,}6\,\text{kJ/mol}}}$$

$\Delta_L H$ molare Lösungsenthalpie, $\Delta_G H$ molare Gitterenthalpie, $\Delta_H H$ molare Hydratationsenthalpie

54 Wie lässt sich das Beziehungsgefüge der Anwendungen des ersten Hauptsatzes übersichtlich darstellen?

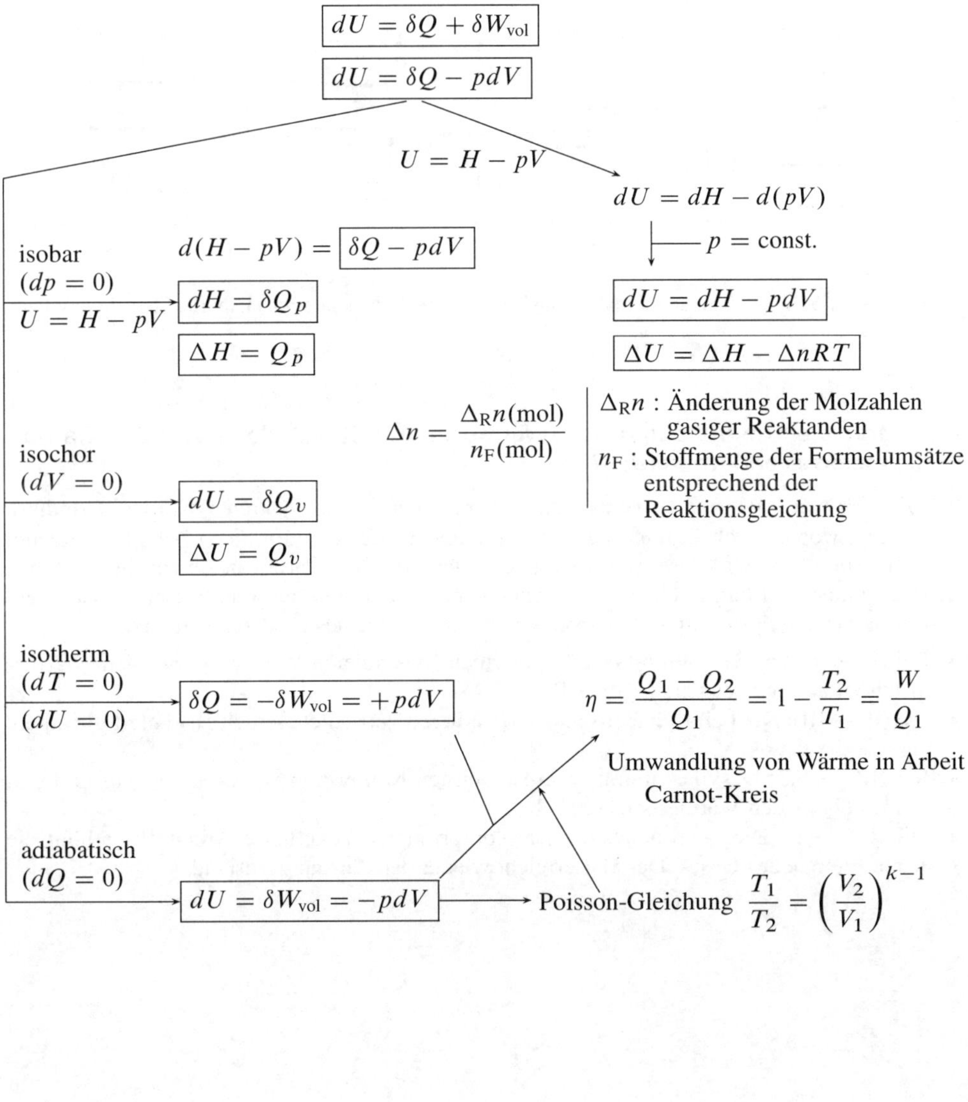

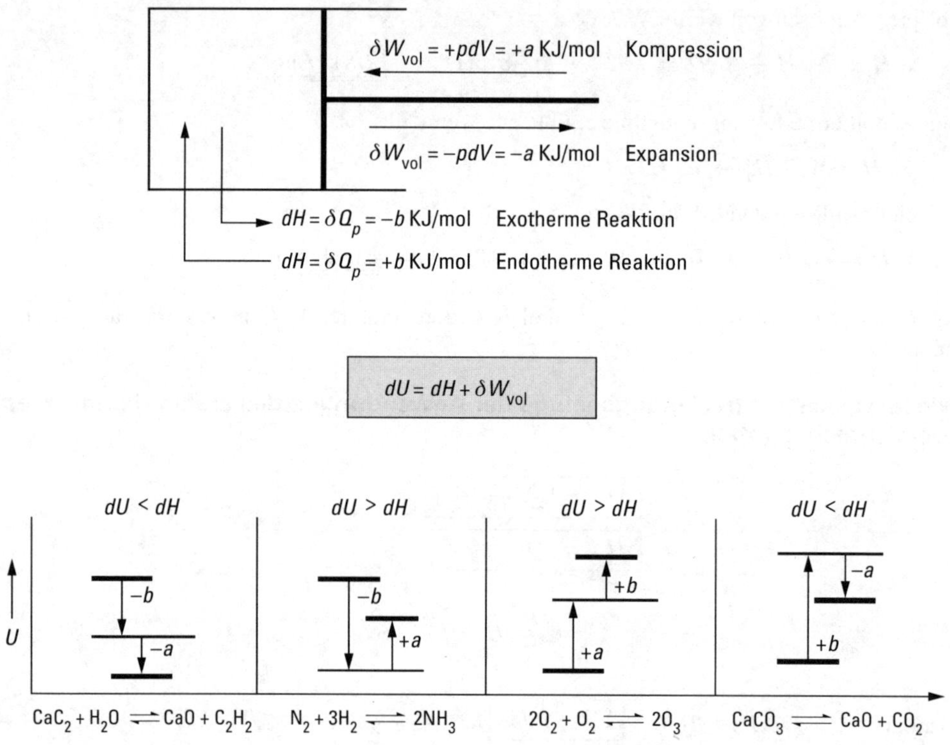

Abb. 3.14 Vier Möglichkeiten für molare Reaktionswärme und molare Volumenarbeit bei chemischen Reaktionen.

55 Wie kann die Umwandlung von Wärme in Arbeit auf der Basis des Carnot-Kreisprozesses erklärt werden?

Prinzip: Es wird Wärme Q von einem wärmeren auf einen kälteren Körper periodisch übertragen, wobei durch Zustandsänderungen eines Stoffes (Dampf, Gas) Arbeit W erzeugt wird. In Abb. 3.15 wird der Kreisprozess, den der Franzose Carnot in seinen theoretischen Arbeiten untersucht hat, in einem p-V- oder Arbeitsdiagramm dargestellt. Der Kreisprozess besteht aus vier Teilprozessen. Als Arbeitsstoff wird ein ideales Gas vorausgesetzt.

- Teil (I $\rightarrow$ II): Das Gas nimmt beim isothermen Expandieren Wärme Q_1 aus dem Wärmespeicher I auf und verrichtet Arbeit W_1.
- Teil (II $\rightarrow$ III): Die beim adiabatischen Expandieren verrichtete Arbeit W_2 liefert die innere Energie des Gases.
- Teil (III $\rightarrow$ IV): Das Gas nimmt beim isothermen Komprimieren Arbeit W_3 auf und gibt Wärme Q_2 an den Wärmespeicher II ab.
- Teil (IV $\rightarrow$ I): Die beim adiabatischen Komprimieren zugeführte Arbeit W_4 erhöht die innere Energie des Gases. Das Gas erreicht wieder den Ausgangszustand.

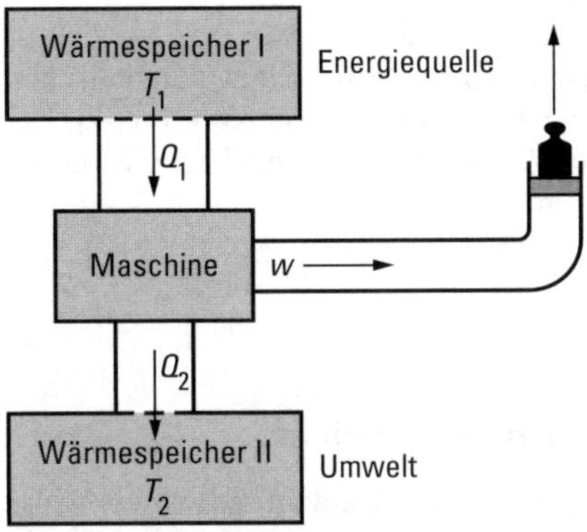

Energieschema einer Wärmeenergiemaschine
Q_1 von der Maschine aufgenommene Wärme
Q_2 von der Maschine abgegebene Wärme
W mechanische Arbeit

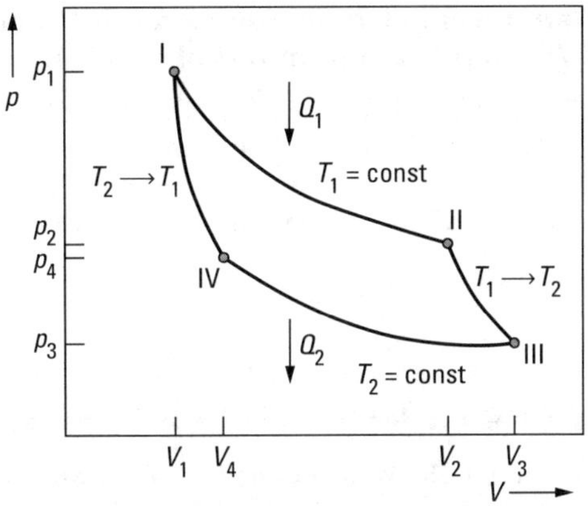

Carnot'scher Kreisprozess
I – II isotherme Expansion
II – III adiabatische Expansion
III – IV isotherme Kompression
IV – I adiabatische Kompression

Abb. 3.15 a) Energieschema einer Wärmeenergiemaschine; Q_1 von der Maschine aufgenommene Wärme; Q_2 von ihr abgegebene Wärme; W mechanische Arbeit; b) Kreisprozess nach Carnot: I–II isotherme Expansion; II–III adiabatische Expansion; III–IV isotherme Kompression; IV–I adiabatische Kompression.

I–II	II–III	III–IV	IV–I
isotherme Expansion	adiabatische Expansion	isotherme Kompression	adiabatische Kompression
Wärmeaufnahme	Abführung von Arbeit	Wärmeabgabe	Zuführung von Arbeit
$Q = -W_1$	$\Delta U = W_2$	$-Q_2 = W_3$	$\Delta U = W_4$

$$W_{\text{gesamt}} = -W_1 \quad + W_2 \quad + W_3 \quad + W_4$$

$$+nRT_1 \ln \frac{V_2}{V_1} + [-C_v \cdot (T_1 - T_2)] + \left[-nRT_2 \ln \frac{V_3}{V_4}\right] + C_v \cdot (T_1 - T_2)$$

$$W_2 + W_4 = 0$$

$$\frac{V_2}{V_1} = \frac{V_3}{V_4} \longleftarrow \frac{T_1}{T_2} = \left(\frac{V_4}{V_1}\right)^{k-1} = \left(\frac{V_3}{V_2}\right)^{k-1}$$

$$\boxed{W_{\text{gesamt}} = Q_1 - Q_2 = nR(T_1 - T_2) \cdot \ln \frac{V_2}{V_1}}$$

Kreisprozessarbeit (freiwerdende Arbeit) — Nicht in Arbeit umwandlungsfähiger Teil der Wärme

56 Warum verlaufen die Adiabaten I/IV und II/III steiler als die Isothermen I/II und IV/III im *p*-*V*-Diagramm (Abb. 3.15b)?

Die Adiabaten (Isentropen) verlaufen steiler als die Isothermen, da bei einer adiabatischen Kompression das Volumen abnimmt und die gleichzeitige T-Erhöhung p-steigernd wirkt. Bei der isentropen Kompression wird also nach außen keine Wärmeenergie abgegeben wie bei der isothermen Kompression, daher steigt der Druck stärker an:

$$\left(\frac{V_2}{V_1}\right)^k > \frac{V_2}{V_1}, \quad \text{da} \quad k > 1\,.$$

57 Was besagt der thermische Wirkungsgrad der Carnot-Maschine?

Der thermische Wirkungsgrad des **Carnot**-Prozesses ergibt sich als Quotient aus gewonnener mechanischer Arbeit und zugeführter Wärmeenergie:

$$\eta = \frac{W}{Q_1} = \frac{Q_1 - Q_2}{Q_1} = \frac{nR(T_1 - T_2)\ln\frac{V_2}{V_1}}{nR \cdot T_1 \ln\frac{V_2}{V_1}} = \frac{T_1 - T_2}{T_1} = 1 - \frac{T_2}{T_1}\,. \tag{3.18}$$

Er ist nur von den beiden Temperaturen abhängig, zwischen denen er abläuft. Obwohl (3.18) für das ideale Gas abgeleitet ist, gilt die Gleichung unabhängig von der Art des Arbeitsstoffes. Nur ein Teil der aufgewandten Wärmeenergie wird in Nutzarbeit umgesetzt, der Rest wird vom Arbeitsstoff bei niedrigerer Temperatur als Abwärme wieder abgegeben. Hier wird klar, weshalb in modernen Kraftwerken mit sehr hohen Dampftemperaturen und niedrigen Abdampftemperaturen gearbeitet wird. Ein Wirkungsgrad nahe 1 könnte nur erreicht werden, wenn T_2in der Nähe von 0 K läge. Für technische Zwecke stehen aber nur Luft oder Wasser als Kühlkörper zur Verfügung.

58 Welche Überlegungen führen vom thermischen Wirkungsgrad des Carnot-Prozesses zur Zustandsfunktion „Entropie"?

Für den Wirkungsgrad η eines isentropen (reversiblen und adiabatischen) Prozesses gilt, dass die Summe der so genannten reduzierten Wärmemengen $Q/T = 0$ ist und mit Entropie S, einer weiteren Zustandsfunktion, bezeichnet wird.

$$\eta = 1 - \frac{Q_2}{Q_1} = 1 - \frac{T_2}{T_1} \quad \rightarrow \quad \frac{Q_2}{T_2} + \frac{Q_1}{T_1} = 0$$

$$\rightarrow \quad \frac{Q_2}{T_2} = \frac{Q_1}{T_1} = S \quad \rightarrow \quad dS = \frac{\delta Q_{\text{rev}}}{T}\,.$$

Für die Entropiedifferenz zwischen zwei Zuständen erhält man:

$$S_2 - S_1 = \Delta S = \int_1^2 \frac{\delta Q_{\text{rev}}}{T}\,.$$

59 Wie lässt sich mit dem Wirkungsgrad der Carnot-Maschine der absolute Nullpunkt festlegen?

Der Wirkungsgrad der Carnot-Maschine ist vom Arbeitsstoff unabhängig. Um die Temperaturen T_1 und T_2 zweier Wärmebehälter vergleichen zu können, lässt man zwischen ihnen einen Carnot-Prozess ablaufen und bestimmt dessen Wirkungsgrad. Wird durch entsprechende Unterteilung der Temperaturdifferenz $T_1 - T_2$ die Temperatureinheit festgelegt, können die Temperaturen der Behälter in Einheiten dieser so genannten **thermodynamischen (stoffunabhängigen) Temperaturskala** aus dem Wirkungsgrad ermittelt werden. Teilt man z. B. das Temperaturintervall zwischen dem Schmelzpunkt T_0 und dem Siedepunkt T_1 des Wassers nach Celsius in 100 Grad ein und fixiert dadurch die Temperatureinheit, erhält man aus dem Wirkungsgrad

$$\eta_C = \frac{T_1 - T_0}{T_1} = \frac{100\,\mathrm{K}}{T_0 + 100\,\mathrm{K}}$$

die Temperatur des Schmelzpunktes zu $T_0 = 273{,}15\,\mathrm{K}$. Bei einem Wirkungsgrad $\eta_C = 1$ ist die Temperatur des kälteren Behälters 0 K. Damit ist der absolute Nullpunkt festgelegt.

60 Welche Möglichkeiten der technischen Nutzung hat eine rückwärts laufende Carnot-Maschine? Erklären Sie (evtl. mit Skizzen) den Bau und die Wirkungsweise bedeutsamer Konstruktionen.

Ein Carnot-Prozess kann auch in umgekehrter Richtung durchlaufen werden. Dann muss man dem Reservoir R_2 mit der tieferen Temperatur T_2 Wärme entziehen und diese unter Arbeitsaufwand in das Reservoir R_1 mit der höheren Temperatur T_1 übertragen. Eine solche rückwärts laufende Carnot-Maschine hat zwei Wirkungen, die die Konstruktion physikalisch und technisch interessanter Geräte ermöglichen (Abb. 3.16).

- Das kältere Reservoir R_2 (Kühlraum) wird durch den dauernden Wärmeentzug weiter abgekühlt. Hiervon macht man bei den **Kältemaschinen** Gebrauch, deren **Leistungszahl** η_K durch das Verhältnis der bei tiefer Temperatur aufgenommenen Wärmemenge Q_2 zur aufgewendeten mechanischen Arbeit W angegeben wird:

$$\eta_K = \frac{Q_2}{W} = \frac{T_2}{T_1 - T_2} \qquad \eta_K > 1 \text{ bis } \eta_K \approx 3\,.$$

- Das wärmere Reservoir R_1 (Heizkörper) wird durch die dauernde Wärmezufuhr weiter aufgeheizt. Diese Tatsache wird bei den **Wärmepumpen** ausgenutzt, deren **Leistungszahl** η_W durch das Verhältnis der bei hoher Temperatur zugeführten Wärmemenge Q_1 zur aufgewendeten mechanischen Arbeit W angegeben wird:

$$\eta_W = \frac{-Q_1}{W} = \frac{|Q_1|}{W} = \frac{T_1}{T_1 - T_2} \qquad \eta_W > 1 \text{ bis } \eta_W \approx 4\,.$$

  Grundsätzlich funktioniert eine Wärmepumpe (Abb. 3.16c) nicht anders als ein Kühlschrank (Abb. 3.16b).
- Dem Verdampfer beim Kühlschrank, der dem Kühlraum die Wärme entzieht, entsprechen bei der Wärmepumpe z. B.:
  - Grundwasserpumpen, die das ganze Jahr über gleichtemperiertes Wasser von 7–12 °C zur Verfügung stellen,
  - Erdkollektoren, die Wärme aus dem Erdreich aufnehmen,
  - Rohrleitungen, die Abwärme von Industriebetrieben und Großkraftwerken (10–20 °C warmes Wasser) liefern,
  - Absorber, die aus Luft, Sonneneinstrahlung und Regen Wärme aufnehmen.
- Die schwarzen Blechlamellen des „Verflüssigers", die auf der Rückseite des Kühlschranks die Wärme wieder abführen, verwandeln sich bei der Wärmepumpe in eine Fußbodenheizung oder in normale Niedrigtemperatur-Heizkörper.

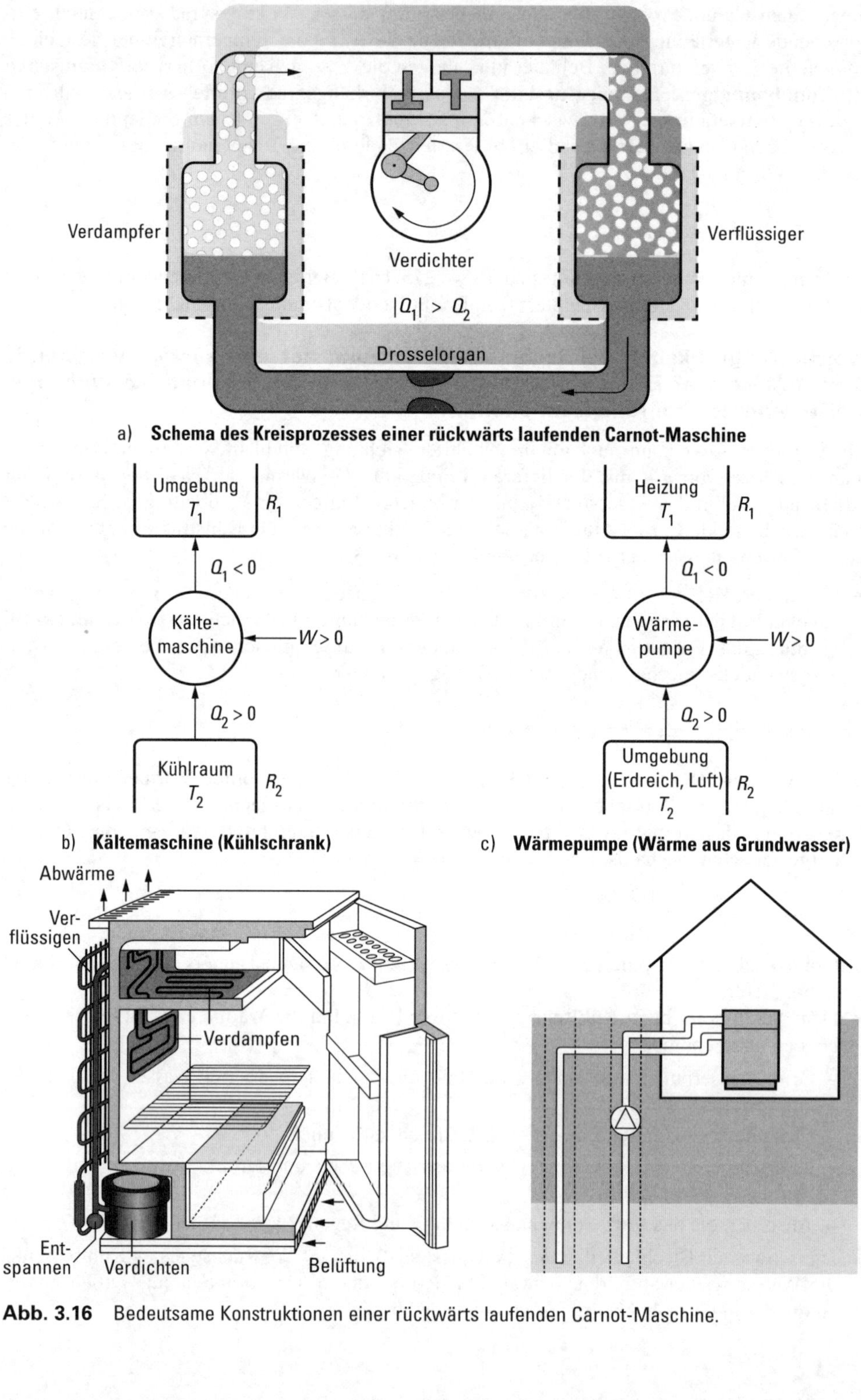

Abb. 3.16 Bedeutsame Konstruktionen einer rückwärts laufenden Carnot-Maschine.

- Bei beiden Konstruktionen wird die Wärmeenergie von dem einen Ort (mit der niedrigeren Temperatur) zu einem anderen Ort (mit der höheren Temperatur) transportiert. Dazu muss dem System die mechanische Arbeit $W = -Q_1 - Q_2$ zugeführt werden (Leistung des Verdichters). Entgegen einer Wärmekraftmaschine (Carnot-Maschine) wird mechanische Arbeit in eine Temperaturdifferenz verwandelt, man spricht von Kraftwärmemaschinen. Bemerkenswert ist dabei, dass $|Q_1| > Q_2$ ist, weil die dem System zugeführte mechanische Arbeit als zusätzliche Wärmeenergie in dem Reservoir R_1 in Erscheinung tritt.
- Die Leistungszahlen η_W und η_K sind umso größer, je geringer die Temperaturdifferenz zwischen „kalter“ und „warmer“ Seite ist und je höher diese Temperaturdifferenz auf der Temperaturskala angesiedelt ist.
- Der Bau und die Wirkungsweise der Kältemaschine bzw. der Wärmepumpe sind aus der schematischen Darstellung (Abb. 3.16a) erkennbar. In dem kälteren Reservoir R_2 befindet sich ein Verdampfer, in dem eine Flüssigkeit (flüssiges Propan, Ammoniak oder Frigen) unter verringertem Druck zum Verdampfen gebracht wird. Die erforderliche Verdampfungswärme wird der Umgebung, d. h. dem Reservoir R_2, entzogen. Der Dampf wird durch einen außerhalb des Kühlraumes befindlichen Kompressor angesaugt und auf einen so hohen Druck gebracht, dass er in einem Verdichter, der sich in dem Reservoir R_1 befindet, in den flüssigen Zustand übergeht. Dabei wird die Kondensationswärme frei, die dem Reservoir R_1 zugeführt wird; außerdem tritt die Kompressionsarbeit hier zusätzlich als Wärme in Erscheinung. Über ein Drosselventil gelangt das Kältemittel wieder in den Verdampfer, so dass der Kreislauf von neuem beginnen kann.

61 Wie könnte man theoretisch einen Kühlschrank in eine Wärmepumpe zur Beheizung eines Hauses verwandeln?

Um einen Kühlschrank in eine richtige Wärmepumpe zu verwandeln, müsste man ihn in die Außenwand des Hauses (mit geöffnetem Kühlraum nach außen und mit dem Kondensator nach innen) einmauern. Die schwarzen Blechlamellen im Innern des Hauses würden dann noch wärmer als im Normalbetrieb. Auf der anderen Seite gelänge es dem Kühlaggregat selbst bei pausenlosem Lauf nicht, den immensen „Kühlraum“, der um die ganze Umgebung des Hauses erweitert wurde, merklich abzukühlen. Aber das wäre ja auch nicht Sinn der Anordnung: Der Vorteil bestünde gerade in der Unerschöpflichkeit der Wärmemengen zur Beheizung des Hauses. Der Kühlschrank würde so seinen Betriebszweck ändern und zur Wärmepumpe werden.

In der Praxis sieht eine Gebäudeheizung mit Wärmepumpe natürlich anders aus als ein eingemauerter Kühlschrank: Die schwarzen Blechlamellen, die auf der Rückseite des Kühlgeräts die Wärme abführen, verwandeln sich in eine Fußbodenheizung oder normale Niedrigtemperaturheizkörper. Die Kühlvorrichtung rund um den Kühlraum vergrößert sich zu einem Rohrsystem, das unter dem Rasen des Vorgartens oder aus der Luft die Umgebungswärme einfängt.

62 Beschreiben Sie die Anforderungen an das Arbeitsmedium (Arbeitsmittel) in Wärmepumpen. Welche technisch-physikalischen Zusammenhänge stimulieren deren Leistungszahl?

Das Arbeitsmedium der Wärmepumpe kann im „Verdampfer“ viel Verdampfungsenthalpie $\Delta H_{\mathrm{Vd.}}$ aufnehmen und im „Kondensator“ viel Kondensationsenthalpie $\Delta H_{\mathrm{Kond.}}$ abgeben. In der Regel sieden die verwendeten Arbeitsmittel bei normalem Druck schon bei $-30\,°\mathrm{C}$ bis $-50\,°\mathrm{C}$. Ihr flüssiger oder gar fester Aggregatzustand liegt also weit unterhalb normaler Temperaturen. Nicht mehr eingesetzt werden dürfen die bis zum Jahre 2000 noch als ideal und umweltneutral gegoltenen FCKW (Fluorchlorkohlenwasserstoffe, z.B. CCl_3F, CCl_2F_2), da sie bis in die Stratosphäre diffundieren und dort in 20 bis 30 km Höhe den sogenannten „Ozongürtel“ der Erde schädigen können. Gemäß den Gleichungen (1)+(2) sorgt darin das Ozon für die lebenswichtige UV-Filterung und damit für eine verminderte UV-Einstrahlung mit positiven Auswirkungen im Biozyklus:

$$(1)\quad O_2 \xrightarrow{h\nu} O + O \qquad (2)\quad O + O_2 \xrightarrow{h\nu} O_3$$

Der Mechanismus der schädigenden FCKW-Wirksamkeit ist ein treffendes Beispiel für eine Kettenreaktion, bei der Chloratome als Katalysator fungieren. Durch die UV-Strahlung wird die Kettenreaktion (3) gestartet. Es schließt sich eine Reaktionskette aus Tausenden der Reaktionszyklen [(4) + (5)] an. Der Kettenabbruch kann durch Radikalrekombination nach (6) erfolgen:

$$(3)\quad CCl_2F_2 \xrightarrow{(UV)} \cdot CClF_2 + \cdot Cl$$
$$(4)\quad \cdot Cl + O_3 \longrightarrow \cdot ClO + O_2$$
$$(5)\quad \cdot ClO + O \longrightarrow \cdot Cl + O_2$$
$$(6)\quad \cdot CClF_2 + \cdot Cl \longrightarrow CCl_2F_2$$

Die Leistungszahl der Wärmepumpe ist umso größer, je geringer $\Delta T = T_1 - T_2$ zwischen „warmer“ Seite (T_1) und „kalter Seite (T_2)“ ist, und je höher ΔT auf der Temperatur-Skala angesiedelt ist.

Liegt z.B. ΔT zwischen +47 °C und −3 °C, ergibt sich eine theoretische Leistungszahl von $\eta_W = T_1 : \Delta T = 6{,}4$. Sie ist in der Praxis aber nicht erreichbar durch Verluste an Wärmeaustauschern, mechanische und elektrische Verluste und Hilfsenergie. Die tatsächliche Leistungszahl errechnet sich nach der gebräuchlichen Faustregel $\eta_W = 0{,}5 \cdot (T_1 : \Delta T) = 3{,}2$. Das ist dennoch ein guter Wert, da mehr als das Dreifache der aufgewendeten Antriebsenergie an Heizwärme zur Verfügung gestellt werden kann.

63 Welche physikalischen Erkenntnisse lieferten die Grundlage für die Nutzung von natürlichen Wärmequellen in Wärmepumpen und Kältemaschinen?

Für den Naturwissenschaftler ist alles Wärme, was über dem absoluten Nullpunkt von −273,15 °C liegt. Selbst klirrender Frost und arktische Kälte besitzen noch ein beachtliches Potenzial an Wärme. Schon Kelvin machte sich Gedanken darüber, wie man das große Potenzial an Wärme, das unterhalb der Körpertemperatur des Menschen liegt und deshalb als „kalt“ empfunden wird, in Wärme höherer Temperatur verwandeln kann. Bei seinen Untersuchungen fand er heraus, dass sich Gase bei Entspannung abkühlen und bei Druckerhöhung erwärmen. Wenn man eine bestimmte Menge Gas mit einem bestimmten Wärmegehalt hat, braucht man nur das Volumen dieser Gasmenge zu reduzieren (d. h. das Gas unter Druck zu setzen), um eine höhere Temperatur zu erzielen. Und umgekehrt lässt sich eine Kühlleistung erzielen, wenn man eine bestimmte Gasmenge durch Erweiterung ihres Volumens entspannt.

Eine einfache Maschine dieser Art hat jeder schon in der Hand gehabt: Beim Aufpumpen von Fahrradreifen erwärmt sich die Luft im Kolben der Handpumpe infolge des Zusammenpressens. Eine Wärmepumpe natürlicher Art ist der „Föhn“. So nennt man trockenwarme Fallwinde, die hinter Gebirgskämmen auftreten, wenn kühl-feuchte Luftmassen, die der erzwungene Aufstieg auf der Luvseite des Gebirges zunächst entspannt hat, auf der Leeseite zu Tal stürzen. In beiden Fällen bewirkt die Veränderung des Luftdrucks, die der Höhenveränderung der Luftmassen folgt, eine entsprechende Temperaturveränderung. Wer bei einer solchen Wetterlage durch den St.-Gotthard-Tunnel in den Alpen fährt, kann auf der einen Seite das Prinzip der Wärmepumpe und auf der anderen das Prinzip des Kühlaggregats studieren.

64 Weshalb ist die Tatsache, dass die Leistungszahlen der Kältemaschine und der Wärmepumpe größer als eins sind, keine Verletzung des ersten Hauptsatzes der Thermodynamik?

Die Wärmemengen Q_2 bzw. Q_1 entstehen nicht durch Energieumwandlung aus der aufgewendeten mechanischen Energie W. Die Leistungszahlen η_K und η_W sind daher auch keine Wirkungsgrade.

65 Wie lassen sich die Poisson'schen Gleichungen für die isentrope (adiabatische) Zustandsänderung eines idealen Gases herleiten?

Die Gleichungen (3.19), (3.20) und (3.21) in der nachfolgenden Herleitung werden nach dem Physiker Siméon Denis Poisson als Poisson-Gesetze bezeichnet. Sie gelten für alle adiabatischen Zustandsänderungen und treten hier an die Stelle des für isotherme Zustandsänderungen gültigen Boyle-Mariotte-Gesetzes $pV = \text{const}$. Die Größe k wird als die Poisson-Konstante bezeichnet. Es handelt sich hierbei um eine reine Zahl ($k > 1$).

Wenn man den Zusammenhang zwischen p und V bei einer adiabatischen Zustandsänderung grafisch darstellt, ergeben sich keine Hyperbeln, wie dies bei den isothermen Vorgängen der Fall ist, sondern andere, steiler verlaufende Kurven, die man als Adiabaten bezeichnet (s. Abb. 3.15b).

Bei adiabatischen Volumenänderungen von Gasen treten auch Temperaturänderungen auf. Da die Volumenänderung mit einer Bewegung von Teilen der Gefäßwand verbunden ist, treffen die Gasteilchen auf eine bewegte Wand. Die Folge davon ist, dass der Betrag ihrer Geschwindigkeit bei der Reflexion nicht unverändert bleibt, sondern dass sie mit einer größeren oder kleineren Geschwindigkeit reflektiert werden, je nachdem ob die Wand sich auf die ankommenden Teilchen zu oder von diesen wegbewegt. Man kann sich diesen Sachverhalt am Zurückschlagen eines Balles mit Hilfe eines Tennisschlägers klarmachen: Wenn der Tennisschläger auf den ankommenden Ball zubewegt wird, nimmt die Ballgeschwindigkeit bei der Reflexion zu. Die Gasmoleküle werden also bei einer Volumenverkleinerung, d. h. durch einen in das Gas hinein bewegten Stempel, beschleunigt. Damit steigen die durchschnittliche Teilchenenergie und die Temperatur.

Herleitung

Einer abgeschlossenen Gasmenge (ideales Gas!) wird Arbeit zugeführt oder entzogen

$$\left[\frac{\partial U}{\partial T}\right]_V = C_v \qquad dU = \delta Q - pdV$$

$Q = \text{const.}$

$$dU = C_v dT \qquad dU = -pdV$$

$p = \dfrac{RT}{V}$

$$C_v dT = -\frac{RT}{V} \cdot dV$$

$R = Cp - Cv$

$$-C_v \int_{T_1}^{T_2} \frac{dT}{T} = (C_p - C_v) \int_{V_1}^{V_2} \frac{dV}{V}$$

$\dfrac{C_p}{C_v} = k$ (Poisson-Konstante)

Volumen-Temperatur-Beziehung

$$\boxed{\frac{T_1}{T_2} = \left(\frac{V_2}{V_1}\right)^{k-1}} \tag{3.19}$$

$$\frac{V_2}{V_1} = \frac{p_1 T_2}{p_2 T_1} \tag{3.20}$$

Druck-Volumen-Beziehung

$$\boxed{\frac{p_1}{p_2} = \left(\frac{V_2}{V_1}\right)^k}$$

$$p \cdot V^k = \text{const.}$$

Druck-Temperatur-Beziehung

$$\boxed{\frac{T_1}{T_2} = \left(\frac{p_1}{p_2}\right)^{\frac{k-1}{k}}} \tag{3.21}$$

$$\frac{T^k}{p^{k-1}} = \text{const.}$$

adiabatische Expansion :	$p \downarrow V \uparrow T \downarrow$	Abkühlung
adiabatische Kompresseion :	$p \uparrow V \downarrow T \uparrow$	Erwärmung

66 Energieformen können ineinander umgewandelt werden: kinetische Energie in potenzielle Energie, elektrische Energie in mechanische Energie, chemische Energie in Wärme. Welche Energieumwandlung liegt bei den folgenden Beispielen vor?

a) Dynamo, b) Dampfmaschine, c) Pendel, d) Taschenlampenbatterie, e) Photosynthese, f) Verbrennen von Kohle.

a) mechanische Energie/elektrische Energie
b) chemische Energie/mechanische Energie
c) kinetische Energie/potenzielle Energie
d) chemische Energie/elektrische Energie
e) Lichtenergie/chemische Energie
f) chemische Energie/Wärme

67 Ein Gas, welches unter einem Druck von 1,03048 bar steht, wird adiabatisch auf einen Druck von 1,01325 bar rasch expandiert. Nachdem es die ursprüngliche Temperatur wieder angenommen hat, beträgt der Druck 1,01832 bar. Berechnen Sie die Poissonkonstante *k*.

Aus der Gleichung der Adiabate $p \cdot V^k = \text{const.}$ ergibt sich nach entsprechender Umformung, welche infolge der kleinen Druckänderungen vorgenommen werden kann:

$$k = \left(\frac{C_p}{C_V}\right)_p = \frac{p_1 - p_2}{p_1 - p_3} = \frac{1{,}03048 - 1{,}01325}{1{,}03048 - 1{,}01832} = 1{,}417$$

68 Die Bindungsenthalpie der Chlormoleküle beträgt 242 kJ/mol, die von Brommolekülen 193 kJ/mol. Welche Wellenlängen darf Licht höchstens haben, damit diese Bindungen gespalten werden können?

$$E = \frac{h \cdot c \cdot N_A}{\lambda} \qquad \lambda \leq \frac{h \cdot c \cdot N_A}{E}$$

$$\text{Chlor: } \lambda \leq \frac{6{,}63 \cdot 10^{-34}\,\text{Js} \cdot 3 \cdot 10^8\,\text{m/s} \cdot 6{,}022 \cdot 10^{23}\,\text{mol}^{-1}}{242\,000\,\text{J/mol} \cdot} = 4{,}95 \cdot 10^{-7}\,\text{m} = \underline{\underline{495\,\text{nm}}}$$

$$\text{Brom: } \lambda \leq \frac{6{,}63 \cdot 10^{-34}\,\text{Js} \cdot 3 \cdot 10^8\,\text{m/s} \cdot 6{,}022 \cdot 10^{23}\,\text{mol}^{-1}}{193\,000\,\text{J/mol} \cdot} = 6{,}21 \cdot 10^{-7}\,\text{m} = \underline{\underline{621\,\text{nm}}}$$

69 Zeigen Sie an vier Rechenbeispielen der Energieumwandlung, was die Energie von 1 kJ alles bewirken kann?

1. Um 5 kg um 20,4 m zu heben, ist eine Hubarbeit von 1029,81 Nm nötig. Dies entspricht einer Hubarbeit von 1 kJ.
2. Die kinetische Energie beträgt:

$$E = \frac{m \cdot v^2}{2} = \frac{5\,\text{kg} \cdot 20^2\,\text{m}^2}{\text{s}^2} = 1000\frac{\text{kg} \cdot \text{m}^2}{\text{s}^2} = 1\,\text{kJ}$$

3. Die Glühbirne brennt 25 s bei einer Leistung von 40 W:

$$E = 40\,\text{W} \cdot 25\,\text{s} = 1000\,\text{Ws} = 1\,\text{kJ}$$

4. Werden 100 g Wasser um 2,4 K erwärmt, entspricht dies 240 · 4,18 J = 1 kJ.

70 Berechnen Sie C_v von Ethanol bei 25 °C und 1 bar aus den Tabellenwerten:

	c_p (J/(g·K))	M (g·mol^{-1})	φ (g·cm^{-3})	α (K^{-1})	χ (bar^{-1})
Ethanol	2,44	46,07	0,789	$1{,}12 \cdot 10^{-3}$	$7{,}58 \cdot 10^{-5}$

$$C_p = M \cdot c_p = 112{,}4\,\mathrm{J/mol/K} \quad V = \frac{M}{\varphi} = 58{,}39\,\mathrm{cm^3/mol}$$

$$C_V = C_p - \frac{T \cdot V \cdot \alpha^2}{\chi} = \underline{\underline{183{,}59\,\mathrm{J/mol/K}}}$$

3.4 Entropie

71 Welche Aussagen macht der zweite Hauptsatz und wie kann er in mathematischer Form wiedergegeben werden?

Der zweite Hauptsatz der Thermodynamik stellt eine Erfahrungstatsache dar. Es ist bis heute nicht gelungen, dieses fundamentale Gesetz der klassischen Physik in seiner allgemeinen Gültigkeit für beliebige makroskopische Systeme ausgehend von der Grundgleichung der Quantentheorie, der Vielteilchen-Schrödinger-Gleichung, zu beweisen.

Aussagen:

- Wärme kann nicht von selbst von einem Körper niedriger Temperatur auf einen Körper höherer Temperatur übergehen.
- Der Wirkungsgrad des Carnot-Prozesses kann nicht übertroffen werden.
- Alle spontan (in eine Richtung) ablaufenden Prozesse sind irreversibel.
- Alle Prozesse, bei denen Reibung stattfindet, sind irreversibel.
- In einem geschlossenen adiabatischen System kann die Entropie nicht geringer werden.
- Das Gleichgewicht isolierter thermodynamischer Systeme ist durch ein Maximalprinzip der Entropie ausgezeichnet.

Mathematische Formulierung und Interpretation: Für die von Clausius eingeführte Zustandsgröße Entropie kann für alle geschlossenen Systeme eine allgemein gültige Aussage des zweiten Hauptsatzes in mathematischer Form gegeben werden:

$$dS = \frac{\delta Q_{\mathrm{rev}}}{T} + \frac{\delta I_{\mathrm{irrev}}}{T} \quad (\delta I \geq 0)\,.$$

Danach kann sich die Entropie in geschlossenen Systemen nur auf zweierlei Weise ändern:

1. Die Entropie ändert sich bei reversiblen Prozessen in Form eines Entropiestroms $\delta Q_{\mathrm{rev}}/T$. Dieser erste Term in der Gleichung wird auch „**transportierte Entropie**“ genannt. Er ist bei endotropen Vorgängen positiv und bei exotropen Vorgängen negativ.
2. Die Entropie ändert sich bei irreversiblen Prozessen in Form einer Entropieerzeugung $\delta I_{\mathrm{irrev}}/T$. Innerhalb des Systems ist $\delta I_{\mathrm{irrev}}$ die dissipierte Arbeit (Arbeit, die nicht nach außen gelangt, sondern infolge von Reibungs-, Drosselungs-oder Stoßvorgängen die innere Energie erhöht). Sie ist immer positiv. Man bezeichnet den zweiten Term in der Gleichung als „**produzierte Entropie**“.

In einem **abgeschlossenen System** ist $dS \geq 0$.

72 Warum ist die Realisierung eines Perpetuum mobile zweiter Art nicht möglich?

Prinzipiell ist ein Perpetuum mobile der zweiten Art daran erkennbar, dass es versucht, Wärme an einem Punkt aufzunehmen und in andere Energieformen umzuwandeln. Das alleine muss nicht gegen die Energieerhaltung (1. Hauptsatz) verstoßen. Das Perpetuum mobile könnte z. B. dem Meerwasser periodisch Wärme entziehen und in mechanische Arbeit (etwa zum Zwecke des Antriebs von Schiffsmotoren) verwandeln. Dies ist jedoch nicht möglich, da Wärmeenergie nicht freiwillig von Stellen tieferer Temperatur (Meerwasser) zu Stellen höherer Temperatur (Schiff) strömen kann. Der 2. Hauptsatz legt hier die Richtung des natürlichen Energiestromes (vom wärmeren zum kälteren Körper) fest, die stets durch eine Annäherung an den Gleichgewichtszustand gekennzeichnet ist. Es gibt keine periodisch arbeitende Maschine, die nichts weiter leistet, als einem Wärmebehälter Wärmeenergie zu entziehen und diese in mechanische Energie umzusetzen.

73 Wie kann das Entropieverhalten offener Systeme erklärt werden?

Die meisten in der Natur vorkommenden Systeme sind mehr oder weniger offene Systeme, die dadurch gekennzeichnet sind, dass bei ihnen ein Stoff-und Energieaustausch mit der Umgebung stattfindet (z. B. Transportprozesse). Die gesamte Entropieänderung in offenen Systemen setzt sich somit aus einem Entropiefluss $(dS)_\mathrm{a}$ von oder nach außen und einer Entropieerzeugung $(dS)_\mathrm{i}$ im Innern des Systems zusammen:

$$dS = (dS)_\mathrm{a} + (dS)_\mathrm{i}\,.$$

Während für die innere Entropieänderung in Übereinstimmung mit dem zweiten Hauptsatz stets $(dS)_\mathrm{i} \geq 0$ gilt, kann die gesamte Entropieänderung auch negativ sein ($dS < 0$ nämlich dann, wenn die Entropieabgabe nach außen $(dS)_\mathrm{a} < 0$ die Entropieerzeugung im Innern übersteigt). Trotz der im Systeminnern ablaufenden irreversiblen Prozesse (die immer mit einer Energiedissipation, d. h. einer Umwandlung von zugeführter Energie in Wärme, verbunden sind) kann so die Gesamtentropie abnehmen und das System in einen makroskopisch höheren Ordnungszustand übergehen (z. B. biologische Evolution mit ihrer Entwicklung vom Niederen zum Höheren).

Im stationären Zustand tritt an die Stelle des thermodynamischen Gleichgewichts das **Fließgleichgewicht,** bei dem die Entropieabgabe die Entropieerzeugung gerade kompensiert:

$$(dS)_\mathrm{a} = -(dS)_\mathrm{i} < 0, \quad dS = 0\,.$$

Das Entropieverhalten offener Systeme kann sich somit grundsätzlich von dem abgeschlossener Systeme unterscheiden. In offenen Systemen können sich stationäre Nichtgleichgewichtszustände mit hohem Ordnungsgrad herausbilden (**dissipative Strukturen**).

74 Welche Erklärung hat man für die Gültigkeit des 2. Hauptsatzes auch für lebende Organismen?

Die in Abb. 3.17 ausgewiesene Entropievermehrung bewirkt eine Überkompensation der entropievermindernden Prozesse: Assimilation, Herausbildung immer komplizierterer Strukturen und höherer Ordnungen beim Wachsen und Entwickeln. Entropieüberschüsse gelangen über ein stoffliches und energetisches Fließgleichgewicht in die Umwelt, wobei sich als Existenzgrundlage eine relativ gleichmäßige Entropiestufe einstellt. Andernfalls erreicht (I) maximale Entropie, was den Tod (Zerfall der Strukturen) bedeuten würde.

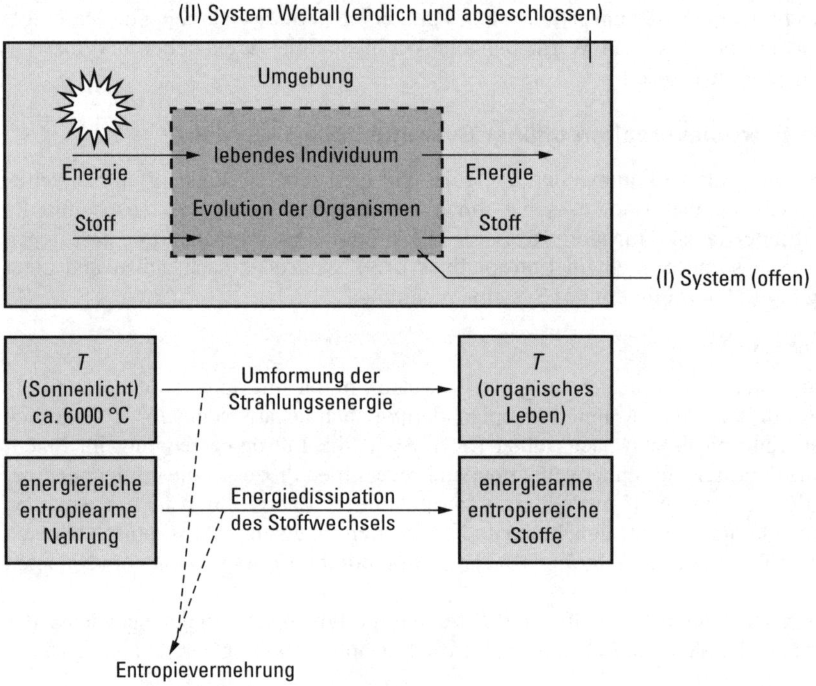

Abb. 3.17 Lebende Systeme und zweiter Hauptsatz.

75 Unter der Voraussetzung, dass das ganze Weltall als abgeschlossenes thermodynamisches System betrachtet werden kann, lässt sich folgender Satz formulieren: Die Entropie im gesamten Weltgeschehen wächst beständig. Welche Schlüsse über die Entwicklung der Welt hat man formal aus dieser Formulierung gezogen und welche Berechtigung haben sie?

Wird das Weltall als ein endliches und abgeschlossenes System betrachtet, dann wächst darin beständig die Entropie bis zum Maximum und erreicht mit $dS/dt = 0$ einen Endzustand, der dadurch gekennzeichnet ist, dass alle Differenzierungen verschwunden und insbesondere ein vollständiger Temperaturausgleich zwischen allen Teilen eingetreten ist. Es können sich dann keinerlei Ereignisse mehr vollziehen, und es gibt keine Veränderung mehr. Man hat diesen Zustand als den Wärmetod der Welt bezeichnet und daran pessimistische Gedankengänge über den Weltuntergang geknüpft, die aber weit über das Gebiet der Physik und Chemie hinausgehen. Wir können von diesen Naturwissenschaften her nur sagen, dass es nach den

Ergebnissen moderner kosmologischer Theorien zweifelhaft ist, ob die Welt endlich und der 2. Hauptsatz der Wärmelehre in der angegebenen Form überhaupt auf das Weltall anwendbar ist.

So ist es z. B. für den irreversiblen Evolutionsprozess der Organismen offenkundig, dass eine Entropievermehrung (Umformung der Sonnenstrahlung und Energiedissipation des Stoffwechsels) durch eine Entropieverminderung (Assimilation, Herausbildung immer komplizierterer Strukturen und höherer Ordnungen beim Wachsen und Entwickeln) mehr oder weniger kompensiert wird und sich als Existenzgrundlage eine relativ gleichmäßige Entropiestufe einstellt. In jedem Falle aber sind wir von der Erreichung des erwähnten Endzustandes noch sehr weit entfernt.

76 Worauf basieren die Vorstellungen, dass die Entropie als Maß der Unordnung gilt?

Die Entropie nimmt mit abnehmender Temperatur ab. Ein idealer Kristall hätte am absoluten Nullpunkt die Entropie Null. Das ist eine Formulierung des dritten Hauptsatzes der Thermodynamik. Der absolute Nullpunkt ist allerdings nicht erreichbar, da eine absolute Wärmeisolierung eines Systems gegenüber seiner Umgebung nicht möglich ist. Von diesen Tatsachen ausgehend, wird vielfach versucht, für die Entropie eine anschauliche Erklärung zu geben. Am absoluten Nullpunkt würde ein idealer Kristall die größtmögliche „Ordnung" aufweisen. Es gäbe keine Möglichkeit für die thermische Bewegung der Teilchen. Mit zunehmender Temperatur nehmen die Möglichkeiten für die thermische Bewegung der Teilchen zu, so können diese im festen Zustand Schwingungen um die Ruhelage im Kristall ausführen. Ein sprunghafter Zuwachs an Möglichkeiten der thermischen Bewegung erfolgt beim Übergang vom festen in den flüssigen Zustand und vom flüssigen in den Gaszustand. Dabei nimmt die „Ordnung" des betrachteten Systems ab, bzw. die „Unordnung" zu. Nach diesen Vorstellungen erweist sich die Entropie als ein Maß der „Unordnung". Ein erheblicher Unterschied in den Möglichkeiten der thermischen Bewegung besteht zwischen den Molekülen im Gaszustand und Molekülen in wässriger Lösung. In der wässrigen Lösung sind diese Möglichkeiten eingeschränkt, so dass sich eine niedrigere molare Standardentropie S^0 ergibt. Im Gaszustand ist die „Unordnung" wesentlich größer als in der wässrigen Lösung.

Beispiele:	Chlorgas	$S^0 =$	$223\,\mathrm{JK^{-1}mol^{-1}}$
	Chlor in wässriger Lösung	$S^0 =$	$121\,\mathrm{JK^{-1}mol^{-1}}$
	Chlorwasserstoffgas	$S^0 =$	$187\,\mathrm{JK^{-1}mol^{-1}}$
	Chlorwasserstoff in wässriger Lösung	$S^0 =$	$56\,\mathrm{JK^{-1}mol^{-1}}$

77 Welcher Zusammenhang besteht zwischen der Entropie und dem Ablauf der Zeit?

Die Zeit ist nur messbar und somit als physikalische Größe nur sinnvoll, wenn Vorgänge ablaufen. In einer statischen Welt gäbe es keine Zeit. Da alle natürlichen Vorgänge irreversibel verlaufen und deshalb mit einer Entropiezunahme verbunden sind, kann man postulieren, dass eine Welt mit konstanter Entropie eine statische Welt und damit eine Welt ohne Zeit wäre.

Der Ablauf der Zeit ist mit der Entropie verknüpft. Eine (fiktive) Umkehr des Zeitablaufes wäre mit einer monotonen Abnahme der Entropie verbunden. Da dies dem zweiten Hauptsatz widerspräche, können wir feststellen, dass der zweite Hauptsatz dem Zeitablauf die Richtung verschafft.

Ob die Entropie die einzige Eigenschaft der physikalischen Welt ist, die der Zeit eine Richtung aufprägt, kann heute noch nicht mit Sicherheit gesagt werden. Man könnte die

Expansion des Weltalls als eine weitere Eigenschaft betrachten, die die Einseitigkeit der Zeitrichtung festzulegen gestattet. Auf jeden Fall müssen wir feststellen, dass die einseitige Zeitrichtung nicht nur eine subjektive Eigenschaft des menschlichen Erlebens ist. Sie wäre in der Natur auch dann gegeben, wenn es keine menschlichen Wesen mit einem subjektiven Bewusstsein des Begriffes Entwicklung gäbe.

78 Warum kann der dritte Hauptsatz der Thermodynamik auch als Satz von der Unerreichbarkeit des absoluten Nullpunktes bezeichnet werden?

Die Bestimmung der Entropie am absoluten Nullpunkt und die Angabe von Absolutwerten der Entropie sind mit Hilfe des ersten und zweiten Hauptsatzes der Thermodynamik allein nicht möglich. Dieser Mangel wird durch eine Hypothese von Planck beseitigt, die jedoch nur quantenstatistisch bewiesen werden kann.

Nernst war zunächst in Verallgemeinerung experimenteller Untersuchungen bei tiefen Temperaturen zu dem Ergebnis gekommen, dass die Entropie beliebiger isothermer Prozesse bei $T = 0\,\mathrm{K}$ unverändert bleibt (Nernst'sches Wärmetheorem). Planck erweiterte diese Aussage durch die Annahme, dass die Entropie eines sich im stabilen Gleichgewicht befindenden Systems bei Annäherung an den absoluten Nullpunkt gegen Null geht: $S \to 0$ für $T \to 0$ (dritter Hauptsatz). Der Gleichgewichtszustand am absoluten Nullpunkt zeichnet sich durch maximale Ordnung und geringste Wahrscheinlichkeit aus. Da nach dem Nernst'schen Wärmetheorem beliebige isotherme Prozesse am absoluten Nullpunkt, unabhängig von der Änderung anderer Zustandsgrößen, gleichzeitig isentrope Prozesse sind, muss bei Annäherung an $T = 0\,\mathrm{K}$ der Adiabatenexponent $k = C_p/C_V$ gegen 1 gehen und $C_p = C_V = C \to 0$ für $T \to 0$ gelten. Das Verschwinden der spezifischen Wärmekapazität bedeutet entsprechend ihrer Definition, dass bei $T = 0\,\mathrm{K}$ bereits die Zufuhr einer beliebig kleinen Wärmemenge eine endliche Temperaturerhöhung bewirkt. Da Körper niemals vollständig energetisch isoliert werden können, ist eine solche Wärmezufuhr unvermeidlich, so dass man sich dem absoluten Nullpunkt zwar beliebig nähern, ihn jedoch niemals erreichen kann. Diese Aussage ist aber kein Beweis, wenn davon ausgegangen wird, dass sich die Thermodynamik mit reversiblen Prozessen (ohne unvermeidliche Wärmezufuhr) befasst.

79 Wie lässt sich mit dem ersten und zweiten Hauptsatz die Entropieberechnung für beliebige Zustandsänderungen übersichtlich darstellen?

$$dU = \delta Q_{\text{rev}} + \delta W_{\text{rev}}$$ 1. HS für rev. Vorgänge

$$dU = \delta Q_{\text{rev}} - p\,dV$$

$$\delta Q_{\text{rev}} = dU + p\,dV$$

2. HS für rev. Vorgänge

$$dS = \frac{\delta Q_{\text{rev}}}{T}$$

$$U = H - pV$$

Gibbs'sche Fundamentalgleichungen

$$TdS = dU + p\,dV$$

$$dU = f(T,V)$$

$$dU = \left(\frac{\partial U}{\partial T}\right)_V dT + \left(\frac{\partial U}{\partial V}\right)_T dV$$

$$dU = C_V dT + \pi dV$$

$$TdS = C_V dT + (p + \pi)dV$$

ideales Gas: $\pi = 0$

$$TdS = C_V dT + p\,dV$$

Umformung

$$dS = \frac{C_V}{T} dT + \frac{p}{T} dV$$

$$dS = \left(\frac{\partial S}{\partial T}\right)_V dT + \left(\frac{\partial S}{\partial V}\right)_T dV$$

Integration

$$\frac{p}{T} = \frac{R}{V}$$

$$\Delta S = C_V \cdot \ln \frac{T_2}{T_1} + R \cdot \ln \frac{V_2}{V_1}$$

$$TdS = d(H - pV) + p\,dV$$

$$TdS = dH - V\,dp$$

$$dH = f(T,p)$$

$$dH = \left(\frac{\partial H}{\partial T}\right)_p dT + \left(\frac{\partial H}{\partial p}\right)_T dp$$

$$dH = C_p dT + \varepsilon dp$$

$$TdS = C_p dT + (\varepsilon - V)dp$$

ideales Gas: $\varepsilon = 0$

$$TdS = C_p dT - V\,dp$$

Umformung

$$dS = \frac{C_p}{T} dT - \frac{V}{T} dp$$

$$dS = \left(\frac{\partial S}{\partial T}\right)_p dT + \left(\frac{\partial S}{\partial p}\right)_T dp$$

Integration

$$\frac{V}{T} = \frac{R}{p}$$

$$\Delta S = C_p \cdot \ln \frac{T_2}{T_1} - R \cdot \ln \frac{p_2}{p_1}$$

C_V bzw. C_p: mittlere Wärmekapazitäten im betrachteten Temperaturbereich

$$TdS = dQ \longrightarrow \int_{S_1}^{S_2} dS = \int_{0}^{Q} \frac{\delta Q_{\text{rev}}}{T} \longrightarrow \boxed{\Delta S = S_2 - S_1 = \frac{\delta Q_{\text{rev}}}{T}}$$

<u>$\boldsymbol{dV = 0}$:</u>

$$\left(\frac{\partial S}{\partial T}\right)_V = \frac{C_V}{T} \longrightarrow \int_{S_1}^{S_2} dS = C_V \int_{T_1}^{T_2} \frac{dT}{T} \longrightarrow \boxed{\Delta S = S_2 - S_1 = C_V \ln \frac{T_2}{T_1}}$$

$$\text{für } C_V = f(T) \longrightarrow \int_{S_1}^{S_2} dS = \int_{T_1}^{T_2} \frac{C_V}{T} dT \longrightarrow \boxed{\int_{S_1}^{S_2} dS = \int_{T_1}^{T_2} \frac{\alpha + \beta T + \gamma T^2}{T} dT}$$

<u>$\boldsymbol{dp = 0}$:</u>

$$\left(\frac{\partial S}{\partial T}\right)_p = \frac{C_p}{T} \longrightarrow \int_{S_1}^{S_2} dS = C_p \int_{T_1}^{T_2} \frac{dT}{T} \longrightarrow \boxed{\Delta S = S_2 - S_1 = C_p \ln \frac{T_2}{T_1}}$$

$$\text{für } C_p = f(T) \longrightarrow \int_{S_1}^{S_2} dS = \int_{T_1}^{T_2} \frac{C_p}{T} dT \longrightarrow \boxed{\int_{S_1}^{S_2} dS = \int_{T_1}^{T_2} \frac{\alpha + \beta T + \gamma T^2}{T} dT}$$

<u>$\boldsymbol{dT = 0}$:</u>

$$\left(\frac{\partial S}{\partial V}\right)_T = \frac{p}{T} = \frac{R}{V} \longrightarrow \int_{S_1}^{S_2} dS = R \int_{V_1}^{V_2} \frac{dV}{V} \longrightarrow \boxed{\Delta S = S_2 - S_1 = R \ln \frac{V_2}{V_1}}$$

$$\left(\frac{\partial S}{\partial p}\right)_T = -\frac{V}{T} = -\frac{R}{p} \longrightarrow \int_{S_1}^{S_2} dS = -R \int_{p_1}^{p_2} \frac{dp}{p} \longrightarrow \boxed{\Delta S = S_2 - S_1 = -R \ln \frac{p_2}{p_1}}$$

80 Welche Aussagen machen die Maxwell'schen Relationen zur *T*- und *p*-Abhängigkeit der Entropie?

In einem Satz von 4 Formeln ist die T- und p-Abhängigkeit der Entropie enthalten. Man erhält den Formelsatz wie folgt:

$$dS = \frac{C_V}{T}dT + \frac{\pi + p}{T}dV \qquad dS = \frac{C_p}{T}dT + \frac{\varepsilon - V}{T}dp$$

$$\pi = 0 \qquad \varepsilon = 0$$

$$dS = \frac{C_V}{T}dT + \beta p dV \qquad dS = \frac{C_p}{T}dT - \alpha V dp$$

$$dT = 0$$

$$dS = \beta p dV \qquad dS = -\alpha V dp$$

$$\boxed{\left(\frac{\partial S}{\partial V}\right)_T = \left(\frac{\partial p}{\partial T}\right)_V} = \beta p = \frac{p}{T} = \frac{R}{V} \qquad \boxed{\left(\frac{\partial S}{\partial p}\right)_T = -\left(\frac{\partial V}{\partial T}\right)_p} = -\alpha V = -\frac{V}{T} = -\frac{R}{p}$$

$$\boxed{\left(\frac{\partial V}{\partial S}\right)_p = \left(\frac{\partial T}{\partial p}\right)_S} \qquad \boxed{\left(\frac{\partial p}{\partial S}\right)_V = -\left(\frac{\partial T}{\partial V}\right)_S}$$

81 Max Planck hat mit den Funktionen $S = f(V,U)$ und $S = f(p,H)$ Formen der so genannten kanonischen Zustandsgleichung eingeführt. Formulieren Sie die vollständigen Differenziale dieser Funktionen. Begründen Sie, welche Aussagen damit im Vergleich zur thermischen und kalorischen Zustandsgleichung gemacht werden können?

Die vollständigen Differenziale von $S = f(V,U)$ und $S = f(p,H)$ lauten:

$$dS = \left[\frac{\partial S}{\partial V}\right]_U dV + \left[\frac{\partial S}{\partial U}\right]_V dU, \quad dS = \left[\frac{\partial S}{\partial p}\right]_H dp + \left[\frac{\partial S}{\partial H}\right]_p dH\,.$$

Da bei idealen Gasen die Ausdrücke

$$\left[\frac{\partial S}{\partial V}\right]_U = \left[\frac{\partial p}{\partial T}\right]_V = \frac{p}{T} = \beta p, \quad \left[\frac{\partial S}{\partial p}\right]_H = \left[-\frac{\partial V}{\partial T}\right]_p = -\frac{V}{T} = -\alpha V \quad \text{und}$$

$$\left[\frac{\partial S}{\partial U}\right]_V = \left[\frac{\partial S}{\partial H}\right]_p = \frac{1}{T}$$

gelten, lassen sich T und p als Funktionen von U und V sowie T und V als Funktionen von H und p darstellen. Es ergeben sich weitreichende Beziehungen zwischen thermodynamischen Größen, z. B. bei:

$$dU = 0: \quad dS = nR \cdot \ln\frac{V_2}{V_1}, \quad \left[\frac{\partial T}{\partial V}\right]_U = -\frac{\pi}{C_V} = 0, \quad \frac{p}{p_0} = \frac{V_0}{V} \quad \text{Boyle-Mariotte,}$$

$$dH = 0: \quad dS = nR \cdot \ln\frac{p_1}{p_2}, \quad \left[\frac{\partial T}{\partial p}\right]_H = -\frac{\varepsilon}{C_p} = 0, \quad \frac{p}{p_0} = \frac{V_0}{V} \quad \text{Boyle-Mariotte,}$$

$$dV = 0: \quad dS = \frac{\delta Q_V}{T} = \frac{dU}{T} = \frac{C_V}{T} \cdot dT, \quad \frac{dU}{dT} = C_V, \quad \frac{p}{p_0} = \frac{T}{T_0} \quad \text{Amonton,}$$

$$dp = 0: \quad dS = \frac{\delta Q_p}{T} = \frac{dH}{T} = \frac{C_p}{T} \cdot dT, \quad \frac{dH}{dT} = C_p, \quad \frac{V}{V_0} = \frac{T}{T_0} \quad \text{Gay-Lussac (I).}$$

Während also die thermische und die kalorische Zustandsgleichung nur bestimmte Größen miteinander in Verbindung bringen, können durch die kanonische Zustandsgleichung bei Einbeziehung von (1.109) alle thermodynamischen Größen in Beziehung gesetzt werden.

3.5 Thermodynamische Potenziale, Gibbs-Helmholtz-Gleichungen und Kriterien der Verlaufsrichtung chemischer Reaktionen

82 Wie gelangt man mit dem ersten und zweiten Hauptsatz der Thermodynamik zum vollständigen Differenzial der freien Energie *F*?

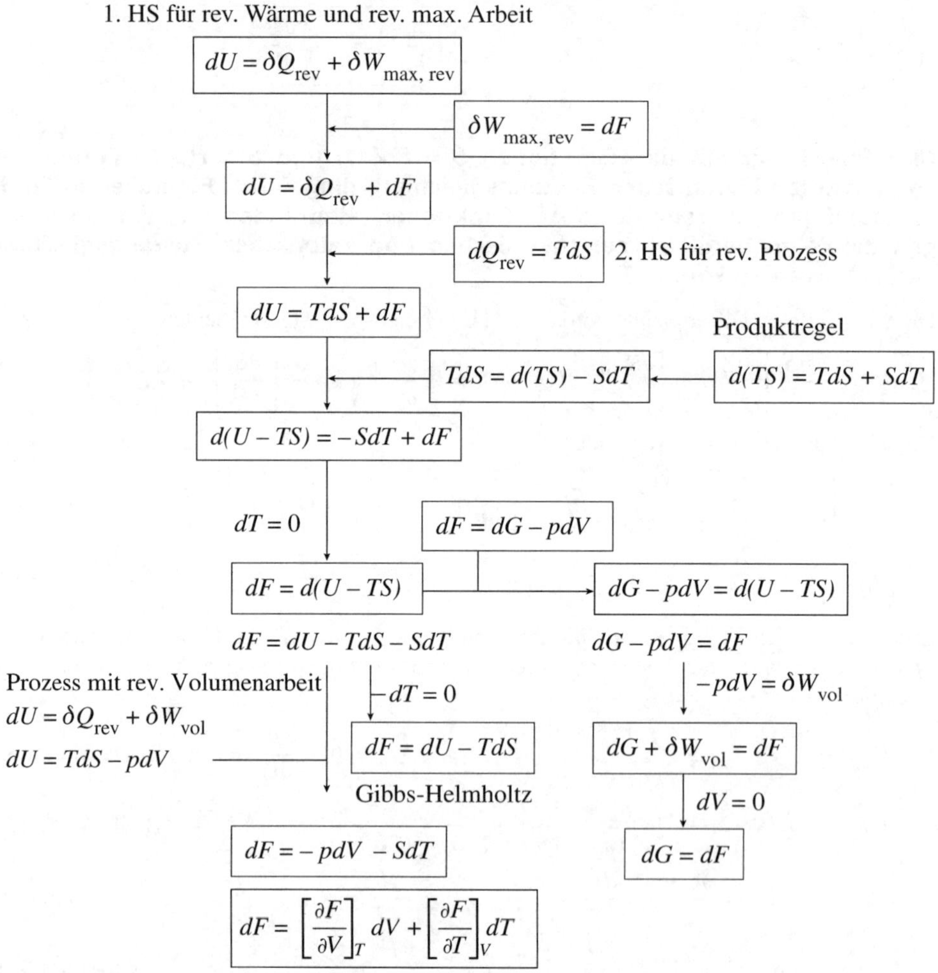

83 **Wie gelangt man mit dem ersten und zweiten Hauptsatz der Thermodynamik zum vollständigen Differenzial der freien Enthalpie *G*?**

1. HS für rev. Wärme und rev. max. Arbeit

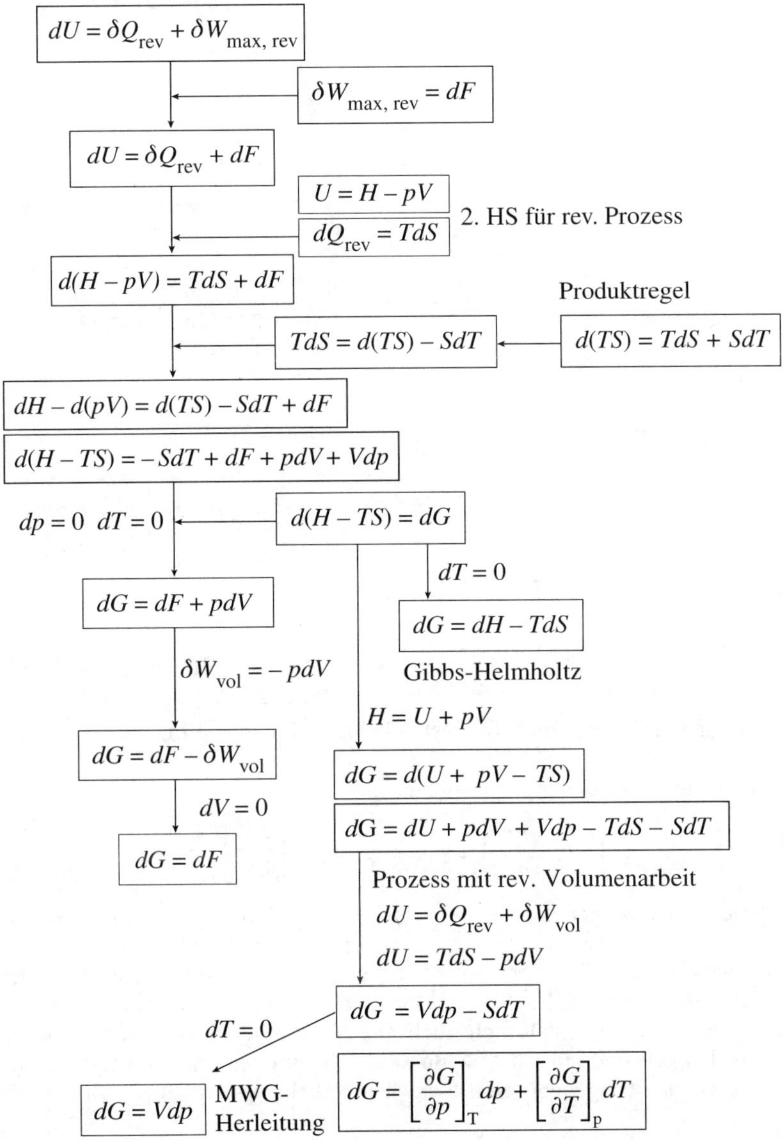

84 Wie berechnen sich die freie Enthalpie *G* bei Änderung der Temperatur *T* bzw. des Druckes *p* und die freie Energie *F* bei Änderung der Temperatur *T* bzw. des Volumens *V*?

Freie Enthalpie *G*:

für $dT = 0$: $$\frac{p_2}{p_1} = \frac{V_1}{V_2}$$

$$dG = Vdp = \frac{nRT}{p} \cdot dp \xrightarrow{\text{best. Integration}} \boxed{\Delta G = nRT \ln \frac{p_2}{p_1} = nRT \ln \frac{V_1}{V_2}}$$

für $dp = 0$: $$dG = -SdT = -\frac{Q_p}{T} \cdot dT$$

$$\xrightarrow{\text{best. Integration}} \boxed{\Delta G = -Q_p \cdot \ln \frac{T_2}{T_1} = -\Delta H \cdot \ln \frac{T_2}{T_1}}$$

Freie Energie *F*:

für $dT = 0$: $$dF = -pdV = -\frac{nRT}{V} \cdot dV$$

$$\xrightarrow{\text{best. Integration}} \boxed{\Delta F = nRT \ln \frac{V_1}{V_2} = nRT \ln \frac{p_2}{p_1}}$$

für $dV = 0$: $$dF = -SdT = -\frac{Q_V}{T} \cdot dT$$

$$\xrightarrow{\text{best. Integration}} \boxed{\Delta F = -Q_V \cdot \ln \frac{T_2}{T_1} = -\Delta U \cdot \ln \frac{T_2}{T_1}}$$

(Q_p, Q_V, ΔH und ΔU sollen im betrachteten T-Bereich const. sein)

Hinweise: Der Gültigkeitsbereich der Gleichungen

$$\left[\frac{\partial G}{\partial p}\right]_T = V; \quad \left[\frac{\partial G}{\partial T}\right]_p = \left[\frac{\partial F}{\partial T}\right]_V = -S \quad \textbf{und} \quad \left[\frac{\partial F}{\partial V}\right]_T = -p$$

wird durch die Festsetzungen $dT = 0$, $dp = 0$ und $dV = 0$ nicht eingeengt. Es sei darauf hingewiesen, dass bei ihrer Ableitung nicht nur die über die Expansionsarbeit gemachte Voraussetzung zu beachten ist. Man muss außerdem annehmen, dass Menge und chemische Zusammensetzung des Systems unverändert bleiben. Derartige Veränderungen würden als extensive Größen natürlich auch U, H, F und G verändern. Das heißt, die genannten Gleichungen sind nur auf **geschlossene Systeme** anwendbar, bei denen weder ein Stoffaustausch mit der Umgebung eintritt noch innerhalb des Systems sich die Molzahlen ändern.

85 Erstellen Sie eine Graphik zur Temperaturabhängigkeit der thermodynamischen Potenziale U, H, F und G? Wie gelangt man damit zu den verschiedenen Formen der thermodynamischen Zustandsgleichung nach Gibbs-Helmholtz?

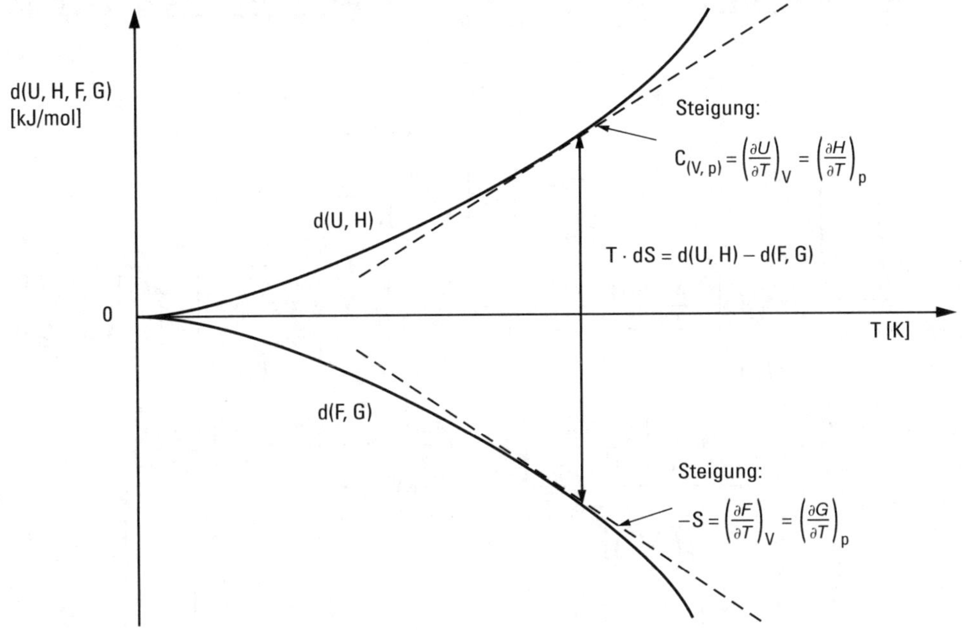

- Bei $T = 0$ geht die Steigung beider Kurven gegen null. Am absoluten Nullpunkt ist daher $C_{(V,p)} = 0$ und $S = 0$.
- S. Nr. 86: Es lassen sich 6 Formen der thermodynamischen Zustandsgleichung herleiten: (3.22), (3.22a), (3.23), (3.23a), 3.24) und (3.24a)

86 Wie lässt sich das Beziehungsgefüge der Gibbs-Helmholtz-Gleichungen für Berechnungen zur Verlaufsrichtung von Reaktionen darstellen?

$$\Delta H = \Delta G + T\Delta S \qquad \Delta U = \Delta F + T\Delta S \tag{3.22}$$

$$\Delta S = S_2 - S_1 \tag{3.22a}$$

$$S = \left(\frac{\partial G}{\partial T}\right)_p = \left(\frac{\partial F}{\partial T}\right)_V$$

$$\Delta S = -\left[\frac{\partial(\Delta G)}{\partial T}\right]_p = -\left[\frac{\partial(\Delta F)}{\partial T}\right]_V$$

$$\Delta H = \Delta G - T\left[\frac{\partial(\Delta G)}{\partial T}\right]_p \tag{3.23}$$

$$\Delta U = \Delta F - T\left[\frac{\partial \Delta F}{\partial T}\right]_V \tag{3.23a}$$

$:(-T^2)$ $\qquad$ $:(-T^2)$

$$-\frac{\Delta H}{T^2} = -\frac{\Delta G}{T^2} + \frac{1}{T}\left[\frac{\partial(\Delta G)}{\partial T}\right]_p \qquad -\frac{\Delta U}{T^2} = -\frac{\Delta F}{T^2} + \frac{1}{T}\left[\frac{\partial(\Delta F)}{\partial T}\right]_V$$

$$-\frac{\Delta G}{T^2} + \frac{1}{T}\left[\frac{\partial(\Delta G)}{\partial T}\right]_p = \left[\frac{\partial\left(\frac{\Delta G}{T}\right)}{\partial T}\right]_p \qquad -\frac{\Delta F}{T^2} + \frac{1}{T}\left[\frac{\partial(\Delta F)}{\partial T}\right]_V = \left[\frac{\partial\left(\frac{\Delta F}{T}\right)}{\partial T}\right]_V$$

Produktregel $\qquad$ Produktregel

$$-\frac{\Delta H}{T^2} = \left[\frac{\partial\left(\frac{\Delta G}{T}\right)}{\partial T}\right]_p \tag{3.24}$$

$$-\frac{\Delta U}{T^2} = \left[\frac{\partial\left(\frac{\Delta F}{T}\right)}{\partial T}\right]_V \tag{3.24a}$$

Integration und $\cdot T_2$ $\qquad$ Integration und $\cdot T_2$

$$\Delta G_{T_2} = T_2\left[\frac{\Delta G_{T_1}}{T_1} + \Delta H \cdot \left(\frac{1}{T_2} - \frac{1}{T_1}\right)\right] \qquad \Delta F_{T_2} = T_2\left[\frac{\Delta F_{T_1}}{T_1} + \Delta U \cdot \left(\frac{1}{T_2} - \frac{1}{T_1}\right)\right]$$

ΔH und ΔU = const. im betrachteten T-bereich

87 Begründen Sie, dass freiwillig ablaufende Prozesse bei gegebenem Druck und gegebener Temperatur stets irreversibel und durch die Aussage $dG_{T,p} \leq 0$ charakterisiert sind.

Wie sich mit nachstehendem Schema zeigen lässt, ist für isotherme und isobare **reversible** Prozesse die Änderung der freien Enthalpie dG des Systems, das sich in jedem Augenblick im thermodynamischen Gleichgewicht befindet, gleich Null, während für **irreversible** Prozesse die Änderung der freien Enthalpie dG kleiner als Null, also negativ ist.

$$dU = \delta Q + \delta W_{\text{Vol}} \xrightarrow{\delta Q = TdS - \delta I} dU = TdS - \delta I - pdV$$

$$dT = 0 \;\Big\downarrow\; dp = 0$$

$$dG = 0 \xleftarrow{\delta I = 0 \text{ (im Gl.)}} d(U - TS + pV) = -\delta I = dG$$

Da spontan, d. h. freiwillig ablaufende Prozesse stets irreversibel sind, wird durch

$$\boldsymbol{dG_{T,p} \leq 0}$$

ausgesagt, dass nur solche Prozesse freiwillig ablaufen können, bei denen die Änderung der freien Enthalpie negativ ist. Ist der Prozess eine chemische Reaktion, bedeutet das, dass Reaktionen im thermodynamischen Sinne spontan nur ablaufen werden, wenn die Summe der freien Enthalpie der Reaktionsprodukte kleiner ist als die Summe der freien Enthalpie der Ausgangsstoffe, da nur dann dG negativ wird.

Ein System, dass in einem irreversiblen Prozess, z. B. einer freiwillig ablaufenden Reaktion, seinen Zustand ändert, ist bestrebt, seine freie Enthalpie zu vermindern. Nach dem Ablauf der Reaktion ist wieder ein thermodynamisches Gleichgewicht erreicht, die Reaktionsprodukte besitzen aber eine kleinere freie Enthalpie als die Ausgangsstoffe, oder mit anderen Worten:

> Bei einem im Gleichgewicht befindlichen System, bei gegebenem Druck und gegebener Temperatur, muss die freie Enthalpie *G* ein Minimum sein.

88 Die Vorstellung, dass ein im Gleichgewicht befindliches System maximale, reversible Arbeit $W_{\text{max,rev}}$ verrichten kann, ist ungewohnt, denn das System verändert sich in diesem Zustand makroskopisch nicht. Wie kann man die Größe $W_{\text{max,rev}}$ ermitteln?

Für chemische Reaktionen lässt sich diese abstrakte Größe sehr präzise und anschaulich ermitteln, wenn man die betrachtete Reaktion in einer galvanischen Zelle (hier ist $\Delta V = 0$) ablaufen lässt. In dieser kann ein Strom nur fließen, wenn eine Potenzialdifferenz ΔE vorhanden ist. Wird $\Delta E = 0$, fließt kein Strom, das System ist im Gleichgewicht. Man kann durch Anlegen einer gleichgroßen Gegenspannung von ΔE das System ins Gleichgewicht bringen, und aus der ermittelten Gegenspannung die maximale, reversible Arbeit berechnen:

$$W_{\text{max rev}}(\Delta F) = W_{\text{rev Vol}} + \Delta G$$
$$W_{\text{max rev}}(\Delta F) = -p\Delta V - zF\Delta E$$

(z: elektrochemische Wertigkeit; F: Faraday-Konstante)

3.6 Reaktionsisotherme, -isobare und -isochore

89 Machen Sie in einer schematischen Übersicht, bezogen auf ein homogenes Gleichgewicht der Reaktanden *A, B, C* und *D*, die reaktionskinetische Herleitung des Massenwirkungsgesetzes (MWG) nach Guldberg und Waage (1867)

deutlich. Welche Einwände bestehen im Vergleich zur thermodynamischen Herleitung (s. Kap. 3.6, Frage 93 und Kap. 3.9, Frage 114)?

Bezogen auf nachfolgende Reaktionsgleichung besitzen Hin- und Rückreaktion unterschiedliche Geschwindigkeiten $\boldsymbol{V_i}$ die sich jeweils mit einem eigenen Geschwindigkeitsgesetz angeben lassen.

$$aA + bB \underset{V_2}{\overset{V_1}{\rightleftharpoons}} cC + dD$$

Im Gleichgewicht gilt für die Teilreaktionsgeschwindigkeiten: $\left|\vec{V_1}\right| = \left|\vec{V_2}\right|$

Änderung der Molzahlen: $\Delta n = (c + d) - (a + b)$

$$k_1 \cdot c_A^a \cdot c_B^b = k_2 \cdot c_C^c \cdot c_D^d$$

Gleichgewichtskonstante der Teilkonzentrationen c_i

$$K_c = \frac{k_1}{k_2} = \frac{c_C^c \cdot c_D^d}{c_A^a \cdot c_B^b} \quad \left(\frac{\text{mol}}{\text{dm}^3}\right)^{\Delta n}$$

$a_i = c_i \cdot \gamma_i$ a_i Aktivität, γ_i Aktivitätskoeffizient

Gleichgewichtskonstante der Teilaktivitäten

$$K_a = \frac{a_C^c \cdot a_D^d}{a_A^a \cdot a_B^b} \quad \left(\frac{\text{mol}}{\text{dm}^3}\right)^{\Delta n}$$

Gasgesetz

$$pV = nRT$$

$$c = \frac{n}{V}$$

$$p = c \cdot RT$$

$$K_c = \frac{p_C^c \cdot p_D^d}{p_A^a \cdot p_B^b} \cdot \left(\frac{1}{RT}\right)^{\Delta n}$$

$$K_p = \frac{p_C^c \cdot p_D^d}{p_A^a \cdot p_B^b} \quad (\text{Pa})^{\Delta n}$$

Gleichgewichtskonstante der Partialdrücke p_i

$$\frac{p_i}{p_{\text{ges.}}} = \frac{n_i}{n_{\text{ges.}}} = \chi_i$$

$$p_i = \chi_i \cdot p_{\text{ges.}}$$

$$K_c = \frac{\chi_C^c \cdot \chi_D^d}{\chi_A^a \cdot \chi_B^b} \cdot \left(\frac{p}{RT}\right)^{\Delta n}$$

$$K_\chi = \frac{\chi_C^c \cdot \chi_D^d}{\chi_A^a \cdot \chi_B^b} \quad (1)^{\Delta n}$$

Gleichgewichtskonstante der Molenbrüche χ_i

$$RT = p \cdot \frac{V}{n} = p \cdot V_m$$

$$K_c = K_\chi \cdot \left(\frac{1}{V_m}\right)^{\Delta n}$$

$V_m = 22{,}414\ \text{mol/dm}^3$ (0° C, 101325 Pa)

Die Bedeutung dieser kinetischen MWG-Herleitung liegt darin, dass sie bei der Verfestigung des Bildes von den dynamischen Vorgängen im chemischen Gleichgewicht geholfen hat. Gleichgewichtskonstanten sind nicht nur mit Konzentrationen definierbar, sondern auch durch kinetische Konstanten, womit ein wichtiger Aspekt des praktischen Ablaufs chemischer Gleichgewichtsreaktionen deutlich wird. Diese Herleitung begegnet uns auch in der Biochemie bei der Bestimmung der **Michaelis-Menten-Konstanten von Enzymen *K*m** wieder (s. Kap. 4.14, Aufgabe 266). Im strengen Sinne ist jedoch die kinetische Herleitung nicht exakt, da sie voraussetzt:

- die Reaktion verlaufe entsprechend der Reaktionsgleichung in einem Reaktionsschritt,
- der Reaktionsverlauf sei für Hin- und Rückreaktion der gleiche.

Die thermodynamische MWG-Herleitung mit dem isothermen Druckkoeffizienten der freien Enthalpie $(\partial G/\partial p)_T = V$ und dem chemischen Potenzial μ enthält solche Unsicherheiten nicht.

90 Wie kann die gegenseitige Umrechnung der Gleichgewichtskonstanten *K*c, *K*p und *K*χ erfolgen?

Tab. 3.9 Umrechnungen der Gleichgewichtskonstanten *K*c, *K*p und *K*χ. V_m muss auf die jeweiligen *p*, *T*-Bedingungen umgerechnet werden.

$K_p = K_c \cdot (RT)^{\Delta n}$	$K_p = K_\chi \cdot p^{\Delta n}$	$[Pa]^{\Delta n}$
$K_c = K_p \cdot \left(\frac{1}{RT}\right)^{\Delta n}$	$K_c = K_\chi \cdot \left(\frac{p}{RT}\right)^{\Delta n} = K_\chi \cdot \left(\frac{1}{V_m}\right)^{\Delta n}$	$\left[\frac{mol}{dm^3}\right]^{\Delta n}$
$K_\chi = K_p \cdot \left(\frac{1}{p}\right)^{\Delta n}$	$K_\chi = K_c \cdot \left(\frac{RT}{p}\right)^{\Delta n} = K_c \cdot (V_m)^{\Delta n}$	$[1]^{\Delta n}$

91 Wie lässt sich bei chemischen Reaktionen das Beziehungsgefüge $K_\chi - \chi$ für beliebiges Δn berechenbar gestalten? Wann ist eine Reaktion thermodynamisch exergon? Welche Grenzen hat diese Betrachtungsweise?

$$\begin{array}{lllllll} & aA_{(g)} & + & bB_{(g)} & \rightleftharpoons & cC_{(g)} & + & dD_{(g)} \\ \text{Gl.:} & a(1-x) & & b(1-x) & & cx & & dx \\ & A' & & B' & & C' & & D' \quad n_g = (m + x \cdot \Delta n) \end{array}$$

$$n = c + d \quad m = a + b \quad \Delta n = n - m$$

$$\boxed{K_\chi = \frac{c^c \cdot d^d \cdot x^n}{a^a \cdot b^b \cdot (1-x)^m \cdot (m + x\Delta n)^{\Delta n}}} \quad \Delta n \neq 0$$

$$\boxed{K_\chi = \frac{c^c \cdot d^d}{a^a \cdot b^b} \cdot \left[\frac{x}{1-x}\right]^n} \quad \Delta n = 0$$

Mol.-% der Reaktanden im Gleichgewicht:

$$n_i = \frac{i \cdot 100\,\%}{m + x \cdot \Delta n} \quad (i = \mathrm{A}', \mathrm{B}', \mathrm{C}', \mathrm{D}')$$

Die Freiwilligkeit der chemischen Reaktion liegt vor, wenn ΔG negativ ist:

$\Delta E^0 > 0$ bzw. $\Delta pK_s < 0$

$\rightarrow K_\chi > 1 \rightarrow \Delta G < 0$ exergonische Reaktion

$\Delta E > 0$ bzw. $\Delta pH < 0$

Die Thermodynamik macht keine Aussage, wie schnell und nach welchem Mechanismus die Reaktion abläuft.

92 Welcher Zusammenhang besteht zwischen Dissoziationsgrad und dem Reaktionsgrad β?

- **Dissoziationsgrad** (Zerfallsgrad): $\alpha = \frac{\text{x mol}_{\text{(zerfallen)}}}{\text{1 mol}}$
- **Der Reaktionsgrad** (Bildungsgrad) wird analog dem Dissoziationsgrad definiert und bezeichnet den Bruchteil der umgesetzten Mole
- $\boxed{\alpha + \beta = 1}$ (α und β sind somit immer < 1)

Beispiel: Thermische Dissoziation von Schwefeltrioxid

(I) $2\,SO_3$	$\rightleftharpoons$	$2\,SO_2$	$+\ O_2$	$\alpha = 0{,}927;\ K_\chi(SO_3 - \text{Zerfall}) = ?$
Gl.: $2(1-\alpha)$ mol		2α mol	α mol	$\sum \alpha_i = (2 + \alpha)$ mol

$$K_\chi\,(SO_3\text{-}\mathit{Zerfall}) = \frac{\frac{\alpha}{2+\alpha} \cdot \left(\frac{2\alpha}{2+\alpha}\right)^2}{\left(\frac{2\cdot(1-\alpha)}{2+\alpha}\right)^2} = \frac{4\alpha^3}{(2+\alpha)\cdot(2-2\alpha)^2} = 51{,}0357\,.$$

Soll aus Gleichung (I) K_χ (SO_3-*Bildung*) berechnet werden, muss man in ihrem reziprokem Wert für $\alpha = 1 - \beta$ ($\beta = 0{,}073$) setzen:

$$K_\chi\,(SO_3\text{-}\mathit{Bildung}) = \frac{\left[(2 + (1-\beta))\right] \cdot \left[(2 - 2(1-\beta))\right]^2}{4(1-\beta)^3} = 0{,}019594\,.$$

Eine weitere Gesetzmäßigkeit ist erkennbar:

$$\boxed{K_\chi\,(SO_3\text{-}\mathit{Zerfall}) \cdot K_\chi\,(SO_3\text{-}\mathit{Bildung}) = 1}$$

$$51{,}0357 \cdot 0{,}019594 = 1$$

93 Wie kann man mit dem isothermen Druckkoeffizienten der freien Enthalpie das Massenwirkungsgesetz (MWG) thermodynamisch herleiten (vergl. Kap. 3.6, Frage 89; Kap. 3.9, Frage 114).

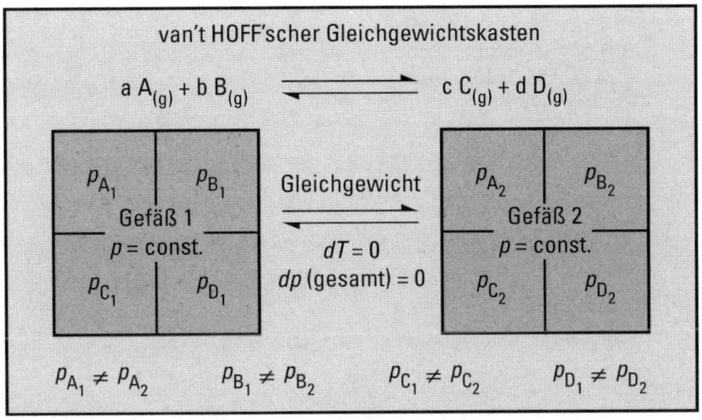

Abb. 3.18 Van't Hoff'scher Gleichgewichtskasten.

Die vier gasigen Reaktanden A, B, C, D (Abb. 3.18) verhalten sich wie ideale Gase und stehen in zwei großen, voneinander getrennten Gefäßen im isothermen Gleichgewicht. Ihre gegenseitige Überführung bewirkt in den Gefäßen 1 und 2 keine Änderung des Druckes. Die Partialdrücke p_i in den Gefäßen sind verschieden. Im Gleichgewicht ist

$$\Delta G_{\text{ges.}} = \sum \Delta G_i = 0 \quad \text{für} \quad i = \text{A,B,C,D}; \quad \Delta n = c + d - (a + b) = 0\,.$$

Es ist die Änderung der freien Enthalpie ΔG zu berechnen, die mit der Überführung von a Molen A und b Molen B aus dem Gefäß 1 in das Gefäß 2 und von c Molen C und d Molen D aus dem Gefäß 2 in das Gefäß 1 verbunden ist. Für die Überführung der Reaktanden in das jeweils andere Gefäß gilt:

$$pV = nRT$$

$$\left[\frac{\partial G_i}{\partial p}\right]_T = V \rightarrow \int_{G_1}^{G_2} dG_i = \int_{p_1}^{p_2} V dp \rightarrow \int_{G_1}^{G_2} dG_i = nRT \int_{p_1}^{p_2} \frac{dp}{p} \rightarrow \Delta G_i = nRT \ln \frac{p_2}{p_1}$$

Die Gesamtänderung von G beträgt demnach:

$$\Delta G_{\text{ges.}} = aRT \ln \frac{p_{\text{A}_2}}{p_{\text{A}_1}} + bRT \ln \frac{p_{\text{B}_2}}{p_{\text{B}_1}} + cRT \ln \frac{p_{\text{C}_1}}{p_{\text{C}_2}} + dRT \ln \frac{p_{\text{D}_1}}{p_{\text{D}_2}}$$

$$\Delta G_{\text{ges.}} = RT \ln \frac{p_{\text{A}_2}^a \cdot p_{\text{B}_2}^b \cdot p_{\text{C}_1}^c \cdot p_{\text{D}_1}^d}{p_{\text{A}_1}^a \cdot p_{\text{B}_1}^b \cdot p_{\text{C}_2}^c \cdot p_{\text{D}_2}^d}$$

$$\Delta G_{\text{ges.}} = RT \ln \frac{p_{\text{C}_1}^c \cdot p_{\text{D}_1}^d}{p_{\text{A}_1}^a \cdot p_{\text{B}_1}^b} - RT \ln \frac{p_{\text{C}_2}^c \cdot p_{\text{D}_2}^d}{p_{\text{A}_2}^a \cdot p_{\text{B}_2}^b}$$

Da sich das System während aller Vorgänge stets im Gleichgewicht befindet (die Änderungen verlaufen reversibel), ist

$$\Delta G_{\text{ges.}} = 0$$

Man erhält

$$-RT \ln K_{p_1} = -RT \ln K_{p_2}$$

$$\boxed{\Delta G^0 = -RT \ln K_p}$$

$$(K_p = K_c = K_\chi = K) \quad \Delta n = 0 \longrightarrow$$

$$\boxed{V \cdot \Delta p = \Delta G^0 = -RT \ln K \;\Leftrightarrow\; \left(\frac{\Delta \ln K}{\Delta p}\right)_T = -\frac{V}{RT}} \qquad \boxed{e^{\frac{-\Delta G^0}{RT}} = K}$$

$$\Delta G^0 = -zF \cdot \Delta E^0 \quad \text{Redoxreaktion}$$
$$= 2{,}303 \cdot RT \cdot \Delta pK_S \quad \text{S/B-Reaktion (Säure/Basen-Reaktion)}$$

94 Wie kann mit dem isothermen Druckkoeffizienten der freien Enthalpie die Reaktionsisotherme thermodynamisch hergeleitet werden (s. Kap. 3.9; Frage 114)?

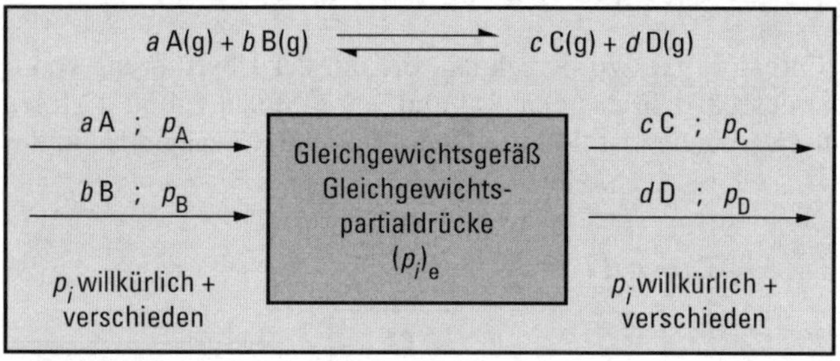

Abb. 3.19 Grafik zur Herleitung der Reaktionsisotherme aus den isothermen Druckkoeffizienten der freien Enthalpie.

Die gasigen Edukte A und B mit beliebig und willkürlich gewählten Partialdrücken p_i werden isotherm und reversibel in das Gleichgewichtsgefäß überführt, wo sie den Gleichgewichtspartialdruck $(p_i)_e$ annehmen. Die entstehenden Produkte C und D mit dem Gleichgewichtspartialdruck $(p_i)_e$ werden isotherm und reversibel aus dem Gleichgewichtsgefäß herausgeführt und auf willkürlich gewählte Partialdrücke p_i gebracht. $\Delta G_{\text{ges.}}$ ist zu berechnen.

$$\Delta G_{\text{ges.}} = \sum \Delta G_i \neq 0 \quad \text{für} \quad i = \text{A, B, C, D}; \quad \Delta n = c + d - (a + b) = 0$$

$$pV = nRT$$

$$\boxed{\left[\frac{\partial G_i}{\partial p}\right]_T = V} \longrightarrow \boxed{\int_{G_1}^{G_2} dG_i = \int_{p_1}^{p_2} V dp} \longrightarrow \boxed{\int_{G_1}^{G_2} dG_i = nRT \int_{p_1}^{p_2} \frac{dp}{p}} \longrightarrow \boxed{\Delta G_i = nRT \ln \frac{p_2}{p_1}}$$

$$\Delta G_{\text{ges.}} = aRT \ln \frac{(p_\text{A})_\text{e}}{p_\text{A}} + bRT \ln \frac{(p_\text{B})_\text{e}}{p_\text{B}} + cRT \ln \frac{p_\text{C}}{(p_\text{C})_\text{e}} + dRT \ln \frac{p_\text{D}}{(p_\text{D})_\text{e}} \neq 0$$

$$\Delta G_{\text{ges.}} = RT \ln \frac{(p_\text{A})_\text{e}^a}{p_\text{A}^a} + RT \ln \frac{(p_\text{B})_\text{e}^b}{p_\text{B}^b} + RT \ln \frac{p_\text{C}^c}{(p_\text{C})_\text{e}^c} + RT \ln \frac{p_\text{D}^d}{(p_\text{D})_\text{e}^d} \neq 0$$

$$\Delta G_{\text{ges.}} = RT \ln \frac{(p_\text{A})_\text{e}^a \cdot (p_\text{B})_\text{e}^b \cdot p_\text{C}^c \cdot p_\text{D}^d}{p_\text{A}^a \cdot p_\text{B}^b \cdot (p_\text{C})_\text{e}^c \cdot (p_\text{D})_\text{e}^d} \neq 0$$

$$\Delta G_{\text{ges.}} = -RT \ln \frac{(p_\text{C})_\text{e}^c \cdot (p_\text{D})_\text{e}^d}{(p_\text{A})_\text{e}^a \cdot (p_\text{B})_\text{e}^b} + RT \ln \frac{p_\text{C}^c \cdot p_\text{D}^d}{p_\text{A}^a \cdot p_\text{B}^b} \neq 0$$

$$\boxed{\Delta G = -RT \ln K_p + RT \ln \frac{p_\text{C}^c \cdot p_\text{D}^d}{p_\text{A}^a \cdot p_\text{B}^b}}$$

$$\boxed{\Delta G = \Delta G^0 + RT \ln \frac{p_\text{C}^c \cdot p_\text{D}^d}{p_\text{A}^a \cdot p_\text{B}^b}}$$

$\Delta G = -zF \cdot \Delta E$ Redoxreaktion

$= 2{,}303 \cdot RT \cdot \Delta\text{pH}$ S/B-Reaktion (Säure/Basen-Reaktion)

95 Wie lassen sich Redox- und Säure-Base-Reaktionen mit ΔG berechenbar in Beziehung bringen?

Redoxreaktion einer Halbzelle

$$E = E^0 + \frac{RT}{zF} \ln \frac{C_{OM}}{C_{RM}}$$

Säure/Basen-Reaktion einer Halbzelle

$$pH = pK_S + \lg \frac{C_{B^-}}{C_{HB}}$$

Redoxreaktion von 2 Halbzellen

$$\Delta E = \Delta E^0 - \frac{RT}{zF} \ln \frac{C_{Prod.}}{C_{Ed.}} \quad \text{(I) *}$$

Nernst

Säure-Base-Reaktion von 2 Halbzellen

$$\text{(II) *} \quad \Delta pH = \Delta pK_S + \lg \frac{C_{Prod.}}{C_{Ed.}}$$

Henderson-Hasselbalch

Gleichgewicht: $\Delta E = 0$

$$\Delta E^0 = \frac{RT}{zF} \ln K$$

$$K = e^{\frac{\Delta E^0 zF}{RT}}$$

Gleichgewicht: $\Delta pH = 0$

$$\Delta pK_S = -\lg K$$

$$K = 10^{-\Delta pK_S}$$

Thermodynamische Herleitung MWG (Gleichgewicht)

$$\Delta G^0 = -RT \ln K$$

$$\Delta G^0 = -zF\,\Delta E^0$$

$$\Delta G^0 = 2{,}303 \cdot RT \cdot \Delta pK_S$$

Ungleichgewicht: $\Delta E \neq 0$

$$\Delta G = -zF\,\Delta E \quad \text{(I)}$$

Ungleichgewicht: $\Delta pH \neq 0$

$$\Delta G = 2{,}303 \cdot RT \cdot \Delta pH \quad \text{(II)}$$

$$\Delta G = \Delta G^0 + RT \ln \frac{C_{Prod.}}{C_{Ed.}} \quad *$$

$$* \; \frac{C_{Prod.}}{C_{Ed.}} = \frac{\text{Produkt der Konz. der Produkte}}{\text{Produkt der Konz. der Edukte}}$$

Die Gleichung $\Delta G^0 = 2{,}303 \cdot RT \cdot \Delta pK$ ist auch bei der Ermittlung der Verlaufsrichtung von Fällungsreaktionen/Fällungsreihen (z. B. Löslichkeitsgleichgewichte, Komplexchemie) von Bedeutung.

96 Welche der folgenden Aussagen ist richtig?

96.1 Die Gleichgewichtskonstante einer Reaktion hat bei 25°C den Wert $4{,}6 \cdot 10^{-3}$, bei 100°C den Wert $2{,}13 \cdot 10^{-1}$. Die Reaktion ist A) exotherm, B) exotherm nur bei steigendem Druck, C) endotherm, D) endotherm nur bei zunehmendem Volumen und E) thermodynamisch gesteuert.

96.2 Die Größe der Aktivierungsenergie E_A einer Reaktion hängt zusammen mit A) der Geschwindigkeit (*k:* Geschwindigkeitskonstante) der Reaktion, B) der Spontanität der Reaktion, C) dem ΔG der Reaktion und D) der Gleichgewichtskonstanten *K* der Reaktion.

96.1 Richtig ist Aussage C. Eine T-Erhöhung begünstigt die endotherme Reaktion, $K \uparrow$.

96.2 Richtig ist Aussage A $\left(\left[\frac{d \ln k}{dT}\right]_p = \frac{E_A}{RT^2}\right)$.

97 Erstellen Sie einen möglichen Verfahrensweg, wie man mit Anwendung der Gleichungen von Gibbs-Helmholtz und Nernst zum Ionenprodukt des Wassers Kw kommt?

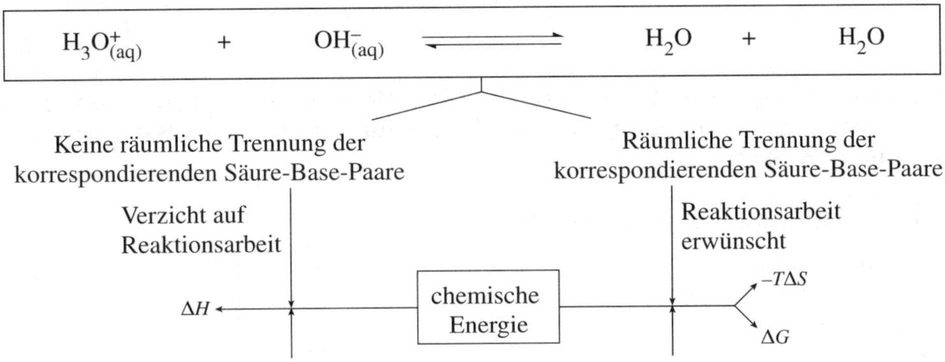

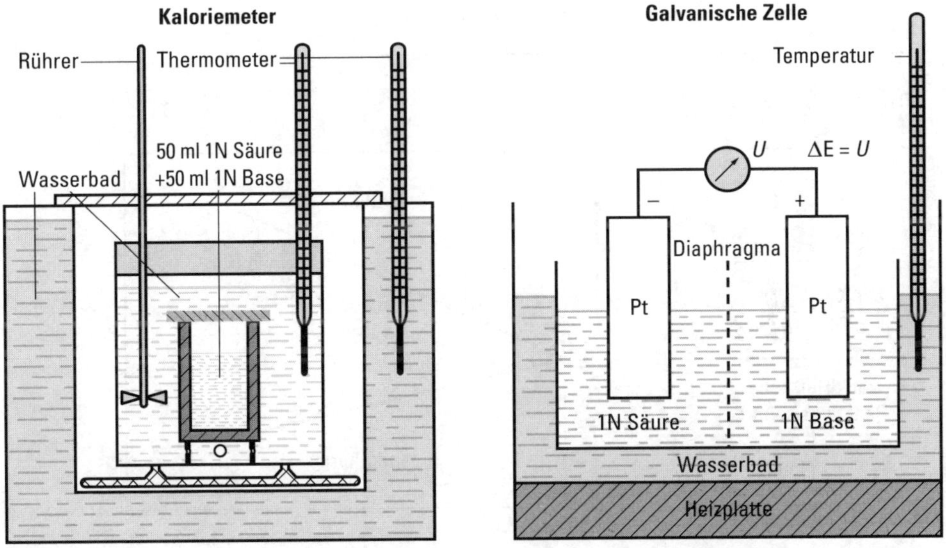

Abb. 3.20 Versuchsanordnung zur Bestimmung des Ionenproduktes von Wasser.

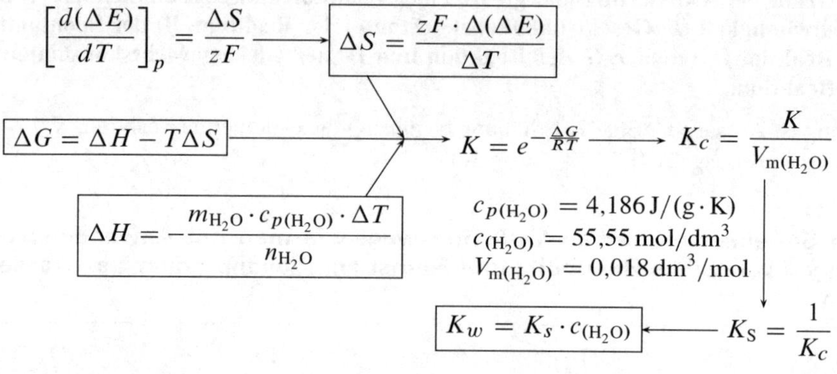

98 Erstellen Sie mögliche Übersichten für die Herleitung der van't Hoff'schen Reaktionsisobaren, die bei $dp = 0$ als Temperaturfunktion der Gleichgewichtskonstanten K_p gilt?

a) Thermodynamische Herleitung (Abb. 3.21)

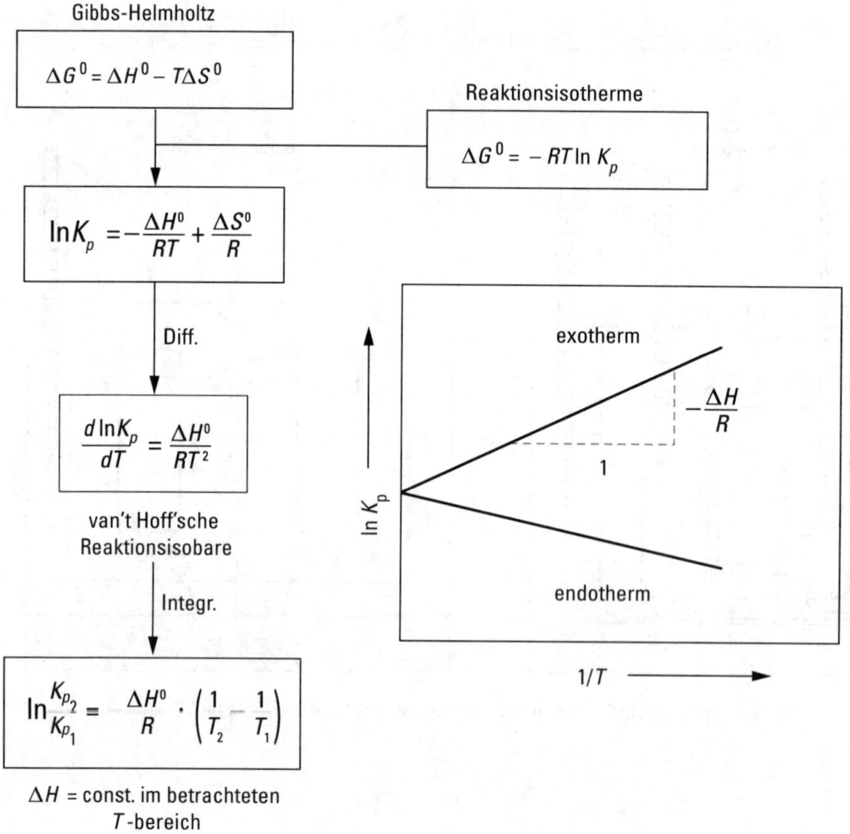

Abb. 3.21 Thermodynamische Herleitung der van't Hoff'schen Reaktionsisobaren.

Man kann die thermodynamische Herleitung der **van't Hoff'schen Reaktionsisobaren** auch so vornehmen, dass zunächst als Ausgangspunkt $\Delta G^0 = -RT \ln K_p$ bei konstantem Druck nach T differenziert wird und dann die folgende Form der Gibbs-Helmholtz-Gleichung

$$\Delta H^0 = \Delta G^0 - T\left[\frac{d\left(\Delta G^0\right)}{dT}\right]_p$$

in den Rechengang einbezogen wird:

$$\left[\frac{d(\Delta G^0)}{dT}\right]_p = -R \cdot \left[\frac{d(T \cdot \ln K_p)}{dT}\right]_p$$

↓ Produktregel

$$\left[\frac{d(\Delta G^0)}{dT}\right]_p = -R \cdot \left[\ln K_p \cdot \left(\frac{dT}{dT}\right) + T \cdot \left(\frac{d \ln K_p}{dT}\right)_p\right]$$

↓ $\cdot T$

$$T\left[\frac{d(\Delta G^0)}{dT}\right]_p = -RT \ln K_p - RT^2 \left(\frac{d \ln K_p}{dT}\right)_p$$

$$T\left[\frac{d(\Delta G^0)}{dT}\right]_p = \Delta G^0 - RT^2 \left(\frac{d \ln K_p}{dT}\right)_p$$

↓ $\Delta H^0 = \Delta G^0 - T\left[\frac{d\left(\Delta G^0\right)}{dT}\right]_p$ Gibbs-Helmholtz-Gleichung

$$\Delta G^0 - \Delta H^0 = \Delta G^0 - RT^2 \left(\frac{d \ln K_p}{dT}\right)_p$$

↓

$$\boxed{\frac{d \ln K_p}{dT} = \frac{\Delta H^0}{RT^2}}$$

b) Reaktionskinetische Herleitung (Abb. 3.22)

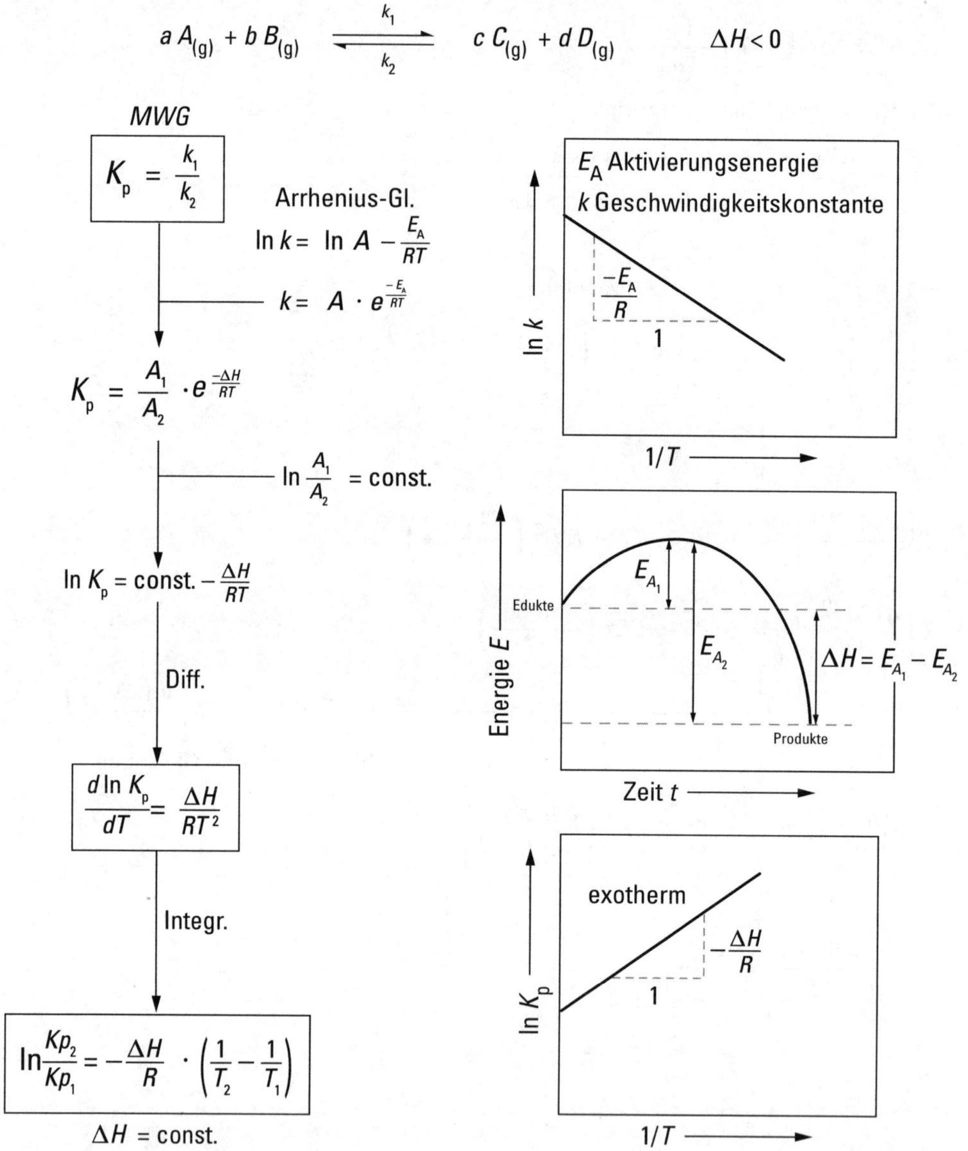

Abb. 3.22 Reaktionskinetische Herleitung der van't Hoff'schen Reaktionsisobaren.

99 Wie gelangt man von der van't Hoff'schen Reaktionsisobaren $K_p = f(T)$ zur van't Hoff'schen Reaktionsisochoren, die bei $dV = 0$ als Temperaturfunktion der Gleichgewichtskonstanten $K_c = f(T)$ gilt?

$$\boxed{\frac{\Delta H^0}{RT^2} = \frac{d\ln K_p}{dT}}$$

$$\boxed{K_p = K_c \cdot (RT)^{\Delta n}}$$

$$\ln K_p = \ln K_c + \Delta n \ln R + \Delta n \ln T$$

Diff. nach T

$$\frac{d\ln K_p}{dT} = \frac{d\ln K_c}{dT} + \frac{\Delta n}{T}$$

$$\frac{\Delta H^0}{RT^2} = \frac{d\ln K_c}{dT} + \frac{\Delta n}{T}$$

$$\frac{d\ln K_c}{dT} = \frac{\Delta H^0}{RT^2} - \frac{\Delta n}{T}$$

$$\frac{d\ln K_c}{dT} = \frac{\Delta H^0 - \Delta nRT}{RT^2}$$

$$\Delta H^0 = \Delta U^0 + p\Delta V$$
$$\Delta H^0 = \Delta U^0 + \Delta nRT$$
$$\Delta U^0 = \Delta H^0 - \Delta nRT$$

$$\boxed{\frac{d\ln K_c}{dT} = \frac{\Delta U^0}{RT^2}}$$

3.7 Nernst'sche Gleichung

100 Welche Möglichkeiten bestehen für die thermodynamische Herleitung der Nernst-Gleichung?

Es können drei Herleitungen angeboten werden:

a) Anwendung der Beziehung zwischen elektrischer Arbeit und Reaktionsisotherme

Elektrische Arbeit

$$W_{\mathrm{el}} = \Delta G = -I \cdot t \cdot \Delta E$$

Faraday: $I \cdot t = z \cdot F$

Reaktionsisotherme

$$\Delta G = -RT \ln K_c + RT \ln \frac{c_{\mathrm{C}}^c \cdot c_{\mathrm{D}}^d}{c_{\mathrm{A}}^a \cdot c_{\mathrm{B}}^b}$$

$$-zF \cdot \Delta E = -RT \ln K_c + RT \ln \frac{c_{\mathrm{C}}^c \cdot c_{\mathrm{D}}^d}{c_{\mathrm{A}}^a \cdot c_{\mathrm{B}}^b}$$

$$\Delta E = \frac{RT}{zF} \ln K_c - \frac{RT}{zF} \ln \frac{c_{\mathrm{C}}^c \cdot c_{\mathrm{D}}^d}{c_{\mathrm{A}}^a \cdot c_{\mathrm{B}}^b}$$

$$\Delta E = \Delta E^0 - \frac{RT}{zF} \ln \frac{c_{\mathrm{C}}^c \cdot c_{\mathrm{D}}^d}{c_{\mathrm{A}}^a \cdot c_{\mathrm{B}}^b} \qquad \Delta E^0 = E^0_{\mathrm{Kat}} - E^0_{\mathrm{An}}$$

Nernst $$\Delta E = \Delta E^0 - \frac{0{,}05916\,\mathrm{V}}{z} \lg \frac{c_{\mathrm{C}}^c \cdot c_{\mathrm{D}}^d}{c_{\mathrm{A}}^a \cdot c_{\mathrm{B}}^b}$$ galv. Element (Redoxreaktion)

$T = 298{,}15\,\mathrm{K}$

$$E = E^0 + \frac{0{,}05916\,\mathrm{V}}{z} \lg \frac{c_{\mathrm{OM}}}{c_{\mathrm{RM}}}$$ Halbzelle (Redoxpaar)

b) Gleichsetzung von elektrischer und osmotischer Arbeit für die reversible und isotherme Überführung der Metallionen von der höheren auf die niedrigere Konzentration nach dem zweiten Hauptsatz.

Man betrachtet dazu zwei Lösungen, die Metallionen (Me^{n+}) in unterschiedlicher Konzentration enthalten ($c_1 > c_2$) und einen Konzentrationsausgleich anstreben. In der linken Anordnung (Abb. 3.23) lässt sich durch die angegebenen Reaktionen elektrische Arbeit gewinnen. In der rechten dringt das Lösungsmittel durch die semipermeable Wand (Osmose) und man gewinnt mechanische Arbeit (gespeichert als potenzielle Energie aufgrund des Niveauunterschieds der Flüssigkeit).

$$W_{\mathrm{el}} = -U \cdot I \cdot t = -\Delta E \cdot F \cdot z \tag{3.25}$$

$$W_{\mathrm{O}} = -\int_{V_1}^{V_2} \pi \, dV = -RT \ln \frac{V_2}{V_1} = -RT \ln \frac{c_1}{c_2}\,. \tag{3.26}$$

Die Gleichsetzung von (3.25) und (3.26) liefert die Nernst'sche Gleichung für

- die betrachtete galv. Konzentrationskette ($\Delta E^0 = 0$):

$$\boxed{\Delta E = \frac{RT}{zF} \ln \frac{c_1}{c_2}}$$

- ein galv. Element ($\Delta E^0 \neq 0$):

$$\boxed{\Delta E = \Delta E^0 - \frac{RT}{zF} \ln \frac{c_2}{c_1}}.$$

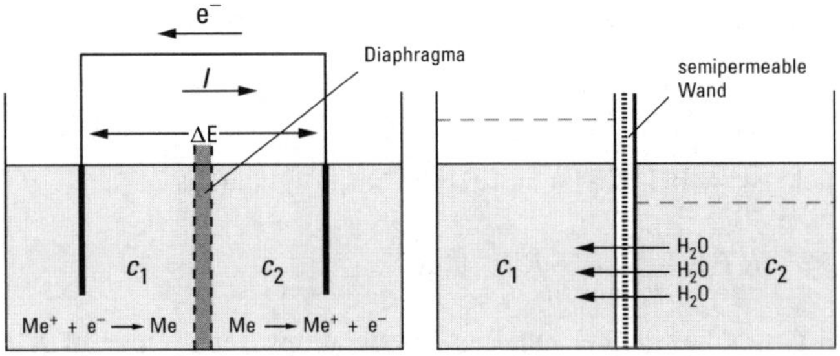

Abb. 3.23 Versuchsanordnung zur Herleitung der Nernst'schen-Gleichung.

c) **Chemisches Gleichgewicht erfordert die Gleichheit der chemischen Potenziale μ jedes Stoffs in den verschiedenen Phasen und innerhalb jeder einzelnen Phase (z. B. bei einer elektrochemischen Metallelektrode Me/Me^{n+}):**

$$\Delta\mu = \mu_{\text{Me}} - \mu_{\text{Lös}} + zF(\psi_1 - \psi_2) = 0\,.$$

Man setzt für die Differenz der elektrischen Potenziale ψ das Grenzflächenpotenzial $E = \psi_1 - \psi_2$ ein und erhält mit $\mu_{\text{Lös}} = \mu^0_{\text{Lös}} + RT \ln c_{\text{Me}^{n+}}$ und $\mu_{\text{Me}} = \mu^0_{\text{Me}} + RT \ln 1$ das Potenzial der elektrochemischen Metallelektrode (Halbzellenpotenzial) $E_{\text{Me}^{n+}}$:

$$\mu^0_{\text{Me}} - (\mu^0_{\text{Lös}} + RT \ln c_{\text{Me}^{n+}}) = -zFE_{\text{Me}^{n+}}$$

$$\frac{\mu^0_{\text{Lös}} - \mu^0_{\text{Me}}}{zF} + \frac{RT}{zF} \ln c_{\text{Me}^{n+}} = E_{\text{Me}^{n+}}$$

$$E^0_{\text{Me}^{n+}} + \frac{RT}{zF} \ln c_{\text{Me}^{n+}} = E_{\text{Me}^{n+}}\,.$$

3.8 Heterogene chemische Gleichgewichtsreaktionen

101 Welche Besonderheiten sind bei der Berechnung von heterogenen Gleichgewichten zu beachten?

Allgemein bezeichnet man chemische Gleichgewichte in einem System, welches nur eine einzige Phase umfasst, als homogene chemische Gleichgewichte. Die hierfür dargestellten Beziehungen gelten im Prinzip auch für heterogene chemische Gleichgewichte, bei welchen die Reaktanden in zwei oder mehr Phasen vorliegen.

Betrachten wir z. B. die Reaktion $CaCO_{3(s)} \rightleftharpoons CaO_{(s)} + CO_{2(g)}$, bei der die festen Reaktanden einen bestimmten, jedoch äußerst geringen Dampfdruck aufweisen, der aber nur von der

Temperatur, nicht von der Menge abhängt. Die molare freie Reaktionsenthalpie bei isothermer Durchführung der angeführten Reaktion unter einem beliebigen CO_2-Druck p_{CO_2} ist

$$\Delta_R G = -RT \ln \left(\frac{p_{CaO} \cdot p_{CO_2}}{p_{CaCO_3}} \right)_{GL} + RT \ln \frac{p_{CaO} \cdot p_{CO_2}}{p_{CaCO_3}} .$$

Der Index GL bedeutet Gleichgewichtszustand. Da aber die Dampfdrücke der festen Reaktanden während der Reaktion konstant bleiben, vereinfacht sich diese Gleichung zu

$$\Delta_R G = -RT \ln \frac{(p_{CO_2})_{GL}}{p_{CO_2}} .$$

Ist p_{CO_2} gleich dem Standarddruck $p_0 = 101\,325\,\text{Pa} = 1{,}01325\,\text{bar}$, folgt daraus

$$\Delta_R G = -RT \ln \frac{(p_{CO_2})_{GL}}{p^0} = -RT \ln \frac{K_p}{p^0} = -RT \cdot \ln K\chi .$$

Den Partialdruck des jeweiligen Gases bezeichnet man als Dissoziationsdruck. Obwohl K_p allein durch den Partialdruck des Kohlenstoffdioxids $(p_{CO_2})_{GL}$ gegeben ist, kennzeichnet K_p die Gleichgewichtslage des gesamten Systems, weil der jeweilige Gleichgewichtspartialdruck sich nur einstellt, wenn beide festen Phasen, also $CaCO_3$ und CaO, nebeneinander vorliegen. Mit der van't Hoff'schen Gleichung

$$\frac{d \ln (p_{CO_2})_{GL}}{dT} = \frac{\Delta H}{RT^2}$$

lässt sich die Dissoziationswärme ΔH aus den Dissoziationsdrücken bei zwei verschiedenen Temperaturen bestimmen. Die so erhaltenen Werte stehen in Übereinstimmung mit den thermochemisch bestimmten Werten.

102 Man berechne $\Delta_R G$ für die Reaktion $CaO_{(s)} + CO_{2(g)} \rightleftharpoons CaCO_{3(s)}$ bei 857 °C, wenn der Dissoziationsdruck des $CaCO_3$ bei dieser Temperatur 56033 Pa beträgt.

Da die Dampfdrücke der festen Reaktanden während der Reaktion konstant bleiben, vereinfacht sich die Gleichung

$$\Delta_R G = -RT \ln \left(\frac{p_{CaCO_3}}{p_{CaO} \cdot p_{CO_2}} \right)_{GL} + RT \ln \frac{p_{CaCO_3}}{p_{CaO} \cdot p_{CO_2}}$$

zu

$$\Delta_R G = -RT \ln \frac{p_{CO_2}}{(p_{CO_2})_{GL}}$$

und man erhält

$$\Delta_R G = -8{,}3143\,\text{J/(mol} \cdot \text{K)} \cdot 1130{,}15\,\text{K} \cdot \ln \frac{101\,325\,\text{Pa}}{56033\,\text{Pa}} = \underline{\underline{-5566{,}36\,\text{J/mol}}} .$$

103 Die Die Reaktion $2\,Ni_{(l)} + O_{2(g)} \rightleftharpoons 2\,NiO_{(s)}$ enthält bei 1627 °C ein Gemisch aus $Ni_{(l)}$ und $NiO_{(s)}$. Kann sie bei einem Gleichgewichtsdruck $(p_{O_2})_{Gl} < 150\,\text{Pa}$ überwiegend von links nach rechts ablaufen?

($\Delta_B G^{1627\,°C}_{NiO_{(S)}} = -72{,}1\,\text{kJ/mol}$, $p_{O_2} = p_0 = 1{,}01325\,\text{bar}$)

Im Gleichgewichtszustand sind die Dampfdrücke der festen und flüssigen Reaktanden während der Reaktion konstant. Es ergibt sich:

$$\Delta_R G^{1627\,°C} = -RT \ln \frac{p_{O_2}}{(p_{O_2})_{Gl}} = -RT \ln \frac{p_O}{Kp} = -RT \ln \frac{1}{K\chi} = -144{,}200\,\text{kJ/mol};$$

$$K\chi = 1{,}0864 \cdot 10^{-4}; \quad (p_{O_2})_{Gl} = p_O \cdot K\chi = \underline{\underline{11{,}01\,\text{Pa}}}.$$

Solange der Gleichgewichtsdruck $(p_{O_2})_{Gl} > 11{,}01\,\text{Pa}$ ist, kann die Reaktion freiwillig ablaufen. Es ist $11{,}01\,\text{Pa} < (p_{O_2})_{Gl} < 150\,\text{Pa}$.

104 Durch welchen Ausdruck ist für die Reaktion $NH_4HS_{(s)} \rightleftharpoons NH_{3(g)} + H_2S_{(g)}$ die Gleichgewichtskonstante K_p gegeben?

Der Gesamtdruck des Systems $P_{ges.}$ ist gleich der Summe der Partialdrücke p_i:

$$P_{ges.} = p_{NH_3} + p_{H_2S}$$

Da aus stöchiometrischen Gründen, wenn von reinem, festem NH_4HS ausgegangen wird,

$$p_{NH_3} = p_{H_2S}$$

ist, hat der Partialdruck jeder der beiden Komponenten den Wert $\frac{P_{ges.}}{2}$, dass gilt:

$$K_p = p_{NH_3} \cdot p_{H_2S} = \frac{P_{ges.}}{2} \cdot \frac{P_{ges.}}{2} = \frac{P^2_{ges.}}{4}.$$

Man kann auch wie folgt vorgehen:

$$\begin{aligned} K_p &= K_\chi \cdot P^{\Delta n}_{ges.} \\ &= \chi_{NH_3} \cdot \chi_{H_2S} \cdot P^{\Delta n}_{ges.} \\ &= \frac{1}{2} \cdot \frac{1}{2} \cdot P^2_{ges.} \\ K_p &= \frac{P^2_{ges.}}{4}. \end{aligned}$$

105 Die K-Werte des heterogenen Boudouard-Gleichgewichts $C_{(s)} + CO_{2(g)} \rightleftharpoons 2\,CO_{(s)}$ und des homogenen Konvertierungsgleichgewichts $CO_{(g)} + H_2O_{(g)} \rightleftharpoons CO_{2(g)} + H_{2(g)}$ sind so zu kombinieren, dass sich die Gleichgewichtskonstante für die technisch wichtige Reaktion der Bildung von Wassergas $C_{(s)} + H_2O_{(g)} \rightleftharpoons CO_{(g)} + H_{2(g)}$ ergibt.

$$C_{(s)} + CO_{2(g)} \rightleftharpoons 2\,CO_{(s)} \qquad K_{p_1} = \frac{p^2_{CO}}{p_{CO}}$$

$$CO_{(g)} + H_2O_{(g)} \rightleftharpoons CO_{2(g)} + H_{2(g)} \qquad K_{p_2} = \frac{p_{CO_2} \cdot p_{H_2}}{p_{CO} \cdot p_{H_2O}}$$

$$C_{(s)} + H_2O_{(g)} \rightleftharpoons CO_{(g)} + H_{2(g)} \qquad K_{p_3} = K_{p_1} \cdot K_{p_2} = \frac{p_{CO} \cdot p_{H_2}}{p_{H_2O}}$$

106 Durch Kombination der K-Werte der beiden heterogenen Systeme (1) und (2) ist ein Ausdruck für die Gleichgewichtskonstante der homogenen Konvertierungsreaktion (3) zu ermitteln.

$$\begin{aligned}
&(1)\ \mathbf{FeO_{(s)} + CO_{(g)} \rightleftharpoons Fe_{(s)} + CO_{2(g)}},\\
&(2)\ \mathbf{FeO_{(s)} + H_{2(g)} \rightleftharpoons Fe_{(s)} + H_2O_{(g)}},\\
&(3)\ \mathbf{CO_{(g)} + H_2O_{(g)} \rightleftharpoons CO_{2(g)} + H_{2(g)}}.
\end{aligned}$$

Lösung: (3) = (1) – (2)

$$K_{p3} = \frac{K_{p1}}{K_{p2}} = \frac{p_{CO_2} \cdot p_{H_2}}{p_{H_2O} \cdot p_{CO}}.$$

3.9 Partielle molare Größen und thermodynamisches Gleichgewicht, Phasenübergänge

107 Was sind partielle molare Größen?

Eine partielle molare Größe $\overline{Z}$ ist numerisch gleich der Änderung der betreffenden Eigenschaft bei Zusatz eines Mols der betreffenden Komponente zu einer so großen Menge des Systems, dass trotz des Zusatzes dieses Mols alle anderen Variablen konstant bleiben, d. h. dass sich bei konstantem Druck und konstanter Temperatur auch die Konzentrationen der Komponenten im System praktisch nicht ändern.

So ist das partielle molare Volumen der Komponente 1 $\overline{V}_1$ numerisch gleich derjenigen Volumenänderung einer Lösung, die beobachtet wird, wenn ein Mol der Komponente 1 zu einer unendlich großen Menge der Lösung hinzugefügt wird. Man erkennt, dass das partielle molare Volumen einer Substanz nicht ein Volumen, sondern der Differenzialquotient $\overline{V}_1 = \left(\frac{\partial v}{\partial n_1}\right)_{p,T,n_2,\ldots}$ ist. Dieser Differenzialquotient ist positiv oder negativ, je nachdem, ob bei dem Zufügen der Substanz eine Volumenvergrößerung oder eine Volumenkontraktion zu beobachten ist. So hat z. B. $MgSO_4$ in verdünnter wässriger Lösung ein partielles Molvolumen von $-1{,}4\,cm^3/mol$. Wenn man also ein Mol $MgSO_4$ zu einer großen Menge Wasser hinzufügt, nimmt das Volumen des Wassers um $1{,}4\,dm^3$ ab! Zwar hat das Magnesiumsulfat ein positives Volumen, die Änderung der ziemlich offenen Struktur von flüssigem Wasser führt zu dieser Kontraktion. Im Gegensatz zu den **molaren Größen** $\boldsymbol{Z_i}$ (V, H, S, G) im reinen Zustand, sind die **partiellen molaren Größen** $\overline{Z}_i\,(\overline{V}, \overline{H}, \overline{S}, \overline{G}(\mu))$ intensive Eigenschaften des Systems und konzentrationsabhängig.

108 Wann kann man in Mischphasen die molaren Größen Z_i (V, H, S, G) benutzen?

Dies ist in idealen Systemen der Fall, wenn gilt: $\boldsymbol{Z_i = f(T, p)}$. Die einzelnen Komponenten der Mischphase üben keinerlei Wechselwirkungskräfte aufeinander aus oder nur die gleichen Kräfte, wie die Komponenten der reinen Phase untereinander ausüben.

109 Wann muss man in Mischphasen die partiellen molaren Größen $\overline{Z}_i$ ($\overline{V}, \overline{H}, \overline{S}, \overline{G}(\mu)$) einsetzen?

Dies ist in realen Systemen der Fall, wenn gilt $\boldsymbol{z_i = f(T, p, n_1, n_2, \ldots)}$. Die Moleküle der einzelnen Komponenten der Mischphase üben Wechselwirkungskräfte aufeinander aus.

110 Leiten Sie für ein binäres System die Gibbs-Duhem'sche Gleichung aus dem vollständigen Differenzial dV der Funktion $V = f(T, p, n_1, n_2)$ her. Welche Bedeutung kommt ihr zu? Machen Sie deutlich, wie man zu mathematischen Ausdrücken gelangt, die eine Bestimmung der partiellen Molvolumina $\overline{V}_1$ und $\overline{V}_2$ sowie des mittleren Molvolumens der Mischung V_m ermöglichen?

Ausgangspunkt ist die Funktion

$$V = f(T, p, n_1, n_2)\,. \tag{3.27}$$

Bei konstantem Druck und konstanter Temperatur ergibt sich:

$$dV_{(T,p)} = \left(\frac{\partial V}{\partial n_1}\right)_{p,T,n_2} dn_1 + \left(\frac{\partial V}{\partial n_2}\right)_{p,T,n_1} dn_2$$

$$dV_{(T,p)} = \overline{V}_1 \cdot dn_1 + \overline{V}_2 \cdot dn_2\,. \tag{3.28}$$

Die Integration von (3.28) ergibt:

$$V_{(T,p)} = \overline{V}_1 \cdot n_1 + \overline{V}_2 \cdot n_2\,. \tag{3.29}$$

Man erkennt, dass im betrachteten binären System die partiellen molaren Volumina $\overline{V}_1$ und $\overline{V}_2$ nach Multiplikation mit den in dem System vorhandenen Molzahlen die betreffende Eigenschaft $V_{(p,T)}$ additiv aufbauen.

Wird (3.29) allgemein differenziert, erhält man:

$$dV_{(T,p)} = \overline{V}_1 dn_1 + \overline{V}_2 dn_2 + n_1 d\overline{V}_1 + n_2 d\overline{V}_2\,. \tag{3.30}$$

(3.28) und (3.30) müssen übereinstimmen, was nicht der Fall ist. Die zwei überschüssigen Summanden in (3.30) müssen also zusammen 0 ergeben:

$$n_1 d\overline{V}_1 + n_2 d\overline{V}_2 = 0 \quad (p, T = \text{const.})\,. \tag{3.31}$$

Die Beziehung (3.31) heißt **Gibbs-Duhem'sche Gleichung** und gilt hier für die Mischung von zwei Komponenten. Sie zeigt, dass die partiellen molaren Volumina gegenläufig sind und im System eine gegenseitige Umrechnung gestatten. Ihre Gültigkeit ist insofern bedeutsam, da das Volumen nur als Beispiel für das Verhalten von Mischungen verwendet wird. Äquivalente Aussagen gelten sowohl für beliebig viele Komponenten als auch für andere derartige Größen $(\overline{H}, \overline{S}, \overline{G}(\mu))$. So kann man z. B. allgemein sagen, dass sich die chemischen Potenziale μ_i der Komponenten i in Mischungen nicht unabhängig voneinander ändern können. Wird (3.29) durch die Summe der Molzahlen dividiert, ergibt sich:

$$\frac{V_{(T,p)}}{n_1 + n_2} = \frac{\overline{V}_1 \cdot n_1}{n_1 + n_2} + \frac{\overline{V}_2 \cdot n_2}{n_1 + n_2}$$

$$V_m = \overline{V}_1 \chi_1 + \overline{V}_2 \chi_2\,. \tag{3.32}$$

V_m nennt man das mittlere Molvolumen der Mischung. χ_i sind die Molenbrüche der Komponenten i. Analog wird aus (3.31):

$$\frac{n_1 d\overline{V}_1}{n_1 + n_2} + \frac{n_2 d\overline{V}_2}{n_1 + n_2} = 0$$

$$\chi_1 d\overline{V}_1 + \chi_2 d\overline{V}_2 = 0 \quad (p, T = \text{const.})\,. \tag{3.33}$$

Das ist eine andere Form der Gibbs-Duhem'schen Gleichung.

Um die partiellen Molvolumina selbst zu bestimmen, muss die Gibbs-Duhem'sche Gleichung (3.32) herangezogen werden. Nach ihrer Umstellung zu

$$V_m = \overline{V}_1(1-\chi_2) + \overline{V}_2\chi_2 \tag{3.34}$$

differenziert man nach dem Molenbruch χ_2 und erhält

$$\frac{dV_m}{d\chi_2} = -\overline{V}_1 + (1-\chi_2)\frac{d\overline{V}_1}{d\chi_2} + \overline{V}_2 + \chi_2\frac{d\overline{V}_2}{d\chi_2} = 0\,. \tag{3.35}$$

In (3.35) sind nach der Gibbs-Duhem'schen Gleichung der zweite und der vierte Summand zusammen Null. Daraus folgt die einfache Form

$$\frac{dV_m}{d\chi_2} = \overline{V}_2 - \overline{V}_1\,. \tag{3.36}$$

Man setzt (3.36) in (3.34) ein und erhält die beiden Gleichungen

$$V_m = \overline{V}_1 + \chi_2\frac{dV_m}{d\chi_2} \quad \text{und} \quad V_m = \overline{V}_2 - (1-\chi_2)\frac{dV_m}{d\chi_2}\,. \tag{3.37}$$

Sie können leicht in entsprechende Ausdrücke für $\overline{V}_1$ und $\overline{V}_2$ umgeschrieben werden:

$$\begin{aligned} \overline{V}_1 &= V_m - \chi_2\frac{dV_m}{d\chi_2} \quad &\text{oder}\quad \overline{V}_1 &= V_m + \chi_2\frac{dV_m}{d\chi_1} \\ \overline{V}_2 &= V_m + (1-\chi_2)\frac{dV_m}{d\chi_2} \quad &\text{oder}\quad \overline{V}_2 &= V_m - \chi_1\frac{dV_m}{d\chi_1}\,. \end{aligned} \tag{3.38}$$

Das heißt, die partiellen Molvolumina können aus einer Kurve (3.37), die V_m in Abhängigkeit von χ_2 aufträgt, gewonnen werden. Für ein bestimmtes χ_2 reicht es, einen Punkt V_m auf dieser Kurve anzuwählen und eine Tangente durch diesen Punkt zu legen (Abb. 3.24). Diese Tangente hat die Steigung $\frac{dV_m}{d\chi_2}$ und verfügt über alle Parameter, die nötig sind, um $\overline{V}_1$ und $\overline{V}_2$ zu bestimmen. Die Schnittpunkte der Tangente mit vertikalen Linien bei $\chi_2 = 0$ und $\chi_2 = 1$ lassen die Werte für $\overline{V}_1$ und $\overline{V}_2$ direkt ablesen.

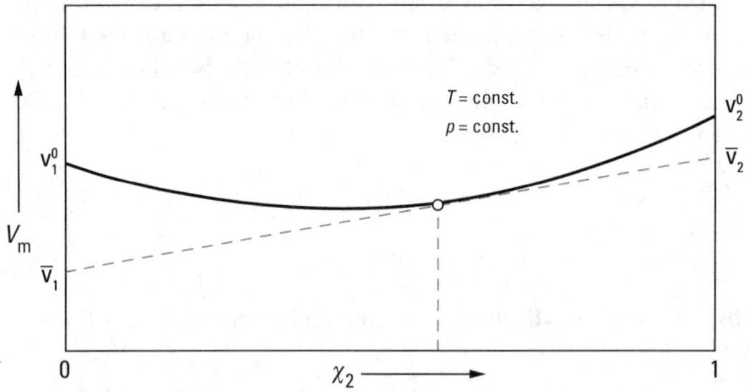

Abb. 3.24 V_m-χ_2-Diagramm zur Ermittlung der partiellen Molvolumina.

Das mittlere Molvolumen der Mischung V_m kann auch nach vollzogener Dichtemessung (bei genau eingehaltener Messtemperatur) direkt berechnet werden, wenn die Molmassen M_1

und M_2 sowie die Molenbrüche χ_1 und χ_2 der Komponenten bekannt sind:

$$V_m = \frac{(\chi_1 M_1 + \chi_2 M_2)}{\varphi}.$$

111 Auf Grund welcher Überlegungen lässt sich das partielle Molvolumen $\overline{V}_1$ des Wassers in einer Lösung aus Dichtemessungen der Lösung in Abhängigkeit von der Konzentration berechnen?

Enthält die Lösung n_1 Mole Wasser und 1 Mol der gelösten Substanz mit der Molmasse M_2 in V Litern, dann ist die Dichte der Lösung gegeben durch den Ausdruck

$$\varphi = \frac{18 \cdot n_1 + M_2}{1000 \cdot V}.$$

Folglich ist

$$n_1 = \frac{1000 \cdot V \cdot \varphi - M_2}{18}.$$

Daraus folgt durch Differenziation

$$dn_1 = \frac{1000 \cdot (Vd\varphi + \varphi dV)}{18}$$

oder

$$\frac{dn_1}{dV} = 55{,}5 \cdot \left(\varphi + \frac{Vd\varphi}{dV}\right)$$

woraus man mit $c = \frac{1}{V}$ (c = Konzentration in mol/dm^3)

$$\frac{dn_1}{dV} = 55{,}5 \cdot \left(\varphi - \frac{cd\varphi}{dc}\right)$$

und mit $\frac{dV}{dn_1} = \overline{V}_1$ schließlich

$$\overline{V}_1 = \frac{1}{55{,}5 \cdot \left(\varphi - c \cdot \frac{d\varphi}{dc}\right)}$$

erhält.

112 Von Methanol-Wasser-Mischungen sind bei 15 °C die Dichten bestimmt worden:

	w_{CH_3OH} [Ma.-%]				
	0	79	80	81	100
Dichte φ $\left[\frac{g}{cm^3}\right]$	0,99913	0,85300	0,85048	0,84794	0,79577

Berechnen Sie die partiellen molaren Volumina einer Methanol-Wasser-Mischung mit $w = 80$ Ma.-% Methanol.

Für die geforderten Berechnungen wird die Tabelle erweitert:

		w_{CH_3OH} [Ma.-%]			
	0	79	80	81	100
Dichte					
φ $\left[\frac{g}{cm^3}\right]$	0,99913	0,85300	0,85048	0,84794	0,79577
$v = \frac{1}{\phi}$ $\left[\frac{cm^3}{g}\right]$	1.00087	1,17233	1,17581	1,17933	1,25664
Δv $\left[\frac{cm^3}{g}\right]$			0,00348 0,00352 ∅ 0,00350		

Die Gleichungen (3.38) für die partiellen molaren Volumina gelten analog für die partiellen spezifischen Volumina $\overline{v}_i$:

$$\overline{v}_1 = v_m + w_2 \frac{dv}{dw_1} \quad \text{und} \quad \overline{v}_2 = v_m + w_1 \frac{dv}{dw_2}.$$

Damit liefert die Rechnung die partiellen spezifischen Volumina:

$$\overline{v}_{(H_2O)} = 1{,}17581\,\text{cm}^3/\text{g} + \left(0{,}8 \cdot \frac{0{,}00350}{(-0{,}01)}\right) \text{cm}^3/\text{g} = 0{,}89581\,\text{cm}^3/\text{g},$$

$$\overline{v}_{(CH_3OH)} = 1{,}17581\,\text{cm}^3/\text{g} + \left(0{,}2 \cdot \frac{0{,}00350}{0{,}01}\right) \text{cm}^3/\text{g} = 1{,}24581\,\text{cm}^3/\text{g}.$$

Sie sind hier in beiden Fällen kleiner als die spezifischen Volumina der reinen Stoffe. Mit $\overline{V_i} = \overline{v}_i \cdot M_i$ ergeben sich die partiellen molaren Volumina:

$$\overline{V}_{(H_2O)} = 0{,}89581\,\text{cm}^3/\text{g} \cdot 18{,}02\,\text{g/mol} = \underline{\underline{16{,}1425\,\text{cm}^3/\text{mol}}}$$

$$\overline{V}_{(CH_3OH)} = 1{,}24581\,\text{cm}^3/\text{g} \cdot 32{,}041\,\text{g/mol} = \underline{\underline{39{,}917\,\text{cm}^3/\text{mol}}}$$

113 Wie kann die Nernst-Gleichung mit Einbeziehung des chemischen Potenzials μ, bezogen auf eine elektrochemische Zinkelektrode Zn/Zn^{2+}, thermodynamisch hergeleitet werden?

Zwischen den Zn^{2+}-Ionen in der metallischen Phase und der Lösungsphase herrscht dann thermodynamisches Gleichgewicht, wenn ihre **elektrochemischen Potenziale** η in jeder Phase gleich groß sind. Es gilt:

$$\eta_{\text{Me}} = \eta_{\text{Lös}}\,. \tag{3.39}$$

Das elektrochemische Potenzial η ergibt sich jeweils als Summe aus dem **chemischen Potenzial** μ und dem mit zF multiplizierten **elektrischen Potenzial** ψ. Der Faktor F (Faraday-Konstante ($F = 96487\,\text{As/mol}$)) wird aus Dimensionsgründen eingeführt und der Faktor z berücksichtigt die Anzahl Elementarladungen je Zn^{2+}-Ion ($z = 2$). Damit geht (3.39) über in

$$\mu_{\text{Me}} + z \cdot F \cdot \psi_{\text{Me}} = \mu_{\text{Lös}} + z \cdot F \cdot \psi_{\text{Lös}}\,. \tag{3.40}$$

Führt man in (3.40) das mit $E_{Zn/Zn^{2+}} = \psi_{\text{Me}} - \psi_{\text{Lös}}$ bezeichnete **Grenzflächenpotenzial** ein, ergibt sich

$$\mu_{\text{Lös}} - \mu_{\text{Me}} = z \cdot F \cdot E_{Zn/Zn^{2+}}\,. \tag{3.41}$$

Die Integration von $\left(\frac{\partial \mu_i}{\partial \chi_i}\right)_{p,T} = \frac{RT}{\chi_i}$ liefert für die Potenziale μ_{Me} und $\mu_{\text{Lös}}$ die Ausdrücke

$$\begin{aligned} \mu_{\text{Lös}} &= \mu^0_{\text{Lös}} + RT \ln \chi_{\text{Lös}} \\ \mu_{\text{Me}} &= \mu^0_{\text{Me}} + RT \ln 1\,. \end{aligned} \tag{3.42}$$

Mit $\chi_i \approx c_i$ für Gelöstes in ideal verdünnten Lösungen ergeben sie in (3.41) eingesetzt das Grenzflächenpotenzial $E_{\text{Zn/Zn}^{2+}}$:

$$\begin{aligned} \frac{\mu^0_{\text{Lö}} - \mu^0_{\text{Me}}}{zF} + \frac{RT}{zF} \ln c_{\text{Zn}^{2+}} &= E_{\text{Zn/Zn}^{2+}} \\ E^0_{\text{Zn/Zn}^{2+}} + \frac{RT}{2F} \ln c_{\text{Zn}^{2+}} &= E_{\text{Zn/Zn}^{2+}}\,. \end{aligned} \tag{3.43}$$

Für $c_{\text{Zn}^{2+}} = 1\,\text{mol/dm}^3$ ist das Grenzflächenpotenzial (Einzelpotenzial) $E_{\text{Zn/Zn}^{2+}}$ gleich dem Normalpotenzial (Standardpotenzial) $E^0_{\text{Zn/Zn}^{2+}}$. Bei Kombination mit der Standardwasserstoffelektrode ergibt sich sein Wert von $E^0_{\text{Zn/Zn}^{2+}} = -0{,}76\,\text{V}$.

114 Leiten Sie mit dem chemischen Potenzial μ die Reaktionsisotherme und das Massenwirkungsgesetz für die Synthesereaktion von Ammoniak $N_2 + 3\,H_2 \leftrightharpoons 2\,NH_3$ thermodynamisch her. Warum ist deren reaktionskinetische Herleitung im strengen Sinne nicht exakt (s. Kap. 3.6; Nr. 89, 91 und 94)?

Die kinetische Herleitung der Reaktionsisotherme und des Massenwirkungsgesetzes ist im strengen Sinne insofern nicht exakt, als stillschweigend vorausgesetzt wird:

- die Reaktion verlaufe entsprechend der Reaktionsgleichung in einem Reaktionsschritt und
- der Reaktionsverlauf sei für Hin- und Rückreaktion der gleiche.

Ihre thermodynamische Ableitung mit dem chemischen Potenzial μ enthält solche Unsicherheiten nicht. Die molare freie Reaktionsenthalpie $\Delta_R G$ gestattet eine sichere Prognose über die Möglichkeit des freiwilligen Verlaufs einer chemischen Reaktion. Bei der thermodynamischen Herleitung der Reaktionsisothermen und des Massenwirkungsgesetzes wird davon ausgegangen, dass jeder Reaktionspartner i einen bestimmten chemischen Potenzialbeitrag μ_i in das Reaktionsgeschehen einbringt.

Für die Reaktion $N_2 + 3H_2 \leftrightharpoons 2\,NH_3$ mit $\Delta n = -2$ und $p_i \cdot p^{-1} = \chi_i$ ergibt sich dann:

$$\Delta_R G = 2\mu_{NH_3} - (\mu_{N_2} + 3\mu_{H_2})\,. \tag{3.44}$$

Die Integration von $\left(\frac{\partial \mu_i}{\partial \chi_i}\right)_{p,T} = \frac{RT}{\chi_i}$ liefert für die Potenziale μ_i der Reaktanden i die Ausdrücke

$$\begin{aligned} \mu_{NH_3} &= \mu^0_{NH_3} + RT \ln \chi_{NH_3} \\ \mu_{N_2} &= \mu^0_{N_2} + RT \ln \chi_{N_2} \\ \mu_{H_2} &= \mu^0_{H_2} + RT \ln \chi_{H_2}\,. \end{aligned} \tag{3.45}$$

Setzt man (3.45) in (3.44) ein, ergibt sich

$$\Delta_R G = 2\mu^0_{NH_3} - \mu^0_{N_2} - 3\mu^0_{H_2} + RT \cdot \ln \frac{\chi^2_{NH_3}}{\chi_{N_2} \cdot \chi^3_{H_2}} \tag{3.46}$$

$$\Delta_R G = \Delta_R G^0 + RT \cdot \ln \frac{\chi^2_{NH_3}}{\chi_{N_2} \cdot \chi^3_{H_2}} \tag{3.47}$$

Reaktionsisotherme.

Für das chemische Gleichgewicht ist $\Delta_R G = 0$ und damit geht Gleichung (3.47) über in

$$\Delta_R G^0 = -RT \cdot \ln \frac{\chi^2_{NH_3}}{\chi_{N_2} \cdot \chi^3_{H_2}} = -RT \cdot \ln K_\chi = -RT \cdot \ln \frac{K_p}{p^{\Delta n}} \tag{3.48}$$

Massenwirkungsgesetz.

Gleichung (3.48) kann mit dem isothermen Druckkoeffizienten der freien Enthalpie $\Delta G^0_T = V \cdot \Delta p$ umgestellt werden:

$$\boxed{\left(\frac{\Delta \ln K_\chi}{\Delta p}\right)_T = -\frac{V}{RT}} \tag{3.48-1}$$

115 **Bei Phasenübergängen in Ein- und Mehrkomponentensystemen ist die willkürlich verfügbare Zahl der Bestimmungsstücke oder Variablen (Freiheiten *F*) des Systems gegeben durch das Gibbs'sche Phasengesetz: *F* = *K* − *P* + 2. Leiten Sie dieses Phasengesetz mit dem chemischen Potenzial μ ab und erläutern Sie es an typischen Beispielen (*K*: Anzahl Komponenten; *P*: Anzahl Phasen).**

In einem geschlossenen System aus P Phasen (1, 2, 3, ...) und K Komponenten (a, b, c, ..., K) seien die chemischen Potenziale aller Komponenten in den verschiedenen Phasen wie folgt symbolisiert:

$$\mu^a_1, \mu^a_2, \mu^a_3, \ldots, \mu^a_P \quad \mu^b_1, \mu^b_2, \mu^b_3, \ldots, \mu^b_P; \quad \mu^c_1, \mu^c_2, \mu^c_3, \ldots, \mu^c_P \quad \text{usw.}$$
$$\mu^K_1, \mu^K_2, \mu^K_3, \ldots, \mu^K_P .$$

Stehen in einem geschlossenen Einkomponenten-Zweiphasensystem die Phasen 1 und 2 miteinander im Gleichgewicht, gilt aus energetischen Gründen $\sum \mu_i dn_i = 0$. Werden δn_a Mole der Komponente a aus Phase 1 in Phase 2 überführt, gilt $-\mu^a_1 \delta n_a + \mu^a_2 \delta n_a = 0$, woraus folgt

$$\mu^a_1 = \mu^a_2 .$$

Würde das System aus drei Phasen (1, 2, 3) und einer Komponente a bestehen, ergäbe sich

$$\mu^a_1 = \mu^a_2, \quad \mu^a_1 = \mu^a_3 \text{ und folglich } \mu^a_2 = \mu^a_3 .$$

Überträgt man diese Gesetzmäßigkeit auf ein System mit P Phasen (1, 2, 3, ...) und K Komponenten (a, b, c, ...) und berücksichtigt, dass die chemischen Potenziale Funktionen der Konzentrationen sind, dann werden von vornherein $[K \cdot (P - 1)]$ Konzentrationsvariable festgelegt.

Sind K Komponenten vorhanden, braucht man für eine Phase $(K - 1)$ Konzentrationsangaben, für P Phasen $P \cdot (K - 1)$ Angaben zur Kennzeichnung des Systems. Zur vollständigen Kennzeichnung des Systems müssen auch Druck und Temperatur angegeben werden. Insgesamt sind $[P \cdot (K-1) + 2]$ Bestimmungsstücke erforderlich, wovon jedoch $K \cdot (P-1)$ Bestimmungsstücke durch die Identität der Potenziale in den verschiedenen Phasen (s. o.) bereits festliegen. Die Zahl der **Freiheiten *F*** (Bestimmungsstücke oder Variablen) des Systems, über die willkürlich verfügt werden kann, beträgt somit:

$$F = [P \cdot (K-1) + 2] - [K \cdot (P-1)]$$
$$F = K - P + 2\,.$$

Das ist die so genannte **Phasenregel** für geschlossene heterogene Systeme mit **freiem Komponentenaustausch** in allen Phasen **ohne** chemische Reaktionen.

Falls ***r*** unabhängige chemische Reaktionsgleichgewichte zwischen den Komponenten vorliegen, erniedrigt sich die Zahl der frei wählbaren Variablen um ***r*** und man erhält:

$$F = K - P - r + 2\,.$$

Einige Beispiele:

1. Freiheitsgrade in einem **Einkomponentensystem**, z. B. Wasser (Abb 1.26 + Tab. 1.7)
2. Für jedes **Zweikomponenten-System** (Binäres System) können Druck, Temperatur und Konzentration unabhängig variabel sein. Das System hat maximal, d. h. wenn nur eine Phase vorliegt, drei Freiheiten ($F = K - P + 2 = 2 - 1 + 2 = 3$). Wird bei Untersuchungen der Druck konstant gehalten, hat man noch mit zwei Freiheiten, der Temperatur und Konzentration zu rechnen.
3. Freiheitsgrade in einem **Schmelzdiagramm mit Eutektikum**, z. B. Al_2O_3–Na_3AlF_6 (Aufg. 256.1)
4. Freiheitsgrade im **Dampfdruckdiagramm** einer binären flüssigen Mischung mit Mischungslücke
(siehe Erklärungen zu Abb. 1.34a und Abb 1.35a)
5. Phasengleichgewicht bei $dp = 0$ im **System NaCl–H_2O**
   a) in ungesättigter NaCl-Lösung : $F = K - P + 1 = 2 - 1 + 1 = 2$
   b) zwischen ungesättigter NaCl-Lösung und Eis: $F = K - P + 1 = 2 - 2 + 1 = 1$
   c) jeweils entlang der Eiskurve und der Löslichkeitskurve: $F = K - P + 1 = 2 - 2 + 1 = 1$
   d) unterhalb der kryohydratischen Temperatur: $F = K - P + 1 = 2 - 2 + 1 = 1$
   e) am singulären (kryohydratischen) Punkt: $F = K - P + 1 = 2 - 3 + 1 = 0$
6. Sollen in einer wässrigen **Salzlösung** drei Phasen (Eis, Lösung und Dampf) nebeneinander vorliegen, dann gilt: $F = K - P + 2 = 2 - 3 + 2 = 1$. Das heißt, die Temperatur kann innerhalb gewisser Grenzen frei gewählt werden, wenn Eis, Lösung und Dampf nebeneinander vorliegen sollen.
7. Freiheitsgrade im **System N_2O_4/NO_2**: Das Gleichgewicht $N_2O_4 \rightleftharpoons 2\,NO_2$ stellt sich jeweils in der flüssigen und gasförmigen Phase ein. Somit liegen zwei unabhängige chemische Reaktionsgleichgewichte zwischen den Komponenten vor, wodurch sich die Zahl der frei wählbaren Variablen um $r = 1$ erniedrigt: $F = K - P - r + 2 = 2 - 2 - 1 + 2 = 1$. Wenn also die Temperatur vorgegeben ist, so ist auch der Druck und die Zusammensetzung an N_2O_4 und NO_2 in beiden Phasen festgelegt.
8. Im **Dreikomponenten-System** (Ternäres System) gilt beim Vorliegen nur einer Phase: $F = K - P + 2 = 3 - 1 + 2 = 4$. Da bei Untersuchungen außer dem Druck (101,325 kPa) zunächst auch die Temperatur konstant gehalten wird, hat man noch mit zwei Freiheiten, den beiden Konzentrationsvariablen, zu rechnen.

9. Freiheitsgrade am **ternären Eutektikum des Pb-Bi-Sn-Systems**: $K = 3$ (Pb, Bi, Sn), $P = 4$ (3 feste + 1 flüssige Phase). Somit ergibt sich $F = K - P + 2 = 3 - 4 + 2 = 1$, d. h., das System ist im ternären Eutektikum invariant ($F = 0$), da der Druck festgelegt ist

116 Was versteht man unter Diffusion?

Bekanntlich ist eine Verschiedenheit chemischer Potenziale die einzige Ursache für einen Stofftransport in der Chemie. Ist z. B. in einer Lösung ein Konzentrationsgefälle vorhanden, kommt es durch den Stofftransport zu einem Ausgleich, weil das Konzentrationsgefälle ein Gefälle des chemischen Potenzials bedeutet. Dieser Vorgang heißt Diffusion. Dabei erfolgt ein Massestrom, der Dichte- bzw. Konzentrationsunterschiede von Teilchen durch mikroskopische Bewegung derselben ausgleicht.

Schichtet man ein leichteres Gas (oder eine leichtere Flüssigkeit) über ein schwereres (über eine schwerere Flüssigkeit), durchmischen sich beide im Laufe der Zeit, indem die Moleküle ineinander diffundieren. Obwohl die Moleküle für sich regellos statistische Bewegungen ausführen, tritt doch insgesamt ein Massestrom in Richtung geringerer Dichte auf. Diese Diffusion findet auch statt, wenn die Konzentration $c = n/V$ (Stoffmenge/Volumen) eines Gases von Ort zu Ort verschieden ist. Beträgt das Konzentrationsgefälle auf die Entfernung l gleich

$$\frac{(c_1 - c_2)}{l} = \frac{\Delta c}{l},$$

gilt im stationären Fall für den Stoffmengenstrom I_n

$$I_n = \frac{dn}{dt} = D \cdot \frac{A \cdot \Delta c}{l} \quad (A = \text{Begrenzungsfläche}).$$

Der Proportionalitätsfaktor D heißt **Diffusionskoeffizient**. Dieser hat für Gase einen Wert von etwa $10^{-5}\,\text{m}^2/\text{s}$, für Flüssigkeiten von rund $10^{-10}\,\text{m}^2/\text{s}$ und für Festkörper von ungefähr $10^{-20}\,\text{m}^2/\text{s}$.

Alle Diffusionsvorgänge sind über D stark temperaturabhängig. Sie nehmen mit der Temperatur zu. So kann man eine Legierung durch Glühen homogenisieren. Auch bei Anlauf-, Oxidations- und Verzunderungsvorgängen spielt die Diffusion der Metallatome und ihrer Reaktionspartner eine bestimmende Rolle. Einen großen Einfluss haben Diffusionserscheinungen beim Härten und Sintern, bei der Korrosion, Rekristallisation und anderen metallurgischen Prozessen. Von erheblicher Bedeutung sind Diffusionsprozesse auch in vielen anderen Bereichen der stoffwandelnden Industrie, wie bei Transport- und Reaktionsvorgängen, aber auch bei der Isotopentrennung und bei der Dotierung von Halbleitern.

117 Leiten Sie unabhängig vom Mechanismus der Osmose eine Beziehung zwischen dem Dampfdruck des reinen Lösungsmittels bzw. der Lösung und dem osmotischen Druck her.

Ist der Druck p_0 über dem reinen Wasser, p der Druck, der auf die Lösung ausgeübt werden muss, um den Durchtritt des Wassers durch die Membrane in die Lösung zu verhindern, so ist der osmotische Druck π definiert

$$\pi = p - p_0 .$$

Sind ferner μ_0 und μ die chemischen Potenziale des Wassers in der reinen Phase und in der Lösung, beide unter dem Druck p_0, ist zunächst μ kleiner als μ_0, da Wasser in die Lösung durch die Membran eintritt. Dadurch, dass man auf die Lösung den Druck p ausübt, wird das chemische Potenzial des Wassers in der Lösung gleich dem in der reinen Phase. Dieser

Sachverhalt lässt sich allgemein durch folgende Gleichung ausdrücken:

$$\mu_0 = \mu + \int\limits_{p_0}^{p} \left(\frac{\partial \mu}{\partial p}\right)_{T,\chi} dp\,. \tag{3.49}$$

Aus dieser Gleichung ergibt sich, dass das chemische Potenzial des Wassers in der Lösung μ zunächst kleiner ist als das des reinen Wassers. μ muss durch das integrierte Zusatzglied, das die Potenzialerhöhung durch den Druck bis zur Gleichgewichtseinstellung wiedergibt, auf den Wert von μ_0 erhöht werden.

In einem System konstanter Zusammensetzung und konstanter Temperatur ist das partielle Molvolumen des Wassers, das als Lösungsmittel mit 1 indiziert wird, gegeben durch

$$\left(\frac{\partial \mu}{\partial p}\right)_{T,\chi} = \overline{V}_1\,. \tag{3.50}$$

Mit (3.50) geht (3.49) über in

$$\mu_0 = \mu + \int\limits_{p_0}^{p} \overline{V}_1 dp\,. \tag{3.51}$$

Ist nun der Dampfdruck über dem reinen Wasser p_0, der über der Lösung p, sind die chemischen Potenziale des Dampfes in den beiden Fällen gegeben durch die Gleichungen

$$\mu_0 = RT \ln p_0 + C \tag{3.52}$$

$$\mu = RT \ln p + C\,. \tag{3.53}$$

Man setzt diese Gleichungen in (3.51) ein und erhält

$$RT \ln \frac{p_0}{p} = \int_{p_0}^{p} \overline{V}_1 dp\,. \tag{3.54}$$

Diese Gleichung hat als Voraussetzung, dass sich die Dämpfe wie ideale Gase verhalten. Um (3.54) einfach integrieren zu können, muss angenommen werden, dass das partielle Volumen des Wassers in der Lösung $\overline{V}_1$ druckunabhängig ist.

Man erhält

$$RT \ln \frac{p_0}{p} = \overline{V}_1 \cdot (p - p_0) \tag{3.55}$$

und schließlich mit $p - p_0 = \pi$, der Definition des osmotischen Druckes,

$$RT \ln \frac{p_0}{p} = \overline{V}_1 \cdot \pi\,. \tag{3.56}$$

Sind das partielle Molvolumen $\overline{V}_1$ des Wassers in der Lösung und deren Dampfdruck bekannt, so kann man für jede beliebige konzentrierte Lösung mit Gleichung (3.56) den osmotischen Druck berechnen.

118 Zwischen dem Dampfdruck des reinen Lösungsmittels p_0 bzw. der Lösung p und dem osmotischen Druck π besteht die Beziehung $RT \ln \frac{p_0}{p} = \overline{V}_1 \cdot \pi$. Leiten Sie daraus die van't Hoff'sche Näherungsformel $RTn_2 \approx \pi \cdot V_1$ für den osmotischen Druck ab.

Nimmt man an, dass das Raoult'sche Gesetz erfüllt ist, die Lösung sich ideal verhält, geht obige Ausgangsgleichung mit

$$\frac{p}{p_0} = \chi_1 = 1 - \chi_2$$

über in

$$-RT \ln(1 - \chi_2) = \overline{V}_1 \cdot \pi$$

χ_1 Molenbruch des Wassers in der Lösung
χ_2 Molenbruch des gelösten Stoffes
$\overline{V}_1$ partielles Molvolumen des Wassers in der Lösung .

Für verdünnte Lösungen erhält man daraus mit $\ln(1 - \chi_2) \approx -\chi_2$ in erster Näherung

$$RT\chi_2 \approx \overline{V}_1 \cdot \pi \,. \tag{3.57}$$

Da für verdünnte Lösungen aber auch $\chi_2 \approx \frac{n_2}{n_1}$ gesetzt werden kann, wird

$$RTn_2 \approx \overline{V}_1 \cdot \pi \cdot n_1 \,. \tag{3.58}$$

Weiterhin kann man für genügend verdünnte Lösungen das partielle Molvolumen gleich dem Molvolumen des reinen Wassers setzen, so dass

$$n_1 \overline{V}_1 \approx n_1 V_1$$

wird. In der Lösung ist dann $n_1 V_1$ praktisch identisch mit dem Volumen V_1 des Wassers, so dass gilt

$$RTn_2 \approx \pi \cdot V_1 \,. \tag{3.59}$$

Die Gleichung (3.59), obwohl nur für verdünnte Lösungen abgeleitet, gibt auch bei nicht verdünnten Lösungen für den osmotischen Druck Werte, die sehr viel besser mit den gemessenen Werten übereinstimmen als die van't Hoff'sche Gleichung. Sie geht in diese über, wenn das Volumen des Wassers der Lösung V_1 durch das der Lösung $V_{\text{Lös.}}$ ersetzt wird, was für sehr verdünnte Lösungen zulässig ist. Man erhält

$$RTn_2 \approx \pi \cdot V_{\text{Lös.}}$$

Gesetz des osmotischen Druckes .

119 Welche Möglichkeiten der Verteilung eines Stoffes zwischen zwei Phasen mit verschiedenen Aggregatzuständen werden bei Lösungsgleichgewichten von Zweikomponentensystemen unterschieden?

Es bestehen zwei Möglichkeiten:

a) **Verteilung des Stoffes zwischen der Gasphase und der Lösung:** Es gilt das Henrysche Gesetz: Die Löslichkeit $c_{(\text{Lös.})}$ eines Gases A bei gegebener Temperatur ist seinem Partialdruck p_A über der Lösung proportional.

$$c_{A(Lös.)} = K_H \cdot p_A; \quad K_H = \frac{c_A}{p_A} [\text{mol}/(\text{dm}^3 \cdot \text{bar})] \quad K_H \text{ Henry-Konstante}$$

b) **Verteilung des Stoffes zwischen der festen Phase und der Lösung:** Die Aktivität a der gelösten Moleküle über der festen Phase ist bei gegebener Temperatur im Gleichgewicht konstant.
Bei schwerlöslichen Salzen A_mB_n begegnet uns K_L als Löslichkeitsprodukt und l_0 als Löslichkeit:

$$K_{L(A_mB_n)} = a^m_{A^{n+}} \cdot a^n_{B^{m-}} \quad [(\text{mol/dm}^3)^{m+n}];$$

$$l_0 = \sqrt[m+n]{K_{L(A_mB_n)}/(m^m n^n)} \quad [(\text{mol/dm}^3)]$$

120 Wie lässt sich der Nernst'sche Satz der Verteilung eines Stoffes in zwei verschiedenen, nicht mischbaren Lösungsmitteln ableiten? Was besagt der Satz?

Beim Übergang des Stoffes von einem Lösungsmittel zum anderen tritt eine Änderung des chemischen Potenzials ein. Es gilt: $d\mu_1 = d\mu_2$.

Der Index 1 bzw. 2 soll auf das Lösungsmittel hinweisen. Für die beiden Änderungen der chemischen Potenziale erhalten wir:

$$d\mu_1 = \overline{V}_1 dp - \overline{S}_1 dT + RTd\ln a_1$$

$$d\mu_2 = \overline{V}_2 dp - \overline{S}_2 dT + RTd\ln a_2 .$$

Beide Ausdrücke müssen im Gleichgewicht gleich sein. Bei konstanter Temperatur ($dT = 0$) und bei konstantem Druck ($dp = 0$) ergibt sich

$$RTd\ln a_1 = RTd\ln a_2$$

oder

$$d\ln\frac{a_1}{a_2} = 0$$

und durch Integration

$$\frac{a_1}{a_2} = \text{const.}$$

Der Nernst'sche Verteilungssatz besagt, dass das Verhältnis der Aktivitäten a_i eines Stoffes in zwei verschiedenen, nicht mischbaren Lösungsmitteln im Gleichgewicht konstant ist. Bei genügender Verdünnung können die Aktivitäten durch die Konzentrationen c_i ersetzt werden. Man erhält dann für den Verteilungskoeffizienten C:

$$\frac{c_1}{c_2} = C$$

c_1 bezeichnet die Konzentration der Substanz in der Oberphase, c_2 die Konzentration in der Unterphase. Ist $C > 1$, reichert sich die gelöste Substanz in der Oberphase an, ist $C < 1$, in der Unterphase.

121 Wie erhält man einen vollständigen Überblick über das Verhalten eines chemisch einheitlichen Stoffes in seinen drei Aggregatzuständen?

Man trägt in einem p-T-Diagramm (Zustandsdiagramm) den Dampf-, den Schmelz- und den Sublimationsdruck des Stoffes als Funktion der Temperatur auf. Abb. 3.25 zeigt schematisch ein solches Zustandsdiagramm. Die drei Zweige a, b und c trennen drei Gebiete voneinander, in denen nur die feste, nur die flüssige oder nur die gasförmige Phase P existiert. In diesen Gebieten können p und T innerhalb gewisser Grenzen beliebig gewählt werden. Man sagt, der Zustand hat zwei Freiheitsgrade F. Sollen zwei Phasen nebeneinander existieren, wird der Zustand durch einen Punkt auf einem der drei Zweige beschrieben, so dass nur eine Zustandsgröße frei wählbar ist; wir haben nur einen Freiheitsgrad. Der **Tripelpunkt**, in dem alle drei Zweige zusammenlaufen, gibt an, bei welchem Druck und welcher Temperatur alle drei Phasen nebeneinander (im Gleichgewicht) vorhanden sein können; in diesem Zustand gibt es keinen Freiheitsgrad des Systems mehr.

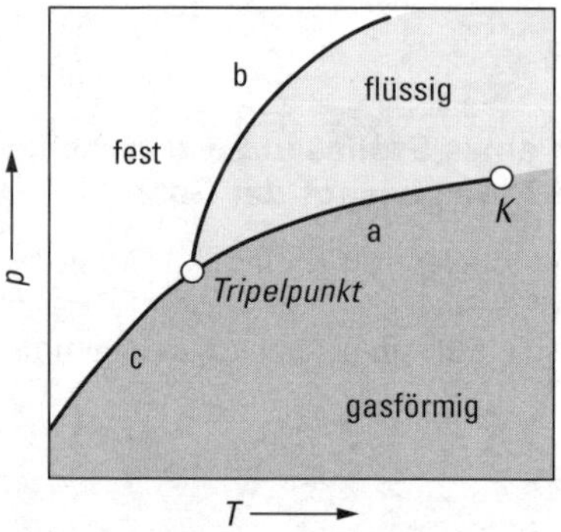

Abb. 3.25 Zustandsdiagramm eines chemisch einheitlichen Stoffes in seinen drei Aggregatzuständen (schematisch); a) Dampfdruckkurve, b) Schmelzkurve, c) Sublimationskurve.

Die Zahl der Freiheitsgrade ergibt sich mit der **Gibbs'schen Phasenregel**

$$F = K - P + 2\,.$$

Bei einem reinen Stoff (z. B. Wasser) ist die Anzahl Komponenten $K = 1$, also ist die Zahl der Freiheitsgrade $F = 1 - P + 2 = 3 - P$. Für die Koexistenz dreier Phasen ($P = 3$) ist die Zahl der Freiheitsgrade $F = 0$ (Tripelpunkt); für $P = 2$ wird $F = 1$, d. h., es kann entweder über den Druck oder die Temperatur willkürlich verfügt werden; für $P = 1$ können wegen $F = 2$ Druck und Temperatur frei gewählt werden.

122 Warum sind Tripelpunkte als Fundamentalpunkte der Temperaturskala besonders geeignet?

Die Tripelpunkte sind im Gegensatz zum Schmelz- und Siedepunkt druckunabhängig. Zur Definition der Temperatureinheit wird der Tripelpunkt von reinem Wasser benutzt, der bei $T = 273{,}16\,\mathrm{K}$ (also um 0,01 K über dem Siedepunkt bei Normaldruck) und $p = 610{,}62\,\mathrm{Pa}$ liegt.

123 Was versteht man unter absoluter und relativer Luftfeuchte? Erklären Sie den Begriff Taupunkt.

Als absolute Luftfeuchte f wird die Dichte des Wasserdampfes bezeichnet, die meist in Gramm je Kubikmeter gemessen wird:

$$f = \frac{m_\mathrm{D}}{V}\,.$$

Der Partialdruck des Wasserdampfes kann einen bestimmten Maximalwert nicht übersteigen. Die Dichte des Wasserdampfes, die zu diesem maximalen Partialdruck gehört, wird (nicht korrekt) als Sättigungsmenge $f_{\max}$ bezeichnet:

$$f_{\max} = \frac{m_{\mathrm{D\,(max)}}}{V}\,.$$

Im Allgemeinen ist die tatsächlich vorhandene absolute Luftfeuchte geringer als die Sättigungsmenge, die temperaturabhängig ist. Der Quotient aus der absoluten Luftfeuchte und der Sättigungsmenge, wird als relative Luftfeuchte bezeichnet:

$$\vartheta = \frac{f}{f_{\max}} = \frac{m_{\mathrm{D}}}{m_{\mathrm{D(max)}}}\,.$$

Sie wird meist in Prozenten angegeben. Bei konstanter absoluter Luftfeuchte steigt mit sinkender Temperatur die relative Luftfeuchte, da dann die Sättigungsmenge im Nenner kleiner wird. Die Temperatur τ, bei der auf diese Weise eine relative Luftfeuchte von 100 % erreicht wird, heißt Taupunkt. Bei dieser Temperatur beginnt die Abscheidung des überschüssigen Wasserdampfes als Tau.

124 Auf welche Weise kann sich die relative Luftfeuchte erhöhen?

Die relative Luftfeuchte steigt durch Erhöhung der absoluten Luftfeuchte oder durch Abkühlung. Gilt z.B. beim Lüften eines Kellers, $\vartheta_{\mathrm{Luft}} < \vartheta_{\mathrm{Keller}}$ so kondensiert überschüssiges Wasser der Luft an den Wänden und am Boden. Man lüftet ihn daher, wenn es außen kälter ist als innen.

125 Weshalb ist an einem nasskalten Wintertag die relative Luftfeuchte in einem Zimmer auch nach dem Lüften gering?

Die kalte Winterluft kann nur wenig Wasser aufnehmen. Bei Erwärmung auf Zimmertemperatur sinkt die relative Luftfeuchte.

3.10 Phasengleichgewichte binärer Systeme

126 Wie lassen sich in binären flüssigen Systemen die Ausdehnung einer Mischungslücke und deren Temperaturabhängigkeit bestimmen? Welche Bedeutung haben kritische Lösungstemperatur und Zusammensetzung der beiden flüssigen Phasen in der Praxis?

Es werden gewogene Mengen der Komponenten in einem zugeschmolzenen Glasrohr unter Schütteln bei allmählich steigender Temperatur beobachtet, bis das System homogen wird; oder man beobachtet an dem sich abkühlenden homogenen System, bei welcher Temperatur es heterogen wird. Diese Temperatur kann korrekt und relativ leicht durch das Auftreten oder Verschwinden einer **Trübung** erkannt werden. Diese Beobachtungen werden für verschiedene Zusammensetzungen des Systems durchgeführt. Die erhaltenen Wertepaare (Totalzusammensetzung des Systems/Temperatur) entsprechen Punkten auf der die Mischungslücke umschließenden Kurve.

Kritische Lösungstemperatur und Zusammensetzung der beiden Phasen sind charakteristisch für die betreffenden Systeme und können natürlich auch zur Kennzeichnung der Komponenten dienen. So werden in der Praxis die Systeme aus Anilin und Kohlenwasserstoffen durch die Bestimmung ihrer kritischen Lösungstemperatur charakterisiert. Dabei wird die Temperatur zur Kennzeichnung benutzt, bei der das ursprünglich heterogene System aus gleichen Volumina der beiden Flüssigkeiten homogen wird. Die ermittelte Temperatur bezeichnet man als „Anilinpunkt“.

127 Beschreiben und begründen Sie an Beispielen, welchen Einfluss Fremdstoffe auf flüssige binäre Systeme im Bereich der Mischungslücke haben können? Welche Anwendbarkeit resultiert daraus?

Fremdstoffe, die sich nur in einer der beiden Flüssigkeiten lösen, erhöhen die obere kritische Lösungstemperatur, vermindern also die gegenseitige Löslichkeit. So erhöhen bei Systemen aus einer polaren Komponente (z. B. Substanz mit funktioneller Gruppe) und einer unpolaren Komponente (z. B. Kohlenwasserstoff, Schwefelkohlenstoff) schon Spuren von Wasser deutlich die obere kritische Lösungstemperatur, weil sich das Wasser durch seinen Dipolcharakter in der polaren Komponente löst. Somit kann die Bestimmung der oberen kritischen Lösungstemperatur als Kriterium für die Reinheit der polaren Komponente dienen.

Ist die Fremdsubstanz in beiden Flüssigkeiten des Systems löslich, wird die obere kritische Lösungstemperatur herabgesetzt, die gegenseitige Löslichkeit erhöht. Man macht davon Gebrauch bei Zusatz von Seife zu Gemischen von Phenolen oder Kresolen mit Wasser, die erst durch den Seifenzusatz bei Zimmertemperatur homogen werden und als Desinfektionsmittel wichtig sind.

Werden Salze zu Systemen aus Wasser und einer organischen Substanz hinzugefügt, wird die obere kritische Lösungstemperatur erhöht, da sich das Salz nur in Wasser löst. Die gegenseitige Löslichkeit der beiden Komponenten wird vermindert. So trennt sich die Lösung von Ethanol in Wasser in zwei Schichten, wenn reichlich K_2CO_3 in der ursprünglich homogenen Mischung gelöst wird. Die beiden Schichten bestehen aus einer wässrigen K_2CO_3-Lösung mit wenig Ethanol und aus Ethanol mit wenig Wasser. Man sagt: Das Ethanol ist aus seiner Lösung ausgesalzen und spricht von dem **Aussalzeffekt**, der für die Laboratoriumspraxis und für bestimmte technologische Verfahren wichtig ist.

128 Unterhalb von 22,70 °C sind Hexan C_6H_{14} und Perfluorhexan C_6F_{14} nur teilweise miteinander mischbar. Am oberen kritischen Mischungspunkt (OKT) ist $\chi_{C_6F_{14}} = 0{,}37$. Bei 22,0 °C befinden sich zwei flüssige Phasen mit $\chi = 0{,}24$ bzw. $\chi = 0{,}50$ miteinander im Gleichgewicht; bei 21,5 °C betragen die entsprechenden Molenbrüche $\chi = 0{,}23$ und $\chi = 0{,}52$. Skizzieren Sie das Phasendiagramm. Was kann man beobachten, wenn Perfluorhexan zu einer konstanten Menge Hexan bei a) 23 °C und b) 22 °C gegeben wird?

a) Die Mischung enthält bei allen Zusammensetzungen eine einzige Flüssigkeitsphase.
b) Wenn die Zusammensetzung mit $\chi(C_6F_{14}) = 0{,}24$ erreicht ist, trennt sich die Mischung in zwei flüssige Phasen mit den Stoffmengenanteilen $\chi(C_6F_{14}) = 0{,}24$ und $\chi(C_6F_{14}) = 0{,}50$. Die relativen Mengen beider Phasen ändern sich (gemäß Hebelgesetz bestimmbar), bis die Zusammensetzung $\chi(C_6F_{14}) = 0{,}50$ erreicht ist. Bei allen Stoffmengenanteilen von C_6F_{14}, die bei 22 °C grösser als 0,50 sind, bildet die Mischung eine einzige flüssige Phase aus.

129 Welchen Zweck haben Zustandsdiagramme? Wann sind sie ideal und wann real?

Aus Zustandsdiagrammen (Zustandsschaubildern) kann man ohne Mühe erkennen, was bei einer Änderung der Temperatur und des Mengenverhältnisses zwischen den Komponenten eines Systems geschieht. Je nachdem, ob es sich dabei um zwei, drei, vier usw. Komponenten handelt, spricht man von binären, ternären, quaternären usw. Zustandsdiagrammen. Die Zustandsdiagramme gelten im Allgemeinen für eine so langsame Abkühlung, dass sich bei jeder Temperatur das thermodynamische Gleichgewicht zwischen den Phasen einstellen kann. Mit

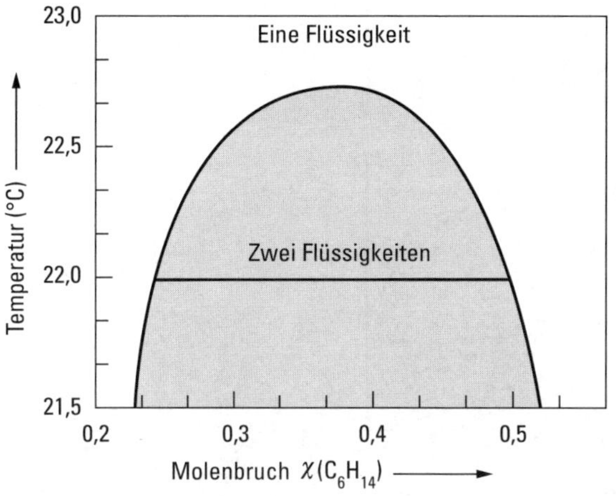

Abb. 3.26 Zustandsdiagramm Hexan-Perfluorhexan mit oberer kritischer Lösungstemperatur.

Erhöhung der Abkühlungsgeschwindigkeit wird aus dem **Idealdiagramm** ein **Realdiagramm**; die Linien und die zwischen ihnen eingeschlossenen Zustandsfelder verschieben sich mehr und mehr nach unten. Von dieser Möglichkeit wird z. B. beim Härten von Stahl und beim Aushärten von Aluminium Gebrauch gemacht.

130 Wie kann man für ein binäres Flüssigkeitsgemisch zum Siedediagramm gelangen? Beschreiben Sie das Prinzip einer möglichen experimentellen Verfahrensweise.

Es werden bei $dp = 0$ von den Komponenten Mischungen verschiedener Zusammensetzung zum Sieden erhitzt und unter Rückfluss die jeweiligen Kondensationstemperaturen bestimmt, die im Gleichgewicht mit den Siedepunkten identisch sind und präziser erfasst werden können als die Siedepunkte selbst. Auf diese Weise erhält man die Siedepunkte als Funktion der Zusammensetzung, dies entspricht im Diagramm der **Siedelinie**. Für jedes ausgewählte Gemisch mit entsprechendem Siedepunkt muss nun noch die Zusammensetzung des Dampfes ermittelt werden. Dies geschieht durch Destillieren einer möglichst kleinen Menge des Flüssigkeitsgemisches. Die Zusammensetzung des Destillats, die identisch ist mit der des Dampfes, kann jeweils analytisch durch Bestimmung des Brechungsexponenten ermittelt werden, z. B. mittels eines Abbe'schen Refraktometers. Dadurch erhält man für jeden Siedepunkt die dazugehörige Zusammensetzung des Dampfes. Trägt man diese Werte in das Siedediagramm ein, erhält man die **Taulinie (Kondensationslinie)**.

131 Erstellen Sie ein beschriftetes Schema für das Siedediagramm einer idealen binären Flüssigkeitsmischung, markieren Sie darin eine Konode und leiten Sie das Hebelgesetz ab. Welche Aussage macht das Gesetz?

Als Konode bezeichnet man die Verbindungsgerade zweier im Gleichgewicht zueinander stehenden Phasen im Phasendiagramm. Im Falle der isobaren Zweistoffsysteme sind dies zur Abszisse parallele Geraden. Ist die chemische Gesamtzusammensetzung x des Systems bekannt, lässt sich für jede Temperatur T_x anhand der entsprechenden Konode mit dem so genannten Hebelgesetz das Mengenverhältnis der beiden koexistenten Phasen in einem

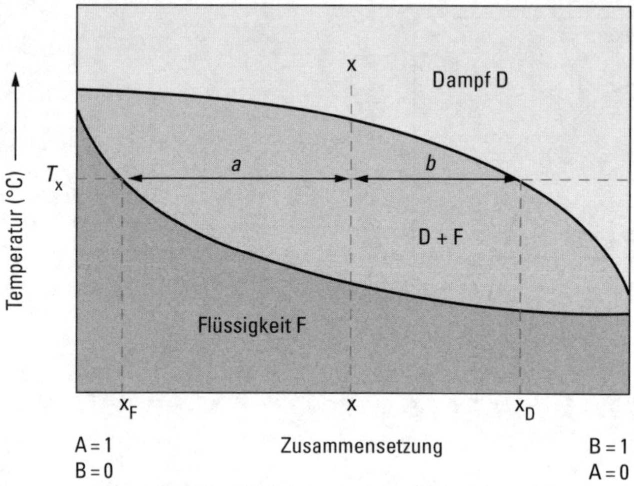

Abb. 3.27 Siedediagramm eines isobaren binären Systems zur Ableitung des Hebelgesetzes.

Zweiphasengebiet abschätzen (z. B. die Menge an Dampf D und an Flüssigkeit F im Gebiet D + F der Abb. 3.27). Wenn das System eine Gesamtmenge n (z. B. in mol oder kg) aufweist, dann ergibt sich für die Menge an Komponente B:

$$\begin{aligned} n_B &= n \cdot x = n_\mathrm{F} \cdot x_\mathrm{F} + n_\mathrm{D} \cdot x_\mathrm{D} \\ &= n_\mathrm{F} \cdot x_\mathrm{F} + (n - n_\mathrm{F}) \cdot x_\mathrm{D} \\ &= n_\mathrm{F}(x_\mathrm{F} - x_\mathrm{D}) + n \cdot x_\mathrm{D} \,. \end{aligned}$$

Daraus erhält man

$$n_\mathrm{F} = n \cdot \frac{x - x_\mathrm{D}}{x_\mathrm{F} - x_\mathrm{D}} \quad \text{und} \quad n_\mathrm{D} = (n - n_\mathrm{F}) = n \cdot \frac{x_\mathrm{F} - x}{x_\mathrm{F} - x_\mathrm{D}} \,.$$

Somit folgt für das Verhältnis der Phasengehalte das **Hebelgesetz** zu

$$\frac{n_\mathrm{F}}{n_\mathrm{D}} = \frac{x - x_\mathrm{D}}{x_\mathrm{F} - x} = \frac{b}{a} \,.$$

Die Mengen an flüssiger und gasförmiger Phase, in die eine binäre Flüssigkeit bei einer bestimmten Temperatur zerlegt wird, verhalten sich umgekehrt wie die zugehörigen Abszissen- bzw. Konodenabschnitte im Zustandsdiagramm.

132 Magnesiumoxid und Nickeloxid sind sehr temperaturbeständig; bei genügend hohen Temperaturen schmelzen sie jedoch. Beim Erstarrungsvorgang entstehen aus der Schmelze Mischkristalle. Zeichnen Sie anhand der gegebenen Daten ein Phasendiagramm $T = f(\chi)$. Die Molenbrüche χ_{MgO} bzw. y_{MgO} sind von MgO in der festen bzw. flüssigen Phase gegeben:

$T/^\circ\mathrm{C}$	1960	2200	2400	2600	2800
χ_{MgO}	0	0,35	0,60	0,83	1,00
y_{MgO}	0	0,18	0,38	0,65	1,00

Stellen Sie fest

a) bei welcher Temperatur eine Mischung mit $\chi_{MgO} = 0{,}30$ zu schmelzen beginnt,

b) welche Phasen in welchem Mengenverhältnis gebildet werden, wenn man einen Feststoff der Zusammensetzung $\chi_{MgO} = 0{,}30$ bis auf 2200 °C erhitzt,

c) bei welcher Temperatur eine Flüssigkeit der Zusammensetzung $y_{MgO} = 0{,}70$ zu erstarren beginnt.

a) Wenn der Festkörper der Zusammensetzung $\chi_{MgO} = 0{,}3$ erwärmt wird, beginnt sich die Flüssigkeit zu bilden, wenn die Soliduslinie erreicht wird. Hier ist $T = 2150\,°C$ (Abb. 3.28).

b) Der Konode bei 2200 °C entnehmen wir die Zusammensetzung der Flüssigkeit: $y_{MgO} = 0{,}18$ und die des Festkörpers: $\chi_{MgO} = 0{,}35$. Die Mengenverhältnisse beider Phasen sind durch das Hebelgesetz gegeben:

$$\frac{l_1}{l_2} = \frac{n_{\text{flüssig}}}{n_{\text{fest}}} = \frac{0{,}35 - 0{,}30}{0{,}30 - 0{,}18} = \frac{0{,}05}{0{,}12} = 0{,}4\,.$$

c) Die Erstarrung beginnt bei Punkt c mit $T = 2640\,°C$.

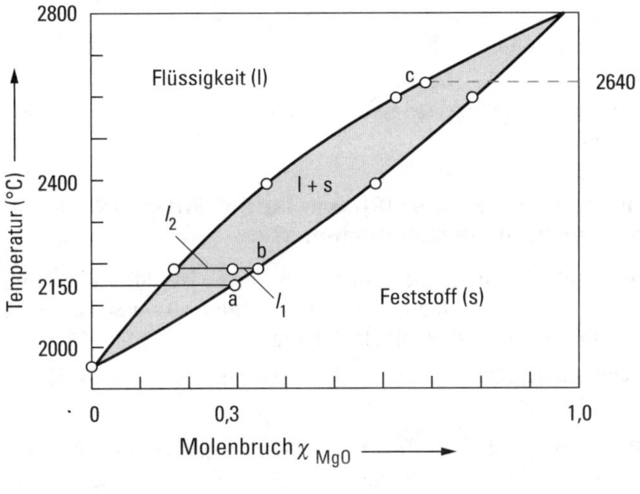

Abb. 3.28 Schmelzdiagramm NiO—MgO.

133 Erklären Sie die Begriffe homogen und heterogen bei einer Legierung.

Legierungen können homogen, d. h. in dem betrachteten Materialbereich überall gleichartig, oder inhomogen (heterogen), d. h. nicht überall gleichartig, sein. Dabei bezieht sich das Wort „gleichartig“ nicht auf die Größe und Gestalt der Körner, sondern auf ihre Zusammensetzung. Eine Legierung ist homogen, wenn alle ihre Kristalle die gleiche Zusammensetzung haben, auch wenn die Kristalle sich nach Größe und Gestalt stark voneinander unterscheiden. Dagegen ist eine Legierung heterogen, wenn sie aus mindestens zwei nach ihrer Zusammensetzung verschiedenen Kristallarten besteht.

134 Unterscheiden Sie zwischen Mischkristall (MK) und Kristallgemisch (KG).

Wenn ein Kristall nicht aus einer einzigen, sondern aus mehreren verschiedenen Arten von Atomen besteht, dann ist er ein „**Mischkristall** (**MK**)“. Da es undenkbar ist, dass man die Atome eines Mischkristalls mechanisch voneinander trennen kann, stellen Mischkristalle, sofern sie alle gleich zusammengesetzt sind, eine einzige Phase dar. Mischkristalle werden auch als feste Lösung oder Lösung im festen Zustand bezeichnet. Dagegen besteht ein **Kristallgemisch** (**KG**) aus mindestens zwei verschiedenen Kristallarten, also aus mindestens zwei Phasen, die jede für sich betrachtet entweder Mischkristalle oder reine Kristalle darstellen. Grundsätzlich unterscheidet man zwei Arten von Mischkristallen:

- **Substitutions-MK**
  - Die Fremdatome sitzen auf Gitterplätzen.
  - Die Anordnung der Fremdatome ist meist unregelmäßig, kann aber so regelmäßig sein, dass sie wie ein überlagertes, eigenes Gitter wirken; das nennt man „**Überstruktur**“.
  - Meistens besteht beschränkte Löslichkeit. Nur dann, wenn beide Komponenten gleichen Gittertypen angehören und ähnliche Atomdurchmesser haben, ist unbeschränkte Löslichkeit möglich.
- **Einlagerungs-MK**
  - Die Fremdatome sitzen auf Zwischengitterplätzen, d. h. auf Plätzen zwischen den Atomen des Wirtgitters.
  - Die Anordnung der Fremdatome ist unregelmäßig.
  - Nur beschränkte Löslichkeit ist möglich. Die Einlagerung ist überhaupt nur möglich, wenn der Atomdurchmesser des eingelagerten Atoms klein ist im Verhältnis zum Durchmesser des Wirtgitteratoms.

135 Wann bildet sich eine Intermetallische Phase (IP), wie ist ihr Gitteraufbau und durch welche Besonderheiten zeichnet sie sich noch aus?

Liegen zwei Komponenten vor, deren Affinität zueinander sehr groß ist, also die beim Kristallgemisch und bei den Mischkristallen festgelegte Grenze überschreitet, bilden diese eine **Intermetallische Phase** (**Intermediäre Phase**). Es handelt sich um

- Verbindungen metallischer Elemente des Typs $\mathrm{A}x\mathrm{B}y\mathrm{C}z, \ldots, x + y + z + , \ldots, = 1$

oder um

- Verbindungen metallischer Elemente mit Sauerstoff (Oxide), Stickstoff (Nitride), Kohlenstoff (Karbide) und viele andere (z. B. Sulfide, Carbonate).

Beispiele: SiO_2, Si_3N_4, Fe_3C.

Ihr Gitter ist immer anders als die der beteiligten Komponenten. Meistens ist es sehr kompliziert aufgebaut und hat aus diesem Grund keine oder nur wenig Gleitebenen. Dadurch kommt es, dass Intermetallische Phasen immer eine große Härte und Sprödigkeit haben. Eine Besonderheit besteht darin, dass sie sich bei der Abkühlung und Erwärmung wie ein reines Metall verhalten können. Ihre entsprechenden Kurven, z. B. die Abkühlungskurve, zeigen einen Haltepunkt. Eine weitere Besonderheit besteht in der Bezeichnungsweise. Sie ist den chemischen Verbindungen gleich, obwohl hier ein anderer Zusammenhalt der Atome untereinander vorliegt.

136 Beschreiben Sie die Verfahrensweise der Aufstellung eines Zustandsdiagramms für binäre Systeme „flüssig-fest" mit einem zugehörigen Bild. Verfolgen Sie im Diagramm aus dem Zustandsfeld „Schmelze" zwei Legierungen beim Abkühlen auf Raumtemperatur, interpretieren Sie ihre typischen Abkühlungskurven und zeigen Sie beispielhaft an markierten Punkten, wie das Mengenverhältnis der Komponenten und Phasen einer Legierung bestimmbar ist.

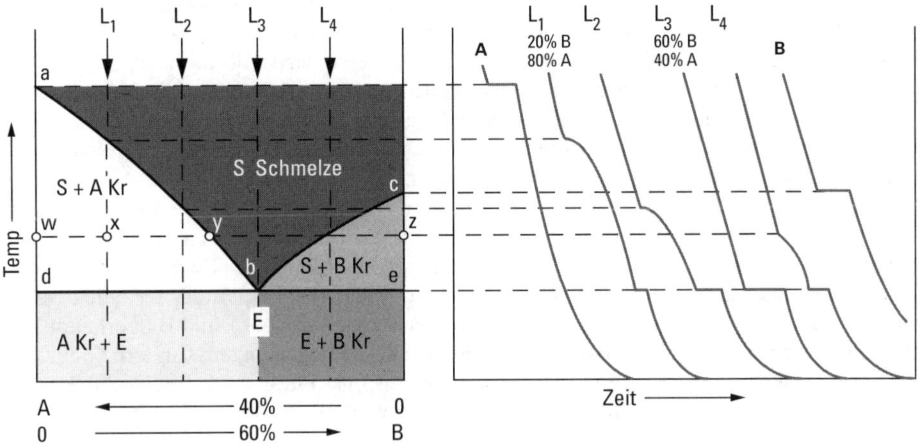

Abb. 3.29 Aufstellung eines Zustandsdiagramms durch „Thermische Analyse"; abc Liquiduslinie, adbec Soliduslinie, E Eutektikum, dbe Eutektikale, a Smp. von a, c Smp. von B.

Es gibt verschiedene Möglichkeiten ein Zustandsdiagramm aufzustellen. Das hier gewählte, einfache Diagramm, wegen der Form seiner Liquiduslinie bisweilen „V-Diagramm" genannt, kann man ermitteln, indem man aus den Komponenten A und B einige Gemische bekannter Zusammensetzung herstellt, schmilzt und abkühlen lässt. Die markanten Punkte (Knicke, Haltepunkte) der Abkühlungskurven werden in das Schaubild projiziert. Das Verfahren heißt „Thermische Analyse". Das zugehörige Bild in Abb. 3.29 lässt erkennen, dass nur die reinen Komponenten A und B und die eutektische Legierung der Zusammensetzung (40 % A und 60 % B) einen Erstarrungspunkt (Schmelzpunkt) haben, alle andere Legierungen dagegen ein Erstarrungsintervall. Es sollen zwei verschiedene Legierungen L_1 und L_3 beim Abkühlen aus dem Zustandsfeld „Schmelze S" verfolgt werden. Dabei verfahre man nach folgender Regel: Beim Erreichen eines neuen Feldes geht man waagerecht (sofern möglich nach beiden Seiten) durch dieses neue Feld hindurch bis zum Schnittpunkt mit der nächsten Linie (Phasengrenze); er gibt die Zusammensetzung des entstehenden Kristalls an.

Demnach beginnen in der **Legierung L_3** (Abb. 3.29) beim Erreichen der waagerechten Linie gleichzeitig reine A- und B-Kristalle zu wachsen. Es ist beachtenswert, dass der Erstarrungspunkt der Legierung durch Zusammenwirken der beiden Komponenten weit unter die Erstarrungspunkte der beiden Komponenten selbst erniedrigt wird. Bei dieser verhältnismäßig niedrigen Temperatur bilden sich viele Keime, die Kristalle erreichen nur eine geringe Größe, es bildet sich ein feines Gefüge, ein „Eutektikum". Für das aus dem Griechischen entlehnte Wort Eutektikum gibt es zwei Deutungen: „gut gebaut" wegen des feinen Gefüges und „gut schmelzend", weil es die Legierung mit dem niedrigsten Schmelzpunkt ist. Solange die eutektische Schmelze zu Eutektikum, dem Kristallgemisch aus feinen A- und B-Kristallen erstarrt, wird durch die dabei freiwerdende Kristallisationswärme die Temperatur der Legierung auf konstanter Höhe gehalten. Erst wenn die ganze Schmelze verbraucht ist, sinkt die Temperatur weiter ab.

In der **Legierung L_1** beginnen beim Erreichen des neuen Feldes reine A-Kristalle (in der Schmelze schwimmend) zu wachsen. Dadurch wird die Restschmelze prozentual reicher an B, kurz: B-reicher, so dass sie in Abb. 3.29 nach rechts rückt (wieder weg vom eben erreichten Feld und in das Feld Schmelze hinein). Damit hört das kaum begonnene Wachsen der Kristalle sofort wieder auf und setzt erst wieder ein, sobald die Restschmelze das neue Feld wieder erreicht. Tatsächlich vollzieht sich dieser Vorgang nicht wie ein stufenartiges Wechselspiel, sondern kontinuierlich: Sinkt die Temperatur, wachsen A-Kristalle und die Schmelze wird verbraucht, wobei sie B-reicher wird. Durch die frei werdende Kristallisationswärme wird die Abkühlung verzögert, die Abkühlungskurve verläuft weniger steil. Sobald die Restschmelze die waagerechte Linie und damit ein neues Feld erreicht, beginnt sie zu Eutektikum zu erstarren. Dabei wird der ganze Tiegelinhalt so lange auf konstanter Temperatur gehalten, bis er vollkommen erstarrt ist. Erst dann sinkt die Temperatur weiter ab.

Offensichtlich enthält jede Legierung dieses Systems bei Erreichen der waagerechten Linie eine Restschmelze eutektischer Zusammensetzung, die zu Eutektikum erstarrt. Dementsprechend wird die waagerechte Linie „Eutektikale“ genannt. Die Menge des Eutektikums ist umso größer und die eutektische Haltezeit umso länger, je näher die Legierung der eutektischen Zusammensetzung steht. Dagegen enthalten die reinen Komponenten A und B überhaupt kein Eutektikum, sondern nur A- bzw. B-Kristalle. Sie sind keine Legierungen, sondern Grenzfälle des Systems. Das Mengenverhältnis der Komponenten und Phasen für Legierung L_1 soll beispielhaft mit den markierten Punkten w, x, y und z bestimmt werden:

Mengenverhältnis der Komponenten: Abstand w-z = 100 %

$$\frac{\overline{wx}}{\overline{xz}} = \frac{\text{Menge der Komponente B}}{\text{Menge der Phase } \alpha - \text{MK b}} = \frac{18{,}8\,\%}{81{,}2\,\%}$$

Mengenverhältnis der Phasen: Abstand w-y = 100 %.

$$\frac{\overline{wx}}{\overline{xy}} - \frac{\text{Menge der Phase Restschmelze } y}{\text{Menge der Phase Primär-A-Kristalle}} = \frac{39\,\%}{61\,\%}$$

Mengenverhältnis der Komponenten für Restschmelze y: Abstand w-z = 100 %

$$\frac{\overline{wy}}{\overline{yz}} = \frac{\text{Menge der Komponente B}}{\text{Menge der Komponente A}} . = \frac{47{,}9\,\%}{52{,}1\,\%} .$$

137 Beschreiben Sie das Prinzip, wie aus Abb. 3.30 das Mengenverhältnis a) der Phasen von Legierung L_1 bei Raumtemperatur, b) der Komponenten A und B für die α-MK „b“ bei Raumtemperatur und c) der Phasen von Legierung L_2 bei der eutektischen Temperatur vor dem Erstarren des Eutektikums bestimmt werden kann. Wenden Sie das Prinzip an.

Für jede Legierung lässt sich das Mengenverhältnis der Komponenten bzw. Phasen auf einfache Weise nach dem **Gesetz der abgewandten Hebelarme (Hebelgesetz)** bestimmen. Dazu setzt man den waagerechten Abstand zwischen den Komponenten bzw. Phasen gleich hundert Prozent (Abb. 3.30). Dann lassen sich die Anteile als Längen abmessen und in Prozent angeben.

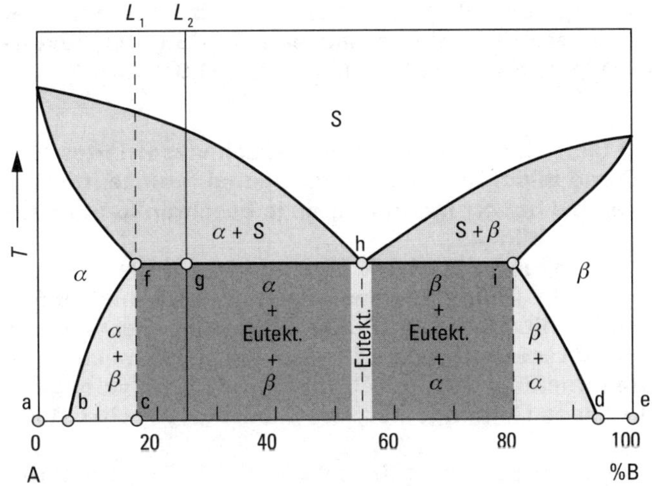

Abb. 3.30 Bestimmung des Mengenverhältnisses von Komponenten bzw. Phasen mit dem Gesetz der abgewandten Hebelarme (Hebelgesetz).

a) Abstand b-d = 100 % $\quad \frac{\text{bc}}{\text{cd}} = \frac{\text{Menge der Phase } \beta\text{-MKd}}{\text{Menge der Phase } \alpha\text{-MKb}} = \frac{13\,\%}{87\,\%}$

b) Abstand a-e = 100 % $\quad \frac{\text{ab}}{\text{be}} = \frac{\text{Menge der Komponente B}}{\text{Menge der Komponente A}} = \frac{5\,\%}{95\,\%}$

c) Abstand f-h = 100 % $\quad \frac{\text{fg}}{\text{gh}} = \frac{\text{Menge der Phase Restschmelze h}}{\text{Menge der Phase Primär} - \alpha\text{-MKf}} = \frac{23{,}3\,\%}{76{,}7\,\%}\,.$

138 Erklären Sie die Bezeichnung Eutektikum.

Das **Eutektikum** ist immer ein Kristallgemisch. Es hat wie ein reines Metall in der Abkühlungskurve nur einen Haltepunkt, obwohl es eine Legierung ist. Ursache dafür ist die gleich große, gegenseitige Beeinflussung der vorhandenen Prozentsätze der Komponenten. Durch diese Wechselwirkung entsteht auch im kristallinen Zustand ein wohlgeordneter Aufbau. Davon ist die Bezeichnung **Eutektikum** abgeleitet; im Altgriechischen bedeutet „*eutektos*" feinkörnig, wohlgeordnet.

139 Woraus wird das Eutektikum gebildet, wenn die Komponenten im flüssigen Zustand völlig und im kristallinen Zustand teilweise löslich sind?

In jedem Falle ist das Eutektikum ein Kristallgemisch. Die Bestandteile dieses Gemisches aus verschiedenen Kristallarten sind unterschiedlich und hängen von dem Verhältnis der Komponenten im kristallinen Zustand ab. Liegt, wie in diesem Falle, teilweise Löslichkeit vor, besteht das Eutektikum aus zwei verschiedenen Mischkristallen. Teilweise Löslichkeit der Komponenten im kristallinen Zustand bedingt, dass die eine Atomsorte einzelne Atome der anderen Art in ihr Gitter aufnimmt. Es liegt ein Mischkristall vor. Sind aber mehr Atome der zweiten Komponente vorhanden als gelöst werden können, muss sich eine andere Mischkristallart bilden. Beide in einem bestimmten Mengenverhältnis bilden das Eutektikum.

140 **Zeichnen Sie mit Hilfe der folgenden Angaben das Schmelzdiagramm des Blei-Zinn-Legierungssystems, beschriften Sie es und erstellen Sie die Abkühlungskurven L_1 (10 % Sn), L_2 (19,5 % Sn), L_3 (30 % Sn) und L_4 (61,9 % Sn).**
Angaben:

- Blei erstarrt bei 327 °C und bildet bei 20 °C ein kubisch-flächenzentriertes Gitter, Zinn erstarrt bei 232 °C und bildet bei 20 °C ein tetragonal-raumzentriertes Gitter. Beide Metalle können bei hohen Temperaturen in beschränktem Maße Mischkristalle (MK) miteinander bilden.
- Eine Legierungsschmelze, bestehend aus 61,9 % Zinn und 38,1 % Blei, erstarrt bei 183 °C zu einem Eutektikum (Punkt E), das aus den α-MK mit 19,5 % Zinn (Punkt C) und den β-MK mit 2,5 % Blei (Punkt D) besteht. Bei weiterer Abkühlung scheiden die α-MK sekundäre β-MK und die β-MK sekundäre α-MK aus, da sich die Aufnahmefähigkeit der MK für Fremdatome verringert. Bei 20 °C ist dann ein sehr feines Gemenge der verschiedenen Mischkristalle entstanden.
- Bei der Abkühlung verlaufen die Sättigungslinien der MK für Fremdatome unter C und D nach außen gekrümmt.
  - Eine Legierung mit z. B. 90 % Blei und 10 % Zinn besteht bei 183 °C völlig aus α-MK. Bei weiterer Abkühlung wird bei etwa 130 °C die Sättigungslinie geschnitten, es werden zunehmend Zinn-Ionen aus dem Gitter gedrängt, die ihrerseits (sekundäre) β-MK bilden, so dass das Gefüge bei 20 °C aus α-MK mit eingelagerten sekundären β-MK besteht.
  - Eine Legierung mit z. B. 98,5 % Zinn und 1,5 % Blei besteht bei 183 °C völlig aus β-MK. Bei weiterer Abkühlung wird bei etwa 150 °C die Sättigungslinie geschnitten, es werden zunehmend Blei-Ionen aus dem Gitter gedrängt, die ihrerseits (sekundäre) α-MK bilden, so dass das Gefüge bei 20 °C aus β-MK mit eingelagerten sekundären α-MK besteht.

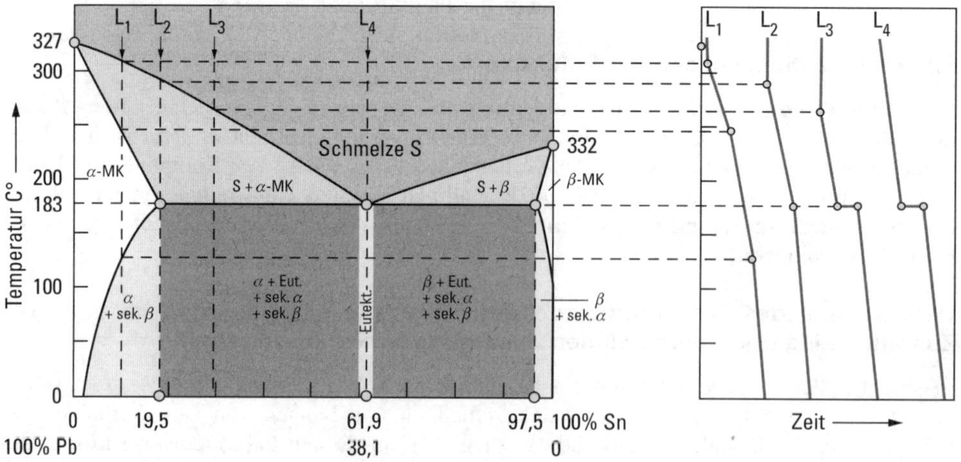

Abb. 3.31 Zustandsdiagramm Pb—Sn.

141 Erläutern Sie die Unterschiede zwischen eutektischer, peritektischer, monotektischer und eutektoider Umsetzung. Geben Sie Beispiele des Vorkommens derartiger Umsetzungen an.

Bei einer **eutektischen Umsetzung** erfolgt der Zerfall einer Schmelze bei fester Temperatur und Zusammensetzung in zwei Mischkristallarten (nonvariante Reaktion).

Beispiele: Ag–Cu, Pb–Sn, AgCl–CuCl, KNO_3–$Pb(NO_3)_2$

Während der **peritektischen Umsetzung** erfolgt die Reaktion einer Schmelze bei fester Temperatur und Zusammensetzung mit einer Mischkristallart unter Bildung einer neuen Mischkristallart (nonvariante Reaktion).

Beispiele: **Au–Pt**, **Fe–C-Teilsystem** (mit peritektische Umwandlung von Schmelze und festen δ-Fe-MK zu festen γ-Fe-MK, die bei der peritektischen Temperatur von 1493 °C und der peritektischen Zusammensetzung von 0,17 Masse-% Kohlenstoff abläuft).

Während einer **monotektischen Umsetzung** erfolgt der Zerfall einer Schmelze S_1 in eine Schmelze anderer Zusammensetzung S_2 und in eine Mischkristallart bei einer Temperatur und Zusammensetzung (nonvariante Reaktion).

Beispiele: Al–Pb, Al–Bi, Zn–Pb, Cu–Pb

Eine **eutektoide Umsetzung** hat nicht die Schmelze, sondern meistens eine Mischkristallart zum Ausgangszustand. Ihre Kristalle zerfallen spontan in ein Kristallgemisch, und in der Abkühlungskurve entsteht auch ein Haltepunkt.

Beispiele: Al–Zn, Messing, Bronze, eutektoides Teilsystem des Fe–C-Diagramms mit dem Zentrum um Punkt S auf der Stahlseite; Merkmal: eutektoide Reaktion/Umwandlung bei 723 °C: γ-Fe-MK $\rightarrow$ α-Fe-MK + Fe_3C (Perlit)

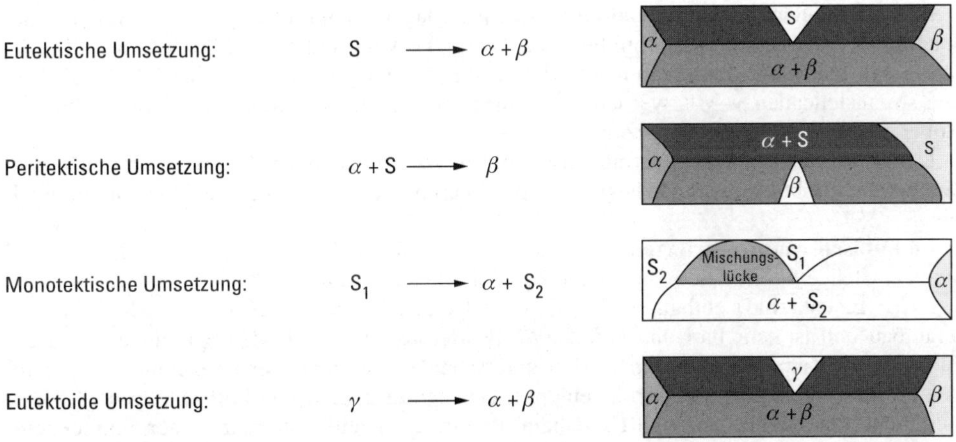

Abb. 3.32 Umsetzungen an Phasengrenzen bei binären Systemen „flüssig-fest."

142 Eisen-Kohlenstoff-Diagramm

142.1 Welcher Unterschied besteht zwischen dem metastabilen und stabilen System Eisen-Kohlenstoff (bis 6,67 % C)?

Im stabilen System tritt der Kohlenstoff als Graphit auf, im metastabilen dagegen gebunden als intermetallische Phase Fe_3C (Eisenkarbid, Zementit). Außerdem enthalten beide Systeme gelösten Kohlenstoff in allen drei Modifikationsgittern des Eisens als Einlagerungsmischkristalle (α-, γ- und δ-MK). Eine einleuchtende Erklärung für die Bezeichnung stabil und metastabil findet man darin, dass der im metastabilen System durch relativ schnelle Abkühlung erstarrte Rohguss bei längerem Glühen durch Zerfall des Fe_3C zu Fe und Graphit (Temperkohle) in das System Fe-Graphit übergeht; das kann nach den allgemein gültigen Regeln einer exergonen Reaktion nur ein stabileres System sein.

Die größere Bedeutung hat das metastabile System, da es die Grundlage für alle unlegierten Stähle und Eisenwerkstoffe in bezug auf Erstarrung und Wärmebehandlung ist. In dem üblicherweise gezeichneten Bereich des Fe–C-Diagramms bis 6,67 % C unterscheidet sich das stabile vom metastabilen System am auffälligsten durch das Wegfallen von Fe_3C und Eingliedern von Graphit. Alle anderen Linien des Zustandsdiagramms zeigen keine oder nur geringe Abweichungen (gestrichelte Linien in Abb. 3.33).

142.2 Wie verhalten sich die Modifikationsgitter des Eisens bei der Einlagerung des Kohlenstoffs zu Mischkristallen und wie werden die entstehenden Gefügebestandteile bezeichnet?

Im **kubisch-raumzentrierten** Gitter des α-Fe lagern sich die C-Atome bevorzugt in den Flächen- oder Kantenmitten ein. Das α-Fe kann nur wenig Kohlenstoff lösen (maximal 0,02 % bei 723 °C). Mit sinkender Temperatur geht das Lösungsvermögen gegen Null. Die so entstehenden α-MK werden als Gefügebestandteile mit **Ferrit** bezeichnet. Dieser Gefügename wurde deshalb gewählt, weil fast reines Eisen (lateinisch „*ferrum*“) vorliegt.

Im **kubisch-flächenzentrierten** Gitter des γ-Fe lagern sich die C-Atome bevorzugt in der Raummitte oder in den Kantenmitten ein. Das γ-Fe kann maximal 2,06 % C bei 1147 °C lösen. Mit sinkender Temperatur geht das Lösungsvermögen auf 0,8 % bei 723 °C zurück. Die so entstehenden γ-MK werden als Gefügebestandteile zu Ehren von William Chandler Roberts-Austen mit **Austenit** bezeichnet.

Das abnehmende Lösungsvermögen sowohl der α-MK als auch der γ-MK mit sinkender Temperatur ergibt im Zustandsdiagramm vom Maximalpunkt ausgehend je eine **Sättigungslinie**.

Im **kubisch-raumzentrierten** Gitter des δ-Fe löst sich bei 1493 °C maximal 0,1 % C und somit entstehen δ-MK. Diese haben keine praktische Bedeutung.

Fe_3C (Eisenkarbid) enthält 6,67 % C, es hat einen komplizierten rhomboedrischen Gitteraufbau und ist sehr hart und spröde. Als Härteträger in den Fe-C-Legierungen wird der Gefügename **Zementit** verwendet. Man unterscheidet mit sinkender Entstehungstemperatur den Primär-, Sekundär- und Tertiärzementit. Der Schmelzpunkt von Fe_3C ($\approx$ 1330 °C) lässt sich nicht genau ermitteln, weil Fe_3C beim Erwärmen bereits unterhalb seiner Schmelztemperatur zerfällt. Darum wird die Liquiduslinie (Abb. 3.33) im Fe–Fe_3C-Diagram oberhalb 4,3 % C punktiert gezeichnet.

Durch Umwandlungsvorgänge im kristallinen Zustand und durch die Bildung von Fe_3C entstehen Kristallgemische verschiedener Art, die mit Eutektikum, Eutektoid und Peritektikum bezeichnet werden. In der Tabelle von Abb. 3.33 sind die verschiedenen Gefügebestandteile der Fe–Fe_3C-Legierungen zusammengestellt, wobei auf δ-MK und das Peritektikum verzichtet wurde.

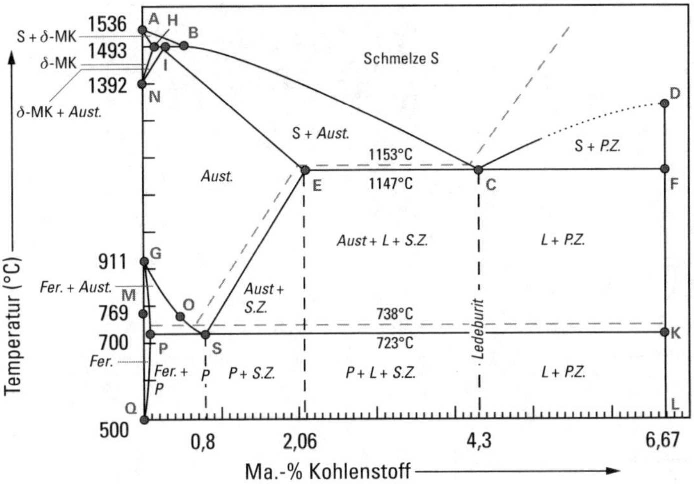

Gefügename	Phasenbezeichnung	C-Gehalt (Ma.-%)	Temperatur (°C)	Kristallart
Ferrit (*Fer.*)	α-MK	max. 0,02 min. 0	723 20	Einlagerungs-MK
Austenit (*Aust.*)	γ-MK	max. 2,06 min. 0,8	1147 723	Einlagerungs-MK
Primärzementit (*P.Z.*)			unter 1330	
Sekundärzementit (*S. Z.*)	Fe_3C	6,67	unter 1147	Intermetallische Phase, Eisenkarbid
Tertiärzementit (*T. Z.*)			unter 723	
Perlit (*P*)	α-MK + Fe_3C	0,8	723	Eutektoid (Kristallgemisch)
Ledeburit I (*L*) Ledeburit II	γ-MK + Fe_3C α-MK + Fe_3C	0,43	1147 ... 723 unter 723	Eutektikum (Kristallgemisch)

Abb. 3.33 Zustandsschaubild Eisen-Kohlenstoff; metastabiles System: Fe—Fe_3C; gestrichelt: Abweichungen des stabilen Systems Fe—C.

142.3 Aus welchen Grunddiagrammen besteht das Fe—Fe_3C-Diagramm? Welche wichtigen Gefügeumwandlungen stehen jeweils im Blickpunkt?

Ein Fe—Fe_3C-Diagramm ist selbst ein Teildiagramm des Eisen-Kohlenstoff-Diagramms, Es setzt sich zusammen (Abb. 3.34) aus:

a) dem Grunddiagramm mit völliger Löslichkeit im flüssigen und mit teilweiser Löslichkeit im kristallinen Zustand mit Eutektikum.
b) dem Grunddiagramm mit Eutektoid.
c) dem Grunddiagramm mit Peritektikum.

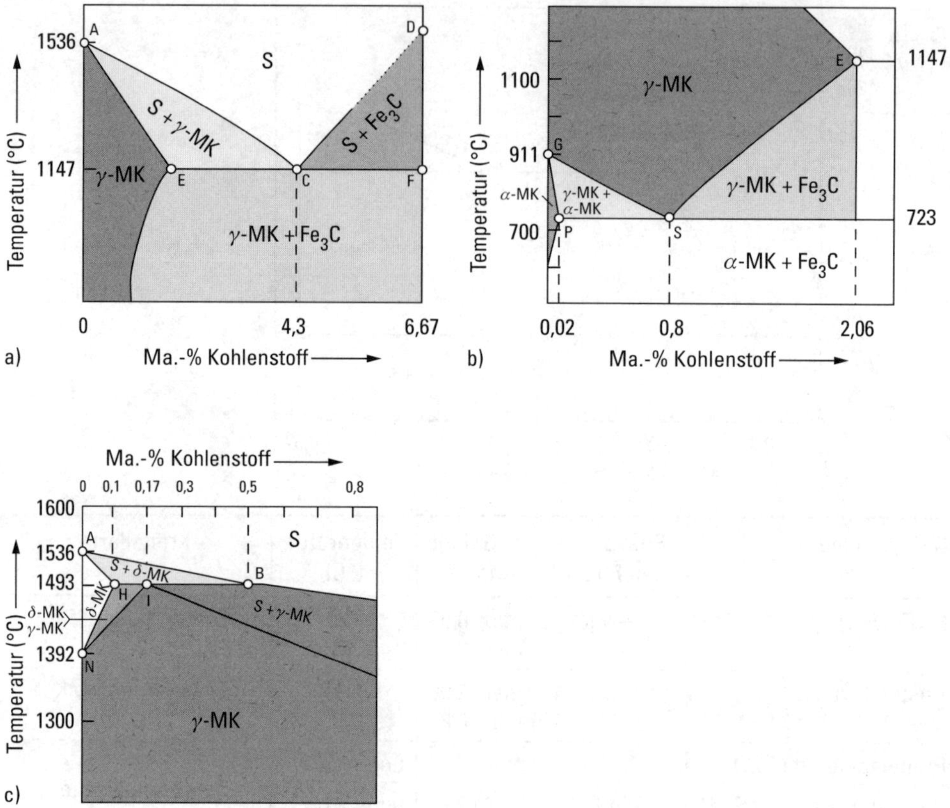

Abb. 3.34 Grundsysteme des Fe—Fe_3C-Diagramms; a) vgl. Abb. 1.38a: Vollständige Löslichkeit der Komponenten im flüssigen und teilweise Löslichkeit im festen Zustand (Mischungslücke und Eutektikum); b) vgl. Abb. 3.33: Eutektoider Zerfall der γ-MK; c) vgl. Abb. 1.38b: Peritektische Umsetzung von Schmelze und δ-MK.

Das Grunddiagramm a) umfasst den größten Teil des gesamten Fe—Fe_3C-Diagramms von etwa 0,8 % C nach rechts. Der Punkt C (4,3 % C und 1147 °C) ist der eutektische Punkt (Ledeburitpunkt). Der Punkt E (2,06 % C und 1147 °C) ist der maximale Sättigungspunkt der γ-MK mit Kohlenstoff. Die Linie ECF (Abb. 3.33 und 3.34) wird wegen der hier ablaufenden eutektischen Reaktion Schmelze ↔ γ-MK + Fe_3C als Eutektikale bezeichnet. Aus dem Schmelzrest, der sich auf die Gleichgewichtskonzentration von 4,3 % C eingestellt hat, entsteht ein wohlgeordnetes Kristallgemisch aus γ-MK und Fe_3C als Grundmasse. Dieses eutektische Gefüge wird zu Ehren von Adolf Ledebur als **Ledeburit** bezeichnet. Es ist als Ledeburit I beständig im Sekundärgebiet von 2,06–6,67 %C Mit sinkender Temperatur von 1147–723 °C scheidet sich aus den γ-MK des Ledeburits I Sekundärzementit an den Korngrenzen aus. Durch die γ-α-Umwandlung an der Eutektoiden bei 723 °C entsteht bei weiterer Abkühlung aus Ledeburit I Ledeburit II. Somit ist Ledeburit II im Tertiärgebiet von 2,06–6,67 % C beständig. Er besteht aus Ferrit und Zementit (α-Mk + Fe_3C).

Das Grunddiagramm b) umfasst die linke untere Ecke des Fe—Fe_3C-Diagramms (Stahlecke) bis etwa 2 % C nach rechts und 1147 °C nach oben. Der Punkt S (0,8 % C und 723 °C) ist der eutektoide Punkt (Perlitpunkt). Der Punkt P (0,02 % C und 723 °C) ist der maximale Sättigungspunkt der α-MK mit Kohlenstoff. Die Linie PSK wird wegen der hier ablaufenden eutektoiden Reaktion γ-MK $\leftrightarrow$ α-MK + Fe_3C als Eutektoide oder Perlitlinie bezeichnet. Aus dem Austenit, der sich auf die Gleichgewichtskonzentration von 0,8 % C eingestellt hat, entsteht ein wohlgeordnetes Kristallgemisch aus α-MK und Fe_3C. Dieses eutektoide Gefüge wird wegen des perlmutterartigen Aussehens seines Schliffbildes als **Perlit** bezeichnet. Im Perlitgefüge liegt Fe_3C lamellar in einer streifigen α-MK-Grundmasse eingebettet.

Das Grunddiagramm c) umfasst die linke obere Ecke des Fe–Fe_3C-Diagramms. Der Punkt I (0,17 % C und 1493 °C) ist der peritektische Punkt, wo die Reaktion Schmelze + δ-MK $\leftrightarrow$ γ-MK stattfindet. Die peritektische Umsetzung hat technisch keine Bedeutung.

142.4 Welche wichtigen Sättigungslinien sind im Fe–Fe_3C-Diagramm vorhanden, was geben sie an und welche Gefügeveränderungen treten dort auf?

Die **Linie ES** ist die Sättigungslinie (Linie der abnehmenden C-Löslichkeit, Entmischungslinie) für die übersättigten γ-MK. Längs dieser Linie scheidet sich aus dem Austenit Kohlenstoff in Form von Sekundärzementit aus, bis sich der Austenit auf die Gleichgewichtskonzentration von 0,8 % C entmischt hat. Dieser Sekundärzementit setzt sich als Segregation (Ausscheidung) überwiegend an den Korngrenzen als Korngrenzenzementit ab. Da diese Ausscheidungen an bereits vorhandenen Korngrenzen stattfinden, steigen infolge innerer Spannungen die Härte, Sprödigkeit und Schlagempfindlichkeit solcher Eisenwerkstoffe an. Unterhalb der Linie ES von 0,8–4,3 % C tritt als Gefügebestandteil Sekundärzementit auf. Die größte Menge von $(1{,}26/6{,}67) \cdot 100\,\% = 19{,}9\,\%$ entsteht bei 2,06 % C).

Die **Linie GOS** ist die Sättigungslinie für die untersättigten γ-MK. Im Konzentrationsbereich unterhalb dieser Linie scheiden sich aus den γ-MK kohlenstoffarme α-MK aus.

Die **Linie GPQ** ist die Sättigungslinie für die α-MK. Der Punkt P (0,02 % C und 723 °C) ist der maximale Sättigungspunkt für die α-MK. Unterhalb 723 °C nimmt die Lösungsfähigkeit der α-MK für Kohlenstoff längs der Linie PQ ab und es scheidet sich der Kohlenstoff in Form von Tertiärzementit an den Korngrenzen aus. Diese geringen Fe_3C-Ausscheidungen beeinflussen vor allem das Altern und die Ausscheidungshärtung von Stahl.

142.5 Was geschieht im Fe–Fe_3C-Diagramm beim Überschreiten längs der Linie MOSK?

Die Linie MOSK ist die magnetische Umwandlungslinie oder Curie-Linie. Da nur der Ferrit ferromagnetisch ist, nimmt die Magnetisierbarkeit mit abnehmendem Ferritgehalt ab. Der Austenit ist paramagnetisch.

142.6 Welche Einteilung der Eisenwerkstoffe in Abhängigkeit vom C-Gehalt gibt es unter Beachtung des Gefügeaufbaus?

Nach dem Kohlenstoffgehalt und nach den Punkten bzw. den Gefügearten des Eisen-Eisenkarbid-Diagramms unterteilt man sechs Eisenwerkstoff-Gruppen, die aus Abb. 3.35 ersichtlich sind:

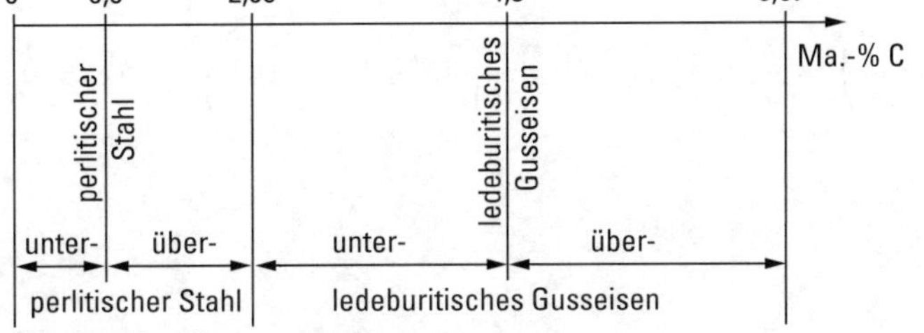

Abb. 3.35 Eisenwerkstoffgruppen.

142.7 Von einem Stahl mit 0,6 % C sollen die Masseprozente der Gefügebestandteile bei Raumtemperatur ermittelt werden.

Ein unlegierter Stahl mit 0,6 % C hat nach Abb. 3.33 25 Ma-% Ferrit und 75 Ma-%. Perlit, was sich mit dem Hebelgesetz (Abb. 3.36) berechnen lässt:

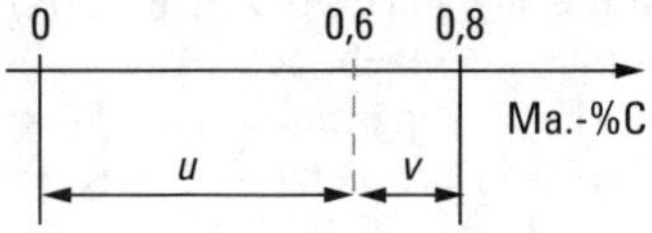

Abb. 3.36 C-Gehalt des perlitischen Stahls in Ma.-%.

$$\frac{u}{v} = \frac{\text{Ma.-\% Perlit}}{\text{Ma.-\% Ferrit}} = \frac{6}{2}$$

$$u = \frac{6}{8} \cdot 100\,\text{Ma.-\%} = 75\,\text{Ma.-\% Perlit}$$

$$v = \frac{2}{8} \cdot 100\,\text{Ma.-\%} = 25\,\text{Ma.-\% Ferrit}$$

3.11 Phasengleichgewichte ternärer Systeme

143 **Die Untersuchungsergebnisse ternärer Systeme werden meistens in einem Dreieck-Koordinatensystem (Abb. 3.37) dargestellt. Beweisen Sie, dass im gleichseitigen Dreieck**

a) die Summe der gezogenen Parallelen von einem beliebigen Punkt zu den drei Seiten konstant und gleich einer Dreieckseite ist,
b) die Summe der Abstände jedes Punktes von den drei Seiten gleich der Höhe ist.

a)

$$\sin\alpha = \frac{h}{\text{AC}} = \frac{a}{a'}\,; \quad \frac{h}{\text{BC}} = \frac{c}{c'}\,; \quad \frac{h}{\text{AB}} = \frac{b}{b'}$$

$$\rightarrow \quad a' + b' + c' = \text{AB} = \text{BC} = \text{AC}$$

Begründung: Gleichseitige und ähnliche Dreiecke

b)

$$a+b+c = a\left(1 + \frac{b'}{a'} + \frac{c'}{a'}\right) = \frac{a}{a'}(a'+b'+c') = \frac{h}{\text{AB}}(a'+b'+c') = \frac{h}{\text{AB}} \cdot \text{AB} = h\,.$$

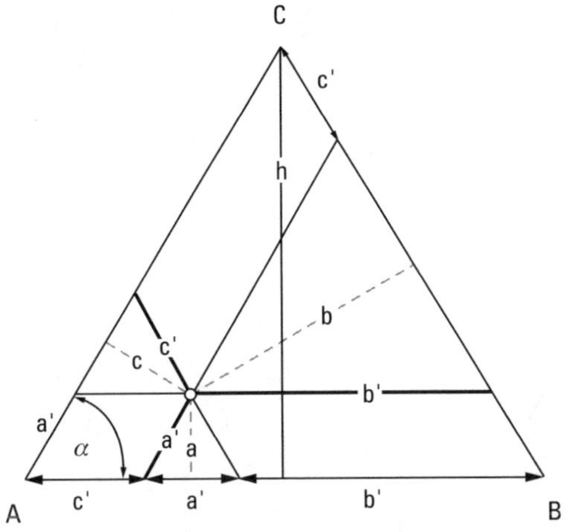

Abb. 3.37 Dreieck-Koordinatensystem.

144 **Es ist möglich, jede beliebige Zusammensetzung des ternären Systems durch einen Punkt im gleichseitigen Dreieck zu kennzeichnen. Was repräsentiert a) ein Eckpunkt des Dreiecks, b) ein Punkt auf einer Dreieckseite und c) ein Punkt im Dreieck? Machen Sie dies in einer Zeichnung (Abb. 3.38) an Beispielen deutlich und zeigen Sie, dass zwei Schnitte im Dreieck von besonderer Bedeutung sind.**

a) Die Eckpunkte des Dreiecks repräsentieren die reinen Komponenten A, B und C.
b) Ein Punkt auf einer Dreieckseite gibt die Zusammensetzung des jeweiligen binären Systems (AB, BC und AC) an.
c) Ein Punkt im Dreieck gibt die Zusammensetzung des ternären Systems an.

Tab. 3.10 Werte aus dem Dreieckkoordinatensystem Abb. 3.38.

	Punkt-Nr.										
	1	2	3	4	5	6	7	8	9	10	11
% A	100	70	50	20	10	40	20	0	20	0	80
χ_A	1,0	0,7	0,5	0,2	0,1	0,4	0,2	0	0,2	0	0,8
% B	0	30	40	70	60	30	30	50	10	10	10
χ_B	0	0,3	0,4	0,7	0,6	0,3	0,3	0,5	0,1	0,1	0,1
% C	0	0	10	10	30	30	50	50	70	90	10
χ_C	0	0	0,1	0,1	0,3	0,3	0,5	0,5	0,7	0,9	0,1

Man erkennt, dass auf einer Linie, die durch einen Eckpunkt geht, das Verhältnis der Konzentrationen der beiden anderen Komponenten konstant ist (Tab. 3.10):

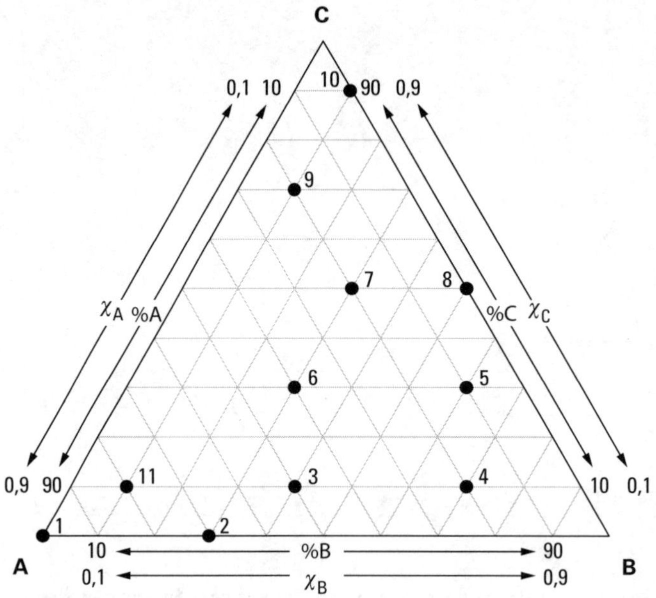

Abb. 3.38 Dreieckkoordinatensystem; Zeichnung zu Kap. 3.11, Frage 144.

Linie 1-11-6-8	% B	χ_B	% C	χ_C	$\frac{\% B}{\% C}$	$\frac{\chi_B}{\chi_C}$
Punkt-Nr. 11	10	0,1	10	0,1	1	1
Punkt-Nr. 6	30	0,3	30	0,3	1	1
Punkt-Nr. 8	50	0,5	50	0,5	1	1

Gleichfalls zeigt sich, dass durch eine Parallele zu einer Dreieckseite alle diejenigen Gemische gekennzeichnet sind, die die Komponente des gegenüberliegenden Eckpunkts in demselben Anteil enthalten (Tab. 3.10):

	% A	χ_A	% B	χ_B	% C	χ_C
Parallele zu BC	Für alle Punkte jeweils					
(9-7-4)	20	0,2				
Parallele zu AC			Für alle Punkte jeweils			
(2-6-4)			30	0,3		
Parallele zu AB					Für alle Punkte jeweils	
(11-3-4)					10	0,1

145 Soll ein ternäres flüssiges System mit Mischungslücke zwischen einem Paar der Komponenten beschrieben werden, muss man die Binodalkurve und die Konoden kennen.

145.1 Wie lasen sich Binodalkurve und Konoden bestimmen?
145.2 Beschreiben Sie, wie man durch Zustandsänderungen im System beim Zufügen einer Komponente den Verlauf der Binodalkurve und der Konoden verfolgen kann.
145.3 Welche praktische Bedeutung haben diese Überlegungen bei der industriellen Silbergewinnung nach dem Parkes-Verfahren.

Hinweis: Es handelt sich dabei um das ternäre System Pb–Zn–Ag. Von den Komponenten sind vollständig mischbar Pb und Ag einerseits und Zn und Ag andererseits, Pb und Zn sind nur teilweise ineinander löslich.

145.1: Zur Bestimmung der Binodalkurve werden z. B. zu einem Gemisch von B und C so lange kleine Mengen von A gegeben, bis das anfangs heterogene System gerade wieder homogen geworden ist. Die so ermittelte Zusammensetzung des ternären Systems entspricht dann einem Punkte der Binodalkurve. Durch Wiederholung dieses Verfahrens mit verschieden zusammengesetzten Gemischen von B und C werden mehrere Punkte der Binodalkurve und damit diese selbst erhalten.

Zur Ermittlung einer Konode wird eine beliebige Mischung innerhalb der Binodalkurve herausgegriffen und nach Einstellung des Gleichgewichts eine Komponente in einer der beiden konjugierten flüssigen Phasen bestimmt. Der so ermittelte Gehalt an dieser Komponente entspricht einem Punkt der Binodalkurve, die vorher bestimmt wurde. Die Verbindungslinie dieses Punktes mit dem Punkt der ursprünglich gegebenen Zusammensetzung legt die Richtung der Konode fest, deren zweiter Schnittpunkt mit der Binodalkurve die Zusammensetzung der konjugierten Phase liefert.

145.2 (Abb. 3.39): Fügt man zu dem binären System BC der Zusammensetzung e steigende Mengen von A, bewegt sich die Gesamtzusammensetzung des Systems entlang der Geraden edA. Solange dabei das Gebiet der Mischungslücke durchschritten wird, zerfällt das System in zwei konjugierte flüssige Phasen, deren Zusammensetzungen durch die Binodalkurve und die zugehörigen Konoden gegeben sind. Man erkennt, dass die durch die Schnittlinie edA

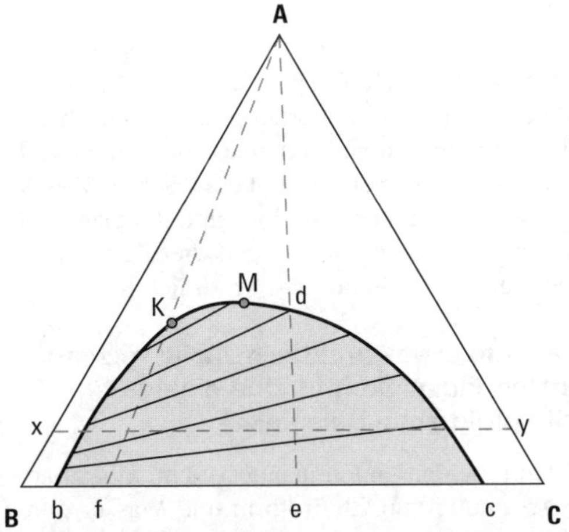

Abb. 3.39 Homogenisierung im ternären System mit einer Mischungslücke durch Zusatz der Komponente A.

entstehenden Konodenabschnitte auf der rechten Seite von edA immer kürzer werden. Bei steigendem A-Zusatz nimmt die Menge der B-reicheren Phase immer mehr ab, um schließlich beim Punkt d ganz zu verschwinden. Dabei wird das System homogen. Dieser Übergang des heterogenen Systems in das homogene bei A-Zusatz erfolgt dadurch, dass die eine flüssige Phase an Menge immer mehr abnimmt und schließlich ganz verschwindet. Das gilt für alle Zusammensetzungen des binären Systems aus den Komponenten B und C innerhalb der Mischungslücke bc mit Ausnahme der Zusammensetzung entsprechend dem Punkte f, dessen Verbindungslinie mit A durch den kritischen Punkt K geht. In diesem Falle verschwindet bei A-Zusatz nicht die eine flüssige Phase, sondern liegen beide flüssigen Phasen bis zuletzt vor. Der Übergang in das homogene System kommt dadurch zustande, dass die Zusammensetzung der beiden flüssigen Phasen im Punkte K schließlich identisch wird.

Diese beiden Arten des Übergangs eines heterogenen Systems in ein homogenes, nämlich bei Zusatz einer dritten Komponente zu einem binären System mit Mischungslücke oder dem entsprechenden ternären System innerhalb der Binodalkurve, lassen sich beim praktischen Arbeiten daran erkennen, wie die Trennungslinie zwischen den beiden ternären Phasen ihre Lage im System bei A-Zusatz verändert.

Im ersten Fall, Abnahme der Menge einer ternären Phase bis zu ihrem Verschwinden, verschiebt sich die Phasengrenze nach jedem A-Zusatz entweder nach oben oder unten und erreicht schließlich die Oberfläche des Systems oder den Boden des Gefäßes unter Homogenisierung des Systems.

Im zweiten Fall verschiebt sich die Trennungslinie der beiden Phasen ebenfalls, verschwindet aber in mittlerer Höhe. Dieses Verhalten kann zur Bestimmung des kritischen Punktes dienen, in dem die letzten konjugierten ternären Phasen identisch werden.

> Wird der Anteil an A in dem Gemisch konstant gehalten und das Verhältnis von B und C geändert, entspricht eine solche Änderung einem Fortschreiten auf der Linie xy.

Bei x liegt nur eine homogene flüssige Phase vor. Wächst nun das Verhältnis C:B, zerfällt das System in zwei flüssige Phasen, wobei die B-reichere an Menge immer mehr abnimmt. Sie verschwindet schließlich; dabei geht das System in nur eine C-reiche homogene flüssige Phase über.

145.3: Beim Schmelzen der drei Metalle Pb, Zn und Ag bilden sich zwei Schichten, von denen die eine hauptsächlich Pb, die andere hauptsächlich Zn enthält. Das Ag ist sehr viel reichlicher in der Zn-reichen Schicht löslich. Die ternären konjugierten Flüssigkeiten bilden dabei eine obere hauptsächlich Zn-haltige und Ag-reiche Schicht und eine untere hauptsächlich Pb enthaltende Ag-arme Schmelze. Die obere Schicht hat den höheren Schmelzpunkt, erstarrt daher beim Abkühlen zuerst und kann von der darunter befindlichen Schmelze leicht abgezogen werden. Nach dem Abtreiben des Bleis (Aufblasen von Luft auf die Bleischmelze unter Bildung von Bleiglätte) und dem Abdestillieren des Zn bleibt das Ag zurück.

146 Welche Voraussetzung muss erfüllt sein, um zwei praktisch nicht mischbare Flüssigkeiten durch Hinzufügen einer dritten Flüssigkeit in eine einzige flüssige Phase überführen zu können? Nennen Sie praktische Beispiele.

Voraussetzung ist, dass die dritte Flüssigkeit mit beiden untereinander nicht mischbaren Flüssigkeiten mischbar ist. So kann man eine Mischung von Chloroform und Wasser durch Aceton oder Essigsäure in eine gemeinsame Lösung überführen, Wasser und Benzen durch Pyridin, Wasser und Ether durch Alkohole usw.

147 Beschreiben Sie den Temperatureinfluss auf die Mischungslücke des ternären Systems ABC. Verwenden Sie dazu das gegebene Raumdiagramm (Abb. 3.40). Welche Veränderungen erleidet dabei die ternäre Mischung der Totalzusammensetzung P? Welche Ausgangsmischungen lassen sich beim Erwärmen homogenisieren?

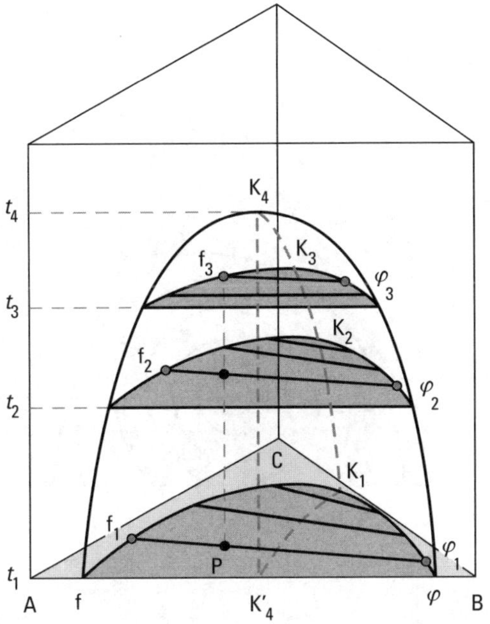

Abb. 3.40 Abhängigkeit der Mischungslücke von der Temperatur.

Im Raumdiagramm erkennt man, wie die Binodalkurve mit zunehmender Temperatur von t_1 nach t_3 schrumpft und schließlich bei t_4 in den kritischen Punkt K_4 übergeht. K_4 ist die obere kritische Lösungstemperatur des binären Systems AB. Hingegen zeigt das System im ternären Bereich keine obere kritische Lösungstemperatur.

Die Veränderungen, die eine ternäre Mischung der Totalzusammensetzung P und der Temperatur t_1 beim Erwärmen erleidet, können an der Senkrechten im Punkt P im Raumdiagramm verfolgt werden. Bei t_1 ist Zerfall in die ternären flüssigen Phasen f_1 und φ_1 in dem auf der Konode $f_1\varphi_1$ ablesbaren Mengenverhältnis eingetreten. Bei der Temperatur t_2 sind die konjugierten ternären Phasen durch f_2 und φ_2 gekennzeichnet. Bei der Temperatur t_3 ist die ternäre konjugierte B-reiche Phase φ_3 nahezu verschwunden, die A-reiche Phase f_3 wird identisch mit der Ausgangsmischung. Bei weiterer Erwärmung wird das System homogen.

Die kritischen Punkte der Binodalkurven sind durch die Kurve K_I K_2 K_3 K_4 miteinander verbunden. Eine Homogenisierung des Systems, bei der die beiden konjugierten Phasen miteinander identisch werden, ist beim Erwärmen nur bei solchen Ausgangsmischungen möglich, die auf der Projektion K_1 K'_4 der Kurve K_1 K_4 auf die Grundebene des Prismas liegen.

148 Beschreiben Sie den Temperatureinfluss auf die Mischungslücke des ternären Systems ABC. Verwenden Sie dazu das gegebene Raumdiagramm und seine Projektion auf das Konzentrationsdreieck (Abb. 3.41).

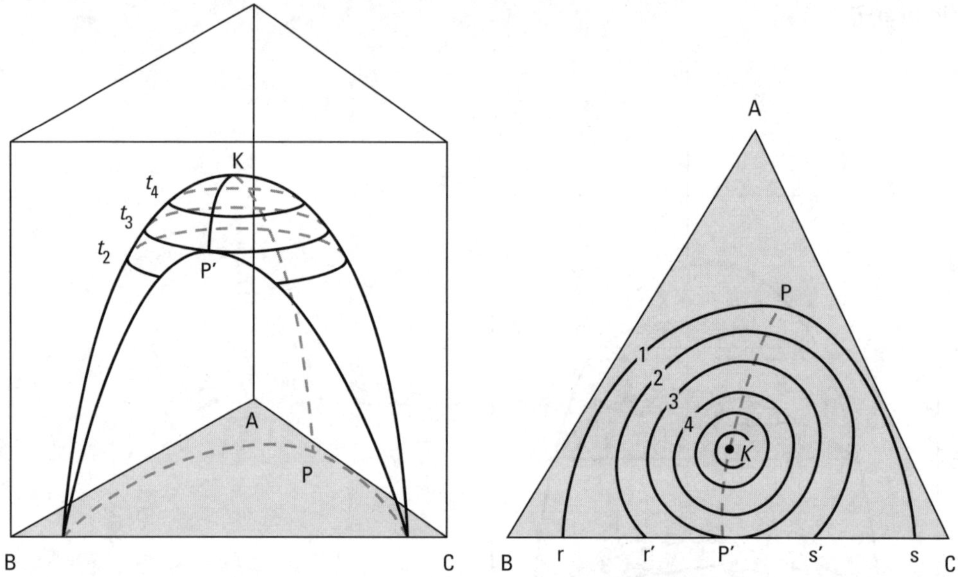

Abb. 3.41 Temperatureinfluss auf die Mischungslücke des ternären Systems ABC; a) Raumdiagramm; b) Konzentrationsdreieck.

Das Raumdiagramm macht deutlich, dass mit steigender Temperatur im ternären System ein Übergang von einer zunächst einseitig geschlossenen in eine allseitig geschlossene Mischungslücke erfolgt. Dies erkennt man an der Projektion, wie die Binodalkurven (z. B. 3 und 4) in geschlossene Kurven übergehen, deren Flächeninhalt mit wachsender Temperatur immer kleiner wird. Die geschlossenen Kurven besitzen zwei kritische Punkte. Ihre Verbindungslinie ist die gestrichelte Linie PKP′. Bei einer bestimmten Temperatur schrumpft die geschlossene Binodalkurve schließlich zu einem Punkt K zusammen. Diese Temperatur ist die obere kritische Lösungstemperatur des ternären Systems. Bei den Temperaturen der Binodalkurven 1 und 2 sind die Komponenten B und C nur teilweise mischbar. Die Mischungslücken liegen zwischen r und s bzw. r′ und s′. Bei der Temperatur, die der Binodalkurve 3 entspricht und bei der der eine kritische Punkt die Dreieckseite BC eben berührt, beginnt die vollständige Mischbarkeit von B und C im binären System. Für alle Punkte, deren Temperatur höher liegt als dem Punkt P′ entspricht, besitzen B und C keine Mischungslücke, wie z. B. für die Temperatur der Binodalkurve 4. Fügt man bei dieser Temperatur und der Zusammensetzung entsprechend dem Punkt P′ zu dem binären System BC steigende Mengen von A hinzu, bleibt das System zunächst homogen, zerfällt aber dann in zwei Flüssigkeiten, wenn der A-Zusatz so groß geworden ist, dass die Gesamtzusammensetzung des Systems in das Gebiet der Binodalkurve 4 gelangt. Ist der A-Zusatz so groß geworden, dass die Totalzusammensetzung den anderen kritischen Punkt der Binodalkurve übersteigt, wird das System wieder homogen.

149 Für das ternäre Legierungssystem Pb–Bi–Sn sind nachfolgende Hinweise und Daten gegeben:

- **Alle drei Komponenten sind im flüssigen Zustand unbegrenzt mischbar und bilden weder feste Lösungen (Mischkristalle) noch Verbindungen.**
- **Ihre Schmelzpunkte betragen: Sn (232 °C), Bi (271,3 °C) und Pb (327 °C).**
- **Jedes Komponentenpaar hat ein binäres Eutektikum und alle drei Komponenten haben ein gemeinsames ternäres Eutektikum (Tabelle).**
- **Die feste eutektische Legierung enthält feine Kristalle der drei Metalle im angegebenen Massenverhältnis.**

System	Zusammensetzung (Ma.-%) Binäres Eutektikum	Ternäres Eutektikum	Eutektischer Schmelzpunkt (°C)
Bi/Pb	E (54 % Bi + 46 % Pb)	–	134
Pb/Sn	F (40 % Pb + 60 % Sn)	–	182
Sn/Bi	D (43 % Sn + 57 % Bi)	–	128
Pb–Bi–Sn	–	G (43 % Sn + 57 % Bi)	96

149.1 Erstellen und beschreiben Sie das Modell des Raumdiagramms für das System Pb–Bi–Sn und projizieren Sie dieses auf die Grundfläche (Konzentrationsebene). Klappen Sie auch jede Mantelfläche der drei Teilsysteme in die Grundfläche herunter.

149.2 Beschreiben Sie mit beschrifteten Horizontalschnitten durch das Raumdiagramm die miteinander koexistierenden Phasen bei einer bestimmten Temperatur. Zur Illustration sind mit fallender Temperatur folgende vier isotherme Schnitte gefragt:

a) Isothermer Schnitt oberhalb des binären Eutektikums des Systems Bi/Pb, aber nach bereits einsetzender Primärkristallisation von Pb und Bi.

b) Isothermer Schnitt durch das binäre Eutektikum des Systems Bi/Pb.

c) Isothermer Schnitt unterhalb der drei binären Eutektika und oberhalb des ternären Eutektikums.

d) Isothermer Schnitt durch das ternäre Eutektikum.

149.1: Die Endpunkte der vertikalen Kanten des Raumdiagramms (Abb. 3.42) geben die Schmelzpunkte der reinen Komponenten an. Von diesen Punkten gehen in den Wänden des Mantels Kurven aus, die die univarianten Gleichgewichte ($F = 1$) der binären Systeme zwischen einer reinen festen Phase und der mit dieser Phase gesättigten binären Schmelze darstellen. Ihre Schnittpunkte geben die Schmelzpunkte und die Zusammensetzung der entsprechenden binären Eutektika an.

Die gekrümmten Flächen entsprechen bivarianten Gleichgewichten ($F = 2$) zwischen einer reinen Komponente in der festen Phase und der mit dieser Komponente gesättigten Schmelze. Die Schnittlinien dieser Flächen zeigen die Koexistenz von zwei festen Phasen und der ternären Schmelze an (univariante Gleichgewichte). Dies sind so genannte ternäre eutektische Kurven; sie gehen von den eutektischen Punkten der Zweikomponentensysteme aus und schneiden einander im ternären eutektischen Punkt. Dieser Punkt entspricht einem invarianten (nonvarianten) Gleichgewicht ($F = 0$) zwischen drei festen Phasen und der ternären Schmelze.

a)

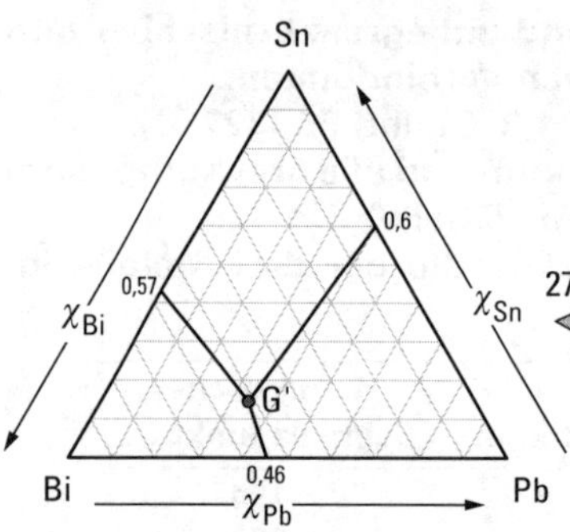

c)

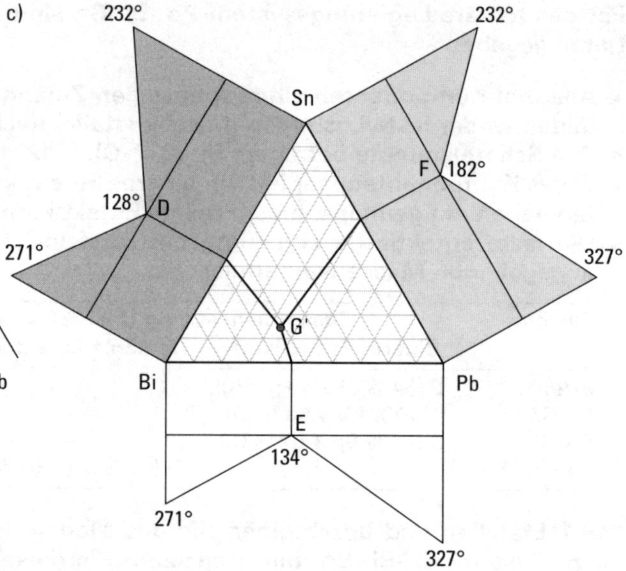

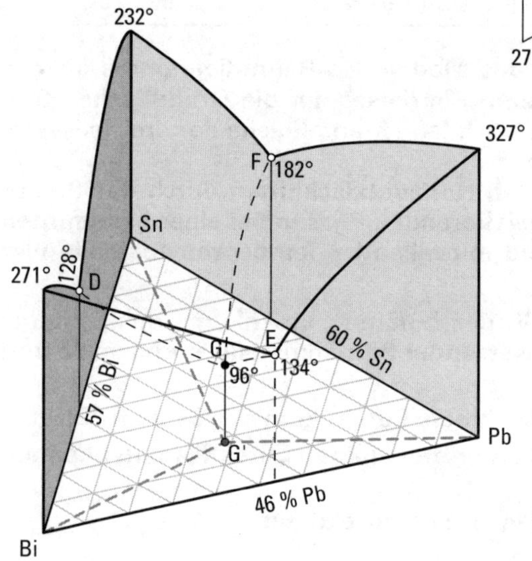

b)

Zusammensetzung	
Binäre Eutektika	Ternäres Eutektikum
χ_{Pb} = 0,46 (Bi/Pb)	χ_{Pb} = 0,33
χ_{Sn} = 0,6 (Bi/Sn)	χ_{Sn} = 0,155
χ_{Bi} = 0,57 (Sn/Bi)	χ_{Bi} = 0,515

d)

Abb. 3.42 Ternäres System Pb—Bi—Sn; a) Grundfläche (Konzentrationsebene); b) Raumdiagramm; c) Projektion des Raumdiagramms auf die Grundfläche; d) Zusammensetzung.

149.2a) In Abb. 3.43a deuten die Linien mn den Schnitt der Horizontalebene mit der Fläche der Primärkristallisation von Pb und op den Schnitt mit der Primärkristallisationsfläche von Bi an. Die beiden Linien grenzen das Gebiet der homogenen Schmelze von dem Zweiphasenraum S + Bi bzw. S + Pb ab. Eine Schmelze der Totalzusammensetzung x innerhalb der Fläche Pbmn zerfällt beim Abkühlen auf die Temperatur des Horizontalschnitts in die reine Komponente Pb und Schmelze S, deren Zusammensetzung durch den Schnittpunkt q der Geraden Pbxq mit der Linie mn gegeben ist. Diese Zusammenhänge sind durch einige Konoden angedeutet.

149.2b) Sachverhalt wie in a), aber jetzt schneiden sich die Kurven mn und op auf der Seite Bi–Pb (Abb. 3.43b).

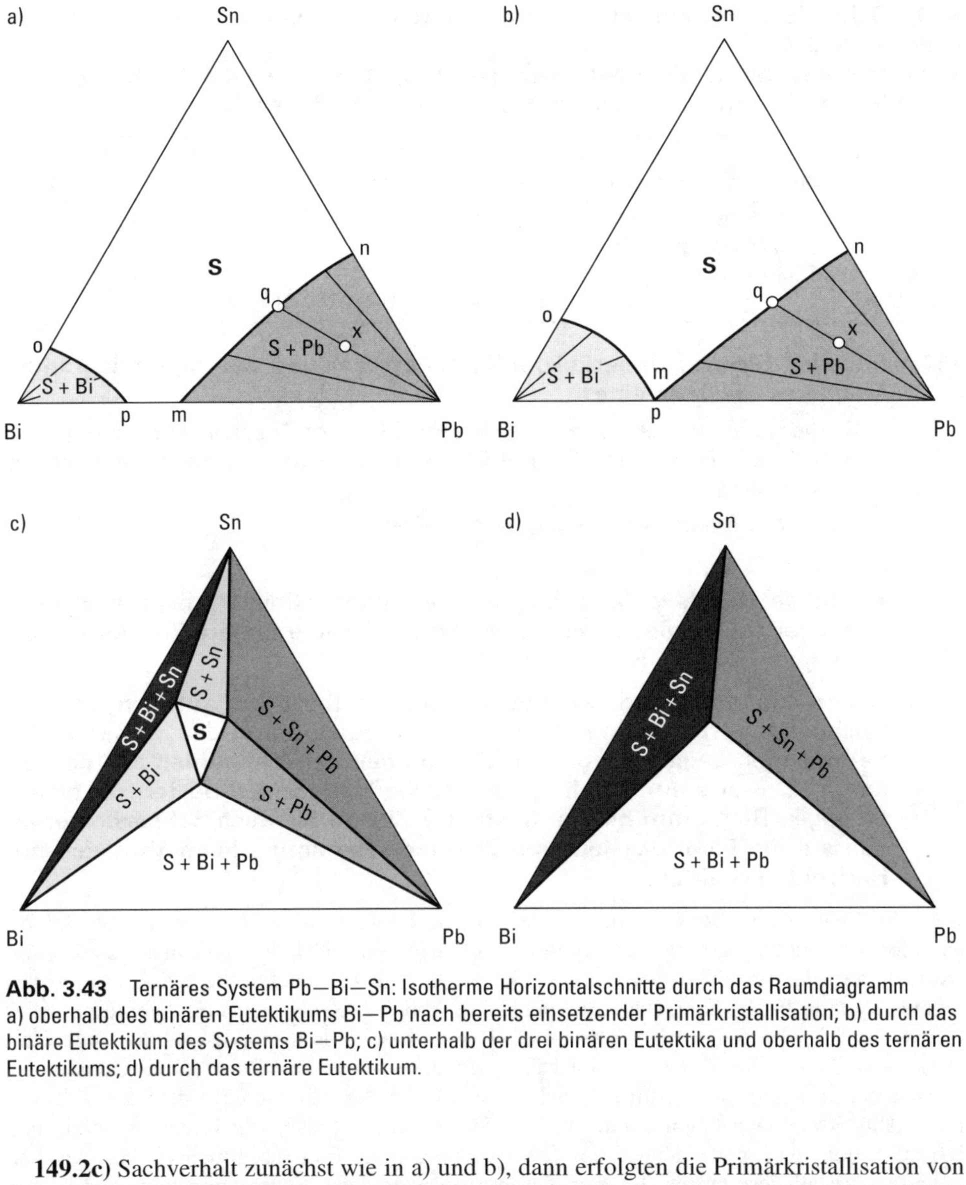

Abb. 3.43 Ternäres System Pb—Bi—Sn: Isotherme Horizontalschnitte durch das Raumdiagramm a) oberhalb des binären Eutektikums Bi—Pb nach bereits einsetzender Primärkristallisation; b) durch das binäre Eutektikum des Systems Bi—Pb; c) unterhalb der drei binären Eutektika und oberhalb des ternären Eutektikums; d) durch das ternäre Eutektikum.

149.2c) Sachverhalt zunächst wie in a) und b), dann erfolgten die Primärkristallisation von Sn und die binären eutektischen Kristallisationen von Bi+Pb, Sn+Pb und Bi+Sn (Abb. 3.43c).

149.2d) Die Felder der primären Kristallisation sind zu einer Grenzgeraden geschrumpft und die Gebiete der binären eutektischen Kristallisation berühren sich einander (Abb. 3.43d).

150 Für das ternäre Legierungssystem ABC sind nachfolgende Hinweise und Daten gegeben:

- **Es liegt vollständige Mischbarkeit der flüssigen und vollständige Unlöslichkeit der festen Phasen ineinander vor.**

- **Die Schmelzpunkte der reinen Komponenten betragen: A (278 °C), B (338 °C) und C (375 °C).**
- **Jedes Komponentenpaar hat ein binäres Eutektikum und alle drei Komponenten haben ein gemeinsames ternäres Eutektikum (Tabelle).**

System	Zusammensetzung (Ma.-%) Binäres Eutektikum	Ternäres Eutektikum	Eutektischer Schmelzpunkt (°C)
AC	F′ (67 % A + 33 % C)	–	240
BC	D′ (67 % B + 33 % C)	–	202
AB	E′ (38 % A + 62 % B)	–	370
ABC	–	G′ (60 % A, 24 % B + 16 % C)	165

150.1 Erstellen Sie das Dreieckskoordinatensystem und das Raumdiagramm. Markieren Sie darin eine

- **Gerade, die auf der Seite AB einen Punkt m der Zusammensetzung 38 % A und 62 % B mit dem Eckpunkt C verbindet und einen Vertikalschnitt kennzeichnet,**
- **zwei vom Eckpunkt B′ ausgehende Konoden:**
  - **Konode B′G′,**
  - **Konode, die als Verlängerung der Verbindungslinie B′p bis zum Schnitt mit der D′G′-Linie verläuft. Der Punkt p hat die ternäre Zusammensetzung von 30 % A, 50 % B und 20 %C.**

150.2 Geben Sie mit einem Zustandsdiagramm (bezogen auf den gekennzeichneten Vertikalschnitt durch das Raumdiagramm) das Verhalten der betreffenden Legierungen bzw. Mischungen beim Abkühlen aus der ternären Schmelze an. Welcher wesentliche Unterschied besteht zu einem analogen Diagramm binärer Systeme? Ziehen Sie auch Schlussfolgerungen auf die Form des ternären Zustandsdiagramms beim Vergleich mit Horizontalschnitten.

Betrachtet man den auf der Basis des Zustandsprismas stehenden Vertikalschnitt (Abb. 3.44b), ist sofort ersichtlich, dass die senkrechte Schnittebene die Flächen der Primärkristallisation (Kurven acb) durchstößt, wobei c ein Punkt ist, an dem die eutektische Kristallisation des binären Systems BC beginnt. Der Knickpunkt c in Abb. 3.44c entspricht dem Schnittpunkt der Geraden mC in Abb. 3.44a mit der Kurve des Beginns der binären eutektischen Kristallisation D′G′. Aus allen Legierungen, deren Totalzusammensetzungen den Punkten der Geraden cC entsprechen, scheidet sich primär C ab. Diese Fläche der primären Kristallisation von C ist in Abb. 3.44c nach unten durch die Gerade cd von der Fläche der binären eutektischen Kristallisation von B und C abgetrennt. Bei Mischungen der Totalzusammensetzung zwischen n und c kristallisiert primär B. Die Zusammensetzung der Schmelze ändert sich daher z. B. für den Punkt p entlang der Konode Bp und erreicht schließlich die Linie cG′, wo die Kristallisation des binären Eutektikums B und C beginnt. Bei einer Zusammensetzung der Mischung entsprechend dem Punkte n kristallisiert (Abb. 3.44a) nach der primären Ausscheidung von B das ternäre Eutektikum G′. Für Mischungen zwischen m und c gibt in Abb. 3.44c die Kurve ac die Primärausscheidung von B, für Mischungen zwischen n und c die Kurve cf die sekundäre Abscheidung des binären Eutektikums B und C an, während Mischungen der Zusammensetzung zwischen m und n nach der Primärausscheidung von B das binäre Eutektikum von A und B abscheiden, was durch die Kurve hf in Abb. 3.44c angedeutet wird. Der Punkt f entspricht dabei dem ternären Eutektikum G′.

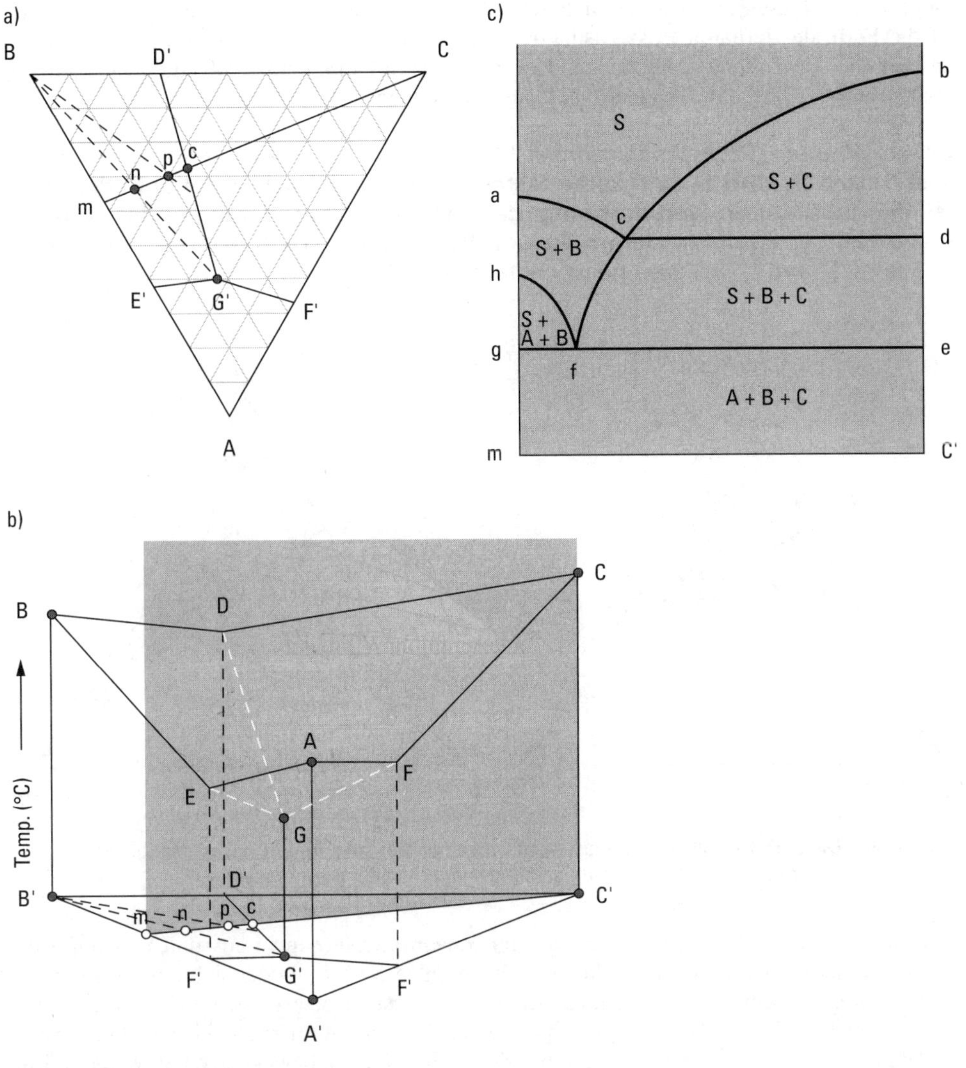

Abb. 3.44 Ternäres Legierungssystem ABC
a) Dreieck-Koordinatensystem mit zwei Konoden (gestrichelt) und Basislinie *Cm* des Vertrikalschnitts; b) Raumdiagramm mit markiertem Vertikalschnitt; c) Zustandsdiagramm zum Vertikalschnitt in b.

Ein wesentlicher Unterschied zwischen den Vertikalschnitten und dem analogen Diagramm binärer Systeme besteht darin, dass in Abb. 3.44c zwar die Kurve cb die Zusammensetzung der Schmelze im Augenblick der Primärkristallisation angibt, dass aber die anderen Kurven keine Aussage über die Zusammensetzung der im Gleichgewicht befindlichen Phasen gestatten. Die Kurven ac, hf und cf sind lediglich die Durchstoßpunkte der verschiedenen Konoden durch die Schnittebene. Die Phasen, die z. B. für Legierungen der Zusammensetzung zwischen m und n in Abb. 3.44a miteinander im Gleichgewicht stehen, nämlich die Schmelze und B bzw. das binäre Eutektikum von A und B werden durch Punkte außerhalb der Schnittebene charakterisiert.

Somit machen diese Aussagen deutlich, dass die Horizontalschnitte weitreichendere Schlüsse auf die Form des ternären Zustandsdiagramms gestatten, als die Vertikalschnitte. Daher ist man bemüht, die Zahl der untersuchten Horizontalschnitte möglichst groß zu machen, um das ternäre Zustandsdiagramm eindeutig aufbauen zu können.

151 Mit gegebenem Dreiecksdiagramm (Abb. 3.45a) einer wässrigen Lösung von zwei Salzen S_1 und S_2, die keine festen Lösungen (Mischkristalle) bilden, sind bei der isothermen Verdampfung des Wassers Veränderungen im ternären System zu beschreiben. Gehen Sie von homogenen Lösungen der Zusammensetzung l, l′ und l″ auf den gestrichelten Geraden aus.

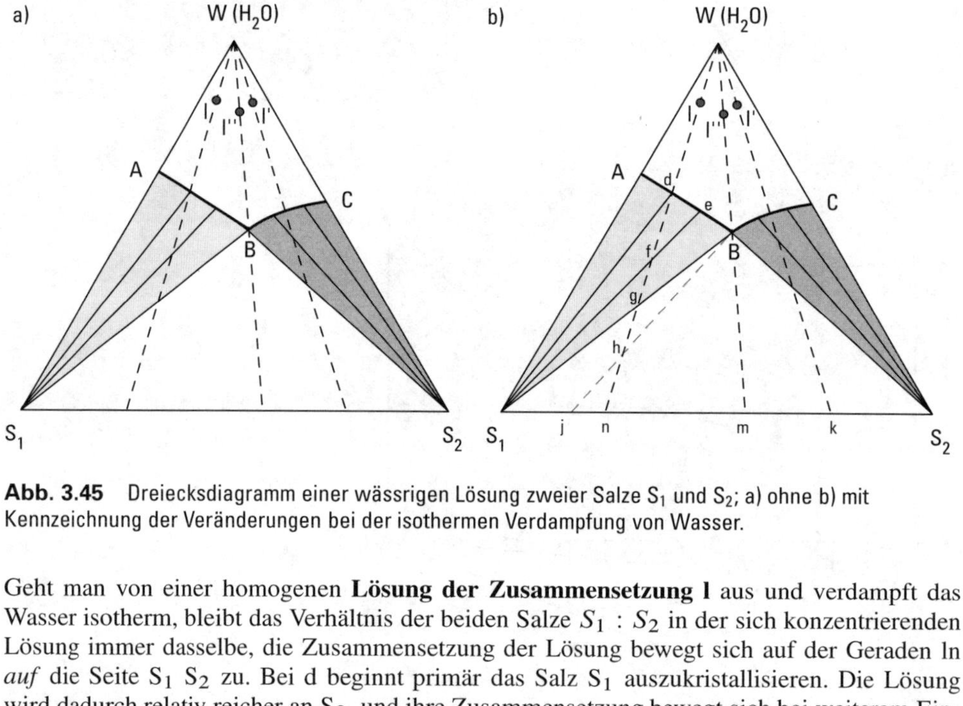

Abb. 3.45 Dreiecksdiagramm einer wässrigen Lösung zweier Salze S_1 und S_2; a) ohne b) mit Kennzeichnung der Veränderungen bei der isothermen Verdampfung von Wasser.

Geht man von einer homogenen **Lösung der Zusammensetzung l** aus und verdampft das Wasser isotherm, bleibt das Verhältnis der beiden Salze $S_1 : S_2$ in der sich konzentrierenden Lösung immer dasselbe, die Zusammensetzung der Lösung bewegt sich auf der Geraden ln *auf* die Seite S_1 S_2 zu. Bei d beginnt primär das Salz S_1 auszukristallisieren. Die Lösung wird dadurch relativ reicher an S_2, und ihre Zusammensetzung bewegt sich bei weiterem Eindampfen auf der Kurve dB nach B zu, dabei scheidet sich kontinuierlich reines S_1 ab. Hat die Totalzusammensetzung der Lösung den Punkt f erreicht, hat die Lösung die Zusammensetzung e, denn die Gerade eS_1 ist eine Konode, deren Enden die Zusammensetzung der miteinander im Gleichgewicht befindlichen Phasen in der Zustandslücke AS_1B angeben. Entspricht die Totalzusammensetzung des Systems dem Punkt g, hat die Lösung die Zusammensetzung B, also die des isothermen invarianten Punktes ($F = 0$). Weiteres Verdampfen kann die Zusammensetzung der Lösung nicht mehr ändern, denn neben S_1 kristallisiert jetzt auch S_2 aus. Ist so viel Wasser isotherm verdampft, dass das System die Totalzusammensetzung h erreicht hat, hat die Lösung die Zusammensetzung B, und der Bodenkörper besteht aus einem Gemisch von S_1 und S_2 entsprechend dem Punkt j. Beim Punkt n ist dann das gesamte Wasser verdampft, und der Rückstand besteht aus einem Gemenge von S_1 und S_2, in dem die Mengen der Salze in demselben Verhältnis vorliegen wie in der Ausgangslösung l.

Geht man von einer homogenen **Lösung der Zusammensetzung l′** aus, sind die Erscheinungen beim isothermen Verdampfen analog. Der Unterschied besteht lediglich darin, dass sich anstelle des Salzes S_1 primär das Salz S_2 abscheidet, wobei die Abscheidung im Schnittpunkt der Geraden l′k mit der Kurve BC beginnt.

Geht man von einer homogenen **Lösung der Zusammensetzung l″** aus, scheiden sich im Punkt B die Stoffe S_1 und S_2 gleichzeitig nebeneinander ab, und zwar in demselben Verhältnis, in dem sie in der Lösung vorlagen, so dass sich die Zusammensetzung der Lösung nicht verändert. Eine derartig zusammengesetzte Lösung (l″) verhält sich so, als ob sie nur eine einzige Substanz enthielte. Der Punkt B bei isothermer Verdampfung eines ternären Systems entspricht dem Eutektikum bei der Abkühlung eines binären Systems.

152 Mit gegebenem Dreiecksdiagramm (Abb. 3.46) einer wässrigen Lösung von zwei Salzen S_1 und S_2, die ein Doppelsalz der Zusammensetzung M und keine Mischkristalle bilden, sind bei der isothermen Verdampfung des Wassers Veränderungen im ternären System zu beschreiben, wenn von homogenen Lösungen ausgegangen wird und die Kurven AB, eB, eC und BD geschnitten werden. Welche Analogie besteht im Systemaufbau zu binären Systemen?

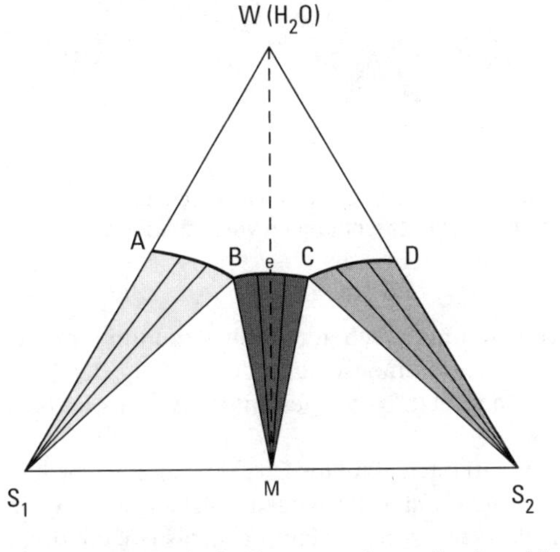

Abb. 3.46 Dreiecksdiagramm einer wässrigen Lösung von zwei Salzen S_1 und S_2 die ein Doppelsalz bilden.

Homogene Lösungen, die bei der isothermen Verdampfung die Kurve AB oder eB schneiden, scheiden zunächst reines S_1 oder reines M ab. Sie erreichen schließlich die Zusammensetzung des invarianten Punktes B ($F = 0$), wobei sich nun S_1 und M nebeneinander abscheiden.

Sind die Ausgangslösungen so zusammengesetzt, dass beim Eindampfen die Kurve eC oder DC geschnitten wird, so scheidet sich anfangs M bzw. S_2 ab, wobei die Lösung den invarianten Punkt C ($F = 0$) erreicht und sich jetzt M neben S_2 abscheidet.

Das System kann somit aus zwei Teilsystemen S_1-M-H_2O und S_2-M-H_2O aufgebaut gedacht werden. Beide aneinandergelagert entsprechen im Aufbau dem Temperatur-Konzentrations-Diagramm binärer Systeme mit stabiler Molekülverbindung.

153 Mit gegebenem Dreiecksdiagramm (Abb. 3.47a) einer wässrigen Lösung von zwei Salzen S_1 und S_2, die ein Doppelsalz der Zusammensetzung M und keine Mischkristalle bilden, sind bei der isothermen Verdampfung des Wassers Veränderungen im ternären System zu beschreiben, wenn von homogenen Lösungen der Zusammensetzung l und r ausgegangen wird. Erklären Sie bei Ihrer Beschreibung auch das Verhalten einer inkongruent gesättigten Lösung.

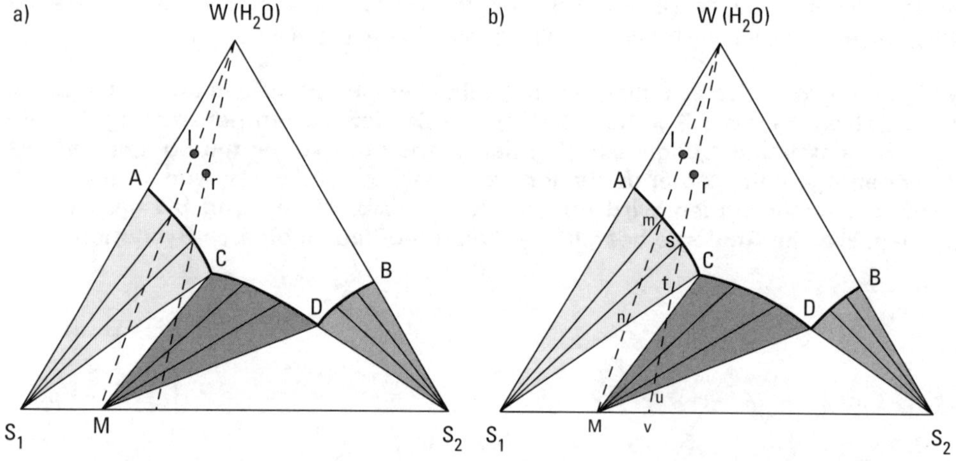

Abb. 3.47 Dreiecksdiagramme einer wässrigen Lösung von zwei Salzen S_1 und S_2 (Zeichnung zu Frage 153); a) ohne b) mit Kennzeichnung der Veränderungen bei der isothermen Verdampfung von Wasser.

Wird aus der Lösung l das Wasser isotherm verdampft, scheidet sich im Punkt m die Komponente S_1 aus (Abb. 3.47b). Dabei folgt die Zusammensetzung der Lösung der Löslichkeitskurve entlang mC, wobei sich die Zusammensetzung des gesamten Systems entlang mn ändert.

Wenn die Lösung die Zusammensetzung des invarianten Punktes C ($F = 0$) erreicht hat, scheidet sich das Doppelsalz M aus. Das Doppelsalz enthält die beiden Salze S_1 und S_2 in einem bestimmten Verhältnis und liegt, wenn das Wasser restlos verdampft ist, als Bodenkörper vor. Da sich aber schon vor Erreichung des Punktes C reines S_1 abgeschieden hat, kann sich das Doppelsalz M nur unter Auflösung des vorher ausgeschiedenen reinen Salzes S_1 bis zu dessen völligem Übertritt in die Lösung abscheiden.

Eine Lösung, die ein derartiges Verhalten zeigt, wird als **inkongruent gesättigt** bezeichnet.

Die Tatsache, dass sich das Salz, welches sich vor Erreichung des Punktes C abgeschieden hat, im Punkte C wieder auflösen muss, kann auch wie folgt verdeutlicht werden: Die jeweilige Zusammensetzung der festen Phase, die sich mit der invarianten Lösung C im Gleichgewicht befindet, wird durch die Konoden bestimmt, die von C aus durch die verschiedenen Punkte auf der Strecke nM gezogen werden können. Für die Totalzusammensetzung n ist der Bodenkörper reines S_1, am Ende der Verdampfung reines M. Für die Zwischenpunkte muss S_1 immer mehr und mehr verschwinden, um schließlich in das reine Doppelsalz überzugehen, wenn alles Wasser verdampft ist.

Ungesättigte Lösungen links von l verhalten sich analog, nur mit dem Unterschied, dass sich hier nicht alles S_1 wieder auflöst, um M zu bilden. Nach dem vollständigen Verdampfen liegt ein Gemisch von S_1 und M vor.

Hat die ungesättigte Lösung die Zusammensetzung r, scheidet sich bei s zunächst reines S_1 aus. Bei t tritt Wiederauflösung von S_1 unter Bildung von M ein, und bei weiterem Verdampfen bewegt sich die Totalzusammensetzung der Lösung von t bis u unter gleichzeitiger Abscheidung von M und Änderung der Zusammensetzung der Lösung von C nach D. Bei D bleibt trotz weiterer Eindampfung die Zusammensetzung der Lösung konstant, indem sich gleichzeitig M und S_2 abscheiden. Zum Schluss hat der Rückstand, der aus einem Gemisch von M und S_2 besteht, die Totalzusammensetzung v.

4 Aufgaben ohne Lösung

4.1 Ideale und reale Gase

1 In eine kalorimetrische Bombe mit 250 cm^3 Inhalt werden 5 dm^3 Sauerstoff (NB) gepresst und auf 200 °C erhitzt. Welcher Gasdruck entsteht in der Bombe (NB: 273,15 K; 1,01325 bar)?

2 In einer Gasbürette befinden sich 50 cm^3 Gas von 20 °C und 999,92 mbar. Um wie viel Grad ist die Gastemperatur gefallen, wenn das Volumen bei 1002,58 mbar nur noch 49 cm^3 beträgt?

3 Wie viel ml trockenes CO_2 von 18 °C und 99,325 kPa entstehen durch Reaktion von 0,7 g $CaCO_3$ mit Salzsäure?

4 Eine Elektrolysezelle wurde mit 125 dm^3 Lösung gefüllt, die 287,5 g/dm^3 wasserfreies CrO_3 enthielt. Dann fand 12,5 h lang die Elektrolyse ($I = 1600$ A; $\eta = 0{,}15$) statt. Berechnen Sie die Volumina der Gase, die bei 35 °C und 1,2 bar entstanden.

5 Berechnen Sie die Masse an Sauerstoff, die sich in einer Stahlflasche mit 40,5 dm^3 Inhalt befindet, wenn der Gasdruck 116,52 bar und die Gastemperatur 24 °C betragen!

6 Eine Sauerstoffflasche von 40 Litern steht gegenüber dem äußeren Luftdruck von 100 kPa unter einem Überdruck von 2,5 MPa. Wie viel Liter Sauerstoff entweichen beim Öffnen der Flasche?

7 Bei 25 °C und 101,3 kPa stehe in einem Autoreifen die Luft unter einem Überdruck von 280 kPa. Wie ändert sich der Reifendruck bei Abkühlung auf −10 °C? Die Änderung des Reifenvolumens soll vernachlässigt werden.

8 Eine Stahlflasche von 10 dm^3 enthält 40 g Wasserstoff. Bei welcher Temperatur erreicht der Überdruck 5 MPa?

9 Berechnen Sie die molare Masse von Helium M_{Helium} aus seiner Dichte $\varphi_{\text{Helium}} = 0{,}1785\ g/dm^3$ bei 0 °C und 1,01325 bar.

10 Berechnen Sie die mittlere Geschwindigkeit v und die Stoßfrequenz t^{-1} der H_2-Moleküle bei 0 °C und 1,01325 bar. Die Dichte von H_2 beträgt $\varphi_{H_2} = 0{,}0899\ kg/m^3$. Die mittlere freie Weglänge ist $\lambda_{H_2} = 1{,}13 \cdot 10^{-7}$ m.

11 Berechnen Sie das Volumen je Liter an trockenem HCl-Gas von 38 °C und 104 658 Pa, das von 270 cm^3 14 %iger NaOH ($\varphi = 1{,}153\ g/cm^3$) absorbiert werden kann?

12 Ein Gas mit einer Temperatur von 25 °C ist mit Wasserdampf gesättigt. Der Dampfdruck des Wassers bei 25 °C beträgt 0,031731 bar. Berechnen Sie den Feuchtigkeitsgehalt des Gases in Gramm pro Kubikmeter!

13 Die Partialvolumina von H_2O, O_2 und N_2 sowie die Partialdrücke von O_2 und N_2 sind zu berechnen. Das Gesamtvolumen beträgt 2 dm³, der Druck 1013,25 mbar, der Partialdruck des Wasserdampfes 123,3 mbar. Zusammensetzung der Luft (Volumenanteil): 21 % O_2 und 79 % N_2.

14 Um einen Airbag mit Gas zu füllen, kann man z. B. Natriumazid elektrisch zersetzen. Geben Sie die Zersetzungsgleichung an. Welche Masse Natriumazid braucht man, um einen 50-Liter-Ballon bei einer Temperatur von 120 °C zu füllen? Das Gas steht im Ballon unter einem Druck von 1300 hPa.

15 In einem Kessel von 3,2 dm^3 Inhalt befindet sich CO_2 unter einem Druck von 307 mbar. Wie groß wird der Gesamtdruck, wenn dazu 2,4 dm^3 N_2 vom Druck 973 mbar und 5,8 dm^3 H_2 vom Druck 680 mbar gedrückt werden?

16 Berechnen Sie die Temperatur, bei der 1 mol CO_2 unter einem Druck von 40 bar ein Volumen von 750 cm^3 hat ($a = 0{,}3649\,\mathrm{Nm^4/mol^2}$; $b = 4{,}2672 \cdot 10^{-5}\,\mathrm{m^3/mol}$).

17 Wie groß ist bei 27 °C in einem 10-Liter-Gefäß mit 416,6 g Ethin der Druck, wenn die van-der-Waals'schen Konstanten des Gases mit $a = 0{,}4459\,\mathrm{Nm^4/mol^2}$ und $b = 5{,}1363 \cdot 10^{-5}\,\mathrm{m^3/mol}$ gegeben sind? Wie groß wäre der Druck bei idealen Verhältnissen?

18 Das Backtriebmittel Hirschhornsalz ist eine Mischung aus Ammoniumhydrogencarbonat und Ammoniumcarbamat. Beim Erhitzen zerfallen beide Verbindungen. Nehmen Sie an, dass sie im Backtriebmittel mit gleichen Stoffmengen vertreten sind. Um welches Volumen vergrößert sich der Teig durch den Zerfall von 1 g Hirschhornsalz bei 180 °C und 101,325 kPa?

19 Bei sehr hohen Temperaturen dissoziiert molekularer Wasserstoff in seine Atome. Die Gleichgewichtskonstante bei 3000 K und einem Gesamtdruck von 980 hPa beträgt $Kp = 2{,}51 \cdot 10^{-2}$ bar.

a) Berechnen Sie den Partialdruck von atomarem Wasserstoff im Gleichgewicht.
b) Berechnen Sie die Gasdichte (in $\mathrm{kg/m^3}$) im Gleichgewicht unter den gegebenen Bedingungen.

20 Berechnen Sie die Dichte von Luft bei 0 °C und 1,01325 bar. Zu berücksichtigen ist die Luftzusammensetzung aus 78 % Stickstoff, 21 % Sauerstoff und 1 % Argon.

21 Die Dichtebestimmung von Luft mit der molaren Masse M =28,732 g/mol ergab bei 0 °C und 1,013 bar den Wert $\varphi = 1{,}275\,\mathrm{kg/m^3}$. Berechnen Sie Gaskonstante R von Luft.

22 Wie viele Atome sind in 0,15 mol Helium enthalten?

23 Berechnen Sie die Loschmidt-Konstante N_L aus den Werten von N_A und V_m.

24 Berechnen Sie die mittlere Geschwindigkeit von Sauerstoffmolekülen bei einer Temperatur von 27 °C.

25 Berechnen Sie die Dichte von Sauerstoff bei 27 °C und 100 kPa.

26 Berechnen Sie die mittlere kinetische Energie eines Stickstoffmoleküls bei 20 °C.

27 Berechnen Sie bei 0 °C und 1,01325 bar die genaue mittlere Molmasse M von Luft mit der Zusammensetzung von 78,08 mol% N_2, 20,95 mol% O_2, 0,934 mol% Ar und 0,035 mol% CO_2.

28 In einem Standzylinder sind 40 cm^3 Stickstoff über Wasser bei 99,99 kPa und 20 °C aufgefangen worden. Der Dampfdruck des Wassers beträgt bei 20 °C 2,338 kPa. Wie viel ml trockener Stickstoff sind in dem Volumen enthalten?

29 Fugazität

a) Berechnen Sie die Fugazität des gesättigten Wasserdampfes bei 155 °C, wenn Wasserdampf bei dieser Temperatur einen Sätigungsdampfdruck von 5,433 bar und ein molares Volumen von 6,24 Liter hat.

b) Welche Fugazität hat NH_3 bei 155 °C, 40,53 bar und einem molaren Volumen von 0,7696 dm^3/mol?

30 In ein Messrohr werden 20 cm^3 eines Gases gefüllt. Dazu werden 80 cm^3 Sauerstoff gegeben und gezündet. Nachdem sich der Ausgangsdruck und die Ausgangstemperatur wieder eingestellt haben, beobachtet man eine Volumenverminderung um 10 cm^3. Bei der Reaktion bleibt Sauerstoff übrig. Um welches der Gase Wasserstoff, Ammoniak, Kohlenstoffmonoxid, Ethen oder Methan kann es sich gehandelt haben?

31 Das beim Erhitzen von 420 g eines Salzgemisches von $(NH_4)_2CO_3 \cdot H_2O$, $FeCO_3$ und NaCl gebildete Gas wurde getrocknet und nahm dann bei 22 °C und 102,1 kPa ein Volumen von 124 dm^3 ein. Dieselbe Masse des Gemisches wurde mit einem Überschuss an verdünnter Salzsäure behandelt. Ein Hundertstel der entstandenen Lösung wurde mit Kaliumdichromat-Lösung ($c = 0{,}1\ mol \cdot dm^{-3}$) titriert. Es ergab sich ein Titratorverbrauch von 27,2 cm^3. Berechnen Sie die Masse der einzelnen Salze.

32 In einer Druckflasche befindet sich komprimierter Sauerstoff mit dem Druck $p_1 = 50$ bar und der Temperatur $T_1 = 298$ K. Dann wird die halbe Masse des eingeschlossenen Gases abgelassen, wobei die Temperatur auf 289 K sinkt. Wie groß ist der Druck p_2 des noch in der Flasche vorhandenen Sauerstoffs?

33 Die Dichte des Heliums bei 0 °C und 1 mbar beträgt $1{,}785 \cdot 10^{-4}\ g/cm^3$. Wie groß ist die Dichte bei 200 °C und 100 mbar?

34 Avogadro-Zahl

a) Berechnen Sie mit folgenden Angaben die durchschnittliche kinetische Energie ($mv^2/2$) eines Wassertropfens bei 27 °C:

- Das Wasser ist bei 27 °C in gasförmigem Argon dispergiert. Die gebildeten kugelförmigen Tropfen sollen nicht untereinander kollidieren.
- Jeder Tropfen hat einen Durchmesser von 1,0 μm und eine Dichte von 1,0 g/cm^3.
- Die Wurzel aus dem mittleren Geschwindigkeitsquadrat wurde bei 27 °C mit 0,5 cm/s bestimmt.

b) Berechnen Sie mit folgenden Angaben die Avogadro-Zahl, ohne das ideale Gasgesetz, die allgemeine Gaskonstante und die Boltzmann-Konstante zu verwenden:

- Bei Änderung der Temperatur ändern sich auch die Größe und die Geschwindigkeit des Tropfens.

- Die durchschnittliche kinetische Energie eines Tropfens zwischen 0 °C und 100 °C hängt linear von der Temperatur ab. Nehmen Sie an, dass diese Linearität auch unterhalb von 0 °C erhalten bleibt.
- Im thermischen Gleichgewicht ist die durchschnittliche kinetische Energie für alle Teilchen die gleiche, unabhängig von der Masse der Teilchen.
- Die spezifische Wärmekapazität von Argongas (Atommasse 40) bei konstantem Volumen beträgt 0,31 J/(g · K).

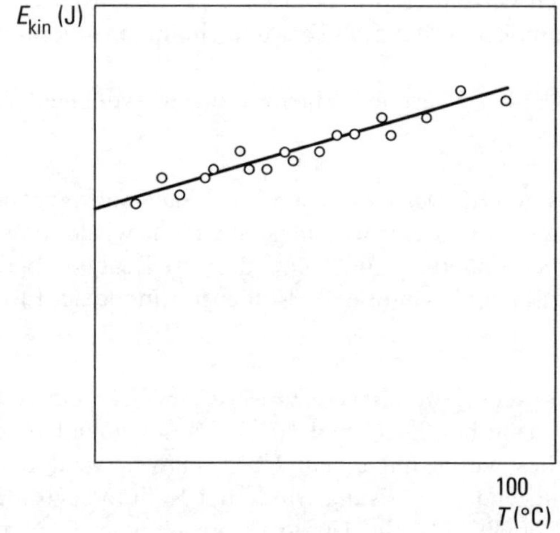

Abb. 4.1 Abhängigkeit der kinetischen Energie von der Temperatur.

35 Acht Kerzen aus Stearinsäure, die je eine Masse von 58 g haben, werden in einem Caravan, in dem sich 19 m^3 Luft befinden, verbrannt. Der Caravan hat keinen Abzug, so dass angenommen werden kann, dass kein Gasaustausch mit der Umgebung stattfindet. Die Zusammensetzung (in Volumenprozent) der Luft im Caravan vor der Verbrennung der Kerzen beträgt: Sauerstoff 21 %, Stickstoff 78 %, Argon 0,9 %. Zu Beginn betrug die Temperatur 21,0 °C, es herrschte ein Druck von 98,0 kPa.

- Geben Sie die Reaktionsgleichung für die vollständige Verbrennung von Stearinsäure an.
- Bestimmen Sie den Anteil (in Volumenprozent) von Sauerstoff und Kohlenstoffdioxid nach der Verbrennung. Vernachlässigen Sie dabei den geringen Anteil von Kohlenstoffdioxid vor der Verbrennung.

36 In einer mit Luft gefüllten, aufrechten Röhre befinden sich zwei bewegliche Kolben gleicher Größe und Masse. Die Röhre ist am unteren Ende verschlossen und der untere Kolben befindet sich in einer Höhe von $h = 10\,\text{cm}$ über dem Röhrenboden. Der zweite Kolben befindet sich 10 cm über dem ersten. Der Luftdruck zwischen den Kolben entspricht dem zweifachen Atmosphärendruck und die Röhre ist nach oben offen. Auf welcher Höhe x befindet sich der untere Kolben, wenn der obere langsam an die ursprüngliche Stelle des unteren gedrückt wird? Die Reibung soll keine Rolle spielen, Luft sich wie ein ideales Gas verhalten und die Temperatur konstant bleiben

4.2 Osmotischer Druck idealer Lösungen

37 Man berechne den osmotischen Druck einer Lösung von 5 g Glukose in 100 cm^3 H_2O bei 20 °C.

38 Zur Bestimmung der Molmasse von Hämoglobin wurde von einer in einer Pergamentmembran eingeschlossenen Lösung von 4,8 g Hämoglobin in 100 cm^3 Lösung bei 10 °C der osmotischen Druck zu 71,45 mbar ermittelt. Berechnen Sie die Molmasse von Hämoglobin!

39 Eine 0,5 molare Kochsalzlösung ist zu 74,3 % dissoziiert. Wie groß ist der osmotische Druck dieser Lösung?

4.3 Joule-Thomson-Effekt

40 Berechnen Sie aus den van-der-Waals'schen Konstanten *a* und *b* (s. Tabelle) die theoretischen Werte von T_i (Inversionstemperatur), T_B (Boyle-Temperatur) und T_k (kritische Temperatur) für Wasserstoff, Stickstoff, Sauerstoff und Methan. Welche Folgerungen bezüglich der Gasverflüssigung ergeben sich daraus?

Gas	$a\left[\frac{Nm^4}{mol^2}\right]$	$b\left[10^{-5}\cdot\frac{m^3}{mol}\right]$
H_2 Wasserstoff	0,0246	2,66
N_2 Stickstoff	0,1381	3,85
O_2 Sauerstoff	0,1381	3,183
CH_4 Methan	0,22914	4,26
C_2H_2 Ethin	0,4459	5,14

41 Gesucht ist der Joule-Thomson-Effekt für 1 bar Druckerniedrigung bei 0 °C für Sauerstoff ($Cp = 29{,}01\,J/(mol\cdot K)$, $a = 0{,}1381\,Nm^4/mol^2$, $b = 3{,}1830\cdot 10^{-5}\,m^3/mol$).

4.4 Arbeit

4.4.1 Volumenarbeit

42 Die Elektrolyse von (angesäuertem) Wasser wird bei 25 °C und 1 bar durchgeführt. Wie groß ist die Volumenarbeit, wenn genau 1 mol H_2O zersetzt wird?

43 Bei einer chemischen Reaktion, die unter einem Druck von 3 bar abläuft, vermindert sich das Volumen eines Systems um 1,5 m^3 Berechnen Sie die Volumenarbeit.

44 Die molare Volumenarbeit für die Reaktion von Kalziumkarbid mit Wasser

$$CaC_{2(s)} + 2\,H_2O_{(l)} \rightleftharpoons Ca(OH)_{2\,(s)} + C_2H_{2\,(g)}$$

bei der Temperatur von 30 °C und einem Druck von 101 325 Pa ist zu berechnen.

45 Es werden 10 g Magnesium bei 25 °C und 1,2 bar in überschüssiger Salzsäure aufgelöst. Welche Volumenarbeit verrichtet das System?

46 Die Dichte von Wasser beträgt nahezu 1,0 g/cm^3, die von Eis 0,917 g/cm^3 (beide bei 0 °C und 1 bar). Welche Volumenarbeit ist mit dem Schmelzen von 1 kg Eis verbunden?

47 Zum Antrieb von Raketen setzt man u. a. Salpetersäure mit Hydrazin um. Wie groß ist die Volumenarbeit W, wenn bei 1,013 bar und 350 °C 674 kg Hydrazin verbraucht wurden?

48 Bei einer Temperatur von 521 °C und einem Druck von 300 kPa wird 1 mol Eisen(III)-oxid durch Wasserstoff reduziert. Wie groß ist die Volumenarbeit?

49 Auf welche Temperatur erwärmt sich 1 mol CO_2, wenn das Volumen adiabatisch auf den 5. Teil komprimiert wird? Wie groß ist dabei die aufzuwendende Volumenarbeit ($k = 1{,}3$; $C_{V\,(CO2)} = 27{,}72\,\mathrm{J/(mol \cdot K)}$)?

50 Wie groß ist die Volumenarbeit, wenn 40,2 Liter Sauerstoff von 14 MPa auf 0,1 MPa a) isotherm und b) adiabatisch entspannt werden ($k = 1{,}4$)? Wie können die unterschiedlichen Ergebnisse von a) und b) erklärt werden?

51 0,7 mol eines idealen Gases werden bei 0 °C bzw. 100 °C reversibel, isotherm auf zwei Drittel des Ausgangsvolumens komprimiert, bzw. auf das 4fache Volumen expandiert. Berechnen Sie die damit verbundenen Volumenarbeiten!

4.4.2 Osmotische Arbeit

52 In ein Gefäß a mit reinem Wasser wird ein an einem Ende trichterartig erweitertes Glasrohr b getaucht (Abb. 4.2), das am erweiterten Ende mit einer semipermeablen Membrane verschlossen und bis zur Höhe c mit 1000 cm^3 0,5 molarer $MgCl_2$-Lösung gefüllt ist. Bei konstanter Temperatur (20 °C) dringt allmählich Wasser durch die Membran in das Trichterrohr ein, wodurch sich das Volumen der Lösung im Trichterrohr um 80 cm^3 vergrößert. Bei der Höhe d kommt der Vorgang zum Stillstand. Der Dissoziationsgrad des Salzes beträgt $\alpha_{MgCl_2} = 0{,}743$. Berechnen Sie die osmotische Arbeit des Systems.

53 Wird unter gleichen Reaktionsbedingungen das Glasrohr b der Aufgabe 48 mit einem Liter 10 %iger Glukoselösung gefüllt, ergibt sich bei d eine Volumenvergrößerung von 75 cm^3. Berechnen Sie die osmotische Arbeit des Systems.

4.4.3 Oberflächenarbeit

54 Erklären Sie die Begriffe Oberflächenspannung σ und Oberflächenarbeit δW_o.

55 Quecksilber hat bei 0 °C und 1,01325 bar eine Dichte von $\varphi_{Hg} = 13{,}6 \cdot 10^{-3}\,\mathrm{kg/m^3}$ und eine Oberflächenspannung von $\sigma_{Hg} = 4{,}7\,\mathrm{N/m}$. Berechnen Sie die Oberflächenarbeit $d W_o$, die mindestens erforderlich ist, um 1 kg Quecksilber in Kügelchen von 1 µm Durchmesser zu zerteilen.

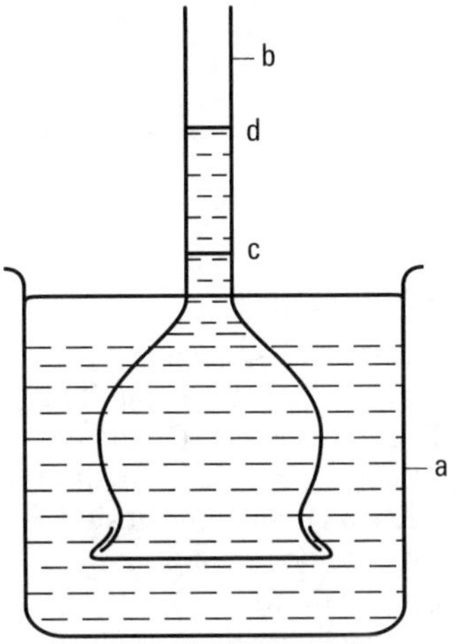

Abb. 4.2 Versuchsanordnung zur Bestimmung der osmotischen Arbeit einer wässrigen Lösung.

56 Wie groß ist bei 20 °C die Oberflächenarbeit dW_o von 1 mol Wasser, das in Form von Tröpfchen mit einem Radius von 10^{-6} m vorliegt? Bei 20 °C und 1,01325 bar hat Wasser eine Dichte von $\varphi_{H_2O} = 1000\,\text{kg/m}^3$ und eine Oberflächenspannung von $\sigma_{H_2O} = 0{,}07258\,\text{N/m}$.

57 Von den vielen Möglichkeiten der Bestimmung der Oberflächenspannung kann die Blasendruckmethode verwendet werden. Dazu wird das in Abb. 4.3 gezeigte Gerät mit dem Kapillaransatz in die zu untersuchende Flüssigkeit getaucht. Man drückt durch langsames Öffnen des Gerätehahnes eine Luftblase durch die Kapillare, wodurch in der Flüssigkeit eine neue Oberfläche entsteht. Auf die Bildung der Blase sind der Innendurchmesser der Kapillare und der Druck Δp von Einfluss, mit dem die Luftblase aus der Kapillare gepresst wird.

a) Berechnen Sie die Oberflächenspannung σ einer unbekannten Flüssigkeit bei 22 °C ($\varphi = 0{,}7923\,\text{g/cm}^3$, $h = 20\,\text{mm}$, $\Delta p = 26\,\text{mm WS}$, $r = 0{,}462\,\text{mm}$).
b) Für eine Flüssigkeit ergab die Bestimmung der Oberflächenspannung bei 20 °C den Wert $\sigma = 29{,}252\,\text{mN/m}$. Für die Eintauchtiefe der Kapillare mit dem Radius $r = 0{,}038\,\text{cm}$ wurden 14 mm gemessen und der Überdruck der Wassersäule WS bis zum Abreißen der ersten Blase betrug 2,8 cm. Berechnen Sie die Dichte φ der Flüssigkeit.
($1\,\text{mm WS} = 9{,}81\,\text{N/m}^2$; $1\,\text{N/m}^2 = 1\,\text{kg/(ms}^2)$; $1\,\text{N/m} = 10^3\,\text{mN/m} = 1\,\text{J/m}^2 = 1\,\text{kg/s}^2$)

4.4.4 Elektrische Arbeit

58 Zink-Kohle-Element

- Berechnen Sie die elektrische Arbeit, die einem Zink-Kohle-Element entnommen wird, wenn die Spannung $U = 1{,}5\,\text{V}$ beträgt und eine elektrische Ladung von $Q = 0{,}5\,\text{Ah}$ transportiert wird.
- Wie groß ist dabei die Masse Zink, die in Lösung geht?

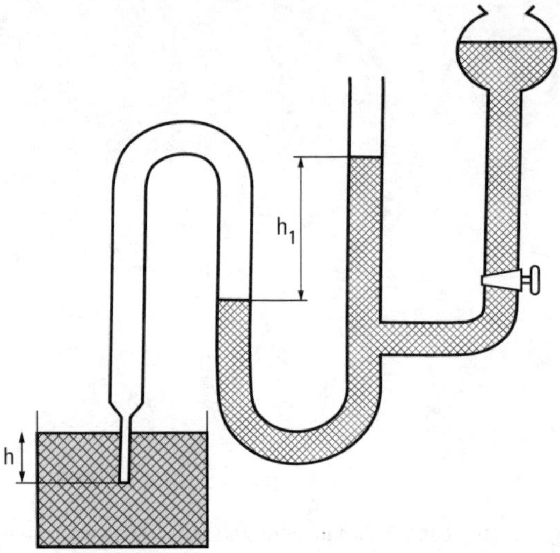

$\sigma = \frac{r}{2}(\Delta p - \varphi \cdot g \cdot h)$

σ	Oberflächenspannung
r	innerer Radius der Kapillare
Δp	Druck, der die Oberflächenspannung σ und den hydrostatischen Druck kompensiert
g	Erdbeschleunigung ($g = 981\,\mathrm{cm \cdot s^{-2}}$)
h	Eintauchtiefe der Kapillare
φ	Dichte der Flüssigkeit

Abb. 4.3 Apparatur zur Ermittlung der Oberflächenspannung nach der Blasendruckmethode.

59 Bei der technischen Gewinnung von Silber fällt dieses zunächst als Rohsilber an, das ähnlich wie Rohkupfer einer elektrochemischen Raffination unterzogen wird. Verunreinigungen des Silbers sind Gold, Zinn, Eisen, Kupfer und Platin. Die Elektrolyse wird mit 0,25 V und 1000 A durchgeführt. Nach welcher Zeit sind 10 kg Silber abgeschieden? Welche elektrische Arbeit wurde dabei verrichtet? Welche Nachteile hat das Anlegen einer höheren Spannung?

60 Elektrolytkupfer
Zur Abscheidung von 1 t Elektrolytkupfer aus einer Kupfersulfatlösung bei 0,3 V wird eine elektrische Arbeit von 280 kWh benötigt. Wie groß ist die Stromausbeute?

61 Chloralkali-Elektrolyse
Wie hoch sind bei der NaCl-Elektrolyse die Energiekosten für die Gewinnung von 500 m^3 Chlor (Normbedingungen), wenn 1 kWh 0,20 € kostet und die Elektrolyse mit 4 V und einem Wirkungsgrad von $\eta = 80\,\%$ abläuft?

62 Aluminiumherstellung: Rohstoff für die Herstellung von Aluminium ist Bauxit, woraus zunächst Aluminiumoxid (Korund) abgetrennt wird. Dieses wird im Gemisch mit Kryolith einer Schmelzflusselektrolyse unterzogen. Die Badtemperatur beträgt ungefähr 970 °C, man arbeitet z. B. mit einem Strom von 130 kA.

62.1 Berechnen Sie, wie viel Energie (in kWh), wie viel Bauxit (mit 60 Ma.-% an Al_2O_3) und wie viel Anodenmaterial Graphit dazu nötig sind. Nehmen Sie eine Elektrolysespannung von 5,0 V und eine Stromausbeute von 95 % an.

62.2 Berechnen Sie aus der freien Enthalpie für die Reaktion $2\,Al_2O_3 \rightleftharpoons 4\,Al + 3\,O_2$, bei welcher Spannung die Schmelzflusselektrolyse theoretisch stattfinden müsste. Nutzen Sie dazu die thermodynamischen Daten der folgenden Tabelle.

	$Al_{(l)}$	$O_{2(g)}$	$Al_2O_{3(s)}$
$\Delta_B H$ in kJ/mol bei 970 °C	48	38	−1610
S in J/(K · mol) bei 970 °C	78	238	98

62.3 Begründen Sie, warum man Aluminium nicht durch Elektrolyse einer sauren wässrigen Al^{3+}-Lösung herstellen kann.

62.4 Für die Temperaturabhängigkeit nachfolgender Reaktionen gelten die Gleichungen:

$$4\,Al + 3\,O_2 \rightleftharpoons 2\,Al_2O_3 \qquad \Delta G_1 = (-3351{,}4 + 0{,}6264\,T/K)\,kJ/mol$$
$$(T = 933\,K)$$
$$2\,C + O_2 \rightleftharpoons 2\,CO \qquad \Delta G_2 = (-221{,}06 - 0{,}17872\,T/K)\,kJ/mol$$
$$C + O_2 \rightleftharpoons CO_2 \qquad \Delta G_3 = (-393{,}51 - 0{,}00286\,T/K)\,kJ/mol$$

Berechnen Sie die Mindesttemperatur, ab der es möglich sein könnte, Aluminiumoxid mit Kohlenstoff zu reduzieren und geben Sie an, welches Kohlenstoffoxid entstünde.

63 Berechnen Sie die elektrische Arbeit, die bei 25 °C folgender galvanischen Zelle entnommen werden kann.

	$E^0 = -0{,}41\,V$		$E^0 = 0{,}4\,V$	
(−)	$Fe_{(s)}/Fe^{2+}_{(aq)}$	//	$OH^-_{(aq)}/\frac{1}{2}\,O_2(H_2O)[Pt_{(s)}]$	(+)
Anode	0,015 M		pH = 9 $\quad p_{O_2} = 0{,}7\,bar$	Kathode

64 Viele Elemente wie z. B. Vanadium bilden Ionen mit unterschiedlichen Oxidationszahlen. Die Standardpotenziale findet man in Tabellen:

$$V^{3+}_{(aq)} + e^- \rightleftharpoons V^{2+}_{(aq)} \qquad E^0 = -0{,}255\,V$$
$$[VO]^{2+}_{(aq)} + 2\,H^+_{(aq)} + e^- \rightleftharpoons V^{3+}_{(aq)} + H_2O_{(l)} \qquad E^0 = 0{,}377\,V$$
$$[VO_2]^+_{(aq)} + 2\,H^+_{(aq)} + e^- \rightleftharpoons [VO]^{2+}_{(aq)} + H_2O_{(l)} \qquad E^0 = 1{,}00\,V$$
$$[V(OH)_4]^+_{(aq)} + 2\,H^+_{(aq)} + e^- \rightleftharpoons [VO]^{2+}_{(aq)} + 3\,H_2O_{(l)} \qquad E^0 = 1{,}00\,V$$
$$[V(OH)_4]^+_{(aq)} + 4\,H^+_{(aq)} + 5\,e^- \rightleftharpoons V_{(s)} + 4\,H_2O_{(l)} \qquad E^0 = -0{,}25\,V$$

Berechnen Sie ΔG^0 für die Reaktion $V^{2+}_{(aq)} + H_{2(g)} \rightleftharpoons V_{(s)} + 2\,H^+_{(aq)}$.

65 Ein Tauchsieder hat eine Leistung von 100 W. Wie lange müssen 0,2 Liter Wasser von 20 °C in einem Thermosgefäß erwärmt werden, um zu sieden?

4.4.5 Magnetische Arbeit

66 Ein Transformator wird am allgemeinen Stromnetz betrieben. Durch die Wechselspannung und den resultierenden Wechselstrom in den Wicklungen des Transformators wird sein ferromagnetischer Kern (Eisenkern) entsprechend der Hysteresekennlinie (Hystereseschleife) ständig ummagnetisiert (Abb. 4.4). Die dabei erreichte maximale magnetische Induktion (magnetische Flussdichte) im Eisenkern beträgt $B = \pm 1{,}65\,T$, wofür eine magnetische Feldstärke von $H \approx \pm 1500\,A/m$ notwendig ist. Vereinfachend wird angenommen, dass die Magnetisierung im gesamten Eisenkern gleichmäßig erfolgt. Als Eisenkern wird eine Fe-Si-Legierung ($\approx 3{,}25\,\%$ Si) mit der Masse $m = 250\,kg$ und der Dichte $\varphi = 7700\,kg/m^3$ verwendet.

Die Hystereseschleife des Eisenkerns für den beschriebenen Fall sei wie folgt gegeben:

- Magnetische Induktion bei fallender magnetischer Feldstärke, linke Kurve

$$B_1(H) = \left(1{,}1 \cdot \arctan\left(\frac{H + 82\,\mathrm{A/m}}{100\,\mathrm{A/m}}\right) - 0{,}004\right)\ \mathrm{T}$$

- Magnetische Induktion bei steigender magnetischer Feldstärke, rechte Kurve

$$B_2(H) = \left(1{,}1 \cdot \arctan\left(\frac{H - 82\,\mathrm{A/m}}{100\,\mathrm{A/m}}\right) + 0{,}004\right)\ \mathrm{T}$$

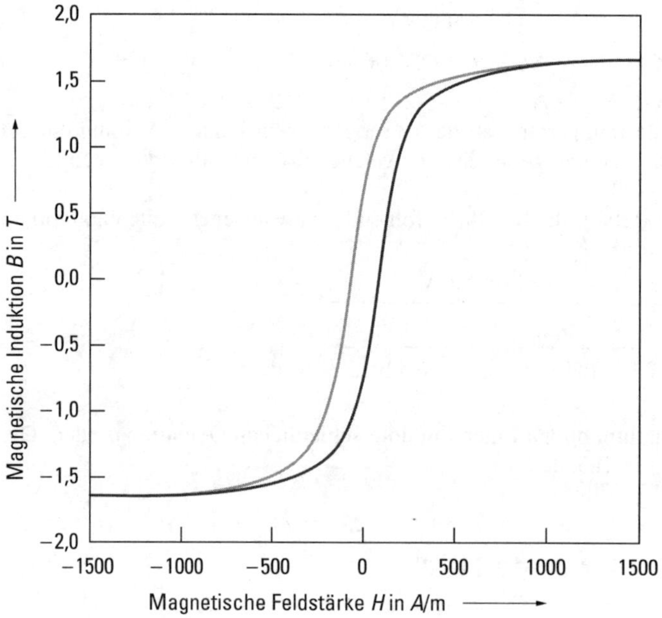

Abb. 4.4 Hystereseschleife einer Fe–Si-Legierung (≈ 3,25 % Si).

Die von beiden Kurven eingeschlossene Fläche ist gleich der Differenz der Flächen unter den beiden Kurven und damit ein Maß für die Ummagnetisierungsarbeit. Da diese relativ klein ist, liegt ein Weichmagnet mit kleiner Koerzitivfeldstärke H_c vor. Das ist die zur Aufhebung eines remanenten Magnetismus benötigte gegenpolige magnetische Feldstärke.

66.1 Welche magnetische Arbeit je Volumeneinheit (W_{magn}/V) wird beim vollständigen Durchlaufen der Hysteresekennlinie verrichtet?

66.2 Im normalen Stromnetz wird die Hysteresekennlinie 50mal pro Sekunde durchlaufen (Frequenz $f = 50\,\mathrm{Hz}$). Berechnen Sie die Ummagnetisierungsverluste (P_{Ummagn}) des Eisenkerns.

66.3 Beschreiben Sie die Erscheinung der Hysteresis. Was sind die wichtigsten Kenngrößen eines Weichmagneten?

66.4 Welche Anforderungen muss ein Transformator im Stromnetz der Industrie-und Wohnanlagen erfüllen?

4.4.6 Mechanische Arbeit

67 Was ist unter mechanischer Arbeit zu verstehen?

68 Berechnen Sie die Arbeit, die eine konstante Kraft $F = 12\,\text{N}$ entlang einer horizontalen Strecke $s = 7\,\text{m}$ verrichtet, wenn Kraft und Weg einen Winkel von a) 0°, b) 60°, c) 90°, d) 145° und e) 180° einschließen.

69 Erklären Sie von den verschiedenen Formen der mechanischen Arbeit die Hubarbeit näher.

70 Ein Körper mit einer Masse von 200 kg wird a) direkt und b) mit Hilfe einer geneigten Ebene von 10 m Länge auf einen 2,5 m hohen Sockel gehoben. Berechnen Sie die jeweilige Arbeit. Wie unterscheiden sich die Arbeitsdiagramme der beiden Vorgänge (die Reibung werde vernachlässigt)?

4.5 Innere Energie und Enthalpie

71 Bei der Verbrennung von 1 mol Benzol (C_6H_6) im geschlossenen Gefäß bei konstantem Volumen werden bei 25 °C 3264 kJ frei. Wie groß ist die frei werdende Wärmemenge, wenn die Verbrennung unter konstantem Druck (1 bar) durchgeführt wird?

72 Gegeben sind die Verbrennungsenthalpien für 1 mol der folgenden Stoffe bei 25 °C und 1 bar:

Methan$_{(g)}$	$\Delta_V H = -890\,\text{kJ/mol}$	Heptan$_{(l)}$	$\Delta_V H = -4807\,\text{kJ/mol}$
Propan$_{(g)}$	$\Delta_V H = -2220\,\text{kJ/mol}$	Ethen$_{(g)}$	$\Delta_V H = -1409\,\text{kJ/mol}$
Pentan$_{(g)}$	$\Delta_V H = -3511\,\text{kJ/mol}$	Ethin$_{(g)}$	$\Delta_V H = -1308\,\text{kJ/mol}$

Berechnen Sie daraus die Änderungen der inneren Energie bei der Verbrennung!

73 Berechnen Sie ΔH und ΔU beim Schmelzen von 1 mol H_2O bei 0 °C und 1,01325 bar. Die molaren Volumina von Eis und Wasser betragen unter diesen Bedingungen $0{,}0196\,\text{dm}^3/\text{mol}$ bzw. $0{,}018\,\text{dm}^3/\text{mol}$. Die Schmelzwärme von Eis beträgt 335 J/g.

74 Gegeben ist $\Delta H = -285{,}6\,\text{kJ/mol}$ für die Reaktion $H_2 + 0{,}5\,O_2 \rightleftharpoons H_2O$ bei 25 °C und 1,01325 bar. Wie groß ist ΔU?

75 Zwischen 180 K und 310 K gilt für C_p (in J/(mol · K)) von flüssigem Schwefelkohlenstoff CS_2 bei 100 kPa die folgende empirische Gleichung $C_p = 77{,}28 - 2{,}07 \cdot 10^{-2}\,\text{T} + 5{,}15 \cdot 10^{-5}\,\text{T}^2$. Wie groß ist die Enthalpieänderung ΔH, wenn 1 mol CS_2 bei 100 kPa von 180 K auf 310 K erhitzt wird?

76 Wie groß ist die Enthalpieänderung ΔH wenn 1 mol Wasser bei 101,325 kPa von 50 °C auf 130 °C erwärmt wird? Die folgenden Werte sind verfügbar: $\Delta H_{(H_2O,\text{Vd.})} = 47{,}3\,\text{kJ/(mol·K)}$, $C_{p(\text{Wasser (g)})} = 35{,}4\,\text{J/(mol·K)}$, $C_{p(\text{Wasser (l)})} = 75{,}0\,\text{J/(mol·K)}$.

77 Für die Reaktion $B_2H_{6(g)} + 3\,O_{2(g)} \rightleftharpoons B_2O_{3(s)} + 3\,H_2O_{(l)}$ ist $\Delta_R U^0 = -2143{,}2\,\text{kJ/mol}$. Wie groß ist die Standardbildungsenthalpie $\Delta_B H^0$ für $B_2H_6(g)$?
($\Delta_B H^0(B_2O_{3(s)}) = -1264{,}0\,\text{kJ/mol}$; $\Delta_B H^0(H_2O_{(l)}) = -285{,}9\,\text{kJ/mol}$)

78 Zwischen 40 °C und 60 °C wurden für die Molwärmen des Wassers und des Wasserdampfes folgende Werte gemessen: $Cp_{\text{Wasser}} = 75{,}24\,\text{J/(mol}\cdot\text{K)}$, $Cp_{\text{Wasserdampf}} = 35{,}46\,\text{J/(mol}\cdot\text{K)}$. Die molare Verdampfungsenthalpie des Wassers bei 40 °C beträgt $\Delta H_{(H_2O,\text{Vd})} = 43{,}292\,\text{kJ/mol}$. Wie groß ist $\Delta H_{(H_2O,\text{Vd})}$ bei 60 °C?

79 Die molare Bildungsenthalpie von CO bei 500 °C ist zu berechnen. Gegeben:

$$\Delta_B H^{298}_{(CO)} = -110{,}53\,\text{kJ/mol}$$
$$Cp_{(C)} = (16{,}86 + 4{,}77\cdot 10^{-3}\cdot \text{T} - 8{,}54\cdot 10^{5}\cdot \text{T}^{-2})\,\text{J/(mol}\cdot\text{K)}$$
$$Cp_{(O_2)} = (29{,}96 + 4{,}18\cdot 10^{-3}\cdot \text{T} - 1{,}67\cdot 10^{5}\cdot \text{T}^{-2})\,\text{J/(mol}\cdot\text{K)}$$
$$Cp_{(CO)} = (28{,}41 + 4{,}1\cdot 10^{-3}\cdot \text{T} - 0{,}46\cdot 10^{5}\cdot \text{T}^{-2})\,\text{J/(mol}\cdot\text{K)}$$

80 Für die Reaktionsenthalpie der Reaktion $H_2O_{(g)} \rightleftharpoons H_{2(g)} + 0{,}5\,O_{2(g)}$ beträgt $\Delta_R H = 241\,750\,\text{J}\cdot\text{mol}^{-1}$ bei 291 K. Die mittleren molaren Wärmekapazitäten im betrachteten Temperaturbereich sind $Cp_{H_2O_{(g)}} = 33{,}56\,\text{J/(mol}\cdot\text{K)}$, $Cp_{H_{2(g)}} = 28{,}83\,\text{J/(mol}\cdot\text{K)}$ und $Cp_{O_{2(g)}} = 29{,}12\,\text{J/(mol}\cdot\text{K)}$.
Berechnen Sie $\Delta_R H$ bei 308 K.

81 Bei 293,16 K hat gasförmiges Distickstofftetroxid (N_2O_4) eine Dissoziationsenthalpie von $57{,}360\,\text{kJ}\cdot\text{mol}^{-1}$. Die Dissoziationsenthalpie in einer verdünnten Lösung von N_2O_4 in CCl_4 beträgt $78{,}940\,\text{kJ}\cdot\text{mol}^{-1}$. Bei 293,15 K beträgt der Dampfdruck über flüssigem N_2O_4 1013 hPa, bei 281,15 K sind es 519 hPa. Die folgenden Annahmen sind zu machen: Die Lösung von N_2O_4 in CCl_4 ist ideal, d. h. die Verdampfungsenthalpie von N_2O_4 aus der Lösung ist genauso groß wie bei flüssigem N_2O_4. Die thermodynamischen Funktionen Enthalpie H und Entropie S sind im Bereich von 280 K bis 300 K temperaturunabhängig.

a) Berechnen Sie die Verdampfungsenthalpie von N_2O_4 bei 20 °C.
b) Berechnen Sie die Verdampfungsenthalpie von NO_2 bei 20 °C.

82 Eine gesättigte Lösung von Silbernitrat enthält in 1 Liter Lösung a) bei 20 °C 0,0202 mol Salz und b) bei 60 °C 0,0812 mol Salz gelöst.

77.1 Welchen Wert hat in a) und b) das Löslichkeitsprodukt K_L?

77.2 Wie groß ist im angegebenen Temperaturbereich die mittlere molare Lösungsenthalpie $\Delta_L H$ von Silbernitrat?

83 Beim Lösen eines Salzes spielen Gitter- und Solvatationsenergie eine Rolle. Die Gitterenergie eines Ionenkristalls lässt sich nur in Ausnahmefällen direkt experimentell bestimmen. Um trotzdem Werte für die Gitterenergie möglichst vieler salzartiger Verbindungen zu erhalten, kann sie näherungsweise nach Born und Haber aus anderen experimentellen Daten ermittelt werden. Hierfür müssen die Energietönungen aller Teilschritte des Kreisprozesses und die Bildungsenthalpie der ionischen Verbindung berücksichtigt werden. Für Kalziumfluorid CaF_2

gelten die zu dessen Bildung aufgeführten Daten:

$$\begin{aligned}
Ca_{(s)} &\rightleftharpoons Ca_{(g)} & \Delta H &= +178{,}2\,\text{kJ/mol}\\
Ca_{(g)} &\rightleftharpoons Ca^{+}_{(g)} + e^{-} & \Delta H &= +589{,}7\,\text{kJ/mol}\\
Ca^{+}_{(g)} &\rightleftharpoons Ca^{2+}_{(g)} + e^{-} & \Delta H &= +1145{,}0\,\text{kJ/mol}\\
\tfrac{1}{2}\,F_{2(g)} &\rightleftharpoons F_{(g)} & \Delta H &= +79{,}0\,\text{kJ/mol}\\
F_{(g)} + e^{-} &\rightleftharpoons F^{-}_{(g)} & \Delta H &= -322{,}0\,\text{kJ/mol}\\
Ca_{(s)} + F_{2(g)} &\rightleftharpoons CaF_{2(s)} & \Delta H &= -1219{,}6\,\text{kJ/mol}
\end{aligned}$$

a) Verdeutlichen Sie mit einer entsprechenden Skizze die notwendigen Schritte mit Angaben der Energiewerte und Stoffe in einem Born-Haber-Kreisprozess, wie man die Gitterenergie von Kalziumfluorid ermitteln kann! Berechnen Sie die Gitterenergie $\Delta_G H$ von Kalziumfluorid.

b) Erklären Sie die Begriffe Solvatations-, Gitter- und Lösungsenthalpie. Welcher mathematische Zusammenhang besteht zwischen ihnen?

84 Titan(II)-oxid hat dieselbe Kristallstruktur wie Kochsalz.

a) Zeichnen Sie eine Elementarzelle von Titan(II)-oxid.

b) Die Kantenlänge der Elementarzelle beträgt 0,420 nm. Berechnen Sie die Dichte in g/cm^3.

c) Berechnen Sie die Gitterenergie von Titan(II)oxid. Gegeben seien die folgenden Daten:

Sublimationsenthalpie von Titan	425 kJ/mol
1. Ionisierungsenergie von Titan	658 kJ/mol
2. Ionisierungsenergie von Titan	1310 kJ/mol
Bindungsenergie von Sauerstoff	498 kJ/mol
Elektronenaffinität von O	−141,5 kJ/mol
Elektronenaffinität von O^-	797,5 kJ/mol
Standardbildungsenthalpie von TiO	−523 kJ/mol.

d) Die Bindungsenergie für eine N–N-Einfachbindung beträgt 163 kJ/mol und die für eine N≡N-Dreifachbindung 945 kJ/mol. Vier Stickstoffatome könnten ein tetraedrisch gebautes N_4-Molekül oder zwei N_2-Moleküle bilden. Geben Sie an, welcher Fall begünstigt ist und begründen Sie Ihre Ansicht.

85 Berechnen Sie die Gitterenergie $\Delta_G H$ von Kaliumfluorid aus den gegebenen Daten. Die Gitterenergie eines Ionenkristalles ist die bei der Bildung des Ionenkristalles aus den Einzelionen freiwerdende Energie.

Sublimationsenergie von Kalium	$\Delta H_{\text{Subl}} = 90\,\text{kJ/mol}$
Dissoziationsenergie von Fluor	$\Delta H_{\text{D}} = 158\,\text{kJ/mol}$
Ionisierungsenergie von Kalium	$\Delta H_{I(\text{K})} = 419\,\text{kJ/mol}$
Elektronenaffinität von Fluor	$EA_{(\text{F})} = -333\,\text{kJ/mol}$
Standardbildungsenthalpie von Kaliumfluorid	$\Delta_{\text{B}} H = -567\,\text{kJ/mol}$

86 Wie könnte man von MgO die Bildungsenthalpie $\Delta_B H_{(MgO)}$ unter Anwendung des Hess'schen Satzes aus den Enthalpien der Reaktion von Mg und von MgO jeweils mit Salzsäure ermitteln?

a) Formulieren Sie mögliche Teilreaktionen für diesen Prozess und stellen Sie den Zusammenhang für die Berechnung von $\Delta_B H_{(MgO)}$ her.

b) Welche kalorimetrischen Messungen müssten durchgeführt werden? Welche Daten müssten dabei vorgegeben, welche ermittelt werden?

87 Gegeben sind die Enthalpien (25 °C; 1 bar) der Teilschritte bei der Bildung des Ionengitters von Magnesiumoxid:

(a) Sublimationsenthalpie	$Mg_{(s)} \longrightarrow Mg_{(g)}$	$\Delta_S H = 147{,}8\,kJ/mol$
(b) Ionisierungsenthalpie	$Mg_{(g)} \longrightarrow Mg^{2+}_{(g)} + 2\,e^-$	$\Delta_I H = 2200\,kJ/mol$
(c) Dissoziationsenthalpie	$\frac{1}{2}\,O_{2\,(g)} \longrightarrow O_{(g)}$	$\Delta_D H = 247\,kJ/mol$
(d) Elektronenaffinität	$O_{(g)} + 2\,e^- \longrightarrow O^{2-}_{(g)}$	$\Delta_E H = 695\,kJ/mol$
(e) Gitterenthalpie	$Mg^{2+}_{(g)} + O^{2-}_{(g)} \longrightarrow MgO_{(s)}$	$\Delta_G H = -3931\,kJ/mol$

Berechnen Sie die Bildungsenthalpie $\Delta_B H$ für MgO. Stellen Sie die Energiebetrachtung nach dem Born-Haber-Kreisprozess (Verknüpfung von Teilschritten einer Gesamtreaktion bei der Bildung von Ionenverbindungen) an.

4.6 Kalorimetrie

88 Berechnen Sie den Heizwert ΔH_{HW} einer Kohle aus den Angaben des folgenden Messprotokolls.

Daten für die Bestimmung des Wasserwertes

Einwaage der Testsubstanz (Benzoesäure):	$m_{Subst.} = 996{,}00\,mg$
Wasserfüllung des Kalorimeters:	$V_{H_2O} = 2400{,}00\,cm^3$
Verbrennungswärme Benzoesäure:	$\Delta_V H_{Subst.} = 26465{,}15\,kJ/kg$

Vorperiode		Hauptperiode		Nachperiode	
Zeit [min]	T [°C]	Zeit [min]	T [°C]	Zeit [min]	T [°C]
0	17,662	4,5	18,53	7	19,740
1	17,652	5,0	19,37	8	19,730
2	17,641	5,5	19,712	9	19,715
3	17,632	6,0	19,742	10	19,710
4	17,622	6,5	19,747	11	19,705

Daten für die Bestimmung des Heizwertes

Einwaage:	1,0669 g
Wassergehalt der Kohle:	11,6 %
Gehalt an brennbarer Substanz:	76,6 %
Wasserstoffgehalt:	5,3 %
Verdampfungswärme des Wassers:	40,64 kJ/mol (3387 kJ/kg)

Vorperiode		Hauptperiode		Nachperiode	
Zeit [min]	T [°C]	Zeit [min]	T [°C]	Zeit [min]	T [°C]
0	20,880	4,5	21,250	12,5	22,932
1	20,888	5,0	21,690	13,5	22,930
2	20,890	5,5	22,140	14,5	22,924
3	20,890	6,0	22,440	15,5	22,920
4	20,890	6,5	22,620	16,5	22,915
		7,0	22,740	17,5	22,910
		7,5	22,800	18,5	22,905
		8,0	22.848		
		8,5	22.880		
		9,0	22,905		
		9,5	22,918		
		10,0	22,930		
		10,5	22,938		
		11,0	22,944		
		11,5	22,944		

89 In einem Strömungskalorimeter nach Junkers wurden bei 22 °C und 99,46 kPa 3 dm³ Stadtgas verbrannt und die frei werdende Wärme von 870 cm³ Kühlwasser aufgenommen ($\varphi_{H_2O} = 1\,g/cm^3$). Es ergab sich eine Temperaturdifferenz von 13,5 K und es fielen 5,08 g Kondenswasser an. Berechnen Sie den Heizwert des Stadtgases. ($\Delta H_{Vd,H_2O} = 40{,}63\,kJ/mol$)

90 Gegeben sei ein perfekt wärmeisoliertes Gefäß, das zu Beginn des Versuches mit 50 g Wasser der Temperatur 20 °C gefüllt ist. Löst man 0,025 mol des Salzes $CuSO_4$ darin auf, steigt die Temperatur auf 28,7 °C. In einem anderen Experiment wird dasselbe Kalorimeter mit einer anfänglichen Wassertemperatur von 22 °C verwendet. Man löst 0,025 mol des Salzes $CuSO_4 \cdot 5\,H_2O$. Nach der Auflösung beträgt die Wassertemperatur 21,3 °C. Berechnen Sie ΔH für den Hydratationsprozess $CuSO_{4(s)} + 5\,H_2O \rightleftharpoons [CuSO_4 \cdot 5\,H_2O]_{(s)}$.

91 In einem Kalorimeter werden 0,5 g Phenol mit Sauerstoff vollständig verbrannt. Berechnen Sie die molare Reaktionsenthalpie aus folgenden Werten:

$$T_1 = 296\,K,\ T_2 = 298\,K,\ C_{p_{(H_2O)}} = 4{,}19\,J/(g \cdot K),\ V(\text{Kalorimeter-}H_2O) = 2000\,cm^3\,.$$

92 Bei der Verbrennung von 300 cm³ Propan (23 °C; 100,125 kPa) mit in der Abb. 4.5 angegebenen Apparatur (Wärmeverlustfaktor $f = 2{,}17$) wurde eine Temperaturdifferenz von $\Delta T = 27\,K$ ermittelt.

a) Welche molare Standard-Verbrennungsenthalpie $\Delta_V H^0$ hat das Gas?
b) $\Delta_V H^0$ lässt sich auch theoretisch aus den $\Delta_B H^0$-Werten der Reaktanden berechnen. Beide Ergebnisse sind zu vergleichen.

93 In einem adiabatisch-isolierten Autoklaven wird ein Gemisch aus 1,5 mol Methan und Luft ($V_{Methan} : V_{Luft} = 1 : 10$) bei einer Temperatur von 25 °C und einem Druck von 1000 hPa zur Explosion gebracht. Die Zusammensetzung der Luft soll mit 20 % Sauerstoff und 80 % Stickstoff angenommen werden. Die Verbrennungswärme von Methan zu gasigen Produkten

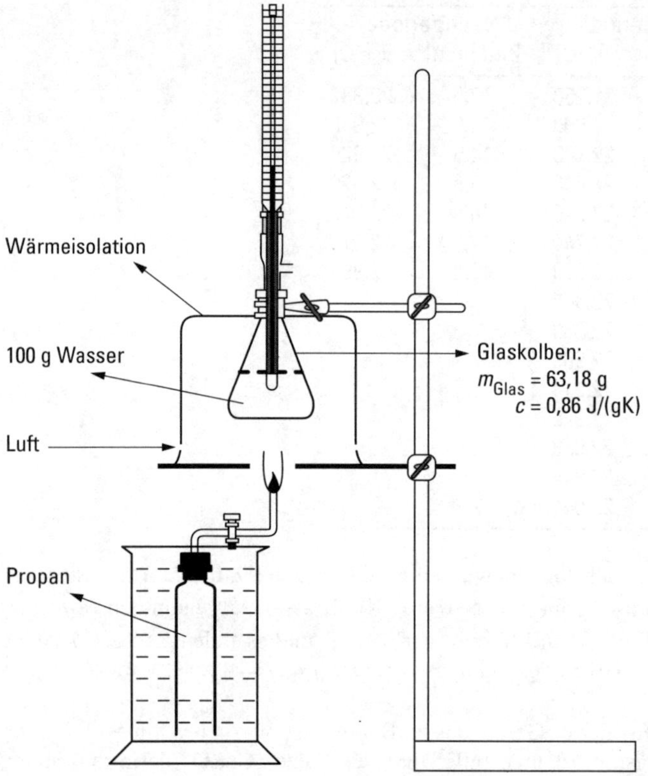

Abb. 4.5 Versuchsanordnung zur Bestimmung der Verbrennungsenthalpie von Propan.

beträgt $\Delta_V U = -803\,\text{kJ/mol}$. Die Molwärmen betragen: $C_{v_{CO_2}} = 64{,}9\,\text{J/(mol}\cdot\text{K)}$, $C_{p_{H_2O(g)}} = 32{,}6\,\text{J/(mol}\cdot\text{K)}$, $C_{v_{N_2}} = 25{,}1\,\text{J/(mol}\cdot\text{K)}$.

a) Geben Sie die Reaktionsgleichung für die Explosion an.
b) Berechnen Sie die Endtemperatur im Autoklaven nach der Explosion. Nehmen Sie dabei vereinfachend an, dass sämtliche kalorischen Daten im entsprechenden Temperaturintervall konstant sind.
c) Berechnen Sie den Enddruck im Autoklaven.

94 Berechnen Sie die spezifische Wärme einer 10 %igen Sodalösung aus den spezifischen Wärmen von Wasser ($c_{Wasser} = 4{,}19\,\text{Jg}^{-1}\text{K}^{-1}$) und Soda ($c_{Soda} = 1{,}17\,\text{Jg}^{-1}\text{K}^{-1}$).

95 Wie viel Liter Wasser von 80 °C und wie viel Liter Wasser von 10 °C sind zu mischen, wenn 140 Liter Wasser von 40 °C benötigt werden? Mit steigender Temperatur (4 °C $\longrightarrow$ 100 °C) sinkt die Dichte φ des Wassers von 0,999973 auf 0,9583 kg/dm^3.

96 Bei den Verbrennungen nachfolgender Substanzen in einer kalorimetrischen Bombe wurden folgende Messwerte ermittelt:

Nr.	Substanz	Masse (g)	ΔT (K)
1	1-Propanol	0,759	2,48
2	1-Butanol	0,823	2,88
3	1-Pentanol	0,836	3,06
4	Cyclohexan	0,841	3,78

Die Wärmekapazität des Kalorimeters wurde unter Standardbedingungen mit $Wk(C) = 10{,}29\,\mathrm{kJ/K}$ ermittelt.

a) Für je 1 Mol der Substanzen sind bei vollständiger Verbrennung $\Delta_V U$ und $\Delta_V H$ zu berechnen.
b) Nehmen Sie eine graphische Auswertung: $\Delta_V H = f$ (Anzahl C-Atome in den Substanzmolekülen) vor. Abweichungen in der Darstellung sind zu erklären.

97 Die Wärmekapazität einer kalorimetrischen Anordnung beträgt 12,73 kJ/K. Man führt bei konstantem Volumen im Bombenkalorimeter eine chemische Reaktion durch und beobachtet eine Temperaturerhöhung von 1,372 K. Wie groß ist die Änderung der inneren Energie des reagierenden Systems?

98 Die Verbrennungswärme von Benzoesäure beträgt 26,47 kJ/g. Bei der Verbrennung von 1,42 g Benzoesäure im Bombenkalorimeter beobachtet man eine Temperaturerhöhung von 1,82 K. Wie groß ist die Wärmekapazität des Kalorimeters?

99 Ein Bombenkalorimeter hat die Wärmekapazität $C = 20{,}65\,\mathrm{kJ/K}$. Damit bestimmt man die Verbrennungswärmen verschiedener Stoffe. Man beobachtet dabei für die genannten Massen die angegebenen Temperaturerhöhungen:

		Masse	Temperaturerhöhung
Naphthalin	($C_{10}H_8$)	0,95 g	$\Delta T = 1{,}85\,\mathrm{K}$
Glycerin	($C_3H_5(OH)_3$)	1,53 g	$\Delta T = 1{,}33\,\mathrm{K}$
Buttersäure	(C_3H_7COOH)	1,84 g	$\Delta T = 2{,}26\,\mathrm{K}$
Saccharose	($C_{12}H_{22}O_{11}$)	2,11 g	$\Delta T = 1{,}70\,\mathrm{K}$

Berechnen Sie daraus die Änderungen der inneren Energie bei der Verbrennung von 1 mol dieser Stoffe.

100 In einem Gefäß befindet sich Wasser, in dem 300 g Eis schwimmen.

a) Wie hoch ist die Temperatur in beiden Substanzen?
b) Wie viel Wasser von 85 °C ist zuzugießen, damit alles Eis schmilzt?

Die spezifische Schmelzenthalpie von Wasser beträgt $\Delta H = 334\,\mathrm{J/g}$.

101 Ein Aluminiumkalorimeter ($m_{Al} = 200\,\mathrm{g}$) enthält 500 g Wasser von $t_1 = 20\,°\mathrm{C}$. In das Kalorimeter werden 100 g zerstoßenes Eis von $t_2 = -5\,°\mathrm{C}$ eingebracht. Berechnen Sie die Mischungstemperatur t_m. Spez. Schmelzenthalpie von Wasser: $\Delta H = 334\,\mathrm{J/g}$, Spez. Wärmekapazitäten: $c_{Al} = 0{,}9\,\mathrm{J/(g \cdot K)}$; $c_{H_2O} = 4{,}186\,\mathrm{J/(g \cdot K)}$; $c_{Eis} = 2{,}1\,\mathrm{J/(g \cdot K)}$.

102 Von der kalorimetrisch untersuchten Reaktion

$$CaC_{2(s)} + 2\,H_2O_{(l)} \rightleftharpoons Ca(OH)_{2(s)} + C_2H_{2(g)}$$

sind folgende Werte gegeben:

$m(CaC_2) = 3{,}2$ g
$\Delta T = 3$ K
$m(H_2O) = 0{,}5$ kg
$C_P(H_2O) = 4{,}19\ J/(g \cdot K)$

Berechnen Sie die molare Reaktionsenthalpie!

103 Eine Verbindung Q (molare Masse $122{,}0\ g \cdot mol^{-1}$) besteht aus Kohlenstoff, Wasserstoff und Sauerstoff. Davon werden 0,6 g in einem Bombenkalorimeter bei Überschuss von Sauerstoff verbrannt. Das Kalorimeter enthält anfangs 710 g Wasser bei 25 °C. Nach der Reaktion werden 27,25 °C gemessen. 1,5144 g $CO_{2(g)}$ und 0,2656 g $H_2O_{(l)}$ entstehen. Die Standardbildungsenthalpie von $CO_{2(g)}$ beträgt −393,51 kJ/mol und die von $H_2O_{(l)}$ −285,83 kJ/mol. Die spezifische Wärme von Wasser beträgt $4{,}186\ J \cdot g^{-1}K^{-1}$. Die Änderung der Inneren Energie bei der Verbrennung beträgt $\Delta_R U = -3079$ kJ pro mol Q.

a) Bestimmen Sie die Summenformel von Q und schreiben Sie eine abgestimmte Reaktionsgleichung mit Angaben der Aggregatzustände.
b) Berechnen Sie die Wärmekapazität des Kalorimeters (ohne Wasser).
c) Berechnen Sie die Standardbildungsenthalpie ($\Delta_B H$) von Q.

104 Bestimmung der Verbrennungsenthalpie von Naphthalin, Anthracen und Pentamethylbenzol. Jeweils eine Masse m der genannten Feststoffe wird mit einem Zünddraht zu einer Tablette verpresst, in eine Kalorimeterbombe mit konstantem Volumen und O_2-Atmosphäre gehängt und mittels elektrischer Zündung verbrannt. Die Verbrennung liefert als Stoffe ausschließlich $H_2O_{(l)}$ ($\Delta_B H = -285{,}9$ kJ/mol), $CO_{2(g)}$ ($\Delta_B H = -393{,}5$ kJ/mol), die Verbrennungsprodukte des Zünddrahtes, sowie die (gesamte) Verbrennungswärme $Q_{ges.}$. Der Zünddraht liefert dabei den konstanten Betrag von $Q_{Draht} = -30{,}0$ J. Weitere experimentelle Daten sind in der Tab. 4.1 angegeben. Alle Daten dieser Aufgabe sind auf 25 °C bezogen, bei den Rechnungen ist ebenso zu verfahren.

Tab. 4.1 Experimentelle Daten der Bestimmung von $\Delta_V H$ einiger Aromaten, m: Masse (g), $Q_{ges.}$: Verbrennungswärme (J).

Substanz	m/g	$Q_{ges.}$/J
Naphthalin ($C_{10}H_8$)	0,7002	−28 190
Anthracen ($C_{14}H_{10}$)	0,6653	−26 335
Pentamethylbenzol ($C_{11}H_{16}$)	0,6409	−27 910

a) Zeichnen Sie die Strukturformeln der drei Aromaten. Stellen Sie die Reaktionsgleichungen für die drei Verbrennungsreaktionen auf.
b) Berechnen Sie die molare Verbrennungsenthalpie $\Delta_V H$ der drei Aromaten.
c) Bestimmen Sie die Bildungsenthalpien $\Delta_B H$ dieser Aromaten.
d) Berechnen Sie die Verbrennungsenthalpien $\Delta_V H$ der drei Aromaten nach dem Inkrementsystem.
Hinweis: Verbrennungsenthalpien können über so genannte Inkremente abgeschätzt werden. Dazu werden die Verbrennungsenthalpien $\Delta_V H^{(i)}$ der einzelnen Bindungsanteile

eines Moleküls addiert (s. Tab. 4.2). Weiterhin muss die jeweilige Sublimationsenthalpie $\Delta_S H$ bzw. Verdampfungsenthalpie ΔH_{Vd} des zu untersuchenden Stoffes addiert werden, um $\Delta_V H$ zu erhalten. Sublimationsenthalpien $\Delta_S H$: Naphthalin: 66,5 kJ/mol, Anthracen: 93,4 kJ/mol, Pentamethylbenzol: 61,1 kJ/mol.

Tab. 4.2 Inkremente zur Berechnung von $\Delta_V H$ für Aromaten nach dem Inkrementsystem.

Bindung	$\Delta_V H^{(i)}$ (kJ · mol $^{-1}$)
C–H	−226,1
C–C	−206,4
C=C (2 H, 2 Reste, 2 Reste, cis)	−491,5
C=C (1 H, 3 Reste)	**−484,4**
C=C (4 Reste)	−483,2
sechsgliedriger Ring	−4,2
Ringverzweigung (1 C-Atom, das gleichzeitig in 2 Ringen liegt)	+7,2

e) Bestimmen Sie anhand der theoretischen und praktischen Enthalpiewerte für Naphthalin und Anthracen die Mesomeriestabilisierungsenergie pro π-Elektron.
Hinweis: Das Inkrementsystem berücksichtigt nicht, dass es so etwas wie „Mesomeriestabilisierung“ gibt.

f) Ermitteln Sie den energetischen Beitrag der Hyperkonjugation pro Methylgruppe am Beispiel von Pentamethylbenzol.
Hinweis: Neben der Mesomerie liefert auch die „Hyperkonjugation“ Stabilisierungsenergie. Unter Hyperkonjugation versteht man z. B. die Überlappung einer σ-C–H-Bindung der Methylgruppe mit dem aromatischen π-Elektronensystem im Toluol-Molekül (Abb. 4.6).

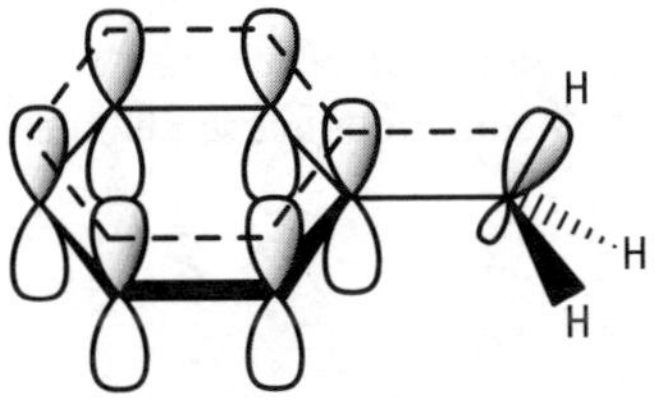

Abb. 4.6 Hyperkonjugation einer σ-C–H-Bindung der Methylgruppe mit dem aromatischen π-Elektronensystem im Toluol-Molekül.

4.7 Satz von Hess

105 Gegeben sind die Verbrennungsenthalpien für 1 mol der folgenden Stoffe bei 25 °C und 1,01325 bar:

Kohlenstoff $_{(s)}$ $\Delta_V H = -393{,}1$ kJ/mol
Wasserstoff $_{(g)}$ $\Delta_V H = -286$ kJ/mol
Benzol $_{(l)}$ $\Delta_V H = -3268$ kJ/mol
Cyclohexan $_{(l)}$ $\Delta_V H = -3917$ kJ/mol

Man berechne die molare Bildungsenthalpie für a) Benzol und b) Cyclohexan.

106 Bei der Verbrennung von 1 g weißem bzw. rotem Phosphor werden 49,8 bzw. 48,7 kJ Wärme frei. Berechnen Sie die molare Bildungsenthalpie von rotem aus weißem Phosphor!

107 Die Lösungsenthalpien für Na_2HPO_4 bzw. $Na_2HPO_4 \cdot 2\,H_2O$ betragen $\Delta_L H = -23{,}57\,kJ/mol$ bzw. $\Delta_L H = 1{,}63\,kJ/mol$. Berechnen Sie daraus die Hydratationswärme $\Delta_H H$ für Na_2HPO_4.

108 Berechnen Sie mit den Werten der Tabelle die Verbrennungsenthalpien von Propan, n-Butan, Methanol und Essigsäure!

Standardbildungsenthalpien in $kJ \cdot mol^{-1}$			
$H_2O_{(g)}$	−241,6	$N_2O_{(g)}$	81,5
$H_2O_{(l)}$	−285,6	$NO_{(g)}$	90,3
$H_2O_{2(g)}$	−136,0	$NO_{2(g)}$	33,8
$HCL_{(g)}$	−92,2	$NH_{3(g)}$	−46,1
$SO_{2(g)}$	−296,6	$CO_{(g)}$	−110,4
$SO_{3(g)}$	−394,8	$CO_{2(g)}$	−393,1
$H_2S_{(g)}$	−20,1	$O_{3(g)}$	142,1
$Methan_{(g)}$	−74,8	$Ethin_{(g)}$	226,5
$Ethan_{(g)}$	−84,6	$Methanol_{(l)}$	−238,3
$Propan_{(g)}$	−103,7	$Ethanol_{(l)}$	−277,3
$n\text{-}Butan_{(g)}$	−124,6	$Essigsäure_{(l)}$	−486,6
$iso\text{-}Butan_{(g)}$	−131,5	$Benzol_{(l)}$	49,0
$Ethen_{(g)}$	52,5		
$H_{(g)}$	217,8	$C_{(g)}$	717,7
$O_{(g)}$	247,0	$N_{(g)}$	470,3
$Cl_{(g)}$	+121,2	$Br_{(g)}$	111,6

109 Welche Reaktionsenthalpien haben die folgenden Reaktionen? (Standardbildungsenthalpien s. Tab. in Aufgabe 108)

a) $H_2S + 1{,}5O_2 \rightleftharpoons H_2O + SO_2$

b) $N_2O + 1{,}5O_2 \rightleftharpoons 2\,NO_2$

c) $C_2H_5OH + O_2 \rightleftharpoons CH_3COOH + H_2O$

110 Berechnen Sie die Bindungsenergien für die Gasmoleküle a) HCl, b) NO, c) NH_3, d) CO und e) CO_2! (Standardbildungsenthalpien s. Tab. in Aufgabe 108)

111 Berechnen Sie die Hydrierungswärme unter konstantem Druck bzw. bei konstantem Volumen für die Hydrierung von a) Ethin zu Ethen, b) Ethin zu Ethan bzw. c) Ethen zu Ethan! (Standardbildungsenthalpien s. Tab. in Aufgabe 108)

112 Welche Bindungsenergie entfällt auf die (C–C)-Bindung im Molekül von a) Ethan, b) Propan und c) i-Butan? Der Wert für jede (C–H)-Bindung soll näherungsweise mit 416 kJ/mol angenommen werden! (Standardbildungsenthalpien s. Tab. in Aufgabe 108)

113 Die molaren Reaktionsenthalpien für die vollständige Verbrennung von Kohlenstoff, Wasserstoff und Methan sind bekannt.

$$C + O_2 \rightleftharpoons CO_2 \qquad \Delta_R H = -393{,}5\,\text{kJ/mol}$$

$$H_2 + 0{,}5\,O_2 \rightleftharpoons H_2O_{(l)} \qquad \Delta_R H = -286\,\text{kJ/mol}$$

$$CH_4 + 2\,O_2 \rightleftharpoons CO_2 + 2\,H_2O_{(l)} \qquad \Delta_R H = -890{,}7\,\text{kJ/mol}$$

Berechnen Sie die molare Reaktionsenthalpie für die Synthese des Methans aus Kohlenstoff und Wasserstoff.

114 Berechnen Sie die molare Reaktionsenthalpie für die chemische Reaktion $SO_3 + H_2O_{(l)} \rightleftharpoons H_2SO_4$. Gegeben sind:

$$H_2 + S_{(s)} + 2\,O_2 \rightleftharpoons H_2SO_{4\,(l)} \qquad \Delta_R H = -811{,}3\,\text{kJ/mol}$$

$$S_{(s)} + 1{,}5\,O_{2(l)} \rightleftharpoons SO_{3\,(g)} \qquad \Delta_R H = -446{,}0\,\text{kJ/mol}$$

$$H_2 + 0{,}5\,O_2 \rightleftharpoons H_2O_{(l)} \qquad \Delta_R H = -286\,\text{kJ/mol}$$

115 Wasserstoffspeicherung

Sollen Metallhydride als „Wasserstofftank“ verwendet werden, muss die Wasserstoffaufnahme und -abgabe reversibel erfolgen. Insbesondere Temperatur und Druck spielen dabei eine wichtige Rolle.

a) Formulieren Sie die Reaktionsgleichungen für die Wasserstoffabgabe von Magnesiumhydrid und von Dimagnesiumnickeltetrahydrid. Bei Letzterem wird eine intermetallische Phase mit dem Verhältnis $n_{(Ni)} : n_{(Mg)} = 1 : 2$ gebildet. Ordnen Sie allen Teilchen ihre Oxidationszahlen zu.

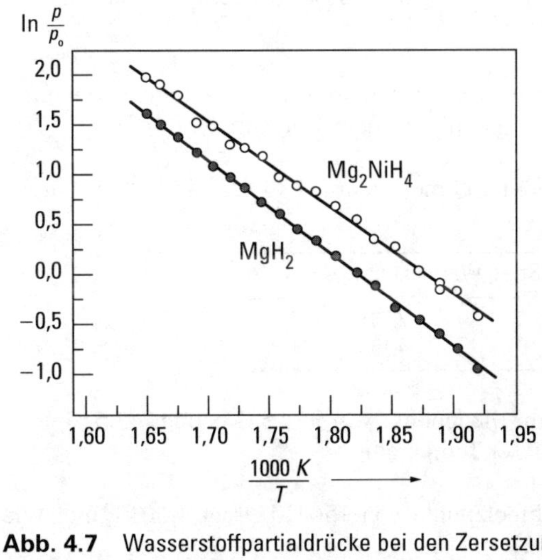

Abb. 4.7 Wasserstoffpartialdrücke bei den Zersetzungsreaktionen von Magnesiumhydrid und Dimagnesiumnickeltetrahydrid bei verschiedenen Temperaturen.

b) Die Zersetzungsreaktionen wurden bei verschiedenen Temperaturen untersucht, wobei der Wasserstoffpartialdruck gemessen wurde (p_0 = 1 bar) (Abb. 4.7). Bestimmen Sie mit Werten aus der Graphik die Reaktionsenthalpie der beiden Zersetzungsreaktionen. Die Reaktionsenthalpien sollen als temperaturunabhängig angenommen werden. Markieren Sie die abgelesenen Wertepaare in der Antwort!
c) Wie groß ist die Bildungsenthalpie der intermetallischen Phase Mg_2Ni?
Thermodynamische Daten: $\Delta_B H^0(Mg_2NiH_4) = -176{,}0\,kJ/mol$.

4.8 Entropie

116 Es expandieren 3,00 mol CO_2 isotherm (im thermischen Kontakt mit der Umgebung; Temperatur = 15,0 °C) gegen einen konstanten äußeren Druck von 1,00 bar. Das Ausgangsvolumen des Gases betrug 10,0 Liter, das Endvolumen 30,0 Liter.

116.1 Wählen Sie die korrekte Aussage für die Entropieänderungen des Systems (ΔS_{sys}) und der Umgebung (ΔS_{umg}):

a) $\Delta S_{sys} > 0 \quad \Delta S_{umg} = 0$ b) $\Delta S_{sys} < 0 \quad \Delta S_{umg} > 0$
c) $\Delta S_{sys} > 0 \quad \Delta S_{umg} < 0$ d) $\Delta S_{sys} = 0 \quad \Delta S_{umg} = 0$

116.2 Berechnen Sie ΔS_{sys}, unter der Annahme, dass CO_2 ein ideales Gas ist.

116.3 Berechnen Sie ΔS_{umg}.

116.4 Berechnen Sie die Entropieänderung des Universums. Stimmt Ihre Antwort mit dem zweiten Hauptsatz überein?

117 Berechnen Sie die Entropiezunahme von 1 mol eines idealen Gases bei dessen Expansion von 100 dm^3 auf 200 dm^3.

118 Wie groß ist die Entropiezunahme von 1 mol Argon, das bei konstantem Volumen von 300 K auf 600 K erwärmt wird? Vergleichen Sie das Ergebnis mit dem von Aufgabe 117.

119 Wie groß ist bei konstantem Druck $\Delta S_{ges.}$ beim Schmelzen von 1 kg Eis (–5 °C) zu Wasser (10 °C)?

	Spez. Schmelzenthalpie $\Delta H_{Sm}\left[\frac{kJ}{kg}\right]$	Spez. Wärmekapazität $c_p\left[\frac{kJ}{kg \cdot K}\right]$
Eis	333,69	2,031
Wasser	–	4,186

120 Die Verdampfungsenthalpie von Ethanol beim Siedepunkt von 351,5 K beträgt 43,5 kJ/mol. Wie groß ist die Verdampfungsentropie bei dieser Temperatur?

121 Die Schmelzenthalpie von Ethanol beim Schmelzpunkt von 156 K beträgt 4,60 kJ/mol Wie groß ist die molare Schmelzentropie bei 156 K?

122 In einem abgeschlossenen System ist $\Delta S_{ges.}$ bei der Erstarrung von unterkühltem Wasser von $-10°C$ zu berechnen.

	$\Delta H_{Sm}\left[\frac{J}{mol}\right]$	$T_{Sm}\,[^\circ C]$	$C_{p(s)}\left[\frac{J}{mol\cdot K}\right]$	$C_{p(l)}\left[\frac{J}{mol\cdot K}\right]$
Wasser	5950	0	36,9	75,3

123 Berechnen Sie ΔS beim Verdampfen von 1 mol der angegebenen Flüssigkeiten:

	T_{Sd} [°C]	T_{Sd} [K]	$\Delta H_{Vd}\left[\frac{J}{mol}\right]$
a) Wasser	100	373,15	40 606,20
b) Essigsäure	118	391,15	31 558,80
c) Diethylether	34,6	307,75	25 951,80
d) Chloroform	61,5	334,65	29 431,71
e) Tetrachlormethan	76,7	349,85	29 898,72
f) Benzol	80,2	353,35	30 778,80

Vergleichen Sie die errechneten ΔS-Werte und verallgemeinern Sie!

124 Berechnen Sie ΔS beim Erwärmen von 1 mol Wasser von $-10\,^\circ C$ auf $+10\,^\circ C$!

	$\Delta H_{Sm}\left[\frac{J}{mol}\right]$	$C_{p(s)}\left[\frac{J}{mol\cdot K}\right]$	$C_{p(l)}\left[\frac{J}{mol\cdot K}\right]$
Wasser	6012,41	$2{,}09 + 0{,}126\,T$	75,3

125 Es ist bei $dp = 0$ die Umwandlung von 100 g Wasser (25 °C) in Wasserdampf (110 °C) das ΔS zu berechnen. ($c_{p,\text{Wasser}} = 4{,}19\,J/(g\cdot K)$, $c_{p,\text{Wasserdampf}} = 1{,}997\,J/(g\cdot K)$, $\Delta H_{\text{spez.Vd}} = 2257\,J/g$)

126 Man berechne das molare ΔS beim Erhitzen von Wasserdampf von 150 °C auf 200 °C! ($p = 1{,}013$ bar, $C_{p\,\text{Wasser}} = 36{,}87 - 7{,}93\cdot 10^{-3}\,T + 9{,}29\cdot 10^{-6}\,T^2\,\frac{J}{mol\cdot K}$)

127 Wie groß ist ΔS, wenn 2 mol Wasserstoff vom Zustand 1 ($V = 30\,dm^3$, $p = 2{,}027$ bar) zum Zustand 2 ($V = 100\,dm^3$, $p = 1{,}013$ bar) expandieren? ($C_{p(W)} = 30{,}96\,J/(mol\cdot K)$)

128 Wie groß ist $\Delta S_{\text{ges.}}$ bei der isothermen Mischung von $100\,cm^3$ Sauerstoff mit $400\,cm^3$ Stickstoff bei 17 °C und 1,013 bar?

129 Die Häufigkeit der Isotope in natürlichem Blei beträgt: 1,5 % ^{204}Pb, 23,6 % ^{206}Pb, 22,6 % ^{207}Pb und 52,3 % ^{208}Pb. Berechnen Sie die molare Mischungsentropie von natürlichem Blei.

130 Man berechne die Entropieänderung ΔS, wenn 12 g Sauerstoff von 20 °C und 1 bar auf −40 °C abgekühlt und gleichzeitig auf 60 bar komprimiert werden! ($Cp_{(O_2)} = 29{,}1\,J/(mol\cdot K)$)

131 Zur Bestimmung der partiellen molaren Entropien $\overline{S}_1$ und $\overline{S}_2$ einer binären Gasmischung wurde die mittlere molare Entropie der Mischung S_m als Funktion des Molenbruches χ ermittelt. Die graphische Auswertung für $\chi_1 = 0{,}25$ ergab $S_m = 8{,}266\,J/(mol\cdot K)$ und $\frac{dS_m}{d\chi_1} = \frac{0{,}218}{0{,}05} = 4{,}36$. Berechnen Sie die partiellen molaren Entropien $\overline{S}_1$ und $\overline{S}_2$ der Gasmischung. Wie groß ist die Mischungsentropie ΔS?

132 Von einer galvanischen Zelle mit Pt-Elektroden (Abb. 4.8) wurden bei zwei verschiedenen Temperaturen die EMK(ΔE)-Werte ermittelt.

a) Berechnen Sie die Änderung der Entropie im angegebenen Temperaturbereich.
b) Welcher pH-Wert liegt in der Donator-Halbzelle vor?

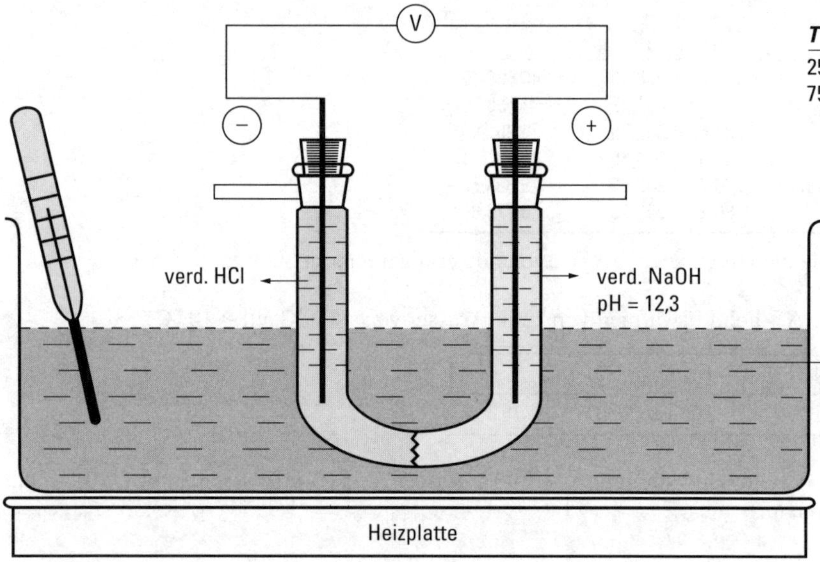

T (°C)	EMK (V)
25	0,654
75	0,675

Abb. 4.8 Versuchsanordnung zur Bestimmung von ΔS in der galvanischen Zelle.

4.9 Wirkungsgrad und Leistungszahl

133 Eine Carnot-Maschine arbeitet zwischen 300 K und 200 K. Sie wandelt dabei eine Wärmemenge von 80 kJ in Arbeit um. Welche Wärmemenge wird an den Wärmebehälter von 200 K abgegeben? Wie groß ist der Wirkungsgrad der Carnot-Maschine?

134 Der Wirkungsgrad einer Carnot-Maschine beträgt $\eta_1 = 40\,\%$. Die Temperatur des kälteren Reservoirs R_2 soll konstant auf $T_2 = 12\,°\mathrm{C}$ gehalten werden. Der Wirkungsgrad der Maschine kann gesteigert werden, indem man die Temperatur T_1 des wärmeren Reservoirs R_1 erhöht. Um wie viel Kelvin muss die Temperatur T_1 gesteigert werden, damit der Wirkungsgrad um $10\,\%$ zunimmt?

135 Berechnen Sie die Nutzleistung eines Benzinmotors, der stündlich 6,3 kg Benzin verbraucht und mit einem Wirkungsgrad von $\eta = 30\,\%$ arbeitet. Der Heizwert von Benzin beträgt $H = 45{,}2\,\mathrm{MJ/h}$.

136 Leistungszahl:

a) Berechnen Sie die Leistungszahl η_K einer Kältemaschine, wenn die Außentemperatur 27 °C beträgt und im Kühlraum eine Temperatur von 7 °C gehalten werden soll.
b) Eine Wärmepumpe soll ein Zimmer auf 20 °C aufheizen, wobei die Wärme der Außenluft, deren Temperatur 0 °C beträgt, entnommen werden soll. Berechnen Sie die Leistungszahl η_W der Wärmepumpe.
c) Werten Sie die Ergebnisse von a und b.

137 Die Firma Lockheed (USA) betreibt seit Jahren vor der Küste von Hawaii (Pazifik) ein Versuchskraftwerk zur Untersuchung der Umwandlung von Wärme in Arbeit unter Nutzung natürlicher Bedingungen, dies allerdings ohne bekannt gemachte Bewertung. Das Funktionsprinzip des Versuchskraftwerkes ist in der Abb. 4.9 schematisch verdeutlicht:

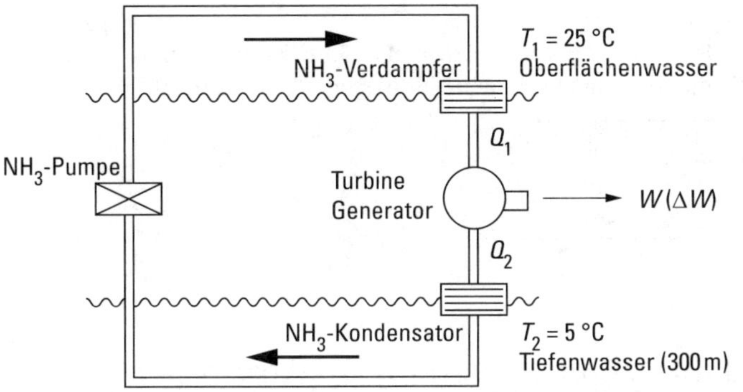

Abb. 4.9 Funktionsprinzip des Lockheed-Versuchskraftwerkes zur Umwandlung von Wärme in Arbeit.

137.1 Berechnen Sie den Wirkungsgrad $\eta_{W_{el}}$ des Versuchskraftwerkes.

137.2 Vergleichen Sie den berechneten Wirkungsgrad von 137.1 mit den Wirkungsgraden in nachstehender Tabelle und machen Sie Aussagen zur Effektivität!

	η_{real}	η_{ideal}
Dampfturbine	0,25—0,35	0,60
Ottomotor	0,20—0,30	0,58
Dieselmotor	0,30—0,40	0,72
Versuchskraftwerk Lockheed	$\eta = 0{,}067$	
Gebundene Enthalpie in Form von Adenosintriphosphat (ATP) im Betriebsstoffwechsel der Organismen (1 mol ATP = 30,6 kJ)	η_{ATP}	
	Glukose	0,383
	Palmitinsäure	0,41
	Glycerin	0,41
	Asparaginsäure	0,34
	Triglycerid der Palmitinsäure	0,41
	$\varnothing\eta \approx 0{,}391$	

138 Brennstoffzelle
Wasserstoff hat, bezogen auf die Masse, eine größere Energiedichte als Kohlenstoff. Deshalb gab es historisch eine Entwicklung zu Brennstoffen mit höherem Wasserstoffgehalt: Kohle → Öl → Erdgas → Wasserstoff. Kosteneffiziente Produktion und sichere Lagerung von Wasserstoff sind zwei Haupthürden für die erfolgreiche Einführung einer Wasserstoffwirtschaft.

138.1 Betrachten Sie einen Zylinder mit Wasserstoff bei 80 MPa und 25 °C. Berechnen Sie die Dichte (in kg/m^3) von Wasserstoff in diesem Zylinder.

138.2 Berechnen Sie das Verhältnis zwischen den gebildeten Wärmemengen, wenn gleiche Massen Wasserstoff und Kohlenstoff verbrannt werden.

138.3 Berechnen Sie die theoretische maximale Arbeit, die bei der Verbrennung von 1 kg Wasserstoff geliefert wird, (a) beim elektrischen Motor, der mit Wasserstoff-Brennstoffzellen arbeitet, (b) vom Wärmemotor, der zwischen 25 °C und 300 °C arbeitet.
Wie lange und mit welchem Strom wird der elektrische Motor laufen, wenn die Brennstoffzelle mit 1 W und bei Standardpotenzialdifferenz ΔE^0 arbeitet?

	H_2	O_2	$H_2O_{(l)}$	CO_2
S^0 (J/(mol·K))	131	205	70	214
$\Delta_B H^0$(kJ / mol)	0	0	−286	−394

4.10 Atomkraft und ihre Alternativen im Spektrum der Energieerzeugung

139 Kernbindungsenergie.

139.1 Interpretieren Sie den Begriff der Kernbindungsenergie.

139.2 Die bei der vollständigen Kernspaltung von $^{235}_{92}U$ freigesetzte Energie E_2ist X-mal so groß wie die bei der Verbrennung der gleichen Kohlenstoffportion erhaltene Energie E_1.

a) Berechnen Sie das Energieverhältnis $X = E_2/E_1$
b) Welches Vielfache von E_2 ergibt sich, auf die gleiche Masse bezogen, bei der Bildung von ^4_2He durch Fusion von Deuterium (^2_1H) und Tritium (^3_1He)?

139.3 Stellen Sie die Abhängigkeit der Kernbindungsenergie pro Nukleon [$E_{k(\varnothing,\text{ jeNukleon})}$] von der Massenzahl der angegebenen Nuklide (Tab. 4.3) graphisch dar. Welche Schlussfolgerungen für die mögliche Nutzung der Kernbindungsenergie ergeben sich daraus?

$$\Delta_B H_{CO_2} = -394\,\text{kJ/mol} \qquad 1\,\text{MeV} = 1{,}602 \cdot 10^{-16}\,\text{kJ}; \qquad c = 299792458\,\text{m/s}$$
$$1\,\text{u} = 1{,}66053873 \cdot 10^{-27}\,\text{kg} \qquad N_A = 6{,}02214199 \cdot 10^{23}\,\text{mol}^{-1}$$

139.4 Beschreiben Sie das Prinzip, wie elektrischer Strom a) aus Kohle und b) aus Uran-Nukliden gewonnen wird.

140 Machen Sie beispielhaft deutlich, wie man neben der effizienteren Energieausnutzung und -einsparung mit Solarenergie a) heizen und b) Strom gewinnen kann.

Tab. 4.3 Massen m und Gesamtbindungsenergien E_k einiger Nuklide und Nukleonen.

Nuklid	m (u)	E_k (MeV)	Nuklid bzw. Nukleon	m (u)	E_k (MeV)
$^{2}_{1}H$	2,014 101 8	2,224 573	$^{144}_{56}Ba$	143,922 940 5	1 190,239 175
$^{3}_{2}He$	3,016 029 3	7,718 058	$^{144}_{54}Xe$	143,938 230 0	1 177,562 000
$^{3}_{1}H$	3,016 049 3	8,481 821	$^{233}_{90}Th$	233,041 576 9	1 771,477 760
$^{4}_{2}He$	4,001 510 0	28,295 673	$^{233}_{91}Pa$	233,040 240 2	1 771,940 523
$^{6}_{3}Li$	6,015 122	31,994	$^{233}_{92}U$	233,039 628 2	1 771,728 280
$^{7}_{3}Li$	7,016 004	39,244	$^{235}_{92}U$	235,043 923 1	1 783,870 285
$^{10}_{5}B$	10,013	64,751	$^{238}_{92}U$	238,050 782 6	1 801,694 651
$^{12}_{6}C$	12,000	92,162	$^{239}_{94}Pu$	239,052 156 5	1 806,921 454
$^{16}_{8}O$	15,994 915	127,619	$^{239}_{92}U$	239,054 287 8	1 806,500 907
$^{56}_{26}Fe$	55,934 9	492,254	$^{239}_{93}Np$	239,052 931 4	1 806,982 011
$^{89}_{36}Kr$	88,917 632	766,907 82	$^{1}_{1}p$	1,007 276	0
$^{90}_{38}Sr$	89,907 737	782,631 48	$^{1}_{0}n$	1,008 665	0

141 Erstellen Sie ein Schema, das die Wandlungskette von erneuerbarer Energie über die Station Wasserstoff bis zur Nutzenergie in den unterschiedlichen Anwendungen aufzeigt. Wonach richtet sich die Analyse der darin aufgeführten Beispiele?

142 Beschreiben Sie (evtl. mit Skizzen) das Funktionsprinzip der Brennstoffzelle sowie ihre mögliche Nutzung in einem Kraftwerk (Kraft-Wärme-Kopplung) und für die moderne Automobilindustrie (H_2-Mobilität der Zukunft).

143 Die gesicherte Stromversorgung aus einem Mix von regenerativen Energiequellen (Sonne, Wind, Wasser) wird zusammen mit einem breiten Netz von Stromtankstellen (Aufladestationen) die Elektromobilität der Zukunft tangential beflügeln. Welche Schlüsseltechnologie steht dabei unter Erfolgszwang und warum?

4.11 Homogene chemische Gleichgewichtsreaktionen

4.11.1 Stickstoffverbindungen (N_2, NH_3, NO_x)

144 Für die Reaktion der Ammoniaksynthese bei stöchiometrischem Einsatz der Edukte

$$3\,H_2 + N_2 \rightleftharpoons 2\,NH_3 \qquad \Delta_R H = -92{,}4\,\frac{kJ}{mol}$$

enthält nachstehende Tabelle die Prozentgehalte an Ammoniak im Gleichgewicht.

Temperatur °C	Volumenanteil an NH_3 in % im Gleichgewicht bei 1 bar	30 bar	100 bar	200 bar	1000 bar
200	15,3	67,6	80,6	85,8	98,3
300	2,18	31,8	52,1	62,8	92,6
400	0,44	10,7	25,1	36,3	79,8
500	0,129	3,62	10,4	17,6	57,5
600	0,049	1,43	4,47	8,25	31,4
700	0,0223	0,66	2,14	4,11	12,9
800	0,0117	0,35	1,15	2,24	
900	0,0069	0,21	0,68	1,34	
1000	0,0044	0,13	0,44	0,87	

144.1 Stellen Sie die Daten der Tabelle graphisch dar, indem Sie den Anteil von Ammoniak im Gleichgewicht auftragen:

a) bei konstanter Temperatur gegen den Druck (Isothermen),

b) bei konstantem Druck gegen die Temperatur (Isobaren).

Welches grundlegende Gesetz finden Sie bestätigt und was sagt es aus?

144.2 Berechnen Sie K_p und die theoretische Ausbeute η_{NH_3} bei Standardbedingungen (298,15 K und 1,01325 bar). Gehen Sie davon aus, dass sich die Gase ideal verhalten und ΔH bzw. ΔS konstant sind.

Tab. 4.4 Molare Standardgrößen und Molwärmen $[C_p = f(T)]$ von NH_3, N_2 und H_2

	NH_3 Ammoniak	N_2 Stickstoff	H_2 Wasserstoff
molare Standardbildungsenthalpie $\Delta_B H^0$ $\left[\frac{kJ}{mol}\right]$	−46,2	0	0
molare Standardentropie S^0 $\left[\frac{J}{mol \cdot K}\right]$	192,65	191,65	130,7
Molwärme C_P $\left[\frac{J}{mol \cdot K}\right]$	33,7 $+29{,}33 \cdot 10^{-4} T$ $+21{,}4 \cdot 10^{-6} T^2$	27,65 $+4{,}19 \cdot 10^{-3} T$	27,2 $+37{,}71 \cdot 10^{-4} T$

144.3 Bei 298,15 K läuft die Synthesereaktion wegen der hohen Aktivierungsenergie ($\approx$ 230 kJ/mol) kaum ab. Bei erhöhtem T und 100 bar beträgt $\eta_{NH_3} = 10{,}4\ Vol.-\%$

a) Berechnen Sie K_p und T unter diesen Bedingungen.

b) Im Gegensatz zu der in a) errechneten Temperatur liegt die tatsächliche Temperatur tiefer. Warum?

144.4 Berechnen Sie die Ausbeute η_{NH_3} bei 200 °C und 1,01325 bar.

144.5 Bei 500 °C und 200 bar beträgt $K\chi = 0{,}6$. Berechnen Sie η_{NH_3}. Vergleichen Sie das Ergebnis mit dem Literaturwert von 17,6 Vol.-%

145 Im Gasgleichgewicht der Ammoniaksynthese $N_{2(g)} + 3\,H_{2(g)} \rightleftharpoons 2\,NH_{3(g)}$ ($\Delta n = -2$) befinden sich bei 400 K und 1 bar 500 mol Wasserstoff H_2. Die Partialdrücke p_i der Reaktanden betragen: $p_{(H_2)} = 0{,}376$ bar, $p_{(N_2)} = 0{,}125$ bar und $p_{(NH_3)} = 0{,}499$ bar.

a) Berechnen Sie die Gleichgewichtskonstante K_p, die freie molare Reaktionsenthalpie $\Delta_R G$ sowie die Stoffmengen $n_{(N_2)}$ und $n_{(NH_3)}$.

b) Welche Richtung nimmt das System, wenn die Wasserstoffmenge bei $dT = 0$ und $dp = 0$ um 10 mol erhöht wird? Berechnen Sie die freie molare Reaktionsenthalpie $\Delta_R G$ für das sich neu einstellende Gleichgewicht.

146 In einem $H_2/N_2/NH_3$-System habe sich bei 410 K und einem Gesamtdruck von 1 bar das Gleichgewicht entsprechend der Gleichgewichtskonstanten $K_p = 36{,}79\,\text{bar}^{-2}$ eingestellt. Es liegen dann 100 mol H_2, 500 mol N_2 und 175 mol NH_3 vor. Diesem System werden 10 mol N_2 unter Beibehaltung der Temperatur (410 K) und des Gesamtdruckes (1 bar) zugefügt. Geben Sie zunächst ohne zu rechnen begründet an, wie das System reagieren wird. Zeigen Sie dann durch eine Rechnung, ob Ihre Angabe zutrifft oder verworfen werden muss.

147 Berechnen Sie für das Gasgleichgewicht der Ammoniaksynthese die Gleichgewichtskonstante der Molenbrüche K_χ, die Ausbeute η_{NH_3} im Gleichgewicht, die molare freie Reaktionsenthalpie $\Delta_R G$ und die molare freie Reaktionsenergie $\Delta_R F$, wenn Stickstoff und Wasserstoff im Volumenverhältnis 1 : 3 bei 500 °C zur Reaktion gebracht werden? Das Gasgemisch steht unter einem Gesamtdruck von a) 10^5 Pa, b) $3 \cdot 10^7$ Pa, c) $6 \cdot 10^7$ Pa und d) 10^8 Pa. ($K_p = 1{,}48 \cdot 10^{-15}\,\text{Pa}^{-2}$).
Interpretieren Sie die Ergebnisse!

148 Die Reaktion von NH_3 mit reinem O_2 nach $2\,NH_{3(g)} + 3\,O_{2(g)} \rightleftharpoons NO_{(g)} + NO_{2(g)} + 3\,H_2O$ hat bei 400 °C und 101,325 kPa eine freie molare Reaktionsenthalpie von $\Delta_R G = -39{,}68\,\text{kJ/mol}$. Wie groß ist der prozentuale Umsatz von Ammoniak?

149 Zerfallsreaktion von Ammoniak
Berechnen Sie für die thermische Dissoziation von Ammoniak mit den Angaben in Tab. 4.4 alle fehlenden Werte der Tab. 4.5. Gehen Sie von $n = 1$ mol Ammoniak bei 298 °C und 101,325 kPa aus und interpretieren Sie die Ergebnisse mit Bezug auf das Dissoziationsgleichgewicht.

Tab. 4.5 Gesuchte Größen der thermischen Dissoziation von NH_3 bei verschiedenen Temperaturen und Drücken.

		298,15 K		773,15 K	
		(1) 1,01325 bar	(2) 200 bar	(3) 1,01325 bar	(4) 200 bar
A	$\Delta_R H$ (kJ/mol)		46,2	54,258	
B	$\Delta_R U$ (kJ/mol)		43,720	47,83	
C	W_m (kJ/mol)		-2,479	-6,4282	
D	$\Delta_R S$ (J/(mol · K))		55,282	115,881	
E	$\Delta_R G$ (kJ/mol)		29,718	-35,34	
F	$\Delta_R F$ (kJ/mol)		27,238	-41,76	
G	K_χ		$6{,}216 \cdot 10^{-6}$	243,94	
H	K_p (bar)		$1{,}26 \cdot 10^{-3}$	247,2	
I	K_c (mol/dm³)		$5{,}05 \cdot 10^{-5}$	3,85	
J	α(Dissoziationsgrad)		0,00219	0,997	

150 Darstellung von Stickstoff aus Ammoniak: Für die Reaktionen 150.1 und 150.2 ist jeweils die Stickstoffausbeute η_{N_2} im Gleichgewicht gefragt.

150.1 Beim Mischen von gesättigter NH_4Cl-Lösung mit gesättigter $NaNO_2$-Lösung läuft u. a. folgende Gasreaktion ab: $2\,NH_{3(g)} + NO_{(g)} + NO_{2(g)} \rightleftharpoons 2\,N_{2(g)} + 3\,H_2O_{(g)}$. Bei 100 °C und 101,325 kPa beträgt $\Delta_R G = -25{,}3\,\text{kJ/mol}$. Bei Standardbedingungen (25 °C, 101 325 Pa) betragen: $\Delta_R G^0 = -517\,\text{kJ/mol}$ und $\Delta_R H^0 = -511\,\text{kJ/mol}$.

150.2 Stickstoff erhält man auch nach $3\,Cl_{2(g)} + 2\,NH_{3(g)} \rightleftharpoons 6\,HCl_{(g)} + N_{2(g)}$. Bei 300 °C und 101,325 kPa beträgt $\Delta_R G = -28{,}05\,\text{kJ/mol}$. Bei Standardbedingungen (25 °C, 101 325 Pa) betragen: $\Delta_R G^0 = -79\,\text{kJ/mol}$ und $\Delta_R H^0 = -46\,\text{kJ/mol}$.

151 Es wird 1 mol Stickstoff N_2 bei 500 °C von 0,05 bar auf 0,1 bar isotherm komprimiert. Zu berechnen sind die Volumenarbeit W sowie Änderungen der freien molaren Enthalpie ΔG, freien molaren Energie ΔF, Entropie ΔS, inneren Energie ΔU und der Enthalpie ΔH.

152 Für die Reaktion $NO + \frac{1}{2}\,O_2 \rightleftharpoons NO_2$ sind die Gleichgewichtskonstante K_p und die freie molare Reaktionsenthalpie $\Delta_R G$ bei 398 K zu berechnen und ihre Temperaturabhängigkeit zu begründen. $\Delta_R H^0_{298} = -56{,}4\,\text{kJ/mol}$ $\Delta_R G^0_{298} = -34{,}8\,\text{kJ/mol}$

Hinweis: $\Delta_R H$ ist im vorgegebenen Temperaturbereich konstant.

153 Für die Reaktion $NO_2 \rightleftharpoons NO + \frac{1}{2}\,O_2$ sind bei 498 K und 101 325 Pa der Reaktionsgrad $\beta_{NO_2} = 0{,}953042$ und $\Delta_R H = 56{,}4\,\text{kJ/mol}$ gegeben. Berechnen Sie die $\Delta_R G$-und K_p-Werte bei 498 K und 298 K. Anmerkung: $\Delta_R H$ soll im betrachteten Temperaturbereich konstant bleiben.

154 Dissoziation von Stickstoff(III)-oxid N_2O_3: Bei der Dissoziation von Stickstoff(III)-oxid bei 25 °C und 101 325 Pa enthält das Reaktionsgemisch gleiche Molmengen Stickstoff(II)-oxid NO und Stickstoff(IV)-oxid NO_2 und 10 % undissoziiertes Stickstoff(III)-oxid N_2O_3.
Die molare Reaktionsenthalpie beträgt $\Delta_R H = 40{,}6\,\text{kJ/mol}$.

a) Wie groß sind der Dissoziationsgrad $\alpha_{N_2O_3}$, die Gleichgewichtskonstanten K_χ und K_p, die freie molare Reaktionsenthalpie $\Delta_R G$ und die molare Reaktionsentropie $\Delta_R S$?
b) Berechnen Sie den Reaktionsgrad $\beta_{N_2O_3}$ und die Gleichgewichtskonstante K_χ der Rückreaktion?
c) Wie werden sich bei Druckminderung die Werte von $\alpha_{N_2O_3}$, K_χ und K_p ändern?

155 N_2O_4/NO_2-Gleichgewicht:

155.1 Ermitteln Sie die Verlaufsrichtung der Reaktion $N_2O_4 \rightleftharpoons 2\,NO_2$ ($K_\chi = 0{,}141$, 25 °C, 1 bar), wenn

a) eine isotherme Druckminderung auf $p = 0{,}1$ bar erfolgt,
b) durch isobares Erwärmen ($\Delta T = 65$ K) der Dissoziationsgrad auf $\alpha_{(N_2O_4)} = 0{,}627$ steigt.

155.2 Berechnen Sie jeweils die Änderung des Dissoziationsgrades $\Delta\alpha_{(N_2O_4)}$.

155.3 Ermitteln Sie bei $dp = 0$ die mittlere molare Reaktionsenthalpie $\Delta_R H$.

156 In der Gasphase befindet sich Stickstoffdioxid mit seinem Dimeren Distickstofftetroxid entsprechend der Gleichung $N_2O_4 \rightleftharpoons 2\,NO_2$ im Gleichgewicht. Dieses Gleichgewicht wird bei 30 °C untersucht. Dazu wird ein Rundkolben ($V = 321\,\text{cm}^3$) mit Schliffhahn evakuiert und gewogen: 109,9736 g. Der Kolben wird dann in einem Eisbad gekühlt und Stickstoffdioxid wird eingeleitet. Dann wird der Kolben in ein Wasserbad von 30 °C gebracht und nach dem Temperaturausgleich wird der Hahn vorsichtig geöffnet. Es entweicht ein braunes Gas. Wenn das Ausströmen gerade endet, wird der Hahn geschlossen und der Kolben erneut gewogen: 110,9446 g. Im Labor herrscht ein Luftdruck von 101,3 kPa.

a) Geben Sie an, wie man im Labor Stickstoffdioxid NO_2 herstellen kann.
b) Berechnen Sie für die oben angeführte Reaktion die Gleichgewichtskonstanten K_p, K_c und K_χ.
c) Das Experiment wird bei 60 °C wiederholt, der Kolben mit der Gleichgewichtsmischung wiegt dann 110,6820 g. Berechnen Sie die molare Reaktionsenthalpie $\Delta_R H$ und die molare Reaktionsentropie $\Delta_R S$ für die Reaktion $N_2O_{4(g)} \rightleftharpoons 2\,NO_{2(g)}$. Nehmen Sie dabei an, dass diese beiden Größen hier temperaturunabhängig sind.
d) Begründen Sie die Vorzeichen der berechneten Werte für $\Delta_R H$ und $\Delta_R S$ mit Hilfe der Reaktionsgleichung.

157 Gefäß 1 ($V = 1\,dm^3$) ist mit Gefäß 2 ($V = 3\,dm^3$) durch einen geschlossenen Hahn verbunden. Im Gefäß 1 befinden sich 1 mol Distickstofftetroxid N_2O_4 und 0,086 mol Stickstoffdioxid NO_2 im Gleichgewicht, Gefäß 2 ist leer (evakuiert). Beide Gefäße befinden sich in einem Thermostaten bei 25 °C. Der Hahn wird geöffnet, es stellt sich ein neues Gleichgewicht ein. Betrachten Sie hier alle Gase als ideal.

a) Berechnen Sie die Gleichgewichtskonstante der Partialdrücke K_p im Ausgangsgleichgewicht.
b) Berechnen Sie im neu eingestellten Gleichgewicht die

   b_1) Stoffmengen von NO_2 und N_2O_4,
   b_2) Partialdrücke p_i von NO_2 und N_2O_4,
   b_3) Gleichgewichtskonstante der Teilkonzentrationen K_c.

158 In einem Gefäß ($V = 15\,dm^3$) befinden sich 64,4 g eines Gemisches aus Stickstoffdioxid NO_2 und Distickstofftetroxid N_2O_4. Berechnen Sie den Druck im Gefäß, wenn sich das Gleichgewicht NO_2/N_2O_4 eingestellt hat a) bei 298 K b) bei 350 K. Die Daten für $\Delta_B H^0$ und S^0 gelten für Standardbedingungen (25 °C; 101 325 Pa). NO_2 und N_2O_4 sollen als ideale Gase angesehen werden.

	$\Delta_B H^0$ (kJ · mol^{-1})	S^0 (J · mol^{-1} · K^{-1})	C_p (J · mol^{-1} · K^{-1})
NO_2	33,2	240,1	37,2
N_2O_4	9,16	304,3	77,8

159 Stickstoffmonoxid ist einerseits ein Grundstoff für Synthesen, andererseits ist es ein umweltschädliches Gas. Es zerstört die Ozonschicht durch katalytische Zersetzung von Ozon.

a) Geben Sie an, wie Stickstoffmonoxid technisch und im Labor hergestellt wird und wozu es verwendet wird.
b) Die Reaktion von Stickstoff mit Sauerstoff im Lichtbogen war früher ein großtechnisches Verfahren zur Herstellung von Stickstoffmonoxid. Zeigen Sie mit Hilfe der unten gegebenen Daten, dass diese Reaktion bei Standardbedingungen (298,15 K und 101 325 Pa) nicht freiwillig abläuft (endergonisch ist). Berechnen Sie unter diesen Bedingungen die Gleichgewichtskonstante K_p. Begründen Sie qualitativ, warum die Synthese im Lichtbogen nennenswerte Ausbeuten ergibt.

c) Berechnen Sie die Gleichgewichtskonstante K_p bei 1000 K, 2000 K, 3000 K, 4000 K und 5000 K. Nehmen Sie dazu vereinfachend an, dass sich die molare Reaktionsenthalpie $\Delta_R H$ und molare Reaktionsentropie $\Delta_R S$ bei den höheren Temperaturen nicht verändern.
d) Berechnen Sie, wie viel Volumenprozent Stickstoffmonoxid sich bei diesen Temperaturen aus normaler Luft (20 % Sauerstoff, 80 % Stickstoff) unter Gleichgewichtsbedingungen bilden. Stellen Sie die Volumenprozente Stickstoffmonoxid als Funktion der Temperatur graphisch dar.

	N_2	O_2	NO
$\Delta_B H^0$ (kJ · mol^{-1})	0	0	90,25
S^0 (J · mol^{-1} · K^{-1})	191,61	205,13	210,76

160 Für die thermische Dissoziation von Stickstoffmonoxid NO in seine Elemente bei 10^5 Pa und 725 °C ist die Gleichgewichtskonstante $K = 6 \cdot 10^{11}$.

a) Wie viel Vol. -% NO, O_2 und N_2 liegen im Gleichgewicht vor?
b) Wie groß ist der thermische Dissoziationsgrad von NO?

161 Wird Luft auf 2400 °C erhitzt, vereinigen sich Stickstoff N_2 und Sauerstoff O_2 zu Stickstoffmonoxid NO. Im Gleichgewicht entstehen 2,2 Vol · -% NO. Wie groß ist die Gleichgewichtskonstante K_p?

162 Der Zerfall von Nitrosylchlorid verläuft zwischen 150 °C und 250 °C homogen und nach einem Geschwindigkeitsgesetz 2. Ordnung: $2\,NOCl_2 \rightleftharpoons NO + Cl_2$.
Es wurden dabei die folgenden Geschwindigkeitskonstanten bestimmt:

Temperatur (°C)	150	170	190	210	230
k (mol^{-1} · s^{-1}) · 10^3	3,65	12,9	43,0	123	370

Ermitteln Sie die Aktivierungsenergie der Reaktion.

4.11.2 Kohlenstoff-Verbindungen (CO_x, KWS und Derivate)

163 CO_2/CO-Gleichgewicht:

163.1 Für die thermische Dissoziation des Kohlenstoffdioxids sind der Dissoziationsgrad α_{CO_2}, die Gleichgewichtskonstante Kp und die freie molare Reaktionsenthalpie $\Delta_R G$ a) bei 1000 K und b) bei 1400 K aus $\Delta_B G$-Werten der Reaktanden zu berechnen.

163.2 Bei 2000 K wurde ein CO_2-Zerfallsgrad von 1,58 % ermittelt. Berechnen Sie $\Delta_R G^{2000}$.

163.3 Welchen Wert hat im Temperaturbereich von 1000 K bis 2000 K die mittlere molare Reaktionsenthalpie $\Delta_R H$?

	$CO_{2(g)}$	$CO_{(g)}$	O_2	
$\Delta_B G_{1000}$ (kJ/mol)	−395,8	200,6	0	p — 101,325 kPa
$\Delta_B G_{1400}$ (kJ/mol)	−396	−235,9	0	

164 Kohlenstoffdioxid zersetzt sich bei hohen Temperaturen in geringfügigem Ausmaß in Kohlenstoffmonoxid und Sauerstoff. Der Anteil des CO_2, der sich bei einem Gleichgewichtsgesamtdruck von 1013 hPa zersetzt hat, beträgt bei 1000 K $2{,}0 \cdot 10^{-7}$ und bei 1400 K $1{,}3 \cdot 10^{-4}$. Betrachten Sie als Standarddruck $p = 1{,}013 \cdot 10^5$ Pa.

a) Stellen Sie die Reaktionsgleichung für die thermische Dissoziation von CO_2 auf.
b) Berechnen Sie $Kp(1000)$, $Kp(1400)$, $\Delta_R G(1000)$, $\Delta_R H(1000)$ und $\Delta_R S(1000)$ unter der Annahme, dass die Reaktionsenthalpien im beschriebenen Temperaturintervall konstant sind.
c) Wie wird sich der Bruchteil des zersetzten Kohlenstoffdioxids ändern, wenn man den Gesamtdruck auf 101,3 hPa senkt? Geben Sie zuerst eine qualitative Antwort, die Sie dann durch eine Rechnung für 1000 K beweisen.

165 Für die Reaktion $CO + 0{,}5\ O_2 \rightleftharpoons CO_2$ gilt bei 298 K und 1 bar.

$$\Delta_B G^0(CO) = -137{,}3\,\text{kJ/mol} \qquad \Delta_B H^0(CO) = -110{,}5\,\text{kJ/mol}$$
$$\Delta_B G^0(CO_2) = -394{,}4\,\text{kJ/mol} \qquad \Delta_B H^0(CO_2) = -394{,}5\,\text{kJ/mol}$$

Berechnen Sie Kp bei 298 K und bei 1073 K.

166 Konvertierung des CO

166.1 Bei 900 K reagieren 60 Liter $H_2O_{(g)}$ mit 40 Liter CO zu je 30 Liter CO_2 und H_2 im Gleichgewicht. Wie groß sind K_c, Kp und $K\chi$?

166.2 Ein Synthesegas enthält 50 Vol.-% H_2, 15 Vol.-% CO, 1 Vol.-% CO_2 und 34 Vol.-% N_2. Daraus soll das CO zu a) 90 %, b) 95 %, c) 98 % und d) 99 % entfernt werden. Wie viel Liter $H_2O_{(g)}$ werden jeweils benötigt ($K_c = 15$ bei 600 K)? Bewerten Sie die Ergebnisse.

167 Bei der Bildung von Phosgen (Kohlenoxidchlorid, Carbonyldichlorid) stellt sich folgendes Gleichgewicht ein:

$$CO_{(g)} + Cl_{2(g)} \rightleftharpoons COCl_{2(g)} \qquad \Delta n = -1\,.$$

In einem Experiment betrug der Partialdruck von Cl_2 vor der Reaktion 0,666 bar und der von CO 0,533 bar. Nachdem sich das Gleichgewicht eingestellt hatte, wurde ein Gesamtdruck von 0,8 bar bestimmt. Berechnen Sie $K\chi$, Kp und K_c.

168 Nickeltetracarbonyl kann man durch Überleiten von Kohlenstoffmonoxid über feinverteiltes Nickel bei 50 °C herstellen (Mondprozess): $Ni_{(s)} + 4CO_{(g)} \rightleftharpoons Ni(CO)_{4(g)}$. Umgekehrt zerfällt Nickeltetracarbonyl bei 250 °C wieder. Auf diese Weise kann sehr reines Nickel hergestellt werden.

a) Geben Sie die Oxidationszahl von Nickel in Nickeltetracarbonyl an.
b) Geben Sie einen Term für die Berechnung von Kp für den Zerfall von Nickeltetracarbonyl an. Welche Einheit hat Kp?
c) Auf welchen Anteil der ursprünglichen Konzentration muss die von Kohlenstoffmonoxid zurückgegangen sein, wenn die Konzentration von Nickeltetracarbonyl im Gleichgewicht halbiert ist?

169 Berechnen Sie für die Synthese von Wassergas bei stöchiometrischem Einsatz der Edukte den prozentualen Umsatz von Methan mit Wasserdampf. Die freie molare Reaktionsenthalpie bei 400 °C und 101,325 kPa beträgt $\Delta_R G = -21{,}4\,\text{kJ/mol}$. Welcher Umsatz ergäbe sich bei Normbedingungen? ($\Delta_R G^0 = 143\,\text{kJ/mol}$)

170 Eine Möglichkeit Kohlenstoffmonoxid industriell herzustellen besteht darin, eine Mischung aus Erdgas und Wasserdampf bei 1100 °C unter Druck über einen Nickelkatalysator zu schicken. Eine äquimolare Mischung aus Wasserdampf und Methan mit einem Gesamtdruck von 10 bar wird bei konstantem Druck bis zur Gleichgewichtseinstellung sich selbst überlassen. Die Gleichgewichtsmischung enthält 22 Vol·-% Kohlenstoffmonoxid (CO). Berechnen Sie Kp und K_c.

171 Verbrennung von Methan CH_4: Im CH_4-Gasbrenner finden die folgenden Reaktionen statt:

(I) $CH_{4(g)} + 2O_{2(g)} \rightleftharpoons CO_{2(g)} + 2H_2O_{(g)}$

(II) $CH_{4(g)} + 1{,}5O_{2(g)} \rightleftharpoons CO_{(g)} + 2H_2O_{(g)}$

Die tolerierbare CO-Konzentration in der Luft beträgt 5 ppm, die maximal zulässige 50 ppm. Nehmen Sie für die Teilaufgaben 1 bis 4 an, dass die Enthalpie- und Entropiewerte temperaturunabhängig sind.

171.1 Berechnen Sie für (I) und (II) die Gleichgewichtskonstante Kp bei 1500 K.

171.2 Der Brenner wird zunächst mit einem Gemisch von Methan und soviel Luft (80 Vol·-% Stickstoff, 20 Vol·-% Sauerstoff) betrieben, dass das Volumenverhältnis von V(Methan): V(Sauerstoff) $= 1 : 2$ ist. Ermitteln Sie im Gesamtgleichgewicht von (I) und (II) bei $T = 1500$ K und $p = 10{,}132530$ bar a) das Stoffmengenverhältnis $n_{(O_2)} : n_{(CO)}$, b) den Molenbruch $\chi_{(CO)}$.

171.3 Wiederholen Sie die Berechnungen von 159.2 für den Betrieb des Brenners mit soviel Luft, dass das Volumenverhältnis von $V_{(CH_4)} : V_{(O_2)} = 1 : 4$ ist.

171.4 Berechnen Sie für 171.2 und 171.3 die CO-Konzentration (parts per million) in den Verbrennungsgasen nach vollständiger Kondensation des Wasserdampfes. Vergleichen Sie diese Werte mit der im Vorspann der Aufgabe genannten tolerierbaren CO-Konzentration!
Hinweis: Die Zusammensetzung des Gasgemisches beim Abkühlen auf 25 °C,soll gleich bleiben. Der Beitrag des Wasserdampfdruckes zur Zusammensetzung der Gasphase bleibt unberücksichtigt.

171.5 Bisher wurde angenommen, dass die Werte für die Enthalpie und Entropie temperaturunabhängig seien. Für genauere Berechnungen muss man aber die Wärmekapazitäten Cp mit heranziehen. Berücksichtigt man die Cp-Werte, ergibt sich für die Reaktion (I) bei 1500 K und 101 325 Pa ein $\Delta G = -792{,}61$ kJ/mol. Berechnen Sie daraus a) die in der Tabelle 4.6 fehlende Wärmekapazität von Methan, b) $\Delta_R H$ und $\Delta_R S$ für die Reaktion (I) bei 1500 K und 101 325 Pa.

172 Bei der Verbrennung von 1 mol flüssigem p-Xylol werden bei konstantem Druck und Standard-Bedingungen 4551,4 kJ frei.

a) Geben Sie eine abgestimmte Reaktionsgleichung für diese Verbrennungsreaktion an.
b) Berechnen Sie mit Hilfe der Verbrennungswärme die Standard-Bildungsenthalpie $\Delta_B H^0$ des flüssigen p-Xylols.
(*Hinweis*: Das Ergebnis stimmt nicht mit dem in der Tabelle angegebenen Wert überein.)
c) Berechnen Sie die Standard-Reaktionsenthalpie $\Delta_R H^0$ und Standard-Reaktionsentropie $\Delta_R S^0$ für die Umwandlung von o-Xylol in p-Xylol in der Gasphase bei $T = 500$ K. Nehmen Sie dabei an, dass die Wärmekapazitäten temperaturunabhängig sind. Nutzen Sie die unten angegebenen thermodynamischen Daten.

Tab. 4.6 Thermodynamische Daten der Reaktionsteilnehmer bei der Verbrennung von Methan.

Stoff	$\Delta_B H^0$(kJ/mol)	S^0 (J/(mol · K))	C_p (J/(mol · K))
Methan (g)	−74,8	186,3	
Kohlenstoffmonoxid (g)	−110,5	197,7	32,6
Kohlenstoffdioxid (g)	−395,5	213,7	53,1
Wasser (g)	−241,8	188,8	39,8
Wasser (l)	−285,8	69,9	75,3
Stickstoff (g)	0	191,6	32,2
Sauerstoff (g)	0	205,1	34,4

Hinweis: Die C_p-Werte sind Mittelwerte für den Bereich von 298,15 K bis 1500 K.
Die $\Delta_B H^0$- und S^0-Werte gelten bei NB (25 °C, 101 325 Pa).

d) Berechnen Sie die prozentualen Anteile der drei Xylol-Isomere in der Gleichgewichtsmischung bei $T = 500\,\text{K}$.

	$\Delta_B H^0$ [kJ/mol]	S^0 [J/(mol · K)]	$C_{p(l)}$ [J/(mol · K)]	$C_{p(g)}$ [J/(mol · K)]	T_{Sd} [K] (Siedetemperatur)	ΔH_{Vd} [kJ/mol]
o-Xylol	−24,4	246,0	187,7	171,6	417,0	36,2
m-Xylol	−25,4	253,8	184,6	167,1	412,3	35,7
p-Xylol	−24,4	247,2	182,2	167,4	411,4	35,7
CO_2	−393,5					
H_2O	−285,8					

173 Für ein Experiment werden zwei Gefäße (A) und (B) verwendet, die mit einem Stempel verschlossen sind (Abb. 4.10). Gefäß A ist mit einem CO_2/H_2-Gemisch im Stoffmengenverhältnis 1:1 gefüllt, Gefäß B mit Propan. Beide Gefäße werden bei konstantem Druck auf 527 °C erhitzt. Es stellen sich folgende Gleichgewichte ein:

$$\text{(A)}\quad CO_{2(g)} + H_{2(g)} \rightleftharpoons CO_{(g)} + H_2O_{(g)} \qquad K_1 = 2{,}50\cdot 10^{-1}$$

$$\text{(B)}\quad C_3H_{8(g)} \rightleftharpoons C_3H_{6(g)} + H_{2(g)} \qquad K_2 = 1{,}30\cdot 10^{-3}\,\text{mol/dm}^3$$

Die Gleichgewichtskonstanten gelten für Konzentrationen bei 527 °C. In beiden Gefäßen ist der Gleichgewichtsdruck gleich und der Anteil von Propan im Gefäß B beträgt 80 Vol·-%.

a) Berechnen Sie die Gleichgewichtskonzentrationen der Komponenten im Gefäß B sowie den Gesamtdruck im Gleichgewichtszustand.
b) Berechnen Sie die Gleichgewichtskonzentrationen der Komponenten im Gefäß A.
c) In einem zweiten Teil des Experiments wird mit dem Stempel das Volumen in jedem Gefäß auf die Hälfte zusammengedrückt. Dabei soll die Temperatur konstant bleiben. Berechnen Sie den Gesamtdruck im Gleichgewicht in jedem der Gefäße.

174 Für die Isomerisierung von Cyclopropan zu Propen ist $\Delta H^0_{\text{Isom.}} = -32{,}9\,\text{kJ/mol}$. Ergänzen Sie die folgende Tabelle:

	C (Graphit)	H_2	Cyclpropan	Propen
$\Delta_V H^0$[kJ/mol]	−394,1	−286,3	−2 094,4	
$\Delta_B H^0$[kJ/mol]				

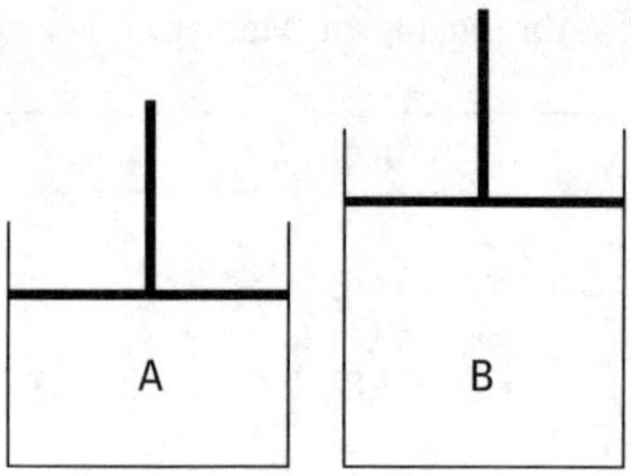

Abb. 4.10 Versuchsanordnung zweier Gefäße mit Gasen (A): CO_2/H_2-Gemisch, (B): Propan.

175 Methanol kann durch Umsetzung eines Gemisches von Kohlenstoffmonoxid und Wasserstoff bei einem konstanten Druck von 250 bar erhalten werden. Gibt man die beiden Ausgangsstoffe bei einer bestimmten Temperatur im stöchiometrischen Verhältnis zusammen, bildet sich ein Gleichgewichtszustand aus, in dem sich 23 % des Wasserstoffs umgesetzt haben. Berechnen Sie die Gleichgewichtskonstante K_p.

176 In eine 500 cm^3 Plastikflasche wird flüssiges Methanol gegeben. Sie wird solange geschüttelt, bis die enthaltene Luft mit Methanoldampf gesättigt ist. Der Überschuss an flüssigem Methanol wird abgelassen, die Flasche verschlossen und das Gemisch dann elektrisch gezündet.

a) Geben Sie die Gleichung für die Reaktion von Methanol mit Sauerstoff an.
b) Bestimmen Sie die molare Reaktionsenthalpie $\Delta_R H$ für die Reaktion in a).
c) Bestimmen Sie den limitierenden Reaktionspartner in der 500 cm^3 Flasche. Die Temperatur betrage 25 °C und der herrschende Druck $1{,}1 \cdot 10^5$ Pa. Der Dampfdruck von Methanol bei 25 °C beträgt $0{,}165 \cdot 10^5$ Pa. Die Luft enthalte 20 Vol.-% Sauerstoff und 80 Vol.-% Stickstoff.
d) Berechnen Sie die bei der Reaktion in c) freigesetzte Wärme in der 500 cm^3 Flasche.
e) Wie groß ist die Summe der Molzahlen aller Reaktanden nach der Reaktion?
f) Bestimmen Sie die Temperatur der Gase in der Flasche unter der Annahme, dass von der bei der Verbrennung freigesetzten Wärme 500 J für die Erwärmung der Gase zur Verfügung stehen. Bestimmen Sie den Druck bei dieser Temperatur.

Substanz	$CH_3OH_{(g)}$	$CO_{2(g)}$	$H_2O_{(g)}$
$\Delta_B H^0$ in kJ/mol	−201,5	−393,5	−241,5

Die Dichte des Gasgemisches nach der Verbrennung beträgt 1,30 g/dm^3 die Wärmekapazität dieser Mischung beträgt 1,01 J/(g · K).

177 Methanol kann man mit einem stöchiometrisch eingestellten Synthesegas ($n_{CO}/n_{H2} = 1/2$) bei 300 °C und 10^7 Pa herstellen. Die Gleichgewichtskonstante hat hier den Wert von $K_p = 5{,}58 \cdot 10^{-14}\,\text{Pa}^{-2}$. Die mittlere Reaktionsenthalpie beträgt $\Delta_R H = -90\,\text{kJ/mol}$. Man nutzt einen Kreisprozess aus und verwendet einen Katalysator (Cu/Zn/Al-Leg.).

177.1 Zu berechnen sind $K\chi$, K_c, $\Delta_R G$, $\Delta_R S$, $\Delta_R U$ und die Ausbeute η_{Methanol}.

177.2 Wie verändern sich η_{Methanol} und $\Delta_R G$, wenn

a) bei $dp = 0$ die Temperatur auf 500 °C erhöht wird,

b) bei $dT = 0$ der Druck auf 150 bar steigt,

c) Normbedingungen (25 °C, 10^5 Pa) gewählt werden?

Die Ergebnisse sind im Vergleich zu 177.1 zu begründen.

177.3 Das Synthesegas für Methanol wird aus Wassergas (50 Vol.-% H_2, 40 Vol.-% CO, 5 Vol.-% N_2, 5 Vol.-% CO_2) durch Konvertierung (1 bar, 450 °C, Kat.) $CO_{(g)} + H_2O_{(g)} \rightleftharpoons CO_{2(g)} + H_{2(g)}$ hergestellt. Die Gleichgewichtskonstante für die Konvertierungsreaktion beträgt $K = 4$. Wie groß muss das Molverhältnis n_{CO}/n_{H_2O} bei der Konvertierung gewählt werden, damit für die Synthese von Methanol ein Gasgemisch mit dem Molverhältnis von $n_{CO}/n_{H_2} = 1/2$ entsteht?

178 Methanol kann durch Umsetzung eines Gemisches von Kohlenstoffmonoxid und Wasserstoff bei einem konstanten Druck von 250 bar erhalten werden. Gibt man die beiden Ausgangsstoffe bei einer bestimmten Temperatur im stöchiometrischen Verhältnis zusammen, bildet sich ein Gleichgewichtszustand aus, in dem sich 23 % des Wasserstoffs umgesetzt haben. Berechnen Sie die Partialdrücke der Reaktanden und K_p.

179 Wie viel Gramm Ethanol werden benötigt, um 12 mol Essigsäure zu 10 mol Essigsäureethylester (Ethylethanat) umzusetzen ($K = 4$)?

180 Wie viel mol Ethanol entstehen, wenn 3 mol Ethylethanat, 5 mol Wasser und 1 mol Essigsäure gemischt werden und sich das Gleichgewicht eingestellt hat ($K = 4$)?

181 Die Verseifung von Ethylethanat lässt sich mit Natronlauge nach der Gleichung

$$CH_3COOC_2H_{5(l)} + OH^-_{(aq)} \rightleftharpoons CH_3COO^-_{(aq)} + C_2H_5OH_{(l)}$$

realisieren. Bedeuten a und b die molaren Ausgangskonzentrationen der Edukte ($a = c^0_{OH}$; $b = c^0_{Ester}$) und x ihre Abnahme nach der Zeit, gilt die Differenzialform des kinetischen Ansatzes:

$$\frac{dx}{dt} = k \cdot (a - x) \cdot (b - x) .$$

181.1 Berechnen Sie mit den thermodynamischen Daten der Tabelle die Gleichgewichtskonstante der Verseifung unter Standardbedingungen (25 °C, 101,325 kPa).

	$CH_3COOC_2H_{5(l)}$	$OH^-_{(aq)}$	$CH_3COO^-_{(aq)}$	$C_2H_5OH_{(l)}$
$\Delta_B H^0$ (kJ/mol)	−479	−230	−486	−277
S^0 (J/(K · mol))	259	−10,54	86	161

181.2 In einem Becherglas wurden bei 25 °C und 101,325 kPa je 30 cm³ 0,0098 M NaOH und 0,00486 M Ethylethanat gemischt und zu verschiedenen Zeiten der pH-Wert gemessen (pH-Elektrode/Cassy). Folgende Messergebnisse wurden registriert:

t(s)	0	198	273	531	866	1510	1918	2401
pH	11,99	11,95	11,94	11,89	11,86	11,81	11,78	11,76

181.2.1 Bestimmen Sie rechnerisch und graphisch die Geschwindigkeitskonstante k_1.

181.2.2 Bei 30 °C und 101,325 kPa ergab die Wiederholung des Versuches eine Geschwindigkeitskonstante von $k_2 = 0{,}186\,\mathrm{s}^{-1}\cdot\mathrm{mol}^{-1}$. Berechnen Sie die Aktivierungsenergie E_A der Verseifung. Welche Verlaufsrichtung nahm bei dieser Temperatur die Reaktion? Es wird angenommen, dass $\Delta_\mathrm{R}H = \mathrm{const.}$ bleibt.

4.11.3 Schwefel-Verbindungen (SO_x, SF_x)

182 Beim Erhitzen von Schwefeltrioxid ändert sich bei Normaldruck (101 325 Pa) durch thermische Dissoziation die Dichte des Gases:

Temperatur (°C)	Dichte (g/dm³)
25	2,8
630	1,873

182.1 Es sind der Dissoziationsgrad α_{SO_3}, die Gleichgewichtskonstante K_p und die freie molare Reaktionsenthalpie $\Delta_\mathrm{R}G$ bei 630 °C zu berechnen.

182.2 Welcher Druck bei 630 °C müsste gewählt werden, damit ein Dissoziationsgrad von 70 % erreicht wird?

183 Berechnen Sie die prozentuale Umsetzung des in den Röstgasen enthaltenen Schwefeldioxids zu Schwefeltrioxid, wenn im Kontaktofen bei 500 °C Schwefeldioxid und Sauerstoff a) im stöchiometrischen Verhältnis, b) im Volumenverhältnis 1:9 zur Reaktion gebracht werden. Das Gasgemisch soll jeweils unter einem Gesamtdruck von $p = 101325\,\mathrm{Pa}$ stehen. Die Gleichgewichtskonstante beträgt $K_p = 8{,}96\cdot10^{-4}\,\mathrm{Pa}^{-1}$. Warum entscheidet man sich in der Praxis für das Volumenverhältnis b)?

184 In einem Gefäß befinden sich 0,72 mol SO_2 und 0,71 mol SO_3. Diesem Gemisch werden 0,49 mol NO_2 zugefügt. Folgendes Gleichgewicht $SO_{2(g)} + NO_{2(g)} \rightleftharpoons SO_{3(g)} + NO_{(g)}$ stellt sich ein. Im Gleichgewicht liegen 0,39 mol $NO_{(g)}$ vor.

a) Berechnen Sie die Gleichgewichtskonstante bei dieser Temperatur.
b) Man bringt bei derselben Temperatur 1 mol $SO_{2(g)}$ in das Gefäß. Berechnen Sie die Stoffmengen aller vier Gase, die nach Einstellung des Gleichgewichts vorliegen.

185 Es gibt verschiedene Schwefelfluoride, die alle gasförmig sind, z. B. S_2F_2, SF_4, SF_6, S_2F_{10}. Schwefeltetrafluorid SF_4 reagiert mit Fluor zu Schwefelhexafluorid SF_6 als Hauptprodukt und geringen Mengen von Dischwefeldecafluorid S_2F_{10}. In ein Gefäß mit konstantem Volumen werden soviel SF_4 und Fluor F_2 eingefüllt, dass der Partialdruck von SF_4 150 mbar, der von F_2 90 mbar beträgt. Am Ende der Reaktion ist das gesamte Fluor F_2 verbraucht und der Gesamtdruck beträgt 135 mbar.

a) Berechnen Sie die Partialdrücke aller Reaktionsteilnehmer, die am Ende der Reaktion vorhanden sind.
b) In Gegenwart von Feuchtigkeit ist SF_4 sehr reaktiv, während SF_6 nicht reagiert. Geben Sie die Reaktionsgleichungen für die Hydrolysen von (1) SF_4 und (2) SF_6 an. Berechnen Sie ΔG^0 für die Hydrolyse von SF_6. Erklären Sie das Reaktionsverhalten von SF_6 gegenüber Wasserdampf.

Verbindung	$\Delta_B H^0$ [kJ/mol]	S^0 [J/(mol K)]
$SF_{6(g)}$	−1220,5	291,5
$HF_{(g)}$	−273,3	173,8
$H_2O_{(g)}$	−241,8	188,8
$SO_{3(g)}$	−395,7	256,8

186 Ermitteln Sie rechnerisch, ob die Reaktion von Thionylchlorid mit Hexaaquakobalt(II)-chlorid unter Standardbedingungen freiwillig abläuft.

	$\Delta_B H^0$[kJ/mol]	S^0[J/(mol·K)]
$SOCl_{2(l)}$	−247	279
$[Co(H_2O)_6]Cl_{2(aq)}$	−1736	343
$CoCl_{2(s)}$	−325	107
$SO_{2(g)}$	−297	248
$HCl_{(g)}$	−92	187

4.11.4 Halogenwasserstoffe

187 Für die Reaktion $H_{2(g)} + Br_{2(g)} \rightleftharpoons 2\,HBr_{(g)}$ bei 25 °C sind folgende Werte gegeben:

	$H_{2(g)}$	$Br_{2(l)}$	$Br_{2(g)}$	$HBr_{(g)}$
$\Delta_B H^0$ (kJ/mol)	0	0	30,91	−36,23
S^0 (J/(mol · K))	130,58	152,23	245,35	198,32

Die Werte werden als temperaturunabhängig angesehen.

a) Berechnen Sie $\Delta_R G$ und K_p für die Reaktion bei 25 °C.
b) Berechnen Sie K_p für die Reaktion bei 1000 K.
c) Bei einem Druck von 0,2 bar werden bei 1000 K 1 mol Wasserstoff (H_2) und 1 mol Brom (Br_2) zusammengebracht. Geben Sie an (in %), welcher Anteil Wasserstoff sich im Gleichgewicht nicht umgesetzt hat.
d) Berechnen Sie die Siedetemperatur von Brom bei Normdruck.

188 Eine der am besten untersuchten Gasphasenreaktionen ist die Umsetzung von Wasserstoff mit Iod: $H_2 + I_2 \rightleftharpoons 2\,HI$. Kinetische Messungen bei verschiedenen Temperaturen ergeben die Geschwindigkeitskonstanten:

Temperatur (K)	400	500	600	700	800
k_1 ($mol^{-1} \cdot s^{-1}$)	$8{,}37 \cdot 10^{-12}$	$2{,}48 \cdot 10^{-7}$	$2{,}38 \cdot 10^{-4}$	$3{,}22 \cdot 10^{-2}$	1,27
k_{-1} ($mol^{-1} \cdot s^{-1}$)	$3{,}25 \cdot 10^{-14}$	$1{,}95 \cdot 10^{-9}$	$2{,}97 \cdot 10^{-6}$	$5{,}61 \cdot 10^{-4}$	$2{,}85 \cdot 10^{-2}$

a) Begründen Sie, ob die Reaktion exotherm oder endotherm ist. Welches Prinzip kommt dabei zur Anwendung?
b) Berechnen Sie die Reaktionsenthalpie und die Reaktionsentropie der Bildung von HI unter der Annahme, dass diese Größen im betrachteten Bereich temperaturunabhängig sind.
c) Berechnen Sie den Dissoziationsgrad von HI bei 600 K. Wie ändert er sich mit der Temperatur?

189 Für die Reaktion $2HI \rightleftharpoons H_2 + I_2$ gilt bei 356 °C $Kp = 0{,}01494$. Wie groß ist K_p bei 393 °C, wenn $\Delta H = 10{,}97$ kJ/mol beträgt?

190 Berechnen Sie die Gleichgewichtskonstante K und die Änderung der Gibbsenergie $\Delta_R G$ für die Reaktion $4\,HCl + O_2 \rightleftharpoons 2\,Cl_2 + 2\,H_2O$. Bei $T = 1000\,K$ und $p = 1{,}0325\,bar$ ist für Wasserdampf und Chlorwasserstoff der Dissoziationsgrad α (homolytische Dissoziation in die Elemente) gegeben: $\alpha_{(H_2O)} = 2{,}48 \cdot 10^{-7}$ bzw. $\alpha_{(HCl)} = 1{,}1 \cdot 10^{-5}$.

4.11.5 Redoxreaktionen

191 Die Erzeugung von gedruckten Schaltungen auf Leiterplatten ist durch lokal gelenktes Wegätzen des Kupfers vom Träger mit salzsaurem Wasserstoffperoxid ($c = 1\,mol/dm^3$, pH $= 0$) möglich.

a) Zeigen Sie unter Einbeziehung einer Gleichung, welche Reaktionsart dem Ätzvorgang zugrunde liegt!
b) Begründen Sie rechnerisch die Verlaufsrichtung des Ätzvorganges I) mit Darstellung des Zusammenhanges von $\Delta_R H^0$, $\Delta_R S^0$ und $\Delta_R G^0$ in einem Energiediagramm, II) mit Aussagen zum Bedingungsgefüge von ΔE^0, K und $\Delta_R G^0$.
c) Ein schonenderes Ätzmittel für Kupfer ist eine schwach alkalische $Na_2S_2O_8$-Lösung. Begründen Sie hier gleichfalls die Verlaufsrichtung des Ätzvorganges.

	$Cu_{(s)}$	$Cu^{2+}_{(aq)}$	$H_2O_{(l)}$	$H_2O_{2(l)}$	$H^+_{(aq)}$	$SO^{2-}_{4(aq)}$	$S_2O^{2-}_{8(aq)}$
$\Delta_B H^0$(kJ/mol)	0	65	−286	−188	0	−909	
S^0(J/(molK))	33	−100	70	110	0	20	
$\Delta_B G^0$(kJ/mol)	0	66	−237	−120	0	−744	−1101,67
E^0(V)		0,35		1,78	0		2,01
(Ox.-M)				(pH=0)	(pH=0)		

$\Delta_R H^0$ Molare Standardreaktionsenthalpie, $\Delta_R S^0$ Molare Standardreaktionsentropie, K Gleichgewichtskonstante, $\Delta_R G^0$ Freie molare Standardreaktionsenthalpie, $\Delta_B G^0$ Freie molare Standardbildungsenthalpie, $T = 298{,}15\,K$, ΔE^0 Elektromotorische Kraft (EMK), Standard-Potenzialdifferenz

192 Rosten von Eisen

192.1 Beschreiben Sie unter Einbeziehung des Tropfenversuches nach Evans die Ursachen des Rostens von Eisen?

192.2 Berechnen Sie für die auslösende Teilreaktion des Rostens die Gleichgewichtskonstante und die freie molare Reaktionsenthalpie unter Standardbedingungen!

192.3 Die auslösende Teilreaktion des Rostens soll 24 h bei Standardbedingungen mit einem konstanten Strom von 0,12 A ablaufen. Berechnen Sie die Masse an Fe, die nach 24 h in $Fe^{2+}_{(aq)}$ umgewandelt wird. Es wird angenommen, dass Sauerstoff und Wasser im Überschuss vorhanden sind.

193 Marktschreierversuch
In Kontakt mit Alufolie und 1 M NaCl ($pH = 7$) gebrachtes Silber wird nach geraumer Zeit von schwarzbrauner Sulfidschicht ohne Silberverlust befreit. Begründen Sie die exergone Verlaufsrichtung der Reaktion.

194 Reduktion von $MnO^-_{4(aq)}$ mit $Fe^{2+}_{(aq)}$: Berechnen Sie ΔG^0 für die stöchiometrische Umsetzung von $MnO^-_{4(aq)}$ mit $Fe^{2+}_{(aq)}$ bei pH $= 0$ und pH $= 8$. Interpretieren Sie die Verlaufsrichtung der Reaktion im sauren und basischen Medium.

195 Kupfer kann Ionen des Typs Cu^+ und Cu^{2+} bilden. Dabei gelten die folgenden Standardpotenziale (298,15 K, 1013,25 hPa, lösliche Stoffe mit $c = 1\,mol/dm^3$):

$$Cu^{2+}_{(aq)} + 2\,e^- \rightleftharpoons Cu^+_{(aq)} \qquad E^0_1 = 0{,}153\,V$$

$$Cu^+_{(aq)} + e^- \rightleftharpoons Cu_{(s)} \qquad E^0_2 = 0{,}522\,V$$

$$Cu^{2+}_{(aq)} + 2\,e^- \rightleftharpoons Cu_{(s)} \qquad E^0_3$$

a) Disproportioniert $Cu^+_{(aq)}$ freiwillig in $Cu_{(s)}$ und $Cu^{2+}_{(aq)}$? Begründen Sie Ihre Aussage durch eine Rechnung.
b) Berechnen Sie den Wert von E^0_3.

196 Für die Reaktionen

(I) $$Zn_{(s)} + Cu^{2+}_{(aq)} \rightleftharpoons Zn^{2+}_{(aq)} + Cu_{(s)}$$

(II) $$2Ag_{(s)} + Cu^{2+}_{(aq)} \rightleftharpoons 2\,Ag^+_{(aq)} + Cu_{(s)}$$

(III) $$2\,H^+_{(aq)} + 2\,OH^-_{(aq)} \rightleftharpoons 2\,H_2O_{(l)}$$

ist mit gegebenen Standardwerten und ermittelten Messergebnissen (Tab. 4.7 bis 4.9) die Gibbs-Helmholtz-Gleichung zu bestätigen.

Tab. 4.7 $\Delta_B H^0$- und S^0-Werte der Reaktanden von Aufgabe 196.

	$Zn_{(s)}$	$Cu^{2+}_{(aq)}$	$Zn^{2+}_{(aq)}$	$Cu_{(s)}$	$Ag_{(s)}$	$Ag^+_{(aq)}$	$H^+_{(aq)}$	$OH^-_{(aq)}$	$H_2O_{(l)}$
$\Delta_B H^0\ [\frac{kJ}{mol}]$	0	65	−154	0	0	106	0	−230	−286
$S^0\ [\frac{J}{mol \cdot K}]$	42	−100	−112	33	43	73	0	−11	70

Tab. 4.8 Kalorimetrische Messergebnisse von Aufgabe 196.

Reaktion im Kalorimeter		
Nr.	Umsatz von	$\Delta T(K)$
(I)	50 cm³ 0,2 M $CuSO_4$-Lsg. mit ca. 2 g $Zn_{(pulv)}$	10,6
(II)	50 cm³ 0,1 M $AgNO_3$-Lsg. mit ca. 2 g $Zn_{(pulv)}$	1,7
(III)	50 cm³ 1 M HCL-Lsg. mit 50 cm³ 1 M NaOH	6,7

197 Berechnen Sie mit Hilfe der thermodynamischen Daten das Standardpotenzial E^0 (Ni/Ni^{2+}). In der Praxis ist es häufig umgekehrt, man berechnet thermodynamische Größen einer Zellreaktion aus den gemessenen Werten einer entsprechenden Zelle.

	$H_{2(g)}$	$H^+_{(aq)}$	$OH^-_{(aq)}$	$H_2O_{(l)}$	$H_3O^+_{(aq)}$	$Ni_{(s)}$	$Ni^{2+}_{(aq)}$	$NiCl_{2(s)}$
$\Delta_B H^0$ (kJ/mol)	0	0	−229,99	−285,83	−285,83	0	−63,95	−316
S^0 (J/(mol · K))	130,68	0	−10,79	69,91	69,91	31,21	−159,26	107

Tab. 4.9 Potenziometrische Messergebnisse von Aufgabe 196.

Nr.	Reaktion in der galvanischen Zelle: Anordnung	ΔE (V) 25 °C	ΔE (V) 85 °C
(I)	Zn/Zn^{2+} (1 M) // Cu^{2+} (1 M) / Cu	1,110	1,103
(II)	Ag/Ag^{+} (0,1 M) // Cu^{2+} (0,05 M) / Cu	0,44	0,38
(III)	[Pt] $H_2/2\,H^+$ (1N) // $2OH^-$ (1 M) / (H_2O) $\frac{1}{2}$ O_2 [Pt]	0,41	0,43

198 Galvanische Überzüge aus metallischem Chrom können durch Elektrolyse einer Chromsäurelösung angefertigt werden. Ein Elektrolysegefäß wurde mit 100 dm^3 Lösung gefüllt, die 230 g/dm^3, „wasserfreie Chromsäure" (CrO_3) enthielt. Die Elektrolyse wurde bei einer Stromstärke von 1500 A 10 h lang durchgeführt. Die mit Chrom überzogenen Gegenstände bildeten die Kathode, die Anode veränderte sich nicht. Die Massenzunahme an der Kathode betrug 670 g, außerdem entstanden an der Kathode und an der Anode Gase.

a) Berechnen Sie die prozentuale Stromausbeute für die Abscheidung von metallischem Chrom an der Kathode.

b) Berechnen Sie die Volumina der Gase, die an der Kathode bzw. an der Anode entstehen (25 °C, 1,013 bar).

199 Es werden 20 cm^3 0,1 M Sn^{2+}-haltige Lösung potenziometrisch mit 0,2 M Fe^{3+}-Lösung bei 25 °C titriert. Die entsprechenden Standardpotenziale lauten:

$$Sn^{4+}_{(aq)} + 2e^- \rightleftharpoons Sn^{2+}_{(aq)} \qquad E^0 = 0{,}154\,V$$

$$Fe^{3+}_{(aq)} + e^- \rightleftharpoons Fe^{2+}_{(aq)} \qquad E^0 = 0{,}771\,V\,.$$

Referenzelektrode ist eine Kalomelelektrode ($E_{Kalomel} = 0{,}242\,V$).

199.1 Geben Sie die Gleichung für die Redoxreaktion an. Bestimmen Sie die Änderung der freien Reaktionsenthalpie im Standardzustand ΔG^0 und die Gleichgewichtskonstante K_χ.

199.2 Berechnen Sie die Spannung ΔE der Zelle,

a) wenn 5 cm^3 der Fe^{3+}-Lösung zugegeben werden,

b) am Äquivalenzpunkt,

c) wenn 30 cm^3 der Fe^{3+}-Lösung zugegeben werden.

200 Uran kann Ionen mit unterschiedlichen Oxidationszahlen bilden:

$$[UO_2]^{2+}_{(aq)} + 4\,H^+_{(aq)} + 2\,e^- \rightleftharpoons U^{4+}_{(aq)} + 2\,H_2O_{(l)} \qquad E_1^0 = +0{,}32\,V$$

$$[UO_2]^{2+}_{(aq)} + 4\,H^+_{(aq)} + 6\,e^- \rightleftharpoons U_{(s)} + 2\,H_2O_{(l)} \qquad E_2^0 = -0{,}82\,V$$

$$[UO_2]^{2+}_{(aq)} + e \rightleftharpoons [UO_2]^{+}_{(aq)} \qquad E_3^0 = +0{,}06\,V$$

$$U^{4+}_{(aq)} + e^- \rightleftharpoons U^{3+}_{(aq)} \qquad E_5^0 = -0{,}63\,V$$

a) Zeichnen Sie ein Latimer-Diagramm und bestimmen Sie daraus $E^0_{U^{3+}/U}$. Begründen Sie, welche dieser Spezies disproportionieren? Formulieren Sie die Reaktionsgleichung(en).

b) Berechnen Sie die Gleichgewichtskonstante für die Disproportionierung von U^{3+}.
Hinweis: Latimer-Diagramme sind eine graphische Darstellung von Reduktionspotenzialen von Halbreaktionen (Halbzellen, elektrochemische Elektroden), jeweils für die verschiedenen Oxidationsstufen eines Elements. Üblicherweise steht das Element in seiner größten Oxidationszahl ganz links, nach rechts nimmt die Oxidationszahl ab. Die einzelnen Stufen sind mit Pfeilen verbunden, über denen das Reduktionspotenzial der Halbreaktion steht. Diese können sich auf Standardbedingungen (25 °C, $c = 1\,\mathrm{mol/dm^3}$) beziehen oder auf beliebige andere angegebene Bedingungen.

4.11.6 Säure-Base-Reaktionen

201 Die Dissoziationskonstante (Säurekonstante) der Essigsäure beträgt $K_S = 1{,}75 \cdot 10^{-5}\,\mathrm{mol/dm^3}$. Berechnen Sie von einer a) 2 M, b) 1 M und c) 0,1 M Essigsäure jeweils den Dissoziationsgrad α. Was sagen die Ergebnisse aus?

202 Die Dissoziationskonstante (Säurekonstante) von Essigsäure in wässriger Lösung beträgt bei 10 °C $K_S = 1{,}79 \cdot 10^{-5}\,\mathrm{mol/dm^3}$ und bei 40 °C $K_S = 1{,}87 \cdot 10^{-5}\,\mathrm{mol/dm^3}$. Wie groß ist im genannten Temperaturbereich die Ionisationsenthalpie (Dissoziationsenthalpie)?

203 Das Einleiten der schwachen Säure Schwefelwasserstoff in wässriges Kupfer(II)-sulfat führt in der Lösung zu einer starken Säure. Erklären Sie den scheinbaren Widerspruch zur Brönsted'schen-Theorie!

204 Es werden 30 cm³ $Ba(OH)_2$-Lösung ($c = 0{,}1\,\mathrm{mol/dm^3}$) zu 30 cm³ H_2SO_4 ($c = 0{,}1\,\mathrm{mol/dm^3}$) gegeben und ΔT_1 gemessen. Das Experiment wird mit je 90 cm³ wiederholt und ΔT_2 gemessen. Welche Aussage ist richtig?

A) $\Delta T_2 = \Delta T_1$ B) $\Delta T_2 = 3 \cdot \Delta T_1$
C) $\Delta T_2 = \frac{3}{2} \cdot \Delta T_1$ D) $\Delta T_2 = \frac{1}{3} \cdot \Delta T_1$

205 Gegeben seien die thermodynamischen Daten:

	$HCN_{(l)}$	$HCN_{(g)}$	$HCN_{(aq)}$	$CN^-_{(aq)}$
$\Delta_B H^0$ (kJ · mol⁻¹)	108,87	–	–	146,13
S^0 (J · mol⁻¹ · K⁻¹)	112,84	201,78	–	104,67
$\Delta_B G^0$ (kJ · mol⁻¹)	–	–	111,54	–

	$H^+_{(aq)}$	$N_{2(g)}$	$H_{2(g)}$	$C_{(s)}$
$\Delta_B H^0$ (kJ · mol⁻¹)	0	0	0	0
S^0 (J · mol⁻¹ · K⁻¹)	0	191,61	130,68	5,74
$\Delta_B G^0$ (kJ · mol⁻¹)	0	0	0	0

$T_0 = 298\,\mathrm{K}$

a) Berechnen Sie die freie Standardbildungsenthalpie $\Delta_B G^0$ für $HCN_{(l)}$ und $CN^-_{(aq)}$. Begründen Sie, warum $HCN_{(l)}$ unter Standardbedingungen nicht in die Elemente zerfällt.
b) $HCN_{(l)}$ siedet bei 25,7 °C. Berechnen Sie die Verdampfungsenthalpie ΔH_{Vd}. Wie lange muss man ein Heizgerät mit der Leistung 10 W mindestens anschließen, um 100 g HCN zu verdampfen?

c) Es wird das Dissoziationsgleichgewicht von $HCN_{(aq)}$ in Wasser betrachtet: $HCN_{(aq)} \rightleftharpoons H^+_{aq} + CN^-_{(aq)}$. Geben Sie den pKs-Wert (protochemisches Standardpotenzial) von HCN als Funktion von ΔG^0 dieser Reaktion an. Berechnen Sie ΔG^0 und pKs.

d) Eine 0,05 M Lösung von NaCN in Wasser zeigt einen pH-Wert (protochemisches Potenzial) von 11,00. Berechnen Sie aus diesen Angaben erneut den pKs-Wert, und vergleichen Sie ihn mit dem in c) errechneten Wert. Wird die Henderson-Hasselbalch-Gleichung $pH = pKs + \lg \frac{c_{\text{Base}}}{c_{\text{Säure}}}$ bestätigt?

206 Der Protolysegrad (Dissoziationsgrad) des Wassers beträgt bei Standardbedingungen (25 °C, 1,01325 bar) $\alpha = 1{,}342 \cdot 10^{-8}$. Damit sind die übrigen Protolysekenngrößen des Wassers zugänglich.

206.1 Ermitteln Sie mit dem α-Wert durch geeignete Berechnungen:

(I) alle K- und pK-Werte des Wassers (K_{prot}, K_S, K_B, K_D, K_W, pK_S, pK_B, ΔpK_S, ΔpH),

(II) $\Delta_R G$ für die Autoprotolyse des Wassers: a) unter Standardbedingungen, b) für den Fall, dass je 1 mol/dm³ $H_3O^+_{(aq)}$ und $OH^-_{(aq)}$ entstehen, c) bei pH-Werten von 0, 7 und 14.

206.2 K_W erreicht beim Erwärmen auf 100 °C und bei 101 325 Pa den Wert von $74 \cdot 10^{-14}\,\text{mol}^2/(\text{dm}^3)^2$. Berechnen Sie die Reaktionsenthalpie $\Delta_R H$! Welcher $\Delta_R G$-Wert ergibt sich dann?

Abkürzungen: K_{prot}: Konstante der Autoprotolyse; K_S: Säurekonstante; K_B: Basekonstante; K_D: Dissoziationskonstante; K_W: Ionenprodukt; pK_S: protochemisches Standardpotenzial; pH: protochemisches Potenzial; α: Protolysegrad (Dissoziationsgrad); ΔpH (PMK): protomotorische Kraft

207 Begründen Sie mit Nutzung der gegebenen pKs-Werte, ob folgende denkbare S/B-Reaktionen bei 25 °C und 1,01325 bar freiwillig ablaufen:

(a) $NH^+_{4(aq)} + CH_3COO^-_{(aq)}$ (b) $HSO^-_{4(aq)} + HCO^-_{3(aq)}$
(c) $AlCl_{3(aq)} + NH_{3(aq)}$ (d) $H_2SO_{4(aq)} + NaCl_{(s)}$
(e) $C_6H_5OH_{(s)} + OH^-_{(aq)}$ (f) $H_3O^+_{(aq)} + {}^{(+)}NH_3CH_2COO^{(-)}_{(aq)}$
(g) $HNO_{2(aq)} + C_6H_5NH^-_{(aq)}$ (h) $H_2S_{(g)} + NO^-_{2(aq)}$
(i) $NH_4Cl_{(s)} + KOH_{(s)}$ (j) $H_2O_2 + OH^-_{(aq)}$

Korrespondierende Base	Säure	pKs	Korrespondierende Base	Säure	pKs
Cl^-	HCl	−7,00	$[Al(H_2O)_5OH]^{2+}$	$[Al(H_2O)_6]^{3+}$	4,97
HSO_4^-	H_2SO_4	−3,00	HCO_3^-	H_2CO_3	6,36
H_2O	H_3O^+	−1,745	HS^-	H_2S	6,99
SO_4^{2-}	HSO_4^-	1,96	NH_3	NH_4^+	9,25
${}^{(+)}NH_3CH_2COO^-$	${}^{(+)}NH_3CH_2COOH$	2,34	$C_6H_5O^-$	C_6H_5OH	9,90
NO_2^-	HNO_2	3,34	CO_3^{2-}	HCO_3^-	10,33
$C_6H_5NH^-$	$C_6H_5NH_2$	4,58	HO_2^-	H_2O_2	11,65
CH_3COO^-	CH_3COOH	4,75	OH^-	H_2O	15,745

4.12 Heterogene chemische Gleichgewichtsreaktionen

4.12.1 Kohlenstoff-Verbindungen und $CaSO_4$-Hydrate

208 Branntkalk (CaO) wird technisch durch Erhitzen von Kalkstein (Kalziumkarbonat, $CaCO_3$) bei 900–1000 °C hergestellt. Bei 920 °C beträgt die Gleichgewichtskonstante für diese Reaktion $K = 1{,}34$. Die Reaktion wird in einem Gefäß durchgeführt, in dem konstant ein Druck von $1{,}0 \cdot 10^5$ Pa herrscht.

a) Geben Sie die Reaktionsgleichung an.
b) Berechnen Sie den Kohlenstoffdioxiddruck im Gleichgewicht mit den beiden Feststoffen bei 920 °C.

209 Kalkstein wird in großen Mengen als Rohstoff für die Bauindustrie benötigt. Der technische Prozess des Kalkbrennens ist seit dem Altertum bekannt. Bei diesem Prozess hängt der Partialdruck von CO_2, $p(CO_2)$, von der Temperatur ab:

T (K)	800	900	1000	1100	1200	1300
$p(CO_2)$ (hPa)	0,50	10,0	112	800	4050	16 100

a) Berechnen Sie ΔG für den Zerfall von Kalziumcarbonat bei jeder der angegebenen Temperaturen.
b) Berechnen Sie die Enthalpieänderung ΔH^0 und die Entropieänderung ΔS^0. Geben Sie an, warum man das Vorzeichen von ΔS^0 schon aus der Reaktionsgleichung voraussagen könnte.
c) Geben Sie an, oberhalb welcher Temperatur (in °C) die Reaktion spontan verläuft (Temperatur auf 10 °C genau). Standarddruck $p_0 = 1{,}000 \cdot 10^5$ Pa; ΔH und ΔS sollen nicht temperaturabhängig sein.

210 In einem Gefäß mit dem Volumen 830 dm^3 befinden sich bei einer Temperatur von 1000 K die folgenden Stoffportionen: 1 mol Kohlenstoffdioxid, 0,25 mol Kalziumoxid und 0,25 mol Magnesiumoxid. Das System wird so langsam komprimiert, dass sich jedes Gleichgewicht einstellen kann. Bei 1000 K gelten folgenden Gleichgewichtskonstanten:

$$CaCO_3 \rightleftharpoons CaO + CO_2 \qquad Kp_1 = 2{,}0 \cdot 10^4\,\text{Pa}$$

$$MgCO_3 \rightleftharpoons MgO + CO_2 \qquad Kp_2 = 4{,}0 \cdot 10^4\,\text{Pa}\,.$$

Zeichnen Sie den Graphen der Funktion $p = f(V)$ und begründen Sie den Verlauf.

211 Für die Reaktion $MgCO_{3(s)} \rightleftharpoons MgO_{(s)} + CO_{2(g)}$ beträgt bei 545 °C der Dissoziationsdruck 110 110 Pa, bei 565 °C 162 546 Pa. Zu berechnen ist die mittlere molare Reaktionsenthalpie $\Delta_R H$.

212 Hauptbestandteil der Konstruktion von Bauwerken ist Beton. Deshalb stehen die chemischen Reaktionen seiner Produktion und Zerstörung im Blickpunkt. Beton wird aus einer Mischung von Zement, Wasser, Sand und kleinen Steinen hergestellt. Zement besteht hauptsächlich aus Kalziumsilikaten und Kalziumaluminaten, die durch Erhitzen und Mahlen aus Lehm und Kalk hergestellt werden. In einem späteren Produktionsschritt wird eine kleine Menge Gips, $CaSO_4 \cdot 2\,H_2O$, zugegeben, um die nachfolgende Aushärtung des Zementes zu verbessern. Durch die erhöhten Temperaturen im letzten Produktionsschritt kann es zur Bildung von unerwünschtem Hemihydrat, $CaSO_4 \cdot \frac{1}{2} H_2O$, kommen. Beachten Sie die folgende Reaktion: $[CaSO_4 \cdot 2\,H_2O]_{(s)} \rightleftharpoons [CaSO_4 \cdot \frac{1}{2} H_2O]_{(s)} + 1\frac{1}{2} H_2O_{(g)}$. Die folgenden thermodynamischen Daten gelten bei $p = 1$ bar und bei 25 °C.

a)

	$\Delta_B H^0$ (kJ · mol)	S^0 (J/K · mol)
$CaSO_4 \cdot 2\,H_2O_{(s)}$	−2021,0	194,0
$CaSO_4 \cdot \frac{1}{2} H_2O_{(s)}$	−1575,0	130,5
$H_2O_{(g)}$	−241,8	188,6

Berechnen Sie $\Delta_R H^0$ (in kJ) für die Umwandlung von 1,00 kg $[CaSO_4 \cdot 2\,H_2O]_{(s)}$ zu $CaSO_4 \cdot \frac{1}{2} H_2O_{(s)}$. Ist diese Reaktion exotherm oder endotherm?

b) Berechnen Sie den Gleichgewichtsdruck (in bar) des Wasserdampfes in einem geschlossenen Gefäß, das $[CaSO_4 \cdot 2H_2O]_{(s)}$, $[CaSO_4 \cdot H_2O]_{(s)}$ und $H_2O_{(g)}$ bei 25 °C enthält.

c) Berechnen Sie die Temperatur, bei der der Gleichgewichtsdruck des Wasserdampfes im beschriebenen System von b) 1,00 bar beträgt. Nehmen Sie dabei an, dass $\Delta_R H$ und $\Delta_R S$ temperaturunabhängig sind.

213 Boudouard-Gleichgewicht

Eisen ist das wichtigste Gebrauchsmetall. Bei der Erzeugung von Roheisen in Hochöfen werden oxidische Eisenerze durch Kohlenstoffmonoxid reduziert. Das benötigte Kohlenstoffmonoxid entsteht u. a. im unteren Teil des Hochofens nach dem so genannten Boudouard-Gleichgewicht. Das gebildete Kohlenstoffmonoxid reduziert in der Reduktionszone Eisenoxide, die an dieser Stelle aus Hämatit (Fe_2O_3), Magnetit (Fe_3O_4), hauptsächlich aber aus Wüstit (FeO) bestehen.

a) Geben Sie eine abgestimmte Reaktionsgleichung für das Boudouard-Gleichgewicht an.

b) Berechnen Sie für verschiedene Temperaturen (300 °C, 400 °C, ..., 1300 °C) die Konstante Kp für dieses Gleichgewicht. Wie viel Volumenprozent Kohlenstoffdioxid bzw. Kohlenstoffmonoxid liegen bei den jeweiligen Temperaturen bei einem Gesamtdruck von $p = 102{,}5$ kPa vor?

c) Stellen Sie die Ergebnisse von b) graphisch dar. Welche Schlussfolgerungen ergeben sich daraus?

d) Welche Rolle spielt das Boudouard-Gleichgewicht allgemein bei technischen Prozessen?

e) Geben Sie eine abgestimmte Reaktionsgleichung für die Reduktion von Magnetit durch Kohlenstoffmonoxid an.

Die Gase sind für die Berechnungen als ideale Gase anzusehen. Die folgenden Angaben gelten für 298 K und 1 bar:

	$\Delta_B H^0$ [kJ/mol]	S^0 [J/(mol K)]	Cp [J/(mol K)] (*)
Kohlenstoff	0	5,74	20,47
Sauerstoff	0	205,14	34,42
Kohlenstoffmonoxid	−110,53	197,67	32,62
Kohlenstoffdioxid	−393,51	213,74	53,13

(*) Durchschnittswerte für den geforderten Temperaturbereich

214 CO-Gas wird häufig in der organischen Synthese benutzt. Es kann durch die Reaktion von CO_2 mit Graphit hergestellt werden.

a) Zeigen Sie mit Hilfe der thermodynamischen Daten, dass die Gleichgewichtskonstante bei 298,15 K kleiner als eins ist.

	$\Delta_B H^0$ (kJ/mol)	S^0 (J/(K · mol)
$CO_{2(g)}$	−393,51	213,75
$CO_{(g)}$	−110,53	197,67
C (Graphit)	–	5,74

b) Bestimmen Sie die Temperatur, bei der die Reaktion die Gleichgewichtskonstante $K = 1$ hat. Vernachlässigen Sie die geringen Änderungen der thermodynamischen Daten.

c) Die obige Reaktion a) wird zwischen CO_2 und einem Überschuss von heißem Graphit bei 800 °C und einem Gesamtdruck von 5,0 bar ausgeführt. Die Gleichgewichtskonstante Kp beträgt unter diesen Bedingungen 10,0. Berechnen Sie den Partialdruck von CO im Gleichgewicht.

4.12.2 Fällungsreaktionen

215 In Tab. 4.10 ist die unterschiedliche Löslichkeit der Niederschläge von AlCl, AgBr, AgJ und Ag_2S in Lösungen von NH_3, $Na_2S_2O_3$ und KCN angegeben.

Tab. 4.10 Löslichkeit von Silbersalzen in verschiedenen Lösungsmitteln.

	löslich in wässrigen Lösungen von		
Niederschlag	NH_3	$Na_2S_2O_3$	KCN
$AgCl_{(s)}$	ja	ja	ja
$AgBr_{(s)}$	ja/nein	ja	ja
$AgJ_{(s)}$	nein	nein	ja
$Ag_2S_{(s)}$	nein	nein	nein

Geben Sie mit Tab. 4.11 und den *pKs*-Werten von H_2O (15,745) und $NH^+_{4(aq)}$ (9,25) eine Begründung.

Tab. 4.11 Gleichgewichtskonstanten (K_L; Kz; pK) einiger Silberverbindungen.

Me_mX_n	Löslichkeitsprodukt K_L $(mol/dm^3)^2$	Zerfallskonstante Kz $(mol/dm^3)^2$	pK
$AgCl_{(s)}$	$1{,}6 \cdot 10^{-10}$	–	9,8
$AgBr_{(s)}$	$6{,}3 \cdot 10^{-13}$	–	12,2
$AgJ_{(s)}$	$1{,}5 \cdot 10^{-16}$	–	15,8
$Ag_2S_{(s)}$	$7{,}9 \cdot 10^{-51}$ $(mol/dm^3)^3$	–	50,1
$[Ag(NH_3)_2]^+_{(aq)}$	–	$7{,}7 \cdot 10^{-8}$	7,11
$[Ag(S_2O_3)_2]^{3-}_{(aq)}$	–	$2{,}5 \cdot 10^{-14}$	13,6
$[Ag(CN)_2]^+_{(aq)}$	–	$2{,}4 \cdot 10^{-19}$	18,6

216 Erklären Sie den exergonen Verlauf des Erhärtens von Kalkmörtel sowie von Gipsbrei an der Luft.

$$\left[\begin{array}{l} pK_S(H_2CO_3) = 6{,}36,\ pK_S(HCO_3^-) = 10{,}33,\ pK_S(H_2O) = 15{,}745 \\ pK_L(CaCO_3) = 8{,}3,\ pK_L(CaSO_{4(Brei)}) = 4{,}2,\ pK_{Zerf}\left[Ca(H_2O)_2\right]SO_{4(s)} = 9{,}8 \end{array}\right]$$

217 Die Elektrodenpotenziale von Kupferionen können in einem so genannten Latimer-Diagramm dargestellt werden.Die Werte der jeweiligen Halbreaktion (Halbzelle) sind darin über den Pfeilen angegeben:

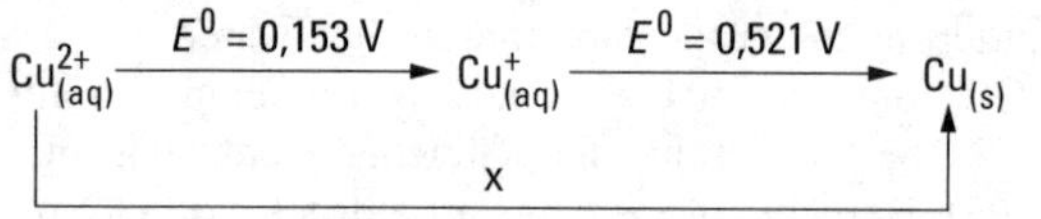

Abb. 4.11 Latimer-Diagramm von Kupfer.

a) Benutzen Sie dieses Diagramm, um x zu berechnen.
b) Berechnen Sie die Gleichgewichtskonstante für die Disproportionierung von Cu^+-Ionen nach der Gleichung $2\,Cu^+_{(aq)} \rightleftharpoons Cu^{2+}_{(aq)} + Cu_{(s)}$.
c) Nimmt man Kupfer(I)-iodid ($c_{I^-} = 1\,mol/dm^3$) an Stelle von $Cu^+_{(aq)}$ in das Latimer-Diagramm auf, ergibt sich: $Cu\,I_{(aq)} \xrightarrow{E^0=0{,}147\,V} Cu_{(s)}$. Berechnen Sie das Löslichkeitsprodukt K_L von Kupfer(I)-iodid.
d) Bestimmen Sie ΔG^0 für die Reduktion von $Cu^{2+}_{(aq)}$-Ionen nach der Gleichung

$$Cu^{2+}_{(aq)} + I^-_{(aq)} + e^- \rightleftharpoons Cu\,I_{(s)} \downarrow .$$

e) Berechnen Sie für die Reaktion $2\,Cu^{2+}_{(aq)} + 4\,I^-_{(aq)} \rightleftharpoons 2\,CuI_{(s)} \downarrow + I_{2(s)}$ die Gleichgewichtskonstante. Begründen Sie, warum darauf die Disproportionierung von Cu^+-Ionen nach b) keinen Einfluss nimmt. Beschreiben Sie die analytische Bedeutung dieser Reaktion. ($E^0_{I_2/2I^-} = 0{,}535\,V$).

4.12.3 Metalloxide

218 Für die Reaktion $3\,Fe_{(s)} + 4\,H_2O_{(g)} \rightleftharpoons Fe_3O_{4(s)} + 4\,H_{2(g)}$ wurde bei 200 °C zu Beginn ein Partialdruck des Wasserdampfes von $p_{H_2O} = 133{,}242\,kPa$ und nach Einstellung des Gleichgewichtes ein Partialdruck des Wasserstoffs von $p_{H_2} = 127{,}163\,kPa$ gemessen.

a) Berechnen Sie Kp.
b) Welche Masse Wasserstoff m_{H_2} entsteht, wenn die Reaktion in einem geschlossenen Behälter von $4\,dm^3$ Inhalt mit Wasserdampf von 300 kPa bei 200 °C durchgeführt wird?

219 Für die Reaktion $Fe_{(s)} + H_2O_{(s)} \rightleftharpoons FeO_{(s)} + H_{2(g)}$ beträgt bei 1000 K $\Delta_R G = -4933\,J/mol$. Wie hoch ist der Partialdruck des Wasserstoffs bei einem Gesamtdruck von $p = 202\,650\,Pa$?

220 Der Atomkern von Eisen ist der stabilste aller Elemente und reichert sich im Zentrum von roten Riesensternen an. Dort findet auch die Kernsynthese vieler lebenswichtiger Elemente (z. B. C, N, O, P, S) statt. Das führt dazu, dass Eisen unter den schweren Elementen ziemlich häufig im Universum vorkommt. Eisen ist auch auf der Erde sehr häufig. Die Technologie der Eisenreduktion war einer der Schlüsselschritte in der Entwicklung der menschlichen Zivilisation. Die wichtigsten Reaktionen im Hochofen sind hier zusammengefasst:

(1) $C_{(s)} + O_{2(g)} \rightleftharpoons CO_{2(g)}$ $\Delta_R H^0 = -393{,}51\,\text{kJ/mol}$

(2) $CO_{2(g)} + C_{(s)} \rightleftharpoons 2\,CO_{(g)}$ $\Delta_R H^0 = 172{,}46\,\text{kJ/mol}$

(3) $Fe_2O_{3(s)} + CO_{(g)} \rightleftharpoons Fe_{(s)} + CO_{2(g)}$ $\Delta_R H^0 = ?$

220.1 Geben Sie das Reduktionsmittel in jeder Reaktion an.

220.2 Stimmen Sie die Gleichung von Reaktion (3) ab, und berechnen Sie die Gleichgewichtskonstante der Reaktion (3) bei 1200 °C.

	$Fe_2O_{3(s)}$	$Fe_{(s)}$	$C_{(s)}$	$CO_{(g)}$	$CO_{2(g)}$
$\Delta_B H^0$ (kJ · mol)	−824,2	–	–	–	–
S^0 (J/(mol · K))	87,4	27,28	5,74	197,674	213,4

221 Gegeben sind die Standardbildungsenthalpie von Silber(I)-oxid $\Delta_B H^0 = -31{,}05\,\text{kJ/mol}$ und die Entropieänderung für den Zerfallsprozess $\Delta_R S^0 = 66{,}3\,\text{J/(mol}\cdot\text{K)}$. Berechnen Sie die Freie Enthalpie $\Delta_R G$ für die thermische Zersetzung von Silber(I)-oxid bei 298 K. Bei welcher Temperatur ist diese Reaktion spontan? Betrachten Sie $\Delta_B H^0$ und $\Delta_R S^0$ als temperaturunabhängig.

4.12.4 Verteilung eines Stoffes zwischen zwei Phasen

222 Elementares Iod ist nur schlecht wasserlöslich, in der Gegenwart von Iodid-Ionen steigt die Löslichkeit im Wasser aber stark an, was auf die Bildung von Triiodid-Anionen zurückzuführen ist: $I_{2(s)} + I^-_{(aq)} \rightleftharpoons I^-_{3(aq)}$. Eine bestimmte Menge $I_{2(s)}$ wird zusammen mit CS_2 und einer wässrigen KI-Lösung der Konzentration $c_{0(KJ)} = 31{,}25 \cdot 10^{-3}\,\text{mol/dm}^3$ bis zur Gleichgewichtseinstellung geschüttelt. Danach wird die Konzentration von $I_{2(s)}$ durch Titration mit $Na_2S_2O_3$ bestimmt, in der CS_2-Phase beträgt sie $32{,}33\,\text{g/dm}^3$ und in der wässrigen Lösung $1{,}145\,\text{g/dm}^3$. Der Verteilungskoeffizient für $I_{2(s)}$ zwischen CS_2 und Wasser ist 585. Berechnen Sie die Gleichgewichtskonstante für die Bildung der Triiodid-Anionen.

223 Die folgenden Daten beziehen sich auf die Verteilung der Substanz Q zwischen Benzen (Benzol) und Wasser bei 6 °C. C_B und C_W sind die Gleichgewichtskonzentrationen der in Benzen bzw. Wasser vorliegenden Spezies. Nehmen Sie an, dass in Benzen nur eine Spezies von Q vorliegt, unabhängig von Konzentration und Temperatur.

Konzentration (mol/dm³)	
C_B	C_W
0,0118	0,00281
0,0478	0,00566
0,0981	0,00812
0,156	0,0102

Zeigen Sie durch eine Rechnung, ob in Benzen monomeres oder dimeres Q vorliegt. Nehmen Sie dabei an, dass Q in Wasser monomer ist.

224 Der Verteilungskoeffizient von Chinon zwischen Wasser und Diethylether beträgt bei 20 °C $K = 0{,}326$. Wie viel Gramm Chinon verbleiben in Wasser, wenn wir eine Lösung von $0{,}3\ g/dm^3$ Wasser mit dem gleichen Volumen Diethylether schütteln?

225 Für Iod beträgt der Verteilungskoeffizient im System CCl_4/Wasser bei 20 °C $K = 80$, im System CS_2/Wasser bei gleicher Temperatur $K = 600$. Welche Schlussfolgerung ergibt sich daraus für das Ausschütteln eines Stoffes aus einem Lösungsmittel mit einem zweiten Lösungsmittel?

226 Warum muss nach einem Tauchgang ein Taucher beim Aufsteigen zeitlich dosierte Zwangspausen einlegen? Belegen Sie diese Maßnahme mit der Lösung folgender Aufgabe:
Ein Taucher steigt in einem Anzug, der bei 25 °C mit Luft (80 % N_2, 20 % O_2) gefüllt ist, bis auf eine Wassertiefe von 200 m hinunter. Welches Volumen N_2 wird bei plötzlicher Dekompression je cm^3 Blut, das im wesentlichen aus Wasser bestehen soll, freigesetzt? Die Henry-Konstante für Stickstoff in Wasser bei 25 °C beträgt: $K^{298}_{H(N_2)} = 6{,}1 \cdot 10^{-4}\ mol/(cm^3 \cdot bar)$.

227 Leiten Sie für das schwer lösliche Salz A_mB_n eine Gleichung her, die den Zusammenhang von Löslichkeit l_0 und der Gleichgewichtskonstanten K_L (Löslichkeitsprodukt) verdeutlicht. Wie lässt sich ΔG^0 für den Prozess $A_mB_n \rightleftharpoons mA^{n+} + nB^{m-}$ berechnen?

228 Berechnen Sie die Löslichkeit von Bi_2S_3 in a) $H_2O_{(l)}$, b) in 0,2 M $Bi^{3+}_{(aq)}$ und c) in 0,2 M $S^{2-}_{(aq)}$? ($K_{L(Bi_2S_3)} = 1{,}6 \cdot 10^{-72}\ (mol/dm^3)^5$)

229 Aus einem Abwasser sollen 5 g $Hg^+_{(aq)}$ mit $H_2S_{(g)}$ als Sulfid gefällt werden.
a) Welches Volumen $H_2S_{(g)}$ im Standardzustand wird benötigt?
b) Welche Masse Hg_2S bleibt je Liter Abwasser gelöst?

$$K_{L(Hg_2S)} = 1 \cdot 10^{-45}\ (mol/dm^3)^3$$

230 Gegeben sind folgende 2 Lösungen:
Lösung A ist eine Portion von 500 ml einer gesättigten Magnesiumhydroxidlösung
Lösung B ist eine Ammoniaklösung, die auf die folgende Weise hergestellt wurde: 25 Liter Ammoniak wurden bei 18 °C und einem Druck von $p = 1{,}0$ bar in einer Portion Wasser vollständig gelöst, die Portion dann auf 500 ml aufgefüllt.
a) Berechnen Sie die pH-Werte der Lösungen A und B.
b) Welche Masse an Magnesiumhydroxid fällt aus, wenn man die beiden Lösungen A und B zusammengießt.

231 Bei der Fällungstitration werden Ionen des Titranden durch Ionen des Titrators in schwerlösliche Verbindungen [$K_{L(A_mB_n)} \leq 10^{-9}\ (mol/dm^3)^{m+n}$] überführt.

231.1 Formulieren Sie die Reaktionsgleichungen für die Farbindikation der Argentometrie und der Rhodanometrie.

231.2 Die nachfolgenden Kurven der argentometrischen Halogenidbestimmung mit dem Indikator $K_2CrO_{4(aq)}$ wurden durch Titration von jeweils 100 ml 0,1 M $NaX_{(aq)}$ (X = Cl, Br, J) mit 0,1 M $AgNO_{3(aq)}$ erhalten.

231.2.1 Berechnen Sie den geringen Überschuss x an $Ag^+_{(aq)}$, der jeweils zur Feststellung des Äquivalenzpunktes $Ä_{(AgX)}$ im Titranden notwendig ist.

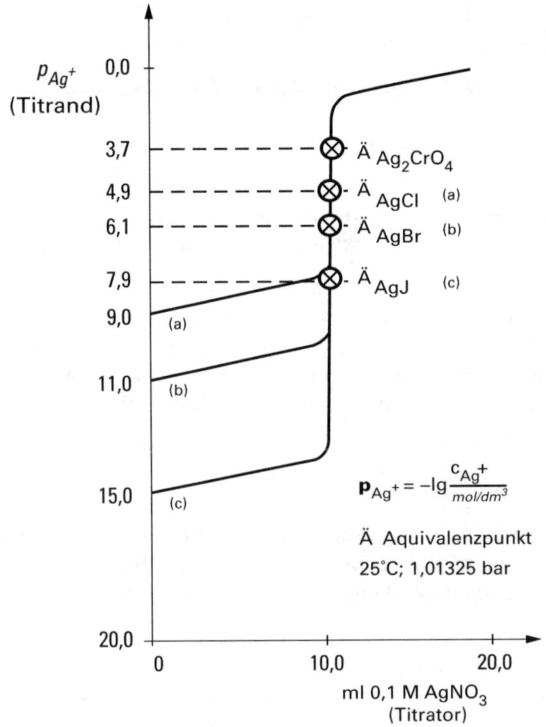

Abb. 4.12 Titrationskurven für die Fällungstitration von 100 ml 0,1 M Halogenidlösung mit 0,1 M $AgNO_3$-Lösung.

231.2.2 Welcher Zusammenhang besteht im Kurvenverlauf zwischen K_L und der Änderung von $c_{Ag^+_{(aq)}}$ am Äquivalenzpunkt *Ä*?

4.13 Phasengleichgewichte und Phasensysteme

4.13.1 Phasenübergänge, Siedepunkterhöhung, Gefrierpunkterniedrigung, Molmassebestimmung

232 Bei 100 °C werden 10 mol Wasserdampf reversibel zu flüssigem Wasser kondensiert. Die Verdampfungsenthalpie bei 101 325 Pa beträgt: $\Delta H_{Vd} = 2{,}26\,\text{kJ/g}$. Bei diesem Phasenübergang sind die Volumenarbeit W und Änderungen von U, H, S, F und G zu berechnen.

233 Es gibt verschiedene Typen von Leuchtkörpern, bei denen Licht dadurch erzeugt wird, dass in einer mit Quecksilberdampf gefüllten Röhre eine Gasentladung erzeugt wird. Die Lichterzeugung ist optimal, wenn der Quecksilberdampfdruck (p_{Hg}) in der Gasentladungsröhre zwischen

1 und 4 Pa liegt. Für Hg sind bei $p = 10^5$ Pa (1 bar) gegeben: $\Delta H^0_{Vd} = 61\,500$ J/mol, Siedetemperatur: 357 °C, Erstarrungstemperatur: −39 °C.

233.1 Im Typ A dieser Leuchtkörper wird der Quecksilberdampf durch einen Tropfen flüssiges Quecksilber in der Röhre erzeugt.

a) Berechnen Sie aus den gegebenen Angaben ΔS_{Vd} für den Vorgang $Hg_{(l)} \longrightarrow Hg_{(g)}$ bei dem Druck von 1 bar.

b) Berechnen Sie das Temperaturintervall, in dem eine Lampe des Typs A optimale Lichtausbeute besitzt. Berechnen Sie den Quecksilberdampfdruck in dieser Lampe bei 25 °C.

233.2 Im Typ B dieser Leuchtkörper mit höherer Innentemperatur (Energiesparlampen) wird eine Lösung von Quecksilber in einem anderen Metall (z. B. Indium) verwendet. Für die Auflösung von flüssigem Quecksilber in flüssigem Indium, $Hg_{(l)} \longrightarrow Hg(In)_{(l)}$, gilt mit $\Delta_L H = -9000$ J/mol und dem Molenbruch χ_{Hg}: $\Delta_L G = \Delta_L H + RT \ln \chi_{Hg}$.

a) Geben Sie eine Gleichung für die Änderung der Gibbs-Energie für die Verdampfung von flüssigem Quecksilber aus einer flüssigen In–Hg-Legierung mit χ_{Hg} an, also für den Vorgang $Hg(In)_{(l)} \longrightarrow Hg_{(g)}$.

b) Es sei $\chi_{Hg} = 0{,}03$. Berechnen Sie das Temperaturintervall, in dem eine Lampe des Typs B optimale Lichtausbeute besitzt. Berechnen Sie den Quecksilberdampfdruck in einer solchen Lampe bei 25 °C unter der Annahme, dass die Legierung bei dieser Temperatur nicht erstarrt.

233.3 Tatsächlich erstarrt die In–Hg-Legierung knapp unter der Erstarrungstemperatur von reinem Indium bei 156 °C. Dann löst sich Quecksilber in dem Indiumkristall. Die intermolekularen Kräfte zwischen Quecksilber und Indium im Kristall und in der Lösung sollen als gleich angenommen werden.

a) Geben Sie an und begründen Sie, ob der Quecksilberdampfdruck bei 25 °C unter diesen Bedingungen größer, kleiner oder gleich dem in Aufgabenteil 233.2 b für diese Temperatur berechneten ist.

b) Geben Sie einen Grund dafür an, warum in solchen Lampen immer Quecksilberlegierungen benutzt werden, die knapp unterhalb der Arbeitstemperatur erstarren.

233.4 Beschreiben Sie in der Quecksilber-Niederdruck-Leuchtstofflampe die Rolle und Zusammensetzung des auf der Glasinnenfläche aufgebrachten Luminophors (Leuchtstoffs).

234 Bei welcher Temperatur schmilzt Eis bei einem Druck von 100 bar. Die Dichten betragen für Wasser $0{,}999\,g \cdot cm^{-3}$ und für Eis $0{,}917\,g \cdot cm^{-3}$. Die molare Schmelzenthalpie beträgt 6030 J/mol.

235 Beim Schlittschuhlaufen schmilzt durch den Druck der Kufen das Eis, wodurch eine dünne, schmierende Wasserschicht erzeugt wird. Überprüfen Sie diese Behauptung. Gehen Sie von einem 80 kg schweren Mann aus, der Schlittschuhe mit einer Kufenfläche von 200 mm × 1 mm benutzt. Welchen Schmelzpunkt hat das Eis unter dem Druck dieser Kufen, wenn sich die Gewichtskraft gleichmäßig auf die Kufenfläche verteilt? Bei 101,32 kPa und 273,15 K betragen die Dichten von Eis $= 0{,}917 \cdot 10^3\,kg \cdot m^{-3}$ und Wasser $= 0{,}999 \cdot 10^3\,kg \cdot m^{-3}$. Die molare Schmelzenthalpie von Eis beträgt 6030 J/mol.

236 Bei 22 °C beträgt der Dampfdruck des Wassers 26,434 mbar. Wie groß ist der Dampfdruck des Wassers bei 35 °C? Die spez. Verdampfungswärme des Wassers ist mit $\Delta H_{\text{sp.Vd}} = 2{,}455\,\text{kJ/g}$ gegeben.

237 Berechnen Sie die Verdampfungswärme des Wassers aus den Werten seines Dampfdruckes.

Temperatur °C	Dampfdruck *p* (mbar)
0	6,105
100	1013,25

238 Berechnen Sie die molare Verdampfungsenthalpie des Wassers bei 100 °C aus folgenden Daten: Dampfdruck $p_1 = 1{,}01361\,\text{bar}$ bei 100,01 °C; Dampfdruck $p_2 = 1{,}01290\,\text{bar}$ bei 99,99 °C.

239 Wie groß ist die Dampfdruckerniedrigung, wenn 20 g Glukose in 100 g Wasser von 20 °C gelöst wurden. Der Dampfdruck des Wassers bei 20 °C beträgt $p^0 = 23{,}385\,\text{mbar}$.

240 Wie groß ist der Dampfdruck einer Lösung von 8,5 g Saccharose in 80 g Wasser bei 15 °C? Der Wasserdampfdruck beträgt bei dieser Temperatur 17,06 mbar.

241 Welchen Gehalt an Glukose (Molenbruch und Masseprozent) hat eine wässrige Lösung, wenn bei 20 °C ein Dampfdruck von $p = 23{,}280\,\text{mbar}$ gemessen wurde. Der Dampfdruck des Wassers bei 20 °C beträgt $p^0 = 23{,}385\,\text{mbar}$.

242 Beim Lösen von 4,235 g einer organischen Substanz in 41 g Diethylether sinkt dessen Dampfdruck von 477,295 mbar auf 461,295 mbar. Es ist die molare Masse des gelösten Stoffes zu berechnen.

243 Bei einer Temperatur von 20 °C wird eine absolute Luftfeuchte von $f = 6{,}4\,\text{g/m}^3$ gemessen.

a) Berechnen Sie die relative Luftfeuchte ϑ bei 20 °C ($f_{\max(1)} = 17{,}3\,\text{g/m}^3$).
b) Berechnen Sie die relative Luftfeuchte ϑ bei 10 °C ($f_{\max(2)} = 9{,}4\,\text{g/m}^3$).
c) Bei welcher Temperatur liegt der Taupunkt τ?

244 Es werden 6,8 m³ Luft von 30 °C, die mit Wasserdampf gesättigt ist ($f_{\max(1)} = 30{,}3\,\text{g/m}^3$), auf 0 °C abgekühlt ($f_{\max(2)} = 4{,}84\,\text{g/m}^3$). Berechnen Sie die Masse des Kondenswassers.

245 Bei welcher Temperatur siedet eine Lösung, die in 100 g CCl_4 2,5 g Schwefel gelöst enthält? ($k_{E(CCl_4)} = 5{,}2132\,\text{K}\cdot\text{kg/mol}$, $T_{Sd,CCl_4} = 76{,}6\,°\text{C}$)

246 Bei 25 °C wurden 25 g Naphthalin in 100 cm³ Benzen gelöst. Berechnen Sie mit den gegebenen Daten den Siedepunkt und den Schmelzpunkt der Lösung.

	k_E [K·kg/mol]	k_K [K·kg/mol]	$\varphi_{(25\,°C)}$ [g/cm³]	T_{Sd} [°C]	T_{Sm} [°C]
Benzen	2,64	5,01	0,88	80,12	5,49

247 Bei 25 °C wurden 8,02 g Schwefel in 120 cm³ Eisessig HAc gelöst und von der Lösung der Siedepunkt T_{Sd} und Schmelzpunkt T_{Sm} ermittelt. Berechnen Sie mit den gegebenen Daten die ebullioskopische Konstante k_E und die kryoskopische Konstante k_K von Eisessig HAc.

	$\varphi_{(25\,°C)}$ [g/cm³]	T_{Sd} [°C]	T_{Sm} [°C]
HAc	1,05	118,1	16,6
HAc-S-Lsg.	–	124,2	8,9

248 Beim Lösen von 11,7 g NaCl in 100 g H_2O wurde eine Siedepunkterhöhung von $\Delta T_{Sd} = 1{,}024\,K$ festgestellt. Welche molare Masse hat das Salz? ($k_E = 0{,}512\,K \cdot kg/mol$)

249 Bei welcher Temperatur gefriert eine Lösung, die in 100 g Wasser 11,7 g NaCl gelöst enthält? ($k_{k(H_2O)} = 1{,}86\,K \cdot kg/mol$, $T_{Sm,H_2O} = 0\,°C$)

250 Berechnen Sie den Gefrierpunkt einer Lösung $T_{Sm,Lös}$, die 0,244 g einer Substanz Q mit der Molmasse $M = 244\,g/mol$ in 5,85 g Benzen bei 101,325 kPa gelöst enthält. Die molare Masse von Benzen beträgt 78,02 g/mol. Bei 101,325 kPa erstarrt reines Benzen bei 5,40 °C. Die Schmelzwärme von Benzen beträgt 9,89 kJ/mol.

251 Beim Lösen von 0,384 g Benzaldehyd in 80 g Essigsäure wurde eine Gefrierpunktserniedrigung von $\Delta T_{Sm} = 0{,}171\,K$ festgestellt. Welche molare Masse hat der Aldehyd? ($k_{k(HAc)} = 3{,}9\,K \cdot kg/mol$).

252 Das Messprotokoll einer Molmassebestimmung enthielt folgende Eintragungen:
Einwaage LM (Campher): 0,03728 g; Einwaage gel. Stoff: 0,00187 g

$$T_{Sm(LM)} = 177\,°C \quad T_{Sm(Lsg)} = 169\,°C \quad k_{K(LM)} = 40\,kgK/mol$$

Wie groß ist die Molmasse des gelösten Stoffes?

4.13.2 Einkomponenten-Mehrphasensysteme

253 Der Dampfdruck von flüssigem SO_2 wird durch die folgende empirische Gleichung beschrieben

$$\lg p_{(l)} = \frac{-1425{,}7\,K}{T} + 10{,}4435, \quad (p \text{ in Pa})$$

der von festem SO_2 durch die Gleichung

$$\lg p_{(s)} = \frac{-1871{,}2\,K}{T} + 12{,}7165.$$

a) Berechnen Sie die Koordinaten (p,T) des Tripelpunktes, an dem gasförmiges, flüssiges und festes SO_2 im Gleichgewicht stehen.
b) Berechnen Sie die Siedetemperatur bei einem Druck von $p = 1{,}013 \cdot 10^5$ Pa.
c) Wie hoch ist der Gleichgewichtsdruck des Phasengleichgewichts

$$(c_1) \quad SO_{2(s)} \rightleftharpoons SO_{2(g)}$$

$$(c_2) \quad SO_{2(l)} \rightleftharpoons SO_{2(g)}$$

bei Raumtemperatur (20 °C)?

d) Fertigen Sie auf Grund der berechneten Daten eine grobe Skizze des Phasendiagramms von SO_2 an.
e) Geben Sie anhand der Skizze an, welche Phase bei Raumtemperatur und Standarddruck stabil ist.
f) Geben Sie anhand der Skizze an, ob SO_2 oberhalb −50 °C sublimieren kann, ohne vorher zu schmelzen.

254 Nachfolgendes Schema zeigt das Druck-Temperatur-Phasendiagramm von CO_2 (nicht maßstabsgerecht).

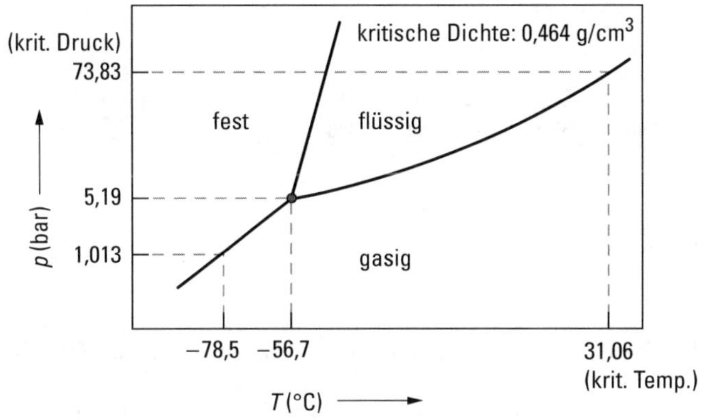

Abb. 4.13 Phasendiagramm von CO_2.

254.1 Welche Aussagen sind richtig?

254.1.1 CO_2-Gas von 4,0 bar und 10 °C wird bei konstantem Druck abgekühlt. In diesem Prozess wird es a) zunächst flüssig und dann fest oder b) fest ohne flüssig zu werden.

254.1.2 CO_2-Gas von 4,0 bar und 10 °C wird isotherm komprimiert. In diesem Prozess wird es a) zunächst flüssig und dann fest oder b) fest ohne flüssig zu werden.

254.2 Warum lässt sich Kohlenstoffdioxid leicht verflüssigen und warum liegt sein Schmelzpunkt oberhalb des Siedepunktes?

254.3 Berechnen Sie mit Hilfe der Daten des Phasendiagramms die molare Enthalpieänderung für die Sublimation von CO_2. Leiten Sie dazu eine begründete Arbeitsgleichung her.

254.4 Wie groß ist bei 20 °C und 1013 mbar das Volumen V_{CO_2}, das bei der Verdampfung von 20 cm³ Trockeneis ($\varphi_{Tr.} = 1{,}53\,g/cm^3$) entsteht? Wie groß ist die Dichte des Kohlenstoffdioxids φ_{CO_2} bei 20 °C und 1013 mbar?

255 Nachfolgende Abbildung zeigt das Zustandsdiagramm von CO_2.

a) Geben Sie an, welchen Zustand Kohlenstoffdioxid in den Gebieten A, B bzw. C annimmt.
b) Welche Aggregatzustände kann CO_2 bei Normaldruck annehmen?
c) Auf welchen Druck muss CO_2 mindestens komprimiert werden, damit es flüssig wird?
d) Auf welche Temperatur muss man CO_2 mindestens abkühlen, damit man es kondensieren kann?

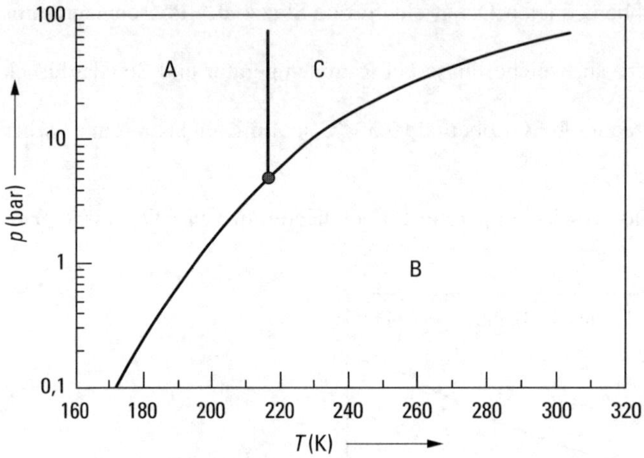

Abb. 4.14 Phasendiagramm von CO_2.

e) Welche Temperatur hat Trockeneis ($CO_{2(s)}$), wenn es bei normalem Druck im Gleichgewicht mit $CO_{2(g)}$ steht?

f) Ein Feuerlöscher enthält flüssiges CO_2. Welchem Druck muss dieser bei 20 °C mindestens standhalten? Zeichnen Sie auch relevante Linien oder Punkte in das Diagramm.

g) Die CO_2-Druckflasche in einem Labor wurde mit flüssigem CO_2 gefüllt angeliefert und dann vielfach benutzt. Wie kann man nach Gebrauch feststellen, wie viel CO_2 noch in ihr enthalten ist?

4.13.3 Zweikomponenten-Zweiphasensysteme (Binäre Systeme)

256 Aluminium wird technisch in einer Schmelzflusselektrolyse aus Aluminiumoxid und Kryolith Na_3AlF_6 hergestellt. Dabei wird ein eutektisches Gemisch verwendet, bei dem die größtmögliche Schmelzpunkterniedrigung vorliegt. Die Abhängigkeit der Schmelztemperaturen von den Stoffmengenkonzentrationen der Bestandteile einer binären Mischung kann für einen konstanten Druck in einem Schmelzdiagramm (s. Abb. 4.15) dargestellt werden. Mit Hilfe des Gibbs'schen Phasengesetzes lässt sich für jeden Punkt im Diagramm bestimmen, wie viele Parameter ohne eine Änderung im System variiert werden können Aluminiumoxid besitzt einen Schmelzpunkt von 2045 °C, Kryolith von 1009 °C, das eutektische Gemisch mit einem Stoffmengenanteil von 10 % Al_2O_3 schmilzt bereits bei 935 °C.

256.1 Bestimmen Sie für die eingezeichneten Punkte 1, 2, 3 und 4 die Freiheitsgrade nach dem Gibbs'schen Phasengesetz.

256.2 Aluminium(III)-chlorid besitzt einen Schmelzpunkt von nur 192,4 °C. Dennoch wird weitgehend darauf verzichtet, $AlCl_3$ für die elektrochemische Al-Gewinnung zu verwenden. Geben Sie dafür eine Begründung!

256.3 Aluminiumoxid reagiert bei hohen Temperaturen mit Kohlenstoff zu Aluminiumcarbid. Aluminiumcarbid liefert bei der Hydrolyse u. a. ein Gas.

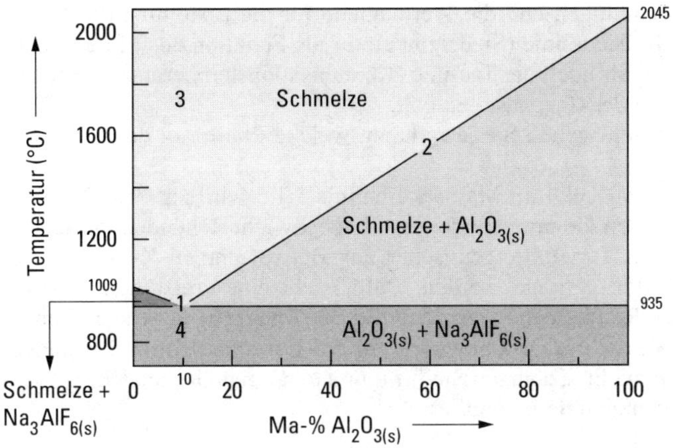

Abb. 4.15 Zustandsdiagramm Aluminiumoxid (AL_2O_3)-Kryolith(Na_3AlF_6).

a) Formulieren Sie die Bildungsgleichung von Aluminiumcarbid sowie die Reaktionsgleichung der Hydrolyse!

b) Berechnen Sie die Gleichgewichtskonstante der Hydrolysereaktion bei 25 °C. Auf welcher Seite liegt das Gleichgewicht der Reaktion?

c) Welche Masse Aluminiumcarbid wird benötigt, um 100 Liter des bei der Hydrolyse entstehenden Gases zu erzeugen ($p = 1013\,\text{hPa}$, $T = 298\,\text{K}$)?

	$Al_4C_{3(s)}$	$H_2O_{(l)}$	Gas bei der Hydrolyse	$Al(OH)_{3(s)}$
$\Delta_B H$ (kJ/mol)	−129,2	−285,83	−74,8	−2567,0
S^0 (J/(mol · K))	105	69,91	186,26	140,2

257 Die flüchtigen Substanzen Benzol und Toluol verhalten sich ideal nach dem Raoult'schen Gesetz. Die Gleichgewichtsdampfdrücke der reinen Substanzen betragen bei $T = \text{const.} = 22\,°\text{C}$; $p^0_{\text{Benzol}} = 80\,\text{mbar}$; $p^0_{\text{Toluol}} = 20\,\text{mbar}$. Zeichnen Sie in das von Ihnen erstellte Dampfdruckdiagramm den Dampfdruck des Gemisches in Abhängigkeit des Molenbruches und tragen Sie für die Molenbrüche des gasförmigen Benzols $\chi^{(g)}_{\text{Benzol}}$: 0,1; 0,25; 0,5 und 0,75 jeweils die Zusammensetzung in der Gasphase ein.

258 Destillation: Von reinem Benzol und m-Xylol sind in nachfolgender Tabelle bei verschiedenen Temperaturen die Dampfdrücke gegeben. Bei einem Druck von 101,3 kPa beträgt die Siedetemperatur von Benzol 353 K, die von m-Xylol 412 K.

T in K	363	373	383	393	403
p^0_{Benzol} in kPa	135,1	178,0	231,8	297,3	376,1
$p^0_{\text{m-Xylol}}$ in kPa	21,5	30,5	43,1	58,4	78,7

a) Was versteht man unter einer „idealen Mischung"? Geben Sie mindestens zwei Eigenschaften einer idealen Mischung an. Nennen Sie Bedingungen der Moleküle der unterschiedlichen Mischungspartner, die zu diesen Eigenschaften führen.

b) Geben Sie die nötigen Berechnungen und die Wertetabelle für die Erstellung des Siedediagramms an, das sowohl die Siedelinie (Siedetemperatur als Funktion des Molenbruchs Benzol in der flüssigen Phase) als auch die Taulinie (Kondensationstemperatur als Funktion des Molenbruchs Benzol in der Gasphase) enthält.
c) Zeichnen Sie das Diagramm und geben Sie jeweils an, welche Phasen in den einzelnen Diagrammgebieten vorliegen.
d) Ein Gemisch aus Benzol und m-Xylol im Massenverhältnis 1:1,5 wird auf 388 K erhitzt. Welche Zusammensetzung haben die miteinander im Gleichgewicht stehenden Phasen?
e) Im Labor sollen Abfälle eines Lösemittelgemisches aus Benzol und m-Xylol, das bei 395 K siedet, durch Destillation getrennt werden. Dafür steht eine dreistufige Kolonne zur Verfügung. Mit welcher Reinheit (bezogen auf die Stoffmengen) lässt sich Benzol zurückgewinnen? Nehmen Sie an, die Zusammensetzung des Lösemittelgemisches ändere sich während der Destillation nicht. Benutzen Sie für d und e das erstellte Siedediagramm und machen Sie ggf. Ihre Lösungen darin deutlich.

4.13.4 Ternäre Systeme

259 Ihnen liegt bei konstanter Temperatur und konstantem Druck das ermittelte Phasendiagramm des ternären Systems Chloroform-Wasser-Essigsäure (Abb. 4.16) vor.

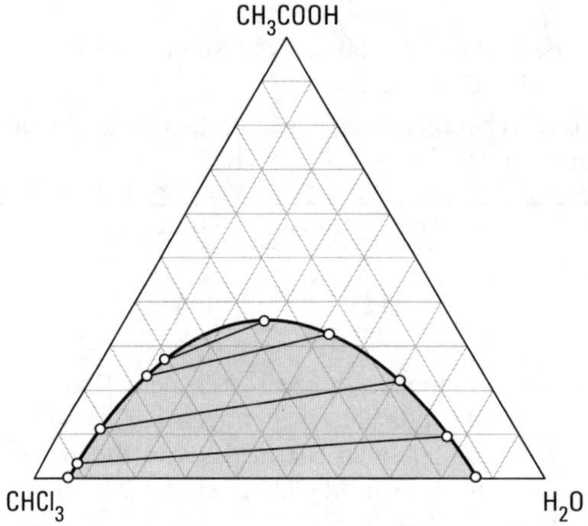

Abb. 4.16 Phasendiagramm des Dreistoffsystems „Chloroform-Wasser-Essigsäure".

Beschreiben Sie mit Hilfe des Phasendiagramms, was

a) bei der Zugabe von Essigsäure zu einer Ausgangsmischung aus Chloroform ($\chi_{CHCl_3} = 0{,}6$) und Wasser ($\chi_{H_2O} = 0{,}4$) und
b) bei der Zugabe von Wasser zu einer Ausgangsmischung aus Chloroform ($\chi_{CHCl_3} = 0{,}7$) und Essigsäure ($\chi_{CH_3COOH} = 0{,}3$) geschieht!

260 Betrachten Sie das abgebildete Phasendiagramm des ternären Systems „Chloroform-Wasser-Essigsäure" bei konstanter Temperatur und konstantem Druck.(Abb. 4.16)

260.1 Wie viele Phasen liegen vor, wie sind ihre jeweiligen Zusammensetzungen und ihr relatives Mengenverhältnis in einer Mischung aus 2,30 g Wasser, 9,2 g Chloroform und 3,1 g Essigsäure? Kennzeichnen Sie im Diagramm deutlich den kritischen Punkt K!

260.2 Was beobachten Sie, wenn zu dieser Ausgangsmischung (a) Wasser und (b) Essigsäure gegeben wird?

260.3 Welche theoretische Masse Chloroform müsste der Ausgangsmischung des ternären Systems entnommen werden, damit es einphasig wird?

261 Gegeben ist das Phasendiagramm für das Dreistoffsystem „Methylchlorid-Methanol-Wasser" bei $T = 293{,}15\,\text{K}$ und 101 325 Pa (Abb. 4.17).

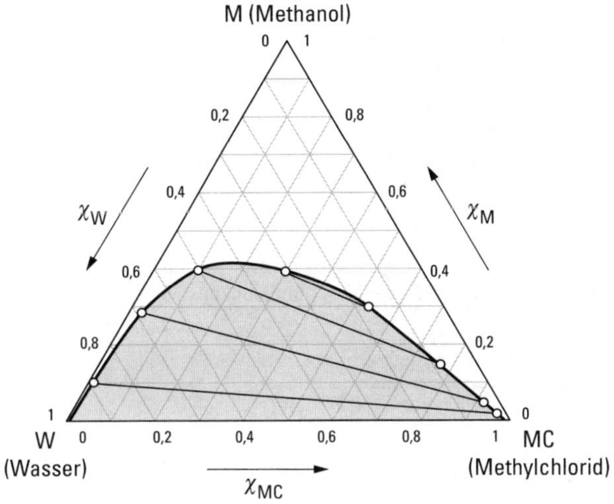

Abb. 4.17 Phasendiagramm des Dreistoffsystems „Methanol-Wasser-Methylchlorid".

261.1 Wie viele Phasen liegen vor, wie sind ihre jewiligen Zusammensetzungen und ihr relatives Mengenverhältnis in einer Mischung von 2,5 mol Wasser, 1,5 mol Methylchlorid und 1 mol Methanol? Kennzeichen Sie im Diagramm deutlich den kritischen Punkt K!

261.2 Welche Mindestmenge reinen Methanols muss dem System zugeführt werden, damit es einphasig wird?

262 Es soll das Phasenverhalten des ternären Gemisches, bestehend aus den Stoffen A, B und C untersucht werden. Die Mischungslücken sind im Phasendiagramm eingezeichnet. (Abb. 4.18) Ihre Aufgabe ist es, den Verlauf der Konoden in der unteren Mischungslücke zu bestimmen. Gegeben sind die Molmassen der Stoffe: $M_A = 46{,}0\,\text{g/mol}$, $M_B = 32{,}0\,\text{g/mol}$, $M_C = 56{,}0\,\text{g/mol}$.

262.1 Zunächst legen Sie eine Mischung aus 138,0 g Stoff A und 224,0 g Stoff B vor, wobei sich zwei flüssige Phasen (A-reiche α-Phase und B-reiche β-reiche Phase) bilden. Wie groß ist das relative Mengenverhältnis der beiden Phasen in der binären Ausgangsmischung?

262.2 Sie setzen nun nacheinander zur Ausgangsmischung bestimmte Mengen an Stoff C hinzu. Jedes Mal entnehmen Sie nach Einstellung des ternären Phasengleichgewichtes eine Probe aus einer der beiden Phasen und bestimmen darin den Molenbruch von Stoff B. Die Probenmenge ist gegenüber der Gesamtmenge zu vernachlässigen. Sie nehmen folgende Daten auf:

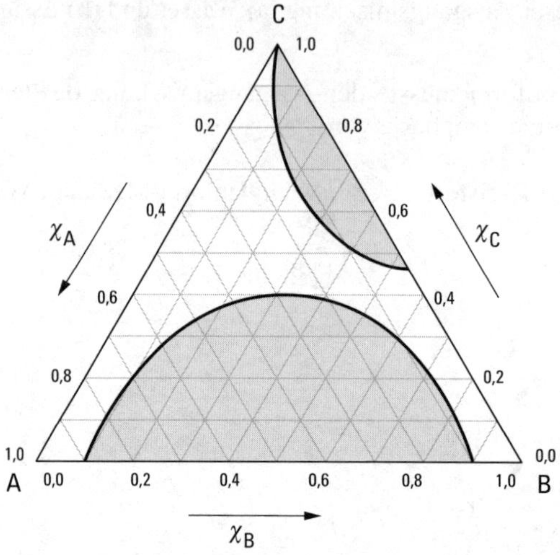

Abb. 4.18 Phasendiagramm eines Dreistoffsystems mit zwei Mischungslücken.

Probe	Zusatz von Stoff C zur Ausgangsmischung [g]	Molenbruch von Stoff B in der Probe χ_B
1	60	0,8
2	140	0,7
3	240	0,6

262.2.1 Zeichnen Sie ausgehend von diesen Daten die Konoden dieser Mischungslücke in das Diagramm und bestimmen Sie jeweils das relative Mengenverhältnis der beiden Phasen in der ternären Mischung?

262.2.2 Ausgehend vom letzten Datenpunkt (Probe 3) ist anzugeben, wie viel Gramm des Stoffes C mindestens zugegeben werden müssen, damit die Mischung einphasig wird. Wie viel Gramm des Stoffes C dürfen jedoch maximal zugesetzt werden, damit das Gemisch einphasig bleibt?

4.14 Bioenergetik

4.14.1 Enzyme

263 Im Stickstoffkreislauf eines Landökosystems wird Harnstoff $CO(NH_2)_2$ aus Säugerexkreten durch Hydrolyse in die Ionen $NH^+_{4(aq)}$, $HCO^-_{3(aq)}$ und $OH^+_{(aq)}$ gespalten. Verwertbar für Produzenten und Destruenten gelangt der Stickstoff entweder direkt über NH_4^+-Ionen oder indirekt erst nach deren Nitrifikation zu $NO^-_{3(aq)}$ in den Kreislauf zurück.

263.1 Formulieren Sie die Bruttoreaktionsgleichungen für die Hydrolyse von Harnstoff und die Nitrifikation von NH_4^+-Ionen. Verdeutlichen Sie mit Berechnungen die Verlaufsrichtung beider Reaktionen. Welche Rolle spielen dabei die Enzyme?

	$CO(NH_2)_{2(s)}$	$H_2O_{(aq)}$	$NH^+_{4(aq)}$	$CO^{2-}_{3(aq)}$	$NO^-_{3(aq)}$
$\Delta_B H^0$ (kJ/mol)	−333	−286	−132	−677	−205
S^0 (J/(mol · K))	105	70	113	−57	−109
pK_S (Säureexponent)	–	15,745	9,25	10,33	−1,37

263.2 Machen Sie mit einer Skizze grundsätzliche Aussagen zum Stickstoffkreislauf in einem Landökosystem.

263.3 Welche Stellung nehmen Enzyme beim Zusammenspiel der Wirkstoffe (Enzyme, Hormone, Vitamine) im Stoffwechsel der Organismen ein?

264 Ein Maß für die Affinität des Enzyms E zu seinem Substrat S und damit für seine katalytische Aktivität ist die Dissoziationskonstante K_m des sich bildenden Enzym-Substrat-Komplexes ES. Auch die Maximalgeschwindigkeit V_{max} wird bei der Bewertung verwendet.

264.1 Auf welcher Grundlage basiert die Bestimmung von K_m und V_{max} nach Michaelis-Menten, Lineweaver und Burk? Welche Maßeinheiten haben diese Größen?

264.2 Leiten Sie reaktionskinetisch das Michaelis-Menten-Grenzgesetz ab und zeigen Sie, wie man damit zum Lineweaver-Burk-Diagramm gelangt.

265 Bei der Durchführung der enzymatischen Hydrolyse von Harnstoff (s. Abb. 4.19) ergaben sich die in der Tabelle angegebenen Messergebnisse:

	Stromstärke mA (30 °C)				
Zeit	c_S^0 =0,1 %	c_S^0 =0,3 %	c_S^0 =0,5 %	c_S^0 =0,7 %	c_S^0 =1 %
60	0,89	1,26	1,28	1,37	1,39
120	1,33	1,97	2,25	2,36	2,40
180	1,75	2,74	3,15	3,24	3,32
240	2,15	3,49	4,08	4,26	4,35
300	2,61	4,22	4,85	5,12	5,42

265.1 Gefragt sind die Michaelis-Menten-Konstante K_m, die Maximalgeschwindigkeit V_{max}, die Geschwindigkeitskonstante $k_{0,1}$, die Halbwertszeit $t^{0,1}_{1/2}$ sowie der Standard-pH-Wert der Enzymreaktion.

265.2 Die Wiederholung der Versuchsreihen bei p = const. = 101 325 Pa in Abhängigkeit von der Temperatur lieferte folgende Ergebnisse:

	40 °C	50 °C
K_m(mmol/dm³)	24,13	24,94
$k_{0,1}$(s⁻¹)	$5{,}32 \cdot 10^{-3}$	$6{,}52 \cdot 10^{-3}$

Berechnen Sie mit den Ergebnissen von 239.1 und 239.2 im Bereich 30 °C → 40 °C die Aktivierungsenergie E_A für die ES-Bildung und die Dissoziationsenthalpie $\Delta_D H$ für den *ES*-Zerfall.

265.3 Welche Schlussfolgerungen ergeben sich aus den Ergebnissen von 265.1 und 265.2?

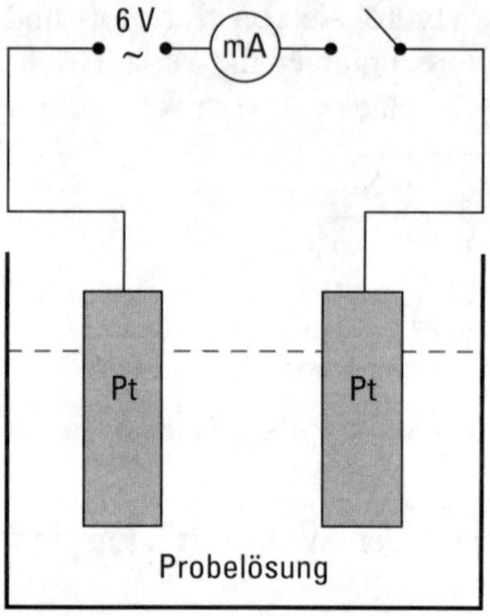

Die Probelösung je Versuchsreihe ($T = 30\,^\circ C$, $p = 101\,325\,Pa$) besteht aus **60 ml Lösung 1** und **3 ml Lösung 2**.

- Man misst bei const. 30 °C über 5 Minuten alle 60 Sekunden die Stromstärke I und bestimmt aus dem Lineweaver-Burk-Diagramm K_m und V_{max}
- Lösung 1: 60 mg Urease in 30 ml H_2O suspendiert
- Lösung 2: Harnstofflösung 0,1 % < c_S^0 < 1 %

Abb. 4.19 Versuchsanordnung zur Bestimmung der Michaelis-Menten-Konstante K_m von Urease.

266 Die Hydrolyse von Acetyl-L-Tryptophanamid wird durch Chymotrypsin katalysiert. Man findet folgende Abhängigkeit der Anfangsgeschwindigkeit V von der Substratkonzentration C_S:

C_S (mmol/dm³)	0,5	1,0	2,0	4,0	7,0	10,0	15,0
V (mmol/(dm³ · min))	0,085	0,161	0,278	0,470	0,630	0,720	0,810

266.1 Bestimmen Sie aus dem Lineweaver-Burk-Diagramm K_m und V_{max}!

266.2 Das D-Isomere hemmt die Hydrolyse des L-Isomeren. Bei Wiederholung der obigen Versuchsreihe mit gleichmolarem Gemisch aus der L- und D-Form von Acetyl-Tryptophanamid findet man für die gleichen Gesamtkonzentrationen an Substrat:

V (mmol/(dm³ · min))	0,057	0,108	0,196	0,330	0,470	0,570	0,680

Entscheiden Sie anhand des Lineweaver-Burk-Diagramms, welcher Typ von Enzymhemmung vorliegt.

267 Bei einem Versuch mit der Enzymkonzentration $c_{E(ges.)} = 1{,}0 \cdot 10^{-9}\,mol/dm^3$ wurden die Anfangsgeschwindigkeiten V_0 in Abhängigkeit von der Anfangskonzentration des Substrats c_S^0 ermittelt:

$c_S^0 \cdot 10^{-6}$ mol/dm³	3,0	5,0	10	20
$V_0 \cdot 10^{-5}$ mol/(dm³ · min)	1,06	1,55	2,37	3,21

Fertigen Sie die Lineweaver-Burk-Darstellung an und ermitteln Sie die Michaeliskonstante K_m und die Geschwindigkeitskonstante k_3.

268 Bei einer enzymatischen Reaktion wurde eine Michaeliskonstante von $K_m = 1{,}5 \cdot 10^{-5}\,mol/dm^3$ bestimmt. Die Anfangskonzentration an Substrat betrug $3 \cdot 10^{-5}\,mol/dm^3$. Berechnen Sie den Anteil von Enzymmolekülen (f_{ES}), die Substrat gebunden haben.

269 Die katalytische Effizienz eines Enzyms wird durch die katalytische Konstante k_{kat} (auch Wechselzahl genannt) wiedergegeben. Die Zahl gibt die Anzahl von Substratmolekülen an, die bei vollständiger Sättigung des Enzyms mit Substrat pro Zeiteinheit in das Produkt umgewandelt wird. Das Enzym Pepsin ($M = 41\,977\,\text{g/mol}$) spaltet die Peptidbindung in Proteinen. In $10\,\text{cm}^3$ Lösung waren 10^{-9} g Pepsin gelöst. Es wurde eine maximale Reaktionsgeschwindigkeit von $V_{\max} = 7{,}15 \cdot 10^{-11}\,\text{mol/(dm}^3 \cdot \text{min)}$ ermittelt. Berechnen Sie die Wechselzahl von Pepsin in s^{-1}.

270 Das Enzym Phosphoglucomutase katalysiert die Umwandlung von Glukose-1-phosphat in Glukose-6-phosphat. Bei 37 °C und $pH = 7$ enthält die Gleichgewichtsmischung 5,4 % Glukose-1-phosphat. Berechnen Sie die Gleichgewichtskonstante K_c und die Änderung der freien molaren Enthalpie $\Delta_R G$ der Reaktion!

271 Am Ende der ersten Phase der Glykolyse katalysiert die Triosephosphatisomerase die reversible Umwandlung von Dihydroxyacetonphosphat zu Glycerinaldehyd-3-phosphat. Bei 37 °C beträgt $\Delta_R G = 7{,}66\,\text{kJ/mol}$. Gesucht sind die Konzentrationen und Molprozente beider Reaktanden im Gleichgewicht.

272 Die Gleichgewichtskonstante für die Bildung des Dipeptids zwischen Alanin und Glycin beträgt bei 38 °C $K_c = 1{,}25 \cdot 10^{-3}$. Nach enzymatischer Hydrolyse des Dipeptids mit $100\,\text{cm}^3$ Wasser (Dichte: $1\,\text{kg/m}^3$) wird eine Konzentration an Alanin von $0{,}1\,\text{mol/dm}^3$ festgestellt. Wie groß ist der prozentuale Umsatz des Dipeptids? Hat das Enzym Einfluss auf die Alaninkonzentration?

273 Der Bombardierkäfer bekämpft seine Feinde, indem er sie mit einer Lösung von Chinon beschießt. Diese Lösung wird durch eine explosionsartig ablaufende Reaktion erzeugt:

$$C_6H_4(OH)_{2(aq)} + H_2O_{2(l)} \rightleftharpoons C_6H_4O_{2(aq)} + 2\,H_2O_{(l)}\,.$$

a) Konstruieren Sie aus folgenden Daten eine Reaktionsfolge, aus der $\Delta_R H^0$ für diese Reaktion berechnet werden kann.

$$C_6H_4(OH)_{2(aq)} \rightleftharpoons C_6H_4O_{2(aq)} + H_{2(g)} \qquad \Delta H^0 = +177{,}4\,\text{kJ/mol}$$

$$H_{2(g)} + O_{2(g)} \rightleftharpoons H_2O_{2(l)} \qquad \Delta H^0 = -191{,}2\,\text{kJ/mol}$$

$$H_{2(g)} + \tfrac{1}{2}\,O_{2(g)} \rightleftharpoons H_2O_{(g)} \qquad \Delta H^0 = -241{,}8\,\text{kJ/mol}$$

$$H_2O_{(g)} \rightleftharpoons H_2O_{(l)} \qquad \Delta H^0 = -43{,}8\,\text{kJ/mol}$$

Berechnen Sie $\Delta_R H^0$.

b) Informieren Sie sich in weiterführender Literatur über den Schussapparat des Laufkäfers. Beschreiben Sie Bau und Funktion des Apparates.

4.14.2 Energieumsatz

274 Welche Energieumsatzgrößen werden beim lebenden Organismus unterschieden und was drücken sie aus?

275 Beschreiben Sie, wie der Energieumsatz des Organismus direkt und indirekt gemessen werden kann.

276 Berechnen Sie für Glukose, Stearinsäureglycerinester und Alanin jeweils den Brennwert (kJ/g), das kalorische Äquivalent (kJ/L (O_2)) und den Respiratorischen Quotienten RQ ($n(CO_2)/n(O_2)$). Berücksichtigen Sie, dass bei der Verbrennung von 1 mol Alanin 3 mol O_2 verbraucht und 0,5 mol Harnstoff gebildet werden.

	Glukose (s)	Stearinsäure-glycerinester (s)	Alanin (s)	Harnstoff (s)	Wasser (l)	Kohlenstoff-dioxid (g)
$\Delta_B G^0$ (kJ/mol)	−910	−69 778	−2232,1	−197	−237	−394

277 In einer kalorimetrischen Anordnung (Abb. 4.20) werden bei 25 °C 30 Minuten lang 9,2 g Mehlwürmer gehalten und eine Abnahme des Sauerstoffvolumens von 1,6 cm^3 beobachtet. Es soll angenommen werden, dass lediglich Glukose veratmet wurde.

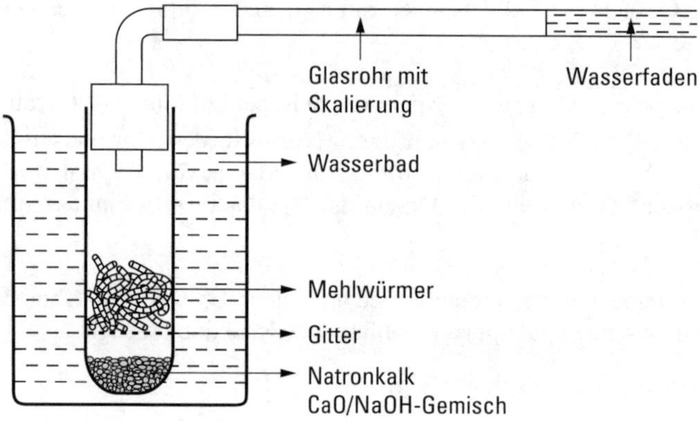

Abb. 4.20 Kalorimetrische Bestimmung des Energieumsatzes bei Mehlwürmern.

a) Erläutern Sie Aufbau und Funktionsprinzip der kalorimetrischen Anordnung.
b) Berechnen Sie den Energieumsatz Q_{Ansatz} der eingesetzten Mehlwürmer je Stunde.
c) Berechnen Sie je Tag und kg Biomasse den Energieumsatz $Q_{(\text{d,kg})}$

278 In einem Kalorimeter besonderer Konstruktion befindet sich ein kleines Versuchstier (weiße Maus) mit einer Körpermasse von 21 g. Die Masse des Kalorimeterwassers beträgt 500 g. Die O_2-Zufuhr und die Absorption von freigesetztem CO_2 und H_2O werden geregelt. Bei Abbruch des Versuches nach 30 Minuten wurde im Kalorimeterwasser ein Temperaturanstieg von 3,2 K gemessen.

a) Entwerfen Sie eine Skizze, aus der Konstruktion und Funktion des Kalorimeters ablesbar sind.
b) Berechnen Sie den Energieumsatz Q (Ansatz des Versuchstieres je Stunde).
c) Berechnen Sie je Tag und kg Biomasse den Energieumsatz $Q_{(\text{d,kg})}$.

279 Eine 70 kg schwere männliche Versuchsperson atmet Luft (25 °C; 1 bar) aus einem Vorratsgefäß (Spirometer). Die ausgeatmete Luft wird über einen CO_2-Absorber wieder zurück geleitet. Nach 5 Minuten wird der Versuch abgebrochen und ein Schreiber registriert im Spirometer eine Sauerstoffabnahme von 1,2 Liter.

a) Beschreiben Sie an Hand einer beschrifteten Skizze das Funktionsprinzip des Spirometers. Tragen Sie mögliche Nachteile dieser Methode zur Grundumsatzbestimmung vor! Welche Informationen liefern die Aufzeichnungen durch einen Schreiber?
b) Berechnen Sie den Grundumsatz Q_{Ansatz} der Versuchsperson je Stunde. Legen Sie dabei einen respiratorischen Quotienten von $RQ = 0{,}85$ zugrunde, den man aus vielen Messungen als Mittelwert für normale Ernährungsbedingungen (Mischkost) gewonnenen hat.
c) Berechnen Sie je Tag und kg Körpergewicht den Grundumsatz $Q_{(\text{d,kg})}$.

280 Es ist der Zusammenhang zwischen Grundumsatz und Körpergröße gefragt.

a) Überprüfen Sie mit der folgenden Tabelle an zwei Beispielen, ob eine lineare Proportionalität zwischen dem Energieumsatz des Tieres und seiner Körpergröße besteht.
b) Tragen Sie die jeweils auf 1 kg bezogenen Energiewerte gegen die logarithmierte Masse des Tieres auf. Beschreiben und erklären Sie den Graphen.

Organismus	Körpermasse in kg	umgesetzte Energiemenge in kJ/24 h
Weiße Maus	0,021	15
Weiße Ratte	0,400	139
Kaninchen	2,600	490
Hund	14,000	2030
Mensch	65,000	6907
Rind	600,000	50650
Elefant	3672,000	205110

281 Die Deutsche Gesellschaft für Ernährung (DGE) empfiehlt zur Zusammensetzung der Nahrung, dass 15 % der Energie durch Eiweiß, 30 % durch Fett und 55 % durch Kohlenhydrate aufgenommen werden. Insgesamt sollten Männer täglich 10 500 kJ und Frauen 8800 kJ aufnehmen. Wie viel Gramm an Eiweiß, Fetten und Kohlenhydraten sollte man täglich zu sich nehmen, wenn die physiologischen Brennwerte für Eiweiß (17 kJ/g), für Fette (38,9 kJ/g) und für Kohlenhydrate (17,2 kJ/g) berücksichtigt werden?

4.14.3 Stoffwechsel

282 ATP^{4-}/ADP^{3-}-System

Im Intermediärstoffwechsel (Metabolismus) laufen sowohl abbauende (katabole) als auch aufbauende (anabole) Vorgänge über eine Sequenz hintereinander geschalteter, enzymkatalysierter Reaktionen ab, bei denen insbesondere phosphorylierte Verbindungen durch Hydrolyse (Dephosphorylierung) unterschiedliche Beträge an freier Enthalpie liefern. Bemerkenswert ist (s. Abb. 4.21), dass dabei einige phosphathaltige Verbindungen mehr freie Enthalpie liefern als Adenosintriphosphat (ATP^{4-}), andere dagegen weniger. Zu erklärende Vergleichsbeispiele sollen sein:

a) Phosphoenolpyruvat^{3-},
b) Adenosintriphosphat (ATP^{4-}),
c) Glukose-6-phosphat.

Donator, $X-P+H_2O$	Akzeptor, $X+P$	ΔG^0 (kJ/mol)	$K_{Hydr.}$	$pK_{Hydr.}$
Phosphoenolpyruvat^{3-} + H_2O	Pyruvat^{1-} + HPO_4^{2-}	−61,79	$2{,}55 \cdot 10^{10}$	−10,41
1,3-Diphosphoglycerat^{4-} + H_2O	3-Phosphoglycerat^{2-} + HPO_4^{2-}	−49,46	$2{,}14 \cdot 10^{8}$	−8,33
ATP^{4-} + H_2O	H^+ AMP^{2-} + $HP_2O_7^{3-}$	−36	$1{,}16 \cdot 10^{6}$	−6,063
ATP^{4-} + H_2O	H^+ ADP^{3-} + HPO_4^{2-}	−30,56	$1{,}4 \cdot 10^{5}$	−5,21
Glukose-1-phosphat^{2-} + H_2O	Glukose + HPO_4^{2-}	−20,93	$3{,}35 \cdot 10^{3}$	−3,52
Fruktose-1,6-diphosphat^{4-} + H_2O	Fruktose-6-phosphat^{2-} + HPO_4^{2-}	−16,36	$5{,}69 \cdot 10^{2}$	−2,76
Fruktose-6-phosphat^{2-} + H_2O	Fruktose + HPO_4^{2-}	−15,91	$4{,}78 \cdot 10^{2}$	−2,68
Glukose-6-phosphat^{2-} + H_2O	Glukose + HPO_4^{2-}	−13,82	$2{,}13 \cdot 10^{2}$	−2,33
Glycerin-1-phosphat^{2-} + H_2O	Glycerin + HPO_4^{2-}	−9,21	$3{,}56 \cdot 10^{1}$	−1,55

Phosphorylierung ↑ Dephosphorylierung ↓

Abb. 4.21 Thermodynamische Skala der Hydrolyse einiger phosporylierter Verbindungen (pH = 7, 37 °C, 1 bar, $c = 1$ mol/dm^3, $Mg^{2+}_{(aq)}$ im Überschuss).

282.1 Begründen Sie, warum bei den Metaboliten a), b) und c) die Abspaltung der terminalen Phosphatgruppe HPO_4^{2-} unterschiedliche negative Werte an ΔG^0 bzw. pK_{Hydr} ergibt.

282.2 Begründen Sie, welche besondere Rolle das ATP^{4-}/ADP^{3-}-System im Intermediärstoffwechsel übernehmen kann.

282.3 Zeigen Sie mit Einbeziehung eines Schemas, das Reaktionsgleichungen und eine Rechnung enthält, wie das ATP^{4-}/ADP^{3-}-System die Reaktion von 1,3-Diphosphoglycerat^{4-} zu 3-Phosphoglycerat^{2-} (unter Mitwirkung von Phosphoglyceratkinase) mit der Reaktion von Fruktose-6-phosphat zu Fruktose-1,6-diphosphat (unter Mitwirkung von Phosphofruktokinase) innerhalb der Reaktionsfolge der Glykolyse (s. Kap. 6, Abb. 6.1) exergon verbinden kann.

282.4 Auf welche typischen Molekülarten kann ATP^{4-} seine energiereiche Phosphatgruppe übertragen und wodurch wird das unterstützt?

Mobilisierung von Acetyl∼S-CoA und des Citrat-Zyklus

Das in Abb. 4.22 dargestellte Schema des aeroben Katabolismus bezeichnet die Hauptetappen und chemischen Zwischenglieder bei der Mobilisierung von Acetyl∼S-CoA und des Citrat-Zyklus (*Zitronensäure-, Tricarbonsäure-, Krebszyklus*) mit Endprodukten. Ausgangspunkt ist das im Verlauf der extrazellulären Verdauung entstandene Gemisch von Grundbausteinen (Monomeren) der aufgenommenen Nährstoffe.

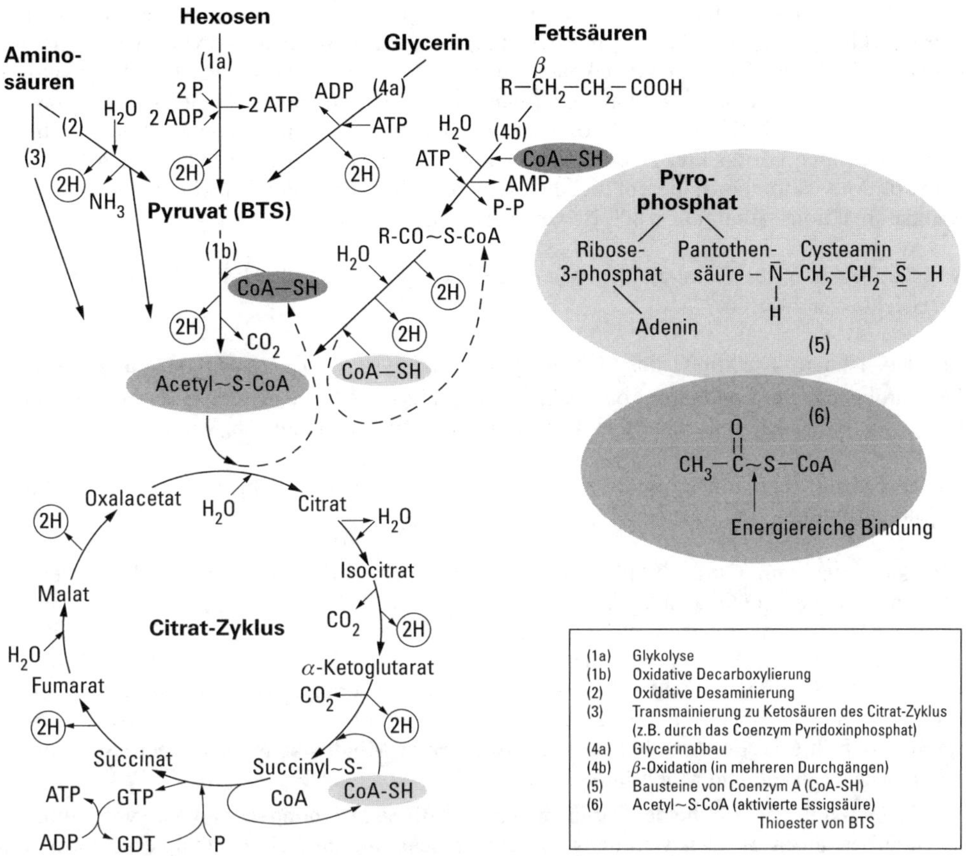

Säure-Anionen ohne Ladungen					
Citrat	Citronensäure	Succinyl~S-CoA	Thioester der Bernsteinsäure	BTS	Brenztraubensäure
Isocitrat	Iso-Citronensäure	Fumarat	Fumarsäure	GTP	Guanosintriphosphat
α-Ketoglutarat	α-Ketoglutarsäure	Malat	Äpfelsäure	GDP	Guanosindiphosphat
Succinat	Bernsteinsäure	Oxalacetat	Oxalessigsäure		

Abb. 4.22 Wege der Mobilisierung von Acetyl~S-CoA und des Citrat-Zyklus mit Endprodukten.

Teil A: Abbau von Kohlenhydraten

283 Endprodukt des ersten Abschnitts der intrazellulären Glukosespaltung, der als Glykolyse (Abb. 4.22 (1a)) bezeichnet wird, ist bei allen Organismen Pyruvat$^-$ (*Anion der Brenztraubensäure*). Dies wird ausführlich durch die Reaktionsfolge (s. Kap. 6, Abb. 6.1) gezeigt. Ermitteln und beschreiben Sie den energieliefernden Schritt der Glykolyse.

284 Pyruvat⁻ wird in einer Initialreaktion (Abb. 4.22 (1b)) für den Einstieg in den nachfolgenden Citrat-Zyklus (s. Kap. 6, Abb. 6.2 und Abb. 6.6) zum energiereichen Acetyl~S-CoA oxidativ decarboxyliert. Die Gleichgewichtskonstante beträgt $K_p = 7{,}4 \cdot 10^{10}$ Pa. Für die Reaktion ist die Mitwirkung eines Multienzymkomplexes erforderlich. Seine wichtigsten Coenzyme sind NAD^+ $NADP^+$ (Kap. 6, Abb. 6.4) und Coenzym A, das an seinem Reaktionszentrum eine SH-Gruppe besitzt und Acetylgruppen in Form eines Thio-Esters übertragen kann (s. Kap. 6, Abb. 6.6). Formulieren Sie die Reaktionsgleichung und berechnen Sie die freie Standardreaktionsenthalpie $\Delta_R G^0$. Bewerten Sie das Ergebnis.

285 Welche Reaktion des Citrat-Zyklus ist energetisch mit der Initialreaktion (1b) in Abb. 4.22 vergleichbar und warum?

286 In der letzten Reaktion des Citrat-Zyklus katalysiert die NAD-abhängige Malat-Dehydrogenase die Oxidation von $Malat^{2-}$ zu $Oxalacetat^{2-}$. Die Reaktion ist endergonisch ($\Delta_R G^0 = +29{,}7\,kJ/mol$), läuft aber trotzdem ohne Schwierigkeiten ab. Warum?

287 Fassen Sie die Reaktionsprodukte zusammen, die bei einem Durchgang durch den Citrat-Zyklus auftreten.

288 Wie kann die vom Citrat-Zyklus katalysierte Gesamtreaktion in eine Gleichung gefasst werden? Was sagt die Gleichung aus?

289 Im Vergleich zu den Aerobiern können zahlreiche primitive Lebewesen, besonders Einzeller, ohne Sauerstoffzufuhr existieren. Man nennt sie daher Anaerobier. Bei ihnen stimmt die erste Phase des Glukoseabbaus mit der Reaktionsfolge der Glykolyse (Abb. 4.22 (1a)) überein. Dann trennen sich ihre Wege. Aus der Fülle der realisierten Möglichkeiten seien herausgegriffen: alkoholische Gärung und Milchsäuregärung.

a) Formulieren Sie für beide Gärungsarten die Bilanzgleichung ausgehend von Glukose und berechnen Sie den Wirkungsgrad der Speicherung an freier Enthalpie in Form von ATP^{4-} (η_{ATP}). Machen Sie prinzipielle Aussagen zum biochemischen Ablauf und zur Bedeutung beider Gärungsarten.

	Glukose (s)	Ethanol (l)	Milchsäure (l)	CO_2
$\Delta_B G^0$ (kJ/mol)	−910	−174	−553,5	−394

b) Begründen Sie, warum gärende Organismen pro Zeiteinheit und Gewichtseinheit ihres Körpers eine wesentlich größere Glukosemasse umsetzen als atmende Lebewesen.
c) Wie kann der gemeinsame Reaktionsweg (Abb. 4.22 (1a)) von Gärung und Atmung begründet werden?

Teil B: Abbau von Fetten

Die Fettspaltung beginnt mit der Verdauung im Darm. Lipasen hydrolysieren jeweils ein Fettmolekül zu einem Glycerinmolekül und drei Fettsäuremolekülen. Der weitere Abbau in den Zellen erfolgt dann zweigleisig: Glycerinabbau → (Abb. 4.22 (4a)), Fettsäureabbau → (Abb. 4.22 (4b)).

290 Machen Sie mit Reaktionsgleichungen deutlich, wie der Glycerinabbau beginnt und an welcher Stelle seine Fortsetzung auf vorhandenen Abbauwegen erfolgt.

291 Der durch mehrere Enzyme katalysierte Fettsäureabbau wird β-Oxidation genannt, da im Verlauf der Fettsäurespaltung eine β-Hydroxysäure auftritt. Er lässt sich vereinfacht durch folgenden Reaktionszyklus darstellen (Abb. 4.23):

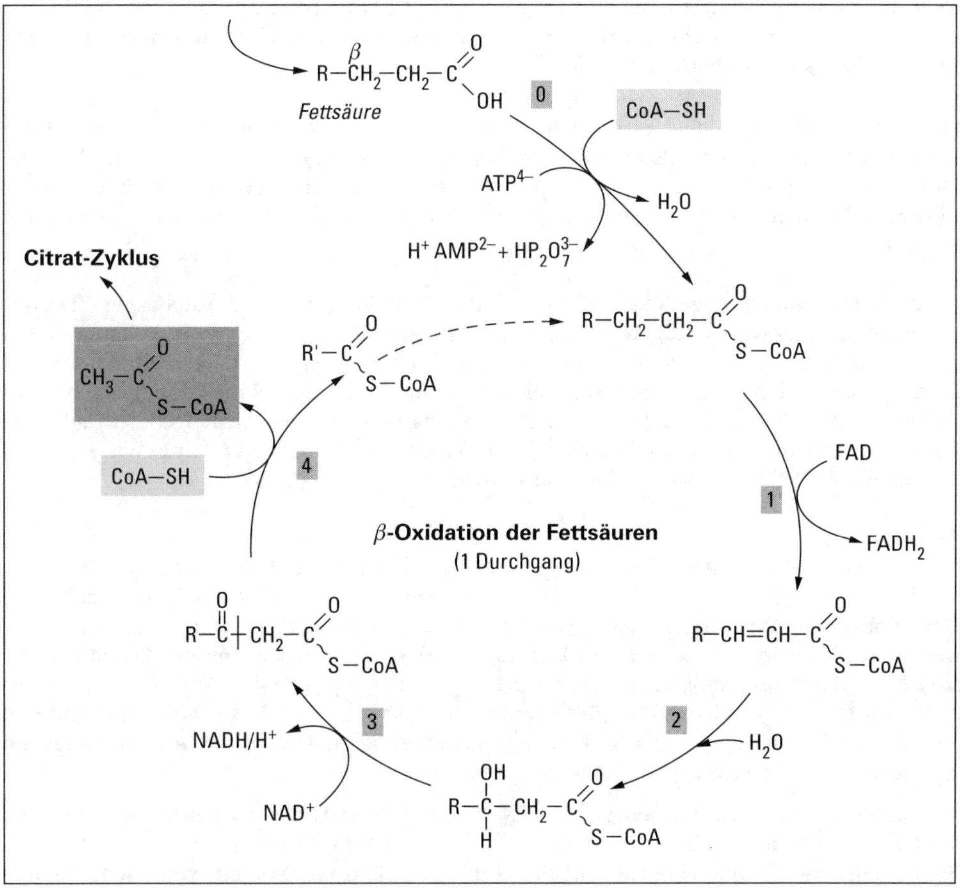

Abb. 4.23 Fettsäureabbau durch β-Oxidation.

Beschreiben Sie die für einen Durchgang gekennzeichneten Stufen des Fettsäureabbaus.

292 Wieso liefert ein 1 mol Fett viel mehr ATP^{4-} als 1 mol Glukose?

293 Berechnen Sie für den vollständigen Abbau von 1 mol Stearinsäure die freie Enthalpie, die unter Standardbedingungen als energiereiche Phosphatbindung in Form von ATP^{4-} gewonnen wird.

294 Auf welche Weise können aus Glukose Glycerin und Fettsäuren entstehen?

295 Schreiben Sie die Reaktionsfolge für den Aufbau von Buttersäure im Fettstoffwechsel auf.

Teil C: Abbau von Proteinen

Die bei der Proteinverdauung im Darm durch hydrolytische Spaltung gebildeten Aminosäuren gelangen mit Blut und Lymphe in die Körperzellen. Bei den katabolen Reaktionen wird ihr Kohlenstoffskelett durch Verzahnung mit dem Citrat-Zyklus [Abb. 4.22 (2) + (3)] zu CO_2 und H_2O oxidiert. Die Aminogruppen werden in Harnstoff oder in andere Ausscheidungsprodukte umgewandelt.

296 Beschreiben Sie, wie Alanin (2-Aminopropansäure) über Weg (2) der Abb. 4.22 sein Kohlenstoffskelett abbaut und dabei freie Enthalpie in Form von ATP^{4-} speichert. Wie viel Mole ATP^{4-} sind nötig, wenn seine NH_2-Gruppe in Harnstoff umgewandelt wird (s. Kap. 6, Abb. 6.9)? Formulieren Sie die Summengleichung des Harnstoffzyklus und bewerten Sie seine Energetik.

297 Bei einer Transaminierung (Abb. 4.22 (3)) wirkt ein Enzym, z. B. Pyridoxalphosphat (Derivat von Vitamin B_6, Formel s. Kap. 6, Abb. 6.8), als Aminogruppenüberträger von α-Aminosäuren auf α-Ketosäuren. Dabei pendelt das Enzym zwischen der Aldehyd- und der aminierten Form. Derartige katalysierte Reaktionen sind leicht reversibel, der Wert ihrer Gleichgewichtskonstanten ist etwa 1 ($\rightarrow \Delta G^0 \approx 0\,\mathrm{kJ/mol}$). Zeigen Sie mit Reaktionsgleichungen, wie auf diese Weise die Aminogruppe von Glutamat^{2-} auf Oxalacetat^{2-} übertragen wird. Wie kann das desaminierte Glutamat^{2-} weiter abgebaut werden?

298 Atmungskette
Die im Vor- und Hauptfeld des Citrat-Zyklus frei gewordenen Wasserstoffatome bzw. deren Elektronen (gebunden an NAD^+ und FAD) werden in einer vielstufigen Reduktions-Oxidations-Folge (= Atmungskette) von Enzym zu Enzym und schließlich zum Sauerstoff weitergereicht, wobei sie jeweils ein kleines Energiepaket abgeben. Bei der Oxidation von $NADH/H^+(FADH_2)$ ermöglichen drei (zwei) dieser Energiepakete den Aufbau von je einem ATP^{4-}-Molekül (= oxidative Phosphorylierung). Die Abbildung 4.24 zeigt ein Diagramm, in dem die Standard-Redoxpotenziale von Elektronenüberträgern (Carrier) der Atmungskette und die Richtung des Elektronentransports angegeben sind.

a) Berechnen Sie den Wirkungsgrad η_{ATP} der von $NADH/H^+$ ausgehenden oxidativen Phosphorylierung.
b) Erstellen Sie die Summengleichung für die oxidative Phosphorylierung von einem Molekül $FADH_2$.
c) Machen Sie in Strukturformelausschnitten deutlich, wie die prosthetischen Gruppen (NAD^+, $NADP^+$, Ubichinon, FAD, FMN, Cytochrom) der Carrier in der Elektronentransportkette zwischen einem reduzierten und einem oxidierten Zustand hin und her pendeln.
d) In der Abbildung 4.25 ist schematisch die als Chemiosmose bezeichnete Kopplung von Atmungskette und oxidativer Phosphorylierung in der Mitochondrienmembran dargestellt. Leiten Sie daraus Vorstellungen über den Mechanismus der Energiekopplung ab.

299 ATP-Bilanz
Im Betriebsstoffwechsel des lebenden Organismus wird ein Teil der freigesetzten freien Reaktionsenthalpie in Form von ATP^{4-} (−30,6 kJ pro Mol ATP) gebunden und dient u. a. als biochemischer Treibstoff für die Muskelarbeit. Der andere Teil wird als Wärmeenergie frei und sorgt u. a. für die Aufrechterhaltung der Körpertemperatur. Formulieren Sie unter Einbeziehung der ATP-Bilanz die Gesamtgleichungen für die biologische Oxidation von

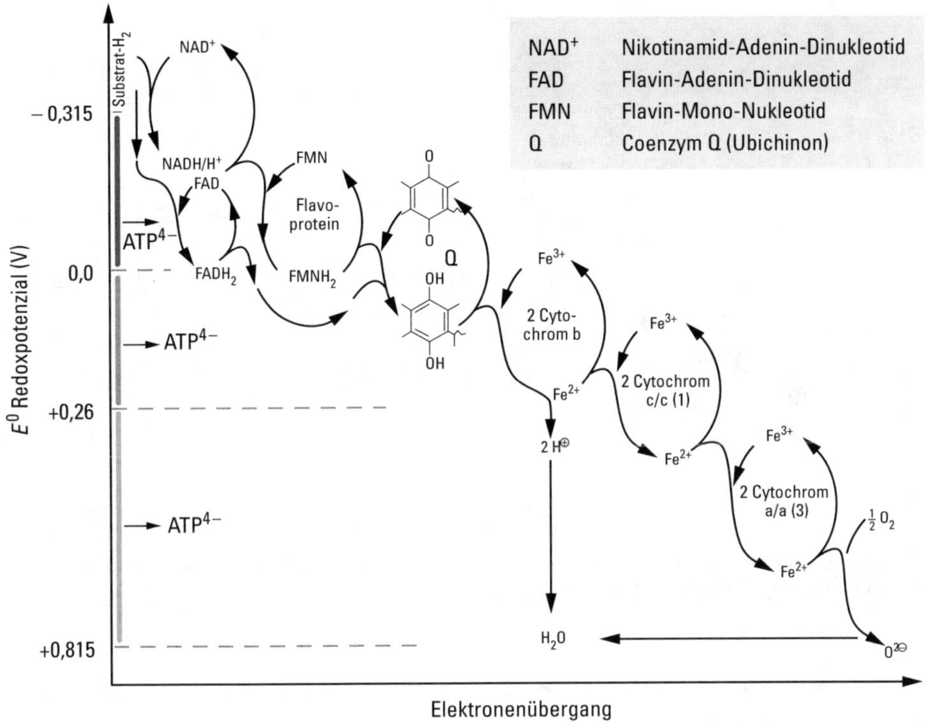

Abb. 4.24 Schema der Atmungskette (aus Karlson, P., Biochemie, Thieme Verlag 1986, verändert).

a) Glukose, b) Palmitinsäure, c) Glycerin, d) Triglycerid der Palmitinsäure und e) Asparaginsäure. Berechnen Sie den Wirkungsgrad η_{ATP}!

	a)	b)	c)	d)	e)
$\Delta_V G^0$ (kJ/mol)	−2876	−9781	−1650	−30 993	−1180

300 Gasaustausch Lunge/Blut

Bei der Atmung kommt es zu einem Gasaustausch zwischen der Luft in der Lunge und dem Blut. Für anstehende Berechnungen gelten folgende Angaben:

- Das normale Atemzugsvolumen AZV eines Erwachsenen im Ruhezustand beträgt etwa 500 cm^3 Luft pro Atemzug. Die Atemfrequenz soll 15 Züge pro Minute betragen.
- Die Luft (78 % N_2, 21 % O_2, 1 % Edelgase) wird als ideales Gas betrachtet.
- Ein Hämoglobinmolekül Hb kann bis zu 4 O_2-Moleküle transportieren. In einem Liter Blut sind 150 g Hämoglobin enthalten. Hämoglobin hat eine Molmasse von 64 500 g/mol.
- Die Dissoziation von $Hb(O_2)_n$ gehorcht nach Hill folgender Gleichung:

$$\mathrm{Hb(O_2)_n} \rightleftharpoons \mathrm{Hb} + \mathrm{n\,O_2} \quad K = \frac{[\mathrm{Hb}]\cdot[\mathrm{O_2}]^n}{[\mathrm{Hb(O_2)}_n]} = 8{,}15\cdot 10^{-5} \quad n = 2{,}80\,.$$

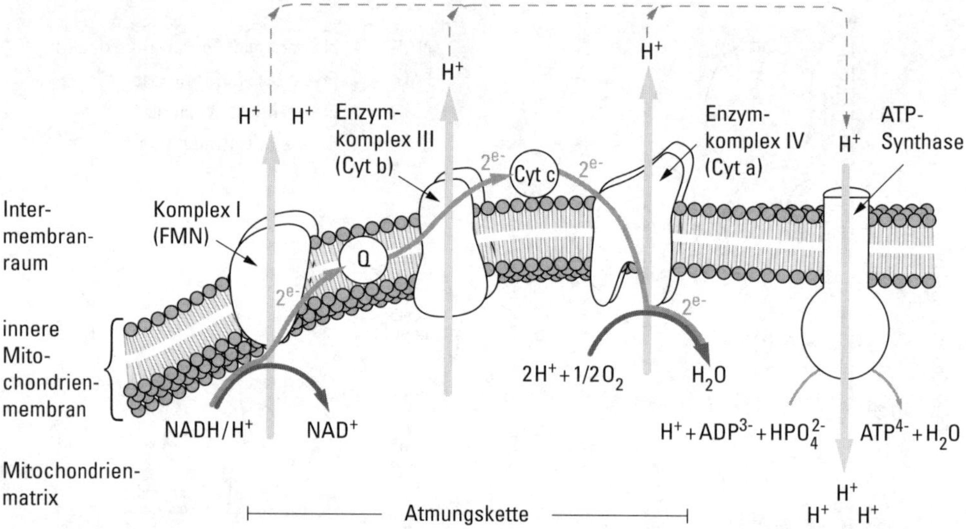

Abb. 4.25 Schema der Chemiosmose in den Mitochondrien (aus Campbell, Biologie, Spektrum Akademischer Verlag, Heidelberg, 2000, verändert).

- Der Sättigungsgrad α (bei $p = 1$ bar) gibt den Anteil der besetzten sauerstoffbindenden Hb-Zentren an und ist definiert als:

$$\alpha = \frac{(p_{O_2})^n}{(p_{O_2})^n + K} \qquad p_{O_2^{(\text{venöses Blut})}} = 0{,}0533\,\text{bar};$$

$$p_{O_2^{(\text{arterielles Blut})}} = 0{,}133\,\text{bar}.$$

a) Berechnen Sie die Masse Sauerstoff (in g), die bei Normdruck (1 bar) pro Minute in die Lunge gelangt.

b) Welche Annahmen fließen bei a) in die Modellvorstellung eines idealen Gases ein?

c) Berechnen Sie den Sättigungsgrad für Hämoglobin in arteriellem und venösem Blut.

d) Berechnen Sie mit Hilfe des Sättigungsgrades α das O_2-Volumen, das in einem Liter arteriellem Blut gespeichert werden kann (Körpertemperatur 37 °C und 1 bar).

e) Wie viel Prozent des in d) errechneten Volumens an O_2 werden im Körper abgegeben?

f) Ein Erwachsener (70 kg) benötigt pro Tag im Durchschnitt 7100 kJ Energie. Bei einer Fettverbrennung entstehen pro Mol Sauerstoff etwa 421 kJ Energie.
Berechnen Sie die Pumpleistung des Herzens in Liter pro Minute unter der Annahme, dass die gesamte Energie durch Fettverbrennung gewonnen wird.

301 Interpretieren Sie den menschlichen Blutdruck (z. B. 130/90), seine Messbarkeit und Klassifizierung?

302 Hämoglobin
Jede der vier Hämgruppen (Hm) des Hämoglobins (Hb) kann Sauerstoff an einer Koordinationsstelle des Fe^{2+} binden. Dabei bildet sich ein Hm-O_2-Komplex.

$$\text{Reaktion (2):} \quad Hm + O_2 \rightleftharpoons Hm \cdot O_2$$

Kohlenstoffmonoxid ergibt bei seiner Bindung an Hm einen Hm-CO-Komplex

$$\text{Reaktion (1)} \quad Hm + CO \rightleftharpoons Hm \cdot CO$$

CO ist giftig, weil es stärker an Hm bindet als O_2. Die Gleichgewichtskonstante K_1 ist 10^4-mal größer als die Gleichgewichtskonstante K_2. Benutzen Sie den Zusammenhang zwischen der Gleichgewichtskonstanten K und der Freien Standardenthalpie ΔG^0, um den Unterschied zwischen den ΔG^0-Werten der Reaktionen (1) und (2) zu berechnen.

303 Photosynthese
In der Biosphäre gehören die „photoautotrophen" Organismen (grüne Pflanzen) zu den Primärproduzenten. Sie nutzen das Sonnenlicht zur Synthese von körpereigenen, energiereichen und entropiearmen Stoffen (Kohlenhydrate, Lipide, Proteine u. a. organische Substanzen) aus körperfremden, energiearmen und entropiereichen Stoffen (CO_2 sowie H_2O und Mineralstoffe). Empfangsantennen für die Strahlung der Sonne sind vor allem spezifische Typen von Chlorophyllmolekülen, die mit ihrer langen Phytylgruppe ($C_{20}H_{39}$–) in den Thylakoidmembranen (gestapelt zu Grana) der Chloroplasten verankert sind. Man nennt diese endergonische Synthesereaktion deshalb Photosynthese. Als sogenannte Assimilation ist sie die großartigste Redoxreaktion der Erde, welche direkt oder indirekt fast die gesamte Welt des Lebendigen ernährt. Das Schema in der Abbildung 4.26 zeigt von ihr das Beziehungsgefüge der Lichtreaktion in den Thylakoiden und der Dunkelreaktion (Calvin-Zyklus) im Stroma.

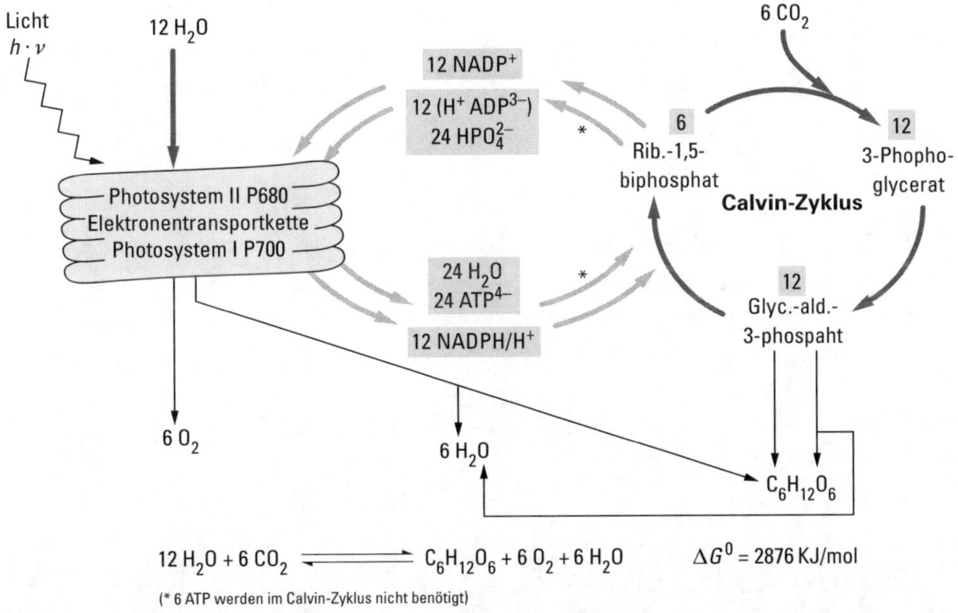

Abb. 4.26 Übersichtsschema und Formelbilanz der Photosynthese.

303.1 Welche Wechselwirkung besteht zwischen Chlorophyll (einschließlich seiner wichtigsten Hilfspigmente) und Licht?

303.2 Beschreiben Sie den Aufbau, die Arten und Funktion von Photosystemen (lichtsammelnden Antennenkomplexen) in der Thylakoidmembran der Chloroplasten.

303.3 Wie kann der hypothetische Ablauf der Lichtreaktion schematisch verdeutlicht und darin eine markierte Schrittfolge des Elektronentransports bei der Synthese von $NADPH/H^+$ und ATP^{4-} interpretiert werden?

303.4 Welche Vorstellungen hat man vom Mechanismus der Chemiosmose in den Chloroplasten? Erörtern Sie Gemeinsamkeiten und Unterschiede im Vergleich zur Chemiosmose in Mitochondrien.

303.5 Wie erfolgt im Calvin-Zyklus die Umwandlung des Kohlenstoffdioxids zu Glukose?

303.6 Erstellen Sie eine formelmäßige Gesamtbilanz sowie ein Schema zur Energietransformation der Photosynthese.

303.7 Berechnen Sie den thermodynamischen Wirkungsgrad der Photosynthese. Wie bewerten Experten das Ergebnis?

303.8 Welche Rolle spielt die Photosynthese im Biozyklus der Erde? Begründen Sie, welchen Gefahrenquellen dieser Zyklus gegenwärtig ausgesetzt ist?

5 Lösungen

5.1 Ideale und reale Gase

1 $$p_{O_2} = \frac{V_0 \cdot p_0 \cdot T}{T_0 \cdot V} = \frac{5\,\mathrm{dm^3} \cdot 1{,}01325\,\mathrm{bar} \cdot 473{,}15\,\mathrm{K}}{273{,}15\,\mathrm{K} \cdot 0{,}25\,\mathrm{dm^3}} = \underline{\underline{35{,}103\,\mathrm{bar}}}$$

2 $$T_2 = \frac{V_2 p_2 T_1}{V_1 \cdot p_1} = \frac{49\,\mathrm{cm^3} \cdot 1002{,}58\,\mathrm{mbar} \cdot 293{,}15\,\mathrm{K}}{50\,\mathrm{cm^3} \cdot 999{,}92\,\mathrm{mbar}} = 288{,}05\,\mathrm{K}$$

$$T_{\mathrm{Ende}} = 293{,}15\,\mathrm{K} - 288{,}05\,\mathrm{K} = \underline{\underline{5{,}1\,\mathrm{K}}}$$

3 $$CaCO_3 + 2\,HCl \rightleftharpoons CaCl_2 + H_2O + CO_2$$

$$V_{CO_2\,(NB)} = \frac{22414\,\mathrm{cm^3} \cdot 0{,}7\,\mathrm{g}}{100\,\mathrm{g}} = 156{,}898\,\mathrm{cm^3}$$

$$V_{CO_2} = \frac{101{,}325\,\mathrm{kPa} \cdot 156{,}898\,\mathrm{cm^3} \cdot 291{,}15\,\mathrm{K}}{273{,}15\,\mathrm{K} \cdot 99{,}325\,\mathrm{kPa}} = \underline{\underline{170{,}605\,\mathrm{cm^3}}}$$

4 Redoxreaktion: $CrO^{2-}_{4(aq)} + 2\,H^{+}_{(aq)} \rightleftharpoons Cr_{(s)} + H_{2(g)} + 2\,O_{2(g)}$ Ladung: $Q = I \cdot t = 7{,}2 \cdot 10^7\,\mathrm{As}$.

$$(-) \qquad n_{H_2} = \frac{Q \cdot (1-\eta)}{z \cdot F} = 317{,}14\,\mathrm{mol} \qquad V_{H_2} = \frac{n_{H_2} RT}{p} = \underline{\underline{6{,}77\,\mathrm{m^3}}}$$

$$(+) \qquad n_{O_2} = \frac{Q}{z \cdot F} = 186{,}55\,\mathrm{mol} \qquad V_{O_2} = \frac{n_{O_2} RT}{p} = \underline{\underline{3{,}98\,\mathrm{m^3}}}$$

5 $$m_{O_2} = \frac{V \cdot p \cdot M}{R \cdot T} = \frac{40{,}5\,\mathrm{dm^3} \cdot 116{,}52 \cdot 10^5\,\mathrm{Pa} \cdot 32\,\frac{\mathrm{g}}{\mathrm{mol}}}{8314{,}3\,\frac{\mathrm{Pa \cdot dm^3}}{\mathrm{mol \cdot K}}} \cdot 297{,}15\,\mathrm{K} = \underline{\underline{6112{,}29\,\mathrm{g}}}$$

6 Der Druck p_1 in der Flasche ergibt sich als Summe aus Überdruck und Luftdruck:

$$p_1 = (2{,}5 + 0{,}1)\,\mathrm{MPa} = 2{,}6\,\mathrm{MPa}\,.$$

Nach dem Entweichen steht das Gas unter dem Luftdruck $p_2 = 0{,}1\,\mathrm{MPa}$ und hat nach $pV = \mathrm{const.}$ das Volumen

$$V_2 = \frac{p_1 V_1}{p_2} = 1040\,\mathrm{dm^3}\,.$$

Da das Volumen $V_1 = 40\,\mathrm{dm^3}$ in der Flasche zurückbleibt, entweichen $\mathbf{1000\,dm^3}$.

7 Der Druck p_1 im Reifen ergibt sich als Summe aus Überdruck und Luftdruck:

$$p_1 = (280 + 101{,}3)\,\text{kPa} = 381{,}3\,\text{kPa}\,.$$

Nach dem Abkühlen von $T_1 = 298{,}15\,\text{K}$ auf $T_2 = 263{,}15\,\text{K}$ steht nach $p/T = \text{const.}$ das Gas unter dem Druck

$$p_2 = \frac{p_1 T_2}{T_1} = \frac{381{,}3\,\text{kPa} \cdot 263{,}15\,\text{K}}{298{,}15\,\text{K}} = 336{,}54\,\text{kPa}\,.$$

Der Überdruck im Reifen bei $-10\,°\text{C}$ beträgt damit $p = (336{,}54 - 101{,}3)\,\text{kPa} = 235{,}24\,\text{kPa}$. Bei der Abkühlung verringert sich also der Reifendruck um **44,76 kPa**.

8 $$T = \frac{p \cdot V \cdot M}{m \cdot R} = \frac{5 \cdot 10^6\,\text{Pa} \cdot 10\,\text{dm}^3 \cdot 2\,\text{g/mol}}{40\,\text{g} \cdot 8314{,}3\,\text{Pa} \cdot \text{dm}^3/\text{mol} \cdot \text{K}} = \underline{\underline{300{,}7\,\text{K}}} \quad (27{,}6\,°\text{C})$$

9 $$M_{\text{Helium}} = \varphi_{\text{Helium}} \cdot V_\text{m} = 0{,}1785\,\text{g/dm}^3 \cdot 22{,}41383\,\text{dm}^3/\text{mol} = \underline{\underline{4{,}001\,\text{g/mol}}}$$

10 $$v_{\text{H}_2} = \sqrt{\frac{3RT}{M_{\text{H}_2}}} = \sqrt{\frac{3p}{\varphi_{\text{H}_2}}} = \underline{\underline{1838{,}37\frac{\text{m}}{\text{s}} = 6618{,}13\frac{\text{km}}{\text{h}}}}$$

Beachte: $1\,\text{J} = 1\,\text{Nm} = 1\,\text{Ws} = 10^3\,\text{gm}^2/\text{s}^2$; $1\,\text{Pa} = 1\,\text{N/m}^2 = 1\,\text{kg}/(\text{ms}^2)$;
$R = 8{,}3143\,\text{J}/(\text{mol} \cdot \text{K})$

$$\left(\frac{1}{t}\right)_{\text{H}_2} = \frac{v_{\text{H}_2}}{\lambda_{\text{H}_2}} = \underline{\underline{1{,}627 \cdot 10^{10}\,\text{s}^{-1}}}$$

→ je Sek. erfährt jedes Molekül $1{,}627 \cdot 10^{10}$ Zusammenstöße.

11 $$m_{14\%\,\text{NaOH}} = \varphi \cdot V = 311{,}31\,\text{g} \qquad m_{100\%\,\text{NaOH}} = \frac{311{,}31 \cdot 14}{100} = 43{,}58\,\text{g}$$

$$V_{\text{HCl}} = \frac{m \cdot R \cdot T}{M \cdot p} = \frac{43{,}58\,\text{g} \cdot 8314{,}3\frac{\text{Pa} \cdot \text{dm}^3}{\text{mol} \cdot \text{K}} \cdot 311{,}15\,\text{K}}{40\frac{\text{g}}{\text{mol}} \cdot 104\,658\,\text{Pa}} = \underline{\underline{26{,}93\,\text{dm}^3}}$$

12 Der Teildruck des Wassers in $1\,\text{m}^3$ Gas entspricht dem Druck, den der Wasserdampf hätte, wenn er allein den Raum von $1\,\text{m}^3$ ausfüllte. Zur Berechnung der Wassermenge ergibt sich:

$$m = \frac{V \cdot p \cdot M_{\text{H}_2\text{O}}}{R \cdot T} = \frac{1000\,\text{dm}^3 \cdot 3173{,}07\,\text{Pa} \cdot 18\frac{\text{g}}{\text{mol}}}{8314{,}3\frac{\text{Pa} \cdot \text{dm}^3}{\text{mol} \cdot \text{K}} \cdot 298{,}15\,\text{K}} = 23{,}04\,\text{g} \qquad \underline{\underline{f m_{\text{H}_2\text{O}} = 23{,}04\,\text{g} \cdot \text{m}^{-3}}}$$

13 $$V_{H_2O} = \frac{2 \cdot 123{,}3}{1013{,}3} = \underline{\underline{0{,}243\,\mathrm{dm}^3}} \quad V_{O_2} + V_{N_2} = V - V_{H_2O} = 1{,}757\,\mathrm{dm}^3$$

$$V_{O_2} = 1{,}757 \cdot 0{,}21 = \underline{\underline{0{,}369\,\mathrm{dm}^3}}$$

$$V_{N_2} = 1{,}757 \cdot 0{,}79 = \underline{\underline{1{,}388\,\mathrm{dm}^3}} \quad p_{O_2} = \frac{(1013{,}3 - 123{,}3) \cdot 0{,}369}{1{,}757} = \underline{\underline{186{,}9\,\mathrm{mbar}}}$$

$$p_{N_2} = 1013{,}3 - 123{,}3 - 186{,}9 = \underline{\underline{703{,}1\,\mathrm{mbar}}}$$

14 $$2\mathrm{NaN_3} \rightleftharpoons 2\,\mathrm{Na} + 3\,\mathrm{N_2} \quad n_{N_2} = \frac{p \cdot V}{R \cdot T} = \frac{130\,000\,\mathrm{Pa} \cdot 50 \cdot 10^{-3}\,\mathrm{m}^3}{8{,}3143\,\mathrm{Pa} \cdot \mathrm{m}^3 \cdot \mathrm{K}^{-1}\mathrm{mol}^{-1} \cdot 393\,\mathrm{K}} = 1{,}99\,\mathrm{mol}$$

$$m_{\mathrm{NaN_3}} = n_{\mathrm{NaN_3}} \cdot M_{\mathrm{NaN_3}} = 2/3 \cdot n_{N_2} \cdot M_{\mathrm{NaN_3}} = 1{,}327\,\mathrm{mol} \cdot 65{,}02\,\mathrm{g}/mol = \underline{\underline{86{,}26\,\mathrm{g}}}$$

15 $$n_{CO_2} = \frac{pV}{RT} = \frac{30\,700\,\mathrm{Pa} \cdot 3{,}2\,\mathrm{dm}^3}{8314{,}3 \cdot \frac{\mathrm{Pa} \cdot \mathrm{dm}^3}{\mathrm{mol} \cdot \mathrm{K}} \cdot 273{,}15\,\mathrm{K}} = 0{,}0432575\,\mathrm{mol}$$

$$n_{N_2} = \frac{97\,300\,\mathrm{Pa} \cdot 2{,}4\,\mathrm{dm}^3}{8314{,}3 \cdot \frac{\mathrm{Pa} \cdot \mathrm{dm}^3}{\mathrm{mol} \cdot \mathrm{K}} \cdot 273{,}15\,\mathrm{K}} = 0{,}102825\,\mathrm{mol}$$

$$n_{H_2} = \frac{68\,000\,\mathrm{Pa} \cdot 5{,}8\,\mathrm{dm}^3}{8314{,}3 \cdot \frac{\mathrm{Pa} \cdot \mathrm{dm}^3}{\mathrm{mol} \cdot \mathrm{K}} \cdot 273{,}15\,\mathrm{K}} = 0{,}173664\,\mathrm{mol}$$

$$p_{\mathrm{ges.}} = \frac{n_{\mathrm{ges.}} \cdot R \cdot T}{3{,}2\,\mathrm{dm}^3} = \frac{0{,}319746\,\mathrm{mol} \cdot 8314{,}3\,\frac{\mathrm{Pa} \cdot \mathrm{dm}^3}{\mathrm{mol} \cdot \mathrm{K}} \cdot 273{,}15\,\mathrm{K}}{3{,}2\,\mathrm{dm}^3} = 226\,924{,}84\,\mathrm{Pa}$$

$$p_{\mathrm{ges.}} = \underline{\underline{2{,}26925\,\mathrm{bar}}}$$

16 $$T = \frac{\left(p + \frac{n^2 a}{V^2}\right) \cdot (V - nb)}{nR}$$

$$= \frac{\left(40 \cdot 10^5 + \frac{1^2 \cdot 0{,}3649}{(0{,}75 \cdot 10^{-3})^2}\right)\mathrm{N/m}^2 \cdot (0{,}75 \cdot 10^{-3} - 1 \cdot 4{,}2672 \cdot 10^{-5})\,\mathrm{m}^3}{(1 \cdot 8{,}3143)\,\mathrm{Nm/K}}$$

$$= \underline{\underline{395{,}483\,\mathrm{K} = 122{,}33\,^\circ\mathrm{C}}}$$

17 $$n = \frac{416{,}6\,\mathrm{g}}{26{,}04\,\mathrm{g/mol}} = 16{,}0\,\mathrm{mol}; \quad T = 273{,}15 + 27 = 300{,}15\,\mathrm{K}; \quad V = 0{,}01\,\mathrm{m}^3$$

$$p = n \cdot \left(\frac{RT}{V - nb} - \frac{na}{V^2}\right) = \underline{\underline{32{,}09\,\mathrm{bar}}}$$

Bei idealen Verhältnissen ergäbe sich ein Druck von $p = \frac{n}{V} \cdot RT = \underline{\underline{40{,}33\,\mathrm{bar}}}$.

18 1 mol Hirschhornsalz **= 79,06 g** NH_4HCO_3 **+78,08 g** $NH_4CO_2NH_2$ = 157,14 g
Durch Zerfall von 1 g Hirschhornsalz nach den Gleichungen

$$NH_4HCO_3(s) \longrightarrow NH_3(g) + CO_2(g) + H_2O(g)$$
$$NH_4CO_2NH_2(s) \longrightarrow 2\,NH_3(g) + CO_2(g)$$

entstehen $n = 6 \cdot 1/157{,}14\,\text{mol}$ Gase, wodurch sich mit der allgemeinen Zustandsgleichung idealer Gase ein den Teig vergrößerndes
Volumen ergibt:

$$V = \frac{nRT}{p} = \frac{6 \cdot 1/157{,}14\,\text{mol} \cdot 8314{,}3\,\text{Pa} \cdot \text{dm}^3 \cdot 453{,}15\,\text{K}}{101\,325\,\text{Pa} \cdot \text{mol} \cdot \text{K}} = \underline{\underline{1{,}42\,\text{dm}^3}}\,.$$

19 a)

$$H_2 \rightleftharpoons 2\,H$$
$$p_H + p_{H_2} = p_{\text{ges.}}$$
$$Kp = \frac{p_H^2}{p_{H_2}}$$

mit $p_{\text{ges.}} = 0{,}98$ bar eingesetzt ergibt

$$p_H^2 + 0{,}0251 \cdot p_H - (0{,}98 \cdot 0{,}0251) = 0$$
$$p_H = \underline{\underline{0{,}144\,\text{bar}}}$$

b)

$$p_{H_2} = p_{\text{ges.}} - p_H = 0{,}836\,\text{bar}$$

Die Stoffmengen verhalten sich wie die Partialdrucke. Damit ergibt sich für die mittlere molare Masse von Wasserstoff:

$$M = \frac{(0{,}144 \cdot 1{,}008 + 0{,}836 \cdot 2{,}016)\,\text{g/mol}}{0{,}98} = 1{,}87\,\text{g/mol}\,.$$

Setzt man M in die allgemeine Zustandsgleichung der Gase ein, erhält man die Gasdichte:

$$\varphi = \frac{m}{V} = \frac{p \cdot M}{R \cdot T} = \frac{98\,000\,\text{Pa} \cdot 1{,}87\,\text{g/mol}}{8314{,}3\,\text{Pa} \cdot \text{dm}^3/(\text{mol} \cdot \text{K}) \cdot 3000\,\text{K}}$$

$$= 7{,}35 \cdot 10^{-3}\,\frac{\text{g}}{\text{dm}^3} = \underline{\underline{7{,}35 \cdot 10^{-3}\,\frac{\text{kg}}{\text{m}^3}}}\,.$$

20 $M_{\text{Luft}} = 0{,}78 \cdot 28\,\text{g/mol} + 0{,}21 \cdot 32\,\text{g/mol} + 0{,}01 \cdot 40\,\text{g/mol} = \underline{\underline{29\,\text{g/mol}}}$

$$\varphi = \frac{M}{V_m} = \frac{29\,\text{g/mol}}{0{,}0224138\,\text{m}^3/\text{mol}} = 1293{,}83\,\text{g/m}^3 = \underline{\underline{1{,}294\,\text{kg/m}^3}}$$

21 $\varphi = \frac{m}{V} = \frac{n \cdot M}{V} = \frac{p \cdot M}{R \cdot T}; \qquad R = \frac{p \cdot M}{\varphi \cdot T} = \underline{\underline{8{,}35726\,\text{J}/(\text{mol} \cdot \text{K})}}$

22 $N = N_A \cdot n = 6{,}022045 \cdot 10^{23}\,\text{mol}^{-1} \cdot 0{,}15\,\text{mol} = \underline{\underline{903\,307 \cdot 10^{17}}}$

23 $$N_L = \frac{N_A}{V_m} = \frac{6{,}022045 \cdot 10^{23}\,\text{mol}^{-1}}{0{,}0224138\,\text{m}^3/\text{mol}} = \underline{\underline{2{,}687 \cdot 10^{25}\,\text{m}^{-3}}}$$

24 $$v = \sqrt{\frac{3\,N_A k T}{M}} = \sqrt{\frac{3 \cdot 6{,}02 \cdot 10^{23} \cdot 1{,}38 \cdot 300{,}15 \cdot 10^3\,\text{g} \cdot \text{m}^2 \cdot \text{K} \cdot \text{mol}}{10^{23} \cdot 32\, \cdot \text{mol} \cdot \text{s}^2\text{K} \cdot \text{g}}} = \underline{\underline{485{,}906\frac{\text{m}}{\text{s}}}}$$

25 $$\varphi = \frac{m}{V} = \frac{M \cdot p}{R \cdot T} = \frac{32\,\text{g} \cdot 10^5 \cdot \text{Pa} \cdot \text{mol} \cdot \text{K} \cdot \text{mol}^{-1}}{8314{,}3 \cdot 303{,}15 \cdot \text{Pa} \cdot \text{dm}^3 \cdot \text{K}} = \underline{\underline{1{,}27\frac{\text{g}}{\text{dm}^3} = 1{,}27\frac{\text{kg}}{\text{m}^3}}}$$

26 $$E_{kin} = \frac{3 \cdot R \cdot T}{2 \cdot N_A} = \frac{3 \cdot 8{,}3143\,\text{J}/(\text{mol} \cdot \text{K}) \cdot 293{,}15\,\text{K}}{2 \cdot 6{,}023 \cdot 10^{23}\,\text{mol}^{-1}} = \underline{\underline{6{,}07 \cdot 10^{-21}\,\text{J}}}$$

27 $$\begin{aligned} M &= [(28{,}014 \cdot 0{,}7808) + (31{,}998 \cdot 0{,}2095) + (39{,}95 \cdot 0{,}00349) \\ &\quad + (44{,}008 \cdot 0{,}00035)]\,\text{g/mol} \\ &= \underline{\underline{28{,}732\,\text{g/mol}}} \end{aligned}$$

28 Der Partialdruck des Stickstoffs beträgt $p_N = 99.99 - 2{,}338 = 97{,}652\,\text{kPa}$. Somit ergibt sich für das Partialvolumen des Stickstoffs

$$V_N = \frac{p_N}{p} \cdot V = \frac{97{,}652\,\text{kPa} \cdot 40\,\text{cm}^3}{99{,}99\,\text{kPa}} = \underline{\underline{39{,}065\,\text{cm}^3}}.$$

Das Volumen des trockenen Stickstoffs beträgt 39,065 cm³.

29 a) $$f = \frac{p^2}{p_{id}} = \frac{p^2 V_m}{RT} = \frac{(5{,}433\,\text{Pa})^2 \cdot 6{,}24\,\text{dm}^3/\text{mol}}{8314{,}3\,\text{Pa} \cdot \text{dm}^3/(\text{mol} \cdot \text{K}) \cdot 428{,}15\,\text{K}} = \underline{\underline{517419\,\text{Pa} = 5{,}174\,\text{bar}}}$$

b) $$f = \frac{p^2}{p_{id}} = \frac{p^2 V_m}{RT} = \frac{(4{,}053 \cdot 10^6\,\text{Pa})^2 \cdot 0{,}7696\,\text{dm}^3/\text{mol}}{8314{,}3\,\text{Pa} \cdot \text{dm}^3/(\text{mol} \cdot \text{K}) \cdot 423{,}15\,\text{K}} = \underline{\underline{3593340\,\text{Pa} = 35{,}933\,\text{bar}}}$$

30 Es wird ΔV jeweils für $T > 100\,°\text{C}$ bzw. $T < 100\,°\text{C}$ angegeben

		$\Delta V > 100\,°\text{C}$	$\Delta V < 100\,°\text{C}$
$2\,H_2 + O_2 \rightleftharpoons 2\,H_2O$			
20 10 20	(cm³)	$\underline{\underline{upDeltaV = -10\,\text{cm}^3}}$ (möglich)	bzw. $\Delta V = -30\,\text{cm}^3$
$4\,NH_3 + 3\,O_2 \rightleftharpoons 2\,N_2 + 6\,H_2O$			
20 15 10 30	(cm³)	$\Delta V = +5\,\text{cm}^3$	bzw. $\Delta V = -25\,\text{cm}^3$
$4\,NH_3 + 7\,O_2 \rightleftharpoons 4\,NO_2 + 6\,H_2O$			
20 35 20 30	(cm³)	$\Delta V = 5\,\text{cm}^3$	bzw. $\Delta V = -35\,\text{cm}^3$

$$2\,CO + O_2 \rightleftharpoons 2\,CO_2$$

20 10 20 (cm^3) $\underline{\underline{\Delta V = -10\,cm^3}}$ (möglich)

$$C_2H_4 + 3\,O_2 \rightleftharpoons 2\,CO_2 + 2\,H_2O$$

20 60 40 40 (cm^3) $\Delta V = 0\,cm^3$ bzw. $\Delta V = -40\,cm^3$

$$CH_4 + 2\,O_2 \rightleftharpoons CO_2 + 2\,H_2O$$

20 40 20 40 (cm^3) $\Delta V = 0\,cm^3$ bzw. $\Delta V = -40\,cm^3$

31 Eisencarbonat zerfällt nach:

$$FeCO_{3(s)} \rightleftharpoons FeO_{(s)} + CO_{2(g)}$$

Ammoniumcarbonathydrat zerfällt nach:

$$[(NH_4)_2CO_3 \cdot H_2O]_{(s)} \rightleftharpoons 2\,NH_{3(g)} + CO_{2(g)} + 2\,H_2O_{(g)}$$

Kochsalz zerfällt nicht
Gesamtstoffmenge der entstandenen Gase:

$$n = \frac{p \cdot V}{RT} = \frac{102\,100\,\text{Pa} \cdot 124\,\text{dm}^3}{8314{,}3\,\text{Pa} \cdot \text{dm}^3/(\text{mol} \cdot \text{K}) \cdot 295{,}15\,\text{K}} = 5{,}159\,\text{mol}$$

Titration:

$$6\,Fe^{2+} + Cr_2O_7^{2-} + 14\,H^+_{(aq)} \rightleftharpoons 6\,Fe^{3+} + 2\,Cr^{3+} + 7\,H_2O$$

Stoffmenge Dichromat in einer Probe:	$27{,}2 \cdot 10^{-3}\,\text{dm}^3 \cdot 0{,}1\,\text{mol/dm}^3 = 2{,}72 \cdot 10^{-3}\,\text{mol}$
Stoffmenge Eisen in einer Probe:	$2{,}72 \cdot 10^{-3}\,\text{mol} \cdot 6 = 1{,}632 \cdot 10^{-2}\,\text{mol}$
Gesamtstoffmenge Eisen:	$1{,}632 \cdot 10^{-2}\,\text{mol} \cdot 100 = 1{,}632\,\text{mol}$
Gesamtmasse Eisencarbonat:	$1{,}632\,\text{mol} \cdot 115{,}86\,\text{g/mol} =$ **189,1 g**
Stoffmenge des Gases aus Ammoniumcarbonathydrat:	$5{,}16\,\text{mol} - 1{,}63\,\text{mol} = 3{,}53\,\text{mol}$
Stoffmenge Ammoniumcarbonathydrat:	$3{,}53\,\text{mol} : 3 = 1{,}176\,\text{mol}$
Gesamtmasse Ammoniumcarbonathydrat:	$1{,}176\,\text{mol} \cdot 114{,}11\,\text{g/mol} =$ **134,2 g**
Gesamtmasse Kochsalz:	$420\,\text{g} - 189{,}1\,\text{g} - 134{,}2\,\text{g} =$ **96,7 g**

32

$$\frac{p_1}{p_2} = \frac{\left(\frac{n \cdot R \cdot T_1}{V}\right)}{\left(\frac{\frac{n}{2} \cdot R \cdot T_2}{V}\right)}$$

$$p_2 = \frac{p_1 \cdot T_2}{2 \cdot T_1} = \frac{50\,\text{bar} \cdot 289\,\text{K}}{2 \cdot 298\,\text{K}} = \underline{\underline{24{,}25\,\text{bar}}}$$

33

$$\frac{p_1}{p_2} = \frac{T_1 \cdot V_2}{T_2 \cdot V_1} = \frac{T_1 \cdot \varphi_1}{T_2 \cdot \varphi_2}$$

$$\varphi_2 = \frac{p_2 \cdot T_1 \cdot \varphi_1}{p_1 \cdot T_2} = \frac{100\,\text{mbar} \cdot 273{,}15\,\text{K} \cdot 1{,}785 \cdot 10^{-4}\,\text{g/cm}^3}{1\,\text{mbar} \cdot 473{,}15\,\text{K}} = \underline{\underline{1{,}03 \cdot 10^{-2}\,\text{g/cm}^3}}$$

34 a)

$$E_{\text{kin}} = \frac{m}{2} \cdot v^2 = \frac{V_{\text{Kugel}} \cdot \varphi_{H_2O} \cdot v^2}{2}$$

$$E_{\text{kin}} = \frac{\frac{4}{3} \cdot \pi \cdot (0{,}5 \cdot 10^{-6}\,\text{m})^3 \cdot 10^3\,\text{kg/m}^3 \cdot (0{,}5 \cdot 10^{-2}\,\text{m/s})^2}{2}$$

$$= 6{,}54 \cdot 10^{-21}\,\frac{\text{kg} \cdot \text{m}^2}{\text{s}^2} = \underline{\underline{6{,}54 \cdot 10^{-21}\,\text{J}}}$$

b) Die durchschnittliche kinetische Energie der Argonatome ist die gleiche wie die der Wassertropfen. Bei 0 K ist $E_{\text{kin}} = 0$. Wegen der Linearität gilt $E_{\text{kin}} = a \cdot T$. Dabei ist a die kinetische Energie eines Ar-Atoms:

$$a = \frac{E_{\text{kin}}}{T} = \frac{6{,}54 \cdot 10^{-21}\,\text{J}}{300\,\text{K}} = 2{,}18 \cdot 10^{-23}\,\text{J/K}$$

Somit sind in 1 g Ar N Atome enthalten:

$$N = \frac{c_{\text{Ar}}}{a} = \frac{0{,}31\,\text{J/(g} \cdot \text{K)}}{2{,}18 \cdot 10^{-23}\,\text{J/K}} = 1{,}42 \cdot 10^{22}\,\text{g}^{-1}$$

In 1 mol Ar sind dann enthalten:

$$N_{\text{A}} = N \cdot M_{\text{Ar}} = 1{,}42 \cdot 10^{22}\,\text{g}^{-1} \cdot 40\,\text{g/mol} = \underline{\underline{5{,}68 \cdot 10^{23}\,\text{mol}^{-1}}}$$

35 a)

$$C_{17}H_{35}COOH_{(s)} + 26\,O_{2(g)} \rightleftharpoons 18\,CO_{2(g)} + 18\,H_2O_{(l)}$$

b) Es werden $8 \cdot 58\,\text{g} = 464\,\text{g}$ Stearinsäure verbrannt. Mit $M_{(C_{17}H_{35}COOH)} = 284\,\text{g/mol}$ sind das 1,63 mol. Diese verbrauchen bei der Verbrennung $26 \cdot 1{,}63\,\text{mol} = 42{,}4\,\text{mol}$ Sauerstoff. Dabei werden $18 \cdot 1{,}63\,\text{mol} = 29{,}3\,\text{mol}$ Kohlenstoffdioxid frei. Mit der allgemeinen Gasgleichung ergeben sich die anfänglich vorhanden Stoffmengen:

$$n = \frac{p \cdot V}{R \cdot T} \qquad n = \frac{98 \cdot 10^3 \cdot V_i}{8{,}3143 \cdot 294}\,\text{mol} \qquad V_i = \frac{\text{Vol.-\% Gas}_{(i)}}{100\,\%} \cdot 19\,\text{m}^3$$

$$V_{O_2} = 3{,}99\,\text{m}^3 \qquad V_{N_2} = 14{,}84\,\text{m}^3 \qquad V_{\text{Ar}} = 0{,}17\,\text{m}^3$$

$$n_{O_2} = 160\,\text{mol} \qquad n_{N_2} = 594{,}9\,\text{mol} \qquad n_{\text{Ar}} = 6{,}9\,\text{mol}$$

Nach der Verbrennung liegen die folgenden Gasmengen vor:

$$n_{O_2} = 117{,}6\,\text{mol} \quad n_{N_2} = 594{,}9\,\text{mol} \quad n_{\text{Ar}} = 6{,}9\,\text{mol} \quad n_{CO_2} = 29{,}3\,\text{mol}$$

Bei idealen Gasen gilt: Volumenprozente = Stoffmengenprozente.
Gesamtstoffmenge = 748,7 mol.

$$n_{O_2} = 15{,}7\,\text{Vol.-\%} \quad n_{N_2} = 97{,}5\,\text{Vol.-\%} \quad n_{\text{Ar}} = 0{,}9\,\text{Vol.-\%} \quad n_{CO_2} = 3{,}9\,\text{Vol.-\%}$$

36 Im Gleichgewicht verschiebt sich der untere Kolben auf eine Höhe x über dem Boden der Röhre:

$$\frac{2h}{h-x} + 1 = \frac{3h}{x} \qquad \begin{array}{l} x^2 - 6hx + 3h^2 = 0 \\ x^2 - 60x + 300 = 0 \quad \underline{\underline{x_1 = 5{,}5\,\text{cm}}} \quad x_2 = 54{,}5\,\text{cm (entfällt)} \end{array}$$

5.2 Osmotischer Druck idealer Lösungen

37 $$\pi = \frac{m \cdot R \cdot T}{V \cdot M} = \frac{5\,\text{g} \cdot 8314{,}3\,\frac{\text{Pa}\cdot\text{dm}^3}{\text{mol}\cdot\text{K}} \cdot 293{,}15\,\text{K}}{0{,}1\,\text{dm}^3 \cdot 180{,}15\,\frac{\text{g}}{\text{mol}}} = \underline{\underline{676\,474{,}34\,\text{Pa} = 6{,}6763\,\text{bar}}}$$

38 $$M_{\text{Hämoglobin}} = \frac{m \cdot R \cdot T}{\pi \cdot V} = \frac{4{,}8\,\text{g} \cdot 8314{,}3\,\frac{\text{Pa}\cdot\text{dm}^3}{\text{mol}\cdot\text{K}} \cdot 283{,}15\,\text{K}}{7145\,\text{Pa} \cdot 0{,}1\,\text{dm}^3} = \underline{\underline{15\,815{,}4\,\frac{\text{g}}{\text{mol}}}}$$

39

	$NaCl_{(aq)}$	$\rightleftharpoons$	$Na^+_{(aq)}$	+	$Cl^-_{(aq)}$	
A	0,5					(mol)
	0,3715		0,3715		0,3715	(mol)
Gl.	0,1285		0,3715		0,3715	(mol)

$$\sum n_{(\text{diss})} = 0{,}8715\,\text{mol}$$

Die Stoffmenge n des gelösten Stoffes NaCl ist mit dem van't Hoff'schen Faktor

$$i = \frac{\sum n_{(\text{Diss})}}{\sum n_{(\text{ohne Diss})}} = \frac{0{,}8715\,\text{mol}}{0{,}5\,\text{mol}} = 1{,}743$$

zu multiplizieren. Für den osmotischen Druck ergibt sich dann der Wert von

$$\pi = \frac{i \cdot n \cdot R \cdot T}{V} = \frac{1{,}743 \cdot 0{,}5\,\text{mol} \cdot 8314{,}3\,\text{Pa}\cdot\text{dm}^3/(\text{mol}\cdot\text{K}) \cdot 291{,}15\,\text{K}}{1\,\text{dm}^3}$$
$$= \underline{\underline{2\,109\,647{,}41\,\text{Pa} = 21{,}0965\,\text{bar}}}\,.$$

5.3 Joule-Thomson-Effekt

40

Gas	a $\left[\frac{\text{Nm}^4}{\text{mol}^2}\right]$	b $\left[10^{-5} \cdot \frac{\text{m}^3}{\text{mol}}\right]$
H_2 Wasserstoff	0,0246	2,66
N_2 Stickstoff	0,1381	3,85
O_2 Sauerstoff	0,1381	3,183
CH_4 Methan	0,22914	4,26
C_2H_2 Ethin	0,4459	5,14

$$T_i = \frac{2a}{bR} = 2T_B\,; \quad T_K = \frac{4 \cdot T_i}{27}\,:$$

Gas	T_i (K)	(°C)	T_B (K)	(°C)	T_K (K)	(°C)
H_2 Wasserstoff	221,8	−51,5	110,9	162,25	32,85	−240,3
N_2 Stickstoff	851,0	577,8	425,5	152,35	126,07	−147,1
O_2 Sauerstoff	1047,6	774,45	523,8	250,65	155,2	−117,9
CH_4 Methan	1294,0	1020,85	647,0	373,85	191,7	−81,4
C_2H_2 Ethin	2086,8	1813,65	1043,4	770,25	309,2	−36,0

Alle Gase können ohne Vorkühlung verflüssigt werden, wenn ihre thermische Inversionstemperatur T_i oberhalb der Zimmertemperatur liegt. Für Wasserstoff trifft dies nicht zu. Er muss auf mindestens −51,5 °C vorgekühlt werden, um durch Anwendung des Joule-Thomson-Effektes eine weitere Abkühlung zu erreichen. In der Praxis erwies es sich allerdings als notwendig, ihn auf etwa −80 °C vorzukühlen.

41
$$\left(\frac{\partial T}{\partial p}\right)_H = \frac{1}{Cp}\cdot\left(\frac{2a}{RT}-b\right); \quad \int_1^2 dT = \frac{1}{Cp}\cdot\left(\frac{2a}{RT}-b\right)\cdot\int_1^2 dp;$$
$$\Delta T = \frac{\Delta p}{Cp}\cdot\left(\frac{2a}{RT}-b\right)$$
$$\Delta T = \left(\frac{1\cdot 10^5}{29{,}01}\right)\frac{\text{mol}\cdot\text{K}}{\text{m}^3}\cdot\left(\frac{2\cdot 0{,}1381}{8{,}3143\cdot 273{,}15} - 3{,}183\cdot 10^{-5}\right)\frac{\text{m}^3}{\text{mol}} = \underline{\underline{0{,}31\,\text{K}}}$$

5.4 Arbeit

5.4.1 Volumenarbeit

42 Aus
$$W = -p\cdot\Delta V$$
folgt
$$W = -p\cdot\frac{\Delta_R nRT}{p} = -\Delta_R nRT\,.$$
Es werden $\Delta_R n = 1{,}5$ mol Knallgas gebildet (1 mol H_2 und 0,5 mol O_2):
$$W = -1{,}5\,\text{mol}\cdot 8{,}3143\,\text{J}/(\text{mol}\cdot\text{K})\cdot 298{,}15\,\text{K} = -3718{,}4\,\text{J} = \underline{\underline{-3{,}718\,\text{kJ}}}\,.$$

43
$$W = -p\cdot\Delta V = -3\cdot 10^5\,\text{Pa}\cdot(-1{,}5)\,\text{m}^3 = 4{,}5\cdot 10^5\,\text{Nm} = \underline{450\,\text{kJ}}$$

44
$$W_m = -\Delta nRT\,,\quad \Delta n = \frac{\Delta_R n}{n_F} = 1$$
$$W_m = -1\cdot 8{,}3143\,\text{J}/(\text{mol}\cdot\text{K})\cdot 303{,}15\,\text{K} = \underline{\underline{-2520{,}48\,\text{J/mol} = -2{,}52\,\text{kJ/mol}}}$$

45 $$Mg_{(s)} + 2\,HCl_{(aq)} \rightleftharpoons MgCl_{2(s)} + H_{2(g)}$$

$$\Delta_R n = \frac{10}{24{,}31} = 0{,}41\,\text{mol}$$

$$\Delta V = \frac{\Delta_R n \cdot R \cdot T}{p} = \frac{0{,}41\,\text{mol} \cdot 8314{,}3\,\text{Pa} \cdot \text{dm}^3/(\text{mol} \cdot \text{K}) \cdot 303{,}15\,\text{K}}{1{,}2 \cdot 10^5\,\text{Pa}} = 8{,}612\,\text{dm}^3$$

$$W = -p \cdot \Delta V = -1{,}2 \cdot 10^5\,\text{N/m}^2 \cdot 8{,}612 \cdot 10^{-3}\,\text{m}^3 = -1033{,}44\,\text{Nm} = \underline{\underline{-1033{,}44\,\text{J}}}$$

46 Mit

$$V = \frac{m}{\varphi}$$

ergibt sich $V_{\text{Wasser}} = 1000\,\text{cm}^3$ und $V_{\text{Eis}} = 1091\,\text{cm}^3$. Damit erhält man für die Volumenarbeit

$$W = -1(-91)\,\text{bar} \cdot \text{cm}^3 = 10^5 \cdot 91 \cdot 10^{-6}\,\text{N} \cdot \text{m}^{-2} \cdot \text{m}^3 = \underline{\underline{9{,}1\,\text{J}}}.$$

47 $$4\,HNO_{3(l)} + 5\,N_2H_{4(g)} \rightleftharpoons 7\,N_{2(g)} + 12\,H_2O_{(g)}$$

$$\Delta n = \frac{\Delta_R n}{n_F} = \frac{14\,\text{mol}}{5\,\text{mol}} = 2{,}8 \quad n_{\text{Hydrazin}} = \frac{674\,000\,\text{g}}{32{,}046\,\text{g/mol}} = 21\,032{,}27\,\text{mol}$$

$$W = -\Delta n \cdot R \cdot T \cdot n_{\text{Hydrazin}} = -2{,}8 \cdot 8{,}3143\,\text{J/(mol} \cdot \text{K)} \cdot 623{,}15\,\text{K} \cdot 21\,032{,}27\,\text{mol}$$

$$= \underline{\underline{-3{,}05 \cdot 10^8\,\text{J}}}$$

48 $$Fe_2O_{3(s)} + 3\,H_{2(g)} \rightleftharpoons Fe_{(s)} + 3\,H_2O_{(g)}$$

$$\Delta n = 0 \rightarrow W = 0 \cdot R \cdot T = 0$$

49 $$\frac{T_2}{T_1} = \left(\frac{V_1}{V_2}\right)^{k-1} \qquad T_2 = 273{,}15\,\text{K} \cdot 5^{0,3} = \underline{\underline{442{,}7\,\text{K} = 169{,}5\,°\text{C}}}$$

$$dU = \delta W = n \cdot C_V \cdot dT \quad W = n \cdot C_V \cdot (T_2 - T_1) \quad W = n \cdot C_V \cdot T_1 \left[\left(\frac{V_1}{V_2}\right)^{k-1} - 1\right]$$

$$W = n \cdot C_V \cdot T_1 \left(\frac{T_2}{T_1} - 1\right) = 1\,\text{mol} \cdot 27{,}72\,\text{J/(mol} \cdot \text{K)} \cdot 273{,}15\,\text{K} \cdot \left(\frac{442{,}7\,\text{K}}{273{,}15\,\text{K}} - 1\right)$$

$$= \underline{\underline{4700\,\text{J}}}$$

50 a)

$$W = -nRT \ln \frac{V_2}{V_1} = -nRT \ln \frac{p_1}{p_2} = -p_1 V_1 \ln \frac{p_1}{p_2}$$

$$W = -14 \cdot 10^6\,\text{N/m}^2 \cdot 0{,}0402\,\text{m}^3 \cdot \ln \frac{14}{0{,}1} = \underline{\underline{-2{,}78 \cdot 10^6\,\text{Nm(J)}}}$$

b) Mit $W = n \cdot C_V \cdot (T_2 - T_1)$, $Cp - Cv = R$, $\frac{C_p}{C_V} = k$, $\frac{T_2}{T_1} = \left(\frac{p_2}{p_1}\right)^{\frac{k-1}{k}}$ und $nR = \frac{p_1 V_1}{T_1}$ erhält man für die Volumenarbeit:

$$W = -\frac{p_1 V_1}{k-1} \cdot \left[\left(\frac{p_2}{p_1}\right)^{\frac{k-1}{k}} - 1\right] = -\frac{14 \cdot 10^6\,\mathrm{N/m^2} \cdot 0{,}0402\,\mathrm{m^3}}{0{,}4}\left[\left(\frac{0{,}1}{14}\right)^{\frac{0,4}{1,4}} - 1\right]$$

$$= \underline{\underline{-1{,}06 \cdot 10^6\,\mathrm{Nm(J)}}}$$

Erklärung der Ergebnisse:
Bei a) wird Wärme aus der Umgebung aufgenommen, die zusätzlich in mechanische Arbeit umgewandelt wird. Deshalb ist hier der Betrag der mechanischen Arbeit größer als bei b).

51 Aus $\delta W = -p \cdot dV$ erhält man durch Integration in den Grenzen V_1 und V_2

$$W = -nRT \cdot \int_{V_1}^{V_2} \frac{dV}{V} = -nRT \ln \frac{V_2}{V_1}.$$

Für die Komprimierung ergibt sich

bei 0 °C $\quad W = -0{,}7 \cdot 8{,}3143 \cdot 273{,}15 \cdot \ln \frac{2}{3} = \underline{\underline{644{,}6\,\mathrm{J}}}$

bei 100 °C $\quad W = -0{,}7 \cdot 8{,}3143 \cdot 373{,}15 \cdot \ln \frac{2}{3} = \underline{\underline{880{,}6\,\mathrm{J}}}$.

Für die Expansion ergibt sich

bei 0 °C $\quad W = -0{,}7 \cdot 8{,}3143 \cdot 273{,}15 \cdot \ln \frac{4}{1} = \underline{\underline{-2203{,}8\,\mathrm{J}}}$

bei 100 °C $\quad W = -0{,}7 \cdot 8{,}3143 \cdot 373{,}15 \cdot \ln \frac{4}{1} = \underline{\underline{-3010{,}7\,\mathrm{J}}}$.

5.4.2 Osmotische Arbeit

52

	$MgCl_{2(aq)}$	$\rightleftharpoons$	$Mg^{2+}_{(aq)}$	+	$2\,Cl^-_{(aq)}$	
A	0,5					(mol)
→	0,3715		0,3715		0,743	(mol)
Gl.:	0,1285		0,3715		0,743	(mol)

$$\sum n_{(\mathrm{diss})} = 1{,}243\,\mathrm{mol}$$

Die Stoffmenge n des gelösten Stoffes wird mit dem van't Hoff'schen Faktor i multipliziert

$$i = \frac{\sum n_{(\mathrm{Diss})}}{\sum n_{(\mathrm{ohne\ Diss})}} = \frac{1{,}243\,\mathrm{mol}}{0{,}5\,\mathrm{mol}} = 2{,}486.$$

Man erhält damit den osmotischen Druck π

$$\pi = \frac{i \cdot n \cdot R \cdot T}{V} = \frac{2{,}486 \cdot 0{,}5\,\mathrm{mol} \cdot 8314{,}3\,\mathrm{Pa \cdot dm^3/(mol \cdot K)} \cdot 293{,}15\,\mathrm{K}}{1\,\mathrm{dm^3}}$$

$$= 3\,029\,609{,}947\,\mathrm{Pa} = 30{,}3\,\mathrm{bar}$$

und schließlich die osmotische Arbeit W_{Os}:

$$W_{Os} = -\pi \cdot \Delta V = -3\,029\,609{,}947\,\mathrm{N/m^2} \cdot 8 \cdot 10^{-5}\,\mathrm{m^3} = \underline{\underline{-242{,}37\,\mathrm{Nm(J)}}}\,.$$

53 Da Glukose nicht dissoziiert ist, ist der van't Hoff'sche Faktor $i = 1$

$$\pi = \frac{i \cdot m \cdot R \cdot T}{V \cdot M} = \frac{1 \cdot 100\,\mathrm{g} \cdot 8314{,}3\frac{\mathrm{Pa \cdot dm^3}}{\mathrm{mol \cdot K}} \cdot 293{,}15\,\mathrm{K}}{1\,\mathrm{dm^3} \cdot 180{,}15\frac{\mathrm{g}}{\mathrm{mol}}} = \underline{\underline{1\,352\,948{,}68\,\mathrm{Pa} = 13{,}53\,\mathrm{bar}}}$$

$$W_{Os} = -\pi \cdot \Delta V = -1\,352\,948{,}68\,\mathrm{N/m^2} \cdot 7{,}5 \cdot 10^{-5}\,\mathrm{m^3} = \underline{\underline{-101{,}47\,\mathrm{Nm(J)}}}$$

5.4.3 Oberflächenarbeit

54 Unter der Oberflächenspannung σ versteht man die Grenzflächenspannung von Flüssigkeiten gegenüber der Dampfphase bzw. Luft. Innerhalb der Flüssigkeit wirken auf ein Molekül von allen Richtungen her die gleichen Anziehungskräfte benachbarter Moleküle ein, so dass die Resultierende gleich Null ist.

Bei den Molekülen in der Flüssigkeitsoberfläche werden aber diese Kräfte durch die Gasphase nicht kompensiert. Die Moleküle werden in das Innere der Flüssigkeit gezogen, die dadurch längs ihrer gesamten Oberfläche durch bedeutende Kräfte zusammengedrückt wird. Diese Kräfte wirken so, dass die Zahl der Moleküle in der Oberfläche möglichst klein bleibt. Sie müssen überwunden werden, wenn man die Oberfläche vergrößern will. Die Oberfläche einer Flüssigkeitsmenge mit gegebenem Volumen ist dann am kleinsten, wenn sie die Gestalt einer Kugel hat.

Die Kräfte, die einer Vergrößerung der Oberfläche entgegenwirken, werden als **Oberflächenspannung** mit dem Symbol σ bezeichnet. Sie wirken senkrecht zur Längeneinheit in der Oberfläche der Flüssigkeit und sind hier nach allen Richtungen gleich groß. Zu einer Vergrößerung der Oberfläche muss eine **Oberflächenarbeit δW_O** aufgewendet werden. Sie ist gleich dem Produkt aus Oberflächenspannung σ und Flächenzuwachs dA

$$\delta W_O = \sigma \cdot dA\,.$$

55 $\Delta W_O = \sigma \cdot (A_2 - A_1)$

$$A_2 = \frac{\mathrm{Kugel_{Oberfl.}} \cdot \frac{m_{Hg}}{\varphi_{Hg}}}{\mathrm{Kugel_{Volumen}}} = \frac{4\pi r^2}{\frac{4}{3}\pi r^3} \cdot \frac{m_{Hg}}{\varphi_{Hg}} = \frac{3 m_{Hg}}{r \varphi_{Hg}} = \frac{1\,\mathrm{kg} \cdot 3}{0{,}5 \cdot 10^{-6}\,\mathrm{m} \cdot 13{,}6 \cdot 10^3\,\mathrm{kg \cdot m^{-3}}}$$

$$= 441{,}18\,\mathrm{m^2}$$

$$\Delta W_O \approx \sigma \cdot A_2$$

$$\Delta W_O \approx 4{,}7\,\mathrm{N \cdot m^{-1}} \cdot 441{,}18\,\mathrm{m^2} = \underline{\underline{2073{,}55\,\mathrm{Nm(J)}}}$$

56 $\Delta W_O = \sigma \cdot (A_2 - A_1)$

$$A_2 = \frac{\mathrm{Kugel_{Oberfl.}} \cdot \frac{m_{H_2O}}{\varphi_{H_2O}}}{\mathrm{Kugel_{Volumen}}} = \frac{4\pi r^2}{\frac{4}{3}\pi r^3} \cdot \frac{m_{H_2O}}{\varphi_{H_2O}} = \frac{3 m_{H_2O}}{r \varphi_{H_2O}} = \frac{0{,}018016\,\mathrm{kg} \cdot 3}{1 \cdot 10^{-6}\,\mathrm{m} \cdot 10^3\,\mathrm{kg \cdot m^{-3}}}$$

$$= 54{,}048\,\mathrm{m^2}$$

$$\Delta W_O \approx \sigma \cdot A_2 \qquad \Delta W_O \approx 0{,}07258\,\mathrm{N \cdot m^{-1}} \cdot 54{,}048\,\mathrm{m^2} = \underline{\underline{3{,}923\,\mathrm{Nm(J)}}}$$

57 a) $\sigma = \frac{r}{2} \cdot (\Delta p - \varphi \cdot g \cdot h) = \frac{4{,}62 \cdot 10^{-4}\,\text{m} \cdot (26 \cdot 9{,}81 - 792{,}3 \cdot 9{,}81 \cdot 0{,}02)\,\text{N/m}^2}{2}$

$= \underline{\underline{0{,}02301\,\text{N/m}}}$

b) $\varphi = \frac{\Delta p - \frac{2\sigma}{r}}{g \cdot h} = \frac{28 \cdot 9{,}81\,\text{N/m}^2 - \frac{2 \cdot 0{,}029252\,\text{N/m}}{0{,}00038\,\text{m}}}{9{,}81\,\text{m/s}^2 \cdot 0.014\,\text{m}} = 879{,}002\,\text{kg/m}^3 = \underline{\underline{0{,}879\,\text{g/cm}^3}}$

5.4.4 Elektrische Arbeit

58 a) $Q = I \cdot t \quad W_{\text{el.}} = U \cdot Q \quad W_{\text{el.}} = 1{,}5\,\text{V} \cdot 0{,}5\,\text{Ah} = \underline{\underline{0{,}75\,\text{Wh}}}$

b) $m_{\text{Zn}} = \frac{Q \cdot M}{z \cdot F} \quad m_{\text{Zn}} = \frac{0{,}5\,\text{Ah} \cdot 65{,}39\,\text{g/mol}}{2 \cdot 26{,}8\,\text{Ah/mol}} = \underline{\underline{0{,}61\,\text{g}}}$

59 $I \cdot t = n \cdot z \cdot F$

$t = \frac{n \cdot z \cdot F}{I} = \frac{92{,}6\,\text{mol} \cdot 1 \cdot 96\,487\,\text{As/mol}}{1000\,\text{A}} = 8934{,}6962\,\text{s} = \underline{\underline{2{,}48\,\text{h}}}$

$W_{\text{el.}} = U \cdot I \cdot t\,; \quad W_{\text{el.}} = 0{,}25\,\text{V} \cdot 1000\,\text{A} \cdot 2{,}48\,\text{h} = 620{,}46\,\text{Wh} = \underline{\underline{0{,}620\,\text{kWh}}}$

Zum Zwecke der elektrochemischen Raffination vergießt man das Rohsilber zu etwa 1 cm starken Anodenplatten, die in einer als Elektrolyt dienenden salpetersauren Silbernitratlösung mit Kathoden aus dünn gewalztem Feinsilberblech zusammengeschaltet werden (Abb. 5.1). Bei der Elektrolyse gehen an der Anode Ag und die Verunreinigungen an Cu, Fe und Sn in Lösung, während vorhandenes Au und Pt elementar abfallen und zusammen mit anderen Resten den „Anodenschlamm“ bilden. Man wählt dabei die Spannung so niedrig (U = 0,25 V), dass sich an der Kathode nur Ag^+-Ionen entladen können. Eine höhere Spannung hat folgende Nachteile:

- Es besteht die Gefahr der Abscheidung von metallischen Verunreinigungen, da deren Zersetzungsspannung überschritten wird.

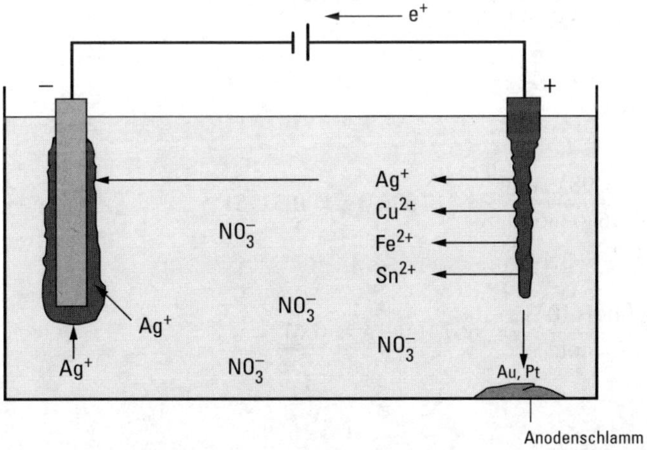

Abb. 5.1 Schematische Darstellung der elektrolytischen Silberraffination.

- Die Ag-Abscheidung erfolgt nicht regelmäßig und führt zur Bildung von Schwammsilber.
- Es entstehen höhere Kosten, da sich der elektrische Arbeitsaufwand erhöht.

Auch bei $U = 0{,}25\,\text{V}$ erfolgt die Ag-Abscheidung nicht in Form eines glatten, zusammenhängenden Überzugs, sondern in Form loser, verästelter Kristalle. Deshalb sind zur Vermeidung eines zwischen Anode und Kathode auftretenden Kurzschlusses scherenförmige Abstreifer vorhanden, die sich während der Elektrolyse hin und her bewegen und die Silberkristalle in einen Einsatzkasten abstreifen. Das so gewonnene „Feinsilber" ist 99.6–99.9 %ig. Der Anodenschlamm wird zur Gewinnung der enthaltenden Edelmetalle genutzt.

60 $$W_{\text{el.}} = U \cdot Q = U \cdot I \cdot t \qquad I \cdot t = \frac{m \cdot F \cdot z}{M \cdot \eta}$$

$$\eta = \frac{U \cdot m \cdot F \cdot z}{M \cdot W_{\text{el.}}} \qquad \eta = \frac{0{,}3\,\text{V} \cdot 10^6\,\text{g} \cdot 96\,487\,\text{As/mol} \cdot 2}{63{,}55\,\text{g/mol} \cdot 280 \cdot 3{,}6 \cdot 10^6\,\text{V} \cdot \text{As}} = \underline{\underline{0{,}904}}$$

61 $$W_{\text{el.}} = U \cdot I \cdot t \qquad I \cdot t = \frac{V \cdot F \cdot z}{V_{\text{m}} \cdot \eta}$$

$$W_{\text{el.}} = \frac{U \cdot V \cdot F \cdot z}{V_{\text{m}} \cdot \eta}$$

$$W_{\text{el.}} = \frac{4\,\text{V} \cdot 500\,\text{m}^3 \cdot 96\,487\,\text{As/mol} \cdot 2}{0{,}022414\,\text{m}^3/\text{mol} \cdot 0{,}8} = 2{,}1524 \cdot 10^{10}\,\text{Ws} = \underline{\underline{5978{,}84\,\text{kWh}}}$$

$$\text{Kosten} = 5978{,}84\,\text{kWh} \cdot 0{,}2\,€/\text{kWh} = \underline{\underline{1195{,}77\,€}}$$

62 **62.1:**

$$W_{\text{el.}} = U \cdot I \cdot t \qquad I \cdot t = \frac{m \cdot F \cdot z}{M \cdot \eta}$$

$$W_{\text{el.}} = \frac{U \cdot m \cdot F \cdot z}{M \cdot \eta} = \frac{5\,\text{V} \cdot 10^6\,\text{g} \cdot 96\,487\,\text{As/mol} \cdot 3}{26{,}98\,\text{g/mol} \cdot 0{,}95} = 5{,}647 \cdot 10^{10}\,\text{Ws}$$

$$= \underline{\underline{15\,686{,}1\,\text{kWh}}}$$

$$2\,Al_2O_3 + 6\,C \rightleftharpoons 4\,Al + 6\,CO$$

0,5 mol 1,5 mol 1 mol

$$m_{(Al_2O\text{ für 1 t Al})} = \frac{0{,}6 \cdot 10^6\,\text{g} \cdot 26.98\,\text{g/mol}}{0{,}5 \cdot 101{,}96\,\text{g/mol}} = 317\,536{,}3\,\text{g} = 0{,}3175\,\text{t}$$

$$m_{(\text{Bauxit für 1 t Al})} = (0{,}3175\,\text{t})^{-1} = \underline{\underline{3{,}149\,\text{t}}}$$

$$m_{(\text{Graphit für 1 t Al})} = \frac{1{,}5 \cdot 12\,\text{g/mol} \cdot 10^6\,\text{g}}{26{,}98\,\text{g/mol}} = 667\,160{,}9\,\text{g} \approx \underline{\underline{0{,}67\,\text{t}}}$$

62.2:

$$2\,Al_2O_3 \rightleftharpoons 4\,Al + 3\,O_2$$

$$\Delta_R H = \sum \Delta_B H_{(Prod.)} - \sum \Delta_B H_{(Ed.)} = 3526\,kJ/mol$$

$$\Delta_R S = \sum S_{(Prod.)} - \sum S_{(Ed.)} = 830\,J/(mol \cdot K)$$

$$\Delta_R G = \Delta_R H - T \cdot \Delta_R S = 3526\,kJ/mol - 1243{,}15\,K \cdot 0{,}83\,kJ/(mol \cdot K)$$
$$= 2494{,}19\,kJ/mol$$

$$\Delta E = -\frac{\Delta G \cdot 10^3}{4 \cdot z \cdot F} = -\frac{2494{,}19 \cdot 10^3\,J/mol}{4 \cdot 3 \cdot 96\,487\,As/mol} = -2{,}154\frac{V \cdot As}{As} = -2{,}15\,V$$

$$\text{Spannung}_{(Elektrolyse)} = \underline{\underline{2{,}15\,V}}$$

62.3:
Wegen des stark negativen Standardpotenzials von Aluminium ($E^0_{Al/Al^{3+}} = -1{,}66\,V$) bildet sich an der Kathode nicht Aluminium sondern Wasserstoff.

62.4:
Es kommen die beiden folgenden Reaktionen in Frage:

I	$2\,Al_2O_3 + 6\,C \rightleftharpoons 4\,Al + 6\,CO$	mit	$\Delta G_I = 3 \cdot \Delta G_2 - \Delta G_1$
II	$2\,Al_2O_3 + 3\,C \rightleftharpoons 4\,Al + 3\,CO_2$	mit	$\Delta G_{II} = 3 \cdot \Delta G_3 - \Delta G_1\,.$

Damit $\Delta G_I < 0$ wird, muss gelten:

$$3 \cdot (-221{,}06 - 0{,}17872 \cdot T_I/K)kJ/mol - (-3351{,}4 + 0{,}6264 \cdot T_I/K)kJ/mol < 0$$
$$2688{,}22 < 1{,}16256 \cdot T_I$$
$$\underline{\underline{T_I > 2312{,}3\,K}} = \underline{\underline{2039{,}15\,°C}}$$

Die Darstellung von Al ist aber dennoch nicht möglich, weil sich bei dieser Temperatur Aluminiumcarbid bildet.
Damit $\Delta G_{II} < 0$ wird, muss gelten:

$$3 \cdot (-393{,}51 - 0{,}00286 \cdot T_{II}/K)kJ/mol - (-3351{,}4 + 0{,}6264 \cdot T_{II}/K)kJ/mol < 0$$
$$2170{,}87 < 0{,}63498 \cdot T_{II}$$
$$\underline{\underline{T_{II} > 3419\,K}} = \underline{\underline{3145{,}85\,°C}}$$

Bei dieser Temperatur bildet sich in Anwesenheit von Kohlenstoff kein CO.

63 $$Fe_{(s)} + 0{,}5\,O_2 + H_2O \rightleftharpoons Fe^{2+}_{(aq)} + 2\,OH^-_{(aq)}$$

$$\Delta E^0 = E^0_{Kath} - E^0_{An} = 0{,}4\,V - (-0{,}41\,V) = 0{,}81\,V$$

$$\Delta E = \Delta E^0 - \frac{RT}{zF} \cdot \ln \frac{c_{Fe^{2+}_{(aq)}} \cdot c^2_{OH^-_{(aq)}}}{p^{0,5}_{O_2}}$$

$$= 0{,}81\,V - \frac{8{,}3143 \cdot 298{,}15}{2 \cdot 96\,487} V \cdot \ln \frac{0{,}015 \cdot 10^{-10}}{0{,}7^{0,5}} = 1{,}158\,V$$

$$W_{\text{el.}} = -z \cdot F \cdot \Delta E$$

$$= -2 \cdot 96\,487 \frac{\text{As}}{\text{mol}} \cdot 1{,}158\,\text{V} = \underline{\underline{-223{,}464 \frac{\text{kJ}}{\text{mol}}}}$$

64 Man muss das Standardpotenzial E^0 für $V^{2+} + 2\,e^- \rightleftharpoons V$ berechnen, denn die Standardpotenziale sind bezogen auf die Standardwasserstoffelektrode mit $E^0 = 0\,\text{V}$:

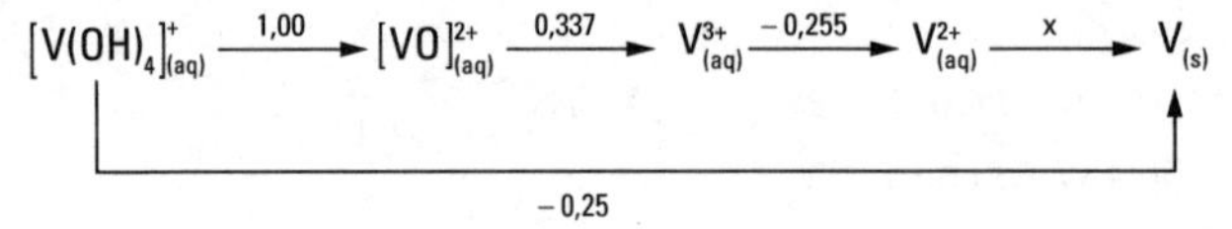

$$(1{,}00 + 0{,}337 - 0{,}255 + 2x)\,\text{V} = 5 \cdot (-0{,}25)\,\text{V} \quad x = E^0_{(V^{2+}/V)} = -1{,}17\,\text{V}$$

$$\Delta G^0 = -z \cdot F \cdot E^0_{(V^{2+}/V)} = -2 \cdot 96\,487\,\text{As/mol} \cdot (-1{,}17\,\text{V}) = \underline{\underline{225{,}78\,\text{J/mol}}}$$

65

$$W_{\text{el.}} = U \cdot I \cdot t = m \cdot c_{H_2O} \cdot \Delta T$$

$$t = \frac{m \cdot c_{H_2O} \cdot \Delta T}{U \cdot I} = \frac{200\,\text{g} \cdot 4{,}186\,\text{J/(gK)} \cdot 80\,\text{K}}{100\,\text{J/s}} = \underline{\underline{669{,}76\,\text{s} = 11{,}2\,\text{min}}}$$

5.4.5 Magnetische Arbeit

66

$$B_2(H) = \left(1{,}1 \cdot \arctan\left(\frac{H - 82\frac{\text{A}}{\text{m}}}{100\frac{\text{A}}{\text{m}}}\right) + 0{,}004\right) T$$

$$B_1(H) = \left(1{,}1 \cdot \arctan\left(\frac{H + 82\frac{\text{A}}{\text{m}}}{100\frac{\text{A}}{\text{m}}}\right) - 0{,}004\right) T$$

66.1:
Ansatz:
Nach den Ausführungen von S. 14, Fußnote 2 ergibt sich bei der Hysterese (Kreisprozess) die magnetische Arbeit als Gesamtfeldenergie-Änderung:

$$\frac{\oint \delta W_{\text{magn.}}}{V} = \oint H dB = \int_{\text{Hyst.}} B dH = -\oint B dH = -\oint M dH = \oint H dM$$

$$\frac{W_{\text{magn.}}}{V} = \int_{\text{Hyst.}} B dH \quad \text{oder}$$

$$W_{\text{magn.}} = \int_{\text{Hyst.}} B dH \cdot V \quad \textbf{(Fläche zwischen Hysteresekurven)}$$

Die Integration im mathematisch positiven Sinne ist der Gegenuhrzeigersinn und damit ist das Integral $\oint B dH$ negativ und somit $-\oint B dH$ positiv. Man setzt daher $\int_{\text{Hyst.}} B dH = -\oint B dH$.

Einsetzen der Formeln und Integration:

$$\frac{W_{\text{magn.}}}{V} = \int\limits_{-1500}^{1500} \left(1{,}1 \cdot \arctan\left(\frac{H+82}{100}\right) - 0{,}004\right) dH$$
$$- \int\limits_{-1500}^{1500} \left(1{,}1 \cdot \arctan\left(\frac{H-82}{100}\right) + 0{,}004\right) dH$$

$$\left(\begin{array}{l} \textit{Hinweise}: \\ \int \arctan x\,dx = x \cdot \arctan x - \frac{1}{2} \cdot \ln(1+x^2) + C \\ \frac{H+82}{100} = x \qquad \frac{dx}{dH} = \frac{1}{100} \rightarrow dH = 100dx \end{array} \right)$$

$$\frac{W_{\text{magn.}}}{V} = \left[110 \cdot \frac{H+82}{100} \cdot \arctan\left(\frac{H+82}{100}\right) - 55 \cdot \ln\left(1+\left(\frac{H+82}{100}\right)^2\right) - 0{,}004 \cdot H\right]_{-1500}^{1500}$$
$$- \left[110 \cdot \frac{H-82}{100} \cdot \arctan\left(\frac{H-82}{100}\right) - 55 \cdot \ln\left(1+\left(\frac{H-82}{100}\right)^2\right) + 0{,}004 \cdot H\right]_{-1500}^{1500}$$

Ergebnis:

$$\frac{W_{\text{magn.}}}{V} = \underline{\underline{518{,}7 \frac{\text{W} \cdot \text{s}}{\text{m}^3} = 518{,}7 \frac{\text{J}}{\text{m}^3}}}$$

66.2:

Zum einmaligen Durchlaufen der Hysteresekennlinie muss folgende magnetische Arbeit verrichtet werden:

Ansatz:

$$W_{\text{magn.}} = \int\limits_{\text{Hyst.}} B(H)dH \cdot V = \frac{W_{\text{magn.}}}{V} \cdot V$$

Einsetzen der Werte:

$$W_{\text{magn.}} = 518{,}7 \frac{\text{W} \cdot \text{s}}{\text{m}^3} \cdot \frac{250\,\text{kg}}{7700 \frac{\text{kg}}{\text{m}^3}}$$

Ergebnis:

$$W_{\text{magn.}} = \underline{\underline{16{,}84\,\text{W} \cdot \text{s} = 16{,}84\,\text{J}}}$$

Damit berechnen sich die Ummagnetisierungsverluste des Eisenkerns:

Ansatz:

$$P_{\text{Ummagn.}} = f \cdot W_{\text{magn.}}$$

Einsetzen der Werte:

$$P_{\text{Ummagn.}} = 50\,\text{Hz} \cdot 16{,}84\,\text{W} \cdot \text{s}$$

Ergebnis:

$$P_{\text{Ummagn.}} = \underline{\underline{842\,\text{W}}}$$

66.3:

Der Ferromagnetismus ist eine komplexe Eigenschaft und hängt vom Bau der Atome und ihrer Anordnung im Kristall ab. Innerhalb eines Kristalls stellt sich eine einheitliche Ausrichtung der Atomarmagnete, die so genannte Magnetisierungsrichtung ein (abhängig von der Art des Gitters). Bei einem ferromagnetischen Stoff (z. B. Fe, Co, Ni) kommen auf Grund der Vielzahl der Kristalle alle Richtungen gleich oft vor, so dass er nach außen zunächst unmagnetisch wirkt. Bei Einwirkung eines **Magnetfeldes *H*** auf den Werkstoff drehen sich die Atomarmagnete aus ihrer ursprünglichen Lage heraus und schwenken in die Richtung des angelegten Magnetfeldes ein. Mit steigender Feldstärke H steigt die Zahl der einschwenkenden Atomarmagnete, d. h. die **Magnetisierung *B*** (magnetische Induktion) des Werkstoffes wird in Richtung des angelegten Magnetfeldes größer. Dieser Prozess ist beendet, wenn alle Atomarmagnete ausgerichtet sind (**Sättigungsinduktion B_S**). Der Werkstoff ist magnetisch gesättigt. Die dazu notwendige Stärke des Magnetfeldes ist die **Sättigungsfeldstärke H_S**. Wird das Magnetfeld abgeschaltet, bleibt auf Grund innerer Wechselwirkungskräfte eine mehr oder weniger große Zahl von Atomarmagneten in der ursprünglichen Richtung des Magnetfeldes ausgerichtet. Im Werkstoff verbleibt eine **Restmagnetisierung B_r (remanente Induktion, Remanenz)**, die durch die Einwirkung eines magnetischen Gegenfeldes abgebaut werden kann. Die dazu notwendige Feldstärke nennt man **Koerzitivfeldstärke H_c**. Nach dem Ein- und Ausschalten des magnetischen Feldes befindet sich der Werkstoff nicht wieder im Ausgangszustand. Man nennt eine solche Erscheinung **Hysteresis** (Abb. 5.2).

Die wichtigsten Kenngrößen eines **weichmagnetischen Werkstoffes** sind: Anfangspermeabilität μ_i, Maximalpermeabilität μ_m, Sättigungsinduktion B_S und die Ummagnetisierungsverluste $P_{\text{Ummagn.}}$.

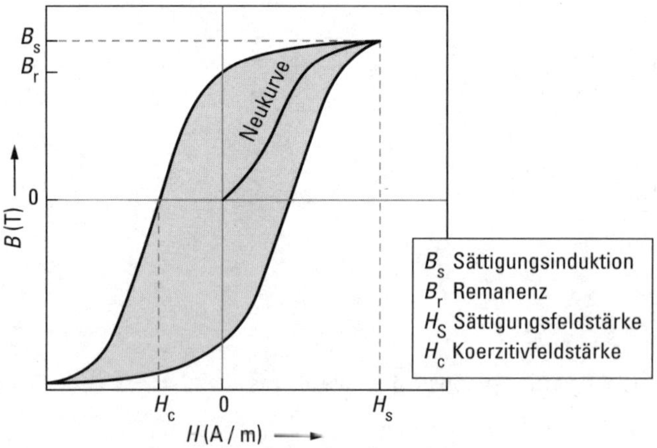

Abb. 5.2 Vollständige Hystereseschleife eines Ferromagneten.

66.4:
Industrie- und Wohnanlagennetztransformatoren, die mit der Leitungsfrequenz 50 Hertz arbeiten, sind für hohe Spannungen und Ströme konstruiert. Bekanntlich erfordert die leistungsfähige Stromübermittlung einen Transformator, der die Spannung (mehrere tausend Volt) am Kraftwerk erhöht und die Stromstärke entsprechend erniedrigt. Da die Energieverluste in der Leitung proportional zum Quadrat von Strom mal Leitungswiderstand sind, werden in Überlandleitungen Hochspannungen und geringe Ströme angestrebt, um die Verluste niedrig zu halten. Am Empfangspunkt reduzieren Transformatoren die Spannung und erhöhen die Stromstärke. Die Höhe der elektrischen Spannung in Haushalten und in der Industrie liegt meist zwischen 220 und 240 Volt. Netztransformatoren müssen effizient arbeiten und dürfen während des Transformationsprozesses möglichst wenig Energie in Form von Wärme abgeben. Ein hoher Wirkungsgrad wird durch spezielle Stahllegierungen zur Kopplung der induzierten Magnetfelder zwischen Primär- und Sekundärwicklungen erreicht. Selbst Verluste von 0,5 % der übertragenen Energie in einem großen Transformator erzeugen enorme Wärmemengen, die spezielle Kühlanlagen erfordern. Typische Netztransformatoren sind in versiegelten Behältern untergebracht und enthalten Öl oder andere Kühlmittel (z. B. Chlorbiphenyle), um die Wärme auf äußere Kühloberflächen zu leiten.

5.4.6 Mechanische Arbeit

67 In der Mechanik wird das Wort Arbeit (Abb. 5.3) nur verwendet, wenn eine Kraft (oder auch die Resultierende aus mehreren Kräften) so auf einen Körper einwirkt, dass dieser unter Einwirkung der Kraft einen Weg zurücklegt. Man setzt fest, dass die Arbeit W sowohl zum Betrag F der wirkenden Kraft als auch zum Betrag s des Weges, auf dem die Kraft wirkt, proportional ist.

In **Abb. 5.3a** liegt insofern ein Sonderfall vor, als Kraft und Weg gleiche Richtung haben. Im Allgemeinen trifft dies nicht zu. In **Abb. 5.3b** liegt zwischen Kraftrichtung und Richtung des Weges der Winkel α. In Wegrichtung ist somit nur die Kraftkomponente $F_s = F \cdot \cos\alpha$ wirksam, und nur diese geht in die Definition der mechanischen Arbeit ein. Somit gelten folgende Definitionen:

$$W = F \cdot \cos\alpha \cdot s$$

$$W = F_S \cdot s \tag{5.1}$$

Mechanische Arbeit bei konstanter Kraft

Die verrichtete Arbeit lässt sich, wie in Abb. 5.3a und b, gezeigt wird, anschaulich in einem F, s-Diagramm darstellen. Sie erscheint als Fläche, die sich über s von der Abszissenachse bis zur Kurve erstreckt.

In (5.1) ist eine **konstante Kraft** vorausgesetzt. Für den allgemeineren Fall, dass eine vom **Weg abhängige Kraft** $F = F(s)$ wirkt (Abb. 5.3c), unterteilen wir den Weg in Wegelemente Δs und bilden zunächst für jedes Wegelement das Arbeitselement $\Delta W = F(s) \cdot \cos\alpha \cdot \Delta s$.

Für $\Delta s \to 0$ ergibt sich die gesamte Arbeit als Grenzwert der Summe aller Arbeitselemente:

$$W = \int_{s_1}^{s_2} F(s) \cdot \cos\alpha \cdot ds \tag{5.2}$$

Die mechanische Arbeit ist somit das Wegintegral der Kraft.

Es ist zu beachten, dass die Arbeit eine skalare Größe ist, obwohl die in das Produkt eingehenden Größen Kraft und Weg Vektorgrößen sind.

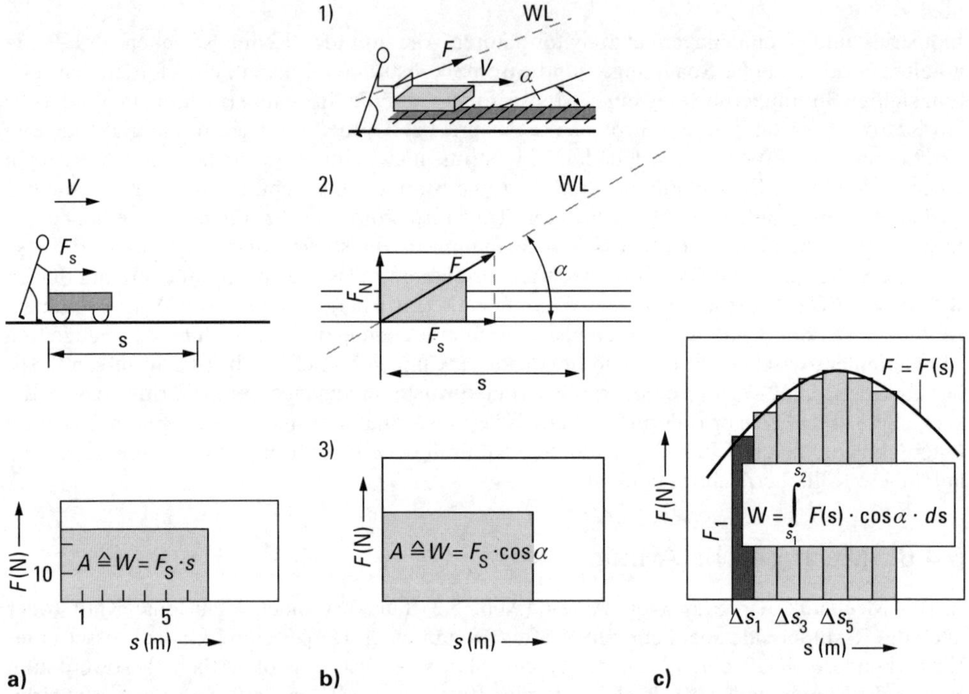

Abb. 5.3 Zur Definition der mechanischen Arbeit. a) konst. Kraft und Weg in gleicher Richtung (V: Vektor); b) schräg zur Wegrichtung angreifende Kraft (WL: Wirkungslinie der Kraft), 1) Situation, 2) Zerlegung der Kraft F in $F_S = F \cdot \cos\alpha$ und $F_N = F \cdot \sin\alpha$, 3) Diagramm der verrichteten Arbeit; c) Arbeit bei wegabhängiger Kraft. Die Fläche A ist der Grenzwert der Summe aus den Rechtecken $F_V \cdot \Delta s_V$ zwischen s_1 und s_2.

68 $W = F \cdot s \cdot \cos\alpha$

Bei a) und b) wird dem System Arbeit zugeführt.
Bei c) ist die Arbeit Null, weil Wegrichtung und Kraftrichtung ein Winkel $\pi/2$ bilden.
Bei d) und e) wird dem System Arbeit abgeführt. Das System verrichtet Arbeit.

a) $W = 84\,\text{Nm}$ b) $W = 42\,\text{Nm}$ c) $W = 0$
d) $W = -68{,}81\,\text{Nm}$ e) $W = -84\,\text{Nm}$

69 Ein auf der Erdoberfläche befindlicher Körper mit der Masse m soll mit konstanter Geschwindigkeit um die Höhe h gehoben werden. Dazu muss gegen die nach unten auf den Körper wirkende Gewichtskraft

$$F_G = m \cdot g$$

eine Arbeit verrichtet werden. Die hierzu erforderliche, nach oben gerichtete Kraft F muss den gleichen Betrag wie F_G haben, d. h., es muss gelten:

$$F = F_G = m \cdot g\,.$$

Es wird weiter vorausgesetzt, dass die Hubhöhe h so klein gegenüber dem Erdradius ist, dass die Gewichtskraft F_G als konstant betrachtet werden kann. Für die verrichtete **Hubarbeit** gilt dann:

$$W = F \cdot h = m \cdot g \cdot h\,. \tag{5.3}$$

Wenn der Körper auf einer geneigten Ebene mit konstanter Geschwindigkeit reibungsfrei um die Strecke h gehoben wird, muss zur Bestimmung der Arbeit die Gewichtskraft F_G in zwei Komponenten zerlegt werden, von denen die eine parallel ($F_{G(1)}$) und die andere senkrecht ($F_{G(2)}$) zur geneigten Ebene verläuft. Für diese Komponenten gilt:

$$F_{G(1)} = F_G \cdot \sin\alpha \quad \text{und} \quad F_{G(2)} = F_G \cdot \cos\alpha\,.$$

Bei einer Hebung längs der geneigten Ebene ist nur gegen die Komponente $F_{G(1)}$ Arbeit zu verrichten. Wenn man den zurückgelegten Weg mit s bezeichnet, gilt für die Arbeit:

$$W = F_{G(1)} \cdot s = F_G \cdot \sin\alpha = m \cdot g \cdot \sin\alpha \cdot s\,. \tag{5.4}$$

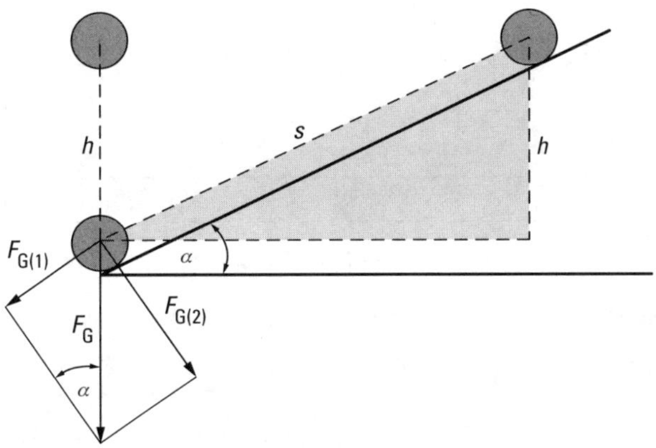

Abb. 5.4 Zur Hubarbeit bei der geneigten Ebene.

Aus Abb. 5.4 ersieht man weiter, dass $\sin\alpha = \frac{h}{s}$ ist. Setzt man diesen Wert in (5.4) ein, gelangt man wieder zu Gleichung (5.3):

$$W = m \cdot g \cdot h\,.$$

Somit ist es gleichgültig, ob die Hebung senkrecht zur Erdoberfläche oder längs einer geneigten Ebene erfolgt. Wenn man die bei den dargelegten Vorgängen erforderlichen Kräfte und die zurückgelegten Wege vergleicht, ergibt sich Folgendes:

	Kraft	Weg	Arbeit
Hebung senkrecht zur Erdoberfläche	$m \cdot g$	h	$m \cdot g \cdot h$
Hebung längs einer geneigten Ebene	$m \cdot g \cdot \sin\alpha$	$h/\sin\alpha$	$m \cdot g \cdot h$

Man kann die Hubarbeit auch zeichnerisch ermitteln. Dazu wird in einem rechtwinkligen Koordinatensystem die Kraft F als Funktion der Hubhöhe h dargestellt. Diese Darstellung ist im vorliegenden Falle besonders einfach, weil die Kraft während der ganzen Hebung konstant bleibt.

70 a + b):

$$
\begin{aligned}
W &= m \cdot g \cdot h \\
&= 200\,\text{kg} \cdot 9{,}80665\,\text{ms}^{-2} \cdot 2{,}5\,\text{m} \\
&= 4903{,}325\,(\text{kg} \cdot \text{ms}^{-2}\text{m}) = 4903{,}325\,\text{Nm} = \mathbf{4903{,}325\,J}
\end{aligned}
$$

oder b):

$$
\begin{aligned}
\sin\alpha &= 2{,}5/10 = 0{,}25 \\
W &= m \cdot g \cdot \sin\alpha \cdot h/\sin\alpha \\
&= 200\,\text{kg} \cdot 9{,}80665\,\text{ms}^{-2} \cdot 0{,}25 \cdot 2{,}5\,\text{m}/0{,}25 \\
&= \mathbf{4903{,}325\,J}
\end{aligned}
$$

Es ergeben sich verschiedene Rechtecke gleicher Fläche (Abb. 5.5).

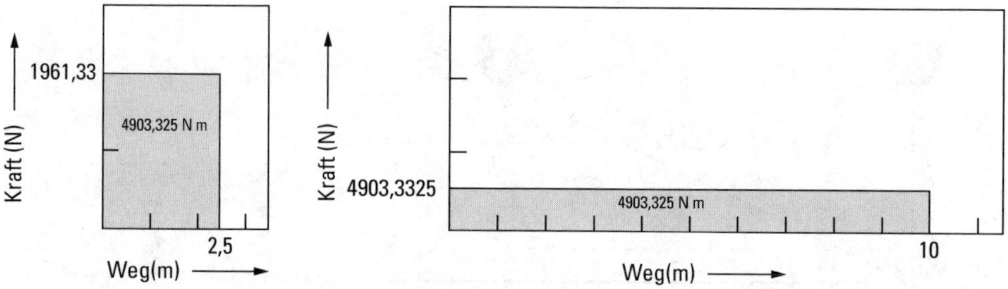

Abb. 5.5 Arbeitsdiagramme zu Aufgabe 70.

5.5 Innere Energie und Enthalpie

71 Aus der Reaktionsgleichung $C_6H_6 + 7{,}5\ O_2 \rightleftharpoons 6\,CO_2 + 3\,H_2O$ folgt, dass 7,5 mol Sauerstoff verschwinden und 6 mol Kohlenstoffdioxid entstehen. Es gilt $\Delta n = -1{,}5$ (Benzol und Wasser sind bei 25 °C flüssig), und man erhält aus

$$
\Delta H = \Delta U + \Delta nRT
$$

$$
\Delta H = (-3264 - 1{,}5 \cdot 8{,}3143 \cdot 10^{-3} \cdot 298{,}15)\,\text{kJ} \cdot \text{mol}^{-1} = \underline{\underline{-3267{,}72\,\text{kJ} \cdot \text{mol}^{-1}}}\,.
$$

72 Aus der jeweiligen Reaktionsgleichung ergibt mit

$$
\Delta n = \frac{\Delta_R n(\text{mol})}{n_F(\text{mol})} = \frac{\text{Änderung der Molzahlen gasiger Reaktanden}}{\text{Stoffmenge der Formelumsätze entsprechend der Reaktionsgleichung RG}}
$$

$\Delta_R U = \Delta_R H - \Delta n RT$ die Änderung der inneren Energie:

$CH_{4(g)} + 2\,O_{2(g)} \rightleftharpoons CO_{2(g)} + 2\,H_2O_{(l)}$	$\Delta n = -2$	$\Delta U = -885{,}04\,\text{kJ/mol}$
$C_3H_{8(g)} + 5\,O_{2(g)} \rightleftharpoons 3\,CO_{2(g)} + 4\,H_2O_{(l)}$	$\Delta n = -3$	$\Delta U = -2227{,}45\,\text{kJ/mol}$
$C_5H_{12(g)} + 8\,O_{2(g)} \rightleftharpoons 5\,CO_{2(g)} + 6\,H_2O_{(l)}$	$\Delta n = -4$	$\Delta U = -3520{,}92\,\text{kJ/mol}$
$C_7H_{16(l)} + 11\,O_{2(g)} \rightleftharpoons 7\,CO_{2(g)} + 8\,H_2O_{(l)}$	$\Delta n = -4$	$\Delta U = -4816{,}92\,\text{kJ/mol}$
$C_2H_{4(g)} + 3\,O_{2(g)} \rightleftharpoons 2\,CO_{2(g)} + 2\,H_2O_{(l)}$	$\Delta n = -2$	$\Delta U = -1414\,\text{kJ/mol}$
$C_2H_{2(g)} + 2{,}5\,O_{2(g)} \rightleftharpoons 2\,CO_{2(g)} + H_2O_{(l)}$	$\Delta n = -1{,}5$	$\Delta U = -1311{,}72\,\text{kJ/mol}$

73 $W = -p\Delta V = -1{,}01325 \cdot 10^5\,\text{Nm}^{-2} \cdot (0{,}018 - 0{,}0196) \cdot 10^{-3}\,\text{m}^3/\text{mol} = 0{,}162\,\text{J/mol}$

$\Delta H = 18\,\text{g/mol} \cdot 335\,\text{J/g} = \underline{\underline{6030\,\text{J/mol}}}$

$\Delta U = \Delta H + W = 6030 + 0{,}162 = \underline{\underline{6030{,}162\,\text{J/mol}}}$

74
$$\begin{aligned}\Delta U &= \Delta H - \Delta n RT\\ &= -285{,}6\,\text{kJ/mol} - (-1{,}5 \cdot 0{,}0083143\,\text{kJ/(mol}\cdot\text{K)} \cdot 298{,}15\,\text{K})\\ &= \underline{\underline{-281{,}88\,\text{kJ/mol}}}\end{aligned}$$

75
$$\begin{aligned}\Delta H &= \int_{180}^{310} (a + bT + cT^2)dT = [aT + 1/2bT^2 + 1/3T^3]_{180}^{310}\\ &= 77{,}28(310 - 180) - \frac{2{,}07 \cdot 10^{-2}}{2}(310^2 - 180^2) + \frac{5{,}15 \cdot 10^{-5}}{3}(310^3 - 180^3)\\ &= 1046{,}4 - 659{,}295 + 411{,}296 = \underline{\underline{9798{,}4\,\text{J}}}\end{aligned}$$

76
$$\begin{aligned}\Delta H &= \int_{323{,}15}^{373{,}15} Cp_{(H_2O,l)}dT + \Delta H_{(H_2O,\text{Vd.})} + \int_{373{,}15}^{403{,}15} Cp_{(H_2O,g)}dT\\ &= \int_{323{,}15}^{373{,}15} 75\,dT + 47\,300 + \int_{373{,}15}^{403{,}15} 35{,}4\,dT\\ &= \underline{\underline{48\,362{,}4\,\text{J}}}\end{aligned}$$

77 $\Delta n = -4$

$$\Delta_R H = \Delta_R U + \Delta n RT$$
$$= -2134{,}2\,\text{kJ/mol} - [4 \cdot 8{,}3143 \cdot 10^{-3}\,\text{kJ/(mol}\cdot\text{K)} \cdot 298{,}15\,\text{K}] = -2144{,}12\,\text{kJ/mol}$$
$$\Delta_B H^0(B_2H_6) = -\Delta_R H + \Delta_B H^0(B_2O_{3(s)}) + 3 \cdot \Delta_B H(H_2O_{(l)})$$
$$= 2144{,}12\,\text{kJ/mol} - 1264\,\text{kJ/mol} + 3 \cdot (-285{,}9\,\text{kJ/mol}) = \underline{\underline{22{,}42\,\text{kJ/mol}}}$$

78 $$\left[\frac{\partial(\Delta H_{Vd})}{\partial T}\right]_p = \Delta Cp$$

$$\Delta H^{333}_{H_2O,Vd} = [43\,292 + (333{,}15 - 313{,}15) \cdot (35{,}46 - 75{,}24)]\,\text{J/mol} = \underline{\underline{42\,496{,}4\,\text{J/mol}}}$$

79 $$C_{(s)} + \frac{1}{2}O_{2(g)} \rightleftharpoons CO_{(g)}$$

$$\left[\frac{\partial(\Delta_B H)}{\partial T}\right]_p = \Delta Cp = \alpha + \beta \cdot T + \gamma \cdot T^{-2}$$

$$\Delta_B H^{773} = \Delta_B H^{298} + \int_{298,15}^{773,15} (\alpha + \beta \cdot T + \gamma \cdot T^{-2})dT$$

$$\Delta_B H^{773} = -110\,530 + \alpha \cdot (773{,}15 - 298{,}15) + \frac{\beta}{2} \cdot (773{,}15^2 - 298{,}15^2)$$
$$-\gamma \cdot \left(\frac{1}{773{,}15} - \frac{1}{298{,}15}\right)$$

$$\alpha = 28{,}41 - (16{,}86 + \frac{29{,}96}{2} = -3{,}43$$
$$\beta = 4{,}1 \cdot 10^{-3} - (4{,}77 \cdot 10^{-3} + \frac{4{,}18 \cdot 10^{-3}}{2}) = -2{,}76 \cdot 10^{-3}$$
$$\gamma = -0{,}46 \cdot 10^5 - (-8{,}54 \cdot 10^5 - \frac{1{,}67 \cdot 10^5}{2}) = 8{,}915 \cdot 10^5$$

$$\Delta_B H^{773} = (-110\,530 - 1629{,}25 - 702{,}237 + 1837{,}03)\,\text{J/mol} = \underline{\underline{-111\,024\,\text{J/mol}}}$$

80 $$\int_{291}^{308} d(\Delta H) = \int_{291}^{308} \Delta Cp dT \qquad \Delta Cp = Cp_{H_{2(g)}} + \frac{1}{2}Cp_{O_{2(g)}} - Cp_{H_2O_{(g)}}$$
$$= 9{,}83\,\text{J/(mol}\cdot\text{K)}$$

$$\int_{291}^{308} d(\Delta H) = \int_{291}^{308} 9{,}83 dT \qquad \Delta H_{308} = \Delta H_{291} + 9{,}83 \cdot 17 = 241\,750 + 167{,}11$$
$$= \underline{\underline{241\,917{,}11\,\text{J}\cdot\text{mol}^{-1}}}$$

81

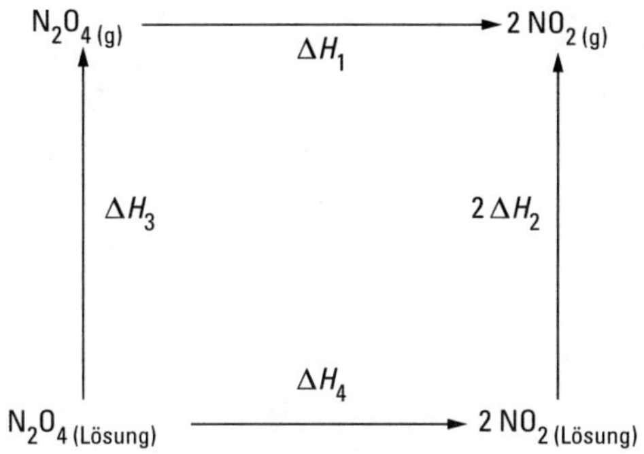

Abb. 5.6 Born-Haber-Kreisprozess, dargestellt mit Enthalpiewerten von Stickstoff(IV)-oxid.

a):

Für die Reaktion $N_2O_{4(Lösung)} \longrightarrow N_2O_{4(g)}$ ist ebenso wie für $N_2O_{4(l)} \longrightarrow N_2O_{4(g)}$ die Gleichgewichtskonstante $K_p = p_{N_2O_4}$.

Es ist

$$\ln \frac{Kp_1}{Kp_2} = -\frac{\Delta H}{R} \cdot \left(\frac{1}{T_1} - \frac{1}{T_2}\right) \quad \rightarrow \quad \Delta H_3 = -\frac{R \cdot \ln \frac{p_1}{p_2}}{\frac{1}{T_1} - \frac{1}{T_2}} = -\frac{8{,}3143 \cdot \ln \frac{519}{1013}}{\frac{1}{281{,}15} - \frac{1}{293{,}15}}$$

$$= \underline{\underline{38{,}189\,\text{kJ} \cdot \text{mol}^{-1}}}$$

b):

$$\Delta H_2 = \frac{1}{2} \cdot (-\Delta H_4 + \Delta H_3 + \Delta H_1) = \frac{1}{2} \cdot (-78{,}94 + 38{,}189 + 57{,}36)$$

$$= \underline{\underline{8{,}3045\,\text{kJ} \cdot \text{mol}^{-1}}}$$

82 $l_{AgNO_3} = \sqrt{K_{L(AgNO_3)}} = \sqrt{c_{Ag^+} \cdot c_{NO_3^-}}$

82.1:

$K_L^{20} = 0{,}0202^2 = 4{,}08 \cdot 10^{-4}\,\text{mol}^2 \cdot (\text{dm}^3)^{-2}$

$K_L^{60} = 0{,}0812^2 = 6{,}59 \cdot 10^{-3}\,\text{mol}^2 \cdot (\text{dm}^3)^{-2}$

$l^{20} = 0{,}0202\,\text{mol/dm}^3 \quad l^{60} = 0{,}0812\,\text{mol/dm}^3$

82.2:

$$\left[\frac{d \ln l_{AgNO_3}}{dT}\right]_p = \frac{\Delta_L H}{RT^2}$$

$$\Delta_L H = \frac{\ln \frac{0{,}0812}{0{,}0202} \cdot 8{,}3143}{\frac{1}{293{,}15} - \frac{1}{333{,}15}} = 28\,241{,}9\frac{\text{J}}{\text{mol}} = 28{,}242\frac{\text{kJ}}{\text{mol}}$$

83 a):

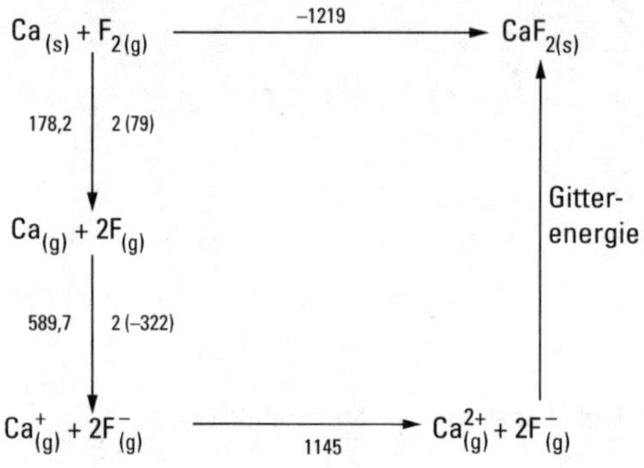

Abb. 5.7 Schema des Born-Haber-Kreisprozesses für die Berechnung der Gitterenthalpie von Kalziumfluorid.

Die Gitterenergie von Kalziumfluorid beträgt:

$$\Delta_G H = (-1145 - 589{,}7 + 644 - 178{,}2 - 158 - 1219{,}6)\,\text{kJ/mol} = \underline{\underline{-2646{,}5\,\text{kJ/mol}}}$$

b):
Die Solvatationsenergie wird im Falle von Wasser als Lösungsmittel auch als **Hydratationsenthalpie $\boldsymbol{\Delta_H H}$** bezeichnet und ist die Energie, die durch elektrostatische Wechselwirkung der Wassermoleküle mit den geladenen Ionen freigesetzt wird. **Die Gitterenthalpie** ist diejenige Energie, die abgegeben wird, wenn entgegengesetzt geladene Ionen sich aus unendlicher Entfernung nähern und einen Kristall bilden. Sie sagt etwas über die Bindungsstärke zwischen den Ionen im Festkörper aus. Die Summe von Gitter- und Hydratationsenthalpie ist die **Lösungsenthalpie**

$$\Delta_L H = \Delta_H H - \Delta_G H\,.$$

84 a):
s. Abb. 5.8 (1)

b):
Die Elementarzelle enthält 4 Sauerstoff- und 4 Titanionen

$$\varphi = \frac{m}{V} = \frac{4 \cdot (16 + 47{,}87)\,\text{g/mol}}{6{,}022 \cdot 10^{23}\,\text{mol}^{-1} \cdot (0{,}42 \cdot 10^{-7}\,\text{cm})^3} = \underline{\underline{5{,}73\,\text{g/cm}^3}}$$

c):
Nach Born und Haber (s. Abb. 5.8 (2)) ergibt sich:

$$\Delta_G H = (-1310 - 797{,}5 - 658 + 141{,}5 - 425 - 249 - 523)\,\text{kJ/mol}$$
$$\boldsymbol{\Delta_G H = -3821\,\text{kJ/mol}}$$

(1)

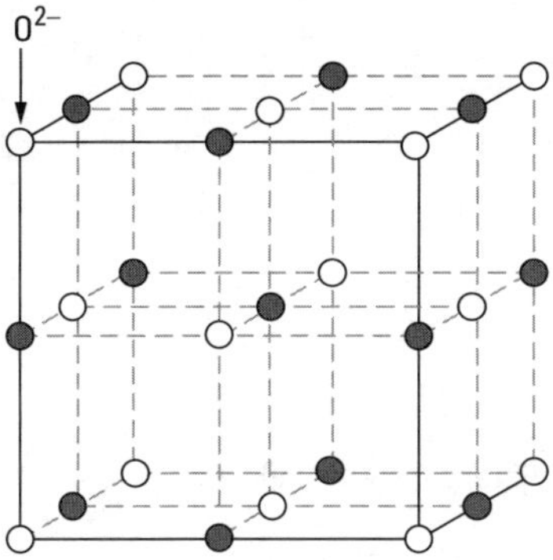

(2)

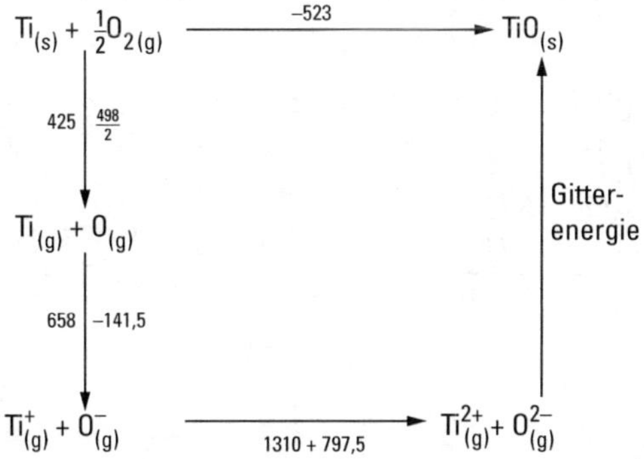

Abb. 5.8 Elementarzelle (1) und Schema zur Berechnung der Gitterenthalpie (2) von Titan(II)-oxid.

d):

Es müssen die beiden Reaktionen 1) $4\,N \longrightarrow N_4$ und 2) $4\,N \longrightarrow 2\,N_2$ verglichen werden:

$$\Delta H_1 = -6 \cdot 163\,\text{kJ/mol} = -978\,\text{kJ/mol} \qquad \Delta S_1 < 0$$
$$\Delta H_2 = -2 \cdot 945\,\text{kJ/mol} = -1890\,\text{kJ/mol} \qquad \Delta S_2 < 0\,.$$

Man kann annehmen, dass $\Delta S_1 < \Delta S_2$ ist, da die Entropie bei der Umwandlung von 4 in 1 Teilchen stärker abnimmt als bei der Umwandlung von 4 in 2 Teilchen.

$$\Delta G_1 = -978\,\text{kJ/mol} - T\Delta S$$
$$\Delta G_2 = -1890\,\text{kJ/mol} - T\Delta S$$
$$\Delta G_2 - \Delta G_1 = -912\,\text{kJ/mol} - T \cdot (\Delta S_2 - \Delta S_1) < 0$$
$$\Delta G_2 < \Delta G_1 \quad \rightarrow \quad \textbf{Reaktion 2) ist bevorzugt}\,.$$

85

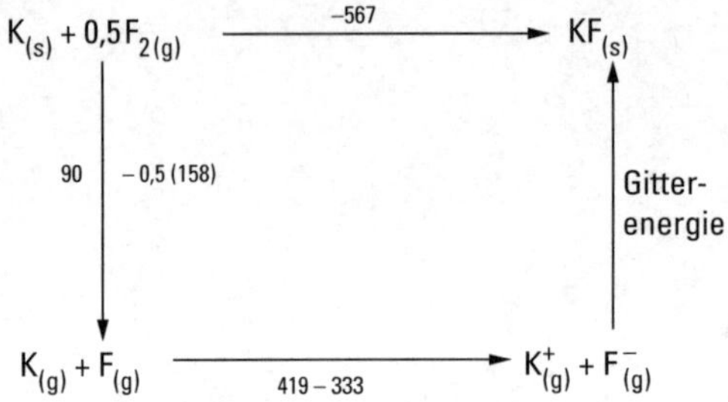

Abb. 5.9 Born-Haber-Kreisprozess zur Bildung des Ionengitters von Kaliumfluorid.

$$\Delta_G H = -419\,\text{kJ/mol} + 333\,\text{kJ/mol} - 90\,\text{kJ/mol} - 79\,\text{kJ/mol} - 567\,\text{kJ/mol}$$
$$\boldsymbol{\Delta_G H = -822\,\text{kJ/mol}}$$

86 a):

$$\begin{array}{llll} 2\,Mg + 4\,HCl & \rightleftharpoons & 2\,MgCl_2 + 2\,H_2 & \Delta H_1 \\ 2\,MgO + 4\,HCl & \rightleftharpoons & 2\,MgCl_2 + 2\,H_2O & \Delta H_2 \\ 2\,H_2 + O_2 & \rightleftharpoons & 2\,H_2O_{(l)} & \Delta H_3 \\ \hline 2\,Mg + O_2 & \rightleftharpoons & 2\,MgO & \Delta_B H_{(MgO)} \end{array}$$

$$\Delta_B H_{(MgO)} = \Delta H_1 + \Delta H_3 - \Delta H_2$$
$$\Delta H_3 = \Delta_B H^0_{\text{Wasser}} = -286\,\text{kJ/mol}$$
$$\Delta_B H_{(MgO)} = \Delta H_1 - \Delta H_2 - 286\,\text{kJ/mol}$$

b):

Kalorimetrische Bestimmung von ΔH_1 und ΔH_2:

- Bereitstellung: Kalorimetergefäß mit Thermometer und Rührer
- Bestimmung des Wasserwertes C des Kalorimeters
- Vorgaben für

  Versuch 1: $V_{(1\,\text{M HCl})}$; $m_{\text{Mg (oxidfrei)}}$; $c_{(1\,\text{M HCl})} \approx c_{(H_2O)} = 4{,}186\,\text{J/(gK)}$

  Versuch 2: $V_{(1\,\text{M HCl})}$; m_{MgO}; $c_{(1\,\text{M HCl})} \approx c_{(H_2O)} = 4{,}186\,\text{J/(gK)}$
- Bestimmung von ΔT in beiden Versuchen und Berechnung von ΔH_1 und ΔH_2 in kJ/mol
- Berechnung von $\Delta_B H_{(MgO)}$

87 Nach dem Satz von Hess gilt:

$$\Delta_B H = \sum \Delta H_{\text{Teilschritte}} = (147{,}8 + 2200 + 247 + 695 - 3931)\,\text{kJ/mol}$$
$$= \underline{\underline{-641{,}2\,\text{kJ/mol}}}\,.$$

Die Darstellung mit dem Born-Haber-Kreisprozess (Abb. 5.10) ergibt:

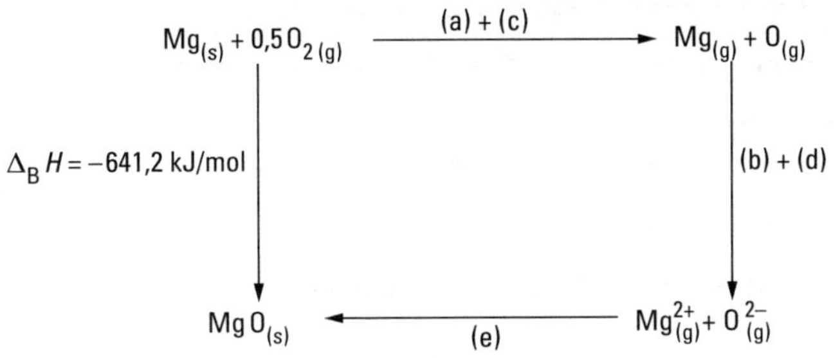

Abb. 5.10 Born-Haber-Kreisprozess zur Bildung des Ionengitters von Magnesiumoxid.

5.6 Kalorimetrie

88 Berechnung des Wasserwertes

$$k = (n-1)\cdot \nu' + \frac{\nu - \nu'}{2}$$
$$= (2-1)\cdot 0{,}008\,\mathrm{K} + \frac{(0{,}01 - 0{,}008)\,\mathrm{K}}{2} = 0{,}009\,\mathrm{K}$$
$$\Delta T_{\mathrm{korr}} = \Delta T + k$$
$$= (19{,}747 - 17{,}622)\,\mathrm{K} + 0{,}009\,\mathrm{K} = 2{,}134\,\mathrm{K}$$
$$W = \frac{m_{\mathrm{Subst.}}\cdot \Delta_V H_{\mathrm{Subst.}}}{\Delta T_{\mathrm{korr}}} - (m_{\mathrm{H_2O}}\cdot c_{\mathrm{H_2O}})$$
$$= \frac{0{,}996\,\mathrm{g}\cdot 26465{,}15\,\mathrm{J/g}}{2{,}134\,\mathrm{K}} - (2400\,\mathrm{g}\cdot 4{,}186\,\mathrm{J/(g\cdot K)})$$
$$= 2305{,}66\,\mathrm{J/K}$$

Berechnung des Heizwertes

$$k = (n-1)\cdot \nu' + \frac{\nu - \nu'}{2} = (7-1)\cdot 0{,}005\,\mathrm{K} + \frac{(-0{,}003 - 0{,}005)\,\mathrm{K}}{2} = 0{,}026\,\mathrm{K}$$
$$\Delta T_{\mathrm{korr.}} = \Delta T + k = (22{,}94 - 20{,}898)\,\mathrm{K} + 0{,}026\,\mathrm{K} = 2{,}076\,\mathrm{K}$$
$$\Delta_V H_{\mathrm{Subst.}} = \frac{\Delta T_{\mathrm{korr.}}\cdot (m_{\mathrm{H_2O}}\cdot c_{\mathrm{H_2O}} + W)}{m_{\mathrm{Subst.}}}$$
$$= \frac{2{,}076\,\mathrm{K}\cdot (2400\cdot 4{,}186 + 2305{,}66)\,\mathrm{J/K}}{1{,}0669\,\mathrm{g}} = 24034{,}939\,\mathrm{J/g}$$

Feuchtigkeit: $\frac{11{,}6\,\%\cdot 1{,}069\,\mathrm{g}}{100\,\%} = 0{,}1237\,\mathrm{g}$ Brennbare Substanz: $\frac{76{,}6\%\cdot 1{,}069\,\mathrm{g}}{100\,\%} = 0{,}8173\,\mathrm{g}$

Wasserstoff: $\frac{5{,}3\,\%\cdot 0{,}8173\,\mathrm{g}}{100\,\%} = 0{,}0433\,\mathrm{g}$ Reakionswasser: $\frac{18\,\mathrm{g}\cdot 0{,}0433\,\mathrm{g}}{2g} = 0{,}3899\,\mathrm{g}$

Gesamtwasser: $m_{\mathrm{H_2O}} = 0{,}3899\,\mathrm{g} + 0{,}1237\,\mathrm{g} = 0{,}5136\,\mathrm{g}$

Die Wärmemenge Q_1 der Verdampfung des Wassers beträgt:

$$Q_1 = m_{H_2O} \cdot \Delta H_{Vd} = 0{,}5136\,kg \cdot (-3387\,kJ/kg) = 1739{,}56\,kJ$$

Die Wärmemenge Q_2 der Erwärmung des Wassers von 25 °C auf 100 °C beträgt:

$$Q_2 = m_{H_2O} \cdot c_{H_2O} \cdot \Delta T = 0{,}5136\,kg \cdot 4{,}186\,kJ/(kgK) \cdot 75\,K = 161{,}245\,kJ$$

$$Q = Q_1 + Q_2 = 1900{,}81\,kJ$$

Somit ergibt sich ein Heizwert der Kohle von

$$\Delta H_{HW} = \Delta_V H_{Subs.} - Q = [24{,}035 - 1{,}9]\,MJ/kg = 22{,}135\,MJ/kg \approx \underline{\underline{22\,MJ/kg}}\,.$$

Mit der Überschlagsformel ergäbe sich ein Heizwert der Kohle von:

$$\Delta H_{HW} = \Delta_V H_{Subst.} - (2\,600 \cdot m_{H_2O}) = 23987{,}7\,J/g - (2600 \cdot 0{,}5136)\,J/g$$
$$= \underline{\underline{22652{,}34 J/g \approx 22{,}7 MJ/kg}}$$

89 Volumenkorrektur $V_2 = \dfrac{V_1 \cdot p_1 \cdot T_2}{T_1 \cdot p_2} = \dfrac{3\,dm^3 \cdot 99{,}46\,kPa \cdot 273{,}15\,K}{295{,}15\,K \cdot 101{,}325\,kPa} = 2{,}725\,dm^3$

Verbrennungsenthalpie $\Delta_V H_{(Gas)} = \dfrac{\varphi_{H_2O} \cdot V_{H_2O} \cdot c_{H_2O} \cdot \Delta T}{V_2}$

$$= \frac{1\,g/cm^3 \cdot 870\,cm^3 \cdot 4{,}186\,J/(g \cdot K) \cdot 13{,}5\,K}{2{,}725\,dm^3}$$
$$= 18042\,J/dm^3 = 18042\,kJ/m^3$$

Die Wärmemenge Q_1 zum Kondensieren des Wassers beträgt

$$Q_1 = -m_{H_2O} \cdot \Delta H_{Vd}$$
$$= -5{,}08 \cdot 10^{-3}\,kg \cdot (-2257{,}2\,kJ/kg)$$
$$= -11{,}47\,kJ$$

Die Wärmemenge Q_2 der Abkühlung des Wassers von 100 °C auf 25 °C beträgt

$$Q_2 = -m_{H_2O} \cdot c_{H_2O} \cdot \Delta T$$
$$= -5{,}08 \cdot 10^{-3}\,kg \cdot 4{,}186\,kJ/(kgK) \cdot 75\,K$$
$$= -1{,}595\,kJ$$

$$Q = Q_1 + Q_2 = -13{,}065\,kJ$$
$$\Delta H_{HW} = \Delta_V H_{(Gas)} - Q = [-18{,}042 - (-0{,}013065)]\,MJ/m^3 = \underline{\underline{-18{,}0289\,MJ/m^3}}$$

Mit der Überschlagsformel wird der errechnete Heizwert bestätigt:

$$\Delta H_{HW} = \Delta_V H_{(Gas)} - (2\,600 \cdot m_{H_2O}) = 18042\,kJ/m^3 - (2600 \cdot 0{,}00508)\,kJ/kg$$
$$= 18028{,}8\,kJ/m^3 = \underline{\underline{18{,}0288\,MJ/m^3}}$$

90
$$\Delta_L H_{(1)} = -\frac{m \cdot c \cdot \Delta T}{n} = -\frac{50 \cdot 4{,}186 \cdot 8{,}7}{0{,}025} = -72\,836{,}4\,\text{J/mol} = -72{,}84\,\text{kJ/mol}$$
$$\Delta_L H_{(2)} = -\frac{m \cdot c \cdot \Delta T}{n} = -\frac{50 \cdot 4{,}186 \cdot (-0{,}7)}{0{,}025} = 5860{,}4\,\text{J/mol} = 5{,}86\,\text{kJ/mol}$$
$$\Delta_H H = \Delta_L H_{(1)} - \Delta_L H_{(2)} = -78{,}7\,\text{kJ/mol}$$

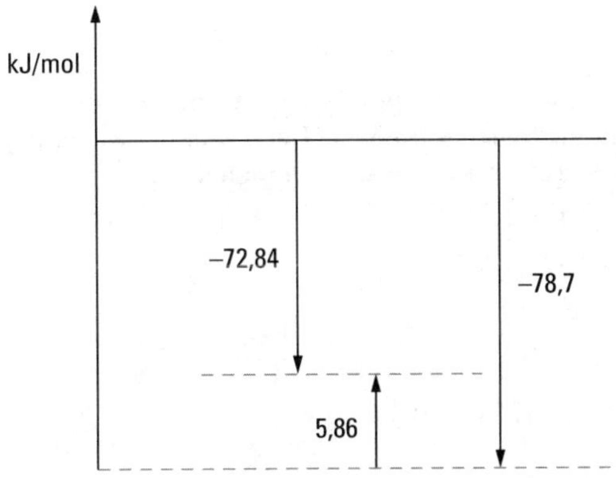

Abb. 5.11 Energiediagramm des Hydratationsprozesses von Kupfersulfat.

91
$$\Delta_R H = -\frac{m_{H_2O} \cdot c_{p(H_2O)} \cdot \Delta T \cdot M_{\text{Phenol}}}{m_{\text{Phenol}}}$$
$$\Delta_R H = -\frac{2000\,\text{g} \cdot 4{,}19\,\text{J/(g} \cdot \text{K)} \cdot 2\,\text{K} \cdot 94\,\text{g/mol}}{0{,}5\,\text{g}} = \underline{\underline{-3150{,}9\,\text{kJ/mol}}}$$

92 a):

$$n_{\text{Propan}} = \frac{p \cdot V}{R \cdot T} = \frac{100\,125\,\text{Pa} \cdot 0{,}3\,\text{dm}^3}{8314{,}3\,\text{Pa} \cdot \text{dm}^3 \cdot \text{mol}^{-1}\text{K}^{-1} \cdot 296{,}15\,\text{K}} = 0{,}0122\,\text{mol}$$
$$\Delta_V H^0 = -f \cdot \frac{([m_{H_2O} \cdot c_{H_2O}] + [m_{\text{Glas}} \cdot c_{\text{Glas}}]) \cdot \Delta T}{n_{\text{Propan}}}$$
$$= -2{,}17 \cdot \frac{([100 \cdot 4{,}186] + [63{,}18 \cdot 0{,}86]) \cdot 27}{0{,}0122}$$
$$= -2\,271\,249{,}9\,\frac{\text{J}}{\text{mol}} = -2271\,\frac{\text{kJ}}{\text{mol}}$$

b):

		$C_3H_{8(g)}$	+	$5\,O_{2(g)}$	$\rightleftharpoons$	$3\,CO_{2(g)}$	+	$4\,H_2O_{(g)}$
$\Delta_B H$	(kJ/mol)	−104		0		−394		−242

$$\Delta_V H^0 = \sum \Delta_B H^0_{\text{Prod}} - \Delta_B H^0_{\text{Ed}} = -2046\,\text{kJ/mol}$$

Vergleich:

- Beide Ergebnisse liegen relativ eng beieinander
- Messfehler
- Reinheitsgrad von technischem Propan setzt Grenzen!

93 a):

$$CH_4 + 2\,O_2 \rightleftharpoons CO_2 + 2\,H_2O$$

b):
Neben 1,5 mol Methan liegen 15 mol Luft (3 mol O_2 + 12 mol N_2) im Gemisch vor, also genau die zur vollständigen Umwandlung benötigte Sauerstoffmenge. Bei dieser Umwandlung entsteht eine Wärmemenge von $Q = 1{,}5 \cdot 803 = 1204{,}5\,\text{kJ}$. Erwärmt werden damit

- 1,5 mol CO_2: Wärmeverbrauch von $1{,}5 \cdot 64{,}9\,\text{J/K} \cdot \Delta T$
- 3,0 mol H_2O: Wärmeverbrauch von $3{,}0 \cdot 32{,}6\,\text{J/K} \cdot \Delta T$
- 12 mol N_2: Wärmeverbrauch von $12 \cdot 25{,}1\,\text{J/K} \cdot \Delta T$.

Somit ergibt sich mit

$$\Delta T \cdot (1{,}5 \cdot 64{,}9 + 3{,}0 \cdot 32{,}6 + 12 \cdot 25{,}1)\,\text{J/K} = 1204{,}5 \cdot 10^3\,\text{J}$$

ein Wert von

$$\Delta T = 2427\,\text{K}.$$

Die Endtemperatur im Autoklaven beträgt $T_{(\text{Ende})}$ **= 2 452 °C(2725,15 K)**.

c):
Da Volumen und auch die Gesamtstoffmenge konstant sind, ergibt sich der Enddruck im Autoklaven zu:

$$p_{\text{Ende}} = \frac{p_1 \cdot T_2}{T_1} = \frac{1 \cdot 10^3\,\text{hPa} \cdot 2725{,}15\,\text{K}}{298{,}15\,\text{K}} = \underline{\underline{9140{,}2\,\text{hPa}}}.$$

94 $$c_{\text{Lös}} = c_{\text{Wasser}} + c_{\text{Soda}} = (0{,}9 \cdot 4{,}19) + (0{,}1 \cdot 1{,}17) = \underline{\underline{3{,}9\,\text{J/(gK)}}}$$

95 Haben zwei Körper verschiedene Temperaturen t_i (°C) und stehen sie miteinander in Berührung, gibt der Körper höherer Temperatur t_1 so lange Wärme an den Körper tieferer Temperatur t_2 ab, bis die Temperaturen beider Körper gleich der Mischungstemperatur t_m sind. Die Wärmeabgabe Q_1 des Körpers höherer Temperatur ist dabei gleich der Wärmeaufnahme Q_2 des Körpers tieferer Temperatur. Aus dem Ansatz $Q_1 = Q_2$ folgt mit $Q = c \cdot m \cdot \Delta t$ und $m = \varphi \cdot V$ die Gleichung für den Wärmeaustausch

$$c_1 \cdot \varphi_1 \cdot V_1(t_1 - t_m) = c_2 \cdot \varphi_2 \cdot V_2 \cdot (t_m - t_2).$$

Daraus wird mit $c_1 \approx c_2$, $\varphi_1 \approx \varphi_2$ und $V = V_1 + V_2$ die Berechnung möglich für

$$V_1 = \frac{V(t_m - t_2)}{t_1 - t_2} = \frac{140\,\text{dm}^3 \cdot 30\,\text{K}}{70\,\text{K}} = \underline{\underline{60\,\text{dm}^3}}$$

und

$$V_2 = V - V_1 = 140\,\text{dm}^3 - 60\,\text{dm}^3 = \underline{\underline{80\,\text{dm}^3}}.$$

96 a):

1	C_3H_7OH	+	$\frac{9}{2}O_2$	$\rightleftharpoons$	$3CO_2$	+	$4H_2O$
2	C_4H_9OH	+	$6O_2$	$\rightleftharpoons$	$4CO_2$	+	$5H_2O$
3	$C_5H_{11}OH$	+	$\frac{15}{2}O_2$	$\rightleftharpoons$	$5CO_2$	+	$6H_2O$
4	C_6H_{12}	+	$9O_2$	$\rightleftharpoons$	$6CO_2$	+	$6H_2O$

$$m/M \cdot \Delta_V U = -C \cdot \Delta T\,; \quad C = 10{,}29\,\text{kJ/K}$$

Nr.	m [g]	ΔT [K]	M $\left[\frac{\text{g}}{\text{mol}}\right]$	Δn [dm³]	$\Delta_V U = \frac{-C \cdot \Delta T \cdot M}{m}$ $\left[\frac{\text{kJ}}{\text{mol}}\right]$	$\Delta_V H = \Delta_V U + \Delta nRT$ $\left[\frac{\text{kJ}}{\text{mol}}\right]$	$\Delta(\Delta_V H)$ $\left[\frac{\text{kJ}}{\text{mol}}\right]$
1	0,759	2,48	60	2,5	−2017,328	−2011,131	
2	0,823	2,88	74	3,0	−2664,647	−2657,210	−646,1
3	0,836	3,06	88	3,5	−3314,463	−3305,781	−648,6
4	0,841	3,78	84	3,0	−3884,995	−3877,558	−571,8

b):

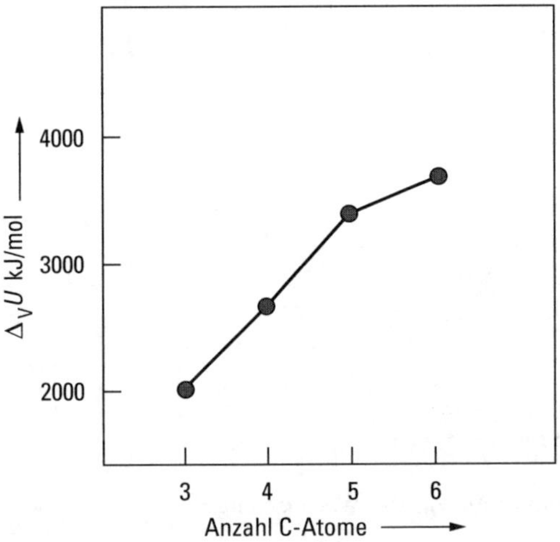

Abb. 5.12 Grafische Darstellung der Funktion $\Delta_v H = f$(Anzahl der C-Atome) bei primären Alkanolen und Cyclohexan.

Die 3 Alkanole unterscheiden sich energetisch um je eine CH_2-Gruppe mit $\approx -647{,}3\,\text{kJ/mol}$. C_6H_{12} ist ein cyclischer Kohlenwasserstoff und besteht aus nur 6 CH_2-Gruppen:

$$\curvearrowright\; 6 \cdot (-647{,}325) = -3884\,\text{kJ/mol}$$

Sein Ringsystem ist relativ stabil und spannungsarm.

97 Die vom Kalorimeter aufgenommene Wärmemenge ist

$$Q = C \cdot \Delta T = 12{,}73\,\text{kJ/K} \cdot 1{,}372\,\text{K} = 17{,}47\,\text{kJ}\,.$$

Also gilt

$$\Delta U = \underline{\underline{-17{,}47\,\text{kJ}}}\,.$$

98 $$C = \frac{Q}{\Delta T} = \frac{26{,}47 \cdot 1{,}42\,\text{kJ} \cdot \text{g}}{1{,}82\,\text{g} \cdot K} = \underline{\underline{20{,}65\frac{\text{kJ}}{\text{K}}}}$$

99 Man erhält

$$\Delta U = -\frac{C \cdot \Delta T \cdot M}{m}\,,$$

also z. B. für Naphthalin

$$\Delta U = -\frac{20{,}65 \cdot 1{,}85 \cdot 128\,\text{kJ} \cdot \text{K}^{-1} \cdot \text{K} \cdot \text{gmol}^{-1}}{0{,}95\,\text{g}} = \underline{\underline{-5147{,}3\,\text{kJ/mol}}}$$

	m (g)	ΔT (K)	M (g/mol)	$\Delta U = -\frac{C \cdot \Delta T \cdot M}{m}$ (kJ/mol)
Naphthalin	0,95	1,85	128	−5147,3
Glycerin	1,53	1,33	92	−1651,5
Buttersäure	1,84	2,26	88	−2232,0
Saccharose	2,11	1,70	342	−5690

100 a):

0 °C

b):
Aus $\Delta H \cdot m_{\text{Eis}} = m_{\text{Wasser}} \cdot c \cdot \Delta T$ ergibt sich

$$m_{\text{Wasser}} = \frac{\Delta H \cdot m_{\text{Eis}}}{c \cdot \Delta T} = \frac{334\,\text{J/g} \cdot 300\,\text{g}}{4{,}185\,\text{J/(g} \cdot \text{K)} \cdot 85\,\text{K}} = \underline{\underline{281{,}7\,\text{g}}}\,.$$

101 (1) Das Kalorimeter gibt bis zur Mischungstemperatur t_m die Wärmemenge $Q_1 = c_{\text{Al}} \cdot m_{\text{Al}} \cdot (t_1 - t_{\text{m}})$ ab.
(2) Die Wasserfüllung gibt die Wärmemenge $Q_2 = c_{\text{H}_2\text{O}} \cdot m_{\text{H}_2\text{O}} \cdot (t_1 - t_{\text{m}})$ ab.
(3) Das Eis muss bis $t_0 = 0\,°\text{C}$ mit $Q_3 = m_{\text{Eis}} \cdot c_{\text{Eis}} \cdot (t_0 - t_2)$ erwärmt werden.
(4) Das Eis wird mit $Q_4 = \Delta H \cdot m_{\text{Eis}}$ geschmolzen.
(5) Das Schmelzwasser wird mit $Q_5 = c_{\text{H}_2\text{O}} \cdot m_{\text{H}_2\text{O}} \cdot (t_{\text{m}} - t_0)$ auf die Mischungstemperatur t_m erwärmt.
(6) Die Energiebilanz lautet $Q_1 + Q_2 = Q_3 + Q_4 + Q_5$.
Nach Einsetzen von (1) bis (5) in (6) ergibt die Mischungstemperatur:

$$(c_{\text{Al}} m_{\text{Al}} + c_{\text{H}_2\text{O}} m_{\text{H}_2\text{O}}) \cdot (t_1 - t_{\text{m}}) = m_{\text{Eis}} \lfloor c_{\text{Eis}}(t_0 - t_2) + \Delta H + c_{\text{H}_2\text{O}} \cdot (t_{\text{m}} - t_0) \rfloor$$

$$t_{\text{m}} = \frac{(c_{\text{Al}} m_{\text{Al}} + c_{\text{H}_2\text{O}} m_{\text{H}_2\text{O}}) \cdot t_1 - m_{\text{Eis}} \lfloor c_{\text{Eis}}(t_0 - t_2) + \Delta H - c_{\text{H}_2\text{O}} \cdot t_0 \rfloor}{c_{\text{Al}} m_{\text{Al}} + c_{\text{H}_2\text{O}} m_{\text{H}_2\text{O}} + c_{\text{H}_2\text{O}} m_{\text{Eis}}}\,.$$

$$t_{\text{m}} = \frac{[(0{,}9 \cdot 200) + (4{,}186 \cdot 500)] \cdot 20 - 100[2{,}1(0 + 5) + 334 - (4{,}186 \cdot 0)]}{(0{,}9 \cdot 200) + (4{,}186 \cdot 500) + (4{,}186 \cdot 100)} = \underline{\underline{4{,}1\,°\text{C}}}\,.$$

102 $$\Delta_R H = -\frac{m_{H_2O} \cdot c_{p(H_2O)} \cdot \Delta T \cdot M_{CaC_2}}{m_{CaC_2}}$$

$$\Delta_R H = -\frac{500\,g \cdot 4{,}19\,J/(g \cdot K) \cdot 3\,K \cdot 64{,}1\,g/mol}{3{,}2\,g} = \underline{\underline{-125{,}9\,kJ/mol}}$$

103 a):

$$\begin{aligned} n(C) : n(H) : n(O) &= \frac{1{,}5144 \cdot (12/44)}{12} : \frac{0{,}2656 \cdot (2/18)}{1} : \frac{0{,}1575}{16} \\ &= 0{,}0344 : 0{,}0295 : 0{,}00984 \quad / \cdot 2 \\ &= 7 : 6 : 2 \end{aligned}$$

Mit $M = 122\,g/mol$ ergibt sich die Summenformel $\mathbf{C_7H_6O_2}$.

$$2\,C_7H_6O_{2(s)} + 15\,O_{2(g)} \rightleftharpoons 14\,CO_{2(g)} + 6\,H_2O_{(l)}$$

b):

$$n_{(Q)} = \frac{0{,}6\,g}{122\,g/mol} = 4{,}918 \cdot 10^{-3}\,mol$$

$$Q_V = n_{(Q)} \cdot \Delta_R U = 4{,}918 \cdot 10^{-3}\,mol \cdot (-3\,079\,000)\,J/mol = -15\,142{,}5\,J$$

$$C_{ges.} = \frac{-Q_V}{\Delta T} = \frac{15\,142{,}5\,J}{2{,}25\,K} = 6730\,J/K$$

$$C_{H_2O(l)} = m_{H_2O(l)} \cdot c_{H_2O(l)} = 710\,g \cdot 4{,}186\,J/(gK) = 2972{,}06\,J/K$$

$$\begin{aligned} C_{Kalorimeter} &= C_{ges.} - C_{H_2O(l)} = 6730\,J/K - 2972{,}06\,J/K \\ &= \underline{\underline{3757{,}94\,J/K}} \end{aligned}$$

c):

$$\Delta n_{(Gas)} = 7 - 15/2 = -0{,}5$$

$$\begin{aligned} \Delta_R H &= \Delta_R U + RT \cdot \Delta n_{Gas} \\ &= -3079\,kJ/mol + 0{,}0083143\,kJ/(mol \cdot K) \cdot 298{,}15\,K \cdot (-0{,}5) \\ &= -3077{,}76\,kJ/mol \end{aligned}$$

$$\begin{aligned} \Delta_B H_{(Q)} &= 7 \cdot \Delta_B H_{(CO_2)} + 3 \cdot \Delta_B H_{(H_2O,l)} - \Delta_R H \\ &= 7 \cdot (-393{,}51)\,kJ/mol + 3 \cdot (-285{,}83)\,kJ/mol + 3077{,}76\,kJ/mol \\ &= \underline{\underline{-531{,}78\,kJ/mol}} \end{aligned}$$

104 a):

Naphthalin *Anthracen* *Pentamethylbenzol*

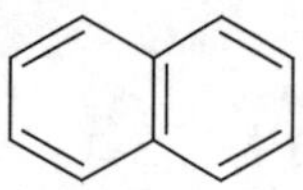

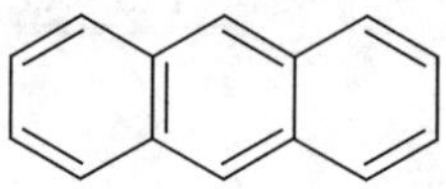

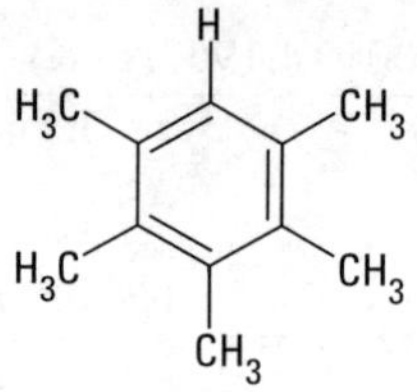

(oder mesomere Strukturen)

Naphthalin:	$C_{10}H_{8(s)} + 12\,O_{2(g)}$	$\rightleftharpoons$	$10\,CO_{2(g)} + 4\,H_2O_{(l)}$
Anthracen:	$C_{14}H_{10(s)} + 16{,}5\,O_{2(g)}$	$\rightleftharpoons$	$14\,CO_{2(g)} + 5\,H_2O_{(l)}$
Pentamethylbenzol:	$C_{11}H_{16(s)} + 15\,O_{2(g)}$	$\rightleftharpoons$	$11\,CO_{2(g)} + 8\,H_2O_{(l)}$

b):

$$\Delta_V H = \Delta_V U + \Delta n R T$$

$$\Delta_V U = \frac{(Q_{\text{ges.}} - Q_{\text{Draht}})}{n_{\text{Substanz}}}$$

$$\Delta_V H = \frac{(Q_{\text{ges.}} - Q_{\text{Draht}}) \cdot M_{\text{Substanz}}}{m_{\text{Substanz}}} + \Delta n R T$$

Naphthalin:

$$\Delta_V H = \left(\frac{(-28\,190 + 30) \cdot 128{,}164}{0{,}7002}\right) + (-2 \cdot 8{,}3143 \cdot 298{,}15)$$
$$= -5\,159\,339{,}8\,\text{J/mol} = -5159{,}34\,\text{kJ/mol}$$

Anthracen:

$$\Delta_V H = \left(\frac{(-26\,335 + 30) \cdot 178{,}22}{0{,}6653}\right) + (-2{,}5 \cdot 8{,}3143 \cdot 298{,}15)$$
$$= -7\,052\,758{,}372\,\text{J/mol} = -7052{,}758\,\text{kJ/mol}$$

Pentamethylbenzol:

$$\Delta_V H = \left(\frac{(-27\,910 + 30) \cdot 148{,}24}{0{,}6409}\right) + (-4 \cdot 8{,}3143 \cdot 298{,}15)$$
$$= -6\,458\,552{,}239\,\text{J/mol} = -6458{,}55\,\text{kJ/mol}$$

c):

$$\Delta_B H_{\text{Subst.}} = -\Delta_V H_{\text{Subst.}} + \sum \Delta_B H_{\text{Produkte}}$$

$$\Delta_B H_{\text{Naphthalin}} = 5159{,}34\,\text{kJ/mol} + \big[(-393{,}5 \cdot 10) + (-285{,}9 \cdot 4)\big]\text{kJ/mol}$$
$$= 80{,}74\,\text{kJ/mol}$$

$$\Delta_B H_{\text{Anthracen}} = 7052{,}758\,\text{kJ/mol} + \big[(-393{,}5 \cdot 14) + (-285{,}9 \cdot 5)\big]\text{kJ/mol}$$
$$= 114{,}258\,\text{kJ/mol}$$

$$\Delta_B H_{\text{Pentamethylbenzol}} = 6458{,}55\,\text{kJ/mol} + \big[(-393{,}5 \cdot 11) + (-285{,}9 \cdot 8)\big]\text{kJ/mol}$$
$$= -157{,}15\,\text{kJ/mol}$$

d):

	Naphthalin	mesomeres Naphthalin	Anthracen	mesomeres Anthracen	Pentamethylbenzol
C–H (−226,1 kJ/mol)	8	8	10	10	16
C–C (−206,4 kJ/mol)	6	6	9	9	8
$C{=}C(_2R)$ (−491,5 kJ/mol)	4	3	4	3	–
$C{=}C(_3R)$ (−484,4 kJ/mol)	–	2	2	4	1
$C{=}C(_4R)_r$ (−483,2 kJ/mol)	1	–	1	–	2
6-Ring (−4,2 kJ/mol)	2	2	3	3	1
Verzw. r (+7,2 kJ/mol)	2	2	4	4	–
$\Delta_S H$ (kJ/mol)	66,5	66,5	93,4	93,4	61,1
$\Delta_V H$ (kJ/mol)	−5423,9	−5418,0	−7427,0	−7421,1	−6662,7

$$\text{Mittelwert } \Delta_V H \text{ (Naphthalin)} = -5420{,}95\,\text{kJ/mol} \quad (-5423{,}9/-5418{,}0)$$
$$\text{Mittelwert } \Delta_V H \text{ (Anthracen)} = -7424{,}05\,\text{kJ/mol} \quad (-7427{,}0/-7421{,}1)$$
$$\Delta_V H \text{ (Pentamethylbenzol)} = -6662{,}7\,\text{kJ/mol}$$

e):
Naphthalin weist praktisch eine um 261,016 J/mol positivere Verbrennungsenthalpie auf als es das Inkrementsystem ergibt. Dieser Betrag liegt in der Mesomeriestabilisierung begründet, und zwar von 26,1 kJ/mol je π-Elektron.

Bei Anthracen beträgt der Enthalpieunterschied 371,292 kJ/mol, also 26,5 kJ/mol je π-Elektron. **Es kann von einer Mesomeriestabilisierung von ungefähr −26,3 kJ/mol je π-Elektron ausgegangen werden.**

f):
Bei Pentamethylbenzol beträgt der Unterschied zwischen theoretischer und praktischer Verbrennungsenthalpie 204,15 kJ/mol, obwohl für 6π-Elektronen nur ein Mesomeriebeitrag von $26{,}3\,\text{kJ/mol} \cdot 6 = 157{,}8\,\text{kJ/mol}$ zu erwarten wäre. Die Differenz (46,35 kJ/mol) ist auf Hyperkonjugation mit 5 Methylgruppen zurückzuführen (−9,27 kJ/mol Stabilisierung je hyperkonjugierter Methylgruppe, siehe Abb. 5.13).

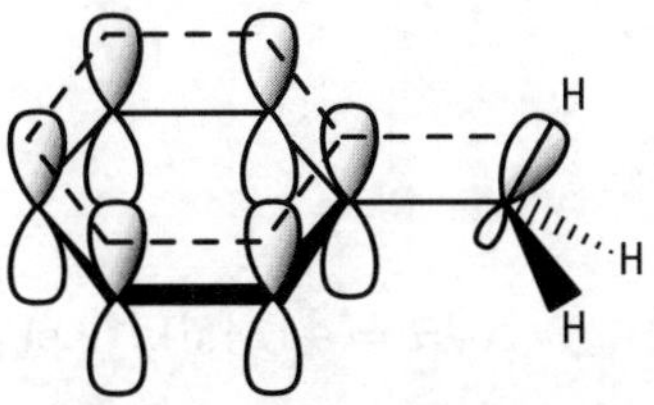

Abb. 5.13 Hyperkonjugation einer σ-C–H-Bindung der Methylgruppe mit dem aromatischen π-Elektronensystem im Toluol-Molekül.

5.7 Satz von Hess

105 $\Delta_B H = \sum \Delta_V H_{\text{Edukte}} - \sum \Delta_V H_{\text{Produkte}}$

a)

$$6\,C + 3\,H_2 \rightleftharpoons C_6H_{12}$$
$$\Delta_B H = -3216{,}6 - (-3268) = \underline{\underline{51{,}4\,\text{kJ/mol}}}$$

b)

$$6\,C + 6\,H_2 \rightleftharpoons C_6H_{12}$$
$$\Delta_B H = -4074{,}6 - (-3917) = \underline{\underline{-157{,}6\,\text{kJ/mol}}}$$

Die Bildung von Benzol aus den Elementen würde endotherm, die von Cyclohexan exotherm verlaufen.

106 $P_{\text{weiß}} \quad \Delta_V H = \dfrac{\Delta H}{n} = \dfrac{\Delta H \cdot M}{m} = \dfrac{-49{,}8\,\text{kJ} \cdot 30{,}97\,\text{g/mol}}{1\,\text{g}} = -1542{,}3\,\text{kJ/mol}$

$P_{\text{rot}} \quad = \dfrac{-48{,}7\,\text{kJ} \cdot 30{,}97\,\text{g/mol}}{1\,\text{g}} = -1508{,}24\,\text{kJ/mol}$

$P_{\text{weiß}} \rightleftharpoons P_{\text{rot}}$

$\Delta_B H = \sum \Delta_V H_{\text{Edukte}} - \sum \Delta_V H_{\text{Produkte}} = -1542{,}3 - (-1508{,}24) = \underline{\underline{-34{,}06\,\text{kJ/mol}}}$

Die Bildungsenthalpie von rotem Phosor aus weißem Phosphor beträgt −34,06 kJ/mol.

107 $Na_2HPO_4 + 2\,H_2O \rightleftharpoons Na_2HPO_4 \cdot 2H_2O \quad \Delta_H H$ gesucht

$\Delta_H H = \sum \Delta_L H_{\text{Edukte}} - \sum \Delta_L H_{\text{Produkte}} = -23{,}57 - (1{,}63) = \underline{\underline{-25{,}2\,\text{kJ/mol}}}$

108 **Propan**:

	$3\,C$	$+\ 4\,H_2$	$\rightleftharpoons\ C_3H_8$	$\Delta_B H = -103{,}7\,\text{kJ/mol}$
$\Delta_V H$(kJ/mol)	3(−393,1)	4(−285,6)	gesucht	
	−1179,3	−1142,4 ?		

$\Delta_B H = \sum \Delta_V H_{\text{Edukte}} - \sum \Delta_V H_{\text{Produkte}}$

$\Delta_V H_{\text{Propan}} = 103{,}7 - 1179{,}3 - 1142{,}4 = \underline{\underline{-2218\,\text{kJ/mol}}}$

n-Butan:

	$4\,C$	$+\ 5\,H_2$	$\rightleftharpoons\ C_4H_{10}$	$\Delta_B H = -124{,}6\,\text{kJ/mol}$
$\Delta_V H$(kJ/mol)	4(−393,1)	5(−285,6)?		
	−1572,4	−1428	gesucht	

$\Delta_V H_{(n\text{-Butan})} = 124{,}6 - 1572{,}4 - 1428 = \underline{\underline{-2875{,}8\,\text{kJ/mol}}}$

Methanol:

	CO	$+ \; 2\,H_2$	$\rightleftharpoons$ CH_3OH	$\Delta_R H =$ gesucht
$\Delta_B H$(kJ/mol)	−110,4	0	−238,3	
$\Delta_V H$(kJ/mol)	−282,7	2(−285,6)	gesucht	

$$\Delta_R H = -238{,}3 - (-110{,}4) = -127{,}9\,\text{kJ/mol}$$
$$\Delta_V H_{\text{Methanol}} = 127{,}9 - 282{,}7 - 571{,}2 = \underline{\underline{-726\,\text{kJ/mol}}}$$

Essigsäure:

	$2\,CO$	$+ \; 2\,H_2$	$\rightleftharpoons$ $CH_3{-}COOH$	$\Delta_R H =$ gesucht
$\Delta_B H$(kJ/mol)	2(−110,4)	0	−486	
$\Delta_V H$(kJ/mol)	2(−282,7)	2(−285,6)	gesucht	

$$\Delta_R H = -486{,}6 - (-220{,}8) = -265{,}8\,\text{kJ/mol}$$
$$\Delta_V H_{\text{Essigsäure}} = 265{,}8 - 565{,}4 - 571{,}2 = \underline{\underline{-870{,}8\,\text{kJ/mol}}}$$

109 a) $\Delta_R H = -285{,}6 - 296{,}6 + 20{,}1 = \underline{\underline{-562{,}1\,\text{kJ/mol}}}$

b) $\Delta_R H = 2(33{,}8) - 81{,}5 = \underline{\underline{-13{,}9\,\text{kJ/mol}}}$

c) $\Delta_R H = -486{,}6 - 285{,}6 + 277{,}3 = \underline{\underline{-494{,}9\,\text{kJ/mol}}}$

110 $\Delta H_{\text{Bindung}} = \sum \Delta_B H_{\text{Edukte}} - \sum \Delta_B H_{\text{Produkte}}$

a) $\Delta H = 121{,}2 + 217{,}8 + 92{,}2 = \underline{\underline{431{,}2\,\text{kJ/mol}}}$

b) $\Delta H = 247 + 470{,}3 - 90{,}3 = \underline{\underline{627\,\text{kJ/mol}}}$

c) $\Delta H = 3(217{,}8) + 470{,}3 + 46{,}1 = \underline{\underline{1169{,}8\,\text{kJ/mol}}}$ (3 N–H-Bindungen)

$\underline{\underline{389{,}9\,\text{kJ/mol}}}$ (1 N–H-Bindung)

d) $\Delta H = 247 + 717{,}7 + 110{,}4 = \underline{\underline{1075{,}1\,\text{kJ/mol}}}$

e) $\Delta H = 2(247) + 717{,}7 + 393{,}1 = \underline{\underline{1604{,}8\,\text{kJ/mol}}}$ (2 C–O-Bindungen)

$\underline{\underline{802{,}4\,\text{kJ/mol}}}$ (1 C–O-Bindung)

111 $\Delta H_{\text{Hydr.}} = \sum \Delta_B H_{\text{Produkte}} - \sum \Delta_B H_{\text{Edukte}}$

a) $\Delta H_{\text{Hydr.}} = 52{,}5 - 226{,}5 = \underline{\underline{-174\,\text{kJ/mol}}}$

b) $\Delta H_{\text{Hydr.}} = -84{,}6 - 226{,}5 = \underline{\underline{-311{,}1\,\text{kJ/mol}}}$

c) $\Delta H_{\text{Hydr.}} = -84{,}6 - 52{,}5 = \underline{\underline{-137{,}1\,\text{kJ/mol}}}$

112 a)

$$\begin{array}{llcll} & C_2H_{6(g)} & \longrightarrow & 2\,C_{(g)} \quad + & 6\,H_{(g)} \\ \Delta_B H(\mathrm{kJ/mol}) & -84{,}6 & & 717{,}7 & 217{,}8 \end{array}$$

$$\Delta_R H = 6(217{,}8) + 2(717{,}7) - (-84{,}6) = 2826{,}8\,\mathrm{kJ/mol}$$

$$\Delta_{C-C} = \frac{\Delta_R H - (6 \cdot 416)}{1} = \underline{\underline{330{,}8\,\mathrm{kJ/mol}}}$$

b)

$$\begin{array}{llcll} & C_3H_{8(g)} & \longrightarrow & 3\,C_{(g)} \quad + & 8\,H_{(g)} \\ \Delta_B H(\mathrm{kJ/mol}) & -103{,}7 & & 717{,}7 & 217{,}8 \end{array}$$

$$\Delta_R H = 8(217{,}8) + 3(717{,}7) - (-103{,}7) = 3999{,}2\,\mathrm{kJ/mol}$$

$$\Delta_{C-C} = \frac{\Delta_R H - (8 \cdot 416)}{2} = \underline{\underline{335{,}6\,\mathrm{kJ/mol}}}$$

c)

$$\begin{array}{llcll} & CH_3{-}CH(CH_3){-}CH_{3(g)} & \longrightarrow & 4\,C_{(g)} \quad + & 10\,H_{(g)} \\ \Delta_B H(\mathrm{kJ/mol}) & -131{,}5 & & 717{,}7 & 217{,}8 \end{array}$$

$$\Delta_R H = 10(217{,}8) + 4(717{,}7) - (-131{,}5) = 5180{,}3\,\mathrm{kJ/mol}$$

$$\Delta_{C-C} = \frac{\Delta_R H - (10 \cdot 416)}{3} = \underline{\underline{340{,}1\,\mathrm{kJ/mol}}}$$

Es sei darauf hingewiesen, dass zwar in Propan und iso-Butan alle C–C-Bindungen, nicht aber alle C–H-Bindungen gleichwertig sind. Auch für die 6 gleichen C–H-Bindungen des Ethans kann nur näherungsweise der Wert von Methan angenommen werden.

113

$$\begin{array}{lcll} C + O_2 & \rightleftharpoons & CO_2 & \Delta_R H = -393{,}5\,\mathrm{kJ/mol} \\ CO_2 + 2\,H_2O_{(l)} & \rightleftharpoons & 2\,O_2 + CH_4 & \Delta_R H = 890{,}7\,\mathrm{kJ/mol} \\ 2\,H_2 + O_2 & \rightleftharpoons & 2\,H_2O_{(l)} & \Delta_R H = -572\,\mathrm{kJ/mol} \\ \hline \sum C + 2\,H_2 & \rightleftharpoons & CH_4 & \Delta_R H = -74{,}8\,\mathrm{kJ/mol} \end{array}$$

114

$$\begin{array}{lcll} H_2 + S_{(s)} + 2\,O_2 & \rightleftharpoons & H_2SO_{4(l)} & \Delta_R H = -811{,}3\,\mathrm{kJ/mol} \\ SO_{3(g)} & \rightleftharpoons & S_{(s)} + 1{,}5\,O_{2(l)} & \Delta_R H = 446{,}0\,\mathrm{kJ/mol} \\ H_2O_{(l)} & \rightleftharpoons & H_2 + 0{,}5\,O_2 & \Delta_R H = 286\,\mathrm{kJ/mol} \\ \hline \sum SO_3 + H_2O_{(l)} & \rightleftharpoons & H_2SO_4 & \Delta_R H = -79{,}3\,\mathrm{kJ/mol} \end{array}$$

115 a):

$$\overset{+2\;-1}{MgH_{2(s)}} \rightleftharpoons \overset{0}{Mg_{(s)}} + \overset{0}{H_{2(g)}} \qquad \overset{+2\;\,0\;-1}{Mg_2NiH_{4(s)}} \rightleftharpoons \overset{0\;\;0}{Mg_2Ni_{(s)}} + \overset{0}{2\,H_{2(g)}}$$

b):

Für MgH_2-Zersetzung: $Kp = \frac{p}{p_0}$

Für Mg_2NiH_4-Zersetzung: $Kp = \frac{p^2}{p_0^2}$

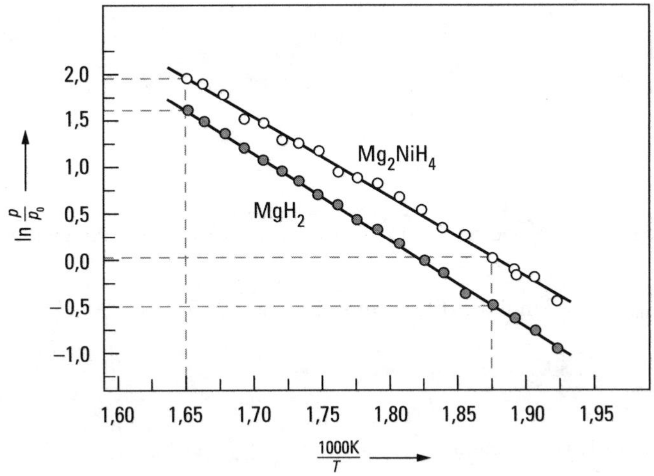

MgH_4 (1000 K/T; ln p/p_0): (1,65 ; 1,60) (1,875 ; −0,5)
(T; p/p_0): (606K ; 4,95) (533K; 0,607)

Mg_2NiH_4 (1000 K/T; ln p/p_0): (1,65 ; 1,95) (1,875 ; 0,05)
(T; p/p_0): (606K ; 7,03) (533K ; 1,05)

Abb. 5.14 Wasserstoffpartialdruck bei den Zersetzungsreaktionen von Magnesiumhydrid und Dimagnesiumnickeltetrahydrid in Abhängigkeit von der Temperatur; mit Angabe verschiedener Wertepaare.

p: Gleichgewichtsdruck von Wasserstoff; p_0: 1 bar

$$\frac{d \ln Kp}{dT} = \frac{\Delta_R H}{RT^2} \rightarrow \Delta_R H = \frac{R \cdot \ln \frac{Kp_1}{Kp_2}}{\frac{1}{T_2} - \frac{1}{T_1}}$$

Abgelesene Wertepaare (Abb. 5.14):

$$MgH_2: \quad \Delta_R H = \left(\frac{8{,}314 \cdot \ln \frac{4{,}95}{0{,}607}}{\frac{1}{533} - \frac{1}{606}}\right) \text{J/mol} = \left(\frac{17{,}45}{2{,}26 \cdot 10^{-4}}\right) \text{J/mol} = \underline{\underline{77\,209{,}8\,\text{J/mol}}}$$

$$Mg_2NiH_4: \quad \Delta_R H = \left(\frac{8{,}314 \cdot \ln \frac{7{,}03^2}{1{,}05^2}}{\frac{1}{533} - \frac{1}{606}}\right) \text{J/mol} = \left(\frac{31{,}62}{2{,}26 \cdot 10^{-4}}\right) \text{J/mol} = \underline{\underline{139\,912\,\text{J/mol}}}$$

c):

$$Mg_2NiH_{4(s)} \rightleftharpoons Mg_2Ni_{(s)} + 2\,H_{2(g)} \qquad \Delta_R H_1 = 139{,}9\,\text{kJ/mol}$$

$$2\,Mg_{(s)} + Ni_{(s)} + 2\,H_{2(g)} \rightleftharpoons Mg_2NiH_{4(s)} \qquad \Delta_R H_2 = -176{,}0\,\text{kJ/mol}$$

$$\sum 2\,Mg_{(s)} + Ni_{(s)} \rightleftharpoons Mg_2Ni_{(s)} \qquad \Delta_R H = \underline{\underline{-36{,}1\,\text{kJ/mol}}}$$

5.8 Entropie

116 **116.1:**
Antwort 1c ist richtig.

116.2:
Da ΔS_{sys} unabhängig vom Weg ist, kann sie auch für die isotherme reversible Expansion berechnet werden:

$$\Delta S_{sys} = n \cdot R \cdot \ln(V_{Ende}/V_{Anfang}) = 3\,\text{mol} \cdot 8{,}3143\,\text{J}/(\text{mol} \cdot \text{K}) \cdot \ln 30/10$$
$$\Delta S_{sys} = \underline{\underline{27{,}4\,\text{J/K}}}$$

116.3:
Bei $dT = 0$ ist $dU = 0$. Nach dem 1. HS ist dann

$$Q = p_{außen} \cdot \Delta V = 10^5\,\text{N/m}^2 \cdot 0{,}02\,\text{m}^3 = 2 \cdot 10^3\,\text{J}$$

und es ergibt sich

$$\Delta S_{umg} = -\frac{Q}{T} = \frac{2 \cdot 10^3\,\text{J}}{288{,}15\,\text{K}} = \underline{\underline{-6{,}94\,\text{J/K}}}\,.$$

116.4:

$$\Delta S_{univ.} = \Delta S_{sys.} + \Delta S_{umg.} = 27{,}4\,\text{J/K} - 6{,}94\,\text{J/K} = \underline{\underline{20{,}46\,\text{J/K}}}$$

Das stimmt mit dem 2. Hauptsatz überein.

117 $$\Delta S = nR \ln \frac{V_2}{V_1} = 1\,\text{mol} \cdot 8{,}3143\,\text{J}/(\text{mol} \cdot \text{K}) \cdot \ln \frac{200\,\text{dm}^3}{100\,\text{dm}^3} = \underline{\underline{5{,}76\,\text{J/K}}}$$

118 Argon ist ein einatomiges Gas mit $Cv = n \cdot \left(\frac{3}{2}R\right)$, unabhängig von T.

$$\Delta S = \int_{T_1}^{T_2} \frac{Cv}{T} dT$$

$$\Delta S = 1\,\text{mol} \cdot 1{,}5 \cdot 8{,}3143\,\text{J}/(\text{mol} \cdot \text{K}) \cdot \ln \frac{600\,\text{K}}{300\,\text{K}} = \underline{\underline{8{,}64\,\text{J/K}}}\,.$$

Der Vergleich dieses Ergebnisses mit dem von Aufgabe 110 ergibt, dass die Verdoppelung von T die Entropie eines idealen Gases etwas stärker erhöht als die Verdoppelung von V.

119

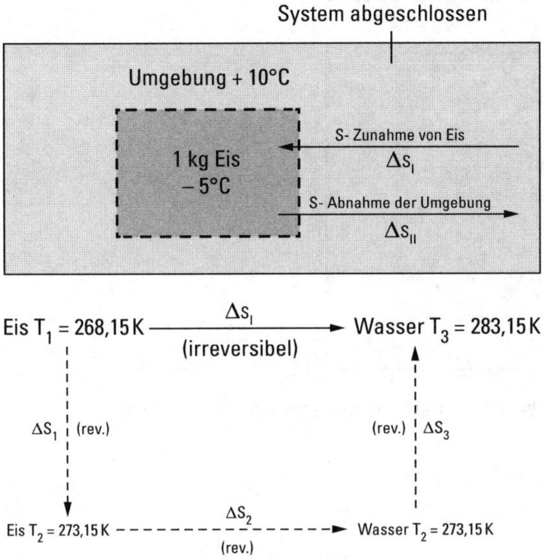

Abb. 5.15 Schema zur Berechnung von ΔS beim Schmelzen von Eis.

$$\begin{aligned}
\Delta S_I &= \Delta S_1 + \Delta S_2 + \Delta S_3 \\
&= m_{\text{Eis}} \cdot c_{\text{Eis}} \cdot \ln \frac{T_2}{T_1} + \frac{\Delta H_{\text{Sm}}}{T_2} + m_{\text{Wasser}} \cdot c_{\text{Wasser}} \cdot \ln \frac{T_3}{T_2} \\
&= \underline{\underline{1{,}411 \frac{\text{kJ}}{\text{K}}}}
\end{aligned}$$

$$\begin{aligned}
\Delta S_{II} &= \frac{\Delta H_{\text{Umgebung}}}{T_3} \\
&= \frac{-(m_{\text{Eis}} \cdot c_{\text{Eis}} \cdot (T_2 - T_1)) - (\Delta H_{Sm(Eis)} \cdot m_{\text{Eis}}) - (m_{\text{Wasser}} \cdot c_{\text{Wasser}} \cdot (T_3 - T_2))}{T_3} \\
&= \underline{\underline{-1{,}362 \frac{\text{kJ}}{\text{K}}}}
\end{aligned}$$

$$\underline{\underline{\Delta S_{\text{ges.}} = \Delta S_I + \Delta S_2 = 0{,}049 \frac{\text{kJ}}{\text{K}}}}$$

120 $\Delta S = \dfrac{\Delta H_{\text{Vd}}}{T_{\text{Sd}}} \quad \Delta S = \dfrac{43\,500\,\text{J/mol}}{351{,}5\,\text{K}} = \underline{\underline{123{,}76\,\text{J/(mol} \cdot \text{K)}}}$

121 $\Delta S = \dfrac{\Delta H_{\text{Sm}}}{T_{\text{Sm}}} \quad \Delta S = \dfrac{4600\,\text{J/mol}}{156\,\text{K}} = \underline{\underline{29{,}5\,\text{J/(mol} \cdot \text{K)}}}$

122

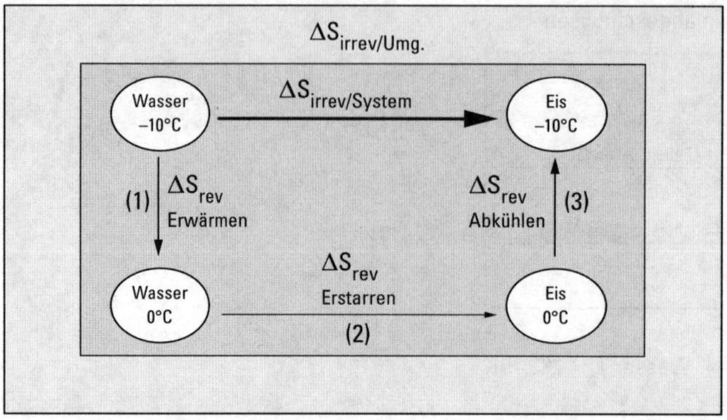

Abb. 5.16 Schema zur Berechnung von ΔS bei der Erstarrung von unterkühltem Wasser.

$$\begin{aligned}
\Delta S_{\text{irrev./System}} &= \Delta S_{\text{rev}(.1)} + \Delta S_{\text{rev}(.2)} + \Delta S_{\text{rev}(.3)} \\
&= Cp_{(l)} \cdot \int_{263,15}^{273,15} \frac{dT}{T} + \frac{\Delta H}{273,15} + Cp_{(S)} \cdot \int_{273,15}^{263,15} \frac{dT}{T} \\
&= 75,3 \cdot \ln \frac{273,15}{263,15} + \frac{-5950}{273,15} + 36,9 \cdot \ln \frac{263,15}{273,15} \\
&= 2,81 - 21,8 - 1,38 \\
&= -20,35\,\text{J}/(\text{mol}\cdot\text{K})
\end{aligned}$$

$$\begin{aligned}
\Delta H^{263,15} &= \Delta H^{273,15} + \Delta Cp \cdot \int_{273,1}^{263,15} dT = -5950 + \left[(36,9 - 75,3)\cdot(-10)\right] \\
&= -5566\,\text{J/mol}
\end{aligned}$$

$$\Delta S_{\text{irrev./Umg.}} = \frac{\Delta H_{\text{Erst}}^{263,15}}{263,15} = \frac{+5566}{263,15} = 21,15\,\text{J}/(\text{mol}\cdot\text{K})$$

$$\Delta S_{\text{gesamt}} = \Delta S_{\text{irrev.System}} + \Delta S_{\text{irrev./Umgeb}} = -20,35 + 21,15 = \underline{\underline{0,80\,\text{J}/(\text{mol}\cdot\text{K})}}$$

123 $\Delta S_{\text{Vd.}} = \frac{\Delta H_{\text{Vd}}}{T_{\text{Sd}}}$

	a)	b)	c)	d)	e)	f)
$\Delta S\left[\frac{\text{J}}{\text{mol}\cdot\text{K}}\right]$	108,82	80,68	84,33	87,94	87,11	85,5

ΔS hat für alle nicht assoziierenden Flüssigkeiten etwa den gleichen Wert (Trouton'sche Regel!).

124 $$\Delta S = \int_{263,15}^{273,15} \left(\frac{2,09}{T} + \frac{0,126T}{T}\right) dT + \frac{\Delta H_{\text{Sm}}}{T_{\text{Sm}}} + C_p \cdot \int_{273,15}^{283,15} \frac{dT}{T}$$

$$\Delta S = 2,09 \cdot \ln \frac{273,15}{263,15} + 0,126 \cdot (273,15 - 263,15) + \frac{6012,41}{273,15} + 75,3 \cdot \ln \frac{283,15}{273,15}$$

$$\Delta S = \underline{\underline{26,06\,\text{J}/(\text{mol}\cdot\text{K})}}$$

125 $$n_{\text{Wasser}} \cdot Cp_{\text{Wasser}} = m_{\text{Wasser}} \cdot c_{\text{Wasser}} \quad \Delta H_{\text{Vd}} = M_{\text{Wasser}} \cdot \Delta H_{\text{spez Vd}} = 40\,626\,\text{J/mol}$$

$$\Delta S = m_{\text{Wasser}} \cdot c_{\text{Wasser}} \cdot \ln \frac{T_2}{T_1} + n_{\text{Wasser}} \cdot \frac{\Delta H_{\text{Vd}}}{T_{\text{Sd}}} + m_{\text{Wasser}} \cdot c_{\text{Wasserdampf}} \cdot \ln \frac{T_2}{T_1}$$

$$\Delta S = 100 \cdot 4,19 \cdot \ln \frac{373,15}{298,15} + 5,5\bar{5} \cdot \frac{40\,626}{373,15} + 100 \cdot 1,997 \ln \frac{383,15}{373,15}$$

$$\Delta S = 94,02 + 604,25 + 5,28 = \underline{\underline{703,55\,\text{J/K}}}$$

126 $$\Delta S = \int_{423,15}^{473,15} \frac{Cp}{T} dT = \int_{423,15}^{473,15} \left(\frac{36,87}{T} - 7,93 \cdot 10^{-3} + 9,29 \cdot 10^{-6} T\right) dT$$

$$= 4,12 - 0,4 + 0,21$$

$$\Delta S = 3,93\,\text{J}/(\text{mol}\cdot\text{K})$$

127 $$\Delta S = n \cdot \left[Cp \ln \frac{T_2}{T_1} - R \cdot \ln \frac{p_2}{p_1}\right] \qquad \frac{T_2}{T_1} = \frac{p_2 V_2}{p_1 V_1}$$

$$\Delta S = n \cdot \left[Cp \cdot \ln \frac{p_2 V_2}{p_1 V_1} - R \cdot \ln \frac{p_2}{p_1}\right] = 2 \cdot (15,8 + 5,79) = \underline{\underline{43,18\,\text{J/K}}}$$

128 $$n = \frac{pV}{RT} \quad n_{O_2} = \frac{101\,325 \cdot 10^{-4}}{8,3143 \cdot 290,15} = 4,2 \cdot 10^{-3}\,\text{mol} \qquad n_{N_2} = 4 \cdot n_{O_2} = 1,68 \cdot 10^{-2}\,\text{mol}$$

$$\Delta S = \left(n_{O_2} \cdot R \cdot \ln \frac{500}{100}\right) + \left(n_{N_2} \cdot R \cdot \ln \frac{500}{400}\right) = 0,0562 + 0,03117$$

$$\Delta S = 0,08737\,\text{J/K}$$

129 $$\Delta S = \left(0,015 \cdot R \cdot \ln \frac{100}{1,5}\right) + \left(0,236 \cdot R \cdot \ln \frac{100}{23,6}\right) + \left(0,226 \cdot R \cdot \ln \frac{100}{22,6}\right)$$

$$+ \left(0,523 \cdot R \cdot \ln \frac{100}{52,3}\right)$$

$$= \underline{\underline{8,97\,\text{J}/(\text{mol}\cdot\text{K})}}$$

130 $n_{O_2} = 12/32 = 0{,}375\,\text{mol}$

$$\Delta S = n_{O_2} \cdot \left[Cp \ln \frac{T_2}{T_1} - R \cdot \ln \frac{p_2}{p_1} \right] = 0{,}375 \cdot \left[29{,}18 \ln \frac{233{,}15}{293{,}15} - 8{,}3143 \cdot \ln \frac{60}{1} \right]$$

$$\Delta S = -15{,}27\,\text{J/K}$$

131 Man differenziert die Gibbs-Duhem'sche Gleichung $Sm = \overline{S}_1\chi_1 + \overline{S}_2\chi_2$ nach χ_1 zu

$$\frac{dSm}{d\chi_1} = \overline{S}_1 - \overline{S}_2$$

und erhält:

$$\overline{S}_1 = Sm + \chi_2 \cdot \frac{dSm}{d\chi_1} = 8{,}266 + 0{,}75 \cdot 4{,}36 = 11{,}536\,\text{J/(mol} \cdot \text{K)}$$

$$\overline{S}_2 = \frac{Sm - (\overline{S}_1 \cdot \chi_1)}{\chi_2} = \frac{8{,}266 - (11{,}563 \cdot 0{,}25)}{0{,}75} = 7{,}176\,\text{J/(mol} \cdot \text{K)}$$

$$\Delta S = \overline{S}_1 + \overline{S}_2 = 11{,}536 + 7{,}176 = 18{,}712\,\text{J/(mol} \cdot \text{K)}$$

132

		Donator		Akzeptor	
(−)		(Pt) $H_2/2\,H^+$	//	$\frac{1}{2}\,O_2(H_2O)/2\,OH^-$ (Pt)	(+)
Anode	E^0(V)	0		0,4	Kathode

a)

$$\left[\frac{\partial(\Delta E)}{\partial T}\right]_p = \frac{\Delta S}{zF};$$

$$\Delta S = \frac{\Delta(\Delta E) \cdot z \cdot F}{\Delta T} = \frac{0{,}021\,\text{V} \cdot 2 \cdot 96\,487\,\text{As}}{50\,\text{K} \cdot \text{mol}} = \underline{\underline{81{,}05\,\text{J/(mol} \cdot \text{K)}}}$$

b)

$$H_{2(g)} + 0{,}5\,O_{2(g)} + H_2O_{(l)} \rightleftharpoons 2\,H^+_{(aq)} + 2\,OH^-_{(aq)}$$

$$\Delta E = \Delta E^0 - \frac{0{,}05916}{2} \lg(c^2_{H^+} \cdot c^2_{OH^-})$$

$$\Delta E = 0{,}654\,\text{V}; \quad \Delta E^0 = 0{,}4\,\text{V}; \quad c_{OH^-} = 0{,}02\,\text{mol/dm}^3$$

$$\lg c^2_{H^+} = \frac{2(0{,}654 - 04)}{0{,}05916} + \lg(0{,}02)^2; \quad c_{H^+} = 2{,}54 \cdot 10^{-3}\,\text{mol/dm}^3; \quad \underline{\underline{pH = 2{,}59}}$$

5.9 Wirkungsgrad und Leistungszahl

133 $$\eta = \frac{T_1 - T_2}{T_1} = \frac{Q_1 - Q_2}{Q_1} \qquad \eta = \frac{300 - 200}{200} = \frac{80}{Q_1} = \frac{1}{3}$$

$Q_1 = 240\,\text{kJ} \quad Q_2 = 160\,\text{kJ}$

134 Es gilt

$$\eta_1 = \frac{T_1 - T_2}{T_1} \quad \text{oder} \quad T_1 = \frac{T_2}{1 - \eta_1}.$$

Entsprechend ergibt sich für den erhöhten Wirkungsgrad

$$\eta_2 = 50\,\% : \ T_1 = \frac{T_2}{1 - \eta_2}.$$

Dann ist

$$\Delta T = \frac{T_2}{1 - \eta_2} - \frac{T_2}{1 - \eta_1} = \frac{T_2(\eta_2 - \eta_1)}{(1 - \eta_1)(1 - \eta_2)} = \frac{285{,}15\,\text{K} \cdot 0{,}1}{0{,}6 \cdot 0{,}5} = 95{,}05 \approx \underline{\underline{95\,\text{K}}}.$$

135

$$\text{P} = \frac{\eta \cdot m \cdot H}{t} = \frac{0{,}3 \cdot 6{,}3\,\text{kg} \cdot 45{,}2\,\text{MJ/kg}}{1\,\text{h}}$$

$$= 85{,}428\,\frac{\text{MJ}}{\text{h}} = 23\,730\,\frac{\text{J}}{\text{s}} = 23\,730\,\text{W} = \underline{\underline{23{,}73\,\text{kW}}}$$

136 a):

$$\eta_K = \frac{T_2}{T_1 - T_2} = \frac{280{,}15\,\text{K}}{300{,}15\,\text{K} - 280{,}15\,\text{K}} = \underline{\underline{14{,}01}}$$

b):

$$\eta_W = \frac{T_1}{T_1 - T_2} = \frac{293{,}15\,\text{K}}{293{,}15\,\text{K} - 273{,}15\,\text{K}} = \underline{\underline{14{,}66}}$$

c):

Eine solche Kühlung (a) bzw. Heizung (b) arbeitet überaus günstig. Dies kommt daher, weil die gelieferte Wärmeenergie Q_1 erheblich größer als Q_2 ist. Die in (a) und (b) errechneten Leistungszahlen werden in der Praxis nicht erreicht, weil die Berechnung sich auf eine ideale Kühlmaschine bzw. Wärmepumpe, in der nur reversible Prozesse ablaufen, bezieht. Obwohl die praktisch realisierbaren Leistungszahlen niedriger liegen, sind sie immer noch wesentlich besser, als bei den traditionellen Kühlungs- bzw. Heizungsverfahren.

137 **137.1:**

In den Tropen besteht zwischen dem Oberflächenwasser (25 °C) und dem Wasser in 300 m Tiefe (5 °C) ein beachtlicher Temperaturunterschied (20 K).

$$\eta = \frac{W}{Q_1} = \frac{Q_1 - Q_2}{Q_1} = \frac{T_1 - T_2}{T_1} = \frac{20\,K}{298\,K} = \underline{\underline{0{,}067}}$$

137.2:

In der Realität erreicht keine technische Maschine/Anlage den relativ hohen Wirkungsgrad η_{ATP} des lebenden höheren Organismus. Bei den genannten Temperaturen des Versuchskraftwerkes beträgt der maximale Wirkungsgrad lediglich 0,067. Dafür fallen jedoch die Kosten für den Brennstoff weg. Es ist klar, dass über den Nutzen der verschiedenen Möglichkeiten zur Energieerzeugung nicht auf Grund thermodynamischer Überlegungen allein entschieden werden kann, sondern dass dabei auch geographische, technologische, ökonomische, ökologische und politische Faktoren eine Rolle spielen.

138 **138.1:**

$$\varphi = \frac{m}{V} = \frac{n \cdot M}{V} = \frac{p \cdot M}{R \cdot T}$$

$$\varphi = \frac{80 \cdot 10^6\,\text{Pa} \cdot 2\,\text{g/mol}}{8314{,}3\,\text{Pa} \cdot \text{dm}^3/(\text{mol} \cdot \text{K}) \cdot 298\,\text{K}} = \underline{\underline{64{,}6\,\text{g/dm}^3 = 64{,}6\,\text{kg/m}^3}}$$

138.2:

$$H_2 + 0{,}5\,O_2 \rightleftharpoons H_2O_{(l)} \quad \Delta_V H^0 = -286\,\text{kJ/mol} = -143\,\text{kJ/g Wasserstoff}$$

$$C_{(s)} + O_2 \rightleftharpoons CO_2 \quad \Delta_V H^0 = -394\,\text{kJ/mol} = -32{,}8\,\text{kJ/g Kohlenstoff}$$

$$\Delta_V H^0\text{-Verhältnis} = \frac{-143}{-32{,}8} = 4{,}36$$

138.3:

a):

$$\Delta_R S^0 = \sum S^0_{\text{Prod}} - \sum S^0_{\text{Ed}} = (70 - 131 - 102{,}5)\,\text{J/(mol} \cdot \text{K)} = 163{,}5\,\text{J/(mol} \cdot \text{K)}$$

$$\begin{aligned}\Delta_R G^0 &= \Delta_V H^0 - T\Delta_R S^0 \\ &= -286\,\text{kJ/mol} + (298 \cdot 0{,}1635)\,\text{kJ/mol} \\ &= -237{,}3\,\text{kJ/mol} = -118{,}64\,\text{kJ/g}\end{aligned}$$

$$\begin{aligned}W_{\max} &= \Delta_R G^0 \cdot m_{H_2} \\ &= -118{,}64 \cdot 10^3\,\text{kJ/kg} \cdot 1\,\text{kg} \\ &= -118{,}64 \cdot 10^3\,\text{kJ} = -1{,}1864 \cdot 10^8\,\text{Ws} = \underline{\underline{-32{,}96\,\text{kWh}}}\end{aligned}$$

$$\Delta G^0 = -zF\Delta E^0\,; \quad \Delta E^0 = \frac{-\Delta G^0}{z \cdot F} = \frac{237\,300\,\text{V} \cdot \text{As/mol}}{2 \cdot 96\,487\,\text{As/mol}} = 1{,}23\,\text{V}$$

$$t = \frac{-W_{\max}}{1\,\text{W}} = \frac{1{,}1864 \cdot 10^8\,\text{Ws}}{1\,\text{W}} = \underline{\underline{32\,955{,}6\,\text{h}}} = \underline{\underline{1373{,}15\,\text{d}}}$$

$$I = \frac{1\,\text{W}}{1{,}23\,\text{V}} = \underline{\underline{0{,}813\,\text{A}}}$$

b):

$$\eta = 1 - \frac{T_{\text{kalt}}}{T_{\text{heiss}}} = 1 - \frac{298\,\text{K}}{573\,\text{K}} = 0{,}48$$

$$\begin{aligned}W_{\max} &= \Delta_V H^0 \cdot m_{H_2} \cdot \eta = -143 \cdot 10^3\,\text{kJ/kg} \cdot 1\,\text{kg} \cdot 0{,}48 \\ &= -6{,}864 \cdot 10^4\,\text{kJ} = \underline{\underline{-19{,}07\,\text{kWh}}}\end{aligned}$$

$$\frac{W_{\max\,(131.3a)}}{W_{\max\,(131.3b)}} = \frac{-32{,}96\,\text{kWh}}{-19{,}07\,\text{kWh}} = \frac{1{,}723}{1}$$

5.10 Atomkraft und ihre Alternativen im Spektrum der Energieerzeugung

139 Kernbindungsenergie.

139.1 Die Kernbindungsenergie ist die Energiemenge, die frei wird, wenn sich Nukleonen zu einem Atomkern verbinden. Dies ist nach der Einsteinschen Beziehung $E = \Delta m \cdot c^2$ mit einem Massendefekt verbunden. Der Zusammenhalt der Nukleonen wird durch Kernkräfte gewährleistet. Dies sind die stärksten bekannten Wechselwirkungskräfte überhaupt. Die Abstoßungskräfte zwischen den Nukleonen werden durch sie überkompensiert. Die Reichweite der Kernkräfte ist jedoch auf etwa $5 \cdot 10^{-13}$ cm beschränkt, darüber hinaus nehmen sie exponentiell mit der Entfernung vom Kern ab. Die Wechselwirkungskräfte zwischen den Nukleonen werden nach Yukawa (jap. Physiker) durch Austausch sog. π-Mesonen erklärt, welche nur während des Austausches existieren. Durch Mesonenabgabe wird ein Proton in ein Neutron umgewandelt und umgekehert: $\mathrm{n} + \mathrm{p} \overset{\pi}{\longleftrightarrow} \mathrm{p} + \mathrm{n}$.

139.2 a) Verbrennung von Kohlenstoff: $C_{(s)} + O_{2(g)} \longrightarrow CO_{2(g)}$

$$E_1 = \Delta_V H = -394\,\mathrm{kJ/mol} = \underline{\underline{-3{,}28 \cdot 10^4\,\mathrm{kJ/kg}}} = -2{,}047 \cdot 10^{20}\,\mathrm{MeV/kg}$$

Kernspaltung: ${}^{235}_{92}\mathrm{U} + {}^{1}_{0}\mathrm{n} \longrightarrow {}^{89}_{36}\mathrm{Kr} + {}^{144}_{56}\mathrm{Ba} + 3\,{}^{1}_{0}\mathrm{n}$

$$\Delta m = m_{\mathrm{Pr}} - m_{\mathrm{Ed}} = 235{,}867\,\mathrm{u} - 236{,}053\,\mathrm{u} = -0.18602\,\mathrm{u}$$

$$\begin{aligned} E_2 &= \Delta m \cdot u \cdot c^2 = -0.18602\,\mathrm{u} \cdot 1{,}66053873 \cdot 10^{-27}\,\mathrm{kg/u} \cdot (299792458)^2\,\mathrm{m^2/s^2} \\ &= -2{,}7762 \cdot 10^{-11}\,\mathrm{kgm^2/(s^2Kern)} = -2{,}7762 \cdot 10^{-14}\,\mathrm{kJ/Kern} \\ &= -173{,}296\,\mathrm{MeV/Kern} \\ &= -1{,}67187 \cdot 10^{10}\,\mathrm{kJ/mol} = \underline{\underline{-7{,}11433 \cdot 10^{10}\,\mathrm{kJ/kg}}} = -4{,}441 \cdot 10^{26}\,\mathrm{MeV/kg} \end{aligned}$$

$$X = \frac{E_2}{E_1} = \frac{-7{,}11433 \cdot 10^{10}\,\mathrm{kJ/kg}}{-3{,}28 \cdot 10^4\,\mathrm{kJ/kg}} = \underline{\underline{2{,}169 \cdot 10^6}}$$

139.2 b) Kernfusion: ${}^{2}_{1}\mathrm{H} + {}^{3}_{1}\mathrm{H} \longrightarrow {}^{4}_{2}\mathrm{He} + {}^{1}_{0}\mathrm{n}$

$$\begin{aligned} \Delta m &= m_{\mathrm{Pr}} - m_{\mathrm{Ed}} = 5{,}01018\,\mathrm{u} - 5{,}03019\,\mathrm{u} = -0{,}02002\,\mathrm{u} \\ E &= \Delta m \cdot \mathrm{u} \cdot c^2 = -0{,}02002\,\mathrm{u} \cdot 1{,}66053873 \cdot 10^{-27}\,\mathrm{kg/u} \cdot 299792458^2\,\mathrm{m^2/s^2} \\ &= -2{,}98782 \cdot 10^{-12}\,\mathrm{kgm^2/(s^2Kern)} = -2{,}98782 \cdot 10^{-15}\,\mathrm{kJ/Kern} \\ &= -18{,}65\,\mathrm{MeV/Kern} \\ &= -1{,}79931 \cdot 10^9\,\mathrm{kJ/mol} = \underline{\underline{-4{,}49827 \cdot 10^{11}\,\mathrm{kJ/kg}}} = -2{,}808 \cdot 10^{27}\,\mathrm{MeV/kg} \end{aligned}$$

$$\mathrm{Faktor} = \frac{E}{E_2} = \frac{-4{,}49827 \cdot 10^{11}\,\mathrm{kJ/kg}}{-7{,}11433 \cdot 10^{10}\,\mathrm{kJ/kg}} = \underline{\underline{6{,}323}}$$

139.3 Die graphische Darstellung macht deutlich, dass die mittlere Bindungsenergie pro Nukleon, die in den leichteren Nukliden (z. B. $E_{k(\varnothing,\mathrm{je\,Nukl.})}$ von ${}^{2}_{1}\mathrm{H} = 1{,}11\,\mathrm{MeV}$) geringer ist als in den schwereren, schon bei mittleren Massenzahlen das Maximum erreicht (z. B. $E_{k(\varnothing,\mathrm{je\,Nukl.})}$ von ${}^{56}_{26}\mathrm{Fe} = 8{,}79\,\mathrm{MeV}$). Zu höheren Massenzahlen fällt sie wieder ab (z. B. $E_{k(\varnothing,\mathrm{je\,Nukl.})}$ von ${}^{235}_{92}\mathrm{U} = 7{,}59\,\mathrm{MeV}$). Dabei vergrößern sich zwar mit zunehmender Nukleonenzahl die Kernkräfte, aber das p/n-Zahlenverhältnis ändert sich deutlich zugunsten der Protonen p. Deren abstoßende Wirkungen lockern den Zusammenhalt zwischen den Kernteilchen, wodurch die Kerne an Stabilität verlieren. Sie versuchen durch die Aussendung und/oder Umwandlung von Kernbausteinen in einen stabileren Zustand zu kommen, wobei gleichzeitig eine Elementumwandlung stattfindet (Radioaktivität).

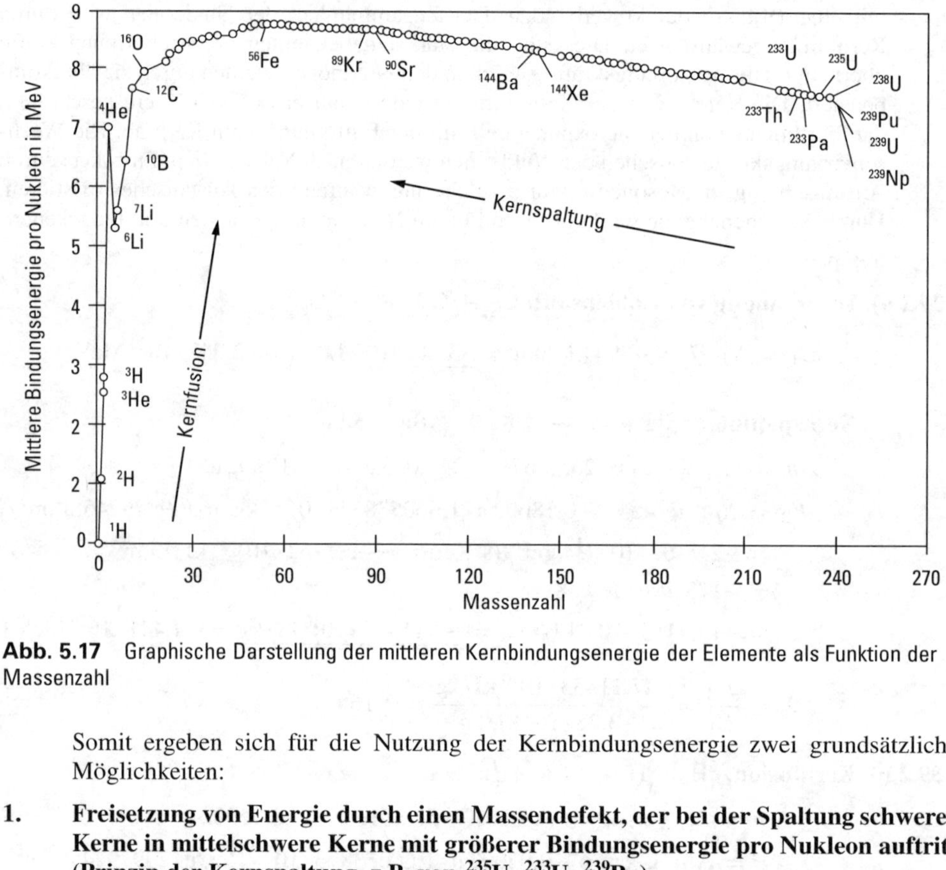

Abb. 5.17 Graphische Darstellung der mittleren Kernbindungsenergie der Elemente als Funktion der Massenzahl

Somit ergeben sich für die Nutzung der Kernbindungsenergie zwei grundsätzliche Möglichkeiten:

1. **Freisetzung von Energie durch einen Massendefekt, der bei der Spaltung schwerer Kerne in mittelschwere Kerne mit größerer Bindungsenergie pro Nukleon auftritt (Prinzip der Kernspaltung, z.B. von $^{235}_{92}U$, $^{233}_{92}U$, $^{239}_{94}Pu$).**

So betrugen im Jahre 1997 in der EU die prozentualen Kernenergie-Anteile an der gesamten Netto-Stromenergie wie folgt (si/Quelle: Verband der Elektrizitätswirtschaft VDEW):

F	B	S	E	**D**	Fin	GB	NL
78 %	60 %	46 %	32 %	**31 %**	30 %	29 %	3 %

Nach Angaben der IAEA (Atomic Energy Agency) vom 21. Jan. 2013 sind weltweit **437 KKW** (Kernkraftwerke) in 30 Ländern in Betrieb, jedoch wird der Mythos von der angeblich sicheren Atomkraft zunehmend mit der Forderung nach generellem Ausstieg aus der Energiegewinnung durch Kernspaltung diskutiert, was den Einstieg in alternative Formen der Energieerzeugung bedeutet. Das Erdbeben, der Tsunami und die Atomkatastrophe in Japan 2011, aber auch die Katastrophe von Tschernobyl 1986 und andere Ereignisse sind dafür tiefgreifende Vorwarnungen. Ein Super-GAU ist überall dort möglich, wo Kernkraftwerke betrieben werden. Die absolut sichere Technik gibt es nicht, denn alle technischen Anlagen sind von Menschen geplant und gebaut, werden von ihnen betrieben, gewartet und überwacht, wobei Fehler nicht vollends vermeidbar sind. Außerdem stellt die nicht gelöste Entsorgung des Atommülls für die nächsten Generationen ein enormes Sicherheits- und Finanzproblem dar. In Deutschland wurde daher die Realisierung einer nachhaltigen Energieversorgung in den Sektoren Strom, Wärme und Mobilität mit „Erneuerbaren Energien" (Solarenergie, Windkraft, Wasserkraft, Biomasse,...) schon seit den 1980er Jahren (oft sehr umstritten) verfolgt. Im Juni 2011 beschloss seine Bundesregierung den endgültigen Atomausstieg bis 2022 und leitete so die Energiewende ein. Der Umbau der Energieversorgung soll bis 2050 $\geq$ 80 % „Erneuerbare Energien" bei Strom und Wärme erreichen. Das Vorhaben ist weltweit einzigartig. Dabei auftretende Probleme können nur gelöst werden im Spannungsfeld (einschließlich temporärer Prioritätensetzung) zwischen Forschung, Politik, Industrie und Gesellschaft, nämlich

- einer Forschung, die bereit ist, interdisziplinär nach innovativen Technologien zu suchen,
- einer Politik, die durch Vorgaben Anreize für die industrielle Umsetzung neuer Technologien schafft,
- einer Industrie, die diese Technologien auf den Markt bringt, und
- einer Gesellschaft, die bereit ist, in ihrem Konsumverhalten die Fragen des Klimaschutzes zu berücksichtigen.

2. Freisetzung von Kernbindungsenergie durch den auftretenden Massendefekt beim Verschmelzen von sehr leichten Kernen (Prinzip der Kernfusion)

Die Energiegewinnung aus einer Kernfusion, für die die größten Erwartungen in Bezug auf eine maßgebliche Minderung der Sicherheits- und Entsorgungsprobleme geweckt werden, ist technisch mit großen **Hürden und Problemen** verbunden, da ein einfaches Beschießen der Teilchen wegen der zu geringen Wirkungsquerschnitte nicht zur Reaktion ausreicht. Die Kerne müssen in einem geringen Volumen längere Zeit die Möglichkeit haben, miteinander in Kontakt zu kommen. Um die starken elektrostatischen Abstoßungskräfte zu überwinden und Fusionsstöße zu erreichen, sind Temperaturen um 10^8 K sowie ausreichende Dichte und Einschlußzeit des entstehenden Plasmas im Reaktionsraum notwendig. Das Plasma muss durch starke Magnetfelder gebündelt und auf engem Raum zusammengehalten werden. Auch zeigte sich, dass zur Fusion vornehmlich die Umsetzung ${}_1^2\text{H} + {}_1^3\text{H} \longrightarrow {}_2^4\text{He} + {}_0^1\text{n}$ geeignet ist. Als Fusionsbrennstoff werden also Deuterium D (${}_1^2\text{H}$) und das radioaktive Tritium T (${}_1^3\text{H}$) benötigt. Letzteres kommt in der Natur nur in Spuren vor und muss daher durch Kernumwandlung gewonnen werden: ${}_3^7\text{Li} + {}_0^1\text{n} \longrightarrow {}_1^3\text{H} + {}_2^4\text{He} + {}_0^1\text{n}$.

Die unkontrollierte Kernfusion ist in der SU beim Bau der Wasserstoffbombe („Zar-Bombe") mißbraucht worden. Mit einer Uranbombe als Reaktionsauslöser erreichte man bei ihr die zur Zündung erforderliche Temperatur. Der Abwurf erfolgte am 30. 06. 1961 auf der Insel Nowaja Semlja. Die Sprengkraft betrug $\approx$ 55 MT TNT-Äquivalent ($\approx$ 4000-mal stärker als die der Hiroshima-Bombe vom 06. 08. 1945).

139.4 a) Kohlekraftwerk

Die Kohle wird in Dampfkesselanlagen verbrannt, und zwar entweder in Stücken bestimmter Größe entsprechend der Feuerungsanlage oder nach voraufgegangener Vermahlung als Kohlenstaub. Die Feuergase umspülen die Röhren der Kesselanlage, geben ihre Restwärme in Wasser- und Luftvorwärmern ab und entweichen nach Entstaubung

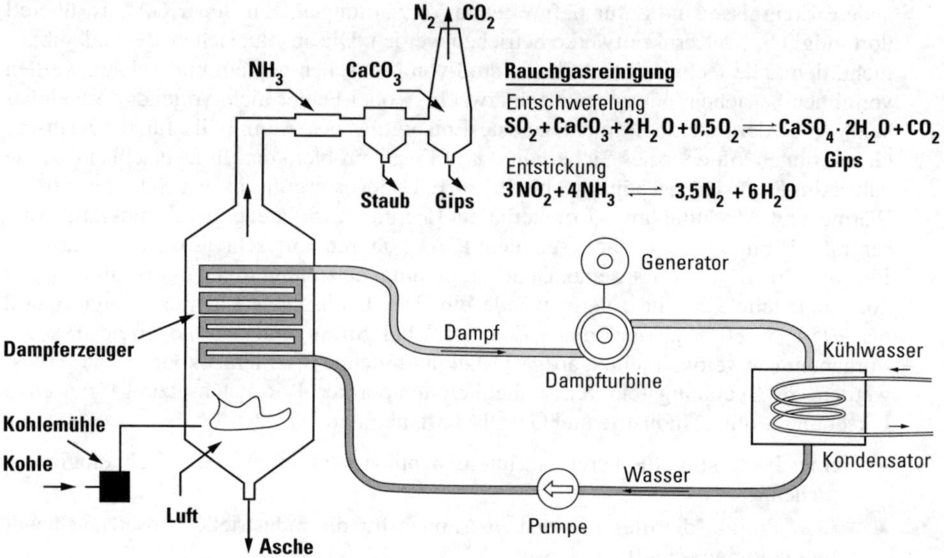

Abb. 5.18 Schema eines Kohlekraftwerkes

(in Abscheidern oder Elektrofiltern), Entschwefelung und Entstickung durch Schornsteine mit natürlichem oder künstlichem Zug. Temperatur und Zusammensetzung der Rauchgase werden ständig überprüft, ebenso Dampfdruck und Dampftemperatur. Je höher beide liegen, um so höher kann der Carnotsche Wirkungsgrad η sein; die Grenze ist die Widerstandsfähigkeit des Materials. Man bevorzugt Dampfkessel mit Höchstdrücken bis zu 125 bar und 800 °C. Vom Dampfkessel strömt der Dampf in die Dampfturbinen. Durch den Druck auf die Turbinenschaufeln wird die Turbine in Rotation versetzt. In dem mit der Turbine gekoppelten Generator wird der Strom erzeugt.

139.4 b) Kernkraftwerk (KKW) mit Leichtwasserreaktor

Bei der Kernspaltung von $^{235}_{92}U$ in den Brennelementen dringt ein Neutron $^{1}_{0}n$ in einen Urankern ein, wodurch dieser vollends instabil wird und sich unter Freisetzung von 3 $^{1}_{0}n$ in zwei Teilstücke ($^{89}_{36}Kr$; $^{144}_{56}Ba$) spaltet. Diese Kerne werden voneinander fortgeschleudert, und ihre Bewegungsenergie überträgt sich durch Abbremsen als Wärmeenergie auf einen Wasserkreislauf. Sein Wasser (Kühlmittel) kann direkt zu Dampf umgewandelt werden (Siedewasserreaktor) oder bei hohem Druck über einen Wärmetauscher in einem zweiten Wasserkreislauf Dampf erzeugen (Druckwasserreaktor, s. Abb. 5.19). Der Wasserdampf treibt eine Turbine, die ihrerseits zum Antrieb eines stromerzeugenden Generators dient. Nach Abgabe seiner Arbeitsfähigkeit wird der Dampf durch Kühlung in einem Kondensator wieder verflüssigt und anschließend als „Speisewasser" von neuem erhitzt. Die Brennelemente sind ständig von Wasser umgeben. Es dient der Abfuhr der Wärmeenergie und bremst die Geschwindigkeit der freien Neutronen, die bei der Kernspaltung entstehen. Diese Moderatorfunktion des Wassers ist für den Reaktorbetrieb physikalisch unerlässlich, da nur gebremste Neutronen $^{1}_{0}n$ in die Atomkerne des Urans $^{235}_{92}U$ eindringen und deren Spaltung veranlassen können. Ohne Wasser würde die Kettenreaktion abbrechen. Der Reaktor muss demnach so gesteuert werden, dass die nutzbare Zahl der Neutronen gerade der Zahl der Spaltprozesse entspricht. Im unterkritischen Fall wird er verlöschen, bei überkritischem Betrieb kommt es zur Explosion. Zur Steuerung befinden sich in den Brennelementen Steuerstäbe, die mehr oder minder tief zwischen die Brennstäbe eingefahren werden können. Die Steuerstäbe enthalten ein Material (z. B. Boral: Al-BC_3-Leg.), dessen $^{10}_{5}B$ die Eigenschaft hat, Neutronenstrahlung abzufangen ($^{1}_{0}n + ^{10}_{5}B \longrightarrow ^{7}_{3}Li + ^{4}_{2}He$), bevor sie die Brennstäbe erreicht. Das entstehende $^{7}_{3}Li$ gelangt in das Kühlmittel. Je weniger Neutronen für die Auslösung von Spaltvorgängen zur Verfügung stehen, desto geringer ist die Wärmeproduktion des Reaktors. Um den Reaktor abzuschalten, werden alle Steuerstäbe vollständig in die Brennelemente eingefahren.

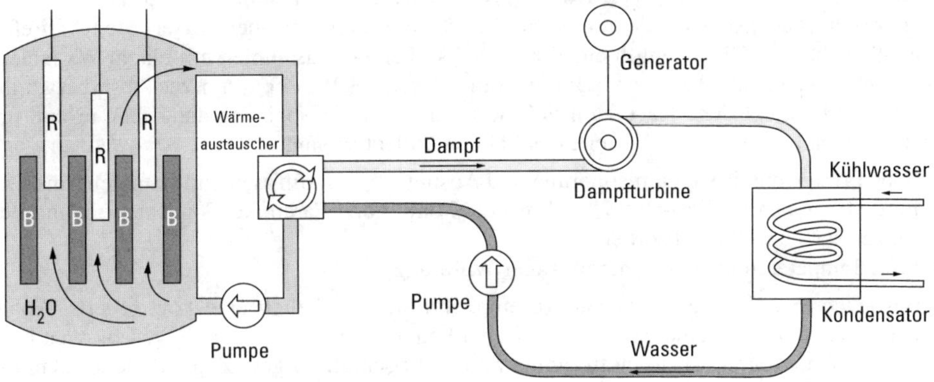

Abb. 5.19 Schema eines Kernkraftwerkes mit Druckwasserreaktor, H_2O = Moderator, B = Brennstäbe, R = Regelstäbe

Kernkraftwerke (KKW) mit steuerbarem Hochtemperaturreaktor verwenden kugelige, $^{232}_{90}Th$-haltige $^{235}_{92}U$-Brennelemente mit einer Graphithülle (Moderator) und als Kühlmittel inertes Helium. Bei der hohen Reaktortemperatur ensteht gleichzeitig spaltbares $^{233}_{92}U$ durch $^{232}_{90}Th$-Umsetzung: $^{232}_{90}Th(n,\gamma)^{233}_{90}Th \xrightarrow{\beta} {}^{233}_{91}Pa \xrightarrow{\beta} {}^{233}_{92}U$. Mit diesem Reaktorkonzept erhält man im Vergleich zum *Druckwasserreaktor* eine wesentliche Steigerung des thermischen Wirkungsgrades, was sich aus der um ca. 500 °C bis 700 °C höheren Austrittstemperatur T_2 des Kühlmittels, nämlich ≈ 800 bis 1000 °C, ergibt.

KKW mit einem schnellen Brutreaktor ermöglichen es, die Vorkommen von Natururan, welches zu ≈ 99,3 % aus nicht spaltbarem $^{238}_{92}U$ bestehen und nur ≈ 0,7 % spaltbares $^{235}_{92}U$ enthalten, effizienter auszunutzen. Das nicht spaltbare Nuklid $^{238}_{92}U$, das für energiereiche (schnelle) Neutronen einen hohen Einfangsquerschnitt verfügt, wird für den Brennprozess überschüssig in das spaltbare Nuklid $^{239}_{94}Pu$ (Brutstoff) umgewandelt: $^{238}_{92}U(n,\gamma)^{239}_{92}U \xrightarrow{\beta} {}^{239}_{93}Np \xrightarrow{\beta} {}^{239}_{94}Pu$ (Brutprozess). Der „Brüter" arbeitet ohne erforderlichen Moderator, aber mit Na als Kühlmittel. Im großtechnischen Umgang bestehen jedoch auch in der Brütertechnik mit $^{239}_{94}Pu$ erhebliche Risiken, das verglichen mit $^{235}_{92}U$ wesentlich gesundheitsgefährlicher ist, und dem Kühlmittel Na, das im Kontakt mit Luft oder Wasser unter großer Hitzeentwicklung heftig reagiert und Brände auslösen kann.

140 Ohne auf Annehmlichkeiten zu verzichten, ist eine effizientere Energieausnutzung und Energieeinsparung im Immobilienbereich vielfältig möglich durch:

- Nutzung von Sonne, Wasser und Wind (Regenerative Energien) zur Strom- und Wärmeerzeugung,
- Verbesserung der Wärmedämmung im und am ganzen Haus,
- Anschaffung moderner Haushaltsgeräte mit wenig Stromverbrauch,
- Heizungsmodernisierung und-wartung
- Energiesparlampen, richtiges Haushalten mit Warmwasser, raumgerechtes Heizen, richtiges Lüften

140 **a) Heizen mit Solarenergie**

Solaranlage mit Vakuumröhren-Kollektoren (AkoTec GmbH Brand-Erbisdorf)
Sehr aktuell ist der Sonnenkollektor aus luftleeren Glasröhren mit einer wasserfesten Antireflexions-Schicht. Das Glas umhüllt einen Kupferabsorber, der zusammen mit einem Wärmeleitrohr vom Sonnenlicht erhitzt wird. Durchströmendes kaltes Wasser nimmt die Absorberwärme auf und verlässt auf dem Wege zum Wärmespeicher der Hausheizung die Vakuumröhre mit Temperaturen bis zu 100 °C. Vorteile des Vakuumkollektors sind:

- hohe Erträge durch Vakuumisolierung und Ausnutzung der diffusen und schrägen Einstrahlung über einen sogenannten CPC-Spiegel (Compo und Parabolic Concentrator) und den runden Vakuumröhrenabsorber.
- hohe Temperaturen auch bei ungünstiger Witterung.

Besonders bei Niedrigenergiehäusern empfiehlt sich zusätzlich eine kontrollierte Wohnraumlüftung und Wärmerückgewinnung. Dabei können die Fenster ständig geschlossen bleiben, weil Ventilatoren für die notwendige Menge Frischluft sorgen. Zugleich leitet man die Abluft an einem Wärmetauscher vorbei, der ihre Wärme an die hereinströmende Frischluft überträgt. Man kombiniert den Wärmetauscher mit einer Wärmepumpe, um mit der Energie der Abluft die Frischluft auf das gewünschte Temperaturniveau zu bringen.

Sonnenenergie in der Thermobatterie (GmbH Rawema Countertrade, Bautzen)
Zwischen den aus Edelstahl gefertigten Röhren der Thermobatterie, lagert als Latentwärmespeicher kristallines Natriumacetat-Trihydrat ($CH_3COONa \cdot 3\,H_2O$). In den Röhren befindet sich der Wärmetauscher Wasser, der über die Solaranlage (z. B. Vakuumröhren-Kollektor) durch Erwärmen auf bis zu 100 °C die Energie aufnimmt, die das Salz ($T_{Sm} = 58\,°C$) in eine übersättigte Lösung von ca. 80 °C endotherm aufschmilzt:

$$[CH_3COONa \cdot 3\,H_2O]_{(s)} \longrightarrow CH_3COO^-_{(aq)} + Na^+_{(aq)}.$$

Ein Teil der eingebrachten Energie geht im anschließenden Abkühlungsprozess verloren bzw. kann für die Warmwassergewinnung genutzt werden. Insofern reagiert die Thermobatterie wie ein konventioneller Warmwasserspeicher. Der weitaus größere Teil der Energie – ca. 2/3 – kann jedoch zeitlich unbegrenzt gespeichert werden. Das liegt in der Besonderheit des Speichermediums Natriumacetat-Trihydrat begründet, das beim Abkühlen im metastabilen Zustand ($CH_3COO-_{(aq.)} + Na^+_{(aq.)}$) flüssig bleibt. Diese latente Wärmeenergie wird erst dann freigesetzt, wenn ein Auslöseimpuls gegeben wird, z.B. über einen Magneten, der eine Feder auseinander zieht. Daran entstehende „aktive Stellen" wirken als Kristallisationskeime. Diese können Ionen binden, die erste Kristallstrukturen bilden, aus denen heraus Kristallwachstum einsetzt. Dabei entwickelt sich eine Temperatur in Höhe von ca. 58 °C, die über einen Wärmetauscher zu Heizzwecken genutzt werden kann:

$$CH_3COO^-_{(aq.)} + Na^+_{(aq.)} \longrightarrow [CH_3COONa \cdot 3\,H_2O]_{(s)} \quad \text{exotherm}$$

Die Ionen bauen zunächst das Ionengitter auf. Simultan nehmen Wassermoleküle in den Zwischenräumen des Ionengitters festgelegte Plätze ein, wobei sie auch ihre Dipole exakt ausrichten. Die Wassermoleküle bilden sozusagen ein Gitter im Kristallgitter. Die Anzahl der Wassermoleküle pro Formeleinheit ist genau definiert. In unserem Beispiel sind es drei. Ein Teil der bei diesem Vorgang freigesetzten latenten Wärme ist die Kristallisationswärme des Salzes. Allerdings erklärt diese allein nicht die starke Wärmetönung der Kristallbildung. Wichtig für die kräftige Erwärmung ist auch die parallel ablaufende, stark exotherme Bildung des Wassermolekül-Gitters.

Eine in der Praxis übliche Thermobatterie-Anlage mit z. B. 80 Speicherbehältern stellt latent und zuverlässig kontrollierbar 8 kWh ($2{,}88 \cdot 10^4$ kJ) zur Verfügung und basiert auf der Idee, dass jeder Latentwärmespeicher im Jahreszyklus 3-4-mal aufgeschmolzen und wieder ausgelöst werden kann.

Solar-Eis-Speicher (Isocal GmbH, Friedrichshafen)
Er speichert unterirdisch Sonnenwärme und nutzt darüber hinaus auch die beim Gefrieren von Wasser freiwerdende Erstarrungsenthalpie. Der tonnenschwere Behälter unter der Erde (Erdspeicher), in dem sich ein patentiertes System aus Rohren und Anschlüssen befindet, wird einmal mit Leitungswasser gefüllt (ca. 12 m^3) und dient danach als regenerierbarer Wärmespeicher. Während des Heizungsbetriebes wird diesem Wärmespeicher über Rohrleitungen ständig Wärme entzogen, und zwar über eine im Gebäude installierte Wärmepumpe. Zwischen den Rohren des Erdspeichers beginnt sich von innen nach außen bei 0 °C Eis zu bilden. Für die Wärmepumpe ist diese Temperatur eine durchaus akzeptable Arbeitstemperatur. In ihr zirkuliert eine leicht siedende Flüssigkeit [Arbeitsmittel A407 ($T_{\text{Sd}} = -42\,°\text{C}$)] die bei 0 °C als Gas vorliegt. Das Gas kann verdichtet werden. Dabei wird Wärme frei, die zum Betreiben der Hausheizung genutzt werden kann. Beim Gefrieren des Wassers im Erdspeicher erhält die Wärmepumpe noch eine Energiezugabe durch freiwerdende Erstarrungsenthalpie ($\Delta H = -333{,}69\,\text{kJ/kg} = -18538{,}3\,\text{kJ/mol}$). Um diesen Energiegewinn möglichst oft zu nutzen, muss man das Eis wieder tauen, um es erneut gefrieren zu können. Deshalb ist der Erdspeicher mit einem auf dem Dach installierten Solarkollektor verbunden, dessen Absorber Sonnenlicht in Wärme umwandelt und diese an einen ihn durchfließenden Wärmeträger (Glykol/Wasser-Gemisch) abgibt. Dieser leitet die Wärme an den Erdspeicher zum Auftauen des Eises weiter. In der Praxis wird somit das Erdspeicherwasser nicht vollständig vereisen können, weil die Solarwärme das Eis immer wieder zum Schmelzen bringt. Im Sommer dagegen erwärmt sich das Erdspeicherwasser auf ca. 20 °C. Natürlich funktioniert die Wärmepumpe nicht ohne elektrische Antriebsenergie, da ihr Verdichter (Kompressor) mit Strom angetrieben wird. Für 1 kWh elektrische Antriebsenergie liefert sie aber $\approx 3\,\text{kWh} = 1{,}08 \cdot 10^4\,\text{kJ}$ Wärmeenergie zur Hausheizung oder Warmwasserbereitung. Das clevere System hat sogar einen weiteren Vorteil, denn wenn am Ende der Heizperiode $\leq 12\,\text{m}^3$ Wasser zu Eis gefroren sind, hat man einen Energiespeicher, der lange hält und im Sommer Kühlung liefern kann.

Sonnenkonzentrator
Sein speziell gefertigtes Spiegelsystem bündelt Sonnenstrahlen. So konzentriert treffen sie auf einen Absorber, in dessen Innerem sich ein Vakuumröhrensystem befindet. Dort fließt eine Trägerflüssigkeit, die auf $\geq 100\,°\text{C}$ erwärmt werden kann. Sie gibt die Wärme an den Warmwasserkreislauf des Hauses ab. So kann die Wärme für die Heizung und die Warmwasserversorgung genutzt werden. Eine elektronische Steuerung der Spiegel nach dem Tageslauf der Sonne (auch bei bedecktem Himmel) sorgt sowohl für die optimale Ausrichtung der Spiegel auf die Sonne als auch für die optimale Konzentration des Sonnenlichts auf den Wärmetauscher.

Bisher wurden 2 Arten von Spiegelsystemen bekannt:

1. Linearspiegel-System (Isomorph GmbH , Bamberg/Oberfranken)
2. Gewölbtspiegel-System „Sunbag“ (Fa. T. Langenbeck, Grieben b. Tangerhütte)

Solar-Luftkollektor (www.trubadu.de/Shop)
Eine Möglichkeit, mit Sonnenenergie Heizkosten zu sparen, bieten sogenannte Warmluftkollektoren. Hinter der transparenten Abdeckung der Konstruktion befindet sich ein mit Solarlack geschwärztes Aluminiumblech, das bei Sonneneinstrahlung heiß wird. Ein Stutzen saugt zugleich Luft an, die durch eine Röhre in den oberen Bereich des Kollektors gelangt. Von dort aus strömt sie durch Spaltöffnungen nach unten. Dabei heizt sich die Luft entlang des heißen Bleches auf und wird schließlich von einem Lüfter ins Haus geblasen. Für den elektrischen Strom, der zum Betrieb des Lüfters benötigt wird, sorgt eine Photovoltaikplatte, die in die Anlage integriert ist. Ein Temperaturdifferenzregler sorgt dafür, dass der Lüfter nur dann angeschaltet wird, wenn die Kollektortemperatur höher ist als die Innenraumtemperatur.

140 **b) Strom aus Solarenergie mit einer Photovoltaikanlage auf dem Dach**
Eine gleichmäßig dem Licht ausgesetzte Photovoltaikanlage ist die eleganteste Art, die Sonnenenergie in Strom zu verwandeln. Der Wirkungsgrad ihrer 0,3 mm dünnen Solarzellen, wovon in einem Gehäuse mit transparenter Abdeckung jeweils viele zu einem „Modul“ in Serie zusammengeschaltet sind, liegt theoretisch bei $\approx 43\,\%$, in der Praxis bei $\leq 18\,\%$. Um Verluste durch Reflexion des Lichts zu vermindern, sind die Solarzellen mit einer dünnen Schicht Titanoxid überzogen, die ihnen ihr charakteristisches blaues Aussehen verleiht. In jeder Solarzelle baut sich im Grenzbereich zwischen der mit Phosphor n-dotierten und der mit Bor p-dotierten Si-Zone ein (inneres) elektrisches Feld auf (Abb. 5.20). Fällt nun Licht auf diesen np-Übergangsbereich, löst die Energie der Photonen ($E = h \cdot v$) Elektronen aus ihrer Bindung, erzeugt also freie Elektronen $\ominus$ und Löcher $\oplus$. Man nennt dies den Sperrschicht-Fotoeffekt. Unter dem Einfluss des inneren Feldes wandern die Elektronen $\ominus$ auf die n-dotierte, die Löcher $\oplus$ auf die p-dotierte Seite. Dadurch entsteht eine dem inneren Feld entgegen gerichtete „Fotospannung“, die man über Kontakte abgreifen kann. So erhält man einen Plus- und einen Minuspol wie bei einer Batterie. Schließt man einen Verbraucher an, fließt Strom.

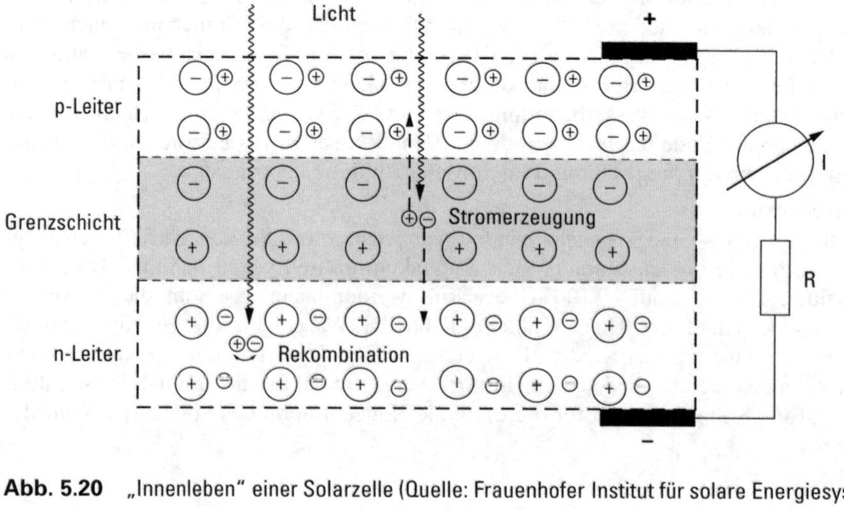

Abb. 5.20 „Innenleben“ einer Solarzelle (Quelle: Fraunhofer Institut für solare Energiesysteme)

Die Solarzelle funktioniert sozusagen wie eine umgekehrte Diode, die unter dem Einfluss von Licht elektrischen Strom abgibt, statt an eine Spannung angeschlossen zu sein und diese gleichzurichten.

Für eine Photovoltaikanlage bestehen bislang hohe Herstellungskosten in Verbindung mit der relativ geringen „Leistungsdichte" der Sonnenstrahlung ($\leq 1\,\text{kW/m}^2$), was in sonnenreichen Gegenden eine jährlich nutzbare Leistung von ca. $2200\,\text{kW/m}^2$ (in unseren Breiten ca. $1000\,\text{kW/m}^2$) bedeutet. Somit ist viel Fläche erforderlich, um photovoltaisch größere Leistungen zu erzielen. Auch die im Tages- wie im Jahreszyklus sehr unregelmäßig anfallende Solarstrommenge gilt es zu berücksichtigen. Mit Sicherheit wird sich aber der Wirkungsgrad von Solarzellen erheblich ($\geq 15\,\%$) verbessern lassen, z. B. durch sogenannte Tandem- oder Trippelzellen, bei denen zwei oder drei Dünnschicht-Solarzellen mit unterschiedlicher Spektralempfindlichkeit übereinander liegen.

141

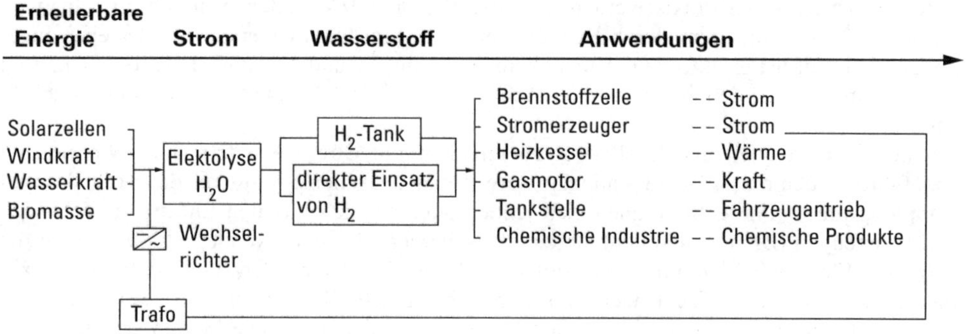

In der schematischen Übersicht verbergen sich viele Energiewandlungen mit teilweise ungünstigen Wirkungsgraden. Der Leser kann jedoch an den genannten anwendungsorientierten Beispielen leicht analysieren, unter welchen Bedingungen die technischen Prozesse trotzdem sinnvoll sind und welche Alternativen für die Erzeugung von Nutzenergie in Betracht kommen.

So kann H_2 mit CO_2 katalytisch in einem exergonen Prozess methanisiert werden ($\Delta_R G^0 = -115\,\text{kJ/mol}$): $4\,H_2 + CO_2 \rightleftharpoons CH_4 + 2\,H_2O_{(g)}$. Dafür mögliche Kohlenstoffdioxidquellen sind mit fossilen und biogenen Energieträgern befeuerte Kraftwerke, Biogasanlagen, Industrieprozesse und eine Direktabscheidung aus der Umgebungsluft. CH_4 kann bis zu 100 % an jeder beliebigen Stelle ins Erdgasnetz eingespeist oder in Gasspeichern gelagert werden (Power-to-Gas-Technologie). Bei Bedarf kann seine chemische Energie in unterschiedlichen Arten von Gaskraftwerken und Kraft-Wärme-Kopplungsanlagen rückverstromt werden.

Grundsätzlich ist aber die Umstellung auf **erneuerbare Energien** kein Problem, das in den Energiequellen liegt, zumal Wind und Sonne ausreichend vorhanden sind. Für den Fall länger anhaltender Perioden mit Schwachwind oder geringer Sonnenscheindauer bedarf es lediglich entsprechende Lageenergiespeicher (= Stromspeicher für große Strommengen). Sie speichern Energie aufgrund des Umstandes, dass Objekte daran gehindert werden, dem natürlichen Lauf der Gravitationswirkung zu folgen. Wird ein Fluss durch eine Staumauer an seinem direkten Weg entlang der Gravitationswirkung gehindert, staut sich die Lageenergie des Wassers, die seit Jahrhunderten für die Energiegewinnung genutzt wird, indem der Weg der Gravitationswirkung über eine Turbine geleitet wird. Nach dem gleichen Prinzip arbeiten **Pumpspeicherkraftwerke**. Eine Fortentwicklung davon könnte ein vorgeschlagenes, zur Zeit noch hypothetisches Projekt von Prof. Heindl (Hochschule Furtwangen, Deutschland) sein, bei dem die Lageenergie in einem Felszylinder aus Granit ($r_\phi \approx 500\,\text{m}$), gespeichert wird. Starke, elektrisch angetriebene Pumpen pressen Wasser unter den Fels, wodurch dieser hydraulisch angehoben wird. Bei Strombedarf wird das Wasser unter dem Fels abgelassen und durch eine Turbine geleitet ($\approx$ 2000 GWh Kapazität).

142 In Abb. 5.21a) ist beispielhaft eine AFC-Brennstoffzelle dargestellt, bestehend aus zwei porösen Elektroden und dem Elektrolyten. Die Anode wird mit dem Brennstoff Wasserstoff und die Kathode mit Sauerstoff versorgt, der Elektrolyt KOH verbindet die beiden Elektroden miteinander. Durch den Elektronenfluss kann im äußeren Stromkreis Arbeit verrichtet werden. Der Ladungstransport in der Brennstoffzelle wird durch die Ionenbewegung im Elektrolyten realisiert. Die theoretisch mögliche Spannung einer Einzelzelle bei 25 °C und 101,325 kPa beträgt

$$\Delta E = \Delta E^0 - \frac{0{,}059\,\mathrm{V}}{2}\lg(c_{\mathrm{H^+}}^2 \cdot c_{\mathrm{OH^-}}^2) = 0{,}4\,\mathrm{V} + 0{,}059\,\mathrm{V} \cdot (p\mathrm{H} + 14 - p\mathrm{H}) = 1{,}226\,\mathrm{V}$$

In der betrieblichen Praxis werden nur etwa 0,6 bis 0,9 V Zellenspannung erreicht, weil Verluste (Überspannungen) durch Reaktionshemmungen, Innenwiderstände oder eine ungenügende Gasdiffusion auftreten. Um höhere Spannungen und Leistungen zu erzielen, fügt man die einzelnen Zellen in Serien- oder Parallelschaltung sandwichartig zu Stapeln („stacks") zusammen.

Alle Arten von Brennstoffzellen erzeugen nicht nur Strom, sondern auch Wärme, die abgeführt werden muss. Damit sind stationäre Brennstoffzellensysteme für die Kraft-Wärme-Kopplung prädestiniert. Sie eignen sich jedoch auch für den mobilen Einsatz zum Antrieb von Fahrzeugen (Brennstoffzellenfahrzeuge). In beiden Fällen verwendet man vor allem die „Polymer-Elektrolyt-Membran-Brennstoffzelle (PEMFC)". Deren Herzstück ist die Membran-Elektroden-Einheit: Die Elektroden sind speziell behandelte Kohlenstoffmatten, an denen fein verteiltes Platin (0,1–1 $\mathrm{mg/cm^2}$) als Katalysator abgeschieden ist. Die Matten sind mit einer in die porösen Elektrodenstrukturen hineinragenden Polymermembran (ionenleitend) heiß verpresst. Die wesentlichen Komponenten eines PEMFC-Blockheizkraftwerkes mit Erdgas sind der Abb. 5.21b) zu entnehmen. Sein elektrischer Wirkungsgrad beträgt $\eta_{\mathrm{el.}} = 40\,\%$, der thermische bis zu $\eta_{\mathrm{th.}} = 45\%$, so dass die Energie zu 85 % ausgenutzt wird. Im Reformer wird das aus $\approx$ 90 % CH_4 bestehende Erdgas mit überhitztem Wasserdampf vermischt und katalytisch bei etwa 800 °C zu Wasserstoff und Kohlenstoffmonoxid umgesetzt: $CH_4 + H_2O \rightleftharpoons 3\,H_2 + CO$. Das Kohlenstoffmonoxid reagiert dann im Konverter an einem Katalysator bei etwa 250 °C mit Wasserdampf zu Wasserstoff und Kohlenstoffdioxid: $CO + H_2O \rightleftharpoons H_2 + CO_2$. Dieses Prozessgas wird kontinuierlich der Brennstoffzelle zugeführt.

In der Automobilindustrie wird auch der Brennstoffzellenantrieb als eine umweltgerechte Alternative zum Verbrennungsmotor angesehen (Abb. 5.21c). Die benötigte elektrische Energie aus den Energieträgern (Brennstoffen) wird durch eine Brennstoffzelle erzeugt und direkt in Elektromotoren in Bewegung umgewandelt oder zeitweise in einer Traktionsbatterie (z. B. Lithium-Ionen-Batterie) zwischengespeichert. Berechnungen haben gezeigt, dass mit Wasserstoff betriebene PEM-Brennstoffzellen-Systeme bei Volllast einen Wirkungsgrad bis zu 60 % erreichen können. Dieser steigt bei Teillast (bei 20 % Belastung) sogar bis auf 70 % an. Der Wirkungsgrad eines Dieselmotors, der selbst bei optimaler Last nur etwa 33 % beträgt, fällt dagegen unter Teillast auf etwa 17 % ab. Hier liegt ein wichtiger Vorteil des Brennstoffzellenantriebs für den Verkehr. Derzeit gibt es zwei Entwicklungsrichtungen hinsichtlich des Brennstoffs, der in Frage kommt. Zum einen wird der direkte Einsatz von Wasserstoff vorgesehen. Zum anderen favorisieren verschiedene Automobilhersteller die Erzeugung des Wasserstoffs mittels eines Reformierungsprozesses aus Methanol:

$$CH_3OH + H_2O \rightleftharpoons 3\,H_2 + CO_2.$$

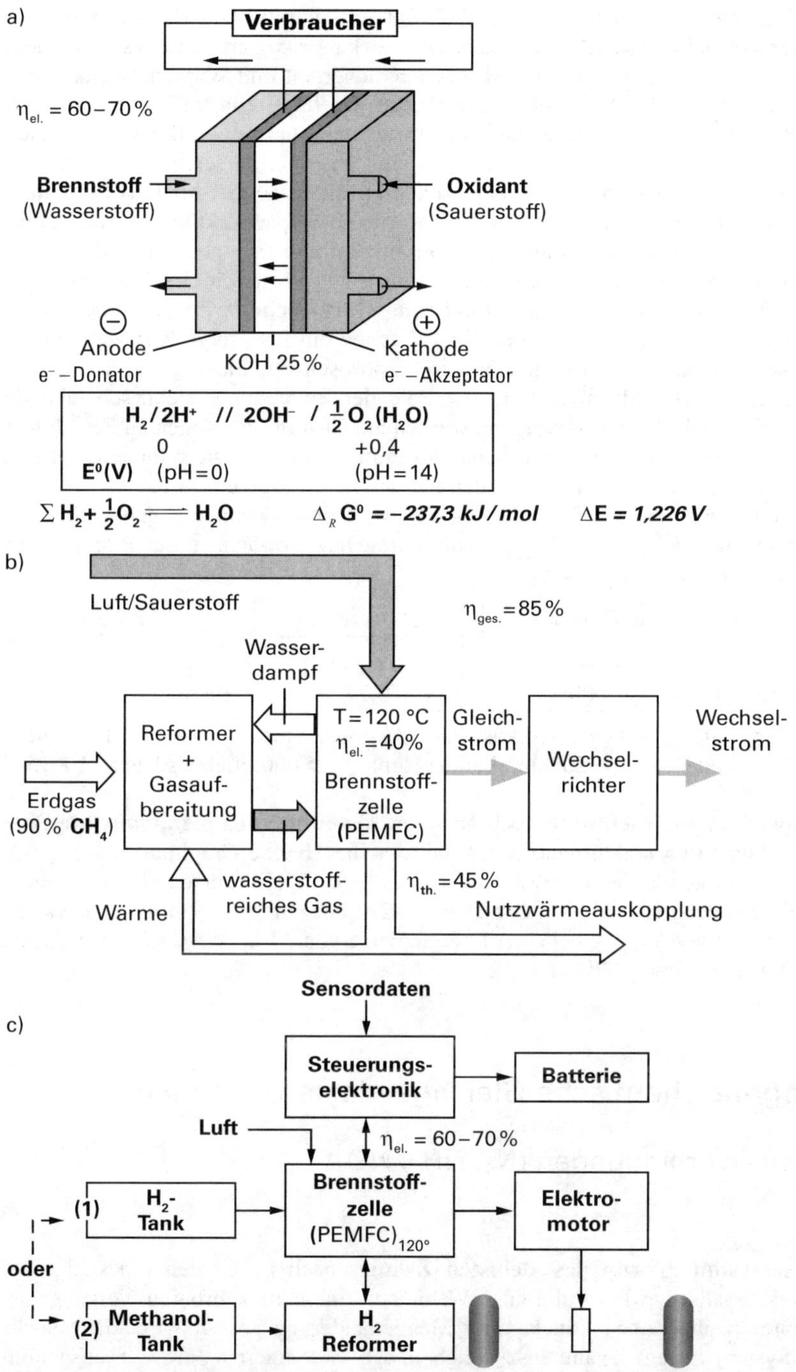

Abb. 5.21 Brennstoffzelle Aufbau und Anwendung a) Schema einer AFC-Zelle (Alkaline Fuel Cell), b) Schema eines Brennstoffzellen-Kraftwerks mit externer Reformierung des Brenngases, c) Funktionsprinzip eines Kfz mit Brennstoffzellen-/ Elektroantrieb (aus IZE + HEA Frf./M. und CD-ROM-BMW Group: H_2-Mobilität, verändert)

143 Die Schlüsseltechnologie für die emissionsfreie Mobilität der Zukunft ist die Batterie. Ob PKW oder Nutzfahrzeuge mit elektrischen Antriebskomponenten langfristig erfolgreich sein werden, hängt entscheidend von der Leistungsfähigkeit, Betriebssicherheit und Wirtschaftlichkeit des Stromspeichers ab. Dies gilt für Hybrid-Antriebe ebenso wie für Brennstoffzellen- und Batteriefahrzeuge mit oder ohne **Range Extender** (Reichweitenerhöher mit kraftstoffbetriebenen Stromgeneratoren). Bisher verwendete Batterietypen sind zu groß, zu schwer, zu leistungsschwach und zu teuer. Damit sind sie nur eingeschränkt alltagstauglich und wirtschaftlich unattraktiv für den Hersteller und erst recht für den Kunden. Der Spareffekt rechnet sich damit nicht, ganz anders aber die **Lithium-Ionen-Batterien** mit Lithiumeisenphosphat $LiFePO_4$als (+)Pol und Li_xnC (Graphit mit eingelagerten Li-Atomen zwischen den Graphitebenen) als (−)Pol. Sie stehen für den Trend **„klein–leicht–leistungsstark–sicher“**. Zwischen den Polen einer Zelle befindet sich als Transportmedium für Li^+-Ionen ein Elektrolyt. Zur Vermeidung eines Kurzschlusses sind die Pole durch einen mikroporösen Separator getrennt, der für Li^+-Ionen permeabel ist. Der Strom erreicht die Pole der Zelle durch elektrisch leitende Schichten [Al (+); Cu (−)]. Beim Ladevorgang werden am (+)Pol Fe^{2+}-Ionen zu Fe^{3+}-Ionen oxidiert und Li^+-Ionen wandern durch den Separator zum (−)Pol, wo sie reduziert werden. Das aufgeladene galvanische Element (s. Zeilendiagramm) verfügt über eine theoretische Zellenspannung von $\Delta E^0 = 0{,}77\,V - (-3{,}04\,V) = 3{,}81\,V$, wenn die gebräuchlichen Standard-Redoxpotenziale E^0_{Li/Li^+} und $E^0_{Fe_2^+/Fe_3^+}$ zugrunde gelegt werden. In der Praxis erhält man eine Zellenspannung von $\Delta E \approx 3{,}65\,V$.

		e^--Donator	e^--Akzeptor	
(−)		Li/Li^+	// $\overset{+3}{FePO_4}/\overset{+2}{FePO_4^-}(Li^+)$	(+)
Anode	$E^0(V)$	−3,04	0,77	Kathode

Weitere Kennwerte dieses $LiFePO_4$-Akkus sind: Aktionsradius: $\leq$ 500 km, Leistungsdichte $\leq$ 3 kW/kg, Ladezeit: $\leq$ 20 min, Ladezyklen: $\leq$ 5 000, Lebensdauer: 10–15 a, Wirkungsgrad $\geq$ 95 %

Eine Weiterentwicklung mit teilweise noch besseren Kennwerten ist die **„nanoSafe Battery“** von der Fa Altair (www.altairnano.com.), bei der die übliche Graphitanode (Li_xnC) durch eine mit Nanopartikeln aufgebaute Li-Titanat-Anode ($Li_4Ti_5O_{12}$) ersetzt ist. Besonders nennenswert sind Einsetzbarkeit : −35 °C bis +75 °C, Ladezeit: $\leq$ 10 min, Ladezyklen: 15 000, Leistungsdichte: $\approx$ 4 kW/kg bei einer Energiedichte von 70–90 Wh/kg, Lebensdauer: 10–15 a und der Wirkungsgrad: $\approx$ 95 %.

5.11 Homogene chemische Gleichgewichtsreaktionen

5.11.1 Stickstoffverbindungen (N_2, NH_3, NO_x)

144 **144.1:**
Es wird das **Gesetz vom Prinzip des kleinsten Zwangs** nach Le Chatelier bestätigt. Es beinhaltet folgende qualitative Formulierung: Wenn bei einem umkehrbaren Vorgang das Gleichgewicht durch Temperatur-, Druck- oder Mengenänderung gestört wird, dann sucht das (chemische) System diesem Zwang auszuweichen, d. h. es reagiert so, dass der ausgeübte Zwang möglichst klein wird. Auf die Ammoniaksynthese bei stöchiometrischem Einsatz der Edukte bezogen gilt:

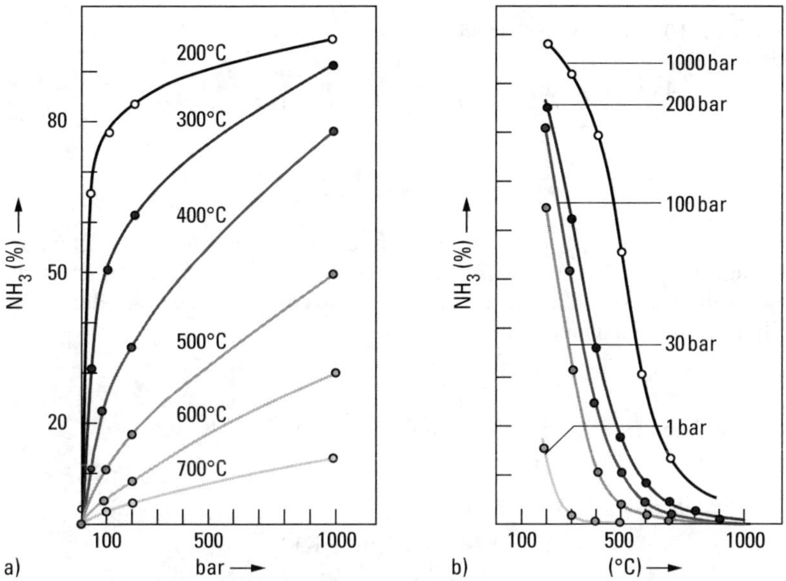

Abb. 5.22 Anteile von Ammoniak im Gleichgewicht; a) in Abhängigkeit vom Druck (Isothermen), b) in Abhängigkeit von der Temperatur (Isobaren).

- Mit steigendem Druck ist die Reaktion begünstigt, bei der das reagierende Gemisch dem angewandtem Druck durch Volumenverminderung „ausweichen" kann (Hinreaktion).
  $\rightarrow$ Aussage gilt für jede Isotherme in Abb. 5.22a.
- Mit steigender Temperatur ist die Reaktion begünstigt, bei der das reagierende Gemisch dem Zwang (Temperaturerhöhung) durch Energieverbrauch „ausweichen" kann (endotherme Rückreaktion).
  $\rightarrow$ Aussage gilt für jede Isobare in Abb. 5.22b.

144.2:

$$\Delta_R H^\circ = \sum \Delta_B H^\circ_{(\mathrm{Prod})} - \sum \Delta_B H^\circ_{(\mathrm{Ed})} = -92{,}4\,\mathrm{kJ/mol}$$

$$\Delta_R S^\circ = \sum S^\circ_{(\mathrm{Prod})} - \sum \Delta S^\circ_{(\mathrm{Ed})} = -196{,}35\,\mathrm{J/(molK)}$$

$$\Delta_R G^\circ = \Delta_R H^\circ - 298{,}15\,\mathrm{K} \cdot \Delta_R S^\circ = -33{,}86\,\mathrm{kJ/mol}$$

$$\ln K\chi = \frac{-\Delta_R G^\circ}{RT} = \frac{33860}{8{,}3143 \cdot 298{,}15} = 13{,}66\,; \quad K\chi = 8{,}6 \cdot 10^5$$

$$Kp = K\chi \cdot p^{\Delta n} = K\chi \cdot (1{,}01325\,\mathrm{bar})^{-2} = \underline{\underline{8{,}38 \cdot 10^5\,\mathrm{bar}^{-2}}}$$

	$N_{2(g)}$ +	$3\,H_{2(g)}$ $\rightleftharpoons$	$2\,NH_{3(g)}$	$\Delta n = -2$
Gl.:	$(1-x)$ mol	$3(1-x)$ mol	$2x$ mol	$\sum x_i = (4-2x)$ mol

$$\text{MWG:} \quad K\chi = \frac{4x^2 \cdot (4-2x)^2}{27 \cdot (1-x)^4} = 8{,}6 \cdot 10^5; x = 0{,}971\,\mathrm{mol}\,; \eta_{NH_3} = \frac{2x \cdot 100\,\%}{4-2x} = \underline{\underline{94{,}36\,\%}}$$

144.3: $\dfrac{2x\,\text{mol}\cdot 100\,\%}{(4-2x)\,\text{mol}} = 10{,}4\,\%; \quad x = 0{,}1884$

a) $Kp_1 = K\chi_1 \cdot p^{\Delta n} = \dfrac{4x^2\cdot(4-2x)^2}{27\cdot(1-x)^4}\cdot(100\,\text{bar})^{-2} = 1{,}6\cdot 10^{-5}\,\text{bar}^{-2}$

$\ln\dfrac{Kp_1}{Kp} = \dfrac{\Delta_R H}{R}\cdot\left(\dfrac{1}{298{,}15\,\text{K}} - \dfrac{1}{T_1}\right) \qquad \underline{\underline{T_1 = 882{,}4\,\text{K}}} \quad (609{,}25\,°\text{C})$

b) Die Annahmen in der Rechnung a) entsprechen nicht den Gegebenheiten. Der Literaturwert von T beträgt 500 °C. ΔH und ΔS sind im gegebenen Temperaturbereich nicht konstant. Ferner verhalten sich die Gase bei $p = 100\,\text{bar}$ nicht ideal, wodurch die durchgeführte Berechnung ungenau wird.

144.4:

$$\Delta_R H_{(T)} = \Delta_R H_{(298{,}15)} + \int_{298{,}15}^{T} \Delta Cp\cdot dT \qquad T = 473{,}15\,\text{K}$$

$$\Delta Cp = \Delta a + \Delta bT + \Delta cT^2$$

$$\Delta a = -41{,}85\,\text{J/(mol}\cdot\text{K)}$$

$$\Delta b = -96{,}37\cdot 10^{-4}\,\text{J/(mol}\cdot\text{K}^2)$$

$$\Delta c = 42{,}8\cdot 10^{-6}\,\text{J/(mol}\cdot\text{K}^3)$$

$$\Delta Cp = -41{,}85\,\text{J/(mol}\cdot\text{K)} - 96{,}37\cdot 10^{-4}\,T\,\text{J/(mol}\cdot\text{K}^2) + 42{,}8\cdot 10^{-6}\,T^2\,\text{J/(mol}\cdot\text{K}^3)$$

$$\Delta_R H_{(T)} = -99241{,}1\,\text{J/mol}$$

$$\Delta_R S_{(T)} = \Delta_R S_{(298{,}15)} + \int_{298{,}15}^{T}\frac{\Delta Cp}{T}dT = -214{,}47\,\text{J/(mol}\cdot\text{K)}$$

$$\Delta_R G_{(T)} = \Delta_R H_{(T)} - T\cdot\Delta_R S_{(T)} = 2235{,}38\,\text{J/mol}$$

$$\ln K\chi = \frac{-\Delta_R G_{(T)}}{RT} = \frac{-2235{,}38}{8{,}3143\cdot 473{,}15} = -0{,}568; \quad K\chi = 0{,}566;$$

$$K\chi = \frac{4x^2\cdot(4-2x)^2}{27\cdot(1-x)^4} = 0{,}566; \quad x = 0{,}2888\,\text{mol}; \eta_{NH_3} = \frac{2x\cdot 100\,\%}{4-2x} = \underline{\underline{16{,}88\,\%}}$$

144.5: $K\chi = 0{,}6 = \dfrac{4x^2\cdot(4-2x)^2}{27\cdot(1-x)^4}; \quad x = 0{,}294\,\text{mol}; \quad \eta_{NH_3} = \dfrac{2x\cdot 100\,\%}{4-2x} = \underline{\underline{17{,}23\,\%}}$

Das Ergebnis kommt dem Literaturwert von 17,6 Vol.-% NH_3 nahe.

145 a):

$$Kp = \frac{p^2_{NH_3}}{p^3_{H_2}\cdot p_{N_2}} = \frac{0{,}499^2\,\text{bar}^2}{0{,}376^3\,\text{bar}^3\cdot 0{,}125\,\text{bar}} = 37{,}47\,\text{bar}^{-2}$$

$$K\chi = Kp\cdot p^2 = 37{,}47\,\text{bar}^{-2}\cdot 1^2\,\text{bar}^2 = 37{,}47$$

$$\Delta_R G = -RT\ln K\chi = -8{,}3143\,\text{J/(mol}\cdot\text{K)}\cdot 400\,\text{K}\cdot\ln 37{,}47$$

$$= -12\,050{,}9\,\text{J/mol} = \underline{\underline{-12{,}051\,\text{kJ/mol}}}$$

$$n_{N_2} = \frac{n_{H_2} \cdot p_{N_2}}{p_{H_2}} = \frac{500\,\text{mol} \cdot 0{,}125\,\text{bar}}{0{,}376\,\text{bar}} = \underline{\underline{166{,}2\,\text{mol}}}$$

$$n_{NH_3} = \frac{n_{H_2} \cdot p_{NH_3}}{p_{H_2}} = \frac{500\,\text{mol} \cdot 0{,}499\,\text{bar}}{0{,}376\,\text{bar}} = \underline{\underline{664\,\text{mol}}}$$

$$p_{ges.} = p_{H_2} + p_{N_2} + p_{NH_3} = 1\,\text{bar} \quad n_{ges.} = 1330{,}2\,\text{mol}$$

b):
$n_{ges.}$ =1340,2 mol. Durch die Zugabe von Wasserstoff ändern sich alle Partialdrücke.

$$p_{N_2} = \frac{n_{N_2} \cdot p_{ges.}}{n_{ges.}} = \frac{166\,\text{mol} \cdot 1\,\text{bar}}{1340{,}2\,\text{mol}} = \underline{\underline{0{,}124\,\text{bar}}}$$

$$p_{H_2} = \frac{n_{H_2} \cdot p_{ges.}}{n_{ges.}} = \frac{510\,\text{mol} \cdot 1\,\text{bar}}{1340{,}2\,\text{mol}} = \underline{\underline{0{,}381\,\text{bar}}}$$

$$p_{NH_3} = \frac{n_{NH_3} \cdot p_{ges.}}{n_{ges.}} = \frac{664\,\text{mol} \cdot 1\,\text{bar}}{1340{,}2\,\text{mol}} = \underline{\underline{0{,}495\,\text{bar}}}$$

$$\begin{aligned}\Delta_R G &= \Delta_R G^0 + RT \ln\left(\frac{p_{NH_3}^2}{p_{N_2} \cdot p_{H_2}^3} \cdot p^2\right)\\ &= -12\,050{,}9\,\text{J/mol}\\ &\quad + 8{,}3143\,\text{J/(mol} \cdot \text{K)} \cdot 400\,\text{K} \cdot \ln\left(\frac{0{,}495^2\,\text{bar}^2}{0{,}124\,\text{bar} \cdot 0{,}381^3\,\text{bar}^3} \cdot 1^2\,\text{bar}^2\right)\\ &= \underline{\underline{-158{,}3\,\text{J/mol}}}\end{aligned}$$

Die Reaktion verläuft in Richtung der Produkte, der Bildung von NH_3.

146 Man könnte argumentieren, dass nach dem Prinzip von Le Chatelier bei Zugabe eines Eduktes (N_2) das System in Richtung des Produkts (NH_3) (nach rechts) reagiert, aber das Prinzip von Le Chatelier erlaubt bei dieser Störung des Gleichgewichts keine intuitive Aussage über die Reaktion des Systems, da sich alle drei beteiligten Partialdrucke in unterschiedlicher Weise verändern.

$$p_{N_2} = \frac{n_{N_2} \cdot p_{ges.}}{n_{ges.}} = \frac{510\,\text{mol} \cdot 1\,\text{bar}}{785\,\text{mol}} = \underline{\underline{0{,}649\,\text{bar}}}$$

$$p_{H_2} = \frac{n_{H_2} \cdot p_{ges.}}{n_{ges.}} = \frac{100\,\text{mol} \cdot 1\,\text{bar}}{785\,\text{mol}} = \underline{\underline{0{,}1274\,\text{bar}}}$$

$$p_{NH_3} = \frac{n_{NH_3} \cdot p_{ges.}}{n_{ges.}} = \frac{175\,\text{mol} \cdot 1\,\text{bar}}{785\,\text{mol}} = \underline{\underline{0{,}223\,\text{bar}}}$$

$$Kp_{neu} = \frac{p_{NH_3}^2}{p_{H_2}^3 \cdot p_{N_2}} = \frac{0{,}223^2\,\text{bar}^2}{0{,}1274^3\,\text{bar}^3 \cdot 0{,}649\,\text{bar}} = \underline{\underline{37{,}06\,\text{bar}^{-2} > Kp}}$$

$$\begin{aligned}\Delta_R G^0 &= -RT \ln(Kp \cdot p^2) = -8{,}3143\,\text{J/(mol} \cdot \text{K)} \cdot 410\,\text{K} \cdot \ln(36{,}79\,\text{bar}^{-2} \cdot 1^2\,\text{bar}^2)\\ &= -12\,289{,}7\,\text{J/mol}\end{aligned}$$

$$\Delta_R G = \Delta_R G^0 + RT \ln \frac{p_{NH_3}^2}{p_{N_2} \cdot p_{H_2}^3} \cdot p_{ges.}^{\Delta n}$$

$$\Delta_R G = -12\,289{,}7\,\text{J/mol}$$

$$+\,8{,}3143\,\mathrm{J/(mol\cdot K)}\cdot 410\,\mathrm{K}\cdot \ln\left(\frac{0{,}223^2\,\mathrm{bar}^2}{0{,}649\,\mathrm{bar}\cdot 0{,}1274^3\,\mathrm{bar}^3}\cdot 1^2\,\mathrm{bar}^2\right)$$

$$\Delta_R G = -12\,289{,}7\,\mathrm{J/mol} + 12\,314{,}26\,\mathrm{J/mol} = 24{,}56\,\mathrm{J/mol}$$

Das System reagiert in Richtung der Edukte. **$\Delta_R G$ wird positiv.**

147

	$N_{2(g)}$	$+$	$3\,H_{2(g)}$	$\rightleftharpoons$	$2\,NH_{3(g)}$	$\Delta n = -2$
Gl.:	$(1-x)$ mol		$3(1-x)$ mol		$2x$ mol	$\sum x_i = (4-2x)$ mol

$$Kp = K\chi \cdot p^{\Delta n}$$

$$Kp = \frac{\left[\frac{2x}{(4-2x)}\right]^2}{\left[\frac{3(1-x)}{(4-2x)}\right]^3\cdot\left[\frac{(1-x)}{(4-2x)}\right]}\cdot p^{-2}$$

$$\sqrt{27Kp}\cdot p = \frac{8x-4x^2}{(1-x)^2} \qquad 2\cdot 10^{-7}\,\mathrm{Pa}^{-1}\cdot p(x^2-2x+1) = 8x-4x^2$$

	a) $p = 10^5$ Pa	b) $p = 3\cdot 10^7$ Pa	c) $p = 6\cdot 10^7$ Pa	d) $p = 10^8$ Pa
$K\chi = Kp\cdot p^2$	$1{,}48\cdot 10^{-5}$	1,332	5,328	14,8
x	0,00249 mol	0,3675 mol	0,5 mol	0,59 mol
$\eta_{NH_3} = \frac{2x\cdot 100\,\%}{4-2x}$	0,125 %	22,52 %	33,33 %	48,02 %
$\Delta_R G = -RT\ln K\chi$	71,5 kJ/mol	−1,843 kJ/mol	−10,75 kJ/mol	−17,3 kJ/mol
$\Delta_R F = \Delta_R G - \Delta nRT$	84,37 kJ/mol	11,022 kJ/mol	2,11 kJ/mol	−4,44 kJ/mol

$\underline{dT = 0,\, p\uparrow}$: $K\chi\uparrow$, $\eta_{NH_3}\uparrow$, $\Delta_R G\downarrow$ $\Delta_R F\downarrow$ Hinreaktion ist begünstigt

148

$$\ln K\chi = \frac{-\Delta G}{RT} \qquad \ln K\chi = \frac{39\,680}{8{,}3143\cdot 673{,}15} = 7{,}09 \qquad K\chi = 1{,}2\cdot 10^3 = \frac{1}{4}\cdot\left(\frac{x}{1-x}\right)^5$$

$$x = 0{,}845 \qquad \eta_{NH_3} = \frac{2x\cdot 100\,\%}{2} = \underline{\underline{84{,}5\,\%}}$$

149

	$\mathbf{1\,NH_3}$	$\rightleftharpoons$	$\mathbf{1/2\,N_2}$	$+$	$\mathbf{3/2\,H_2}$	$\mathbf{\Delta n = 1}$
Gl.:	$\mathbf{1-\alpha}$		$\mathbf{1/2\alpha}$		$\mathbf{3/2\alpha}$	$\mathbf{n_G = (1+\alpha)}$

$$\mathbf{A_{(1)}}:\quad \Delta_R H = \sum \Delta_B H_{Prod.} - \sum \Delta_B H_{Ed.} = +46{,}2\,\frac{\mathrm{kJ}}{\mathrm{mol}}$$

$$\mathbf{B_{(1)} + C_{(1)}}:\quad \Delta_R U = \Delta_R H + W_m = +43{,}721\,\frac{\mathrm{kJ}}{\mathrm{mol}} \qquad W_m = -\Delta nRT = -2478{,}938\,\frac{\mathrm{J}}{\mathrm{mol}}$$

$$\mathbf{D_{(1)}}:\quad \Delta_R S = \sum S_{Prod.} - \sum S_{Ed.} = +99{,}225\left[\frac{J}{\mathrm{mol}\cdot\mathrm{K}}\right]$$

$$\mathbf{E_{(1)}}:\quad \Delta_R G = \Delta_R H - T\cdot\Delta_R S = +16{,}616\,\frac{\mathrm{kJ}}{\mathrm{mol}}$$

$$\mathbf{F_{(1)}}:\quad \Delta_R F = \Delta_R G + W_m = \Delta_R U - T\cdot\Delta_R S = +14{,}137\,\frac{\mathrm{kJ}}{\mathrm{mol}}$$

$\mathbf{G_{(1)}}$: $K\chi = e^{-\frac{\Delta_R G}{RT}} = 1{,}2274 \cdot 10^{-3}$

$\mathbf{H_{(1)}}$: $Kp = K\chi \cdot p^{\Delta n} = 1{,}24 \cdot 10^{-3}\,\text{bar}$

$\mathbf{I_{(1)}}$: $K_c = K\chi \cdot \left(\frac{p}{RT}\right)^{\Delta n} = 5{,}02 \cdot 10^{-5}\,\frac{\text{mol}}{\text{dm}^3}$

$\mathbf{J_{(1)}}$: $K\chi = \sqrt{\frac{27}{16} \cdot \frac{\alpha^2}{1-\alpha^2}} \quad \alpha = 0{,}0307$

$$\left[\frac{\partial(\Delta G)}{\partial p}\right]_T = V = \Delta nRT \cdot \frac{1}{p}$$

$\mathbf{E_{(4)}}$: $\Delta_R G_{773}^{200} = -35\,340 + 1 \cdot R \cdot 773{,}15 \cdot \ln \frac{200}{1{,}01325} = -1{,}366\,\text{kJ/mol}$

$$\left[\frac{\partial(\Delta F)}{\partial V}\right]_T = -p = -\Delta nRT \cdot \frac{1}{V}; \qquad \frac{V_2}{V_1} = \frac{p_1}{p_2}$$

$\mathbf{F_{(4)}}$: $\Delta_R F_{773}^{200} = -41\,760 + 1 \cdot R \cdot 773{,}15 \cdot \ln \frac{200}{1{,}01325}$

$= -7785{,}96\,\text{J/mol} = -7{,}79\,\text{kJ/mol}$

$$\left[\frac{\partial(\Delta S)}{\partial p}\right]_T = -\frac{V}{T} = -nR \cdot \frac{1}{p}$$

$\mathbf{D_{(4)}}$: $\Delta_R S_{773}^{200} = 115{,}881 - nR \cdot \ln \frac{200}{1{,}01325} = 71{,}939\,\text{J/(mol} \cdot \text{K)}$

$$\Delta_R H = \Delta_R G + T \cdot \Delta_R S$$

$\mathbf{A_{(4)}}$: $\Delta_R H_{773}^{200} = -1366 + (773{,}15 \cdot 71{,}939) = 54\,253{,}5\,\text{J/mol} = 54{,}253\,\text{kJ/mol}$

$$\Delta_R U = \Delta_R F + T \cdot \Delta_R S$$

$\mathbf{B_{(4)}}$: $\Delta_R U_{773}^{200} = -7790 + (773{,}15 \cdot 71{,}939) = 47\,830\,\text{J/mol} = 47{,}83\,\text{kJ/mol}$

$$W_m = -\Delta nRT$$

$\mathbf{C_{(4)}}$: $W_m = -\Delta nR \cdot 773{,}15 = -6428{,}2\,\text{J/mol}$

$$K\chi = e^{\frac{-\Delta_R G}{RT}}$$

$\mathbf{G_{(4)}}$: $K\chi = e^{\frac{1366}{R \cdot 773{,}15}} = 1{,}237$

$$Kp = K\chi \cdot p^{\Delta n}$$

$\mathbf{H_{(4)}}$: $Kp = 1{,}237 \cdot 200\,\text{bar} = 247{,}4\,\text{bar}$

$$K_c = K\chi \cdot \left(\frac{p}{RT}\right)^{\Delta n}$$

$\mathbf{I_{(4)}}$: $$K_c = 1{,}237 \cdot \left(\frac{200 \cdot 10^5}{8314{,}3 \cdot 773{,}15}\right) = 3{,}89 \frac{\text{mol}}{\text{dm}^3}$$

$\mathbf{J_{(4)}}$: $$1{,}237 = \sqrt{\frac{27}{16}} \cdot \frac{\alpha^2}{1-\alpha^2} \qquad \alpha = 0{,}698$$

	Ergebnisse	**298,15 K**		**773,15 K**	
		(1) 1,01325 bar	**(2) 200 bar**	**(3) 1,01325 bar**	**(4) 200 bar**
A	$\Delta_R H$ (kJ/mol)	46,2	46,2	54,258	54,253
B	$\Delta_R U$ (kJ/mol)	43,721	43,720	47,83	47,83
C	W_m (kJ/mol)	−2,479	−2,479	−6,4282	−6,4282
D	$\Delta_R S$ (J/(mol · K))	99,225	55,282	115,881	71,939
E	$\Delta_R G$ (kJ/mol)	16,616	29,718	−35,34	−1,366
F	$\Delta_R F$ (kJ/mol)	14,137	27,238	−41,76	−7,79
G	$K\chi$	$1{,}23 \cdot 10^{-3}$	$6{,}216 \cdot 10^{-6}$	243,94	1,237
H	Kp (bar)	$1{,}24 \cdot 10^{-3}$	$1{,}26 \cdot 10^{-3}$	247,2	247,3
I	K_c (mol/dm^3)	$5{,}02 \cdot 10^{-5}$	$5{,}05 \cdot 10^{-5}$	3,85	3,89
J	$\alpha_{\text{(Dissoziationsgrad)}}$	0,0307	0,00219	0,997	0,698

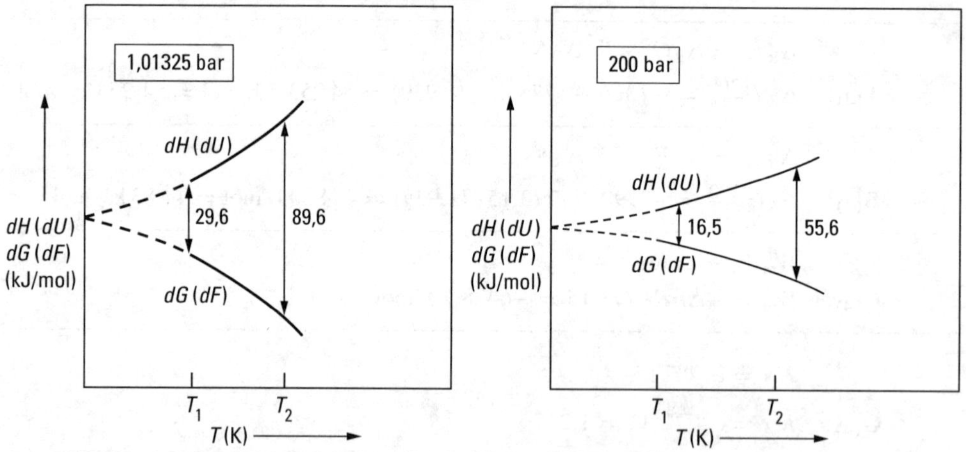

	1,01325 bar	200 bar
$dH_{(T_2)} - dG_{(T_2)} = dU_{(T_2)} - dF_{(T_2)} = T_2 - dS_{(T_2)} =$	89,6 kJ/mol	55,6 kJ/mol
$dH_{(T_1)} - dG_{(T_1)} = dU_{(T_1)} - dF_{(T_1)} = T_1 - dS_{(T_1)} =$	29,6 kJ/mol	16,5 kJ/mol

Abb. 5.23 Temperaturabhängigkeit der Zustandsgrößen *U*, *H*, *F* und *G* von Aufgabe 149.

$dp = 0 \quad T\uparrow$

- das Gleichgewicht verschiebt sich nach rechts
- die Werte von ΔH, ΔU, $K\chi$, Kp, K_c, α und ΔS werden positiver
- die Werte von ΔG und ΔF werden negativer
- die molare Expansionsarbeit W_m steigt

Mit zunehmender Temperatur steigt stetig die Entropie und damit vergrößern sich die Differenzen $dH - dG$ und $dU - dF$.

$dT = 0 \quad p\uparrow$

- das Gleichgewicht verschiebt sich nach links
- die Werte von ΔG und ΔF werden positiver
- die Werte von $K\chi$, α und ΔS werden negativer
- die Werte von ΔH, ΔU, W_m, Kp und K_c bleiben konstant.

Mit zunehmendem Druck sinkt stetig die Entropie und damit verkleinern sich die Differenzen $dH - dG$ und $dU - dF$.

150 **150.1:**

$$\ln K\chi = \frac{25\,300}{8{,}3143 \cdot 373{,}15} = 8{,}155 \qquad K\chi = 3{,}5 \cdot 10^3 = \frac{27}{(1-x)^4 \cdot (4+x)}$$

$$x = 0{,}8 \qquad \eta_{N_2} = \frac{2x \cdot 100\,\%}{(4+x)} = \underline{\underline{33{,}3\,\%}}$$

150.2:

$$\ln K\chi = \frac{28\,050}{8{,}3143 \cdot 573{,}15} = 5{,}89 \qquad K\chi = 3{,}6 \cdot 10^2 = \frac{432 \cdot x^7}{(1-x)^5 \cdot (5+2x)^2}$$

$$x = 0{,}7 \qquad \eta_{N_2} = \frac{x \cdot 100\,\%}{(5+2x)} = \underline{\underline{10{,}94\,\%}}$$

151

$$\left(\frac{\partial G}{\partial p}\right)_T = V \quad \left(\frac{\partial F}{\partial V}\right)_T = -p \quad \delta W = -p \cdot dV$$

$$\Delta G = \Delta F = W = nRT \ln \frac{p_2}{p_1} = 1 \cdot 8{,}3143 \cdot 773{,}15 \cdot \ln \frac{0{,}1}{0{,}05} = \underline{\underline{4455{,}69 \frac{\text{J}}{\text{mol}}}}$$

$$\left(\frac{\partial S}{\partial p}\right)_T = \frac{-V}{T} = \frac{-nR}{p} \qquad \Delta S = nR \ln \frac{p_2}{p_1} = -1 \cdot 8{,}3143 \cdot \ln \frac{0{,}1}{0{,}05} = \underline{\underline{-5{,}763 \frac{\text{J}}{\text{mol} \cdot \text{K}}}}$$

$$\Delta H = \Delta U = 0$$

Probe: $\Delta H = \Delta G + T \cdot \Delta S = 4455{,}69 + 773{,}15 \cdot (-5{,}763) = 0$

$\Delta U = \Delta F + T \cdot \Delta S = 4455{,}69 + 773{,}15 \cdot (-5{,}763) = 0$

152 $\Delta n = -0{,}5$

$$\ln K\chi^{298} = -\frac{\Delta_R G^0}{RT} = 14{,}04$$

$$K\chi^{298} = 1{,}26 \cdot 10^6 \quad Kp^{298} = K\chi^{298} \cdot p^{\Delta n} = \underline{\underline{3{,}98 \cdot 10^3\,\mathrm{Pa}^{-1/2}}}$$

$$\ln K\chi^{398} = \ln K\chi^{298} - \frac{\Delta_R H}{R}\left(\frac{1}{398} - \frac{1}{298}\right) = 8{,}32$$

$$K\chi^{398} = 4{,}11 \cdot 10^3 \qquad Kp^{398} = \underline{\underline{13\,\mathrm{Pa}^{-1/2}}} \qquad \left[\frac{\partial\left(\frac{\Delta_R G}{T}\right)}{\partial T}\right]_p = \frac{\Delta_R H}{T^2}$$

$$\Delta_R G^{398} = \frac{398 \cdot (-34\,800)}{298} - 398 \cdot (-56\,400) \cdot \left(\frac{1}{298} - \frac{1}{398}\right) = \underline{\underline{-27\,551{,}7\,\mathrm{J/mol}}}$$

oder

$$\Delta_R G = -RT \ln K\chi \qquad \Delta_R G^{398} = -R \cdot 398 \cdot \ln K\chi^{398} = \underline{\underline{-27\,531{,}64\,\mathrm{J/mol}}}$$

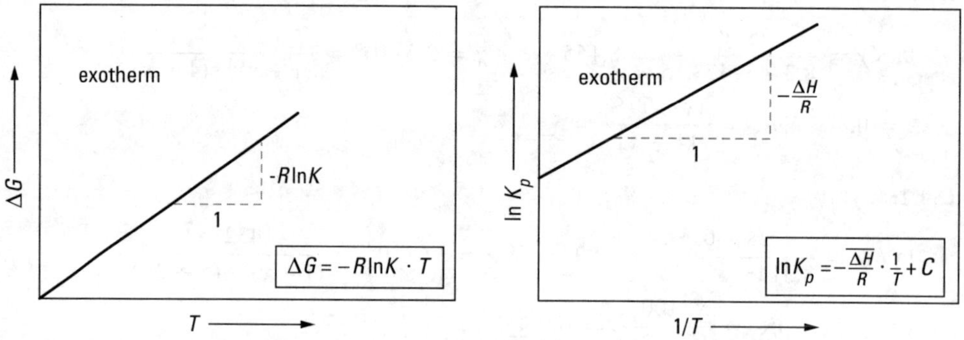

Abb. 5.24 Temperaturabhängigkeit von ΔG und Kp.

$T \uparrow$: $Kp \downarrow$, $\Delta_R G \uparrow$ Die endotherme Reaktion wird begünstigt.

153

$$\begin{array}{lcccccl} & NO_2 & \rightleftharpoons & NO & + & 0{,}5\,O_2 & \Delta n = 0{,}5 \qquad \alpha = (1-\beta) = 0{,}046958 \\ \text{Gl.:} & 1-\alpha & & \alpha & & 0{,}5\alpha & \sum \alpha_i = 1 + 0{,}5\alpha \end{array}$$

$$K_\chi^{498} = \frac{\alpha \cdot (0{,}5\alpha)^{0{,}5}}{(1+0{,}5\alpha)^{0{,}5} \cdot (1-\alpha)} = 7{,}379 \cdot 10^{-3} \quad K_p^{498} = K_\chi^{498} \cdot p^{\Delta n} = \underline{\underline{2{,}333\,\mathrm{Pa}^{0{,}5}}}$$

$$\Delta_R G^{498} = -RT^{498} \ln K_\chi^{498} = \underline{\underline{20\,326{,}87\,\mathrm{J/mol}}}$$

$$\left[\frac{\partial\left(\frac{\Delta_R G}{T}\right)}{\partial T}\right]_p = \frac{-\Delta_R H}{T^2}$$

$$\Delta_R G^{298} = \frac{298 \cdot 20\,326{,}87}{498} - 298 \cdot 56\,400 \cdot \left(\frac{1}{498} - \frac{1}{298}\right) = \underline{\underline{34\,814{,}07\,\mathrm{J/mol}}}$$

$$\ln K_\chi^{298} = \frac{-\Delta_R G^{298}}{T \cdot 298} = -14{,}044$$

$$K_\chi^{298} = 7{,}96 \cdot 10^{-7} \quad K_p^{298} = K_\chi^{298} \cdot p^{\Delta n} = \underline{\underline{2{,}5 \cdot 10^{-4}\,\mathrm{Pa}^{0{,}5}}}$$

154 a):

$$\begin{array}{llllll} & N_2O_{3(g)} \rightleftharpoons & NO_{2(g)} + & NO_{(g)} & \Delta n = 1 & \frac{(1-\alpha)\cdot 100\,\%}{(1+\alpha)} = 10\,\% \\ \text{Gl.:} & 1-\alpha & \alpha & \alpha & \sum \alpha_i = 1+\alpha & \alpha = \underline{\underline{0{,}81818}} \end{array}$$

$$K\chi = \frac{\alpha^2}{1-\alpha^2} = \underline{\underline{2{,}025}}$$

$$\Delta_R G = -RT \ln K\chi = \underline{\underline{-1{,}75\,\mathrm{kJ/mol}}}$$

$$Kp = K\chi \cdot p^{\Delta n} = \underline{\underline{2{,}052 \cdot 10^5\,\mathrm{Pa}}}$$

$$\Delta_R S = \frac{\Delta_R H - \Delta_R G}{T} = \underline{\underline{0{,}142\,\mathrm{kJ/(mol \cdot K)}}}$$

b):

$$\beta_{N_2O_3} = 1 - \alpha_{N_2O_3} = \underline{\underline{0{,}1818}}$$

$$K\chi_{(\text{Rück})} = (K\chi)^{-1} = \underline{\underline{0{,}494}} \quad \text{oder} \quad K\chi_{(\text{Rück})} = \frac{[1-(1-\beta)^2]}{(1-\beta)^2} = \underline{\underline{0{,}494}}$$

c):

$$p \downarrow \xrightarrow{\Delta V > 0} K\chi \uparrow, \alpha \uparrow \quad Kp = \text{const (nur } T\text{-abhängig)} \quad K\chi \text{ ist } p\text{- und } T\text{-abhängig}$$

155 **155.1:**

$$\Delta_R G_{1\,\mathrm{bar}}^{298} = \Delta_R G^0 = -\Delta n RT \ln 0{,}141 = 4856{,}17\,\mathrm{J/mol}$$

a)

$$\left[\frac{\partial(\Delta G)}{\partial p}\right]_T = \Delta V = \frac{\Delta n \cdot RT}{p} \qquad \int_{\Delta G^0}^{\Delta G} d(\Delta G) = \Delta n RT \int_1^{0{,}1} \frac{1}{p} dp$$

$$\Delta G = \Delta G^0 + \Delta n RT \ln \frac{0{,}1}{1} \qquad \Delta G = 4856{,}17 + \Delta n RT \ln \frac{0{,}1}{1} = \underline{\underline{-851{,}7\,\mathrm{J/mol}}}$$

b)

$$\begin{array}{llll} & N_2O_4 \rightleftharpoons & 2\,NO_2 & \Delta n = 1 \\ \text{Gl.:} & 1-\alpha & 2\alpha & (1+\alpha) \end{array}$$

$$Kp = K\chi \cdot p^1 = 0{,}141\,\mathrm{bar}$$

$$K\chi_{1\,\mathrm{bar}}^{338} = \frac{4\alpha^2}{1-\alpha^2} = 2{,}59 \quad \Delta G_{1\,\mathrm{bar}}^{338} = -\Delta n RT \ln K\chi = \underline{\underline{-2675{,}6\,\mathrm{J/mol}}}$$

155.2:

$$K\chi^{298}_{1\,\text{bar}} = 0{,}141 = \frac{4\alpha^2}{1-\alpha^2} \quad \alpha^{298}_{1\,\text{bar}} = 0{,}185$$

a)

$$K\chi^{298}_{0,1\,\text{bar}} = e^{\frac{851,7}{RT}} = 1{,}41 = \frac{4\alpha^2}{1-\alpha^2} \quad \alpha^{298}_{0,1\,\text{bar}} = 0{,}51 \quad \Delta\alpha = \underline{\underline{0{,}325}}$$

b)

$$\alpha^{338}_{1\,\text{bar}} = 0{,}627 \quad \Delta\alpha = \underline{\underline{0{,}442}}$$

$\underline{dT = 0, p \downarrow}$: $K\chi \uparrow, \alpha \uparrow, \Delta_R G \downarrow$ Hinreaktion ist begünstigt
$\underline{dp = 0, T \uparrow}$: $K\chi \uparrow, \alpha \uparrow, \Delta_R G \downarrow$ Hinreaktion ist begünstigt

155.3:

$$\left[\frac{\partial \ln K\chi}{\partial T}\right]_p = \frac{\Delta H}{RT^2} \quad \Delta H = \frac{\ln \frac{2,59}{0,141} \cdot R}{\frac{1}{298,15} - \frac{1}{338,15}} = \underline{\underline{60\,996\,\text{J/mol}}} \approx \underline{\underline{61\,\text{kJ/mol}}} \quad \text{oder}$$

$$\left[\frac{\partial\left(\frac{\Delta G}{T}\right)}{\partial T}\right]_p = \frac{-\Delta H}{T^2} \quad \Delta H = \frac{-\left(\frac{\Delta G^{338}}{338,15} - \frac{\Delta G^{298}}{298,15}\right)}{\left(\frac{1}{298,15} - \frac{1}{338,15}\right)} = \underline{\underline{60\,996\,\text{J/mol}}} \approx \underline{\underline{61\,\text{kJ/mol}}}$$

156 a):
Kupfer + konz. Salpetersäure:

$$\text{Cu} + 2\,\text{NO}_3^- + 4\,\text{H}^+ \rightleftharpoons \text{Cu}^{2+} + 2\,\text{NO}_2 + 2\,\text{H}_2\text{O}\,.$$

Es gibt einige andere Möglichkeiten, z. B. Natriumnitrit + Salzsäure:

$$3\,\text{NO}_2^- + 2\,\text{H}^+ \rightleftharpoons \text{NO}_3^- + 2\,\text{NO} + \text{H}_2\text{O} \qquad 2\,\text{NO} + \text{O}_2 \rightleftharpoons 2\,\text{NO}_2\,.$$

b):
Berechnung der K-Werte bei $T = 303$ K:

$$m_{\text{ges.}} = 110{,}9446\,\text{g} - 109{,}9736\,\text{g} = 0{,}9710\,\text{g}$$

$$n_{\text{ges.}} = \frac{pV}{RT} = \frac{101\,300\,\text{Pa} \cdot 0{,}321\,\text{dm}^3}{8314{,}3\,\text{Pa} \cdot \text{dm}^3 \cdot \text{mol}^{-1} \cdot \text{K}^{-1} \cdot 303\,\text{K}} = 0{,}0129\,\text{mol}$$

$$\left.\begin{array}{rcl} n_{\text{NO}_2} + n_{\text{N}_2\text{O}_4} &=& 0{,}0129 \\ 46{,}068 n_{\text{NO}_2} + 92{,}136 n_{\text{N}_2\text{O}_4} &=& 0{,}971 \end{array}\right|$$

$$\rightarrow n_{\text{NO}_2} = 0{,}004707\,\text{mol}\,; \quad n_{\text{N}_2\text{O}_4} = 0{,}008201\,\text{mol}$$

Berechnung der K-Werte bei $T = 333$ K:

$$m_{\text{ges.}} = 0{,}7084\,\text{g} \quad n_{\text{ges.}} = 0{,}01175\,\text{mol}$$

$$n_{\text{NO}_2} = 0{,}00809\,\text{mol}\,; \quad n_{\text{N}_2\text{O}_4} = 0{,}003655\,\text{mol}$$

	$N_2O_{4(g)}$	$\rightleftharpoons$	$2\,NO_{2(g)}$	$\Delta n = 1$
Gl.	0,003655		0,00809 (mol)	$\sum n_i = 0{,}01175\,\text{mol}$

$$K_\chi = \frac{\chi^2_{NO_2}}{\chi_{N_2O_4}} = \frac{\left(\frac{0{,}00809}{0{,}01175}\right)^2}{\left(\frac{0{,}003655}{0{,}01175}\right)} = \underline{\underline{1{,}5239}}$$

$$K_p = K\chi \cdot p^{\Delta n} = 1{,}5239 \cdot 101\,300\,\text{Pa} = \underline{\underline{154\,371{,}07\,\text{Pa}}}$$

$$K_c = K_p \cdot \left(\frac{1}{RT}\right)^{\Delta n} = 154\,371{,}07\,\text{Pa} \cdot \frac{1}{8314{,}3\,\text{Pa} \cdot \text{dm}^3 \cdot \text{mol}^{-1} \cdot \text{K}^{-1} \cdot 333\,\text{K}}$$
$$= \underline{\underline{5{,}58 \cdot 10^{-2}\,\text{mol} \cdot \text{dm}^{-3}}}$$

c):

$$\frac{d \ln Kp}{dT} = \frac{\Delta_R H}{RT^2}$$

$$\Delta_R H = -\frac{\ln \frac{Kp_{303}}{Kp_{333}} \cdot R}{\left(\frac{1}{T_1} - \frac{1}{T_2}\right)} = -\frac{\ln \frac{21\,212{,}22}{154\,371{,}07} \cdot 8{,}3143\,\text{J} \cdot \text{mol}^{-1}\text{K}^{-1}}{\left(\frac{1}{303\,\text{K}} - \frac{1}{333\,\text{K}}\right)} = \underline{\underline{55\,501{,}417\,\text{J} \cdot \text{mol}^{-1}}}$$

$$\Delta_R G_{(303\,\text{K})} = -RT \cdot \ln K_{\chi(303\,\text{K})} = -8{,}3143\,\text{J} \cdot \text{mol}^{-1}\text{K}^{-1} \cdot 303\,\text{K} \cdot \ln 0{,}2094$$
$$= \underline{\underline{3938{,}84\,\text{J} \cdot \text{mol}^{-1}}}$$

$$\Delta_R G_{(333\,\text{K})} = -RT \cdot \ln K_{\chi(333\,\text{K})} = -8{,}3143\,\text{J} \cdot \text{mol}^{-1}\text{K}^{-1} \cdot 333\,\text{K} \cdot \ln 1{,}5239$$
$$= \underline{\underline{-1166{,}36\,\text{J} \cdot \text{mol}^{-1}}}$$

$$\Delta_R S = -\left(\frac{\Delta G_{(303\,\text{K})} - \Delta H}{303\,\text{K}}\right) = \frac{(-3938{,}84 + 55\,501{,}417)\,\text{J} \cdot \text{mol}^{-1}}{303\,\text{K}}$$
$$= \underline{\underline{170{,}174\,\text{J} \cdot \text{mol}^{-1}\text{K}^{-1}}}$$

$$\Delta_R S = -\left(\frac{\Delta G_{(333\,\text{K})} - \Delta H}{333\,\text{K}}\right) = \frac{(1166{,}36 + 55\,501{,}417)\,\text{J} \cdot \text{mol}^{-1}}{333\,\text{K}}$$
$$= \underline{\underline{170{,}174\,\text{J} \cdot \text{mol}^{-1} \cdot \text{K}^{-1}}}$$

d):
$\Delta_R H > 0$, da zur Teilung von N_2O_4 Energie benötigt wird (endotherme Reaktion!).
$\Delta_R S > 0$, da sich bei der Reaktion die Teilchenzahl erhöht.

157

	$N_2O_{4(g)}$	$\rightleftharpoons$	$2\,NO_{2(g)}$	$\Delta n = 1$
(1) Ausgangsgleichgewicht	1 mol		0,086 mol	$\sum_{n_i} = 1{,}086\,\text{mol}$
(2) Endgleichgewicht	(1 – x) mol		$(0{,}086 + 2x)$ mol	$\sum_{n_i} = 1{,}086\,\text{mol}$

a):
(1) Ausgangsgleichgewicht

$$p_{N_2O_4} = \frac{n \cdot R \cdot T}{V} = \frac{1\,\text{mol} \cdot 8314{,}3\,\text{Pa} \cdot \text{dm}^3/(\text{mol} \cdot \text{K}) \cdot 298\,\text{K}}{1\,\text{dm}^3} = 2{,}48 \cdot 10^6\,\text{Pa}$$

$$p_{NO_2} = \frac{0{,}086\,\text{mol} \cdot 8314{,}3\,\text{Pa} \cdot \text{dm}^3/(\text{mol} \cdot \text{K}) \cdot 298\,\text{K}}{1\,\text{dm}^3} = 2{,}1 \cdot 10^5\,\text{Pa}$$

$$K_p = \frac{p^2_{NO_2}}{p_{N_2O_4}} = \frac{(2{,}1 \cdot 10^5\,\text{Pa})^2}{2{,}48 \cdot 10^6\,\text{Pa}} = \underline{\underline{17{,}8 \cdot 10^3\,\text{Pa}}}$$

b₁):
(2) Endgleichgewicht

$$p_{N_2O_4} = \frac{(1-x) \cdot 8314{,}3 \cdot 298}{4}\text{Pa} \quad p_{NO_2} = \frac{(0{,}086 + 2x) \cdot 8314{,}3 \cdot 298}{4}\text{Pa}$$

$$K_p = \frac{p^2_{NO_2}}{p_{N_2O_4}} = \left(\frac{\frac{(0{,}086+2x)^2 8314{,}3^2 298^2}{4^2}}{\frac{(1-x) \cdot 8314{,}3 \cdot 298}{4}} \right) \text{Pa} = \underline{\underline{17{,}8 \cdot 10^3\,\text{Pa}}}$$

$$K_c = 7{,}184 \cdot 10^{-3}\,\text{mol/dm}^3 = \left(\frac{(0{,}086 + 2x)^2}{4 \cdot (1-x)} \right) \text{mol/dm}^3 \qquad x_1 = 0{,}040044\,\text{mol}$$

$$x_2 = -0{,}133228\,\text{mol} \quad \text{(entfällt)}$$

$$n_{(N_2O_4)} = (1-x)\,\text{mol} = \underline{\underline{0{,}96\,\text{mol}}}$$

$$n_{(NO_2)} = (0{,}086 + 2x)\,\text{mol} = \underline{\underline{0{,}167\,\text{mol}}}$$

b₂):

$$p_{N_2O_4} = \frac{n \cdot R \cdot T}{V} = \frac{0{,}96\,\text{mol} \cdot 8314{,}3\,\text{Pa} \cdot \text{dm}^3/(\text{mol} \cdot \text{K}) \cdot 298\,\text{K}}{4\,\text{dm}^3} = 5{,}95 \cdot 10^5\,\text{Pa}$$

$$p_{NO_2} = \frac{0{,}167\,\text{mol} \cdot 8314{,}3\,\text{Pa} \cdot \text{dm}^3/(\text{mol} \cdot \text{K}) \cdot 298\,\text{K}}{4\,\text{dm}^3} = 1{,}034 \cdot 10^5\,\text{Pa}$$

b₃):

$$K_c = K_p \cdot \left(\frac{1}{RT} \right)^{\Delta n} = 17{,}8 \cdot 10^3\,\text{Pa} \cdot \frac{1}{8314{,}3\,\text{Pa} \cdot \text{dm}^3/(\text{mol} \cdot \text{K}) \cdot 298\,\text{K}}$$

$$= \underline{\underline{7{,}18 \cdot 10^{-3}\,\text{mol} \cdot \text{dm}^{-3}}}$$

158 $2\,NO_{2(g)} \rightleftharpoons N_2O_{4(g)}$

a):
Aus den Tabellenwerten erhält man $K\chi$:

$$\Delta_R H = (9160 - 66\,400)\,\text{J} \cdot \text{mol}^{-1} = -57\,240\,\text{J} \cdot \text{mol}^{-1}$$

$$\Delta_R S = (304{,}3 - 480{,}2)\,\text{J} \cdot \text{mol}^{-1} \cdot \text{K}^{-1} = -175{,}9\,\text{J} \cdot \text{mol}^{-1}\text{K}^{-1}$$

$$\Delta_R G = \Delta_R H - T \cdot \Delta_R S = -57\,240\,\text{J} \cdot \text{mol}^{-1} + (298 \cdot 175{,}9)\,\text{J} \cdot \text{mol}^{-1}$$
$$= -4821{,}8\,\text{J} \cdot \text{mol}^{-1}$$

$$\Delta_R G = -RT \cdot \ln K\chi \quad K_\chi = e^{-\frac{\Delta_R G}{RT}} = e^{\frac{4821{,}8}{8{,}3143 \cdot 298}} = e^{1{,}9461} = \underline{7}$$

Mit dem MWG ergibt sich $n_{ges.}$

$2\,NO_{2(g)}$	$\rightleftharpoons N_2O_{4(g)}$		$\Delta n = -1$
Gl.: $(1{,}4 - 2x)$ mol	x mol	$\sum n_i = (1{,}4 - x)$ mol	$n_{NO_{2(g)}} = \frac{64{,}4\,\text{g}}{46\,\text{g} \cdot \text{mol}^{-1}} = 1{,}4\,\text{mol}$

$$K\chi = 7 = \frac{x \cdot (1{,}4 - x)}{(1{,}4 - 2x)^2} \qquad x_1 = 0{,}83\,\text{mol} \quad \text{entfällt}$$
$$x_2 = 0{,}57\,\text{mol}$$
$$n_{ges.} = 0{,}26\,\text{mol}\,NO_2 + 0{,}57\,\text{mol}\,N_2O_4 = \underline{\underline{0{,}83\,\text{mol}}}$$

Mit der Zustandsgleichung idealer Gase ergibt sich $p_{ges.}$:

$$p_{ges.} = \frac{n_{ges.} \cdot R \cdot T}{V} = \frac{0{,}83\,\text{mol} \cdot 8314{,}3\,\text{Pa} \cdot \text{dm}^3/(\text{mol} \cdot \text{K}) \cdot 298\,\text{K}}{15\,\text{dm}^3}$$
$$= \underline{\underline{137\,097{,}3\,\text{Pa} = 1{,}371\,\text{bar}}}$$

b):
Aus den Tabellenwerten erhält man $K\chi$:

$$\Delta C_p = (77{,}8 - 2 \cdot 37{,}2) = 3{,}4\,\text{J}/(\text{mol} \cdot \text{K})$$

$$\left[\frac{\partial(\Delta_R H)}{\partial T}\right]_p = \Delta Cp \qquad \Delta H^{350} = \Delta H^{298} + \Delta C_p \int_{298}^{350} dT$$

$$\Delta H^{350} = -57\,240\,\text{J/mol} + 3{,}4 \cdot 52\,\text{J/mol} = -57\,063{,}2\,\text{J/mol}$$

$$\left[\frac{\partial(\Delta_R S)}{\partial T}\right]_p = \frac{\Delta Cp}{T} \qquad \Delta_R S^{350} = \Delta_R S^{298} + \Delta C_p \int_{298}^{350} \frac{dT}{T}$$

$$\Delta_R S^{350} = -175{,}9\,\text{J}/(\text{mol} \cdot \text{K}) + 3{,}4 \cdot \ln \frac{350}{298} = -175{,}35\,\text{J}/(\text{mol} \cdot \text{K})$$

$$\Delta_R G = \Delta_R H - T \cdot \Delta_R S = -57\,063{,}2\,\text{J} \cdot \text{mol}^{-1} + (350 \cdot 175{,}35)\,\text{J} \cdot \text{mol}^{-1}$$
$$= 4309{,}3\,\text{J} \cdot \text{mol}^{-1}$$

$$\Delta_R G = -RT \cdot \ln K\chi$$

Mit dem MWG ergibt sich $n_{ges.}$:

$$K\chi = 0{,}22744 = \frac{x \cdot (1{,}4 - x)}{(1{,}4 - 2x)^2} \qquad x_1 = 1{,}2065\,\text{mol} \quad \text{entfällt}$$
$$x_2 = 0{,}1935\,\text{mol}$$
$$n_{ges.} = 1{,}013\,\text{mol}\,NO_2 + 0{,}1935\,\text{mol}\,N_2O_4$$
$$= \underline{\underline{1{,}2065\,\text{mol}}}$$

Mit der Zustandsgleichung idealer Gase ergibt sich $p_{ges.}$:

$$p_{ges.} = \frac{n_{ges.} \cdot R \cdot T}{V} = \frac{1{,}2065\,\text{mol} \cdot 8314{,}3\,\text{Pa} \cdot \text{dm}^3/(\text{mol} \cdot \text{K}) \cdot 350\,\text{K}}{15\,\text{dm}^3}$$
$$= \underline{\underline{234\,061{,}4\,\text{Pa} = 2{,}34\,\text{bar}}}$$

159 a):
„Ammoniakverbrennung“:

$$4\,NH_3 + 5\,O_2 \rightleftharpoons 4\,NO + 6\,H_2O$$

Verwendung zur Herstellung von Salpetersäure:

$$2\,NO + O_2 \rightleftharpoons 2\,NO_2$$
$$2\,NO_2 \rightleftharpoons N_2O_4$$

oxidative Umsetzung mit Wasser

$$2\,N_2O_4 + 2\,H_2O + O_2 \rightleftharpoons 4\,HNO_3$$

im Labor Umsetzung von verdünnter Salpetersäure mit Kupfer (oder Quecksilber)

$$3\,Cu + 2\,NO_3^- + 8\,H^+ \rightleftharpoons 2\,NO + 3\,Cu^{2+} + 4\,H_2O$$
$$({}_6Hg + 2\,NO_3^- + 8\,H^+ \rightleftharpoons 2NO + 3\,Hg_2^{2+} + 4\,H_2O)$$

b): $N_2 + O_2 \rightleftharpoons 2\,NO \quad \Delta n = 0$

$$\Delta_R H = 180{,}5\,\text{kJ/mol}$$
$$\Delta_R S = 24{,}78\,\text{J/(mol} \cdot \text{K)}$$
$$\Delta_R G = 180{,}5 - (298{,}15 \cdot 0{,}02478) = 173{,}1\,\text{kJ/mol}$$
$$K_\chi = K_p = e^{-\frac{\Delta_R G}{RT}} = e^{\frac{-173\,100}{8{,}3143 \cdot 298{,}15}} = e^{-69{,}83} = \underline{\underline{4{,}716 \cdot 10^{-31}}}$$

Die Reaktion ist genau dann endergonisch, wenn $\Delta_R G > 0$ ist. Dies trifft zu. Bei großem $\Delta_R G$ ist Kp klein, das Gleichgewicht liegt links. Da $\Delta_R S > 0$ ist, wird $\Delta_R G$ mit steigender Temperatur kleiner, damit Kp größer und das Gleichgewicht verschiebt sich nach rechts d. h. es ergeben sich bessere Ausbeuten.

c):

T(K)	1000	2000	3000	4000	5000
$\Delta_R G = 180\,500\,\text{J/mol} - (T \cdot 24{,}78)\,\text{J/mol}$	155 720	130 940	106 160	81 380	56 600
$K_\chi = K_p = e^{-\frac{\Delta_R G}{RT}}$	$7{,}34 \cdot 10^{-9}$	$3{,}8 \cdot 10^{-4}$	$1{,}42 \cdot 10^{-2}$	$8{,}65 \cdot 10^{-2}$	$25{,}6 \cdot 10^{-2}$

d):
Da sich bei der Reaktion die Teilchenzahl nicht ändert, ist die Summe der Abnahme der Partialdrucke von N_2 und O_2 gleich der Zunahme des Partialdrucks von NO. Da Kp unabhängig vom Druck ist, kann hier ohne Einschränkung der Allgemeinheit $p_{ges.} = 1\,\text{bar}$ angenommen werden.

	N_2	$+\ O_2$	$\rightleftharpoons$	$2\,NO$
Gl.:	$(0{,}8 - x)$ mol	$(0{,}2 - x)$ mol		$2x$ mol

$$K_p = \frac{4x^2}{(0{,}8 - x)(0{,}2 - x)}$$

T (K)	1000	2000	3000	4000	5000
x (mol)	$1{,}71 \cdot 10^{-5}$	$3{,}85 \cdot 10^{-3}$	$2{,}21 \cdot 10^{-2}$	$4{,}94 \cdot 10^{-2}$	$7{,}59 \cdot 10^{-2}$
$NO_{\,(Vol.-\%)} = 2x \cdot 100\,\%$	$3{,}43 \cdot 10^{-3}$	$7{,}70 \cdot 10^{-1}$	4,43	9,89	15,2

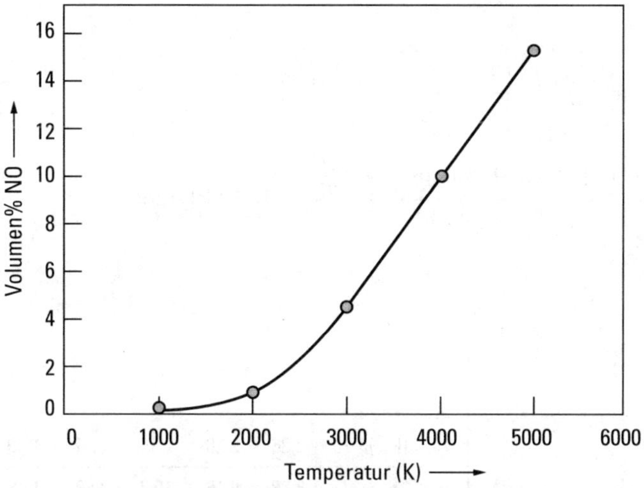

Abb. 5.25 Volumen% NO der Luft in Abhängigkeit von der Temperatur.

160 a):

$\Delta n = 0$

	$2\,NO_{(g)}$	$\rightleftharpoons$	$N_{2(g)}$	$+\ O_{2(g)}$	
Gl.:	$(1 - 2x)$ mol		x mol	x mol	$6 \cdot 10^{11} = \frac{x^2}{(1-2x)^2}$ $\quad x = 0{,}4999 \approx 0{,}5$ mol

$$\eta_{O_2} = \eta_{N_2} = \frac{0{,}4999\text{ mol} \cdot 100\text{ Vol}\cdot\text{-}\%}{1\text{ mol}} \approx \underline{\underline{50\text{ Vol}\cdot\text{-}\%}} \quad \eta_{NO} \approx \underline{\underline{0\text{ Vol}\cdot\text{-}\%}}$$

b):

$$\alpha = \frac{2x}{1} = \underline{\underline{0{,}9998 \approx 1}}$$

161 $\Delta n = 0 \quad Kp = Kc = K\chi = K$

	$N_{2(g)}$	+ $O_{2(g)}$	$\rightleftharpoons$ $2\,NO_{(g)}$
A	0,8 mol	0,2 mol	0 mol
→	0,011 mol	0,011 mol	0,022 mol
Gl.:	0,789 mol	0,189 mol	0,022 mol

$$K = \frac{0{,}022^2}{0{,}789 \cdot 0{,}189} = \underline{\underline{3{,}25 \cdot 10^{-3}}}$$

162 Rechnerische Lösung:

$$\frac{d \ln k}{dT} = \frac{E_A}{RT^2} \qquad \int_{k_1}^{k_2} \ln k = \frac{E_A}{R} \int_{T_1}^{T_2} \frac{dT}{T^2}$$

$$E_A = \frac{R \cdot \ln \frac{k_2}{k_1}}{\left(\frac{1}{T_1} - \frac{1}{T_2}\right)} = \frac{0{,}0083143\,\text{kJ}/(\text{mol} \cdot \text{K}) \cdot \ln \frac{370 \cdot 10^3}{3{,}65 \cdot 10^3}}{\left(\frac{1}{423\,\text{K}} - \frac{1}{503\,\text{K}}\right)} = \underline{\underline{102{,}1\,\text{kJ/mol}}}$$

Graphische Lösung:

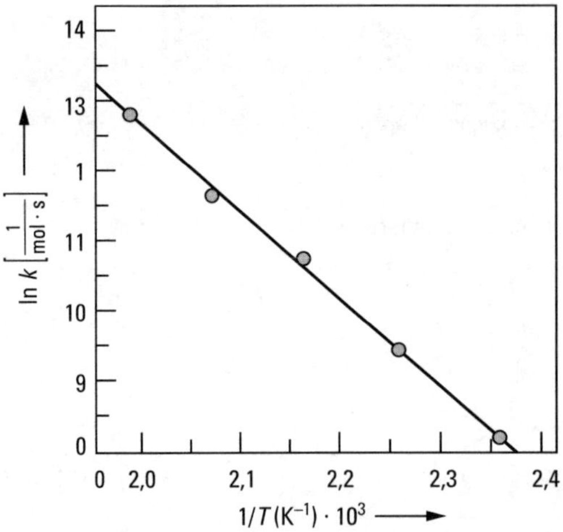

$1/T\,(\text{K}^{-1}) \cdot 10^3$	2,36	2,26	2,16	2,07	1,99
$\ln k \left[\frac{1}{\text{mol} \cdot \text{s}}\right]$	8,20	9,46	10,7	11,7	12,8

$$\ln k = \ln A - \frac{E_A}{R} \cdot \frac{1}{T}$$

abgelesene Punkte: (1,97/13) und (2,3/9)

$$m = \frac{-E_A}{R} \qquad -E_A = \frac{13 - 9}{(1{,}97 - 2{,}3) \cdot 10^{-3}\,K^{-1}} \cdot R$$

$$\underline{\underline{E_A = 100{,}8\,\text{kJ/mol}}}$$

Abb. 5.26 Temperaturabhängigkeit der Zerfallsgeschwindigkeit von Nitrosylchlorid.

5.11.2 Kohlenstoff-Verbindungen (CO_x, KWS und Derivate)

163 163.1:

$$\Delta_R G_{1000} = -200{,}6 + 395{,}8 = \underline{\underline{195{,}2\,\text{kJ/mol}}}$$

$$\Delta_R G_{1400} = -235{,}9 + 396 = \underline{\underline{160{,}1\,\text{kJ/mol}}}$$

$$\ln K\chi_{1000} = -\frac{\Delta_R G_{1000}}{R \cdot 1000} = -23{,}48; \quad K\chi = 6{,}365 \cdot 10^{-11};$$
$$Kp = \underline{\underline{2{,}03 \cdot 10^{-8}\,\text{Pa}^{0{,}5}}}$$

$$\ln K\chi_{1400} = -\frac{\Delta_R G_{1400}}{R \cdot 1400} = -13{,}7543; \quad K\chi = 1{,}063 \cdot 10^{-6};$$
$$Kp = \underline{\underline{3{,}384 \cdot 10^{-4}\,\text{Pa}^{0{,}5}}}$$

	$CO_{2(g)}$	$\rightleftharpoons$	$CO_{(g)}$	+	$0{,}5\,O_{2(g)}$	$\Delta n = 0{,}5$
Gl.:	$1-\alpha$		α		$0{,}5\alpha$	$\sum \alpha_i = 1 + 0{,}5\alpha$

$$K\chi = \frac{0{,}5^{0{,}5} \cdot \alpha^{1{,}5}}{(1-\alpha) \cdot (1+0{,}5\alpha)^{0{,}5}} = \frac{\alpha^{\frac{3}{2}}}{\sqrt{2} \cdot (1-\alpha) \cdot \left(1+\frac{\alpha}{2}\right)^{\frac{1}{2}}}$$

$$\xrightarrow{\alpha \ll 1} K\chi = \frac{\alpha^{\frac{3}{2}}}{\sqrt{2}} \qquad \alpha = \sqrt[3]{2 \cdot K_\chi^2}$$

$$\alpha_{1000} = \sqrt[3]{2 \cdot K_\chi^2} = \underline{\underline{2 \cdot 10^{-7}}} \qquad \alpha_{1400} = \sqrt[3]{2 \cdot K_\chi^2} = \underline{\underline{1{,}31 \cdot 10^{-4}}}$$

163.2:

$$K\chi = \frac{\alpha_{CO_2}^{1{,}5}}{\sqrt{2}} = \frac{0{,}0158^{1{,}5}}{2^{0{,}5}} = 1{,}4 \cdot 10^{-3}$$

$$\Delta_R G^{2000} = -8{,}3143\,\text{J}/(\text{mol} \cdot \text{K}) \cdot 2000\,\text{K} \cdot \ln 1{,}4 \cdot 10^{-3}$$
$$= \underline{\underline{109\,271{,}24\,\text{J/mol}}} \approx \underline{\underline{109{,}3\,\text{kJ/mol}}}$$

163.3:

$$\left[\frac{\partial\left(\frac{\Delta G}{T}\right)}{\partial T}\right]_p = \frac{-\Delta H}{T^2}$$

$$\Delta H = \frac{-\left(\frac{109\,271}{2000} - \frac{195\,200}{1000}\right)}{\left(\frac{1}{1000} - \frac{1}{2000}\right)}$$
$$= \underline{\underline{\frac{140{,}5645}{5 \cdot 10^{-4}} = 281\,129\text{J/mol}}} \approx \underline{\underline{281{,}1\,\text{kJ/mol}}}$$

164 a)

		$CO_{2(g)}$	$\rightleftharpoons$	$CO_{(g)}$	+	$0{,}5\,O_{2(g)}$	$\Delta n = 0{,}5$
b)	Gl.:	$1-\alpha$		α		$0{,}5\alpha$	$\sum \alpha_i = 1 + 0{,}5\alpha$

$$K\chi = \frac{0{,}5^{0{,}5} \cdot \alpha^{1{,}5}}{(1-\alpha) \cdot (1+0{,}5\alpha)^{0{,}5}} = \frac{\alpha^{\frac{3}{2}}}{\sqrt{2} \cdot (1-\alpha) \cdot \left(1+\frac{\alpha}{2}\right)^{\frac{1}{2}}} \xrightarrow{\alpha \ll 1} K\chi = \frac{\alpha^{\frac{3}{2}}}{\sqrt{2}}$$

$$K_\chi^{1000} = \frac{\alpha_{1000}^{1{,}5}}{\sqrt{2}} = \frac{(2 \cdot 10^{-7})^{1{,}5}}{2^{0{,}5}} = 6{,}32 \cdot 10^{-11}$$

$$K_\chi^{1400} = \frac{\alpha_{1400}^{1{,}5}}{\sqrt{2}} = \frac{(1{,}3 \cdot 10^{-4})^{1{,}5}}{2^{0{,}5}} = 1 \cdot 10^{-6}$$

$$K_p^{1000} = 6{,}32 \cdot 10^{-11} \cdot (101\,300)^{0,5}\mathrm{Pa}^{0,5} = \underline{\underline{2{,}013 \cdot 10^{-8}\mathrm{Pa}^{0,5}}}$$

$$K_p^{1400} = 1 \cdot 10^{-6} \cdot (101\,300)^{0,5}\mathrm{Pa}^{0,5} = \underline{\underline{3{,}34 \cdot 10^{-4}\mathrm{Pa}^{0,5}}}$$

$$\Delta_\mathrm{R} G^{1000} = -8{,}3143\,\mathrm{J/(mol \cdot K)} \cdot 1000\,\mathrm{K} \cdot \ln 6{,}32 \cdot 10^{-11}$$
$$= \underline{\underline{195\,259\,\mathrm{J/mol}}} \approx \underline{\underline{195{,}3\,\mathrm{kJ/mol}}}$$

$$\ln \frac{K\chi_{1400}}{K\chi_{1000}} = -\frac{\Delta H}{R} \cdot \left(\frac{1}{1400} - \frac{1}{1000}\right)$$

$$\Delta H = -\frac{\left(\ln \frac{K_\chi^{1400}}{K_\chi^{1000}}\right) \cdot R}{\left(\frac{1}{1400} - \frac{1}{1000}\right)} = -\frac{\left(\ln \frac{1 \cdot 10^{-6}}{6{,}32 \cdot 10^{-11}}\right) \cdot 8{,}3141}{\left(\frac{1}{1400} - \frac{1}{1000}\right)}$$
$$= \underline{\underline{281\,388{,}455\,\mathrm{J/(mol \cdot K)}}} \approx \underline{\underline{281{,}4\,\mathrm{kJ/mol}}}$$

$$\Delta S = \frac{\Delta H - \Delta G}{T} = \frac{(281{,}4 - 195{,}3)\mathrm{kJ/mol}}{1000\,\mathrm{K}} = \underline{\underline{86{,}1\,\mathrm{J/(mol \cdot K)}}}$$

c):
Da es sich um eine Reaktion mit Teilchenvermehrung handelt, kann man mit einer Verlagerung des Gleichgewichts nach rechts, also einer Zunahme des Bruchteils des zersetzten Kohlenstoffdioxids rechnen. Somit ist mit fallendem Druck die Reaktion begünstigt, bei der das System dem Druck durch Volumenvermehrung „ausweichen" kann (Hinreaktion). Es wird das **Gesetz vom Prinzip des kleinsten Zwangs** nach Le Chatelier bestätigt. Bei T = const. = 1000 K und fallendem Gesamtdruck von 1013 hPa auf 101,3 hPa erhöht sich α_{CO_2} von $2 \cdot 10^{-7}$ auf $4{,}315 \cdot 10^{-7}$:

$$\alpha = \sqrt[3]{\frac{2 \cdot K_p^2}{p}} = \sqrt[3]{\frac{2 \cdot (2{,}013 \cdot 10^{-8})^2\mathrm{Pa}}{(1{,}013 \cdot 10^4)\mathrm{Pa}}} = \underline{\underline{4{,}315 \cdot 10^{-7}}}$$

165 $CO + O_2 \rightleftharpoons CO_2 \quad \Delta n = -0{,}5$

$$\Delta_\mathrm{R} G = -394{,}4 - (-137{,}3) = -257{,}1\,\mathrm{kJ/mol}$$
$$\Delta_\mathrm{R} H = -394{,}5 - (-110{,}5) = -284\,\mathrm{kJ/mol}$$
$$\Delta_\mathrm{R} G = -RT \cdot \ln K\chi \quad \ln K\chi = \frac{257\,100}{8{,}3143 \cdot 298} = 103{,}73 \quad K\chi = 1{,}12 \cdot 10^{45}$$
$$Kp = K\chi \cdot p^{-0,5} = 1{,}12 \cdot 10^{45} \cdot (1\,\mathrm{bar})^{-0,5} = \underline{\underline{1{,}12 \cdot 10^{45} \cdot \mathrm{bar}^{-0,5}}}$$
$$\frac{d \ln K\chi}{dT} = \frac{\Delta H}{RT^2}$$
$$\ln K_\chi^{1073} = 103{,}73 - \frac{-284\,000}{8{,}3143} \cdot \left(\frac{1}{1073} - \frac{1}{298}\right) = 20{,}94 \quad K\chi = 1{,}24 \cdot 10^9$$
$$Kp = 1{,}24 \cdot 10^9 \cdot (1\,\mathrm{bar})^{-0,5} = \underline{\underline{1{,}24 \cdot 10^9\,\mathrm{bar}^{-0,5}}}$$

	298 K	1073 K
Kp ($\mathrm{bar}^{-0,5}$)	$1{,}12 \cdot 10^{45}$	$1{,}24 \cdot 10^{9}$

166 $$CO_{(g)} + H_2O_{(g)} \rightleftharpoons CO_{2(g)} + H_{2(g)}$$

166.1:

Gl.:	30	10	30	3	(Liter)

$$K = \frac{30 \cdot 30}{30 \cdot 10} = \underline{\underline{3}} \quad \Delta n = 0 \rightarrow Kc = Kp = K\chi = 3$$

166.2:

$$\frac{x_{CO_2} \cdot x_{H_2}}{x_{CO} \cdot x_{H_2O}} = 15$$

Im Gl.	$CO_{(g)}$ (Liter)	$H_2O_{(g)}$ (Liter)	$CO_{2(g)}$ (Liter)	$H_{2(g)}$ (Liter)	x (H_2O) (Liter)
a	1,5	$x - 13{,}50$	14,50	63,50	54,4
b	0,75	$x - 14{,}25$	15,25	64,25	101,3
c	0,30	$x - 14{,}70$	15,70	64,70	240,4
d	0,15	$x - 14{,}85$	15,85	64,85	471,7

Eine 90 %ige CO-Entfernung mit Nutzung eines Kreisprozesses ist ratsam, da die Kosten für die Erzeugung von Wasserdampf zu berücksichtigen sind.

167

	$CO_{(g)}$	$+ \; Cl_{2(g)}$	$\rightleftharpoons COCl_{2(g)}$	$\Delta n = -1$
Gl.:	$(0{,}533 - x)$ bar	$(0{,}666 - x)$ bar	x bar	$0{,}8\,\text{bar} = (1{,}199 - x)\,\text{bar}$
	0,134 bar	0,267 bar	0,399 bar	$x = 0{,}399$ bar

$$Kp = \frac{0{,}399\,\text{bar}}{0{,}134\,\text{bar} \cdot 0{,}267\,\text{bar}} = \underline{\underline{11{,}15\,\text{bar}^{-1}}}$$

$$K\chi = Kp \cdot p = 11{,}15\,\text{bar}^{-1} \cdot 0{,}8\,\text{bar} = \underline{\underline{8{,}92}}$$

$$Kc = Kp \cdot \left(\frac{1}{RT}\right)^{-1}$$

$$= 11{,}15 \cdot 10^5\,\text{Pa}^{-1} \cdot 8314{,}3\,\text{Pa} \cdot \text{dm}^3/(\text{mol} \cdot \text{K}) \cdot 298{,}15\,\text{K}$$

$$= \underline{\underline{2{,}764 \cdot 10^{12}\,\text{dm}^3/\text{mol}}}$$

168 a):

Oxidationszahl = 0

b):

$$Kp = \frac{p_{CO}^4}{p_{Ni(CO)_4}} \quad \text{Einheit von } Kp\text{: bar}^3$$

c):

$$Kp = \frac{x^4 p_{CO}^4}{0{,}5 p_{Ni(CO)_4}} \text{bar}^3$$

Da Kp konstant ist, ergibt sich

$$1 = \frac{x^4}{0{,}5} \quad \underline{\underline{x = 0{,}84}}$$

d. h. die CO-Konzentration ist um den Faktor 0,84 kleiner geworden, auf 84 % des ursprünglichen Wertes zurückgegangen.

169 **bei 400 °C**

$$\ln K\chi = \frac{21\,400}{8{,}3143\cdot 673{,}15} = 3{,}824 \quad K\chi = 45{,}77$$

$$\begin{array}{lllll|l} & CH_{4(g)} & + \; H_2O_{(g)} & \rightleftharpoons \; CO_{(g)} & + \; 3\,H_{2(g)} & \Delta n = 2 \\ \text{Gl.:} & (1-x)\,\text{mol} & (1-x)\,\text{mol} & x\,\text{mol} & 3x\,\text{mol} & \sum x_i = (2+2x)\,\text{mol} \end{array}$$

$$45{,}77 = \frac{27x^4}{4\cdot(1-x^2)^2} \qquad x = 0{,}83\,\text{mol} \qquad \textbf{83 \% Umsatz}$$

bei 25 °C

$$\ln K\chi = \frac{-143\,000}{8{,}3143\cdot 298{,}15} = -57{,}7 \quad K\chi = 8{,}85\cdot 10^{-26} \quad \boldsymbol{x \approx 0}\,\textbf{mol (kein Umsatz)}$$

170

$$\begin{array}{lllll|l} & H_2O_{(g)} & + \; CH_{4(g)} & \rightleftharpoons \; CO_{(g)} & + \; 3\,H_{2(g)} & \Delta n = 2 \\ \text{Gl.:} & (1-x)\,\text{mol} & (1-x)\,\text{mol} & x\,\text{mol} & 3x\,\text{mol} & \sum n_i = (2+2x)\,\text{mol} \end{array}$$

$$\eta_{CO} = 22\,\% = \frac{x\cdot 100\,\%}{2+2x}; \quad x = 0{,}786\,\text{mol}$$

$$K\chi = \frac{27x^4}{(2+2x)^2\cdot(1-x)^2} = 17{,}57$$

$$Kp = K\chi\cdot p^{\Delta n} = 15{,}57\cdot(10\,\text{bar})^2 = \underline{\underline{1757\,\text{bar}^2}}$$

$$Kc = K\chi\cdot\left(\frac{p}{RT}\right)^{\Delta n} = 17{,}57\cdot\left(\frac{10^6\,\text{Pa}}{8314{,}3\,\text{Pa}\cdot\text{dm}^3\cdot\text{mol}^{-1}\cdot\text{K}^{-1}\cdot 1373\,\text{K}}\right)^2$$

$$= \underline{\underline{0{,}135\,(\text{mol/dm}^3)^2}}$$

171 **171.1:**

(I)

$$\Delta_R H^0 = \sum \Delta_B H^0_{(\text{Prod})} - \sum \Delta_B H^0_{(\text{Ed})} = -804.3\,\text{kJ/mol}$$

$$\Delta_R S^0 = \sum S^0_{(\text{Prod})} - \sum \Delta S^0_{(\text{Ed})} = -5{,}2\,\text{J/(mol}\cdot\text{K)}$$

$$\Delta_R G^0 = \Delta_R H^0 - T\cdot\Delta_R S^0 = -802{,}750\,\text{kJ/mol}$$

$$\ln K\chi^0 = \frac{-\Delta_R G^0}{RT} = 323{,}828$$

$$\ln K\chi = \ln K\chi^0 - \frac{\Delta_R H^0}{R}\left(\frac{1}{T} - \frac{1}{T^0}\right) = 63{,}862$$

$$K\chi = \underline{\underline{Kp = 5{,}43\cdot 10^{27}}} \quad (\Delta n = 0)$$

(II)

$$\Delta_R H^0 = -519{,}3\,\text{kJ/mol}$$
$$\Delta_R S^0 = 81{,}35\,\text{J/(mol}\cdot\text{K)}$$
$$\Delta_R G^0 = -543{,}554\,\text{kJ/mol}$$
$$\ln K\chi^0 = 219{,}27$$
$$\ln K\chi = \ln K\chi^0 - \frac{\Delta_R H^0}{R}\left(\frac{1}{T} - \frac{1}{T^0}\right) = 51{,}422$$
$$K\chi = 2{,}15 \cdot 10^{22}$$
$$Kp = K\chi \cdot p^{0,5} = \underline{\underline{2{,}164 \cdot 10^{23}\,\text{kPa}^{0,5}}} \qquad (\Delta n = 0{,}5)$$

171.2:
Aus RG (I)–RG(II) wird RG(III) (RG = Reaktionsgleichung)

a):

	CO_2	$\rightleftharpoons$	CO	+	$0{,}5\,O_2$
Gl.:	$(1-x)$ mol		x mol		$0{,}5x$ mol

$$K\chi(\text{III}) = \frac{K\chi(\text{II})}{K\chi(\text{I})} = 3{,}96 \cdot 10^{-6}$$
$$\sum x_i = (1 + 0{,}5x)\,\text{mol}$$

$$\frac{0{,}5x^{0,5} \cdot x^{1,5}}{(1 + 0{,}5x)^{0,5} \cdot (1-x)} = 3{,}96 \cdot 10^{-6}$$
$$\xrightarrow{x \ll 1} \quad x = \sqrt[3]{2 \cdot (3{,}96 \cdot 10^{-6})^2} = 3{,}15 \cdot 10^{-4}\,\text{mol}$$

Stoffmengenverhältnis

$$\underline{\underline{\frac{n(O_2)}{n(CO)} = \frac{1}{2}}}$$

b):

	$2\,H_2O$	+ $8\,N_2$	+ CO_2	$\rightleftharpoons$	CO	+ $0{,}5\,O_2$	+ $2\,H_2O$	+ $8\,N_2$
Gl.:	$2-2x$	$8-8x$	$1-x$		x	$0{,}5x$	$2x$	$8x$

$$\sum x_i = 11 + 0{,}5x$$

$$\text{MWG} \xrightarrow{\text{ohne } N_2 \text{ und } H_2O} \quad \frac{0{,}5^{0,5} \cdot x^{1,5}}{(11 + 0{,}5x)^{0,5} \cdot (1-x)} = K\chi(\text{III})$$
$$\rightarrow \quad \frac{0{,}5 \cdot x^3}{(11 + 0{,}5x)\,(1-x)^2} = K_\chi^2(\text{III})$$

$$\text{für } x \ll 1 \rightarrow \quad \frac{0{,}5 \cdot x^3}{11} = K_\chi^2(\text{III}) = (3{,}96 \cdot 10^{-6})^2$$

$$\rightarrow \quad x = \sqrt[3]{\frac{K_\chi^2 \cdot 11}{0{,}5}} \approx 7 \cdot 10^{-4}$$

Molenbruch

$$x_{\text{CO}} = \frac{x}{(11 + 0{,}5x)} = \frac{7{,}4 \cdot 10^{-4}}{(11 + 3{,}5 \cdot 10^{-4})} = \underline{\underline{6{,}36 \cdot 10^{-5}}}$$

171.3:

$$\begin{array}{lllllll} 2\,H_2O & +\ 16\,N_2 & +\ CO_2 & \rightleftharpoons\ CO & +\ 0{,}5\,O_2 & +\ 2\,H_2O & +\ 16\,N_2 \\ \text{Gl.: } 2-2x & 16-16x & 1-x & x & 2+0{,}5x & 2x & 16x \end{array}$$

$$\sum x_i = 21 + 0{,}5x$$

$$\text{MWG} \xrightarrow{\text{ohne } N_2 \text{ und } H_2O} \frac{x \cdot (2 + 0{,}5x)^{0,5}}{(21 + 0{,}5x)^{0,5} \cdot (1 - x)} = K\chi(\text{III})$$

$$\rightarrow \quad \frac{x^2 \cdot (2 + 0{,}5x)}{(21 + 0{,}5x)\,(1 - x)^2} = K_\chi^2(\text{III})$$

$$K\chi(\text{III}) = \frac{x \cdot \sqrt{(2 + 0{,}5x)}}{\sqrt{(21 + 0{,}5x)} \cdot (1 - x)}$$

$$\text{für } x \ll 1 \rightarrow \quad 3{,}96 \cdot 10^{-6} = \frac{x \cdot \sqrt{2}}{\sqrt{21}} \qquad x = 1{,}28 \cdot 10^{-5}$$

Molenbruch

$$\chi_{\text{CO}} = \frac{x}{(21 + 0{,}5x)} = \frac{1{,}28 \cdot 10^{-5}}{\left(21 + 0{,}64 \cdot 10^{-5}\right)} = \underline{\underline{6{,}095 \cdot 10^{-7}}}$$

171.4:

$$V_{(CH_4)} : V_{(O_2)} = 1:2 \qquad x = 7 \cdot 10^{-4}$$

$$x_{\text{CO}} = \frac{x}{(11 - 2) + 0{,}5x} = 77{,}8 \cdot 10^{-6} = \underline{\underline{77{,}8\,\text{ppm}}}$$

oberhalb der maximal zulässigen CO-Konzentration

$$V_{(CH_4)} : V_{(O_2)} = 1:4 \qquad x = 1{,}28 \cdot 10^{-5}$$

$$x_{\text{CO}} = \frac{x}{(21 - 2) + 0{,}5x} = 0{,}6 \cdot 10^{-6} = \underline{\underline{0{,}67\,\text{ppm}}}$$

unterhalb der maximal zulässigen CO-Konzentration

171.5:

a)

$$\Delta_R G^T = \Delta_R H^T - T \cdot \Delta_R S^T$$

$$\leftarrow \quad \Delta_R H^T = \Delta_R H^0 + \Delta_R Cp \cdot (T - T^0) \quad \leftarrow \quad \left(\frac{\partial(\Delta H)}{\partial T}\right)_p = \Delta_R Cp$$

$$\leftarrow \quad \Delta_R S^T = \Delta_R S^0 + \Delta_R Cp \cdot \ln \frac{T}{T^0} \quad \leftarrow \quad \left(\frac{\partial(\Delta S)}{\partial T}\right)_p = \frac{\Delta_R Cp}{T}$$

$$\Delta_R Cp = \frac{\Delta_R G^T - \Delta_R H^0 + T \cdot \Delta_R S^0}{(T - T^0) - T \cdot \ln \frac{T}{T^0}}$$

$$= \frac{-792\,610 + 804\,300 + 1500 \cdot (-5{,}2)}{(1500 - 298{,}15) - 1500 \cdot \ln \frac{1500}{298{,}15}} = -3{,}1844\,\mathrm{J/(mol \cdot K)}$$

	CH_4 +	$2\,O_2$ ⇌	CO_2 +	$2\,H_2O$	$\Delta_R Cp$	J/(mol · K)
Cp[J/(mol · K)]	34,4		53,1	39,8		

$$Cp_{(CH_4)} = 63{,}9 - \Delta_R Cp = \underline{\underline{67{,}08\,\mathrm{J/(mol \cdot K)}}}$$

b)

$$\Delta_R S^T = \Delta_R S^0 + \Delta_R Cp \cdot \ln \frac{T}{T^0} = -5{,}2 - 3{,}1844 \cdot \ln \frac{1500}{298{,}15}$$

$$= \underline{\underline{-10{,}345\,\mathrm{J/(mol \cdot K)}}}$$

$$\Delta_R H^T = \Delta_R H^0 + \Delta_R Cp \cdot (T - T^0) = 804\,300 - 3{,}1844 \cdot (1500 - 298{,}15)$$

$$= \underline{\underline{-808{,}127\,\mathrm{J/mol}}}$$

172 a):

$$C_8H_{10} + 10{,}5\,O_2 \rightleftharpoons 8\,CO_2 + 5\,H_2O\,.$$

b):

Berechnung der Standard-Bildungsenthalpie $\Delta_B H^0_{(\text{p-Xylol})}$:

$$\Delta_B H^0_{(\text{p-Xylol})} = \Delta_R H^0 - \sum \Delta_B H^0_{\text{Prod.}}$$

$$= 4551{,}4 + [8\,(-393{,}5) + 5\,(-285{,}8)] = \underline{\underline{-25{,}6\,\mathrm{kJ/mol}}}$$

c):

Berechnung der Bildungsenthalpien $\Delta_B H_{(500\,K)}$ der gasförmigen Xylole, z. B. für o-Xylol:

$$\Delta_B H_{(500\,K)} = \Delta_B H_{(298\,K)} + Cp_{(l)} \cdot \int_{298}^{T_{Sd}} dT + \Delta H_{Vd.} + Cp_{(g)} \cdot \int_{T_{Sd}}^{500} dT\,.$$

$$\Delta_B H_{(\text{o-Xylol})} = (-24{,}4 + 22{,}34 + 36{,}2 + 14{,}24)\,\mathrm{kJ/mol} = \underline{\underline{48{,}4\,\mathrm{kJ/mol}}}$$

Berechnung der Entropien $S_{(500\,K)}$ der gasförmigen Xylole, z. B. für o-Xylol:

$$S_{(500\,K)} = S_{(298\,K)} + Cp_{(l)} \int_{298}^{T_{Sd}} \frac{dT}{T} + \frac{\Delta H_{Vd.}}{T_{Sd}} + Cp_{(g)} \int_{T_{Sd}}^{500} \frac{dT}{T}.$$

$$S_{(o\text{-}Xylol)} = (246 + 63{,}0 + 86{,}8 + 31{,}1)\,J/(mol \cdot K) = \underline{\underline{426{,}9\,J/(mol \cdot K)}}$$

	$\Delta_B H_{(500\,K)}$ [kJ/mol]	$S_{(500\,K)}$ [J/(mol · K)]
o-Xylol (g)	48,4	426,9
m-Xylol (g)	46,0	432,6
p-Xylol (g)	46,8	425,3

Berechnung von $\Delta_R H_{(500\,K)}$ und $\Delta_R S_{(500\,K)}$ der Isomerisierungsreaktionen:

o-Xylol → p-Xylol:

$$\Delta_R H_{(500\,K)} = 46{,}8 - 48{,}4 = -1{,}6\,kJ/mol$$
$$\Delta_R S_{(500\,K)} = 425{,}3 - 426{,}9 = -1{,}6\,J/(mol \cdot K)$$

m-Xylol → p-Xylol:

$$\Delta_R H_{(500\,K)} = 46{,}8 - 46{,}0 = 0{,}8\,kJ/mol$$
$$\Delta_R S_{(500\,K)} = 425{,}3 - 432{,}6 = -7{,}3\,J/(mol \cdot K)$$

d):

Berechnung von $\Delta_I G_{(500\,K)}$ für die Isomerisierungen:

o-Xylol → p-Xylol:

$$\Delta_I G_{(500\,K)} = \Delta_R H_{(500\,K)} - 500\,K \cdot \Delta_R S_{(500\,K)} = -0{,}8\,kJ/mol$$

m-Xylol → p-Xylol:

$$\Delta_I G_{(500\,K)} = \Delta_R H_{(500\,K)} - 500\,K \cdot \Delta_R S_{(500\,K)} = 4{,}5\,kJ/mol$$

Berechnung der Gleichgewichtskonstanten für die Isomerisierungen:

$$K_{(orto \rightarrow para)} = e^{-\frac{\Delta_R G}{RT}} = e^{\frac{800}{8{,}3143 \cdot 500}} = 1{,}21$$
$$K_{(meta \rightarrow para)} = e^{-\frac{\Delta_R G}{RT}} = e^{\frac{-4500}{8{,}3143 \cdot 500}} = 0{,}34$$

Resultierende Zusammensetzung der Gleichgewichtsmischung bei 500 K:

p-Xylol: 21 % m-Xylol: 61,64 % o-Xylol: 17,36 % .

173 a):

Die Gleichgewichtskonzentrationen der einzelnen Komponenten betragen im Gefäß B:

	$C_3H_{8(g)}$	$\rightleftharpoons$	$C_3H_{6(g)}$	+	$H_{2(g)}$	$\Delta n = 1$
Gl.:	$0{,}8c_B$		$0{,}1c_B$		$0{,}1c_B$	$\sum c_{B(i)} = 1{,}0 \cdot c_B$ mol/dm³

$$K_2 = 1{,}3 \cdot 10^{-3}\,mol/dm^3 = \frac{(0{,}100 \cdot c_B)^2}{0{,}800 \cdot c_B}; \quad c_B = 0{,}104\,mol/dm^3$$

$$c_{(C_3H_8)} = \underline{\underline{0{,}0832\,mol/dm^3}} \quad c_{(C_3H_6)} = c_{(H_2)} = \underline{\underline{0{,}0104\,mol/dm^3}}$$

Der Gesamtdruck p_B im Gleichgewichtszustand ergibt sich zu:

$$p_B = \frac{n}{V} \cdot R \cdot T = c_B \cdot R \cdot T$$
$$p_B = 0{,}104\,\text{mol/dm}^3 \cdot 8314{,}3\,\text{Pa} \cdot \text{dm}^3(\text{mol} \cdot \text{K}) \cdot 800\,\text{K}$$
$$= \underline{\underline{691\,749{,}8\,\text{Pa} = 691{,}75\,\text{kPa}}}$$

b):
Wenn $p_B = p_A$ ist, dann gilt auch $c_B = c_A$.

	$CO_{2(g)}$ +	$H_{2(g)}$ ⇌	$CO_{(g)}$ +	$H_2O_{(g)}$	$\Delta n = 0$
Gl.:	c_A	c_A	$0{,}052 - c_A$	$0{,}052 - c_A$	$\sum c_{A(i)} = 0{,}104\,\text{mol/dm}^3$

$$K_1 = 0{,}25 = \frac{(0{,}052 - c_A)^2}{c_A^2}; \quad c_A = 3{,}47 \cdot 10^{-2}\,\text{mol/dm}^3$$

Somit betragen die Gleichgewichtskonzentrationen der Komponenten im Gefäß A:

$$c_{(CO_2)} = c_{(H_2)} = \underline{\underline{3{,}47 \cdot 10^{-2}\,\text{mol/dm}^3}} \quad c_{(CO)} = c_{(H_2O)} = \underline{\underline{1{,}73 \cdot 10^{-2}\,\text{mol/dm}^3}}$$

c):
Durch die Verringerung des Volumens steigt der Druck. Im Gefäß A ändert sich das Verhältnis der Komponenten im Gleichgewicht nicht, da bei der Reaktion die Gesamtzahl der Teilchen gleich bleibt. Deshalb verdoppelt sich der Gesamtgleichgewichtsdruck:

$$p_A^* = 2p_A = 2 \cdot 691{,}75\,\text{kPa} = \underline{\underline{1383{,}5\,\text{kPa}}}$$

In Gefäß B bewirkt die Druckerhöhung eine Gleichgewichtsverschiebung in die Richtung, in der die Teilchenzahl geringer wird (Rückreaktion).

	$C_3H_{8(g)}$ ⇌	$C_3H_{6(g)}$ +	$H_{2(g)}$		
	$2 \cdot 0{,}0832$	$2 \cdot 0{,}0104$	$2 \cdot 0{,}0104$	(mol/dm^3)	
Gl.:	$0{,}1664 + x$	$0{,}0208 - x$	$0{,}0208 - x$	(mol/dm^3)	$\sum x_{(i)} = (0{,}208 - x)\,\text{mol/dm}^3$

$$K_2 = 1{,}3 \cdot 10^{-3} = \frac{(0{,}052 - x)^2}{(0{,}208 - x) \cdot (0{,}1664 + x)}; \quad x = 0{,}0141\,\text{mol/dm}^3$$

Mit $c_B^* = (0{,}208 - x) = 0{,}1949\,\text{mol/dm}^3$ erhält man den Gesamtdruck p_B^* im Gleichgewicht:

$$p_B^* = \frac{n}{V} \cdot R \cdot T = c_B^* \cdot R \cdot T$$
$$= 0{,}1949\,\text{mol/dm}^3 \cdot 8314{,}3\,\text{Pa} \cdot \text{dm}^3 \cdot \text{mol}^{-1} \cdot \text{K}^{-1} \cdot 800\,\text{K}$$
$$= \underline{\underline{1\,296\,365{,}7\,\text{Pa} = 1296{,}4\,\text{kPa}}}$$

174 $\Delta_V H_{\text{Propen}} = \Delta_V H_{\text{Cyclopropan}} - \Delta H_{\text{Isomerisierung}} = \underline{\underline{-2061{,}5\,\text{kJ/mol}}}$

$$\Delta_B H_{\text{Cyclopropan}} = 3 \cdot \Delta_V H_{(C)} + 3 \cdot \Delta_V H_{(H_2)} - \Delta_V H_{\text{Cyclopropan}} = \underline{\underline{53{,}2\,\text{kJ/mol}}}$$

$$\Delta_B H_{\text{Propen}} = 3 \cdot \Delta_V H_{(C)} + 3 \cdot \Delta_V H_{(H_2)} - \Delta_V H_{\text{Propen}} = \underline{\underline{20{,}3\,\text{kJ/mol}}}$$

	C (Graphit)	H_2	Cyclpropan	Propen
$\Delta_V H^0$[kJ/mol]	−394,1	−286,3	−2 094,4	−2 061,5
$\Delta_B H^0$[kJ/mol]	0	0	53,2	20,3

175

	$CO_{(g)}$	+ $2\,H_{2(g)}$	$\rightleftharpoons$ $CH_3OH_{(g)}$	$\Delta n = -2$
A	1 mol	2 mol	0 mol	
→	0,23 mol	0,46 mol	0,23 mol	
Gl.:	0,77 mol	1,54 mol	0,23 mol	$\sum = 2{,}54\,\text{mol}$

$$K_\chi = \frac{\chi_{CH_3OH}}{\chi_{CO} \cdot \chi_{H_2}^2} = \frac{0{,}33 \cdot 254^2}{1{,}54^2 \cdot 0{,}77} = \underline{\underline{0{,}8126}}$$

$$K_p = K_\chi \cdot p^{\Delta n} = 0{,}8126 \cdot (250\,\text{bar})^{-2} = \underline{\underline{1{,}3 \cdot 10^{-5}\,\text{bar}^{-2}}}$$

176 a):

$$2\,CH_3OH_{(g)} + 3\,O_{2(g)} \rightleftharpoons 2\,CO_{2(g)} + 3\,H_2O_{(g)}$$

b):

$$\Delta_R H = -787 - 724{,}5 + 403\,\text{kJ/mol} = \underline{\underline{-1108{,}5\,\text{kJ/mol}}}$$

c):

$$n_{\text{Meth.}} = \frac{p \cdot V}{R \cdot T} = \frac{0{,}165 \cdot 10^5\,\text{N/m}^2 \cdot 500 \cdot 10^{-6}\,\text{m}^3}{8{,}3143\,\text{Nm/(mol} \cdot \text{K)} \cdot 298{,}15\,\text{K}} = 0{,}00333\,\text{mol}$$

$$n_{O_2} = \frac{\Delta p \cdot V}{R \cdot T} = \frac{(1{,}1 - 0{,}165) \cdot 10^5\,\text{N/m}^2 \cdot 0{,}2 \cdot 500 \cdot 10^{-6}\,\text{m}^3}{8{,}3143\,\text{Nm/(mol} \cdot \text{K)} \cdot 298{,}15\,\text{K}} = 0{,}00377\,\text{mol}$$

$1{,}5\,n_{\text{Meth.}} > n_{O_2}$ Sauerstoff ist der limitierende Reaktionspartner

d):

$$\Delta H = \frac{-1108{,}5\,\text{kJ/mol} \cdot 0{,}00377\,\text{mol}}{3\,\text{mol}} = \underline{\underline{-1{,}39\text{kJ/mol}}}$$

e):

$$\begin{aligned}
n_{N_2} &= 4 \cdot n_{O_2} &=&\ 15{,}08 \cdot 10^{-3}\,\text{mol} \\
n_{CO_2} &= 2/3 \cdot n_{O_2} &=&\ 2{,}51 \cdot 10^{-3}\,\text{mol} \\
n_{H_2O} &= 4/3 \cdot n_{O_2} &=&\ 5{,}03 \cdot 10^{-3}\,\text{mol} \\
n_{CH_3OH} &= 3{,}33 \cdot 10^{-3} - n_{CO_2} &=&\ \underline{0{,}82 \cdot 10^{-3}\,\text{mol}} \\
& \qquad\qquad n_{\text{ges.}} &=&\ 23{,}44 \cdot 10^{-3}\,\text{mol}
\end{aligned}$$

f):

$$Q = \varphi_{\text{Gase}} \cdot V \cdot c_{\text{Gase}} \cdot \Delta T$$

$$\Delta T = \frac{Q}{\varphi_{\text{Gase}} \cdot V_{\text{Flasche}} \cdot c_{\text{Gase}}} = \frac{500\,\text{J}}{1{,}3\,\text{g/dm}^3 \cdot 0{,}5\,\text{dm}^3 \cdot 1{,}01\,\text{J/(g} \cdot \text{K)}} = 761{,}6\,\text{K}$$

$$T_{\text{Flasche}} = \Delta T + 298{,}15\,\text{K} = \underline{\underline{1059{,}8\,\text{K}}} \qquad (786{,}7\,^\circ\text{C})$$

$$p_{\text{Flasche}} = \frac{n_{\text{ges.}} \cdot R \cdot T}{V_{\text{Flasche}}} = \frac{23{,}44 \cdot 10^{-3}\,\text{mol} \cdot 8{,}3143\,\text{Nm}/(\text{mol}\cdot\text{K}) \cdot 1059{,}8\,\text{K}}{500 \cdot 10^{-6}\,\text{m}^3}$$
$$= \underline{\underline{4{,}13 \cdot 10^5\,\text{N/m}^2}} = \underline{\underline{4{,}13 \cdot 10^5\,\text{Pa}}}$$

177 **177.1:**

	$CO_{(g)}$	+	$2\,H_{2(g)}$	$\rightleftharpoons$	$CH_3OH_{(g)}$	$\Delta n = -2$
Gl.:	$(1-x)$ mol		$(2-2x)$ mol		x mol	$\sum x_i = (3-2x)$ mol

$$K\chi = \frac{Kp}{p^{\Delta n}} = \frac{5{,}58 \cdot 10^{-14}}{(10^7)^{-2}} = \underline{\underline{5{,}58}}$$

$$Kc = K\chi \cdot \left(\frac{RT}{p}\right)^2 = \frac{5{,}58 \cdot (8314{,}3)^2 \cdot (573{,}15)^2}{10^{14}} = \underline{\underline{1{,}267 \left(\frac{\text{mol}}{\text{dm}^3}\right)^{-2}}}$$

$$\Delta_R G = -RT \ln K\chi = -8{,}3143 \cdot 573{,}15 \cdot \ln 5{,}58 = \underline{\underline{-8192{,}52\,\frac{\text{J}}{\text{mol}}}} = \underline{\underline{-8{,}193\,\frac{\text{kJ}}{\text{mol}}}}$$

$$\Delta_R S = -\frac{(\Delta_R G - \Delta_R H)}{T} = -\frac{(-8{,}193 + 90)}{573{,}15} = \underline{\underline{-0{,}143\,\frac{\text{kJ}}{\text{mol}\cdot\text{K}}}}$$

$$\Delta_R U = \Delta_R H - \Delta n RT = -90 + 2 \cdot 0{,}0083143 \cdot 573{,}15 = \underline{\underline{-80{,}47\,\frac{\text{kJ}}{\text{mol}}}}$$

$$K\chi = 5{,}58 = \frac{x \cdot (3-2x)^2}{(2-2x)^2\,(1-x)}$$

$$x = \underline{\underline{0{,}554\,\text{mol}}} \qquad \eta_{\text{Methanol}} = \frac{x\,\text{mol} \cdot 100\,\%}{(3-2x)\,\text{mol}} = \underline{\underline{29{,}28\,\%}}$$

177.2:

a:

$$\ln K\chi^{(T\,2)} = \ln K\chi^{(T\,1)} + \frac{\Delta_R H}{R} \cdot \left(\frac{1}{573{,}15} - \frac{1}{773{,}15}\right) = -3{,}1664$$

$$K\chi^{T\,(2)} = \underline{\underline{0{,}0422}}$$

$$K\chi^{(T\,2)} = 0{,}0422 = \frac{x \cdot (3-2x)^2}{(2-2x)^2\,(1-x)}$$

$$x = \underline{\underline{0{,}0182\,\text{mol}}} \qquad \eta^{(T\,2)}_{\text{Methanol}} = \frac{x\,\text{mol} \cdot 100\,\%}{(3-2x)\,\text{mol}} = \underline{\underline{0{,}614\,\%}}$$

$$\Delta_R G^{(T\,2)} = -R \cdot 773{,}15\,\text{K} \cdot \ln K\chi^{(T\,2)} = \underline{\underline{20{,}347\,\frac{\text{kJ}}{\text{mol}}}}$$

b:

$$\Delta_R G^{(p\,2)} = \Delta_R G^{(p\,1)} + \Delta n RT \ln \frac{p^{(p\,2)}}{p^{(p\,1)}} = 8192{,}52 - 2 \cdot 8{,}3143 \cdot 573{,}15 \cdot \ln \frac{150}{100}$$
$$= \underline{\underline{-12\,056{,}88\,\frac{\text{J}}{\text{mol}}}} = \underline{\underline{-12{,}057\,\frac{\text{kJ}}{\text{mol}}}}$$

$$\ln K\chi^{(p\,2)} = \frac{-\Delta_R G^{(p2)}}{RT} = 2{,}53$$

$$K\chi^{(T\,2)} = \underline{\underline{12{,}55}} = \frac{x \cdot (3-2x)^2}{(2-2x)^2\,(1-x)}$$

$$x = \underline{\underline{0{,}667\,\text{mol}}} \qquad \eta^{(p\,2)}_{\text{Methanol}} = \frac{x\,\text{mol} \cdot 100\,\%}{(3-2x)\,\text{mol}} = 40{,}04\,\%$$

c:

bei 25 °C und 10^7 Pa:

$$\ln Kp = \ln 5{,}58 \cdot 10^{-14} - \frac{90\,000}{8{,}3143} \cdot \left(\frac{1}{573{,}15} - \frac{1}{298{,}15}\right) = -13{,}097$$

$$Kp = 2{,}05 \cdot 10^{-6}\,\text{Pa}^{-2}$$

bei 25 °C und 10^5 Pa:

$$K\chi = \frac{2{,}05 \cdot 10^{-6}\,\text{Pa}^{-2}}{(10^5)^{-2}\,\text{Pa}^{-2}} = 2{,}05 \cdot 10^4$$

$$\Delta_R G = -8{,}3143 \cdot 298{,}15 \cdot \ln 2{,}05 \cdot 10^4 = \underline{\underline{-24{,}611\,\text{kJ/mol}}}$$

$$\frac{x \cdot (3-2x)^2}{(2-2x)^2\,(1-x)} = 2{,}05 \cdot 10^4$$

$$x = 0{,}976\,\text{mol} \qquad \eta_{\text{Methanol}} = \frac{x\,\text{mol} \cdot 100\,\%}{(3-2x)\,\text{mol}} = \underline{\underline{93{,}13\,\%}}$$

Die Ergebnisse für die exotherme unter Volumenabnahme stattfindende Reaktion bestätigen das Gesetz von Le Chatelier:

a)	$\underline{dp = 0 \quad T\uparrow}$	: $K\chi \downarrow$,	$\eta_{\text{Methanol}} \downarrow$,	$\Delta_R G \uparrow$	Rückreaktion ist begünstigt
b)	$\underline{dT = 0 \quad p\uparrow}$	: $K\chi \uparrow$,	$\eta_{\text{Methanol}} \uparrow$,	$\Delta_R G \downarrow$	Hinreaktion ist begünstigt
c)	$\underline{T \downarrow_{25\,°\text{C}} \quad p \uparrow^{1\,\text{bar}}}$	: $K\chi \uparrow\uparrow$,	$\eta_{\text{Methanol}} \uparrow\uparrow$,	$\Delta_R G \downarrow\downarrow$	Hinreaktion ist begünstigt, aber kinetisch stark gehemmt

177.3:

	$CO_{(g)}$	$+\ H_2O_{(g)}$	$\rightleftharpoons\ CO_{2(g)}$	$+\ H_{2(g)}$	$\Delta n = 0$
Gl.:	$40-x$	$y-x$	$5+x$	$50+x$	$\frac{n_{CO}}{n_{H_2}} = \frac{1}{2} = \frac{40-x}{50+x} \qquad x = 10$
	30	$y-10$	15	60	

$$4 = \frac{15 \cdot 60}{30 \cdot (y-10)} \qquad y = 17{,}5 \qquad \underline{\underline{\frac{n_{CO}}{n_{H_2O}} = \frac{40}{17{,}5} = \frac{2{,}29\,\text{mol}}{1\,\text{mol}}}}$$

178

	CO	$+\ 2H_2$	$\rightleftharpoons\ CH_3OH$	$\Delta n = -2$
Gl.:	$(1-x)$ mol	$(2-2x)$ mol	x mol	$\sum x_i = (3-2x)$ mol $x = 0{,}23$ mol
	0,77 mol	1,54 mol	0,23 mol	$= 2{,}54$ mol

$$p_{\text{Methanol}} = \frac{0{,}23}{2{,}54} \cdot 250\,\text{bar} = \underline{\underline{22{,}64\,\text{bar}}}$$

$$p_{\text{CO}} = \frac{0{,}77}{2{,}54} \cdot 250\,\text{bar} = \underline{\underline{75{,}79\,\text{bar}}}$$

$$p_{\text{H}_2} = \frac{1{,}54}{2{,}54} \cdot 250\,\text{bar} = \underline{\underline{151{,}57\,\text{bar}}}$$

$$K_p = \frac{p_{\text{CH}_3\text{OH}}}{p_{\text{CO}} \cdot p_{\text{H}_2}^2} = \underline{\underline{1{,}3 \cdot 10^{-5}\,\text{bar}^{-2}}}$$

179 $\Delta n = 0$

	$CH_3COOH_{(l)}$	+	$C_2H_5OH_{(l)}$	$\rightleftharpoons$	$CH_3COOC_2H_{5(l)}$	+	$H_2O_{(l)}$
Gl.:	$(x-10)$ mol		2 mol		10 mol		10 mol

$$K = \frac{10 \cdot 10}{2\,(x-10)} = 4 \qquad x = 22{,}5\,\text{mol}$$

$$m_{\text{Ethanol}} = n_{\text{Ethanol}} \cdot M_{\text{Ethanol}}$$

$$m_{\text{Ethanol}} = 22{,}5\,\text{mol} \cdot 46\,\text{g/mol} = 1035\,\text{g}$$

180 $\Delta n = 0$

	$CH_3COOH_{(l)}$	+	$C_2H_5OH_{(l)}$	$\rightleftharpoons$	$CH_3COOC_2H_{5(l)}$	+	$H_2O_{(l)}$
Gl.:	$(1+x)$ mol		x mol		$(3-x)$ mol		$5-x$ mol

$$K = \frac{(3-x)\cdot(5-x)}{x\,(1+x)} = 4 \quad \underline{\underline{x_1 = 1\,\text{mol}}}; \quad x_2 = -5\,\text{mol (entfällt)}$$

181 **181.1:**

$$\Delta_R H^0 = (-277 - 486 + 230 + 479)\,\text{kJ/mol} = -54\,\text{kJ/mol}$$

$$\Delta_R S^0 = (161 + 86 + 10{,}54 - 259)\,\text{J/(mol}\cdot\text{K)} = -1{,}46\,\text{J/(mol}\cdot\text{K)}$$

$$\Delta_R G^0 = -54\,000\,\text{J/mol} + (298{,}15 \cdot 1{,}46)\,\text{J/mol} = -53\,564{,}7\,\text{J/mol}$$

$$\ln K\chi = \frac{53\,564{,}7\,\text{J/mol}}{(8{,}3143 \cdot 298{,}15)\,\text{J/mol}} = 21{,}608 \quad \rightarrow \quad \underline{\underline{K\chi = 2{,}42 \cdot 10^9}}$$

181.2.1:

x: Abnahme von c_0 der Edukte nach der Zeit t

a: $c_0\,(\text{NaOH}) = 0{,}00980\,\text{mol/dm}^3$ (pH = 11,99)

b: $c_0\,(\text{Ester}) = 0{,}00486\,\text{mol/dm}^3$

Sind a und b die molaren Ausgangskonzentrationen der Edukte Ester (E) und Natronlauge (N) und wird mit x ihre Abnahme nach der Zeit t bezeichnet, d. h. der in der Zeit t umgesetzte Betrag, gilt

$$\frac{dx}{dt} = k(a-x)(b-x)\,. \tag{5.5}$$

Aus (5.5) erhält man zunächst die Gleichung

$$\frac{dx}{(a-x)(b-x)} = k\,dt\,, \tag{5.6}$$

die nach Zerlegung in Partialbrüche integriert werden kann. Es soll sein

$$\left(\frac{E}{a-x} + \frac{N}{b-x}\right) dx = k\,dt\,. \tag{5.7}$$

Gleichung (5.7) gilt, wenn

$$E = \frac{1}{b-a} \text{ und } N = \frac{1}{a-b} \tag{5.8}$$

ist. Somit ergibt sich

$$\left(\frac{1}{(b-a)\,(a-x)} + \frac{1}{(a-b)(b-x)}\right) dx = k\,dt\,. \tag{5.9}$$

Die Integration von (5.9) führt zu

$$-\frac{\ln(a-x)}{b-a} - \frac{\ln(b-x)}{a-b} = kt + C\,, \tag{5.10}$$

wobei C die Integrationskonstante ist. Für $t = 0$ ist auch $x = 0$, so dass gilt

$$C = \frac{\ln a}{a-b} - \frac{\ln b}{a-b}\,,$$

und somit wird aus (5.10)

$$\frac{\ln(a-x) - \ln(b-x)}{a-b} = kt + \frac{1}{a-b} \ln \frac{a}{b} \tag{5.11}$$

$$\frac{1}{a-b} \ln \frac{a-x}{b-x} = kt + \frac{1}{a-b} \ln \frac{a}{b}$$

$$kt = \frac{1}{a-b} \ln \frac{b(a-x)}{a(b-x)}\,.$$

Aus Gleichung (5.11) wird unter Übergang zu den dekadischen Logarithmen

$$k = \frac{2{,}303}{t(a-b)} \lg \frac{b(a-x)}{a(b-x)}\,. \tag{5.12}$$

Beim Auftragen von $\lg \frac{b(a-x)}{a(b-x)}$ gegen t erhält man eine Gerade, deren Neigung, mit $\frac{2{,}303}{(a-b)}$ multipliziert, den Wert von k liefert.

	pH	x (mol/dm^3)	a–x (mol/dm^3)	b–x (mol/dm^3)	$\lg \frac{b(a-x)}{a(b-x)}$	$k_1 = \frac{2{,}303}{t(a-b)} \cdot \lg \frac{b(a-x)}{a(b-x)}$ $[s^{-1} \cdot mol^{-1}]$
0	11,99	0	0,0098	0,00486	–	–
178	11,95	0,00088	0,00892	0,00398	0,0412	0,108
273	11,94	0,00109	0,00871	0,00377	0,0640	0,103
531	11,89	0,00204	0,00762	0,00297	0,1208	0,106
866	11,86	0,00256	0,00724	0,00230	0,1934	0,106
1510	11,81	0,00334	0,00645	0,00152	0,3231	0,102
1918	11,78	0,00377	0,00603	0,00108	0,4423	0,109
2401	11,76	0,00405	0,00575	0,00089	0,5466	0108

$$\varnothing K_1 = 0{,}106\,\mathrm{s}^{-1} \cdot \mathrm{mol}^{-1}$$

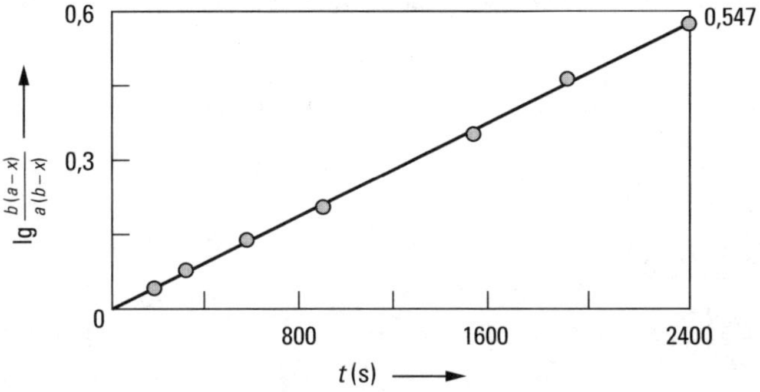

Abb. 5.27 Graphische Ermittlung der Geschwindigkeitskonstanten der Verseifung von Ethylethanat.

Die Neigung der Geraden ist

$$\frac{0{,}547}{2400\,\mathrm{s}} = 0{,}0002277\,,$$

woraus sich ergibt:

$$k_1 = \frac{0{,}0002277\,\mathrm{s}^{-1} \cdot 2{,}303}{(0{,}0098 - 0{,}00486)\,\mathrm{mol}} = \underline{\underline{0{,}106\,\mathrm{s}^{-1} \cdot \mathrm{mol}^{-1}}}$$

181.2.2:

$$\frac{d \ln k}{dT} = \frac{E_A}{RT^2}$$

$$E_A = \frac{\ln \frac{k_2}{k_1} \cdot R}{\frac{1}{T_1} - \frac{1}{T_2}} = \frac{\ln \frac{0{,}186}{0{,}106} \cdot 8{,}3143\,\mathrm{J/(mol \cdot K)}}{\left(\frac{1}{298{,}15\,\mathrm{K}} - \frac{1}{303{,}15\,\mathrm{K}}\right)}$$

$$E_A = \underline{\underline{84{,}513\,\mathrm{kJ/mol}}}$$

$$\frac{d \ln K\chi}{dT} = \frac{\Delta_\mathrm{R} H}{RT^2} \qquad \ln K\chi_2 = \ln K\chi_1 + \frac{\Delta_\mathrm{R} H}{R} \cdot \left(\frac{1}{T_1} - \frac{1}{T_2}\right)$$

$$\ln K\chi_2 = 21{,}608 - \left(\frac{54\,000}{8{,}3143\,\mathrm{K}^{-1}}\right) \cdot \left(\frac{1}{298{,}15\,\mathrm{K}} - \frac{1}{303{,}15\,\mathrm{K}}\right) = 21{,}25$$

$$\Delta_\mathrm{R} G^{303{,}15} = 21{,}25 \cdot (-8{,}3143 \cdot 303{,}15)\,\mathrm{J/mol} = -53\,560{,}2\,\mathrm{J/mol}$$

Der Wert von $\Delta_\mathrm{R} G$ wurde um 4,5 J/mol positiver. Die exotherme Reaktion verlagerte sich somit in Richtung der Edukte.

5.11.3 Schwefel-Verbindungen (SO_x, SF_x)

182 **182.1:**

$$SO_{3(g)} \rightleftharpoons SO_{2(g)} + 0{,}5\,O_{2(g)} \qquad \Delta n = 0{,}5$$

$$\alpha = \frac{2{,}8 - 1{,}873}{2{,}8} = \underline{\underline{0{,}331}}$$

Gl.: $1-\alpha \qquad \alpha \qquad 0{,}5\,\alpha \qquad \sum \alpha_i = 1 + 0{,}5\alpha$

$$K\chi = \frac{0{,}5^{0,5} \cdot \alpha^{1,5}}{(1-\alpha)\cdot(1+0{,}5\alpha)^{0,5}} = 0{,}186$$

$$\Delta_R G = -RT \ln K\chi = \underline{\underline{12{,}63\,\text{kJ/mol}}}$$

$$Kp = K\chi \cdot p^{\Delta n} = \underline{\underline{59{,}207\,\text{Pa}^{0,5}}}$$

182.2:

$$\alpha = 0{,}7 \quad p^{0,5} = Kp \cdot \frac{1}{K\chi} = Kp \cdot \frac{(1-\alpha)\cdot(1+0{,}5\alpha)^{0,5}}{0{,}5^{0,5}\cdot\alpha^{1,5}} = 49{,}834\,\text{Pa}^{0,5}$$

$p = \underline{\underline{2483{,}47\,\text{Pa}}} \approx$ 41-fache Drucksenkung!

183 $K\chi = Kp \cdot p^{-1} = 8{,}96 \cdot 10^{-4}\,\text{Pa}^{-1} \cdot 101\,325\,\text{Pa} = 90{,}74$

a): $SO_{2(g)} + O_{2(g)} \rightleftharpoons 2\,SO_{3(g)} \qquad \Delta n = -1$

Gl.: $(2-2x)\,\text{mol} \qquad (1-x)\,\text{mol} \qquad 2x\,\text{mol} \qquad \sum x_i = (3-x)\,\text{mol}$

$$K\chi = \frac{4x^2 \cdot (3-x)}{(2-2x)^2 \cdot (1-x)} = 90{,}74 \quad x = \underline{\underline{0{,}758\,\text{mol}}}$$

$$\frac{(2x)\,\text{mol} \cdot 100\,\%}{2\,\text{mol}} = \underline{\underline{75{,}8\,\%\ \text{Umsatz}}}$$

b): $SO_{2(g)} + O_{2(g)} \rightleftharpoons 2\,SO_{3(g)} \qquad \Delta n = -1$

Gl.: $(1-2x)\,\text{mol} \qquad (9-x)\,\text{mol} \qquad 2x\,\text{mol} \qquad \sum x_i = (10-x)\,\text{mol}$

$$K\chi = \frac{4x^2 \cdot (10-x)}{(1-2x)^2 \cdot (9-x)} = 90{,}74 \quad x_1 = \underline{\underline{0{,}45\,\text{mol}}} \quad x_2 = 0{,}56 \quad x_3 = 8{,}9$$

$$\frac{(2x)\,\text{mol} \cdot 100\,\%}{1\,\text{mol}} = \underline{\underline{90\,\%\ \text{Umsatz}}}$$

Entscheidung für b): Aus $p_{SO_3} \sim \sqrt{p_{O_2}}$ folgt, dass ein leicht realisierbarer Luftüberschuss die SO_3-Ausbeute erhöht. Ein höherer Druck bei der Arbeitstemperatur des Katalysators ($\approx 500\,°C$) ist technisch aufwendiger.

184 a): $SO_{2(g)} + NO_{2(g)} \rightleftharpoons SO_{3(g)} + NO_{(g)} \qquad \Delta n = 0$

Gl.: $(0{,}72-x)\,\text{mol} \qquad (0{,}49-x)\,\text{mol} \qquad (0{,}71+x)\,\text{mol} \qquad x\,\text{mol} \qquad x = 0{,}39\,\text{mol}$

$$K\chi = Kp = Kc = \frac{1{,}1\,\text{mol} \cdot 0{,}39\,\text{mol}}{0{,}33\,\text{mol} \cdot 0{,}1\,\text{mol}} = \underline{\underline{13}}$$

b):

$$\begin{array}{lllll} & SO_{2(g)} & + NO_{2(g)} & \rightleftharpoons SO_{3(g)} & + NO_{(g)} \\ \text{Gl.:} & (1{,}33 - x)\,\text{mol} & (0{,}1 - x)\,\text{mol} & (1{,}1 + x)\,\text{mol} & (0{,}39 + x)\,\text{mol} \end{array}$$

$$K\chi = Kp = Kc = \frac{(1{,}1 + x)\,\text{mol} \cdot (0{,}39 + x)\,\text{mol}}{(1{,}33 - x)\,\text{mol} \cdot (0{,}1 - x)\,\text{mol}} = \underline{13}$$

$$x_1 = 1{,}6\,\text{mol} \quad \text{entfällt} \quad x_2 = \underline{\underline{0{,}0675\,\text{mol}}}$$

Somit ergeben sich im Gleichgewicht die Stoffmengen aller vier Gase:

$$\begin{array}{lllll} & SO_{2(g)} & + NO_{2(g)} & \rightleftharpoons SO_{3(g)} & + NO_{(g)} \\ \text{Gl.:} & 1{,}2625\,\text{mol} & 0{,}0325\,\text{mol} & 1{,}1675\,\text{mol} & 0{,}4575\,\text{mol} \end{array}$$

185 a):
Es laufen die folgenden Reaktionen ab:

$$SF_4 + F_2 \rightleftharpoons SF_6\,,$$
$$2\,SF_4 + F_2 \rightleftharpoons S_2F_{10}\,.$$

Ist x der Partialdruck von SF_4, y der von SF_6, und z der von S_2F_{10} nach der Reaktion, dann erhält man das Gleichungssystem

$$\begin{aligned} x + y + z &= 135\,\text{mbar} \\ x + y + 2z &= 150\,\text{mbar} \\ y + z &= 90\,\text{mbar}\,. \end{aligned}$$

Seine Auflösung liefert die Partialdrücke $x(SF_4) = 45\,\text{mbar}$; $y(SF_6) = 75\,\text{mbar}$; $z(S_2F_{10}) = 15\,\text{mbar}$.

b):

$$\textbf{(1)} \quad SF_4 + 2\,H_2O \rightleftharpoons SO_2 + 4\,HF$$
$$\textbf{(2)} \quad SF_6 + 3\,H_2O \rightleftharpoons SO_3 + 6\,HF$$

$$\begin{aligned} \Delta_R H &= \sum \Delta_B H_{\text{Prod.}} - \sum \Delta_B H_{\text{Ed.}} = -395{,}7 - 1639{,}8 + 1220{,}5 + 725{,}4 \\ &= -89{,}6\,\text{kJ/mol} \end{aligned}$$

$$\Delta_R S = \sum S_{\text{Prod.}} - \sum S_{\text{Ed.}} = 256{,}8 + 1042{,}8 - 291{,}5 - 566{,}4 = 441{,}7\,\text{J/(mol}\cdot\text{K)}$$

$$\Delta_R G = \Delta_R H - T \cdot \Delta_R S = -89{,}6 - 298{,}15 \cdot 0{,}4417 = \underline{\underline{-221{,}3\,\text{kJ/mol}}}$$

Entgegen der praktischen Erfahrung müsste die Reaktion (2) wegen $\Delta G < 0$ freiwillig ablaufen. Es muss demnach eine reaktionskinetische Hemmung vorliegen. Im unpolaren SF_6 ist das S-Atom durch F-Atome abgeschirmt. SF_4 hat dagegen ein freies Elektronenpaar.

186 $[Co(H_2O)_6]Cl_{2(s)} + 6\,SOCl_{2(l)} \rightleftharpoons CoCl_{2(s)} + 6\,SO_{2(g)} + 12\,HCl_{(g)}$

Die Reaktion ist endotherm ($\Delta_R H^0 = 7\,\text{kJ/mol}$), endotrop ($\Delta_R S^0 = 1822\,\text{J/(mol K)}$) und exergon ($\Delta_R G^0 = -536\,\text{kJ/mol}$, $K\chi = 8{,}03 \cdot 10^{93}$). Im roten Komplexsalz $[Co(H_2O)_6]Cl_{2(s)}$ befindet sich das Komplexion im „high-spin-Zustand“ mit nur geringer Kristallfeldstabilisierungsenergie ($CSF = -8Dq + 2P$), so dass $SOCl_2$ aus dem Ligandenfeld das Wasser leicht entziehen kann. Es entsteht blaues $CoCl_{2(s)}$ und ein starker Temperaturabfall ist feststellbar.

Die Gase sind mit Farbindikatoren nachweisbar:

$$HSO^-_{3(aq)} + \text{Malachitgrün}_{(aq)} \longrightarrow \text{farblose Lösung}$$
$$H_3O^+_{(aq)} + Cl^-_{(aq)} + \text{Bromthymolblau}_{(aq)} \longrightarrow \text{gelbe Lösung}$$

In beiden Farbstoffmolekülen ist die Kette der konjugierten Doppelbindungen $(-CH=)_n$ zu einem ausgedehnten mesomeren 10π-Elektronensytem ausgebildet. Dieses wird durch Reaktion mit $HSO^-_{3(aq)}$ bzw. $H_3O^+_{(aq)}$ aufgespalten und es setzt eine hypsochrome Lichtabsorption mit Farbumschlag ein.

5.11.4 Halogenwasserstoffe

187 a): $\Delta_R H = (-72{,}46 - 30{,}91)\,\text{kJ}\cdot\text{mol}^{-1} = -103{,}37\,\text{kJ}\cdot\text{mol}^{-1}$

$$\Delta_R S = (396{,}64 - 245{,}35 - 103{,}58)\,\text{J}\cdot\text{mol}^{-1}\cdot\text{K}^{-1} = 20{,}7\,\text{J}\cdot\text{mol}^{-1}\cdot\text{K}^{-1}$$
$$\Delta_R G = \Delta_R H - T\cdot\Delta_R S = -103\,370\,\text{J}\cdot\text{mol}^{-1} - (298\cdot 20{,}7)\,\text{J}\cdot\text{mol}^{-1}$$
$$= \underline{\underline{-109\,538{,}6\,\text{J}\cdot\text{mol}^{-1}}}$$
$$\Delta_R G = -RT\cdot\ln K\chi \quad \text{wegen} \quad \Delta n = 0 \quad \text{ist} \quad K\chi = Kp$$
$$Kp = e^{-\frac{\Delta_R G}{RT}} = e^{-\frac{-109\,538{,}6}{8{,}3143\cdot 298}} = e^{44{,}21} = \underline{\underline{1{,}59\cdot 10^{19}}}$$

b): $$\frac{d\ln K_p}{dT} = \frac{\Delta H}{RT^2} \qquad \ln Kp_2 = \ln Kp_1 - \frac{\Delta_R H}{R}\cdot\left(\frac{1}{T_2} - \frac{1}{T_1}\right)$$
$$\ln Kp_2 = 44{,}21 + \frac{103\,370}{8{,}3143}\cdot\left(\frac{1}{1000} - \frac{1}{298}\right) = 14{,}922$$
$$Kp_2 = \underline{\underline{3{,}024\cdot 10^6}}$$

c):

	$H_{2(g)}$	+	$Br_{2(g)}$	$\rightleftharpoons$	$2\,HBr_{(g)}$	$\Delta n = 0$
A	1		1		0	(mol)
→	x		x		$2x$	(mol)
Gl.:	$1-x$		$1-x$		$2x$	(mol)

$$2{,}024\cdot 10^6 = \frac{4x^2}{(1-x)^2}$$

$x_1 = 1{,}00141$ mol (entfällt!); x_2 =0,9986 mol; d. h. 0,14 % H_2 haben sich nicht umgesetzt.

d):
Bei der Siedetemperatur ist die Umwandlung $Br_{2(l)} \rightleftharpoons Br_{2(g)}$ reversibel, d. h. $\Delta G = 0$.

$$\Delta G = \Delta H - T\cdot\Delta S$$
$$0 = \Delta H - T\cdot(S_{(Br_2,g)} - S_{(Br_2,l)})$$
$$T = \frac{\Delta H}{(S_{(Br_2,g)} - S_{(Br_2,l)})} = \frac{30\,910\,\text{J}\cdot\text{mol}^{-1}}{(245{,}35 - 152{,}23)\,\text{J}\cdot\text{mol}^{-1}\cdot\text{K}^{-1}} = \underline{\underline{331{,}94\,\text{K} = 58{,}8\,°\text{C}}}$$

188 a):

$$V_{\text{Gleichgewicht}} = V_{\text{Hin}} - V_{\text{Rück}} = 0$$

$$V_{\text{Hin}} = \frac{dc_{\text{HI}}}{2dt} = k_1 \cdot c_{\text{H}_2} \cdot c_{\text{I}_2}$$

$$V_{\text{Rück}} = \frac{dc_{\text{HI}}}{2dt} = k_{-1} \cdot c_{\text{HI}}^2$$

$$K_c = K = \frac{k_1}{k_{-1}} = \frac{c_{\text{HI}}^2}{c_{\text{H}_2} \cdot c_{\text{I}_2}}$$

Temperatur (K)	400	500	600	700	800
K (1)	257,54	127,2	80,1	57,4	44,6

Die Gleichgewichtskonstante nimmt mit steigender Temperatur ab, folglich handelt es sich um eine exotherme Reaktion (Prinzip von Le Chatelier).

b):
Die Temperaturabhängigkeit der Gleichgewichtskonstante ist durch die van't Hoff'sche Reaktionsisobare gegeben:

$$\frac{d \ln K}{dT} = \frac{\Delta H}{RT^2}$$

$$\Delta H = -\frac{R \cdot \ln \frac{K_2}{K_1}}{\frac{1}{T_2} - \frac{1}{T_1}} = -\frac{8{,}3143\,\text{J}/(\text{mol} \cdot \text{K}) \cdot \ln \frac{44{,}6}{257{,}54}}{\frac{1}{800\,\text{K}} - \frac{1}{400\,\text{K}}}$$

$$= \underline{\underline{-11\,662{,}91\,\text{J/mol} = -11{,}66\,\text{kJ/mol}}}$$

Mit $\Delta G = -RT \ln K$ und $\Delta S = \dfrac{\Delta H - \Delta G}{T}$ ergeben sich die Tabellenwerte:

Temperatur (K)	400	500	600	700	800
ΔG (kJ/mol)	−18,5	−20,1	−21,9	−23,6	−25,3
ΔS ($\text{J} \cdot \text{K}^{-1} \cdot \text{mol}^{-1}$)	17,09	16,9	17,06	17,05	17,04

Es resultiert ein mittlerer Wert für die Reaktionsentropie von $\Delta S = \underline{\underline{17{,}03\,\text{J} \cdot \text{K}^{-1} \cdot \text{mol}^{-1}}}$.

c):

$$\begin{array}{lcccccc} & 2\,\text{HI} & \rightleftharpoons & \text{H}_2 & + & \text{I}_2 \\ \text{Gl.} & 1 - 2\alpha & & \alpha & & \alpha \end{array}$$

$$\frac{1}{K} = \frac{\alpha^2}{4 \cdot (1-\alpha)^2} \quad \underline{\underline{\alpha_{600} = 0{,}183}} \quad \underline{\underline{\alpha_{800} = 0{,}23}} \quad \mapsto \quad \underline{\underline{T \uparrow \alpha \uparrow}}$$

189 $$\ln \frac{K_p}{0{,}01494} = -\frac{10\,970\,\text{J/mol}}{8{,}3143\,\text{J}/(\text{mol} \cdot \text{K})} \left(\frac{1}{666{,}15} - \frac{1}{629{,}15} \right) \cdot \frac{1}{\text{K}} \quad K_p = \underline{\underline{0{,}0168}}$$

190 (1)

$$\begin{array}{ccccc|c} 2\,H_2O & \rightleftharpoons & 2\,H_2 & + & O_2 & \Delta n = 1 \qquad \alpha = 2{,}48\cdot 10^{-7} \\ 2-2\alpha & & 2\alpha & & \alpha & \sum \alpha_i = 2+\alpha \end{array}$$

$$K\chi_{(1)} = \frac{4\alpha^3}{(2+\alpha)\cdot(2-2\alpha)^2} = 7{,}63\cdot 10^{-21} \quad Kp_{(1)} = K\chi_{(1)}\cdot p^1 = 7{,}73\cdot 10^{-21}\,\text{bar}$$

(2)

$$\begin{array}{ccccc|c} 2\,HCl & \rightleftharpoons & H_2 & + & Cl_2 & \Delta n = 0 \qquad \alpha = 1{,}1\cdot 10^{-5} \\ 2-2\alpha & & \alpha & & \alpha & \end{array}$$

$$K\chi_{(2)} = \frac{\alpha^2}{(2-2\alpha)^2} = 3{,}03\cdot 10^{-11} \quad Kp_{(2)} = K\chi_{(2)}\cdot p^0 = 3{,}07\cdot 10^{-11}$$

$$4\,HCl + O_2 \rightleftharpoons 2\,Cl_2 + 2\,H_2O \qquad K = (K\chi_{(1)})^{-1}\cdot(K\chi_2)^2$$

$$K = 1{,}3106\cdot 10^{20}\cdot 9{,}1809\cdot 10^{-22} = \underline{\underline{0{,}122}}$$

$$\Delta_R G = -R\cdot T\cdot \ln K = -8{,}3143\,\text{J/(mol}\cdot\text{K)}\cdot 1000\,\text{K}\cdot \ln 0{,}12 = 17\,628{,}51\,\text{J/mol}$$

$$= \underline{\underline{17{,}5\,\text{kJ/mol}}}$$

5.11.5 Redoxreaktionen

191 a):

$$Cu_{(s)} + H_2O_{2(aq)} + 2\,H^+_{(aq)} \rightleftharpoons Cu^{2+}_{(aq)} + 2\,H_2O_{(l)}$$

Es liegt mit Änderung der Oxidationszahlen eine Redoxreaktion vor.

b):

$$\Delta_R H^0 = \sum \Delta_B H^0_{\text{Produkte}} - \sum \Delta_B H^0_{\text{Edukte}} = -319\,\text{kJ/mol}$$

$$\Delta_R S^0 = \sum S^0_{\text{Produkte}} - \sum S^0_{\text{Edukte}} = -103\,\text{J(mol K)}$$

$$\Delta_R G^0 = \Delta_R H^0 - T\cdot\Delta_R S^0 = \underline{\underline{-349{,}709\,\text{kJ/mol}}}$$

$$\Delta E^0 = 1{,}78\,\text{V} - 0{,}35\,\text{V} = \underline{\underline{1{,}34\,\text{V}}}$$

$$\ln K = -\frac{\Delta_R G^0}{RT} = 141.074 \quad K = \underline{\underline{1{,}85\cdot 10^{61}}}$$

(I): Aussage: $\Delta E^0 > 0 \rightarrow K > 1 \rightarrow \Delta_R G^0 < 0$ (exergon)

(II): Diagramm: siehe Abb. 5.28

c):

$$Cu_{(s)} + S_2O^{2-}_{8(aq)} \rightleftharpoons Cu^{2+}_{(aq)} + 2\,SO^{2-}_{4(l)}$$

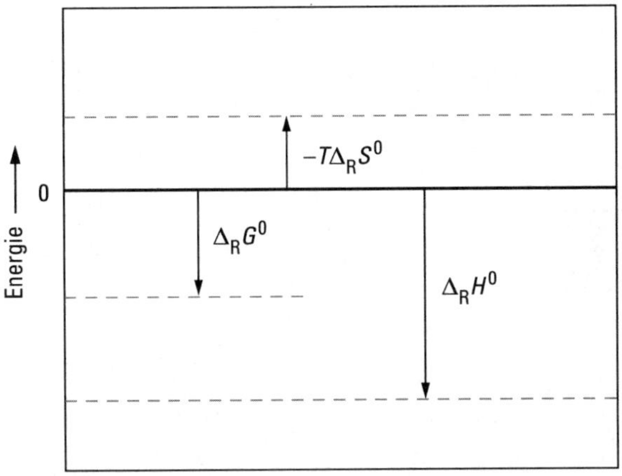

Abb. 5.28 Energiediagramm des Ätzvorganges von Kupfer mit salzsaurem Wasserstoffperoxid.

Es liegt mit Änderung der Oxidationszahlen eine Redoxreaktion vor.

$$\Delta_R G^0 = \sum \Delta_B G^0_{\text{Produkte}} - \sum \Delta_B G^0_{\text{Edukte}} = 320{,}33\,\text{kJ/mol}$$

$$\ln K = -\frac{\Delta_R G^0}{RT} = 129{,}222 \quad K = 1{,}32 \cdot 10^{56}$$

$$\Delta E^0 = 2{,}01\,\text{V} - 0{,}35\,\text{V} = 1{,}66\,\text{V}$$

$$\Delta E^0 > 0 \quad \rightarrow \quad K > 1 \quad \rightarrow \quad \Delta_R G^0 < 0 \quad \text{(erxergon)}$$

192 **192.1:**

Das Rosten des Eisens unter dem Einfluss der Atmosphäre in ihrer Gesamtheit (Sauerstoff, Wasser, Temperatur, Sonnenstrahlung, Salze, aggressive Gase und Stäube in Industrieatmosphäre usw.) ist ein komplizierter Vorgang, der durch die Reaktion

$$\text{Fe}_{(s)} + 0{,}5\,\text{O}_{2(g)} + \text{H}_2\text{O}_{(l)} \rightleftharpoons \text{Fe}^{2+}_{(aq)} + 2\,\text{OH}^-_{(aq)}$$

ausgelöst wird. Zunächst entstehendes $Fe(OH)_2$ ist nur in Abwesenheit von Sauerstoff beständig. An der Luft geht es in rotes $Fe_2O_3 \cdot H_2O$ oder FeO(OH) über. FeO(OH) existiert in 2 Modifikationen, als Goethit (α-FeO(OH)) und als Lepidokrokit (γ-FeO(OH)). Beide Modifikationen sind die Hauptbestandteile des Rostes. Nachdem die erste dünne Korrosionshaut entstanden ist, wächst die Schichtdicke. Wie dieses Wachstum verläuft, hängt vom Milieu ab. Mit wachsender Schichtdicke sinkt die Sauerstoffkonzentration an der Phasengrenze Metall/Oxidfilm. Dadurch entstehen Korrosionsphasen mit von innen nach außen ansteigender Oxidationsstufe, z. B.

$$\text{Fe} \longrightarrow \text{FeO} \longrightarrow \text{Fe}_3\text{O}_4 \longrightarrow \gamma\text{-Fe}_2\text{O}_3 \longrightarrow \alpha\text{-FeO(OH)} \quad \text{oder}$$

$$\text{Fe} \longrightarrow \text{Fe(OH)}_2 \longrightarrow \text{Fe(OH)}_2 \cdot 2\,\text{H}_2\text{O} \longrightarrow \text{Fe}_3\text{O}_4 \longrightarrow \gamma\text{-Fe}_2\text{O}_3$$

Als primäre Phasen beobachtet man häufig Magnetit (Fe_3O_4) und Hydromagnetit, ein Gefüge aus Fe_3O_4 und partiell oxidiertem $Fe(OH)_2$. In trockener Luft bildet sich bevorzugt γ-Fe_2O_3, in feuchter Luft α-FeO(OH) und γ-Fe_2O_3 (Abb. 5.30). In Meeresluft kann unter dem Einfluss von Chloridionen β-FeO(OH) entstehen.

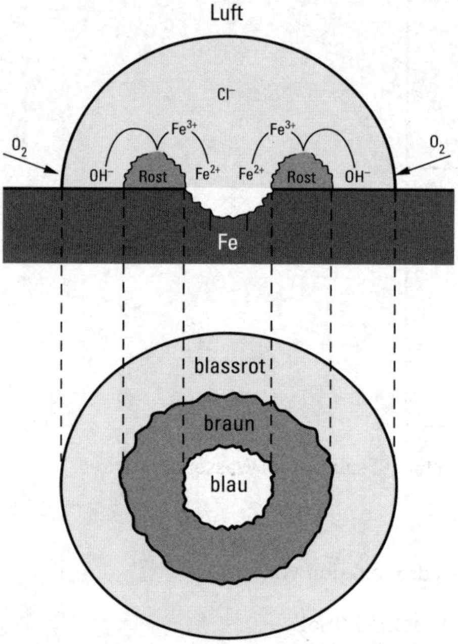

Abb. 5.29 Tropfenversuch von Evans.

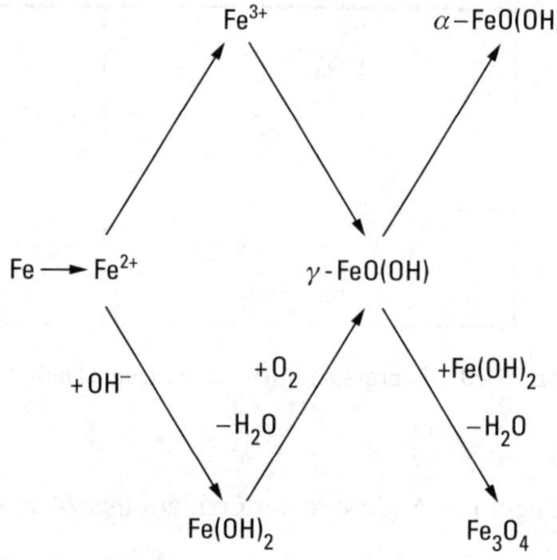

Abb. 5.30 Beim Rosten entstehende Hauptphasen.

Die räumliche Trennung von Metallauflösung und Elektronenverbrauch konnte Evans durch den so genannten Tropfenversuch verdeutlichen (Abb. 5.29). Hierbei bringt man auf eine gesäuberte und entfettete Eisenoberfläche einen Tropfen einer Kochsalzlösung, die rotes Blutlaugensalz, $K_3[Fe(CN)_6]$, und etwas Phenolphthalein enthält. Die Tropfenmitte färbt sich blau, weil hier Eisen aufgelöst wird und Fe^{2+} zu löslichem Berliner Blau, $KFe[Fe(CN)_6]$ reagiert. Am Tropfenrand werden Hydroxidionen gebildet, was an der Rotfärbung des Indikators zu erkennen ist. Durch den Luftsauerstoff wird Fe^{2+} zu Fe^{3+} oxidiert. Fe^{3+}- und OH^--Ionen reagieren zu Rost, der sich zwischen den Zonen der beiden Teilreaktionen ablagert (brauner Ring). Die Gesamtreaktion kann formuliert werden:

$$4\,Fe(OH)_2 + 0{,}5\,O_2 \rightleftharpoons 2\,FeO + Fe_2O_3 + 4\,H_2O \quad \text{oder}$$

$$5\,Fe(OH)_2 \rightleftharpoons 2\,FeO(OH) + Fe_3O_4 + 4\,H_2O\,.$$

192.2:

Auslösende Teilreaktion:

$$Fe_{(s)} + 0{,}5\,O_2 + H_2O \rightleftharpoons Fe^{2+}_{(aq)} + 2\,OH^-_{(aq)}$$

		Donator		Akzeptor	
(−)		$Fe/Fe^{2+}_{(aq)}$	//	$2\,OH^-_{(aq)}/\frac{1}{2}\,O_2(H_2O)$	(+)
Anode	$E^0(V)$	−0,41		0,4	Kathode

$$\Delta E^0 = 0{,}81\,\text{V}$$

$$\Delta G^0 = -z \cdot F \cdot \Delta E^0 \quad \Delta E^0 = 0{,}81\,\text{V} = \frac{0{,}05916\,\text{V}}{2} \cdot \lg K\chi$$

$$K\chi = 2{,}42 \cdot 10^{27} \quad \Delta_R G^0 = -R \cdot T \cdot \ln K\chi = \underline{\underline{-156{,}3\,\text{kJ/mol}}}$$

192.3:

$$Q = I \cdot t = 0{,}12\,\text{A} \cdot 24 \cdot 3600\,\text{s} = 10\,368\,\text{As}$$

$$n_{\text{Fe}} = \frac{Q}{z \cdot F} = \frac{10\,368\,\text{As}}{2 \cdot 96\,487\,\text{As/mol}} = 0{,}053727\,\text{mol}$$

$$m_{\text{Fe}} = n_{\text{Fe}} \cdot M_{\text{Fe}} = 0{,}053727\,\text{mol} \cdot 55{,}85\,\text{g/mol} = \underline{\underline{3\,\text{g}}}$$

193 $Al_{(s)} + 3\,Ag^+_{(aq)} \rightleftharpoons Al^{3+}_{(aq)} + 3\,Ag_{(s)}$

$\Delta G = -712{,}1\,\text{kJ/mol}$

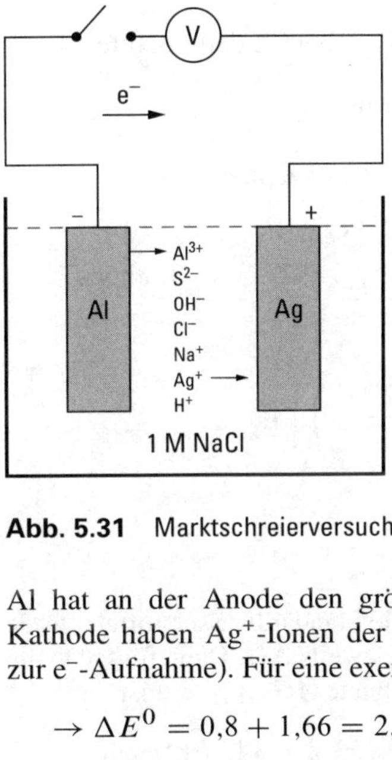

	Reaktion			$E_{ph=7}$ (V)	
−	Al	$\rightleftharpoons$	$Al^{3+} + 3e^-$	−1,66	LD ↑
	S^{2-}	$\rightleftharpoons$	$S + 2e^-$	−0,51	
	$2OH^-$	$\rightleftharpoons$	$0{,}5\,O_2 + H_2O + 2e^-$	0,814	
	$2Cl^-$	$\rightleftharpoons$	$Cl_2 + 2e^-$	1,36	
+	$Ag^+ + e^-$	$\rightleftharpoons$	Ag	0,80	OD ↑
	$2H^+ + 2e^-$	$\rightleftharpoons$	H_2	−0,41	
	$Na^+ + e^-$	$\rightleftharpoons$	Na	−2,71	

Abb. 5.31 Marktschreierversuch.

Al hat an der Anode den größten Lösungsdruck LD (Tendenz zur e^--Abgabe). An der Kathode haben Ag^+-Ionen der Sulfidschicht den größten osmotischen Druck OD (Tendenz zur e^--Aufnahme). Für eine exergone Verlaufsrichtung muss $\Delta_R G^0 < 0$ gelten.

$$\rightarrow \Delta E^0 = 0{,}8 + 1{,}66 = 2{,}46\,\text{V} \quad \Delta_R G^0 = -z \cdot F \cdot \Delta E^0 = \underline{\underline{-712{,}1\,\text{kJ/mol}}}$$

194 $5\,Fe^{2+}_{(aq)} + 8\,H^+_{(aq)} + MnO^-_{4(aq)} \rightleftharpoons 5\,Fe^{3+}_{(aq)} + 4\,H_2O_{(l)} + Mn^{2+}_{(aq)}$

		Donator		Akzeptor	
(−)		$Fe^{2+}_{(aq)}/Fe^{3+}_{(aq)}$	//	$MnO^-_{4(aq)}(8\,H^+_{(aq)})/Mn^{2+}_{(aq)}(4\,H_2O)$	(+)
Anode	E^0(V)	0,77		1,51	Kathode

$$\Delta E^\circ = 0{,}74\,\text{V}$$

$$\Delta E^0 = 0{,}74\,\text{V}$$

$$\Delta G = -z \cdot F \cdot \left[\Delta E^0 - \left(\frac{RT}{zF} \cdot \ln \frac{c_{\text{Pro}}}{c_{\text{Ed}}}\right)\right]$$

pH = 0:

$$c_{\text{H}^+} = 1\,\text{mol/dm}^3$$

$$\Delta G = -5 \cdot 96\,487\,\text{As/mol} \cdot \left[0{,}74 - \left(\frac{0{,}05916}{5} \cdot \lg \frac{1}{1^8}\right)\right] V$$

$$= -351{,}3\,\text{kJ/mol} \quad \underline{\underline{\text{(exergon!)}}}$$

pH = 8:

$$c_{\text{H}^+} = 10^{-8}\,\text{mol/dm}^3$$

$$\Delta G = -5 \cdot 96\,487\,\text{As/mol} \cdot \left[0{,}74 - \left(\frac{0{,}05916}{5} \cdot \lg \frac{1}{(10^{-8})^8}\right)\right] V$$

$$= 8{,}321\,\text{kJ/mol} \quad \underline{\underline{\text{(endergon!)}}}$$

In alkalischer Lösung (**pH = 8**) endet die Reduktion von $MnO^-_{4(aq)}$ bei Oxidationsstufe +4

$$3\,Fe^{2+}_{(aq)} + MnO^-_{4(aq)} + 2\,H_2O_{(l)} \rightleftharpoons 3\,Fe^{3+}_{(aq)} + 4\,OH^-_{(aq)} + MnO_{2(s)}$$

		Donator	Akzeptor	
(–)		$MnO_2(4\,OH^-_{(aq)})/MnO^-_{4(aq)}(2\,H_2O_{(l)})$	// $Fe^{2+}_{(aq)}/Fe^{3+}_{(aq)}$	(+)
Anode	E^0(V)	0,59	0,77	Kathode

$$\Delta E^0 = 0{,}18\,\text{V} \quad c_{\text{OH}^-} = 10^{-6}\,\text{mol/dm}^3$$

$$\Delta G = -3 \cdot 96\,487\,\text{As/mol} \cdot \left[-0{,}18 - \left(\frac{0{,}05916}{3} \cdot \lg \frac{(10^{-6})^4}{1}\right)\right] V$$

$$= -84{,}9\,\text{kJ/mol} \quad \underline{\underline{\text{(exergon!)}}}$$

195 a):

Man zerlegt die Reaktion $2\,Cu^+ \rightleftharpoons Cu + Cu^{2+}$ bezogen auf die Standardwasserstoffelektrode (Wasserstoffhalbzelle) in zwei Einzelreaktionen und berechnet jeweils ΔG. Dann fügt man die Einzelreaktionen zusammen und überprüft, ob das dafür berechnete $AG_{\text{gesamt}} < 0$ ist.

(1) $Cu^+ + H^+ \rightleftharpoons Cu^{2+} + \frac{1}{2}\,H_2 \quad \Delta G_{(1)} = zFE^0 = 1\,\text{F} \cdot 0{,}153\,\text{V} = 14{,}76\,\text{kJ/mol}$

(2) $Cu^+ + \frac{1}{2}\,H_2 \rightleftharpoons Cu + H^+ \quad \Delta G_{(2)} = -zFE^0 = -1\,\text{F} \cdot 0{,}522\,\text{V} = -50{,}37\,\text{kJ/mol}$

$\Delta G_{\text{gesamt}} = \Delta G_{(1)} + \Delta G_{(2)} = -35{,}6\,\text{kJ/mol} < 0$

→ Die Reaktion kann freiwillig ablaufen.

b):
Auch die Reaktion $Cu^{2+} + 2\,e^- \rightleftharpoons Cu$ lässt sich aus zwei Einzelreaktionen zusammensetzen.

$$(1)\quad Cu^{2+} + \tfrac{1}{2}H_2 \rightleftharpoons Cu^+ + H^+ \quad \Delta G_{(1)} = -zFE^0 = -1\,F\cdot 0{,}153\,V = -14{,}76\,kJ/mol$$

$$(2)\quad Cu^+ + \tfrac{1}{2}H_2 \rightleftharpoons Cu + H^+ \quad \Delta G_{(2)} = -zFE^0 = -1\,F\cdot 0{,}522\,V = -50{,}37\,kJ/mol$$

$$\Delta G_{gesamt} = \Delta G_{(1)} + \Delta G_{(2)} = -65{,}13\,kJ/mol$$

$$E_3^0 = \frac{-\Delta G_{gesamt}}{zF} = \frac{-(-65\,130)J/mol}{2\cdot 96\,487\,As/mol} = \frac{65\,130\,V\cdot As/mol}{2\cdot 96\,487\,As/mol} = \underline{\underline{0{,}3375\,V}}$$

196 **(1) Berechnung von $\Delta_R H^0, \Delta_R S^0$ und $\Delta_R G^0$ mit Standardwerten der Tabelle 4.6:**

	(I)	(II)	(III)
$\Delta_R H^0 = \sum \Delta_B H^0_{Prod} - \sum \Delta_B H^0_{Ed}$ (kJ/mol)	−219,000	−147,000	−56,000
$\Delta_R S^0 = \sum S^0_{Prod} - \sum S^0_{Ed}$ (J/(mol · K)	−0,021	−0,193	0,081
$\Delta_R G^0 = \Delta_R H^0 - T\Delta_R S^0$ (kJ/mol)	−225,300	−89,500	−80,150

(2) Berechnung von $\Delta_R H, \Delta_R S$ und $\Delta_R G$ mit Messergebnissen der Tabellen 4.8 und 4.9:

	(I)	(II)	(III)
$\Delta_R H = -\frac{m_{H_2O}\cdot c_{p\,(Wasser)}\cdot \Delta T}{n_{Produkt}}$ (kJ/mol)	$-\frac{50\cdot 4{,}19\cdot 10{,}6}{0{,}01} = -222{,}07$	$-\frac{50\cdot 4{,}19\cdot 2}{0{,}005\cdot 2} = -142{,}00$	$-\frac{100\cdot 4{,}19\cdot 6{,}7}{0{,}05} = -56{,}15$
$\Delta_R S = \frac{\Delta(\Delta E)\cdot z\cdot F}{\Delta T}$ (kJ/(mol · K)	$\frac{-0{,}007\cdot 2\cdot 96\,487}{60\cdot 1000} = -0{,}0225$	$\frac{-0{,}06\cdot 2\cdot 96\,487}{60\cdot 1000} = -0{,}193$	$\frac{-0{,}021\cdot 2\cdot 96\,487}{50\cdot 1000} = 0{,}08032$
$\Delta_R G = -z\cdot F\cdot \Delta E_{298,15}$ (kJ/mol)	$-2\cdot 96\,487\cdot 1{,}11 = -214{,}200$	$-2\cdot 96\,487\cdot 0{,}44 = -84{,}910$	$-2\cdot 96\,487\cdot 0{,}41 = -79{,}119$

(3) Bestätigung der Gibbs-Helmholtz-Gleichung mit Ergebnissen von (2) bei 25 °C:

	$\Delta_R G^0$ (kJ/mol)	=	$\Delta_R H^0$ (kJ/mol)	−	$T\Delta_R S^0$ (kJ/mol)		
(I)	**−214,200**	≈	−222,07	−	(− 6,71)	≈	**−215,90**
(II)	− **84,910**	≈	−142,00	−	(− 57,54)	≈	− **84,52**
(III)	− **79,119**	≈	− 56,15	−	(+ 24,17)	≈	− **80,32**

197 Zeilendiagramm der galvanischen Zelle:

	Donator	Akzeptor	
(–)	$Ni_{(s)}/Ni^{2+}_{(aq)}$ //	$2\,H^+_{(aq)}/H_{2(g)}$	(+)
Anode	E^0(V) ?	0	Kathode

Gesamtreaktion der Zelle:

	$Ni_{(s)}$	+	$2\,H^+_{(aq)}$	$\rightleftharpoons$	$Ni^{2+}_{(aq)}$	+	$H_{2(g)}$
$\Delta_B H^0$(kJ/mol)	0		0		−63,95		0
$S^0(\mathrm{J\cdot mol^{-1}\cdot K^{-1}})$	31,21		0		−159,26		130,68

$$\Delta_R H^0 = -63{,}95\,\mathrm{kJ/mol}$$

$$\Delta_R S^0 = (-159{,}26 + 130{,}68 - 31{,}21)\,\mathrm{J/(mol\cdot K)} = -59{,}79\,\mathrm{J/(mol\cdot K)}$$

$$\Delta_R G^0 = \Delta_R H^0 - T\cdot\Delta_R S^0$$

$$= -63\,950\,\mathrm{J/mol} - [298{,}15\,\mathrm{K}\cdot -59{,}79\,\mathrm{J/(mol\cdot K)}] = -46\,123{,}61\,\mathrm{J/mol}$$

$$\Delta_R G^0 = -z\cdot F\cdot\Delta E^0;\quad \Delta E^0 = E^0_{2\,H^+/H_2} - E^0_{Ni/Ni^{2+}} = 0 - E^0_{Ni/Ni^{2+}}$$

$$\Delta_R G^0 = -z\cdot F\cdot(-E^0_{Ni/Ni^{2+}})$$

$$E^0_{Ni/Ni^{2+}} = \frac{\Delta_R G^0}{z\cdot F} = \frac{-46\,123{,}61\,\mathrm{VAs/mol}}{2\cdot 96\,487\,\mathrm{As/mol}} = \underline{\underline{-0{,}239\,\mathrm{V}}}$$

198 a):

Kathode: $CrO^{2-}_{4(aq)} + 8\,H^+_{(aq)} + 6\,e^- \rightleftharpoons Cr_{(s)} + 4\,H_2O_{(l)}$

Ladung: $Q = U\cdot I = 1500\,\mathrm{A}\cdot 10\cdot 3600\,\mathrm{s} = 54\cdot 10^6\,\mathrm{As}$

$$Q = n\cdot z\cdot F$$

$$n_{Cr} = \frac{54\cdot 10^6\,\mathrm{As}}{6\cdot 96\,487\,\mathrm{As/mol}} = 93{,}28\,\mathrm{mol}$$

$$m_{Cr} = n_{Cr}\cdot M_{Cr} = 93{,}28\,\mathrm{mol}\cdot 52\,\mathrm{g/mol} = 4850{,}56\,\mathrm{g}$$

Tatsächlich wurden 670 g Cr abgeschieden. Damit beträgt die Stromausbeute

$$\eta_{Strom} = \frac{670\,\mathrm{g}\cdot 100\,\%}{4850{,}56\,\mathrm{g}} = \underline{\underline{13{,}813\,\%}}.$$

b):

Eine weitere Reaktion an der Kathode ist: $2\,H_3O^+_{(aq)} + 2\,e^- \rightleftharpoons 2\,H_2O_{(l)} + H_{2(g)}$ An dieser Reaktion sind die nicht an der Chromabscheidung verantwortlichen Elektronen beteiligt. Es ergibt sich somit

$$n_{H_2} = \frac{54\cdot 10^6}{2\cdot 96\,487}\cdot\frac{(100-13{,}81)}{100} = 241{,}19\,\mathrm{mol}$$

$$V_{H_2} = \frac{n\cdot R\cdot T}{p} = \frac{241{,}19\,\mathrm{mol}\cdot 8314{,}3\,\mathrm{Pa\cdot dm^3/(mol\cdot K)}\cdot 298\,\mathrm{K}}{101\,300\,\mathrm{Pa}} = \underline{\underline{5899{,}182\,\mathrm{dm^3} \approx 5{,}9\,\mathrm{m^3}}}$$

Anode: $4\,OH^-_{(aq)} \rightleftharpoons 2\,H_2O_{(l)} + O_{2(g)} + 4\,e^-$

$$n_{O_2} = \frac{54 \cdot 10^6}{4 \cdot 96\,487}\,\text{mol} = 139{,}92\,\text{mol}$$

$$V_{O_2} = \frac{n \cdot R \cdot T}{p} = \frac{139{,}92\,\text{mol} \cdot 8314{,}3\,\text{Pa} \cdot \text{dm}^3/(\text{mol} \cdot \text{K}) \cdot 298\,\text{K}}{101\,300\,\text{Pa}} = \underline{\underline{3422{,}25\,\text{dm}^3 = 3{,}42\,\text{m}^3}}$$

199 **199.1:**

$$Sn^{2+}_{(aq)} + 2\,Fe^{3+}_{(aq)} \rightleftharpoons Sn^{4+}_{(aq)} + 2\,Fe^{2+}_{(aq)}$$

$$\Delta E^0 = 0{,}771 - 0{,}154 = 0{,}617\,\text{V}$$

$$\Delta G^0 = -z \cdot F \cdot \Delta E^0 = -2 \cdot 96\,487\,\text{As/mol} \cdot 0{,}617\,\text{V}$$
$$= \underline{\underline{\mathbf{-119\,065}\,\text{Ws/mol} \approx -119\,\text{kJ/mol}}}$$

$$K\chi = e^{-\frac{\Delta G^0}{R \cdot T}} = e^{\frac{119\,065}{8{,}3143 \cdot 298}} = \underline{\underline{7{,}42 \cdot 10^{20}}}$$

199.2:

a):

$$\Delta E = E^{\circ}_{\text{Kalomel}} - E_{Sn^{2+}_{(aq)}/Sn^{4+}_{(aq)}}$$

$$E_{Sn^{2+}_{(aq)}/Sn^{4+}_{(aq)}} = E^0_{Sn^{2+}_{(aq)}/Sn^{4+}_{(aq)}} + \frac{R \cdot T}{z \cdot F} \cdot \ln \frac{c_{Sn^{4+}_{(aq)}}}{c_{Sn^{2+}_{(aq)}}}$$

$$\Delta E = 0{,}242\,\text{V} - \left(0{,}154\,\text{V} + \frac{8{,}3143 \cdot 298 \cdot \ln \frac{1}{3}}{2 \cdot 96\,487\,\text{V}}\right) = \underline{\underline{0{,}102\,\text{V}}}$$

b):

Am Äquivalenzpunkt gilt:

$$\begin{matrix} c_{Sn^{4+}_{(aq)}} = 0{,}5 \cdot c_{Fe^{2+}_{(aq)}} \\ c_{Sn^{2+}_{(aq)}} = 0{,}5 \cdot c_{Fe^{3+}_{(aq)}} \end{matrix} \longrightarrow \frac{1}{K\chi} = \frac{c^3_{Fe^{3+}_{(aq)}}}{c^3_{Fe^{2+}_{(aq)}}} \longrightarrow \frac{c_{Fe^{3+}_{(aq)}}}{c_{Fe^{2+}_{(aq)}}} = \sqrt[3]{\frac{1}{K\chi}}$$

$$\Delta E = E^0_{\text{Kalomel}} - E_{Fe^{2+}_{(aq)}/Fe^{3+}_{(aq)}}$$

$$E_{Fe^{2+}_{(aq)}/Fe^{3+}_{(aq)}} = E^0_{Fe^{2+}_{(aq)}/Fe^{3+}_{(aq)}} + \frac{R \cdot T}{z \cdot F} \cdot \ln \sqrt[3]{\frac{1}{K\chi}}$$

$$\Delta E = 0{,}242\,\text{V} - \left(0{,}771\,\text{V} + \frac{8{,}3143 \cdot 298}{1 \cdot 96\,487}\,\text{V} \cdot \ln \sqrt[3]{\frac{1}{7{,}42 \cdot 10^{20}}}\right) = \underline{\underline{-0{,}118\,\text{V}}}$$

c):
Jenseits des Äquivalenzpunktes gilt:

$$\frac{c_{Fe^{3+}_{(aq)}}}{c_{Fe^{2+}_{(aq)}}} = 0{,}5$$

$$\Delta E = E^{\circ}_{\text{Kalomel}} - \left(E^0_{Fe^{2+}_{(aq)}/Fe^{3+}_{(aq)}} + \frac{R \cdot T}{z \cdot F} \cdot \ln \frac{c_{Fe^{3+}_{(aq)}}}{c_{Fe^{2+}_{(aq)}}} \right)$$

$$\Delta E = 0{,}242\,\text{V} - \left(0{,}771\,\text{V} + \frac{8{,}3143 \cdot 298}{1 \cdot 96\,487} \text{V} \cdot \ln 0{,}5 \right) = \underline{\underline{-0{,}511\,\text{V}}}$$

200 a):

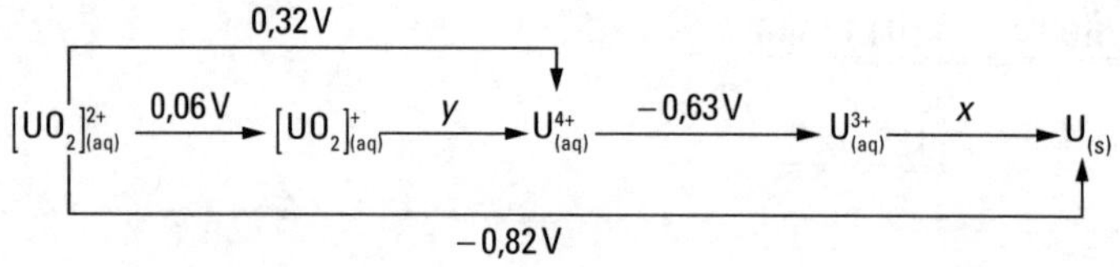

Abb. 5.32 Latimer-Diagramm für Uran.

$$2 \cdot 0{,}32\,\text{V} + (-0{,}63\,\text{V}) + 3x = 6 \cdot (-0{,}82\,\text{V}) \quad x = -1{,}64\,\text{V} \quad E^0_{U_3^+/U} = \underline{\underline{-1{,}64\,\text{V}}}$$

$$0{,}06\,\text{V} + y = 2 \cdot 0{,}32\,\text{V} \quad y = 0{,}58\,\text{V}$$

Verallgemeinert man die Gleichung für ΔG^0 bezogen auf das Latimer-Diagramm, ergibt sich

$$\Delta G^0 = -z \cdot F \cdot \left[E^0(\text{rechts}) - E^0(\text{links}) \right].$$

Die Disproportionierung ist dann ein freiwillig ablaufender Vorgang, wenn gilt: $\Delta G^0 < 0$. Nach diesem Kriterium disproportioniert nur $[UO_2]^+_{(aq)}$ (0,06 V < 0,58 V):

$$2\,[UO_2]^+_{(aq)} + 4\,H^+_{(aq)} \rightleftharpoons U^{4+}_{(aq)} + [UO_2]^{2+}_{(aq)} + 2\,H_2O_{(l)}$$

b):

$$4\,U^{3+}_{(aq)} \rightleftharpoons 3\,U^{4+}_{(aq)} + U_{(s)}$$

$$\Delta G^0 = -z \cdot F \cdot \left[E^0(\text{rechts}) - E^0(\text{links}) \right]$$

$$\Delta G^0 = -3 \cdot 96\,487\,\text{As/mol} \cdot [-1{,}64\,\text{V} + 0{,}63\,\text{V}] = 292\,355{,}61\,\text{J/mol}$$

$$\ln \text{K} = \frac{-\Delta G^0}{RT} = \frac{-292\,355{,}61}{8{,}3143 \cdot 298{,}15} = -117{,}937$$

$$K = \underline{\underline{6{,}03 \cdot 10^{-52}}}$$

5.11.6 Säure-Base-Reaktionen

201 $CH_3COOH_{(l)} + H_2O_{(l)} \rightleftharpoons CH_3COO^-_{(aq)} + H_3O^+_{(aq)}$

Gl.: $(1-\alpha)c_0 \quad \alpha c_0 \quad \alpha c_0$ $\qquad \alpha = \dfrac{c_{\text{Gleichgewicht}}(\text{mol/dm}^3)}{c_{\text{Ausgang}}(\text{mol/dm}^3)} = \dfrac{c}{c_0}$

$$K = \frac{\alpha^2 \cdot c_0}{1-\alpha} \xrightarrow{c_0 = \frac{n}{V}} K = \frac{\alpha^2 \cdot n}{(1-\alpha)V}$$

a) $\alpha = 0{,}002954$ b) $\alpha = 0{,}004175$ c) $\alpha = 0{,}0131$

Schlussfolgerung: Mit zunehmender Verdünnung steigt der Dissoziationsgrad α. Das Ostwald'sche Verdünnungsgesetz wird bestätigt.

202 $$\ln \frac{1{,}87 \cdot 10^{-5}}{1{,}79 \cdot 10^{-5}} = \frac{\Delta H^0}{8{,}3143\,\text{J}/(\text{mol}\cdot\text{K})}\left(\frac{1}{313{,}15} - \frac{1}{283{,}15}\right)\cdot\frac{1}{\text{K}}$$

$$\Delta H^0 = \underline{\underline{1074{,}44\,\text{J/mol}}}$$

203 (1) $H_2S_{(g)} + 2\,H_2O_{(l)} \rightleftharpoons S^{2-}_{(aq)} + 2\,H_3O^+_{(aq)}$ $\qquad \Delta pKs = 23{,}41$

(2) $CuS_{(s)} \rightleftharpoons Cu^{2+}_{(aq)} + S^{2-}_{(aq)}$ $\qquad pK_L = 40{,}10$

$-16{,}69$

Die Fällungsreaktion (2) entzieht der Säure-Base-Reaktion (1) S^{2-}-Ionen. $\Delta_R G$ wird negativ.

$$\Delta_R G^0 = -16{,}69 \cdot 2{,}303 \cdot R \cdot T = -92\,282\,\text{J/mol} \approx \underline{\underline{-92{,}3\,\text{kJ/mol}}}$$

204 Richtig ist Aussage A)

205 a):

Berechnung von $\Delta_B G^0$:

$2\,C_{(s)} + H_{2(g)} + N_{2(g)} \longrightarrow 2\,HCN_{(l)}$

$\Delta_B H^0 = 108{,}87\,\text{kJ}\cdot\text{mol}^{-1} \quad \Delta_B S^0 = -54{,}0\,\text{J}\cdot\text{K}^{-1}\cdot\text{mol}^{-1}$

$\Delta_B G^0 = 124{,}98\,\text{kJ}\cdot\text{mol}^{-1}$

$2\,C_{(s)} + H_{2(g)} + N_{2(g)} \longrightarrow H^+_{(aq)} + CN^-_{(aq)}$

$\Delta_B H^0 = 146{,}13\,\text{kJ}\cdot\text{mol}^{-1} \quad \Delta_B S^0 = -62{,}2\,\text{J}\cdot\text{K}^{-1}\cdot\text{mol}^{-1}$

$\Delta_B G^0 = 164{,}47\,\text{kJ}\cdot\text{mol}^{-1}$

Thermodynamisch ist wegen $\Delta_B G^0 > 0$ nicht die Bildung, sondern der Zerfall von $HCN_{(l)}$ begünstigt. Der Zerfall ist aber kinetisch gehemmt, weil dazu bei 25 °C die Aktivierungsenergie nicht aufgebracht wird.

b):

Das Verdampfen ist ein reversibler Vorgang, die Gesamtänderung der Entropie (System und Umgebung) ist gleich Null. Die Umgebung gibt die Wärmemenge ΔH_{Vd} auf das System ab.

Definiert man T_{Vd} als Verdampfungstemperatur, ergibt sich:

$$\Delta S_{\text{Umg.}} = -\frac{\Delta H_{\text{Vd}}}{T_{\text{Vd}}} \qquad \Delta S_{\text{System}} = S_{\text{HCN}_{(l)}} - S^0_{\text{HCN}_{(g)}} \qquad -\frac{\Delta H_{\text{Vd}}}{T_{\text{Vd}}} + S^0_{\text{HCN}_{(l)}} - S^0_{\text{HCN}_{(g)}} = 0$$

Da T_{Vd} kaum von 298,15 K abweicht, können die Tabellenwerte benutzt werden:

$$\Delta H_{\text{Vd}} = (S^0_{\text{HCN}_{(l)}} - S^0_{\text{HCN}_{(g)}}) \cdot T_{\text{Vd}}$$

$$\Delta H_{\text{Vd}} = -(112{,}8 - 201{,}78)\,\text{J} \cdot \text{mol}^{-1} \cdot \text{K}^{-1} \cdot 298{,}7\,\text{K} = \underline{\underline{26\,566{,}378\,\text{J/mol} \approx 26{,}6\,\text{kJ/mol}}}$$

Beim Verdampfen wird elektrische Energie in Verdampfungswärme ΔH_{Vd} umgewandelt:

$$W_{\text{el.}} = U \cdot I \cdot t = n \cdot \Delta H_{\text{Vd}}$$

$$t = \frac{m \cdot \Delta H_{\text{Vd}}}{M \cdot U \cdot I} = \frac{100\,\text{g} \cdot 26\,566{,}378\,\text{Ws} \cdot \text{mol}^{-1}}{27\,\text{g} \cdot \text{mol}^{-1} \cdot 10\,\text{W}} = 9839{,}40\,\text{s} \approx \underline{\underline{2{,}73\,\text{h}}}$$

c):

$$\Delta G^0 = -RT \cdot \ln K = -RT \cdot \ln 10^{-pKs} = 2{,}3026 \cdot pKs \cdot R \cdot T$$

$$pKs = \frac{\Delta G^0}{2{,}3026 \cdot R \cdot T} = \frac{(164{,}67 - 111{,}54)\,\text{kJ} \cdot \text{mol}^{-1}}{2{,}3026 \cdot 0{,}0083143\,\text{kJ} \cdot \text{mol}^{-1} \cdot \text{K}^{-1} \cdot 298{,}15} = 9{,}31$$

d):
In einer wässrigen Lösung liegt das folgende Gleichgewicht vor:

	$CN^-_{(aq)}$	+	$H_2O_{(l)}$	$\rightleftharpoons$	$HCN_{(l)}$	+	$OH^-_{(aq)}$	
A	0,05				0		10^{-7}	$(\text{mol} \cdot \text{dm}^{-3})$
→	0,001				0,001		0,001	$(\text{mol} \cdot \text{dm}^{-3})$
Gl.:	0,049				0,001		0,001	$(\text{mol} \cdot \text{dm}^{-3})$

$$K_B = \frac{10^{-6}(\text{mol} \cdot \text{dm}^{-3})^2}{0{,}049\,\text{mol} \cdot \text{dm}^{-3}} = 2{,}0408 \cdot 10^{-5}\,\text{mol} \cdot \text{dm}^{-3}$$

$$K_S = \frac{10^{-14}(\text{mol} \cdot \text{dm}^{-3})^2}{2{,}0408 \cdot 10^{-5}\,\text{mol} \cdot \text{dm}^{-3}} = 4{,}9 \cdot 10^{-10}\,\text{mol} \cdot \text{dm}^{-3}$$

$$pKs = -\frac{\lg Ks}{\text{mol} \cdot \text{dm}^{-3}} = \underline{\underline{9{,}31}}$$

Dieser Wert stimmt mit dem aus (c) überein. Die Henderson-Hasselbalch-Gleichung wird bestätigt:

$$pH = pKs + \lg \frac{c_{\text{Base}}}{c_{\text{Säure}}} = pKs + \lg \frac{c_{\text{CN}^-}}{c_{\text{HCN}}} \qquad pH = 9{,}31 + \lg \frac{0{,}049\,\text{mol} \cdot \text{dm}^{-3}}{0{,}001\,\text{mol} \cdot \text{dm}^{-3}} = 11$$

206 **206.1:**
(I)

	$H_2O_{(l)}$	+	$H_2O_{(l)}$	$\rightleftharpoons$	$H_3O^+_{(aq)}$	+	$OH^-_{(aq)}$
Gl.:	$1 - x$				x		x

$$\alpha = \frac{c}{c^0} = \frac{x}{1} = 1{,}342 \cdot 10^{-8} \qquad \sum x_i = 1 + x$$

$$\text{MWG} \quad K_S = K_B = K_D = \frac{\left(\frac{x}{1+x}\right)^2}{\left(\frac{1-x}{1+x}\right)} = \frac{x^2}{1 - x^2} = \underline{\underline{1{,}8 \cdot 10^{-16}\,\text{mol/dm}^3}}$$

$$x = \sqrt{\frac{K_D}{1 + K_D}} = \alpha$$

$$K_W = K_S \cdot c_{H_2O} = 1{,}8 \cdot 10^{-16}\,\text{mol/dm}^3 \cdot 55{,}55\,\text{mol/dm}^3 = \underline{\underline{10^{-14}\,(\text{mol} \cdot \text{dm}^{-3})^2}}$$

$$K_{Prot} = \frac{K_W}{c^2_{H_2O}} = \frac{10^{-14}\,(\text{mol} \cdot \text{dm}^{-3})^2}{55{,}55\,(\text{mol} \cdot \text{dm}^{-3})^2} = \underline{\underline{3{,}24 \cdot 10^{-18}}}$$

$$pK_S(H_2O) = -\lg \frac{K_S}{\text{mol/dm}^3} = \underline{\underline{15{,}745}}$$

$$pK_B(H_2O) = 14 - pKs = \underline{\underline{-1{,}745}}$$

$$\Delta pK_S(\text{Autoprolyse}) = pK_S(H_2O) - pK_B(H_2O) = \underline{\underline{17{,}49}}$$

$$\Delta pH(\text{Autoprolyse}) = pK_S + \lg \frac{c(H_3O^+) \cdot c(OH^-)}{c^2(H_2O)} = 17{,}49 + \lg \frac{1 \cdot 1}{55{,}55^2} = \underline{\underline{14}}$$

(Henderson-Hasselbalch)

(IIa)

$$\Delta_R G^0 = -RT \ln K_{Prot} = \Delta pK_S \cdot 2{,}3026 \cdot R \cdot T = \underline{\underline{99\,829{,}223\,\text{J/mol}}}$$

(IIb)

$$\Delta_R G = \Delta_R G^0 + RT \ln \frac{1\,\text{mol/dm}^3 \cdot 1\,\text{mol/dm}^3}{55{,}55^2\,(\text{mol/dm}^3)^2}$$
$$= \Delta pH \cdot 2{,}3026 \cdot RT = \underline{\underline{79\,912{,}027\,\text{J/mol}}}$$

(IIc)

$$\Delta_R G = \Delta_R G^0 + RT \ln \frac{K_W}{55{,}55^2} = \underline{\underline{0}}$$

206.2:

$$\frac{d \ln K_W}{dT} = \frac{\Delta H}{RT^2} \qquad \left[\frac{\partial\left(\frac{\Delta G}{T}\right)}{\partial T}\right]_p = \frac{-\Delta H}{T^2}$$

$$\Delta H = \frac{\ln 74 \cdot 8{,}3143\,\text{J/(mol} \cdot \text{K)}}{\left(\frac{1}{298{,}15} - \frac{1}{373{,}15}\right)\frac{1}{\text{K}}} = 53\,083{,}740\,\text{J/mol}$$

$$\Delta_R G^{373{,}15} = \frac{373{,}15 \cdot 998\,829{,}223}{298{,}15} - 373{,}15 \cdot 53\,083{,}74 \cdot \left(\frac{1}{298{,}15} - \frac{1}{373{,}15}\right)$$
$$= \underline{\underline{111\,588{,}358\,\text{J/mol}}}$$

207 Für einen exergonen Verlauf ist nach $\Delta_R G^0 = \Delta pK \cdot 2{,}303 \cdot R \cdot T < 0$ ein negativer ΔpK-Wert erforderlich:

	Δ pKs		pKs
(a)	9,25 − 4,75 = **4,5**	(b)	1,96 − 6,36 = −4,4
(c)	4,97 − 9,25 = −4,28	(d)	−3,0 − (− 7,0) = **4,0**
(e)	9,90 − 15,745 = −5,845	(f)	−1,745 − 0,176 = −1,92
(g)	3,34 − 4,58 = −1,24	(h)	6,99 − 3,34 = **3,65**
(i)	9,25 − 15,745 = −6,45	(j)	11,65 − 15,745 = −4,095

$\Delta pKs > 0 \rightarrow \Delta G^0 > 0 \rightarrow$ endergon: (a), (h)

$\rightarrow$ exergon: (d), weil HCl leicht flüchtig ist

$\Delta pKs < 0 \rightarrow \Delta G^0 < 0 \rightarrow$ exergon: (b), (c), (e), (f), (g), (i), (j)

5.12 Heterogene chemische Gleichgewichtsreaktionen

5.12.1 Kohlenstoff-Verbindungen und CaSO₄-Hydrate

208 a): $CaCO_{3(s)} \rightleftharpoons CaO_{(s)} + CO_{2(g)}$

b): $K\chi = \dfrac{Kp}{p^0} = \dfrac{(p_{CO_2})_{Gl.}}{p^0}$

$(p_{CO_2})_{Gl.} = K\chi \cdot p^0 = 1{,}34 \cdot 1 \cdot 10^5\,\text{Pa} = \underline{\underline{1{,}34 \cdot 10^5\,\text{Pa} = 1{,}34\,\text{bar}}}$

209 a): $CaCO_{3(s)} \rightleftharpoons CaO_{(s)} + CO_{2(g)}$

$Kp = p(CO_2) \quad p_o = 1 \cdot 10^5\,\text{Pa} \quad K\chi = Kp/p_o \quad \Delta G = -RT \ln K\chi$

T (K)	800	900	1000	1100	1200	1300
Kp (Pa)	50	1000	11 200	80 000	405 000	1 610 000
$K\chi$	$5 \cdot 10^{-4}$	0,01	0,112	0,8	4,05	16,1
Δ G (kJ/mol)	50,556	34,460	18,202	2,041	−13,955	−30,035

b):
Die in a) erhaltenen Wertepaare $(\Delta G, T)$ liegen auf einer Geraden mit negativem Anstieg. Somit können ΔS und ΔH unabhängig von der Temperatur betrachtet werden. Schon aus der Reaktionsgleichung mit $\Delta n = +1$ resultiert ein positives ΔS, weil ein Gas entsteht und sich die Teilchenzahl erhöht, also die Unordnung (Entropie) steigt.

c):
Die Reaktion ist spontan, wenn gilt:

$$\Delta G = -0{,}162 \cdot T + 180{,}1 < 0\,\text{kJ/mol}$$

$$T > \left(\frac{180{,}1}{0{,}162}\right) K = \underline{\underline{1111{,}73\,K}} \quad \underline{\underline{(838{,}6\,°C)}}$$

Reaktion verläuft ab ≈ 840 °C spontan.

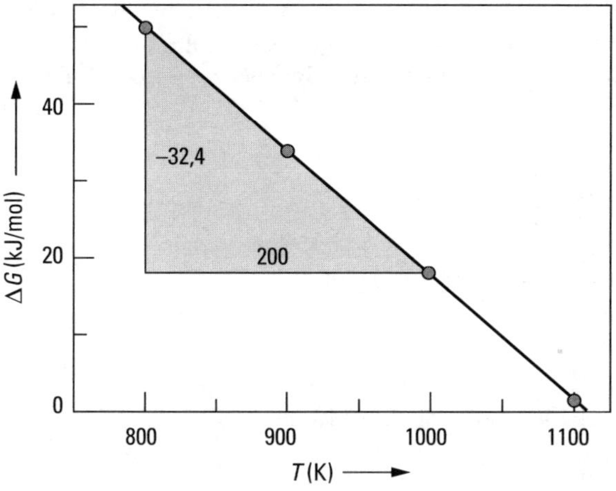

$$\Delta S = \left(\frac{(18{,}202 - 50{,}556)\,\text{kJ/mol}}{(1000 - 800)\,\text{K}}\right)$$
$$= \frac{32{,}4}{200}\,\text{kJ/(mol}\cdot\text{K)}$$
$$= 0{,}162\,\text{kJ/(mol}\cdot\text{K)}$$

$$\Delta H = \Delta G + T \cdot \Delta S$$
$$= 50{,}556\,\text{kJ/mol} + (800 \cdot 0{,}162)\,\text{kJ/mol}$$
$$= 180{,}1\,\text{kJ/mol}$$

Abb. 5.33 Temperaturabhängigkeit von ΔG beim Kalkbrennen.

210 Der Anfangsdruck beträgt:

$$p_{CO_2} = \frac{nRT}{V} = \frac{1 \cdot \text{mol} \cdot 8314{,}3\,\text{Pa} \cdot \text{dm}^3 \cdot \text{mol}^{-1} \cdot \text{K}^{-1} \cdot 1000\,\text{K}}{830\,\text{dm}^3}$$
$$= 10\,017{,}23\,\text{Pa} \approx 1 \cdot 10^4\,\text{Pa}$$

Mit dem Gesetz von Boyle-Mariotte $P \cdot V = \text{const.}$ ergibt sich der Graph der Funktion $p = f(V)$:

V_{CO2} (dm³)	830	555	416	277	200	166	138	118
P_{CO_2} (10^4 Pa)	1	1,5	2	3	4	5	6	7

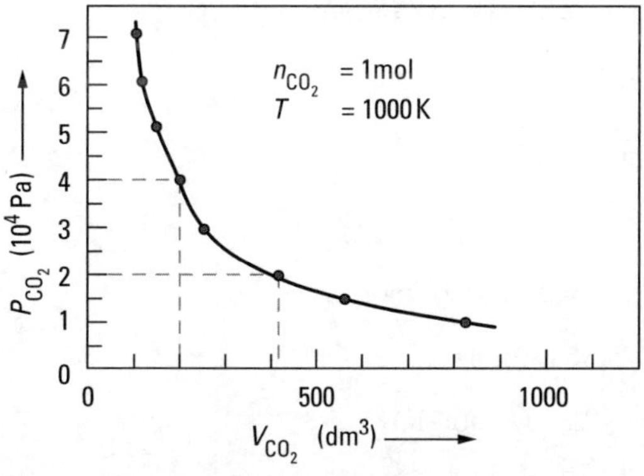

Abb. 5.34 Druckabhängigkeit der Karbonatbildung von CaO und MgO bei 1000 K.

Solange der CO_2-Druck nicht den Wert $p = 2{,}0 \cdot 10^4$ Pa (= $\boldsymbol{K_{p1}}$) erreicht, findet keine Reaktion zwischen CaO und CO_2 statt. Bei $p = 2{,}0 \cdot 10^4$ Pa reagiert CO_2 mit CaO zu $CaCO_3$, bis alles CaO umgewandelt ist. Die analoge Überlegung gilt für MgO bei $p = 4{,}0 \cdot 10^4$ Pa.

211 $$K_1 = \frac{110\,110}{101\,325} = 1{,}0867 \quad K_2 = \frac{162\,546}{101\,325} = 1{,}6042$$

$$\Delta_R H = \frac{\ln \frac{K_2}{K_1} \cdot R}{\frac{1}{T_1} - \frac{1}{T_2}} = \frac{\ln \frac{1{,}6042}{1{,}0867} \cdot 8{,}3143}{\frac{1}{818{,}15} - \frac{1}{838{,}15}} = \underline{\underline{111\,663{,}8\,\mathrm{J/mol}}}$$

212 a):

$$\Delta_R H = -1575\,\mathrm{kJ/mol} + 1{,}5 \cdot (-241{,}8\,\mathrm{kJ/mol}) - (-2021\,\mathrm{kJ/mol}) = 83{,}3\,\mathrm{kJ/mol}$$

$$n = \frac{m}{M} = \frac{1000\,\mathrm{g}}{172{,}18\,\mathrm{g/mol}} = 5{,}808\,\mathrm{mol}$$

$$n \cdot \Delta_R H = 5{,}808\,\mathrm{mol} \cdot 83{,}3\,\mathrm{kJ/mol} = \underline{\underline{483{,}81\,\mathrm{kJ}}} \quad \underline{\underline{\text{endotherme Reaktion}}}$$

b):

$$\Delta_R S = 130{,}5\,\mathrm{J/(mol \cdot K)} + 1{,}5 \cdot 188{,}6\,\mathrm{J/(mol \cdot K)} - 194\,\mathrm{J/(mol \cdot K)} = 219{,}4\,\mathrm{J/(mol \cdot K)}$$

$$\Delta_R G = \Delta_R H - T \cdot \Delta_R S$$

$$= 83\,300\,\mathrm{J/mol} - 298{,}15\,\mathrm{K} \cdot 219{,}4\,\mathrm{J/(mol \cdot K))} = 17\,885{,}89\,\mathrm{J/mol}$$

$$\ln K\chi = \frac{-\Delta_R G}{RT} = \frac{-17\,885{,}89\,\mathrm{J/mol}}{8{,}3143\,\mathrm{J/(mol \cdot K)} \cdot 298{,}15\,\mathrm{K}} = -7{,}21523 \qquad K\chi = 7{,}353 \cdot 10^{-4}$$

$$Kp = K\chi \cdot p^{\Delta n} = 7{,}353 \cdot 10^{-4} \cdot 1^{1{,}5}\,\mathrm{bar} = \underline{\underline{p_{H_2O} = 7{,}035 \cdot 10^{-4}\,\mathrm{bar}}}$$

c):

$$\Delta_R G = -RT \ln K\chi \xrightarrow{K\chi = \frac{p_{H_2O}}{p^0} = \frac{1\,\mathrm{bar}}{1\,\mathrm{bar}} = 1} \Delta_R G = -RT \ln 1 = 0$$

$$T = \frac{\Delta_R H - \Delta_R G}{\Delta_R S} = \frac{83\,300\,\mathrm{J/mol} - 0}{219{,}4\,\mathrm{J/(mol \cdot K)}} = \underline{\underline{379{,}7\,\mathrm{K} = 106{,}6\,^\circ\mathrm{C}}}$$

213 a):

$$C_{(s)} + CO_{2,(g)} \rightleftharpoons 2\,CO_{(g)} \quad \Delta n = 1 \quad p_0 = 100\,\mathrm{kPa}$$

b):

$$\Delta_R H^0 = \sum \Delta_B H^0_{\text{Produkte}} - \sum \Delta_B H^0_{\text{Edukte}} = 172{,}45\,\mathrm{J/(mol \cdot K)}$$

$$\Delta_R S^0 = \sum S^0_{\text{Produkte}} - \sum S^0_{\text{Edukte}} = 175{,}86\,\mathrm{J/(mol \cdot K)}$$

$$\Delta Cp = \sum Cp_{\text{Produkte}} - \sum C_{p\ \text{Edukte}} = -8{,}36\,\mathrm{J/(mol \cdot K)}$$

Berechnung für $T = 573\,\mathrm{K}$ (300 °C):

$$\Delta_R H = \Delta_R H^0 + \Delta Cp \cdot \Delta T = 172\,450\,\mathrm{J/mol} + [-8{,}36 \cdot (573 - 298)]\,\mathrm{J/mol}$$
$$= 170\,151\,\mathrm{J/mol} = \underline{\underline{170{,}151\,\mathrm{kJ/mol}}}$$

$$\Delta_R S = \Delta_R S^0 + \Delta Cp \cdot \ln \frac{T}{T_0}$$
$$= 175{,}86\,\mathrm{J/(mol \cdot K)} - 8{,}36\,\mathrm{J/(mol \cdot K)} \cdot \ln \frac{573\,\mathrm{K}}{298\,\mathrm{K}} = \underline{\underline{170{,}4\,\mathrm{J/(mol \cdot K)}}}$$

$$\Delta_R G = \Delta_R H - T \cdot \Delta_R S$$
$$= 170\,151\,\mathrm{J/mol} - (573 \cdot 170{,}4)\mathrm{J/mol} = 72\,511{,}8\,\mathrm{J/mol} = \underline{\underline{72{,}512\,\mathrm{kJ/mol}}}$$

$$K\chi = e^{-\frac{\Delta_R G^0}{RT}} = e^{-\frac{72\,511{,}8}{8{,}3143 \cdot 573}} = 2{,}45 \cdot 10^{-7}$$
$$Kp = K\chi \cdot p_0^{\Delta n} = 2{,}45 \cdot 10^{-7} \cdot 100\,\mathrm{kPa} = \underline{\underline{2{,}45 \cdot 10^{-5}\,\mathrm{kPa}}}$$

$$Kp = \frac{p_{CO}^2}{p_{CO_2}} = \frac{p_{CO}^2}{p_{ges.} - p_{CO}} \quad \rightarrow \quad p_{CO}^2 + Kp \cdot p_{CO} - Kp \cdot p_{ges.} = 0$$
$$p_{CO}^2 + 2{,}45 \cdot 10^{-5} p_{CO} - 2{,}45 \cdot 10^{-5} \cdot 102{,}5 = 0$$
$$p_{CO} = \underline{\underline{0{,}051\,\mathrm{kPa}}}$$

$$\text{Vol.-\% CO} = \frac{p_{CO} \cdot 100\,\%}{102{,}5} = \frac{0{,}051 \cdot 100\,\%}{102{,}5} = \underline{\underline{0{,}049}}$$

Für die übrigen Temperaturen (400 °C, 500 °C, ..., 1300 °C) erfolgt eine analoge Berechnung. Die Ergebnisse sind in der Tabelle angegeben:

T (°C)	ΔH [kJ/mol]	ΔS [J/(mol · K)]	ΔG [kJ/mol]	$K\chi$	Kp [kPa]	p_{CO} [kPa]	CO [Vol.-%]
300	170,151	170,40	72,512	$2{,}45 \cdot 10^{-7}$	$2{,}45 \cdot 10^{-5}$	0,051	0,049
400	169,315	169,05	55,54	$4{,}88 \cdot 10^{-5}$	$4{,}88 \cdot 10^{-3}$	0,705	0,69
500	168,479	167,89	38,66	$2{,}43 \cdot 10^{-3}$	0,243	4,87	4,75
600	167,643	166,87	21,97	$4{,}85 \cdot 10^{-2}$	4,85	20,01	19,5
700	166,807	165,97	5,32	0,520	52,0	51,49	50,2
800	165,971	165,15	−11,24	1,26	$1{,}26 \cdot 10^{2}$	66,94	65,3
900	165,135	164,41	−27,72	17,2	$1{,}720 \cdot 10^{3}$	97,03	94,7
1000	164,299	163,72	−44,12	64,6	$6{,}46 \cdot 10^{3}$	100,90	98,4
1100	163,463	163,09	−60,46	$2 \cdot 10^{2}$	$2 \cdot 10^{4}$	101,98	99,5
1200	162,627	162,50	−76,74	$5{,}26 \cdot 10^{2}$	$5{,}26 \cdot 10^{4}$	102,30	99,8
1300	161,791	161,96	−92,97	$1{,}22 \cdot 10^{3}$	$1{,}22 \cdot 10^{5}$	102,41	99,9

c):
Die Reaktion $C + CO_2 \rightleftharpoons 2\,CO$ führt bei jeder Temperatur zu einem bestimmten Gleichgewicht, das unter dem Namen „**Boudouard-Gleichgewicht**" bekannt ist. Und zwar verschiebt sich das Gleichgewicht, da es sich um eine endotherme mit Volumenvermehrung verbundene Reaktion handelt, mit steigender (fallender) Temperatur und fallendem (steigendem) Druck nach rechts (links). Bei Atmosphärendruck entsprechen den verwendeten Temperaturen die berechneten Volumenprozente von Kohlenstoffmonoxid und Kohlenstoffdioxid im Gleichgewicht (vgl. Abb. 5.35).

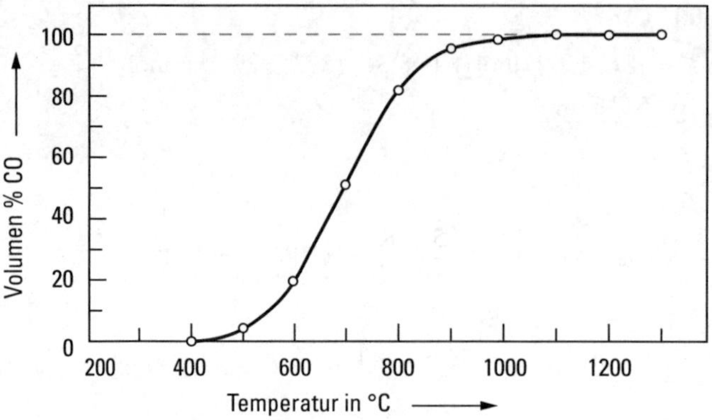

Abb. 5.35 Boudouard-Gleichgewicht.

Wie daraus hervorgeht, liegt das Gleichgewicht bei 400 °C praktisch ganz auf der Seite des Kohlenstoffdioxids und bei 1000 °C praktisch ganz auf der Seite des Kohlenstoffmonoxids. Daher erhält man bei der Umsetzung von überschüssigem Koks mit Luft bei tiefen Temperaturen vorwiegend CO_2, bei hohen Temperaturen vorwiegend CO. Bei Verwendung eines Luftüberschusses (völlige Verbrennung des Kohlenstoffs zu Oxiden) wird das Verhältnis von Kohlenstoffmonoxid zu Kohlenstoffdioxid infolge der Abwesenheit von freiem Kohlenstoff naturgemäß nicht mehr durch das Boudouard-Gleichgewicht, sondern durch das Dissoziationsgleichgewicht des Kohlenstoffdioxids $CO_2 \rightleftharpoons CO + \frac{1}{2}\,O_2$ bedingt. Da in diesem Falle das Gleichgewicht auch bei hohen Temperaturen ganz auf der linken Seite liegt, erhält man hier auch bei hohen Temperaturen praktisch nur CO_2.

d):
Das Boudouard-Gleichgewicht spielt ganz allgemein bei allen technischen Prozessen eine Rolle, bei denen Sauerstoffverbindungen mit überschüssiger Kohle reduziert werden. Lässt sich also z. B. ein Metalloxid bei verhältnismäßig niedriger Temperatur reduzieren, wird in der Hauptsache Kohlenstoffdioxid entstehen: $2\,MeO + C \rightleftharpoons 2\,Me + CO_2$, während eine nur bei hohen Temperaturen durchführbare Reduktion hauptsächlich zur Bildung von Kohlenstoffmonoxid führt: $MeO + C \rightleftharpoons Me + CO$. Bei mittleren Temperaturen (etwa bei der Reduktion von Eisenoxiden im Hochofen) erhält man Gemische von Kohlenstoffmonoxid und Kohlenstoffdioxid. Berücksichtigen muss man allerdings, dass mit fallender Temperatur die Einstellung des Gleichgewichtes $C + CO_2 \rightleftharpoons 2\,CO$ nur bei Gegenwart von Katalysatoren noch mit genügender Geschwindigkeit erfolgt. Bei Zimmertemperatur ist die Reaktionsgeschwindigkeit bereits so gering, dass das Kohlenstoffmonoxid als metastabiler Stoff vollkommen beständig ist.

e):

$$Fe_3O_{4(s)} + 4\,CO_{(g)} \rightleftharpoons 3\,Fe_{(s)} + 4\,CO_{2(g)}$$

214 a):

$$\Delta_R H^0 = \sum \Delta_B H^0_{\text{Produkte}} - \sum \Delta_B H^0_{\text{Edukte}} = 172{,}45\,\text{kJ/mol}$$

$$\Delta_R S^0 = \sum S^0_{\text{Produkte}} - \sum S^0_{\text{Edukte}} = 175{,}86\,\text{J/(mol}\cdot\text{K)}$$

$$\begin{aligned}\Delta_R G^0 &= \Delta_R H^0 - T_0 \cdot \Delta_R S^0 \\ &= 172\,450\,\text{J/mol} - (298{,}15 \cdot 175{,}86)\text{J/mol} = 120\,017{,}34\,\text{J/mol} = \underline{\underline{120\,\text{kJ/mol}}}\end{aligned}$$

Wegen $\Delta_R G^0 = -RT \ln K\chi > 0$ ist $K\chi < 1$.

b):

$$\Delta_R G = -RT \ln K\chi \xrightarrow{K\chi = 1} \Delta_R G = -RT \ln 1 = 0$$

$$T = \frac{\Delta_R H - \Delta_R G}{\Delta_R S} = \frac{172\,450\,\text{J/mol} - 0}{175{,}86\,\text{J/(mol}\cdot\text{K)}} = \underline{\underline{980{,}61\,\text{K} = 707{,}46\,°\text{C}}}$$

c):

$$\begin{array}{llll|l} & CO_{2(g)} & + \; C_{(s)} & \rightleftharpoons \; 2\,CO_{(g)} & \Delta n = 1 \quad K\chi = \dfrac{Kp}{p^{\Delta n}} = \dfrac{10\,\text{bar}}{5^1\,\text{bar}} = 2 \\ \text{Gl.:} & (1-x)\,\text{mol} & 2x\,\text{mol} & \sum n_i = (1+x)\,\text{mol} & \end{array}$$

$$K\chi = 2 = \frac{(2x)^2 \cdot (1+x)}{(1+x)^2 \cdot (1-x)} = \frac{4x^2}{1-x^2}; \quad x = 0{,}58\,\text{mol}$$

$$\frac{p_{CO}}{p} = \chi_{CO}; \quad p_{CO} = p \cdot \chi_{CO} = p \cdot \left(\frac{2x}{1+x}\right) = 5\,\text{bar} \cdot \left(\frac{2 \cdot 0{,}58}{1{,}58}\right) = \underline{\underline{3{,}67\,\text{bar}}}$$

5.12.2 Fällungsreaktionen

215 Für einen exergonen Verlauf der Nd-Auflösung ist nach $\Delta_R G^0 = \Delta pK \cdot 2{,}303 \cdot R \cdot T < 0$ ein negativer ΔpK-Wert erforderlich:

Niederschlag	ΔpK bei der Reaktion mit der Lösung von NH_3	$Na_2S_2O_3$	KCN
$AgCl_{(s)}$	2,69 ($\underline{-3{,}8}$)	−3,8	−8,8
$AgBr_{(s)}$	5,09 ($\underline{-1{,}4}$)	−1,4	−6,4
$AgJ_{(s)}$	8,69	2,2	−2,8
$Ag_2S_{(s)}$	42,99	36,5	32,2

Die exergone Löslichkeit von $AgCl_{(s)}$ in $NH_{3(aq)}$ lässt sich durch Addition von $\Delta pK = 2{,}69$ (Tab.) und $\Delta pK = -6{,}5$ (S/B-Reaktion von $NH_{3(g)}$ mit $H_2O_{(l)}$) erklären:

$$\sum \Delta pK = +2{,}69 - 6{,}5 = -3{,}8\,.$$

Analog gilt dies für die Löslichkeit von $AgBr_{(s)}$ in $NH_{3(aq)}$:

$$\sum \Delta pK = +5{,}09 - 6{,}5 = -1{,}41\,.$$

216 **Erhärten von Kalkmörtel:** Die OH^--Ionen des wässrigen CaO bilden mit Kohlensäure der Luft CO_3^{2-}-Ionen [(1) und (2)], die von $Ca^{2+}_{(aq)}$ gefällt werden (3). Das Wasser verdampft.

$$(1)\quad H_2CO_{3(aq)} + OH^-_{(aq)} \rightleftharpoons HCO^-_{3(aq)} + H_2O_{(l)} \qquad \Delta pKs = -9{,}385$$
$$(2)\quad HCO^-_{3(aq)} + OH^-_{(aq)} \rightleftharpoons CO^{2-}_{3(aq)} + H_2O_{(l)} \qquad \Delta pKs = -5{,}345$$
$$(3)\quad CaCO_{3(s)} \rightleftharpoons Ca^{2+}_{(aq)} + CO^{2-}_{3(aq)} \qquad pK_L = 8{,}3$$
$$\sum pK = -23{,}1$$

$$\Delta_R G = -23{,}1 \cdot 2{,}303 \cdot R \cdot T = -131{,}9\,\text{kJ/mol}$$

Erhärten von Gipsbrei: Beim Anrühren von Gips entstehen Ca^{2+}-Ionen (1), die beim Erstarren (2) gefällt werden.

$$(1)\quad CaSO_{4(Brei)} \rightleftharpoons Ca^{2+}_{(aq)} + SO^{2-}_{4(aq)} \qquad pK_L = 4{,}2$$
$$(2)\quad [Ca(H_2O)_2]SO_{4(s)} \rightleftharpoons Ca^{2+}_{(aq)} + 2\,H_2O_{(l)} + SO^{2-}_{4(aq)} \qquad pK_{Zerf.} = 9{,}8$$
$$\sum pK = -5{,}6$$

$$\Delta_R G = -5{,}6 \cdot 2{,}303 \cdot R \cdot T = -28{,}2\,\text{kJ/mol}$$

217 a):

$$2x = 0{,}153\,\text{V} + 0{,}521\,\text{V} \qquad x = \underline{\underline{0{,}337\,\text{V}}}$$

b):

$$Cu^+_{(aq)} \rightleftharpoons Cu^{2+}_{(aq)} + e^- \qquad \Delta G_1^0 = -1\,\text{F} \cdot (-0{,}153\,\text{V}) = 14\,762{,}511\,\text{J/mol}$$
$$Cu^+_{(aq)} + e^- \rightleftharpoons Cu_{(s)} \qquad \Delta G_2^0 = -1\,\text{F} \cdot 0{,}521\,\text{V} = -50\,269{,}727\,\text{J/mol}$$

$$\sum 2\,Cu^+_{(aq} \rightleftharpoons Cu^{2+}_{(aq} + Cu_{(s)} \qquad \Delta G^0 = \Delta G_1^0 + \Delta G_2^0 = -35\,507{,}216\,\text{J/mol}$$
$$\ln K = \frac{-\Delta G^0}{RT} = \frac{35\,507{,}216}{8{,}3143 \cdot 298{,}15} = 14{,}32 \qquad K = \underline{\underline{1{,}66 \cdot 10^6}}$$

c):
Durch Vergleich der Latimer-Diagramme erhält man

$$-0{,}147\,\text{V} = 0{,}521\,\text{V} + \frac{RT}{1\,\text{F}} \ln K$$
$$\ln K = \frac{-0{,}668 \cdot 96\,487}{8{,}3143 \cdot 298{,}15} = -26 \qquad K = 5{,}1 \cdot 10^{-12}$$
$$K_L = K \cdot (c)^{\Delta n} = 5{,}1 \cdot 10^{-12} \cdot (1\,\text{mol/dm}^3)^2 = \underline{\underline{5{,}1 \cdot 10^{-12}\,(\text{mol/dm}^3)^2}}\,.$$

d):

$$Cu^{2+}_{(aq)} + e^- \rightleftharpoons Cu^{+}_{(aq)} \qquad \Delta G^0 = -1 \cdot F \cdot 0{,}153\,V = -14\,762{,}511\,J/mol$$

$$Cu^{+}_{(aq)} + I^-_{(aq)} \rightleftharpoons CuI_{(s)} \qquad \Delta G^0 = RT \ln K = -64\,456{,}04\,kJ/mol$$

$$\sum Cu^{2+}_{(aq)} + I^-_{(aq)} + e^- \rightleftharpoons CuI_{(s)} \qquad \underline{\underline{\Delta G^0 = -79\,218{,}55\,J/mol}}$$

e):

$$2\,Cu^{2+}_{(aq)} + 2\,I^-_{(aq)} + 2\,e^- \rightleftharpoons 2\,CuI_{(s)} \qquad \Delta G^0 = -2 \cdot 79\,218{,}55 = -158\,437{,}1\,J/mol$$

$$2\,I^-_{(aq)} \rightleftharpoons I_{2(s)} + 2\,e^- \qquad \Delta G^0 = -2\,F \cdot (-0{,}535\,V) = 103\,241{,}09\,J/mol$$

$$\sum 2\,Cu^{2+}_{(aq)} + 4\,I^-_{(aq)} \rightleftharpoons 2\,CuI_{(s)} \downarrow \quad + I_{2(s)} \qquad \Delta G^0 = -55\,196{,}01\,J/mol$$

$$\ln K = \frac{-\Delta G^0}{RT} = \frac{55\,196{,}01}{8{,}3143 \cdot 298{,}15} = 22{,}67$$

$$K = \underline{\underline{4{,}7 \cdot 10^9}}$$

Aus dem hohen K-Wert folgt, dass das Gleichgewicht so weit auf der Produktseite liegt, dass die Disproportionierung von Cu^+-Ionen nach b) keine Rolle spielt und diese Reaktion für die iodometrische Bestimmung von Cu^{2+}-Ionen benutzt werden kann. Das dabei ausgeschiedene Iod gibt der an sich weißen *CuI-Fällung* eine braune Farbe und kann mit eingestellter Thiosulfatlösung titriert werden, wobei Thiosulfat zu Tetrathionat oxidiert wird:

$$I_{2(s)} + 2\,S_2O^{2-}_{3(aq)} \rightleftharpoons 2\,I^-_{(aq)} + S_4O^{2-}_{6(aq)}\,.$$

Das Auftreten bzw. Verschwinden von elementarem Iod im Äquivalenzpunkt wird durch Zugabe einer Lösung aus löslicher Stärke, die mit elementarem Iod eine tiefblaue Einschlussverbindung (Clathrat) bildet, besonders deutlich. Die Farbreaktion ist recht empfindlich, Konzentrationen bis zu 10^{-5} mol/dm^3 an Iod sind noch zu erkennen. Die hohe Empfindlichkeit der Iodstärkereaktion ist an die gleichzeitige Anwesenheit von Iodidionen gebunden und das ist hier der Fall.

5.12.3 Metalloxide

218 a):

	$3\,Fe_{(s)}$	+	$4\,H_2O_{(g)}$	$\rightleftharpoons$	$Fe_3O_{4(s)}$	+	$4\,H_{2(g)}$
A:			133 242 Pa				
→:			127 163 Pa				127 163 Pa
Gl.:			6079 Pa				127 163 Pa

$$Kp = \frac{p^4_{H_2}}{p^4_{H_2O}} = \frac{127\,163^4\,Pa^4}{6079^4\,Pa^4} = \underline{191\,476}$$

b):
Mit

$$(p_{H_2})_{GL} = (p - p_{H_2O})_{GL} \quad \text{und} \quad (p_{H_2O})_{GL} = (p_{H_2})_{GL} \cdot Kp^{-\frac{1}{4}}$$

ergibt sich

$$p_{GL} = (p_{H_2O})_{GL} + (p_{H_2})_{GL} \cdot Kp^{-\frac{1}{4}}$$

bzw.

$$(p_{H_2})_{GL} = \frac{p_{GL}}{[1 + Kp^{-\frac{1}{4}}]} = \frac{300\,000\,\text{Pa}}{1 + 0{,}047805} = 286\,312{,}82\,\text{Pa}\,.$$

Mit der Zustandsgleichung der Gase $pV = \frac{m}{M} \cdot RT$ erhält man

$$m_{H_2} = \frac{(p_{H_2})_{GL} \cdot V \cdot M_{H_2}}{R \cdot T} = \frac{286\,312{,}82\,\text{N/m}^2 \cdot 0{,}004\,\text{m}^3 \cdot 2{,}016\,\text{g/mol}}{8{,}3143\,\text{J/(mol}\cdot\text{K)} \cdot 473{,}15\,\text{K}}$$
$$= \underline{\underline{0{,}587\,\text{g}}}\,.$$

219

$$\ln Kp = \frac{-\Delta_R G}{RT} = -\frac{4933\,\text{J/mol}}{8{,}3143\,\text{J/(mol}\cdot\text{K)} \cdot 1000\,\text{K}}$$
$$Kp = 1{,}81 = \frac{p_{H_2}}{p_{H_2O}}$$
$$p_{H_2} = Kp \cdot p_{H_2O} = Kp \cdot (p - p_{H_2}) = p \cdot \frac{Kp}{1 + Kp}$$
$$p_{H_2} = 202\,650\,\text{Pa} \cdot \frac{1{,}81}{2{,}81} = \underline{\underline{130\,533\,\text{Pa}}}$$

220 **220.1**

(1) C (2) C (3) CO

220.2

(3) $Fe_2O_{3(s)} + 3\,CO_{(g)} \rightleftharpoons 2\,Fe_{(s)} + 3\,CO_{2(g)}$

$$\Delta_B H^0_{CO} = 0{,}5 \cdot (172{,}46 - 393{,}51)\text{kJ/mol} = -110{,}525\,\text{kJ/mol}$$
$$\Delta_R H^0_{(3)} = \sum \Delta_B H^0_{\text{Prod}} - \sum \Delta_B H^0_{\text{Ed}}$$
$$= (-1180{,}53 + 331{,}575 + 824{,}2)\text{kJ/mol} = -24{,}8\,\text{kJ/mol}$$
$$\Delta_R S^0_{(3)} = \sum S^0_{\text{Prod}} - \sum S^0_{\text{Ed}}$$
$$= (54{,}56 + 641{,}22 - 87{,}4 - 593{,}022)\text{J/(mol}\cdot\text{K)} = 15{,}36\,\text{J/(mol}\cdot\text{K)}$$
$$\Delta_R G^0 - \Delta_R H^0 - T \cdot \Delta_R S^0$$
$$= -24{,}8\,\text{kJ/mol} - (1473{,}15 \cdot 0{,}01536)\text{kJ/mol} = -47{,}43\,\text{kJ/mol}$$
$$K\chi = e^{-\left(\frac{\Delta_R G}{RT}\right)} = e^{-\left(\frac{-47\,430}{8{,}3143 \cdot 1473{,}15}\right)} = e^{3{,}872}$$
$$K\chi = \underline{\underline{48{,}06}}$$

221 $Ag_2O_{(s)} \rightleftharpoons 2\,Ag_{(s)} + \frac{1}{2}\,O_{2(g)}$

$\Delta_R H^0 = +31{,}05\,kJ/mol \quad \Delta_R S^0 = 66{,}3\,J/(K \cdot mol) \quad \Delta G^0 = \Delta H^0 - T_0 \cdot \Delta S^0$

$\Delta_R G = 31\,050\,J/mol - (29\,866{,}3)\,J/mol = 11\,292{,}6\,J/mol$

Bei 298 K ist die Reaktion endergonisch. Erst wenn $\Delta_R G < 0$ ist, wird die Reaktion spontan. Dies ist bei $T \geq 195{,}2\,°C$ der Fall:

$$T = \frac{\Delta_R H - \Delta_R G}{\Delta_R S} = \frac{31\,050\,J/mol - O}{66{,}3\,J/(mol \cdot K)} = \underline{\underline{468{,}33\,K = 195{,}2\,°C}}$$

5.12.4 Verteilung eines Stoffes zwischen zwei Phasen

222 Für die Konzentrationen von I_2 in der organischen und der wässrigen Phase gilt nach dem Nernst'schen Verteilungssatz:

$$K = \frac{c(I_2 \text{ in } CS_2)}{c(I_2 \text{ in } H_2O)} = 585; \quad M_{I_2} = 253{,}8\,g/mol$$

Da Iod in der organischen Phase nur in molekularer Form vorliegt, lassen sich die Konzentrationen von I_2 in den beiden Phasen berechnen:

$$c(I_2 \text{ in } CS_2) = \frac{32{,}33\,g/dm^3}{253{,}8\,g/mol} = 0{,}127\,mol/dm^3$$

$$c(I_2 \text{ in } H_2O) = \frac{0{,}127\,mol/dm^3}{585} = 2{,}18 \cdot 10^{-4}\,mol/dm^3$$

Die gemessene Iod-Konzentration im Wasser setzt sich aus I_2 und I_3^- zusammen:

$$c(I_3^- \text{ in } H_2O) = \frac{1{,}145\,g/dm^3}{253{,}8\,g/mol} - 2{,}18 \cdot 10^{-4}\,mol/dm^3 = 4{,}29 \cdot 10^{-3}\,mol/dm^3$$

$$c(I^- \text{ in } H_2O) = c_0(kJ) - c(I_3^- \text{ in } H_2O)$$
$$= 3{,}125 \cdot 10^{-2}\,mol/dm^3 - 4{,}29 \cdot 10^{-3}\,mol/dm^3 = 2{,}7 \cdot 10^{-2}\,mol/dm^3$$

Die Gleichgewichtskonstante für die Bildung der Triiodid-Anionen beträgt:

$$K = \frac{c(I_3^- \text{ in } H_2O)}{c(I^- \text{ in } H_2O) \cdot c(I_2 \text{ in } H_2O)} = \frac{4{,}29 \cdot 10^{-3}\,mol/dm^3}{2{,}7 \cdot 10^{-2}\,mol/dm^3 \cdot 2{,}18 \cdot 10^{-4}\,mol/dm^3}$$
$$= \underline{\underline{7{,}29 \cdot 10^2\,dm^3/mol}}$$

223

C_B (mol/dm^3)	0,0118	0,0478	0,0981	0,156
C_W (mol/dm^3)	0,00281	0,00566	0,00812	0,0102
falls monomer: C_B/C_W	4,20	8,44	12,1	15,3
falls dimer: C_B/C_W^2	$1{,}49 \times 10^3$	$1{,}49 \times 10^3$	$1{,}49 \times 10^3$	$1{,}50 \times 10^3$
(oder $\sqrt{C_B/C_W}$	38,6	38,6	38,6	38,7)

Nur für die dimere Alternative ergibt sich eine Konstante. Q liegt in Benzen dimer vor.

224 Das Konzentrationsmaß spielt keine Rolle, da es nur auf das Verhältnis ankommt. Es gilt also:

$$K = 0{,}326 = \frac{x}{0{,}3 - x} \qquad x = 0{,}074$$

Es verbleiben 0,074 g Chinon in der wässrigen Lösung.

225 Die Konzentrationen des Iods verhalten sich im System CCl_4/Wasser wie 80:1, im System CS_2/Wasser wie 600:1. Daraus ergibt sich die wichtige Schlussfolgerung, dass man zum Ausschütteln immer ein System mit hohem Verteilungskoeffizienten benutzt. Iod ist also aus Wasser nach Möglichkeit mit Kohlenstoffdisulfid auszuschütteln. Der hohe Verteilungskoeffizient des Systems CS_2/Wasser ermöglicht es, schon bei einmaligem Ausschütteln gleicher Volumen CS_2 und Wasser die Iodkonzentration im Wasser auf $\frac{1}{600}$ der Ausgangsmenge herabzusetzen.

226 Je tiefer man abtaucht, umso höher wird der Druck des Wassers auf den Körper. Die Lunge wird zusammengedrückt und um überhaupt noch atmen zu können, braucht man Druckluft. Durch den hohen Atemluftdruck beim Tauchen in großer Tiefe gelangt nach dem Henryschen Gesetz $c_{N_2(\text{Lös.})} = K_H \cdot p_{N_2}$ vermehrt Stickstoff ins Blut und ins Gewebe. Erfolgt beim Auftauchen der Druckausgleich zu rasch, kann das Blut den eingelagerten Stickstoff nicht schnell genug wieder abbauen. Er bildet Blasen, die Adern und Gewebe schädigen. Die Folgen können sein: Übelkeit, Kopf- und Gelenkschmerzen, Atemnot, eine gefährliche Gefäßverstopfung und sogar der Tod. Taucher legen daher beim Aufsteigen zeitlich dosierte Zwangspausen ein. Je tiefer der Tauchgang, je länger der so genannte „Dekompressions-Stopp". Das Ergebnis der Aufgabe bestätigt den beschriebenen Sachverhalt:

- Der Druck in 200 m Tiefe beträgt:
  $p = 200\,\text{m} \cdot 1000\,\text{kg/m}^3 \cdot 9{,}81\,\text{m/s}^2 = 1{,}962 \cdot 10^6\,\text{Pa} = 19{,}62\,\text{bar}$.
- Bei plötzlicher Dekompression ergibt sich die Änderung des Partialdruckes von Stickstoff:
  $\Delta p_{(N_2)} = 0{,}8 \cdot (19{,}62\,\text{bar} - 1{,}01325\,\text{bar}) = 14{,}89\,\text{bar}$.
- Das freigesetzte Volumen N_2 je cm^3 Blut (Gewebe) beträgt:
  $c_{N_2} = K^{298}_{H(N_2)} \cdot \Delta p_{(N_2)} = \underline{\underline{0{,}222\,\text{cm}^3}}$

227

$$K_{L(A_mB_n)} = c^m_{A^{n+}} \cdot c^n_{B^{m-}}\ ; \quad l_0 = \frac{c_{A^{n+}}}{m} = \frac{c_{B^{m-}}}{n}$$

$$K_L = (l_0 \cdot m)^m \cdot (l_0 \cdot n)^n\ ; \quad l_0 = \sqrt[m+n]{\frac{K_L}{m^m \cdot n^n}}$$

$$\Delta G^0 = -RT \ln K_{\text{th}} = -RT \ln \frac{K_L}{(\text{mol/dm}^3)^{m+n}}$$

228 a) $l_0 = \sqrt[5]{\frac{K_L}{3^3 \cdot 2^2}} = \underline{\underline{1{,}7 \cdot 10^{-15}\,\text{mol/dm}^3}}\ ; \quad K_L = 1{,}6 \cdot 10^{-72}\,(\text{mol/dm}^3)^5$

b) $K_L = c^2_{Bi^{3+}} \cdot c^3_{S^{2-}} = (2 \cdot l_1)^2 \cdot (3 \cdot l_0 + 0{,}2)^3\ ; \quad l_1 = \underline{\underline{7{,}07 \cdot 10^{-36}\,\text{mol/dm}^3}}$

c) $K_L = c^2_{Bi^{3+}} \cdot c^3_{S^{2-}} = (2 \cdot l_0 + 0{,}2)^2 \cdot (3 \cdot l_2)^3\ ; \quad l_2 = \underline{\underline{1{,}2 \cdot 10^{-24}\,\text{mol/dm}^3}}$

229 a) $2\,Hg^+_{(aq)} + S^{2-}_{(aq)} \rightleftharpoons Hg_2S_{(s)}\ ; \qquad V_{H_2S} = \frac{m_{Hg^+_{(aq)}} \cdot n_{H_2S} \cdot V_m}{n_{Hg^+_{(aq)}} \cdot M_{Hg^+_{(aq)}}} = \underline{\underline{0{,}28\,\text{dm}^3}}$

b) $l_{0(\mathrm{Hg_2S})} = \sqrt[3]{\frac{K_L}{2^2}} = 6{,}321 \cdot 10^{-16}\,\mathrm{mol/dm^3}$

$m_{\mathrm{Hg_2S}} = l_{0(\mathrm{Hg_2S})} \cdot V_{(\mathrm{L\ddot{o}s})} \cdot M_{(\mathrm{Hg_2S})} = \underline{\underline{2{,}73 \cdot 10^{-13}\,\mathrm{g}}}$

230 a) **Lsg. A:**

$$\mathrm{Mg^{2+}_{(aq)}} + 2\,\mathrm{OH^-_{(aq)}} \rightleftharpoons \mathrm{Mg(OH)_{2(s)}}\,; \quad K_{\mathrm{L[Mg(OH)_2]}} = 10^{-11{,}26} = 5{,}5 \cdot 10^{-12}\,(\mathrm{mol/dm^3})^3$$

$$l_{0[\mathrm{Mg(OH)_2}]} = \sqrt[3]{\frac{K_L}{2^2}} = 1{,}112 \cdot 10^{-4}\,\mathrm{mol/dm^3}\,; \quad c_{\mathrm{OH^-}} = 2 \cdot l_0 = 2{,}224 \cdot 10^{-4}\,\mathrm{mol/dm^3}\,;$$

$$pH = pKw + \lg \frac{c_{\mathrm{OH^-}}}{\mathrm{mol/dm^3}} = \underline{\underline{10{,}35}}$$

Lsg. B:

$$n_{\mathrm{NH_3}} = \frac{pV}{RT} = \frac{10^5\,\mathrm{Pa} \cdot 25\,\mathrm{dm^3}}{8314{,}3\,\mathrm{Pa \cdot dm^3/(mol \cdot K)} \cdot 291{,}15\,\mathrm{K}} = 1{,}0328\,\mathrm{mol}$$

$$c^0_{\mathrm{NH_3}} = \frac{n_{\mathrm{NH_3}}}{0{,}5\,\mathrm{dm^3}} = 2{,}066\,\mathrm{mol/dm^3}$$

$$\mathrm{NH_3} \quad + \quad \mathrm{H_2O} \rightleftharpoons \mathrm{NH_4^+} + \mathrm{OH^-}$$

$$\text{Gl.:}\ c^0_{\mathrm{NH_3}} - c_{\mathrm{OH^-}} \qquad\qquad c_{\mathrm{OH^-}} \quad c_{\mathrm{OH^-}}$$

$$c^2_{\mathrm{OH^-}} + K_B \cdot c_{\mathrm{OH^-}} - K_B \cdot c^0_{\mathrm{NH_3}} = 0\,; \quad K_B = 10^{-(pKw - pKs)} = 10^{-4{,}79}$$
$$= 1{,}622 \cdot 10^{-5}\,\mathrm{mol/dm^3}$$

$$c_{\mathrm{OH^-}} = 5{,}78 \cdot 10^{-3}\,\mathrm{mol/dm^3}\,; \quad pH = pKw + \lg \sqrt{K_B \cdot c^0_{\mathrm{NH_3}}} = \underline{\underline{11{,}76}}$$

b) In Lsg. A: $c_{\mathrm{Mg^{2+}}} = l_0 = 1{,}112 \cdot 10^{-4}\,\mathrm{mol/dm^3}$

$$n_{\mathrm{Mg^{2+}}} = c_{\mathrm{Mg^{2+}}} \cdot V = 1{,}112 \cdot 10^{-4}\,\mathrm{mol/dm^3} \cdot 0{,}5\,\mathrm{dm^3} = 5{,}56 \cdot 10^{-5}\,\mathrm{mol}$$

Im Lösungsgemisch sinkt $n_{\mathrm{Mg^{2+}}}$ auf den Wert von:

$$c_{\mathrm{Mg^{2+}}} = \frac{K_L}{(2 \cdot l_0 + c_{\mathrm{OH^-(Zusatz)}})^2} = \frac{5{,}5 \cdot 10^{-12}\,(\mathrm{mol/dm^3})^3}{(2{,}224 \cdot 10^{-4}\,\mathrm{mol/dm^3} + 5{,}78 \cdot 10^{-3}\,\mathrm{mol/dm^3})^2}$$
$$= 1{,}527 \cdot 10^{-7}\,\mathrm{mol/dm^3}$$

$$n_{\mathrm{Mg^{2+}}} = c_{\mathrm{Mg^{2+}}} \cdot V = 1{,}527 \cdot 10^{-7}\,\mathrm{mol/dm^3} \cdot 1\,\mathrm{dm^3}$$
$$= 1{,}527 \cdot 10^{-7}\,\mathrm{mol}$$

Damit beträgt die ausfallende Masse von Magnesiumhydroxid

$$m_{[\mathrm{Mg(OH)_2}]} = \Delta n \cdot M_{[\mathrm{Mg(OH)_2}]} = 5{,}545 \cdot 10^{-5}\,\mathrm{mol} \cdot 54310\,\mathrm{mg/mol} = \underline{\underline{3{,}011\,\mathrm{mg}}}$$

231 **231.1: Argentometrie:** Bestimmung von Halogenid $\mathrm{X^-_{(aq)}}$ mit dem Titrator $\mathrm{AgNO_{3(aq)}}$:

$$2\,\mathrm{Ag^+_{(aq)}} + \mathrm{K_2CrO_{4(aq)}} \rightleftharpoons \mathrm{Ag_2CrO_{4(s)}} + 2\,\mathrm{K^+_{(aq)}}$$

rotbraun

Rhodanometrie: Bestimmung von $Ag^+_{(aq)}$ mit dem Titrator $NH_4SCN_{(aq)}$:
Es reagiert ein geringfügiger Titratorüberschuss mit $Fe^{3+}_{(aq)}$ nach Fällung von $AgSCN_{(s)}$:

$$3\,SCN^-_{(aq)} + FeNH_4(SO_4)_2 + 3\,H_2O \rightleftharpoons \underset{\text{rot}}{[Fe(SCN)_3(H_2O)_3]_{(aq)}} + NH^+_{4(aq)} + 2\,SO^{2-}_{4(aq)}$$

231.2.1:

$$K_{L(AgCl)} = (10^{-4,9}\,\text{mol/dm}^3)^2$$
$$K_{L(AgBr)} = (10^{-6,1}\,\text{mol/dm}^3)^2$$
$$K_{L(AgJ)} = (10^{-7,9}\,\text{mol/dm}^3)^2$$
$$K_{L(Ag_2CrO_4)} = (10^{-3,7}\,\text{mol/dm}^3)^2 \cdot 0{,}5 \cdot 10^{-3,7}\,\text{mol/dm}^3 = \underline{\underline{3{,}97 \cdot 10^{-12}\,\text{mol/dm}^3}}$$

$$x + c_{Ag^+(AgX)} = c_{Ag^+(Ag_2CrO_4)} = 2l_{0(Ag_2CrO_4)} = 2 \cdot 10^{-4}\,\text{mol/dm}^3$$
(a) $x = 2 \cdot 10^{-4}\,\text{mol/dm}^3 - 1{,}26 \cdot 10^{-5}\,\text{mol/dm}^3 = \underline{\underline{1{,}87 \cdot 10^{-4}\,\text{mol/dm}^3}}$

(b) $x = 2 \cdot 10^{-4}\,\text{mol/dm}^3 - 7{,}94 \cdot 10^{-7}\,\text{mol/dm}^3 = \underline{\underline{1{,}99 \cdot 10^{-4}\,\text{mol/dm}^3}}$

(c) $x = 2 \cdot 10^{-4}\,\text{mol/dm}^3 - 1{,}225 \cdot 10^{-8}\,\text{mol/dm}^3 = \underline{\underline{1{,}999 \cdot 10^{-4}\,\text{mol/dm}^3}}$

231.2.2: Je kleiner das Löslichkeitsprodukt $K_{L(AgX)}$ist, desto größer ist der c_{Ag^+}-Sprung am Äquivalenzpunkt Ä.

5.13 Phasengleichgewichte und Phasensysteme

5.13.1 Phasenübergänge, Siedepunkterhöhung, Gefrierpunkterniedrigung, Molmassebestimmung

232 $W = -\Delta nRT = -(-10) \cdot 8{,}3143 \cdot 373{,}15 = 31\,024{,}8\,\text{J} = 31{,}03\,\text{kJ}$

$$\Delta H = n \cdot \Delta \text{H}_{\text{Vd}} = 10\,\text{mol} \cdot (-2{,}26\,\text{kJ/g}) = 10\,\text{mol} \cdot (-40{,}68\,\text{kJ/mol}) = -406{,}8\,\text{kJ}$$
$$\Delta U = \Delta H + \Delta nRT = -406{,}8 + 31{,}025 = -375{,}77\,\text{kJ}$$
$$\Delta S = \frac{\Delta H}{T} = \frac{-406{,}8}{373{,}15} = -1{,}0902\,\text{kJ/K}$$
$$\Delta F = \Delta U - T\Delta S = -375{,}77 + (373{,}15 \cdot 1{,}0902) = 31{,}03\,\text{kJ}$$
$$\Delta G = \Delta H - T\Delta S = -406{,}8 - (-406) = 0$$

Probe:

$$\Delta U = Q_{\text{rev}} + W$$
$$\Delta H + W = T \cdot \Delta S + \Delta F - \Delta G$$
$$-406{,}8 + 31{,}03 = -406{,}8 + 31{,}03 - 0$$
$$-375{,}77 = -375{,}77$$

233 **233.1a):** $\Delta G_{\text{Vd}} = \Delta H^0_{\text{Vd}} - T \cdot \Delta S_{\text{Vd}}$

$$\int_{\Delta S^0_{\text{Verd}}}^{\Delta S_{\text{Verd}}} d(\Delta S) = -R \cdot \int_{p^0}^{p_{\text{Hg}}} \frac{dp}{p}$$

$$\Delta S_{\text{Vd}} = \Delta S^0_{\text{Vd}} - R \cdot \ln \frac{p_{\text{Hg}}}{p^0}$$

$$\Delta G_{\text{Vd}} = \Delta H^0_{\text{Vd}} - T \cdot \Delta S^0_{\text{Vd}} + RT \cdot \ln \frac{p_{\text{Hg}}}{p^0}$$

Bei der Siedetemperatur besteht zwischen Flüssigkeit und Gas ein Gleichgewicht, d. h. hier ist für die Reaktion $Hg_{(l)} \rightarrow Hg_{(g)}$ $\Delta G = 0$. Bei der Siedetemperatur ist der Dampfdruck gleich dem Außendruck, hier also 1 bar.

$$\Delta H^0_{\text{Vd}} - T \cdot \Delta S^0_{\text{Vd}} + RT \cdot \ln \frac{p_{\text{Hg}}}{p^0} = 0$$

$$61\,500\,\text{J/mol} - 630\,\text{K} \cdot \Delta S^0_{\text{Vd}} + 8{,}3143\,\text{J/(mol} \cdot \text{K)} \cdot 630\,\text{K} \cdot \ln \frac{1\,\text{bar}}{1\,\text{bar}} = 0$$

$$\Delta S^0_{\text{Vd}} = \underline{\underline{97{,}62\,\text{J/(mol} \cdot \text{K)}}}$$

233.1b):

$$61\,500\,\text{J/mol} - T \cdot 97{,}62\,\text{J/(mol} \cdot \text{K)} + 8{,}3143\,\text{J/(mol} \cdot \text{K)} \cdot T \cdot \ln \frac{p_{\text{Hg}}}{10^5\,\text{Pa}} = 0$$

$$p_{\text{Hg}} = 1\,\text{Pa} \quad \rightarrow \quad \underline{\underline{T_1 = 318{,}1\,\text{K}\ \ (45{,}1\,°\text{C})}}$$

$$p_{\text{Hg}} = 4\,\text{Pa} \quad \rightarrow \quad \underline{\underline{T_2 = 338{,}3\,\text{K}\ \ (65{,}3\,°\text{C})}}$$

Bei 25 °C (298 K) ergibt sich

$$\underline{\underline{p_{\text{Hg}} = 0{,}21\,\text{Pa}}}\,.$$

233.2a):

$$\text{Hg(ln)}_{(l)} \xrightarrow{\Delta G(\text{Lös.})} \text{Hg}_{(l)} \xrightarrow{\Delta G(\text{Verd.})} \text{Hg}_{(g)}$$

$$\Delta G = -\Delta_L G + \Delta G_{(\text{Vd})}$$

$$-\Delta_L G = -\Delta_L H^0 - RT \ln \chi_{\text{Hg}}$$

$$\Delta G_{\text{Vd}} = \Delta H^0_{\text{Vd}} - T \cdot \Delta S^0_{\text{Vd}} + RT \cdot \ln \frac{p_{\text{Hg}}}{p^0}$$

$$\Delta G = +\Delta H^0_{\text{Vd}} - \Delta_L H^0 - RT \ln \chi_{\text{Hg}} - T \cdot \Delta S^0_{\text{Vd}} + RT \cdot \ln \frac{p_{\text{Hg}}}{p^0}$$

$$\Delta G = 70\,500\,\text{J/mol} - T \cdot \left(R \cdot \ln \chi_{\text{Hg}} + 97{,}62\,\text{J/(mol} \cdot \text{K)} - R \cdot \ln \frac{p_{\text{Hg}}}{p^0} \right)$$

233.2b):

$$0 = 70\,500\,\mathrm{J/mol} - T \cdot \left(R \cdot \ln 0{,}03 + 97{,}62\,\mathrm{J/(mol \cdot K)} - R \cdot \ln \frac{p_{\mathrm{Hg}}}{10^5\,\mathrm{Pa}} \right)$$

$$p_{\mathrm{Hg}} = 1\,\mathrm{Pa} \quad \rightarrow \quad \underline{\underline{T_1 = 429{,}4\,\mathrm{K}\ \ (156{,}4\,^\circ\mathrm{C})}}$$

$$p_{\mathrm{Hg}} = 4\,\mathrm{Pa} \quad \rightarrow \quad \underline{\underline{T_2 = 461{,}9\,\mathrm{K}\ \ (188{,}9\,^\circ\mathrm{C})}}$$

Bei 25 °C (298 K) ergibt sich

$$\underline{\underline{p_{\mathrm{Hg}} = 1{,}64 \cdot 10^{-4}\,\mathrm{Pa}}}\,.$$

233.3a):
Man betrachtet den gesamten Vorgang bestehend aus den in Verbindung stehenden Gleichgewichten

$$\text{Legierung}_{(s)} \rightleftharpoons \text{Legierung}_{(l)} \rightleftharpoons \text{Hg}_{(l)} \rightleftharpoons \text{Hg}_{(g)}\,.$$

Da das erste Gleichgewicht ganz auf der linken Seite liegt, wird der tatsächliche Dampfdruck niedriger sein.

233.3b):
Bei der Zerstörung solcher Lampen wird kaum flüssiges Hg freigesetzt.

233.4:
Seit vielen Jahrzehnten hat sich der Einsatz der Gasentladungsröhren mit Luminophoren wegen ihrer größeren Lichtintensität und vorteilhafteren Wirtschaftlichkeit gegenüber den Glühlampen bewährt.
Die durch Gasanregung erzeugte ultraviolette Strahlung wird durch geeignete Luminophore in sichtbares Licht übertragen. Diese Stoffe führen die aufgenommene Energie nicht oder nicht vollständig ihrer thermischen Energie zu, sondern strahlen sie direkt als elektromagnetische Strahlung in mehr oder weniger kurzer Zeit aus. Der Anregungsprozess und der Emissionsprozess können zeitlich verzögert sein. Derartige Lumineszenzphänomene unterteilt man in Fluoreszenz und Phosphoreszenz, was auf dem vereinfachten Termschema mit Titelhintergrund in Abb. 5.36 dargestellt ist.
Die temperaturabhängige langzeitige Lumineszenz ist die Phosphoreszenz. Sie ist nur möglich nach einem verbotenen Übergang (ISC) aus einem Singulettzustand (mit gepaarten Elektronenspins) in einen Triplettzustand (mit zwei spin-ungepaarten Elektronen). Daher sind die Geschwindigkeitskonstanten von Phosphoreszenzvorgängen um mindestens zwei Größenordnungen kleiner als die Geschwindigkeitskonstanten von Fluoreszenzprozessen. Lässt man die eigentlich unterscheidenden Merkmale in den Lumineszenzprozessen außer acht und betrachtet nur die Zeit zwischen Anregung und Emission, so ist die Fluoreszenz gegenüber der Phosphoreszenz durch kurze Verzögerungszeiten charakterisiert, etwa 10^{-8} Sekunden.
In der Quecksilber-Niederdrucklampe wird ein großer Prozentsatz der aufgenommenen Leistung als UV-Strahlung bei 253,7 nm abgestrahlt. Die damit angeregten Emissionsspektren der Luminophore erstrecken sich je nach Leuchtstofftyp vom mittleren UV bis über den gesamten Bereich des sichtbaren Spektrums.
Bisher erlangten sauerstoffdominierende Luminophore (Phosphate, Silikate, Borate, Wolframate und Aluminate) an Bedeutung, unter ihnen besonders Kalziumhalophosphat $Ca_5(PO_4)_3(F,Cl)$, das zur Lumineszenzfähigkeit durch Antimon allein oder durch Antimon und Mangan aktiviert wird. Seine Herstellung erfolgt in einer Festkörperreaktion bei ca. 1100 °C im Glühofen, wozu ein von R. Nagy und N. J. Bloomfield patentierter Glühansatz mit

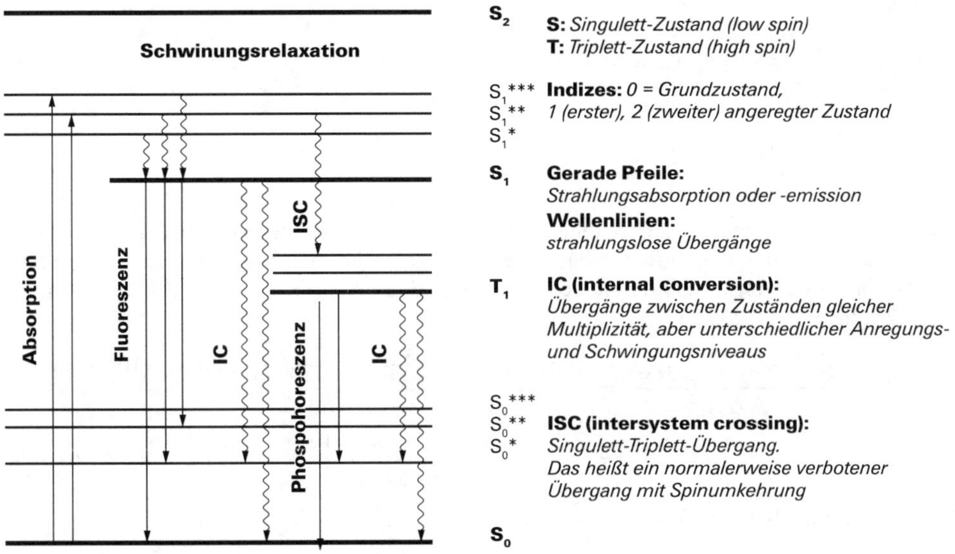

Abb. 5.36 Vereinfachtes Termschema zur Veranschaulichung von Fluoreszenz- und Phosphoreszenzprozessen nach Anregung durch Strahlungsabsorption.

definiertem Massenverhältnis der Komponenten $CaHPO_4$, $CaCO_3$, Sb_2O_3, $MnCO_3$, $CaCl_2$ und CaF_2 erforderlich ist. Für die Ausbildung des Grundgitters (Apatit) dienen Kalziumphosphat und Kalziumkarbonat. Durch Variation des Mangangehaltes und in geringem Maße auch durch Veränderung des Fluor/Chlor-Verhältnisses kann dieser Leuchtstoff blaues, kalt-weißes oder warm-weißes Licht emittieren.

Der Lumineszenzmechanismus wird stark vereinfacht so erklärt, dass die UV-Strahlung der Quecksilberentladung durch das Antimon absorbiert wird, das dann mit einem Maximum bei 480 nm emittiert. Ein Teil der vom Antimon absorbierten Anregungsenergie wird durch einen so genannten Resonanzprozess auf die Manganzentren übertragen und ermöglicht deren Lumineszenz bei etwa 570 nm.

234 Am Schmelzpunkt liegt das Gleichgewicht zwischen fester und flüssiger Phase vor. Da es sich hier um reine Phasen handelt, fallen die Indizes in Gleichung ((1.141); Kap. 1) fort und die rechte Seite wird Null.

Man erhält

$$(S' - S)dT = (V' - V)dT$$

oder

$$(S_{(l)} - S_{(s)})dT = (V_{(l)} - V_{(s)})dp\,. \tag{5.13}$$

Bei Anwendung der Clausius-Clapeyron'schen Gleichung ((1.177); Kap. 1) geht (5.13) mit der Schmelzentropie

$$(S_{(l)} - 5_{(s)}) = \frac{\Delta H_{Sm}}{T_{Sm}}$$

über in

$$\frac{\Delta H_{Sm}}{T_{Sm}} \cdot dT = (V_{(l)} - V_{(s)})dp$$

bzw.

$$dT = \frac{T_{Sm} \cdot (V_{(l)} - V_{(s)}) \cdot dp}{\Delta H_{Sm}}. \tag{5.14}$$

Gleichung (5.14) drückt die Druckabhängigkeit des Schmelzpunktes aus. Wird darin der Differenzialquotient durch den Differenzenquotient ersetzt, erhält man beim Einsetzen der gegebenen Größen unter Berücksichtigung der Umrechnung $dm^3 \cdot bar = 10^{-3}\,m^3 \cdot 101\,325\,N \cdot m^{-2} = 101{,}325\,Nm = 101{,}325\,J$:

$$\Delta T = \frac{T_{Sm} \cdot (V_{(l)} - V_{(s)})\Delta p}{\Delta H_{Sm}} = \frac{273{,}15\,K \cdot \left(\frac{18}{0{,}999 \cdot 10^3} - \frac{18}{0{,}917 \cdot 10^3}\right) dm^3 \cdot (100 - 1)\,bar}{6030\,J}$$

$$= \frac{273{,}15\,K \cdot (0{,}018018 - 0{,}01963)\,dm^3 \cdot 99\,bar}{59{,}526\,dm^3 \cdot bar} = \underline{\underline{-0{,}73\,K}}$$

Das Eis schmilzt bei −0,73 °C.

235 Die Druckerhöhung unter den Kufen beträgt:

$$\Delta p = \frac{m \cdot g}{A} = \frac{80\,kg \cdot 9{,}80665\,m \cdot s^{-2}}{0{,}2\,m \cdot 0{,}001\,m} = 3{,}92 \cdot 10^6 \frac{kg}{m \cdot s^2} = 3{,}92 \cdot 10^6\,Pa\,.$$

Bei Anwendung der Clausius-Clapeyron'schen Gleichung

$$\Delta T = \frac{T_{Sm} \cdot (V_{(l)} - V_{(s)}) \cdot \Delta p}{\Delta H_{Sm}}$$

ergibt sich unter Berücksichtigung der Umrechnung $dm^3 \cdot bar = 10^{-3}\,m^3 \cdot 101\,325\,N \cdot m^{-2} = 101{,}325\,Nm = 101{,}325\,J$:

$$\Delta T = \frac{273{,}15\,K \cdot \left(\frac{18}{0{,}999 \cdot 10^3} - \frac{18}{0{,}917 \cdot 10^3}\right) dm^3 \cdot 39{,}2\,bar}{6030\,J}$$

$$= \frac{273{,}15\,K \cdot (0{,}018018 - 0{,}01963)\,dm^3 \cdot 39{,}2\,bar}{59{,}526\,dm^3 \cdot bar} = \underline{\underline{-0{,}29\,K}}\,.$$

Da die Kufen der Schlittschuhe in Wirklichkeit nicht plan sondern konkav sind, ist ihre tatsächliche Berührungsfläche nur ein Zehntel bis ein Hundertstel der Fläche. Dadurch steigt die Druckerhöhung unter den Kufen entsprechend an. Beim Schlittschuhlaufen schmilzt also das Eis durch den Druck der Kufen, wodurch eine dünne, schmierende Wasserschicht erzeugt wird.

236

$$\frac{d \ln p}{dT} = \frac{\Delta H_{Vd}}{RT^2} \qquad \Delta H_{Vd} = \Delta H_{spVd} \cdot M_{H_2O} = 44{,}19\,kJ/mol$$

$$\ln p_2 = \ln p_1 + \frac{\Delta H_{Vd}}{R} \cdot \left[\frac{1}{T_1} - \frac{1}{T_2}\right]$$

$$\ln p_2 = \ln 26{,}434\,\text{mbar} + \frac{44\,190}{8{,}3143}\text{K} \cdot \left[\frac{1}{295{,}15} - \frac{1}{308{,}15}\right]\text{K}^{-1} = 4{,}026\,\text{mbar}$$

$$\underline{\underline{p_2 = 56{,}04\,\text{mbar}}}$$

237 $$\frac{d\ln p}{dT} = \frac{\Delta H_{\text{Vd}}}{RT^2}; \quad \Delta H_{\text{Vd}} = \frac{\left(\ln\frac{p_2}{p_1} \cdot R\right)\text{J/(mol}\cdot\text{K)}}{\left(\frac{1}{T_1} - \frac{1}{T_2}\right)1/\text{K}}$$

$$\Delta H_{\text{Vd}} = \frac{\ln\frac{1013{,}25}{6{,}105} \cdot 8{,}3143}{\frac{1}{273{,}15} - \frac{1}{373{,}15}} = \underline{\underline{43\,319{,}7\,\text{J/mol}}}$$

238 Die Volumina von 1 mol Wasser betragen:

$$V_{(\text{l})} = 0{,}018\,\text{dm}^3/\text{mol}$$

$$V_{(\text{g})} = \frac{nRT}{p} = \frac{1\,\text{mol}\cdot 8314{,}3\,\text{Pa}\cdot\text{dm}^3\cdot 373{,}15\,\text{K}}{101\,325\,\text{Pa}\cdot\text{mol}\cdot\text{K}} = 30{,}62\,\text{dm}^3\,.$$

Für das Phasengleichgewicht reiner Stoffe (hier Wasser) erhält man bei Anwendung der Clausius-Clapeyron'schen Gleichung ((1.177); Kap. 1) aus

$$(S_{(\text{g})} - S_{(\text{l})})dT = (V_{(\text{g})} - V_{(\text{l})})dp\,.$$

mit der Verdampfungsentropie

$$(S_{(\text{g})} - S_{(\text{l})}) = \frac{\Delta H_{\text{Vd}}}{T_{\text{Sd}}}$$

die Gleichung

$$\frac{\Delta H_{\text{Vd}}}{T_{\text{Sd}}}dT = (V_{(\text{g})} - V_{(\text{l})})dp \quad \text{bzw.} \quad \Delta H_{\text{Vd}} = T_{\text{Sd}}\cdot(V_{(\text{g})} - V_{(\text{l})})\frac{dp}{dT}\,.$$

Wird darin der Differenzialquotient durch den Differenzenquotient ersetzt, erhält man beim Einsetzen der gegebenen und berechneten Größen unter Berücksichtigung der Umrechnung $\text{dm}^3\cdot\text{bar} = 10^{-3}\,\text{m}^3\cdot 101\,325\,\text{N}\cdot\text{m}^{-2} = 101{,}325\,\text{Nm} = 101{,}325\,\text{J}$:

$$\begin{aligned}\Delta H_{\text{Vd}} &= T_{\text{Sd}}\cdot(V_{(\text{g})} - V_{(\text{l})})\cdot\left(\frac{p_2 - p_1}{T_1 - T_2}\right)\\ &= 373{,}15\,\text{K}\cdot(30{,}62 - 0{,}018)\,\frac{\text{dm}^3}{\text{mol}}\cdot\left(\frac{1{,}01361 - 1{,}0129}{373{,}16 - 373{,}14}\right)\frac{\text{bar}}{\text{K}}\\ &= 405{,}379\,\frac{\text{dm}^3\cdot\text{bar}}{\text{mol}} = \underline{\underline{41\,075{,}03\,\frac{\text{J}}{\text{mol}}}}\,.\end{aligned}$$

Der tatsächliche Wert der Verdampfungsenthalpie des Wassers beträgt 40 722 J/mol. Die Abweichung beruht auf die Anwendung des Differenzenquotienten und der Annahme, dass das Dampfvolumen nach der allgemeinen Zustandsgleichung der idealen Gase berechenbar ist.

239 $$\Delta p = \frac{n_2}{n_1 + n_2}\cdot p^0 = \frac{0{,}1111\,\text{mol}}{(0{,}1111 + 5{,}5555)\,\text{mol}}\cdot 23{,}385\,\text{mbar} = 0{,}4585\,\text{mbar}$$

240 $$n_2 = \frac{8{,}5\,\mathrm{g}}{342\,\mathrm{g/mol}} = 0{,}025\,\mathrm{mol\ Saccharose}\,; \quad n_1 = \frac{80\,\mathrm{g}}{18\,\mathrm{g/mol}} = 4{,}44\,\mathrm{mol\ Wasser}$$

$$p_{\text{Lös.}} = p_0 - \left(\frac{n_2}{n_1 + n_2}\right) \cdot p_0 = \underline{\underline{16{,}14\,\mathrm{mbar}}}$$

241 $$\frac{\Delta p}{p^0} = \frac{p^0 - p}{p^0} = \chi_{\mathrm{Gl}}\,; \qquad \chi_{\mathrm{Gl}} = \frac{(23{,}385 - 23{,}280)\,\mathrm{mbar}}{23{,}385\,\mathrm{mbar}} = \underline{\underline{4{,}49 \cdot 10^{-3}}}\,;$$

$$\chi_{\mathrm{Gl}} = \frac{n_{\mathrm{Gl}}}{n_{\mathrm{Gl}} + n_{\mathrm{H_2O}}} = 4{,}49 \cdot 10^{-3}$$

$$= \frac{1\,\mathrm{mol}}{(1 + n_{\mathrm{H_2O}})\mathrm{mol}} = \frac{1\,\mathrm{mol}}{(1 + 221{,}717)\mathrm{mol}} = \frac{180\,\mathrm{g}}{(180 + 3990{,}906)\mathrm{g}}$$

$$c_{\mathrm{Gl}} = \frac{180 \cdot 100\,\%}{4070{,}906} = \underline{\underline{4{,}316\,\%}}$$

242 Mit $\Delta p = p - p^0$ (Dampfdruckerniedrigung) und dem Molenbruch χ_2 des gelösten Stoffes erhält man:

$$\chi_2 = \frac{\Delta p}{p^0} = \frac{n_2}{n_1 + n_2} \approx \frac{n_2}{n_1} = \frac{m_2 M_1}{m_1 M_2}$$

$$M_2 = \frac{p^0 m_2 M_1}{m_1 \Delta p} = \frac{477{,}295\,\mathrm{mbar} \cdot 4{,}235\,\mathrm{g} \cdot 74\,\mathrm{g/mol}}{41\,\mathrm{g} \cdot 16\,\mathrm{mbar}} = \underline{\underline{228{,}02\,\mathrm{g/mol}}}$$

243 a):

$$\vartheta = \frac{f}{f_{\max(1)}} = \frac{6{,}4\,\mathrm{g/m^3}}{17{,}3\,\mathrm{g/m^3}} = \underline{\underline{0{,}37\ \ (37\,\%)}}$$

b):

$$\vartheta = \frac{f}{f_{\max(2)}} = \frac{6{,}4\,\mathrm{g/m^3}}{9{,}4\,\mathrm{g/m^3}} = \underline{\underline{0{,}68\ \ (68\,\%)}}$$

c):

Für den Taupunkt gilt die Temperatur τ, bei der eine relative Luftfeuchte von 100 % erreicht wird. Dies ist laut Tabelle 5.1 bei 4 °C der Fall.

$$\vartheta = \frac{f}{f_{\max(3)}} = \frac{6{,}4\,\mathrm{g/m^3}}{6{,}4\,\mathrm{g/m^3}} = \underline{\underline{1\ \ (100\,\%)}}$$

244 $$m = V(f_{\max(1)} - f_{\max(2)}) = 6{,}8\,\mathrm{g}(30{,}3 - 4{,}84)\,\mathrm{g/m^3} = \underline{\underline{173{,}128\,\mathrm{g}}}$$

245 $$T_{\mathrm{Sd,Lös}} = T_{\mathrm{Sd,CCl_4}} + \Delta T_{\mathrm{Sd}} = T_{\mathrm{Sd,CCl_4}} + k_{E(\mathrm{CCl_4})} \cdot c_S$$

$$T_{\mathrm{Sd,Lös}} = 349{,}75\,\mathrm{K} + (5{,}213\,\mathrm{K \cdot kg/mol} \cdot 0{,}78\,\mathrm{mol/kg}) = \underline{\underline{353{,}82\,\mathrm{K}}}\ \ (80{,}67\,^\circ\mathrm{C})$$

Tab. 5.1 Luftfeuchte und Partialdruck des Wasserdampfes.

T (°C)	f_{max} (g/m³)	p (kPa)	T (°C)	f_{max} (g/m³)	p (kPa)
−5	3,24	0,401	11	10,0	1,31
−4	3,51	0,437	12	10,7	1,40
−3	3,81	0,476	13	11,4	1,49
−2	4,13	0,517	14	12,1	1,60
−1	4,47	0,563	15	12,8	1,71
0	4,84	0,611	16	13,6	1,81
1	5,2	0,653	17	14,5	1,93
2	5,6	0,707	18	15,4	2,07
3	6,0	0,760	19	16,3	2,20
4	6,4	0,813	20	17,3	2,33
5	6,8	0,867	21	18,3	2,48
6	7,3	0,933	22	19,4	2,64
7	7,8	1,000	23	20,6	2,81
8	8,3	1,067	24	21,8	2,99
9	8,8	1,147	25	23,0	3,17
10	9,4	1,227	30	30,3	4,24

246 $$c = \left(\frac{25 \cdot 1000}{88 \cdot 128}\right) \text{mol/kg} = 2{,}219\,\text{mol/kg}$$

$$T_{\text{SdLös}} = T_{\text{Sd(Benz)}} + (k_{\text{E(Benz)}} \cdot c) = \underline{86\,°\text{C}}\,; \quad T_{\text{SmLös}} = T_{\text{Sm(Benz)}} - (k_{\text{K(Benz)}\cdot c}) = \underline{\underline{-5{,}7\,°\text{C}}}$$

247 $$c = \left(\frac{8{,}02 \cdot 1000}{126 \cdot 32{,}07}\right) \text{mol/kg} = 1{,}984\,\text{mol/kg}$$

$$k_{\text{E(HAc)}} = \frac{T_{\text{SdLös}} - T_{\text{Sd(HAc)}}}{c} = \underline{\underline{3{,}075\,\frac{\text{K}\cdot\text{kg}}{\text{mol}}}}\,; \quad k_{\text{K(HAc)}} = \frac{T_{\text{Sm(HAc)}} - T_{\text{SmLös}}}{c} = \underline{\underline{3{,}831\,\frac{\text{K}\cdot\text{kg}}{\text{mol}}}}$$

248 $$M_{\text{gel.St.}} = \frac{m_{\text{gel.St.}} \cdot k_E}{m_{\text{LM}} \cdot \Delta T_{\text{Sd}}} = \frac{11{,}7\,\text{g} \cdot 512\,\text{K} \cdot \text{g/mol}}{100\,\text{g} \cdot 1{,}024\,\text{K}} = \underline{\underline{58{,}44\,\text{g/mol}}}$$

249 $$T_{\text{Sm,Lös}} = T_{\text{Sm,H}_2\text{O}} - \Delta T_{\text{Sm}} = T_{\text{Sm,H}_2\text{O}} - k_{k(\text{H}_2\text{O})} \cdot c_{\text{NaCl}}$$

$$T_{\text{Sm,Lös}} = 273{,}15\,\text{K} - (1{,}860\,\text{K} \cdot \text{kg/mol} \cdot 2\,\text{mol/kg}) = \underline{\underline{269{,}43\,\text{K}}}\ (-3{,}72\,°\text{C})$$

250 Die Gefrierpunkterniedrigung ΔT_{Sm} für eine ideal verdünnte Lösung ist gegeben durch die Formel:

$$\Delta T_{\text{Sm}} = T_{\text{Sm,LM}} - T_{\text{Sm,Lös}} = \frac{R \cdot T^2_{\text{Sm,LM}} \cdot \chi_{\text{gel.St.}}}{\Delta H_{\text{Sm.LM}}}\,.$$

Dabei ist $T_{\text{Sm,Lös}}$ der Gefrierpunkt der Lösung, $T_{\text{Sm,LM}}$ der Gefrierpunkt des Lösungsmittels, $\Delta H_{\text{Sm,LM}}$ die Schmelzwärme des Lösungsmittels und $\chi_{\text{gel.St.}}$ der Molenbruch des gelösten Stoffes Q.

$$\text{Molenbruch von } Q: \quad \chi_Q = \frac{0{,}244/244}{0{,}244/244 + 5{,}85/78} = 1{,}32 \cdot 10^{-2}$$

$$\Delta T_{\text{Sm}} = \frac{R \cdot T^2_{\text{Sm,LM}} \cdot \chi_Q}{\Delta H_{\text{Sm,LM}}} = \frac{8{,}3143 \cdot 278{,}55^2 \cdot 1{,}32 \cdot 10^{-2}}{9{,}89 \cdot 10^3}\,\text{K} = 0{,}861\,\text{K}$$

$$T_{\text{Sm.Lös}} = (5{,}4 - 0{,}861)\,°\text{C} = \underline{\underline{4{,}54\,°\text{C}}}$$

251 $$M_{\text{gel.St.}} = \frac{m_{\text{gel.St.}} \cdot k_k}{m_{\text{LM}} \cdot \Delta T_{\text{Sm}}} = \frac{0{,}384\,\text{g} \cdot 3900\,\text{K} \cdot \text{g/mol}}{80\,\text{g} \cdot 0{,}171\,\text{K}} = \underline{\underline{109{,}5\,\text{g/mol}}}$$

252 $$M_{\text{gel.St.}} = \frac{k_{\text{K(LM)}} \cdot m_{\text{gel.St.}}}{m_{\text{LM}} \cdot (T_{\text{Sm,LM}} - T_{\text{Sm Lös}})} = \frac{40 \cdot 10^3\,\text{g} \cdot \text{K/mol} \cdot 0{,}00187\,\text{g}}{0{,}03728\,\text{g} \cdot (450{,}15 - 442{,}15)\,\text{K}} = \underline{\underline{250{,}8\,\text{g/mol}}}$$

5.13.2 Einkomponenten-Mehrphasensysteme

253 a):

Am Tripelpunkt ist

$$p_{(\text{l})} = p_{(\text{s})} \quad \frac{-1425{,}7\,\text{K}}{T} + 10{,}4435 = \frac{-1871{,}2\,\text{K}}{T} + 12{,}7165$$

$$T = \underline{\underline{196\,\text{K}}} \quad \lg p = 3{,}1695 \quad p = \underline{\underline{1477{,}4\,\text{Pa}}}$$

b):

$$p_{(\text{l})} = 1{,}013 \cdot 10^5\,\text{Pa} \quad \lg 1{,}013 \cdot 10^5 = \frac{-1425{,}7\,\text{K}}{T} + 10{,}4435$$

$$T = \underline{\underline{262{,}18\,\text{K}\ (-10{,}97\,°\text{C})}}$$

c):

In die entsprechenden Gleichungen eingesetzt ergibt sich

$$(c_1) \quad \lg p_{(\text{s})} = \frac{-1871{,}2\,\text{K}}{293\,\text{K}} + 12{,}7165 \quad p_{(\text{s})} = \underline{\underline{21{,}4 \cdot 10^5\,\text{Pa}}}$$

$$(c_2) \quad \lg p_{(\text{l})} = \frac{-1425{,}7\,\text{K}}{293\,\text{K}} + 10{,}4435 \quad p_{(\text{l})} = \underline{\underline{3{,}78 \cdot 10^5\,\text{Pa}}}\,.$$

d):

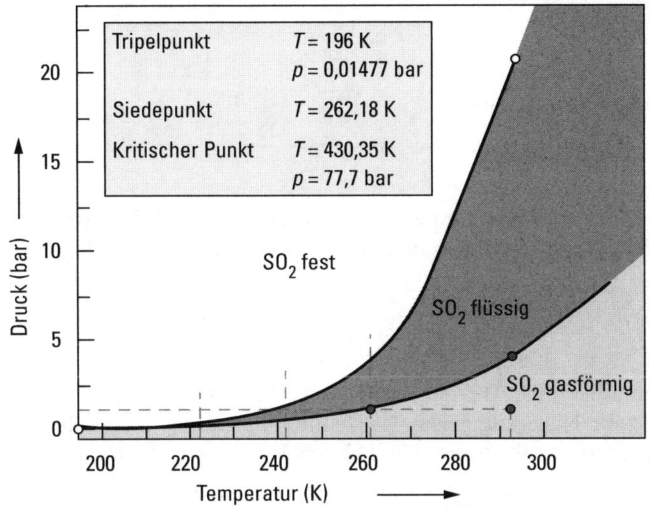

Abb. 5.37 Zustandsdiagramm SO_2.

e):
gasförmig (Punkt 293 K/1,000 $\cdot 10^5$ Pa eingezeichnet)

f):
$-50\,°C \Rightarrow 223\,K > T$ (Tripelpunkt). Hier wird beim Verdampfen immer erst der Bereich erreicht, in dem die flüssige Phase stabil ist, so dass Sublimieren nicht möglich ist.

254 **254.1.1.:**
Antwort 254.1.1b) ist richtig.

254.1.2.:
Antwort 254.1.2a) ist richtig.

254.2.:
Kohlenstoffdioxid lässt sich leicht verflüssigen, da seine kritische Temperatur (31,06 °C) relativ hoch liegt (kritischer Druck 73,83 bar, kritische Dichte 0.464 g/cm^3). So kann man es z. B. bei 0 °C (20 °C) schon durch einen Druck von 34,7 bar (55,4 bar) zu einer farblosen, leichtbeweglichen Flüssigkeit verdichten.
Kühlt man flüssiges Kohlenstoffdioxid in einem geschlossenen Glasgefäß ab, erstarrt es zu einer eisähnlichen Masse, welche bei −56,7 °C unter einem Eigendruck von 5,19 bar schmilzt. Bei Atmosphärendruck sublimiert festes Kohlenstoffdioxid bei −78. 5 °C (φ = 1,56 g/cm^3), ohne zu schmelzen. Dass der Schmelzpunkt höher liegt als der Siedepunkt (Sublimationspunkt), hängt damit zusammen, dass sich gemäß des **Phasendiagramms** die Dampfdrucklinien des festen und flüssigen CO_2 erst bei 5,19 bar schneiden (Schmelzpunkt), so dass der Druck von 1,013 bar (Siedepunkt) schon vorher beim festen CO_2 erreicht wird (Sublimation).

254.3.:

Für einen Phasenübergang unter Gleichgewichtsbedingungen ist $\Delta S = \Delta H/T$, weshalb die allgemeinste Form der Gleichung von Clausius und Clapeyron

$$\frac{dp}{dT} = \frac{\Delta S}{\Delta V}$$

auch in folgender Form geschrieben werden kann:

$$\frac{dp}{dT} = \frac{\Delta H}{T \cdot \Delta V}\,.$$

Die Integration dieser Gleichung liefert einen expliziten Ausdruck für die P,T-Kurve des Phasenübergangs. Für das Gleichgewicht zwischen einem Feststoff und seinem Dampf gilt dann:

$$\frac{dp}{dT} = \frac{\Delta H_{\text{Subl}}}{T \cdot (V_{\text{g}} - V_{(\text{s})})}\,.$$

Hierin ist ΔH_{Subl} die Sublimationsenthalpie. Bei der Anwendung dieser Gleichung kann das Volumen des Feststoffes $V_{(s)}$ in guter Näherung gegen das Dampfvolumen $V_{(\text{g})}$ vernachlässigt werden und mit Betrachtung des Dampfes als ideales Gas ($V_{(\text{g})} = RT/p$) ergibt sich:

$$\frac{dp}{dT} = \frac{\Delta H_{\text{Subl}}}{T \cdot (RT/p)} \quad \text{oder} \quad \frac{1}{p}\frac{dp}{dT} = \frac{\Delta H_{\text{Subl}}}{RT^2} \quad \text{oder} \quad \frac{d \ln p}{dT} = \frac{\Delta H_{\text{Subl}}}{RT^2}\,.$$

In dem zu betrachtenden Temperaturbereich zwischen −78,5 und −56,7 °C darf ΔH_{Subl} als konstant angesehen werden. Die Integration der Gleichung führt schließlich zur Lösung der Teilaufgabe:

$$\ln \frac{p_2}{p_1} = \frac{\Delta H_{\text{Subl}}}{R} \cdot \left(\frac{1}{T_1} - \frac{1}{T_2}\right).$$

$$\Delta H_{\text{Subl}} = \frac{R \cdot \ln \frac{p_2}{p_1}}{\left(\frac{1}{T_1} - \frac{1}{T_2}\right)} = \frac{8{,}3143 \cdot \ln \frac{5{,}19}{1{,}013}}{\left(\frac{1}{194{,}65} - \frac{1}{216{,}45}\right)} = \underline{\underline{26\,253{,}4\,\text{J/mol}}}\,.$$

254.4.:

Die Masse des Trockeneises beträgt:

$$m = \varphi_{\text{Tr}} \cdot V = 1{,}53\,\text{g/cm}^3 \cdot 20\,\text{cm}^3 = 30{,}6\,\text{g}\,.$$

Die Stoffmenge ist dann:

$$n_{\text{Tr}} = \frac{m}{M} = \frac{30{,}6\,\text{g}}{44\,\text{g/mol}} = 0{,}695\,\text{mol}\,.$$

Aus der allgemeinen Gasgleichung folgt:

$$V = \frac{n \cdot R \cdot T}{p} = \frac{0{,}695\,\text{mol} \cdot 8314{,}3\,\text{Pa} \cdot \text{dm}^3/(\text{mol} \cdot \text{K}) \cdot 293{,}15\,\text{K}}{101\,300\,\text{Pa}}$$
$$= \underline{\underline{16{,}7221\,\text{dm}^3 = 16{,}722 \cdot 10^3\text{cm}^3}}.$$

Für die Dichte des Kohlenstoffdioxids ergibt sich

$$\varphi_{\text{CO}_2} = \frac{m}{V} = \frac{30{,}6\,\text{g}}{16{,}722 \cdot 10^3\,\text{cm}^3} = \underline{\underline{1{,}83 \cdot 10^{-3}\,\text{g/cm}^3}}\,.$$

255

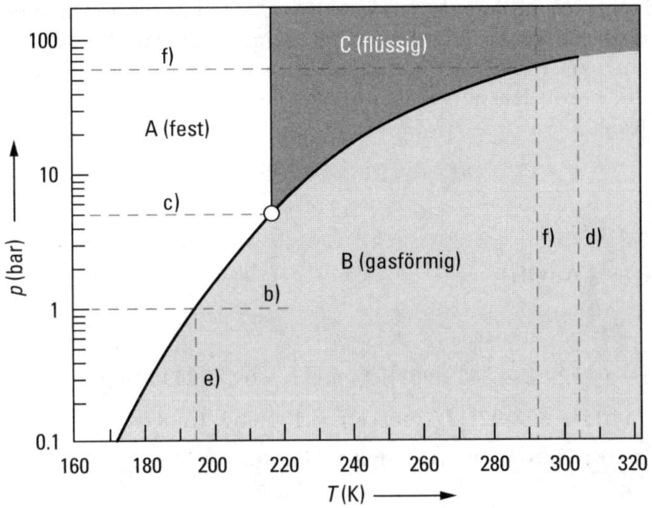

Abb. 5.38 Phasendiagramm von CO_2 mit Kenzeichnung der Phasen A, B und C.

a): A: fest B: gasförmig C: flüssig

b): fest und gasförmig

c): abgelesen: 5,1 bar (exakt: 5,19 bar)

d): abgelesen: 304 K (exakt: 304 K)

e): abgelesen: 194 K (exakt: 194,7 K)

f): abgelesen: 61 bar (exakt: 57,5 bar)

g): Anders als bei einer Sauerstoffflasche lässt sich der Verbrauch nicht an einem Druckabfall ablesen, da der Dampfdruck des flüssigen Kohlenstoffdioxids bei Zimmertemperatur konstant ist. Die noch vorhandene Menge CO_2 lässt sich durch Wägung und Vergleich mit dem Leergewicht der Flasche feststellen.

5.13.3 Zweikomponenten-Zweiphasensysteme (Binäre Systeme)

256 **256.1:**

$$F = K - P + 1 \quad (dp = 0)$$

Punkt	Phasen P	Komponenten K	Freiheiten F
1	3 (festes Al_2O_3, festes Na_3AlF_6, Schmelze)	2	0
2	2 (festes Na_3AlF_6, Schmelze)	2	1
3	1 (Schmelze)	2	2
4	2 (festes Na_3AlF_6, festes Eutektikum)	2	1

256.2:
Aluminiumchlorid $AlCl_3$ muss als Grenzfall zwischen Molekül- und Ionenverbindung angesehen werden. Im festen Zustand bildet es farblose, hexagonale Kristalle mit einem Ionengitter, in dem das Al^{3+}-Ion 6fach durch Cl^--Ionen koordiniert ist. Beim Schmelzen bricht das Ionengitter unter Bildung des Dimeren $Cl_2AlCl_2AlCl_2$ zusammen, in dem das Aluminiumatom tetraedrisch koordiniert ist. Da dieses kovalent aufgebaut ist, leitet flüssiges Aluminiumchlorid den elektrischen Strom nur schlecht.

256.3a):

$$2\,Al_2O_3 + 9\,C \rightleftharpoons Al_4C_3 + 6\,CO$$
$$Al_4C_3 + 12\,H_2O \rightleftharpoons 3\,CH_4 + 4\,Al(OH)_3$$

256.3b):

$$\Delta H = \left[(-224{,}4 - 10\,268) - (-129{,}2 - 3429{,}96)\right]\text{kJ/mol} = -6933{,}24\,\text{kJ/mol}$$
$$\Delta S = \left[(558{,}78 + 560{,}8) - (105 + 838{,}92)\right]\text{J/(mol}\cdot\text{K)} = 175{,}66\,\text{J/(mol}\cdot\text{K)}$$
$$\Delta G = (-6933{,}24 - (298{,}15 \cdot 0{,}17566)\,\text{kJ/mol} = -6985{,}61\,\text{kJ/mol}$$
$$\ln K_\chi = \frac{-\Delta G}{RT} = \frac{6\,985\,610}{8{,}3143 \cdot 298{,}15} = 2818{,}02$$
$$K_\chi = e^{2818{,}02} = 10^{1223{,}84} = \underline{\underline{6{,}918 \cdot 10^{1223}}}$$

Der sehr stark negative ΔG-Wert zeigt, dass das Gleichgewicht auf der Seite der Produkte liegt.

256.3c):

$$n = \frac{p \cdot V}{R \cdot T} = \frac{1{,}013 \cdot 10^5\,\text{N/m}^2 \cdot 0{,}1\,\text{m}^3}{8{,}3143\,\text{Nm/(mol}\cdot\text{K)} \cdot 298{,}15\,\text{K}} = 4{,}086\,\text{mol}$$
$$m_{Al_4C_3} = \frac{4{,}086\,\text{mol}}{3} \cdot 143{,}956\,\text{g/mol} = \underline{\underline{196{,}06\,\text{g}}}$$

257 Die Zusammensetzung der Gasphase ergibt sich durch den Quotienten aus dem Partialdruck p_A der Komponente A (Benzol) und dem Gesamtdampfdruck P_{Gesamt}. Der Partialdruck der Komponente A ist für ideale Lösungen gleich dem Molenbruch $\chi_A^{(l)}$ der Komponente A multipliziert mit dem Dampfdruck p_A^0 der reinen Komponente A bei dieser Temperatur:

$$\chi_{\text{Benzol}}^{(g)} = \chi_{\text{Benzol}}^{(l)} \cdot \frac{p_{\text{Benzol}}^0}{(\chi_{\text{Benzol}}^{(l)} \cdot p_{\text{Benzol}}^0) + (\chi_{\text{Toluol}}^{(l)} \cdot p_{\text{Toluol}}^0)}$$
$$\chi_{\text{Benzol}}^{(g)} = 0{,}1 \cdot \frac{80\,\text{mbar}}{(0{,}1 \cdot 80\,\text{mbar}) + (0{,}9 \cdot 20\,\text{mbar})} = 0{,}31$$
$$\chi_{\text{Benzol}}^{(g)} = 0{,}25 \cdot \frac{80\,\text{mbar}}{(0{,}25 \cdot 80\,\text{mbar}) + (0{,}75 \cdot 20\,\text{mbar})} = 0{,}57$$
$$\chi_{\text{Benzol}}^{(g)} = 0{,}5 \cdot \frac{80\,\text{mbar}}{(0{,}5 \cdot 80\,\text{mbar}) + (0{,}5 \cdot 20\,\text{mbar})} = 0{,}8$$
$$\chi_{\text{Benzol}}^{(g)} = 0{,}75 \cdot \frac{80\,\text{mbar}}{(0{,}75 \cdot 80\,\text{mbar}) + (0{,}25 \cdot 20\,\text{mbar})} = 0{,}92$$

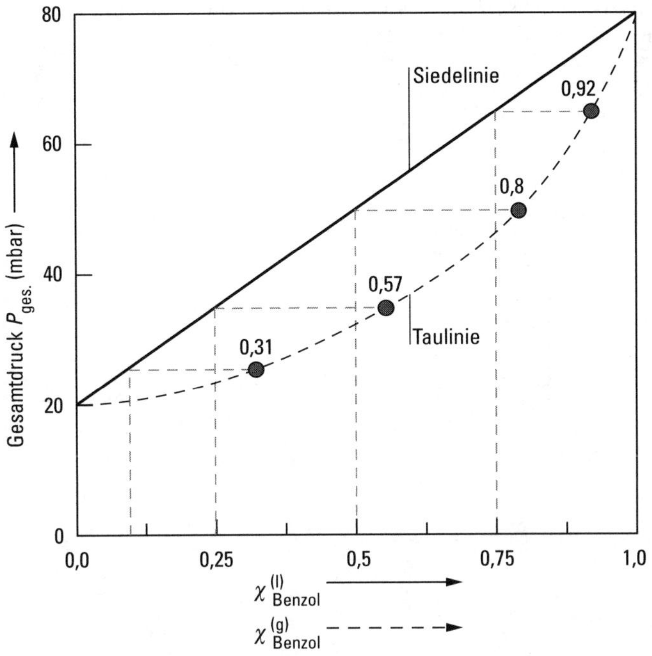

Abb. 5.39 Dampfdruckdiagramm Benzol-Toluol.

258 a):
Bei der Herstellung einer idealen Mischung treten keine Mischungseffekte auf, d. h. das Volumen der Mischung ist die Summe der Einzelvolumina der Mischungsbestandteile, das gleiche gilt für die „Innere Energie", es treten also keine Mischungsenthalpien auf. Der Dampfdruck einer idealen Mischung ist die Summe der Einzeldampfdrücke (Raoult'sches Gesetz). Damit das der Fall ist, müssen die Wechselwirkungsenergien der verschiedenen Teilchen untereinander gleich dem arithmetischen Mittel der Wechselwirkungsenergien zwischen den gleichartigen Teilchen sein.

b):
Um die Siedelinie zu erhalten, muss berechnet werden, welche Zusammensetzung die flüssige Phase für die verschiedenen Temperaturen haben muss, damit die Summe der Partialdrücke der Komponenten Benzol [$p_{Benzol}(T)$] und m-Xylol [$p_{Xylol}(T)$] den Gesamtdruck $P_{ges.} = 101{,}3\,\text{kPa}$ ergibt:

$$P_{ges.} = p_{Benzol} + p_{Xylol} = (p^0_{Benzol} \cdot \chi_{Benzol}) + (p^0_{Xylol} \cdot \chi_{Xylol})$$

$$P_{ges.} = (p^0_{Benzol} \cdot \chi_{Benzol}) + \left(p^0_{Xylol} \cdot [1 - \chi_{Benzol}]\right)$$

$$\chi^{(l)}_{Benzol} = \frac{P_{ges.} - p^0_{Xylol}}{p^0_{Benzol} - p^0_{Xylol}} = \frac{101{,}3\,\text{kPa} - p^0_{Xylol}}{p^0_{Benzol} - p^0_{Xylol}}$$

Die Kondensationslinie gibt die Zusammensetzung des Dampfes über der flüssigen Phase bei einer bestimmten Temperatur an:

$$p_{\text{Benzol}} = P_{\text{ges.}} \cdot \chi^{(g)}_{\text{Benzol}}$$

$$\chi^{(g)}_{\text{Benzol}} = \frac{p_{\text{Benzol}}}{P_{\text{ges.}}} = \frac{p^0_{\text{Benzol}} \cdot \chi^{(l)}_{\text{Benzol}}}{P_{\text{ges.}}} = \frac{p^0_{\text{Benzol}} \cdot \chi^{(l)}_{\text{Benzol}}}{101{,}3\,\text{kPa}}\,.$$

T (K)	χ_{Benzol} in der Flüssigkeit	χ_{Benzol} in der Gasphase
353	1,00	1,00
363	0,70	0,93
373	0,48	0,84
383	0,31	0,71
393	0,18	0,53
403	0,08	0,28
412	0	0

c):

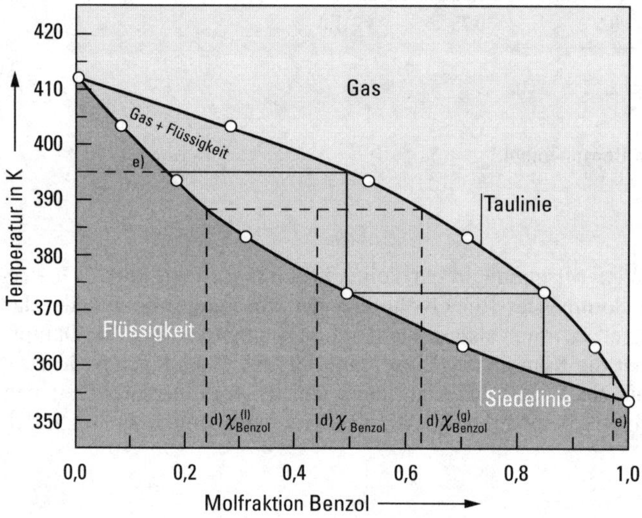

Abb. 5.40 Siedediagramm Benzol–m-Xylol.

d):

$$\chi_{\text{Benzol}} = \frac{n_{\text{Benzol}}}{n_{\text{Benzol}} + n_{\text{Xylol}}} = \frac{\frac{1}{M_{\text{Benzol}}}}{\frac{1}{M_{\text{Benzol}}} + \frac{1{,}5}{M_{\text{Xylol}}}} = \frac{\frac{1}{78{,}1\,\text{g/mol}}}{\frac{1}{78{,}1\,\text{g/mol}} + \frac{1{,}5}{106{,}15\,\text{g/mol}}} = 0{,}475\,.$$

Wird dieses Gemisch auf 388 K erhitzt, erreicht man das Zweiphasengebiet und es liegen Flüssigkeit und Gasphase unterschiedlicher Zusammensetzung im Gleichgewicht vor. Die Molenbrüche können aus dem Phasendiagramm abgelesen werden:

$$\chi^{(l)}_{\text{Benzol}} = 0{,}24 \quad \chi^{(g)}_{\text{Benzol}} = 0{,}63\,.$$

e):

Der Molenbruch von Benzol lässt sich aus der Zeichnung ablesen, wenn die den drei Kolonnenböden entsprechenden Siede- und Kondensationsvorgänge in das Diagramm eingezeichnet wurden:

$$\chi_{\text{Benzol nach der Destillation}} = 0{,}97 \quad \chi_{\text{Xylol nach der Destillation}} = 0{,}03 .$$

Das entspricht einer Reinheit von 97 % bezogen auf die Stoffmengen.

5.13.4 Ternäre Systeme

259 a)

Die Ausgangsmischung besteht aus zwei flüssigen Phasen im relativen Mengenverhältnis 1,44 zugunsten der wasserarmen Phase. Bei Zusatz von Essigsäure entsteht eine ternäre Mischung, deren Zusammensetzung sich entlang der Verbindungslinie zur Dreieckspitze E bewegt. Bei $\chi_E = 0{,}36$ tritt das System aus dem Zweiphasengebiet in das Einphasengebiet ein. Dies entspricht dem Punkt a (Abb. 5.41).

b)

Die binäre Ausgangsmischung besteht aus einer flüssigen Phase mit den Molenbrüchen der Komponenten $\chi_c = 0{,}7$ und $\chi_E = 0{,}3$. Bei Zusatz von Wasser entsteht eine ternäre Mischung, deren Zusammensetzung sich entlang der Verbindungslinie zur Dreieckspitze W bewegt. Nach Erreichen des Punktes b ($\chi_W = 0{,}12$, $\chi_C = 0{,}88$, $\chi_E = 0{,}26$) tritt das System aus dem Einphasengebiet in das Zweiphasengebiet ein. Beim Überschreiten des Punktes *c* ($\chi_W = 0{,}82$, $\chi_C = 0{,}18$, $\chi_E = 0{,}05$) wird das System wieder einphasig (Abb. 5.41).

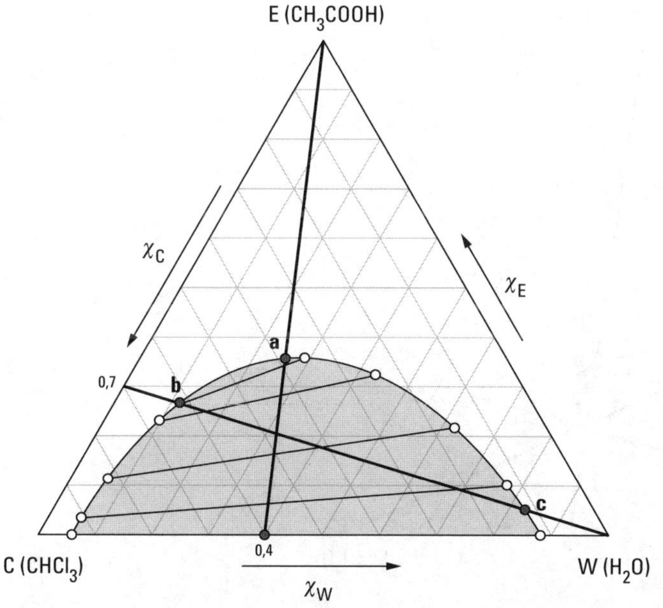

Abb. 5.41 Phasendiagramm des ternären Systems Chloroform-Wasser-Essigsäure mit Lösungen zu Aufgabe 259.

260 **260.1**

Die Zusammensetzung (Chloroform $CHCl_3$, Wasser H_2O, Essigsäure CH_3COOH) entspricht den Stoffmengen:

$$n_{CHCl_3} \frac{m}{M} = \frac{9{,}2\,g}{119{,}4\,g/mol} = 0{,}077\,mol \quad n_{H_2O} = \frac{m}{M} = \frac{2{,}3\,g}{18{,}02\,g/mol} = 0{,}128\,mol$$

$$n_{CH_3COOH} = \frac{m}{M} = \frac{3{,}1\,g}{60{,}5\,g/mol} = 0{,}051\,mol\,.$$

Daraus ergeben sich die Molenbrüche:

$$\chi_{CHCl_3} = \frac{n_{CHCl_3}}{n_{ges.}} = \frac{0{,}077\,mol}{0{,}256\,mol} = 0{,}3 \quad \chi_{H_2O} = \frac{n_{H_2O}}{n_{ges.}} = \frac{0{,}128\,mol}{0{,}256\,mol} = 0{,}50$$

$$\chi_{CH_3COOH} = \frac{n_{CH_3COOH}}{n_{ges.}} = \frac{0{,}051\,mol}{0{,}256\,mol} = 0{,}20\,.$$

Der zu dieser Zusammensetzung gehörende Punkt P im Phasendiagramm (Abb. 5.42) ist der Schnittpunkt der Linie aPE mit der dritten Konode (v. o.). Er liegt im Zweiphasengebiet. Die Zusammensetzungen der beiden Phasen sind durch die Schnittpunkte der Konode mit der Phasengrenzlinie (Binodalkurve) des Zweiphasengebietes gegeben:

$$\chi_C = 0{,}82\,; \quad \chi_W = 0{,}07\,; \quad \chi_E = 0{,}12 \quad \text{und}$$

$$\chi_C = 0{,}17\,; \quad \chi_W = 0{,}61\,; \quad \chi_E = 0{,}22\,.$$

Das Mengenverhältnis beträgt nach dem Hebelgesetz 3,6 zugunsten der chloroformarmen Phase.

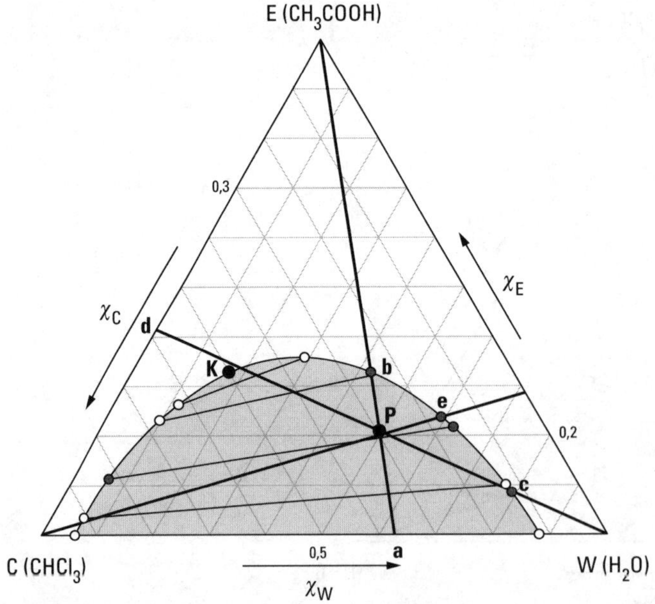

Abb. 5.42 Phasendiagramm des ternären Systems Chloroform-Wasser-Essigsäure mit Lösungen zu Aufgabe 260.

260.2

a)

Bei Zugabe von Wasser zu der gegebenen Mischung bewegt sich das System entlang der Linie dPcW in Richtung Dreieckspitze von Wasser mit $\chi_{\mathrm{W}} = 1$ und das Zweiphasengebiet geht in ein Einphasengebiet über, wenn $\chi_{\mathrm{W}} = 0{,}78$ ist. Dies entspricht dem Punkt c. Das relative verhältnis von Chloroform und Essigsäure zueinander bleibt hierbei in jedem Punkt konstant (Abb. 5.42).

b)

Bei der Zugabe von Essigsäure zu der gegebenen Mischung bewegt sich das System entlang der Linie aPbE in Richtung Dreieckspitze von Essigsäure mit $\chi_{\mathrm{E}} = 1$ und das Zweiphasengebiet geht in ein Einphasengebiet über, wenn $\chi_{\mathrm{E}} = 0{,}33$ ist. Dies entspricht dem Punkt b. Das relative Verhältnis von Chloroform und Wasser zueinander bleibt hierbei in jedem Punkt konstant (Abb. 5.42).

260.3

Durch Entnahme von Cloroform aus der Ausgangsmischung wird beim Schnittpunkt e das ternäre System einphasig. Der Molenbruch von Chloroform sinkt auf den Wert von $\chi_c = 0{,}17$ (Abb. 5.42). Damit ergibt sich die zu entnehmende theoretische Masse Chloroform:

$$\chi_c = \frac{n_c}{n_{\text{ges.}} - n_c}\,; \quad 0{,}17 = \frac{n_c\,\text{mol}}{(0{,}256 + n_c)\,\text{mol}}\,; \quad n_c = 0{,}0372\,\text{mol}$$

$$m_c = \Delta n_c \cdot M_c = (0{,}077 - 0{,}0372)\,\text{mol} \cdot 119{,}4\,\text{g/mol} = \underline{\underline{4{,}75\,\text{g}}}$$

261 **261.1**

Der zur Ausgangszusammensetzung gehörende Punkt P im Phasendiagramm (Abb. 5.43) liegt im Zweiphasengebiet. Er ist durch den Schnittpunkt der Linie McPd mit der zweiten Konode (v. u.) gegeben:

$$\chi_{\mathrm{W}} = \frac{n_{\mathrm{W}}}{n_{\text{ges.}}} = \frac{2{,}5\,\text{mol}}{5\,\text{mol}} = 0{,}5\,; \quad \chi_{\mathrm{MC}} = \frac{n_{\mathrm{MC}}}{n_{\text{ges.}}} = \frac{1{,}5\,\text{mol}}{5\,\text{mol}} = 0{,}3\,;$$

$$\chi_{\mathrm{M}} = \frac{n_{\mathrm{M}}}{n_{\text{ges.}}} = \frac{1\,\text{mol}}{5\,\text{mol}} = 0{,}2$$

Die Zusammensetzung der beiden Phasen sind durch die Schnittpunkte a und b der Konode mit der Phasengrenzlinie (Binodalkurve) gegeben:

$$\chi_{\mathrm{W}} = 0{,}69\,; \quad \chi_{\mathrm{MC}} = 0{,}03\,; \quad \chi_{\mathrm{M}} = 0{,}28 \quad \text{und}$$

$$\chi_{\mathrm{W}} = 0{,}03\,; \quad \chi_{\mathrm{MC}} = 0{,}93\,; \quad \chi_{\mathrm{M}} = 0{,}05\,.$$

Das relative Mengenverhältnis beträgt nach dem Hebelgesetz:

$$\frac{\text{Menge wasserreiche Phase a}}{\text{Menge wasserarme Phase b}} = \frac{\text{Strecke bP}}{\text{Strecke aP}} = \underline{\underline{2{,}33}}$$

261.2

Die Mindestmenge reinen Methanols, die das System enthalten muss, damit es einphasig wird, ergibt sich aus dem Molenbruch $\chi_{\mathrm{M}} = 0{,}41$ im Punkt c:

$$\chi_{\mathrm{M}} = \frac{n_{\mathrm{M}}}{n_{\text{ges.}} + n_{\mathrm{M}}}\,; \quad 0{,}41 = \frac{n_{\mathrm{M}}\text{mol}}{(5 + n_{\mathrm{M}})\,\text{mol}}\,; \quad n_{\mathrm{M}} = 3{,}475\,\text{mol}\,.$$

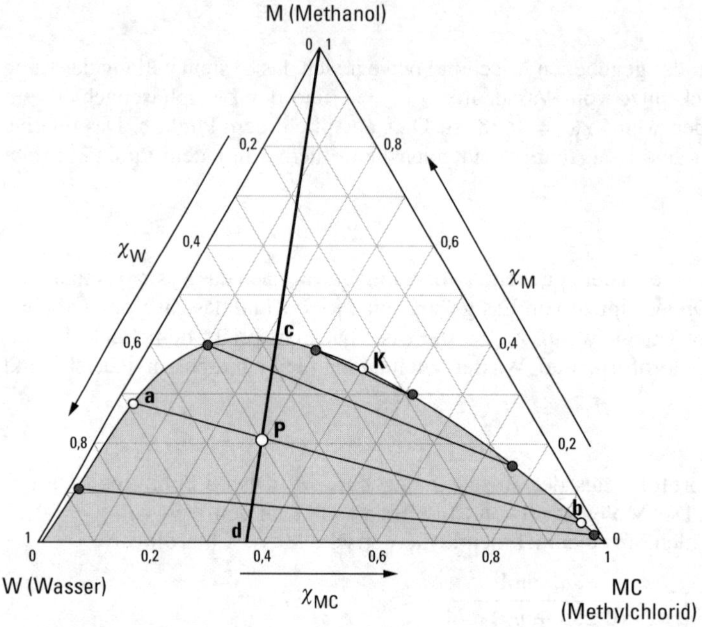

Abb. 5.43 Phasendiagramm des ternären Systems Methylchlorid-Methanol-Wasser mit Lösungen zu Aufgabe 261.

Da die Ausgangsmischung des ternären Systems bereits 1 mol Methanol enthält, muss ein weiterer Zusatz von 2,475 mol (= 79,2 g) Methanol erfolgen.

262 **262.1**

Das relative Mengenverhältnis beträgt nach dem Hebelgesetz:

$$\frac{\text{Menge } \beta - \text{Phase (c)}}{\text{Menge } \alpha - \text{Phase (a)}} = \frac{\text{Strecke ab}}{\text{Strecke bc}} = 3{,}0\,.$$

(vgl. Abb. 5.44).

262.2.1

Die in der Tabelle gegebenen χ_B-Werte resultieren aus der jeweiligen Gehaltsbestimmung und sind Punkte (f, i, l) auf der Binodalkurve. Sie werden zusammen mit den berechneten Molenbrüchen χ_c (e, h, k) der drei ternären Ausgangsgemische in das Diagramm eingetragen. Ihre Verbindungslinien (fe, ih, lk) liefern in der Verlängerung bis zum zweiten Schnittpunkt (d, g, j) mit der Binodalkurve die Konoden (fd, ig, lj). Der zweite Schnittpunkt gibt jeweils die Zusammensetzung der konjugierten Phase (χ_A) an (vgl. Abb. 5.44).

<u>Gemisch 1:</u> (→ Berechnung Punkt e)

$$n_A = \frac{138\,\text{g}}{46\,\text{g/mol}} = 3\,\text{mol}\,, \quad n_\text{B} = \frac{224\,\text{g}}{32\,\text{g/mol}} = 7\,\text{mol}\,, \quad n_\text{C} = \frac{60\,\text{g}}{56\,\text{g/mol}} = 1{,}07\,\text{mol}$$

$$n_\text{ges.} = 11{,}07\,\text{mol}$$

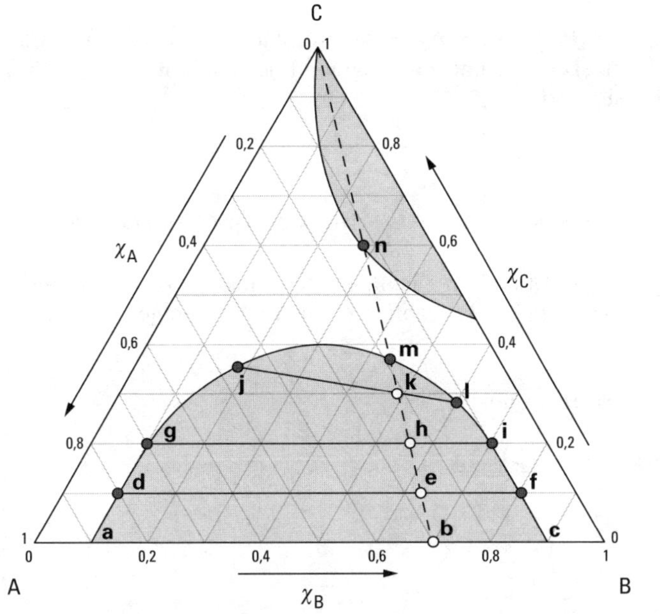

Abb. 5.44 Phasendiagramm des ternären Systems A-B-C mit Lösungen zu Aufgabe 262.

$$\chi_C = \frac{n_C}{n_{ges.}} = \frac{1{,}07\,\text{mol}}{11{,}07\,\text{mol}} = 0{,}097 \approx 0{,}1 \quad \curvearrowright \chi_B = 0{,}63\,, \quad \chi_A = 0{,}27$$

<u>Gemisch 2:</u> (→ Berechnung Punkt h)

$$n_A = 3\,\text{mol}\,, \quad n_B = 7\,\text{mol}\,, \quad n_C = \frac{140\,\text{g}}{56\,\text{g/mol}} = 2{,}5\,\text{mol} \quad n_{ges.} = 12{,}5\,\text{mol}$$

$$\chi_C = \frac{n_C}{n_{ges.}} = \frac{2{,}5\,\text{mol}}{12{,}5\,\text{mol}} = 0{,}2 \quad \curvearrowright \chi_B = 0{,}56\,, \quad \chi_A = 0{,}24$$

<u>Gemisch 3:</u> (→ Berechnung Punkt k)

$$n_A = 3\,\text{mol}\,, \quad n_B = 7\,\text{mol}\,, \quad n_C = \frac{240\,\text{g}}{56\,\text{g/mol}} = 4{,}3\,\text{mol} \quad n_{ges.} = 14{,}3\,\text{mol}$$

$$\chi_C = \frac{n_C}{n_{ges.}} = \frac{4{,}3\,\text{mol}}{14{,}3\,\text{mol}} = 0{,}3 \quad \curvearrowright \chi_B = 0{,}49\,, \quad \chi_A = 0{,}21$$

Das relative Mengenverhältnis der beiden Phasen in der ternären Mischung bleibt jeweils konstant:

$$\frac{\text{Menge } \beta - \text{Phase}}{\text{Menge } \alpha - \text{Phase}} = 3{,}0\,.$$

262.2.2
Ausgehend vom letzten Datenpunkt (Probe 3 mit $n_C = 4{,}3\,\text{mol}$ und $n_{ges.} = 14{,}3\,\text{mol}$) sind mindestens 470 g des Stoffes C zuzugeben, damit im Diagramm der Punkt m ($\chi_C = 0{,}37$) erreicht und die Mischung einphasig wird:

$$\chi_C = \frac{n_C}{n_{ges.} + n_C}$$

$$0{,}37 = \frac{n_C\text{mol}}{n_{ges.} + n_C}\text{mol}\,; \quad n_C = 8{,}4\,\text{mol}\,; \quad m_C = n_C \cdot M_C = 8{,}04 \cdot 56\,\text{g/mol} = \underline{\underline{470\,\text{g}}}\,.$$

Damit jedoch das System einphasig bleibt und im Diagramm der Punkt n ($\chi_C = 0{,}6$) nicht überschritten wird, dürfen maximal 1201,1 g des Stoffes C zur Probe 3 zugesetzt werden (vgl. Abb. 5.44):

$$0{,}6 = \frac{n_C\text{mol}}{(n_{ges.} + n_C)\,\text{mol}}\,; \quad n_C = 21{,}45\,\text{mol}\,;$$

$$m_C = n_C \cdot M_C = 21{,}45 \cdot 56\,\text{g/mol} = \underline{\underline{1201{,}2\,\text{g}}}$$

5.14 Bioenergetik

5.14.1 Enzyme

263 **263.1**
Hydrolyse von Harnstoff:
(I)

$$CO(NH_2)_{2(s)} + 2\,H_2O_{(l)} \rightleftharpoons 2\,NH^+_{4(aq)} + CO^{2-}_{3(aq)}$$

	$CO(NH_2)_{2(s)}$	$2\,H_2O_{(l)}$	$2\,NH^+_{4(aq)}$	$CO^{2-}_{3(aq)}$	
$\Delta_B H^0$ (kJ/mol)	**333**	**−286**	**−132**	**−677**	$\Delta_R H^0 = -36\,\text{kJ/mol}$
S^0 (J/(mol·k))	**105**	**70**	**113**	**−57**	$\Delta_R S^0 = -76\,\text{J/(mol·k)}$

$$\Delta_R G^0_{(I)} = -36 - \left[298{,}15 \cdot (-0{,}076)\right] = -13{,}34\,\text{kJ/mol}$$

(II)

$$CO^{2-}_{3(aq)} + H_2O_{(aq)} \rightleftharpoons HCO^-_{3(aq)} + OH^-_{(aq)}$$

	CO_3^{2-}/HCO_3^- //	H_2O/OH^-
pK_s	10,33	15,745

$$\Delta_R G^0_{II} = \Delta pK_S \cdot 2{,}303RT = -5{,}415 \cdot 2{,}303 \cdot 8{,}3143 \cdot 298{,}15 = -30\,914\,\text{J/mol}$$

$$\sum CO(NH_2)_{2(s)} + 3\,H_2O_{(l)} \rightleftharpoons 2\,NH^+_{4(aq)} + HCO^-_{3(aq)} + OH^-_{(aq)}$$

$$\Delta_R G^0_{gesamt} = \underline{\underline{-44{,}3\,\text{kJ/mol}}} \quad K = e^{\frac{-\Delta_R G}{RT}} = \underline{\underline{5{,}77 \cdot 10^7}}$$

Nitrifikation von NH_4^+-Ionen:

	$NH^+_{4(aq)}$	$+\ 2\,O_2$	$\rightleftharpoons\ NO^-_{3(aq)}$	$+\ H_2O$	$+\ 2\,H^+$	
$\Delta_B H^0$ (kJ/mol)	**−132**	**0**	**−205**	**−286**	**0**	$\Delta_R H^0 = -359\,\text{kJ/mol}$
S^0 (J/(mol·K))	**113**	**0**	**−109**	**70**	**0**	$\Delta_R S^0 = -152\,\text{J/(mol·k)}$

$$\Delta_R G^0_{(l)} = -359 - [298{,}15 \cdot (-0{,}0152)] = \underline{\underline{-354{,}5\,\text{kJ/mol}}} \qquad K = e^{\frac{-\Delta_R G}{RT}} = \underline{\underline{1{,}28 \cdot 10^{62}}}.$$

Beide Reaktionen sind exergon, aber kinetisch gehemmt. Deshalb sind zur Herabsetzung ihrer hohen Aktivierungsenergie Enzyme als Biokatalysatoren erforderlich. **Die Harnstoffhydrolyse** wird durch Urease, ein Nickel enthaltendes Enzym, katalysiert, welches besonders in Bakterien und Pilzen weit verbreitet ist. Das aktive Zentrum von Urease ist perfekt für Harnstoff strukturiert, was die hohe Substratspezifität erklärt. Harnstoff wird dabei zu Ammoniak und Carbamidsäure ($H_2N{-}COOH$) umgesetzt, die spontan in Ammoniak und Kohlenstoffdioxid zerfällt. Daraus entstehen in wässriger Lösung die Ionen $NH^+_{4(aq)}$, $HCO^-_{3(aq)}$ und $OH^-_{(aq)}$. Letztlich findet die gleiche Reaktion statt, die bei der alkalischen Hydrolyse von Harnstoff im Reagenzglas abläuft. Auch hier verdrängt ein OH-Ion (bzw. ein Wassermolekül) ein Ammoniakmolekül. Nur ist bei der Urease die sterische Ausrichtung im aktiven Zentrum so optimal, dass alle Bindungen simultan gelockert werden und damit die Aktivierungsenergie bedeutend verringert wird. Deshalb ist die enzymatische Reaktion um den Faktor 10^{14} schneller als die unkatalysierte. **Die Nitrifikation** verläuft in zwei durch Oxigenasen katalysierten Schritten, für die vor allem zwei spezialisierte chemoautotrophe Bakteriengattungen verantwortlich sind:

- Nitrosomonas oxidiert $NH^+_{4(aq)}$ zu $NO^-_{2(aq)}$.
- Nitrobacter oxidiert $NO^-_{2(aq)}$ weiter zu $NO^-_{3(aq)}$.

263.2

Im Kreislauf des Stickstoffs (Abb. 5.45) besteht eine hohe biochemische Parallelität zwischen der N_2-Speicherung bei Pflanzen (Destruenten-Saprophagen-Nahrungskette) und der N_2-Ausscheidung bei Tieren (Phytophagen-Zoophagen-Nahrungskette). Säugetiere setzen das beim Abbau von Aminosäuren freiwerdende Zellgift Ammoniak (Desaminierung) in der Leber zu Harnstoff um (Harnstoffzyklus, s. Kap. 6, Abb. 6.9), der mit dem Harn ausgeschieden wird. Ammoniak wird aber auch für Aminierungs- und Transaminierungszwecke bei der Synthese von Aminosäuren im Eiweißstoffwechsel benötigt. Ausgeschiedener Harnstoff wird von einer großen Zahl von Bakterienarten durch das Enzym Urease in Ammoniak und Kohlenstoffdioxid gespalten. Ammoniak NH_3 wird von ihnen als N_2-Quelle genutzt oder gelangt über die Nitrifikation zurück in den Kreislauf. In grünen Pflanzen gebundener Stickstoff (Proteine, Kernsäuren, seltene Aminosäuren, Aminozucker) wird nur bei deren Tod durch mikrobielle Zersetzung mit anschließender Nitrifikation zurückgeführt.

263.3

Abb. 5.46 soll zeigen, dass der Stoffwechsel selbst unmittelbar nur von den **Enzymen** gesteuert wird. Dagegen greifen die **Hormone** nicht direkt ein, sie „knipsen" nur die im Augenblick „richtigen" Enzyme an oder aus. Hormone und Enzyme gehen beide substanziell aus dem Stoffwechsel hervor, der sich somit durch Rückkopplung selbst steuert. **Vitamine** müssen mit der Nahrung aufgenommen werden. Ihr Herstellungspatent mit der dafür notwendigen Enzymausstattung hat der tierische und menschliche Organismus im Laufe der Evolution verloren.

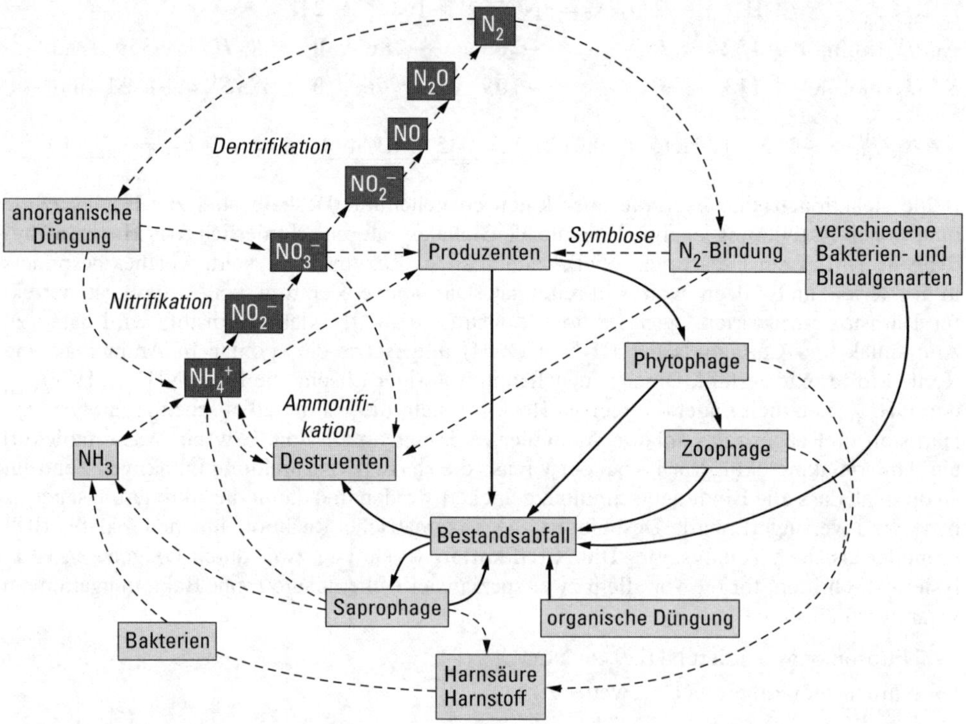

Abb. 5.45 Kreislauf des Stickstoffs.

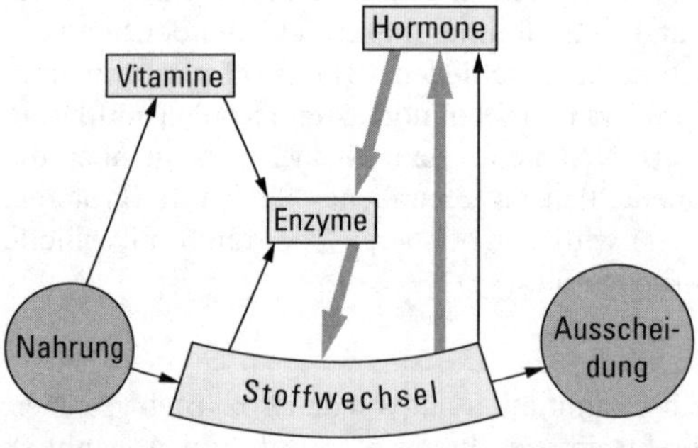

Abb. 5.46 Rolle der Enzyme, Hormone und Vitamine im Stoffwechsel.

264 **264.1**

Exergone biochemische Reaktionen sind häufig reaktionskinetisch gehemmt und benötigen einen Katalysator, der die hohe Aktivierungsenergie $\boldsymbol{E_A}$ durch Bildung eines kurzlebigen Enzym-Substrat-Komplexes $\boldsymbol{ES}$ herabsetzen und die Reaktion unter Bildung der Produkte $\boldsymbol{P}$ und Regenerierung des Enzyms $\boldsymbol{E}$ beschleunigen kann. Bietet man einer konstanten Menge Enzym E (z. B. Urease) steigende Mengen Substrat **S** (z. B. Harnstoff) an, erreicht die Reaktion im **steady state** die Maximalgeschwindigkeit $\boldsymbol{V_{max}}$. Die Geschwindigkeit V in Abhängigkeit von der Substratkonzentration c_S lässt sich durch Zeit-Umsatz-Messungen von geeigneten Größen (pH, Stromstärke I, Leitfähigkeit χ, Farbe) bestimmen. Man erhält eine Substratsättigungskurve, die der Michaelis-Menten-Gleichung gehorcht: $K_m = c_S \cdot \left(\frac{V_{max}}{V} - 1\right)$. In ihrer graphischen Darstellung (Abb. 5.47) ist K_m wegen $\boldsymbol{V = V_{max}}$ bei $\boldsymbol{c_{S \to \infty}}$ als Substratkonzentration bei $\boldsymbol{V_{max}/2}$ definiert und leicht ablesbar.

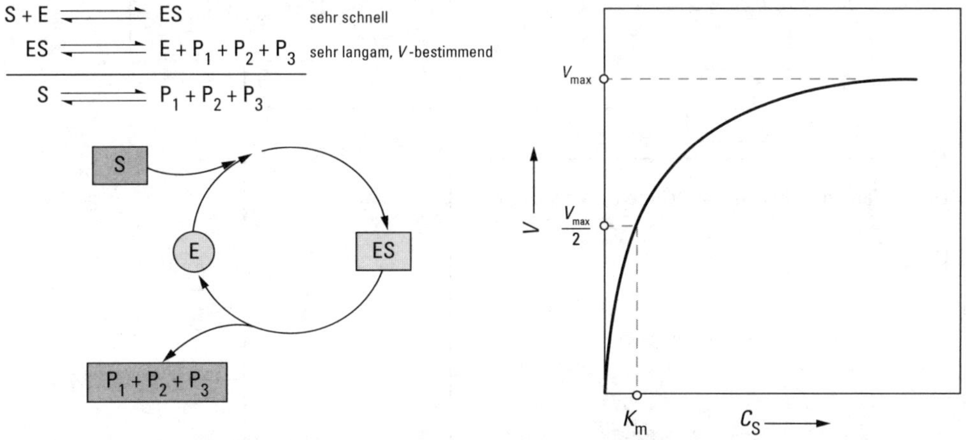

Abb. 5.47 Enzymkinetik.

Die Aufnahme einer Sättigungskurve und die hinreichend genaue Ermittlung des Geschwindigkeitsmaximalwertes erfordern viele Messpunkte. Wenn außerdem bei größeren Substratkonzentrationen eine Enzymhemmung auftritt, entspricht die maximale Reaktionsgeschwindigkeit nicht dem Zustand der Sättigung des Enzyms. Beide Nachteile werden vermieden, wenn zur Bestimmung von K_m und V_{max} nach Lineweaver und Burk die Michaelis-Menten-Gleichung linearisiert und die reziproke Geschwindigkeit $1/V$ gegen die reziproke Substratkonzentration $1/c_S$ aufgetragen wird. Es ergibt sich eine Gerade (Abb. 5.48) mit dem Anstieg K_m/V_{max}, die bei $1/V_{max}$ die Ordinate und bei $-1/K_m$ die Abszisse schneidet. Je kleiner also die Konstante K_m ist, desto größer ist die Affinität des Enzyms zu seinem Substrat.
Maßeinheiten: K_m: $mmol/dm^3$ bzw. mol/dm^3; V_{max}: $mmol/(dm^3 \cdot s)$ bzw. $mol/(dm^3 \cdot s)$.

264.2

$$E + S \underset{k_2}{\overset{k_1}{\rightleftharpoons}} ES \overset{k_3}{\rightleftharpoons} P_1 + P_2 + P_3 + E$$

	E	S	ES
A	c_E^0	c_S^0	0
$\longrightarrow$	c_{ES}	c_{ES}	c_{ES}
GL	$c_E^0 - c_{ES}$	$c_S^0 - c_{ES}$ $(c_S^0 \gg c_{ES})$	c_{ES}

MWG $\quad K_m = \dfrac{(c_E^0 - c_{ES}) \cdot c_S}{c_{ES}} = \dfrac{k_2 + k_3}{k_1}$

$$V = k_3 \cdot c_{ES}$$

$$c_{ES} = \frac{c_E^0 \cdot c_S}{K_m + c_S}$$

$$V = \frac{k_3 \cdot c_S \cdot c_E^0}{K_m + c_S}$$

$V_{max} = k_3 \cdot c_E^0$

Michaelis-Menten-Grenzgesetzes

$$V = \frac{V_{max} \cdot c_S}{K_m + c_S}$$

$$K_m = c_S\left[\frac{V_{max}}{V} - 1\right] \tag{5.15}$$

Linearisierung des Michaelis-Menten-Grenzgesetzes

$$\frac{1}{V} = \frac{K_m}{V_{max}} \cdot \frac{1}{c_S} + \frac{1}{V_{max}}$$

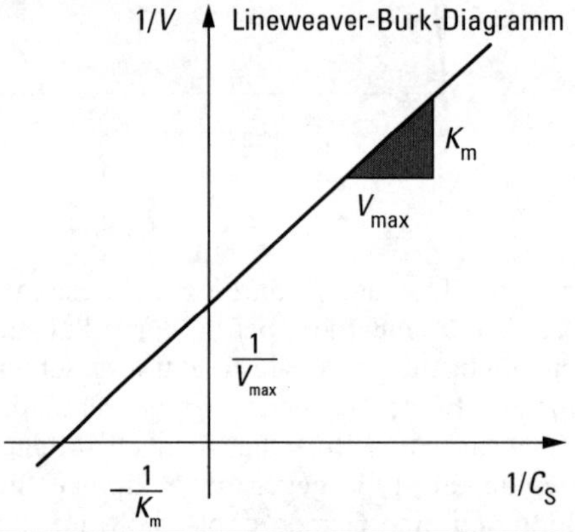

Abb. 5.48 Herleitung des Michaelis-Menten-Grenzgesetzes und das Lineweaver-Burk-Diagramm.

265 265.1

	$c_S^0 = 0{,}1\,\%$	$c_S^0 = 0{,}3\,\%$	$c_S^0 = 0{,}5\,\%$	$c_S^0 = 0{,}7\,\%$	$c_S^0 = 1\,\%$
V (mA / 300 s)	0,0086	0,0141	0,0162	0,0171	0,0180
$\frac{1}{V}$	116,3	70,9	61,7	58,5	12,5
$\frac{1}{c_S^0}$	10	3,3	5	1,43	1

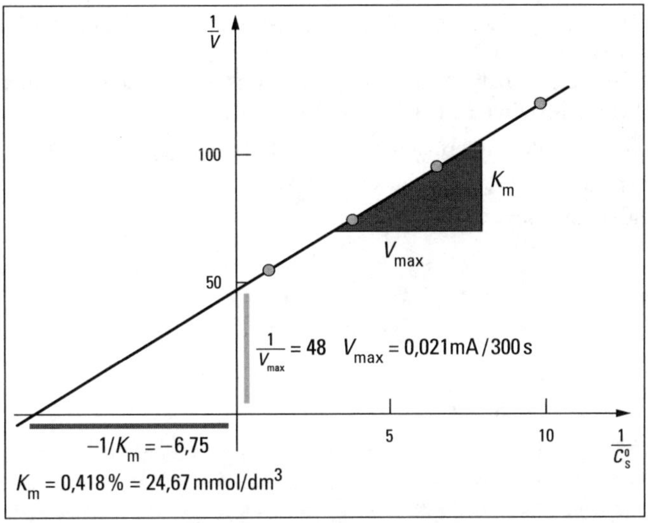

Abb. 5.49 Lineweaver-Burk-Diagramm der Aktivitätsbestimmung von Urease.

$$k_{0,1}^{303,15} = \frac{1}{300\,\text{s}} \ln \frac{2{,}61}{0{,}89} = \underline{\underline{3{,}59 \cdot 10^{-3}\,\text{s}^{-1}}}$$

$$t_{1/2} = \frac{\ln 2}{k_{0,1}^{303,15}} = \frac{\ln 2}{3{,}59 \cdot 10^{-3}} = \underline{\underline{193{,}08\,\text{s}}}$$

$$\text{pH}_{(\text{NB})} = \frac{1}{2} \cdot \left(pK_\text{W} + pK_{\text{S}(\text{NH}^+4)} - pK_{\text{B}(\text{CO}_3^{2-})}\right)$$
$$= 14 + 9{,}25 - 3{,}67 = \underline{\underline{9{,}79}}$$

(***pK*** $_\text{W}$: Exponent des Ionenproduktes von Wasser, ***pK*** $_\text{S}$: Säureexponent, ***pK*** $_\text{B}$: Baseexponent)

265.2

$$\frac{d \ln k_{0,1}}{dT} = \frac{E_A}{RT^2} \qquad E_A = \frac{\ln \frac{5{,}32 \cdot 10^{-3}\,\text{s}^{-1}}{3{,}59 \cdot 10^{-3}\,\text{s}^{-1}} \cdot 8{,}3143 \frac{\text{J}}{\text{mol} \cdot \text{K}}}{\left(\frac{1}{303{,}15\,\text{K}} - \frac{1}{313{,}15\,\text{K}}\right)}$$
$$= \underline{\underline{31\,044{,}4\,\text{J} \cdot \text{mol}^{-1}}}$$

$$\frac{d \ln K_m}{dT} = \frac{\Delta_D H}{RT^2} \qquad \Delta_D H = \frac{\ln \frac{0{,}02413}{0{,}02467} \cdot 8{,}3143}{\left(\frac{1}{303{,}15} - \frac{1}{313{,}15}\right)}$$

$$= \underline{\underline{-1746{,}86\,\mathrm{J/mol}}}$$

265.3

Für die Ureaseaktivität resultierende Schlussfolgerungen sind:

- Das Enzym Urease kann als Biokatalysator die Aktivierungsenergie E_A von Harnstoff durch Bildung eines reaktionsfähigen Enzym-Substrat-Komplexes ES herabsetzen. Im Temperaturbereich von 30 °C → 40 °C beträgt der Wert von $E_A = 31{,}04\,\mathrm{kJ \cdot mol^{-1}}$.
- Das Optimum der Ureaseaktivität bezogen auf das Substrat Harnstoff stellt sich bei ≈ 40 °C mit der Kenngröße $K_m = 24{,}13\,\mathrm{mmol/dm^3}$ ein.
- Bei höheren Temperaturen vergrößern sich die K_m-Werte wieder, was im Einklang mit einer verminderten Enzymaktivität steht. Mögliche Ursachen sind:

1. Die Konformation des Enzymeiweißes ändert sich mit T- und pH-Anstieg.
2. Die Ausbildung des stereospezifischen ES-Komplexes ist erschwert.
3. Das exotherme Hydrolysegleichgewicht verlagert sich.

266 **266.1**

siehe Abb. 5.50.

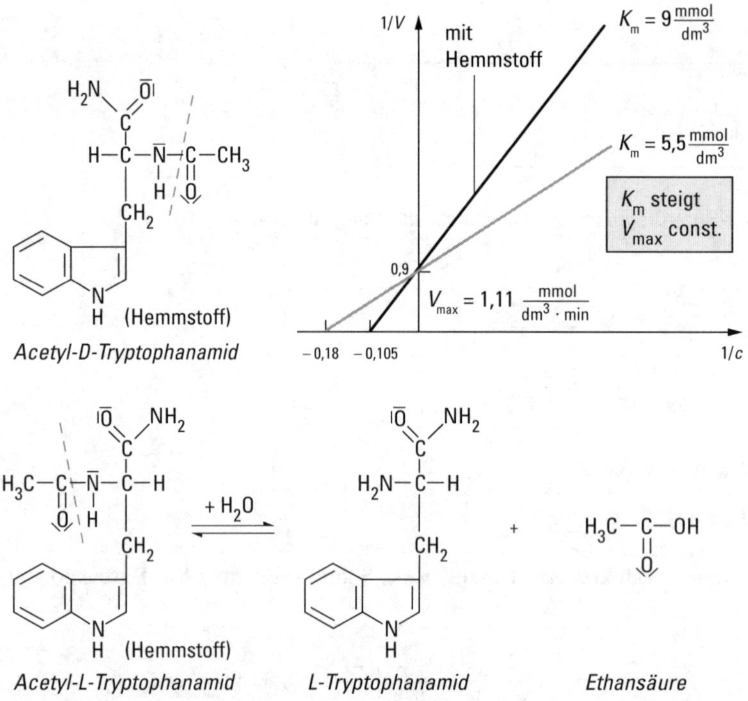

Abb. 5.50 Lineweaver-Burk-Diagramm zur Aufgabe 266 und deren Lösungen.

266.2
Es liegt eine kompetitive Hemmung (Verdrängungshemmung) vor. Ein dem Substrat ähnliches Molekül (Inhibitor = Hemmstoff) blockiert das aktive Zentrum des Enzyms. Substrat und Inhibitor konkurrieren (Abb. 5.50).

267 $V_{\max} = k_3 \cdot c_{(E_{\text{ges.}})} \quad k_3 = \dfrac{V_{\max}}{c_{(E_{\text{ges.}})}} = \dfrac{5 \cdot 10^{-5}\,\text{mol(dm}^3 \cdot \text{min)}}{1{,}0 \cdot 10^{-9}\,\text{mol/dm}^3} = \underline{\underline{5 \cdot 10^4\,\text{min}^{-1}}}$

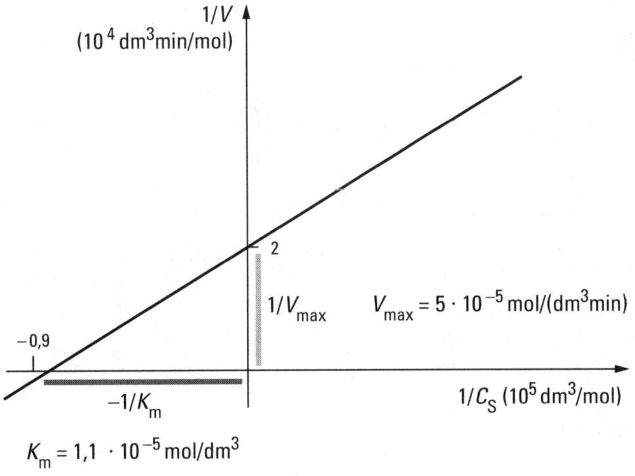

Abb. 5.51 Lineweaver-Burk-Diagramm zur Aufgabe 267.

268 Die Michaeliskonstante K_m gibt den Wert für die Substratkonzentration an, bei der die Reaktionsgeschwindigkeit V der halbmaximalen Reaktionsgeschwindigkeit $V_{\max}/2$ entspricht. Dementsprechend ermöglicht die Kenntnis von K_m gemäß $f_{ES} = V_0 / V_{\max}$ die Ermittlung der prozentualen Anteile der besetzten Zentren für die einzelnen Substratkonzentrationen.

$$f_{ES} = \frac{V_0}{V_{\max}} = \frac{c_S^0}{K_m + c_S^0} \qquad f_{ES} = \frac{3 \cdot 10^{-5}\,\text{mol/dm}^3}{1{,}5 \cdot 10^{-5}\,\text{mol/dm}^3 + 3 \cdot 10^{-5}\,\text{mol/dm}^3} = \underline{\underline{0{,}67}}$$

269 $V_{\max} = k_{\text{Kat}} \cdot c_{(E_{\text{ges.}})} \quad (k_{\text{Kat}} = k_3)$

$$c_{(E_{\text{ges.}})} = \frac{10^{-9}\,\text{g}}{0{,}01\,\text{dm}^3 \cdot 41\,977\,\text{g/mol}} = 2{,}38 \cdot 10^{-12}\,\text{mol/dm}^3$$

$$k_{\text{Kat}} = \frac{V_{\max}}{c_{(E_{\text{ges.}})}} = \frac{7{,}15 \cdot 10^{-11}\,\text{mol/(dm}^3 \cdot \text{min)}}{2{,}38 \cdot 10^{-12}\,\text{mol/dm}^3} = \underline{\underline{30\,\text{min}^{-1}}} = \underline{\underline{0{,}5\,\text{s}^{-1}}}$$

270 $$\text{Glukose-1-phosphat} \rightleftharpoons \text{Glukose-6-phosphat} \qquad \Delta n = 0\,;$$

$$\text{Gl.:} \qquad 5{,}4 \qquad\qquad 94{,}6$$

$$Kc = K_\chi = \frac{94{,}6}{5{,}4} = \underline{\underline{17{,}518}}$$

$$\Delta_R G = -RT \ln 17{,}518 = \underline{\underline{-7{,}38\,\text{kJ/mol}}}$$

271 $$\Delta n = 0$$

$$K_\chi = e^{\frac{-\Delta G}{RT}} = e^{\frac{-7660\,\text{J/mol}}{(8{,}3143 \cdot 310{,}15)\,\text{J/mol}}} = 0{,}05127 = \frac{x}{1-x}\,;$$

$$x = 0{,}0488\,; \qquad \frac{\text{Mol-\% Prod.}}{\text{Mol-\% Ed.}} = \frac{4{,}88}{95{,}12}$$

272 $$\text{Alanylglycin} + H_2O \rightleftharpoons \text{Alanin} + \text{Glycin} \qquad \Delta n = 0$$

$$\text{Gl.:} \quad x - 0{,}01 \quad 5{,}545 \quad 0{,}01 \quad 0{,}01 \qquad (\text{mol}/100\,\text{cm}^3)$$

$$\frac{1}{K_c} = \frac{c_{\text{Ala}} \cdot c_{\text{Gly}}}{c_{\text{Dipept.}} \cdot c_{H_2O}}$$

$$800 = \frac{0{,}01^2\,\text{mol}^2}{(x-0{,}01)\,\text{mol} \cdot 5{,}545\,\text{mol}}$$

$$x = 0{,}01$$

$$\eta = \frac{0{,}01 \cdot 100\,\%}{0{,}01} = 100\,\%$$

Der errechnete 100 %ige Umsatz des Dipeptids ist praktisch nicht erreichbar. Das Enzym hat nur Einfluss auf die Geschwindigkeit der Hydrolyse.

273 a):

$$C_6H_4(OH)_{2(aq)} + H_2O_{2(l)} \rightleftharpoons C_6H_4(OH)_{2(aq)} + H_{2(g)} + O_{2(g)} \qquad \Delta H^0 = +191{,}2\,\text{kJ/mol}$$

$$C_6H_4(OH)_{2(aq)} + H_{2(g)} + O_{2(g)} \rightleftharpoons C_6H_4O_{2(aq)} + 2\,H_{2(g)} + O_{2(g)} \qquad \Delta H^0 = +177{,}4\,\text{kJ/mol}$$

$$C_6H_4O_{2(aq)} + 2\,H_{2(g)} + O_{2(g)} \rightleftharpoons C_6H_4O_{2(aq)} + 2\,H_2O_{(g)} \qquad \Delta H^0 = -483{,}6\,\text{kJ/mol}$$

$$C_6H_4O_{2(aq)} + 2\,H_2O_{(g)} \rightleftharpoons C_6H_4O_{2(aq)} + 2\,H_2O_{(l)} \qquad \Delta H^0 = -87{,}6\,\text{kJ/mol}$$

$$C_6H_4(OH)_{2(aq)} + H_2O_{2(l)} \rightleftharpoons C_6H_4O_{2(aq)} + 2\,H_2O_{(l)} \qquad \Delta_R H^0 = \underline{\underline{-202{,}6\,\text{kJ/mol}}}$$

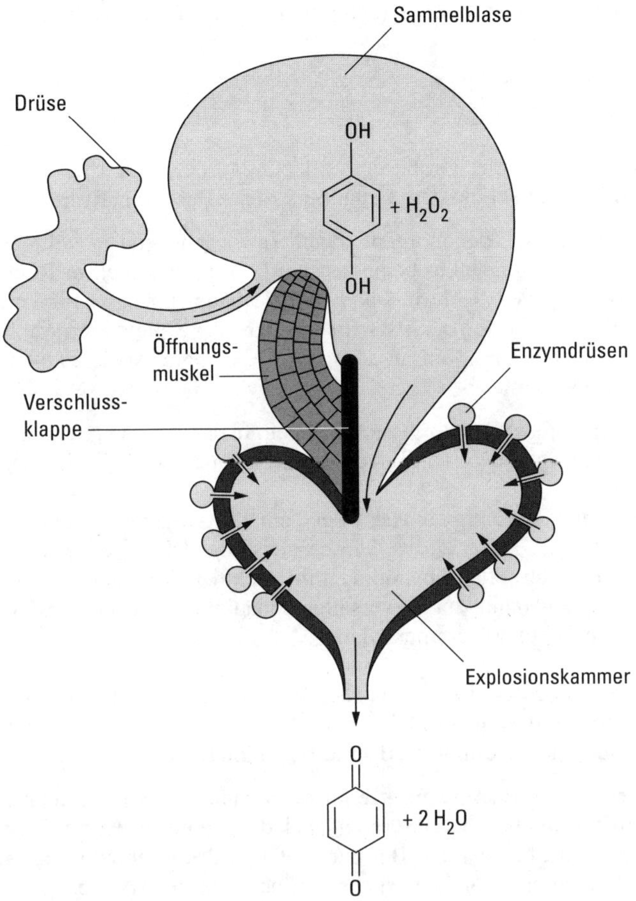

Abb. 5.52 „Schussapparat" des Bombardierkäfers (aus Biologie heute S. II, Schroedel-Verlag, 1995, verändert).

b):

Wissenschaftler haben den in Südeuropa lebenden Bombardierkäfer beobachtet, der über eine einzigartige Form der Abwehr von Fressfeinden verfügt: Diese Laufkäferart sondert mit einem hörbaren Knall ein Sekret aus dem Hinterleib ab. Es riecht iodartig und ist schleimhautreizend. Bombardierkäfer besitzen einen besonderen „Schussapparat" (Abb. 5.52), der aus mehreren Kammern und Drüsen besteht. In zwei Drüsen entsteht ein Gemisch aus Hydrochinon und 23 %igem Wasserstoffperoxid. Von den beiden Drüsenbeuteln führt ein Kanal zu einer Sammelblase. Hier wird das Sekret gespeichert. Die Sammelblase ist von der sich anschließenden Explosionskammer durch eine Verschlussklappe abgetrennt. Die durch Chitin verstärkte Wand dieser Kammer ist mit Drüsen besetzt, die die Enzyme Katalase und Peroxidase absondern.

Wird ein Käfer gereizt, wird die Verschlussklappe der Sammelblase geöffnet und das Sekretgemisch in die Explosionskammer gepresst. Unter Einwirkung der Enzyme wird Wasserstoffperoxid zu Wasser und Sauerstoff zersetzt und Hydrochinon zu Chinon oxidiert. Die exotherme

Reaktion bewirkt einen steigenden Gasdruck, der das gelbe bis violette Chinon nach außen schleudert.

5.14.2 Energieumsatz

274 Es sind dies in der Reihenfolge zunehmender Größe der Erhaltungs-, der Grund- und der Tätigkeitsumsatz. Auf zellulärer Ebene entspricht dem Grundumsatz der Bereitschaftsumsatz.

Grundumsatz: Das ist der Energieumsatz, der morgens, nüchtern, liegend und in völliger Entspannung bei Körpertemperatur der Umgebung gemessen wird. Weil sich auch in Ruhe einige Zellen, z. B. der Herzmuskel oder das Gehirn, ständig im Tätigkeitsumsatz befinden, ist der Grundumsatz nicht gleich der Summe der Bereitschaftsumsätze aller Zellen. Man wählt deshalb die Bedingungen zur Messung des Grundumsatzes so, dass sich möglichst viele Zellen im Zustand des Bereitschaftsumsatzes befinden.

Tätigkeitsumsatz: Das ist der Energieumsatz bei körperlicher Arbeit. In den Zellen läuft neben dem normalen Zellstoffwechsel die Neusynthese von Eiweißstoffen ab oder Muskelzellen der Skelettmuskulatur kontrahieren sich.

Erhaltungsumsatz: Er ist der minimale Energieumsatz, bei dem der Organismus gerade noch überlebt. Die Körperzellen zeigen keine aktive Syntheseleistung. Die Energie wird lediglich zur Aufrechterhaltung der Zellstrukturen benötigt. Wird auch der Erhaltungsumsatz unterschritten, kommt es zum Zelltod und damit zur irreversiblen Schädigung und zum Ausfall lebenswichtiger Organe wie Herzmuskel und Atemmuskulatur.

275 Zur Messung des Energieumsatzes gibt es zwei verschiedene Verfahren. Man kann entweder direkt die Wärmeabgabe messen **(direkte Kalorimetrie)**, oder der Energieumsatz wird über die verbrauchte Sauerstoffmenge indirekt bestimmt **(indirekte Kalorimetrie)**.

Direkte Kalorimetrie: Dabei werden alle Energieumsätze im Körper über die Wärmeabgabe gemessen. Dies ist deshalb möglich, weil alle Energieformen, auch die chemische Energie der Nährstoffe, schließlich in Wärme überführt werden. Bei der Messung des Energieumsatzes wird ein Versuchstier in einen abgeschlossenen Raum gebracht, bei dem die Wärmeabgabe genau kontrolliert werden kann. Der Ansatz für die Berechnung lautet:

$$Q_{\text{Ansatz}} = \frac{m_{\text{H}_2\text{O}} \cdot c_{\text{H}_2\text{O}} \cdot \Delta T}{m_{\text{Tier}}}, \quad \left[\frac{\text{kg} \cdot \text{kJ}/(\text{kg} \cdot \text{K}) \cdot \text{K/h}}{\text{kg}}\right] = \left[\frac{\text{kJ}}{\text{kg} \cdot \text{h}}\right]. \tag{5.16}$$

Geräte zur direkten Kalorimetrie am Menschen, etwa zur Bestimmung des Grundumsatzes, sind außerordentlich aufwendig. Man hat deshalb nach einfacheren Verfahren gesucht.

Indirekte Kalorimetrie: Man geht davon aus, dass bei der biologischen Oxidation im Körper zwischen der oxidierten Substanzmenge an Kohlenhydraten, Fetten und Eiweißen und der dabei verbrauchten Sauerstoffmenge eine stöchiometrische Beziehung besteht. Für die drei Nährstoffgruppen sind zugänglich:

- die kalorischen Äquivalente (kJ je Liter O_2),
- die Respiratorischen Quotienten $RQ = n(CO_2)/n(O_2)$,
- die Brennwerte (kJ je Gramm), wobei physikalische und physiologische Brennwerte nur bei Kohlenhydraten und Fetten gleich sind, da Eiweiße nur bis zum Harnstoff abgebaut werden.

Zu beachten ist, dass der RQ von der chemischen Zusammensetzung der Stoffe abhängig und für jede der drei Nährstoffgruppen charakteristisch ist:

	physikalischer Brennwert (kJ/g)	physiologischer Brennwert (kJ/g)
Kohlenhydrate	17	17
Fette	39	39
Eiweiße	24	17

- **Kohlenhydrate**, deren Moleküle sehr sauerstoffreich sind, benötigen zum oxidativen Abbau weniger O_2. Ihr RQ liegt bei 1,0.
- **Fette** enthalten vergleichsweise wenig Sauerstoff im Molekül, es muss also zur Oxidation mehr O_2 durch die Atmung hinzu geliefert werden. Ihr RQ liegt bei 0,7.
- **Eiweißstoffe** nehmen mit einem RQ von 0,85 eine Mittelstellung ein.

Der Hauptanteil am Energieumsatz wird durch die Verbrennung von wechselnden Mengen Kohlenhydraten und Fetten aufgebracht. Eiweißstoffe spielen eine geringe Rolle. Man kann bei der Berechnung des Energieumsatzes den Eiweißanteil deshalb vernachlässigen. Unter diesen Bedingungen geht der RQ nur noch auf Schwankungen im Kohlenhydrat- und Fettanteil in der Nahrung zurück. Damit ist es möglich, jedem RO zwischen 0,7 und 1,0 ein bestimmtes kalorisches Äquivalent zuzuordnen:

RQ	1	0,9	0,85	0,8	0,7
Kalorisches Äquivalent (kJ / L(O_2))	21,16	20,66	20,41	20,15	19,65

Aus den Zahlenwerten geht hervor, dass eine Abnahme des RQ um 0,1 einer Abnahme des kalorischen Äquivalents um 0,50 kJ gleichzusetzen ist. Somit kann man den Energieumsatz Q eines Organismus berechnen, wenn man die Sauerstoffaufnahme in L(O_2)/h bestimmt und das kalorische Äquivalent des jeweiligen RQ in kJ /L(O_2) einsetzt:

$$Q_{\text{Ansatz}} = \frac{V_{O_2} \cdot \text{kal. Äquiv.}}{m_{\text{Ansatz}}} \quad \left[\frac{\text{L/h} \cdot \text{kJ/L}}{\text{kg}}\right] = \left[\frac{\text{kJ}}{\text{h/K} \cdot \text{g}}\right] \tag{5.17}$$

Zur Bestimmung des Energieumsatzes beim Menschen verzichtet man auf die Messung des RQ. Man legt aus praktischen Gründen einen aus vielen Messungen gewonnenen Mittelwert von 0,85 zugrunde. Zur Berechnung des Energieumsatzes muss dann nur noch der Sauerstoffverbrauch pro Zeiteinheit gemessen und mit 20,41 (dem Wert des kalorischen Äquivalents beim RQ 0,85) multipliziert werden.

276 $\Delta_V G^0 = \sum \Delta_B G^0_{\text{Produkte}} - \sum \Delta_B G^0_{\text{Edukte}}$

Glukose:	$C_6H_{12}O_6 + 6\,O_2 \rightleftharpoons 6\,CO_2 + 6\,H_2O$
Stearinsäureglycerinester:	$C_{57}H_{110}O_6 + 81{,}5\,O_2 \rightleftharpoons 57\,CO_2 + 55\,H_2O$
Alanin:	$C_3H_7O_2N + 3\,O_2 \rightleftharpoons 2{,}5\,CO_2 + 2{,}5\,H_2O + 0{,}5\,N_2H_4CO$

	$\Delta_V G^0$ (kJ/mol)	M (g/mol)	O_2-Verbrauch (*L*)	Brennwert (kJ/g)	kalorisches Äquivalent (kJ/L(O_2))	RQ = n(CO_2)/n(O_2)
Glukose $C_6H_{12}O_6$	−2876	180	6 · 22,4 = 134,4	2876/180 = 15,98	2876/134,4 = 21,4	6/6 = 1
Stearinsäure-glycerinester $C_{57}H_{110}O_6$	−34 285	880	81,5 · 22,4 = 1825,6	34 285/880 = 38,96	34 285/1825,6 = 18,78	57/81,5 = 0,7
Alanin $C_3H_7O_2N$	−1309,22	89	3 · 22,4 = 67,2	1309,22/89 = 14,71	1309,22/67,2 = 19,48	2,5/3 = 0,83

277 a):

Das Untersuchungsgefäß wird in ein Wasserbad gestellt, dadurch ist die Einstellung und Konstanthaltung der gewünschten Versuchstemperatur möglich. Durch die Unterlage aus Natronkalk (CaO/NaOH-Gemisch) wird das von den Mehlwürmern freigesetzte Kohlenstoffdioxid absorbiert, so dass die im Versuchsgefäß auftretenden Druck- bzw. Volumenänderungen allein auf den Verbrauch von Sauerstoff zurückzuführen sind. Die diesbezüglichen Volumenänderungen werden mit Hilfe des Glasrohres und des beweglichen Wasserfadens erfasst. Das Prinzip der Messung besteht darin, dass der Sauerstoffverbrauch über die umgesetzte Stoffmenge mit der freigesetzten Energiemenge in einem stöchiometrischen Zusammenhang steht.

b):

$$\begin{array}{lcccc} & C_6H_{12}O_6 \; + & 6\,O_2 & \rightleftharpoons \; 6\,CO_2 & + \; 6\,H_2O \\ \Delta_B G^0\ (\text{kJ/mol}) & -910 & 0 & -394 & -237 \end{array}$$

$$\Delta_R G^0 = \sum \Delta_B G^0_{\text{Produkte}} - \sum \Delta_B G^0_{\text{Edukte}}$$

$$\Delta_R G^0 = (+910 - 2364 - 1422)\,\text{kJ/mol} = -2876\,\text{kJ/mol}$$

$$\text{kal. Äquiv.} = \frac{\Delta_R G^0_{\text{Glukose-Verbr.}}}{\Delta_{n_{O_2}} \cdot V_m^{298}} = \frac{2876\,\text{kJ/mol}}{6 \cdot 24{,}465\,\text{dm}^3/\text{mol}} = 19{,}593\,\text{kJ/dm}^3$$

$$Q_{\text{Ansatz}} = \frac{V_{O_2} \cdot \text{kal. Äquiv.}}{m_{\text{Ansatz}}} = \frac{0{,}0032\,\text{dm}^3/\text{h} \cdot 19{,}593\,\text{kJ/dm}^3}{0{,}0092\,\text{kg}}$$

$$= \underline{\underline{6{,}815\,\text{kJ/(h} \cdot \text{kg)}}}$$

c):

$$Q_{(\text{d,kg})} = Q_{\text{Ansatz}} \cdot 24\,\text{h/d} \cdot \frac{1000\,\text{g}}{9{,}2\,\text{g}} = 17\,778{,}3\,\text{kJ/(d} \cdot \text{kg)}$$

278 a):

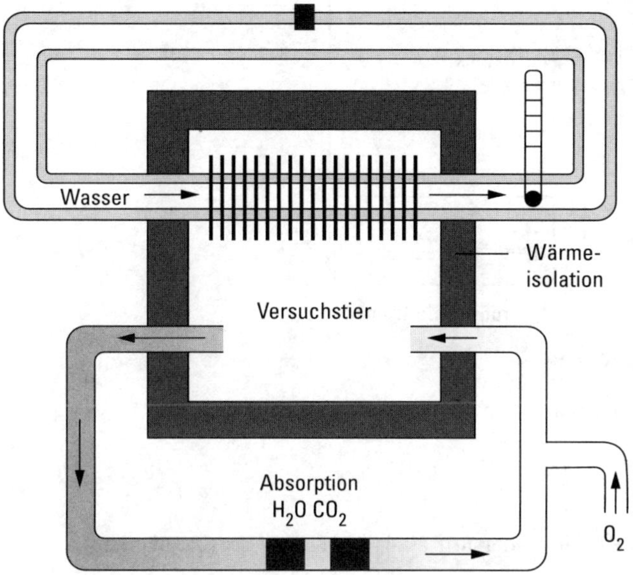

Abb. 5.53 Kalorimetrische Bestimmung des Energieumsatzes einer Maus.

b):

$$Q_{\text{Ansatz}} = \frac{m_{H_2O} \cdot c_{H_2O} \cdot \Delta T}{m_{\text{Tier}}} = \frac{0{,}5\,\text{kg} \cdot 4{,}186 \cdot 10^{-3}\,\text{kJ/(kg} \cdot \text{K)} \cdot (3{,}2 \cdot 2)\,\text{K/h}}{0{,}021\,\text{kg}}$$
$$= \underline{\underline{0{,}6379\,\text{kJ/(kg} \cdot \text{h)}}}$$

c):

$$Q_{(\text{d,kg})} = Q_{\text{Ansatz}} \cdot 24\,\text{h/d} \cdot \frac{1000\,\text{g}}{21\,\text{g}} = \underline{\underline{729{,}03\,\text{kJ/(d} \cdot \text{kg)}}}$$

279 a):
Bei der vereinfachten Methode zur Grundumsatzbestimmung kann die in Abb. 5.54 schematisch ausgewiesene Apparatur eingesetzt werden. Es handelt sich um ein geschlossenes System, d. h. der Versuchsperson steht für die Atmung eine bestimmte Menge Luft (oder ein Luft-Sauerstoffgemisch) zur Verfügung. Diese Luft entnimmt sie über ein Mundstück und einen Atemschlauch dem angeschlossenen Gasometer (Spirometer). Diesem Gasometergefäß wird auch die ausgeatmete Luft zugeführt. In einem Absorptionsgefäß wird das Kohlenstoffdioxid gebunden, so dass die abschließend registrierte Volumenänderung einen Rückschluss auf den Sauerstoffverbrauch zulässt. Bei dieser Methode wird ein gemittelter Erfahrungswert für den RQ zugrunde gelegt, der RQ selbst wird experimentell nicht bestimmt, d. h. die ausgeatmete CO_2-Menge wird nicht gemessen. Somit ist durchaus vorstellbar, dass der tatsächliche Grundumsatz vom gemessenen mehr oder weniger abweicht. Durch den Schreiber wird zum einen jede Ein- und Ausatmung erfasst, zum anderen erfasst der Schreiber die allmähliche Volumenabnahme im Spirometer.

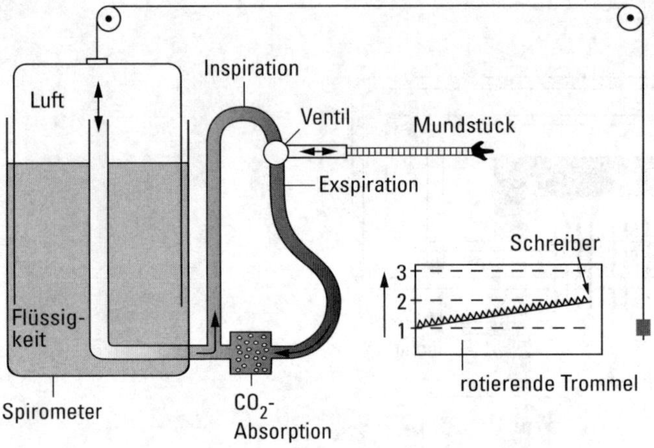

Abb. 5.54 Funktionsprinzip des Spirometers.

b):
Bei einem RQ von 0,85 entspricht 1 dm^3 Sauerstoff 20,41 kJ [Kalorisches Äquivalent].

$$Q_{\text{Ansatz}} = \frac{V_{O_2} \cdot \text{kal. Äquiv.}}{m_{\text{Ansatz}}} = \frac{(1{,}2 \cdot 1{,}2)\,\text{dm}^3/\text{h} \cdot 20{,}41\,\text{kJ}/\text{dm}^3}{70\,\text{kg}}$$
$$= \underline{\underline{4{,}199\,\text{kJ}/(\text{h} \cdot \text{kg})}}$$

Die Versuchsperson hat einen Grundumsatz von Q = 7054,32 kJ/d. Das entspricht einer Tagesleistung von

$$\frac{\text{Arbeit}}{\text{Zeit}} = \frac{7054{,}32\,\text{kJ}}{24\,\text{h}} = \frac{7\,054\,320\,\text{J}}{86\,400\,\text{s}} = 81{,}65\,\frac{\text{J}}{\text{s}} = \underline{\underline{81{,}65\,\text{W}}}$$

c):

$$Q_{(\text{d,kg})} = 4{,}199\,\text{kJ}/(\text{h} \cdot \text{kg}) \cdot 24\,\text{h}/\text{d} = 100{,}8\,\text{kJ}/\underline{\underline{(\text{d} \cdot \text{kg})}}$$

280 a):
Von der Maus zur Ratte steigt die Körpermasse um den Faktor 20, die umgesetzte Energiemenge um den Faktor 9. Beim Vergleich von Mensch und Rind erhält man die Faktoren 10 und 7. Die vermutete lineare Proportionalität existiert offensichtlich nicht (Abb. 5.55).

b):
Man bezieht für den Abtrag auf der y-Achse die umgesetzten Energiemengen jeweils auf 1 kg Körpermasse und erhält in kJ/(d · kg) die Werte: 714; 347; 188; 145; 106; 84: 56.
Bei sehr kleinen Säugern ist der auf 1 kg Körpermasse bezogene Energieumsatz deutlich höher als bei mittelgroßen und sehr viel höher als bei großen Säugern (Abb. 5.55). Man kann es auch anders formulieren: Mit kleiner werdender Körpermasse nimmt der auf 1 kg Körpermasse bezogene Energieumsatz überproportional zu. Folgende Erklärung sei hier vorgestellt: Kleine Tiere haben eine im Verhältnis zur wärmeproduzierenden Körpermasse relativ große wärmeabgebende Körperoberfläche. Die relativ hohen Wärmeverluste können

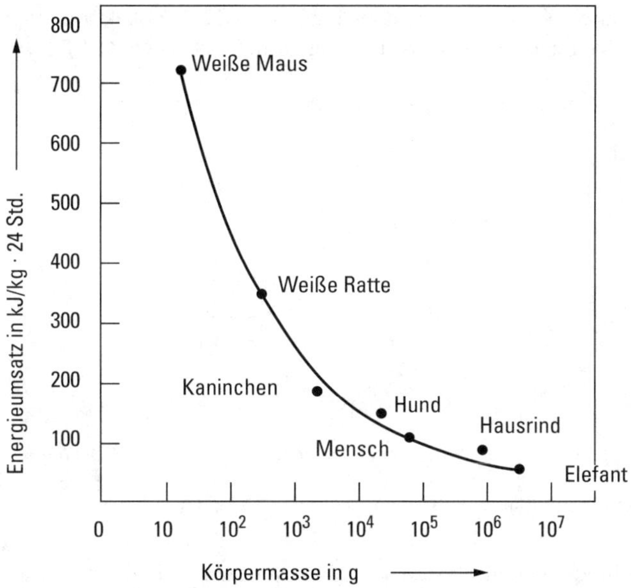

Abb. 5.55 Energieumsatz in kJ/kg in Abhängigkeit von der Körpermasse in g.

nur durch eine erhöhte Stoffwechselaktivität ausgeglichen werden. Damit hängt zusammen, dass die Stoffwechselintensität vergleichbarer Gewebe bei kleinen Säugern größer ist. Zudem findet man bei kleinen Säugetieren einen höheren Anteil von stoffwechselintensiven Geweben wie Niere, Gehirn und Leber.

281

		Männer 10 500 kJ/d		Frauen 8800 kJ/d	
Eiweiß	15 %	1575 kJ	≈ 93 g	1320 kJ	≈ 78 g
Fette	30 %	3150 kJ	≈ 81 g	2640 kJ	≈ 68 g
Kohlenhydrate	55 %	5575 kJ	≈ 336 g	4840 kJ	≈ 281 g

5.14.3 Stoffwechsel

282 **282.1:**

Die Antwort auf diese Frage liegt in den Eigenschaften des Substrats und der Reaktionsprodukte begründet, denn die freie Enthalpie der Hydrolyse unter Standardbedingungen ist ein Maß für die Differenz zwischen der freien Enthalpie der Edukte und derjenigen der Produkte.

b) ATP^{4-} ist ein **Nucleotid**. Der Zucker Ribose ist am C-Atom 1 mit der Stickstoffbase Adenin kondensiert und am C-Atom 5 mit Orthophosphorsäure verestert. An den Phosphatrest sind zwei weitere Moleküle (H_3PO_4) durch Kondensation angehängt. Das ATP^{4-}-Molekül verfügt bei pH = 7,0 über nahe beieinander liegende negative Ladungen, die sich gegenseitig stark abstoßen.

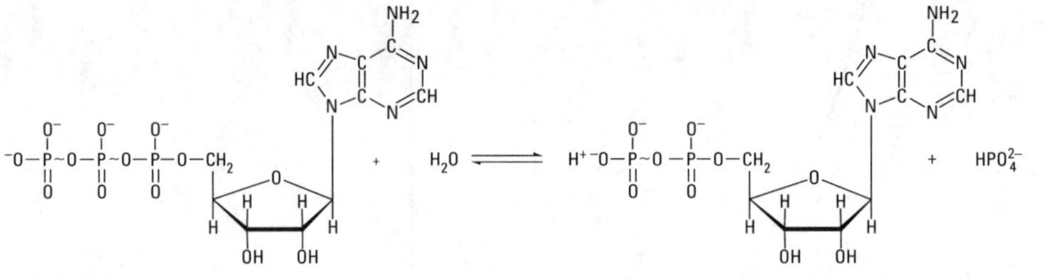

ATP^{4-} — $H^+ + ADP^{3-}$ — P^{2-}

Adenosintriphosphat — *Adenosindiphosphat* — *Phosphat*

Abb. 5.56 Spaltung von Adenosintriphosphat in Adenosindiphosphat und Phosphat.

Wenn die endständige Phosphatbindung hydrolysiert wird, vermindern sich diese Abstoßungsvorgänge etwas. Die beiden resultierenden Produkte, nämlich die Anionen HPO_4^{2-} und ADP^{3-} sind negativ geladen und besitzen daher wegen der gegenseitigen Abstoßung ihrer Ladungen eine nur geringe Neigung, sich wieder aneinander anzulagern. Daher vereinigen sich auch ADP^{3-} und HPO_4^{2-} nicht ohne weiteres wieder zu der Form von ATP^{4-}. Der zweite Grund, der zu einem relativ großen negativen ΔG^0-Wert der ATP^{4-}-Hydrolyse beiträgt, besteht darin, dass die beiden Produkte ADP^{3-} und HPO_4^{2-} durch Mesomeriestabilisierung eine neue energieärmere Anordnung der Elektronen erhalten, was dazu führt, dass sie sehr viel weniger freie Enthalpie besitzen, als sie aufweisen würden, wenn sie noch in der Form des ATP^{4-} vereint wären. ATP^{4-} kann auch unter Abspaltung einer Diphosphatgruppe ($HP_2O_7^{3-}$) hydrolysieren:

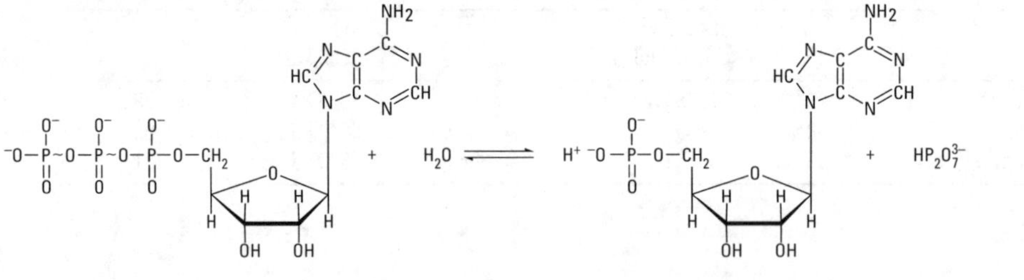

ATP^{4-} — $H^+ + AMP^{2-}$ — $P-P^{3-}$

Adenosintriphosphat — *Adenosinmonophosphat* — *Diphosphat*

Abb. 5.57 Spaltung von Adenosintriphosphat in Adenosinmonophosphat und Diphosphat.

c) Im Gegensatz zu b) besitzt bei der Hydrolyse von Glukose-6-phosphat ein Produkt (Glukose) keine Nettoladung. Da sich Glukose und freies Phosphat (HPO_4^{2-}) nicht gegenseitig elektrostatisch abstoßen, haben sie eine größere Tendenz, sich wieder zu vereinigen.

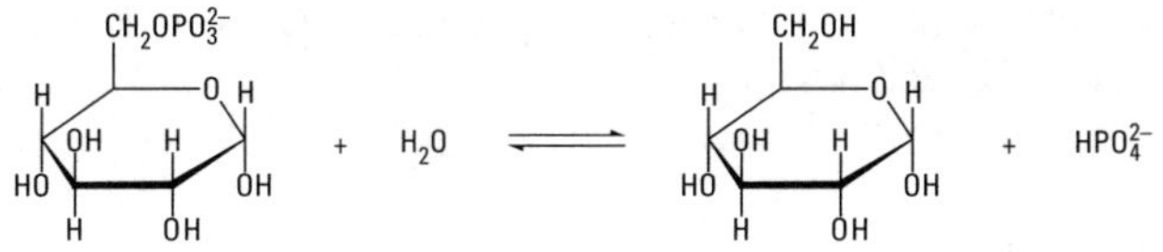

Glukose-6-phosphat *Glukose*

Abb. 5.58 Spaltung von Glukose-6-Phosphat in Glukose und Phosphat.

a) Im Phosphoenolpyruvat^{3-} ist das zweite C-Atom durch die polarisierende Wirkung seiner Nachbarn (-I Effekt: $=CH_2$; -M Effekt: $-COO^-$; $-PO_4^{2-}$) sehr stark elektrophil. Als Lewis-Säure kann daher Phosphoenolpyruvat^{3-} mit dem nukleophilen Partner Wasser (Lewis-Base) einen lockeren, energiereichen Lewis-Säure-Base-Komplex bilden, der sich unter Freisetzung von Enthalpie zu Pyruvat$^-$ und HPO_4^{2-} stabilisiert. Gegenüber ATP^{4-} drückt sich dies in noch negativeren Werten von ΔG^0 und pK_{Hydr} aus.

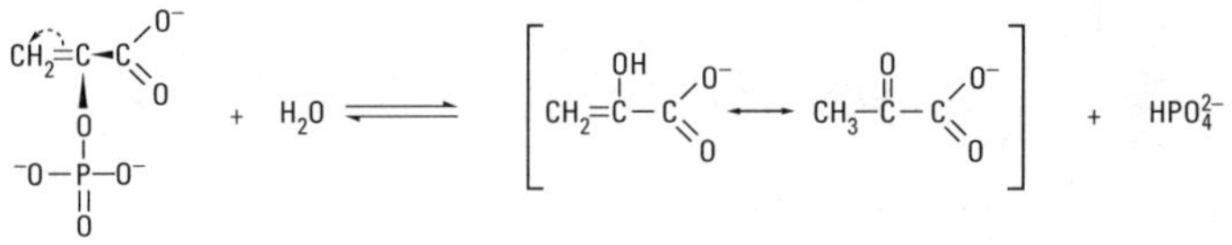

Phosphoenolpyruvat *Enolpyruvat* *Pyruvat* *Hydrogenphosphat*

Abb. 5.59 Spaltung von Phosphoenolpyruvat in Pyruvat und Phosphat.

282.2:

ATP^{4-} besitzt innerhalb der thermodynamischen Skala einen mittleren pK_{Hydr}-Wert, obgleich es als energiereiches Phosphat angesehen wird (Abb. 4.21, Kap. 4). Die Funktion des ATP^{4-}/ADP^{3-}-Systems besteht darin, als notwendiger Zwischenträger zu dienen, der Phosphatgruppen von Substanzen am oberen Ende der Skala auf Akzeptormoleküle am unteren Ende der Skala übertragen kann. ATP^{4-} kann als gemeinsames Zwischenprodukt energieliefernde (exergone) Reaktionen mit energieverbrauchenden (endergonen) verbinden. Im Verlaufe kataboler Reaktionen werden energiereiche Phosphatverbindungen auf Kosten der Energie gebildet, die beim Abbau zellulärer Nährstoffe freigesetzt wird. Diese Stoffe übertragen ihre Phosphatgruppen (HPO_4^{2-}) und damit ihre Energie auf ADP^{3-}. Das so gebildete ATP^{4-} überträgt seine endständige Phosphatgruppe und damit seine Energie auf ein Akzeptormolekül, dessen Energieinhalt dadurch ansteigt. Diese Vorgänge sind in Abb. 5.60 dargestellt, in denen X-P den Donator einer energiereichen Phosphatgruppe (HPO_4^{2-}) (= P) für

H^+ADP^{3-}(=ADP) darstellt, Y den Akzeptor einer Phosphatgruppe vom ATP^{4-}(=ATP) und E_1 und E_2 spezifische phosphatübertragende Enzyme:

$$\underset{X-P}{\textit{Donator}_1} + ADP \overset{E_1}{\rightleftharpoons} \underset{X}{\textit{Akzeptor}_1} + ATP$$

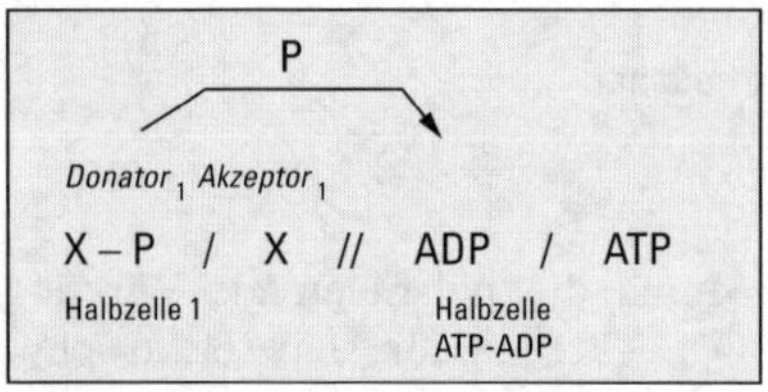

$$\Delta pK_1 = pK_1 - pK_{ATP}$$

$$\Delta G_1^0 = 2{,}303 \cdot \Delta pK_1 \cdot R \cdot T$$

$$ATP + \underset{\textit{Akzeptor}_2}{Y} \overset{E_2}{\rightleftharpoons} ADP + \underset{\textit{Donator}_2}{Y-P}$$

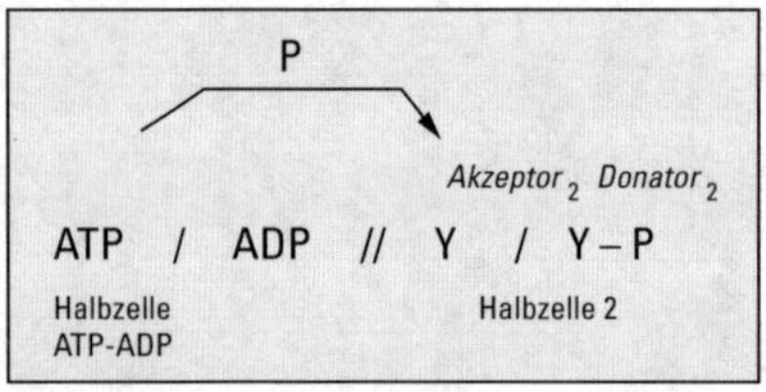

$$\Delta pK_2 = pK_{ATP} - pK_2$$

$$\Delta G_2^0 = 2{,}303 \cdot \Delta pK_2 \cdot R \cdot T$$

Abb. 5.60 Halbzellen des ATP^{4-}/ADP^{3-}-Systems.

Im Intermediärstoffwechsel findet die direkte Reaktion zwischen denkbaren korrespondierenden Halbzellen X-P/X und Y/Y-P i. d. R. nicht statt (kinetische Hemmung, Zeit- und Ortfaktoren), ist aber bei energetischen Betrachtungen einer Sequenz von hintereinandergeschalteten Reaktionen durchaus von Bedeutung:

$$\underset{X-P}{\textit{Donator}_1} + \underset{Y}{\textit{Akzeptor}_2} \underset{E_2}{\overset{E_1}{\rightleftharpoons}} \underset{X}{\textit{Akzeptor}_1} + \underset{Y-P}{\textit{Donator}_2}$$

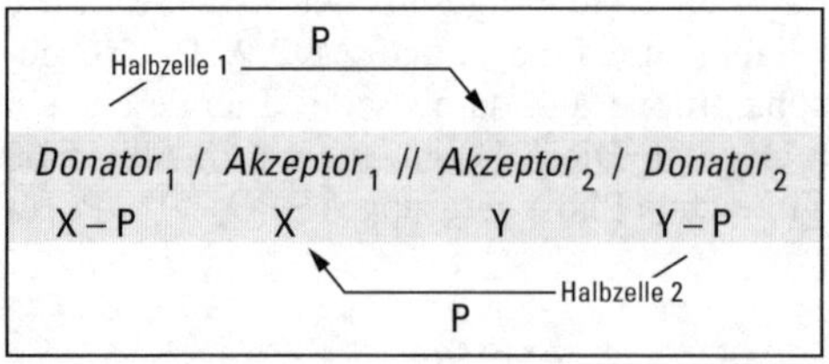

$$\Delta pK_{ges.} = pK_{XP-X} - pK_{YP-Y}$$
$$= pK_{XP-X} < pK_{YP-Y}$$
$$\Delta G^0_{ges.} = 2{,}303 \cdot \Delta pK_{ges.} \cdot R \cdot T$$
$$= \Delta G_1^0 + \Delta G_2^0$$

Abb. 5.61 ATP^{4-}/ADP^{3-}-System.

282.3:

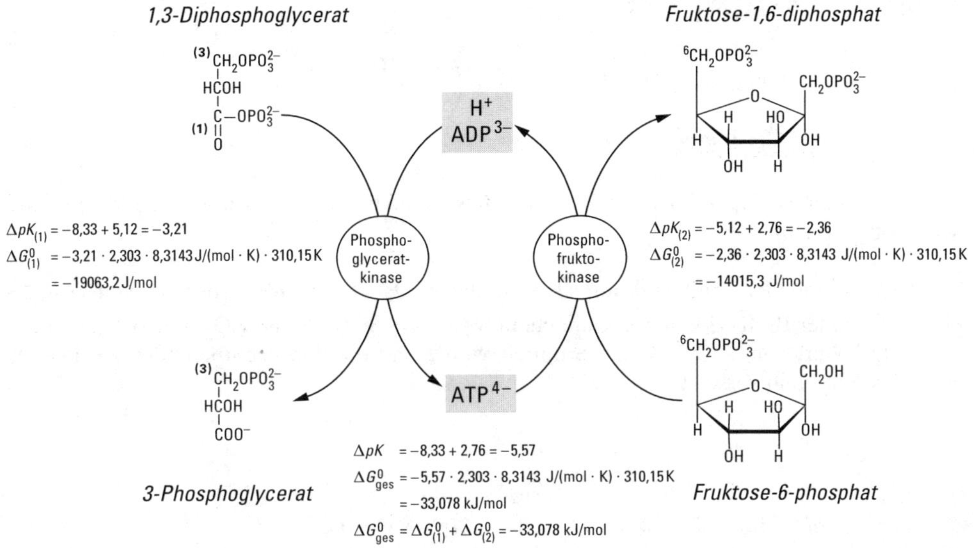

Abb. 5.62 ATP^{4-}/ADP^{3-}-System als Bindeglied zwischen der Reaktion von 1,3-Diphosphoglycerat zu 3-Phosphoglycerat und der Reaktion von Fruktose-6-phosphat zu Fruktose-1,6-diphosphat.

282.4:
Die Übertragung des Phosphatrestes (HPO_4^{2-}) von ATP^{4-} erfolgt i. d. R. auf Moleküle mit Hydroxyl-, Carboxyl- oder Aminogruppen. Sie wird von spezifischen Enzymen **(ihr Proteinanteil heißt Apoenzym)** katalysiert, die ATP^{4-} bzw. ADP^{3-} als Cosubstrat **(→ reversibel ablösbarer Nichtproteinanteil, auch Coenzym genannt)** verwenden und meist als Kinasen bezeichnet werden. Apoenzym und Coenzym bilden zusammen das Holoenzym. Nur dieses ist wirksam.

283 Die Oxidation von Glycerinaldehyd-3-phosphat zu 1,3-Biphosphoglycerat bildet den energieliefernden Schritt der Glykolyse. Die Energie wird jedoch nicht als Wärme frei, sondern das energiereiche, doppelt phosphorylierte Oxidationsprodukt überträgt anschließend einen Phosphatrest (HPO_4^{2-}) auf ADP^{3-}, so dass die Oxidationsenergie nun größtenteils in ATP^{4-} gespeichert ist.

284

$$\underset{\text{Pyruvat}^-}{CH_3{-}\overset{\overset{\displaystyle O}{\|}}{C}{-}COO^-H^+} + HS{-}CoA + NAD^+ \rightleftharpoons \underset{\text{Acetyl–S–CoA}}{CH_3{-}\overset{\overset{\displaystyle O}{\|}}{C}{-}S{-}CoA} + NADH/H^+ + CO_2$$

$$\Delta_R G^0 = -R \cdot T \cdot \ln \left(\frac{K_p}{p} \right)^{\Delta n}$$

$$= (-0{,}0083143 \cdot 298{,}15)\,\text{kJ/mol} \cdot \ln \left(\frac{7{,}4 \cdot 10^{10}\,\text{Pa}}{10^5\,\text{Pa}} \right)^1$$

$$= \underline{\underline{-33{,}5\,\text{kJ/mol}}}$$

Der hohe negative $\Delta_R G^0$-Wert zeigt, dass diese Reaktion in der intakten Zelle praktisch irreversibel verläuft.

285 Vergleichbar mit der Initialreaktion (1b) ist die oxidative Decarboxylierung von α-Ketoglutarat^{2-} unter Bildung von energiereichem Succinyl$\sim$S$-$CoA und CO_2, bei der gleichfalls ein $\Delta_R G^0$-Wert von $-33{,}5$ kJ/mol ermittelt wurde und die den nachfolgenden Reaktionen einen Energieschub versetzt.

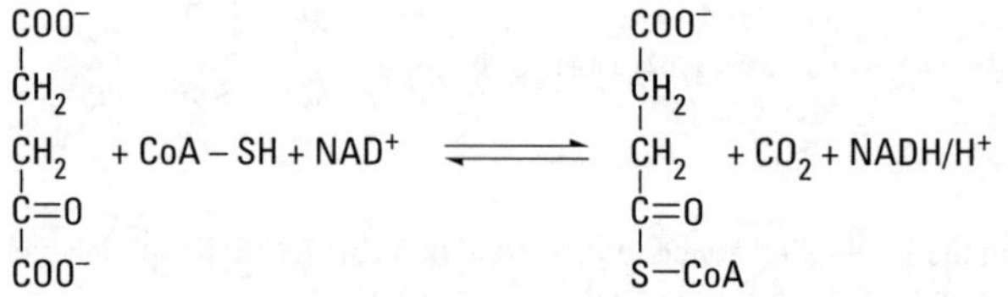

α-Ketoglutarat^{2-} *Succinyl~S-CoA*

Abb. 5.63 Umsetzung von α-Keto-glutarat^{2-} zu Succinyl$\sim$S$-$CoA.

286 Die Reaktion verläuft trotzdem in der Zelle ohne Schwierigkeiten in Richtung zum Oxalacetat^{2-}, weil die Reaktionsprodukte Oxalacetat^{2-} und NADH/H$^+$ durch weitere Reaktionsschritte in Richtung Citrat^{3-} und weiter schnell entfernt werden (Abb. 5.64).

287 Zwei Kohlenstoffatome erscheinen als Kohlenstoffdioxid und zwar äquivalent zu den beiden Kohlenstoffatomen der Acetylgruppe, die in den Zyklus eingetreten ist; sie sind aber nicht mit ihnen identisch. Vier Paare Wasserstoffatome werden durch enzymatische Dehydrogenierung gewonnen. Davon dienen drei Paare dazu, NAD$^+$ zu reduzieren, und ein Paar wird zur Reduktion des FAD (Flavin-Adenin-Dinukleotid) der Succinat-Dehydrogenase (s. Kap. 6, Abb. 6.5) verwendet. Schließlich werden alle diese Wasserstoffatome zu H$^+$ ionisiert und die dabei abgespaltenen Elektronen werden nach ihrem Transport durch die Atmungskette vom Sauerstoff gebunden.

288 Die Gleichung lautet: $CH_3{-}COOH + 2\,H_2O \longrightarrow 2\,CO_2 + 8\,H$. Aus ihr und dem Schema im Vorspann (Abb. 4.22) geht hervor, dass weder molekularer Sauerstoff oder anorganisches Phosphat noch ATP^{4-} direkt an den Vorgängen des Citrat-Zyklus teilnehmen. Es tritt keine Nettoentnahme von Oxalacetat^{2-} auf. Ein Molekül davon reicht aus, um die Oxidation von unendlich vielen Essigsäuremolekülen (als Acetyl$\sim$S$-$CoA) durchzuführen. Ungeachtet dieser Feststellung, ist intermediär eine enzymatisch katalysierte Nachlieferung von Oxalacetat^{2-} durch Pyruvat-Carboxylierung garantiert.

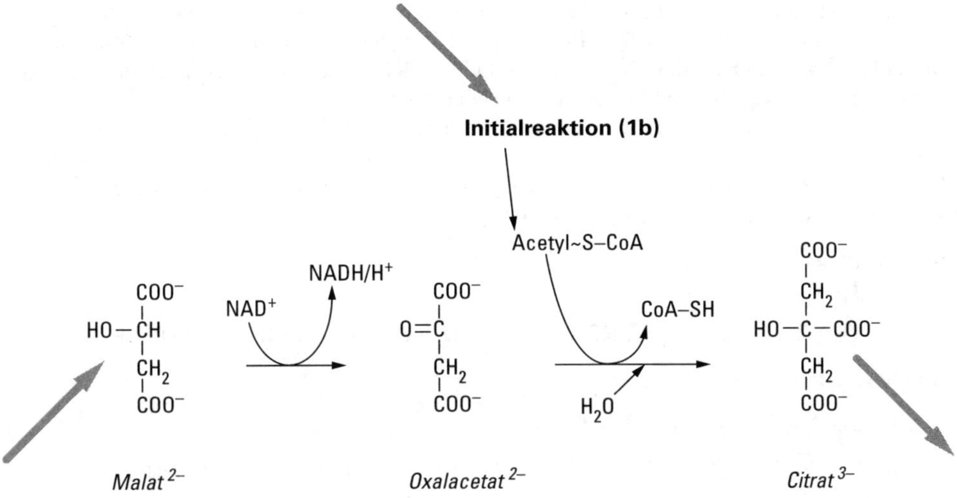

Abb. 5.64 Initialreaktion und Schrittfolge des Citrat-Zyklus mit exergoner Wirkung auf die endergone Oxidation von Malat^{2-} zu Oxalacetat^{2-}.

289 a):

Alkoholische Gärung

Bilanzgleichung:

$$C_6H_{12}O_6 + 2\,(H^+/ADP^{3-}) + 2\,HPO_4^{2-} \longrightarrow 2\,C_2H_5OH + 2\,CO_2 + 2\,ATP^{4-} + 2\,H_2O$$

Wirkungsgrad:

$$C_6H_{12}O_6 \longrightarrow 2\,C_2H_5OH + 2\,CO_2$$

$$\Delta_R G_1^0 = \sum \Delta_B G^0_{Prod.} - \sum \Delta_B G^0_{Ed.} = (-1136 - 910)\,kJ/mol = -226\,kJ/mol$$

$$2\,(H^+/ADP^{3-}) + 2\,HPO_4^{2-} \longrightarrow 2\,ATP^{4-} + 2\,H_2O$$

$$\Delta_R G_2^0 = +61{,}12\,kJ/mol$$

$$\eta_{ATP} = \frac{61{,}12\,kJ/mol}{226\,kJ/mol} = \underline{\underline{0{,}27}}$$

Aus der Reaktionsfolge der Glykolyse (Kap. 4, Abb. 4.22(1a) und Kap. 6, Abb. 6.1) geht hervor, dass aus einem Mol Glukose zunächst zwei Mole Pyruvat$^-$, zwei Mole NADH/H$^+$ und zwei Mole ATP^{4-} entstehen. Hefen können nun mit Hilfe des Enzyms Pyruvat-Decarboxylase folgende Reaktion katalysieren:

$$\underset{\text{Pyruvat}^-}{CH_3\text{–}\overset{\overset{\displaystyle O}{\|}}{C}\text{–}COO^-H^+} \xrightarrow{\text{Enzym}} \underset{\text{Ethanal}}{CH_3CHO} + CO_2$$

Das Ethanal wird anschließend durch NADH/H$^+$ zu Ethanol reduziert:

$$\underset{\text{Ethanal}}{CH_3\text{–}CHO} + NADH/H^+ \longrightarrow \underset{\text{Ethanol}}{CH_3\text{–}CH_2OH} + NAD^+$$

Aus der Reaktion von Pyruvat⁻ zu Ethanol ergibt sich für die Zelle eine Wiedergewinnung von NAD^+ und damit die weitere Möglichkeit zur ATP^{4-}-Synthese. Denn wenn die Atmungskette nicht abläuft, wird der an das Coenzym gebundene Wasserstoff nicht oxidiert, er würde das Coenzym in Form von $NADH/H^+$ auf Dauer blockieren.
Die alkoholische Gärung durch Hefepilze dient zum Bierbrauen und zur Branntweinherstellung. Da Ethanol ein Zellgift ist, wird es ausgeschieden und reichert sich in der gärenden Mischung an. Bei einer Konzentration von ca. 18 Vol·-% Ethanol hört die Gärung von selbst auf, da der Alkohol die Zellen zu schädigen beginnt.

Milchsäuregärung
Bilanzgleichung:

$$C_6H_{12}O_6 + 2\,(H^+/ADP^{3-}) + 2\,HPO_4^{2-} \longrightarrow 2\,CH_3{-}CHOH{-}COOH + 2\,ATP^{4-} + 2\,H_2O$$

Wirkungsgrad:

$$C_6H_{12}O_6 \longrightarrow 2\,CH_3{-}CHOH{-}COOH$$

$$\Delta_R G_1^0 = \sum \Delta_B G^0_{Prod.} - \sum \Delta_B G^0_{Ed.} = (-1107 - 910)\,kJ/mol = -197\,kJ/mol$$

$$2\,(H^+/ADP^{3-}) + 2\,HPO_4^{2-} \longrightarrow 2\,ATP^{4-} + 2\,H_2O$$

$$\Delta_R G_2^0 = +61{,}12\,kJ/mol$$

$$\eta_{ATP} = \frac{61{,}12\,kJ/mol}{197\,kJ/mol} = \underline{\underline{0{,}31}}$$

Einige Bakterienarten, deren bekannteste die allgegenwärtigen Milchsäurebakterien sind, lösen das Problem der NAD^+-Regenerierung anders als die Hefepilze: Sie reduzieren das Pyruvat⁻ mit $NADH/H^+$ unmittelbar zu Lactat⁻ (Anion der Milchsäure), ohne dass CO_2 als Abfallprodukt entsteht:

$$\underset{\text{Pyrovat}^-}{CH_3{-}\overset{\overset{\displaystyle O}{\|}}{C}{-}COO^-H^+} + NADH/H^+ \longrightarrow \underset{\text{Lactat}^-}{CH_3{-}CHOH{-}COO^-H^+} + NAD^+$$

Auch hier wird das Endprodukt ins Nährmedium ausgeschieden. Dies macht sich der Mensch z. B. bei der Herstellung von Sauerteig, gesäuerten Milcherzeugnissen (Buttermilch, Yoghurt), Sauerkraut und eingelegten, sauren Bohnen zu Nutze. In den beiden letztgenannten Fällen hat man es nicht nur auf den sauren Geschmack abgesehen, sondern auch auf eine Konservierung. Die Erfahrung lehrt nämlich, dass viele Bakterien, die unsere Lebensmittel durch Fäulnis verderben, in saurem Milieu nicht existieren können. Auch die Aufbewahrung von vitaminreichem Grünfutter in Silos beruht auf der Milchsäurekonservierung.
Menschliche Muskelzellen erzeugen ATP^{4-} durch Milchsäuregärung, wenn Sauerstoff knapp ist. Eine solche **Anaerobiose** tritt z. B. bei anstrengender körperlicher Arbeit auf, wenn die Sauerstoffversorgung der Muskeln durch das Blut nicht mehr mit dem ATP-Verbrauch Schritt halten kann. Unter solchen Bedingungen stellen die Zellen sich von der aeroben Zellatmung auf Gärung um. Das Lactat⁻, das sich als Produkt ansammelt, kann Muskelerschöpfung und Muskelkater verursachen, aber es wird allmählich vom Blut abtransportiert und zur Leber befördert. Die Leberzellen setzen das Lactat⁻ wieder zu Pyruvat⁻ um.
Neuere Erkenntnisse über die Ursache von Muskelkater gehen allerdings von Mikroverletzungen im Muskel beim Bremsen und Beschleunigen von Bewegungen (insbesondere mit schlechter Koordination) aus. Durch Überlastung entstehen in den Sarkomeren der Muskelfasern kleine Risse. Resultierende Entzündungen führen durch Eindringen von Wasser

zum Anschwellen des Muskels mit Dehnungsschmerzen. Nachdem sich der Lactatspiegel längst normalisiert hat, stellen sich diese jedoch erst nach etwa 12 bis 24 Stunden ein, wenn die bei den Mikrorissen entstandenen Abfallprodukte aus dem Muskel befördert werden und dort mit den Nervenzellen in Kontakt kommen.

b):
Die Zelle kann durch Veratmung von 1 mol Glukose 36 mol ATP^{4+} aufbauen, während bei der Gärung nur 2 mol ATP^{4-} entstehen. Zur Deckung seines Energiebedarfs muss ein gärendes Lebewesen demnach wesentlich mehr Glukose umsetzen als ein atmendes.

c):
Die Glykolyse ist ein gemeinsamer Reaktionsweg von Gärung und Zellatmung. Diese Gemeinsamkeit hat ihre Grundlage in der biologischen Evolution der Organismen auf der Erde. Deren Uratmosphäre bestand wahrscheinlich aus Wasserstoff, Methan, Ammoniak und Wasserdampf. Deshalb konnten sich zunächst nur Anaerobier entwickeln. Die ersten Prokaryoten (kernlose Zellen) stellten ATP^{4-} vermutlich schon durch Glykolyse her, lange bevor die Erdatmosphäre Sauerstoff enthielt. Die ältesten bekannten Fossilien von Bakterien sind über 3,5 Milliarden Jahre alt, aber nennenswerte Mengen von Sauerstoff sammelten sich in der Atmosphäre vermutlich erst vor etwa 2,5 Milliarden Jahren an. Fossilfunden zufolge hatten sich zu jener Zeit die Cyanobakterien entwickelt; diese geben als Nebenprodukt der Photosynthese Sauerstoff ab. Die ersten Prokaryoten müssen ihr ATP^{4-} also ausschließlich durch Glykolyse gewonnen haben, für die kein Sauerstoff erforderlich war. Außerdem ist die Glykolyse der am weitesten verbreitete Stoffwechselweg, und das legt die Vermutung nahe, dass sie sich in der Geschichte des Lebens bereits sehr frühzeitig entwickelt hat. Auch die Tatsache, dass sie im Cytosol (löslicher Teil des Cytoplasmas) abläuft, weist auf ein hohes stammesgeschichtliches Alter hin; dieser Stoffwechselweg erfordert nicht die membranumhüllten Organellen der Eukaryotenzellen (kernhaltige Zellen), die erst etwa zwei Milliarden Jahre nach den ersten Prokaryoten entstanden. Die Glykolyse ist somit ein Erbstück aus dem Stoffwechsel der allerersten Zellen, das heute weiterhin an der Gärung mitwirkt und als erstes Stadium beim Abbau organischer Moleküle durch die Zellatmung dient .

290 (s. Abb 5.65) Die nächsten Reaktionsschritte sind mit denen des Kohlenhydratabbaus identisch (Kap. 6, Abb. 6.1 und 6.2).

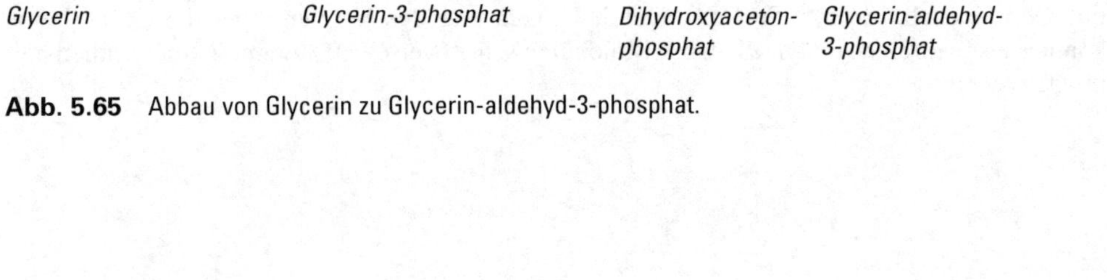

Abb. 5.65 Abbau von Glycerin zu Glycerin-aldehyd-3-phosphat.

291 **(s. Abb. 4.23):**

(0) Die freie Fettsäure wird zunächst durch Veresterung mit CoA-SH unter Bildung des entsprechenden Acyl~S-CoA-Esters aktiviert und von einem Lotsen (Acyl-Carnitin-Ester) unter Verbrauch von 1 mol ATP^{4-} zur inneren Mitochondrienmatrix transportiert. Dort folgen vier enzymatische Stufen unter Abspaltung eines Acetyl~S−CoA-Restes:

(1) Oxidation der C-Atome 2 und 3 durch die FAD-abhängige Dehydrogenase,

(2) Enzymatische Wasseranlagerung an die resultierende 2,3-trans-Doppelbindung,

(3) Oxidation des resultierenden $\beta-Acyl$~S−CoA durch eine NAD^+ abhängige Dehydrogenase und

(4) Enzymatische Spaltung des gebildeten $\beta-Ketoacyl$~S−CoA zur Bildung von Acetyl~S−CoA und dem um zwei C-Atome verkürzten Fettsäure ~S-CoA-Ester. Der verkürzte Fettsäure~S−CoA−Ester kann dann erneut den Zyklus durchlaufen.

Ergebnisse:

- In einem Durchgang werden je 1 mol $NADH/H^+$ und 1 mol $FADH_2$ gebildet.
- In einem Durchgang wird jeweils 1 mol Acetyl~S−CoA gebildet.
- In einem Durchgang wird jeweils 1 mol ATP^{4-} gespalten.
- Nach einem Durchgang folgt ein zweiter, dann ein dritter usw., bis die Fettsäure vollständig in Acetyl~S−CoA gespalten wurde. Natürliche Fettsäuren haben in der Regel eine gerade Anzahl von C-Atomen.

292 Kohlenhydratmoleküle befinden sich in einem höheren Oxidationszustand als die relativ sauerstoffarmen Fettmoleküle. Z. B. ist die Oxidationszahl eines mittelständigen C-Atoms der Glukose ± 0, die eines mittelständigen C-Atoms im Alkanrest einer Fettsäure-2. Demnach kann bei der Oxidation eines Fettmoleküls bedeutend mehr Energie gewonnen werden als bei der Oxidation eines Glukosemoleküls. Außerdem sind Fettmoleküle größer als Glukosemoleküle, sie besitzen mehr oxidierbare Atome.

293 Stearinsäure hat 18 C-Atome. Sie durchläuft den β-Oxidationszyklus insgesamt achtmal. Dabei entstehen 9 Acetyl~S−CoA, 8 $NADH/H^+$ und 8 $FADH_2$. Es liefern 9 Acetyl~S−CoA beim oxidativen Abbau im Citrat-Zyklus $9ATP^{4-} + 9 \cdot 3NADH/H^+ + 9FADH_2$. Es liefern 35 $NADH/H^+$ in der Atmungskette $3 \cdot 35 = 105ATP^{4-}$. Es liefern 17 $FADH_2$ in der Atmungskette $2 \cdot 17 = 34\ ATP^{4-}$. 1 ATP^{4-}wird zur Bildung von Stearyl~S-CoA am Start verbraucht.

$(9 + 105 + 34 - 1)\ ATP^{4-} = 147\ ATP^{4-}$ (⇒ gespeicherte freie Enthalpie von 4492,32 kJ/mol Stearinsäure als energiereiche Phosphatbindungen in der Form von ATP^{4-})

294 Beim glykolytischen Glukoseabbau entstehen die Zwischenprodukte Dihydroxyacetonphosphat und Glycerinaldehyd-3-phosphat. Beide lassen sich zu Glycerin reduzieren. Endprodukt der Glykolyse ist Brenztraubensäure. Bei deren oxidativer Decarboxylierung und Reaktion mit CoA entsteht Acetyl~S−CoA. Durch Umkehrung der Vorgänge bei der β-Oxidation können aus mehreren Acetyl~S−CoA-Molekülen schrittweise Fettsäuremoleküle synthetisiert werden.

295 Die Reaktionsfolge ergibt sich aus der Umkehrung der β-Oxidation (vergl. Abb. 4.23).

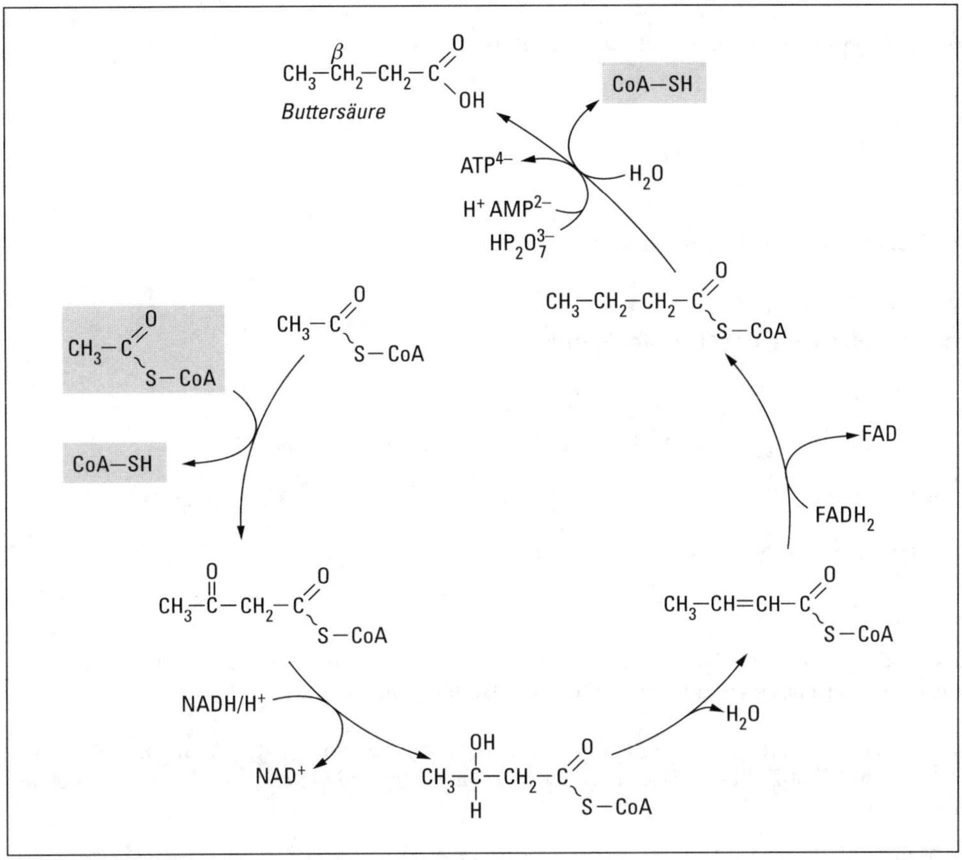

Abb. 5.66 Aufbau von Buttersäure.

296 Die aus Alanin durch **oxidative Desaminierung** gebildete Brenztraubensäure gelangt als Acetyl∼S–CoA in den Citrat-Zyklus. Hier erfolgt der weitere Abbau des Acetylrestes unter Bildung von CO_2 und Wasserstoffatomen (gebunden an NAD^+ und FAD). In der nachfolgenden Atmungskette erfolgt ein Transport von Elektronenäquivalenten dieser Wasserstoffatome zu molekularem Sauerstoff, ein Vorgang, der durch Chemiosmose mit einer Phosphorylierung von ADP^{3-} gekoppelt ist.

Bilanz:
Die Schrittfolge bis Acetyl∼S–CoA erzeugt 2 $NADH/H^+$, der weitere Abbau im Citrat-Zyklus liefert 1 ATP, 3 $NADH/H^+$ und 1 $FADH_2$. Es liefern 5 $NADH/H^+$ in der Atmungskette $3 \cdot 5 = 15$ ATP^{4-}. Es liefert 1 $FADH_2$ in der Atmungskette $1 \cdot 2 = 2$ ATP^{4-}. 2 ATP^{4-} werden für den Abbau der Alanin-Aminogruppe im Harnstoffzyklus (s. Kap. 6, Abb. 6.9) benötigt. 2 weitere energiereiche Phosphatbindungen sind für die Einschleusung von $Aspartat^{2-}$ in den Zyklus erforderlich.

Somit ergeben sich $1 + 15 + 2 - 2 = 16$ ATP^{4-} (= 489,6 kJ/mol).

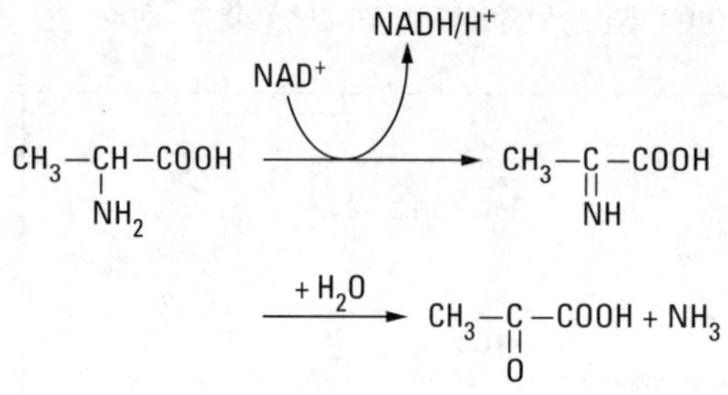

Abb. 5.67 Oxidative Desaminierung von Alanin.

Summengleichung des Harnstoffzyklus:

$$2\,NH_3 + CO_2 + 3\,ATP^{4-} + H_2O \rightleftharpoons$$

$$CO(NH_2)_2 + 2\,(H^+ADP^{3-}) + 2\,HPO_4^{2-} + (H^+AMP^{2-}) + HP_2O_7^{3-}$$

Harnstoff Pyrophosphat^{3-}

$$HP_2O_7^{3-} + H_2O \rightleftharpoons HPO_4^{2-} + H_2PO_4^-$$

Pyrophosphat^{3-}

Die Bildung von 1 Molekül Harnstoff benötigt, da das gebildete Pyrophosphat^{3-} hydrolysiert wird, letzten Endes 4 energiereiche Phosphat-Bindungen.

297 In unserem Beispiel wird aus Glutamat^{2-} durch Transaminierung α-Ketoglutarat^{2-}, das ebenfalls in den Citrat-Zyklus gelangen und weiter abgebaut werden kann. Die Summengleichung lautet:

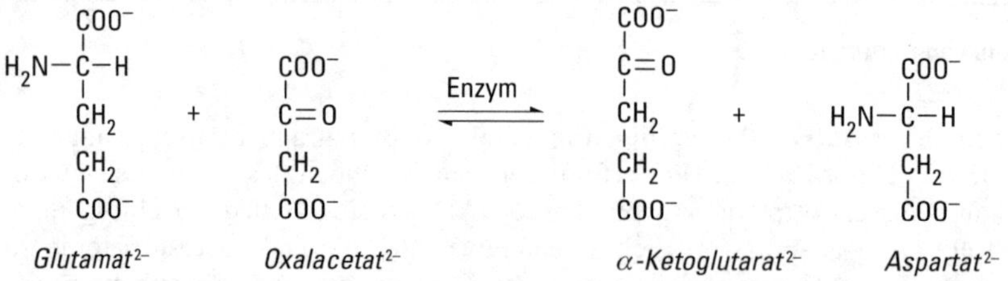

Abb. 5.68 Transaminierung von Glutamat^{2-} zu α-Ketoglutarat^{2-}.

Das Enzym wirkt dabei als Überträger der Aminogruppe (Abb. 5.69).
Am elektrophilen C-Atom von Pyridoxalphosphat^{2-} lagert sich das Stickstoffatom der α-Aminosäure unter Wasserabspaltung nukleophil an. Es bildet sich ein lockerer Lewis-Säure/Base-Komplex (Schiffsche Base, Azomethin, Imin), der unter Wasseraufnahme und Mesomeriestabilisierung in Pyridoxaminphosphat^{2-} und α-Ketosäure zerfällt (Abb. 5.70).

Das aminierte Enzym kann nun die NH_2-Gruppe auf eine andere α-Ketosäure übertragen und wieder die Aldehydform annehmen.

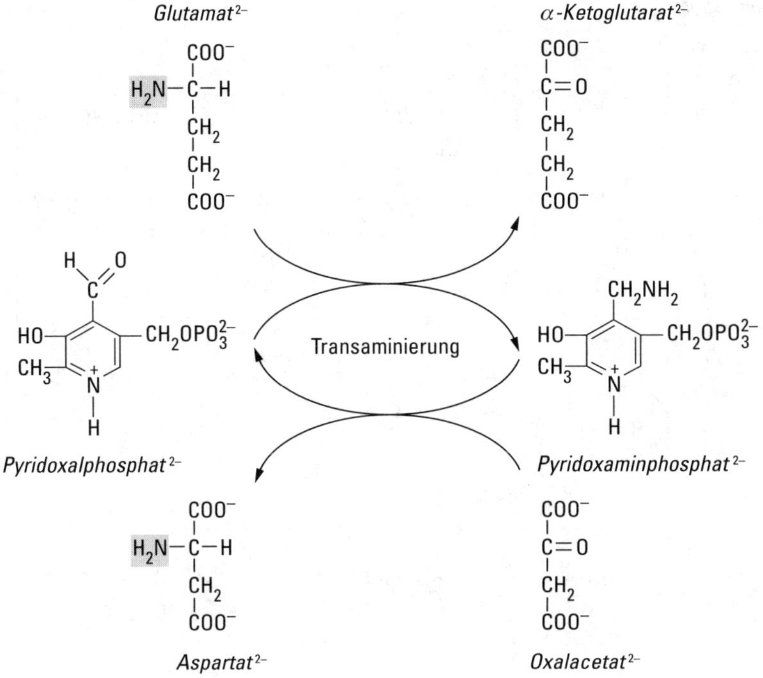

Abb. 5.69 Funktion des Pyridoxalphosphats^{2-} bei der Transaminierung.

298 a):

Die Gesamtreaktion der von $NADH/H^+$ ausgehenden oxidativen Phosphorylierung ergibt sich als Summe von (I) und (II):

$$\text{(I)}\quad 3\,HPO_4^{2-} + ({}_3H^+/ADP^{3-}) \rightleftharpoons 3\,ATP^{4-} + 3\,H_2O \qquad \Delta G^0_{(I)} = +91{,}68\,\text{kJ/mol}$$

$$\text{(II)}\quad NADH/H^+ + \tfrac{1}{2}\,O_2 \rightleftharpoons NAD^+ + H_2O \qquad \Delta G^0_{(II)} = -218{,}06\,\text{kJ/mol}$$

$$NADH/H^+ + 3\,HPO_4^{2-} + 3\,(H^+/ADP^{3-}) + \tfrac{1}{2}\,O_2 \rightleftharpoons NAD^+ + 3\,ATP^{4-} + 4\,H_2O$$

$$\Delta G^0 = -126{,}38\,\text{kJ/mol}$$

Der Wirkungsgrad ergibt sich zu

$$\eta_{ATP} = \frac{\Delta G^0_{(I)}}{\Delta G^0_{(II)}}\,.$$

$\Delta G^0_{(I)} = 3 \cdot 30{,}56\,\text{kJ/mol} = 91{,}68\,\text{kJ/mol}$ (Bildung von 3 Mol ATP^{4-})

$\Delta G^0_{(II)}$ errechnet sich aus ΔE^0 der elektrochemischen Zelle:

		Donator	Akzeptor	
(−)		$NADH/H^+/NAD^+$ //	$\tfrac{1}{2}\,O_2(H_2O)/2\,OH^-$	(+)
Anode	E^0(V)	−0,315	+0,815	Kathode

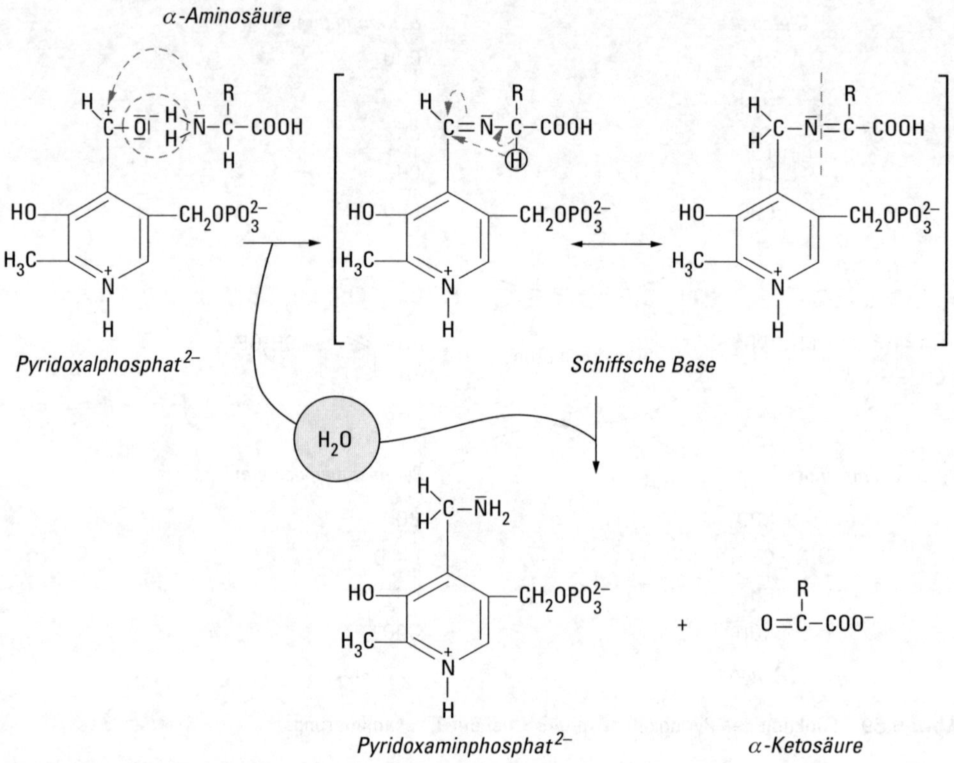

Abb. 5.70 Reaktionsmechanismus der Transaminierung.

$$\Delta E^0 = E^0_{\text{Kathode}} - E^0_{\text{Anode}} = 1{,}13\,\text{V}$$
$$\Delta G^0 = -z \cdot F \cdot \Delta E^0 = -2 \cdot 96\,487\,\text{As/mol} \cdot 1{,}13\,\text{V}$$
$$= -218\,060{,}62\,\text{Ws/mol(J/mol)} \approx -218\,\text{kJ/mol}$$
$$\eta_{\text{ATP}} = \frac{91{,}68\,\text{kJ/mol}}{218\,\text{kJ/mol}} = \underline{\underline{0{,}42}} \quad (42\,\%)$$

b): $FADH_2 + 2\,HPO_4^{2-} + 2\,(H^+/ADP^{3-}) + \frac{1}{2}\,O_2 \rightleftharpoons FAD + 2\,ATP^{4-} + 3\,H_2O$

$$\Delta G^0 = \underline{\underline{+61{,}12\,\text{kJ/mol}}}$$

c):

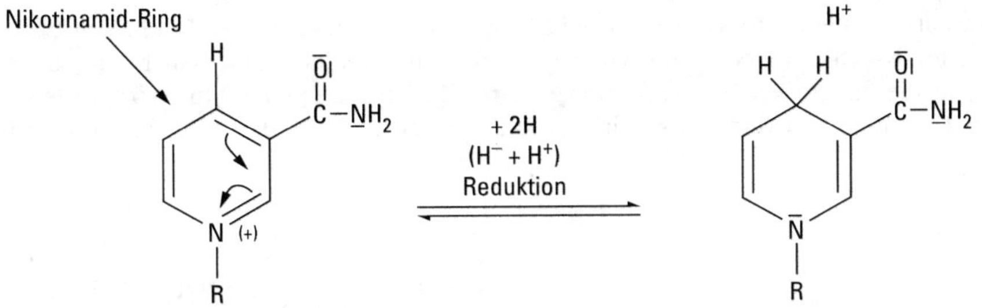

Nikotinamid-Adenin-Dinukleotid
NAD^+
Nikotinamid-Adenin-Dinukleotid-Phosphat
$NADP^+$

$NADH/H^+$

$NADPH/H^+$

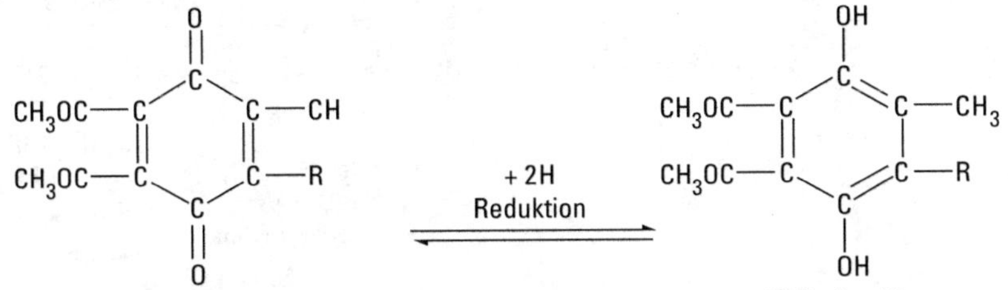

Ubichinon

Ubihydrochinon

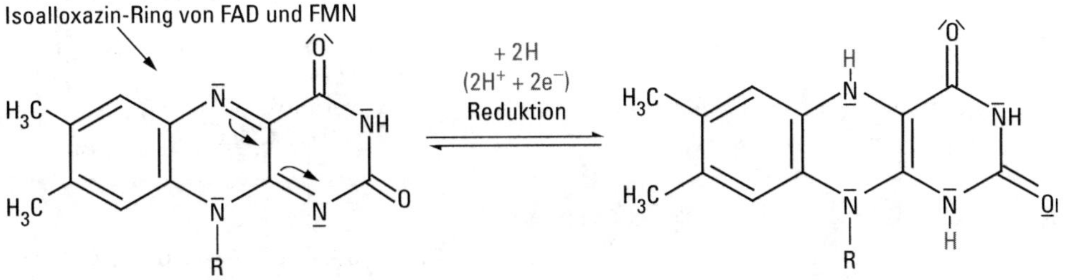

Flavin-Adenin-Dinukleotid
FAD
Flavin-Mono-Nukleotid
FMN

$FADH_2$

$FMNH_2$

Cytochrom c

Die 4 N-Atome und das an sie gebundene Fe-Atom liegen in einer Ebene des 16-gliedrigen Porphinrings, der durch 9 konjugierte Doppelbindungen mesomeriestabilisiert ist. X und Y bezeichnen Proteingruppen.

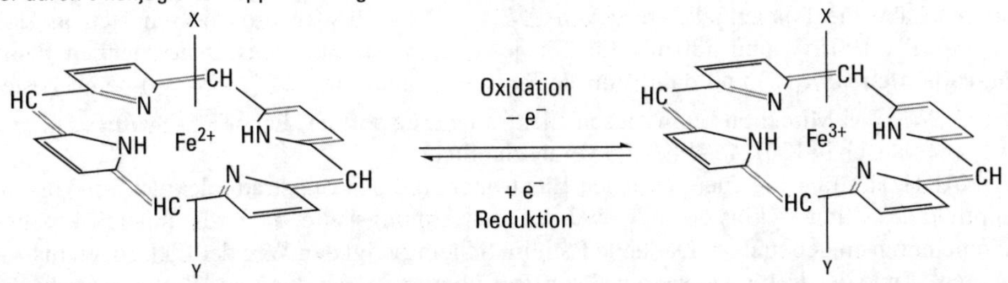

Abb. 5.71 Redoxzustände der prosthetischen Gruppen (NAD^+, $NADP^+$, Ubichinon, FAD, FMN und Cytochrom c) von Carriern der Elektronentransportkette (Atmungskette).

d):
Die Atmungskette synthetisiert selbst kein ATP^{4-}. Sie hat vielmehr die Funktion, den Elektronenfluss vom $NADH/H^+$ beziehungsweise $FADH_2$ zum molekularen Sauerstoff zu ermöglichen und diesen großen Energiesprung in eine Kaskade kleinerer Stufen zu zerlegen (Abb. 5.72). Dadurch wird die Energie in kontrollierbaren und für die Zelle verwertbaren Mengen freigesetzt.

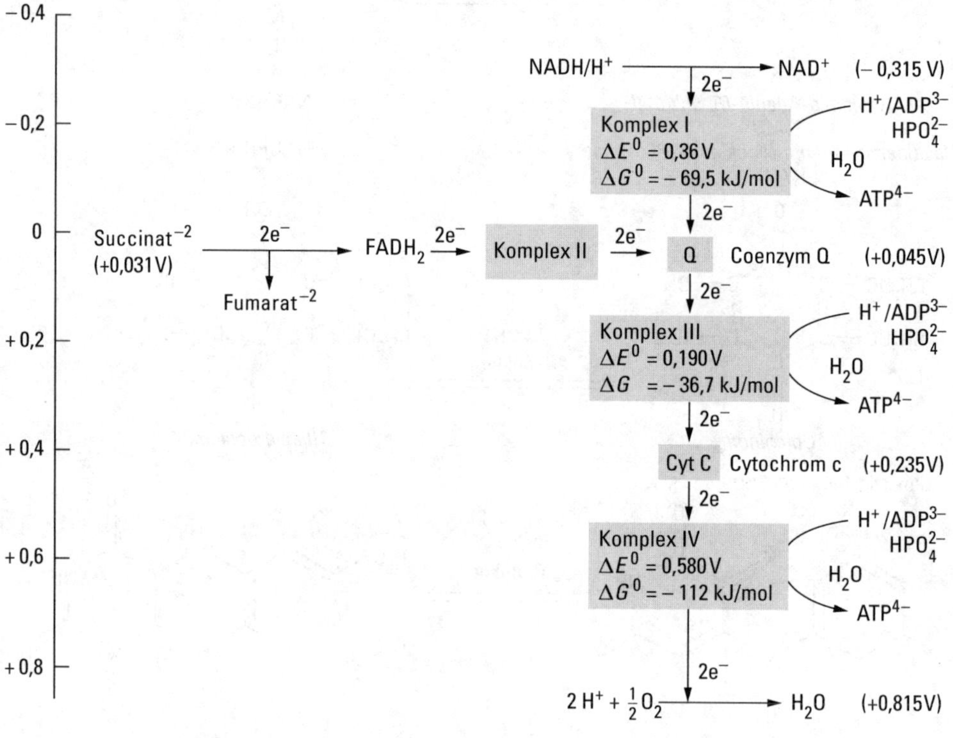

Abb. 5.72 Kaskade kleiner Energiestufen in der Atmungskette.

Der lineare mitochondriale Elektronentransport verläuft über die redoxaktiven Cofaktoren/prosthetischen Gruppen der Proteinkomplexe mit steigenden Redoxpotenzialen vom Redoxpaar $NADH/H^+/NAD^+$ ($\Delta E^0 = -0{,}315$ V) zum Redoxpaar O_2/H_2O ($\Delta E^0 = +0{,}815$ V). Dadurch kann die Potenzialdifferenz von $\Delta E^0 = +1{,}13$ V in drei Teilschritten in Höhe von 360 mV, 190 mV und 580 mV für den jeweiligen Aufbau eines ausreichenden **Protonengradienten** ($\Delta\mu_{H^+}$) und damit für die Synthesearbeit von ATP^{4-} (δW_{ATP}) bereit gestellt werden. Wie das Mitochondrium diesen Elektronentransport an die ATP^{4-}-Synthese koppelt wird schematisch in Kap. 4, Abb. 4.25 veranschaulicht:
Das $NADH/H^+$ trägt die energiereichen Elektronen, die den Substratmolekülen im Vor- und Hauptfeld des Citrat-Zyklus entzogen wurden, zur Atmungskette, die in die innere Mitochondrienmembran eingebettet ist. Der helle Pfeil im Schema zeigt den Weg der Elektronen bis zum „unteren" Ende der Kette, wo sie auf Sauerstoff übertragen werden und Wasser entsteht. Die meisten Elektronenüberträger in der Kette sind zu vier Enzymkomplexen zusammengefasst (Komplex II: FAD → Fe · S fehlt). Ubichinon (Q) und Cytochrom c gelten als mobile

Elektronentransporter zwischen Komplex I und III bzw. III und IV. Während ein solcher Komplex Elektronen aufnimmt und dann wieder abgibt, pumpt er Protonen (H^+) aus der Mitochondrienmatrix in den Intermembranraum. Die aus den Nährstoffen gewonnene Energie wird also in eine **protonenmotorische Kraft *ptm*** umgesetzt, die sich ergibt zu:

$$ptm = \frac{-\Delta\mu_{H^+}}{F} = \frac{-(-z \cdot F \cdot \Delta E + 2{,}303 \cdot R \cdot T \cdot \Delta pH)}{F} = \Delta E - 59\,\mathrm{mV} \cdot \Delta pH [\mathrm{V}]$$

$(T = 298\,°\mathrm{C}, z = 1$ und $F = 96\,487\,\mathrm{As/mol})$

Die Protonen vollenden ihren Kreislauf, indem sie ihrem Konzentrationsgradienten folgend durch einen H^+-Kanal in der ATP^{4-}-Synthase fließen, die als Protein-Enzymkomplex auch in der Membran liegt. Die ATP^{4-}-Synthase arbeitet wie eine Mühle, die mit dem exergonischen Fluss von H^+ die ATP^{4-}-Synthese antreibt. Sie nutzt also den Protonengradienten ($\Delta\mu_{H^+}$), um ADP^{3-}/H^+ zu ATP^{4-} zu phosphorylieren. Diesen Vorgang nennt man **oxidative Phosphorylierung**, weil er durch die Oxidation (Elektronenverlust) von Substratmolekülen angetrieben wird, mit Sauerstoff als finalem Elektronenakzeptor. Den Mechanismus dieser Energiekopplung bezeichnet man als **Chemiosmose**, weil chemische Energie aus Redoxreaktionen zum Aufbau des Protonengradienten ($\Delta\mu_{H^+}$) verwendet und damit ATP-Synthesearbeit $\delta W_{ATP} = \Delta\mu_{H^+} \cdot dn_{ATP}$ in der Einheit J geleistet wird .

299 a)

Abbau von Glukose (6 C-Atome):

Glykolyse und Citrat-Zyklus liefern 4 ATP^{4-}. Die Oxidation von 10 $NADH/H^+$ und 2 $FADH_2$ setzt 30 + 4 = 34 ATP^{4-} frei. 2 ATP^{4-} werden für den $NADH/H^+$-Transport in die Mitochondrien benötigt. Somit ergeben sich 4 + 34 − 2 = 36 ATP^{4-} (= −1101,6 kJ/mol).

$$C_6H_{12}O_6 + 6\,O_2 + 36\,(H^+ADP^{3-}) + 36\,HPO_4^{2-} \rightleftharpoons 6\,CO_2 + 6\,H_2O + 36\,ATP^{4-}$$

$$\Delta G_R^0 = -2876\,\mathrm{kJ/mol};$$

$$\eta_{ATP} = \frac{\Delta_R G_{(ATP)}}{\Delta_R G_{(Glukose)}} = \frac{-1101{,}6}{-2876} = \underline{\underline{0{,}383}}$$

Freisetzung von Wärme: 61,7 %

b)

Abbau von Palmitinsäure (PS, 16 C-Atome):

Für ihre Aktivierung wird 1 ATP^{4-} benötigt. Sie durchläuft 7mal den β-Oxidationszyklus. Dabei entstehen 8 Acetyl–CoA, 7 $NADH/H^+$ und 7 $FADH_2$.

- Es liefern 8 Acetyl–CoA beim oxidativen Abbau im Citrat-Zyklus 8 ATP^{4-}, 8 $FADH_2$ und 24 $NADH/H^+$.
- Es liefern 15 $FADH_2$ in der Atmungskette $2 \cdot 15 = 30$ ATP^{4-}.
- Es liefern 31 $NADH/H^+$ in der Atmungskette $3 \cdot 31 = 93$ ATP^{4-}.

Somit ergeben sich 8 + 93 + 30 − 1 = 130 ATP^{4-}(= −3978 kJ/mol).

$$C_{15}H_{31}COOH + 23\,O_2 + 130\,(H^+ADP^{3-}) + 130\,HPO_4^{2-} \rightleftharpoons 16\,CO_2 + 16\,H_2O + 130\,ATP^{4-}$$

$$\Delta G_R^0 = -9781\,\mathrm{kJ/mol};$$

$$\eta_{ATP} = \frac{\Delta_R G_{(ATP)}}{\Delta_R G_{(PS.)}} = \frac{-3978}{-9781} = \underline{\underline{0{,}407}}$$

Freisetzung von Wärme: 59,3 %

c)
Abbau von Glycerin (3 C-Atome):
Die Bildung von Glycerinaldedehyd-3-phosphat benötigt 1 ATP^{4-} und liefert 1 $NADH/H^+$. Im weiteren Verlauf der Glykolyse und im Citrat-Zyklus entstehen 3 ATP^{4-}, 5 $NADH/H^+$ und 1 $FADH_2$.

- Es liefern 6 $NADH/H^+$ in der Atmungskette $3 \cdot 6 = 18$ ATP^{4-}.
- Es liefert 1 $FADH_2$ in der Atmungskette $1 \cdot 2 = 2$ ATP^{4-}.

Somit ergeben sich $-1 + 3 + 18 + 2 = 22$ ATP^{4-}($= -673\,kJ/mol$).

$$C_3H_8O_3 + 3{,}5\,O_2 + 22\,(H^+ADP^{3-}) + 22\,HPO_4^{2-} \rightleftharpoons 3\,CO_2 + 4\,H_2O + 22\,ATP^{4-}$$

$$\Delta_R G^0 = -1650\,kJ/mol;$$

$$\eta_{ATP} = \frac{\Delta_R G_{(ATP)}}{\Delta_R G_{(Glycerin)}} = \frac{-673}{-1650} = \underline{\underline{0{,}41}}$$

Freisetzung von Wärme: 59 %

d)
Abbau von Triglycerid der Palmitinsäure TGP (51 C-Atome):
Abbau von 3 mol Palmitinsäure und 1 mol Glycerin liefern 412 ATP^{4-} ($= -12\,607{,}2\,kJ/mol$).

$$C_{51}H_{98}O_6 + 72{,}5\,O_2 + 412\,(H^+ADP^{3-}) + 412\,HPO_4^{2-} \rightleftharpoons 51\,CO_2 + 49\,H_2O + 412\,ATP^{4-}$$

$$\Delta_R G^0 = -30\,993\,kJ/mol;$$

$$\eta_{ATP} = \frac{\Delta_R G_{(ATP)}}{\Delta_R G_{(TGP)}} = \frac{-12\,607{,}2}{-30\,993} = \underline{\underline{0{,}41}}$$

Freisetzung von Wärme: 59 %

e)
Abbau von Asparaginsäure (4 C-Atome, 1 NH_2-Gruppe):
Die oxidative Desaminierung zu Oxalessigsäure erzeugt 1 $NADH/H^+$, der weitere Abbau im Citrat-Zyklus liefert 1 ATP^{4-}, 3 $NADH/H^+$und 1 $FADH_2$.

- Es liefern 4 $NADH/H^+$ in der Atmungskette $3 \cdot 4 = 12$ ATP^{4-}.
- Es liefert 1 $FADH_2$ in der Atmungskette $1 \cdot 2 = 2$ ATP^{4-}.
- 2 ATP^{4-} werden für den Abbau der Aminogruppe im Harnstoffzyklus benötigt (für 1 Mol Harnstoff wird bei Umsatz von 2 mol NH_3 die Energie von 4 energiereichen Phosphatbindungen verbraucht (s. Kap. 6, Abb. 6.9)).

Somit ergeben sich $1 + 12 + 2 - 2 = 13$ ATP^{4-} ($= -397{,}8\,kJ/mol$).

$$HOOC{-}CH_2{-}CHNH_2COOH + 3\,O_2 + 15\,(H^+ADP^{3-}) + 15\,HPO_4^{2-}$$
$$\rightleftharpoons 4\,CO_2 + 2\,H_2O + NH_3 + 15\,ATP^{4-}$$

$$2\,NH_3 + CO_2 + 3\,ADP^{4-} + 2\,H_2O$$
$$\rightleftharpoons \underset{\text{Harnstoff}}{CO(NH_2)_2} + 2\,(H^+ADP^{3-}) + 2\,HPO_4^{2-} + (H^+ADP^{2-}) + \underset{\text{Pyrophosphat}}{HP_2O_7^{3-}}$$

$$\underset{\text{Pyrophosphat}}{HP_2O_7^{3-}} + H_2O \rightleftharpoons HPO_4^{2-} + H_2PO_4^-$$

$$\Delta_R G^0 = -1180\,\text{kJ/mol}\,;$$
$$\eta_{ATP} = \frac{\Delta_R G_{(ATP)}}{\Delta_R G_{(\text{Asparaginsäure})}} = \frac{-397{,}8}{-1180} = \underline{\underline{0{,}337}}$$

Freisetzung von Wärme: 66,3 %

300 a):

$$V = 0{,}21 \cdot 15 \cdot 0{,}5\,\text{dm}^3 = 1{,}575\,\text{dm}^3\ O_2$$
$$n = \frac{nV}{RT} = \frac{10^5\,\text{Pa} \cdot 1{,}575\,\text{dm}^3}{8314{,}3\,\text{Pa} \cdot \text{dm}^3/(\text{mol} \cdot \text{K}) \cdot 310\,\text{K}} = 0{,}061\,\text{mol}\ O_2$$
$$m = n \cdot M = 0{,}061\,\text{mol} \cdot 32\,\text{g/mol} = \mathbf{1{,}952\,g\ O_2}$$

b):
Gasteilchen ohne Eigenvolumen, keine zwischenmolekulare Kräfte

c):

$$\alpha_{ven} = \frac{(p_{O_2}/1\,\text{bar})^n}{(p_{O_2}/1\,\text{bar})^n + K_D} = \frac{0{,}0533^{2{,}8}}{0{,}0533^{2{,}8} + 8{,}15 \cdot 10^{-5}} = \underline{\underline{0{,}77}}$$
$$\alpha_{art} = \frac{0{,}133^{2{,}8}}{0{,}133^{2{,}8} + 8{,}15 \cdot 10^{-5}} = \underline{\underline{0{,}977}}$$

d):

$$c_{O_2}^{art} = c_{Hb} \cdot 4 \cdot \alpha_{art}$$
$$= \frac{150\,\text{g/dm}^3}{64\,500\,\text{g/mol}} \cdot 4 \cdot 0{,}977 = 9{,}09 \cdot 10^{-3}\,\text{mol/dm}^3$$
$$V_{O_2}^{art} = \frac{n_{O_2}^{art} \cdot R \cdot T}{p}$$
$$= \frac{9{,}09 \cdot 10^{-3}\,\text{mol} \cdot 8314{,}3\,\text{Pa} \cdot \text{dm}^3/(\text{mol} \cdot \text{K}) \cdot 310\,\text{K}}{10^5\,\text{Pa}} = \underline{\underline{0{,}234\,\text{dm}^3}}$$

e):

$$c_{O_2}^{ven} = c_{Hb} \cdot 4 \cdot \alpha_{ven}$$
$$= \frac{150\,\text{g/dm}^3}{64\,500\,\text{g/mol}} \cdot 4 \cdot 0{,}77 = 7{,}16 \cdot 10^{-3}\,\text{mol/dm}^3$$
$$x = \frac{c_{O_2}^{art} - c_{O_2}^{ven}}{c_{O_2}^{art}} \cdot 100\,\%$$
$$x = \frac{9{,}09 \cdot 10^{-3} - 7{,}16 \cdot 10^{-3}}{9{,}09 \cdot 10^{-3}} \cdot 100\,\% = \underline{\underline{21{,}23\,\%}}$$

f):

$$\text{Verbrauch}\,(O_2) = \frac{7100\,\text{kJ/d}}{421\,\text{kJ/mol}} = 16{,}86 \approx 17\,\text{mol/d}$$

$$\begin{aligned}\text{Pumpleistung} &= \frac{\text{Verbrauch}\,(O_2)}{\text{Lieferung}\,(O_2)}\\ &= \frac{17\,\text{mol/d}}{c_{O_2}^{\text{art}} - c_{O_2}^{\text{ven}}} = \frac{17\,\text{mol/d}}{(9{,}09\cdot 10^{-3} - 7{,}16\cdot 10^{-3})\,\text{mol/dm}^3}\\ &= 8{,}81\cdot 10^3\,\text{dm}^3/\text{d} = \underline{\underline{6{,}12\,\text{dm}^3/\text{min}}}\end{aligned}$$

301 Im Herzen sorgen durch koordiniertertes Öffnen und Schließen vier Bioventile (zwei Segel- und zwei Taschenklappen) dafür, dass das Blut nur in eine Richtung fließt. Der Blutdruck ist der Druck in den Schlagadern (Arterien) des Körperkreislaufs. Bei jedem Herzschlag schwankt er zwischen einem maximalen (systolischen) Wert und einem minimalen (diastolischen) Wert. Die Blutwellen sind als Pulsschlag spürbar, z. B. am Handgelenk. Bei der klassischen Blutdruckmessung (Sphygmanometrie und Auskultation) wird eine Blutdruckmanschette, die mit einem Manometer verbundenen ist, um den Oberarm gelegt und aufgepumpt. Dabei wird die Arterie so weit zugeschnürt, bis das Blut darin nicht mehr weiter fließen kann. Durch Ablassen der Luft vermindert sich der Druck in der Manschette, und das Herz presst ab einem bestimmten Druck wieder Blut in die zusammengedrückte Arterie. Mit einem Stethoskop, das in der Ellenbeuge über der Arterie aufsitzt, können Strömungsgeräusche abgehört werden, die aufgrund der Strömungsbeschleunigung des Blutes an der Verengung der Schlagader durch die Manschette entstehen.

Bezogen auf die Angabe 130/90 heißt das:

- Das erste hörbare Geräusch , wenn sich das Herz zusammenzieht und Blut in die Gefäße pumpt, markiert an der Anzeige den systolischen Wert 130 mm Hg (17,3 kPa). Bei diesem Druck schafft unser Kreislauf den Gegendruck der Manschette zu überwinden.
- Das Verschwinden des Geräusches markiert den diastolischen Wert von 90 mm Hg (12 kPa). Ab diesem Wert fließt das Blut ohne Behinderung durch die Arterie. Er kennzeichnet den Ruhedruck der Gefäße während der Erschlaffungsphase des Herzens und gibt Aufschluss darüber, wie gut deren Windkesselfunktion ausgeprägt ist.

Tabelle : Klassifizierung des menschlichen Blutdrucks

Blutdruck	systolisch (mm Hg bzw. Torr)	diastolisch (mm Hg bzw. Torr)
Ideal	120	80
Normal	< 130	< 85
Hoch normal	130–139	85–89
Bluthochdruck (Hypertonie)	≥ 140	≥ 90

302
$$\Delta G_1^0 = -RT \ln K_1 \quad \Delta G_2^0 = -RT \ln K_2$$

$$\Delta G_2^0 - \Delta G_1^0 = RT \ln \frac{K_1}{K_2} = 8{,}3143\cdot 298\cdot \ln \frac{10^4}{1} = \underline{\underline{22{,}82\,\text{kJ}}}$$

303 **303.1:**

Als farbige Verbindung muss Chlorophyll im sichtbaren Bereich des Spektrums Lichtanteile absorbieren. So zeigt denn auch das **Absorptionsspektrum** dunkle Zonen bei 420 bis 455 nm

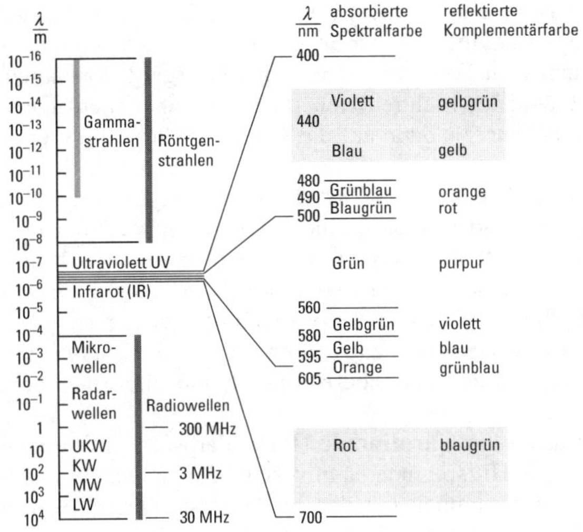

Abb. 5.73 Skala der elektromagnetischen Wellen.

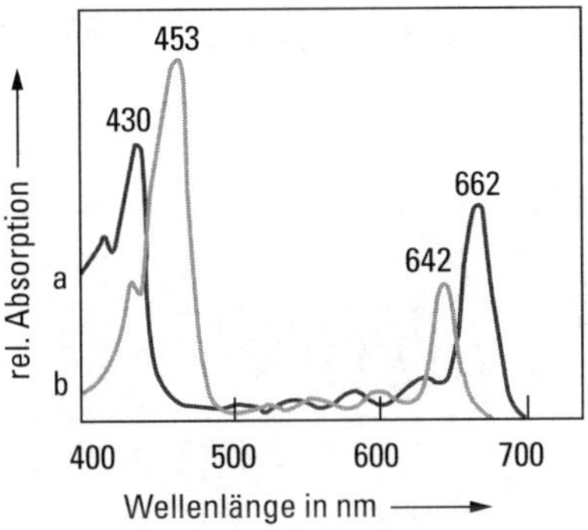

Abb. 5.74 Absorptionsspektrum von Chlorophyll a und b in Ether.

(blau) und bei 640 bis 665 nm (rot). Grünes und dunkelrotes Licht hingegen wird so gut wie gar nicht verschluckt, daher die grüne Farbe der Verbindung (Abb. 5.73, 5.74).
Wichtig für die Anordnung des Chlorophylls in den Chloroplasten ist sein polarer Charakter. Während der lange Phytylrest lipophil (fettlöslich) ist, hat der Porphyrinring schwach hydrophile Eigenschaften. Für die Absorption im sichtbaren und langwelligen UV-Bereich sind besonders die π-Elektronen von neun konjugiert verfügbaren Doppelbindungen des 16-gliedrigen Porphyrinrings verantwortlich, die ein ausgedehntes mesomeres System bilden (s. Kap. 6, Abb. 6.7). Sie werden dabei auf ein höheres Energieniveau (Anregungszustand) gehoben, wo sie sich jedoch nur kurze Zeit aufhalten. Bei ihrer Rückkehr in den Grundzustand können sie die aufgenommene Anregungsenergie teils als Wärme, teils als **Fluoreszenzstrahlung** wieder abgeben. Wir alle kennen letzteren Effekt von den Farben der Verkehrsschilder her, denen Fluoreszenzstoffe beigemischt sind, so dass sie selbst bei geringer Anstrahlung hell aufleuchten.

Zum Betrieb der endergonischen Photosynthese wäre die Umwandlung der eingefangenen Sonnenenergie in Wärme bzw. Fluoreszenzstrahlung denkbar ungeeignet. Vielmehr kommt es hier darauf an, die absorbierten Lichtquanten in Form von chemischer Energie festzuhalten. Zwar ist nur das Chlorophyll(a) unmittelbar an den Lichtreaktionen beteiligt, aber auch andere Pigmente können Licht absorbieren und die Energie dann auf das Chlorophyll(a) übertragen, das die Lichtreaktionen in Gang setzt.
Eines dieser Hilfspigmente oder „akzessorischen Pigmente“ ist das Chlorophyll(b), das sich nur geringfügig vom Chlorophyll(a) unterscheidet (Ersatz einer Methylgruppe durch eine Aldehydgruppe im Pyrrolring II). Dieser minimale Strukturunterschied reicht jedoch aus, um den beiden Pigmenten etwas unterschiedliche Absorptionsspektren und damit auch verschiedene Farben zu verleihen. Chlorophyll(a) ist blaugrün, Chlorophyll(b) dagegen gelbgrün. Absorbiert das Chlorophyll(b) ein Photon des Sonnenlichts, überträgt es die Energie auf das Chlorophyll(a), das sich dann genauso verhält, als habe es das Photon direkt aus dem Sonnenlicht aufgenommen.
Weiterhin befinden sich in den Chloroplasten die **Carotinoide** (Polyenfarbstoffe mit einem mesomeren 22-πe^--System), eine Familie von Hilfspigmenten in verschiedenen Farbvarianten von gelb und orange. Diese Moleküle sind zusammen mit den beiden Chlorophylltypen in die Thylakoidmembran eingelagert. Carotinoide können Lichtwellenlängen absorbieren, die das Chlorophyll nicht aufnimmt, wodurch sich das Spektrum der Farben verbreitert, das zur Photosynthese genutzt werden kann.

303.2:

Ein Photosystem besteht aus mehreren hundert „Antennenpigmente“ (Chlorophyll(a)-, Chlorophyll(b)- und Carotinoidmoleküle (Abb. 5.75)).

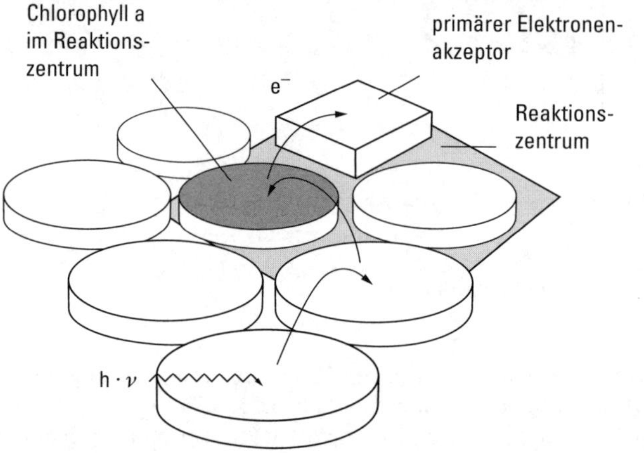

Abb. 5.75 Photosystem (Lichtsammeleinheit) (aus Campbell, N. A., Biologie, Spektrum Akademischer Verlag, Heidelberg, 2000).

Wenn eines dieser Pigmente ein Photon absorbiert, wird dessen Energie zum nächsten Pigment weitergeleitet, bis sie zwei bestimmte Chlorophyll(a)-Moleküle erreicht, die im Reaktionszentrum des Photosystems liegen. Hier befindet sich ein weiteres Molekül, der primäre Elektronenakzeptor. An ihn verliert das Chlorophyll(a)-Paar in einer Redoxreaktion eines seiner π-Elektronen. Diese Reaktion läuft ab, wenn Licht das Elektron auf ein höheres

Energieniveau hebt und der primäre Elektronenakzeptor es einfängt, bevor es im Chlorophyllmolekül wieder in den Grundzustand zurückkehren kann.
Die Thylakoidmembran ist mit zwei Typen von Photosystemen besetzt. Sie werden in der Reihenfolge ihrer Entdeckung als **Photosystem I** und **Photosystem II** bezeichnet. Jedes von ihnen besitzt ein charakteristisches Reaktionszentrum mit einem typischen primären Elektronenakzeptor und einem Chlorophyll(a)-Paar, das mit spezifischen Proteinen assoziiert ist. Das Chlorophyll-Paar im Reaktionszentrum des Photosystems I heißt P700, weil es Licht mit 700 nm Wellenlänge am besten absorbiert. Das Pigment im Reaktionszentrum des Photosystems II wird P680 genannt, denn das Maximum seines Absorptionsspektrums liegt bei 680 nm. P700 und P680 bestehen aus völlig gleich gebauten Chlorophyll(a)-Molekülen; die Bindung an unterschiedliche Proteine in der Thylakoidmembran beeinflusst jedoch ihre Elektronenverteilung, was einen geringfügigen Unterschied im Lichtabsorptionsverhalten ergibt.

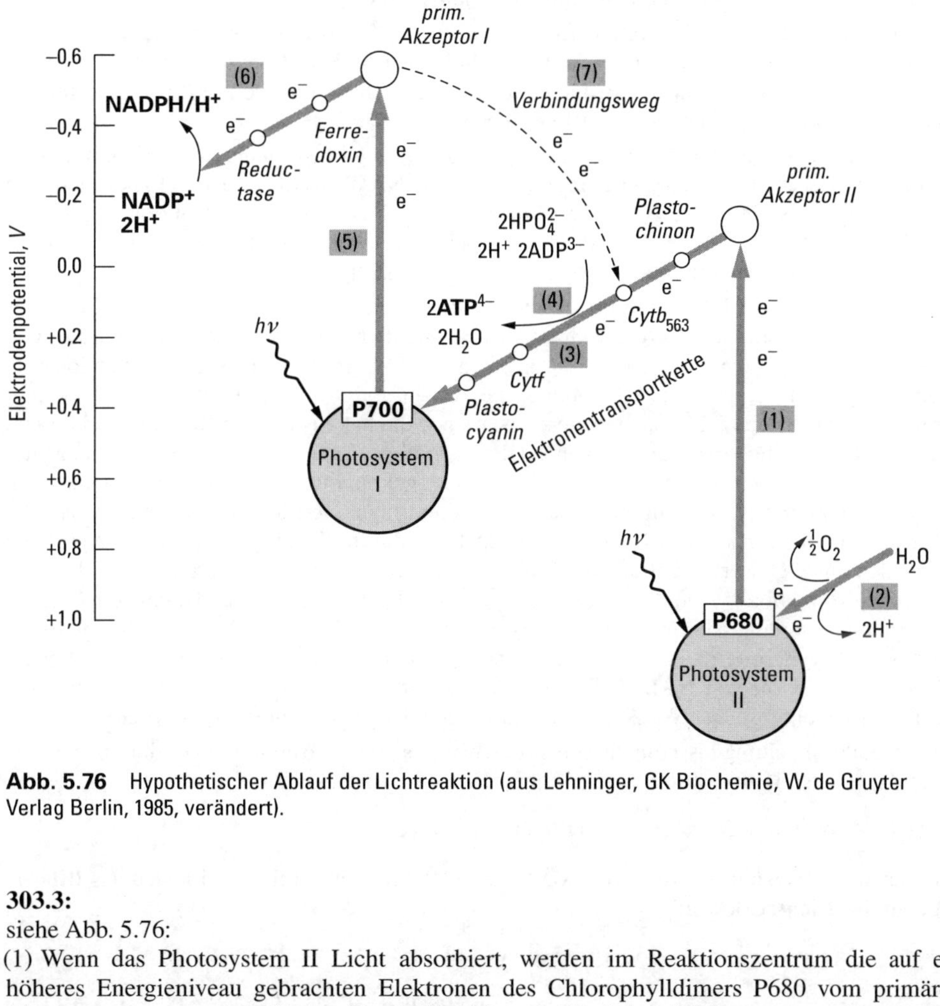

Abb. 5.76 Hypothetischer Ablauf der Lichtreaktion (aus Lehninger, GK Biochemie, W. de Gruyter Verlag Berlin, 1985, verändert).

303.3:

siehe Abb. 5.76:
(1) Wenn das Photosystem II Licht absorbiert, werden im Reaktionszentrum die auf ein höheres Energieniveau gebrachten Elektronen des Chlorophylldimers P680 vom primären Elektronenakzeptor eingefangen. Pro P680-Chlorophyll wird ein Elektron abgegeben. Das so

oxidierte Chlorophyll wird dabei zu einem starken Oxidationsmittel, indem es bestrebt ist, seine Elektronenlücken wieder zu schließen.

(2) Ein wasserspaltender Enzymkomplex entzieht einem Wassermolekül zwei Elektronen und überträgt sie auf die beiden P680-Moleküle, wo sie die nach der Absorption der Lichtenergie verlorengegangenen Elektronen ersetzen. Diese lichtinduzierte Wasserspaltung wird als **Photolyse** bezeichnet: $H_2O \rightleftharpoons 2\,H^+ + 2\,e^- + \frac{1}{2}\,O_2$. Sie setzt in der Photosynthese das O_2 frei.

(3) Die angeregten Elektronen fließen über eine Elektronentransportkette (Plastochinon Pq, Cytochrom b, Cytochrom f, Plastocyanin Pc) vom primären Elektronenakzeptor des Photosystems II zum Photosystem I. Diese Kette ähnelt stark derjenigen in der Zellatmung.

(4) Wenn die Elektronen die Energiekaskade der Transportkette passieren, nutzt die Thylakoidmembran ihren exergonischen Fluss zur Produktion von ATP^{4-} (Chemiomose). Diese Art der ATP-Synthese nennt man **nichtzyklische Photophosphorylierung**, weil sie von Lichtenergie angetrieben wird. Das gebildete ATP^{4-} liefert Energie für die Zuckerproduktion im Calvin-Zyklus, dem zweiten Abschnitt der Photosynthese.

(5) Wenn die Elektronen das untere Energieniveau der Transportkette erreichen, füllen sie Elektronenlücken im P700 auf, dem Chlorophyll(a)-Paar im Reaktionszentrum des Photosystems I. Sie ersetzen dort die Elektronen, welche die Lichtenergie vom P700 zum primären Elektronenakzeptor des Photosystems I getrieben hat.

(6) Der primäre Elektronenakzeptor des Photosystems I gibt die angeregten Elektronen an Ferredoxin (Fd) weiter. Dann überträgt das Enzym NADP-Reductase die Elektronen von Fd auf $NADP^+$: $NADP^+ + 2\,H^+ + 2\,e^- \rightleftharpoons NADPH/H^+$. Durch diese Reaktion werden die energiereichen Elektronen im $NADPH/H^+$ gespeichert, jenem Molekül, welches im Calvin-Zyklus das Reduktionsmittel für die Zuckersynthese darstellt.

(7) Dieser **cyclische Elektronenfluss** (Abb. 5.76, gestrichelter Verbindungsweg) kann nur durch den Effekt erkannt werden, den er auslöst, nämlich durch die Phosphorylierung von ADP^{3-} zu ATP^{4-}. Wenn isolierte Chloroplasten in Abwesenheit eines Elektronendonators oder -akzeptors belichtet werden, findet keine Anhäufung von $NADPH/H^+$ statt. Trotzdem kann die Bildung von ATP^{4-} nachgewiesen werden. Man hat aus diesem Befund geschlossen, dass die für die Phosphorylierung von ADP^{3-} benötigte Energie vom Licht stammen und dass die Phosphorylierung an einen Elektronenfluss „gekoppelt" sein muss. Dieser muss vom angeregten Chlorophyll entlang einer Kette von Elektronenüberträgern so ablaufen, dass die Elektronen in die „Elektronen-Löcher" zurückkehren, die im Chlorophyll nach der Anregung entstanden sind. Dieser Rückfluss wird durch einen „Kurzschluss" ermöglicht, so dass die Elektronen vom Photosystem I zum Chlorophyll(a) direkt zurückkehren und nicht zum $NADP^+$ weitergeleitet werden. Man nimmt an, dass der cyclische Elektronenfluss und die cyclische Photophosphorylierung dann stattfinden, wenn die Pflanzenzelle reichlich mit Reduktionsäquivalenten in Form von $NADPH/H^+$ ausgestattet ist, jedoch zusätzliches ATP^{4-} für ihren Stoffwechsel benötigt. Der Vorgang ähnelt auffallend der oxidativen Phosphorylierung.

Die folgende Gleichung fasst die Photolyse des Wassers und die Bildung des Reduktionsmittels $NADPH/H^+$ als **„Hillreaktion"** (nach Robert Hill, 1937) zusammen:

$$H_2O + NADP^+ + 2h \cdot v \rightleftharpoons NADPH/H^+ + \tfrac{1}{2}\,O_2\,.$$

Wird auch die Phosphorylierung von ADP^{3-} zu ATP^{4-} berücksichtigt, ergibt sich das **Bilanzschema der Lichtreaktion:**

$$2h \cdot v + H_2O + NADP^+ + 2\,(H^+/ADP^{3-}) + 2\,HPO_4^{2-} \rightleftharpoons NADPH/H^+ + \tfrac{1}{2}\,O_2 + 2\,ATP^{4-} + 2\,H_2O\,.$$

303.4:
Die Thylakoidmembran mit ihrer besonderen Ausstattung an Proteinen wandelt Lichtenergie in die im NADPH/H^+ und ATP^{4-} gespeicherte chemische Energie um, wobei Sauerstoff als Nebenprodukt anfällt.

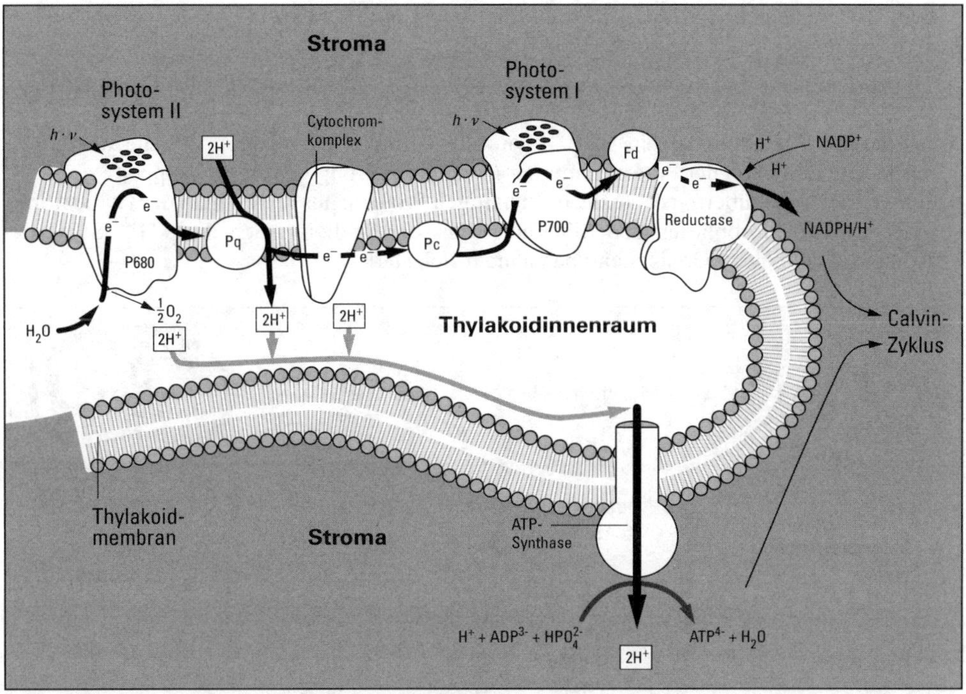

Abb. 5.77 Schema der Chemiosmose in den Chloroplasten (aus Campbell, N. A., Biologie, Spektrum Akademischer Verlag, Heidelberg, 2000, verändert).

Während die Elektronen in den Redoxreaktionen von einer Station zur nächsten wandern, werden die aus dem Stroma abgezogenen Protonen im Thylakoidinnenraum angereichert, so dass sie dort Energie in Form der protonenmotorischen Kraft ($ptm = -\Delta\mu_{H^+}/F$) speichern. Zu dieser Protonenverschiebung tragen folgende Schritte bei (Abb. 5.77):

- Auf der dem Thylakoidinnenraum zugewandten Seite der Membran wird Wasser vom Photosystem II in Protonen und molekularen Sauerstoff gespalten;
- Während Plastochinon (Pq) Elektronen zum Cytochromkomplex verschiebt, werden Protonen durch die Membran befördert und im Stroma nimmt $NADP^+$ bei der Reduktion zu NADPH/H^+ Protonen auf.
- Die Diffusion der H^+-Ionen vom Thylakoidinnenraum ins Stroma (entsprechend ihrem Konzentrationsgefälle) hält das „Rad" der ATP^{4-}-Synthese in Schwung.

Gemeinsamkeiten (Abb. 5.78):

- Chloroplasten und Mitochondrien erzeugen ATP^{4-} durch den gleichen grundlegenden Mechanismus: die Chemiosmose.

- Eine in die Membran integrierte Elektronentransportkette pumpt Protonen durch diese Membran und gleichzeitig durchlaufen Elektronen eine Energiekaskade hin zu immer elektronegativeren Transportmolekülen.
- Die Elektronentransportkette wandelt im Verlauf von Redoxreaktionen freigesetzte chemische Energie in protonenmotorische Kraft (ptm) um, in potenzielle Energie, die sich aus dem H^+-Gradienten $\Delta\mu_{H^+}$ bei $T = 298\,°C$, $z = 1$ und $F = 96\,487\,\mathrm{As/mol}$ ergibt zu:

$$ptm = \frac{-\Delta\mu_{H^+}}{F} = \frac{-(-z \cdot F \cdot \Delta E + 2{,}303 \cdot R \cdot T\Delta pH)}{F} = \Delta E - 59\,\mathrm{mV} \cdot \Delta pH\ [\mathrm{V}]$$

- In dieselbe Membran ist ein ATP^{4-}-Synthase-Komplex eingelagert, der die durch ptm getriebene Diffusion der Protonen mit der Phosphorylierung von ADP^{3-} koppelt.
- Einige Elektronenüberträger, so die eisenhaltigen Proteine aus der Familie der Cytochrome, sind sich in Chloroplasten und Mitochondrien sehr ähnlich. Auch die ATP^{4-}-Synthase-Komplexe der beiden Organellentypen ähneln sich stark.

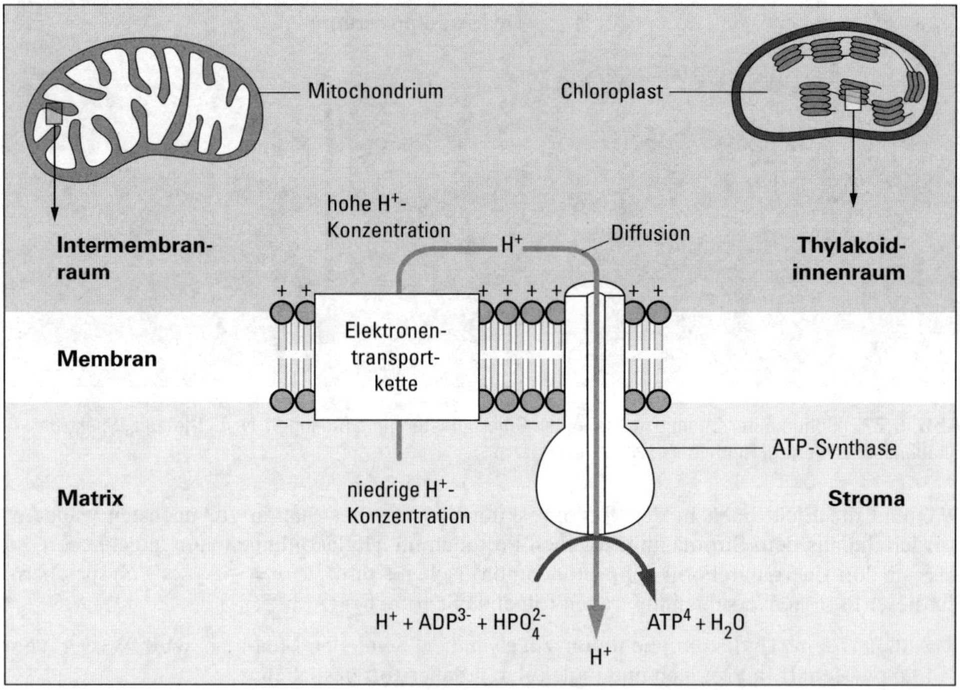

Abb. 5.78 Vergleich der Chemiosmose in Mitochondrien und Chloroplasten.

Unterschiede (Abb. 5.78):

- In den **Mitochondrien** werden bei der oxidativen Phosphorylierung die energiereichen Elektronen, welche die Transportkette durchlaufen, den Nährstoffmolekülen durch Oxidation entzogen. Mitochondrien übertragen also chemische Energie von den Nährstoffmolekülen auf ATP^{4-}. **Chloroplasten** brauchen bei der Photophosphorylierung keine Nährstoffe, um ATP^{4-} zu erzeugen; ihre Photosysteme fangen Lichtenergie ein und heben mit ihrer Hilfe die Elektronen energetisch an den Anfang der Transportkette. Chloroplasten wandeln somit Lichtenergie in chemische Energie um.

- Die Innenmembran der **Mitochondrien** pumpt Protonen aus der Matrix in den Intermembranraum und baut eine protonenmotorische Kraft (ptm) auf. Wenn die Protonen, getrieben von dieser Kraft, durch die ATP^{4-}-Synthase-Komplexe zurückdiffundieren, wird auf der Matrixseite der Membran ATP^{4-} durch Phosphorylierung von ADP^{3-} gebildet. In **Chloroplasten** pumpt die Thylakoidmembran Protonen vom Stroma in den Thylakoidinnenraum. Auch hier diffundieren die Protonen durch die membrangebundene ATP^{4-}-Synthase wieder zurück, und dabei wird auf der dem Stroma zugewandten Membranseite ADP^{3-} zu ATP^{4-} phosphoryliert.

303.5:
In der Dunkelreaktion, die im Stroma der Chloroplasten abläuft, erfolgt mit Hilfe des bei der Photolyse des Wassers gewonnenen Wasserstoffs (gebunden als $NADPH/H^+$) die Umwandlung des Kohlenstoffdioxids zu Glukose. Der Vorgang ließe sich durch folgendes Reaktionschema darstellen:

$$6\,CO_2 + 6\,NADPH/H^+ \rightleftharpoons C_6H_{12}O_6 + 6\,NADP^+ + 3\,O_2\,.$$

Da jedoch der photosynthetisch gebildete Sauerstoff ausschließlich aus dem Wasser stammt (experimenteller Beweis durch $H_2^{18}O$), wird auch der anfallende Sauerstoff durch $NADPH/H^+$ zu Wasser reduziert und es ergibt sich:

$$6\,CO_2 + 12\,NADPH/H^+ \rightleftharpoons C_6H_{12}O_6 + 6\,H_2O + 12\,NADP^+\,.$$

Natürlich setzt sich die Gesamtreaktion aus vielen enzymatisch katalysierten Einzelschritten zusammen, deren Aufklärung dem Amerikaner Calvin und seinen Mitarbeitern gelang. Die Aufeinanderfolge der Zwischenprodukte der Dunkelreaktion kann in einem Kreisprozess, bestehend aus drei Phasen, beschrieben werden (Abb. 5.79, 5.80):

1. Carboxylierende Phase (Kohlenstoff-Fixierung):
Durch Bindung von CO_2 an den Akzeptor Ribulose-1,5-bisphosphat (RuBP), durch das Enzym RuBP-Carboxylase (Rubisco) bildet sich eine Verbindung mit sechs Kohlenstoffatomen. Diese ist unbeständig und zerfällt in zwei Moleküle 3-Phosphoglycerat.

2. Reduzierende Phase:
Die 3-Phosphoglycerinsäure wird unter Mitwirkung von ATP^{4-} und $NADPH/H^+$ (aus der Lichtreaktion) zu Glycerinaldehyd-3-phosphat reduziert. Anschließend können sich zwei Moleküle Triose zu einem Molekül Hexose vereinigen. Zuerst entsteht Fructose-1,6-bisphosphat, das sich unter Phosphatabspaltung in Glukose umwandelt.

3. Regenerierende Phase:
Rückbildung des Kohlenstoffdioxidakzeptors Ribulose-1,5-bisphosphat aus Glycerinaldehyd-3-phosphat über viele Zwischenverbindungen.

Im Calvin-Zyklus entstehen somit aus 6 mol Kohlenstoffdioxid und 6 mol Ribulose-1,5-bisphosphat 1 mol Glukose und wieder 6 mol Ribulose-1,5-bisphosphat. Aufgrund von Abb. 5.80 lässt sich das anfangs aufgestellte Reaktionsschema (Abb. 4.26) bestätigen und vervollständigen. Wie man sieht, werden zur Synthese von 1 mol Glukose einschließlich der Regeneration des Ribulose-1,5-bisphosphat 18 mol ATP^{4-} gebraucht, die aus der Photophosphorylierung stammen:

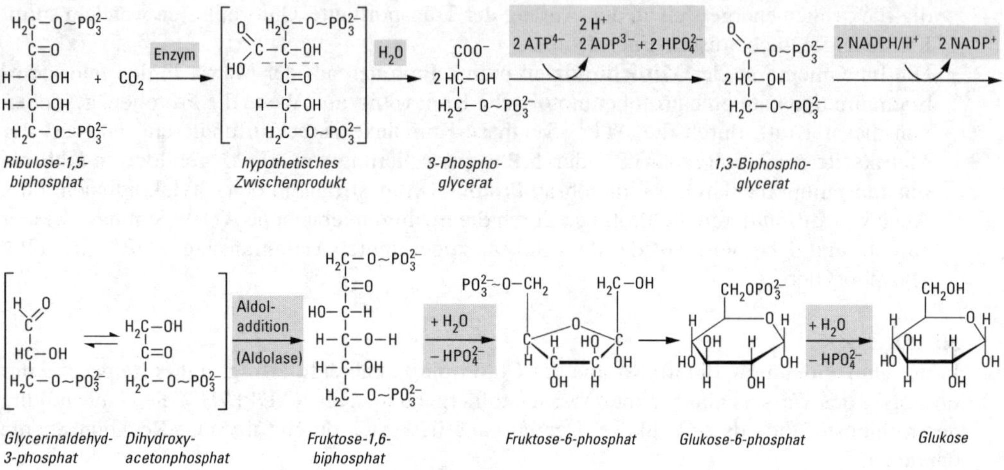

Abb. 5.79 Reaktionsfolge von Phase 1 und 2 im Calvin-Zyklus.

$$6\,CO_2 + 12\,NADPH/H^+ + 18\,ATP^{4-} + 12\,H_2O \rightleftharpoons C_6H_{12}O_6 + 12\,NADP^+ + 18\,HPO_4^{2-} + 18\,(H^+/ATP^{3-})$$

303.6:
Zur formelmäßigen Aufstellung der Gesamtbilanz der Photosynthese wird zunächst das Reaktionsschema für die Lichtreaktion so eingerichtet, dass 12 NADPH/H$^+$ gebildet werden:

$$12\,H_2O + 12\,NADP^+ + 24\,(H^+/ADP^{3-}) + 24\,HPO_4^{2-} \rightleftharpoons 12\,NADPH/H^+ + 24\,ATP^{4-} + 24\,H_2O + 6\,O_2\,.$$

Von den 24 ATP^{4-} werden im Calvin-Zyklus nur 18 gebraucht. Zieht man daher 6 ATP^{4-} aus dem Reaktionsschema heraus, ergibt sich:

→ Lichtreaktion:

(1) $12\,H_2O + 12\,NADP^+ + 18\,(H^+/ADP^{3-}) + 18\,HPO_4^{2-} \rightleftharpoons 12\,NADPH/H^+ + 18\,ATP^{4-} + 18\,H_2O + 6\,O_2$

(2) $6\,(H^+/ADP^{3-}) + 6\,HPO_4^{2-} \rightleftharpoons 6\,ATP^{4-} + 6\,H_2O$

→ Dunkelreaktion:

(3) $6\,CO_2 + 12\,NADPH/H^+ + 18\,ATP^{4-} + 12\,H_2O \rightleftharpoons C_6H_{12}O_6 + 12\,NADP^+ + 18\,HPO_4^{2-} + 18\,(H^+/ATP^{3-})$

→ Gesamtreaktion:

(1) + (3) $12\,H_2O + 6\,CO_2 \rightleftharpoons C_6H_{12}O_6 + 6\,H_2O + 6\,O_2.\quad \Delta G^0 = 2876\,kJ/mol\,.$

Da der gesamte freiwerdende Sauerstoff aus dem Wasser stammt, muss auf der Seite der Edukte von 12 H_2O ausgegangen werden. Außerdem werden bei der Synthese von 1 mol Glukose noch

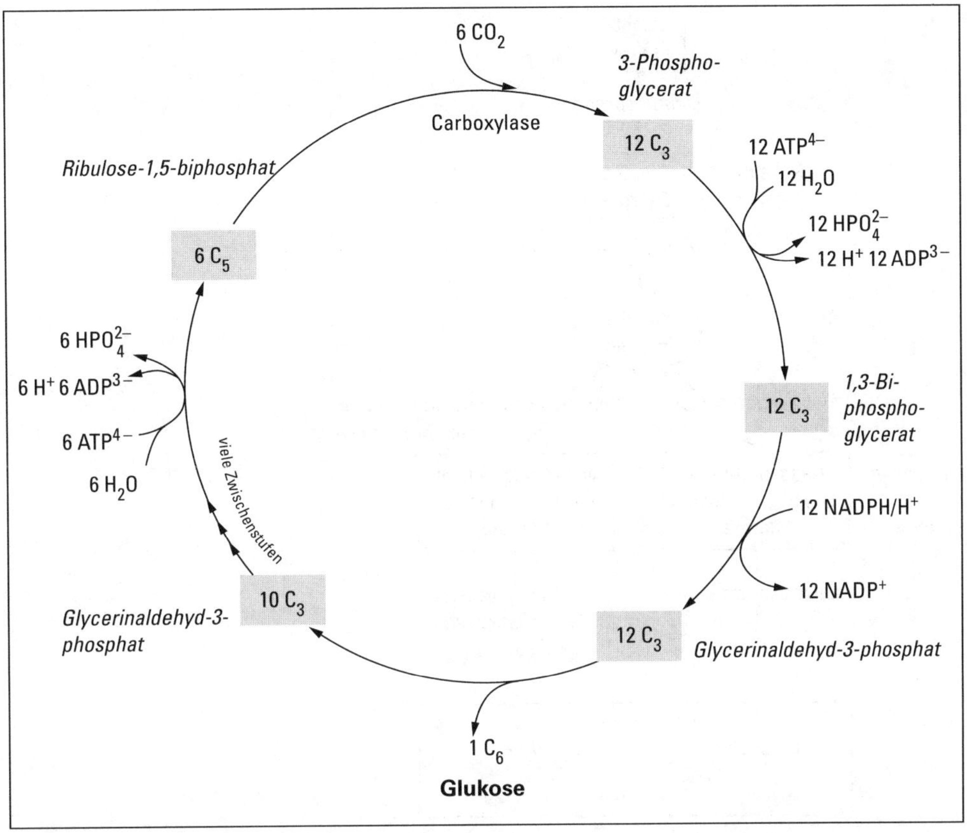

Abb. 5.80 Calvin-Zyklus: Bildung von Glukose und Regeneration von Ribulose-1,5-bisphosphat.

6 mol ATP^{4-} gebildet (2), die anderweitig genutzt werden können. Es sei aber nochmals darauf hingewiesen, dass der Mechanismus der Lichtreaktion hypothetischen Charakter hat, so dass die Richtigkeit der ATP^{4-}-Bilanz nicht ganz sicher ist.
Ein Schema zur Energietransformation der Photosynthese zeigt Abb. 5.81.

303.7:
Zur Bestimmung des thermodynamischen Wirkungsgrad der Photosynthese ist es notwendig zu wissen, wie viel Mol Lichtquanten $(h \cdot v)$ eine Zelle während der Photosynthese für die Bildung von einem Mol Glukose benötigt. Obgleich solche Experimente mit großen Schwierigkeiten verbunden sind, stimmen die meisten Untersucher darin überein, dass 48 mol Quanten gebraucht werden. Wegen der Beteiligung von P700 bei der Photosynthese, das bei 700 nm absorbiert, scheint es sinnvoll, für die Berechnung des Wirkungsgrades η den dieser Wellenlänge zugehörigen Energiewert E zu verwenden.
Die Energie von Lichtquanten (= Photonen) ist deren Wellenlänge λ umgekehrt proportional. Sie entsteht in der Sonne durch Kernfusion von Wasserstoffatomen zu Heliumatomen und Positronen. Diese Reaktion kann summarisch folgendermaßen ausgedrückt werden:

$$4\,\mathrm{H}_1^1 \longrightarrow {}_2^4\mathrm{He} + 2\,\mathrm{e}^+ + h \cdot v\,.$$

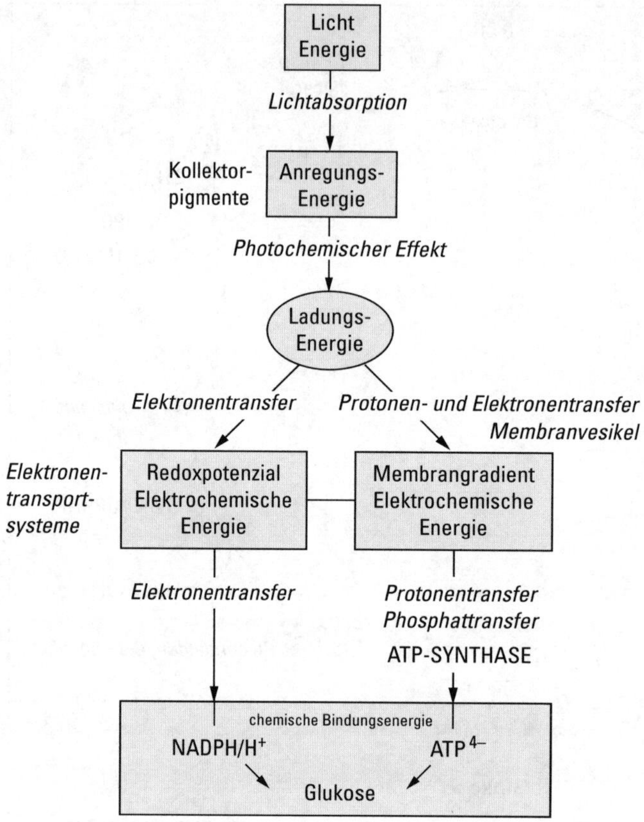

Abb. 5.81 Schema der Energietransformation der Photosynthese.

Der molare Energiewert E für die von P700 absorbierte Wellenlänge 700 nm ist:

$$E = h \cdot v \cdot N_A = h \cdot \frac{c}{\lambda} N_A = 6{,}6256 \cdot 10^{-34}\,\mathrm{Js} \cdot \frac{2{,}998 \cdot 10^8\,\mathrm{m/s}}{700 \cdot 10^{-9}\,\mathrm{m}} \cdot 6{,}022 \cdot 10^{23}\,\mathrm{mol}^{-1}$$

$$E = 170{,}883\,\mathrm{kJ/mol}$$

(h: Planck'sches Wirkungsquantum, v: Frequenz, c Lichtgeschwindigkeit, N_A: Avogadro-Konstante)

Die Änderung der freien molaren Standardenthalpie für die Synthese von Glukose aus Kohlenstoffdioxid und Wasser kann mit dem Satz von Hess berechnet werden:

$$\begin{array}{lcccccccc} & 6\,CO_2 & + & 6\,H_2O & + & 48\,(h \cdot v) & \rightleftharpoons & C_6H_{12}O_6 & + & 6\,O_2 \\ \Delta_B G^0(\mathrm{kJ/mol}) & -394 & & -237 & & & & -910 & & 0 \end{array}$$

$$\Delta_R G^0 = \sum \Delta_B G^0_{\mathrm{Produkte}} - \sum \Delta_B G^0_{\mathrm{Edukte}}$$

$$\Delta_R G^0 = (-910 + 2364 + 1422)\,\mathrm{kJ/mol} = +2876\,\mathrm{kJ/mol}$$

Damit errechnet sich ein thermodynamischer Wirkungsgrad der Photosynthese:

$$\eta_{\text{Photosynth.}} = \frac{2876\,\text{kJ/mol}}{48 \cdot 170{,}883\,\text{kJ/mol}} = \frac{2876\,\text{kJ/mol}}{8202{,}384\,\text{kJ/mol}} = \underline{\underline{0{,}35}}\,.$$

Geht man davon aus, dass bei 700 nm 8 Lichtquanten nötig sind, um 1 mol Sauerstoff freizusetzen und um 2 Mole $NADPH/H^+$ und $4 - 1 = 3$ Mole ATP^{4-} zu liefern, die anschließend benötigt werden, um 1 Mol Kohlenstoffdioxid zu reduzieren, ergibt sich der Wirkungsgrad wie folgt:

→ **Energieangebot:** $E_1 = 8 \cdot 170{,}883\text{kJ/mol} = 1367{,}064\text{kJ/mol}$

→ **Energieverbrauch:**

Transport von $4\,e^- + 4\,H^+$: $E_2 = -2(-z \cdot F \cdot \Delta E^0) = 4 \cdot 96\,487\,\text{As/mol} \cdot 1{,}13\,\text{V}$
$= 436{,}12\text{kJ/mol}$

Verbrauch von $3\,ATP^{4-}$: $E_3 = 3 \cdot 30{,}56\,\text{kJ/mol} = 91{,}68\,\text{kJ/mol}$

$$\eta_{\text{Photosynth.}} = \frac{E_2 + E_3}{E_1} = \frac{(436{,}12 + 91{,}68)\,\text{kJ/mol}}{1367{,}064\,\text{kJ/mol}} = \underline{\underline{0{,}386}}$$

Der Wirkungsgrad der Photosynthese ist in der Natur sehr viel geringer, als die nach den molekularen Vorgängen berechneten Zahlen vermuten lassen. Aus dem Ausmaß der Kohlenstoff-Fixierung haben Experten berechnet, dass z. B. von einem Kornfeld nur etwa 1–2 % der Sonnenenergie verwertet werden können, die in das Feld eingestrahlt wird. Zuckerrohr sei dagegen wesentlich effektiver. Es kann bis zu 8 % der eingefangenen Lichtmenge in die Form organischer Produkte überführen.

303.8:

Der Biozyklus (Kreislauf des Lebens) lässt sich stark vereinfacht mit nachstehendem Schema (Abb. 5.82) erfassen. Darin wird die Photosynthese als „Transformator“ der Umwandlung von Sonnenenergie in chemische Energie ausgewiesen, wovon direkt die Produzenten und indirekt die Konsumenten und Destruenten (Reduzenten) profitieren.

Seit Satelliten und Raumschiffe die Erde vom Weltraum aus als Ganzes zeigen, ist uns die Einmaligkeit und Verletzlichkeit unseres Planeten bewusst geworden. Staunend entdecken wir auf den Fotos die bläulich schimmernde Atmosphäre. Dieser Schutzschild ist so dünn wie vergleichsweise der feuchte Film aus Morgentau um einen Apfel. Er schafft erst die Bedingungen für alle die Kreisläufe, die Leben auf der Erde ermöglichen. Die Grundbausteine Luft, Wasser und Boden bestimmen den Biozyklus:

Die **Luft**, die wir zum Atmen brauchen, besteht aus etwa 78 % Stickstoff, 21 % Sauerstoff, 0,97 % Edelgasen und 0,03 % Kohlenstoffdioxid. Jede wesentliche Veränderung dieser Anteile würde uns direkt oder indirekt töten. Dabei sorgt das Kohlenstoffdioxid in der Atmosphäre dafür, dass von der vom Erdball in das All reflektierten Sonnenstrahlung soviel zurückgehalten wird, dass die Erde inmitten des eiskalten Weltraums ein „Treibhaus“ mit einer Durchschnittstemperatur von etwa 15 °C bleibt. Das **Wasser** ist unentbehrlicher Bestandteil des Biozyklus. Es ist unser wichtigstes „Lebensmittel“ und zugleich Lebensraum vieler Tiere und Pflanzen. Alles auf der Erde verfügbare Wasser befindet sich in einem ständigen Kreislauf von Verdunstung und Niederschlag. Was wir unter **Boden** im engeren Sinne verstehen, ist die nicht scharf abgrenzbare, in der Regel nur wenige Dezimeter dicke oberste Schicht der Erdoberfläche. Sie besteht aus lockerem, durchwurzeltem Verwitterungsmaterial und ist eine von Leben strotzende Wunderwelt für sich. 100 und mehr Jahre vergehen, bis sich ein Zentimeter neuen Bodens durch Verwitterung aus ursprünglichem Felsgestein gebildet hat. Aber er kann in kürzester Zeit auch wieder zerstört werden, z. B. durch Abtrag, Versiegelung und Schadstoffeintrag.

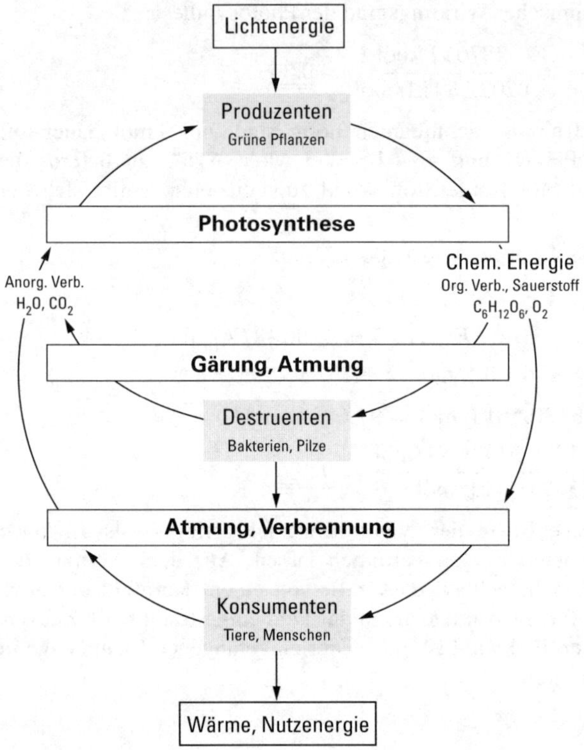

Abb. 5.82 Biozyklus.

Die komplizierten Lebenserhaltungssysteme der Erde werden immer besser verstanden, und man weiß, dass darin schon kleine Veränderungen (Luft-, Wasser-, Boden-, Energiehaushalt) das Gesamtsystem gefährden. In die empfindlichen Kreisläufe des Lebens hat der Mensch schon früh eingegriffen: Er hat Bäume gerodet, um zu siedeln, Holz verbrannt, um sich zu wärmen, Flüsse umgeleitet, um Felder zu bewässern. Aber erst mit der Industrialisierung und dem explosionsartigen Wachstum der Bevölkerung haben diese Eingriffe Größenordnungen angenommen, die Atmosphäre und Klima verändern und damit die Lebensgrundlagen als Ganzes gefährden. Alles, was wir dem Planeten Erde antun, trifft uns selbst, zumindest aber die kommenden Generationen. Für unser Leben und das Überleben der Menschheit muss daher und darüber hinaus die strikte Beachtung folgender, unausweichlicher Notwendigkeiten mit nachstehender Prioritätenreihung garantiert werden:

- Erhaltung einer lebensfähigen Biosphäre, einschließlich der erforderlichen Qualität von Luft, Wasser und Boden,
- ausreichende Quantität und Qualität der menschlichen Ernährung,
- menschliche Gesundheit (Vorsorge und Heilung),
- Achtung der Menschenwürde in jeder weiteren Hinsicht,
- Artenschutz (einschließlich Verbesserungen im Tierschutz sowie eindeutige Festlegung von Züchtungszielen und -grenzen).

6 Strukturbilder und Zyklen

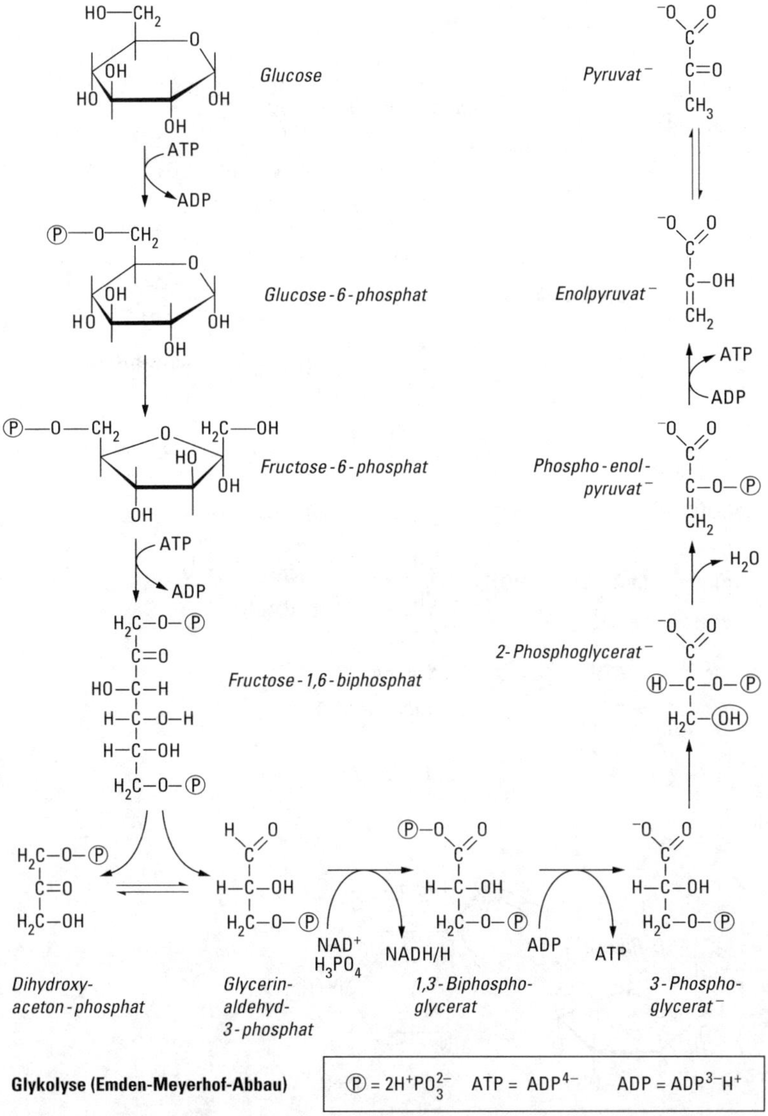

Abb. 6.1 Glykolyse (Emden-Meyerhof-Abbau).

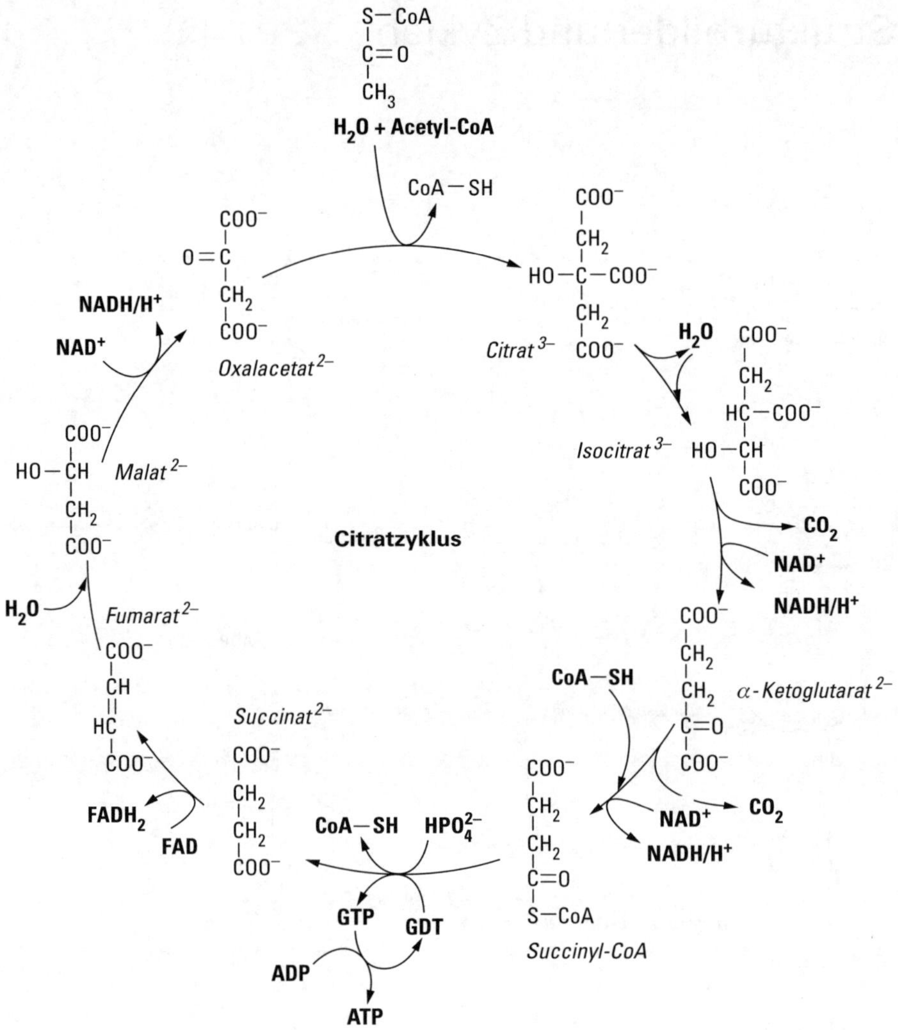

Abb. 6.2 Citrat-Zyklus.

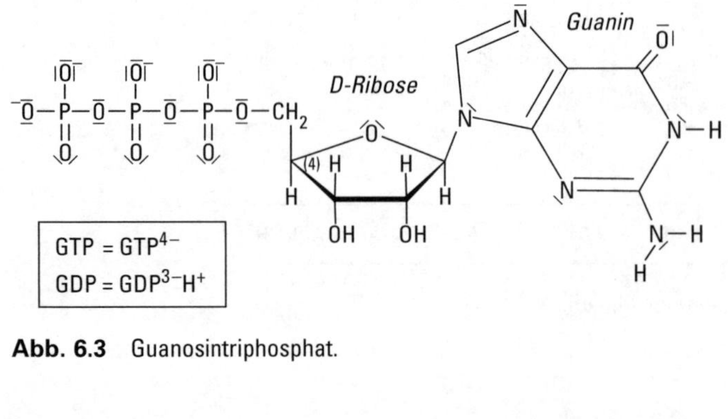

Abb. 6.3 Guanosintriphosphat.

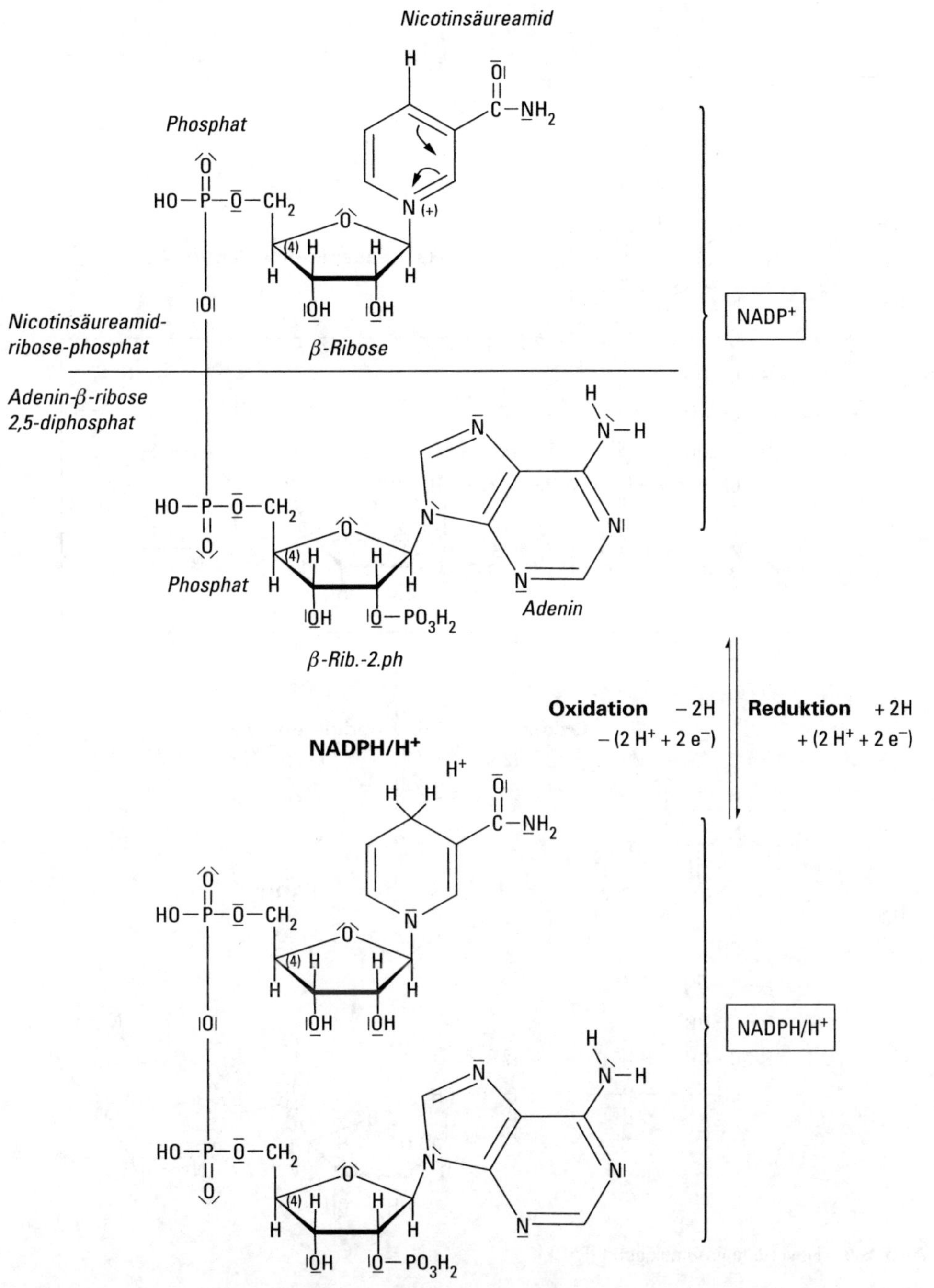

Abb. 6.4 Nikotinsäureamid-adenin-dinukleotid-phosphat ($NADP^+$ / $NADPH/H^+$).

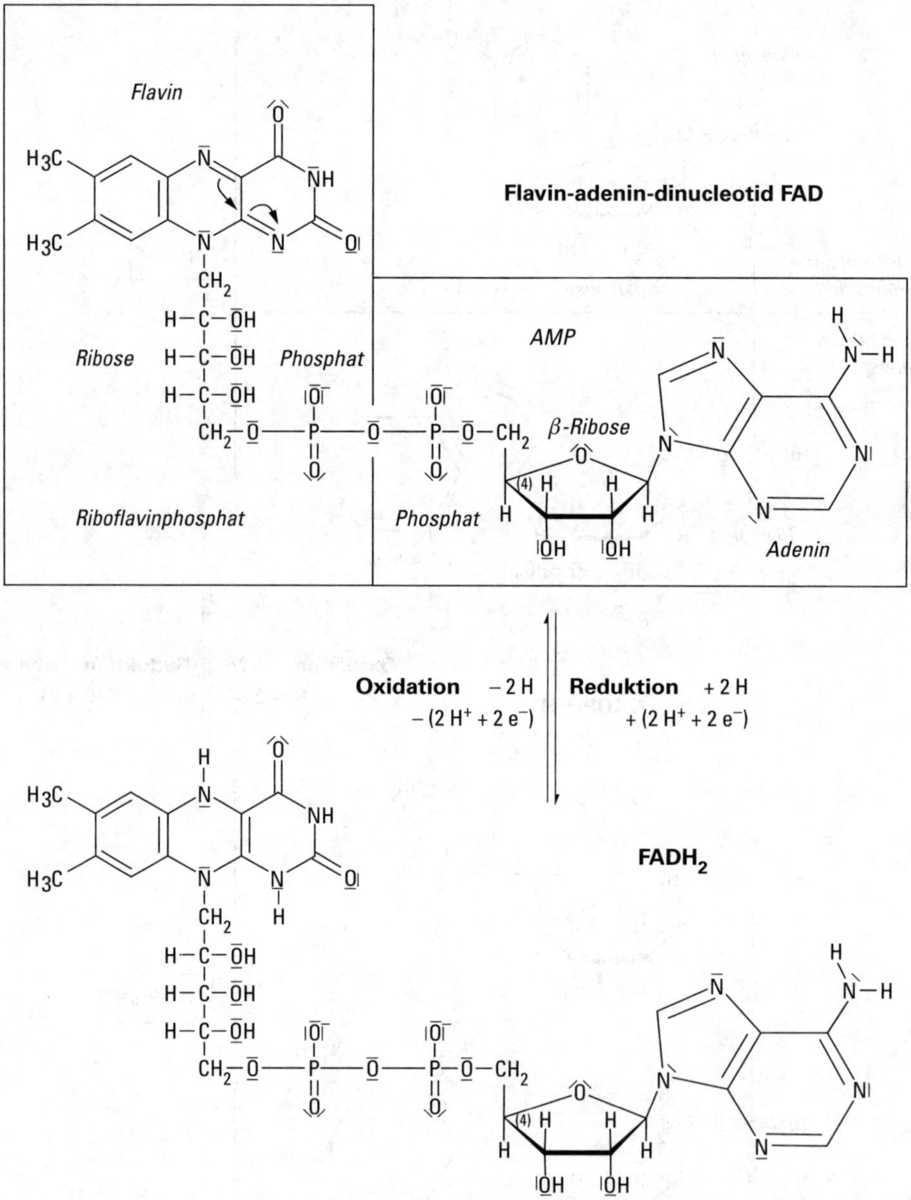

Abb. 6.5 Flavin-adenin-dinukleotid (FAD).

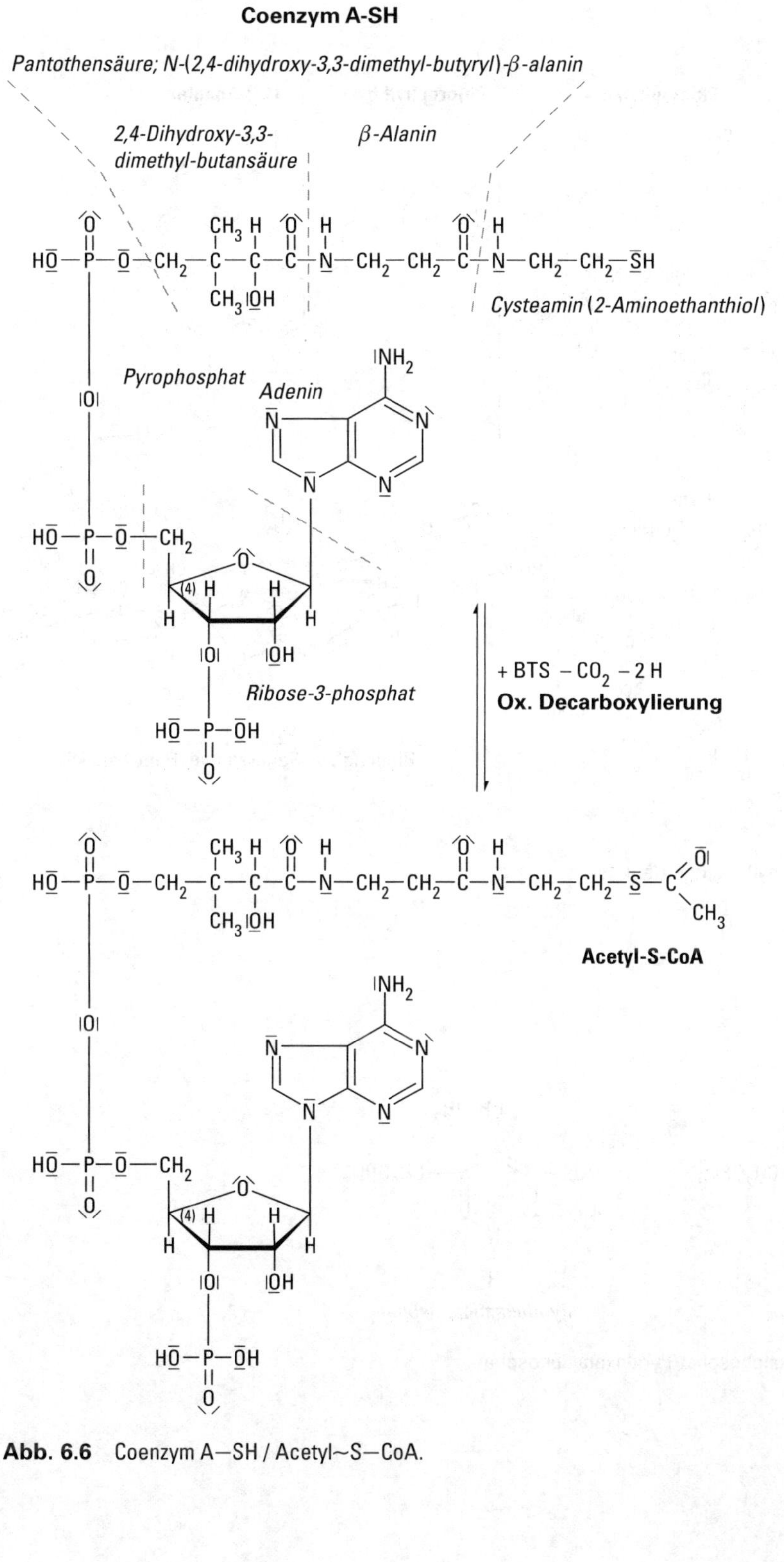

Abb. 6.6 Coenzym A–SH / Acetyl~S–CoA.

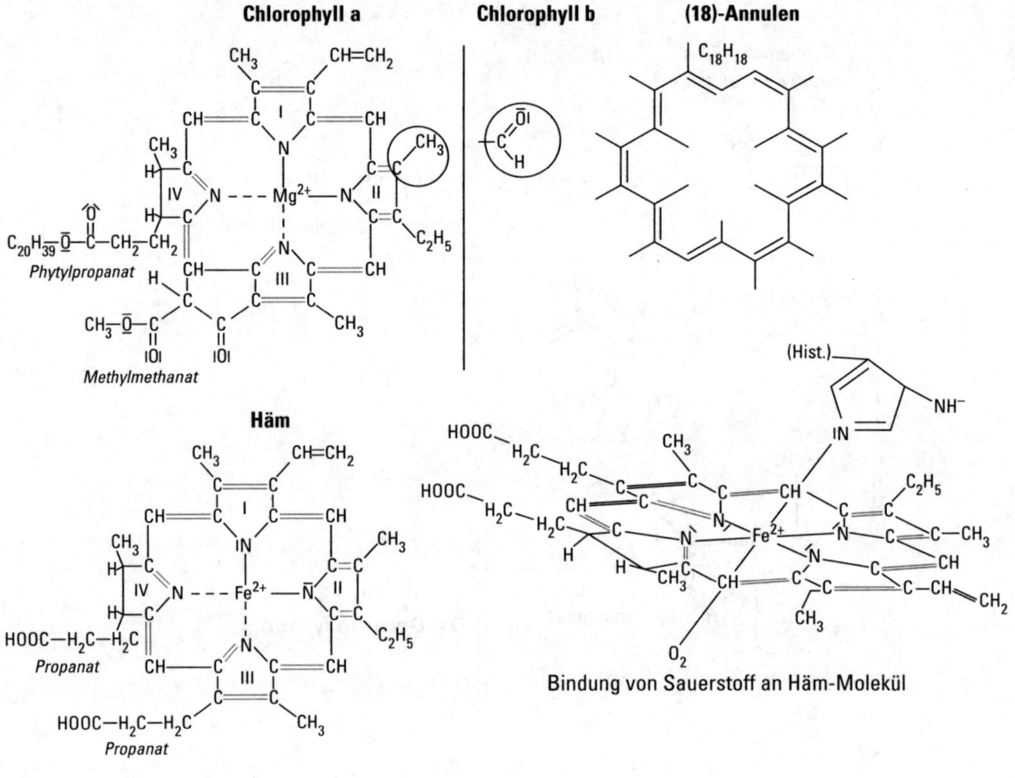

Abb. 6.7 Chlorophyll a und b/Häm.

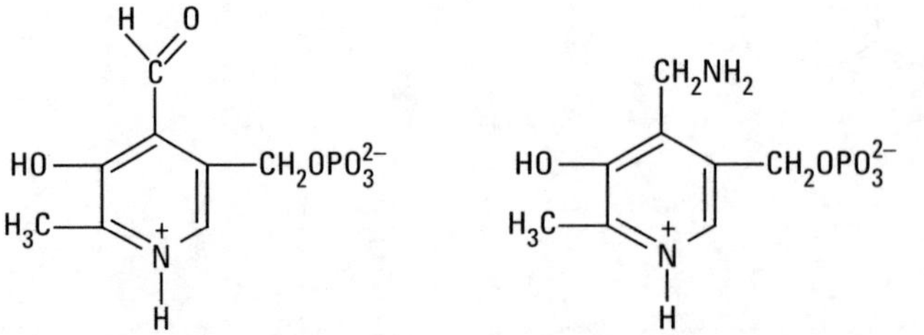

Pyridoxalphosphat *Pyridoxaminphosphat*

Abb. 6.8 Pyridoxalphosphat/Pyridoxaminphosphat.

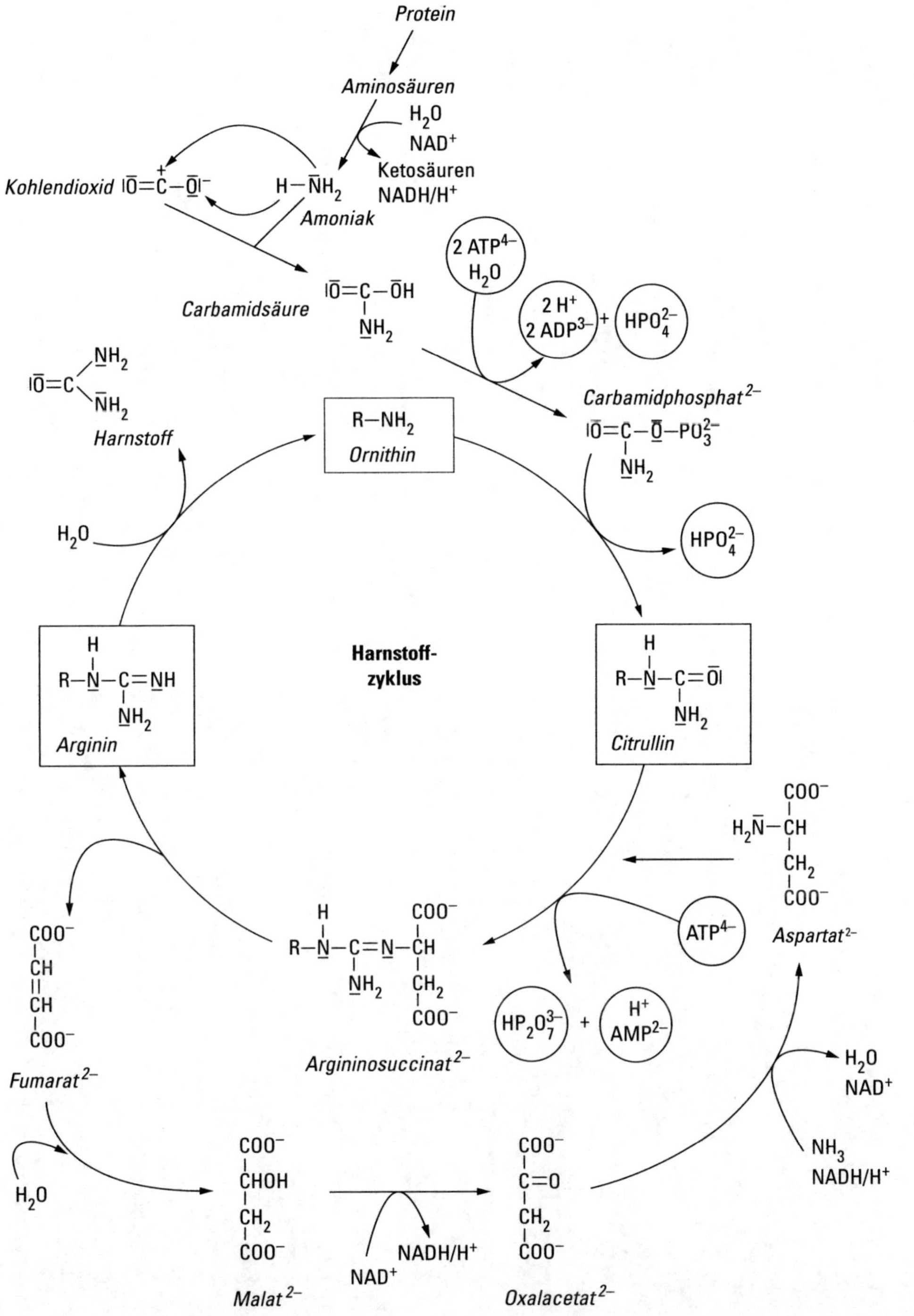

Abb. 6.9 Harnstoffzyklus.

Literaturverzeichnis

[1] **Atkins, P. W.**, Physikalische Chemie, Verlag Chemie,Wiley-VCH Verlag GmbH & Co. KGaA Weinheim, 2002

[2] **Becker, R.**, Theorie der Wärme, Springer-Verlag, Berlin, Heidelberg, New York, 1985

[3] **Callen, H. B.**, Thermodynamics and an Introduction to Thermostatistics, Wiley-VCH, 1985

[4] **Campbell, N. A.**, Biologie, Spektrum Akademischer Verlag, Heidelberg, Berlin, Oxford, 2000

[5] **Chemie in unserer Zeit**, 24. Jahrg., 1990, Nr. 5, Seite 229, verändert

[6] **Engel, T. und Reid, P.**, Physikalische Chemie. Pearson Studium, 2006,W Verlagsgesellschaft mbH, München, 1998

[7] **Enzyklopädie Atom**, Bibliographisches Institut Leipzig, 1978

[8] **Gmehling, I. ; Kolbe, B.**, Thermodynamik. VCH, Weinheim 1992

[9] **Gottstein, G.**, Physikalische Grundlagen der Metallkunde, Springer-Verlag, 1998

[10] **HEA-e. V.**, Arbeitskreis Schulinformation Energie, Frankfurt/Main, 1998

[11] **Heliocentris Energiesysteme GmbH**, Brennstoffzellen-Technologie, Berlin, 1997

[12] **IZE**, Basiswissen-Informationen (110, 119, 127, 129, 131), Frankfurt/Main, 1998

[13] **Karlson, P.**, Biochemie für Naturwissenschaftler, Georg Thieme Verlag, Stuttgart, 1986

[14] **Landau, L. D. und Lifschitz, E. M.**, Lehrbuch der theoretischen Physik, Akademie Verlag GmbH, Berlin, 1990

[15] **Lehninger, A. L.**, Grundkurs Biochemie, Walter de Gruyter, Berlin, New York, 1985

[16] **Nagy, R. und Bloomfield**, Kalziumhalophosphat-Luminophor, Deutsche Patentschrift 851236, 1952

[17] **Predel, B.**, Heterogene Gleichgewichte, Steinkopf-Verlag, Darmstadt, 1982

[18] **Prigogine, I. und Defay, R.**, Chemische Thermodynamik, Deutscher Verlag Leipzig, 1972

[19] **Sandler, S. I.**, Chemical and Engineering Thermodynamics, Wiley, NewYork, 1989

[20] **Stephan, K. und Mayinger, F.**, Thermodynamik, Grundlagen und technische Anwendungen, Springer-Verlag, 1999

[21] **Wagner, W.**, Chemische Thermodynamik, Akademie Verlag, Berlin,1982

[22] **Wasserstoff-Mobilität**, © BMW Group, CD-ROM, 2001

[23] **Wedler, G.**, Lehrbuch der Physikalischen Chemie, Wiley-VCH Verlag GmbH & Co. KGaA Weinheim, 1997

[24] **http://atom.kaeri.re.kr/ton/nuc7.html** Table of Nuclides

[25] **http://de.wikipedia.org/wiki/Lithium-Eisenphosphat-Akkumulator**

[26] **www.chemie.huberlin.de/ernsting/lectures/thermo_modul/**

[27] **www.chemie1.uni-rostock.de/pci/Heintz**

[28] **www.ipn.uni-kiel.de/aktuell, Wettbewerbe**

[29] **www.lageenergiespeicher.de, Hochschule Furtwangen**

[30] **www.mdr.de/erfindungen 16316.html**

[31] **www.tafelwerk-interaktiv**, Cornelsen / Volk und Wissen Verlag, 2005

[32] **Zachmann, H. G.**, Mathematik für Chemiker, Wiley-VCH Verlag GmbH & Co. KGaA Weinheim, 2004

Abbildungsverzeichnis

Tabellenverzeichnis

Namenregister

Sachregister